Stoye / Freitag

Lackharze

Lackharze

Chemie, Eigenschaften und Anwendungen

Herausgegeben von
Dr. Dieter Stoye und Dr. Werner Freitag

Mit 47 Bildern und 48 Tabellen

Die Autoren:
G. Beuschel, J. Bieleman, Dr. P. Denkinger, Dr. W. Freitag,
Dr. H. Gempeler, Dr. G. Horn, Dr. A. Kruse, Prof. Dr. F. Lohse,
Dr. C. Machate, M. Müller, Dr. B. Neffgen, Dr. J. Ott,
Dr. W. Scherzer, W. Schneider, A. Sickert, Dr. D. Stoye,
W. Wieczorrek

Carl Hanser Verlag München Wien

Die Wiedergabe von Gebrauchsnamen, Handelsnamen, Warenbezeichnungen usw. in diesem Buch – auch wenn sie nicht als solche ausdrücklich gekennzeichnet sind – berechtigt nicht zu der Annahme, daß solche Namen im Sinne der Warenzeichen- und Markenschutz-Gesetzgebung als frei zu betrachten wären und daher von jedermann benützt werden dürfen.

Dieses Buch wurde mit größter Sorgfalt hergestellt. Trotzdem können die Autoren, die Herausgeber und der Verleger nicht zusichern, daß die in dem Buch gegebenen Informationen frei von Fehlern sind. Der Leser muß sich dieser Tatsache bewußt sein, wenn er die in dem Buch enthaltenen Aussagen, Daten, Formeln, Tabellen, Bilder und Arbeitshinweise verwendet.

Die Deutsche Bibliothek – CIP-Einheitsaufnahme

Lackharze : Chemie, Eigenschaften und Anwendungen; mit 48 Tabellen /
hrsg. von Dieter Stoye und Werner Freitag. Die Autoren:
G. Beuschel ... – München ; Wien : Hanser, 1996
   ISBN 3-446-17475-3
NE: Stoye, Dieter [Hrsg.]; Beuschel, Günter

Dieses Werk ist urheberrechtlich geschützt.
Alle Rechte, auch die der Übersetzung, des Nachdrucks und der Vervielfältigung des Buches oder von Teilen daraus, vorbehalten. Kein Teil des Werkes darf ohne schriftliche Genehmigung des Verlages in irgendeiner Form (Fotokopie, Mikrofilm oder ein anderes Verfahren), auch nicht für Zwecke der Unterrichtsgestaltung – mit Ausnahme der in den 53, 54 URG ausdrücklich genannten Sonderfälle –, reproduziert oder unter Verwendung elektronischer Systeme verarbeitet, vervielfältigt oder verbreitet werden.

© 1996 Carl Hanser Verlag München Wien
Gesamtherstellung: Konrad Triltsch, Würzburg
Printed in Germany

Die Autoren und ihre Beiträge

Dipl.-Chem. Günter Beuschel, Hüls Silicone GmbH, Nünchritz
    9.1   Siliconharze

Johan Bieleman, Servo Delden B.V., NL 7490 AA Delden
    10   Polymere Lackadditive

Dr. Peter Denkinger, Röhm GmbH, Darmstadt
    2   Basisreaktionen, Verzweigung, Vernetzung, Gelierung
    4   Verarbeitungszustände
    8   Polymerisate

Dr. Werner Freitag, Hüls AG, Marl
    5   Anwendungsprinzipien
    6.1.4   Polycarbonate
    6.4   Keton- und Aldehydharze
    9.3   Kautschukbasierende Lackharze und verwandte Polymere
    9.4   Modifizierte Naturprodukte

Dr. Hans Gempeler, Ciba-Geigy AG, Basel/CH
    7.2   Epoxidharze

Dr. Gunter Horn, Hüls Silicone GmbH, Nünchritz
    9.1   Siliconharze

Dr. Alfred Kruse, Witco GmbH, Bergkamen
    6.5   Polyamide

Prof. Dr. Friedrich Lohse, Ciby-Geigy AG, Basel/CH
    7.2   Epoxidharze

Dr. Christina Machate, Hüls AG, Marl
    11   Analytik der Lackharze

Dipl.-Ing. Manfred Müller, Bayer AG, Krefeld
    6.1.3   Ungesättigte Polyesterharze

Dr. Bernd Neffgen, Witco GmbH, Bergkamen
    6.5   Polyamide
    7.2.7.2   Polyamine

Dr. Jürgen Ott, Hoechst AG Werk Cassella, Frankfurt am Main
    6.2   Amido- und Aminoharze

Dr. Wolfgang Scherzer, Witco GmbH, Bergkamen
    7.2.7.2   Polyamine

Wolfgang Schneider, Ciba-Geigy AG, Basel/CH
    7.2   Epoxidharze

Dipl.-Ing. Armin Sickert, Bayer AG, Krefeld
    6.1.1   Gesättigte Polyesterharze

Dr. Dieter Stoye, Hüls AG, Marl
    1   Einführung
    2   Basisreaktionen, Verzweigung, Vernetzung, Gelierung
    3   Basiseigenschaften
    6.1.1   Gesättigte Polyesterharze
    6.1.2   Alkydharze
    6.3   Phenolharze
    9.2   Wasserglas und Alkylsilikate
    9.5   Verschiedene Lackharze
        Anhang

Dipl.-Ing. Wolfhart Wieczorrek, Bayer AG, Leverkusen
    7.1   Polyisocyanatharze

Vorwort

Das Standardwerk über Lackharze war für viele Generationen von Lackchemikern und -technikern der *Wagner/Sarx*: „Lackkunstharze". Seit seiner letzten Auflage 1971 hat sich jedoch etliches in unserem Fach der Lacktechnologie geändert. Die Spezialisierung hat auch vor den Lacktechnikern nicht haltgemacht, die Methoden haben sich vielfältig geändert. Vieles wurde automatisiert und wird heute über Rechner in einem früher nicht denkbaren Maße gesteuert.

Darüber hinaus haben sich in den vergangenen Jahrzehnten die Akzente bei der Neuentwicklung von Harzen und Bindemitteln verschoben. Galt es bis zum Beginn der siebziger Jahre noch, die Produkteigenschaften zu verbessern, um langlebige und gut schützende Beschichtungen zu erhalten, die möglichst kostengünstig produziert werden können, so steht heute die Entwicklung ökologisch akzeptabler Bindemittel im Vordergrund. Bindemittel für emissionsarme, umweltschonende Beschichtungen werden vorrangig entwickelt – für lösemittelarme Lacke, Pulverlacke, Wasserlacke im weitesten Sinne oder auch strahlenhärtende Lackierungen. Ökologische Gesichtspunkte werden auch bei zukünftigen Entwicklungen eine wichtige Rolle spielen, wobei den Fragen der Entsorgung und des Recyclings von Lacken und der Entsorgung beschichteter Gegenstände besondere Aufmerksamkeit zukommt.

Um diesem Wandel Rechnung zu tragen, haben wir uns – anknüpfend an die Tradition des *Wagner/Sarx* – entschlossen, das vorliegende Buch über „Lackharze – Chemie und Eigenschaften –" herauszugeben.

Es ist heute kaum noch möglich, daß ein grundlegendes Werk der Lackharze von einem – oder auch nur wenigen – Fachleuten geschrieben wird. Trotzdem haben wir uns bemüht, Fachkollegen als Autoren zu gewinnen, die nicht nur Spezialisten sind, sondern ihr Fachwissen in einen allgemeinen größeren wissenschaftlichen Zusammenhang stellen können. Wir meinen, daß uns dies gemeinsam mit den Autoren gelungen ist. Allen Mitwirkenden an diesem Werk möchten wir hierfür unseren Dank aussprechen.

Bei der Herausgabe des Werkes wurden wir von zahlreichen Fachkollegen unterstützt. Besonders danken möchten wir Herrn Dr. Achim Hansen, Bakelite AG, der uns bei der Bearbeitung des Abschnitts „Phenolharze" mit seinem Rat sehr geholfen hat. Unser Dank gilt gleichermaßen Herrn Dr. Elmar Wolf, Hüls AG, für die fachliche Durchsicht des Abschnitts „Polyisocyanate". Der Leitung der Hüls AG, Marl, sei gedankt für die Bereitstellung der technischen und materiellen Mittel, ohne die das Werk, wie es nunmehr vorliegt, nicht hätte erstellt werden können.

Marl, im Frühjahr 1996
Dr. Dieter Stoye
Dr. Werner Freitag

Inhalt

1 Einführung ... 1

Allgemeine Literatur zu Polymeren und Lackharzen ... 2

2 Basisreaktionen, Verzweigung, Vernetzung, Gelierung ... 4

2.1 Polykondensation ... 4
    2.1.1 Theorie der Polykondensation ... 5
        2.1.1.1 Umsatz und Polymerisationsgrad ... 5
        2.1.1.2 Gleichgewichtsverhältnisse ... 7
        2.1.1.3 Verzweigende Polykondensation ... 8
        2.1.1.4 Kritischer α-Wert ... 10
2.2 Polyaddition ... 11
2.3 Radikalische Polymerisation ... 12
    2.3.1 Theorie der Polymerisation ... 13
        2.3.1.1 Zerfall von Initiatormolekülen und Bildung von Initiatorradikalen ... 13
        2.3.1.2 Startreaktion ... 13
        2.3.1.3 Wachstumsreaktion ... 14
        2.3.1.4 Kettenabbruchreaktion ... 14
        2.3.1.5 Kinetik der Polymerisation ... 15
    2.3.2 Copolymerisation ... 18
        2.3.2.1 Kinetik der Copolymerisation ... 19
2.4 Ionische Polymerisation ... 20
Literatur zu Kapitel 2 ... 21

3 Basiseigenschaften ... 23

3.1 Die Struktur der Polymerketten ... 23
3.2 Stereochemie der Polymerkette ... 24
    3.2.1 Verknüpfung der Monomereinheiten ... 24
    3.2.2 Taktizität der Polymeren ... 25
3.3 Molmasse der Harze ... 26
3.4 Kristallinität und Glastemperatur ... 27
3.5 Löslichkeit und Viskosität ... 28
3.6 Polarität und Raumerfüllung durch Substituenten ... 29
3.7 Polymerverträglichkeit ... 29
3.8 Löslichkeitsparameter ... 30
Literatur zu Kapitel 3 ... 31

4 Verarbeitungszustände ... 33

4.1 Filmbildung aus Lösung ... 33
    4.1.1 Polymerlösungen in organischen Lösemitteln ... 33
    4.1.2 Polymerlösungen in reaktiven Lösemitteln ... 34
    4.1.3 Polymerlösungen in Wasser ... 34
4.2 Filmbildung aus Dispersionen ... 35

	4.2.1	Wäßrige Dispersionen		35
	4.2.2	Organische Dispersionen		37
4.3	Filmbildung aus Pulvern			38

Literatur zu Kapitel 4 38

5 Anwendungsprinzipien 40

   5.1 Verarbeitungsverfahren im Überblick 40
   5.2 Verarbeitung von Zweikomponentenlacken 42
   5.3 Verarbeitung von Pulverlacken 42
   5.4 Lacktrocknung und -härtung 43
   Literatur zu Kapitel 5 44

6 Polykondensate 45

   6.1 Polyesterharze 45
      6.1.1 Gesättigte Polyesterharze 45
         6.1.1.1 Einführung 45
         6.1.1.2 Struktur der gesättigten Polyester 46
         6.1.1.3 Funktionalität und Reaktivität 47
         6.1.1.4 Rohstoffe 49
         6.1.1.5 Herstellung 51
         6.1.1.6 Eigenschaften der Beschichtungen 54
         6.1.1.7 Applikationsformen 56
         6.1.1.8 Anwendungen 57
         Literatur zu Abschnitt 6.1.1 59
      6.1.2 Alkydharze 61
         6.1.2.1 Klassifizierung 61
         6.1.2.2 Ausgangskomponenten und ihr Einfluß
                  auf die Alkydharzeigenschaften 62
               6.1.2.2.1 Carbonsäuren 62
               6.1.2.2.2 Polyalkohole 64
               6.1.2.2.3 Öle 65
         6.1.2.3 Harzherstellung 67
         6.1.2.4 Funktionalität der Alkydharze 71
         6.1.2.5 Eigenschaften und Anwendung der Alkydharze . 71
         6.1.2.6 Alkydharzmodifikationen 73
               6.1.2.6.1 Styrolmodifizierte Alkydharze . . . 73
               6.1.2.6.2 Modifizierung mit anderen Vinylverbindungen . . 74
               6.1.2.6.3 Siliconmodifizierte Alkydharze . . 75
               6.1.2.6.4 Thixotrope Alkydharze 75
               6.1.2.6.5 Urethan-Alkydharze 75
               6.1.2.6.6 Metallverstärkte Alkydharze 76
               6.1.2.6.7 Weitere Alkydharzmodifizierungen . . . 76
               6.1.2.6.8 Alkydharze mit stark verzweigten Carbonsäuren . 77
               6.1.2.6.9 Wasserverdünnbare Alkydharze . . 78
               6.1.2.6.10 Alkydharze für High-Solids-Lacke . 79
         Literatur zu Abschnitt 6.1.2 79
      6.1.3 Ungesättigte Polyesterharze 82
         6.1.3.1 Allgemein 82
               6.1.3.1.1 Eigenschaften 82
               6.1.3.1.2 Einsatzgebiete 82

		6.1.3.2	Aufbau und Syntheseprinzip	82
			6.1.3.2.1 Dicarbonsäuren	83
			6.1.3.2.2 Diole	83
			6.1.3.2.3 Einwertige Alkohole	84
		6.1.3.3	UP-Harzzubereitungen	84
			6.1.3.3.1 Lieferformen in Reaktivverdünnern	84
			6.1.3.3.2 Lieferformen in inerten Lösemitteln	84
			6.1.3.3.3 Hundertprozentige Bindemittel und wasserverdünnbare Lieferform	84
		6.1.3.4	Vernetzungsmechanismen bei UP-Harzen	85
			6.1.3.4.1 Initiatorsysteme für die radikalische Polymerisation	85
			6.1.3.4.2 Inhibierung durch Luftsauerstoff	85
			6.1.3.4.3 Styrolhaltige UP-Systeme	86
			6.1.3.4.4 Styrol- und monomerfreie Systeme	89
		6.1.3.5	Modifizierung von UP-Harzen	90
		6.1.3.6	Produktion der UP-Harze	91
		6.1.3.7	Härtung von UP-Systemen	91
			6.1.3.7.1 Konventionelle Härtung	92
			6.1.3.7.2 Strahlungshärtung	93
		6.1.3.8	Verarbeitungsverfahren	97
		6.1.3.9	Weitere Lackkompononenten	97
		6.1.3.10	Untergründe	98
		6.1.3.11	Toxikologie	98
			Literatur zu Abschnitt 6.1.3	99
	6.1.4	Polycarbonate		103
		Literatur zu Abschnitt 6.1.4		104
6.2	Amido- und Aminoharze			104
	6.2.1	Einleitung		104
	6.2.2	Harnstoffharze		105
		6.2.2.1	Chemie der UF-Harze	106
		6.2.2.2	Nichtplastifizierte Harnstoffharze	109
		6.2.2.3	Plastifizierte Harnstoffharze	110
	6.2.3	Triazinharze		111
		6.2.3.1	Chemie der MF-Harze	113
		6.2.3.2	Analyse der MF-Harze	118
		6.2.3.3	Eigenschaften der MF-Harze	119
		6.2.3.4	Andere Triazinharze	122
		6.2.3.5	Cyanamidharze	123
		6.2.3.6	Sulfonamidharze	124
	Literatur zu Abschnitt 6.2			125
6.3	Phenolharze			127
	6.3.1	Geschichtliches		127
	6.3.2	Allgemeines		128
	6.3.3	Rohstoffe		128
		6.3.3.1	Phenole	128
		6.3.3.2	Formaldehyd	131
		6.3.3.3	Hexamethylentetramin (Hexa)	132
		6.3.3.4	Andere Aldehyde und Ketone	132
	6.3.4	Chemie der Phenol-Formaldehyd-Harze		132
		6.3.4.1	Reaktivität und Funktionalität	133
		6.3.4.2	Methylolierung	134

		6.3.4.3	Kondensation	136
			6.3.4.3.1 Methylen- und Dimethylenether-Brücken	137
			6.3.4.3.2 Stickstoffhaltige Brückenbindungen	138
			6.3.4.3.3 Chinonmethide	139
	6.3.5	Struktur und Härtung der Phenolharze		141
		6.3.5.1	Saure Kondensation	141
		6.3.5.2	Alkalische Kondensation	142
		6.3.5.3	Kondensation mit Ammoniak	142
		6.3.5.4	Resolether-Bildung	143
		6.3.5.5	Phenoletherharze	143
		6.3.5.6	Bifunktionelle Resole	143
		6.3.5.7	Härtung von Phenolharzen	143
	6.3.6	Resole		144
		6.3.6.1	Bildung und Herstellung	144
		6.3.6.2	Typen	145
			6.3.6.2.1 Wasserlösliche Resole	145
			6.3.6.2.2 Alkohollösliche Resole	146
			6.3.6.2.3 Kalthärtende Resole	147
			6.3.6.2.4 Veretherte Resole	147
			6.3.6.2.5 Plastifizierte Resole	148
		6.3.6.3	Härtung der Resole	149
	6.3.7	Novolake		150
		6.3.7.1	Bildung und Herstellung	151
		6.3.7.2	Epoxi-Novolake	152
	6.3.8	Modifizierte Phenolharze		153
		6.3.8.1	Harzsäure-modifizierte Phenolharze	153
		6.3.8.2	Polymer-modifizierte Phenolharze	155
			6.3.8.2.1 Allgemeines	155
			6.3.8.2.2 Epoxy-Phenolharze	155
			6.3.8.2.3 Phenolharz-Polyvinylacetal	157
			6.3.8.2.4 Andere Phenolharz-Polymer-Kombinationen	157
		6.3.8.3	Alkylphenolharze	157
			6.2.8.2.1 Alkylphenolharz-Dispersionen	158
		6.3.8.4	Phenolesterharze	159
		6.3.8.5	Phenoletherharze	159
	6.3.9	Sonstige Phenolharze		159
		6.3.9.1	Phenoladdukte	159
			6.3.9.1.1 Terpenphenolharze	159
			6.3.9.1.2 Phenol-Acetylen-Harze	160
		6.3.9.2	Phenol-Acetaldehydharze	161
		6.3.9.3	Phenol-Furfurolharze	161
		6.3.9.4	Furanharze	161
	Literatur zu Abschnitt 6.3			161
6.4	Keton- und Aldehydharze			164
	6.4.1	Harze von aliphatischen Ketonen		166
		6.4.1.1	Methylethylketon-Formaldehydharze	166
		6.4.1.2	Aceton-Formaldehydharze	168
		6.4.1.3	Cyclohexanonharze	168
		6.4.1.4	Cyclohexanon-Formaldehydharze	169
	6.4.2	Harze von aliphatisch-aromatischen Ketonen		170
		6.4.2.1	Acetophenon-Formaldehyd-Harze	170
		6.4.2.2	Modifizierte Acetophenon-Harze	172

		6.4.3	Harze von Aldehyden	173
			6.4.3.1 Isobutyraldehyd-Formaldehyd-Harnstoff-Harze	174
		6.4.4	Harze von Benzolkohlenwasserstoffen und Formaldehyd	175
		Literatur zu Abschnitt 6.4		176
	6.5	Polyamide		178
		6.5.1	Allgemeine Grundlagen	178
		6.5.2	Anwendung von hochmolekularen Polyamiden	179
		6.5.3	Polyamide auf Basis dimerer Fettsäure	180
		6.5.4	Anwendungen von Fettsäurepolyamiden	181
		Literatur zu Abschnitt 6.5		182

7 Polyaddukte 183

7.1 Polyisocyanatharze 183
    7.1.1 Einführung 183
    7.1.2 Grundreaktionen der Isocyanate 183
    7.1.3 Katalyse der Isocyanat-Reaktionen 186
    7.1.4 Basisisocyanate für PUR-Beschichtungsstoffe 186
        7.1.4.1 Aromatische Diisocyanate 187
        7.1.4.2 Aliphatische Dissocyanate 188
    7.1.5 Polyurethanharze 191
        7.1.5.1 Polyisocyanate 191
        7.1.5.2 Prepolymere 196
        7.1.5.3 Blockierte Polyisocyanate 197
        7.1.5.4 Mikroverkapselte Polyisocyanate 198
        7.1.5.5 Nichtreaktive Polyurethan-Elastomere 199
        7.1.5.6 Urethanöle/Urethanalkyde 199
        7.1.5.7 Polyurethan-Dispersionen 200
        7.1.5.8 Polyurethan-Verdickungsmittel 203
    7.1.6 Coreaktanten 204
        7.1.6.1 Polyole 204
        7.1.6.2 Polyoldispersionen 207
        7.1.6.3 Amine, „blockierte Amine" 207
    7.1.7 Polyurethanlack-Systeme 210
        7.1.7.1 Lösemittelhaltige Zweikomponenten-Reaktionslacke 210
            7.1.7.1.1 Zusammensetzung 211
            7.1.7.1.2 High solids-Lacke 212
            7.1.7.1.3 Verarbeitung 212
            7.1.7.1.4 Trocknung und Härtung 213
            7.1.7.1.5 Eigenschaften der Lackierung 214
            7.1.7.1.6 Filmmechanik 214
            7.1.7.1.7 Chemische Beständigkeiten 215
            7.1.7.1.8 Licht- und Wetterbeständigkeit 215
            7.1.7.1.9 Anwendungen 216
        7.1.7.2 Lösemittelhaltige Einkomponenten-Reaktionslacke 219
        7.1.7.3 Lösemittelhaltige, nichtreaktive Einkomponentenlacke . . . 221
        7.1.7.4 Polyurethan-Wasserlack 222
            7.1.7.4.1 Physikalisch trocknende 1K-Lacke. 222
            7.1.7.4.2 Dispersionen für den Einbrennbereich . . . 223
            7.1.7.4.3 2K-PUR-Wasserlacke 223
        7.1.7.5 Lösemittelfreie Polyurethan-Beschichtungen . . . 224
            7.1.7.5.1 Lösemittelfreie 2K-PUR-Beschichtungen . . . 225

				7.1.7.5.2 Lösemittelfreie 1K-PUR-Beschichtungen	226

- 7.1.7.6 Polyurethan-Pulverlacke 227
- 7.1.8 Arbeitssicherheit 228
- Literatur zu Abschnitt 7.1 229
- 7.2 Epoxidharze 230
  - 7.2.1 Einleitung 230
  - 7.2.2 Historisches 231
  - 7.2.3 Chemie der Epoxidverbindungen 232
    - 7.2.3.1 Überblick 232
    - 7.2.3.2 Direkte Methoden zur Herstellung von Epoxidharzen 232
      - 7.2.3.2.1 Mit Persäuren 232
      - 7.2.3.2.2 Mit Wasserstoffperoxid 234
      - 7.2.3.2.3 Mit Sauerstoff, katalytisch 234
      - 7.2.3.2.4 Über Halogenhydrine 234
    - 7.2.3.3 Indirekte Methoden zur Herstellung von Epoxidharzen ... 234
      - 7.2.3.3.1 Synthesen über Chlorhydrine ... 235
      - 7.2.3.3.2 Addition von H-aktiven Verbindungen an Expoxidverbindungen ... 239
  - 7.2.4 Reaktionen von Epoxidverbindungen 240
    - 7.2.4.1 Allgemeines 240
    - 7.2.4.2 Addition von Carbonsäuren und cyclischen Carbonsäureanhydriden 241
    - 7.2.4.3 Addition von Phenolen, Mercaptanen und Aminen 242
    - 7.2.4.4 Vernetzung mit Dicyandiamid 243
    - 7.2.4.5 Vernetzung durch Polymerisation 243
  - 7.2.5 Netzwerkstrukturen 244
  - 7.2.6 Technisch wichtige Epoxidverbindungen 247
  - 7.2.7 Härtungsmittel 252
    - 7.2.7.1 Allgemeines 252
    - 7.2.7.2 Polyamine 252
      - 7.2.7.2.1 Allgemeines 252
      - 7.2.7.2.2 Gruppen der Polyamine 254
      - 7.2.7.2.3 Vergleich der verschiedenen Polyamin-Härter .. 259
      - 7.2.7.2.4 Einsatzgebiete 261
    - 7.2.7.3 Mercaptane 261
    - 7.2.7.4 Isocyanate 261
    - 7.2.7.5 Anhydride 262
    - 7.2.7.6 Carbonsäuren 262
    - 7.2.7.7 Polyphenole 262
    - 7.2.7.8 Aminoharze 262
    - 7.2.7.9 Phenolharze 263
    - 7.2.7.10 Katalytisch härtende Verbindungen 263
  - 7.2.8 Die wichtigsten Epoxidharz/Härter-Kombinationen und ihre Anwendungen 263
  - 7.2.9 Epoxidharze als Bausteine zur Herstellung anderer Bindemittelsysteme 263
    - 7.2.9.1 Epoxidharz-Monofettsäure-Umsetzungsprodukte 264
    - 7.2.9.2 Epoxidharz-Polycarbonsäure-Umsetzungsprodukte 265
    - 7.2.9.3 Epoxidharz-Acrylsäure-Umsetzungsprodukt 265
    - 7.2.9.4 Epoxidharz-Methacrylsäure-Umsetzungsprodukte 265
  - 7.2.10 Applikationsarten 265
    - 7.2.10.1 Härtung bei Raumtemperatur 265
      - 7.2.10.1.1 Lösemittelfreie Beschichtungen 266

		7.2.10.1.2 Lösemittelhaltige Beschichtungen 268

                    7.2.10.1.2 Lösemittelhaltige Beschichtungen 268
                    7.2.10.1.3 Wasserverdünnbare Beschichtungen 270
                    7.2.10.1.4 Epoxidester, lufttrocknend 270
            7.2.10.2 Härtung bei erhöhter Temperatur. 271
                    7.2.10.2.1 Lösemittelhaltige Lacke 271
                    7.2.10.2.2 Pulverlacke 274
            7.2.10.3 Strahlenhärtung. 276
            7.2.10.4 Übersicht über Epoxidharzformulierungen
                    und ihre Einsatzgebiete. 277
        7.2.11 Toxikologie der Epoxidharze 277
        Literatur zu Abschnitt 7.2. 279

8 Polymerisate 281

    8.1 Radikalische Polymerisation 281
    8.2 Ionische Polymerisation. 285
        8.2.1 Anionische Polymerisation 285
        8.2.2 Kationische Polymerisation. 287
    8.3 Copolymerisation 288
    8.4 Monomere, deren Auswahl und Eigenschaften 289
        8.4.1 Radikalisch polymerisierbare Monomere. 289
        8.4.2 Anionisch polymerisierbare Monomere 291
        8.4.3 Kationisch polymerisierbare Monomere 291
    8.5 Technische Durchführung der Polymerisation 291
        8.5.1 Polymerisation in Substanz (oder Masse) 292
        8.5.2 Polymerisation in Suspension. 293
        8.5.3 Polymerisation in Lösung. 294
        8.5.4 Emulsionspolymerisation 295
    8.6 Polymerisatgruppen. 298
        8.6.1 Polyethylen 298
        8.6.2 Chlorsulfoniertes Polyethylen 300
        8.6.3 Fluorierte Polyethylene. 300
                8.6.3.1 Polytetrafluorethylen PTFE. 300
                8.6.3.2 Polymonochlortrifluorethylen 301
        8.6.4 Chlorierte Polyethylene und Polypropylene 301
        8.6.5 Polyisobutylen 302
        8.6.6 Polyvinylchlorid und Copolymerisate 302
                8.6.6.1 Polyvinylchlorid (PVC). 302
                8.6.6.2 Nachchloriertes PVC (CPVC) 304
                8.6.6.3 Copolymerisate mit Vinylchlorid als Hauptkomponente . . . 305
        8.6.7 Polymerisate und Copolymerisate des Vinylidenchlorids 306
        8.6.8 Polyvinylidenfluorid (PVDF, PVF2) 307
        8.6.9 Polyvinylester. 308
                8.6.9.1 Polyvinylacetat-Lösungen und Feststoffe 309
                8.6.9.2 Polyvinylester-Dispersionen 310
        8.6.10 Polyvinylalkohol 311
        8.6.11 Polyvinylacetale 312
                8.6.11.1 Polyvinylformal. 313
                8.6.11.2 Polyvinylbutyral 314
        8.6.12 Polyvinylether. 314
        8.6.13 Polyvinylpyrrolidon und Copolymerisate. 315

	8.6.14	Polymere Acrylate und Methacrylate	316
		8.6.14.1 Wäßrige Dispersionen	320
		8.6.14.2 Acrylharz-Lösungen	321
		8.6.14.3 Feste Acrylharze	322
	8.6.15	Polymerisate und Copolymerisate des Styrols	323
		8.6.15.1 Lösliche Styrol-Copolymerisate	324
		8.6.15.2 Styrolcopolymer-Dispersionen	324
	8.6.16	Copolymerisate des Butadiens	325
	8.6.17	Kohlenwasserstoffharze	327
		8.6.17.1 Inden-Cumaron-Harze	328
Literatur zu Kapitel 8			329

9 Sonstige Lackharze ... 337

9.1 Siliconharze ... 337
    9.1.1 Allgemeine Einführung in die Chemie der Silicone ... 337
    9.1.2 Herstellung, Aufbau und Vernetzung von Siliconharzen ... 338
        9.1.2.1 Synthese der Siliconharze ... 338
        9.1.2.2 Aufbau und Struktur der Siliconharze ... 339
        9.1.2.3 Vernetzungsmöglichkeiten für Siliconharze ... 341
            9.1.2.3.1 Kondensationsvernetzende Harze ... 341
            9.1.2.3.2 Additions- und peroxidisch vernetzende Harze ... 342
    9.1.3 Siliconharze und Siliconharzkombinationen ... 342
        9.1.3.1 Einteilung der Siliconharze ... 342
        9.1.3.2 Spezifische Eigenschaften der Siliconharze ... 344
        9.1.3.3 Kombination von Siliconharzen ... 346
            9.1.3.3.1 Cokondensationsreaktionen ... 346
            9.1.3.3.2 Siliconkombinationsharze ... 348
            9.1.3.3.3 Mischung organischer und siliciumorganischer Harze ... 348
    9.1.4 Anwendung von Silicon- und siliconhaltigen Harzen ... 349
        9.1.4.1 Siliconharze in Anstrichstoffen ... 349
        9.1.4.2 Siliconharze in der Elektrotechnik ... 351
        9.1.4.3 Siliconharze im Bauwesen ... 352
        9.1.4.4 Katalysatoren ... 353
    Literatur zu Abschnitt 9.1 ... 355
9.2 Wasserglas und Alkylsilikate ... 355
    9.2.1 Wasserglas ... 355
    9.2.2 Alkylsilikate ... 356
    Literatur zu Abschnitt 9.2 ... 357
9.3 Kautschuk-basierende Lackharze und verwandte Polymere ... 357
    9.3.1 Cyclokautschuk ... 358
    9.3.2 Chlorkautschuk und chlorierte Polyolefine ... 359
    9.3.3 Oligobutadiene ... 361
    Literatur zu Abschnitt 9.3 ... 363
9.4 Modifizierte Naturprodukte ... 363
    9.4.1 Cellulosederivate ... 364
        9.4.1.1 Celluloseester ... 365
        9.4.1.2 Celluloseether ... 369
    9.4.2 Oligo- und Polysaccharide ... 370
    9.4.3 Kolophoniumharze ... 370
        9.4.3.1 Hydriertes und dehydriertes Kolophonium ... 371

		9.4.3.2	Polymerisiertes Kolophonium (Dimerisierung) 372

                    9.4.3.2   Polymerisiertes Kolophonium (Dimerisierung) 372
                    9.4.3.3   Kolophoniumsalze und -ester. 373
                    9.4.3.4   Maleinatharze. 375
                    9.4.3.5   Schellack 376
          9.4.4   Derivate natürlicher Öle 377
                    9.4.4.1   Standöle und isomerisierte Öle. 378
                    9.4.4.2   Geblasene Öle 379
                    9.4.4.3   Maleinatöle. 380
                    9.4.4.4   Styrolisierte und acrylierte Öle. 381
                    9.4.4.5   Cyclopentadienaddukte (Cycloöle). 381
                    9.4.4.6   Urethanöle 382
          Literatur zu Abschnitt 9.4. 383
    9.5   Verschiedene Lackharze. 384
          9.5.1   Polysulfide 384
          9.5.2   Polyphenylensulfide 384
          9.5.3   Polysulfonharze. 385
          9.5.4   Polyimidharze. 386
          9.5.5   Polyspiran-Harze 387
          9.5.6   Polyether 388
          9.5.7   Polyphenylene 388
          9.5.8   Polyoxadiazole 389
          9.5.9   Polybenzoxazole 389
          9.5.10   Polyoxazoline. 390
          9.5.11   Poly-2-Oxazolidinone. 390
          9.5.12   Piperidin-Harze 390
          9.5.13   Polyphenylchinoxaline 391
          9.5.14   Polyhydantoine, Polyparabansäure 391
          9.5.15   Polythioetherketon 392
          9.5.16   Anorganische Polymere. 392
                    9.5.16.1 Polysilazane. 392
                    9.5.16.2 Polysulfazene 392
                    9.5.16.3 Polyphosphazene 392
                    9.5.16.4 Titanacylate 393
          Literatur zu Abschnitt 9.5. 393

10 Polymere Lackadditive 396

    10.1 Einführung 396
    10.2 Polymere Dispergiermittel 397
          10.2.1   Dispergierprozeß 397
                    10.2.1.1 Pigmentbenetzung 398
                    10.2.1.2 Mechanische Zerteilung 398
                    10.2.1.3 Stabilisierung. 398
                              10.2.1.3.1 Stabilisierung in polaren Medien. 400
                              10.2.1.3.2 Stabilisierung in apolaren Pasten. 401
    10.3 Polymere Verdickungsmittel 403
          10.3.1   Polymere Verdickungsmittel für Farben und Lacke 404
                    10.3.1.1 Cellulosederivate als Verdickungsmittel 404
                    10.3.1.2 Polysaccharide 406
                    10.3.1.3 Polyacrylate. 406
                    10.3.1.4 PUR-Verdickungsmittel 407
                              10.3.1.4.1 Chemischer Aufbau der PUR-Verdickungsmittel . 407

	10.3.1.4.2 Verdickungsmechanismus	408
	10.3.1.4.3 Anwendungseigenschaften	409
10.4	Gleit- und Anti-Kratzmittel (Polysiloxan-Additive)	410
	10.4.1 Allgemeine Struktur und Anwendung von Polysiloxanen	411
	Literatur zu Kapitel 10	412

11 Analytik der Lackharze . . . 413

- 11.1 Chromatographische Methoden . . . 413
  - 11.1.1 Gaschromatographie . . . 413
    - 11.1.1.1 Prinzip der Methode . . . 413
    - 11.1.1.2 Spezielle Techniken . . . 414
    - 11.1.1.3 Anwendungen . . . 415
  - 11.1.2 Hochleistungsflüssigkeitschromatographie (HPLC) . . . 420
    - 11.1.2.1 Prinzip der Methode . . . 420
    - 11.1.2.2 Anwendungen . . . 420
  - 11.1.3 Gelpermeationschromatographie (GPC) . . . 422
    - 11.1.3.1 Prinzip der Methode . . . 422
    - 11.1.3.2 Anwendungen . . . 422
  - 11.1.4 Supercritical Fluid Chromatography (SFC) . . . 425
    - 11.1.4.1 Prinzip der Methode . . . 425
    - 11.1.4.2 Anwendungen . . . 425
- 11.2 Spektroskopische Methoden . . . 426
  - 11.2.1 Kernmagnetische Resonanz-Spektroskopie (NMR) . . . 426
    - 11.2.1.1 Prinzip der Methode . . . 426
    - 11.2.1.2 Anwendungen . . . 427
  - 11.2.2 Fourier-Transform-Infrarot-Spektroskopie . . . 430
    - 11.2.2.1 Prinzip der Methode . . . 430
    - 11.2.2.2 Anwendungen . . . 432
  - 11.2.3 Weitere spektroskopische Methoden . . . 434
    - 11.2.3.1 Massenspektrometrie . . . 434
    - 11.2.3.2 Röntgenfluoreszenz-Spektroskopie . . . 435
    - 11.2.3.3 Elektronenanregungsspektroskopie . . . 436
- 11.3 Thermische Analyse . . . 436
  - 11.3.1 Differentialthermoanalyse . . . 436
  - 11.3.2 Thermogravimetrische Analyse . . . 437
  - 11.3.3 Thermomechanische Analyse . . . 437
  - 11.3.4 Anwendungsbeispiele bei Lackrohstoffen . . . 438
- 11.4 Charakteristische Prüfungen an Lackrohstoffen zur Identifizierung und Qualitätskontrolle . . . 439
  - 11.4.1 Prüfungen zur Identifizierung . . . 439
  - 11.4.2 Prüfungen zur Qualitätskontrolle . . . 441
- Literatur zu Kapitel 11 . . . 445

Tabellenverzeichnis . . . 448

Bilderverzeichnis . . . 450

Sachwortverzeichnis . . . 452

1 Einführung

Dr. Dieter Stoye

Ein „Harz" ist nach DIN 55947 der „technologische Sammelbegriff für feste, harte bis weiche, organische, nichtkristalline Produkte mit mehr oder weniger breiter Molmassenverteilung. Normalerweise haben sie einen Schmelz- oder Erweichungsbereich, sind in festem Zustand spröde und brechen dann gewöhnlich muschelartig. Sie neigen zum Fließen bei Raumtemperatur („kalter Fluß"). Harze sind in der Regel Rohstoffe z.B. für Bindemittel, härtbare Formmassen, Klebstoffe und Lacke."
Im europäischen Norm-Entwurf CEN/TC 139 „Adhesives - Terms and Definitions" ist die Definition für ein Harz etwas anders und kürzer:

„Ein fester, halbfester oder flüssiger Stoff mit uneinheitlicher und oftmals hoher Molmasse, der, falls fest, gewöhnlich einen Erweichungs- oder Schmelzbereich besitzt und einen muscheligen Bruch zeigt. Anmerkung: Im weiteren Sinne wird dieser Ausdruck zur Benennung eines jeden Polymers benutzt, das die Basis für einen thermoplastischen Kunststoff bildet. Bitumen, Pecharten, Gumsorten und Wachse sind nach Übereinkunft ausgeschlossen."

Die British Standard Definition in BS 2015 (1991) „Glossary of paint and related terms" unterscheidet direkt zwischen „Natural Resins" und „Synthetic Resins". Ein „natural resin" ist eine „glasig amorphe Substanz, die entweder im Metabolismus des Wachsens von Bäumen, z.B. Kopal, oder durch Insekten, z.B. Lack, produziert wird". Ein „synthetic resin" gehört zur

„Gruppe chemisch produzierter Substanzen, die mit den Eigenschaften natürlicher Harze vergleichbar sind. Allgemein versteht man hierunter ein Produkt aus der heterogenen Gruppe von Verbindungen, die aus einfacheren Verbindungen durch Kondensation und/oder Polymerisation produziert werden. Anmerkung: Chemisch modifizierte natürliche Polymere wie Cellulose-Derivate werden nicht als synthetische Harze betrachtet."

Genauer und in gewissem Widerspruch hierzu ist die Definition von „Kunstharz" in DIN 55947:

„Kunstharze sind durch Polymerisation, Polyaddition oder Polykondensation gewonnene Harze, die gegebenenfalls durch Naturstoffe (fette Öle, Naturharze u.ä.) modifiziert sind. Unter Kunstharzen versteht man auch durch chemische Umsetzung (Veresterung, Verseifung u.ä.) veränderte Naturharze. Im Gegensatz zu den Naturharzen kann ein großer Teil der Kunstharze durch Vernetzung in Duroplaste überführt werden."

Wichtig für unser Anliegen, die wir uns mit Lackharzen befassen, ist es, daß die Harze als Rohstoffe für Bindemittel und Lacke geeignet sein müssen. Nach DIN 55945 versteht man unter „Lack" einen

„Sammelbegriff für eine Vielzahl von Beschichtungsstoffen auf der Basis organischer Bindemittel. Ein Beschichtungsstoff ist der Oberbegriff für flüssige bis pastenförmige oder auch pulverförmige Stoffe, die aus Bindemitteln sowie gegebenenfalls zusätzlich aus Pigmenten und anderen Farbmitteln, Füllstoffen, Lösemitteln und sonstigen Zusätzen bestehen. Beschichtungsstoffe sind Lacke, Anstrichstoffe, Kunstharzputz-Beschichtungsstoffe, Spachtelmassen, Füller, Bodenbeschichtungsmassen sowie ähnliche Beschichtungsstoffe. Die Begriffe Beschichtungsstoff, Anstrichstoff und Lack werden zum Teil alternativ verwendet."

Ein Anstrichstoff wiederum ist nach DIN 55945 ein flüssiger bis pastenförmiger Beschichtungsstoff, der vorwiegend durch Streichen oder Rollen aufgetragen wird. Ein Bindemittel jedoch ist der „nichtflüchtige Anteil eines Beschichtungsstoffes ohne Pigment und Füllstoff, aber einschließlich Weichmachern, Trockenstoffen und anderen nichtflüchtigen Hilfsstoffen."

Die Lackharze, mit denen wir uns in den folgenden Kapiteln beschäftigen wollen, sind, wenn man einen Extrakt aus allen vorgetragenen Definitionen herstellen will, die wichtigste organisch-chemische Komponente eines Bindemittels, die in der Regel synthetisch durch Polymerisation, Polyaddition oder Polykondensation aus Monomeren produziert wird, aber auch natürlichen Ursprungs sein oder aus Naturstoffen durch chemische Veränderungen hergestellt werden kann. Lackharze sind oligo- bis hochmolekular und besitzen in der Regel einen Schmelz- oder Erweichungsbereich und keinen scharfen Schmelzpunkt. Sie sind nicht-flüchtig, nicht-kristallin, fest, hart bis weich und können häufig durch Vernetzung in Duroplaste überführt werden. Die Weichmacher, die neben den Lackharzen auch ein organischer, häufig aber mengenmäßig untergeordneter Bindemittelbestandteil sind, sind von ihnen zu unterscheiden. Lackharze eignen sich zur Herstellung von Lacken, Anstrichstoffen und anderen Beschichtungsstoffen.

Für die unterschiedlichen Lackharze, die in diesem Buch behandelt werden, gibt es in fast allen Fällen Normen, die die Analytik der jeweiligen Harze und ihre grundsätzlichen Eigenschaften festlegen und beschreiben. Sie sind in dem jeweiligen Kapitel genannt.

Die Bezeichnung der Lackharz-Typen richtet sich in der Regel nach der chemischen Zusammensetzung: Acrylatharz, Ketonharz, Melaminharz usw.; das wichtigste Monomere wird zum Bestandteil des Namens. Da es sich um Polymere handelt, wird häufig das Präfix „Poly" vorgeschaltet, z.B. Polyester(harz), Polyisocyanat, Polyacrylat(harz). Die Bezeichnung der natürlichen Harze richtet sich nach der Quelle, z.B. Schellack, Dammar, Manila-Kopal, Kolophonium, Leinöl, Holzöl, seltener nach dem chemischen Aufbau, z.B. Celluloseester.

In dem vorliegenden Buch sind die Lackharze gegliedert nach ihrem häufigsten Produktionsverfahren: Polykondensate, Polyaddukte, Polymerisate. Da es häufig Mischformen gibt, ist diese Einteilung nicht streng einzuhalten. Spezialharze, die in diese Gruppen nicht hineinpassen, werden gesondert besprochen. Die chemisch modifizierten Naturharze und natürlichen Öle sind in diese Gruppen aufgenommen worden. Auf die nicht-modifizierten natürlichen Harze und Öle wird nicht besonders eingegangen, sie werden, wenn erforderlich, in den einzelnen Kapiteln erwähnt. Es wurde ein zusätzliches Kapitel über polymere Lackadditive aufgenommen, um die Bedeutung dieser Gruppe für die Eigenschaften von Beschichtungsstoffen und Lacken hervorzuheben.

Allgemeine Literatur zu Polymeren und Lackharzen

[1] *Wagner/Sarx* (Hrsg.): Lackkunstharze. 5. Aufl. Hanser, München 1971
[2] *J. Scheiber*: Chemie und Technologie der künstlichen Harze. Wissenschaftl. Verlagsanstalt, Stuttgart 1943
[3] *W.H. Morgans*: Outlines of Paint Technology, Vol I: Materials. 2. Ed. Griffin, London 1982
[4] *P. Oldring* und *G. Hayward*: Resins for Surface Coatings. Sita Technology, London 1987
[5] *H.-G. Elias*: Makromoleküle, Bd.1: Grundlagen; Struktur, Synthese, Eigenschaften. 5. Aufl. Hüthig & Wepf, Basel, Heidelberg 1990
[6] *B. Vollmert*: Grundriß der makromolekularen Chemie, Bd. I + II. Vollmert, Karlsruhe 1985
[7] *H. Kittel* (Hrsg): Lehrbuch der Lacke und Beschichtungen, Bd. I, Teile 1–3. Colomb, Stuttgart 1971, 1973, 1974
[8] *H. Sawada*: Thermodynamics in Polymerization. Dekker, New York 1976
[9] *G. Gaylord*: Linear and Stereospecific Addition Polymerization. Pol. Revs, Vol. 2. Interscience, New York 1959
[10] *N.A.J. Platzer*: Polymerization and Polycondensation Processes. Am. Soc., Washington 1962

[11] *A. Ravve*: Organic Chemistry of Macromolecules. Dekker, New York 1967
[12] *G. Henrici-Olivé* und *S. Olivé*: Polymerisation – Katalyse, Kinetik, Mechanismen. Verlag Chemie, Weinheim 1969
[13] *F. Ulbricht*: Grundlagen der Synthese von Polymeren. Akademie-Verlag, Berlin 1978
[14] *G. Allen* und *J.C. Bevington*: Comprehensive Polymer Science. Pergamon Press, Oxford 1989
[15] *H.-G. Elias* und *F. Vohwinkel*: Neue polymere Werkstoffe für industrielle Anwendungen, 2. Folge. Hanser, München, Wien 1983
[16] *J.H. Saunders* und *F. Dobinson*: The Kinetics of Polycondensation Reactions. In: *C.H. Bamford* und *C.F.H. Tipper* (Hrsg.): Comprehensive Chemical Kinetics, Bd. 15. Elsevier, Amsterdam 1976
[17] *K. Dören, W. Freitag* und *D. Stoye*: Wasserlack – Umweltschonende Alternative für Beschichtungen. TÜV Rheinland, Köln 1992
K. Dören, W. Freitag und *D. Stoye*: Water-borne Coatings. Hanser, München 1994
[18] *D. Stoye*: Paints, Coatings and Solvents. VCH, Weinheim 1993

2 Basisreaktionen, Verzweigung, Vernetzung, Gelierung

Dr. Peter Denkinger, Dr. Dieter Stoye

Der Herstellung von Lackharzen liegen drei Reaktionsprinzipien zugrunde:

    die Polykondensation,
    die Polyaddition,
    die Polymerisation.

2.1 Polykondensation

Der Begriff Polykondensation (im englischen polycondensation oder condensation polymerization) ist definiert als „polymerization by a repeated condensation process (i.e. with elimination of simple molecules)" (IUPAC 1974).
Eine typische Polykondensation ist die Veresterung eines zweiwertigen Alkohols mit einer zweiwertigen Säure, z.B. Bernsteinsäure mit Ethylenglycol. Ein allgemeines Schema für die Polykondensation stellt das Gleichungssystem 2.1 bis 2.3 dar:

$$O-O + X-X \longleftrightarrow O-\Diamond-X \qquad (2.1)$$

$$O-\Diamond-X + O-O \longleftrightarrow O-\Diamond-\Diamond-O \qquad (2.2)$$

$$O-\Diamond-\Diamond-O + X-X \longleftrightarrow O-\Diamond-\Diamond-\Diamond-X \quad \text{usw.} \qquad (2.3)$$

In dieser Darstellung der Polykondensationsreaktion (Polyaddition) sind O und X funktionelle Gruppen, die miteinander eine kovalente Bindung $\Diamond$ bilden (z.B. O = –OH für Alkohol, X = –COOH für Carbonsäure, $\Rightarrow \Diamond$ = –O–CO– für Ester). Dabei können die Gruppen X und O paarweise auf zwei Monomermoleküle (wie in Gleichung 2.1) verteilt sein oder sich in ein und demselben Monomermolekül befinden (z.B. O–X = HO–R–COOH für Hydroxycarbonsäure). Im Fall der Polykondensation wird nach jedem Reaktionsschritt ein niedermolekulares Molekül – meist Wasser – freigesetzt.
Der zunächst unter Wasserabspaltung entstehende Monoester kann an der Carboxylgruppe mit einem weiteren Ethylenglycol, an der Hydroxylgruppe mit einem weiteren Säuremolekül reagieren. Das resultierende Molekül kann die Molekülverknüpfung nach dem gleichen Reaktionsschema fortsetzen, wenn die geeigneten Reaktionsbedingungen vorhanden sind. Es entstehen letztlich lange Ketten- oder Fadenmoleküle. Diese Moleküle können an den beiden Enden weiter wachsen, sie sind meist mehr oder weniger geknäuelt.
Alkohole können ebenfalls Abspaltprodukte sein, z.B. bei Polykondensationen, deren Kondensationsprinzip eine Umesterung, Umacetalisierung oder ähnliches ist.
Nach dem Verfahren der Polykondensation werden beispielsweise Alkydharze, Polyesterharze, Phenol-, Harnstoff-, Melamin- und Ketonformaldehydharze, Maleinatharze und Polyamide hergestellt. Die Polykondensation ist aber auch ein wichtiges Verfahren zur Härtung einer Harzkomponente mit einem Härter unter Bildung von vernetzten Makromolekülen, ein Prinzip, welches die Basis für Einbrennlacke darstellt.

2.1.1 Theorie der Polykondensation

Allgemein werden Kondensationspolymere gebildet durch Reaktion von Monomeren mit zwei oder mehr reaktiven Gruppen, z.B. Reaktion der funktionellen Gruppen A und B zu linearen Polykondensaten unter Ausbildung von kovalenten Bindungen. Die funktionellen Gruppen können sich entweder an einem oder an zwei verschiedenen Molekülen befinden:

$$n\ A\text{–}B \longrightarrow A\text{–}B\text{–}A\text{–}B\text{–}A\text{–}B\text{–}$$
$$n\ A\text{–}A + n\ B\text{–}B \longrightarrow A\text{–}A\text{–}B\text{–}B\text{–}A\text{–}A\text{–}B\text{–}B\text{–} \tag{2.4}$$

Die Reaktivität einer funktionellen Gruppe ist praktisch unabhängig von der Kettenlänge oder einer anderen funktionellen Gruppe. Dies gilt unter der Voraussetzung, daß die Gruppen weit genug voneinander entfernt sind.
Die Ketten wachsen nicht nur infolge Verknüpfung monomerer Moleküle, sondern auch durch Weiterkondensation von Oligomeren:

$$A\text{–}B\text{–}A\text{–}B + A\text{–}B\text{–}A\text{–}B\text{–}A\text{–}B \longrightarrow A\text{–}B\text{–}A\text{–}B\text{–}A\text{–}B\text{–}A\text{–}B\text{–}A\text{–}B \tag{2.5}$$

Mit Fortschreiten des Prozesses wird die Molmassenverteilung breiter. Hohe Molmassen werden erst gebildet, wenn der Prozeß nahezu beendet ist.
Für das theoretische Verständnis der Polykondensation sind folgende Voraussetzungen von grundlegender Bedeutung [1 bis 3]:

- Die Funktionalität der Monomeren und die Stöchiometrie der Reaktionen (*W. H. Carothers* [4 bis 6])
- Der statistische Charakter der Polykondensation (*P. J. Flory* [7, 8])
- Gültigkeit des Prinzips der gleichen chemischen Reaktivität von Molekülen mit unterschiedlicher Kettenlänge (*Flory*).

Auf Basis dieser Voraussetzungen sind Vorhersagen von Veränderungen des Polymerisationsgrades in Abhängigkeit vom Umsatz und der Reaktionszeit möglich [9].

2.1.1.1 Umsatz und Polymerisationsgrad

Polykondensate sind sogenannte Stufenwachstumspolymerisate, bei deren Herstellung jede einzelne Polymerkette über einen gewissen Zeitraum wächst. Dabei kann ein Monomeres sowohl mit anderen Monomeren als auch mit einer wachsenden Kette reagieren. Diese Reaktion wird bei oben genannten Voraussetzungen durch die Gesetze der Statistik bestimmt. Die Polykondensationsprodukte entstehen aus den monomeren Grundbausteinen, z.B. A–A und B–B, unter Bildung von Struktureinheiten A–AB–B. Die Länge der entstandenen Polymerkette wird durch den Polymerisationsgrad P beschrieben, wobei P die Anzahl der pro Kette vorhandenen Grundbausteine (Monomere) angibt. Die Reaktion führt, wenn man die Bildung cyclischer Strukturen nicht berücksichtigt, zu Molekülen mit ausschließlich A-Endgruppen, mit ausschließlich B-Endgruppen oder mit A- und B-Endgruppen.
Flory hat Gleichungen für die Anzahl der Moleküle N_P mit dem Polymerisationsgrad P für alle möglichen drei Molekülsorten statistisch abgeleitet. Für Polymere mit einer A- und einer B-Endgruppe ergibt sich Gleichung 2.6 [7]:

$$N_P = 2 N_A \cdot U^{P-1} \cdot r^{(P-2)/2} (1-U)(1-rU) \tag{2.6}$$

mit N_A=Anzahl der A–A-Moleküle zu Beginn der Polymerisation, U=Umsatz der A-Gruppen (häufig auch als Reaktionsausmaß bezeichnet) und dem Anfangsmolverhältnis r (auch als Einsatzverhältnis bezeichnet) der Monomeren

$$r = \frac{n_A}{n_B} \quad (2.7)$$

Für lineare Polyester mit niederem Polymerisationsgrad, bei denen die Masse der Endgruppen nicht mehr vernachlässigt werden kann, wurden ähnliche Relationen abgeleitet [10]. Wenn die Anzahl der A-Gruppen gleich der Zahl der B-Gruppen zu Beginn der Reaktion ist, dann ist $r=1$ und die Gleichung 2.6 vereinfacht sich zu

$$N_P = 2 N_A \cdot U^{P-1} (1-U)^2 \quad (2.8)$$

Wenn keine Nebenreaktionen auftreten, wird der mittlere Polymerisationsgrad als Zahlenmittel $\overline{P_n}$ definiert als

$$\overline{P_n} = \frac{\text{Zahl der Struktureinheiten}}{\text{Zahl der Moleküle}} = \frac{1}{(1-U)} \quad (2.9)$$

Sehr hohe Molmassen werden erst gebildet, wenn der Umsatz U beinahe 1 ist. Bei $U=0{,}95$ ist die Reaktion zu 95% abgelaufen, der Polymerisationsgrad ist aber erst 20mal der Molmasse der Monomeren. Erst bei 99,5%iger Reaktion ist der Polymerisationsgrad 200. Wenn das Anfangsmolverhältnis r nicht 1 ist, wird der Polymerisationsgrad durch Gleichung 2.10

$$\overline{P_n} = \frac{1+r}{2r(1-U)+1-r} \quad (2.10)$$

wiedergegeben.
Bei $U=1$ ist die Reaktion vollständig abgelaufen, und Gleichung 2.10 vereinfacht sich zu

$$\overline{P_n} = \frac{1+r}{1-r} \quad (2.11)$$

Die Gleichung 2.11 zeigt den Einfluß des Einsatzverhältnisses der funktionellen Gruppen r auf den Polymerisationsgrad. Je weiter r von 1 abweicht, desto niedriger ist der Polymerisationsgrad. Dabei ist es unerheblich, ob diese Abweichung – im Falle der Polyesterkondensation – bei der Säure- oder der Alkoholkomponente erfolgt.
Mit der Änderung des Polymerisationsgrads ist stets eine Änderung der Molmasse verbunden. *Flory* hat gezeigt, daß eine Abweichung von $r=1$ eine Änderung von $\overline{P_n}$ bewirkt, die mit steigender Molmasse zunimmt. Dies ist ein Vorgang, der bei der Verwendung flüchtiger Reaktionspartner häufig auftritt.
Die vorangegangenen Gleichungen können auch angewendet werden, wenn Mischungen verschiedener Monomerer derselben Klasse funktioneller Verbindungen (z.B. Mischungen von Polyolen oder Polycarbonsäuren) eingesetzt werden. Die mittlere Molmasse der funktionellen Struktureinheit hängt dann von dem Verhältnis der verschiedenen Reaktanden zueinander ab.
Die Gleichungen behalten auch ihre Gültigkeit, wenn monofunktionelle Reaktanden anwesend sind. Dabei muß jedoch der Ausdruck für r modifiziert werden zu

$$r = \frac{n_A}{n_B + 2 n_{mono}} \quad (2.12)$$

wo n_{mono} die Anzahl der monofunktionellen Reaktanden bedeutet.

Wenn die Masse der Endgruppen vernachlässigt werden kann, was bei hohen Molmassen der Fall ist, dann ist der Massenanteil W_n von n-Meren gegeben durch [11]

$$W_n = \frac{n \cdot N_n}{N_0} = n(1-U)^2 \cdot U^{(n-1)} \qquad (2.13)$$

mit N_0 als Anzahl aller Struktureinheiten.
Weicht das Einsatzverhältnis r von 1 ab, wenn beispielsweise ein Überschuß eines Reaktanden vorhanden ist, so werden der Polymerisationsgrad und die mittlere Molmasse erniedrigt. Verunreinigungen können die mittlere Molmasse ebenfalls signifikant reduzieren. Für die meisten Lackanwendungen werden jedoch aus Gründen der Löslichkeit Kondensationspolymere mit relativ niedriger Molmasse verwendet, so daß dieser Zusammenhang für derartige Anwendungen nicht kritisch ist. Ein größeres Problem stellt die Reinheit der Monomeren hingegen bei der Faserherstellung mit Molmassen über 100 000 dar, wo eine hohe Molmasse wesentlich für die faserbildenden Eigenschaften ist.

2.1.1.2 Gleichgewichtsverhältnisse

Im Unterschied zur Polymerisation ist die Polykondensation reversibel; für die Reaktion gilt das Massenwirkungsgesetz:

$$K = \frac{[\text{Kettenbindung}]\,[H_2O]}{[A]\,[B]} \qquad (2.14)$$

Wenn die molaren Mengen der Monomeren stets gleich sind, dann ist

$$[A] = [B] = \frac{n_F}{n_G} \qquad (2.15)$$

und

$$[\text{Kettenbindung}] = \frac{n_U}{n_G} \qquad (2.16)$$

mit n_G Molen der ursprünglich vorhandenen Gruppen, n_F Molen der freien, nicht umgesetzten und n_U Molen der umgesetzten Gruppen. Da $n_U + n_F = n_G$, ist auch

$$\frac{n_U}{n_G} + \frac{n_F}{n_G} = 1 \qquad (2.17)$$

Mit dem Umsatz $U = n_U/n_G$ und den Gleichungen 2.14 bis 2.17 ergibt sich

$$K = \frac{U\,[H_2O]}{(1-U)^2} \qquad (2.18)$$

oder

$$\frac{1}{1-U} = \sqrt{\frac{K}{U\,[H_2O]}} \qquad (2.19)$$

Da aber der mittlere Polymerisationsgrad $\overline{P_n}$ ebenfalls $1/1-U$ ist (siehe Gleichung 2.9), stellt dieser Ausdruck eine Beziehung zwischen dem mittleren Polymerisationsgrad und der Gleichgewichtskonstanten dar. Bei hohen Gleichgewichtskonstanten ist auch ein hoher Polymerisationsgrad zu erreichen. Je niedriger die Wasserkonzentration ist, desto höher wird der Polymerisationsgrad. Andererseits kann die Molmasse eines Kondensationspolymeren nicht nur durch Wasserzusatz, sondern auch durch Zusatz weiterer Mengen eines Monomeren reduziert werden.

2.1.1.3 Verzweigende Polykondensation

Die bisherige Diskussion der Theorie der Polykondensation beschränkte sich auf lineare Polymere, die sich bei der Reaktion bifunktioneller Monomerer bilden, also z. B. bei der Polyesterherstellung aus Dicarbonsäuren und Diolen. Für die meisten lacktechnischen Anwendungen ist jedoch ein gewisser Grad an Verzweigung erforderlich, um den Anteil an Polymervernetzungen, der für die Filmbildung notwendig ist, besser steuern zu können. Die Verzweigung erhöht die Tendenz zur Filmbildung des Systems bei einer vorgegebenen Zeit und Temperatur. Die meisten Kondensationspolymere, die als Lackbindemittel verwendet werden, enthalten gewisse Anteile an tri- oder gar tetrafunktionellen Reaktanden, die zugesetzt werden, um Verzweigungen in die Polymerkette einzufügen. Der Reaktionsablauf muß bei diesen Systemen besonders sorgfältig kontrolliert werden, um einerseits das Maximum an gewünschter Verzweigung bei der entsprechenden Molmasse zu erzielen, andererseits jedoch Gelierung im Reaktor zu vermeiden.
Verzweigte Makromoleküle entstehen, wenn bei der Kondensation neben den difunktionellen Monomeren höherfunktionelle Säuren oder Polyole mitverwendet werden; sie sind in Lösemitteln noch löslich (Bild 2.1).
Bei weiter ansteigendem Gehalt an polyfunktionellen Monomeren entstehen dreidimensional vernetzte Makromoleküle. Die vernetzten Polymeren sind nicht mehr schmelzbar und in Lösemitteln nicht mehr löslich. Sie sind in Lösemitteln quellbar, soweit die Vernetzungsbrücken eine Deformation erlauben. Bei der Herstellung von Lackharzen muß dafür Sorge getragen werden, daß keine Vernetzungen erfolgen, sondern allenfalls ver-

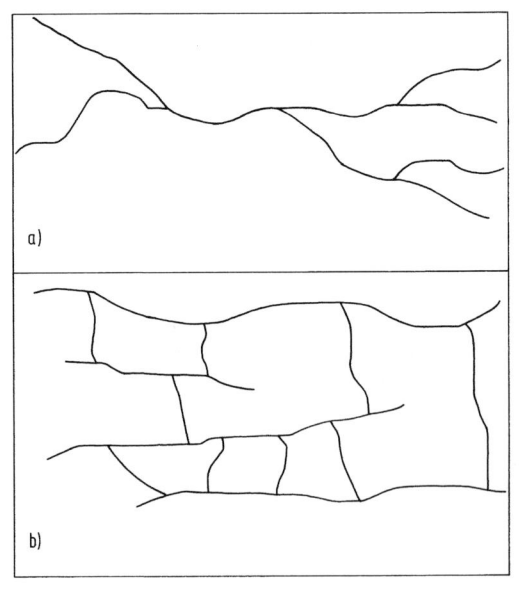

Bild 2.1. Verzweigte a) und vernetzte Makromoleküle b)

2.1 Polykondensation

zweigte und damit noch lösliche Polymere erhalten werden. Vernetzungen dürfen erst auf dem zu beschichtenden Substrat erfolgen; diesen Vorgang bezeichnet man als Härtung. Viele Phenol-, Melamin-, Harnstoffharze oder Isocyanatgruppen-tragende Polymere sind derart härtbare Harze, sie sind vernetzbar durch Einwirken von Wärme. Man bezeichnet sie daher als thermisch-härtbare Harze, die durch Einbrennen vernetzt werden.

Die Vernetzung kann in manchen Fällen schon bei Raumtemperatur erfolgen, wenn ein Vernetzungs-Katalysator verwendet wird, z.B. Vernetzung von Harnstoffharzen durch Säureeinwirkung. Ein sehr geringer Vernetzungsgrad führt zu noch quellbaren Beschichtungen, sehr eng vernetzte Makromoleküle quellen dagegen nicht und liefern daher lösemittelbeständige Beschichtungen. Bei der Durchführung der Polykondensation muß durch richtige Auswahl der Monomeren und ihrer Funktionalität darauf geachtet werden, daß man nicht in den Bereich der Gelierung gelangt; nur lösliche Polykondensate können lacktechnisch verarbeitet werden. Lackharze mit Gelanteilen verursachen bereits Fehler in den daraus hergestellten Beschichtungen, wie Krater und Nadelstiche, durchgelierte Harze sind sogar unbrauchbar, da sie nicht verarbeitet werden können.

Um die Gelierung eines Systems vorherzusagen, gibt es zahlreiche rechnerische Ansätze und Näherungen. Das einfachste Verfahren ist von *Flory* entwickelt worden.

Die Voraussetzung der gleichen Reaktivität muß nicht grundsätzlich übertragbar sein auf tri- und höherfunktionelle Monomere. Beispielsweise ist die sekundäre Hydroxylgruppe von Glycerin bedeutend weniger reaktiv als die primären, während die vier funktionellen Gruppen des Pentaerythrit alle gleiche Reaktivität aufweisen.

An einem einfachen Beispiel der Kondensation des Systems

$$A-B_{f-1} \quad \text{mit} \quad f>1 \tag{2.20}$$

sollen statistische Überlegungen zur Verzweigung angestellt werden. Die Reaktanden weisen nur eine A-Gruppe auf, die Funktionalität der B-Gruppe ist f. Die Anzahl N_B der nicht reagierten B-Gruppen pro Molekül ist

$$N_B = 1 + (f-2)\overline{P_n} \tag{2.21}$$

In einem Polymeren mit der Funktionalität $f=3$ und dem Polymerisationsgrad $P_n=9$ sind daher 10 B-Gruppen vorhanden.

Die Reaktion einer B-Gruppe führt zu einer Verzweigungsstelle; der Umsatz U_B der Reaktion von B-Gruppen ist daher gleich der Wahrscheinlichkeit α für eine Verzweigung (Verzweigungsgrad, Verzweigungskoeffizient). Da ein Monomermolekül eine A-Gruppe und $f-1$ B-Gruppen trägt, muß der Umsatz der A-Gruppe gleich $U_A=(f-1)U_B$ sein. Der Verzweigungsgrad ist also

$$\alpha = U_B = \frac{U_A}{f-1} \tag{2.22}$$

Im allgemeinen kann α aus der Art der Reaktanden und ihrem Verhältnis zueinander sowie dem Umsatz U berechnet werden. Das Zahlenmittel des Polymerisationsgrades der Reaktanden ist durch den Umsatz der A-Gruppen gegeben

$$\overline{P_n} = \frac{1}{1-U_A} = \frac{1}{1-\alpha(f-1)} \tag{2.23}$$

Bei $U_A=1$ geht $P_n \to \infty$ und

$$\alpha = U_B \to \frac{1}{f-1} \tag{2.24}$$

Vernetzung tritt ein, wenn $\alpha(f-1) > 1$ wird. Der Verzweigungskoeffizient besitzt einen kritischen Wert von

$$\alpha_{krit} = \frac{1}{f-1} \tag{2.25}$$

2.1.1.4 Kritischer α-Wert

α kann beschrieben werden als der Verzweigungskoeffizient, der die Wahrscheinlichkeit wiedergibt, mit der eine Folge von Bindungen von einer zufällig gewählten Verzweigungseinheit aus zu einer anderen Verzweigungseinheit geknüpft wird. Wenn eine Gruppe reagiert hat, gibt es $f-1$ mögliche Wege zur nächsten Einheit, so daß $\alpha(f-1)$ die Wahrscheinlichkeit ist, mit der die nächste Einheit erreicht wird; wenn diese Wahrscheinlichkeit 1 ist, dann ist $\alpha = \alpha_{krit}$ und Gelierung erfolgt (Gleichung 2.25), die Bildung eines unendlichen Netzwerks ist möglich.

Dieser kritische Wert wird nach *Flory* wie folgt errechnet:

Es wird vorausgesetzt, daß eine trifunktionelle Verzweigungseinheit vorliegt mit gleicher Reaktivität der funktionellen Gruppen. Jede Kette, die mit einer Verzweigungseinheit endet, wächst weiter unter Bildung von zwei weiteren Ketten. Wenn beide Enden mit einer Verzweigungseinheit enden, werden vier weitere Ketten gebildet usw.

Wenn $\alpha < 1/2$, dann ist die Wahrscheinlichkeit, daß jede Kette zu einer Verzweigungseinheit führt, klein. Wahrscheinlicher ist es dann, daß die Kette mit einer nicht-reagierten funktionellen Gruppe enden wird. Das Netzwerk kann sich nicht unbegrenzt bilden, die Kettenabbruch-Reaktionen sind häufiger als die Kettenverzweigung. Bei $\alpha > 1/2$ jedoch hat jede Kette die gleiche Chance, zwei Ketten zu erzeugen. Diese zwei Ketten bilden wiederum $4 \cdot \alpha$ neue Ketten, n Ketten bilden also $2n \cdot \alpha$ neue Ketten. Die Verzweigung von Folgeketten setzt sich bis zur unbegrenzten Struktur fort. Für ein trifunktionelles System ist daher ein Wert von $\alpha = 1/2$ der kritische Wert α_{krit} für die Gelierung.

Wenn mehr als eine Verzweigungseinheit vorhanden ist, ist f der mittlere Wert aus der Zahl der funktionellen Gruppen jeder Einheit und ihrer relativen molaren Konzentrationen.

Dies zeigt, daß es am einfachsten ist, die Wahrscheinlichkeit einer Gelierung aus der Berechnung der Funktionalität eines Systems vorherzusagen. Wenn die Funktionalität gleich oder größer als 2 ist, wird Gelierung auftreten, ist die Funktionalität dem Wert 2 sehr nahe, ist Gelierung möglich. Dies kann aber nur als Richtschnur dienen.

Die Funktionalität für das Gesamtsystem F ist definiert als die Anzahl der funktionellen Gruppen, die an der Reaktion pro anwesendes Molekül teilnehmen können, z.B.

$$m\ A\text{–}A\ +\ n\ B\text{–}B\ +\ q\ A\overset{\underset{\displaystyle |}{A}}{\text{–}}A\ \longrightarrow\ \text{Polymer} \tag{2.26}$$

- Bei exakter Äquivalenz der funktionellen Gruppen ist

$$F = \frac{2m + 2n + 3q}{m + n + q} \tag{2.27}$$

F ist größer als 2, daher ist Gelierung bei einem bestimmten Reaktionsgrad wahrscheinlich.

- Bei einem Überschuß von A-Gruppen ist die Funktionalität $F < 2$, d.h. Gelierung ist nicht wahrscheinlich.

Nach *Carothers* ist bei $\overline{P_n}$ als Zahlenmittel des Polymerisationsgrads und f als mittlere Zahl der funktionellen Gruppen pro Monomermolekül der Umsatz der Reaktion U

$$U = \frac{2}{f} - \frac{2}{\overline{P_n} \cdot f} \tag{2.28}$$

Bei Gelierung wird P_n sehr groß, so daß das Ausmaß der Reaktion bei der Gelierung U_{Gel} wird:

$$U_{Gel} = \frac{2}{f} \tag{2.29}$$

Es ist daher möglich, den theoretischen Grad der Reaktion, an dem Gelierung auftritt, aus der Funktionalität des Systems zu errechnen.

Neben den bisher betrachteten intermolekularen Reaktionen der funktionellen Gruppen können auch intramolekulare Reaktionen ablaufen. Dies kann zur Bildung von Ringen führen. Die Wahrscheinlichkeit für die Ringbildung ist abhängig von der Kettenlänge zwischen den miteinander reagierenden funktionellen Gruppen, ist aber üblicherweise recht klein.

Für nicht-lineare Kondensationen sind die gemessenen Werte von α_{krit} infolge intramolekularer Reaktion immer größer als die aus $1/f-1$ berechneten (siehe Gleichung 2.25). Bei einigen intramolekularen Reaktionen werden Ringe gebildet, bei anderen erfolgen Kopf-Schwanz-Verknüpfungen [12].

Die Theorien unterscheiden sich in der Vorhersage des Gelpunktes. Viele Lackharze versucht man so nahe wie möglich am Gelpunkt herzustellen, ohne die gewünschten Eigenschaften zu verlieren. Die Kenntnis des Gelpunktes einer Formulierung ist daher aus zwei Gründen sehr wichtig:

1. um die Gelierung im Reaktor zu stoppen,
2. um die Harzeigenschaften zu maximieren.

Für die Voraussage der Gelierung seien drei Theorien in ihren Aussagen einander gegenüber gestellt:

Flory: $\alpha_{krit} = 1/f - 1$ \hfill (2.30)

Kilb: $\alpha_{krit} = 1/(f-1)(1-\lambda_k)$ \hfill (2.31)

Frisch: $\alpha_{krit} = 1/(f-1)[1-\lambda_k(1-\lambda_F)]$ \hfill (2.32)

λ_k und λ_F sind die *Kilb*- und die *Frisch*-Konstanten, die Ringbildungsparameter darstellen. *Frisch* nimmt bei seiner Ableitung ein symmetrisches Wachstum von einer zentralen Verzweigungseinheit an, während *Kilb* eine lineare Folge von Verzweigungseinheiten zur Voraussetzung hat.

Die Konstanten λ_k und λ_F sind Ausdrücke für die Wahrscheinlichkeit, mit der eine Folge von Bindungen von einer gewählten Verzweigungseinheit zu einer neuen Verzweigungseinheit führt, die aber bereits mit der gewählten Einheit verknüpft ist. λ ist daher die Summe von Wahrscheinlichkeiten zur Bildung von Ringstrukturen unterschiedlicher Größe [13].

2.2 Polyaddition

Unter dem Begriff Polyaddition [14] versteht man die Anlagerung funktioneller Gruppen an Doppelbindungen oder unter Ringöffnung an Ringe (die als potentielle Doppelbin-

dungen aufgefaßt werden können). Bei der Polyaddition werden im Gegensatz zur Polykondensation keine niedermolekularen Produkte abgespalten.
Schematisch kann die Polyaddition durch die selben Gleichungssysteme 2.1 bis 2.3 wie die Polykondensation beschrieben werden. Eine typische Polyaddition ist die Umsetzung von Polyisocyanaten mit Substanzen, die mehrere bewegliche Wasserstoffatome besitzen [15]. Ein Beispiel ist die Reaktion von Diisocyanaten wie Hexamethylendiisocyanat mit 1,4-Butandiol:

$$O=C=N-(CH_2)_6-N=C=O + HO-(CH_2)_4-OH \\ \downarrow \\ O=N=C-(CH_2)_6-NH-COO-(CH_2)_4-OH \qquad (2.33)$$

Das Primäraddukt, welches eine Isocyanat- und eine Hydroxylgruppe trägt, reagiert mit Hydroxyl- und Isocyanatgruppen eines anderen Moleküls weiter unter Bildung von Polyurethanen. Eine weitere bekannte Polyadditionsreaktion ist die Härtung von Epoxidharzen mit Di- oder Polyaminen.

Die Polyadditionsreaktion kann bei der Herstellung von Lackharzen angewendet werden, z.B. zur Herstellung von Polyurethanharzen und Epoxidharz-Voraddukten. Besonders häufig ist diese Reaktion aber auch die Basis für die Umsetzung einer Harzkomponente mit einem Härter in Form der bekannten Zweikomponentenlacke.

2.3 Radikalische Polymerisation

Während bei der Polykondensation und Polyaddition der Aufbau von Makromolekülen nur schrittweise, über isolierbare Zwischenstufen (Dimere, Trimere, usw.) zu makromolekularen Verbindungen führt und nur unter Anwendung besonderer verfahrenstechnischer Maßnahmen Molmassen über 20 000 g/mol erhalten werden, entstehen bei der Polymerisation – sozusagen in einem Anlauf – Makromoleküle mit meist sehr hohen Molmassen von 10^5–10^6 g/mol. Die Ursache hierfür sind die unterschiedlichen Polymerisationsmechanismen.

Die radikalische Polymerisation (siehe Kap. 8) [16 bis 22] geht von ungesättigten Monomeren mit reaktionsfähigen Doppelbindungen aus, also von Produkten mit der allgemeinen Formel

$$CH_2=CH, \atop | \atop X \qquad (2.34)$$

wobei X sein kann $-O-CO-CH_3$, $-O-CO-C_2H_5$, $-Cl$, -Aromat oder $-O$-Alkyl.

Das Monomere, meist ein Derivat des Ethylen, muß in der ersten Stufe durch Energiezufuhr (z.B. Licht [23 bis 25] oder Wärme) oder durch Katalysatoren aktiviert und das Molekül in einen Zustand höherer Reaktivität überführt werden. Diese Umwandlung geschieht durch Addition eines aus dem Initiator entstandenen Radikals $I^\bullet$:

$$I^\bullet + CH_2=CH \longrightarrow I-CH_2-CH^\bullet \atop | \qquad \qquad | \atop X \qquad \qquad X \qquad (2.35)$$

Das neu gebildete Radikal lagert nun im Sinne einer Kettenwachstumsreaktion weitere Monomere an, bis in einer Kettenabbruchreaktion das Radikal abgefangen wird unter Bildung eines polymeren Moleküls. Für die Polymerisation ist typisch, daß keine niedermolekularen Produkte abgespalten werden und daß nach dem Kettenabbruch Makromoleküle vorliegen, die ohne Aktivierung nicht mehr weiterwachsen können.

Zu den Polymerisationsharzen gehören Polyacrylate und -methacrylate, Vinylharze wie Vinylchlorid-, Vinylalkohol-, Vinylester- und Vinylether-(co)polymerisate, Polyolefine, natürliche und synthetische Kautschuke sowie Cumaronharze (siehe Kap. 8).

2.3.1 Theorie der Polymerisation

Die Polymerisation von C–C-Doppelbindungen wird initiiert durch freie Radikale [26]. Der Reaktionsablauf erfolgt in folgenden Stufen:

- Zerfall von Initiatormolekülen
- Initiierung der Startreaktion unter Bildung von Monomerradikalen
- Wachstumsreaktion
- Kettenabbruchreaktion durch
  - Kombination,
  - Disproportionierung,
  - Addition von Initiatorradikalen.

2.3.1.1 Zerfall von Initiatormolekülen und Bildung von Initiatorradikalen

Freie Radikale entstehen beim thermischen Zerfall von Peroxiden oder Azoverbindungen (z.B. Benzoylperoxid, Azobisisobutyronitril [27]). Eine charakteristische und wichtige Größe für einen Initiator ist seine Halbwertszeit $t_{1/2}$. Dies ist die Zeit, in der die Hälfte des Initiators sich bei der entsprechenden Temperatur zersetzt hat. Die Halbwertszeit nimmt mit steigender Temperatur ab und ist abhängig von der chemischen Art und Struktur der Initiatoren. Andererseits ist die Auswahl des Initiators und die Temperatur, bei der die Polymerisation durchgeführt wird, abhängig von der Art der zu polymerisierenden Monomeren und ihrer Mischung, der Art ihrer Zugabe und der Zugabe des Initiators [28 bis 30].

Um eine vollständige Reaktion mit möglichst geringem Restmonomerengehalt zu erreichen, ist ein Überschuß von Radikalen notwendig. Die Radikale bilden sich durch homolytische Spaltung nach folgender Gleichung

$$I_2 \xrightarrow[\text{Wärme}]{k_d} 2\, I^{\bullet} \tag{2.36}$$

Die Reaktionsgeschwindigkeit ist typabhängig und ergibt sich nach folgender Gleichung

$$-\frac{d[I]}{dt} = k_d\,[I] \tag{2.37}$$

2.3.1.2 Startreaktion

Das primär gebildete Radikal $I^{\bullet}$ kann mit einem Monomermolekül zu einem Polymerketten-Initiatorradikal reagieren:

$$I^{\bullet} + M \longrightarrow IM^{\bullet} \tag{2.38}$$

Alternativ können die freien Initiatorradikale auch rekombinieren

$$I^\bullet + I^\bullet \longrightarrow I_2 \tag{2.39}$$

Die Geschwindigkeit der Startreaktion R_{St} ist definiert als

$$R_{St} = -\frac{d[IM^\bullet]}{dt} = k_{St}[I^\bullet][M] = 2 f k_d [I] \tag{2.40}$$

mit der molaren Initiator-Konzentration [I] und der Initiatorwirksamkeit f (Anteil der Radikale, die die Polymerisation initiieren).

2.3.1.3 Wachstumsreaktion

Die Wachstumsreaktion ist eine der wichtigsten Reaktionen bei der Polymerisation. Hier werden die Monomereinheiten miteinander unter Bildung der Polymeren verknüpft. Die gebildete Radikalkette addiert weitere Monomere. Die Reaktivität als freies Radikal bleibt dabei erhalten.

$$IM^\bullet + M \longrightarrow IMM^\bullet \tag{2.41}$$

$$I(M)_n M^\bullet + M \longrightarrow I(M)_{n+1} M^\bullet \tag{2.42}$$

Die Geschwindigkeitskonstante für die Polymerisation oder das Kettenwachstum ist k_p. Dabei nimmt die mittlere Molmasse des entstehenden Radikals zu, welches für weiteres Wachstum zur Verfügung steht. Die Wachstumsgeschwindigkeit ist abhängig von der Konzentration des Monomeren und der wachsenden Kette:

$$R_p = -\frac{d[M]}{dt} = k_p [M] [IM_n M^\bullet] \tag{2.43}$$

2.3.1.4 Kettenabbruchreaktion

Um eine wachsende Radikalkette abzubrechen, gibt es verschiedene Wege:

- Kombination von Radikalen:

$$IM_n M^\bullet + IM_m M^\bullet \longrightarrow IM_{(m+n+2)} I \tag{2.44}$$

mit der Geschwindigkeitskonstanten k_k. An Stelle der Polymerkettenradikale können auch Initiatorradikale mit den Kettenradikalen kombinieren.

- Disproportionierung:

$$\begin{array}{l} IM_n-CH_2-CHX^\bullet + IM_m-CH_2-CHX^\bullet \longrightarrow \\ IM_n-CH=CHX + IM_m-CH_2-CH_2X \end{array} \tag{2.45}$$

mit der Geschwindigkeitskonstanten k_d. Bei der Disproportionierung wird formal ein Wasserstoffatom unter Bildung einer ungesättigten und einer gesättigten Verbindung verschoben. Die Doppelbindung steht für weitere Reaktionen zur Verfügung. Da die Beweglichkeit der entstandenen ungesättigten Verbindung jedoch geringer ist als die von Monomeren, ist die Wahrscheinlichkeit einer Weiterreaktion gering. Polystyrolkettenradikale brechen meist infolge Kombination ab, während Polymethylmethacrylat-Ketten eher zur Disproportionierung neigen.

2.3 Radikalische Polymerisation

Weitere Abbruchreaktionen erfolgen durch

- Kollision mit der Wandung des Reaktionsgefäßes
- Reaktion mit Verunreinigungen
- Reaktion mit Luftsauerstoff
- Reaktion mit Radikalfängern
- Kettenübertragung [31].

Die Kettenübertragung ist ein spezieller Fall der Abbruchreaktionen. Sie kann erfolgen auf

- das Lösemittel bei Lösungspolymerisationen,
- zugesetzte Regler, die verwendet werden zur Steuerung der Molmasse,
- zugesetzte Inhibitoren, wie z.B. stabile Radikale [32] vom Typ Chinon.

Charakteristisch für die Kettenübertragungsreaktion ist, daß sich die Konzentration an freien Radikalen insgesamt nicht verändert:

$$IM_mM^{\bullet} + RX \longrightarrow IM_mMX + R^{\bullet} \tag{2.46}$$

Die Geschwindigkeitskonstante für die Kettenübertragungsreaktion ist k_{tr}, RX ist das Lösemittel, Regler, Inhibitor und dergleichen. X ist meist ein reaktives Wasserstoffatom, kann aber auch Halogen bedeuten. Regler, wie z.B. Mercaptane, werden im allgemeinen in Mengen von 1 bis 2% eingesetzt. Das gebildete Radikal $R^{\bullet}$ ist weiteren Reaktionen zugänglich.

2.3.1.5 Kinetik der Polymerisation

Die Reaktionsgeschwindigkeitsgleichungen der Initiierung und des Kettenwachstums wurden bereits erwähnt.
Bei der Kettenabbruchreaktion können mehrere Reaktionen nebeneinander ablaufen und miteinander konkurrieren:
Infolge Kombination oder Disproportionierung verschwinden zwei Radikalketten pro Abbruchreaktion. Die Reaktionsgeschwindigkeit hierfür ist

$$R_{ab} = -\frac{d[M^{\bullet}]}{dt} = 2 k_{ab} [IM_nM^{\bullet}] [IM_mM^{\bullet}] \tag{2.47}$$

Wenn vereinfachend die Molzahl der Radikale gleich ist und $M^{\bullet}$ gesetzt wird, ergibt sich

$$R_{ab} = 2 k_{ab} [M^{\bullet}]^2 \tag{2.48}$$

Die Geschwindigkeit der Wachstumsreaktion (siehe Gleichung 2.43) ist dann entsprechend

$$R_p = k_p [M] [M^{\bullet}] \tag{2.49}$$

Es wird schnell ein stationärer Zustand erreicht, in dem die Geschwindigkeiten der Radikalbildung bzw. der Startreaktion und Radikalvernichtung gleich sind (siehe Gl. 2.40):

$$R_{St} = R_{ab} \tag{2.50}$$

$$2 f k_d [I] = 2 k_{ab} [M^{\bullet}]^2 \tag{2.51}$$

oder

$$[M^{\bullet}] = \sqrt{\frac{f k_d [I]}{k_{ab}}} \tag{2.52}$$

Für die Wachstumsreaktion ergibt sich dann

$$R_p = k_p [M] \sqrt{\frac{f k_d [I]}{k_{ab}}} \tag{2.53}$$

Die Reaktionsgeschwindigkeit der Polymerisation ist proportional der Monomerkonzentration und der Wurzel aus der Initiatorkonzentration. Mit zunehmender Temperatur steigen die Werte von k_d, k_p und k_{ab} an; als Faustregel kann gelten, daß eine Temperaturerhöhung von 10 °C die Reaktionsgeschwindigkeit verdoppelt. Mit steigender Reaktionstemperatur wird aber die mittlere Molmasse erniedrigt.
Die Initiatorwirksamkeit ist normalerweise 1. Wenn f jedoch sehr klein ist, dann ist R_p vorwiegend abhängig von der Monomerkonzentration. Wenn f größer als 1 ist, ist die Reaktion autokatalytisch beschleunigt.
Ein bei der radikalischen Polymerisation häufig verwendeter Begriff ist der der kinetischen Kettenlänge l_{kin}. Die mittlere kinetische Kettenlänge l_{kin} gibt an, wieviele Monomermoleküle durch ein Initiatorradikal polymerisiert werden, bevor das Polymerradikal durch eine Abbruchreaktion vernichtet wird. Der Polymerisationsgrad und somit die Molmasse stehen demnach in enger Beziehung zur kinetischen Kettenlänge. Sie kann im stationären Zustand in Beziehung zu den Wachstums- und Abbruchgeschwindigkeiten gesetzt werden:

$$l_{kin} = \frac{R_p}{R_{ab}} = \frac{k_p}{2 k_{ab}} \cdot \frac{[M]}{[M^\bullet]} \tag{2.54}$$

Die kinetische Kettenlänge ist umgekehrt proportional der Radikalkonzentration und damit auch umgekehrt proportional der Polymerisationsgeschwindigkeit. Ersetzt man in der Gleichung die Radikalkonzentration unter Verwendung der Gleichung 2.49, so ergibt sich

$$l_{kin} = \frac{(k_p [M])^2}{2 k_{ab} R_p} \tag{2.55}$$

Eliminiert man R_p durch den Ausdruck der Gleichung 2.53, so erhält man die Abhängigkeit der kinetischen Kettenlänge von der Initiatorkonzentration [I]:

$$l_{kin} = \frac{k_p [M]}{2 \sqrt{f k_d k_{ab} [I]}} \tag{2.56}$$

Demnach steigert zwar die Erhöhung der Initiatorkonzentration die Polymerisationsgeschwindigkeit, die kinetische Kettenlänge und damit die Molmasse werden jedoch erniedrigt.
Das Zahlenmittel des Polymerisationsgrades $\overline{P_n}$, definiert als das Zahlenmittel der Monomereinheiten pro Polymerkette, kann aus der Sicht der Kinetik auch ausgedrückt werden als das Verhältnis der Wachstumsgeschwindigkeit zur kombinierten Geschwindigkeit aller Kettenabbruchreaktionen. Bei einem Abbruch durch Disproportionierung ist der Polymerisationsgrad gleich der mittleren kinetischen Kettenlänge

$$\overline{P_n} = l_{kin},$$

bei einem Abbruch durch Kombination ist

$$\overline{P_n} = 2 l_{kin}.$$

2.3 Radikalische Polymerisation

Aus den kinetischen Überlegungen ist für den Polymerisationsvorgang zu folgern:

- Die Bildung eines Polymermoleküls erfolgt spontan von einem aktiven Zentrum aus. Polymere und Monomere sind in jedem Moment der Reaktion vorhanden.
- Erhöhung der Temperatur und der Initiatorkonzentration erhöhen die Reaktionsgeschwindigkeit, erniedrigen jedoch die Molmasse.
- Kettenübertragungsreaktionen erniedrigen den Polymerisationsgrad, ohne die Polymerisationsgeschwindigkeit zu beeinflussen.
- Die Molmassen der Polymeren sind statistisch verteilt, die Verteilung wird durch die Art der Polymerisationstechnik beeinflußt. Wenn alle Monomeren zu Beginn der Reaktion zugegeben werden, erhält man eine andere Molmassenverteilung, als wenn das Monomere während des Prozesses kontinuierlich zugegeben wird.

Bei der radikalischen Polymerisation reagieren die Monomeren nur mit den relativ wenigen Starter-Radikalen oder Radikal-Ionen, nicht aber untereinander. Aus den wenigen aktiven Wachstumszentren wachsen die Ketten in kurzer Zeit (Größenordung 1 s) bis zu bestimmter Länge und beteiligen sich nach erfolgter Abbruchreaktion nicht mehr an der Polymerisation. Diese Art des Kettenwachstums hat zur Folge, daß die Länge der entstehenden Ketten vom Umsatz weitgehend unabhängig ist, ganz im Gegensatz zum Reaktionstyp der ionischen Polymerisation, der gerade durch eine starke Abhängigkeit der Kettenlänge vom Umsatz gekennzeichnet ist.

In Bild 2.2 ist die Abhängigkeit der Molmasse vom Umsatz schematisch für die radikalische Polymerisation (a) und die Polykondensation (c) gegeben [33, 34].

Bei der ionischen Polymerisation, die formal ebenfalls durch Gleichungen 2.36, 2.38, 2.41, 2.42, 2.44 und 2.45 beschrieben werden kann, nimmt die Molmasse bzw. die Kettenlänge linear mit dem Umsatz zu (b). Dieser Fall ist durch ein gleichmäßig schnelles Wachsen aller Ketten von einer konstant bleibenden Anzahl aktiver Zentren aus gekennzeichnet („living polymerization").

Bild 2.3 verdeutlicht die Unterschiede in der Art des Kettenwachstums bei den verschiedenen Polymersynthesen.

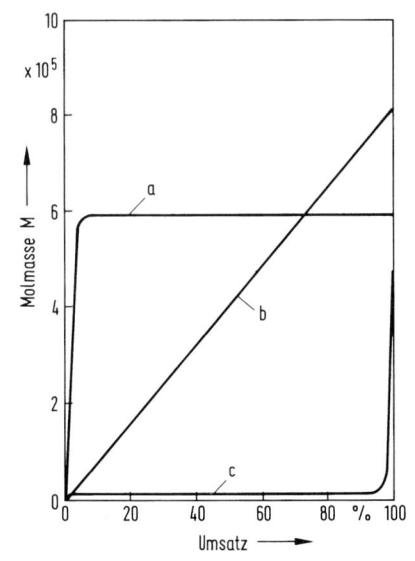

Bild 2.2. Abhängigkeit der Molmasse vom Umsatz
a): radikalische Polymerisation
b): ionische Polymerisation
c): Polykondensation

Bild 2.3. Schematische Darstellung der Abhängigkeit der Molmasse (Polymerisationsgrad) vom Umsatz ($U=30\%$, 50%, 80%)
a) radikalische Polymerisation; M_W ist unabhängig vom Umsatz
b) ionische Polymerisation; M_W ist abhängig vom Umsatz
c) Polykondensation; M_W hängt bis zu 80% wenig vom Umsatz ab
Die Länge der jeweiligen Linien entspricht der Länge der Polymerisatketten (d.h. der Molmasse)

Eine Selbstbeschleunigung, bei der Molmasse und Viskosität stark und schnell ansteigen – sogenannter *Trommsdorff*-Effekt –, tritt manchmal auf [35 bis 37]. Hierbei sind die freien aktiven Radikale infolge einer ungenügenden Durchmischung des Reaktionsansatzes auf engem Raum eingeschlossen, die Monomereinheiten werden in einer exothermen Reaktion schnell an die wachsende Kette gefügt und der Ansatz kann „durchgehen". Einige Monomere neigen verstärkt zu diesem Effekt, wie z.B. Methylmethacrylat. Derartige Reaktionen sind schwierig zu kontrollieren.

2.3.2 Copolymerisation [38]

Für die meisten Lackanwendungen sind Polymere aus einer Mischung von zwei oder mehr Monomeren die Produkte der Wahl. Im Unterschied zu Homopolymeren sind die Copolymeren besser in Lösemitteln löslich und neigen weniger zur Kristallisation. Außerdem kann durch entsprechende Wahl der Comonomeren das Eigenschaftsbild des Copolymeren nach Maß eingestellt werden.

2.3 Radikalische Polymerisation

Bei einem Copolymeren aus zwei Monomeren können die Bausteine in verschiedener Weise zueinander angeordnet sein; im einfachsten Fall einer Copolymerisation aus nur 2 Monomeren kann eine Vielfalt von Strukturen erhalten werden, von denen die vier wichtigsten hier vorgestellt werden sollen.

- *Statistische Copolymere*

Die Monomere werden statistisch in die Kette eingebaut:

$$\sim\!\!\sim ABBABAAAABABBBB \sim\!\!\sim$$

- *Alternierende Copolymere*

Die Monomeren sind regelmäßig alternierend in die Kette eingebaut.

$$\sim\!\!\sim ABABABABABABA \sim\!\!\sim$$

- *Blockcopolymere*

Die Monomeren werden in „Blöcken" in die Kette eingebaut:

$$A\sim\!\!\sim AAAABBBB\sim\!\!\sim B$$

- *Pfropfcopolymere*

$$
\begin{array}{ccc}
(B)_n & & (B)_n \\
| & & | \\
\multicolumn{3}{c}{AAAAAAAAAAAAAAAAAAAAAAAAAAA} \\
| & & | \\
(B)_n & & (B)_n
\end{array}
$$

Durch Pfropfen werden verzweigte oder nichtlineare Blockcopolymere gebildet (siehe Bild 2.1). Derartig verzweigte oder sogar vernetzte Polymere können auf einfache Weise durch die Verwendung von z. B. Divinylverbindungen hergestellt werden.

Die Faktoren, die den Verlauf sogar einfacher Copolymerisationen bestimmen, sind viel komplexer als die bei einer Homopolymerisation. Da die Tendenz zweier Monomerer, bei der Copolymerisation in eine Kette eingebaut zu werden, sehr unterschiedlich sein kann, hängt die Art der gebildeten Copolymeren von der Art und Reaktivität der verwendeten Monomeren ab. Bei der Copolymerisation einer äquimolaren Mischung zweier Monomerer kann sich zusätzlich die chemische Zusammensetzung des Produktes im Verlauf der Reaktion verändern. Dieses Phänomen ist ein Merkmal vieler Copolymerisationen und wird der unterschiedlichen Reaktivitäten der beiden Monomeren in der Mischung zugeschrieben. Die Vorhersage des Ablaufs der Copolymerisation erfolgt in der Regel mit Hilfe von Copolymerisationsparametern [39, 40] bzw. dem Q-e-Schema von *Alfrey* und *Price* [41, 42].

2.3.2.1 Kinetik der Copolymerisation [37]

Beim Kettenwachstum von zwei Monomeren M_1 und M_2 können folgende Reaktionen auftreten

$$M_1^{\bullet} + M_1 \xrightarrow{k_{11}} M_1 M_1^{\bullet} \tag{2.57}$$

$$M_1^{\bullet} + M_2 \xrightarrow{k_{12}} M_1 M_2^{\bullet} \tag{2.58}$$

$$M_2^{\bullet} + M_2 \xrightarrow{k_{22}} M_2 M_2^{\bullet} \tag{2.59}$$

$$M_2^{\bullet} + M_1 \xrightarrow{k_{21}} M_2 M_1^{\bullet} \tag{2.60}$$

Im stationären Zustand ist die Bildungsgeschwindigkeit der freien Radikale gleich ihrer Vernichtungsgeschwindigkeit. Für den stationären Zustand der Copolymerisation gilt nach *Flory*

$$k_{21} [M_2^\bullet] [M_1] = k_{12} [M_1^\bullet] [M_2] \tag{2.61}$$

Die Geschwindigkeiten des Monomerverbrauchs sind

$$-\frac{d[M_1]}{dt} = k_{11} [M_1^\bullet] [M_1] + k_{21} [M_2^\bullet] [M_1] \tag{2.62}$$

$$-\frac{d[M_2]}{dt} = k_{22} [M_2^\bullet] [M_2] + k_{12} [M_1^\bullet] [M_2] \tag{2.63}$$

Eliminierung der Radikalkonzentrationen durch Gleichung 2.61 und Division der Gleichungen 2.62 und 2.63 miteinander ergibt

$$\frac{d[M_1]}{d[M_2]} = \frac{[M_1]}{[M_2]} \cdot \frac{r_1 [M_1]/[M_2] + 1}{[M_1]/[M_2] + r_2} \tag{2.64}$$

mit den Reaktivitätsverhältnissen oder Copolymerisationsparametern der Monomeren

$$r_1 = k_{11}/k_{12} \tag{2.65}$$
und $\quad r_2 = k_{22}/k_{21} \tag{2.66}$

Diese Verhältnisse können zur Vorhersage der Zusammensetzung eines Copolymeren herangezogen werden [42 bis 47]. Der Copolymerisationsparameter r_i ist der Ausdruck für die Tendenz des Monomeren i, mit sich selbst oder mit anderen Monomeren zu reagieren. Folgende Grenzfälle seien hervorgehoben:

$r_i = 0$: Die Geschwindigkeitskonstante des Homowachstums ist 0, die wachsende Radikalkette lagert nur das fremde Monomer an. Es entsteht ein alternierendes Copolymerisat.

$r_i < 1$: Die wachsende Kette addiert beide Monomersorten, lagert aber das fremde Monomer bevorzugt an.

$r_i = 1$: Fremdes und gleiches Monomere werden mit gleicher Wahrscheinlichkeit addiert; es entstehen statistische Copolymerisate.

$r_i > 1$: Das eigene Monomer wird bevorzugt, aber nicht ausschließlich angelagert

$r_i = \infty$: Es entstehen nur Homopolymerisate

Die meisten Copolymerisationsparameter sind unabhängig von der Temperatur, den Lösemitteln und anderen Faktoren, die die kinetische Geschwindigkeit beeinflussen, da alle vier Geschwindigkeitskonstanten der Gleichungen 2.57 bis 2.60 in gleicher Weise beeinflußt werden.

2.4 Ionische Polymerisation

Je nach Startreaktion (siehe Kap. 8.2) unterscheidet man zwischen radikalischer, ionischer und Metallkomplex-Polymerisation. Bei der ionischen Polymerisation erfolgt die Addition von Monomeren an wachsende Makroionen; sie kann anionisch [48] oder kationisch [49] erfolgen. Während bei der radikalischen Polymerisation nur eine Sorte der aktiven,

wachsenden Kette vorliegt, nämlich das Polymerradikal, existieren bei der ionischen Polymerisation meist mehrere aktive Spezies nebeneinander, wie z.B. freie Ionen, Ionenpaare oder Ionenassoziate [50, 51].
Metallkomplex-Polymerisationen (*Ziegler-Natta*-Polymerisation) werden durch spezielle Katalysatoren (Übergangsmetallverbindungen und Metallalkyle, *Ziegler*-Katalysatoren [52, 53]) ausgelöst [54 bis 59]. Hierzu gehören auch die Polyinsertionen.
Die Art der Initiierung hat einen großen Einfluß auf die Art der Bildung der Polymerisate. Bestimmte Copolymerisate können nur dadurch erhalten werden, daß man spezifische ausgewählte Initiierungssysteme benutzt. Die meisten Polymerisate, die als Bindemittel für Beschichtungen verwendet werden, werden jedoch durch radikalische Polymerisation hergestellt (siehe Kap. 8).

Literatur zu Kapitel 2

[1] *G. E. Ham*: Kinetics and Mechanism of Polymerization, Vol. 3: Condensation Polymerization. Dekker, New York 1967
[2] *D. H. Solomon*: Theory of Polyesterification with Particular Reference to Alkyd Resins. Revs. Macromol. Chem. **C1** (1966) 179–212
[3] *D. H. Solomon*: Step-Growth Polymerizations. Dekker, New York 1972
[4] *W. H. Carothers* und *J. W. Will*, J. Am. Chem. Soc. **54** (1932) 1579–1587
[5] *R. H. Kienle*, J.S.C.I. **55** (1936) 229 T
[6] *H. Mark* und *G.S. Whitby* (Hrsg): The Collected Papers of W.H. Carothers on High Polymeric Substances. Interscience, New York 1950
[7] *P. J. Flory*, J. Am. Chem. Soc. **58** (1936) 1877
[8] *P. J. Flory*: Principles of Polymer Chemistry. Cornell University Press, Ithaca, N. Y. 1986
[9] *A. M. Kotliar*, J. Polym. Sci. – Macromol. Revs. **16** (1981) 367
[10] *J. Dörffel, J. Rüter, W. Holtrup* und *R. Feinauer*, Farbe + Lack **82** (1976) 796–800
[11] *P. J. Flory*, J. Chem. Phys. **12** (1944) 425
[12] *G. Stepto* et al., Colloid & Polymer, Sec. 258, (1980) 663–674
[13] *W. H. Stockmayer*, J. Pol. Sci. **IX** (1952) Nr. 1, 69–71
[14] *D. A. Smith*: Addition Polymers – Formation and Characterization. Plenum Press, New York 1968
[15] *K. C. Frisch* und *L. P. Rumao*: Catalysis in Isocyanate Reactions. Revs. Macromol. Chem. **C5** (1970) 103–150
[16] *H. Staudinger* und *W. Frost*, Chem. Ber. **68** (1935) 2351–2362
[17] *G. D'Alelio*: Fundamental Principles of Polymerization. Wiley, New York 1952
[18] *J. C. Bevington*: Radical Polymerization. Academic Press, New York 1961
[19] *H. J. Hagemann*, Progr. Organic Coatings **13** (1985) Nr. 2, 123
[20] *P. Mehnert*, Angew. Chem. **86** (1974) 869–902
[21] *I. Piirma* und *J. L. Gardon*: Emulsion Polymerization. Am. Chem. Soc., Washington 1976
[22] *I. Piirma*: Emulsion Polymerization. Academic Press, New York 1982
[23] *A. Weiss*, Macromol. Chem. **3** (1967) 587
[24] *R. C. Potter, C. Schneider, M. Ryska* und *D. O. Hummel*, Angew. Chem. **80** (1968) 921–932
[25] *H. Barzynski, K. Penzien* und *O. Volkert*, Chemiker-Ztg. **96** (1972) 545–551
[26] *J. C. Bevington*, J. Chem. Soc. (1956) 1127
[27] *C. G. Overberger, W. F. Hale, M. B. Berenbaum* und *A. B. Finestone*, J. Am. Chem. Soc. **76** (1954) 6185–6187
[28] *P. Mehnert*, Ang. Chem. **86** (1974) 869–902
[29] *A. M. North*: The Kinetics of Free Radical Polymerization. Pergamon Press, Oxford 1965
[30] *L. Küchler*: Polymerisationskinetik. Springer, Heidelberg 1951
[31] *G. Henrici-Olivé* und *S. Olivé*, Adv. Pol. Sci. **2** (1961) 496–577
[32] *J. Brandrup* und *E. H. Immergut*: Polymer Handbook. Interscience, New York 1966, S. 11–71
[33] *H. G. Elias*: Makromoleküle. Hüthig & Wepff, Basel, Heidelberg, New York 1990
[34] *B. Vollmert*: Grundriß der Makromolekularen Chemie. Vollmert, Karlsruhe 1982

[35] R. G. W. Norrish und R. R. Smith, Nature **150** (1942) 336
[36] E. Trommsdorff, H. Köhle und P. Lagally, Makromol. Chem. **1** (1948) 169
[37] G. V. Schulz, Z. Phys. Chem. [N.F.] **8** (1956) 290–317
[38] G. E. Ham: Copolymerization, High Polymers. Interscience, New York 1964
[39] P. Wittmer, Makromol. Chem. Suppl. **3** (1979) 129
[40] R. Z. Greenley, J. Macromol. Sci. Chem. **A14** (1980) 455
[41] R. Z. Greenley, J. Macromol. Sci. Chem. **A14** (1980) 427
[42] T. Alfrey und C. C. Price, Pol. Sci. **2** (1947) 101–106
[43] F. R. Mayo und F. M. Lewis, J. Am. Chem. Soc. **66** (1944) 1594–1601
[44] W. H. Stockmayer, J. Chem. Phys. **13** (1945) 199–207
[45] M. Fineman und S. D. Ross, Pol. Sci. **5** (1950) 269
[46] V. Jaacks, Makromol. Chem. **105** (1967) 289
[47] J. Brandrup und E. H. Immergut: Polymer Handbook. Wiley, New York 1975
[48] M. Szwarc, Adv. Pol. Sci. **2** (1960) 275–306
[49] J. P. Kennedy, Pol. Sci. **A2** (1964) 381–390, 1441–1461
[50] G. Heublein: Zum Ablauf ionischer Polymerisationen. Akademie-Verlag, Berlin 1975
[51] M. Szwarc, Acc. Chem. Res. **2** (1969) 87
[52] K. Ziegler, Angew. Chem. **76** (1964) 545
[53] G. Natta, Angew. Chem. **76** (1964) 553
[54] G. Natta und F. Danusso (Hrsg): Stereoregular Polymers and Stereospecific Polymerizations. Pergamon Press, Oxford 1967
[55] G. Henrici-Olivé und S. Olivé, Angew. Chem. **79** (1967) 764–773
[56] G. Henrici-Olivé und S. Olivé, Adv. Pol. Sci. **6** (1969) 421–472
[57] P. Heimbach und R. Traunmüller: Chemie der Metall-Olefin-Komplexe. Verlag Chemie, Weinheim 1970
[58] D. Schnell und G. Fink, Ang. Makromol. Chem. **39** (1974) 131–147
[59] J. C. W. Chien (Hrsg): Coordination Polymerization. Academic Press, New York 1975

3 Basiseigenschaften

Dr. Dieter Stoye

Polymere, wie sie durch die in Kapitel 2 beschriebenen Grundreaktionen hergestellt werden, bestehen aus unterschiedlich großen Molekülen gleichen oder sehr ähnlichen Aufbaus. Die Produkte besitzen keine einheitliche Molmasse, sondern weisen eine mehr oder weniger breite Molmassenverteilung auf. Der Aufbau der Moleküle, ihre Feinstruktur, ihre Molmasse und Molmassenverteilung bestimmen die wichtigsten Eigenschaften der polymeren Harze.

3.1 Die Struktur der Polymerketten [1, 2]

Die Monomereinheiten, aus denen die Polymeren aufgebaut sind, können miteinander in unterschiedlicher Weise verknüpft werden (siehe auch Kap. 2, Bild 2.1):

linear   −M−M−M−M−M−M−M−   (3.1)

verzweigt   −M−M−M−M−M−M−M−   (3.2)
                        |
                        M
                        |
                        M

vernetzt   −M−M−M−M−M−M−M−   (3.3)
                | |
                M   M
                | |
            −M−M−M−M−M−M−M−M−
              | |
              M   M
              | |
            −M−M−M−M−M−M−M−M−

Verwendet man bei den beschriebenen Grundreaktionen zur Bildung von Makromolekülen bifunktionelle Monomere, also Dicarbonsäuren, Diole, Diisocyanate oder Monomere mit einer Doppelbindung, so erhält man linear aufgebaute Polymerketten. Setzt man jedoch drei- oder höherfunktionelle Monomere, wie Triole oder Polyalkohole, Tricarbonsäuren, Monomere mit zwei oder mehr Doppelbindungen, ein, kommt man hingegen zu verzweigten Molekülen.

Verzweigte Moleküle mit mehr als zwei reaktiven Gruppen können unter geeigneten Bedingungen mit anderen verzweigten Molekülen an mehreren Stellen reagieren. Bei dieser „Vernetzung" wird ein räumliches, dreidimensionales Netzwerk gebildet. Die vernetzten Polymeren sind nicht mehr schmelzbar und in Lösemitteln nicht mehr löslich. Sie sind in Lösemitteln quellbar, soweit die Vernetzungsbrücken eine Deformation erlauben. Bei der Herstellung von Lackharzen muß dafür Sorge getragen werden, daß keine Vernetzungen erfolgen, sondern allenfalls verzweigte und damit noch lösliche und verarbeitungsfähige Polymere erhalten werden. Vernetzungen sollten erst auf dem zu beschichtenden Substrat bei der sogenannten Härtung durch Wärmeeinwirkung (Einbrennen) oder Katalysatoren erfolgen (siehe Kap. 6.2 – Amido- und Aminoharze, Kap. 6.3 – Phenolharze, Kap. 7.1 – Polyisocyanatharze, Kap. 7.2 – Epoxidharze) [3, 4].

Die Struktur der Polymerkette hat großen Einfluß auf viele physikalische Eigenschaften des Polymeren, insbesondere auf die Löslichkeit und die Lösungsviskosität, aber auch auf lacktechnische Eigenschaften wie Haftung auf dem Substrat, Lösemittel- und Chemikalienbeständigkeit der Beschichtung, Witterungsstabilität, Elastizität, Thermoplastizität, Härte und Steifigkeit [5].

3.2 Stereochemie der Polymerkette

Es gibt zwei grundsätzliche Betrachtungsweisen, um die Mikrostruktur einer Polymerkette zu charakterisieren:

- die Art der Kombination der Monomereinheiten miteinander,
- die Taktizität und Di-Taktizität.

3.2.1 Verknüpfung der Monomereinheiten

Die Mikrostruktur eines Polymeren ist abhängig von der Orientierung des Monomeren in der Kette. Für ein Monomeres, welches Additionspolymere bildet und den Aufbau

$$CH_2=CXY \tag{3.4}$$

mit unterschiedlichen Substituenten X und Y besitzt, gibt es drei unterschiedliche Wege des Kettenwachstums:

Kopf-Schwanz-Verknüpfung:
$$-CH_2-C^*XY + CH_2=CXY \longrightarrow -CH_2-CXY-CH_2-C^*XY \tag{3.5}$$

Kopf-Kopf-Verknüpfung:
$$-CH_2-C^*XY + CXY=CH_2 \longrightarrow -CH_2-CXY-CXY-C^*H_2 \tag{3.6}$$

Schwanz-Schwanz-Verknüpfung:
$$-CXY-C^*H_2 + CH_2=CXY \longrightarrow -CXY-CH_2-CH_2-C^*XY \tag{3.7}$$

Welche Reaktion bevorzugt abläuft, ist abhängig von der Stabilität und Energie der jeweiligen Monomereinheit und des Radikals. Diese sind wiederum abhängig von der Art der Substituenten. Im allgemeinen ist die Radikalstruktur $-C^*XY$ stabiler als $-C^*H_2$. Aus diesem Grunde sind in Polymeren zumeist Kopf-Schwanz-Verknüpfungseinheiten gemäß Gleichung 3.5 vorhanden wie z.B. im Polystyrol, Polyvinylchlorid, Polyvinylacetat und Polyvinylalkohol. Alkylierte oder halogenierte Acrylatmonomere bilden bei der Polymerisation hingegen Kopf-Kopf- oder Schwanz-Schwanz-Struktureinheiten. In hochmolekularen Polymeren findet man in der Regel eine Verteilung aller genannten Mikrostruktureinheiten, wobei die Verteilung abhängig von der Art der Monomeren ist. Bei der ionischen Polymerisation ist die stereochemische Einheitlichkeit des Polymeren allgemein größer als bei der radikalischen Polymerisation der gleichen Monomereinheit.

Bei der Verknüpfung von Monomeren mit zwei oder mehr Kohlenstoff-Doppelbindungen können trans- und cis-Isomere entstehen, wenn die Enden der Monomeren jeweils miteinander reagieren. Derartige cis-trans-Isomeren liegen z. B. bei niedermolekularen Polybutadienen vor:

$$-CH_2 \diagdown CH=CH \diagup CH_2-CH_2 \diagdown CH=CH \diagup CH_2-$$

1,4-cis-Konfiguration

$$-CH_2 \diagdown CH=CH \diagdown CH_2-CH_2 \diagup CH=CH \diagup CH_2-$$

1,4-trans-Konfiguration

(3.8)

3.2.2 Taktizität der Polymeren

Ein Kohlenstoffatom mit zwei verschiedenen Substituenten, z.B. X und H, ist in einem Polymeren asymmetrisch, da die Länge und die Struktur der mit ihm verbundenen Polymerketten R_1 und R_2 unterschiedlich ist.

$$\begin{array}{cc} H & H \\ | & | \\ X\text{''''}C\text{-}R_1 \quad R_1\text{''''}C\text{-}X \\ R_2 & R_2 \end{array}$$

(3.9)

Polymere mit einer regelmäßigen Verteilung beider Konfigurationen werden als taktische Polymere bezeichnet, solche mit einer unregelmäßigen, statistischen Verteilung als ataktische Polymere. Wenn sich die gleiche Konfiguration des asymmetrischen Kohlenstoffatoms entlang der Polymerkette wiederholt, spricht man von einem isotaktischen Polymeren. Wenn die Konfiguration an jedem folgenden asymmetrischen Kohlenstoffatom alterniert, hat man ein syndiotaktischen Polymeres vor sich.

isotaktisch
$$\begin{array}{c} H\ X\ H\ X\ H\ X\ H\ X \\ |\ \ |\ \ |\ \ |\ \ |\ \ |\ \ |\ \ | \\ -C-C-C-C-C-C-C-C- \\ |\ \ |\ \ |\ \ |\ \ |\ \ |\ \ |\ \ | \\ H\ Y\ H\ Y\ H\ Y\ H\ Y \end{array}$$

(3.10)

syndiotaktisch
$$\begin{array}{c} H\ X\ H\ Y\ H\ X\ H\ Y \\ |\ \ |\ \ |\ \ |\ \ |\ \ |\ \ |\ \ | \\ -C-C-C-C-C-C-C-C- \\ |\ \ |\ \ |\ \ |\ \ |\ \ |\ \ |\ \ | \\ H\ Y\ H\ X\ H\ Y\ H\ X \end{array}$$

(3.11)

Wenn die asymmetrischen Kohlenstoffatome in der Kette direkt aufeinander folgen, können zwei Typen di-isotaktischer Strukturen, die threo- und die erythro-Form, entstehen:

erythro-di-isotaktisch
$$\begin{array}{c} X\ Y\ X\ Y\ X\ Y\ X\ Y \\ |\ \ |\ \ |\ \ |\ \ |\ \ |\ \ |\ \ | \\ -C-C-C-C-C-C-C-C- \\ |\ \ |\ \ |\ \ |\ \ |\ \ |\ \ |\ \ | \\ H\ H\ H\ H\ H\ H\ H\ H \end{array}$$

(3.12)

threo-di-isotaktisch

$$\begin{array}{c} \text{X H X H X H X H} \\ |\ |\ |\ |\ |\ |\ |\ | \\ -C-C-C-C-C-C-C-C- \\ |\ |\ |\ |\ |\ |\ |\ | \\ \text{H Y H Y H Y H Y} \end{array} \qquad (3.13)$$

Die analogen di-syndiotaktischen Mikrostrukturen sind bisher nicht realisiert worden. Die Taktizität der Polymeren beeinflußt deren Löslichkeit, die Kristallinität und die Erweichungspunkte. Da auf dem Beschichtungssektor nur selten Homopolymere verwendet werden, ist die Bedeutung der Taktizität der Harze und Bindemittel auf diesem Gebiet in der Regel nur gering.

3.3   Molmasse der Harze

Die Moleküle im Polymeren haben unterschiedliche Größe, es gibt daher keine einheitliche Molmasse eines Polymeren. Die analytisch bestimmbaren Polymer-Molmassen sind daher Mittelwerte einer Molmassenverteilung [6]. Diese Mittelwerte der Molmasse können unterschiedlich definiert werden:

Das *Zahlenmittel* der Molmasse M_n erhält man durch Summation der Einheiten in einem Polymeren, wobei jede Einheit die Molmasse M_i besitzt

$$\overline{M_n} = \sum n_i \cdot M_i \qquad (3.14)$$

Dabei ist n_i der Zahlenanteil der Moleküle mit der Größe i im Polymeren.

Zur Bestimmung des Zahlenmittels der Polymermolmasse kann man sich aller physikalischer Methoden bedienen, die von der Anzahl der Teilchen abhängig sind. Hierzu gehören der Dampfdruck, die Siedepunktserhöhung, Gefrierpunktserniedrigung, der osmotische Druck und die Analyse der Endgruppen [7, 8].

Das *Massenmittel* der Molmasse M_w ergibt sich nach Gleichung 3.15, worin w_i der Massenanteil der Moleküle in dem Polymeren mit der Größe i ist.

$$\overline{M_w} = \sum w_i \cdot M_i \qquad (3.15)$$

Das Massenmittel des Polymeren erhält man bei der Bestimmung durch Lichtstreuung und nach der Sedimentationsmethode (Zentrifugenmethode) [6, 9 bis 11].

Das *Viskositätsmittel* der Molmasse beruht darauf, daß die Grenzviskosität (intrinsic viscosity) von Polymerlösungen von der Molmasse nach folgender Gleichung (*Mark-Houwink*-Gleichung) abhängig ist [6, 12]:

$$[\eta] = k \cdot \overline{M_v}^a \qquad (3.16)$$

Dabei sind a und k temperaturabhängige Konstante für ein Lösemittel-Polymersystem, die aus einem Referenz-Polymeren mit bekannter Molmasse ermittelt werden können.

Das Viskositätsmittel der Molmasse M_v liegt üblicherweise zwischen dem Zahlenmittel M_n und dem Massenmittel M_w.

Das Verhältnis des Massenmittels zum Zahlenmittel der Molmasse ist die Polydispersität D, die eine Aussage über die Breite der Molmassenverteilung zuläßt (siehe Kap. 11).

$$D = \frac{\overline{M_w}}{\overline{M_n}} \qquad (3.17)$$

Wenn die Polydispersität ungefähr 1 ist, das Zahlenmittel und Massenmittel der Molmasse also nahezu gleich groß sind, dann liegt eine enge Molmassenverteilung vor; das Polymere ist monodispers. In der Praxis werden Polymere mit höherer Polydispersität noch als monodispers bezeichnet. Ist die Polydispersität wesentlich größer, d.h. wenn das Massenmittel deutlich höhere Werte besitzt als das Zahlenmittel der Molmasse, handelt es sich um ein polydisperses System mit einer breiten Molmassenverteilung.

Die Breite der Molmassenverteilung wird häufig auch über die Uneinheitlichkeit U_M definiert.

$$U_M = M_w/M_n - 1 \tag{3.18}$$

M_w und M_n sind das Massen- bzw. Zahlenmittel der Molmasse. Bei $M_w/M_n=1$, d.h. $U_M=0$, besteht das Polymere aus einheitlich großen Makromolekülen. Je weiter sich das Verhältnis M_w/M_n von 1 entfernt, desto uneinheitlicher sind die Polymeren. Bei der anionischen Polymerisation findet man U-Werte zwischen 0,05 und 0,2 (vgl. Kap. 8 und Bild 8.1). Vergleichsweise findet man für radikalische Polymerisate bestenfalls $U_M=1$ bzw. $M_w/M_n=2$.

Die Molmassenverteilung von Polymeren kann direkt durch Gel-Permeationschromatographie bestimmt werden [13, 14]. Die Molmassenverteilungen von Polymeren unterscheiden sich charakteristisch, ob sie durch Polymerisation (siehe Kap. 8) [15] oder Polykondensation [16, 17] erhalten wurden.

Die Molmasse der Harze und Polymeren beeinflußt u.a. die Löslichkeit in Lösemitteln, die Viskosität der Lösungen, den Erweichungspunkt, die Flexibilität der Beschichtungen, die Thermoplastizität.

Bei Polymeren wird häufig, besonders im deutschen Sprachraum, auch der sogenannte K-Wert nach Fikentscher als Maß für die Molmasse verwendet. Dabei gelten folgende Gleichungen 3.19 und 3.20 (mit $K=1000\ k$) [18]:

$$\frac{\log \eta_{rel}}{c} = [75\,k^2/(1+1{,}5\,k \cdot c)] + k \tag{3.19}$$

Für $c \to 0$ ergibt sich als einfacher Zusammenhang zwischen dem k-Wert und der Grenzviskosität

$$[\eta] = 2{,}3\ (75\,k^2 + k) \tag{3.20}$$

3.4 Kristallinität und Glastemperatur

Damit Polymere Kristallstrukturen ausbilden können, müssen die Polymerketten die Möglichkeit haben, sich einander zu nähern und sich zu einer Packung falten zu können. Die Gruppen an benachbarten Ketten sollten miteinander in Wechselbeziehung treten, damit eine möglichst enge Anordnung entsteht. Hohe Polarität der Polymeren begünstigt das Kristallisationsverhalten, da aufgrund von molekularen Wechselwirkungskräften die Moleküle zusammengehalten werden können [19 bis 22]. Ein kristallines Polymeres besitzt ein definiertes Schmelzverhalten innerhalb eines schmalen Temperaturbereiches. Mit ansteigender Molmasse kann sich der Schmelzbereich verbreitern. Beispiele für kristalline oder halbkristalline Polymere sind Homopolyamide.

Amorphe Polymere sind bei niedrigen Temperaturen glasähnlich hart und transparent, sie befinden sich in einem Glaszustand. Beim Erwärmen schmelzen sie – abhängig von der Molmasse – zu einer mehr oder weniger hochviskosen Flüssigkeit oder gehen in einen gummiartigen Zustand über. Die Temperatur, bei der ein Polymeres vom glasartigen Zustand in den gummiartigen Zustand übergeht, bezeichnet man als Glastemperatur T_g. Für teilkristalline Polymere wird der Übergang vom harten kristallinen Zustand zum flexiblen als T_g definiert.

Die Glastemperatur ist eine Übergangstemperatur 2. Ordnung, verbunden mit einer Eigenschaftsänderung hart-glasartig-spröde zu weich-flexibel. Bei dieser Temperatur wird die Hauptkette des Polymeren beweglich [23, 24].

Bei der Glastemperatur ändern sich einige andere Produkteigenschaften wie der Schubmodul, das spezifische Volumen, die Brechzahl, die Dichte, die Dielektrizitätskonstante oder die thermische Leitfähigkeit. Die Bestimmung der Temperaturabhängigkeit dieser Größen dient somit zur Ermittlung der Glastemperatur. Hervorragend zur Bestimmung der Glastemperatur ist die Differential-Thermoanalyse (DTA) [25, 26] geeignet.

Die Glastemperatur von Polymeren kann beeinflußt werden durch die Polarität der Monomeren, die Größe der Substituenten an der Polymerkette, die Art der Copolymerisation, die Taktizität, die Steifheit der Polymerkette, die Größe der Molmasse, den Verzweigungsgrad und den Grad der Vernetzung.

Für ein Copolymeres aus zwei Monomeren kann die Filmhärte nach Gleichung 3.21 abgeschätzt werden.

$$1/T_G = W_1/T_{G1} + W_2/T_{G2} \qquad (3.21)$$

Hier sind T_{G1} und T_{G2} die Glastemperaturen der jeweiligen Homopolymerisate und W_1 und W_2 ihre Massenanteile im Copolymerisat.

Auch zunehmende Verzweigung senkt die Glastemperatur, ebenso wie zugesetzte Weichmacher oder eingeschlossene Lösemittel. Lackharze mit einer hohen Glastemperatur besitzen häufig unbefriedigende Verlaufseigenschaften, die durch Zusätze verbessert werden müssen.

Die Glastemperatur von Lackharzen liegt meist zwischen 0 und 80 °C. Die Höhe der Glastemperatur beeinflußt die Flexibilität, die Härte, Blockfestigkeit, die Beständigkeit beim Sterilisieren, den kalten Fluß des Harzes, die Mindestfilmbildungstemperatur von Dispersionen und zahlreiche andere Eigenschaften [27].

3.5 Löslichkeit und Viskosität

Die kettenförmigen Moleküle eines Harzes sind in der Regel miteinander verknäuelt [28 bis 30]. Um sie voneinander zu trennen, zum Beispiel durch Einwirken von Lösemitteln oder durch Erwärmen bis zum Fließen, müssen Kohäsionskräfte überwunden werden. Je länger das einzelne Kettenmolekül ist, desto stärker ist es verknäuelt, desto schwieriger auch von anderen Molekülen zu trennen. Je höher die Polymer-Molmasse ist, desto schwieriger ist das Polymere zu lösen und desto höher ist die Lösungsviskosität.

Von weiterem Einfluß auf die Lösungsviskosität ist der Zustand der Polymerkette in der Lösung. Die kettenförmigen Moleküle können sich lang strecken oder sich verknäueln oder irgendeinen Zwischenzustand einnehmen. Je gestreckter das Molekül ist, desto höher ist die Viskosität der Lösung, je stärker der Verknäuelungsgrad ist, desto niedriger. So erklärt sich die unterschiedliche Viskosität ein und desselben Harzes in verschiedenen Lösemitteln. Die Lösemittel üben je nach Molmasse, Molekularaufbau und Polarität einen starken Einfluß auf die Makromoleküle aus. Auch die Lösetemperatur und das Alter der Lösung kann die Form der Makromoleküle und damit die Viskosität ihrer Lösung verändern.

3.7 Polymerverträglichkeit

Nach Einstein steht die relative Viskosität einer Lösung in Beziehung zum Volumenanteil ρ der gelösten oder dispergierten Phase in der Lösung nach folgender Beziehung [31]

$$\eta_{rel} = 2{,}5\,\rho + 1 \tag{3.22}$$

Die relative Viskosität ist der Quotient aus der Lösungsviskosität und der Eigenviskosität des Lösemittels und daher leicht zu ermitteln

$$\eta_{rel} = \frac{\eta_L}{\eta_0} \tag{3.23}$$

Die spezifische Viskosität ist

$$\eta_{sp} = \eta_{rel} - 1 = (\eta_L - \eta_0)\,\eta_0 \tag{3.24}$$

Das Einsteinsche Viskositätsgesetz gibt eine Beziehung zwischen der auf die Konzentration in der Lösung reduzierte spezifische Viskosität, die als Viskositätszahl, Grenzviskosität oder Staudinger-Index bezeichnet wird, und der mittleren Knäueldichte des Polymeren in der Lösung [32, 33].

$$\frac{\eta_{sp}}{c} = [\eta] = \frac{2{,}5}{\rho_{equ}} \tag{3.25}$$

Für unendlich verdünnte Lösungen, d.h. $c \rightarrow 0$, ergibt sich die Grenzviskosität $[\eta]$, die nach der allgemeinen Viskositätsgleichung für makromolekulare Lösungen in Beziehung zur Molmasse steht (siehe auch Gleichung 3.16):

$$[\eta] = k_{[\eta]} \cdot M^a \tag{3.26}$$

3.6 Polarität und Raumerfüllung durch Substituenten

Die Polarität der Polymeren wird wesentlich bestimmt durch den Polymerkettenaufbau und die Art der Substituenten an der Polymerkette. Die Polarität schränkt infolge verstärkter Wechselwirkung der Moleküle miteinander die molekulare Beweglichkeit der Polymerketten ein, bestimmt somit die Steifigkeit, den Zusammenhalt der Polymerketten und damit wichtige Eigenschaften wie Glastemperatur, Kristallisationsneigung, Löslichkeit, Härte, Kratzfestigkeit, Elastizität und Haftung. Wenn an der Polymerkette gleichsinnig geladene Gruppen gehäuft sind, stoßen sie einander ab: das Molekül wird gestreckt und versteift. Auch raumerfüllende Gruppen setzen die Beweglichkeit der Moleküle aus sterischen Gründen herab und haben daher einen gleichartigen Effekt. Daher sind beispielsweise Polyvinylchlorid mit einer Anhäufung von polaren Chloratomen und Polystyrol mit raumerfüllenden Phenylgruppen steifer und härter als normale Polyolefine. Andererseits ist aber zu beachten, daß raumerfüllende Gruppen das freie Volumen des Polymermoleküls vergrößern und damit eine Abnahme der Glastemperatur bewirken, die gegenläufig zur Erhöhung der Glastemperatur durch Verringerung der Molekülbewegung ist.

3.7 Polymerverträglichkeit

Bei gegebenen Polymeren ist ihre Verträglichkeit miteinander abhängig von der Polymerkonzentration und der Molmasse. Die Ursache für die Unverträglichkeit der Polymeren ist die Abnahme der Mischungsentropie mit steigender Molmasse, so daß nach der *Gibb-schen* Gleichung 3.27

$$\Delta G = \Delta H - T \Delta S \tag{3.27}$$

der im allgemeinen positive Beitrag von ΔH durch den Beitrag von $-T\Delta S$ nicht kompensiert und daher die freie Mischungsenthalpie ΔG positiv wird.

Die Mischungsenthalpie ΔH hängt von den Wechselwirkungskräften zwischen den Komponenten ab, die beschrieben werden kann durch die Kohäsionsenergiedichte oder den Löslichkeitsparameter. Nach Gleichung 3.28 wird ein Wechselwirkungsparameter χ definiert [34 bis 36].

$$\chi_{AB} = \frac{V}{RT}(\delta_A - \delta_B)^2 \approx \frac{(\delta_A - \delta_B)^2}{6} \tag{3.28}$$

Hiernach sind Polymere nur miteinander verträglich, wenn der Wechselwirkungsparameter einen bestimmten kritischen Wert, der molmassenabhängig zwischen 0,02 und 0,002 liegt, nicht überschreitet. Dies bedeutet zugleich, daß die Differenz der Löslichkeitsparameter der Polymeren einen maximalen kritischen Wert nicht überschreiten darf [37 bis 41].

3.8 Löslichkeitsparameter

Eine für die Ermittlung der Löslichkeitseigenschaften makromolekularer Stoffe wichtige Materialkonstante ist der Löslichkeitsparameter δ. Berücksichtigt man zugleich die Tendenz zur Wasserstoffbrückenbildung, so lassen δ-Werte gleicher Größenordnung Mischbarkeit bzw. Löslichkeit erwarten.

Der Löslichkeitsparameter δ ist definiert als die Wurzel aus der kohäsiven Energiedichte eines Stoffes [42, 43]:

$$\delta = \sqrt{e} \tag{3.29}$$

Bei Lösemitteln ist der Löslichkeitsparameter eine Funktion von Verdampfungswärme und Molvolumen entsprechend Gleichung 3.30:

$$\delta = \sqrt{\frac{(\Delta H_v - RT)}{V}} \tag{3.30}$$

Für den Praktiker sind die δ-Werte der Kunstharze Tabellen zu entnehmen [44, 45]. Diese Löslichkeitsparameter sind unter der Voraussetzung thermodynamisch abgeleitet worden, daß polare Kräfte und Wasserstoffbindungen im Vergleich zu Dispersionskräften eine untergeordnete Rolle spielen. In der Praxis ist dies jedoch nur ausnahmsweise der Fall, gerade die Lackharze tragen häufig polare und zur Wasserstoffbindung befähigte Gruppen. Es ist daher damit zu rechnen, daß Aussagen zur Löslichkeit der Lackharze aufgrund des Löslichkeitsparameterkonzepts in den meisten Fällen unzureichend sind. Um dies zu umgehen, hat es vielfältige Versuche gegeben, durch Einbeziehung zusätzlicher Hilfsgrößen wie Dipolmoment, Wasserstoffbindungsindices, Polaritätsvariable, Polarisierbarkeit zu genaueren, mit der Praxis besser übereinstimmenden Aussagen zu gelangen [46, 47]. Besonders brauchbar ist das Löslichkeitsparameterkonzept von *Hansen* [48], der den pauschalen Löslichkeitsparameter aufteilt in einen Dispersionsanteil, einen Polaritäts-

Tabelle 3.1. Löslichkeitsparameter von Lackharzen

Polymeres	Löslichkeitsparameter $(J/cm^3)^{1/2}$		
	δ_D	δ_P	δ_H
Kolophoniumharz	20,0	5,8	10,9
Kohlenwasserstoffharz	17,55	1,19	3,6
Polypropylen	17,19		
Polyisobuten	14,53	2,52	4,66
Terpenharz	16,47	0,37	2,84
Polystyrol	21,28	5,75	4,30
cis-Polybutadien	17,53	2,25	3,42
Styrol-Butadien-Copolymerisat	17,55	3,36	2,70
Polyvinylacetat	20,93	11,27	9,66
Polyvinylbutyral	18,60	4,36	13,03
Polyvinylchlorid	18,72	10,03	3,07
Polymethylmethacrylat	18,64	10,52	7,51
Polyethylmethacrylat	17,60	9,66	3,97
Celluloseacetat	18,60	12,73	11,01
Celluloseacetobutyrat	15,75	–	8,59
Cellulosenitrat	15,41	14,73	8,84
Epoxidharz	20,36	12,03	11,48
Resolphenolharz	19,74	11,62	14,59
Phenolharz	23,26	6,55	8,35
Polyamidharz	17,43	–	14,89
Langölalkydharz	20,42	3,44	4,56
Kurzölalkydharz	18,50	9,21	4,91
Polyethylenterephthalat	19,44	3,48	8,59
Gesättigter Polyester	21,54	14,94	12,28
Polyisocyanat, blockiert	20,19	13,16	13,07
Harnstoff-Formaldehydharz	20,81	8,29	12,71
Hexamethoxymethylmelamin	20,36	8,53	10,64

anteil und Wasserstoffbindungsanteil:

$$\delta = \sqrt{\delta_D^2 + \delta_P^2 + \delta_H^2} \tag{3.31}$$

Harze mit Löslichkeitsparametern, die mit denen der Lösemittel oder der Lösemittelmischung vergleichbar sind, sind in der Regel in diesen Lösemitteln gut löslich. Weichen die Löslichkeitsparameter von Harz und Lösemittel stärker voneinander ab, so muß man mit Unlöslichkeit oder Gelierung rechnen.

Literatur zu Kapitel 3

[1] *A. J. Hopfinger*: Conformational Properties of Macromolecules. Academic Press, New York 1973
[2] *M. Kurata* und *W. H. Stockmayer*, Adv. Pol. Sci. **3** (1963) 196–312
[3] *W. Funke*, Adv. Pol. Sci. **4** (1965) 157–235
[4] *K. Dusek*, Makromol. Chem. Suppl. **2** (1979) 35–50
[5] *K. Sato*, Progr. Org. Coatings **8** (1980) 1
[6]. *H. G. Elias, R. Bareiss* und *J. G. Watterson*, Adv. Pol. Sci. **11** (1973) 111–204
[7] *F. Hölscher*: Dispersionen synthetischer Hochpolymerer, Teil I. Springer, Heidelberg 1969, S. 4, 97

[8] G. V. Schulz, H. J. Cantow und G. Mayerhoff, in Houben-Weyl (Hrsg.): Methoden der organischen Chemie, Bd. 3/1. Thieme, Stuttgart 1955
[9] G. Meyerhoff, Angew. Chem. **72** (1960) 699–707
[10] H. A. Stuart: Die Physik der Hochpolymeren. 3. Aufl., Bd. I + II. Springer, Frankfurt 1953, 1967
[11] H. J. Cantow, Makromol. Chem. **30** (1959) 169–188
[12] G. Meyerhoff, Fortschr. d. Hochpol.-Forsch. **3** (1961) 59–105
[13] K. H. Altgelt und L. Segal: Gel Permeation Chromatography. Dekker, New York 1971
[14] H. Engelhardt: Hochdruck-Flüssigchromatographie. Springer, Heidelberg 1977
[15] G. V. Schulz, Z. Phys. Chem. (B) **30** (1935) 379–398
[16] P. J. Flory, J. Am. Chem. Soc. **58** (1936) 1877–1885
[17] G. V. Schulz, Z. Phys. Chem. (A) **182** (1938) 127–144
[18] H. Fikentscher, Cellulose-Chemie **13** (1932) 60
[19] H. G. Zachmann, Angew. Chem. **86** (1974) Nr. 8, 283–291
[20] H. Morawetz: Macromolecules in Solution. 2.Aufl. Interscience, New York 1975
[21] H. Krömer, Naturwiss. **63** (1976) 328
[22] M. Dröscher, Chemie in unserer Zeit **10** (1976) Nr. 4, 106
[23] M. Goldstein und R. Sinka: The Glass Transition and The Nature of The Glassy State. New York Academy of Science, New York 1976
[24] D. W. van Krevelen: Properties of Polymers – Their Estimation and Correlation with Chemical Structure. 2. Aufl. Elsevier, Amsterdam 1976
[25] I. Prigogine: The Molecular Theory of Solutions. Interscience, New York 1975
[26] M. Hoffmann, A. Krömer und R. Kuhn: Polymeranalytik II. Thieme, Stuttgart 1977, S. 173
[27] H. Burrel, Off. Dig. Fed. Soc. Paint Technol. (1962) Nr. 37 L, 131
[28] E. Turska, J. prakt. Chem. **313** (1971) Nr. 3, 387
[29] W. Kuhn, Kolloid Z. **68** (1934) 2–15
[30] E. Gut und H. F. Mark, Monatsh. Chem. **65** (1935) 93–121
[31] A. Einstein, Ann. Phys., IV. Folge, **19** (1906) 289-306; Ann. Phys. **24** (1911) 591–592
[32] P. Debye und A. M. Bueche, J. Chem. Phys. **16** (1948) 573–579
[33] T. G. Fox und P. J. Flory, J. Am. Chem. Soc. **73** (1951) 1904–1908
[34] M. L. Huggins, J. Phys. Chem. **46** (1942) 151; J. Am. Chem. Soc. **64** (1942) 1712
[35] H. Tompa, Trans. Faraday Soc. **45** (1949) 1142
[36] R. L. Scott, J. Chem. Phys. **17** (1949) 279
[37] J. H. Hildebrand und R. L. Scott: The Solubility of Nonelectrolytes. Reinhold, New York 1959; Regular Solution, Prentice-Hall, Englewood Cliffs, N.Y. 1962
[38] P. A. Small, J. Appl. Chem. **3** (1953) 71
[39] O. Fuchs, Ang. Makromol. Chem. **6** (1969) 79
[40] K. L. Hoy, J. Paint Techn. **42** (1970) 76
[41] D. M. Koehnen und C. A. Smolders, J. Appl. Pol. Sci. **19** (1975) 1163
[42] G. Scatchard, Chem. Rev. **8** (1931) 321
[43] H. Ahmad, J. Oil Col. Chem. Assoc. **63** (1980) 2
[44] C. M. Hansen und A. Beerbower, in: Kirk-Othmer (Hrsg.): Encyclopaedia of Chemical Technology. 2. Aufl. Suppl. Vol. Wiley, New York 1971, S. 889
[45] Eric A. Grulke in: J. Brandrup und E. H. Immergut (Hrsg): Polymer Handbook, 3. Aufl. Wiley, New York 1989
[46] E. B. Bagley und S. A. Chen, J. Paint Techn. **41** (1969) 494
[47] C. M. Hansen und K. Skaarup, J. Paint Techn. **39** (1967) 505
[48] C. M. Hansen, J. Paint Techn. **39** (1967) 104

4 Verarbeitungszustände

Dr. Peter Denkinger

Die Oberflächen der meisten Güter werden während oder spätestens nach ihrer Fertigstellung mit Beschichtungen versehen [1 bis 11]. Die Beschichtung hat die Aufgabe, das Gut gegen Witterungseinflüsse oder Verschleiß zu schützen und ihm zusätzlich das gewünschte Erscheinungsbild wie Farbe, Struktur oder Glanzgrad zu verleihen. Die Beschichtungen basieren in den meisten Fällen auf Polymeren und werden in dünnen Schichten von meist 0,001 bis 0,1 mm Dicke aufgetragen; Ausnahmen bilden Plastisole und Organosole. Die Polymeren müssen auf dem zu beschichtenden Substrat gut haften und einen porenfreien Film bilden. Durch den Vorgang der Filmbildung, den man als Trocknung bezeichnet, gehen die Polymeren in den festen Zustand über.

Am wichtigsten ist die Filmbildung aus dem flüssigen oder pastenförmigen Zustand wie aus Lösungen, Dispersionen oder Schmelzen. Eine besondere Bedeutung besitzt die Erzeugung von Filmen aus Pulvern, die über den geschmolzenen Zustand erfolgt. Auch Beschichtungsverfahren aus dem gasförmigen Zustand wie Metallisierungs- und Aufdampfverfahren sind bekannt.

Während des Beschichtungsvorganges der Materialien aus den unterschiedlichen Verarbeitungszuständen kann die Trocknung oder Härtung als Folge physikalischer und/oder chemischer Vorgänge ablaufen. Erfolgt die Filmbildung aus einer Schmelze oder durch Verdampfung des Löse- oder Dispergiermittels, ohne daß eine Reaktion zwischen den Lackbestandteilen eintritt, so spricht man von physikalischer Trocknung. Die chemische Trocknung hingegen ist dadurch gekennzeichnet, daß im Verlauf der Filmbildung chemische Reaktionen ablaufen, die zu vernetzten Makromolekülen führen. Dieser Vernetzungsvorgang kann als Selbstvernetzung von niedermolekularen Oligomeren oder Makromolekülen sowie durch Fremdvernetzung zwischen niedermolekularen Substanzen wie Vernetzern oder Vernetzerharzen mit Polymeren erfolgen.

4.1 Filmbildung aus Lösung

4.1.1 Polymerlösungen in organischen Lösemitteln

Bei gelösten Harzen und thermoplastischen Bindemitteln erfolgt die Filmbildung durch Verdunsten des organischen Lösemittels [12]. Eine Beschleunigung der Trocknung kann durch Erhöhung der Temperatur erreicht werden. Bei physikalisch-trocknenden Systemen kann das Bindemittel durch Zusatz von Lösemitteln wieder aufgelöst oder stark angequollen werden. Chemisch-trocknende Systeme können nach dem Trocknen durch Lösemittel zwar noch angequollen, aber prinzipiell nicht mehr aufgelöst werden.

Die aus Lösungen hergestellten Filme weisen im Vergleich zu Filmen aus Dispersionen aufgrund fehlender Zusatzstoffe, wie Emulgatoren und organischer bzw. anorganischer Salze, eine bessere Wasserfestigkeit auf.

Nachteilig wirken sich bei den Polymerlösungen die relativ hohen Kosten für Arbeits- und Umweltschutzmaßnahmen, die Brand- und Explosionsgefahr, die Kosten der Lösemittelrückgewinnung oder -verbrennung und die Toxizität der Lösemittel aus. Desweiteren nimmt die Viskosität von hochmolekularen Polymeren mit steigendem Feststoffgehalt annähernd linear zu (siehe Bild 8.5), so daß nur Lösungen mit relativ niedrigem Feststoffgehalt noch verarbeitet werden können.

In neuerer Zeit wurden lösemittelarme Systeme (high-solids) mit 20 bis 30 Massenprozent an organischen Lösemitteln entwickelt, die mit den herkömmlichen Anlagen verarbeitet werden können [13, 14]. Um eine verarbeitbare Viskosität bei so hohen Festkörpergehalten zu erreichen, wird die Molmasse der Polymeren verkleinert. Die Molmasse der physikalisch-trocknenden Bindemittel darf allerdings nicht zu niedrige Werte erreichen, da sonst die Beschichtungen zu weich und damit schmutzanfällig oder klebrig werden können sowie ihre mechanischen Eigenschaften, wie Härte und Elastizität, verlieren. Bei chemisch-trocknenden Systemen ist die Verwendung von größeren Härtermengen zur Vernetzung erforderlich, was zu Produkten mit erhöhter Sprödigkeit führen kann. In beiden Fällen wird ein Kompromiß zwischen möglichst guten technischen Eigenschaften und gleichzeitig niedrigem Lösemittelanteil eingegangen.

Bei der Filmbildung aus Lösung ist außerdem die unterschiedliche Lösemittelretention der verschiedenen Systeme zu beachten.

4.1.2   Polymerlösungen in reaktiven Lösemitteln

Polymere, die polymerisationsfähige Gruppen tragen, werden für bestimmte Anwendungen in reaktiven Lösemitteln gelöst. Nach der Applikation dieser Lösungen erfolgt Polymerisation zwischen dem Polymeren und dem Lösemittel, das Lösemittel wird dabei Bestandteil des Bindemittels. Die Polymerisation kann radikalisch durch Radikalstarter, wie im Falle der ungesättigten, in Styrol gelösten Polyester (siehe Kap. 6.1), oder durch UV- bzw. Elektronenstrahlen, wie im Falle strahlungshärtender Polyacrylate (siehe Kap. 8) oder acrylierter Polyurethane (siehe Kap. 7.1), die in Acrylsäureester-Monomeren gelöst sind, initiiert werden. Aus der Sicht des Umweltschutzes handelt es sich bei diesen Systemen um besonders umweltfreundliche Beschichtungsprodukte. Es muß allerdings dafür Sorge getragen werden, daß die reaktiven Lösemittel nur wenig toxisch und möglichst wenig flüchtig sind.

4.1.3   Polymerlösungen in Wasser

Höhermolekulare Polymere sind in der Regel nicht in Wasser löslich. Um sie trotzdem homogen in die wässerige Phase zu bringen, müssen die Polymeren durch Einbau höherer Anteile an wasserfreundlichen, d.h. in der Regel polaren Monomeren hydrophiliert werden. Hierfür eignen sich Monomere mit beispielsweise gehäuften Ethergruppen. Die dabei entstehenden Polymeren sind in ihrer Wasserlöslichkeit immer noch eingeschränkt, in den meisten Fällen sind nur Systeme zu erhalten, die zwar klare Lösungen ergeben, jedoch aufgrund ihres physikalischen Verhaltens nicht als echte Lösungen anzusehen sind. Sie befinden sich hinsichtlich der Teilchengröße im Bereich zwischen Lösungen, kolloiden Lösungen und Mikrodispersionen. Die Produkte sind zudem auch nach dem Trocknen noch wasserempfindlich. Sie müssen daher mit einem Reaktionspartner vernetzt werden, damit brauchbare Beschichtungen resultieren.

Ein weiterer Weg, Polymere homogen in die wässerige Phase zu überführen besteht darin, daß man in die Polymeren ionische Ladungen einbringt, also Polymersalze bildet. Diese Polymersalze können anionischen, kationischen oder zwitterionischen Charakter aufweisen: Polymere mit Carboxylgruppen bilden nach Neutralisation mit Aminen Anionen aus,

Polymere mit Aminogruppen nach Neutralisation mit Säuren Kationen, während zwitterionische Polymere sowohl saure als auch aminische Gruppen tragen (z. B. Eiweißstrukturen). Die Polymersalze sind grundsätzlich wasserlöslich, es hängt entscheidend von der Molmasse und der Art der solvatisierenden Phase ab, wie weit echte Lösungen oder Übergangssysteme zum dispersen Bereich vorliegen. Um die Wasserlöslichkeit zu verbessern, werden häufig gut solvatisierende Hilfslösemittel mitverwendet.

Die anionischen und kationischen Polymeren gehen beim Trocknen und während der Filmbildung nach Abspaltung des entsprechenden neutralisierenden Partners wieder in die wasserbeständige Phase über, während die zwitterionischen Systeme ohne weitere chemische Reaktion wasserempfindlich bleiben.

Wässerige Beschichtungssysteme auf Basis ionischer Polymerer können nach den üblichen lacktechnischen Verfahren appliziert werden. Einen Sonderfall stellt die elektrophoretische Lackierung, die anaphoretisch oder kataphoretisch ausgeführt werden kann, und die elektrolytische Abscheidung in der Galvanotechnik dar (siehe Kap. 5).

Nachteilig bei der Verwendung von Wasser als Lösemittel ist z. B. die hohe Verdampfungsenergie und die dadurch erforderlichen höheren Verdampfungstemperaturen und -zeiten.

4.2 Filmbildung aus Dispersionen

4.2.1 Wäßrige Dispersionen [15, 16]

Dispersionen bestehen aus in Wasser fein verteilten wasserunlöslichen Polymerteilchen (Latices). Diese können durch Emulsionspolymerisation (Primärdispersionen) (siehe Kap. 8.5) oder durch nachträgliches Dispergieren von Polymerlösungen oder -schmelzen in Wasser (Sekundärdispersionen) hergestellt werden. Selbst bei hohen Feststoffgehalten von 60 bis 70 Massenprozent weisen diese oft noch niedrige Viskositäten auf (siehe Kap. 8, Bild 8.5). Die Viskosität ist unabhängig von der Molmasse des Polymerisats.

Wäßrige Dispersionen sind preiswert herstellbar. Sämtliche Nachteile, die sich bei lösemittelhaltigen Systemen auf die Lösemittel beziehen, fallen bei Verwendung von Wasser weg. Ein Nachteil des Wassers ist, daß es nur langsam und verhältnismäßig unkontrolliert aus dem sich bildenden Film entfernt werden kann und zurückgehaltenes Wasser die Polymerisateigenschaften nachteilig beinflußt. Weiterhin sind gegenüber organischen Lösemitteln die Unterschiede im Siede- und Schmelzpunkt sowie in der Oberflächenspannung und der Dielektrizitätskonstanten zu beachten.

Die Formulierung hochwertiger Beschichtungen auf Basis wäßriger Dispersionen ist oftmals komplizierter als mit organisch gelösten Bindemitteln. Dispersionen enthalten häufig neben den Latexteilchen und dem Dispergiermittel Wasser eine Reihe weiterer Zusatzstoffe, wie Emulgatoren, Entschäumer, Schutzkolloide und niedermolekulare Salze. Diese verbleiben nach Verfilmung im Film und haben damit auch Einfluß auf die Filmeigenschaften. So wird verständlich, weshalb ein aus einer Dispersion gebildeter Film nicht so wasserfest sein kann wie einer aus einem gelösten Polymerisat.

Beim Trocknen der Dispersion wird zunächst die Begwegungsfreiheit der einzelnen Latexteilchen aufgrund des abnehmenden Volumens eingeschränkt, bis sich diese schließlich berühren [17 bis 19]. Dabei müssen die zwischen den Teilchen bestehenden elektrostatischen Abstoßungskräfte überwunden werden, die ursprünglich die Stabilität der Dispersion bewirkten. Die Grenzflächenspannung Wasser/Luft zwingt die Teilchen, eine geordnete Packung einzunehmen (Bild 4.1) und führen zu deren Deformation. Danach beginnen die einzelnen Teilchen zu koaleszieren [20], d.h. es werden Polymer-Polymer-Kon-

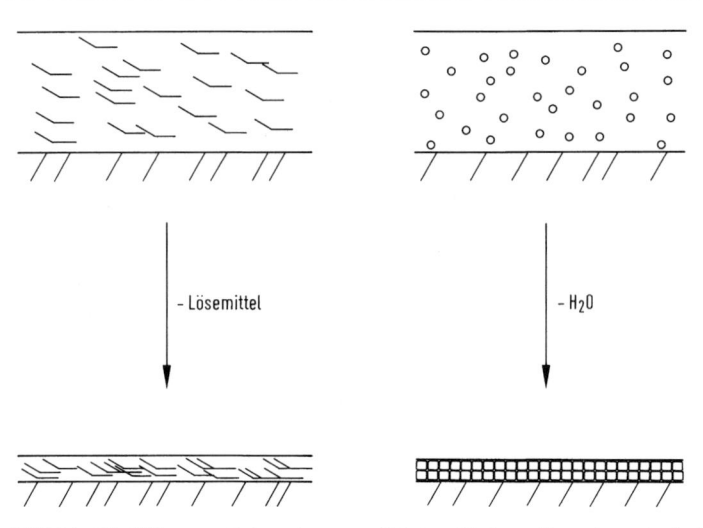

Bild 4.1. Filmbildung aus Polymerlösungen (links) und Polymerdispersionen (rechts)

takte zwischen Polymermolekülen aus unterschiedlichen Latexteilchen gebildet. Hierzu kommt es allerdings nur, wenn Kapillarkräfte und Oberflächenspannungskräfte größer sind als der Deformationswiderstand der Kugeln. Dies ist jedoch nur deutlich oberhalb der Glastemperatur möglich. Nach dem Koaleszieren nimmt die Verdunstungsgeschwindigkeit des Wassers exponentiell ab, da das Wasser jetzt nur noch durch die zwischen den Teilchen gebildeten Kapillaren entweichen kann. Schließlich verschmelzen die einzelnen Teilchen und bilden einen kontinuierlichen Film.

Zu einer Filmbildung aus einer Dispersion kommt es nur, wenn die Trocknung bei einer Temperatur durchgeführt wird, die höher als die sogenannte Mindestfilmbildetemperatur (MFT) ist, die eine Kenngröße für jede Dispersion darstellt. Als minimale Filmbildetemperatur wird diejenige Temperatur bezeichnet, bei der eine Kunststoffdispersion gerade noch zu einem rißfreien Film auftrocknet. Unterhalb der MFT entsteht eine in sich nicht zusammenhängende, rissige Schicht. Die Bestimmung der MFT erfolgt z. B. nach DIN 53787.

Die MFT ist in der Regel eng mit der Glasübergangstemperatur verknüpft [19] und im allgemeinen höher als der T_G-Wert. Mit zunehmender Polarität der Polymeren wird jedoch eine entgegengesetzte Tendenz beobachtet, d.h. die MFT liegt niedriger als die Glastemperatur. Dieser Sachverhalt wird der plastifizierenden Wirkung des Wassers zugeschrieben.

Eine Dispersion kann auch bei einer Temperatur $<T_G$ verfilmen, wenn Filmbildehilfsmittel (FBHM, Koaleszensmittel) zugesetzt werden. Filmbildehilfsmittel können als temporäre Weichmacher angesehen werden. Sie erniedrigen die MFT [20, 21], bewirken ein Erweichen des Polymeren während der Verfilmung, verdunsten aber nach der Filmbildung wieder. Zurück bleibt ein harter Film, der erst bei höheren Temperaturen seinen Erweichungsbereich hat [22 bis 26]. Typische FBHM sind z. B. Diethylenglycolbutylether oder Dipropylenglycolmethyl- und butylether sowie deren Acetate.

Da die Reißfestigkeit der Filme mit zunehmender Durchdringung der Teilchen bzw. der Polymermoleküle stark ansteigt, sollte stets darauf geachtet werden, daß die Verarbeitungstemperatur hoch und die Trockendauer lang genug gewählt wird [27].

4.2.2 Organische Dispersionen [28]

Neben den wäßrigen Dispersionen sind auch organische Dispersionen wie Plastisole und Organosole als Beschichtungssysteme von Bedeutung [29, 30]. Diese können in Schichtdicken bis zu 200 mm und mehr aufgetragen werden.

Plastisole sind stabile Kunststoffdispersionen in Weichmachern (z.B. Phthalat-, Trimellith- und Phosphorsäureester), die durch Einwanderung des Weichmachers in die Polymerteilchen bei erhöhter Temperatur verfilmen (Bild 4.2). Polymere, wie z.B. PVC, PAMA (Polyalkylierte Methacrylate) und Styrolacrylate können mit oben genannten, flüssigen Weichmachern zu Pasten mit unterschiedlicher Viskosität vermischt werden. Die erhaltenen Pasten sind bei Raumtemperatur relativ haltbar und gelieren durch Wärmeeinwirkung.

Organosole sind Plastisole, die zur Viskositätsregulierung geringe Mengen an organischen Lösemitteln, welche das jeweilige Polymere nur wenig anquellen, enthalten.

Zur Herstellung von Plastisolen wird ein durch Sprühtrocknung von Dispersionen erhaltenes Pulver im Weichmacher dispergiert (Bild 4.2).

Bei Erwärmung schmelzen die festen Polymerteilchen im Weichmacher, und es liegt entsprechend Bild 4.2 (rechts) eine homogene Verteilung der Polymeren im Weichmacher vor. Bei Temperaturerniedrigung bleibt dieser Zustand erhalten, und es bildet sich ein fester Film. Diese Temperaturbehandlung wird auch als „Gelierung" bezeichnet.

Plastisole und Organosole haben ähnlich den wäßrigen Dispersionen den Vorteil, daß bei Raumtemperatur schwer lösliche Polymere in hohen Konzentrationen verarbeitet und somit gut füllende Überzüge erhalten werden können. Dies ist besonders bei PVC von

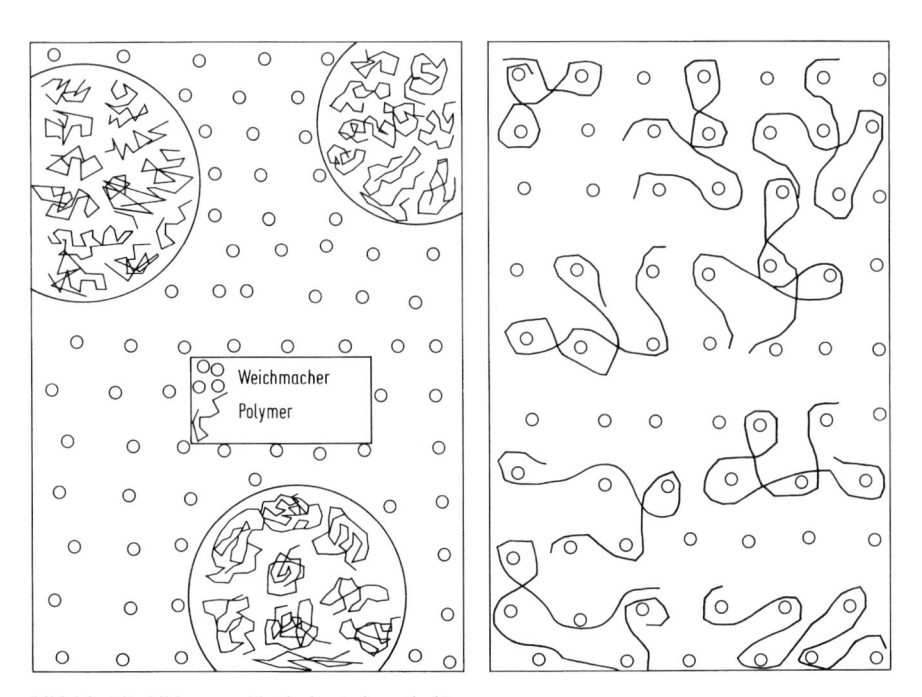

Bild 4.2. Filmbildung aus Plastisolen (schematisch)
Links: Plastisol bei Raumtemperatur; rechts: Plastisol nach dem Gelieren

Bedeutung. Hier wird die Verfilmung bei Temperaturen von ca. 180 °C während einer Erhitzungsdauer von 10 min erzielt. Ein vollständiges Durchgelieren ist Voraussetzung für die Bildung homogener Filme. PVC-Plastisole werden hauptsächlich zur Beschichtung von technischen Geräten, zur Blechlackierung im Coil-Coating-Verfahren oder als Unterbodenschutz für Automobile verwendet.

Durch Variation von Weichmacherart und -menge sowie der Pigment- und Füllstoffanteile kann die Filmhärte und Wetterbeständigkeit solcher Beschichtungen in hohem Maße gesteuert werden.

Zu diesem Bereich gehören auch die nicht-wässerigen Dispersionen oder NAD-Systeme (non-aqueous dispersions), bei denen es sich um thermoplastische Polyacrylate [31 bis 33] oder neuerdings auch Oligoester [34] handelt, die in organischen Nichtlösern dispergiert sind. Auch Suspensionen von organischen Pulvern in Lösemitteln oder Bindemittellösungen, z. B. Dispersionen von Polyamidpulvern in Bindemittellösungen für den Coil-Coating-Sektor, werden technisch erfolgreich eingesetzt [35].

4.3   Filmbildung aus Pulvern [36 bis 39]

Die Filmbildung aus Polymer-Pulvern erfolgt durch Erhitzen des Polymeren über seinen Schmelzpunkt. Bei reaktiven Pulvern kann man durch diesen Vorgang zusätzlich eine Vernetzung erzielen und erhält dann Filme bzw. Lacküberzüge, die bezüglich ihrer Eigenschaften mit konventionellen Einbrennlacken vergleichbar sind.

Pulverlacke sind völlig lösemittelfrei und werden entweder durch Wirbelsintern, elektrostatisches Sprühen oder durch eine Reihe weiterer Verfahren [40 bis 44] auf die zu beschichtende Oberfläche aufgebracht. Die Pulverpartikel haften aufgrund ihrer elektrostatischen Aufladung am Werkstück, welches dann in einem Ofen erwärmt wird. Dadurch schmelzen die Partikel und härten im Falle chemisch-härtbarer Pulverlacke aus. Die Vorteile des elektrostatischen Pulverauftrags liegen besonders darin, daß das Werkstück nicht wie beim Wirbelsintern vorher erwärmt werden muß. Daraus ergibt sich eine gleichmäßige Beschichtung des Werkstücks vor allem an den Kanten.

Die Filmbildung erfolgt durch Schmelzen der Polymeren bei Temperaturen von 140 bis 190 °C. Aus diesem Grunde eignen sich Pulverlacke nicht zur Beschichtung von wärmesensiblen Kunststoffen oder Holzoberflächen. Neuere Entwicklungen von Pulverlacken für Clear-Coats für Automobile härten bei weniger als 140 °C aus. Pulverlacke sind abluft- und abfallarm sowie energiesparend. Die Beschichtungen weisen eine hohe Abrieb-, Wasser- und Chemikalienfestigkeit und einen guten Korrosionsschutz auf. Nachteilig sind die hohen Investitionskosten für Anlagen zu ihrer Herstellung und Verarbeitung. Bei der Verarbeitung muß der Gefahr einer Pulverexplosion vorgebeugt werden. Mit Pulverlacken können relativ dicke Schichten >60 µm aufgetragen werden.

Literatur zu Kapitel 4

[1]   *H. Kittel*: Lehrbuch der Lacke und Beschichtungen. Mehrere Bde. Colomb, Stuttgart 1971
[2]   *R. Lambourne* (Hrsg.).: Paints and Surface Coatings. Theory and Practice. Wiley, New York 1987
[3]   *S. Paul*: Surface Coatings. Science and Technology. Wiley, New York 1985
[4]   *W. H. Morgans*: Outlines of Paint Technology. 3. Aufl. Wiley, New York 1990
[5]   *G. P .A. Turner*: Introduction to Paint Technology. 3. Aufl. Chapman and Hall, New York 1988

[6] *E. W. Flick* (Hrsg).: Handbook of Paint Raw Materials. 2. Aufl. Noyes, Park Ridge 1989
[7] *M. Cremer*, Progr. Org. Coatings **9** (1981) 241
[8] *G. L. Schneberger*: Understanding Paint and Painting Processes. 3. Aufl. Hitchcock, Wheaton 1985
[9] *S. Paul*: Surface Coatings Science and Technology. Wiley, New York 1986
[10] *E. W. Flick*: Industrial Water-Based Paint Formulations. Noyes, Park Ridge 1988
[11] *D. Stoye* (Hrsg).: Paints, Coatings and Solvents. VCH, Weinheim 1993
[12] *S. T. Eckersley* und *A. Rudin*, J. Coatings Techn. **62** (1990) Nr. 780, 89
[13] *M. Takahashi*: Recent Advances in High Solids Coatings. Polym.-Plast. Techn. Eng. **15** (1980) 1
[14] *E. Urbano* in [11], S. 105 ff
[15] *H. Dörr* und *F. Holzinger*: Kronos Titandioxid in Dispersionsfarben. Kronos Titan, Leverkusen 1989
[16] *E. Nägele*: Dispersionsbaustoffe. Müller, Köln 1989
[17] *E. S. Daniels* und *A. Klein*, Progress in Org. Coatings **19** (1991) 359–378
[18] *N. Sütterlin*, Makromol. Chem., Suppl **10/11** (1985) 403–418
[19] *J. G. Brodnyan* und *T. Konen*, J. Appl. Polym. Sci. **8** (1964) 687
[20] *M. A. Winnik, Y. Wang* und *F. Haley*, J.Coatings Techn. **64** (1992) Nr. 811, 51–60
[21] *K. Hahn, G. Ley, H. Schuller* und *R. Oberthur*, Colloid Polymer Sci. **266** (1988) 631
[22] *D. R. Karsa* (Hrsg).: Additives for Organic Coatings. Royal Chemical Society, London 1990
[23] *R. Dowbenko* und *D. P. Hart*, Ind. Eng. Chem., Prod. Res. Develop. **12** (1973) Nr. 1, 14
[24] *K. L. Hoy*, J. Paint Technol. **45** (1973) Nr. 579, 51
[25] *D. R. Walker* in: Additives for Organic Coatings. Royal Chemical Society, London 1990, S. 90
[26] *G. P. A. Turner* in: Introduction to Paint Chemistry. 3rd Ed. Chapman and Hall, London 1988, S. 144
[27] *K. Calvert* (Hrsg).: Polymer Latices and Their Applications. Hanser, München 1981
[28] *K. E. J. Barrett* (Hrsg): Dispersions Polymerization in Organic Media. Wiley, London 1975
[29] *R. H. Burgess* (Hrsg).: Manufacture and Processing of PVC. Hanser, München 1981
[30] *G. Butters* (Hrsg).: Particulate Nature of PVC. Elsevier, New York 1982
[31] *H. R. Thomas*, Farbe+Lack **77** (1971) Nr. 6, 525–532
[32] *S. Kut*, Plastics, Paint and Rubber (1973) 27–28
[33] *C. W. A. Bromley*, J. Coatings Techn. **61** (1989) Nr. 768, 39–43
[34] *G. Teng* und *F. N. Jones*, J. Coatings Techn. **66** (1994) Nr. 829, 31–37
[35] EP 0 047 508 (1981) Reichhold Chemie (*J. Bauchhenss*)
[36] *M. W. Ranney* in: Powder Coatings Technology. Noyes, Park Ridge 1975
[37] *B. D. Meyer*, Oberfläche-Surface **19** (1978) Nr. 4, 77
[38] *E. Gemmer*, Kunststoffe **59** (1969) Nr. 10, 655
[39] *C. E. Alvey* und *F. Weber*, Corrosion & Coatings, South Africa, **20** (1993) Nr. 7, 4–11
[40] *D. Stoye* (Hrsg.): Lacke und Lösemittel. Verlag Chemie, Weinheim 1979, S. 69, 94
[41] *E. Schmitt*, Farbe + Lack **83** (1977) Nr. 2, 96–99
[42] siehe [11], S. 115
[43] *B. D. Meyer* in: Umweltfreundliche Lackiersysteme für die industrielle Lackierung. Kontakt und Studium, Vol. 271. Expert-Verlag, Ehringen 1989, S. 146–244
[44] The Powder Coating Institute: Powder Coating 88. Alexandria, VA 1988

5 Anwendungsprinzipien
Dr. Werner Freitag

In diesem Kapitel wird kurz dargestellt, wie Beschichtungsstoffe bzw. deren Komponenten zur Anwendung kommen. Die meisten Beschichtungssysteme werden aus dem flüssigen Zustand appliziert. Hierfür stehen unterschiedliche Methoden zur Verfügung. Besonderheiten bestehen bei Mehrkomponenten- und Pulverlacken. Die Trocknung erfolgt rein physikalisch, während bei der Härtung zusätzlich chemische Prozesse ablaufen. Zur Auslösung bzw. Beschleunigung dieser Prozesse werden eine Reihe von Methoden genutzt.

5.1 Verarbeitungsverfahren im Überblick

Der Beschichtungsstoff (Lack) muß zur Erfüllung seiner Funktionen auf das zu beschichtende Substrat appliziert und danach getrocknet bzw. gehärtet werden. Oft geht dem eine Vorbehandlung und Reinigung des Substrats voraus, so daß die Stufen

- Vorbehandlung des Substrats,
- Auftrag des Beschichtungsstoffes,
- Trocknung bzw. Härtung

unterschieden werden können [1].
Auf die verschiedenen Arten von Vorbehandlungen soll hier nicht näher eingegangen werden. Grundsätzlich können rein mechanische Reinigungsverfahren (Schleifen, Sandstrahlen), Reinigung oder Entfetten in Bädern oder durch Spritzen sowie chemische Umwandlungen an der Substratoberfläche (Beizen, Phosphatieren, Chromatieren, Oxydieren) angewendet werden (siehe Spezialliteratur [2]).
Der Auftrag des Beschichtungsstoffes, der vorher unter Zuhilfenahme der in diesem Buch behandelten Lackharze und weiterer Rohstoffe wie Pigmenten, Füllstoffen, Lösemitteln bzw. Wasser, Additiven usw. hergestellt wurde, erfolgt nach einer Vielzahl von Methoden [3, 4]. Diese richten sich sowohl nach Form, Größe, Menge und Art der zu beschichtenden Gegenstände als auch nach den Anforderungen an Oberflächengüte und die örtlichen Gegebenheiten (handwerkliche oder industrielle Verarbeitung).
Einfache Verarbeitungsverfahren sind das *Streichen* und *Rollen*, die beide mit hohem manuellem Aufwand im Handwerk und im Do-it-yourself-Bereich angewendet werden. Beim *Wischen* werden mit Spezialhandschuhen beispielsweise Rohre (Bitumenlacke auf Pipelines) beschichtet.
Das *Tauchen* [5] eignet sich sowohl für lösemittelhaltige als auch für wässerige Beschichtungsstoffe. Die Werkstücke werden in Becken getaucht, nach dem Herausheben und Abtropfen des Lackes erfolgt die Trocknung. Bei großen Becken haben sich nicht zuletzt aus Brandschutzgründen wässerige Materialien durchgesetzt. Ein Spezialfall ist die *Elektrotauchlackierung* (anodisch oder kathodisch), bei der unter Anlegung eines elektrischen Gleichstromfeldes die elektrochemische Abscheidung des speziell hierfür konzipierten Lackes auf metallischen Substraten wie beispielsweise Automobilkarossen erfolgt. Das Tauchen kann als *Heiß- oder Kalttauchverfahren* ausgelegt sein.

Beim *Fluten* wird das Werkstück mit dem Beschichtungsmaterial übergossen. Zur Beschichtung von Massenartikeln mit dünnflüssigen Beschichtungsstoffen werden auch *Trommeln* und *Zentrifugen* eingesetzt.

Bei flächigen Materialien wie Tafeln, Folien, Papier oder Karton hat sich das *Walzen* bewährt. Über mehrere Walzen wird dabei sowohl der Transport des Werkstücks (Transportwalze) als auch der Lackauftrag (Auftragswalze) realisiert. Es kann ein- oder doppelseitig lackiert werden. In der Regel sind nur Lacke mit guter Stabilität (Einkomponentenlacke) im Walzverfahren zu verarbeiten, um die Reinigungskosten der Lackieranlage in wirtschaftlichen Grenzen zu halten.

Das wichtigste Applikationsverfahren stellt das *Spritzen* dar. Es gibt heute eine Vielzahl mehr oder weniger komplizierter Geräte für die unterschiedlichsten Lacke und Verarbeitungsbedingungen. In beachtlichem Umfang haben computer-gesteuerte Spritzroboter und Spritzautomaten Eingang in die Lacktechnik gefunden. Das Prinzip der Spritzapplikation besteht im möglichst gleichmäßigen Verteilen des Lackes durch Zerstäuben und Vernebeln und dem anschließenden Auftreffen der kleinen Tröpfchen oder Festpartikel (Pulverlackierung) auf dem Substrat. Die Spritzmethoden unterscheiden sich vor allem in der Form der Zerstäubung und der Art und Weise des Hinlenkens der Lackteilchen zum Werkstück.

Bei der *Druckluftzerstäubung* (pneumatisch) wird der Beschichtungsstoff durch einen ringförmigen Luftstrahl aus einer Düse gerissen, die sich bildenden kugelförmigen Teilchen werden auf das Werkstück gelenkt. Die *Airless-Zerstäubung* (hydraulisch) benötigt kein fremdes Medium zum Versprühen des Lackes. Mittels hoher Drucke und dadurch erzeugter Turbulenzen wird der Spritzstrahl erzeugt. Die Nachteile der Druckluftzerstäubung (z. B. Nebeln) und der Airless-Zerstäubung (z. B. hohe Drucke, Überlappungen) werden durch die Kombination beider Verfahren als sogenanntes *Airmix-Spritzen* teilweise aufgehoben. Man benutzt hierbei geringere Lackdrucke und zusätzlich einen Luftstrom. Alle bisher beschriebenen Spritzverfahren können auch als sogenanntes *Heißspritzen* ausgeführt werden. Man kann so hochviskose oder feststoffreiche Lacke bei etwa 50 bis 80 °C verarbeiten. Voraussetzung hierfür ist eine gute Stabilität des Lackmaterials bei höherer Temperatur. Neben der Lösemittelreduzierung erreicht man höhere Filmstärken, schnellere Trocknung und verringerte Tendenz zum Absacken des Films.

Die bisher genannten Spritzverfahren besitzen in der Regel einen Auftragswirkungsgrad von deutlich weniger als 50 Prozent. Das überschüssige Lackmaterial (Overspray) muß aus der Luft abgeschieden werden. Dies erfolgt bei kleinen Lackmengen durch Trockenabscheidung beispielsweise an Prallblechen, bei größeren Lackmengen durch Naßauswaschen. Beim Naßauswaschen wird die Lack-haltige Luft mit einer Waschflüssigkeit in Kontakt gebracht. Die Waschflüssigkeit enthält neben Wasser chemische Substanzen, die eine Koagulierung des Lackes bewirken. Der entstehende Lackschlamm muß aufwendig entsorgt werden. Die Erhöhung des Auftragswirkungsgrads ist heute aus Umwelt- und Kostengründen eine vorrangige Aufgabe. Dies geschieht durch effektivere Spritzverfahren sowie Rückgewinnung und Wiedereinsatz des ungenutzten Lackes. Letzteres kann folgendermaßen erreicht werden:

- Overspray wird direkt in den Kreislauf zurückgeführt,
- Overspray wird getrocknet und als Füllstoff minderwertigeren Lacken zugesetzt,
- Overspray wird in seine Komponenten zerlegt bzw. aufkonzentriert und wieder zur Lackherstellung eingesetzt (Ultrafiltration, Elektrophorese),
- Cracken bzw. Hydrieren der organischen Bestandteile zu den chemischen Grundkomponenten, die neuen Synthesen zugeführt werden.

Ein Spritzverfahren mit höherem Auftragswirkungsgrad bis zu 99 Prozent ist das *elektrostatische Spritzen* (*ESTA-Verfahren* [6]). Hier werden durch Anlegen eines starken elektrischen Feldes zwischen Lackieranlage und Werkstück die Lacktröpfchen/-teilchen beim Verlassen des Gerätes aufgeladen; die Teilchen bewegen sich dann entlang der Feldlinien zum entgegengesetzt geladenen Substrat. Das Zerstäuben des Lackes erfolgt durch *Pinsel* (AEG-Pinsel), *Spalt*, *Sprühglocke* oder *Sprühscheibe*, wobei die sogenannte *Hochrotationszerstäubung* als optimal angesehen werden kann. Rotierende Glocken oder Scheiben zerstäuben den Lack an einer Absprühkante. Die Lackteilchen werden aufgeladen und mittels Lenkluft zum Werkstück geleitet. Das elektrostatische Prinzip wird auch beim normalen pneumatischen und hydraulischen Spritzen zur Erhöhung der Lackausbeute angewandt. Generell erlaubt das elektrostatische Spritzen durch die Form der Feldlinien ein gewisses Maß an Lackauftrag auf der Rückseite des Werkstücks (Umgriff).

Weitere spezielle Angaben zu Applikationsverfahren sind in der Literatur beschrieben [7].

5.2 Verarbeitung von Zweikomponentenlacken

Im Gegensatz zum Einkomponentenlack, bei dem alle Komponenten in der Lackformulierung unter üblichen Lagerbedingungen ausreichend inert und weitgehend stabil sind, bestehen Zwei- und Mehrkomponentenlacke aus zwei oder mehreren Formulierungsbestandteilen, die grundsätzlich miteinander reagieren können und daher nur eine sehr begrenzte Zeit (Topfzeit) vor dem Auftrag gemischt werden können. Bei sehr kurzer Topfzeit werden die Komponenten erst unmittelbar während der Verarbeitung im Applikationsgerät gemischt. Dazu gibt es eine Reihe meist als statische Mischer arbeitende Dosiersysteme, die in der Regel computer-gesteuert vollautomatisch arbeiten. Typische Zweikomponentenlacke sind im Polyurethan- und Epoxidharzbereich zu finden (siehe Kap. 7).

5.3 Verarbeitung von Pulverlacken [8, 9]

Pulverlacke werden als trockene Pulver mit einer Korngröße zwischen 10 und 80 µm angewendet. Die Bindemittel können als thermoplastische Polymere, die nach der Applikation lediglich schmelzen und verlaufen, oder als wärmehärtende Harze in Kombination mit Härtern, die unter Wärmeeinwirkung chemisch vernetzen, vorliegen.

Die meisten Pulverlacke werden elektrostatisch appliziert. Als Auflademethoden werden die Corona- und Triboaufladung genutzt [10]. Bei der *Coronaaufladung* werden die Pulverpartikel ähnlich wie elektrostatisch versprizte Naßlacke mittels einer Aufladungselektrode bzw. über die dort entstehenden gasförmigen Ionen aufgeladen und innerhalb eines elektrischen Feldes zum Werkstück transportiert. Es bilden sich gleichmäßige Schichten, allerdings werden Nischen und Hohlräume nur bei geschickter Kombination von Ladung und Spritzluft beschichtet (Faradayscher Käfig).

In den letzten Jahren wurden die aus der Naßlackapplikation bekannten rotierenden Sprühglocken auf die Verarbeitung von Pulverlacken übertragen. Damit werden neben hohem Wirkungsgrad auch relativ dünne Schichten von 40 bis 60 µm erzielt [6]. Die *Triboaufladung* eines Pulverlacks erfolgt durch Reibung an einer Oberfläche bei hoher Fließgeschwindigkeit. Hier ist der Luftstrom entscheidend für die Richtung des Spritzstrahls. Man erhält dicke gleichmäßige Schichten. Nischen und Ecken werden gut erreicht. Zur Auswahl des geeigneten Verfahrens sind eine Reihe wichtiger Kriterien zu beachten [10].

Eine andere Methode der Pulverlackapplikation stellt das *Wirbelsintern* dar. Dabei werden auf 200 bis 400 °C vorgeheizte Werkstücke in ein Wirbelbett aus Pulverlack und Luft oder Stickstoff getaucht, überschüssiges Pulver durch Vibration oder Abblasen abgeschüttelt, danach gegebenenfalls weiter erhitzt (Aufschmelzen, evt. chemische Reaktion) und abschließend gekühlt. Das Wirbelsinterverfahren eignet sich vor allem für die Beschichtung von Drähten, Drahtkörben, Kleinteilen u.a. Es ist für Werkstücke mit komplizierter Geometrie und hohen Materialstärken weniger geeignet und auf thermisch stabile Werkstoffe (Metalle) beschränkt.

5.4 Lacktrocknung und -härtung [7, 9]

Man unterscheidet bei der Filmbildung von Lacken grundsätzlich zwischen physikalischer und chemischer Trocknung. Bei der *physikalischen Trocknung* erfolgt die Filmbildung durch Verdunsten des Löse- bzw. Dispergiermittels oder auch durch Erstarren einer Schmelze. Die als Bindemittel verwendeten thermoplastischen Polymeren und Harze bleiben in der Regel reversibel löslich. Eine Ausnahme bilden hochmolekulare Polymerdispersionen wie beispielsweise Emulsionspolymerisate, die aufgrund ihrer hohen Molmasse praktisch auch ohne chemische Vernetzung unlöslich sind.

Die *chemische Trocknung* oder *Härtung* schließt eine chemische Vernetzung von Bindemitteln, Harzen und Härtern während oder nach der Filmbildung ein. Der Film wird unlöslich. Dies kann bei Raum- oder Umgebungstemperatur geschehen oder durch Temperaturzufuhr erst ermöglicht oder auch beschleunigt werden. Als Energiequellen wendet man Hitze, Strahlung oder elektrische Energie an [3].

Die thermische Härtung mittels Heißluft ist die gebräuchlichste Methode. Bis 80 °C spricht man von *wärme-forcierter Trocknung*, darüber vom *Einbrennen*. Zur Charakterisierung der Bedingungen benötigt man die Verweilzeit des Werkstücks im Ofen und die Objekttemperatur.

Die *Strahlenhärtung* kann durch IR-, UV-, Elektronen-, Mikrowellen- und Laserstrahlen oder Plasma erreicht werden. Flache Werkstücke und automatisierbare Prozesse sind besonders geeignet.

Mikrowellen eignen sich nur für nichtmetallische Substrate. Die entstehende Wärme induziert chemische Reaktionen, die zur Vernetzung führen.

Die *Infrarothärtung* ist hingegen eine direkte Wärmestrahlungshärtung. Diese wird in Trocknungkanälen als zusätzliche Energiequelle neben der Umluft sowie oft im Reparaturbereich zur Trocknungsbeschleunigung eingesetzt.

Die *Ultraviolett-Strahlung* ist kurzwelliger und damit energiereicher. Sie besitzt genügend Energie, um photopolymerisierbare funktionelle Gruppen im Bindemittel (z.B. Acrylgruppen) mittels Photoinitiatoren zur radikalischen Polymerisation anzuregen. Die Vernetzung erfolgt zwischen den Bindemittelmolekülen oder über reaktive Verdünnermoleküle, die zur Copolymerisation befähigt sind. Das UV-Trocknungsverfahren erfolgt relativ schnell und eignet sich aufgrund des Absorptionsverhaltens der meisten Pigmente und Füllstoffe für UV-Licht hauptsächlich für Klarlacke.

Elektronenstrahlen sind noch energiereicher. Sie lösen auch ohne zusätzliche Initiatoren radikalische Polymerisationen aus. Unter Vakuum oder in Inertgasatmosphäre können auch pigmentierte Beschichtungsstoffe sehr schnell gehärtet werden.

Durch elektrische Energie (*induktive Trocknung*) können beispielsweise metallische Werkstücke induktiv erwärmt werden, was zur Härtung aufgebrachter Filme genutzt wird. Auch durch *Hochfrequenzfelder* kann Wärme erzeugt und damit Härtung erreicht werden.

Für weitere Angaben zur Trocknung und Härtung wird auf die mannigfaltige Fachliteratur und auf Marktübersichten verwiesen [9]. Die Applikation und Härtung von Wasser- und High-Solids-Lacken ist ebenfalls ausführlich dargestellt [8].

Literatur zu Kapitel 5

[1] *D. Stoye*: Paints, Coatings and Solvents. VCH, Weinheim 1993
[2] *Anonymus*, JOT (1994) Nr. 11, 26–50
[3] *A. Goldschmidt, B. Hantschke, E. Knappe* und *G.-F. Vock*: Glasurit-Handbuch Lacke und Farben. Vincentz, Hannover 1984
[4] *K. W. Thomer* und *D. Ondratschek* in *Spur/Stöferle* (Hrsg.): Handbuch der Fertigungstechnik, Bd. 4/1. Hanser, München, Wien 1987
[5] *W. Burckhardt*, I-Lack **51** (1983) Nr. 5, 162–164
[6] *K. Heberlein*, I-Lack **63** (1995) Nr. 2, 39–48
[7] *H. Kittel*: Lehrbuch der Lacke und Beschichtungen, Bd. VII. Colomb, Berlin 1979
[8] *R. Laible*: Umweltfreundliche Lackiersysteme für die industrielle Lackierung. Expert-Verlag, Ehringen 1989
[9] *Anonymus*, JOT, Sonderausgabe Marktübersicht 1994
[10] *D. Lapps*, JOT (1995) Nr. 2, 22–28

6 Polykondensate

Armin Sickert, Dr. Dieter Stoye, Manfred Müller, Dr. Werner Freitag,
Dr. Jürgen Ott, Dr. Bernd Neffgen, Dr. Alfred Kruse

Harze und Bindemittel, die durch Kondensationsreaktionen hergestellt werden, bilden die vielseitigste und wichtigste Gruppe von Produkten in der Lacktechnik. Sie werden im vorliegenden Kapitel ausführlich beschrieben; vom Typ her gehören hierzu auch Produkte, die man durch Umesterungen – beispielsweise Herstellung von Alkydharzen durch Umsetzung natürlicher Öle mit Polyalkoholen wie Glycerin – oder durch spezielle Additionsreaktionen – beispielsweise Herstellung von Polyamiden aus Lactamen – erhält. In den einzelnen Abschnitten werden die Polyester – gesättigte Polyester, Alkydharze, ungesättigte Polyester, Polycarbonate –, die Amido- und Aminoharze, die Phenolharze, die Keton- und Aldehydharze sowie die Polyamide ausführlich geschildert. Die Theorie der Polykondensation wurde im Kap. 2 abgehandelt; hier sind auch die theoretischen und formalen Zusammenhänge zwischen Kondensations- und Additionsreaktionen ausgeführt.

6.1 Polyesterharze

6.1.1 Gesättigte Polyesterharze

Armin Sickert, Dr. Dieter Stoye

6.1.1.1 Einführung

Gesättigte Polyesterharze, die als Rohstoffe für Beschichtungsstoffe eingesetzt werden, sind definiert als „Polyesterharze, bei denen die Komponenten – mehrbasige Carbonsäure und mehrwertiger Alkohol – keine polymerisierbaren Doppelbindungen enthalten (DIN 55958)". Hierdurch unterscheiden sie sich von Alkydharzen (Abschn. 6.1.2), die natürliche oder synthetische Fettsäuren oder Öle mit ungesättigten Bindungen enthalten können, und von ungesättigten Polyestern (Abschn. 6.1.3), die auf ungesättigten Dicarbonsäuren, wie Maleinsäure oder Fumarsäure, basieren.

Gesättigte Polyester, auch als ölfreie Alkydharze bezeichnet, werden durch Kondensation von di- oder mehrfunktionellen Monomeren, die Hydroxyl- bzw. Carboxylgruppen enthalten, hergestellt. Es können auch monofunktionelle Monomere anteilmäßig zugesetzt werden, die aber den Kondensationsvorgang abbrechen können.

Die ersten gesättigten Polyester wurden Anfang dieses Jahrhunderts synthetisiert [1]. Es waren Glyptalharze, hergestellt aus Glycerin und Phthalsäureanhydrid. Diese Harze waren schwer löslich, hart und spröde. Die Verfügbarkeit neuer Monomerer, höhere Anforderungen an Lackfilme (Anforderungen, die von Lacken auf Basis von Naturharzen, Ölen oder Alkydharzen nicht mehr erfüllt werden konnten), neue Applikationstechnologien und Lackhärtungsbedingungen initiierten Entwicklungen, die zu einer großen Vielfalt von neuen gesättigten Polyesterharzen führten [2]. Maßgebend für diese Entwicklungen war vor allem die Herstellung von Copolyestern mit gezielt eingestellter Funktionalität – OH-Gruppen- und COOH-Gruppen-Funktionalität – durch Kombination verschiedener Monomerer auf der Polyol- und der Polycarbonsäureseite, wodurch es gelang, die Lös-

46 Polykondensate [Literatur S. 59]

lichkeit, die Verträglichkeit, die mechanischen Eigenschaften und die Reaktivität der Produkte gravierend zu verbessern. Viel beigetragen zur Entwicklung gesättigter Polyester haben auch neue Erkenntnisse auf der Seite der Vernetzerharze – Aminoharze und Polyisocyanate –, deren Verträglichkeiten deutlich verbessert wurden.

6.1.1.2 Struktur der gesättigten Polyester

Durch ausgewählte Kombination unterschiedlicher Monomerer werden heute maßgeschneidert Copolyester hergestellt, die exakt auf die technischen Anforderungen und Lackanwendungen eingestellt sind [3] (siehe Tab. 6.1):

- Harze mit niedriger oder hoher Molmasse
- lineare oder verzweigte Polyester

Tabelle 6.1. Strukturen gesättigter Polyester

Chemische Struktur	Polyester-Typ	Molmasse (g/mol)
HO–(CH₂)ₙ–OH (lang)	Linear, hochmolekular, hydroxylfunktionell	10 bis 30 000
HO–(CH₂)ₙ–OH (kurz)	Linear, niedermolekular, hydroxylfunktionell	1 500 bis 6 000
HO–CH₂–CH(OH)–CH₂–OH (verzweigt)	Verzweigt, hydroxylfunktionell	1 000 bis 4 000
HOOC–CH(COOH)–COOH (verzweigt)	Verzweigt, carboxylfunktionell	1 000 bis 4 000
Epoxid-Endgruppen-Struktur	Epoxid-modifiziert	2 000 bis 4 000
Acrylat-Endgruppen-Struktur	Acryl-modifiziert	2 000 bis 4 000
B–C(=O)–NH–...–NH–C(=O)–B mit OH; H–B = Blockierungsmittel; oder ~O–C(=O)–NH–R–NH–C(=O)–O~	Urethan-modifiziert	2 000 bis 7 000
HO–CH₂–CH(O–Si(OR)₃)–CH₂–OH	Silicon-modifiziert	2 000 bis 4 000

- Harze mit ausgewählter Funktionalität
- harte oder flexible Harze
- Festharze oder gelöste Harze
- Harze, gelöst in organischen Lösemitteln, in Wasser/Lösemittel-Gemischen und in dispergierter Form

Möglich ist auch die Modifikation von gesättigten Polyestern, z.B. mit Polysiloxanen (Siliconpolyester), mit Isocyanaten (Urethanpolyester) oder mit Acrylmonomeren (Polyesteracrylate). Die Polyesteracrylate enthalten naturgemäß ungesättigte Bindungen, sie können daher streng genommen nicht mehr als „gesättigte Polyester" bezeichnet werden [4].

Die Molmasse M_n der gesättigten Polyesterharze kann zwischen ca. 1 000 und ca. 30 000 variiert werden. Je nach Wahl der Monomeren und nach Höhe der Molmasse können gesättigte Polyester mit Glastemperaturen zwischen $T_g < 0$ und $> 100\,°C$ hergestellt werden. Die Glastemperatur hat Einfluß auf die Eigenschaften des Polymeren (z.B. Viskosität) sowie der auf Basis des Polymeren hergestellten Lacke (z.B. Mindestfilmbildetemperatur) und Lackfilme (z.B. Elastizität, Haftung, Beständigkeitseigenschaften, Sterilisierfestigkeit) (siehe auch Kap. 3).

6.1.1.3 Funktionalität und Reaktivität

Polyesterharze können ein ausgewogenes Verhältnis von Carboxyl- und Hydroxylgruppen aufweisen, aber auch entweder hohen Carboxyl- oder Hydroxylgruppengehalt besitzen. Die Art und Menge dieser funktionellen Gruppen wird bestimmt durch die Art der eingesetzten Monomeren, das Einsatzverhältnis von Hydroxyl- zu Carboxylgruppen (siehe Kap. 2) und die Molmasse der Polyester [5]; je niedriger die Molmasse, desto größer ist in der Regel die Polyesterfunktionalität. Art und Menge der funktionellen Gruppen bestimmen zahlreiche Polyestereigenschaften:

- Löslichkeit

Niedermolekulare Polyester mit hoher OH-Gruppenfunktionalität dienen als Bindemittel für feststoffreiche, lösemittelarme und damit umweltschonende Einbrennlacksysteme. Produkte mit hoher Carboxylgruppen-Funktionalität hingegen sind nach Neutralisation mit Aminen wasserlöslich [6] und daher als Bindemittel für wasserverdünnbare Lacke geeignet [7].

- Reaktivität

Gesättigte Polyester werden für Lackanwendungen in der Regel mit einem weiteren Partner, dem Vernetzerharz, kombiniert und als 1- oder 2-Komponentenlacke verarbeitet. Nach Applikation wird bei Raumtemperatur, bei erhöhter Temperatur (ca. 60 bis 90 °C) oder unter Einbrennbedingungen bei Temperaturen zwischen 120 bis 400 °C vernetzt. Als Vernetzerharze dienen

Aminoharze	(siehe Abschn. 6.2), vorwiegend Melamin- oder Benzoguanaminharze,
Phenolharze	(siehe Abschn. 6.3),
Polyisocyanate	(siehe Kap. 7.1) in freier oder blockierter Form oder
Epoxidharze	(siehe Kap. 7.2), vorwiegend bei Pulverlacken (Hybridpulver) und TGIC-vernetzenden Pulvern.

Die Geschwindigkeit der Vernetzung ist einerseits abhängig von der Funktionalität und Reaktivität des eingesetzten Polyesters, in besonders starkem Maße jedoch auch von der

Reaktivität des Vernetzerharzes [8]. Zur Beschleunigung der Vernetzung werden häufig Katalysatoren mitverwendet. Bei der Vernetzung mit Aminoharzen sind dies meist saure Verbindungen, wie p-Toluolsulfonsäure, Naphthalin- oder Alkylnaphthalinsulfonsäure sowie deren Salze oder Ester, im Falle der Vernetzung mit Polyisocyanaten sind dies Metallsalze wie Dibutylzinndilaurat, Zinkoctoat u.a. oder basische Verbindungen wie tertiäre Amine.

Bei der Filmbildung durch Vernetzung der Polyester mit Melaminharzen laufen zwei Reaktionen nebeneinander ab, die Polyester-Melaminharz-Fremdvernetzung und die Melaminharz-Selbstvernetzung [9, 10]:

Fremdvernetzung:

$$\begin{aligned}
&\sim\!\!\sim\!\! OH + HOCH_2N\!-\!\!\text{\textcircled{M}} \xrightarrow[-H_2O]{} \sim\!\!\sim\!\! OCH_2N\!-\!\!\text{\textcircled{M}} \\
&\sim\!\!\sim\!\! OH + ROCH_2N\!-\!\!\text{\textcircled{M}} \xrightarrow[-ROH]{+H^+} \sim\!\!\sim\!\! OCH_2N\!-\!\!\text{\textcircled{M}} \\
&\sim\!\!\sim\!\! COOH + HOCH_2N\!-\!\!\text{\textcircled{M}} \xrightarrow[-H_2O]{} \sim\!\!\sim\!\! CO\!-\!CH_2N\!-\!\!\text{\textcircled{M}} \\
&\qquad\qquad\qquad\qquad\qquad\qquad\qquad\qquad \|\; O \\
&\sim\!\!\sim\!\! COOH + ROCH_2N\!-\!\!\text{\textcircled{M}} \xrightarrow[-ROH]{+H^+} \sim\!\!\sim\!\! CO\!-\!CH_2N\!-\!\!\text{\textcircled{M}} \\
&\qquad\qquad\qquad\qquad\qquad\qquad\qquad\qquad \|\; O
\end{aligned} \qquad (6.1)$$

Selbstvernetzung:

$$\text{\textcircled{M}}\!-\!N\!-\!CH_2OR + ROCH_2N\!-\!\text{\textcircled{M}} \xrightarrow[-CH_2(OCH_3)_2]{+H^+} \text{\textcircled{M}}\!-\!N\!-\!CH_2\!-\!N\!-\!\text{\textcircled{M}}$$

oder (6.2)

$$\text{\textcircled{M}}\!-\!N\!-\!CH_2OR + H_2O \xrightarrow[-ROH]{+H^+} \text{\textcircled{M}}\!-\!N\!-\!CH_2OH$$

$$\text{\textcircled{M}}\!-\!N\!-\!CH_2OH \xrightarrow[-HCHO]{} \text{\textcircled{M}}\!-\!N\!-\!H$$

$$\text{\textcircled{M}}\!-\!N\!-\!H + HOCH_2\!-\!N\!-\!\text{\textcircled{M}} \xrightarrow[-H_2O]{} \text{\textcircled{M}}\!-\!N\!-\!CH_2\!-\!N\!-\!\text{\textcircled{M}}$$

$\text{\textcircled{M}}$ = Melaminharz-Rest

Wenn der Aminoplast lediglich =N–CH$_2$OR-Gruppen enthält (Melaminharze vom Hexaalkoxymethylmelamin-HMMM-Typ), läuft die Selbstvernetzung praktisch nur in Gegenwart stark saurer Katalysatoren ab. Bei Melaminharzen mit freien =NH- und =NCH$_2$OH-Funktionen findet Selbstvernetzung auch ohne saure Katalysatoren statt. Zur Ausbildung optimaler Filmeigenschaften muß in der Beschichtung ein ausgewogenes Verhältnis von Fremdvernetzung zur Aminoplast-Selbstvernetzung vorliegen. Es wurde gezeigt, daß beispielsweise optimale Korrosionsschutzeigenschaften nur zu erreichen sind, wenn ein bestimmter Anteil an Selbstvernetzungsstrukturen vorliegt [11]. Daher werden gesättigte Polyester mit Melaminharzen nicht in einem stöchiometrischen Verhältnis miteinander kombiniert, sondern stets mit einem Überschuß an Melaminharzfunktionen.

6.1 Polyesterharze

Die Reaktion von Polyestern mit anderen Aminoharzen und Phenol-Formaldehydharzen verläuft ähnlich wie die der Melaminharze. Die Reaktion mit Polyisocyanaten als Vernetzerharz ist im Kapitel 7.1 ausgeführt. Im Unterschied zur Amino- und Phenolharz-Vernetzung handelt es sich bei der Vernetzung der Polyester mit Polyisocyanaten im wesentlichen um eine Polyaddition – ein einheitlicher, stöchiometrisch verlaufender Vorgang. Die in den Polyestern vorhandenen Carboxylgruppen, die in besonders hohem Maße in wasserlöslichen Polyestern vorhanden sind, reagieren ebenfalls mit den beschriebenen Vernetzerharzen, jedoch mit geringerer Geschwindigkeit [11]. Dies ist die Ursache dafür, daß man für die Vernetzung wasserverdünnbarer Polyester-Einbrennlacke meist etwas höhere Einbrenntemperaturen benötigt als für die Vernetzung lösemittelhaltiger Polyesterlacke.

Für die Vernetzung mit Epoxidharzen bei den Pulverlacken eignen sich bevorzugt carboxylgruppen-tragende Polyester.

6.1.1.4 Rohstoffe

Für die Herstellung der gesättigten Polyester sind drei Monomertypen dominant [12 bis 14] (Tab. 6.2):

- mehrfunktionelle Carbonsäuren oder deren Anhydride
- monofunktionelle Carbonsäuren
- mehrfunktionelle Alkohole

Zur Modifikation von gesättigten Polyestern, d.h. zum Einbau von Acryl- oder Siliconsegmenten, eignen sich

- Acrylmonomere
- Alkoxysiloxane bzw. Alkoxypolysiloxane [15]

Je nach Kombination und Verknüpfung der Monomerbausteine lassen sich lineare oder verzweigte, hoch- oder niedermolekulare, pulverförmige oder flüssige, harte/spröde oder weiche/elastische, in organischen Lösemitteln lösliche oder in Wasser dispergierbare Harze herstellen [16].

Tabelle 6.2. Monomere für gesättigte Polyester

Polycarbonsäuren/Anhydride	Monofunktionelle Carbonsäuren	Polyole
Phthalsäureanhydrid	Benzoesäure	Ethylenglycol
Isophthalsäure	p-*tert*-Butylbenzoesäure	1,2-Propandiol
Terephthalsäure (bzw. -dimethylester)	Hexahydrobenzoesäure	Diethylenglycol
Hexahydrophthalsäureanhydrid	Isononansäure	1,4-Butandiol
Tetrahydrophthalsäureanhydrid		1,6-Hexandiol
Hexahydroterephthalsäure	Dimethylolpropionsäure	Neopentylglycol
5-*tert*-Butylisophthalsäure		Trimethylpentandiol
Adipinsäure		1,4-Cyclohexandimethanol
Azelainsäure		Tricyclodecandimethanol
Sebacinsäure		Trimethylolpropan
Decandicarbonsäure		Glycerin
dimerisierte Fettsäuren		Hydroxypivalin-NPG-Ester
Trimellithsäureanhydrid		Pentaerythrit
Pyromellitsäureanhydrid		hydriertes Bisphenol A
		Bisphenol A-bis-hydroxyethylether

Es gibt einige grundsätzliche Einflüsse der Monomeren, durch die das Eigenschaftsbild gesättigter Polyester bestimmt wird [17] (siehe Tab. 6.3):

- Flexibilität und Härte

Aromatische Dicarbonsäuren bewirken stets eine hohe Härte und Kratzfestigkeit der Polyesterbeschichtungen, während aliphatische Dicarbonsäuren, die meisten difunktionellen Polyole und Ethersegmente zu elastischen Eigenschaften führen. Cycloaliphatische Monomere sorgen für ein ausgeglichenes Härte-Elastizitäts-Verhältnis. Die elastischen Eigenschaften werden zudem durch hohe Molmassen begünstigt, während niedrige Molmasse die Ursache für Sprödigkeit der Beschichtungen sein kann.

- Glastemperatur

Aromatische Strukturen im Polyester erhöhen die Glastemperatur, während aliphatische – vor allem längerkettige – Strukturen die Glastemperatur stark erniedrigen. Hohe Glastemperatur wird vorzugsweise bewirkt durch cycloaliphatische Diole und Dicarbonsäuren sowie durch Isophthalsäure und deren Alkylderivate. Die Glastemperatur der Beschichtungen wird zusätzlich geprägt durch den Vernetzungspartner und die Vernetzungsdichte.

- Kristallinität

Gesättigte Polyester mit regulärem Aufbau – Homopolyester –, wie z. B. Polyethylenterephthalat oder Polybutylenterephthalat, besitzen eine hohe Kristallinität. Sie sind daher in üblichen Lacklösemitteln unlöslich. Entsprechende Copolyester, in denen die molekulare Struktur durch Einbau geringer Mengen eines Co-Monomeren gestört ist, können noch geringe Kristallinität aufweisen, sie sind aber bereits in polaren Lösemitteln wie Ketonen löslich. Derartige Produkte werden zumeist nicht in üblichen Lacksystemen als Bindemittel verwendet, sie finden jedoch Einsatz auf dem Klebstoff- und Laminiersektor als Heißschmelzmassen. Gesättigte Polyester für den üblichen Lacksektor sind stets Copoly-

Tabelle 6.3. Polyestereigenschaften und Monomereneinsatz

Polyestereigenschaft	Bewirkt durch
Oberflächenhärte	aromatische, cycloaliphatische Dicarbonsäuren, cycloaliphatische Alkohole
Glastemperatur	cycloaliphatische Diole und Dicarbonsäuren (Tricyclodecandimethanol, Bisphenol A-bis-hydroxyethylether, Cyclohexandicarbonsäure, Cyclohexandimethanol), Isophthalsäure, 5-*tert*-Butylisophthalsäure
Elastizität, Flexibilität	aliphatische Dicarbonsäuren (Decandicarbonsäure, dimerisierte Fettsäuren), aliphatische, difunktionelle Alkohole
Löslichkeit	5-*tert*-Butylisophthalsäure, Tricyclodecandimethanol
Verträglichkeit	cycloaliphatische Monomere, verzweigte Monomere
Molekülverzweigung, Funktionalität	trifunktionelle Alkohole, polyfunktionelle Säuren
UV-Beständigkeit	Hexahydrophthalsäureanhydrid, 1,4-Cyclohexandicarbonsäure
Hydrolysenstabilität	1,4-Cyclohexandimethanol
Sterilisierfestigkeit	cycloaliphatische Monomere, Tricyclodecandimethanol

ester mit amorphem Charakter, die nicht zur Kristallinität neigen und daher gute Löslichkeit in Lösemitteln besitzen.

- Löslichkeit

Die Löslichkeit in organischen Lösemitteln wird besonders stark beeinflußt durch Molmasse und Funktionalität der Polyester, aber auch durch die Art der Monomerbausteine. Höhermolekulare Polyester sind schlechter löslich als niedermolekulare Harze, hochfunktionelle besser als niederfunktionelle. Verzweigte Monomere, wie z. B. Trimethyladipinsäure, 5-*tert*-Butylisophthalsäure oder Tricyclodecandimethanol, bewirken meist ein deutliche Verbesserung der Löslichkeit.

- Verträglichkeit

Gesättigte Polyester sind in vielen Fällen nur begrenzt mit anderen Lackharzen verträglich. Die Verträglichkeit ist jedoch entscheidend abhängig von der Höhe der Molmasse, der Funktionalität und der Auswahl der Monomeren. Je höher die Molmasse, desto eingeschränkter ist die Verträglichkeit, die mit wachsender Polyesterfunktionalität verbessert wird. Günstig auf die Verträglichkeit wirken sich aliphatische, besonders aliphatisch verzweigte Monomere, sowie cycloaliphatische Strukturen aus.

- Witterungsbeständigkeit und UV-Stabilität

Gesättigte Polyester besitzen aufgrund ihrer gesättigten Struktur in der Regel eine gute Witterungsstabilität. Diese Eigenschaft, vor allem die UV-Beständigkeit, kann noch weiter verbessert werden durch gezielte Monomerenauswahl. Als besonders vorteilhaft sind hier cycloaliphatische Monomere anzusehen.

- Hydrolysenbeständigkeit

Die Hydrolysenbeständigkeit der Polyester ist im allgemeinen, bei richtiger Auswahl der Monomeren, gut. Vorteilhaft wirken sich cycloaliphatische Diole oder in α-Stellung zur Hydroxyl- bzw. Carboxylgruppe alkylverzweigte Monomere aus.

- Sterilisierfestigkeit

Die Sterilisierfestigkeit von Polyesterbeschichtungen ist abhängig vom Aufbau des Polyesters, als vorteilhaft hat sich der Einbau von cycloaliphatischen Monomeren erwiesen. Die Sterilisierfestigkeit ist aber auch abhängig von der Lackformulierung, der Art und Reaktivität des Vernetzerharzes und von der Katalysierung.

6.1.1.5 Herstellung

Die Herstellung von gesättigten Polyestern geschieht im allgemeinen durch Polykondensation, Veresterung oder – wenn Terephthalsäuredimethylester mit eingesetzt wird – Umesterung. Der Herstellprozeß im großtechnischen Maßstab ist diskontinuierlich, das sogenannte „Batch-Verfahren". Angewendet werden hauptsächlich drei Prozeßvarianten:

- *Schmelzkondensation*

Die flüchtigen Kondensationsprodukte werden bei geringem Vakuum entfernt.

- *Gasstromkondensation*

Inertgas wird über oder durch die Schmelze geführt, um die flüchtigen Kondensationsprodukte zu entfernen.

- *Azeotropverfahren*

Ein Lösemittel transportiert die Kondensate aus dem System.

Die Polykondensation findet üblicherweise bei Temperaturen von 150 bis 260 °C statt. Es muß bedacht werden, daß Diole (wie z. B. Ethylenglycol, 1,2-Propandiol oder auch Neopentylglycol) einen relativ niedrigen Siedepunkt haben und daher mit den Kondensaten aus dem System getragen werden können. Um dies zu vermeiden, müssen die Reaktoren mit speziellen Kolonnen ausgerüstet werden. Verlust an Diolen hat Auswirkungen auf Säurezahl, OH-Zahl und Molmasse (Viskosität) des entstehenden Polyesters und damit auch auf die resultierenden Filmeigenschaften.

Die Polykondensation kann durch Erhöhung der Veresterungs-/Umesterungstemperatur oder durch Einsatz von Katalysatoren beschleunigt werden. Sehr häufig wird letzteres praktiziert. Bekannte Katalysatoren sind z. B. Bleiglätte, Lithiumhydroxid, Zinnschliff, Di-n-Butylzinnoxid oder andere Zinnverbindungen.

Durch diese Art der Polykondensation erhält man in der Regel lineare Polyester mit Molmassen bis zu 7000 oder verzweigte Polyester mit Molmassen bis zu 5000. Will man höhere Molmassen über 10000 erreichen, muß das Zweistufen-Verfahren angewendet werden, bei dem im ersten Reaktionsschritt die Polycarbonsäuren bzw. deren Ester mit einem hohen Polyol-Überschuß verestert bzw. umgeestert werden, während im zweiten Reaktionsschritt die Polykondensation bei einer Temperatur von ca. 250 °C im Vakuum unter Abspaltung des Polyol-Überschusses und des Wassers erfolgt.

Für die großtechnische Produktion der Harze werden die flüssigen Monomeren im Reaktor vorgelegt. Die festen Monomere werden – ggf. während des mehrstündigen Aufheizens auf die Veresterungstemperatur – zudosiert. Dabei ist zu berücksichtigen, daß einige Monomere, z. B. Phthalsäureanhydrid, sublimieren können. Die Kondensation läuft danach bei der Veresterungstemperatur ab.

Der Endpunkt der Polykondensation ist üblicherweise durch den angestrebten Viskositätsbereich und durch die gewünschte Säurezahl des Harzes charakterisiert. Zur Endpunktbestimmung wählt man in der Regel die Viskosität, da sie im allgemeinen für die technischen Eigenschaften der wichtigste Parameter ist, und man am ehesten an der Viskosität erkennen kann, ob ein Ansatz zu gelieren droht. Natürlich ist auch die OH-Zahl eine wichtige Kenngröße der gesättigten Polyester, besonders dann, wenn die OH-Funktionalität für die Filmbildung und die Filmeigenschaften von Reaktionslacken maßgebend ist. Jedoch ist die Bestimmung der OH-Zahl zeitaufwendiger als die Bestimmungen von Viskosität und Säurezahl.

Mit Erreichen des Endpunktes der Polykondensation liegt das angestrebte Polymer vor. Die Harzschmelze wird in diesem Fall abgekühlt und in die entsprechende Harzlieferform überführt:

- Festharz

Ablassen der Schmelze auf ein Kühlband und anschließendes Zerkleinern (Granulieren, Pillieren u.a.).

- Harzlösung

Gesättigte Polyester sind in Estern, Etherestern, Ketonen und häufig auch in aromatischen Kohlenwasserstoffen löslich. Zur Herstellung der Harzlösung überführt man das Harz aus dem Reaktor in einen Lösekessel und löst unter Rühren (je nach Siedepunkt des verwendeten, vorgelegten Lösemittels) bei 100 bis 150 °C. Der Feststoffgehalt der Harzlösung wird so eingestellt, daß eine für Lagerung, Transport und Verarbeitung einfach handhabbare Harzlieferform resultiert. Das ist gewährleistet, wenn eine fließfähige und pumpbare Harzlösung vorliegt.

Mit Erreichen des Endpunktes der Polykondensation ist manchmal nur die erste Stufe der beabsichtigten Harzherstellung erreicht. Es sind weitere Produktionsschritte notwendig, um die Endprodukte fertigzustellen. Diese Endprodukte können z. B. sein:

- gesättigte Polyester für Wasserlacke

Für die Herstellung wasserlöslicher oder -dispergierbarer gesättigter Polyester ist der Einbau von Carboxylgruppen in das Grundharz erforderlich. Ein einfaches Verfahren ist die nachträgliche Addition von Carbonsäureanhydriden an das hydroxyfunktionelle Grundharz bei Temperaturen von 120 bis 160 °C. Häufig wird für diese „Aufsäuerung" Tetrahydrophthalsäureanhydrid eingesetzt.

Eine andere Möglichkeit, das Grundharz mit Carboxylgruppen auszustatten, ist mit gleichzeitiger Urethanisierung des Harzes verbunden. Dabei wird in das Grundharz Dimethylolpropionsäure eingetragen; anschließend gibt man ein Diisocyanat (z. B. Hexamethylen- oder Isophorondiisocyanat) zu. Die Additionsreaktion läuft bei Temperaturen von 80 bis 120 °C ab. Da ein Überschuß an Hydroxylgruppen vorhanden ist, reagiert das Diisocyanat vollständig. Die Carboxylgruppen werden dabei in die Polymerkette eingebaut und sind nicht – wie bei der Aufsäuerung – endständig. Die Carboxylgruppen in der Kette ergeben im allgemeinen verseifungsstabile Harze.

Die Säurezahlen der nach diesen beiden Verfahren hergestellten Harztypen liegen üblicherweise im Bereich zwischen 20 und 50 mg KOH/g. Wasserlöslich bzw. wasserdispergierbar werden die Harze jedoch erst nach Überführung der Carboxylgruppen in die Salzform. Das geschieht durch Neutralisation mit Aminen, z. B. mit Dimethylaminoethanol oder Dimethylaminomethylpropanol.

Nach der Neutralisation werden die Harze entweder unter Zuhilfenahme organischer Colöser in Wasser gelöst oder aber nach Zugabe von Emulgatoren in Wasser dispergiert.

- Erhöhung der Polyesterfunktionalität [18, 19]

Verwandt mit dem Verfahren zur Aufsäuerung von Polyesterharzen in einer zweiten Verfahrensstufe ist die Einführung höherfunktioneller Monomerer bei niedrigerer Temperatur, um auf diesem Wege engere Molmassenverteilungen und damit bessere lacktechnische Eigenschaften (niedrigere Viskosität, bessere Löslichkeit, leichtere Verarbeitbarkeit) zu erhalten oder um die Reaktivität der Harze ohne Gelierungsgefahr zu erhöhen. Auch die gezielte Einführung von Caprolacton in einen konventionellen, höhermolekularen Polyester zur weiteren Erhöhung der Molmasse kann in einer zweiten Reaktionsstufe durchgeführt werden [20].

- Polyesteracrylate

Der OH-funktionelle Grundpolyester wird z. B. mit Acrylsäure weiterverestert. Diese Veresterung wird azeotrop durchgeführt und läuft – je nach Siedebedingungen des eingesetzten Lösemittels – bei Temperaturen von 80 bis 110 °C ab. Nach Erreichen des Endpunktes der Veresterung destilliert man das Lösemittel ab. Im allgemeinen resultieren niedrigviskose Harze. Dieser Typ Polyesteracrylat wird für die Herstellung von strahlenhärtenden Lacken eingesetzt.

Es besteht eine weitere Möglichkeit, einen Grundpolyester mit Acrylaten zu modifizieren. Acrylmonomere können unter Zuhilfenahme von Radikalstartern auf den Basispolyester aufgepfropft werden. Dieses kann bei Temperaturen von 80 bis 180 °C geschehen. Die Polyesterpolyacrylate können z. B. mit Polyisocyanaten oder mit Melaminharzen vernetzt werden (2K- und 1K-Polyurethanlacke, Einbrennlacke).

- Siliconpolyester

Für die Herstellung von Siliconpolyestern setzt man üblicherweise einen Grundpolyester mit hoher OH-Zahl, z. B. 200 mg KOH/g, ein. Dieser wird in Schmelze oder gelöst in organischen Lösemitteln mit Alkoxysiloxanen umgesetzt (siehe auch Kap. 9.1). Die Kondensation kann bei Temperaturen von 100 bis 150 °C durchgeführt und mit Katalysatoren beschleunigt werden. Der Endpunkt der Kondensation wird über die Viskosität erfaßt und durch Messung der OH-Zahl kontrolliert. Der Siliconanteil dieser Harze liegt im Bereich zwischen 30 und 50 Massenprozent. Siliconpolyester werden hauptsächlich für wärmeresistente Beschichtungen sowie für witterungsbeständige Decklacke im Coil-Coating-Verfahren eingesetzt.

6.1.1.6 Eigenschaften der Beschichtungen

Der Schlüssel für das Eigenschaftsprofil von Beschichtungen aus gesättigten Polyestern liegt einerseits in der Auswahl der Polyester, deren Eigenschaften vom Monomerenaufbau und der Molmasse abhängen; hierüber wurde im Abschn. 6.1.1.4 ausführlich berichtet (siehe Tab. 6.3). Andererseits hängen die Polyester-Beschichtungseigenschaften darüber hinaus vom Typ des Vernetzungspartners und der Zusatzmenge ab, da dies zur weiteren Molekülvergrößerung bei der Filmbildung beiträgt. Auch die Lackformulierung hat erheblichen Einfluß auf die Beschichtungseigenschaften.

Bei der Lackformulierung auf Basis von gesättigten Polyestern sind folgende Gegebenheiten zu berücksichtigen:

Gesättigte Polyester sind vielfach nur begrenzt mit anderen Lackharzen verträglich. Auch limitierte Löslichkeit und eingeschränkte Verdünnbarkeit mit lacküblichen Lösemitteln sind nicht selten. So sind z. B. Kombinationen mit Alkydharzen, Acrylharzen, butylierten Melaminharzen oder Harnstoffharzen nur in wenigen Fällen möglich. Löslichkeit in aliphatischen Kohlenwasserstoffen und Alkoholen ist nicht gegeben. In aromatischen Kohlenwasserstoffen sind gesättigte Polyester eingeschränkt löslich. Manchmal werden Alkohole als sogenannte „latente" Lösemittel benutzt, um die Viskosität der Harzlösungen zu erniedrigen und damit höhere Harzfestkörper bei noch gut handhabbarer Viskosität zu erzielen.

Um optimale Eigenschaften zu erreichen, bedient man sich der Vernetzung mit anderen Harzen oder – im Falle von speziellen, acrylmodifizierten gesättigten Polyestern – der Strahlenhärtung.

Folgende Möglichkeiten sind gegeben:

- Vernetzung mit Aminoharzen (Einbrennlacke)
- Vernetzung mit Polyisocyanaten (luft- oder forciert trocknende Lacke)
- Vernetzung mit blockierten Polyisocyanaten (Einbrennlacke, Pulverlacke)
- Vernetzung mit Epoxidharzen (Pulverlacke)
- Vernetzung mit Triglycidylisocyanurat (Pulverlacke)
- Vernetzung durch kurzwellige Lichtstrahlen (strahlenhärtende Lacke)

Die Auswahl des Vernetzungspartners ist abhängig von dem geforderten Eigenschaftsprofil der Lackfilme und von den Lackverarbeitungsbedingungen. Für Beschichtungen mit besonders hoher Witterungsbeständigkeit sind hochreaktive Melaminharze, Polyisocyanate oder Kombinationen von beiden zu bevorzugen. Hochelastische Beschichtungen erfordern flexibilisierende Vernetzerharze mit etwas geringerer Reaktivität, während für die besonderen Anforderungen im Can-Coating-Bereich Benzoguanaminharze neben Melaminharzen und Polyisocyanaten eingesetzt werden; daneben werden auf diesem Sektor auch Phenolharze als Vernetzer mitverwendet. Die Auswahl des Vernetzungsharzes, die Aushärtungsbedingungen und die Einsatzgebiete bestimmen auch eventuell notwendige Zusätze von Katalysatoren.

6.1 Polyesterharze

Das Benetzungsverhalten der Polyester gegenüber Pigmenten, Farbstoffen und Füllstoffen ist typabhängig meist günstig, bei besonders hohen Anforderungen an Glanz, Deckkraft und Fülle können im Handel erhältliche Netzmittel (siehe Kap. 10) zugesetzt werden.

Die Verwendung gesättigter Polyester ohne Vernetzungskomponente ist nur in speziellen Fällen möglich und sinnvoll. Bekannt ist z.B. die Verarbeitung höhermolekularer thermoplastischer Polyester in Pulverform ohne Vernetzungspartner im Wirbelsinterverfahren zur Beschichtung von Gegenständen oder auch zur Nahtabdeckung von Konservendosen.

Auf Basis von gesättigten Polyestern lassen sich Lackfilme herstellen, die sich durch folgende herausragende Eigenschaften auszeichnen:

- *Hohe, gezielt eingestellte Vernetzungsdichte*

Die Vernetzungsdichte ist abhängig von der Funktionalität der Polyester sowie von der Art, Funktionalität und Menge des zu gesetzten Vernetzungspartners. Hohe Vernetzungsdichte bewirkt gute Chemikalien-, Lösemittel- und Korrosionsbeständigkeit sowie gute Härte und Kratzfestigkeit, kann jedoch die elastischen Eigenschaften und häufig auch die Haftfestigkeit beeinträchtigen.

- *Flexibilität*

Die Flexibilität wird entscheidend bestimmt durch die Höhe der Polyestermolmasse und die Art der Vernetzung. Bei hohen Anforderungen, wie sie im Coil- und Can-Coating-Sektor gegeben sind, sollten hoch- oder mittelmolekulare Polyester bevorzugt werden, die mit mittelreaktiven Melaminharzen, Benzoguanaminharzen, Polyisocyanaten oder entsprechenden Kombinationen zu vernetzen sind. Zur weiteren Flexibilisierung werden manchmal auch spezielle Elastifizierharze anteilig mitverwendet.

- *Glanz und Fülle*

können gezielt durch die Art der Formulierung eingestellt werden.

- *Haftung auch auf Nichteisenmetallen*

ist im allgemeinen gut, kann durch lacktechnische Zusätze und die Formulierung – vor allem die Auswahl des Polyesters und des Vernetzerharzes – optimiert werden.

- *Überbrennfestigkeit/Gilbungsbeständigkeit*

sind abhängig von der Art des Polyesters und dem Vernetzungspartner. Siliconpolyester sind besonders vorteilhaft. Lösemittelhaltige Systeme verhalten sich im allgemeinen günstiger als wässerige. Von den Vernetzungspartnern sind Melaminharze in den meisten Fällen besser als Polyisocyanate.

- *UV-Stabilität [21] und Witterungsbeständigkeit*

sind besonders stark abhängig vom Polyesteraufbau. Polyester mit hohem Aromatenanteil sind zu vermeiden, solche mit cycloaliphatische Strukturen zu bevorzugen. Für höchste Ansprüche eignen sich besonders urethan- und siliconmodifizierte Polyester.

- *gute Chemikalien- [22] und Verseifungsbeständigkeit*

Die Chemikalienbeständigkeit der Beschichtungen kann durch Auswahl der Polyester und der Vernetzungspartner eingestellt werden. Bei hohen Anforderungen sollte die Vernetzungsdichte eng gewählt und möglichst hydrophobe Komponenten (Vernetzer, Additive) mitverwendet werden.

6.1.1.7 Applikationsformen

Gesättigte Polyester können für

- Lösemittelhaltige, konventionelle Lacke
- Lösemittelarme High-Solids-Lacke [23]
- Wasserlösliche Lacke
- Wässerige Dispersionen
- Strahlenhärtende Lacke
- Pulverlacke

als Bindemittel verwendet werden.

● *Lösemittelhaltige Lacke*

Lösemittelhaltige Polyesterlacke sind entweder 1- oder 2-komponentig eingestellt. Als 2K-Lacke sind sie bei Raumtemperatur härtend [24] oder säurehärtend, als 1K-Lacke sind es typische Einbrennlacke. Der Lösemittelgehalt der Lacke ist stark abhängig von der Struktur und der Molmasse der eingesetzten Polyester [25] und variiert zumeist von 35 bis 65 Massenprozent. Typische Lacksysteme sind hochflexible Coil- und Can-Coating-Lacke, Automobil- und Industrielacke.

● *High-Solids-Lacke*

High-Solids-Lacke auf Basis gesättigter Polyester sind schon lange bekannt [26 bis 33]. Die eingesetzten Polyester für diesen Bereich besitzen Molmassen zwischen 500 und 2000, sie weisen meist eine enge Molmassenverteilung auf. Derartige Harze sind in vielen Fällen begrenzt verträglich mit anderen Bindemittelsystemen und werden zumeist mit voll- oder partiell-methylveretherten Melaminharzen kombiniert. Die erreichbaren Feststoffgehalte liegen zwischen 65 und 72 Massenprozent. Typische Anwendungsgebiete für Lacke auf dieser Basis sind der Elektro- und Haushaltsgerätebereich, Lacke für die Automobilzulieferindustrie und allgemeine Industrielacke.

● *Wasserlösliche Lacke* [34]

Gesättigte Polyesterharze für wasserlösliche Lacke [35 bis 37] besitzen meist Säurezahlen zwischen 20 und 55 mg KOH/g. Diese Harze sind nach Neutralisation mit Aminen unter Mitverwendung von Hilfslösemitteln in Wasser löslich oder dispergierbar. Die Auswahl der Hilflösemittel und des Amins hat entscheidenden Einfluß auf die Lösungsviskosität und die Lagerungsstabilität der Lacke [38 bis 40]. Nach Kombination der Polyester mit dem Vernetzerharz erhält man meist Beschichtungssysteme mit einem Anteil an flüchtigen organischen Bestandteilen von 2 bis 8 Massenprozent im verarbeitungsfertigen Zustand, die vor allem in der Automobilindustrie, als allgemeine Industrielacke und teilweise auch auf dem Coil-Coating-Sektor Verwendung finden. Auch zwei- und einkomponentige wasserverdünnbare Polyesterlacke mit Polyisocyanaten als Vernetzungspartner sind im Einsatz.

● *Wässerige Dispersionen*

Hierbei handelt es sich vorwiegend um Polyurethan-Dispersionen, die Polyester- und Urethangruppierungen als Strukturelemente enthalten, daneben können andere funktionelle Gruppen vorhanden sein, die die Anwendung der Dispersionen zur Vernetzung [41] oder zur Strahlenhärtung ermöglichen. Anwendungsbereiche sind die Lackierung von Kunststoffteilen, die Papier-, Karton- und Folienbeschichtung u.a.

- *Strahlenhärtende Lacke*

Strahlenhärtende Lacke enthalten Bindemittel mit ungesättigten Funktionen wie z. B. Polyesteracrylate für Papier-, Karton- und Holzbeschichtungen [42].

- *Pulverlacke*

Von besonderer Bedeutung sind Polyesterharze für Pulverlacke, die schon seit vielen Jahren erfolgreich im Einsatz sind. Die eingesetzten Polyesterpulver sind gut schmelzbar, in der Wärme stabil und nach Kombination mit weiteren Partnern leicht zu vermahlen. Die Polyester werden zumeist in Kombination mit Epoxidharzen als Hybridsysteme für Pulverlackanwendungen eingesetzt oder in Kombination mit Härtern vermahlen. Für das Hybridsystem eignen sich carboxylgruppenhaltige Polyesterpulver. Als Härter werden vor allem blockierte oder blockierungsmittelfreie Polyisocyanate [43] auf Basis von Isophorondiisocyanat IPDI eingesetzt, die mit hydroxylgruppenhaltigen Polyesterpulvern kombiniert werden, oder Triglycidylisocyanurat TGIC, welches mit carboxylgruppenhaltigen Polyestern zu vermahlen ist [44]. Die applizierten Pulver werden bei Temperaturen zwischen 160 bis 210°C typabhängig eingebrannt. Neuere Entwicklungsarbeiten berücksichtigen die Herabsetzung der Einbrenntemperatur. Die mit Härtern versehenen Polyurethanpulver und die TGIC-Pulver besitzen im Vergleich zu den Hybridsystemen deutlich bessere Witterungsbeständigkeiten. Polyesterpulverlacke finden Anwendung in der Automobilzulieferindustrie, Haushaltsgeräteindustrie und für allgemeine Industrielacke.

6.1.1.8 Anwendungen

Gesättigte Polyester stellen aufgrund ausgewogener Eigenschaften eine fest etablierte Bindemittelklasse dar. Wegen des günstigen Preis-Leistungs-Verhältnisses erfreuen sich gesättigte Polyester eines ständig wachsenden Marktanteils [45].

Coil-Coating [46, 47]

Vor allem für Decklacke, aber auch für Grundierungen, werden zur Metallbandbeschichtung Bindemittel eingesetzt, die auf gesättigten Polyestern basieren [48]. Aus diesen beschichteten Metallbändern (Stahl, verzinkter Stahl, Aluminium) werden Bleche geschnitten und anschließend teilweise verformt für Fassadenbleche, -paneele, Fahrzeugelemente (z. B. für Wohnwagen), Jalousetten, Deckenpaneele, Leuchtstoffröhrenkästen u.a. Wegen des günstigen Preis-Leistungs-Verhältnisses sind gesättigte Polyester/HMMM-Harz-Lacke in der Metallbanddeckbeschichtung in Europa dominierend. Siliconmodifizierte Polyester, kombiniert mit HMMM-Harzen, sind aufgrund ihrer sehr guten Wetterbeständigkeit seit langem für Außenanwendungen im Einsatz. Inzwischen werden sie in der Witterungsresistenz von Kombinationen aus Polyestern mit blockierten, cycloaliphatischen Polyisocyanaten übertroffen. Letztere zeichnen sich zusätzlich noch durch eine bessere Flexibilität/Verformbarkeit und geringere Schmutzanfälligkeit aus.

Can-Coating

Flexibilität, Chemikalienbeständigkeit und Sterilisationsfähigkeit sind die wichtigsten Forderungen, die an Can-Coating-Systeme gestellt werden. Für die Innenanwendung wird zusätzlich verlangt, daß die Bindemittel der jeweiligen Lebensmittelgesetzgebung entsprechen.
Auf der Grundlage gesättigter Polyester können o.g. Eigenschaften eingestellt werden. Es sind Harze hauptsächlich für die Außen-, z.T. auch für die Innenanwendung, verfügbar:

für Aerosolsprüh-, Fisch-, Getränke-, Konservendosen (z. B. für Gemüse und Obst als Füllgüter), für Kronkorken, Tuben, Verschlußkapseln, Twist-off-Deckel u.a.
Es werden überwiegend die hochmolekularen, flexiblen Typen in Kombination mit Hexamethoxymethylmelaminharzen (HMMM) (siehe Kap. 6.2) eingesetzt. Jedoch sind auch niedrigmolekulare Typen, vernetzt mit HMMM-Harzen oder mit Kombinationen von Melaminharzen und blockierten Polyisocyanaten, im Einsatz.

Automobilerstlackierung

Zur Herstellung von Füllern für die Automobilerstlackierung werden fast ausschließlich gesättigte Polyester als Hauptbindemittelkomponente eingesetzt. Vernetzt werden die relativ niedrigmolekularen Autofüllerharze für diese Anwendung mit partiell-methylierten Melaminharzen oder mit blockierten Polyisocyanaten oder – aus Kostengründen (relativ hoher Preis der blockierten Polyisocyanate) – mit einer Mischung aus beiden Vernetzungspartnern. Blockierte Polyisocyanate führen zu einer erheblichen Verbesserung der Steinschlagfestigkeit der Lackierungen. Die Aushärtung erfolgt bei Temperaturen von 120 bis 160 °C je nach Einbrenndauer und Reaktionspartner. Hier kommen organisch gelöste, wasserverdünnbare und wasserdispergierte Harze zur Anwendung.
Bei 2-Schicht-Decklacksystemen (metallic- oder uni-Basislack, mit Klarlack überspritzt) sind gesättigte Polyester ein Bestandteil der Bindemittelkombinationen für sowohl lösemittelhaltige, als auch wäßrige Basislacke [49]. In lösemittelhaltigen Basislacken werden reine Polyester eingesetzt, in wäßrigen Basislacken sind es isocyanatmodifizierte Harztypen.

Großfahrzeuglackierung

Gesättigte Polyester in Kombination mit Melaminharzen oder Polyisocyanaten werden auch für die Lackierung von Bussen, Lastkraftwagen, Schienenfahrzeugen und Flugzeugen eingesetzt. Glanz, Glanzhaltung im Wetter, Elastizität, Kratzfestigkeit, Beständigkeit und Reinigungsfähigkeit sind für diese Anwendungen erforderliche Eigenschaften, die von gesättigten Polyestern eingebracht werden.

Industrielacke

Der Begriff Industrielacke steht hier nicht für Beschichtungen nach industriellen Verfahren, sondern im engeren Sinne für die Lackierung von industriellen Gütern wie Haushaltsgeräten, Heizkörpern, Bürogeräten, Stahlschränken, Werkzeug-, Land- und Baumaschinenteilen, Fahrradrahmen, Autozubehörteilen und vielen anderen Objekte aus Metall oder Kunststoff.
Je nach Trocknungsbedingungen kommen 2K-Polyurethan- oder Einbrennlacksysteme zur Anwendung, hauptsächlich im Spritz- oder Tauchverfahren.
Aufgrund ihres hohen Eigenschaftsniveaus kommen gesättigte Polyester für Industrielacke verstärkt zum Einsatz. Für lösemittelhaltige Lacke und auch für Wasserlacke stehen geeignete Harze zur Verfügung. Als Kombinationspartner dienen Polyisocyanate, blockierte Polyisocyanate sowie partiell- und vollmethylierte Melaminharze.

Holzlackierung

Große Bedeutung haben gesättigte Polyester als OH-terminierte Coreaktanden zur Herstellung von 2K-Polyurethanlacken (siehe Kap. 7.1) für die Möbel- und Parkettbeschichtung. Es können Grundierungen und Decklacke formuliert werden. Sie tragen zum aus-

6.1 Polyesterharze

gewogenen Eigenschaftsbild bei: Flexibilität (Cold-Check-Test), breites Beständigkeitsspektrum, Abriebfestigkeit und Kratzbeständigkeit.

Für die strahlenhärtende Lackierung (meist UV) von Holz und Holzwerkstoffen stehen Polyesteracrylate zur Verfügung. Die Klarlacke werden im Walz- oder Gießverfahren appliziert.

Pulverlacke

Für die Pulverlackierung kommen hauptsächlich zwei Typen gesättigter Polyester in Betracht:

- hydroxyfunktionelle Harze für die Vernetzung mit blockierten Polyisocyanathärtern
- carboxyfunktionelle Harze als Partner für Triglycidylisocyanurat (TGIC) oder Epoxidharze [50].

Hauptanwendungen für diese Pulverlacke sind Beschichtungen von Automatengehäusen, Automobilzubehörteilen, Deckenpaneelen, Fassadenplatten, Feuerlöschern, Gartengeräten, Haushaltsgeräten, Heizkörpern und Stahlmöbeln.

Andere Anwendungen

Über die beschriebenen Anwendungen hinaus werden gesättigte Polyester auch in Nitrokombinationslacken eingesetzt. Weitere Spezialanwendungen sind ihre Verwendung als Alleinbindemittel oder Kombinationspartner in Druckfarben, Papierlacken, Beschichtungssystemen für Tonträger, Haftprimern oder 1-Schicht-Systemen für Folien, Klebstoffe und Elektrovergußmassen.

Handelsbezeichnungen, Hersteller

Gesättigte Polyester werden von vielen Lackrohstoffherstellern unter folgenden Handelsbezeichnungen dem Markt als Rohmaterialien für Beschichtungsstoffe angeboten:

Aco Polyester	Abshagen	Plusaqua	Pluess Staufer
Alftalat	Hoechst	Plusodur	Pluess Staufer
Alkynol	Bayer	Polyol	Reichhold Chemical
Bayhydrol	Bayer	Reafree	Resinas Synteticas
Burnock	Dainippon Ink and Chemicals	Rhenalyd	Condea Chemie
Crelan	Bayer	Resydrol	Vianova
Crodapol	Croda Resins	Sacoplast	Krems Chemie
Desmophen	Bayer	Setal	AKZO Resins
Dynapol	Hüls	Synolac	Cray Valley
Erkadur	Robert Kraemer	Synthalat	Synthopol Chemie
Finedic	Dainippon Ink and Chemicals	Synthoester	Synthopol Chemie
Grilesta	EMS-Chemie	Uralac	DSM Resins
Halwepol	Hüttenes Albertus	Vitel	Goodyear Chemical
Jägapol	Ernst Jäger	Vylanol	Toyobo
Kelsol	Reichhold Chemical	Vylon	Toyobo
K-Flex	King Industries	Worléepol	Worlée Chemie
Kuotex	Chan Si Enterprises		

Literatur zu Abschnitt 6.1.1

[1] *W. Smith*, J. Soc. Chem. Ind. **20** (1901) 1075
[2] *E.-C. Schütze*, Oberfläche-Surface **11** (1970) Nr. 6, 203–207
[3] *U. Biethan* und *K. H. Hornung*, X. FATIPEC-Kongreßbuch 1970, S. 277

[4] W. Fischer, I-Lack **61** (1993) Nr. 2, 54–58
[5] J. Dörffel, J. Rüter, W. Holtrup und R. Feinauer, Farbe + Lack **82** (1976) Nr. 9, 796–800
[6] T. Misev, F. N. Jones und S. Gopalakrishnan, J. Coatings Techn. **57** (1985) Nr. 721, 73–81
[7] K. Dören, W. Freitag und D. Stoye: Wasserlacke – umweltschonende Alternative für Beschichtungen. TÜV Rheinland, Köln 1992
[8] G. Chu und F. N. Jones, J. Coatings Techn. **65** (1993) Nr. 819, 43–48
[9] K. H. Hornung und U. Biethan, Farbe + Lack **76** (1970) 461–467
[10] U. Biethan, K. H. Hornung und G. Peitscher, Chem. Ztg. **96** (1972) 208–214
[11] J. Dörffel und U. Biethan, Farbe + Lack **82** (1976) Nr. 11, 1017–1025
[12] W. Freitag, W. Sarfert und W. Lohs, Progress Org. Coatings **20** (1992) 273–287
[13] D. M. Berger und J. Wynstra, Union Carbide. Firmenschrift, Bound Brook, N.J., 1968
[14] A. Golovoy, Pol. Engin. Science **29** (1989) Nr. 16, 1103–1106
[15] J. W. Cornish, Paint Manufacture (1969) Nr. 1
[16] L. K. Johnson und W. T. Sade, J. Coatings Techn. **65** (1993) Nr. 826, 19–26
[17] K. L. Payne, F. N. Jones und L. W. Brandenburger, J. Coatings Techn. **57** (1985) Nr. 723, 35–42
[18] W. Riddick, J. Coatings Techn. **55** (1983) 57
[19] DE 29 34 416 (1979) Hüls AG (J. Rüter, K.-H. Haneklaus)
[20] EP 0 207 856 (1985) Toyo Boseki
[21] D. Stoye und K. H. Haneklaus, Fette, Seifen, Anstrichmittel **4** (1972) 217–222
[22] D. Stoye und K. H. Haneklaus, Fachber. Oberflächentechnik **10** (1972) 117–121
[23] D. Stoye, Double Liaison (1981) Nr. 307, 120
[24] L. Fleiter, I-Lack **59** (1991) Nr. 3, 91–94
[25] G. Teng und F. N. Jones, J. Coatings Techn. **66** (1994) Nr. 829, 31–37
[26] U. Biethan, J. Dörffel und D. Stoye, Dtsch. Farbenzeit. **29** (1975) 447
[27] L. Gott, J. Coatings Techn. **48** (1976) Nr. 618, 52
[28] H. Biegel, J. Oberflächentechnik **5** (1974) Nr. 4, 21–23
[29] W. Andrejewski, J. Dörffel und D. Stoye, Der Lichtbogen (Hüls AG) **175** (1974) Nr. 4, 10–13
[30] D. Stoye, W. Andrejewski und J. Dörffel, XIII. FATIPEC-Kongreßbuch 1976, S. 605
[31] D. Stoye und J. Dörffel: Advances in Organic Coatings Science and Technology, Vol. II, Kap. 12. Dekker, New York 1979, S. 183–195. Pigment & Resin Techn. **9** (1980) Nr. 7, 4–7; Nr. 8, 8–10
[32] M. J. Schnall, J. Coatings Techn. **64** (1992) Nr. 813, 77–82
[33] C. Bertrand und E. Gosselin: Pigmentation of High-Solids Paints, Interim Report II, Tioxide S.A., Calais
[34] M. R. Olson, J. M. Larson und F. N. Jones, J. Coatings Techn. **55** (1983) Nr. 699, 45–51
[35] K. H. Albers, A. W. McCollum und A. E. Blood, J. Paint Techn. **47** (1975) Nr. 608, 71–74
[36] J. Dörffel, Farbe + Lack **81** (1975) 10–15
[37] J. Dörffel und W. Auf der Heide, Farbe + Lack **86** (1980) 109–116
[38] M. E. Woods, Dtsch. Farbenzeit. **30** (1976) Nr. 5, 213–219
[39] M. E. Woods, Modern Paint and Coatings (1975) Nr. 9, 40–47
[40] A. Jones und L. Campey, J. Coatings Techn. **56** (1984) Nr. 713, 69–72
[41] EP 0 140 323, (1983) Bayer AG (H. G. Stahl, J. Schwindt, K. Nachtkamp, K. Hoehne)
[42] A. G. North, J. L. Orpwood und R. Little, J. Oil Col.Chem.Assoc. **59** (1976) 9–18
[43] H. U. Meier-Westhues, M. Bock und W. Schultz, Farbe + Lack **99** (1993) Nr. 1, 9–15
[44] H. J. Weideli, JOT (1993) Nr. 8, 34–38
[45] M. Schmitthenner, Farbe + Lack **96** (1990) Nr. 8, 601–605
[46] W. Burbaum und M. Schmitthenner, I-Lack **60** (1992) Nr. 10, 329–336
[47] D. Stoye, Materialprüfung **15** (1973) Nr. 12, 410–413
[48] E. J. Percy und F. Nouwens, J. Oil Col. Chem. Assoc. **62** (1979) 392–400
[49] K. Walker, Polymers Paint Col. J. (1979) 986–997
[50] W. Marquardt und H. Gempeler, Farbe + Lack **84** (1978) 301

6.1.2 Alkydharze

Dr. Dieter Stoye

Alkydharze sind synthetische Polyesterharze, die durch Veresterung von Polyalkoholen mit Polycarbonsäuren hergestellt werden. Wenigstens ein Alkohol muß drei- oder höherwertig sein. Alkydharze sind immer mit natürlichen Fettsäuren oder Ölen und/oder synthetischen Fettsäuren modifiziert. Um besondere anwendungstechnische Eigenschaften zu erhalten, können Alkydharze zusätzlich mit Verbindungen wie Harzsäuren, Benzoesäure, Styrol, Vinyltoluol, Isocyanaten, Acrylaten, Epoxiden oder Siliconverbindungen modifiziert sein (DIN 53 183, analog ISO 6744 und ASTM D 2689-88).

Bereits 1914 wurden die ersten Versuche durchgeführt, die unbefriedigenden lacktechnischen Eigenschaften der Kondensationsprodukte aus Phthalsäure und Glycerin durch Modifikation mit Ölsäure oder Ricinusöl zu verbessern [1, 2]. Der Durchbruch erfolgte aber erst aufgrund der Arbeiten von *R. H. Kienle* ab 1927 [3], der fand, daß der Einbau ungesättigter Fettsäuren in ein Polyesterharz Lackrohstoffe mit sehr günstigen technischen Eigenschaften ergibt. Er schuf auch die Bezeichnung „Alkyd" (aus al<u>co</u>hol + ac<u>id</u>). Für den Siegeszug der Alkydharze war technisch die Entwicklung des Umesterungsverfahrens der Öle entscheidend [4]. Die technische Herstellung der Alkydharze begann 1930. Sie gewannen sehr schnell an Bedeutung aufgrund ihrer breiten Anwendbarkeit, ihrer schnellen Trocknung im Vergleich zu den zuvor eingesetzten Standölen sowie wegen ihrer besseren Filmhärte, der Witterungs- und Glanzbeständigkeit. Heute beträgt die Alkydharzproduktion etwa 2,4 Millionen Tonnen, die etwa 45% der gesamten Weltproduktion an Lackharzen – wenn man von Kunststoffdispersionen absieht – ausmachen [5].

Die Eigenschaften der Alkydharze können breit modifiziert werden durch gezielte Auswahl der natürlichen Öle, Fette und Fettsäuren, durch Veränderung des Ölgehalts im Harz, durch Verwendung spezieller synthetischer Fettsäuren und infolge vielfältiger Variationsmöglichkeiten mit anderen Agentien [6].

6.1.2.1 Klassifizierung

Normale Alkydharze enthalten Öle oder Fettsäuren, Dicarbonsäuren – vorwiegend Phthalsäureanhydrid – und mehrwertige Alkohole. Sie werden eingeteilt (DIN 55945) in

- kurzölige Harze (<40% Ölgehalt)
- mittelölige Harze (40 bis 60% Ölgehalt)
- langölige Harze (>60 bis 70% Ölgehalt)

Die in den USA übliche Klassifizierung weicht hiervon ab:

- Short oil alkyds (Ölgehalt <45%)
- Medium oil alkyds (Ölgehalt 45 bis 55%)
- Long oil alkyds (Ölgehalt >55%)

Sehr langölige Alkydharze – in den USA als alkyd oils bezeichnet – mit Ölgehalten zwischen 70 und 85% werden hauptsächlich unter Verwendung von Isophthalsäure hergestellt. Der Ausdruck „Ölgehalt" bezeichnet den Triglycerid (bzw. Fettsäure)-Massenanteil relativ zum lösemittelfreien Harz.

Alkydharze werden weiterhin unterteilt in

- trocknende und
- nicht-trocknende Harze.

Diese Eigenschaften hängen vorwiegend von der Natur des Öls bzw. der Fettsäure und dem Ölgehalt ab. Zu den trocknenden Alkydharzen gehören Produkte mit einem Ölgehalt über 45% auf Basis Leinöl, Safflöröl, dehydratisiertem Ricinusöl, Sonnenblumenöl, Sojaöl, und Tallöl. Zu den nicht-trocknenden Alkydharzen zählen Produkte mit einem Ölgehalt über 40% auf Basis Cocosöl, Ricinusöl, kurzkettiger Fettsäuren, synthetischer Fettsäuren. Zwischen trocknenden und nicht-trocknenden Alkydharzen gibt es fließende Übergänge, die vom Ölgehalt abhängig sind; so können Alkydharze auf Basis trocknender Öle mit Ölgehalten unter 45% aufgrund ihrer reduzierten oxydativen Trocknung auch als nicht-trocknende Alkydharze betrachtet werden.

Trocknende Langölalkyde werden auf dem Handwerkersektor und im Do-it-yourself-Bereich verwendet. Sie werden heute vorwiegend mit Sojaöl modifiziert. Wenn sie nicht dem direkten Licht ausgesetzt werden, vergilben sie nicht so schnell wie Leinölalkyde, darüber hinaus sind sie kostengünstiger als Safflöröl-Typen. Langölige Leinölalkyde werden bevorzugt in Korrosionsschutzlacken und in pigmentierten Malerlacken verwendet. Mittelölalkyde basieren auf einzelnen Fettsäuren, häufig aber auch auf Mischungen von trocknenden Ölen oder Fettsäuren. Sie werden verwendet als Bindemittel für lufttrocknende oder forciert-trocknende Maschinenlacke und Industrielacke. Sie finden auch Anwendung in Automobilreparaturlacken, Decklacken und Lacken für Lastkraftwagen, Busse usw.

Kurzölalkyde gehören zu den nicht-trocknenden Alkydharzen. Sie werden in Kombination mit Aminoharzen für industrielle Einbrennlacke (Metallmöbel, Radiatoren, Fahrräder, Garagentore, Gebrauchsgegenstände aus Stahl) eingesetzt. Dehydratisiertes Ricinusöl in Mischung mit Alkydharzen auf Basis synthetischer Fettsäuren sowie kombiniert mit Melaminharzen findet Einsatz für Autodecklacke. Kurzölalkyde können mit Harnstoffharzen kombiniert werden für säurehärtende Lacke zur Holzlackierung sowie in Mischung mit Cellulosenitrat für kostengünstige und leicht applizierbare Möbellacke und Automobilreparaturlacke.

Alkydharze werden auch bezeichnet nach dem Haupttyp des Öl, welches bei ihrer Herstellung verwendet wird: Leinölalkyd, Sojaölalkyd, Fettsäurealkydharz usw.

6.1.2.2 Ausgangskomponenten und ihr Einfluß auf die Alkydharzeigenschaften

Zur Herstellung von Alkydharzen werden mindestens drei Komponenten benötigt: Dicarbonsäuren oder deren Anhydride, Polyalkohole und Fettsäuren oder Öle. Zur Modifizierung der Alkydharze wird eine vierte Komponente zugegeben, die eine der drei Grundkomponenten zumeist partiell ersetzen kann. Durch gezielte Auswahl der Komponenten und ihrer Menge können Alkydharze jeweils auf die gewünschten technischen Anforderungen eingestellt werden, so daß heute maßgeschneiderte Alkydharze angeboten werden können. Der Einfluß der Komponenten auf die Alkydharzeigenschaften soll im folgenden besprochen werden (siehe auch Tab. 6.2 und 6.3 in Abschn. 6.1.1).

6.1.2.2.1 Carbonsäuren

Aromatische und cycloaliphatische Di- und Polycarbonsäuren

Die bei der Alkydharzherstellung weitaus wichtigste Dicarbonsäure ist Phthalsäureanhydrid (6.3). Daneben werden in untergeordnetem Umfang die Isomeren Isophthalsäure (6.4) und Terephthalsäure (6.5) verwendet, die eine Verbesserung der Trocknung und der Wasserfestigkeit gegenüber Phthalsäure bewirken.

6.1 Polyesterharze

(6.3) (6.4) (6.5)

Während Alkydharze auf Basis Terephthalsäure aufgrund ihrer Wärmebeständigkeit als Elektroisolier- und Drahtlacke verwendet werden, haben sich Isophthalsäurealkyde [7 bis 9] als Spezialprodukte mit guter mechanischer Festigkeit, Chemikalienbeständigkeit und Bewitterungsresistenz einen interessanten Markt sichern können. Tetrahydro- (6.6) und Hexahydrophthalsäure (6.7) [10] werden zur Herstellung niedrigviskoser Alkydharze vorgeschlagen. Von steigendem Interesse ist Trimellithsäure und ihr Anhydrid (6.8), die kürzere Trockenzeiten und höhere Härte bewirken. Besondere Bedeutung hat dieses Produkt bei der Herstellung wasserverdünnbarer Alkydharze erlangt.

(6.6) (6.7) (6.8)

Aliphatische Dicarbonsäuren

Anteile von aliphatischen Dicarbonsäuren wie Adipinsäure (6.9), Azelainsäure (6.10) und Sebazinsäure (6.11) führen zu weicheren und elastischeren Alkydharzen [11], sie werden aber nur in Ausnahmefällen verwendet.

$$HOOC-(CH_2)_4-COOH \qquad (6.9)$$

$$HOOC-(CH_2)_7-COOH \qquad (6.10)$$

$$HOOC-(CH_2)_8-COOH \qquad (6.11)$$

Malein- (6.12) und Fumarsäure (6.13) werden in geringen Mengen mitverwendet, um den Reaktionsablauf zu beschleunigen und damit zu helleren und härteren Alkydharzen zu gelangen (Zusatzmenge ca. 2%).

(6.12) (6.13)

Auch Dimerfettsäuren (6.14) werden gelegentlich verwendet [12, 13].

(6.14)

Monocarbonsäuren

Zur Modifikation der Alkydharze werden Benzoesäure (6.15) und p-tert-Butylbenzoesäure (6.16) anteilmäßig verwendet, wodurch Harze mit reduzierter Trockenzeit und sehr guter Beständigkeit resultieren [14 bis 16]. Bei Kurzölalkyden wird Benzoesäure für gezielte Kettenabbruchreaktionen verwendet, um z. B. Gelierung zu verhindern.

$$\text{C}_6\text{H}_5-\text{COOH} \qquad (6.15)$$

$$\text{H}_3\text{C}-\underset{\underset{\text{CH}_3}{|}}{\overset{\overset{\text{CH}_3}{|}}{\text{C}}}-\text{C}_6\text{H}_4-\text{COOH} \qquad (6.16)$$

Von besonderer Bedeutung für die Alkydharze sind die Öle und Fette sowie die darin enthaltenen Fettsäuren. Neben den natürlichen C_{18}-Fettsäuren kommen auch andere Produkte wie Pelargonsäure (6.17), Milchsäure [17], Isooctansäure, Isononansäure, Isodecansäure, Itaconsäure (6.18), Laurinsäure (6.19), C_6–C_{10}-Fettsäuregemische und Versaticsäuren (6.20) (synthetische α-verzweigte C_9–C_{11}-Fettsäuren) zum Einsatz.

$$CH_3-(CH_2)_7-COOH \qquad (6.17)$$

$$HOOC-CH_2-\underset{\underset{CH_2}{\|}}{C}-COOH \qquad (6.18)$$

$$C_{11}H_{23}COOH \qquad (6.19)$$

$$C_{5-7}H_{11-15}-\underset{\underset{CH_3}{|}}{\overset{\overset{CH_3}{|}}{C}}-COOH \qquad (6.20)$$

Langölalkyde werden zur Herstellung von Harzen für den Zeitungsdruck und für lithographische Farbsysteme, die eine sehr schnelle Trocknung erfordern, mit Zusätzen von Abietinsäure (ca. 5%), die als Monocarbonsäure fungiert, modifiziert (siehe Abschn. 6.3).

6.1.2.2.2 Polyalkohole

Als Polyalkohole finden vorwiegend Glycerin (6.21), Pentaerythrit (6.22), Trimethylolpropan (6.23) und Trimethylolethan Verwendung. Glycole [18, 19] wie Ethylenglycol (6.24), Diethylenglycol (6.25), Propylenglycol (6.26) und Neopentylglycol (6.27) werden zusammen mit Pentaerythrit für mittelölige bis kurzölige Alkydharze verwendet.

$$\begin{array}{c} CH_2OH \\ | \\ CH-OH \\ | \\ CH_2OH \end{array} \qquad \begin{array}{c} CH_2OH \\ | \\ HOCH_2-C-CH_2OH \\ | \\ CH_2OH \end{array} \qquad \begin{array}{c} CH_3 \\ | \\ CH_2 \\ | \\ HOCH_2-C-CH_2OH \\ | \\ CH_2OH \end{array}$$

$$(6.21) \qquad\qquad (6.22) \qquad\qquad (6.23)$$

$$HOCH_2-CH_2OH \qquad (6.24)$$

$$HOCH_2-CH_2-O-CH_2-CH_2OH \qquad (6.25)$$

6.1 Polyesterharze

$$HOCH_2-\underset{\underset{OH}{|}}{CH}-CH_3 \tag{6.26}$$

$$HOCH_2-\underset{\underset{CH_3}{|}}{\overset{\overset{CH_3}{|}}{C}}-CH_2OH \tag{6.27}$$

6.1.2.2.3 Öle

Pflanzliche Öle

Heute liegen neben einer Vielzahl pflanzlicher Öle [20] auch die diesen zugrunde liegenden Fettsäuren als gut zugängliche Rohstoffe vor, so daß es möglich ist, die Alkydharze sowohl nach dem Zweistufenverfahren unter Verwendung der Öle, als auch nach dem Einstufenverfahren unter Verwendung der Fettsäuren herzustellen (siehe Abschn. 6.1.2.3). Dabei ist zu beachten, daß mit den Ölen auch größere Mengen Glycerin in das Harz eingeführt werden. Wenn dies unerwünscht ist, kann ein Ausgleich durch Mitverwendung der Fettsäuren erfolgen.

Die Bedeutung der Harze auf *Leinölbasis* ist in den vergangenen Jahren stark zurückgegangen. Ursache hierfür ist die im Leinöl vorhandene dreifach ungesättigte Linolensäure, die zu einer starken Vergilbung der Leinölalkyde Anlaß gibt. Bedeutung besitzen die langöligen Leinölalkyde weiterhin aufgrund ihrer ausgezeichneten Penetrationswirkung zur Herstellung von Korrosionsschutzlacken und Grundierungen, wo die Vergilbungstendenz nicht stört. Die Mehrzahl der trocknenden Alkydharze ist heute auf *Sojaöl*-Basis auf-

Tabelle 6.4. Wirkungsweise unterschiedlicher pflanzlicher Öle in Alkydharzen

Öl	Jodzahl	Trocknung	Lichtbeständigkeit	Glanzhaltung
Holzöl	↑	↑		
Leinöl				
Ricinenöl				
Tallöl				
Safloröl				
Traubenkernöl				
Sonnenblumenöl				
Sojaöl				
Erdnußöl				
Ricinusöl				
Olivenöl				
Cocosöl			↓	↓

gebaut [21]. Sojaöl zählt zwar zu den halbtrocknenden Ölen, steht jedoch den Leinöl-Typen bei besserer Gilbungsresistenz in der Trocknung nicht nach. Vorteilhaft ist es, an Stelle des Sojaöls die Sojaölfettsäuren einzusetzen, wobei Sojaölalkyde mit sehr guter Gilbungsbeständigkeit (auch Dunkelgilbungsresistenz), guter Penetration und Pigmentbenetzung resultieren.

Safloröl [22] mit einem hohen Anteil an Linolsäure (75%) und nur äußerst geringem Gehalt an Linolensäure vereinigt in sich die guten Eigenschaften des Leinöls und des Sojaöls und ist daher als besonders wertvoller Rohstoffe für die Alkydharzherstellung anzusehen; nachteilig dürfte der höhere Preis des Produktes sein.

Zur Herstellung von Alkydharzen mit guter Farbbeständigkeit und schneller Trocknung eignet sich *Baumwollsaatöl*. Im Vergleich zu den bisher genannten Ölen liefert dieses Produkt Alkydharze mit der geringsten Gilbungsanfälligkeit. Weitere gelegentlich eingesetzte Öle mit guten lacktechnischen Eigenschaften sind *Sonnenblumenöl*, *Maiskeimöl* und *Traubenkernöl* [23].

Holzöl wird als alleiniges Öl bei der Alkydharzherstellung wegen der Tendenz zur Gelierung nicht eingesetzt. Da es aufgrund seines stark ungesättigten Charakters die Trocknung beschleunigt, wird es gelegentlich anteilig mitverwendet. In gleicher Weise wirken *Oiticicaöl* [24] und *Perillaöl*.

Eine Besonderheit unter den pflanzlichen Ölen stellt *Ricinusöl* dar. Die darin als Hauptbestandteil enthaltene Ricinolfettsäure enthält eine sekundäre Hydroxylgruppe, so daß das Öl bei der Alkydharzherstellung als Monocarbonsäure, aber auch als Alkohol fungieren kann [25]. Wichtiger ist jedoch, daß hierdurch den Ricinusalkyden eine etwas höhere Polarität verliehen wird, die die Kombinationsfähigkeit des Harzes mit anderen Bindemitteln deutlich verbessert. Für die Alkydharzproduktion ist es von Bedeutung, daß man aus der Ricinolsäure durch Wasserabspaltung zur Ricinensäure zu gelangt, die als Diensäure nunmehr gute Trocknungeigenschaften aufweist [26, 27]. Die Wasserabspaltung kann ausgehend von der Säure oder von dem Ricinusöl durchgeführt, aber auch wirtschaftlicher direkt bei der Alkydharzherstellung erfolgen, wobei Phthalsäureanhydrid als Dehydratisierungskatalysator wirkt. Die resultierenden *Ricinenalkydharze* zeigen schnelle Trocknung, bewirken guten Glanz, Härte, Elastizität sowie Beständigkeit gegenüber Feuchtigkeit und Chemikalien. Eingesetzt werden vorwiegend die kurzöligen Ricinenalkyde, die mit Aminoharzen zu hochwertigen Einbrennlacken formuliert werden.

Das bei der Herstellung von Cellulose als Nebenprodukt anfallende *Tallöl* [28] ist in den vergangenen Jahren zu einem kostengünstigen Rohstoff für die Alkydharzproduktion geworden. Es wird in der Regel jedoch nicht direkt eingesetzt, sondern dient als Quelle zur Herstellung der gereinigten Tallölfettsäuren. Die Tallölfettsäuren enthalten als Isomeres der Linolensäure eine dreifach ungesättigte Fettsäure, die wohl gute Trocknungeigenschaften bewirkt, jedoch keine Gilbung verursacht. Tallölalkydharze werden in großem Umfange für luft- und ofentrocknende Lacke verwendet.

Weitere pflanzliche Öle, die sich als nichttrocknende Typen vorwiegend für die Herstellung von Alkydharzen für Einbrennlacke eignen, sind *Erdnußöl*, *Cocosöl* und *Palmkernöl*. Zur Verbesserung der Trocknungeigenschaften der Öle und der hierauf basierenden Fettsäuren wurden Isomerisierungsreaktionen durchgeführt, bei denen beispielsweise isolierte Doppelbindungen in schneller trocknende, konjugierte Systeme umgewandelt werden [29 bis 31].

Tierische Öle

Für die Herstellung preiswerter Alkydharze werden auch *Fischöle* wie *Menhadenöl*, *Sardinenöl*, *Heringsöl*, *Walfischöl*, *Robbentran*, *Dorschöl* oder *Haifischöl* eingesetzt [32, 33].

Die darin enthaltenen Fettsäuren sind meist hoch ungesättigt, so daß schnell trocknende Alkydharze resultieren. Produkte mit guten Eigenschaften sind jedoch nur sehr begrenzt zu erhalten.

Grundeigenschaften von Ölalkyden

Die Eigenschaften eines Alkydharzes und der daraus hergestellten Filme hängen sehr stark von der Art des eingesetzten Öls und dem Ölgehalt ab. Langölige Alkydharze sind dem eingesetzten Öl sehr ähnlich, kurzölige Alkyde besitzen dagegen mehr Polyestercharakter. Je höher der Gehalt an ungesättigten Ölen ist, desto schneller erfolgt die Lufttrocknung, desto stärker ist aber auch die Vergilbung bei schwacher Witterungsbeständigkeit. Je niedriger der Gehalt an Ölen ist, desto schwächer ist die Trocknung, desto besser sind aber auch Farbstabilität, die Glanzhaltung und die Witterungsbeständigkeit.

6.1.2.3 Harzherstellung

Bei den zur Alkydharzherstellung eingesetzten Ölen handelt es sich um Glyceride von Fettsäuren. Diese Öle reagieren nicht spontan mit den beiden weiteren Grundkomponenten der Alkydharze, den Polyalkoholen und Dicarbonsäuren. Zwar erfolgt in derartigen Mischungen aller drei Komponenten teilweise eine Spaltung des Öls in Fettsäure und Glycerin, jedoch wird in diesen Ansätzen die Dicarbonsäure bevorzugt mit dem Polyalkohol reagieren, so daß in unerwünschter Weise eine heterogene Mischung von Polyester mit unreagiertem Öl entsteht. Um diese Probleme in den Griff zu bekommen, bedient man sich dreier Methoden

A) Umesterung des Öls mit einem Polyalkohol
B) Acidolyse-Verfahren
C) Fettsäureprozeß

A) Umesterungsverfahren (Zweistufenverfahren)

In diesem Verfahren wird das Öl einer Vorreaktion mit dem Polyalkohol unterzogen, um eine Vorstufe zu erhalten, die an der Polykondensationsreaktion teilnehmen kann. Das Triglycerid wird durch Umesterung in ein Monoglycerid umgewandelt [4].

$$2 \begin{array}{c} CH_2OH \\ | \\ CH-OH \\ | \\ CH_2OH \end{array} + \begin{array}{c} CH_2-O-CO-R \\ | \\ CH-O-CO-R \\ | \\ CH_2-O-CO-R \end{array} \rightleftharpoons 3 \begin{array}{c} CH_2-O-CO-R \\ | \\ CH-OH \\ | \\ CH_2OH \end{array} \quad (6.28)$$

Glycerin   Triglycerid (Öl)   Monoglycerid

In der Praxis ist eine vollständige Bildung von Monoglycerid nicht möglich und auch nicht erforderlich; Diglyceride, Triglyceride und Glycerin sind daneben vorhanden. Die Umesterung erfordert Temperaturen zwischen 240 und 260 °C. Häufig werden basische Katalysatoren wie Bleiglätte (PbO), Bleiacetat, Lithiumhydroxid oder auch Natriumhydroxid zur Beschleunigung zugesetzt. Die Reaktion läuft unter Inertgasatmosphäre ab, um unerwünschte Einflüsse des Luftsauerstoff, die sich durch Verfärbung des Reaktionsansatzes zu erkennen geben, zu vermeiden. Der Ablauf der Umesterungsreaktion wird kontrolliert durch Prüfung der Verdünnbarkeit mit Methanol: die Polyol-Triglycerid-Mischung ist nur wenig mit Alkohol verdünnbar, während mit sinkendem Gehalt an Triglycerid die Methanoltoleranz zunimmt. Die Alkoholverträglichkeit ist abhängig von dem jeweils eingesetzten System und beruht letztlich auf der Erfahrung des Produzenten. Die Umesterung kann auch einfach und genau über elektrische Kapazitäts-, Leitfähigkeits- und Widerstandmessungen überwacht werden [34 bis 36]. Unvollständige Umesterung ergibt nach dem Zusatz der Dicarbonsäure Produktmischungen aus unlöslichem Polyesterharz (Glyptalharz) und Öl, was unvollständige Löslichkeit und damit Unbrauchbarkeit der Reaktionsprodukte zur Folge hat.

Nach Ablauf der Umesterung wird nach Zusatz der Dicarbonsäuren und eventuell weiterer Rohstoffe die Polykondensation durchgeführt.

B) Acidolyse-Verfahren

Hierbei handelt es sich um eine spezielle Version des zweistufigen Umesterungsverfahrens. Es wird als Vorreaktion zur eigentlichen Polykondensation ebenfalls eine Umesterung, jedoch mit der Dicarbonsäure, durchgeführt, bei der die Fettsäure des Öls teilweise durch die Dicarbonsäure substituiert wird (Gleichung 6.29). Diese Reaktion läuft bei 260 °C ab, gegebenenfalls nach Zusatz von Zinnkatalysatoren. Der Prozeß erfordert längere Reaktionszeiten als andere Verfahren, so daß auch das Risiko der Verfärbung und der Polymerisation des Öls größer ist. Dieses Verfahren wird daher auch nur angewendet, wenn Probleme der Löslichkeit oder Reaktivität der Dicarbonsäure durch die Vorreaktion mit dem Öl überwunden werden können. Dies ist beispielsweise der Fall bei Verwendung von Isophthalsäure [37, 38], die aufgrund ihres hohen Schmelzpunktes und schlechter Löslichkeit beim normalen Umesterungsverfahren nur unvollständig verestert wird und bei Lagerung des Alkydharzes wieder auskristallisiert.

$$\begin{array}{l} CH_2-O-CO-R \\ CH-O-CO-R \\ CH_2-O-CO-R \end{array} + \begin{array}{c} COOH \\ \\ COOH \end{array} \rightleftharpoons \begin{array}{l} CH_2-O-CO--COOH \\ CH-O-CO-R \\ CH_2-O-CO-R \end{array} + R-COOH \qquad (6.29)$$

Nach Abschluß der Umesterung werden die Polyalkohole zugegeben und die Polykondensation zum Abschluß gebracht.

C) Fettsäureprozeß (Einstufenverfahren)

Nach diesem Verfahren wird die Fettsäure an Stelle des Öls eingesetzt. Die Carboxylgruppe der Fettsäure reagiert direkt mit dem zugesetzten Polyalkohol, so daß alle drei Grundkomponenten Dicarbonsäure, Fettsäure und Polyalkohol miteinander zur Reaktion gebracht und polykondensiert werden können. Die Reaktionszeit ist relativ kurz, so daß helle Produkte resultieren und das Verfahren trotz des höheren Preises der Fettsäuren wirtschaftlich ist. Da heute Fettsäuren, vor allem synthetische Fettsäuren, in ausreichendem Umfang zur Verfügung stehen, wird allgemein das Fettsäureverfahren gegenüber anderen Prozessen bevorzugt. Das Verfahren hat noch den Vorteil, daß die Polyalkohol-Seite variabler gestaltet werden kann, da man nicht an das über die Öle vorgegebene Glycerin wie bei den anderen Produktionsprozessen gebunden ist. Auch Mischungen von Fettsäure mit Ölen an Stelle der reinen Fettsäuren können eingesetzt werden; hierbei ist jedoch zu beachten, daß die Reaktion der Fettsäure mit dem Polyalkohol schneller erfolgt als die Umesterung des Öls, so daß – um eine homogene Reaktionsmischung zu erhalten – die Menge an Öl nicht zu hoch gewählt werden darf.

Eine spezielle Abwandlung des Fettsäureprozesses, die für besonders helle, hochviskose Harze mit höherer Molmasse und verbesserten lacktechnischen Eigenschaften empfohlen wird, ist die sogenannte *Hochpolymertechnik* [39, 40]. Dabei wird die gesamte Menge Phthalsäureanhydrid und die Polyalkohole mit einem Teil der Fettsäuren vorkondensiert und danach durch Zugabe der restlichen Menge an Fettsäuren die Polykondensation zu Ende geführt. Ursache für die Bildung höhermolekularer Harze ist die bei dieser Reaktionsführung aus Konzentrationsgründen bevorzugte Reaktion der Dicarbonsäure mit dem Polyalkohol, so daß ein frühzeitiger Kettenabbruch durch die monofunktionelle Fettsäure weitgehend vermieden wird.

Polykondensation

Die Polykondensation erfolgt durch Umsetzung der Hydroxylgruppen mit den Carboxylgruppen nach Zusatz der Dicarbonsäure oder des Polyols – je nach gewähltem Verfahren.

$$\sim\!\!\sim\!\!\sim\!\!\sim OH + HOOC \sim\!\!\sim\!\!\sim\!\!\sim \xrightarrow{-H_2O} \sim\!\!\sim\!\!\sim\!\!\sim O-CO \sim\!\!\sim\!\!\sim\!\!\sim \qquad (6.30)$$

Ein auskondensiertes Alkydharz besitzt folgende vereinfachte Struktur:

(6.31)

Glycerinrest   Fettsäurerest   o-Phthalsäurerest

Die Polykondensation wird nach zwei Verfahren durchgeführt:

- Der Schmelzprozeß
- Das Lösemittelverfahren

Im *Schmelzprozeß* werden nach der Umesterung des Öls mit Glycerin alle Komponenten auf eine Temperatur zwischen 180 und 260 °C gebracht. Unter 180 °C erfolgt die Polykondensation sehr langsam, über 260 °C sehr schnell, häufig jedoch verbunden mit einer partiellen Polymerisation der ungesättigten Fettsäuren und einer schlechteren Kontrolle des Prozesses. Ein Strom von Inertgas verhindert den oxydierenden Einfluß des Luftsauerstoffs und führt das entstehende Reaktionswasser ab. Um das Reaktionswasser möglichst quantitativ zu entfernen, kann zusätzlich ein Vakuum angelegt werden. Auch flüchtige Reaktionspartner können während der Polykondensation, besonders bei höheren Temperaturen, verloren gehen; diese Verluste müssen bei der Zugabe der Grundkomponenten mengenmäßig berücksichtigt werden.

Im *Lösemittelprozeß* (Kreislaufverfahren, Umlaufverfahren) werden die Reaktionskomponenten nach Zusatz eines Lösemittels, zumeist Xylol oder höhersiedende aliphatische Kohlenwasserstoffe, erhitzt, wobei das Lösemittel zugleich als Schleppmittel für das azeotrop auszutreibende Reaktionswasser dient. Nach dem Trennen des Wassers vom Lösemittel wird letzteres in den Reaktionskreislauf zurückgeführt. Die Reaktion erfolgt bei Temperaturen zwischen 200 und 240 °C [41].

Die Reaktionszeit nach diesem Verfahren ist relativ kurz, da das Reaktionswasser schnell abgeführt wird. Zugleich entstehen sehr helle Produkte, da die Reaktionstemperatur niedrig ist und der Lösemitteldampf vor einem Angriff des Luftsauerstoffes schützt. Da die flüchtigen Reaktionskomponenten zusammen mit dem Lösemittel größtenteils zurückgeführt werden, werden auch einheitliche Produkte mit einer engeren Molmassenverteilung erhalten. Es können daher auf diesem Wege auch höhermolekulare Alkydharze hergestellt werden, ohne daß man in den Bereich der Gelierung gerät (siehe Kap. 2). Dieses Verfahren wird in der Regel bevorzugt, wenn exakte Spezifikationen und spezielle Anforderungen an das Alkydharz zu erfüllen sind.

Die Polykondensation ist dann beendet, wenn der gewünschte Grad der Veresterung, charakterisiert durch die entsprechende Säure- und Hydroxylzahl, erreicht ist. Der Reaktionsansatz wird unter 180°C abgekühlt und mit Lösemitteln auf den gewünschten Feststoffgehalt eingestellt.

Die Kontrolle des Verlaufs der Polykondensation erfolgt durch Messung der Viskosität [42] als Ausdruck für die Zunahme der Molmasse während des Prozesses sowie durch Bestimmung der Säurezahl. Der Zusammenhang zwischen Säurezahl und Viskosität ist abhängig von dem jeweiligen Ansatz zur Herstellung bestimmter Alkydharze und muß empirisch ermittelt werden. Das Bild 6.1 gibt ein Beispiel hierfür.

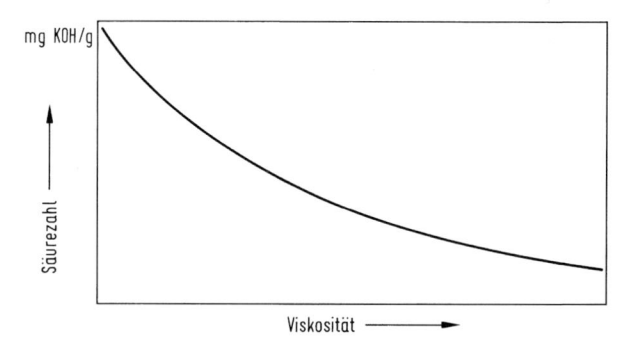

Bild 6.1. Zusammenhang zwischen Viskosität und Säurezahl bei Alkydharzen

Die Herstellung der wässerigen Alkydharze erfolgt nach drei unterschiedlichen Verfahren:

- Wasserlösliche Alkydharze mit Säurezahlen über 40 mg KOH/g werden durch Neutralisation mit flüchtigen Basen in die wasserlösliche Salzform überführt. Für ausreichende Lagerstabilität erfolgt Lösung in Hilfslösemitteln, zumeist Butylglycol, und Verdünnen mit Wasser auf die Lieferkonzentration.
- Als moderne Generation der wasserlöslichen Alkydharze werden Produkte bezeichnet, die Hydrogele oder kolloide Lösungen darstellen. Diese Harze enthalten hydrophile Gruppen wie Polyether und Polyole, sie besitzen niedrige Säurezahlen von 20 bis 40 mg KOH/g und sind nach Verdünnen mit Wasser „selbstemulgierend". Als Neutralisationsmittel werden geringe Mengen Ammoniak und/oder Amine zugesetzt.
- Die Alkydharzschmelze wird nach Zusatz von Emulgatoren und Stabilisatoren, wie Neutralisierungsmittel, nichtionische Netzmittel und Colöser [43], in die Emulsionsform überführt. Dabei sind möglichst kleine Teilchen und enge Teilchengrößen-Verteilungen anzustreben, um befriedigende lacktechnische Eigenschaften zu erhalten.

Die Modifizierung der Alkydharze durch Zusatz einer vierten Komponente wird entweder während des Produktionsverfahrens oder nach Abschluß der Polykondensation durchgeführt (siehe Abschnitt 6.1.2.6).

6.1.2.4 Funktionalität der Alkydharze

Um ein Harz durch Veresterung herzustellen zu können, müssen die beiden miteinander reagierenden Komponenten Alkohol und Säure mindestens zwei reaktive Gruppen besitzen, zwei Hydroxylgruppen im Polyalkohol und zwei Carboxylgruppen in der Säure. Jedes Molekül besitzt die Funktionalität 2. Wenn equimolare Mengen dieser beiden Partner miteinander vollständig zur Reaktion gebracht werden, entsteht ein linearer Polyester mit einer mittleren Funktionalität von 2, einer Hydroxyl- und einer Carboxylfunktion.

$$n \; HO-R-OH \; + \; n \; HOOC-R'-COOH \tag{6.32}$$
$$\Updownarrow \; -n \; H_2O$$
$$HO-R-O-(CO-R'-CO-O-R-O)_{2n-2}-CO-R'-COOH$$

Wenn hingegen 1 Mol Dicarbonsäure mit 2 Mol Polyalkohol zur Reaktion gebracht werden, besitzt jedes der beiden Polyalkohole [15] nur eine aktuelle Funktionalität von 1, da jeweils nur eine Carboxylgruppe für die Reaktion zur Verfügung steht. Es wird ein niedermolekulares Kondensat gebildet:

$$2 \; HO-R-OH \; + \; HOOC-R'-COOH \tag{6.33}$$
$$\Updownarrow \; -2 \; H_2O$$
$$HO-R-O-CO-R'-CO-O-R-OH$$

Der Überschuß einer Komponente wirkt daher in gleicher Weise wie die Zugabe einer monofunktionellen Verbindung als Kettenabbrecher, was zur Reduzierung der Molmasse führt. Diese Erkenntnis ist für die Herstellung höherfunktionaler Produkte von großer Bedeutung, z.B. für Harze mit High-Solids-Charakter.

In einem Reaktionssystem mit tri- oder mehrfunktionalen Komponenten ist Verzweigung, Vernetzung und Gelbildung möglich (siehe Kap. 2). Im allgemeinen ist es erforderlich, Systeme mit einer Funktionalität nahe bei 2 zu formulieren, um Löslichkeit in den üblichen Lacklösemitteln zu erhalten und ein gutes lacktechnisches Eigenschaftsprofil zu erzielen. Beim Einsatz höherfunktionaler Komponenten wie Glycerin, Pentaerythrit oder Trimethylolpropan ist es erforderlich, die Gesamtfunktionalität durch einen Polyol-Überschuß oder durch Zusatz monofunktioneller Partner wie Fettsäure, Benzoesäure usw. herabzusetzen.

6.1.2.5 Eigenschaften und Anwendung der Alkydharze

Trocknung

Langöl- und Mittelölalkydharze eignen sich als Bindemittel für lufttrocknende Lacke. Sie werden verwendet für Bautenlacke, Malerlacke, im Do-it-yourself-Bereich, Schiffsfarben, Maschinenlacke und lufttrocknende Industrielacke.
Bei der Filmbildung der lufttrocknenden Alkydharze laufen zwei Vorgänge nebeneinander ab:

- oxydative Trocknung und
- physikalische Trocknung.

Die oxydative Trocknung [44 bis 47] wird beschleunigt durch Zusatz von Sikkativen. Die Menge der zugesetzten Sikkative sollte möglichst niedrig sein und sorgfältig ausgewählt werden, um allzu rasche Trocknung verbunden mit Oberflächenstörungen, Verfärbungen und raschem Filmabbau zu vermeiden. Als Sikkative eignen sich besonders Metallseifen, wie Bleiverbindungen, Cobaltoctoat, Mangan-, Zirkon- oder Calciumverbindungen. Um Hautbildung bei der Lagerung infolge Oxydation an der Oberfläche zu vermeiden, werden den Lacken häufig Oxime als Hautverhinderungsmittel zugegeben.

Nach dem Verdunsten des Lösemittels – der physikalischen Trocknung – bildet sich in vielen Fällen ein noch nicht klebfreier Film, der infolge der Reaktion mit Luftsauerstoff schnell in einen unlöslichen, vernetzten Zustand übergeht. Das Resultat der oxydativen Trocknung sind die guten mechanischen Eigenschaften wie Härte und Elastizität, Kratzfestigkeit, chemische Beständigkeit und Wasserfestigkeit.

Bei ofentrocknenden oder forciert trocknenden Lacksystemen, wofür sich vor allem kurzölige, aber auch mittelölige Alkydharze als Bindemittel eignen, beschleunigt die erhöhte Verarbeitungstemperatur die physikalische, aber auch die oxydative Trocknung. Zugleich werden durch die Temperatur auch Kondensationsvorgänge im Harz fortgeführt, wodurch eine weitere Verfestigung des Films mit zumeist höherer Oberflächenhärte und verbesserter Elastizität resultieren.

Auch die Vernetzung der Alkydharze mit Polyisocyanaten wird praktiziert, um die Härtung und Trocknung zu beschleunigen [48].

Bei rein ofentrocknenden Alkydharzlacken werden in der Regel kurzölige Alkyde eingesetzt, die mit Aminoharzen kombiniert werden [49]. In diesen Fällen erfolgt bei der Trocknung neben der physikalischen Verdunstung des Lösemittels überwiegend eine chemische Härtung, während die oxydative Trocknung stark in den Hintergrund tritt. Anwendungsgebiete für ofentrocknende Alkydharzsysteme sind Automobillacke, Haushaltsgeräte-Lacke, Stanz- und Tiefziehlacke, ofentrocknende Grundierungen und allgemeine industrielle Einbrennlacke.

Verträglichkeit

Die Verträglichkeit der Alkydharze mit anderen Lackbindemitteln ist meist sehr gut. Alkydharze können mit Cellulosenitrat, Chlorkautschuk, Vinylchloridcopolymerisaten, Aminoharzen, Ketonharzen, kolophonium-modifizierten Phenol- und Maleinatharzen kombiniert werden, um spezielle Eigenschaften zu erzielen. Wasserverdünnbare Alkydharze können erfolgreich mit Styrol-Butadien- und Polyacrylat-Dispersionen zur Verbesserung der rheologischen Eigenschaften und der Verarbeitbarkeit kombiniert werden [50, 51].

Löslichkeit und Lösungsviskosität

Alkydharze sind in der Regel typabhängig in nahezu allen in der Lackbranche üblichen Lösemitteln mit niedriger Viskosität löslich. Sie werden zumeist in Lösemittelmischungen von aliphatischen Kohlenwasserstoffen oder aromatischen Kohlenwasserstoffen, vorwiegend Xylol, mit polareren Lösemitteln wie Alkoholen, geliefert. Um den Feststoffgehalt der Alkydharzlösungen im Sinne lösemittelärmerer und damit auch emissionsärmerer Systeme zu optimieren, wurden umfangreiche Untersuchungen zu Löslichkeitsparametern und Lösungsviskositäten der Alkydharze durchgeführt [52 bis 56]. Der Flammpunkt lösemittelhaltiger Alkydharzlacke wird in der Regel aufgrund der vielfältigen Wechselwirkungen zwischen Bindemittel und Lösemittel experimentell bestimmt, Versuche zur Berechnung des Flammpunktes auch komplexer Systeme wurden unternommen [57].

Plastifizierung

Nichttrocknende Alkydharze werden häufig mit physikalisch-trocknenden Bindemitteln kombiniert, um den daraus hergestellten Beschichtungen eine bessere Geschmeidigkeit, Elastizität, höheren Glanz und Beständigkeit zu vermitteln. Voraussetzung ist hierfür eine gute Verträglichkeit, die in vielen Fällen gegeben ist. Besonders bekannt sind hier die Cellulosenitrat-Kombinationslacke, in denen der Cellulosenitratanteil andererseits schnellere Trocknung und höhere Festigkeit bewirkt.

Kombination von Alkydharzen mit anderen Bindemitteln

Alkydharze werden aufgrund ihrer guten Verträglichkeit mit anderen Lackrohstoffen in vielfältiger Weise kombiniert. Diese Kombinationen werden entweder durch physikalische Mischung der Komponenten bei der Lackherstellung durchgeführt oder durch Modifikation der Alkydharze während des Harz-Produktionsprozesses (siehe Abschn. 6.1.2.6). Alkydharzkombinationen mit Chlorkautschuk und Vinylchloridcopolymerisaten werden nach Kombination mit Weichmachern als hochwertige Korrosionsschutzfarben verwendet, ihre Beständigkeit gegenüber Chemikalien ist im Vergleich zum reinen Alkydharzsystem deutlich verbessert. Kombinationen mit Aminoharzen werden für ofentrocknende Industrie- und Autolacke verwendet. Glanz, Feststoffgehalt und Haftung werden vom Alkydharz bestimmt, während die Aminoharzkomponente schnelles Trocknen bei erhöhten Temperaturen erlaubt und die mechanischen Eigenschaften der Beschichtung verbessert.

6.1.2.6 Alkydharzmodifikationen

Chemische Reaktionen der Alkydharze können über die Hydroxyl- und Carboxylgruppen, aber auch über die Doppelbindungen der ungesättigten Fettsäuren erfolgen. Polyisocyanate oder Kolophonium können mit den Hydroxylgruppen reagieren. Die Carboxylgruppen können mit Polyamidoaminen (Reaktionsprodukte aus dimerisierter Leinölsäure und Ethylendiamin) thixotrope Harze bilden oder auch mit hydroxylfunktionalisierten Siliconprekondensaten reagieren. Die Doppelbindungen der ungesättigten Fettsäuren erlauben Copolymerisation mit Vinylverbindungen wie Styrol oder (Meth)acrylsäure-Derivaten.

6.1.2.6.1 Styrolmodifizierte Alkydharze

Die zunächst durchgeführte Copolymerisation von Styrol mit trocknenden Ölen führte Anfang der 1940er Jahre zu Bindemitteln mit deutlich verbesserten Trocknungseigenschaften, günstigerer Wasser- und Chemikalienbeständigkeit im Vergleich zum unmodifizierten Öl. Das erste Patent für die Herstellung styrolisierter Alkydharze wurde 1942 in England erteilt [58]. Mischungen von Styrol und α-Methylstyrol wurden verwendet, um die Reaktion besser lenken zu können. Vinyltoluol führte zu Copolymeren mit verbesserter Löslichkeit in aliphatischen Kohlenwasserstoffen sowie zur Verbesserung der Trocknungseigenschaften. Zur Klärung der chemischen Vorgänge bei der Styrolisierung wurden eingehende analytische Untersuchungen durchgeführt [59].
Unter den verschiedenen Verfahren zur Einführung von Styrol in Alkydharze [60] kommt der direkten Styrolisierung der vorgefertigten Alkydharze die größte praktische Bedeutung zu (Gleichung 6.34).

$$\begin{array}{c}|\\CH\\||\\CH\\|\\CH_2\\|\\CH\\||\\CH\\|\end{array} + n\,CH_2=CH-\!\!\!\left\langle\!\!\!\bigcirc\!\!\!\right\rangle \longrightarrow \begin{array}{c}|\\CH\\||\\CH\\|\\CH\\|\\CH\\||\\CH\\|\end{array}\!\!-\!(CH_2-CH)_{n-1}\!-\!CH_2-CH_2-\!\!\!\left\langle\!\!\!\bigcirc\!\!\!\right\rangle \quad (6.34)$$

↖ Styrol   styrolisiertes Alkydharz

↖ Fettsäureausschnitt im Alkydharz

Dieses Verfahren führt bei kurzen Reaktionszeiten zu Produkten mit niedriger Viskosität und verbesserter Verschneidbarkeit mit aliphatischen Kohlenwasserstoffen. Für die Umsetzung mit Styrol eignen sich aber nur bestimmte Alkydharztypen mit erhöhten Anteilen an Fettsäuren, die konjugierte Doppelbindungen aufweisen, wie z. B. Ricinenalkyde, isomerisierte Leinöl- oder Sojaölalkyde. Die Verwendung gewisser Anteile an Maleinsäureanhydrid bei der Herstellung der Alkydharze ist günstig [61, 62]. Die Vorteile der styrolisierten Alkydharze im Vergleich zu nicht-styrolisierten Typen sind die schnellere Trocknung und Klebfreiheit, bessere Beständigkeit gegen Wasser und Chemikalien sowie geringere Gilbungstendenz der Filme, guter Glanz und Glanzhaltung [63]. Nachteilig sind die geringere Durchtrocknung, die niedrigere Vernetzung und Lösemittelbeständigkeit, die gelegentlich zum Hochziehen der Beschichtungen während des Überstreichens führen. Probleme bewirken auch die größere Oberflächenempfindlichkeit der Beschichtungen, insbesondere die Kratzempfindlichkeit. Die Harze werden daher vorwiegend für Grundierungen und Primer verwendet. In Einbrennlacken ergeben die Produkte schnellhärtende und gut haftende Beschichtungen [64].

6.1.2.6.2 Modifizierung mit anderen Vinylverbindungen

Niedermolekulare Polyacrylate und Methacrylate werden zur Modifizierung öl- und fettsäurehaltiger Alkydharze verwendet [65 bis 67].

$$\begin{array}{c}|\\CH\\||\\CH\\|\\CH_2\\|\\CH\\||\\CH\\|\end{array} + n\,CH_2=CH-COOR \longrightarrow \begin{array}{c}|\\CH\\||\\CH\\|\\CH\\|\\CH\\||\\CH\\|\end{array}\!\!-\!(CH_2-CH)_{n-1}\!\!\overset{COOR}{\underset{}{-}}\!CH_2-CH_2-COOR \quad (6.35)$$

↖ Acrylsäureester   acryliertes Alkydharz

↖ Fettsäureausschnitt im Alkydharz

Acrylierte Alkydharze besitzen ein gutes Pigmentaufnahmevermögen, verbessern die Trocknungseigenschaften und die Durchtrocknung, bewirken eine hohe Dauerelastizität und sehr gute Haftung auf Aluminium, Messing und einigen Kunststoffen. Weitere Vorteile sind die gute Witterungsbeständigkeit, Glanzhaltung, Durchtrocknung und Kratzbeständigkeit. Acrylierte Alkydharze eignen sich besonders für Grundierungen; die rasche Trocknung verhindert ein Hochziehen und verbessert daher die Überstreichbarkeit beträchtlich. Aber auch schnelltrocknende pigmentierte Decklacke als luft- und ofentrocknende Systeme können vorteilhaft formuliert werden. Die Verträglichkeit der acrylierten Alkydharze mit anderen Lackrohstoffen wie Cellulosenitrat, Alkydharzen, Phenol-, Harnstoff- und Melaminformaldehydharzen ist gut.

6.1.2.6.3 Siliconmodifizierte Alkydharze

Hydroxyl-funktionalisierte Silicon-Prekondensate können bei der Herstellung lufttrocknender siliconmodifizierter Alkydharze verwendet werden, während methoxy-funktionalisierte Silicon-Prekondensate für ofentrocknende siliconmodifizierte Alkydharze Verwendung finden [68].

$$\diagdown\!\!\!\!{\underset{\diagup}{\text{Si}}}\cdot\text{O}-\text{H(R)} + \text{HO}-\text{Alkyd} \xrightarrow{-\text{H(R)}-\text{OH}} \diagdown\!\!\!\!{\underset{\diagup}{\text{Si}}}\cdot\text{O}-\text{Alkyd} \qquad (6.36)$$

Entsprechende lufttrocknende Harze bewirken ausgezeichnete Kreidungsbeständigkeit und Glanzhaltung sowie hohe Witterungsbeständigkeit [69]. Beschichtungen auf Basis von Silicon-Alkydharzen müssen nur in langen Zeiträumen repariert werden, sie eignen sich hervorragend für Schiffsanstriche. Bei den ofentrocknenden Typen sind die hohe Glanzhaltung, die beachtliche Wärmestabilität und die Gilbungsresistenz hervorzuheben.

6.1.2.6.4 Thixotrope Alkydharze

Thixotropes Verhalten von Lacken ist stets mit einer Strukturviskosität verbunden. Thixotrope Farben können auf unterschiedlichem Wege erhalten werden. Die Verwendung von thixotropen Alkydharzen [70] ist die beste Weise, reproduzierbare Fließeigenschaften zu erhalten. Die Alkydharze werden thixotrop nach Reaktion mit 10 bis 20 Massenprozent Polyamidoaminen bei erhöhten Temperaturen von ca. 200 °C [71, 72].
Thixotrope Harze werden vorwiegend für Malerlacke, Primer und Korrosionsschutzlacke sowie im Do-it-yourself-Bereich verwendet. Die Harze verhindern das Absetzen der Farben, verbessern die Streichbarkeit und reduzieren das Ablaufen von senkrechten Flächen, Ecken und Kanten. Thixotrope luft- und ofentrocknende Alkydharze mit niedrigem Ölgehalt werden als Bindemittel für industrielle Einschichtlacke mit erhöhter Schichtdicke sowie für spezielle Effektlacke wie Hammerschlaglacke, Soft-feeling-Beschichtungen und Strukturlacke verwendet.

6.1.2.6.5 Urethan-Alkydharze

Versuche zur Modifizierung trocknender Öle mit Isocyanaten reichen bis in die frühen 1940er Jahre zurück [73]. Dies führte zur Entwicklung der urethanisierten Alkydharze (s. a. Kap. 7.1.5.6). Urethanalkyde werden allgemein hergestellt durch Reaktion langöliger Alkydharze, die überschüssige Hydroxylgruppen besitzen, mit Diisocyanaten.

$$\text{Alkyd}-\text{OH} + \text{O=C=N}-\text{R}-\text{N=C=O} + \text{HO}-\text{Alkyd}$$
$$\longrightarrow \text{Alkyd}-\text{O}-\text{CO}-\text{NH}-\text{R}-\text{NH}-\text{CO}-\text{O}-\text{Alkyd} \qquad (6.37)$$

Dabei bilden sich aber nicht nur Polyurethane, sondern infolge Nebenreaktionen mit Wasser auch Harnstoffbindungen und Biuret-Verknüpfungen (siehe Kap. 7.1). Da die Reaktion jedoch im wesentlichen quantitativ erfolgt, bleiben die Eigenschaften des Langölalkyds im Endprodukt erhalten. So sind Urethanalkyde leicht löslich in aliphatischen Kohlenwasserstoffen, verträglich mit vielen anderen Lackrohstoffen und weisen eine gute Lagerstabilität auf. Ihre lacktechnologischen Vorteile sind schnelles Trocknen, hohe Härte, sehr gute Filmelastizität und hohe Abriebbeständigkeit sowie hohen Glanz. Die Lackfilme sind wasserfest und besitzen gute Chemikalienbeständigkeit auch gegenüber Alkalien. Zur

Modifizierung der Alkydharze werden bevorzugt Toluoldiisocyanat und Isophorondiisocyanat verwendet. Isophorondiisocyanat liefert Produkte mit niederer Gilbungstendenz, hohem Pigmentaufnahmevermögen und beachtlich gesteigerter Kreidungsbeständigkeit bei der Bewitterung.

Urethanalkyde werden verwendet in Lacken für Innen- und Außenanstriche von Holz. Weitere Anwendungen sind die Parkettversiegelung, Schiffsfarben sowie Farben für den Maler- und Do-it-yourself-Sektor. Auch auf dem Druckfarbensektor finden sie Einsatzmöglichkeiten. Ihre Trocknungseigenschaften sind wenig von der Temperatur und der Luftfeuchtigkeit abhängig, so daß sie zunehmend für hochwertige Korrosionsschutzlacke verwendet werden.

6.1.2.6.6 Metallverstärkte Alkydharze

Der Einbau mehrwertiger Metalle – vor allem Aluminium – in oxydativ-trocknende Bindemittel wird als Metallverstärkung bezeichnet. Dabei reagieren die Metallalkoholate mit den bei der Oxydation der Fettsäuren entstehenden Produkte, die Ketol- oder Dienol-Strukturen aufweisen. Dadurch entstehen neue zusätzliche Vernetzungsstellen, die zu einer engmaschigen Struktur des Films führen. Durchtrocknung und Filmhärte werden dadurch entscheidend verbessert. Bei Alkydharzen können die Metallalkoholate mit den freien Hydroxyl- und Carboxylgruppen reagieren.

$$R-OH + HOOC-R' + Al(OC_4H_9)_3 \xrightarrow{-2\,C_4H_9OH} R-O-Al\cdot O-CO-R' \quad (6.38)$$
$$\underset{C_4H_9}{\overset{O}{|}}$$

Problematisch ist die Feuchtigkeitsempfindlichkeit der Alkoholate, die aber durch Bildung von Chelatkomplexen weitgehend zurückgedrängt werden kann.

Die Verstärkung von Alkydharzen wird ausschließlich mit Aluminiumalkoholaten bewirkt, die entstehenden Bindemittel werden als Alukone bezeichnet [74]. Die Produkte besitzen verbesserte Durchtrocknung, höhere Filmhärte, sowie verbesserte Wasser-, Chemikalien- und Witterungsstabilität.

6.1.2.6.7 Weitere Alkydharzmodifizierungen

Das Triglycerid der Fettsäuren kann mit einem Epoxidharz eventuell nach partiellem Zusatz von Polyalkoholen unter Katalysatoreinwirkung umgeestert werden, wobei unter Öffnung des Epoxidringes fettsäurehaltige, hydroxylgruppentragende Epoxidharze neben dem Mono- bzw. Diglycerid entstehen.

$$\begin{array}{c}CH_2-O-CO-R\\|\\CH-O-CO-R\\|\\CH_2-O-CO-R\end{array} + \begin{array}{c}O\diagdown^{CH_2}_{CH}\\\vdots\\O\diagdown^{CH}_{CH_2}\end{array} \xrightarrow{HOH} \begin{array}{c}CH_2-O-CO-R\\|\\CH-OH\\|\\CH_2OH\end{array} + \begin{array}{c}HO-CH_2\\|\\R-OC-O-CH\\\vdots\\R-OC-O-CH\\|\\HO-CH_2\end{array} \quad (6.39)$$

Triglycerid　　　Epoxidharz　　　Monoglycerid　　　fettsäuremodifiziertes Epoxidharz

6.1 Polyesterharze

Diese Harze werden anschließend mit Dicarbonsäuren in bekannter Weise zu *Epoxidalkydharzen* umgesetzt, bei denen das Epoxidharz partiell die Funktion eines höhermolekularen Polyalkohols einnimmt. Bei der Herstellung der Epoxidalkydharze kann auch von den freien Fettsäuren an Stelle des Öls ausgegangen werden. Epoxidalkydharze zeichnen sich durch hohe Elastizität, Haftfestigkeit und Beständigkeit aus, sie werden als Bindemittel für luft- und ofentrocknende Lacke verwendet.

Phenolharzmodifizierte Alkydharze können dadurch erhalten werden, daß man ein ölreaktiven Phenolharzes an die ungesättigten Fettsäuren des Glycerids addiert. Andererseits kann auch Albertolsäure, das Anlagerungsprodukt von Abietinsäure an ein Phenolharz (siehe Kap. 6.3), als monofunktionelle Säure mit Polyalkohol zur Reaktion gebracht werden und somit direkt zur Alkydharzkomponente werden. Abietinsäure- und Albertolsäure-modifizierte Alkydharze werden üblicherweise als *harzmodifizierte Alkydharze* bezeichnet.

Maleinatalkydharze enthalten als Säurekomponente ein Addukt aus Abietinsäure und Maleinsäure, das mit Polyalkoholen und Monoglycerid polykondensiert wird (siehe auch Abschn. 6.3). Diese Produkte werden üblicherweise als Maleinatharze bezeichnet (siehe Kap. 9.4).

Maleinatöle sind Additionsprodukte von Maleinsäureanhydrid an ungesättigte Öle (siehe Kap. 9.4). Sie finden als Komponente bei der Alkydharzherstellung Verwendung.

Als *Cyclide* werden modifizierte Alkydharze bezeichnet, die durch Polykondensation eines cyclischen Polyols mit Dicarbonsäure und Fettsäure erhalten werden [75]. Als Ausgangsprodukt dient ein cyclischer Epoxialkohol, der durch katalytische Anlagerung von Wasser an Dicyclopentadien [76] und Epoxidbildung mit Peressigsäure erhalten wird. Der Epoxialkohol wird in bekannter Weise mit Phthalsäureanhydrid und Fettsäure in ein Alkydharz umgewandelt.

$$\text{Dicyclopentadien} \xrightarrow[+\text{O}]{+\text{H}_2\text{O}} \text{HO-Epoxialkohol-O} \tag{6.40}$$

Lacke auf dieser Basis besitzen gute Chemikalienbeständigkeit, Alkaliresistenz, schnelle Trocknung und Oberflächenhärte.

6.1.2.6.8 Alkydharze mit stark verzweigten Carbonsäuren

Hochverzweigte Carbonsäuren werden industriell aus Olefinen, Kohlenmonoxid und Wasser hergestellt [77], sie werden unter dem Handelsnamen Versatic-Säuren vermarktet (siehe Formel 6.20). Die Ester dieser Säuren haben eine hohe Hydrolysenbeständigkeit. Jedoch sind hochverzweigte Fettsäuren schwierig zu verestern. Ihre Salze werden daher mit Epichlorhydrin zur Reaktion gebracht, wobei sich Glycidylester (Formel 6.41) bilden. Die Glycidylester können nun mit Carbonsäuren unter Öffnung des Epoxidringes reagieren.

$$C_{5-7}H_{11-15} - \underset{\underset{CH_3}{|}}{\overset{\overset{CH_3}{|}}{C}} - CO - O - CH_2 - CH \underset{O}{\overset{}{\diagup\!\!\!\diagdown}} CH_2 \tag{6.41}$$

Die Glycidylester werden mit Phthalsäureanhydrid oder Adipinsäure und Glycerin verestert. Die Harze sind im Handel unter der Bezeichnung Cardura-Harze erhältlich [78]. Cardura-Harze sind nichttrocknende Alkydharze modifiziert mit Versatic-Säure. Der Fettsäuregehalt beträgt allgemein ca. 40 Massenprozent. Sie sind löslich in aromatischen

Lösemitteln, Ketonen und Estern und verträglich mit vielen Aminoharzen, Kurzölalkyden, ofentrocknenden Polyacrylaten, Epoxidharzen und Cellulosenitrat. Sie werden vorwiegend eingesetzt in Einbrennlacken, wo sie extrem hohe Härte mit guter Elastizität und Chemikalienbeständigkeit in sich vereinen. Die Beschichtungen sind überbrennstabil, besitzen hohe Glanzbeständigkeit sowie Kreidungsstabilität bei guter Bewitterung. Auch ihre gute Haftung, teilweise auf unbehandeltem Metall, ist hervorzuheben. Sie werden verwendet für Beschichtungen von Haushaltsgeräten, Waschmaschinen, Kühlschränken sowie für Automobildecklacke.

6.1.2.6.9 Wasserverdünnbare Alkydharze

Alkydharze können auf zwei Wegen in die wässerige Phase gebracht werden [79 bis 83]:

- Alkydharze mit hoher Säurezahl über 40 mg KOH/g werden mit Aminen und/oder Ammoniak neutralisiert, die Produkte sind in Wasser nach Salzbildung löslich [84]
- Alkydharze werden in Wasser emulgiert nach Zusatz von Emulgatoren und Stabilisatoren

Die Neutralisation mit Aminen wird vorwiegend durchgeführt mit Mittel- und Kurzölalkyden, die mit trocknenden und halbtrocknenden Ölen und Fettsäuren modifiziert und 70- bis 80prozentig in Butylglycol oder Mischungen mit 1-Methoxypropanol oder N-Methylpyrrolidon gelöst sind [85 bis 89]. Allgemein erfolgt die Neutralisation mit Ammoniak, Triethylamin oder Dimethylaminomethylpropanol DMAMP, wenn lufttrocknende Harze gewünscht werden. Dimethylethanolamin, DMAMP oder Aminomethylpropanol AMP werden hingegen für ofentrocknende Alkydharze eingesetzt [90]. Im Unterschied zu Alkydharzemulsionen erlauben wasserlösliche Alkydharze die Herstellung hochglänzender Beschichtungen. Die Hydrolysenbeständigkeit der Harze während der Lagerung kann Probleme bereiten, die sich in einem Abfall der Viskosität und des p_H-Wertes zu erkennen geben. Die Trocknungseigenschaften der wasserlöslichen Systeme sind gegenüber lösemittelhaltigen Produkten herabgesetzt [91, 92]. Diese Nachteile können durch Einbau von Säuren, wie z.B. Trimellithsäure, die aus sterischen Gründen eine höhere Hydrolysenbeständigkeit bewirken, überwunden werden. Lacke auf Basis wasserlöslicher, aminneutralisierter Alkydharze werden als forciert-trocknende und ofentrocknende Industrielacke, teilweise in Kombination mit Aminoharzen, sowie als Holzlacke und zum Korrosionsschutz eingesetzt [93].

Alkydharz-Emulsionen [94] oder selbst-emulgierende Alkydharze können relativ leicht mit Feststoffgehalten von 40 bis 60 Massenprozent hergestellt werden, die Optimierung der Produkte bedarf jedoch zahlreicher Versuche und erfordert eine sorgfältige Auswahl der Zusatzstoffe [95, 96]. Um befriedigende Wasserbeständigkeiten und Trocknungseigenschaften zu erhalten, muß die Menge an Emulgator so niedrig wie möglich gehalten werden. Kleine emulgierte Alkydharzteilchen bewirken gute Lagerstabilität und hohen Glanz des trockenen Films, sie verbessern auch die Mischbarkeit mit Polymerdispersionen. Je homogener das System ist, desto bessere Witterungsbeständigkeit ist zu erwarten. Alkydharz-Emulsionen werden hauptsächlich für Malerlacke, Korrosionsschutzlacke, Holzlacke und Wandlacke verwendet [97]. Sie werden häufig mit Polymerdispersionen, vorwiegend Polyacrylaten, kombiniert.

Zur Verminderung von Emissionen und Abfall wurden Versuche zur Rückführung von Wasserlackverlusten in den industriellen Kreislauf unternommen; eine sinnvolle Methode gerade für Alkydharz-Wasserlacke ist die Ultrafiltration [98].

6.1.2.6.10 Alkydharze für High-Solids-Lacke

Zur Reduktion der Lösemittelemissionen wurden lösemittelarme Alkydharze entwickelt [99, 100]. Einkomponentige, wärmehärtende High-Solids-Alkydharz-Systeme besitzen Feststoffgehalte von 65 bis 70 Massenprozent, lufttrocknende Lacke haben Feststoffgehalte bis zu 85 bis 90 Massenprozent [101 bis 103].

Der hohe Feststoffgehalt kann auf drei Wegen erhalten werden:

- Verwendung von Lösemitteln mit stärkerer Lösekraft, so daß mit weniger Lösemitteln Harzlösungen mit niedrigerer Viskosität erhalten werden
- Verwendung reaktiver Lösemittel, die bei der Härtung mit in den Film eingebaut werden [104]
- Verwendung niedrig-viskoser, reaktiver Alkydharze, die geringere Lösemittelmengen erfordern als konventionelle Harze

Durch Einbau von 10 bis 20% Allylether in Alkydharze können die mechanischen Eigenschaften und das Trocknungsverhalten lösemittelarmer Alkydharze verbessert werden [105 bis 107].

Zur Verbesserung der arbeitshygienischen Bedingungen bei der Alkydharzverarbeitung sowie zur Erniedrigung der Toxizität wurden Verfahren zur Entfernung monomerer Anteile aus Alkydharzen und damit zur Verbesserung des Geruchs der Produkte entwickelt [108].

Beispiele für Handelsprodukte

Aco Polyester	(Abshagen)	Lioptal	(Synthopol Chemie)
Albukyd	(Albus S.A.)	Plastokyd	(Croda Resins)
Alftalat	(Hoechst)	Plusol	(Pluess Staufer)
Alkydal	(Bayer)	Reactal	(Resinas Synteticas)
Aroplaz	(Reichhold Chemicals)	Rhenalyd	(Condea Chemie)
Beckosol	(Dainippon Ink, Reichhold-Chemie)	Rokraplast	(Kraemer)
		Sacolyd	(Krems Chemie)
Bergviks Alkyd	(Bergvik Kemi)	Servomol	(Henkel)
Blagden	(Blagden Chemical)	Setal	(Akzo Resins)
Chemporob	(Robbe)	Setalin	(Akzo Resins)
Coporob	(Robbe)	Sintal	(Galstaff)
Dynotal	(Dyno Industrier AS)	Synolac	(Cray Valley)
Halweplast	(Hüttenes Albertus)	Synthalat	(Synthopol Chemie)
Halweftal	(Hüttenes Albertus)	Uralac	(DSM Resins)
Heso-Alkyd	(Cray Valley)	Vialkyd	(Vianova)
Jägalyd	(Jäger)	Worléekyd	(Worlée Chemie)
Limoplast	(Synthopol Chemie)		

Literatur zu Abschnitt 6.1.2

[1] US 1 098 776; 1 098 777 (1914) General Electric (*W. C. Arsem*)
[2] US 1 098 728 (1914) General Electric (*K. B. Howell*)
[3] *R. H. Kienle et al.*, Ind. Eng. Chem. **21** (1929) 349; **41** (1949) 726
[4] DE 547 517 (1927) I.G. Farben
[5] *L. Loh*, Mod. Paint Coatings **78** (1988) Nr. 8, 56
[6] *T. A. Misev*, Progr. Org. Coatings **21** (1992) Nr. 1, 79–99
[7] *M. Jonason*, J. Appl. Polymer Science **4** (1960) 129–140
[8] *R. Brown, H. Ashjian* und *W. Levine*, Off. Dig. Federation Soc. Paint Technol. **33** (1961) 539–547
[9] *C. J. Coady*, Mod. Paint Coatings **82** (1992) Nr. 2, 40

[10] S. E. Berger und A. J. Kane, J. Paint Techn. **35** (1963) Nr. 1, 12
[11] P. W. Sherwood, Fette, Seifen, Anstrichmittel **63** (1961) 1049
[12] R. F. Paschke et al., J. Oil Col. Chem. Assoc. **47** (1964) 56
[13] L. F. Byrne, Off. Dig. Federation Soc. Paint Technol. **34** (1962) 229
[14] D. A. Berry, Paint Manufact. **35** (1965) Nr. 3, 69
[15] D. A. Berry und R. L. Heinrich, Paint Varnish Product. **52** (1962) Nr. 1, 50, und Nr. 2, 39
[16] P. W. McCurdy, Am. Paint J. **52** (1967) Nr. 11, 32
[17] H. R. Touchin, J. Oil Col. Chem. Assoc. **48** (1965) 587
[18] K. A. Earhart, J. Paint Techn. **41** (1969) Nr. 529, 104
[19] K. Weigel, Chem. Rdsch. **20** (1967) 538
[20] K. Hamann, Angew. Chem. **62** (1950) 325
[21] J. M. Stanton, Polymer Paint Col. J. **181** (1991) Nr. 4278, 119
[22] A. E. Rheineck und L. O. Cummings, J. Am. Oil Chem. Soc. **43** (1966) 409
[23] A. Müller, Farbe + Lack **57** (1951) 240
[24] M. Hassel und W. Lawrence, Paint Ind. **74** (1959) Nr. 7, 10, und Nr. 8, 15
[25] J. Scheiber: Chemie und Technologie der künstlichen Harze. Wissenschaftl. Verlagsanstalt, Stuttgart 1943, S. 669
[26] J. Scheiber, Farbe + Lack (1929) 153; (1935) 411, 422
[27] A. T. Erciyes, F.S. Erkal und A. Kalipci, J. Coatings Techn. **65** (1993) Nr. 824, 73–78
[28] K. B. Gilkes und T. Hunt, J. Oil Col. Chem. Assoc. **51** (1968) 389
[29] J. D. v. Mikusch, Farben, Lacke, Anstrichstoffe **4** (1950) 149
[30] A. E. Rheineck und D. D. Zimmermann, Farbe + Lack **70** (1964) 641
[31] C. I. Atherton und A. F. Kertess, Fette, Seifen, Anstrichmittel **68** (1966) 279
[32] H. W. Chatfield, Paint Manuf. **30** (1960) 45
[33] R. J. De Sesa, Off. Dig. **35** (1963) Nr. 460, 500; J. Oil Col. Chem. Assoc. **52** (1969) 334
[34] R. S. McKee und A.W.E. Staddon, J. Oil Col. Chem. Assoc. **44** (1961) 497
[35] W. Müller und K. Berger, Plaste und Kautschuk **11** (1964) 632
[36] R. Schöllner und L. Läbisch, Fette, Seifen, Anstrichmittel **69** (1967) 431
[37] R. Burkel, Paint Varnish Product. **49** (1959) Nr. 9, 32 und 111
[38] E. F. Carlston, J. Am. Oil Chem. Soc. **37** (1960) 366
[39] W. M. Kraft, Farbe + Lack **63** (1957) 549; Off. Digest Federat. Soc. Paint Technol. **29** (1957) 780
[40] K. A. Earhart, Paint Varnish Product. **51** (1961) Nr. 5, 43 und 93
[41] J. Kasha und F. Lesek, Progr. Org. Coatings **19** (1991) Nr. 4, 283–331
[42] E. Kleinschmidt, Farbe + Lack **74** (1968) 976
[43] A. Hofland, Proc. Paint, 7. Intern. Conf. "Water-borne Coatings", London 1987, S. 221–227
[44] E. Karsten, Dtsch. Farben-Zeitschr. **46** (1941) 726
[45] J. Scheiber: Chemie und Technologie der künstlichen Harze, Wissenschaftl. Verlagsanstalt, Stuttgart 1943, S. 651
[46] H. W. Talen, Farbe + Lack **60** (1954) 389
[47] E. Krejcar, K. Hájek und O. Kolár, Farbe + Lack **74** (1968) 115
[48] L. Fleiter, I-Lack **59** (1991) Nr. 3, 91-94
[49] R. Seidler und H. J. Graetz, Fette, Seifen, Anstrichmittel **64** (1962) 1135
[50] K. Dören, W. Freitag und D. Stoye: Wasserlacke, TÜV Rheinland, Köln 1993
[51] F. F. Abdel-Mohsen und S. A.-H. El-Zayatt, J. Oil Col. Chem. Assoc. **75** (1992) Nr. 9, 349
[52] G. Walz, Kunstharz-Nachrichten (Hoechst AG) **33** (1974) Nr.6, 30–39
[53] A. R. H. Tawn, Farbe + Lack **75** (1969) Nr. 4, 311–318
[54] K. M. A. Shareef und M. Yaseen, J. Coatings Techn. **55** (1983) Nr. 701, 43–52
[55] M. V. Ram Mohan Rao und M. Yaseen, Farbe + Lack **91** (1985) Nr.9, 810–812
[56] K. Thangevel, M. Subbi Reddy und M. Yaseen, Paint & Resin **57** (1987) Nr. 5, 15
[57] J. L. McGovern, J. Coatings Techn. **64** (1992) Nr. 810, 33–38
[58] GB 573 809 (1942); 573 835 (1943); 580 912 (1942); DE 975 352 (1949) Lewis Berger & Sons
[59] K. Hamann und O. Mauz, Fette, Seifen, Anstrichmittel **58** (1956) 528; K. Hamann, Angew. Chem. **62** (1950) 325
[60] T. G. H. Michael, Am. Paint J. **34** (1950) 60
[61] W. Böttcher, Kunststoff-Rundschau **4** (1957) 289, 348

- [62] *J. Scheiber*, Fette, Seifen, Anstrichmittel **57** (1955) 81; Farbe + Lack **63** (1957) 443
- [63] *K. R. McDonald*, J. Oil Col. Chem. Assoc. **75** (1992) Nr. 6, 220-221
- [64] *W. Geilenkirchen*, Dtsch. Farben-Ztschr. **9** (1955) 176
- [65] DE 1 022 381 (1953) Rohm und Haas
- [66] DE 912 752 (1951) Rohm und Haas; *F. Schlenker*, Farbe + Lack **58** (1952) 174
- [67] *E. Seifert*, Farbe + Lack **60** (1954) 187
- [68] *W. Krauß*, Farbe + Lack **64** (1958) 39; **64** (1958) 209; **70** (1964) 876
- [69] *J. W. Cornish*, Paint Manufact. **39** (1969) Nr. 1, 5
- [70] EP 341 916 (1991) Crown Berger
- [71] *W. Götze*, Fette Seifen Anstrichmittel **65** (1963) 493
- [72] US 2 663 649 (1953) T.F. Washburn & Co (*W.B. Winkler*)
- [73] DE 738 254 (1940) I.G. Farben
- [74] *F. Schlenker*, Farbe + Lack **64** (1958) 174–183
- [75] *C. P. Payne*, Paint Varnish Prod. (1969) 35–41
- [76] *W. Freitag, W. Sarfert* und *W. Lohs*, Progress in Org. Coatings **20** (1992) 273–287
- [77] GB 942 465 (1963) Shell International Research
- [78] GB 1 269 628 (1966) Shell International
- [79] *K. Dören, W. Freitag* und *D. Stoye*: Wasserlacke. TÜV Rheinland, Köln 1992; Water-Borne Coatings. Hanser, München 1994
- [80] *K. Hamann*, Farbe + Lack **81** (1975) 907
- [81] *H. J. Luthardt*, Farbe + Lack **87** (1981) Nr. 6, 456–460
- [82] *U. Nagorny*, Phänomen Farbe **10** (1990) Nr. 9, 45–47
- [83] *R. D. Athey*, Metal Fin. **85** (1987) Nr. 7, 56–57
- [84] *T. Neuteboom*, Polymer Paint Col. J. **180** (1990) Nr. 4262, 388
- [85] *J. J. Engel* und *T. J. Byerley*, J. Coatings Techn. **57** (1985) Nr. 723, 29–33
- [86] *A. Jones* und *L. Campey*, J. Coatings Techn. **56** (1984) Nr. 713, 69–72
- [87] *M. R. C. Gerstenberger* und *D. K. Kruse*, Farbe + Lack **90** (1984) Nr. 7, 563–568
- [88] *W. J. Blank*, J. Coatings Techn. **61** (1989) Nr. 777, 119–128
- [89] *R. G. Vance, N. H. Morris* und *C. M. Olson*, J. Coatings Techn. **63** (1991) Nr. 802, 47–54
- [90] *R. Küchenmeister*, Farbe + Lack **78** (1972) 550; *E. Knappe*, Fette, Seifen, Anstrichmittel **77** (1975) /*J. Schoeps*, Oberflächentechnik **11** (1975) 32
- [91] *J. H. Bielemann*, Polymer Paint Col. J. **182** (1992) Nr. 4311, 412–416
- [92] *G. Ostberg, B. Bergenstahl* und *K. Sorenssen*, J. Coatings Techn. **64** (1992) Nr. 814, 33–43
- [93] *W. Weger*, Pitture e Vernici **66** (1990) Nr. 9, 25–38
- [94] *A. Hofland*, Surface Coatings Int. **35** (1994) Nr.7, 270–281
- [95] *J. E. Glass* (Hrsg): Water Soluble Polymers – Beauty With Performance, American Chemical Society, Washington D.C. 1986
- [96] *T. Fjeldberg*, J. Oil Col. Chem. Assoc. **70** (1987) Nr. 10, 278
- [97] *G. Schmitz* und *D. Emmrich*, I-Lack **57** (1989) Nr. 2, 60–63
- [98] *J. Sarbach* und *G. Schlumpf*, Oberfläche-JOT (1991) Nr. 3, 18–20
- [99] *M. J. Schnall*, J. Coatings Techn. **64** (1992) Nr. 813, 77–82
- [100] *C. J. Coady*, J. Oil Col. Chem. Assoc. **76** (1993) Nr. 1, 17–21
- [101] EP 268 236 (1988) BASF
- [102] *T. E. Rolando*, Am. Paint J. **74** (1989) Nr. 6, 50
- [103] *A. F. Hayon*, Paint & Resin **63** (1993) Nr. 5, 5–9
- [104] EP 357 128 (1991) Stamicarbon
- [105] DE 3 803 141 A1 (1989) Akzo
- [106] EP 0 253 474 A2 (1988) Coates Brothers
- [107] *K. Holmberg*: High Solids Alkyd Resins. Dekker, New York
- [108] *J. Parmentier*, Double Liaison **35** (1988) Nr. 395, II-X, 21–29

6.1.3 Ungesättigte Polyesterharze

Manfred Müller

6.1.3.1 Allgemein

Ungesättigte Polyester(UP)-Harze sind überwiegend lineare, lösliche Polykondensationsprodukte aus mehrwertigen, meist ungesättigten Säuren und mehrwertigen Alkoholen. Die Härtung der Systeme erfolgt durch radikalische Polymerisation, bei der hochvernetzte Duromere entstehen. Grundlegende Arbeiten über ungesättigte Polykondensationsprodukte aus Maleinsäure und Glycolen sowie deren Copolymerisation mit Styrol gehen auf das Jahr 1930 zurück [1].

Die UP-Formulierungen enthalten meist ein zur Copolymerisation befähigtes Monomer oder einen Reaktivverdünner. Reaktivverdünnerfreie Systeme müssen copolymerisierbare Doppelbindungen im Harz aufweisen.

Die radikalische Polymerisation wird durch Luftsauerstoff stark inhibiert oder gar ganz unterbunden. In der Praxis haben sich daher Zusätze von Paraffin, das als Sperrmittel gegen Sauerstoff fungiert, oder der Einsatz lufttrocknender UP-Harze (auch Glanzpolyester genannt) mit autoxidablen Gruppen bewährt (siehe Abschn. 6.1.3.4.2).

6.1.3.1.1 Eigenschaften

Die Eigenschaften der ausgehärteten Harze sind vor allem vom Verhältnis der Monomeren zum ungesättigten Polyester und dessen „Doppelbindungsdichte" abhängig [2].

Reaktivverdünnerhaltige UP-Systeme sind prinzipiell in jeder beliebigen Schichtdicke aushärtbar, da die eingesetzten polymerisierbaren Lösemittel in das Netzwerk eingebaut werden. Es handelt sich hier also um emissionsarme, umweltverträgliche Systeme. Die Beschichtungen zeichnen sich durch Fülle, Standvermögen sowie hohe mechanische und weitgehende chemische Widerstandsfähigkeit aus. Dazu zählt die Beständigkeit gegen Wasser, Öl, Alkohol und Benzin. Ein durch spezielle Formulierung erzielbarer, ungewöhnlich hoher Direktglanz und gute dielektrische Eigenschaften sind weitere herausragende Merkmale.

Die Außenwitterungsbeständigkeit ist begrenzt, da eine Verseifung der Esterbindungen an der Oberfläche eintreten kann.

6.1.3.1.2 Einsatzgebiete

Hauptanwendungsgebiete von UP-Harzen sind die Bauindustrie (unverstärkte oder mit Glasfaser verstärkte Erzeugnisse/GFK = Glasfaserverstärkte Kunststoffe) [3], der Automobilbereich (Reparaturspachtel), die industrielle Holz- und Möbelbeschichtung sowie die ebenfalls im Möbelbau zum Einsatz kommenden Folienlacke. Fischer informiert über Einsatzmöglichkeiten von UP-Harzen bei Holz- und Möbellacken [4].

Im folgenden soll hauptsächlich auf UP-Harze für die Lackanwendung eingegangen werden.

6.1.3.2 Aufbau und Syntheseprinzip

Schon frühzeitig wurden Aufbauprinzipien für UP-Harze beschrieben [5]: Enthält ein nach dem 2,2-Prinzip aufgebauter linearer Polyester, der immer löslich und schmelzbar (thermoplastisch) bleibt, ungesättigte Komponenten, so ergeben sich zusätzliche Funktionalitäten. Damit läßt sich das Produkt über eine Verknüpfung der Polyesterketten unterein-

6.1 Polyesterharze

ander in den unlöslichen Zustand überführen. Ein Grundbaustein ist dementsprechend Maleinsäureanhydrid, das in einer Aufbaureaktion mit Ethylenglycol ungesättigte Polyesterketten bildet und teilweise zum reaktiveren Fumarsäureester umlagert. Solche ungesättigten Polyesterketten werden durch Monomere (z.B. Styrol) miteinander verknüpft. Den Aufbau eines ungesättigten Polyesters zeigt die Reaktionsgleichung 6.42:

$$\begin{array}{c} H-C-COOH \\ \| \\ HOOC-C-H \end{array} + HO-R-OH + \underset{\text{aromat. unges. Säure}}{\underset{}{\bigcirc}}\!\overset{HOOC\quad COOH}{} + HO-R-OH$$

unges. Säure   Diol   aromat. unges. Säure   Diol

$$\downarrow -\text{Wasser}$$

$$\begin{array}{c} H-C-COO-R-OOC \\ \| \\ O=C-C-H \end{array} \underset{}{\bigcirc}\!\overset{}{COO-R-O\text{\textasciitilde}}$$

(6.42)

Aufbau eines ungesättigten Polyesters

6.1.3.2.1 Dicarbonsäuren

Als ungesättigte polymerisationsfähige Dicarbonsäuren kommen überwiegend Maleinsäure in Form des Anhydrids (MSA) und Fumarsäure in Betracht. Andere ungesättigte Dicarbonsäuren, z.B. Mesacon- oder Citraconsäure, sind grundsätzlich ebenfalls verwendbar. Ihrem hohen Preis stehen jedoch keine technischen Vorteile gegenüber. Itaconsäure, die heute in technischem Maßstabe zu wirtschaftlich tragbaren Bedingungen zugänglich ist, ergibt beim Einbau in UP-Harze Produkte mit geringerer Reaktivität als solche mit MSA. Aus diesem Grunde ist eine anteilmäßige Verwendung vorgeschlagen worden, da hiermit Zeit und Temperatur des Härtungsablaufes regulierend beeinflußt werden können [6]. Eine spezielle Rolle unter den ungesättigten Dicarbonsäuren spielt die Tetrahydrophthalsäure. Ihr Einbau in UP-Harze führt zu lufttrocknenden Systemen (siehe Abschn. 6.1.3.4.2).

Eine ausschließliche Verwendung von ungesättigten, polymerisationsfähigen Säuren ist allerdings nicht üblich. Abgesehen davon, daß auch die Kosten dagegen sprechen, ergeben sich bei solchen Harzen infolge starker Häufung von Doppelbindungen in der Polyesterkette bei der Umsetzung mit den Monomeren viel zu engmaschige Netzwerke und dadurch zu spröde Endprodukte. Deshalb werden bei der Polyesterherstellung meistens noch andere Dicarbonsäuren mit eingebaut, in erster Linie Phthalsäure, Isophthalsäure, teilweise auch Terephthalsäure, aber auch aliphatische Dicarbonsäuren, wie Adipinsäure, Bernsteinsäure oder Sebacinsäure. Die Mitverwendung dieser Säuren läßt Modifikationen der Polyesterkette zu. Phthalsäuren schaffen gute Verträglichkeit der Harze mit Styrol, während z.B. Adipinsäure deren Elastizität erhöht.

6.1.3.2.2 Diole

Gängige Veresterungsalkohole sind:

Ethylenglycol, 1,2- oder 1,3-Propandiol,
Diethylen-, Dipropylen-, Triethylen-, Tetraethylenglycol, 1,2- und 1,4-Butandiol.

Werden die geradkettigen aliphatischen Glycole vollständig oder teilweise durch verzweigte Glycole, wie 2,2-Dimethyl-1,3-propandiol (Neopentylglykol) oder 2-Methyl-2-

ethyl-1,3-propandiol [7], ausgetauscht, so ergeben sich UP-Harze, die im ausgehärteten Zustand in ihrer Stabilität gegenüber Wärmeeinwirkung und verseifende wäßrige Chemikalien wesentlich verbessert sind. Die gleichen Vorteile werden bei vollständigem oder teilweisem Ersatz der aliphatischen Glycole [8] durch hydriertes Bisphenol A [9] oder durch oxalkylierte Bisphenole [10] erzielt. Besonders die mit oxalkylierten Bisphenolen hergestellten Harze ergeben Produkte mit ausgezeichneter Wärmestandfestigkeit und Chemikalienbeständigkeit [11]. Letztere haben sich vor allem in der Preßtechnik gut bewährt.

6.1.3.2.3 Einwertige Alkohole

Einwertige Alkohole wirken beim Aufbau linearer Polyesterketten als Kettenabbrecher. Auf diese Weise wirken sie molmassenregulierend, demnach für die Praxis letztlich viskositätsregulierend. Zum Einsatz kommen monoveretherte Glycole wie Butylglycol, Butyldiglycol usw. Zur Erzielung lufttrocknender Eigenschaften (siehe Abschn. 6.1.3.4.2) werden häufig autoxidable Gruppen über eine Alkoholfunktion in das Harz eingebracht. Ein Beispiel hierfür ist Trimethylolpropan-diallylether.

6.1.3.3 UP-Harzzubereitungen

6.1.3.3.1 Lieferformen in Reaktivverdünnern

Der mit Abstand größte Teil der UP-Harze kommt in reaktiven Lösemitteln – den Monomeren oder Reaktivverdünnern – zum Einsatz.
Trotz der Senkung der maximalen Arbeitsplatzkonzentration (MAK) in Deutschland 1987 von 100 auf 20 ppm hat Styrol als Copolymerisationspartner für UP-Harze nach wie vor die größte Bedeutung. In seinem Preis-Leistungsverhältnis wird es zur Zeit von keinem anderen Reaktivverdünner übertroffen. Neben Styrol können folgende ungesättigte Verbindungen verwendet werden:

Vinyltoluol, tert-Butylstyrol, Divinylbenzol, α-Methylstyrol, Diallylphthalat, Vinylester (z.B. Vinylacetat), Vinylether (z.B. Vinylisobutylether), Maleinsäureester (z.B. Maleinsäuredibutylester), Methacrylate (z.B. 1,4-Butandioldimethacrylat), Cyanurate (z.B. Triallylcyanurat) u.a.

Die monomeren Vinyl- oder Allylverbindungen besitzen unterschiedliche Reaktivitäten gegenüber UP-Harzen. So ist beispielsweise Vinylacetat derart reaktionsträge, daß es erst bei hohen Temperaturen mit ungesättigten Polyestern umgesetzt werden kann. Divinylbenzol und die Allylester mehrwertiger Säuren sind infolge ihrer mehrfachen Doppelbindungen reaktiver als Monomere mit nur einer Doppelbindung [12].

6.1.3.3.2 Lieferformen in inerten Lösemitteln

UP-Harze mit copolymerisationsfähigen Doppelbindungen finden als Lackbindemittel Einsatz, vorzugsweise in Estern wie Ethyl- oder Butylacetat gelöst. Auch sind Harze, die nur Fumaratdoppelbindungen enthalten, für Spezialanwendungen (z.B. Anreib- oder Pigmentpastenbindemittel, für peroxidhaltige Aktivgründe) im Markt.

6.1.3.3.3 100%ige Bindemittel und wasserverdünnbare Lieferform

Niedrigviskose UP-Harze sind auch ohne jegliches Verdünnungsmittel verfügbar. Spezialtypen enthalten Emulgatoren und sind für den späteren Einsatz in Wasserlacken vorgesehen. Besonders vorteilhaft sind polymerisierbare Emulgatoren. Zu diesen gelangt man, wenn für die Synthese von UP-Harzen gängige Diole anteilmäßig durch Polyglycole ersetzt werden, so daß folgender Aufbau resultiert [13]:

TMP-diallylether – Maleinsäure – Polyglycol – Maleinsäure – TMP-diallylether
(TMP = Trimethylolpropan)

Ein solches Harz für monomer-, lösemittel- und aminfreie Wasserlacke steht zur Verfügung (Bayhydrol 850 W – Bayer AG).

6.1.3.4 Vernetzungsmechanismen bei UP-Harzen

UP-Harze vernetzen bei Einwirkung von Wärme und/oder in Anwesenheit von Polymerisations-Katalysatoren und Beschleunigern durch eine Verbundpolymerisation [14], die zu vernetzten Pfropfpolymerisaten [15] führt. Die Vorgänge bei der Härtung wurden von verschiedenen Autoren [16] eingehend bearbeitet und sind weitgehend geklärt. Neben dem Einfluß des Systems „Initiator/Beschleuniger" auf den Härtungsverlauf [17] üben auch Härtungszeit und -temperatur einen erheblichen Einfluß auf die Eigenschaften der Fertigprodukte aus. Diese Untersuchungen, besonders die bei niedrigen Temperaturen durchgeführten, vermitteln wertvolle Hinweise für die Steuerung des Härtungsvorganges in der Praxis [18].

Demmler [19] gibt eine instruktive und sehr ausführliche Darstellung des Härtungsverlaufes ungesättigter Polyesterharze. Er unterteilt in drei Teilabschnitte, die als Inhibitionsphase, Copolymerisationsphase und als diffusionskontrollierte Phase bezeichnet werden.

6.1.3.4.1 Initiatorsysteme für die radikalische Polymerisation

Die Copolymerisation der UP-Systeme kann folgendermaßen initiiert werden:

a) Hydroperoxid / Schwermetallsalz (meist Co)
b) Acylperoxid / Amin (tert. aromatisches Amin)
c) Photoinitiator / UV-Strahlung

Die Alternativen a) und b) werden im technischen Sprachgebrauch als „konventionelle Härtung" bezeichnet. Alternative b) wird im Lackbereich kaum eingesetzt, da aromatische Amine stark zur Vergilbung neigen. Dieses System findet hauptsächlich Einsatz im Bereich der Autoreparaturspachtel.

System c) wird üblicherweise „UV-Härtung" genannt. Während man Peroxid generell vor der Verarbeitung zusetzt (Co-Beschleuniger meist erst kurz zuvor), ist es üblich, Amin-Beschleuniger und auch UV-Initiatoren bereits der Harz-Lieferform zuzufügen.

6.1.3.4.2 Inhibierung durch Luftsauerstoff

Die üblichen UP-Harze aus Maleinsäureanhydrid, Phthalsäureanhydrid, Glycolen und Styrol werden in Berührung mit dem allgegenwärtigen Luftsauerstoff im Polymerisationsvorgang gehemmt und ergeben in dünner Schicht nur weiche Filme, in dicker Schicht bleibt die Oberfläche klebrig. Die Behinderung der Filmbildung wird auf eine Anlagerung von Sauerstoff (aktive Spezies O_2-Biradikal) an die während der Reaktion gebildeten Radikale und einen dadurch bedingten vorzeitigen Kettenabbruch zurückgeführt. Diese unerwünschte Erscheinung war ein starkes Hemmnis für die Einführung der UP-Harze als Lackrohstoffe. Deshalb zielten alle Bemühungen von Anfang an auf die Behebung dieses Mißstandes. Ein Überblick über die Literatur [26], insbesondere die Patentveröffentlichungen [27], weist aus, wie angestrengt in dieser Richtung geforscht worden ist.

6.1.3.4.3 Styrolhaltige UP-Systeme

Styrol und Fumarsäureester liegen im e-Q-Diagramm bei ungefähr gleichen Q-Werten, d.h. gleicher Mesomeriestabilisierung der Radikale. Beide Produkte haben hohe e-Werte und liegen im Diagramm fast gegenüber, bilden also ein Monomerenpaar mit gegensinniger und hoher Polarisierung [28]. Daher hat dieses System die Tendenz, bei hoher Reaktionsgeschwindigkeit Copolymerisate mit alternierender Reihenfolge der Monomereinheiten zu bilden. Dies ist der theoretische Hintergrund für die überragende praktische Bedeutung, die styrolgelöste UP-Harze erreicht haben.

$$\text{HOOC} \underset{\text{HC=CH}}{\text{COO}} -\text{CH}_2-\text{CH}_2-\text{O}-\overset{\text{O}}{\underset{\|}{\text{C}}}-(\text{CH}_2)_4-\overset{\text{O}}{\underset{\|}{\text{C}}}-\text{O} \sim\!\!\sim \text{OOC} \underset{\text{HC=CH}}{\overset{\text{HC=CH}}{\text{COO}}}-\text{CH}_2-\text{CH}_2 \sim\!\!\sim \text{OOC} \underset{\text{HC=CH}}{\text{COOH}} \quad (6.43)$$

$$\downarrow + n\,\text{CH}_2\!=\!\text{CH}-\text{C}_6\text{H}_5$$

(Bildung eines Pfropfcopolymeren – siehe Strukturformel)

Bildung eines Pfropfcopolymeren durch Copolymerisation von Styrol mit einem ungesättigten Polyester aus Maleinsäureanhydrid, Adipinsäure und Glycol, hergestellt bei 80 °C

In welchem Umfange die Verknüpfungen nur durch eine einzige Styroleinheit ($n=1$) oder durch mehrere ($n>1$) erfolgt, hängt zu einem Teil von dem eingesetzten Verhältnis ungesättigter Polyester/Styrol, zum anderen von den allgemeinen Härtungsbedingungen ab [20]. Hamann und Mitarbeiter [21] konnten für ausgehärtete UP-Harze ungefähr 2 Mol Styrol pro 1 Mol Doppelbindung des Polyesters nachweisen, bei einer statistischen Verteilung von etwa 1,5 bis 2,5 Styroleinheiten im Polymerisat. Diese Befunde stehen in guter Übereinstimmung mit den Ergebnissen anderer Autoren [22]. *Demmler* [23] hat allerdings gefunden, daß das Styrol ungleichmäßiger eingebaut wird, da die Bedingungen einer azeotropen Copolymerisation meist nicht erfüllt sind. Die weitere Frage, ob neben der Copolymerisation von ungesättigtem Polyester und monomerem Styrol eine Bildung von freiem Polystyrol durch Homopolymerisation stattfindet, ist von *Hamann* und Mitarbeitern [24] verneint worden. Sie schlossen aus Untersuchungen an Hydrolyseprodukten gehärteter Polyesterharze, daß im Bereich der technisch interessierenden Mischungsverhältnisse keine wesentlichen Mengen an freiem Polystyrol entstehen, sondern daß der Aufbau der Harze allein auf dem Wege einer reinen Copolymerisation erfolgt. So wurde auch bestätigt, daß unter den üblichen Härtungsbedingungen die in den ungesättigten Polyestern eingebauten Fumarsäureeinheiten nicht mit sich selbst polymerisieren.

Zusammenfassend kann die Struktur eines gehärteten Polyesters allgemeiner Art folgendermaßen beschrieben werden: Das Makromolekül setzt sich aus zwei polymolekularen

Spezies zusammen, nämlich aus den Polykondensatketten und den Copolymerketten. Beide sind miteinander durch kovalente Bindungen über die Fumaratgruppen verbunden, d.h. beide Polymersegmente haben diese Gruppen gemeinsam, dadurch ein umfangreiches, räumliches Netzwerk bildend. Während die Polyesterketten in diesem Netzwerk eine durchschnittliche Molmasse von 1200 bis 1600 besitzen, sind die Molmassen der durch Verseifung des gehärteten Harzes erhältlichen Copolymerketten beträchtlich höher; sie liegen in der Größenordnung von 10000 bis 15000. Ein geringer Anteil (etwa 3 bis 7%) ungesättigter Gruppen kann auch im gehärteten Harz verbleiben. Diese nicht umgesetzten Doppelbindungen können gegebenenfalls etwas zur Geschmeidigkeit der gehärteten Produkte beitragen. Über den Reststyrolgehalt in UP-Harz-Formmassen informiert *Demmler* [25].

Paraffinerfordernde Systeme

Das erste brauchbare und heute noch wichtigste Verfahren zur Erreichung klebfreier Oberflächen war der Zusatz von Paraffinen [29]. Es gelingt hierbei mit relativ geringen Mengen (bei Hartparaffinen meist um 0,1% oder weniger, bei Stearinen ca. 1 bis 2%), den inhibierenden Einfluß des Luftsauerstoffes auszuschließen. Das zunächst im UP-Lack gut lösliche Paraffin (Stearin, Wachs) verliert seine Löslichkeit mit beginnender Vernetzung des UP-Harzes. Es scheidet sich daher aus dem entstehenden Lackfilm wieder aus, steigt an die Oberfläche und bildet eine luftundurchlässige Schicht. Diese hält nicht nur den Luftsauerstoff ab, sie hat außerdem den großen Vorteil, die Verdampfungsverluste an monomerem Styrol auf weniger als 5% herabzusetzen [30].

Die Schmelzpunkte der in der Praxis eingesetzten Paraffine liegen vorwiegend zwischen 40 und 70 °C. Um die Gefahr des Auskristallisierens vor der Verarbeitung zu vermeiden, ist es üblich, die Paraffinlösung zusammen mit der Co-Beschleunigerlösung kurz vor der Verarbeitung zuzusetzen. Nach der Durchgelierung der Lacke bei Raumtemperatur können die Flächen forciert bei höheren Temperaturen gehärtet werden. Über die Paraffinzugabe wird die Oberfläche des Lackfilms matt. Der Matteffekt ist meist inhomogen und schlecht reproduzierbar. Durch Reste einwertiger Alkohole terminierte UP-Harze ergeben „Fertigeffekte" [31]. Zur Erzielung von hochglänzenden Oberflächen ist es notwendig, die Oberfläche zu schleifen und zu polieren.

Lufttrocknende Systeme

Eine Alternative zum Paraffin-Zusatz besteht darin, die Polyesterkette durch Einbau einer autoxidablen Gruppe zu modifizieren (siehe auch Abschn. 6.1.3.2.3). Man spricht dann von lufttrocknenden oder Glanzpolyestern. Die lufttrocknenden Polyester enthalten als spezifische autoxidable Gruppierungen partielle Allyl- oder Benzylether mehrwertiger Alkohole. Dabei handelt es sich meist um die Mono- oder Diallylether des Trimethylolpropans, Glycerins und Mono-, Di- und Triallylether des Pentaerythrits. Geilenkirchen gibt eine sehr ausführliche Übersicht zur Anwendung lufttrocknender, ungesättigter Polyesterharze auf dem Lackgebiet. Sie behandelt neben den vielseitigen Anwendungsgebieten auch die Herstellung, Standzeit (pot-life) und Verarbeitung der Lacke [32]. Mit der Entwicklung des heutigen Roskydal 500 A (Bayer AG) wurde auf diesem Sektor ein Meilenstein der UP-Historie gesetzt.

Traenckner und *Pohl* [33] haben Untersuchungen zum Trocknungsmechanismus dieser in der Praxis sehr bedeutenden Harzklasse durchgeführt. Die zur Allyldoppelbindung α-ständige, aliphatische CH-Bindung kann leicht homolytisch gespalten werden. Es bilden sich dabei über mesomeriestabilisierte Radikale mit Luftsauerstoff Hydroperoxide (siehe

Abschn. 6.1.3.4.3) [34]. Vermutet wird, daß diese Hydroperoxide zerfallen und ihrerseits die durch molekularen Sauerstoff inhibierte Copolymerisation wieder neu starten, so als ob es sich um eine von O_2 abgeschirmte Copolymerisation handelt.

Für styrolische Glanzpolyester wurde durch IR-Analysen folgendes Härtungsverhalten gefunden [33]: In tieferen Schichten dominiert die schnell verlaufende Copolymerisation zwischen Fumarsäuredoppelbindungen und Styrol. Die Allyldoppelbindung wird nur untergeordnet eingebaut. In den oberen Schichten überwiegt die Lufttrocknung des Allylethers.

Weitere Möglichkeiten, klebfreie Oberflächen zu erhalten, sind:

- Ungesättigte Polyesterharze, bei denen Phthalsäure durch Isophthalsäure ausgetauscht und mit cyclischen Alkoholen kombiniert wird: Man arbeitet bei der Veresterung hier mit mehrwertigen polycyclischen Alkoholen [35], meist Verbindungen, deren Alkoholgruppen auf verschiedene Ringe von kondensierten Systemen verteilt sind [36]. Diole dieser Art sind z. B. die durch Oxo-Synthesen [37] erhältlichen Dimethylolverbindungen des Menthans und des Dicyclopentadiens. Ähnliche mehrwertige Alkohole entstehen in analoger Weise aus Dien-Addukten von Cyclopentadien an ungesättigte Alkohole, wie Allylalkohol [38]. Auch das Einkondensieren von Diolen der allgemeinen Formel

$$\text{HO} \langle H \rangle - A - \langle H \rangle \text{OH} \quad \begin{array}{l} A = \text{Alkylengruppe} \\ H = \text{hydriertes Ringsystem} \end{array} \quad (6.44)$$

neben anderen sonst üblichen Diolen bewirkt eine klebfreie Trocknung.

- Ungesättigte Polyesterharze, bei denen PSA durch Tetrahydrophthalsäure ersetzt ist [39], ergeben ebenfalls klebfreie, harte Filmoberflächen. Dieses günstige Verhalten von Tetrahydrophthalsäureanhydrid könnte zumindest zum Teil mit der Fähigkeit erklärt werden, unter bestimmten Bedingungen in Gegenwart von Luftsauerstoff Hydroperoxide zu bilden [40].
- Einbau von Endomethylen-tetrahydrophthalsäureanhydrid (Diels-Alder-Addukt aus Cyclopentadien und Maleinsäureanhydrid) beeinflußt die lufttrocknenden Eigenschaften günstig.
- Durch eine Coveresterung von ungesättigten, monomeren [40A] oder dimeren [41] Fettsäuren läßt sich die Oberflächeninhibierung vermeiden. Auch hier wirkt als Vernetzungskriterium die Autoxidation. Entsprechende ungesättigte Reste können durch Epoxidgruppen mit den ungesättigten Polyestern verbunden werden. Hierzu werden epoxidierte ungesättigte Öle mit konventionellen UP-Harzen bei nicht zu hohen Temperaturen (ca. 180 °C) umgesetzt, so daß Diels-Alder-Reaktionen noch ausgeschlossen sind [42].
- Weitere Verbesserungen für die lufttrocknenden Eigenschaften von UP-Harzen soll ein gewisser Anteil an Glycerin neben Diethylenglycol erbringen, während sich eine Mitverwendung von Tris-(2-carboxy-ethyl)-isocyanurat zusätzlich günstig auf die Filmhärte auswirken soll [43].
- Weitere Möglichkeiten sind: Umsetzungsprodukt aus Bisphenol A, Propylenoxid und Propylenglycol [44], mehrwertigem Alkoholallylether und Polyisocyanat-versetztem UP [45] sowie Polybutadien-modifiziertem UP [46].
- Bayer AG [47] beansprucht die Herstellung einwandfrei lufttrocknender Lacke aus Harzen, die mit mehrwertigen Alkoholen, die 2 bis 7 Ethersauerstoffe enthalten, verestert sind. Derartige gesättigte Polyalkohole sind z. B. Tri-, Tetra-, Penta- und Hexaethylenglycol sowie Pentabutylenglycol.

6.1 Polyesterharze

- Es ist kaum überraschend, daß auch die Kombination einer Dicarbonsäure mit einem Polyalkohol, die beide für sich allein schon die klebfreie Trocknung fördern, Produkte ergibt, die in dieser Hinsicht recht befriedigen. So werden UP-Harze aus Tetrahydrophthalsäureanhydrid und dem Diallylether des Trimethylolpropans mit verbesserten Eigenschaften beschrieben [48].
- Der Aufbau von UP-Harzen, die sowohl im Säureanteil als auch in der Alkoholkomponente ungesättigte Gruppen enthalten, ist wegen leicht eintretender unerwünschter Nebenreaktionen nicht einfach. Daher umgeht ein Vorschlag [49] solche Schwierigkeiten dadurch, daß zunächst zwei Typen von Polyestern getrennt hergestellt und diese dann vermischt werden. Während der eine Polyester dem üblichen Typ der UP-Harze entspricht, also die Doppelbindungen in der Säurekomponente trägt, enthält der andere nur gesättigte Dicarbonsäuren, die mit β, γ-ungesättigten Etheralkoholen verestert sind. Damit reduziert sich die Doppelbindungsdichte.
- Nichtklebende Oberflächen werden ebenfalls erhalten, wenn Styrol vollständig oder teilweise ersetzt wird durch Monomere, die sowohl zur Copolymerisation fähig sind als auch an der Luft oxidativ trocknen, wie z.B. die Allylether [50]. Über derartige Versuche, die auch andere Allylverbindungen, wie Glycerindiallylacetat und Glycerindiallyladipiat, einschließen, berichten ausführlich Jenkins und Mitarbeiter [51]. Der Zusatz von aromatischen Verbindungen mit mindestens zwei Isopropenylresten, wie Di-isopropenyl-benzol, wird ebenfalls genannt [52].
- Um direkt harte, trockene Oberflächen zu erhalten, haben sich verschiedene Autoren mit der Pulverbeschichtung auf Basis von UP befaßt. Die Patentliteratur umfaßt Möglichkeiten mit cyclischen Glycolen und trocknenden Ölsäuren [53], Triallylcyanurat, Trimethylolpropantriacrylat [54] und kristallinem UP-Harz [55].

6.1.3.4.4 Styrol- und monomerfreie Systeme

Zur Herstellung monomerfreier Bindemittel benötigt die Fumaratdoppelbindung einen Copolymerisationspartner, der ebenfalls im UP-Harz eingebaut ist. Solche Systeme stellen allyletherhaltige, lufttrocknende UP-Harze dar. Wie bereits beschrieben, reagiert der Luftsauerstoff mit dem Ether zu einem Hydroperoxid. Als zweite Reaktion findet eine Copolymerisation der endständigen Allylether-Doppelbindung mit der Doppelbindung des Fumarsäurepolyesters statt (Gl. 6.45).

Polymerisation von allylether-modifizierten Fumarsäureestern

Durch Addition eines Radikals an eine allylische Doppelbindung wird ein Alkylradikal (I) gebildet, das entweder unter H-Abstraktion (II) oder Addition (IV) an die Doppelbindung einer Fumarsäuregruppe abreagieren kann. Die nach (II) entstehenden Allylradikale reagieren mit Luftsauerstoff zu Hydroperoxiden (III). Diese wiederum zerfallen in Gegenwart von Sikkativmetallen und lösen damit weitere Kettenreaktionen aus [56]. Bei genügend hohem Radikalangebot kommt es so zu einer ausreichenden Vernetzung zwischen den Polyesterketten, die durch Luftsauerstoff nicht inhibiert wird.
Diese Reaktionen lassen es zu, Bindemittel herzustellen, die

a) wasseremulgierbar [13],
b) monomerenfrei, lösemittelhaltig [57],
c) niedermolekular, niedrigviskos sind.

Die beiden erstgenannten ergeben Dünnschichtsysteme, die mit maximal 100 g/m^2 appliziert werden. Das letztgenannte läßt sich direkt oder nach Zusatz eines Monomers, z.B. vom Methacrylattyp, dickerschichtig einsetzen. Struktur und Reaktivitätsbeziehung reaktivverdünnerfreier UP-Harze beschreibt *Fischer* [58].
Ein Verfahren zur Herstellung von Urethangruppen aufweisenden UP-Harzen unter Einhaltung eines NCO/OH-Äquivalentverhältnisses von 0,2/1 bis 1/1 (Urethangruppengehalt des resultierenden Harzes mindestens 0,025 Mol/100 g) beschreiben *Meixner*, *Kremer* und *Müller* [59]. Dies führt zu Harzen mit sehr hoher Reaktivität. Die gleichen Autoren entwickelten Urethanemulgatoren für UP-Harze [60], die sich durch gute Lagerstabilität und hohe Reaktivität auszeichnen.

6.1.3.5 Modifizierung von UP-Harzen

Die Reaktivität der Harze und die Härte der Polymerisate werden durch den Abstand der Doppelbindungen in der Kette beeinflußt. Da man das Mengenverhältnis von gesättigter zu ungesättigter Säure weitgehend variieren kann, ist die Herstellung von Harzen mit sehr unterschiedlichen Eigenschaften möglich.
Gesuchte anwendungstechnische Eigenschaften lassen sich bei UP-Harzen durch spezielle Zusätze einstellen:
Eine *Eindickung* kann über MgO vorgenommen werden [61]. Zu beachten ist, daß sich die verdickende Wirkung erst nach einer Reifezeit bei Lagerung im Harz einstellt.
Thixotropie-Effekte werden durch übliche Thixotropierungsmittel, wie hochdisperse Kieselsäure (z.B. Aerosil 380 – Degussa – oder HDKT 40 – Wacker) oder aber mit Polyharnstoffen bzw. Polyamiden erreicht [62].
Einen Überblick über die Verringerung des Schrumpfes und damit der *Haftungsverbesserung* gibt *Chandler* [63]. Sogar auf Metall ist unter Zusatz von Polystyrolharzpulver [64], Tricyclodecenylmaleat [65], aliphatischer Dicarbonsäure/Ethylenglycol/aliphatischem Diol [66] oder Polypropylentriol [67] mit UP-Harz Haftung erzielbar.
Schwerer entflammbare UP-Harze oder -Systeme können durch einen Anteil von Tetrahydrophthalsäureanhydrid [68], HET-Säure, Aluminiumhydroxid [69], Tetrabrombisphenol A [70] sowie auch generell durch halogen- oder phosphorhaltige organische Verbindungen [71] hergestellt werden.
Bei styrolischen UP-Systemen soll sich die *Styrolverdunstung* durch Einsatz von pyrogener Kieselsäure mit hydrophilen und hydrophoben Endgruppen [72], Isopropylalkohol [73] oder von alkyl-, alkenyl- und aralkylsubstituierter Bernsteinsäure [74] reduzieren lassen.

6.1.3.6 Produktion der UP-Harze

Zur eingehenden Information über die Entwicklungen auf dem Gebiete der Produktion und der Anwendungstechnik der UP-Harze sei auf die umfangreiche Spezialliteratur verwiesen [75].

Die Herstellung der ungesättigten Polyester erfolgt allgemein nach den für die Alkydharze gebräuchlichen Verfahren. Das bei der Veresterung sich bildende Reaktionswasser wird entweder direkt oder azeotrop im Kreislauf mit einem geeigneten Lösemittel, wie Toluol oder Xylol, abdestilliert. Das gegebenenfalls vorhandene Schleppmittel wird nach Beendigung der Kondensation durch anschließende Vakuumdestillation entfernt. Wegen des stark ungesättigten Charakters und der dadurch bedingten Gefahr vorzeitiger Gelierung der entstehenden Harze müssen besondere Vorsichtsmaßregeln beachtet werden. So muß die Veresterungstemperatur niedriger liegen, als es bei der Alkydharzherstellung üblich ist; Temperaturen von 150 bis 200 °C sollen im allgemeinen nicht überschritten werden. Die vollständige Fernhaltung von Luftsauerstoff bei der Kondensation ist unerläßlich, da selbst Spuren von Sauerstoff eine Gelatinierung des Harzes bewirken können und zudem unerwünschte Verfärbungen hervorrufen. Zur Verhinderung des Gelatinierens werden häufig schon während der Herstellung geringe Mengen von Inhibitoren, in der Hauptsache Hydrochinon, Toluhydrochinon, Trimethylhydrochinon oder p-tertiär-Butylcatechol, zugesetzt. Die gleichen Stabilisatoren werden ebenfalls den fertigen UP-Harzen und den handelsüblichen Lieferformen und Monomeren zugegeben, um eine ausreichende Lagerstabilität zu erreichen. Die Wirkung dieser Stabilisatoren soll sich durch einen Zusatz sehr kleiner Kupfermengen (0,0005 bis 0,01% Cu) in Form von Naphthenat, 8-Oxychinolat u.a. erhöhen lassen [76]. Diese stabilisierende Wirkung von Kupfer bei der Lagerung bleibt auch dann noch erhalten, wenn dem UP-Harz der zur Kalthärtung erforderliche Beschleuniger bereits bei seiner Herstellung zugesetzt wird [77].

Bei der Bildung der Polyester aus Maleinsäure wird diese vollständig [78] oder zumindest zu einem sehr hohen Anteil in Fumarsäure umgelagert [79]. Der Isomerisierungsgrad wurde früher durch Polarografie [80] oder Infrarotspektroskopie [81] bestimmt. Heute bedient man sich der NMR- und der Raman-Spektroskopie. Das gute Copolymerisationsvermögen der ungesättigten linearen Polyester steht in direktem Zusammenhang mit der Ausbildung der trans-Konfiguration, also der Fumarsäureestergruppen [80].

Die Reaktionsprodukte der Polyveresterung sind meist hochviskose Öle oder Weichharze; sie können aber in gewissen Fällen auch Hartharz-Charakter besitzen. Ihre Konsistenz ist hauptsächlich vom Abstand der Estergruppen untereinander und dem Kondensationsgrad abhängig. In der Regel sind die Harze farblos bis gelblich.

Entsprechend der marktgängigen Lieferformen werden die Harze in Styrol eingebracht, gegebenenfalls in andere Reaktivverdünner oder inerte Lösemittel. Bei niederkondensierten Harzen ist auch ein Einsatz als 100%iges Bindemittel praxisüblich, in Ausnahmefällen werden hochkondensierte Harze als erstarrte Schmelze in den Markt gebracht. Garantierte Lagerstabilitäten von 6 Monaten sind üblich. Voraussetzung dazu sind geeignete Gebinde, Lagerung nicht über Raumtemperatur (23 °C), dunkel und dicht verschlossen.

6.1.3.7 Härtung von UP-Systemen

Wie beschrieben (siehe Abschn. 6.1.3.4) härten UP-Systeme durch eine Radikalketten-Polymerisation. Man unterscheidet in Abhängigkeit von der Initiierung zwischen der *konventionellen und der Strahlungshärtung*.

6.1.3.7.1 Konventionelle Härtung

Bei der konventionellen Härtung bedient man sich der Peroxide als Polymerisations-Initiatoren, die auch – nicht ganz korrekt – Katalysatoren genannt werden. Sie nehmen an den Reaktionen teil und werden dabei verbraucht. Die organischen Peroxide zerfallen – vorzugsweise an der O–O-Brücke (Aktivsauerstoff) – relativ leicht in reaktionsfähige Spaltstücke, sogenannte Radikale, die sich an die Doppelbindungen der entsprechenden UP-Bausteine und der Reaktivverdünner anlagern können. Dadurch entstehen polymerisationsfähige Radikale, die erneut mit benachbarten Doppelbindungen reagieren und eine räumliche Vernetzung der Molekülketten bewirken.

Die Peroxide werden zur sicheren Handhabung phlegmatisiert in den Handel gebracht, meist als Pasten, Flüssigkeiten (in Weichmacher) oder als Pulver (in Wasser). Die zur Anregung der Polymerisation benötigte Menge an Initiator ist von mehreren Faktoren abhängig: Vom Gehalt an Aktivsauerstoff, der Natur der ungesättigten Polyester und der Monomeren, der Zerfallstemperatur des Peroxids in Relation zur gewünschten Härtungstemperatur usw. Es konnte nachgewiesen werden, daß immer nur eine bestimmte Menge des verwendeten Peroxids Bestandteil des duromeren Netzwerkes des gehärteten Polyesters wird. Bei zu hoher Peroxidkonzentration reagiert ein Teil der polymerisierbaren Bestandteile zu unerwünschten, niedermolekularen und löslichen Reaktionsprodukten. Zur Härtung von Holz-, Möbel-, Folienlacken setzt man in der Praxis Hydroperoxide ein (Beispiele siehe Formeln 6.46 bis 6.48).

$$\text{Cyclohexanonperoxid (CHPO)} \quad (6.46)$$

$$\text{HO}-\text{O}-\underset{\underset{C_2H_5}{|}}{\overset{\overset{CH_3}{|}}{C}}-\text{O}-\text{O}-\underset{\underset{C_2H_5}{|}}{\overset{\overset{CH_3}{|}}{C}}-\text{O}-\text{OH} \qquad \text{Methylethylketonperoxid (MEKP)} \quad (6.47)$$

$$\text{Cumolperoxid} \quad (6.48)$$

Peroxide für die konventionelle Härtung von UP-Lacken

Die Spaltung der Peroxide in Radikale erfolgt erst nach Zufuhr einer bestimmten Energiemenge, der sog. Aktivierungsenergie. Mit Hilfe von Beschleunigern läßt sich die erforderliche Aktivierungsenergie so weit herabsetzen, daß bereits bei Raumtemperatur genügend Peroxidmoleküle zerfallen, um eine ausreichende Polymerisationsgeschwindigkeit zu ermöglichen. Beschleuniger, auch Aktivatoren genannt, sind Verbindungen, die mit den Peroxid-Initiatoren Redoxsysteme [82] bilden. Gebräuchliche Beschleuniger sind besonders Metallsalze, deren Kation in mindestens zwei leicht wechselnden Wertigkeitsstufen auftreten kann, z.B. Kobaltsalze in Form der Naphthenate oder Octoate [83]. Die Radikalbildung mit Peroxiden verläuft nach folgendem Schema [84]:

$$R-O-O-H + CO^{++} \xrightarrow{\text{rasch}} R-O^* + OH^- + CO^{+++} \quad (6.49)$$

$$R-O-O-H + CO^{+++} \xrightarrow{\text{langsam}} R-O-O^* + H^+ + CO^{++} \quad (6.50)$$

Die Reduktion des Co^{+++} läuft sehr viel langsamer ab als der Oxidationsvorgang $Co^{++} \longrightarrow Co^{+++}$, daher erfolgt die Radikalbildung über einen gewissen Zeitraum. Dieser Umstand ist für den gesamten Polymerisationsablauf, vor allem für die Länge der Gelierzeit (Begriff siehe DIN 16945, 6.2.2.2), von großer Bedeutung.
In Kombination mit vorwiegend Co-Salzen bei Raumtemperaturanwendungen werden vorzugsweise Cyclohexanon- oder Methylethylketon-Peroxid benutzt. Eine Mindesttemperatur von +15 °C darf nicht unterschritten werden. Zur Erzielung längerer Standzeiten können Peroxide wie tert-Butylperoctoat oder -perbenzoat eingesetzt werden, wobei diese zusätzlich zur Metall-Aktivierung durch Anwendung höherer Temperaturen (z.B. 80 °C) aktiviert werden müssen.
Bei den Autoreparaturspachteln auf Basis von UP-Harzen greift man auf das Härtungsprinzip Acylperoxid (z.B. Dibenzoylperoxid) und Amin zurück, wobei sich der Amin-Beschleuniger bereits in der Harzlieferform befindet. Daher spricht man auch von vorbeschleunigten Harzen. Diese Härtung läuft im Gegensatz zur Hydroperoxid/Co-Härtung auch bei niedrigen Temperaturen, z.B. 0 °C, ab. Zum Einsatz kommen aromatische tertiäre Amine, z.B. N,N-Dihydroxialkylanilin oder -toluidin [85]. Für Lacke sind entsprechende Amine aufgrund ihrer starken Vergilbung nicht einsetzbar.
Praxisübliche Zusatzbeschleuniger bei den Lackharzen sind z.B. Acetylaceton, Ester der Acetessigsäure (hauptsächlich Acetessigsäureethylester), Amide der Acetessigsäure (z.B. Acetessigsäurediethylamid) [86] und Acetylcyclopentanon [87]. Als weniger gebräuchliche Beschleuniger seien erwähnt: Sulfinsäuren [88], Mercaptane, Arylphosphinsäureester [89], vom Pyrrolidon-2 abgeleitete Verbindungen [90] und mit Vanadium/Hydroxycyclopentanon versetzte Systeme [91]. Den zeitlichen Ablauf der Kalthärtung von UP-Harzen untersuchte Srna [92] reaktionskinetisch unter technologisch interessanten Bedingungen, wobei er die gesamte Polymerisationszeit in Inhibitions-, Anlauf-, Gelier- und Härtezeit gliedert.

6.1.3.7.2 Strahlungshärtung

Die Strahlungshärtung von UP-Systemen mittels UV-Strahlung beschrieben 1955 *McCloskey* und *Bond* [93], nachdem bereits 1941 ein US-Patent [94] die Photopolymerisation von Acrylaten mit Hg-Dampfhochdruck-Strahlern bekanntmachte. Bayer AG entwickelte mit dem Benzoinisopropylether den ersten brauchbaren Photoinitiator und leistete Pionierarbeit auf diesem Gebiet.
Die Lackhärtung durch UV-Strahlung hat sich seit dem ersten industriellen Einsatz 1967 sehr bewährt und ist heute aus der Praxis nicht mehr wegzudenken. Zur Härtung unter UV-Strahlung muß das ungesättigte Bindemittel strahlungssensible Zusätze, sog. Photoinitiatoren, enthalten. Die heute gebräuchlichen sind in Tab. 6.5 dargestellt.
UV-Initiatoren sind als 100%ige Substanzen, aber auch gelöst in Reaktivverdünnern oder inerten Lösemitteln, im Handel. Wäßrige Photoinitiator-Dispersionen beschreiben *Ohngemach* und *Zeh* [95].
Bei der Bestrahlung mit UV-Licht (Wellenlängenbereich 300 bis 400 nm) bilden die Initiatoren aktive Radikale, die die Polymerisation auslösen. So zerfallen die zu Beginn der UV-Technologie vorwiegend eingesetzten Benzoinether, z.B. Benzoin-isopropylether, in Benzoyl- und Alkoxybenzyl-Radikale [96]. Relativ schwierig ist es, den nächsten Schritt nach der Photolyse des Initiators, den Beginn der Polymerisation, festzulegen. Aufgrund verschiedener Untersuchungen muß angenommen werden, daß das Benzoylradikal sich sowohl an die Doppelbindung der Malein- oder Fumarsäure, als auch an das Styrol anlagern kann und so die Polymerisationskette startet. Das α-Alkoxybenzyl-Radikal zeigt

Tabelle 6.5. Handelsübliche Photoinitiatoren

Photoinitiator	Formel	Handelsname, Hersteller
Benzoinether	Ph–CO–CH(OR)–Ph	Esacure (Fratelli Lamberti)
Benzildimethylketal	Ph–CO–C(OCH$_3$)$_2$–Ph	Irgacure 651 (Ciba)
1-Hydroxi-cyclohexyl-phenylketon	Ph–CO–C$_6$H$_{10}$(OH)	Irgacure 184 (Ciba)
2-Hydroxi-2-methyl-1-phenyl-propan-1-on	Ph–CO–C(CH$_3$)$_2$–OH	Darocur 1173 (Ciba)
1-(4-Isopropyl-phenyl)-2-hydroxi-2-methylpropan-1-on	(H$_3$C)$_2$CH–C$_6$H$_4$–CO–C(CH$_3$)$_2$–OH	Darocur 1116 (Ciba)
Diethoxiacetophenon	Ph–CO–CH(O–C$_2$H$_5$)$_2$	DEAP (Upjohn)
Benzophenon	Ph–CO–Ph / Amin	Haarmann und Reimer
Methylthioxanthon	Methylthioxanthon-Struktur	Quantacur (Shell)
2,4,6-Trimethylbenzoyl-diphenyl-phosphinoxid	(2,4,6-(CH$_3$)$_3$C$_6$H$_2$)–CO–P(=O)(Ph)$_2$	Lucirin TPO (BASF)

dagegen nur eine geringe Neigung zur Addition an Doppelbindungen (siehe Gln. 6.51 bis 6.54).

Die Photoinitiatoren sind in den UP-Systemen unterschiedlich wirksam (siehe Bild 6.2). In styrolischen Systemen zeigt Benzildimethylketal die höchste Wirksamkeit, Benzophenon ist dagegen fast unwirksam, da im angeregten Zustand Energietransfer auf das Styrol stattfindet [97]. Man spricht von der Löschung des angeregten Benzophenons durch Styrol.

Die UV-Härtung von UP-Lacken wird eingehend von *Heine* und *Traenckner* [98] beschrieben. Eine Übersicht geben *Oster* und *Yang* [99]. In den Anfängen benutzte man zur UV-Härtung superaktinische Leuchtstofflampen (Typ TL 05, Philips), heute vorwiegend

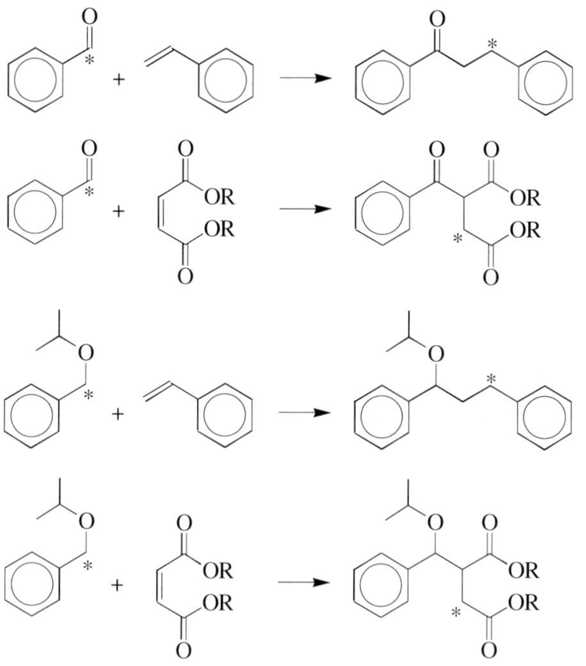

6.1 Polyesterharze

(6.51)

(6.52)

(6.53)

(6.54)

Addition von Benzoyl- bzw. Benzylradikalen an Styrol (Gl. 6.51 und 6.53) und Fumarsäureester (Gl. 6.52 und 6.54)

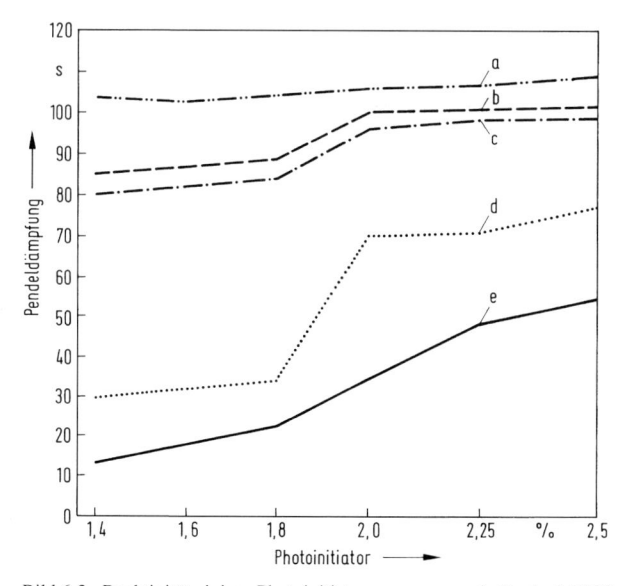

Bild 6.2. Reaktivität einiger Photoinitiatoren, gemessen in Roskydal 300
a: Benzildimethylketal; b: Benzoinisopropylether; c: Benzoinisobutylether; d: 2-Hydroxi-2-methyl-1-phenyl-propan-1-on; e: 1-Hydroxi-cyclohexyl-phenylketon

Quecksilberdampf-Hochdruckstrahler von 80 bis 120 W Leistung pro cm Lampenlänge oder elektrodenlose Lampen (Fusion-System) mit bis zu 480 W/cm. Diese emittieren besonders im Strahlungsbereich von 300 bis 400 nm, wobei der Bereich von 340 bis 370 nm, Haupt-Absorption der Photoinitiatoren, für klare bis lasierende Systeme interessant ist (siehe Bild 6.3). Geeignete UV-Strahlungsquellen für klare UV-härtende Systeme werden von *Reinhold* [100] und *Jung* [101] beschrieben.

Garratt untersuchte generell den Einfluß verschiedener Strahlungsparameter auf die UV-Härtung von UP-Beschichtungen [102]. Diskutiert werden Expositionszeit, -entfernung, Initiatorenart, -konzentration, Styrolmenge. Über den Stand der UV-Härtung in Europa informieren *Müller* und *Rodriguez-Torres* [103].

Die UV-Härtung von pigmentierten Lacken erfordert besondere Maßnahmen. Man unterscheidet zwischen Double- und Mono-cure-Systemen. Bei dem Double-cure-Prinzip arbeitet man mit zwei getrennt voneinander wirkenden Härtungsmechanismen. Zuerst wird über die Initiierung durch Co/Hydroperoxid eine Gelierung des pigmentierten Lackes über die gesamte Schicht erreicht, die im weiteren Verlauf von der Oberfläche her UV-gehärtet wird, so daß die Lackierung anschließend gestapelt werden kann. *Kremer* beschrieb dieses Verfahren eingehend unter Einbeziehung von verschiedenen Pigmenten und Photo-

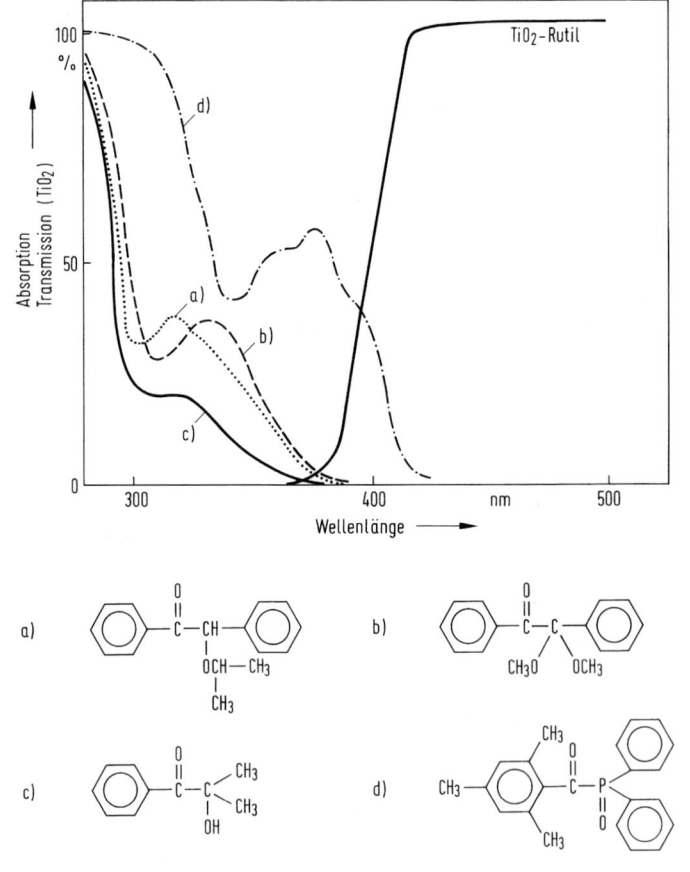

Bild 6.3. UV-Absorption von Photoinitiatoren in Lacken

initiatoren [104]. Mit der Entwicklung der Acylphosphinoxide, besonders des 2,4,6-Trimethylbenzoyldiphenylphosphinoxids (TMPDO (Bild 6.3, d)) als Initiator, beschrieben durch *Jacobi*, *Henne* und *Böttcher* [105], wurde die Härtung von Mono-cure-Systemen möglich. Dieser Initiator wurde zuerst zur UV-Härtung dickwandiger GF-UP-Laminate eingesetzt [106]. Wie aus Bild 6.3 ersichtlich, überschneidet sich die Transmissionskurve des TiO_2-Rutils mit der Absorptionskurve des TMDPO, so daß ein Fenster für die UV-Härtung offen bleibt.

Zur Erleichterung dieser Härtung wurden bereits bekannte Leuchtstofflampen reaktiviert (Typ TL 03, Philips) und spezielle Gallium-dotierte Hochdrucklampen entwickelt [107], die verglichen mit normalen Hg-Strahlern längerwellig emittieren und ein höheres Eindringvermögen besitzen.

UP-Systeme werden bei der *Elektronenstrahlhärtung* kaum eingesetzt, da die Reaktivität gegenüber den konkurrierenden ungesättigten Acrylat-Systemen deutlich geringer ist [108].

6.1.3.8 Verarbeitungsverfahren

Applikationsverfahren für Materialien auf Basis von UP-Harzen sind in der Hauptsache Spritzen, Gießen und Walzen. Im Gegensatz zu anderen Zweikomponentensystemen, z. B. Polyurethan- und säurehärtenden Lacken, haben konventionell härtende UP-Materialien nur eine Standzeit von wenigen Minuten. Beim Spritzen läßt sich diese kurze Standzeit durch den Einsatz von 2-Komponenten-Anlagen umgehen. Sie arbeiten meist mit einem Verhältnis Co-haltiger Lack/Härterkomponente von 10 zu 1.

Wegen der sehr kurzen Standzeit mußten zum Gießauftrag neue Verfahren gefunden werden. Sie haben alle die Trennung von Co-Beschleuniger und Härter (Peroxid) zum Prinzip. Man kennt das Aktivgrund-Verfahren (auch Reaktionsgrund-Verfahren genannt), Doppelkopf- (1:1), Sandwich- und Umkehrverfahren.

Das Aktivgrundverfahren [109] wird in der Praxis am meisten eingesetzt. Dabei wird ein peroxidversetzter Cellulosenitrat-Lack dünnschichtig vorgewalzt oder -gegossen und nach kurzer Trocknung dickschichtig mit dem Co-haltigen UP-Lack übergossen. Polymerisationsvorgang und Härtung beginnen in der Grenzzone zwischen Reaktionsgrund und UP-Lack und setzen sich durch den ganzen dickschichtigen Film (z. B. 500 µm) fort [110].

Beim Doppelkopfverfahren [111] werden Gießmaschinen mit zwei Gießköpfen eingesetzt. In zwei getrennt voneinander befindlichen Umläufen werden zuerst Peroxid-, dann Co-haltiger Lack (auch umgekehrt möglich) aufgetragen (üblicherweise mit je 125 g/m^2). Nach dem Zwischengelieren erfolgt der gleiche Auftrag noch einmal. Sandwich- und Umkehrverfahren haben heute keine große Bedeutung mehr.

Walzauftrag kommt im konventionellen Bereich nur in Kombination mit forcierter Trocknung zum Einsatz. Die Lacke enthalten dann bereits Beschleuniger und Peroxid, letzteres zerfällt erst bei höherer Temperatur.

Da UV-härtende Materialien im allgemeinen keine begrenzte Standzeit aufweisen, können sie problemlos als 1-K-System gewalzt, gegossen oder gespritzt werden.

6.1.3.9 Weitere Lackkomponenten

Neben UP-Harz und Monomer/Reaktivverdünner/Lösemittel werden dem Lack oft weitere Komponenten, wie physikalisch-trocknende Bindemittel, Pigmente, Füllstoffe, Mattierungsmittel und Additive für spezielle Effekte (Verlauf, Entlüftung, Kratzfestigkeit usw.), zugesetzt. Bei den physikalisch-trocknenden Bindemitteln sind es hauptsächlich Cellulosenitrat, z. B. für guten Porenfluß, schnelle Antrocknung (evtl. Beeinträchtigung

der Lagerstabilität beachten) und Celluloseacetobutyrat (ebenfalls schnelle Filmantrocknung, keine Vergilbung; evtl. Verträglichkeitsprobleme).
Die Auswahl von geeigneten Pigmenten muß sehr sorgfältig erfolgen. Diese müssen peroxidfest (keine Veränderung der Farbe durch den Einfluß von Peroxid), lagerstabil im UP-System und wenig inhibierend auf den Polymerisationsprozeß sein. Eine spezielle Situation hinsichtlich Pigmentauswahl tritt bei der UV-Härtung auf. Hier spielt die Durchstrahlbarkeit eine dominierende Rolle (siehe Abschn. 6.1.3.7.2). Als Füllstoffe werden meist Talkum, Carbonate, Baryte und Dolomite [112] eingesetzt. Sie reduzieren den bei UP-Systemen üblichen Schrumpf von ca. 7% auf ein Minimum, verbessern Haftung, Schleifbarkeit, Entlüftung, Elastizität, Verlauf der Systeme und reduzieren den Preis der Gesamtformulierung. Beachtet werden müssen Herabsetzung der Lagerstabilität und Sedimentation. Bei Mattierungsmitteln ist besonders die Transparenz des Films zu berücksichtigen. Die Selektion der Additive muß sorgfältig geschehen, da vielfach neben dem gesuchten positiven Effekt, z. B. Verbesserung der Entlüftung und des Verlaufs, negative Wirkungen, wie Krater, Reißen des Vorhanges auf der Gießmaschine, oder Spätschäden, wie Vergrauung, auftreten können.

6.1.3.10 Untergründe

Viele Holzarten – vor allem Edelhölzer, wie Palisander, Teak, Makassar u. a. – enthalten chinon- oder phenolartige Verbindungen und Säuren, die als Inhibitoren wirken können und deshalb die Polymerisation stören oder sogar verhindern [113]. Ihren Einfluß sowie die Auswirkungen mineralischer, pflanzlicher und synthetischer Öle auf die Trocknung und die Härte von UP-Lackierungen untersuchten *Weigel* und *Gehring* [114], die auch interessante Vergleiche zwischen paraffinhaltigen und paraffinfreien Lacken zeigen [115]. Neben Holz erfordern auch Spanplatten (evtl. paraffiniert), mitteldichte Faserplatten (MDF, evtl. mit exotischen Holzanteilen) und Hartfaserplatten (evtl. ölgetempert) kritische Aufmerksamkeit.
Seit Jahrzehnten hilft hier ein einmaliges oder mehrfaches Isolieren mit einem Sperr- oder Penetrationsgrund auf Basis Polyurethan. Eine andere Imprägnierungsmöglichkeit beschreiben *Thiemann* und *Loley* [116]. Vor der eigentlichen Lackierung wird oftmals eine weitere Holzvorbehandlung, wie Beizen und/oder Bleichen, durchgeführt. Es ist darauf zu achten, daß peroxidfeste, nicht inhibierende Beizen eingesetzt werden.

6.1.3.11 Toxikologie

Bei der Herstellung, Handhabung und Verarbeitung von Beschichtungsmassen mit styrolgelösten UP-Harzen ist besonders die Toxikologie des Styrols (Literaturhinweise dazu [117]) zu berücksichtigen, die in den einzelnen Ländern zu stark unterschiedlichen MAK- bzw. TLV-Werten geführt hat. Um bei der Spritzapplikation jegliches Einatmen von Lackaerosolen auszuschließen, sind Atemmasken zu tragen.

Handelsprodukte

Alpolit	(Hoechst)	Silmar	(Silmar)
Crystic	(Scott Bader)	Sirester	(SIR)
Distroton	(Alusuisse)	Synolite	(DSM)
Estratil	(Rio Rodano)	Unidic	(Dainippon Ink)
Ludopal	(BASF)	Verton/Poloral	(Galstaff)
Roskydal	(Bayer)	Viapal	(Vianova)

Literatur zu Abschnitt 6.1.3

[1] DE 540 101 (1930); 544 326 (1930); 571 665 (1930); 598 732 (1932) I. G. Farben
[2] *E. Parker* und *E. Moffett*, Ind. Engng. Chem. **46** (1954) 1615
[3] *H. Hagen*: Glasfaserverstärkte Kunststoffe. Chemie, Physik, Technologie der Kunststoffe in Einzeldarstellungen, Bd.5. 2. Aufl.. Springer, Berlin 1961
E. W. Laue: Glasfaserverstärkte Polyester. Die Kunststoff-Bücherei, Bd. 4. Lechner, Speyer 1962
H. Saechtling: Kunststoff-Taschenbuch, 23. Ausg. Hanser, München, Wien 1986, S. 440–443
L. Goerden, Kunststoffe **66** (1976) Nr. 10, 625–628
W. Beyer: Glasfaserverstärkte Kunststoffe, Kunststoff-Verarbeitung, Folge 2. 3. Aufl. Hanser, München 1963
[4] *W. Fischer*, I-Lack **61** (1993) Nr. 2, 54–58
[5] US 2 195 362 (1936); GB 497 117 (1938); US 2 255 313 (1941); DE 967 265 (1938) Ellis-Forster Co.
US 2 516 309 (1947)Monsanto ;
GB 915 080 (1946) American Cyanamid
[6] *D. Braun*, Gummi, Asbest, Kunststoffe **16** (1963) 336
[7] Glycols, Broschüre der Union Carbide Chem. Co. Weitere verzweigte Diole:
2,2-Dimethyl-butandiol-1,3;
2-Methyl-pentandiol-2,4; 3-Methyl-pentandiol-2,4;
2,2,4-Trimethyl-pentandiol-1,3; 2-Ethylhexandiol-1,3;
2,2-Dimethylhexandiol-1,3
[8] DE 1 008 435 (1954) Bayer
F. V. Jenkins et al., J. Oil Colour Chem. Assoc. **44** (1961) 42
[9] Hydriertes Bisphenol A=2,2-Bis(4-hydroxycyclohexyl)-propan
[10] Herstellung der oxalkylierten Bisphenole z.B. durch Umsetzung von Bisphenol A mit Ethylenoxid oder Propylenoxid in Gegenwart von alkalischen Katalysatoren
[11] US 2 634 251 (1953); 2 662 069 (1953); 2 662 070 (1953) Atlas Powder
[12] *E. Behnke*, Kunststoff-Rdsch. **4** (1957) 185; *W. G. P. Robertson* und *D. J. Shepherd*, Chem. & Ind. (1958) 126
[13] *H. J. Freier, O. Bendszus* und *W. Frank*, Farbe + Lack **85** (1979) 1027–1031
EP 3337 (1978) Bayer
[14] *G. Tewes*, Gummi u. Asbest **9** (1956) 567
[15] *B. Vollmert*: Grundriß der makromolekularen Chemie. Springer, Berlin 1962, S. 175
[16] *K. Hamann* u. Mitarbeiter, Makromol. Chem. **57** (1962) 192, und frühere Veröffentlichungen
M. Gordon et al., Makromol. Chem. **53** (1958) 188, und frühere Veröffentlichungen
K. Demmler, VIII. Fatipec-Kongreßbuch 1966, S. 237
[17] *B. Berndtsson* und *L. Turunen*, Kunststoffe **44** (1954) 430; **46** (1956) 9
P. Maltha und *L. Damen*, Fette, Seifen, Anstrichmittel **59** (1957) 1071
[18] *Ch. Srna*, Kunststoffe **58** (1968) 925
K. Demmler und *E. Ropte*, Kunststoffe **58** (1968) 925
[19] *K. Demmler*, Farbe + Lack **75** (1969) 1051
[20] *W. Funke* und *H. Janssen*, Makromol. Chem. **56** (1961) 188
[21] *W. Funke* und *K. Hamann*, Angew. Chem. **70** (1958) 53
S. Knödler, W. Funke und *K. Hamann*, Makromol. Chem. **57** (1962) 192
W. Funke, S. Knödler und *R. Feinauer*, Makromol. Chem. **56** (1961) 52
[22] *M. Bohdanecky* et al., Makromol. Chem. **56** (1961) 201
J. Mleziva und *J. Vladyka*, Farbe + Lack **68** (1962) 144
K. Demmler, Kunststoffe **54** (1965) 443
[23] *K. Demmler*, Farbe + Lack **72** (1966) 971
[24] *K. Hamann, W. Funke* und *H. Gilch*, Angew. Chem. **71** (1959) 596
W. Funke, H. Roth und *K. Hamann*, Kunststoffe **51** (1961) 75
W. Funke und *K. Hamann*, Angew. Chem. **70** (1958) 53
[25] *K. Demmler*, Jahrestagung Arbeitsgemeinschaft verstärkte Kunststoffe 14.1–14.5, Freudenstadt 1978

[26] W. Brocker, Dtsch. Farben-Z. **14** (1960) 152,194, 275, 354, 399
H. V. Boenig und W. A. Riese, Monographien
[27] G. Tewes, Kunststoff-Rdsch. **3** (1956) 241; Gummi u. Asbest **9** (1956) 567
[28] B. Vollmert: Grundriß der makromolekularen Chemie, Bd. 1.Vollmert, Karlsruhe 1979, S. 158
[29] DE 948 816 (1951) BASF
GB 713 312 (1951) Scott-Bader
[30] W. Gebhardt, W. Herrmann und K. Hamann, Farbe + Lack **64** (1958) 303
F. V. Jenkins et al., J. Oil Col. Chem. Assoc. **44** (1961) 42
K. Conze, Kunststoff-Berater (1978) Nr. 10, 559–564
[31] DE-OS 2 527 675 (1975) Bayer
[32] Geilenkirchen, Farbe + Lack **64** (1958) 528; IV. Fatipec-Kongreßbuch 1957, 71
[33] H. J. Traenckner und H. U. Pohl, Angew. makromol. Chem. **108** (1982) 61–78
[34] P. L. Nichols und E. Yanovsky, J. Amer. chem. Soc. **67** (1945) 46
Studium der Autoxydation von Allylverbindungen:
J. Mleziva et al., Dtsch. Farben-Z. **21** (1967) 119
D. H. Salomon, Chemistry of Organic Film Formers (1977) 149
[35] G. Sprock, Farbe + Lack **62** (1956) 181
[36] DE 953 177 (1953) Hüls
[37] Oxo-Synthese nach O. Roelen: Durch Anlagerung von Kohlendioxid und Wasserstoff werden zunächst Aldehydgruppen gebildet, die anschließend zu primären Alkoholen hydriert werden.
[38] DE 1 008 435 (1954) Bayer
[39] GB 842 958 (1960) Hüls
S. E. Berger et al., Amer. Paint J. **46** (1962) Nr. 24, 74
G. R. Svoboda, Off. Digest Federat. Soc. Paint Technol. **34** (1972) 1104
[40] US 2 584 773 (1952) Phillips Petroleum Co.
[40A] DE 1 011 551 (1953) Bayer
GB 540 168 (1939) American Cyanamid
[41] P. Penczek, Plaste u. Kautschuk **10** (1963) 262
[42] DE 1 028 333 (1956)
[43] S. E. Berger, Amer. Paint J. **46** (1962) Nr. 24, 74
[44] JP 61 243 825-A (1985) Nippon Synth. Chem.
[45] JP 58 215 416-A (1982) Nippon Synth. Chem.
[46] JP 61 012 746-A (1980) Hitachi Chem.
[47] DE 1 054 620 (1956); GB 821 988 (1957) Bayer
[48] H. W. Chatfield, J. Paint Techn. **27** (1963) Nr. 10, 25; Ref. Farbe + Lack **70** (1964) 123
[49] DE 1 087 348 (1958); GB 821 988 (1959) BASF
[50] DE 1 011 551 (1953) Bayer
DE 1 087 348 (1958); GB 887 394 (1962) BASF
W. Trimborn, Farbe + Lack **64** (1958) 70
M. J. Haines, Literaturref. "Allyläther" in Review Current, Literature Paint and Allied Industry **37** (Febr. 1964), Nr. 260
[51] F. V. Jenkins et al., J. Oil Col. Chem. Assoc. **44** (1961) 42
[52] DE 962 009 (1954) Hüls
[53] US 4 001 153 (1973) Takeda Chem.
[54] NL 7 903 429 (1979) Stamicarbon
[55] EP 106 399 A (1982) DSM
[56] J. Meixner und W. Kremer, XIX. Fatipec Kongreßbuch (1988) 65
[57] EP 245 639 (1987) Bayer
[58] W. Fischer, Farbe + Lack **97** (1991) Nr. 11, 962–967
[59] EP 424 745 (1989) Bayer
[60] DE 4 106 121 (1991) Bayer
[61] EP 179 702 A (1984) SOC Chim. Charbonnages
[62] DE 110 6015 (1959) Bayer
[63] R. H. Chandler, TTIS Publication **7** (1978), 160 Literaturstellen
[64] JP 51 062 891 (1974) Tokyo Shibaura Elec. Ltd.

[65] JP 60 141 722 A (1983) Hitachi Chem.
[66] DE 3 620 036 A (1986) Hüls
[67] US 4 355 123 (1980) General Electric
[68] DE 1 026 522 (1954) Bayer
[69] *D. Braun*, TIZ-Fachberichte Vol. **111** (1987) Nr. 6
[70] JP 62 124 120 A (1985) Kanegafuchi Chem.
[71] *W. Krolikowski, W. Nowaczek* und *P. Penczek*, Kunststoffe **77** (1987) 864–869
[72] DE 3 933 656 A 1 (1989) BASF
[73] EP 0 339 171 A 1 (1988) Stamicarbon
[74] US 4 698 411 A (1986) Phillips Petroleum
[75] *K. Demmler* und *E. Ropte*, Kunststoffe **58** (1968) 925

Monographien:
J. Bourry: Résines Alkydes-Polyesters. Dunod, Paris 1952
J. Bjorkstand, H. Tovey, B. Harker und *J. Henning:* Polyesters and their applications. Reinhold, New York 1956
J. R. Lawrence: Polyester Resins. Reinhold, New York 1960
H. V. Boenig: Unsaturated Polyesters. Elsevier, Amsterdam 1964
V. V. Korshak und *S. V. Vinogradova*: Polyesters. Pergamon Press, Oxford 1965 (Übersetzung der russischen Originalausgabe)
B. Parkyn, F. Lamb und *B. V. Clifton*: Unsaturated Polyesters and Polyester Plasticizers (Polyesters Vol. 2). Iliffe Books, London 1967
W. A. Riese: Löserfreie Anstrichsysteme. Vincentz, Hannover 1967

Aufsätze, z. B.:
A. Müller, Chem. Ztg. **78** (1954) 242; Kunststoffe **44** (1954) 578
J. Kuchenbuch, Kunststoff-Rdsch. **1** (1954) 330; Fette, Seifen, Anstrichmittel **62** (1960) 326 mit ausführlicher Patentübersicht; Dtsch. Farben-Z. **22** (1960) 157
Anonymus, Kunststoff-Rdsch. **1** (1954) 345 = Ref. über acht Arbeiten amerikanischer Autoren in Ind. Engng. Chem. **46** (1954) 1613
H. Weisbart, Kunststoff-Rdsch. **1** (1954) 336
A. Wende, Plaste u. Kautschuk **4** (1957) 296
G. Tewes, Gummi u. Asbest **9** (1956) 567, 606, 684; **10** (1957) 23, 68 (ausführliche Patentübersicht)
K. Hamann, W. Funke und *H. Gilch*, Angew. Chem. **71** (1959) 596
K. Weigel, Dtsch. Farben-Z. **14** (1960) 56, 149
K. Demmler, VIII. Fatipec-Kongreßbuch 1966, S. 237
[76] DE 1 032 919 (1957, amer. Prior. 1956) US Rubber
[77] *K. H. Küster*, Plaste u. Kautschuk **7** (1960) 431
[78] *K. Demmler*, Farbe + Lack **72** (1966) 971
      P. Fijolka und *Y. Shabab*, Kunststoffe **56** (1966) 174
[79] *W. Funke* und *H. Hanssen*, Literatur-Zusammenstellung, Makromol. Chem. **56** (1961) 188
[80] *S. S. Feuer* et al., Ind. Engng. Chem. **46** (1954) 1643
      W. Funke, W. Gebhardt, H. Roth und *K. Hamann*, Makromol. Chem. **53** (1958) 17
[81] *K. H. Reichert* und *K. Nollen*, Farbe + Lack **72** (1966) 947
      P. Fijolka und *Y. Shabab*, Kunststoffe **56** (1966) 174
[82] *W. Kern*, Angew. Chem. **61** (1949) 471
[83] Andere Metallsalze als Kobaltsalze und in geringerem Maße Vanadinsalze finden in der Praxis kaum Verwendung.
[84] *B. A. Dolgopesk* und *E. A. Tinjakowa*, Gummi u. Asbest **12** (1959), 438; J. Polymer Sci. **30** (1958) 315
[85] DE 919 431 (1951); 916 121 (1951) Bayer
[86] DE 1 195 491 (1963) BASF
[87] DE-OS 1 927 320 (1971) Bayer
[88] DE 1 034 361 (1955); 1 020 183 (1956) Degussa
[89] US 2 543 635 (1946) General Electric
[90] DE 2 454 325 C 2 (1974) Bayer
[91] DE 2 136 493 B 2 (1971) Bayer

[92] Ch. Srna, Kunststoff-Rdsch. **12** (1965) 379
[93] C. M. McCloskey und J. Bond, Ind. Eng. Chem. **47** (1955) 2125;
siehe hierzu auch G. Oster und N. L. Yang, Chem. Rev. **68** (1968) 125
[94] US 2 367 661 (1941) DuPont
[95] EP 0 341 534 A 2 (1989) Merck
[96] K. Fuhr, Dtsch. Farben-Z. **6/7** (1977) 257–264
[97] H. Kittel, Lehrbuch der Lacke und Beschichtungen, Bd. VII. Colomb, Oberschwandorf 1979, S. 235
[98] H. G. Heine und H. J. Traenckner, Progress Org. Coat., Elsevier Sequoia S.A., Lausanne, **3** (1975) 115–139
[99] G. Oster und Nan-Loh Yang, Übersicht über Photopolymerisation:, Chemical Reviews **68** (1968) 125 (347 Literaturzitate)
[100] K. Reinhold, Holz- u. Kunststoff-Lackierung **1** (1981) 40–48
[101] J. Jung, I-Lack **54** (1986) 338–340
[102] P. G. Garratt, Farbe + Lack **94** (1988) 601–605
[103] M. Müller und B. Rodriguez-Torres, ASEFAPI-Tagung, D 1–18, Barcelona (11/1989)
[104] W. Kremer, Farbe + Lack **94** (1988) 205–208
[105] M. Jacobi, A. Henne und A. Böttcher, Adhäsion **4** (1986) 6–10
[106] W. Nicolaus, Plastverarbeiter **34** (1983) Nr. 1, 31–36
[107] W. Kremer, I-Lack **56** (1988) 347–349
A. Zsembery, Holz- u. Kunststoff-Lackierung **10** (1988) 1017–1018
[108] W. Baulmann, I-Lack **57** (1989) 208–214
Grundlegendes Patent über Elektronenstrahl-Härtung: GB 949 191 (1960) T. J. (Group Services) Ltd.
A. R. H. Tawn, J. Oil Col. Chem. Assoc. **51** (1968) 782 (38 Literaturhinweise)
W. Deninger und M. Patheiger, Lackhärtung mit Elektronen- und UV-Strahlen, Dtsch. Farben-Z. **22** (1968) 586
Anonymus, Schnellhärtung von Lacken durch Elektronenstrahlen (Erfahrungsaustausch): Peintures, Pigments, Vernis **44** (1968) 188, 340; Ref. Dtsch. Farben-Z. **23** (1969) 177
H. Kittel: Lehrbuch der Lacke und Beschichtungen. Bd. VII. Colomb, Oberschwandorf 1979, S. 274–289
[109] DE 1 025 302, 1954 (K.-H. Hauck und F. Hecker-Over)
[110] K.-H. Hauck, Kunststoff-Rdsch. **3** (1956) 244; Dtsch. Farben-Z. **13** (1959) 184; I-Lack **27** (1959) 68
[111] DE 1 093 549 (1955) Kasika, Berlin
[112] Ullmanns Encyclopedia of industrial chemistry. VCH, Weinheim 1991, S. 399–403
[113] W. Sandermann et al., Farbe + Lack **67** (1961) 9
[114] K. Weigel und Gehring, I-Lack **25** (1957) 70, 145
[115] K. Weigel und Gehring, I-Lack **25** (1957) 329
[116] DE-OS 3 911 091 A1 (1990) Hoesch
[117] T. Watabe, N. Ozawa und K. Yoshikawa, J. Pharmacobiodyn **5**, ISS 2 (1982) 129–133
E. Wigaeus-Hjelm, A. Leof, R. Bjurstroem und M. Byfealt-Nordqvist, Publikationsservice 171 84 Solna, Schweden (1985), 51 Seiten Illustrationen, 108 Literaturzitate
H. Vainio, H. Norppa und G. Belvedere, Ind. Hazards of Plastic and Syn. Elast. New York 1984, S. 215–225
E. Wigaeus, A. Loef, R. Bjurstroem und M. Nordqvist, Scand. J. of Work, Env. + Health **9** (1983) Nr. 6, 479–488; British J. of Ind. Med. **41** (1984) Nr. 4, 539–546
T. Watabe, M. Isobe und T. Sawahata, Scand. J. of Work, Env. + Health, **4/2** suppl. (1978) 142–155
A. Loef, E. Lundgren und M. Nordqvist, Brit. J. of Ind. Med. **43/8** (1986) 537–543

6.1.4 Polycarbonate

Dr. Werner Freitag

Polycarbonate sind von der Kohlensäure abgeleitete Polyester, die auf dem Lacksektor nur eine eingeschränkte Bedeutung erlangt haben. Sie können auf aliphatischer oder aromatischer Basis aufgebaut sein [1]. Letztere haben in der Vergangenheit eine größere Rolle gespielt. Sie können u. a. durch Polymerisation macrocyclischer Kohlensäurediester oder durch Polykondensation von Phosgen mit Alkylbisphenolen hergestellt werden. Meist werden Bisphenol A (2,2-Bis[4-hydroxyphenyl]-propan, Dian) oder weitere symmetrisch substituierte Bisphenole in alkalischer Lösung mit Phosgen zur Reaktion gebracht (Gl. 6.55).

$$n\ HO-C_6H_4-C(CH_3)_2-C_6H_4-OH\ +\ n\ O=CCl_2\ \xrightarrow{NaOH}$$

$$[-O-C_6H_4-C(CH_3)_2-C_6H_4-O-C(=O)-]_n\ +\ 2n\ NaCl\ +\ 2n\ H_2O \tag{6.55}$$

Es kann auch mit Diphenylcarbonat bei 150 bis 300 °C umgeestert werden [1 bis 3]. Die aliphatischen Polycarbonate können ebenfalls durch Polymerisations- und Polykondensationsprozesse gewonnen werden. Auch hier hat lediglich die Polykondensation technische Bedeutung erlangt. So kann man Diole mit Phosgen umsetzen oder Kohlensäurediester umestern (Gl. 6.56).

$$n\ HO-(CH_2)_6-OH\ +\ n\ O=C(O-CH_3)_2\ \xrightarrow{Ti-Kat.}$$

$$[O-(CH_2)_6-O-CO-]_n\ +\ 2n\ CH_3-OH \tag{6.56}$$

Meist wird in Pyridin gearbeitet, um hochmolekulare Produkte zu erhalten. Für geringere Molmassen ist die Herstellung über Phasengrenzflächenmethoden besonders geeignet [1].

Polycarbonate zeichnen sich durch Hoch- und Tieftemperaturbeständigkeit, hohe Festigkeit, geringe Wasseraufnahme und Beständigkeit gegen eine Vielzahl chemischer Einflüsse aus. Die Filme sind dauerelastisch und lichtbeständig. Die hochschmelzenden aromatischen Polycarbonate auf Bisphenol A-Basis haben aufgrund ihrer Unlöslichkeit auf dem Lacksektor praktisch keine Anwendung gefunden, sie sind aber als hoch wärmeformbeständige Kunststoffe geschätzt [4]. Demgegenüber sind lineare, aliphatische Polycarbonate mit Hydroxylendgruppen (Polycarbonatdiole) als Komponente für Isocyanatvernetzungen am Markt (siehe Kap. 7.1). Neben der direkten Anwendung zur Lackformulierung werden die Produkte auch als Rohstoff zur Bindemittelsynthese, z.B. für Diisocyanat-Prepolymere, eingesetzt [5, 6]. Sie können auf Poly-Tetrahydrofuran-Basis (Polyether) aufgebaut sein. Die Molmasse liegt im Bereich einiger 1000, z. B. 2000 g/mol. In Zweikomponenten-Polyurethanbeschichtungen stellen sie ein relativ hochmolekulares, weiches Segment dar, welches mit linearen oder cyclischen aliphatischen oder auch aromatischen Polyisocyanaten vernetzt wird. Es können mineralische Untergründe, Kunststoffe, Kunstleder usw. beschichtet werden. Auch tieftemperaturbeständige und elastische Vergußmassen werden auf dieser Basis formuliert. Ein weiterer Vorteil ist die lösemittelfreie Lieferform.

Beispiele für Handelsprodukte

Poly THF CD   (BASF Corp.)
Desmophen C 200   (Bayer)

Literatur zu Abschnitt 6.1.4

[1] *H. Krimm* in *Houben-Weyl* (Hrsg.): Methoden der organischen Chemie, Bd. E 20. Thieme, Stuttgart, New York 1987, S. 1443–1457
[2] *Wagner-Sarx* (Hrsg.): Lackkunstharze. 5. Aufl. Hanser, München 1971, S. 147–148
[3] *H. Kittel*: Lehrbuch der Lacke und Beschichtungen, Bd. I, Teil 1. Colomb, Berlin 1973, S. 354–355
[4] *G. Kämpf, D. Freitag* und *G. Fengler*, Kunststoffe **82** (1992) Nr. 5, 385–390
[5] JP 03 199 230 (1989) Daicel
[6] EP 358 355 (1990) Daicel

6.2 Amido- und Aminoharze

Dr. Jürgen Ott

6.2.1 Einleitung

Unter dem in Analogie zu den Phenoplasten geprägten Begriff Aminoplaste versteht man ganz allgemein die Polykondensationsprodukte von Carbonylverbindungen mit NH-gruppenhaltigen Verbindungen [1].
Geeignete Ausgangsverbindungen sind der Tabelle 6.6 zu entnehmen [2].
Dominiert werden die Aminoplaste von den Harnstoff- (UF) und Melamin-Formaldehyd-Harzen (MF), die große technische Bedeutung erlangt haben.

Tabelle 6.6. Ausgangsverbindungen für Aminoplaste

Aminokomponente	Carbonylkomponente
Aromatische Amine	Acetaldehyd
Carbonsäureamide	Aceton
Cyanamide	Butyraldehyd
Guanamine	Formaldehyd
Guanidine	Glyoxal
Harnstoffe	Propionaldehyd
Sulfonamide	Trichloracetaldehyd
Sulfurylamide	
Thioharnstoffe	
Triazine	
Urethane	

6.2 Amido- und Aminoharze

$$R-NH_2 + CH_2O \longrightarrow R-NH-CH_2OH \qquad (6.57)$$

$$2\,R-NH-CH_2OH \longrightarrow R-NH-CH_2-NH-R + H_2O + CH_2O \qquad (6.58)$$

$R = H_2N-\overset{\overset{O}{\|}}{C}-$, Diaminotriazinyl

Die nach den Gleichungen 6.57 und 6.58 entstehenden wasserlöslichen Oligomere besitzen niedrige Kondensationsgrade und stellen mengenmäßig die größte Produktgruppe dar. Das Hauptanwendungsgebiet liegt dabei in der holzverarbeitenden Industrie. Die Vernetzung zu höhermolekularen Polymeren mit duroplastischen Eigenschaften geschieht erst beim Verarbeiter durch Einwirkung von Säuren und/oder Wärme.

Um zu Produkten zu gelangen, die mit den in der Lackindustrie üblichen Binde- und Lösemitteln verträglich sind, werden die polaren $-CH_2OH$-Gruppen mit zumeist niederen aliphatischen Alkoholen umgesetzt (Gl. 6.59).

$$R-NH-CH_2OH + R'-OH \xrightarrow{H^\oplus} R-NH-CH_2OR' + H_2O \qquad (6.59)$$

$R = H_2N-\overset{\overset{O}{\|}}{C}-$, Diaminotriazinyl
$R' = C_nH_{2n+1}$ (n = 1–4)

Diese veretherten Aminoharze besitzen als Lackrohstoff große Bedeutung.

Die großtechnische Darstellung geschieht vorwiegend diskontinuierlich in 5 bis 20 m³ Kesseln, wodurch eine hohe Variabilität in der Produktmenge und -vielfalt erzielt werden kann. Kontinuierliche Verfahren, die in zahlreichen Patenten beschrieben sind und bei einigen Harztypen zur industriellen Fertigung genutzt werden, haben hingegen den Vorteil einer kurzen Apparatebelegungszeit [19].

In den Handel gelangen Harnstoff- und Melaminharze zumeist als Lösungen in Wasser oder Butanol. Bei Sondertypen sind jedoch auch lösemittelfreie oder sprühgetrocknete Lieferformen erhältlich.

6.2.2 Harnstoffharze

$$H_2N-\overset{\overset{O}{\overset{\|}{C}}}{}-NH_2 \qquad (6.60)$$

[57-13-6]

Harnstoff (Formel 6.60) kann als Diamid der Kohlensäure betrachtet werden und stellt neben Formaldehyd den wichtigsten Grundstoff zur Herstellung der Aminoplaste dar. Obgleich die UF-Harze die mengenmäßig größte Gruppe der Aminoharze sind, werden nur ungefähr 10% der hergestellten Harnstoffmenge zur Harzverarbeitung verwendet; der Großteil wird entweder allein oder in Kombination als Stickstoff-Düngemittel eingesetzt [3].

Die gute Verfügbarkeit und der niedrige Preis dieses Rohstoffs haben sehr zur Verbreitung der daraus hergestellten Harze beigetragen.

Die Herstellung geschieht technisch aus Kohlendioxid und Ammoniak bei hohem Druck und hoher Temperatur [4] (Gln. 6.61 und 6.62).

$$2\,NH_3 + CO_2 \rightleftharpoons H_2N-CO-O^{\ominus}\,NH_4^{\oplus} \qquad \Delta H = -159\,kJ/mol \qquad (6.61)$$

$$H_2N-CO-O^{\ominus}\,NH_4^{\oplus} \rightleftharpoons H_2N-CO-NH_2 + H_2O \qquad \Delta H = +31\,kJ/mol \qquad (6.62)$$

Zur Erzielung hoher Ausbeuten wird in Gegenwart von Ammoniaküberschüssen, meist bei einem Molverhältnis von Ammoniak zu Kohlendioxid von größer als 2,5, gearbeitet. Unabhängig vom Verfahren ist die Reinigung des Reaktionsproduktes von Ammoniak- und Ammoniumcarbamatrückständen sowie das Rückführen dieser Rohstoffe in den Kreislauf das Hauptproblem bei der Herstellung von Harnstoff.

Die ersten Umsetzungsprodukte von Harnstoff und Formaldehyd gehen auf Arbeiten von *B. Tollens* (1884) und *C. Goldschmidt* (1887) zurück. 40 Jahre später gelang *F. Pollak* und *K. Ripper* die Herstellung farblos-transparenter Preßmassen („Pollopas"), die aufgrund unbefriedigender Wasserbeständigkeit keine breite Anwendung fanden. Das erste kommerziell bedeutende Produkt wurde jedoch bereits kurze Zeit später von *E. C. Rossiter* zum Patent angemeldet (1924).

Die seitdem andauernde Entwicklung von UF-Harzen hat zu einer Fülle von Anwendungen geführt:

- Leime für Span- und Sperrholzplatten
- Tränkharze für Papierbahnen zur Beschichtung von biegsamen und harten Trägern
- Wärme- und säurehärtende Lackharze
- Preßmassen
- Schaumstoffe
- Hilfsmittel für die Textil-, Papier- und Lederindustrie
- Klebstoffe

6.2.2.1 Chemie der UF-Harze

Die Herstellung der UF-Harze geschieht durch Addition von Formaldehyd an die Aminogruppe des Harnstoffs:

$$H_2N-\underset{\underset{O}{\|}}{C}-NH_2 + H-\underset{\underset{H}{\diagdown}}{C}\overset{\diagup\!\diagup O}{} \rightleftharpoons H_2N-\underset{\underset{O}{\|}}{C}-NH-CH_2OH \qquad (6.63)$$

Bei Anwesenheit von überschüssigem Formaldehyd können dabei alle vier Wasserstoffe durch Methylolgruppen ersetzt werden. In reiner Form sind dabei Mono- und Dimethylolharnstoff isoliert worden [2, 5, 6].

Selektive Silylierung von Gemischen niedermolekularer Methylole unter milden Reaktionsbedingungen führt zu in organischen Lösemitteln gut löslichen Derivaten, die anschließend gelchromatographisch getrennt und charakterisiert werden können [7].

Bei der Formaldehydanlagerung handelt es sich um eine Gleichgewichtsreaktion, die sowohl durch Säuren als auch durch Basen katalysiert wird. Anhand von kinetischen Messungen wird gefunden, daß die Geschwindigkeit der Hydroxymethylierung der zugesetzten Katalysatormenge proportional ist und die Reaktion gemäß einer allgemeinen Säure-Base-Katalyse verläuft [2] (siehe Gln. 6.64 und 6.65).

Die Spaltung der Methylolverbindung stellt die Umkehrung dieser Reaktion dar und verläuft daher über die gleichen Zwischenstufen. Eine Erniedrigung der Elektronendichte am Aminostickstoff führt zu einer geringeren Reaktionsgeschwindigkeit bei der Formaldehydanlagerung.

Allgemeine Säurekatalyse:

$$H_2N-\underset{\underset{O}{\|}}{C}-N\underset{H}{\overset{H}{\diagdown}} + \underset{H}{\overset{H}{\diagdown}}C=O \underset{}{\overset{H-S}{\rightleftarrows}} \left[H_2N-\underset{\underset{O}{\|}}{C}-\underset{\underset{H}{|}}{N^{\delta+}}\cdots\cdots\underset{\underset{H}{|}}{\overset{H}{C}}\cdots O--H--S^{\delta-} \right]^{\#}$$

$$\rightleftarrows H_2N-\underset{\underset{O}{\|}}{C}-\underset{\underset{H}{|}}{N^{\oplus}}-\underset{\underset{H}{|}}{\overset{H}{C}}-OH + S^{\ominus} \qquad (6.64)$$

$$\rightleftarrows H_2N-\underset{\underset{O}{\|}}{C}-\underset{\underset{H}{|}}{N}-\underset{\underset{H}{|}}{\overset{H}{C}}-OH + HS$$

Allgemeine Basenkatalyse:

$$H_2N-\underset{\underset{O}{\|}}{C}-N\underset{H}{\overset{H}{\diagdown}} + \underset{H}{\overset{H}{\diagdown}}C=O \overset{B^{\ominus}}{\rightleftarrows} \left[\begin{array}{c} H_2N-\underset{\underset{O}{\|}}{C}-\underset{\underset{H}{|}}{N}\cdots\cdots\underset{\underset{H}{|}}{\overset{H}{C}}\cdots O^{\delta-} \\ \vdots \\ B^{\delta-} \end{array} \right]^{\#}$$

$$\rightleftarrows H_2N-\underset{\underset{O}{\|}}{C}-\underset{\underset{H}{|}}{N}-\underset{\underset{H}{|}}{\overset{H}{C}}-O^{\ominus} + BH \qquad (6.65)$$

$$\rightleftarrows H_2N-\underset{\underset{O}{\|}}{C}-\underset{\underset{H}{|}}{N}-\underset{\underset{H}{|}}{\overset{H}{C}}-OH + B^{\ominus}$$

Die Gleichgewichtslage wird entscheidend beeinflußt durch
- die Temperatur,
- das Molverhältnis von Harnstoff zu Formaldehyd
- die Konzentration der Reaktanten
- die Konstitution von Amino- und Carbonylkomponente.

Bei weiterem Erwärmen kondensieren die zunächst gebildeten Primäraddukte unter Wasserabspaltung weiter, wobei Methylen- oder Dimethylenetherbrücken gebildet werden:

$$-NH-CH_2OH + H_2N-\overset{O}{\overset{\|}{C}}- \rightleftarrows -NH-CH_2-NH-\overset{O}{\overset{\|}{C}}- + H_2O \qquad (6.66)$$
Methylenbrücke

$$2\ -NH-CH_2OH \rightleftarrows -NH-CH_2-O-CH_2-NH- + H_2O \qquad (6.67)$$
Dimethylenetherbrücke

Die Änderung der chemischen Strukturen im Laufe der Reaktion ist Gegenstand zahlreicher Untersuchungen gewesen, wobei vor allem die Magnetische Kernresonanzspektroskopie (NMR) gute Dienste leistet [20 bis 27] (Tab. 6.7).

Tabelle 6.7. Chemische Verschiebung von Harnstoffharzen [R–CO–N(R′R″)] in Wasser [22] (^{13}C-NMR; δ-Werte in ppm, externer Standard: Dioxan = 67.4)

R′	R″	δ (ppm)
H	$\underline{C}H_2NH-$	47.7
H	$CH_2O\underline{C}H_3$	55.6
H	$\underline{C}H_2OH$	65.1
H	$\underline{C}H_2OCH_2NH-$	69.4
H	$\underline{C}H_2OCH_2OH$	69.4
H	$CH_2O\underline{C}H_3$	73.2
H	$CH_2O\underline{C}H_2OH$	87.1
CH_2-	$\underline{C}H_2NH-$	53.8
CH_2-	$\underline{C}H_2N(CH_2-)-$	60.0
CH_2-	$\underline{C}H_2OH$	71.7
CH_2-	$\underline{C}H_2OCH_2NH-$	76.0
CH_2-	$\underline{C}H_2OCH_2OH$	76.0
CH_2-	$\underline{C}H_2OCH_3$	79.7
CH_2-	$CH_2O\underline{C}H_2OH$	87.1
$\underline{C}H_3OH$	–	50.0
$HO\underline{C}H_2OH$	–	83.1
$(CH_2-)HN\underline{C}ONH(CH_2-)$	–	160.2
$H_2N\underline{C}ONH(CH_2-)$	–	161.9
$H_2N\underline{C}ONH_2$	–	163.6

H. Pasch [8] findet bei der basischen Reaktion von Harnstoff und Formaldehyd im Verhältnis 1:2 bzw. 1:3, daß hauptsächlich Mono- und Dimethylolharnstoffe gebildet werden, wobei cyclische Strukturen in Mengen von 10 bis 30% auftreten. Die Bildung dieser Urone kann durch intramolekulare Wasserabspaltung erklärt werden (Gl. 6.68).

$$\underset{HOCH_2}{R}\!\!\diagdown\!\!\underset{}{N}\!\!-\!\!\overset{\overset{O}{\|}}{C}\!\!-\!\!\underset{}{N}\!\!\diagup\!\!\underset{CH_2OH}{R} \longrightarrow \text{Triazinone} + H_2O \tag{6.68}$$

Dimethylenetherbrücken können in geringen Mengen nachgewiesen werden, während Methylenbrücken fehlen. Eine Verlängerung der Reaktionszeit ändert die Zusammensetzung nur unwesentlich. Unter sauren Reaktionsbedingungen werden die $-CH_2OCH_2-$-Brücken jedoch größtenteils gespalten, während gleichzeitig Molekülvergrößerungen über Methylengruppen erfolgen [8, 9] (Gl. 6.69).

$$-NH-CH_2-O-CH_2-NH-\overset{\overset{O}{\|}}{C}- \xrightarrow{H^{\oplus}} -NH-CH_2-NH-\overset{\overset{O}{\|}}{C}- + CH_2O \tag{6.69}$$

Eine ausführliche Darstellung der strukturellen Abhängigkeit von bei Zimmertemperatur hergestellten Harzen hinsichtlich pH-Wert, Konzentration und dem Harnstoff-Formaldehyd-Verhältnis wird durch *Chuang* und *Maciel* gegeben [20].

Bei der Herstellung technischer Harnstoff-Formaldehyd-Harze wird die Kondensation zu einem geeigneten, dem Anwendungsgebiet angepaßten Zeitpunkt abgebrochen. Die Aushärtung zu wasserunlöslichen, duroplastischen Polymeren wird dann beim Verarbeiter durch Einwirkung von Wärme und/oder saure Katalysatoren vorgenommen. Die dabei stattfindenden Reaktionen unterscheiden sich grundsätzlich nicht von der bereits beschriebenen sauren Kondensation. Untersuchungen von bei 100°C sauer gehärteten Harnstoffharzen ergeben ebenfalls eine mit der Dauer der Härtung zunehmende Umwandlung von Methylol- und möglicherweise auch Dimethylenethergruppen in Methylenbrücken [10]. Die unmodifizierten UF-Harze haben breite Anwendung vor allem in der holzverarbeitenden Industrie gefunden. Aufgrund der schlechten Mischbarkeit mit den in der Lackindustrie üblichen organischen Lösemitteln werden dort die mit Alkoholen umgesetzten Harze (Gl. 6.70) verwendet:

$$-\underset{\underset{O}{\|}}{C}-NH-CH_2OH + ROH \underset{}{\overset{H^{\oplus}}{\rightleftharpoons}} -\underset{\underset{O}{\|}}{C}-NH-CH_2-OR + H_2O \qquad (6.70)$$

Diese als Veretherung bezeichnete Reaktion wird technisch fast ausschließlich mit Methanol, n- oder iso-Butanol durchgeführt. Unter den sauren Reaktionsbedingungen findet immer als Konkurrenzreaktion die Eigenkondensation der Methylolharnstoffe statt; durch die Wahl der Reaktionsbedingungen läßt sich das Verhältnis der Produkte jedoch stark beeinflussen.

Die saure Veretherung folgt einer allgemeinen Säurekatalyse und verläuft über die Stufe des Ureidomethylcarbeniumions [11]:

$$R-\underset{\underset{O}{\|}}{C}-NH-CH_2OH + HS \rightleftharpoons \left[R-\underset{\underset{O}{\|}}{C}-NH^{\delta+} \cdots CH_2 \cdots O\underset{H}{\overset{H\cdots S^{\delta-}}{}} \right]^{\#}$$

$$\rightleftharpoons \left[R-\underset{\underset{O}{\|}}{C}-NH-CH_2^{\oplus} \leftrightarrow R-\underset{\underset{O}{\|}}{C}-N^{\oplus}H=CH_2 \right] S^{\ominus} + H_2O$$

$$\overset{R'OH}{\rightleftharpoons} R-\underset{\underset{O}{\|}}{C}-NH-CH_2OR' + HS \qquad (6.70)$$

Die mittlere Molmasse veretherter Harnstoffharze liegt im nicht ausgehärteten Zustand bei ungefähr 600. Sie sollen eine überwiegend aus 3 Harnstoffeinheiten gebildete Hexahydrotriazinstruktur besitzen [12]. Veretherte UF-Harze können mit OH-funktionellen Polymeren wie z. B. Alkyd- oder Acrylatharzen unter Umetherung reagieren, was in Einbrennlacksystemen große technische Bedeutung erlangt hat:

$$R-\underset{\underset{O}{\|}}{C}-NH-CH_2OR' + HO\text{\small\sim\sim} Polymer \longrightarrow \qquad (6.72)$$
$$R-\underset{\underset{O}{\|}}{C}-NH-CH_2-O\text{\small\sim\sim} Polymer + R'OH$$

Die ebenfalls denkbare Spaltung der Stickstoff-Kohlenstoff-Bindung verläuft demgegenüber deutlich langsamer [13]. Die Geschwindigkeit der oben dargestellten Fremdvernetzung hängt entscheidend von der Konstitution des Veretherungsalkohols R'OH ab. Durch Verwendung sekundärer Alkohole können hochreaktive UF-Harze erhalten werden.

6.2.2.2 Nichtplastifizierte Harnstoffharze

Reine, nichtplastifizierte Harnstoffharze ergeben spröde Beschichtungen mit mangelnder Wasserfestigkeit. Sie finden daher als Alleinbindemittel in Lackharzen keine Anwendung.

Durch Kombination (Plastifizierung) mit geeigneten Partnerharzen lassen sich jedoch die gewünschten guten Gebrauchseigenschaften erreichen.

Weite Verbreitung haben nichtplastifizierte UF-Harze in der holzverarbeitenden Industrie, vor allem als Leimharze und zur Herstellung von dekorativen Oberflächen gefunden. Aufgrund des niedrigen Preises und des vielen Ansprüchen voll gerecht werdenden Eigenschaftsprofils stellen sie mengenmäßig die größte Gruppe der Aminoharze dar.

Durch Modifizierung mit anionischen oder kationischen Gruppen können unbegrenzt mit Wasser mischbare Kondensate hergestellt werden, die beispielsweise als Papierhilfsmittel zur Erhöhung der Naßfestigkeit verwendet werden. Sie zeigen bei 1 bis 5%igem Zusatz in der Papiermasse eine gute Retention zum Zellstoff und bewirken eine deutliche Zunahme der permanenten Naßfestigkeit des Papiers. Anionisch modifizierte Harze können in Kombination mit kationischen Retentionshilfsmitteln eingesetzt werden.

Nichtplastifizierte Harze auf Basis von Harnstoffderivaten haben sich nur in Spezialgebieten etablieren können. So finden cyclische Harnstoffe Anwendung in der Textilveredlung:

$$HOCH_2-N \overset{O}{\underset{\underset{HO}{\diagdown}\underset{OH}{\diagup}}{\diagup \diagdown}} N-CH_2OH \qquad (6.73)$$

DMDHEU: 1,3-Dimethylol-4,5-dihydroxyimidazolidin-2-on

Diese „Harze" werden zur Knitterfrei-, Krumpffrei-, Wash-and-Wear- sowie Permanent-Press-Ausrüstung von Baumwolle und Synthesefasern/Baumwolle-Mischgeweben verwendet. Durch die für Methylolverbindungen hohe Stabilität der Stickstoff-Kohlenstoff-Bindung gegenüber saurer Hydrolyse resultieren niedrige Gehalte an freiem Formaldehyd [14 bis 16].

6.2.2.3 Plastifizierte Harnstoffharze

Im Gegensatz zu den nichtplastifizierten Harzen kommt den plastifizierten UF-Harzen auf dem Lackgebiet große wirtschaftliche Bedeutung zu.

Durch die Wahl des Partnerharzes können sowohl kalt- als auch ofentrocknende Lacke formuliert werden, wodurch ein breites Anwendungsgebiet abgedeckt wird. Bevorzugte Partnerharze für die bei Raumtemperatur säurehärtbaren Lacke sind kurz- bis mittelölige Alkydharze, die auf Festharz gerechnet im gleichen Mengenverhältnis dem Harnstoffharz zugesetzt werden.

Werden anstelle des Alkydharzes Acrylatharze verwendet, können Beschichtungen mit guter Haftung auf empfindlichen Oberflächen wie Polystyrol, Acryl-Butadien-Styrol-Copolymerisat, Polycarbonat und Polymethylmethacrylat erzielt werden. Durch die zumeist alkoholischen Lösemittel wird der zu beschichtende Untergrund praktisch nicht angegriffen. Entsprechend der zugegebenen Säuremenge ist die Wahl zwischen Ein- und Zweitopfsystemen gegeben [17].

Die bei der Säurehärtung ausschließlich zur Anwendung kommenden starken Säuren katalysieren die unter Kondensation ablaufende Vernetzung der Alkoxymethylgruppen. Der Mechanismus unterscheidet sich dabei jedoch grundsätzlich von demjenigen ofentrocknender Lacke, da hier die Eigenkondensation überwiegt. Dem Alkydharz kommt also in diesem Fall die Rolle eines externen Weichmachers zu.

Gebräuchliche Säuren sind Salzsäure, Phosphorsäure, Phosphorsäureester und besonders para-Toluolsulfonsäure, die im Vergleich zur Salzsäure gegenüber Metallen weniger korrosiv ist. Die Zugabe der Säuren sollte dabei im allgemeinen erst kurz vor der Anwendung erfolgen, da die Lagerstabilität stark von Art und Menge des Härters abhängt. Durch die Mitverwendung polarer Lösemittel kann hier jedoch gegebenenfalls eine Verbesserung erzielt werden.

Die durch Säurehärtung entstehenden Oberflächen zeigen hohe Kratzfestigkeit und Lichtbeständigkeit. Sie werden vor allem dort angewandt, wo der Untergrund keine thermische Belastung gestattet und eignen sich daher gut für die Möbellackierung und zur Versiegelung von Holzfußböden. Im Vergleich zu Einbrennsystemen ist die Wasser- und Chemikalienbeständigkeit jedoch herabgesetzt.

Die Reaktivität säurehärtender Harnstoffharze ist gegenüber den Melaminharzen deutlich erhöht. Aufgrund des höheren Preises werden säurehärtende MF-Harze deshalb nur in Spezialgebieten eingesetzt, die mit den UF-Harzen nicht befriedigend abgedeckt werden können.

Der derzeitige Verbrauch an Holzlacken für den industriellen Gebrauch in West- und Zentraleuropa wird auf ca. 430 000 t bei weiter steigenden Mengen geschätzt. Der Anteil säurehärtender Systeme beträgt hiervon 21% [18].

Durch Kombination von UF-Harzen mit Cellulosenitrat und Plastifizierungsmitteln werden physikalisch-trocknende Lacke erhalten. Der Harzzusatz bewirkt hier eine erhöhte Fülle, Härte und Lichtbeständigkeit gegenüber den reinen Cellulosenitrat-Lacken. Wie bei den säurehärtenden Systemen ist das hauptsächliche Anwendungsgebiet die Holzlackierung [1, 19].

Kombinationen von veretherten UF-Harzen mit Alkyd-, gesättigten Polyester-, Acrylat- oder Epoxidharzen eignen sich ebenfalls gut für die Herstellung von ofentrocknenden Lacken. Sie verleihen den Filmen eine hohe Flexibilität und Härte, weshalb sie für die Beschichtung von metallischen Oberflächen eingesetzt werden. Anwendungsgebiete liegen hier in der Automobil-, Haushaltsgeräte- und Elektroindustrie. Für Außenanwendungen muß jedoch auf die im Vergleich zu den Melaminharzen nur mäßige Wetterbeständigkeit Rücksicht genommen werden.

Beispiele für Handelsprodukte

Beckurol	(Vianova Resins)	Resamin	(Vianova Resins)
Beetle	(BIP)	Resimene U	(Monsanto)
Cibamin H	(Ciba-Geigy)	Scadonur	(Scado-Archer-Daniels)
Dynomin U	(Dyno-Cytec)	Setamine	(Synthese)
Epok	(British Resin Prod.)	Siramin	(SIR)
Heso-Amin	(Cray Valley)	Soamin	(SOAB)
Jägamin	(Jäger)	Sumimal	(Sumitomo Chemical)
Melan	(Hitachi Kasei)	Synresin	(Synres Nederland)
Paralac	(ICI)	Syantamine	(Syntova)
Peramin	(Perstorp)	Uformite	(Rohm & Haas)
Plaskon	(Allied Chemicals)	Uvan	(Mitsui Toatsu)
Plastopal	(BASF)	Viamin	(Vianova Resins)
Plyamin	(Reichhold)		

6.2.3 Triazinharze

Justus von Liebig entdeckte 1834, daß durch Reaktion von Kaliumrhodanid mit Ammoniumchlorid eine neue Verbindung gewonnen werden konnte, der er den Namen Melamin gab [28]. Es handelte sich hierbei um einen hochsymmetrisch gebauten Heterocyclus, wie *A. W. von Hofmann* 1885 zeigen konnte [29] (Formel 6.75).

[290-87-9]
Triazin (6.74)

[180-78-1]
Melamin (2,4,6-Triamino-1,3,5-triazin) (6.75)

Diese Verbindung ist heute das technisch wichtigste Triazinderivat und wird fast ausschließlich zu Aminoplastharzen weiterverarbeitet.

Melamin besitzt planar-ebene Molekülgestalt und ist eine farblose kristalline Substanz, die bei 354 °C unter leichter Ammoniakabspaltung und Sublimation schmilzt. In den meisten Lösemitteln ist es schwer, in Glycolen und Dimethylsulfoxid etwas besser löslich. Die (geringe) Löslichkeit in Wasser kann durch folgende Gleichung angenähert werden [30]:

$$\log L = -\frac{1642}{T} + 5{,}101 \qquad (6.76)$$

L = Löslichkeit von Melamin in g pro 100 g Wasser
T = Temperatur in Kelvin

Mit starken Säuren lassen sich die Monosalze herstellen, die ihrerseits bereits eine deutliche Acidität aufweisen und sich nur schwer in die höher protonierten Salze überführen lassen. Dieses Verhalten zeigt bereits, daß die Chemie des Melamins nicht derjenigen eines aromatischen Triamins entspricht; vielmehr läßt sie sich am besten verstehen, wenn man diese Verbindung als dreifaches Amid der Cyanursäure (Gl. 6.77) betrachtet:

Cyanursäure $\xleftarrow{3\,H_2O}$ Cyanurchlorid $\xrightarrow{3\,NH_3}$ Melamin (6.77)

Melamin wurde großtechnisch zunächst ausschließlich im Autoklaven aus Dicyandiamid hergestellt, welches seinerseits in einem energieaufwendigen Prozeß aus Kalkstickstoff gewonnen wird. Ein grundlegendes Problem bei diesem Verfahren ist jedoch die hohe Reaktionswärme, die bei schlechter Abführung zur Zersetzung des Melamins führt. Es muß deshalb unter hohem Ammoniakdruck gearbeitet werden.

Heute erfolgt die Herstellung aus Harnstoff entweder im Hochdruckverfahren (Melamine Chemical-, Montedison-, Nissan-Verfahren) bei 70 bis 150 bar und 370 bis 425 °C oder im katalytischen Niederdruckverfahren (BASF-, Chemie Linz-, DSM-Stamicarbon-Verfahren) bei ungefähr 400 bis 450 °C in einem Fließ- oder Festbettreaktor mit Aluminiumoxid als Katalysator [31, 32] (Gl. 6.78).

$$6\,H_2N-\underset{\underset{O}{\|}}{C}-NH_2 \longrightarrow C_3H_6N_6 + 6\,NH_3 + 3\,CO_2 \qquad (6.78)$$

Die Ausbeuten liegen bei 90 bis 95%. Die bei dieser Umsetzung anfallenden großen Mengen an Ammoniak und Kohlendioxid werden anschließend am zweckmäßigsten wieder zu Harnstoff verarbeitet. Die Produktionskapazität an Melamin betrug 1990/91 weltweit ungefähr 552 000 t, von denen ca. 230 000 t auf Westeuropa, 50 000 t auf Osteuropa, 97 000 t auf Amerika und 175 000 t auf den Mittleren und Fernen Osten entfielen [32]. Beinahe die gesamte Melaminproduktion wird für die Herstellung von Melamin-Formaldehyd-Kondensationsharzen verwendet.

6.2.3.1 Chemie der MF-Harze

Umsetzung von Melamin mit Formaldehyd liefert zunächst die entsprechenden Additionsverbindungen, Hydroxymethyl- oder Methylolmelamine genannt, die beim raschen Abkühlen der wäßrigen Lösung isoliert werden können. Untersuchungen an Trimethylsilyletherderivaten zeigen jedoch, daß man keine – dem Einsatzmolverhältnis Melamin zu Formaldehyd entsprechende – reine Verbindungen erhält, sondern daß stets alle 6 Methylolierungsstufen gleichzeitig nebeneinander vorliegen und sich im Laufe der weiteren Reaktion ineinander umwandeln. Das sich einstellende Gleichgewicht wird dabei von der eingesetzten Formaldehydmenge beeinflußt. So überwiegen bei hohen Melamin-Formaldehyd-Verhältnissen die höheren, bei niedrigen Molverhältnissen die niedrigen Methylolmelamine [33 bis 37].
Insgesamt können bis zu 6 Moleküle Formaldehyd pro Molekül Melamin addiert werden, so daß 9 verschiedene monomere Methylolmelamine existieren sollten, da Di-, Tri- und Tetramethylolmelamin in jeweils zwei strukturisomeren Formen auftreten können. ^{1}H-NMR-Untersuchungen belegen, daß alle neun Verbindungen tatsächlich gebildet werden. Die Bestimmung der jeweiligen Gleichgewichts- und Geschwindigkeitskonstanten der Formaldehydaddition gelang *Tomita* durch Auswertung der auf säulenchromatographischem Weg ermittelten Verteilung der Isomere [38].
Aus kinetischen Untersuchungen wird gefolgert, daß bei dieser Reaktion unter sauren Bedingungen im geschwindigkeitsbestimmenden Schritt die protonierte Form des Formaldehyds mit der Aminogruppe reagiert. Im stark basischen Bereich wird hingegen ein konzertierter Mechanismus vermutet, bei dem Melamin, Formaldehyd und die Base gleichzeitig miteinander in Wechselwirkung treten [51, 52].
Die Wasserlöslichkeit der Methylole ist durch die Möglichkeit zur Ausbildung von intramolekularen Wasserstoffbrückenbindungen schlecht und erreicht beim Hexamethylolmelamin ein Minimum. Ebenfalls sinkt die Basizität dieser Verbindungen mit steigendem Methylolierungsgrad, da der negative induktive Effekt des elektronegativen Sauerstoffatoms die Elektronendichte des Triazinkerns erniedrigt. So ist Melamin (pK_B bei 25 °C = 8,98) eine ungefähr hundertfach stärkere Base als Hexamethylolmelamin, wie elektrometrische Titrationsversuche zeigen [50]. Die Protonierung soll dabei an den Ringstickstoffatomen erfolgen.
Die monomeren Methylolmelamine reagieren im sauren Medium schnell, im basischen langsamer unter Selbstkondensation weiter (Gln. 6.79 bis 6.81):

$$Tr-NH-CH_2OH + Tr-NH_2 \longrightarrow Tr-NH-CH_2-NH-Tr + H_2O \quad (6.79)$$

$$2\,Tr-NH-CH_2OH \longrightarrow Tr-NH-CH_2-O-CH_2-NH-Tr + H_2O \quad (6.80)$$

$$Tr-NH-CH_2-O-CH_2-NH-Tr \longrightarrow Tr-NH-CH_2-NH-Tr + CH_2O \quad (6.81)$$

Die durch die Selbstkondensation ablaufende Molekülvergrößerung führt zunächst zu Polymeren, die eine unbegrenzte Wassermischbarkeit aufweisen. Im weiteren Verlauf der

Kondensation nimmt sie dann jedoch immer mehr ab. Technisch werden solche Harzlösungen für die Herstellung von Leimen oder Dekorlaminaten in der Spanplattenindustrie verwendet. Sie stellen mengenmäßig das größte Einsatzgebiet der Melaminharze dar. Bricht man die Weiterkondensation nicht ab, geht die Wasserverdünnbarkeit völlig verloren und das Harz fällt als Festkörper aus. Maßgebliche Parameter zur Reaktionslenkung sind:

- das Molverhältnis von Melamin zu Formaldehyd,
- die Konzentration der Reaktanten,
- der pH-Wert,
- die Temperatur,
- die Reaktionsdauer.

In dieser unmodifizierten Form sind die Melaminharze als Lackrohstoffe ohne Bedeutung. Die mit drei bis sechs Equivalenten Formaldehyd hergestellten Harze werden daher mit Alkoholen umgesetzt (Gl. 6.82).

$$\text{Tr}-\text{NH}-\text{CH}_2\text{OH} + \text{ROH} \xrightarrow{\text{H}^{\oplus}} \text{Tr}-\text{NH}-\text{CH}_2\text{OR} + \text{H}_2\text{O} \quad (6.82)$$

Die Veretherung wird dabei entweder einstufig durchgeführt, indem man das Melamin mit Paraformaldehyd in Gegenwart saurer Katalysatoren im betreffenden Alkohol erhitzt, oder aber mehrstufig, wobei zunächst die Methylolverbindung alkalisch hergestellt, isoliert und anschließend sauer mit dem Alkohol verethert wird. Die höheren, hydrophoben Alkohole lassen sich hingegen am besten über eine Umetherung einführen (Gl. 6.83).

$$\text{Tr}-\text{NH}-\text{CH}_2\text{OR} + \text{R'OH} \xrightarrow{\text{H}^{\oplus}} \text{Tr}-\text{NH}-\text{CH}_2\text{OR'} + \text{ROH} \quad (6.83)$$

Als Veretherungsalkohole sind eine Vielzahl von ein- und mehrwertigen Alkoholen geeignet, doch haben allein Methanol, n- und iso-Butanol breite technische Anwendung gefunden.

Veretherte MF-Harze stellen im allgemeinen Gemische vieler Verbindungen unterschiedlichen Methylolierungs-, Kondensations- und Veretherungsgrades dar. Entscheidend für das Verständnis der Reaktivität dieser Harze ist die Struktur und mengenmäßige Verteilung der funktionellen Gruppen im Harz [39,40] (Formeln 6.84).

$$\begin{array}{cccc}
-\text{N}\begin{array}{c}\diagup \text{CH}_2\text{OR}\\ \diagdown \text{CH}_2\text{OR}\end{array} & -\text{N}\begin{array}{c}\diagup \text{CH}_2\text{OR}\\ \diagdown \text{CH}_2\text{OH}\end{array} & -\text{N}\begin{array}{c}\diagup \text{CH}_2\text{OH}\\ \diagdown \text{CH}_2\text{OH}\end{array} & \\
-\text{N}\begin{array}{c}\diagup \text{CH}_2\text{OR}\\ \diagdown \text{H}\end{array} & -\text{N}\begin{array}{c}\diagup \text{CH}_2\text{OH}\\ \diagdown \text{H}\end{array} & -\text{N}\begin{array}{c}\diagup \text{H}\\ \diagdown \text{H}\end{array} & (6.84)\\
 & -\text{N}\begin{array}{c}\diagup \text{CH}_2-\text{O}-\text{CH}_2\text{OR}\\ \diagdown \text{CH}_2\text{OR}\end{array} & &
\end{array}$$

Strukturelemente von MF-Harzen (ohne Berücksichtigung von Methylen- und Dimethylenetherbrücken).

Hieraus resultieren drei Grenzfälle:

a) Ein hochverethertes Melaminharz vom Typ Hexakis(methoxymethyl)melamin (HMMM-Harz) (Formel 6.85).

6.2 Amido- und Aminoharze 115

$$\text{(CH}_3\text{OCH}_2)_2\text{N}-\underset{\underset{\text{N(CH}_2\text{OCH}_3)_2}{|}}{\overset{\text{N}}{\underset{\|}{\text{C}}}}\text{—N(CH}_2\text{OCH}_3)_2$$

HMMM

(6.85)

Die Untersuchung eines kommerziell erhältlichen HMMM-Harzes ergab, daß 62% des Melamins in monomerer, 23% in dimerer und 15% in oligomerer Form vorliegen. Die höhermolekularen Anteile sind dabei nicht über Methylenbrücken verknüpft, da entsprechende Resonanzen im ^{13}C-NMR-Spektrum fehlen [41]. Es gibt Hinweise, daß es sich bei diesen unter milden Bedingungen gebildeten Brücken zumindest zum Teil um Dimethylenetherbrücken handelt [42, 43].

Harze des Typs A sind niedrigreaktiv, die nur in Gegenwart starker Säuren vernetzen. Die Lagerstabilität ist hoch, da die Neigung zur Eigenkondensation gering ist [44]. Ein technisch reines HMMM-Harz zeigt in Gegenwart eines Modellpolyesters mit primären Hydroxylendgruppen bei Abwesenheit von Säuren selbst bei 200 °C nur Co-, aber keine Homokondensation.

Die Reaktivität eines solchen Harzes kann durch Anreicherung des Hexa-Hexa-Etheranteils erheblich gesteigert werden. Ein durch Umkristallisation gereinigtes technisches Produkt kann in Gegenwart starker Säuren bereits bei Zimmertemperatur mit Hydroxylgruppen reagieren. Die Anwesenheit bereits kleiner Mengen an Verbindungen mit sekundären Aminogruppen, die in technischen Harzen stets vorhanden sind, bewirken jedoch einen starken Reaktivitätsabfall [45]. Es wird vermutet, daß die stärkere Basizität nicht vollständig methylolierter Spezies die zur Ether-Spaltung benötigten Protonen abfängt und so die Vernetzung verhindert. Diese Hypothese wird durch die bereits von Blank beschriebene Beobachtung unterstützt, daß bei hochveretherten Melaminharzen mit hohem sekundärem Aminogruppengehalt (Typ C – Harze) schwache Säuren die Katalysatoren der Wahl sind [39].

Nach gaschromatographischer Analyse der Reaktionsprodukte der Umsetzung mit Polyethylenglycolen im Temperaturbereich von 100 bis 200 °C wird ein Reaktionsmechanismus für die spezifische Säurekatalyse gemäß Gleichungen 6.86 vorgeschlagen.

Spezifische Säurekatalyse

$$\text{Tr}-\text{N}\begin{smallmatrix}\text{CH}_2\text{OR}\\\text{CH}_2\text{OR}\end{smallmatrix} + \text{H}^{\oplus} \rightleftarrows \text{Tr}-\text{N}\begin{smallmatrix}\text{CH}_2-\overset{\oplus}{\text{O}}\diagdown^{\text{H}}_{\text{R}}\\\text{CH}_2\text{OR}\end{smallmatrix}$$

$$\text{Tr}-\text{N}\begin{smallmatrix}\text{CH}_2-\overset{\oplus}{\text{O}}\diagdown^{\text{H}}_{\text{R}}\\\text{CH}_2\text{OR}\end{smallmatrix} \rightleftarrows \text{Tr}-\text{N}\begin{smallmatrix}\overset{\oplus}{\text{CH}_2}\\\text{CH}_2\text{OR}\end{smallmatrix} \leftrightarrow \begin{smallmatrix}\text{Tr}\\\text{ROCH}_2\end{smallmatrix}\overset{\oplus}{\text{N}}=\text{CH}_2 + \text{ROH}$$

(6.86)

$$\text{Tr}-\text{N}\begin{smallmatrix}\overset{\oplus}{\text{CH}_2}\\\text{CH}_2\text{OR}\end{smallmatrix} + \text{Polymer}-\text{OH} \rightleftarrows \text{Tr}-\text{N}\begin{smallmatrix}\text{CH}_2-\overset{\oplus}{\text{O}}\diagdown^{\text{H}}_{\text{Polymer}}\\\text{CH}_2\text{OR}\end{smallmatrix}$$

$$\text{Tr}-\text{N}\begin{smallmatrix}\text{CH}_2-\overset{\oplus}{\text{O}}\diagdown^{\text{H}}_{\text{Polymer}}\\\text{CH}_2\text{OR}\end{smallmatrix} \rightleftarrows \text{Tr}-\text{N}\begin{smallmatrix}\text{CH}_2-\text{O}-\text{Polymer}\\\text{CH}_2\text{OR}\end{smallmatrix} + \text{H}^{\oplus}$$

116 Polykondensate   [Literatur S. 125]

Der geschwindigkeitsbestimmende Schritt dieser Folge von Gleichgewichtsreaktionen ist dabei die Bildung des Carbeniumions unter Austritt des Alkohols [46]. Dieses instabile Zwischenprodukt reagiert anschließend im zweiten Schritt mit einem Nucleophil weiter. Aufgrund der Beobachtung, daß die Vernetzungsgeschwindigkeit auch vom Partnerharz (z. B. ein Alkydharz) abhängt, postuliert *Holmberg* hingegen einen konzertierten Mechanismus, bei dem der Austritt des Alkoholmoleküls gleichzeitig mit dem Angriff des Nucleophils stattfindet [47, 48]. Ein Carbeniumion tritt hierbei dann nicht als (kurzlebiges) Zwischenprodukt auf. Das Vorliegen eines kombinierten Mechanismus wird von *Wicks* vorgeschlagen [49]. Erfolgt die Härtung in Gegenwart von Luftfeuchtigkeit, werden zusätzliche Mengen an Formaldehyd und Methanol durch Hydrolyse (Gl. 6.87), Demethylolierung (Gl. 6.88) und Eigenvernetzung (Gl. 6.89) frei.

$$Tr-N(CH_2OR)_2 + H_2O \rightleftharpoons Tr-N(CH_2OH)(CH_2OR) + ROH \qquad (6.87)$$

$$Tr-N(CH_2OH)(CH_2OR) \rightleftharpoons Tr-N(H)(CH_2OR) + HCHO \qquad (6.88)$$

$$Tr-N(H)(CH_2OR) + Tr-N(CH_2OR)_2 \rightleftharpoons Tr-N(CH_2OR)-CH_2-N(ROCH_2)-Tr + ROH \qquad (6.89)$$

Erhöhung der Härtungstemperatur oder des Wassergehaltes führt zu vermehrter Bildung dieser Produkte.

b) Teilveretherte Melaminharze mit hohem Methylolgruppengehalt (Formel 6.90).

$$\text{Triazinring mit Substituenten } N(CH_2OH)(CH_2OR), N(CH_2OR)(CH_2OH), N(ROCH_2)(CH_2OH) \qquad (6.90)$$

Bei diesen Harzen reicht bereits die Anwesenheit von schwachen Säuren, um eine Vernetzung zu erreichen. Es wird eine allgemeine Säurekatalyse im Reaktionsmechanismus angenommen, bei der Schiff'sche Basen $CH_2=NR$ als Zwischenprodukt auftreten (Gln. 6.91).

Allgemeine Säurekatalyse

$$Tr-N(CH_2OH)(CH_2OR) \rightleftharpoons Tr-N(H)(CH_2OR) + HCHO$$

$$Tr-N(H)(CH_2OR) \underset{H^\oplus}{\rightleftharpoons} Tr-N(H)(CH_2-O^\oplus(H)(R))$$

$$Tr-N(H)(CH_2-O^\oplus(H)(R)) \rightleftharpoons Tr-N=CH_2 + ROH + H^\oplus \qquad (6.91)$$

$$Tr-N=CH_2 + \text{Polymer}-OH \rightleftharpoons Tr-N(H)(CH_2-O-\text{Polymer})$$

6.2 Amido- und Aminoharze

Harze dieser Struktur zeigen beim Verarbeiter einen im Vergleich zu den anderen Typen höheren Gehalt an Formaldehyd in der Abluft.

c) Hochveretherte Harze mit hohem Gehalt an sekundären Aminogruppen (Formel 6.92)

$$\text{Struktur 6.92: Triazinring mit drei -N(H)CH}_2\text{OR-Gruppen}$$ (6.92)

Hier kann die –N(H)CH$_2$OR-Gruppierung im Gegensatz zum vorherigen Typ ohne Demethylolierung direkt in die Schiff'sche Base überführt werden und anschließend mit dem Copolymeren vernetzen. Es handelt sich daher um hochreaktive MF-Harze, die bereits durch schwache Säuren katalysiert werden. Stark saure Verbindungen sind schlechter geeignet, da hier aufgrund der höheren Basizität des Harzes zunehmend eine Protonierung am Triazinring als Konkurrenzreaktion eintritt. Die in wäßriger oder alkoholischer Lösung kommerziell erhältlichen Tetrakis(methoxymethyl)melaminharze (Tetra-Ether) sind Vertreter dieser Gruppe. Die Formaldehydabspaltung beim Einbrennvorgang erreicht bei diesen Verbindungen ein Minimum.

Die oben angeführten Mechanismen der Cokondensation mit OH-funktionellen Polymeren wird gestützt durch Untersuchungen über den Reaktionsverlauf der Eigenvernetzung der MF-Harze, die aufgrund der geringeren Anzahl verschiedener Reaktionspartner übersichtlicher verläuft [42, 49]. Bei Abwesenheit von Wasser zeigen Verbindungen mit ausschließlich –N(CH$_2$OR)$_2$-Gruppen (Typ A) nur geringe Tendenz zur Selbstvernetzung. HMMM ist unter den gewählten Reaktionsbedingungen in Gegenwart von para-Toluolsulfonsäure bei 85 °C stabil. Erhöhung der Temperatur oder des Wassergehaltes führt jedoch zu Polymeren, wobei die gleichfalls entstehenden gasförmigen Produkte mit dem Mechanismus der spezifischen Säurekatalyse in Einklang stehen und sich über folgende Gleichgewichte erklären lassen:

$$\text{HCHO} + \text{CH}_3\text{OH} \rightleftharpoons \text{CH}_3\text{OCH}_2\text{OH} \xrightarrow{+ (\text{CH}_3\text{OH})} \begin{array}{l} \text{CH}_3\text{O} - \text{CH}_2 - \text{OCH}_3 \\ \text{CH}_3\text{OCH}_2 - \text{O} - \text{CH}_2\text{OCH}_3 \end{array}$$ (6.93)

Durch Verwendung von Modellsubstanzen mit nur einer –N(H)CH$_2$OR-Gruppierung lassen sich die festen Reaktionsprodukte NMR-spektroskopisch gut untersuchen. Aus diesen Arbeiten folgt, daß alle Eigenvernetzungen reversibel verlaufen. Es bilden sich zunächst durch Methylenbrücken verknüpfte offenkettige Moleküle, die sich im Laufe der Reaktion weiter unter Ringschluß umlagern. Die Bildung dieser Sekundärprodukte verläuft dabei langsamer, doch weisen sie eine höhere Stabilität auf. Unter üblichen Härtungsbedingungen kann anschließend in Gegenwart geeigneter Verbindungen eine Weiterreaktion stattfinden [42] (siehe Gl. 6.94).

Obwohl die Beobachtungen an löslichen niedermolekularen Modellsubstanzen nicht direkt auf Melamin-Polyol-Lacksysteme übertragbar sind, legen sie aber nahe, die Bildung und den Zerfall solcher cyclischer Strukturen auch dort zu vermuten.

6.2.3.2 Analyse der MF-Harze

Ziel der Strukturaufklärung der MF-Harze sowie deren Reaktionsprodukte mit Fremdpolymeren ist, eine Korrelation zwischen der chemischen Struktur und den anwendungstechnischen Eigenschaften zu finden [42,53]. Dies wird jedoch dadurch erschwert, daß

- sowohl die Melaminharze als auch die Copolymeren Mischungen vieler Verbindungen von teilweise sehr ähnlicher Struktur sind
- eine bestimmte funktionelle Gruppe mehrere mögliche Reaktionen eingehen kann
- ein Melaminmolekül im Normalfall verschiedene funktionelle Gruppen trägt
- viele, vielleicht alle Vernetzungsreaktionen Gleichgewichtsreaktionen sind, so daß sich der Aufbau des Netzwerkes im Verlauf der Aushärtung ständig ändert
- die Anwesenheit von geringen Mengen Wasser die Vernetzungsreaktionen beeinflussen
- die Schwerlöslichkeit in gängigen Lösemitteln spezielle Aufnahmetechniken erfordern.

Die Zusammensetzung veretherter Melaminharze läßt sich auf klassischem, naßchemischem Weg bestimmen. Durch Titration ist der freie, nach saurer Hydrolyse der Gesamtformaldehyd sowie der Methanolgehalt bestimmbar. Der Gehalt an freien Methylolgruppen sowie der Methylen- bzw. Dimethylenetherbrücken läßt sich dann rechnerisch ermitteln [54 bis 57].
Die Molmassenverteilung ist mit Hilfe der Hochdruck-Gelpermeationschromatographie bestimmbar. Von den spektroskopischen Methoden sind lange Zeit vor allem die Infrarotspektren zur Charakterisierung herangezogen worden, wobei insbesondere die NH-Valenzschwingungen im Bereich von 3000 bis 3500 cm^{-1} untersucht wurden. Mit der stürmischen Entwicklung der NMR-Spektroskopie in den letzten beiden Jahrzehnten liefert diese Methode heutzutage auch bei den MF-Harzen die aussagekräftigsten Ergebnisse. Neben der ^{1}H-NMR ist aufgrund der geringen Linienbreite der Signale und der guten Auflösung der Spektren hier vor allem die ^{13}C-Spektroskopie geeignet [22, 53, 58]. Dank der zerstörungsfreien Analyse läßt sich die Änderung der Konzentration einzelner funktioneller Gruppen im Verlauf der Reaktion im gelösten und festen Zustand verfolgen. Die Resonanzfrequenzen der Methylenkohlenstoffe hängen dabei von der Art des Substituenten und dem Substitutionsgrad des benachbarten Stickstoffs ab (Tab. 6.8).

Tabelle 6.8. Chemische Verschiebungen von Melaminharzen in DMSO-d_6 [22] (^{13}C-NMR, δ-Werte in ppm; 100 °C, in Klammern bei Zimmertemperatur, Interner Standard DMSO-d_6 = 39,5)

System:

$$R_2N\text{-Triazin-}N(R')(R''),\ NR_2$$

R'	R''	δ (ppm)	
H	$\underline{C}H_2NH-$	47.3	(47.3)
H	$CH_2O\underline{C}H_3$	54.5	(55.3)
H	$\underline{C}H_2OH$	64.5	(64.8)
H	$\underline{C}H_2OCH_2NH-$	68.6	(69.8)
H	$\underline{C}H_2OCH_2OH$	68.6	(69.8)
H	$\underline{C}H_2OCH_3$	72.5	(73.0)
H	$CH_2O\underline{C}H_2OH$	86.2	–
CH_2-	$\underline{C}H_2NH-$	52.1	(52.2)
CH_2-	$\underline{C}H_2OH$	69.5	(69.8)
CH_2-	$\underline{C}H_2OCH_2NH-$	73.3	(73.0)
CH_2-	$\underline{C}H_2OCH_2OH$	73.3	(73.0)
CH_2-	$\underline{C}H_2OCH_3$	76.6	(77.4)
CH_2-	$CH_2O\underline{C}H_2OH$	86.2	–
$\underline{C}H_3OH$	–	48.4	(50.7)
$HO\underline{C}H_2OH$	–	82.1	–
Triazinring	–	165 bis 167	(166 bis 167)

6.2.3.3 Eigenschaften der MF-Harze

Die Möglichkeit, durch Umsetzung von Melamin mit Formaldehyd härtbare Kunstharze herzustellen, wurde 1935 unabhängig voneinander von den Firmen Henkel, CIBA und der IG Mainkur, jetzt Hoechst AG-Werk Cassella, gefunden und zum Patent angemeldet [59 bis 61].

Durch Veretherung mit hauptsächlich niederen aliphatischen Alkoholen erhalten die wasserlöslichen Methylolmelamine eine gute Verträglichkeit mit den in der Lackindustrie üblichen Lösemitteln wie beispielsweise Aromaten und Estern, so daß nur diese modifizierten Produkte lacktechnische Bedeutung erlangt haben. Als alleinige Bindemittelkomponente sind sie jedoch ungeeignet, da die hohe Vernetzungsdichte der Melaminharze spröde Beschichtungen ergeben. MF-Harze werden aus diesem Grund ausschließlich in Kombination mit plastifizierenden Partnerharzen verarbeitet. Hierbei handelt es sich um überwiegend niedermolekulare Polymerisate oder Kondensate OH-gruppenhaltiger Monomerer, die allein keine widerstandsfähigen Filme ergeben. Durch Reaktion der Alkoxymethylgruppen des Melamins mit den reaktiven Stellen des Partnerharzes wird jedoch eine dreidimensionale Vernetzung erreicht, so daß Lackfilme mit hohen Gebrauchseigenschaften resultieren.

Die zweifelsfrei wichtigste Gruppe synthetischer Lackbindemittel sind die Alkydharze (siehe Abschn. 6.1.2). Die mit den Alkyd/Melaminharzsystemen möglichen kurzen Taktzeiten im Trockenkanal revolutionierten die industrielle Fertigung und führten zum Ersatz der bis dahin verwendeten physikalisch- und oxidativ-trocknenden NC-Kombinationslacke. Die Umstellung in dem bis in die heutige Zeit bedeutenden Gebiet der Autoserienlackierung erfolgte Anfang der 50er Jahre [62].

Neben den kurz- und mittelöligen Alkydharzen sind die Acryl- (siehe Kap. 8.7.14), gesättigten Polyester- (siehe Abschn. 6.1.1) und Epoxidharze (siehe Kap. 7.2) wichtige Reaktionspartner. Die Vernetzung erfolgt ebenfalls durch Reaktion der Alkoxymethylgruppen mit freien Hydroxyl-, Carboxyl- oder Amidgruppierungen. Primäre Hydroxylgruppen reagieren dabei mit HMMM-Harzen deutlich schneller als die Säuregruppen, doch werden bei höheren Anteilen Melaminharz im Lack und bei Temperaturen von 130 °C gegen Ende der Härtung nahezu gleiche Umsätze gefunden [44]. Die relative Reaktivität der Carboxyl- und Hydroxylgruppen hängt aber ebenfalls von der Struktur des MF-Harzes und des sauren Katalysators ab [53].

Härte und Flexibilität einer Lackschicht werden auch vom Mischungsverhältnis Bindemittel zu Vernetzer bestimmt. In konventionellen Lacken beträgt es 65 : 35 bis 90 : 10 Massenteile, auf Festharz gerechnet. Ein Optimum wird häufig bei einem Verhältnis von 70 : 30 gefunden. Bei den methylveretherten, wassermischbaren Melaminharzen ist der Anteil etwas geringer.

Durch den Melaminharzzusatz werden Lacksysteme mit hoher Reaktivität bereits im unteren Temperaturbereich ab 80 °C bei gleichzeitig guter Überbrennstabilität erhalten. Wärmevergilbungen durch zu lange Verweilzeiten der Substrate im Einbrennofen können so vermieden werden. Die gehärteten Lackfilme zeichnen sich durch hohe Härte, Haftfestigkeit, Glanz, Wasser- und Wetterbeständigkeit aus. Die beachtliche Widerstandsfähigkeit gegenüber Ölen, Kraftstoffen und Chemikalien sowie das gute dielektrische Verhalten haben sehr zur Verbreitung auch auf Spezialgebieten beigetragen. Im Vergleich zu den Harnstoffharzen wird eine deutlich höhere Reaktivität und Wetterbeständigkeit gefunden [63, 64].

Hauptanwendungsgebiete der MF-Harze sind Einbrennlacke hochwertiger Industrieerzeugnisse wie beispielsweise Haushaltsgeräte, Kühlschränke, Waschmaschinen und vor allem Automobile, wo sie in allen Schichten der Lackierung eingesetzt werden. Hochreaktive Typen können Reparaturlacken zugesetzt werden.

Die ebenfalls durch Zugabe starker Säuren bei Zimmertemperatur mögliche Vernetzung spielt bei den Melaminharzen hingegen nur eine untergeordnete Rolle. Hier werden meist die billigeren Harnstoffharze verwendet. Für Spezialanwendungen, überwiegend in der Möbel- und Parkettindustrie, kommen jedoch auch MF-Harze zum Einsatz. In Verbindung mit trocknenden oder nichttrocknenden Alkydharzen auf Basis Ricinenöl, Kokosfett und Leinöl sowie gegebenenfalls Weichmachern werden Beschichtungen erreicht, die bei hohem Glanz und Fülle vorzügliche Wasser-, Säure- und Alkalibeständigkeiten besitzen, obwohl die bei Einbrennsystemen erzielbaren Werte nicht erreicht werden. Der Grund hierfür dürfte im grundsätzlich anderen Mechanismus der Säurehärtung liegen. Untersuchungen haben gezeigt, daß die in Gegenwart starker Mineralsäuren bei niedriger Temperatur ablaufende Härtung eines Amino-Alkydharz-Lackes im wesentlichen auf eine Eigenkondensation des Aminoharzpartners zurückzuführen ist [17].

Da nur wenige Alkohole großtechnische Bedeutung zur Veretherung erlangt haben, ist in der Praxis ebenfalls eine Unterteilung der Melaminlackharze nach dem Veretherungsalkohol üblich. Durch Reaktion des Methylolmelamins mit dem Alkohol entsteht die unpolarere =NCH$_2$OR-Gruppierung, so daß die Harze im Laufe der Herstellung ihre unbegrenzte Wasserverdünnbarkeit verlieren und zunehmend mit organischen Lösemitteln mischbar werden. Dies gilt besonders für die Butylether, die in den in der Lackindustrie üblichen Aromaten und Estern unbegrenzte Mischbarkeit besitzen. Butylether stellen daher historisch betrachtet die wichtigste Gruppe der Melaminlackharze dar, und sie sind bis in die heutige Zeit der mengenmäßig bedeutendste auf Melamin basierende Lackrohstoff. In den Handel gelangen sie dabei als Lösung im jeweiligen Veretherungsalkohol,

wobei die Isobutylether meist Festkörpergehalte von 50 bis 60% und die n-Butylether 70 bis 80% aufweisen. Dieser Unterschied resultiert aus der höheren Veretherungsgeschwindigkeit des unverzweigten Butanols bei der Harzherstellung, was geringere Viskositäten zur Folge hat. Anwendung finden beide Typen ausschließlich in konventionellen, d. h. lösemittelhaltigen Lacken oder in Dispersionen.
Forderungen, die Emissionen beim Lackiervorgang aus Umweltschutzgründen weiter zu reduzieren, führten zur Entwicklung wasserverdünnbarer und festkörperreicher Melaminharze [65]. Die Verwendung von Methanol anstelle von Butanol erlaubt eine vollständigere Veretherung, so daß die stets gleichzeitig stattfindende Selbstkondensation stark unterdrückt werden kann. Die hieraus resultierenden Methylether zeigen aufgrund der geringen Molekularmasse eine niedrige Viskosität, so daß die Herstellung lösemittelfreier Lieferformen möglich ist. Die Festkörpergehalte der daraus formulierten Lacke sind daher bei gleicher Spritzviskosität höher als bei den Butylethern (High Solids-Lacke). Wichtigster Vertreter sind Harze vom Typ Hexakis(methoxymethyl)melamin (HMMM-Harze). Durch die geringe Molmasse und die höhere Polarität der Methylethergruppe zeigen diese Harze eine generelle Verträglichkeit, so daß sie auch in wasserverdünnbaren Systemen eingesetzt werden können. Durch geringe Änderungen des Veretherungsgrades läßt sich ferner die Mischbarkeit gut dem jeweiligen Anwendungsgebiet anpassen. Diese Eigenschaften haben dafür gesorgt, daß sich die Methylether innerhalb kurzer Zeit einen hohen Marktanteil gesichert haben. Ihre wirtschaftliche Bedeutung wird in Zukunft weiter ansteigen, insbesondere durch die Entwicklung hochveretherter Harze mit hohem Gehalt an sekundären Aminogruppen vom Typ Tetrakis(methoxymethyl)melamin. Diese Harzgruppe zeigt neben den oben beschriebenen Merkmalen zusätzlich Vorteile in der Reaktivität und dem Gehalt an abspaltbarem Formaldehyd.
Die Mischether stellen mengenmäßig die kleinste der drei Gruppen dar. Sie werden entweder durch gleichzeitige Veretherung mit 2 verschiedenen Alkoholen oder durch Umetherung hergestellt. Durch die Wahl und Menge des jeweiligen Alkohols kann ebenso wie über den Veretherungsgrad die Lösemittel- und Partnerharzverträglichkeit sowie die Reaktivität der Harze beeinflußt werden, so daß maßgeschneiderte Lösungen für Spezialanwendungen möglich sind.
Die Alterungsbeständigkeit Melaminharz-vernetzter Oberflächen ist Gegenstand zahlreicher Untersuchungen gewesen. Aufgrund der Verwendung in Außenbeschichtungen sind klimatische Faktoren wie Feuchtigkeit, Licht, Temperatur und pH-Wert als die wichtigsten Ursachen für die Alterung gefunden worden. Bei ungünstigem Zusammenwirken dieser Größen wird der Vorgang dabei erheblich beschleunigt.
Mit Hilfe der Infrarotspektroskopie kann gezeigt werden, daß bei der Einwirkung von Wasserdampf eine Spaltung der Methylenbrücken zwischen dem MF- und dem Partnerharz stattfindet [53, 66]. Diese Hydrolyse verläuft dabei in der gleichen Weise wie Reaktionen mit sonstigen OH-funktionellen Verbindungen [46]. Die dabei entstehenden Methylolgruppen reagieren anschließend unter Formaldehydabspaltung oder Eigenkondensation weiter, so daß sich die Vernetzungsdichte der Oberfläche nur wenig ändert. Hochveretherte MF-Harze mit hohem Gehalt an sekundären Aminogruppen hydrolysieren unter schwach sauren Bedingungen wesentlich schneller als vollveretherte HMMM-Typen. Erst bei sehr niedrigen pH-Werten reagieren letztere schneller. Neben der Struktur der MF-Harze und der Acidität der Säure ist das Ausmaß der Hydrolyse stark von der Temperatur abhängig. Geringe Netzwerkdichten aufgrund niedriger Einbrenntemperaturen bewirken ebenfalls eine Zunahme des Abbaus.
Die durch Einwirkung von UV-Licht verstärkt auftretende Hydrolyse verläuft hingegen über einen radikalischen Mechanismus, in deren Verlauf ebenfalls die N,O-acetalischen

Bindungen gebrochen werden. Durch die Zugabe von Radikalfängern kann dieser Prozeß jedoch verlangsamt werden [66, 67].

Die durch Verbrennung fossiler Energieträger entstehenden SO_X und NO_X-Gase werden durch Oxidation in den oberen Luftschichten in die entsprechenden höher oxidierten Säuren umgewandelt. Diese als „saurer Regen" bezeichneten Niederschläge werden dabei in neuerer Zeit mit einem beschleunigten Abbau der Lackoberflächen in den Sommermonaten, vor allem bei Automobilen, in Zusammenhang gebracht. Die sich nach einem Regenschauer auf waagerechten Oberflächen befindlichen Tropfen spielen hierbei augenscheinlich eine zentrale Rolle. Ihre konvexe Geometrie führt in Verbindung mit dem Sonnenlicht und den sommerlichen Temperaturen zu einer Aufkonzentrierung vor allem der Schwefelsäure. Durch die stärkere Eigenerwärmung bewirken dunkle Farbtöne eine schnellere und höhere Anreicherung der Säure und begünstigen daher diesen Polymerabbau. Obgleich sich der Angriff nur bis zu einer Tiefe von wenigen Mikrometern abspielt, werden hierdurch Pigmente freigelegt, was mit einem Glanzabfall oder Verblassen der Farben einhergeht. Werden keine Gegenmaßnahmen ergriffen, kann es schließlich durch fortwährenden Abbau zu einer Zerstörung und Ablösung einzelner Schichten des Lackes kommen.

Gegenüber thermischer Beanspruchung zeigen gehärtete MF-Harze hohe Beständigkeiten. Die Pyrolyse beginnt zwischen 200 und 300 °C; dabei weden zunächst die schwächeren N–C-Bindungen des Melamins zu den Methylol bzw. Alkoxymethylgruppen gespalten. Bei Anwesenheit von Luft verläuft dieser Abbau durch die intermediäre Bildung von Hydroperoxiden schneller [68, 69]. Als leichtflüchtige Nebenprodukte entstehen dabei vor allem Kohlendioxid, Formaldehyd, Ameisensäure und Wasser. Ab ungefähr 350 °C erfolgen dann unter Ammoniakabspaltung Bindungsbrüche am Melamin unter Bildung höherkondensierter Triazinverbindungen.

Beispiele für Handelsprodukte

Beetle	(BIP)	Resmelin	(Resia)
Cibamin M	(Ciba Geigy)	Scadomex	(Scado-Archer-Daniels)
Cymel	(Dyno-Cytec)	Setamine	(Akzo Resins)
Dynomin M	(Dyno-Cytec)	Siramin	(SIR)
Epok	(British Resin Prod.)	Soamin	(SOAB)
Heso-Amin	(Cray Valley)	Sumimal	(Sumitomo Chemical)
Luwipal	(BASF)	Super Beckamine	(Reichhold)
Melan	(Hitachi Kasei)	Synkamine	(UCB)
Maprenal	(Hoechst-Cassella)	Synresin	(DSM Resins)
Nikalac	(Sanwa Chemical)	Syntamine	(Syntova)
Pantoxyl	(Texaco)	Syntex	(British Paints)
Plaskon	(Allied Chemical)	Uformite	(Rohm & Haas)
Plusamid	(Plüss Staufer)	Uvan	(Mitsui Toatsu)
Resimene	(Monsanto)	Viamin	(Vianova)

6.2.3.4 Andere Triazinharze

1874 stellte *M. Nencki* durch Erhitzen von Guanidinacetat Acetoguanamin her, das der Gruppe der in 6-Position alkyl- bzw. arylsubstituierten 2,4-Diamino-1,3,5-Triazine ihren Namen gab [70].

Die industrielle Herstellung erfolgt durch Reaktion von Dicyandiamid mit dem entsprechenden Nitril bei 105 bis 120 °C in Gegenwart von basischen Katalysatoren (Gl. 6.95).

$$\underset{H_2N}{\overset{NC}{\underset{|}{\overset{|}{N}}}}\underset{NH_2}{\overset{\|}{C}} + R-CN \longrightarrow \underset{NH_2}{\text{triazine ring with } H_2N, R, NH_2} \qquad (6.95)$$

R = CH$_3$ Acetoguanamin   [542-02-9]
= C$_3$H$_7$ Butyroguanamin   [5962-23-2]
= C$_9$H$_{19}$ Caprinoguanamin   [5921-65-3]
= C$_6$H$_5$ Benzoguanamin   [91-76-9]

Die in hohen Ausbeuten verlaufende Reaktion wird dabei in polaren Lösemitteln, z.B. Alkoholen oder Glycolmonoethern durchgeführt. Bei sehr reaktionsträgen, langkettigen, aliphatischen Nitrilen hat sich auch die Verwendung von Dimethylsulfoxid bewährt [32, 71].

Von den zahlreich in der Literatur beschriebenen Guanaminen haben die in dem Formelbild 6.95 angeführten Verbindungen wirtschaftliche Bedeutung erlangt [72]. Als Lackrohstoffe haben sich jedoch einzig die Umsetzungsprodukte des Benzoguanamins mit Formaldehyd durchsetzen können.

Die Chemie der Benzoguanaminharze entspricht im großen und ganzen dem der Melaminharze. Durch Addition von maximal vier Equivalenten Formaldehyd und anschließender Veretherung lassen sich niedrigviskose Lackharze darstellen, die eine sehr gute Verträglichkeit mit kurz- und mittelöligen Alkyd-, ölfreien Polyester-, Epoxid- und Acrylatharzen aufweisen. Hervorzuheben ist die im Vergleich zu den Melaminharzen deutlich bessere Mischbarkeit mit unmodifizierten Epoxidharzen. Bevorzugter Veretherungsalkohol ist hier ebenfalls Butanol.

Obgleich durch die Tetrafunktionalität eine gegenüber den MF-Harzen geringere Sprödigkeit gefunden wird, werden Benzoguanaminharze ausschließlich in Kombination mit plastifizierenden Partnerharzen eingesetzt. Sie zeichnen sich bei guter Haftung auch auf nichtmetallischen Untergründen durch sehr hohen Glanz, gute Wasser-, Detergentien- und Alkalibeständigkeit aus. Die vom Phenylring verursachte Vergilbungsneigung durch UV-Licht verbietet jedoch die Anwendung dieser Harze in Oberflächen, die einer direkten Sonnenbestrahlung ausgesetzt sind. Sie kommen daher überwiegend in der Haushaltsgeräte- und Automobilindustrie (Automobilfüller) zum Einsatz. Weitere Anwendungsgebiete sind lufttrocknende NC-Kombinationslacke, wodurch Glanz, Fülle und Haftfestigkeit erhöht werden. Durch Austausch des Phenylsubstituenten im Benzoguanamin gegen aliphatische Reste ist die Herstellung lichtbeständiger Lackharze mit sehr guten Flexibilitäten möglich. Als besonders vorteilhaft wird die Einführung der Cyclohexyl- und Dialkylaminogruppe beschrieben [73, 74].

6.2.3.5 Cyanamidharze

$$H_2N-CN \qquad (6.96)$$

[420-04-2]
Cyanamid

$$\underset{H_2N}{\overset{H_2N}{>}}C=N-CN \qquad (6.97)$$

[461-58-5]
Dicyandiamid

Die Herstellung von Cyanamid (Formel 6.96) erfolgt großtechnisch aus Calciumcarbid [75] (Gl. 6.98):

$$
\begin{aligned}
CaCO_3 &\longrightarrow CaO + CO_2 \\
CaO + 3\,C &\longrightarrow CaC_2 + CO \\
CaC_2 + N_2 &\longrightarrow CaCN_2 + C \\
CaCN_2 + H_2O + CO_2 &\longrightarrow H_2N-CN + CaCO_3
\end{aligned}
\tag{6.98}
$$

Aufgrund der ersten beiden Reaktionsschritte handelt es sich hierbei um ein energieaufwendiges Verfahren. Durch Dimerisierung in wäßriger Lösung kann Dicyandiamid (Formel 6.97) gewonnen werden.

Sowohl Cyanamid als auch Dicyandiamid reagieren leicht mit Formaldehyd unter Bildung der hydroxymethylierten Produkte; mono- und disubstituierte Verbindungen sind dabei in kristalliner Form isoliert worden [76]. Untersuchungen zur säurekatalysierten Hydrolyse von Dimethylol-dicyandiamid zeigen, daß die Abspaltung der beiden Methylolgruppen unterschiedlich schnell verläuft [77]. Bei Anwendung von überschüssigem Formaldehyd und anschließender schonender Veretherung gelingt die Darstellung einer trisubstituierten cyclischen Verbindung [78, 79] (Gl. 6.99):

$$
\underset{H_2N\ \ NH_2}{\overset{NC\diagdown N}{\underset{\|}{C}}} + 3\,CH_2O + CH_3OH \longrightarrow \underset{O}{\overset{NC-N}{HN\diagup\diagdown N-CH_2-O-CH_3}} + 2\,H_2O \tag{6.99}
$$

Vermutlich aufgrund des im Vergleich zum Harnstoff höheren sterischen Anspruchs der Cyaniminogruppe scheint die Addition weiteren Formaldehyds erschwert und wird nicht beobachtet.

Cyanamidharze zeigen bei alleiniger Aushärtung eine unbefriedigende Wasser- und Säurefestigkeit. Durch Cokondensation mit anderen Aminoplastbildnern, z. B. Melamin oder aromatischen Aminen, kann eine Verbesserung erreicht werden.

6.2.3.6 Sulfonamidharze

Durch Umsetzung von Sulfonamiden mit Formaldehyd werden Harze erhalten, die bei geringer Eigenfärbung eine vorzügliche Vergilbungsbeständigkeit aufweisen, obgleich hohe Anteile an UV-Licht absorbiert werden. Aufgrund der guten Verträglichkeit mit Cellulosederivaten können sie in Celluloseacetat- und Cellulosenitratlacken eingesetzt werden [80, 81].

Bei den Sulfonamidharzen handelt es sich um ausgesprochen niedermolekulare Stoffe. Unter sauren Bedingungen ist die Anwesenheit ringförmiger Hexahydrotriazine nachgewiesen worden (Gl. 6.100).

$$
3\,R-\underset{O}{\overset{O}{\underset{\|}{\overset{\|}{S}}}}-NH_2 + 3\,CH_2O \xrightarrow{H^\oplus} \underset{RO_2S}{\overset{SO_2R}{\diagdown N\diagup}}\underset{SO_2R}{\overset{N\diagdown}{\diagup N}} + 3\,H_2O \tag{6.100}
$$

Es wird angenommen, daß die Bildung dieser Strukturen durch Trimerisierung intermediär gebildeter Azomethine erfolgt, die ihrerseits durch Wasserabspaltung aus den Methylolverbindungen entstehen.

Harze auf Basis Toluolsulfonsäureamid haben in dieser Harzgruppe die größte Verbreitung gefunden. Dabei ergibt das ortho-Isomere Produkte mit besserer Löslichkeit als die in para-Stellung substituierte Verbindung, doch werden industriell nicht zuletzt aus Kostengründen Mischungen der beiden Isomere eingesetzt. Durch ihre Fähigkeit zur Cokondensation mit anderen Aminoplastbildnern werden sie zur Modifizierung technischer Melamin-Formaldehyd-Harze für z.B. die Beschichtung von Span- und Sperrholzplatten verwendet.

Literatur zum Abschnitt 6.2

[1] *E. Schneider* in *Wagner-Sarx*: Lackkunstharze. Hanser, München 1971, S. 61–80
[2] *H. Petersen* in: *Houben-Weyl*: Methoden der Organischen Chemie. Bd. E 20/3. Thieme, Stuttgart 1987, S. 1811–1890
[3] *I. H. Updegraff, S. T. Moore, W. F. Herbes* und *P. B. Roth,* in *Kirk-Othmer*: Encyclopedia of Chemical Technology. Vol. 2, Bd. 2. Wiley, New York 1978, S. 440–469
[4] *I. Mavrovic* und *A. R. Shirley jr,* in: *Kirk-Othmer*: Encyclopedia of Chemical Technology. Bd. 23. Wiley, New York 1983, 548–575
[5] *A. Einhorn* und *A. Hamburger*, Ber. Dtsch. Chem. Ges. **41** (1908) 24–28
[6] *R. Wegler* in *Houben-Weyl*: Methoden der Organischen Chemie, Bd. XIV/2. Thieme, Stuttgart 1963, S. 319–357
[7] *D. Braun* und *F. Bayersdorf*, Angew. Makromol. Chem. **81** (1979) 147–170
[8] *H. Pasch* und *I. S. Dairanieh*, Macromolecules **24** (1991) 671–677
[9] *H. Petersen* in *Becker/Braun/Woebcken* (Hrsg.): Duroplaste. Kunststoff-Handbuch, Bd. 10. Hanser, München, Wien 1988, S. 998–1003
[10] *G. E. Maciel, N. M. Szeverenyi, T. A. Early* und *G. E. Meyers*, Macromolecules **16** (1983) 598–604
[11] *H. Petersen*, Chem. Ztg. **95** (1971) 692–701
[12] *W. Lengsfeld*, Farbe + Lack **75** (1969) 1063–1065
[13] *H. Petersen*, Textilveredlung **5** (1970) 437–452
[14] *H. Petersen*, Textile Research J. (1968) 156–176
[15] *H. Petersen*, Rev. Prog. Coloration **17** (1987) 7–22
[16] *S. Vail* und *W. Arney*, Textile Research J. (1971) 336–344
[17] *H. Hinrichs* und *E. Forst*, Kunstharz-Nachrichten **20** (1983) 1–7
[18] *Anonymus*, Farbe + Lack **100** (1994) 66
[19] *H. Diem* und *G. Matthias* in: Ullmanns Encyclopedia of Industrial Chemistry A2, VCH, Weinheim 1985, S. 115–141
[20] *I. S. Chuang* und *G. E. Maciel*, Macromolecules **25** (1992) 3204–3226
[21] *B. Tomita* und *S. Hatono*, J. Polym. Sci. Polym. Chem. Ed. **16** (1978) 2509–2525
[22] *B. Tomita* und *H. Ono*, J. Polym. Sci. Polym. Chem. Ed. **17** (1979) 3205–3215
[23] *S. M. Kambanis* und *R. C. Vasishth*, J. Appl. Polym. Sci. **15** (1971) 1911–1919
[24] *A. Sebenik, U. Osredkar, M. Zigon* und *I. Vizovisek*, Angew. Makrom. Chem. **102** (1982) 81–85
[25] *D. R. Bauer*, Prog. Org. Coat. **14** (1986) 45–65
[26] *J. R. Ebdon, P. E. Heaton, T. N. Huckerby, W. T. S. O'Rourke* und *J. Parkin*, Polymer **25** (1984) 821–825
[27] *I. S. Chuang, B. L. Hawkins, G. E. Maciel* und *G. E. Myers*, Macromolecules **18** (1985) 1482–1485
[28] *J. von Liebig*, Liebigs Ann. Chem. **10** (1834) 18
[29] *A. W. Hofmann*, Ber. Dtsch. Chem. Ges. **18** (1885) 2755–2781
[30] *R. P. Chapman, P. R. Averell* und *R. R. Harris*, Ind. Eng. Chem. **35** (1943) 137–138
[31] *K. Weissermel* und *H. J. Arpe*: Industrielle Organische Chemie. VCH, Weinheim 1988, S. 52
[32] *G. M. Crews, W. Ripperger, D. B. Kersebohm* und *J. Seeholzer*, in: Ullmanns Encyclopedia of Industrial Chemistry, Bd. A 16. VCH, Weinheim 1990, S. 171–185
[33] *D. Braun* und *V. Legradic*, Angew. Makromol. Chem. **25** (1972) 193–196
[34] *D. Braun* und *V. Legradic*, Angew. Makromol. Chem. **34** (1973) 35–53

[35] D. Braun und V. Legradic, Angew. Makromol. Chem. **35** (1974) 101–114
[36] D. Braun und W. Pandjojo, Angew. Makromol. Chem. **80** (1979) 195–205
[37] D. Braun, P. Günther und W. Pandjojo, Angew. Makromol. Chem. **102** (1982) 147–157
[38] B. Tomita, J. Polym. Sci., Polym. Chem. **15** (1977) 2347–2365
[39] W. J. Blank, J. Coatings Technol. **51** (1979) 61–70
[40] W. J. Blank, J. Coatings Technol. **54** (1982) 26–41
[41] L. W. Hill und K. Kozlowski, J. Coatings Technol. **59** (1987) 63–71
[42] U. Samaraweera und F. N. Jones, J. Coatings Technol. **64** (1992) 69–77
[43] D. M. Synder und T. J. Vuk, J. Appl. Polym. Sci. **46** (1992) 1301–1306
[44] J. Dörffel und U. Biethan, Farbe + Lack **82** (1976) 1017–1025
[45] U. Samaraweera, S. Gan und F. N. Jones, J. Appl. Polym. Sci. **45** (1992) 1903–1909
[46] A. Berge, B. Kvaeven und J. Ugelstad, Eur. Pol. J. **6** (1970) 981–1003
[47] D. J. R. Massy, K. Winterbottom und N. S. Moss, J. Oil Col. Chem. Assoc. **60** (1977) 446–457
[48] K. Holmberg, J. Oil Col. Chem. Assoc. **61** (1978) 359–361
[49] Z. W. Wicks. Jr. und D. Y. Y. Hsia, J. Coatings Technol. **55** (1983) 29–34
[50] T. Tashiro und Y. Shimura, Makromol. Chem. **175** (1974) 67–82
[51] M. Okano und Y. Ogata, J. Am. Chem. Soc. **74** (1952) 5728–5731
[52] K. Sato, T. Konakahara und M. Kawashima, Makromol. Chem. **183** (1982) 875–881
[53] D. R. Bauer, Prog. Org. Coat. **14** (1986) 193–218
[54] H. Schindlbauer und J. Anderer, Fresenius Z. Anal. Chem. **301** (1980) 210–214
[55] W. Schedlbauer, Farbe + Lack **79** (1973) 846–852
[56] G. Christensen, Prog. Org. Coat. **5** (1977) 255–276
[57] G. Christensen, Prog. Org. Coat. **8** (1980) 211–239
[58] R. Voelkel, Angew. Chem. Int. Ed. Engl. **27** (1988) 1468–1483
[59] DE 647303 (1935) Henkel & Cie (*W. Hentrich, R. Köhler*)
[60] DE 702 449 (1935) IG Mainkur (*K. Keller, W. Zerweck*)
[61] CH 193630 (1935) Ciba
[62] H. Dürr und M. Schön, Kunstharz-Nachrichten **23** (1986) 17–22
[63] D. Plath in: Lacke und Lösemittel. Verlag Chemie, Weinheim 1979, S. 52–54
[64] D. Plath in Becker/Braun/Woebcken (Hrsg.): Duroplaste. Kunststoff-Handbuch, Bd 10. Hanser, München, Wien 1988, S. 994–998
[65] D. Plath, H. Frind und M. Schön, Polym. Paint. Colour J. **179** (1989) 478–481
[66] D. R. Bauer, J. Appl. Polym. Sci. **27** (1982) 3651–3662
[67] J. L. Gerlock, M. J. Dean, T. J. Korniski und D. R. Bauer, Ind. Eng. Chem. Prod. Res. Dev. **25** (1986) 449–453
[68] J. H. Lady, R. E. Adams und I. Kesse, J. Appl. Polym. Sci. **3** (1960) 65–70
[69] T. Hirata, S. Kawamoto und A. Okuro, J. Appl. Polym. Sci. **42** (1991) 3147–3163
[70] M. Nencki, Ber. Dtsch. Chem. Ges. **7** (1874) 775–779
[71] L. Reitter in: Ullmanns Encyklopädie der technischen Chemie, Bd. 12. Verlag Chemie, Weinheim 1976, S. 407–409
[72] Guanamine, Produktstudie der Süddeutschen Kalkstickstoff-Werke AG, Trostberg 1974
[73] EP 0 422 402 (1990) American Cyanamid (*J. H. Bright, K. J. Wu, J. C. Brogan*)
[74] DE 4 237 515 (1992) Cassella AG (*M. Schön, J. Ott, U. Kubillus, E. Tas*)
[75] D. R. May in Kirk-Othmer (Hrsg.): Encyclopedia of Chemical Technology, Vol. 7. Wiley, New York 1979, S. 291–306
[76] R. Wegler in Houben-Weyl (Hrsg.): Methoden der Organischen Chemie, Bd. XIV/2. Thieme, Stuttgart 1963, S. 382–388
[77] R. Shiba und M. Takahashi, Polym. Adv. Techn. **4** (1993) 555–560
[78] M. Takimoto, T. Ebisuno und R. Shiba, Bull. Chem. Soc. Jpn **56** (1983) 3319–3322
[79] R. Shiba, M. Takahashi, T. Ebisuno und M. Takimoto, Bull. Chem. Soc. Jpn **62** (1989) 3721–3723
[80] H. Petersen in Houben-Weyl (Hrsg.): Methoden der Organischen Chemie E 20. Thieme, Stuttgart 1987, S. 1858–1859
[81] N. D. Gupta, Labdev J. Sci. Tech. **12A** (1974) 109–112

6.3 Phenolharze

Dr. Dieter Stoye

Phenolharze, auch Phenoplaste genannt, gehören zu den ersten durch gezielte chemische Synthese aufgebauten künstlichen Harzen und damit zu den ältesten synthetischen Bindemitteln überhaupt. Es ist daher nicht verwunderlich, daß man die Reaktionsweisen der Synthese dieser Harze und ihre Reaktionen mit anderen Partnern besonders intensiv studiert hat [1 bis 12].

6.3.1 Geschichtliches [13 bis 17]

Bereits 1872 berichtete *A. v. Baeyer* über die Kondensationsreaktion zwischen Phenolen und Aldehyden, die zu harzartigen Substanzen führte [18]. 1893 stellte *G. T. Morgan* ein Harz aus Phenol und Formaldehyd her [19]. Aber erst die Arbeiten des Flamen *L. H. Baekeland*, von *H. Lebach* [20 bis 22] und anderen gaben den Anstoß zur industriellen Produktion der Phenolharze; sie waren es, denen es gelang, die Reaktionen technisch unter Kontrolle zu bringen. *Baekeland* ist mit seinen anwendungsbezogenen Arbeiten [23] und Patenten (Hitze- und Druckpatent zur Aushärtung von Phenolharzen von 1908 [24], Basen-Patent, Firnis-Patent, Schleifscheibenpatent [25]) als der eigentliche Bahnbrecher für die Kunststoffindustrie anzusehen [26, 27]. Zu den Pionieren zählt auch *F. Raschig* aus Ludwigshafen mit Arbeiten über Kunststoffe auf Phenolharzbasis (Edelkunstharze 1907).
Als erstes technisch hergestelltes Lackharz ist das Laccain der Firma Louis Blumer in Zwickau anzusehen, die, fußend auf dem Patent von *Carl Heinrich Meyer* aus Leipzig (1902) [28], das Harz als Ersatz für das teuer gewordene Schellack anbot. Um jedoch die Harze für den Lacksektor einsetzen zu können, war die Entwicklung modifizierter Phenolharze notwendig. Diese Arbeiten zur Herstellung harzsäuremodifizierter und öllöslicher Phenolharze beruhen im wesentlichen auf den Untersuchungen von *L. Berend* (Produkt Albertol der Firma Dr. Kurt Albert, Wiesbaden 1910), *E. Fonrobert* und *A. Greth*. 1910 wurde die Bakelite-Gesellschaft in Erkner bei Berlin zur Herstellung der Bakelite-Harze gegründet.
Die Markteinführung der technisch wichtigen Alkylphenolharze in den Lackrohstoffmarkt geht auf *H. Hönel* (RCI, Detroit, später Vianova, Graz) mit der Erfindung der ölreaktiven Phenolharze (1928) zurück [29, 30]. Zur Aufklärung der bei der Phenolharz-Herstellung und -Härtung ablaufenden Vorgänge trugen vor allem die Arbeiten von *M. Koebner*, *N. Megson*, *A. Greth*, *A. Zinke*, *H. v. Euler* und *K. Hultzsch* [31] bei. 1937 entwickelten *A. Greth* und *K. Hultzsch* bei der Firma Dr. Kurt Albert, Wiesbaden, elastifizierte und veretherte Phenolharze für Lackanwendungen. Das erste Patent für wasserlösliche härtbare Kunstharze (1949) trägt den Namen von *H. Hönel*, Vianova, Graz [32 bis 34].
In der Lackindustrie wurden Phenolharze erstmals Anfang 1920 verwendet. Ihre Haupteinsatzgebiete haben seitdem ständig gewechselt. Während anfangs die Phenolharze hauptsächlich als erste synthetische Harze zur Substitution natürlicher Harze (Kolophonium, Kopale, Schellack) verwendet wurden, besitzen sie heute größeres Interesse wegen ihrer Produkteigenschaften im technisch-ökonomischen Wettbewerb mit einer Vielzahl anderer Harze [35 bis 42]. Phenolharze spielen heute eine wichtige Rolle in modernsten Technologien und Anwendungen für synthetische Fasern, im Bereich der Computertechnik (Photoresists, Mikrochips) und der Luft-und Raumfahrt. Für Beschichtungen und

Druckfarben werden heute etwa 6 bis 8% der weltweit produzierten Phenolharzmenge – vorwiegend Resole, Novolake, Alkylphenolharze und veretherte Resole – eingesetzt.

6.3.2 Allgemeines

Phenol kann mit Formaldehyd unter Bildung harzartiger Produkte reagieren. Bereits *Baekeland* erkannte, daß diese Reaktion in drei verschiedenen Phasen abläuft, woraus technisch Nutzen gezogen werden kann. Man unterscheidet auch heute noch die Zustände A, B und C. Bei der Aushärtung durchlaufen die zunächst oligomeren Produktgemische („A-Zustand" oder Resol) verschiedene morphologisch unterschiedliche, z. B. gelartige oder feste, Zwischenstufen („B-Zustand" oder Resitol), um nach Freisetzung von Spaltprodukten und Monomeren in den festen Endzustand überzugehen. Die Endstufe („C-Zustand" oder Resit) ist unschmelzbar, unlöslich und sehr beständig gegenüber Chemikalien. Diese Harze sind nützlich zur Verwendung in Systemen zur Beschichtung von Oberflächen.

Die chemischen Reaktionen der Phenolharze sind mit denen der Aminoharze in vielen Fällen vergleichbar, besonders in der Anwendung. Ein Nachteil der Phenolharze ist ihre Eigenfarbe von gelb bis braun und ihre Neigung zur Vergilbung. Sie können daher nicht als Bindemittel für farbige und weiße Lacke verwendet werden. Nur in wenigen Fällen sind sie für dekorative Beschichtungen geeignet, z. B. für Goldlacke.

Phenolharze haben günstige mechanischen Eigenschaften und hohe Chemikalienbeständigkeit. Sie sind zudem in hohem Maße stabil gegenüber Wärme, besitzen wärmeisolierende Eigenschaften und wirken als elektrische Isolatoren. Auf bestimmte Anforderungen zugeschnittene Lacksysteme können durch entsprechende Formulierungen entwickelt werden.

Die Phenolharze sind nach DIN 16916, ISO 10082 und ISO 8244 definiert als „Kunstharze, die durch Kondensation von Phenolen und Aldehyden, insbesondere Formaldehyd, erhalten werden, oder modifizierte Umsetzungsprodukte, die sich von dieser Grundreaktion ableiten".

6.3.3 Rohstoffe

Rohstoffe zur Herstellung von Phenolharzen sind Phenol und seine Homologen sowie Aldehyde, besonders Formaldehyd und seine Äquivalente.

6.3.3.1 Phenole [43 bis 45]

Neben Phenol sind Kresole, Xylenole, Bisphenol A, bestimmte Alkylphenole, p-Phenylphenol, Resorcin und Cashewnußschalen-Öle (Cardanol und Cardol) die wichtigsten Komponenten zur Herstellung von Phenolformaldehydharzen für den Lacksektor.

In den folgenden Formeln der Phenole sind die für die Reaktion mit Aldehyden funktionsfähigen Stellen mit „x" gekennzeichnet.

Kresol oder Monomethylphenol bildet drei isomere Verbindungen, o-, m- und p-Kresol. Für die Lackherstellung ist meist der Gehalt an m-Kresol ausschlaggebend, da dieses bei der Umsetzung mit Formaldehyd die höchste Reaktivität aufweist und zudem infolge hoher Funktionalität zu dreidimensionaler Vernetzung führt. Technisch werden im allgemeinen Gemische mit einem Gehalt von 40 bis 60% m-Kresol verwendet.

6.3 Phenolharze

$$\text{p-Kresol} \quad \text{m-Kresol} \quad \text{o-Kresol} \tag{6.101}$$

Xylenole

Xylenol oder Dimethylphenol bildet sechs mögliche Isomere, von denen nur 4 bi- oder mehrfunktionell mit Aldehyden reagieren können, nämlich das 3,5-Xylenol (3,5-Dimethylphenol), 2,3-Xylenol (2,3-Dimethylphenol), 2,5-Xylenol (2,5-Dimethylphenol) und 3,4-Xylenol (3,4-Dimethylphenol). 2,6-Xylenol (2,6-Dimethylphenol) und 2,4-Xylenol (2,4-Dimethylphenol) können nur in 4- bzw. 6-Stellung mit Aldehyden monofunktionelle Methylol-Verbindungen bilden. Grundsätzlich ist infolge der dreifachen Substitution des Benzolringes die Herstellung der Xylenolharze sehr erschwert und ihr Härtungsvermögen vermindert. Verschärfend kommt hinzu, daß die Xylenolfraktionen in ihrer Zusammensetzung starken Schwankungen unterworfen sind.

$$\text{3,5-Xylenol} \quad \text{2,3-Xylenol} \quad \text{2,5-Xylenol}$$
$$\text{3,4-Xylenol} \quad \text{2,6-Xylenol} \quad \text{2,4-Xylenol} \tag{6.102}$$

Alkylphenole

Alkylphenole, wie p-*tert*-Butylphenol, p-*tert*-Amylphenol, p-*tert*-Isooctylphenol bzw. p-*tert*-Diisobutylphenol, o(p)-Isononylphenol, o- oder p-Cyclohexylphenol sowie Isothymol (3-Methyl-5-isopropyl-phenol) sind die gängigen Phenolkomponenten der Alkylphenolharze.

$$\text{p-tert-Butylphenol} \quad \text{p-tert-Amylphenol} \quad \text{p-tert-Diisobutylphenol} \tag{6.103}$$

130 Polykondensate   [Literatur S. 161]

$$\text{o(p)-Isononylphenol} \quad \text{o(p)-Cyclohexylphenol} \quad \text{Isothymol} \quad (6.103)$$

Arylphenole

p-Phenylphenol ist das wichtigste Arylphenol, welches in der Praxis bei besonders hohen Anforderungen an Chemikalienstabilität Verwendung findet. Auch der Einsatz von monostyrolisiertem Phenol wurde beschrieben [46].

$$(6.104)$$

Bisphenol A

Bisphenol A [2.2-Bis-(4-hydroxyphenyl)propan], auch Dian genannt, ist das erste synthetisch hergestellte mehrkernige Phenol. Es reagiert mit Formaldehyd zu einer Tetramethylol-Verbindung. Es ist ein wichtiger Rohstoff zur Phenolharz- und vor allem Epoxidharz-Synthese.

Bisphenol F

Bisphenol F ist ein Kondensationsprodukt von Phenol mit Formaldehyd unter sauren Bedingungen. Es ist eine Mischung von isomeren und oligomeren Produkten. Die Umsetzung mit Epichlorhydrin führt zu Epoxidharzen mit erhöhter Funktionalität.

$$\text{Bisphenol A} \quad\quad\quad \text{Bisphenol F} \quad (6.105)$$

Cardanol und Cardol werden aus Cashewnußschalen gewonnen. In den Cashewnußschalen-ölen sind Cardanol und Cardol etwa im Verhältnis 9:1 vorhanden [47]. Es handelt sich um mono-alkylsubstituierte Phenole mit einem ungesättigten C_{15}-Alkylrest.

$$\text{Cardanol} \quad\quad \text{Cardol} \quad (6.106)$$

R = ungesättigte C_{15}-Kohlenwasserstoffkette

Diphenole

Unter den Diphenolen Brenzcatechin (1,2-Dihydroxybenzol), Resorcin (1,3-Dihydroxybenzol) und Hydrochinon (1,4-Dihydroxybenzol) wird ausschließlich Resorcin, dessen Struktur im Cardol vorliegt, zeitweilig neben anderen Phenolen mitverwendet.

$$\text{Structure: benzene ring with OH at position 1, OH at position 3, X at three positions} \tag{6.107}$$

6.3.3.2 Formaldehyd [48, 49]

Formaldehyd ist nicht die einzige Carbonylverbindung zur Herstellung von Phenolharzen, besitzt jedoch bei weitem die größte Bedeutung. Es ist zugleich die Verbindung mit der größten Reaktivität gegenüber Phenolen. Formaldehyd wird bei der Phenolharz-Herstellung als wässerige Lösung mit einem Gehalt von ca. 37, heute meist 49 Massenprozent Formaldehyd (Formalin) oder in der Form eines feinen Pulvers oder von Kügelchen (Paraformaldehyd) eingesetzt.

Formalin

In wässerigem Medium ist der Gehalt an freiem Formaldehyd gering (ca. 1%); es erfolgt eine sehr schnelle säure- oder basen-katalysierte Hydratation unter Bildung von Methylenglycol.

$$CH_2 = O + H_2O \rightleftharpoons HO - CH_2 - OH \tag{6.108}$$

Methylenglycol polymerisiert rasch unter Bildung langer Kettenpolymerer mit bis zu 10 Wiederholungseinheiten.

$$n\,HO - CH_2 - OH \rightleftharpoons HO(CH_2O)_n - H + (n-1)\,H_2O \tag{6.109}$$
$$n = 1 \text{ bis } 10$$

Eine 37prozentige wässerige Lösung von Formaldehyd ist eine Lösung von Polymethylenglycol mit einer Molmassenverteilung von $n=1$ bis $n=10$. Nur in sehr verdünnten Lösungen (unter 2%) existiert das Methylenglycol als Monomeres.
Depolymerisation des wässerigen Polymethylenglycols erfolgt in Gegenwart eines Säure- oder Basenkatalysators, wobei monomeres Methylenglycol für die Methylolierung freigesetzt wird. Die Geschwindigkeit der Depolymerisierung ist wichtig für die Geschwindigkeit der Methylolierungs-Reaktion.
Lösungen mit mehr als 30% Formaldehyd enthalten Methanol als Stabilisator (meist ca. 8 bis 12%), welches die Bildung und Ausfällung höherer, wasserunlöslicher Polyoxymethylen-Verbindungen einschränkt.
Paraformaldehyd ist die feste polymere Form des Formaldehyds; es besteht zu 95 bis 97% aus komplexem Polyoxymethylen $(CH_2O)_n$ – mit einem Rest locker gebundenem Wasser – und seinen hydratisierten Formen mit n zwischen 20 und 100. Es wird als ein bei 120 bis 170 °C schmelzendes weißes Pulver eingesetzt.
Paraformaldehyd ist kommerziell verfügbar in Reinheitsgraden von 75 bis 97%. Eine kleine Menge (üblich 1 bis 2%) Methanol ist als Stabilisator vorhanden.
Beim Lösen von Paraformaldehyd in Wasser entsteht wie beim Formalin Methylenglycol. Im allgemeinen wird Paraformaldehyd in der Praxis der Phenolharzherstellung nicht im selben Umfang verwendet wie Formalin. Formalin ist gewöhnlich billiger und die Gegenwart großer Wassermengen bewirkt eine bessere Aufnahme und Verteilung der bei der exothermen Reaktion entstehenden Wärme. Jedoch muß während der Reaktion das Wasser aus dem Formalin und das bei der Reaktion entstehende Wasser entfernt werden. Der Gebrauch von Paraformaldehyd liefert eine bessere Reaktorausbeute, ist leichter zu hand-

haben und führt zu geringeren Abwassermengen. Diese Vorteile des Paraformaldehyds müssen in Relation zu den höheren Materialkosten betrachtet werden.

6.3.3.3 Hexamethylentetramin (Hexa)

Hexamethylentetramin ist ein Kondensationsprodukt von Formaldehyd mit Ammoniak. Es bildet farblose, in Wasser leichtlösliche Kristalle mit der Struktur des Adamantan (siehe Formel 6.110). Hexamethylentetramin ist nicht nur ein Formaldehyd-Lieferant, sondern stellt zusätzlich unter geeigneten Bedingungen Ammoniak zum Einbau in die Reaktionskomponenten zur Verfügung.

(6.110)

6.3.3.4 Andere Aldehyde und Ketone

Andere Aldehyde, wie Acetaldehyd, Benzaldehyd, Butyraldehyd, Salicylaldehyd, Crotonaldehyd, Acrolein [50], Glyoxal und Furfurol bilden mit Phenolen ebenfalls harzartige Produkte. Glyoxal ist dabei gegenüber Phenol tetrafunktionell und ergibt Novolake mit vorteilhaft niedrigem Anteil an niedermolekularen Kondensationsprodukten. Auch Ketone, wie beispielsweise Aceton, reagieren mit Phenol; diese Reaktion wird technisch praktiziert zur Bisphenol A-Herstellung. Die meisten dieser Aldehyde besitzen jedoch technisch bei weitem nicht die Bedeutung für die Phenolharz-Herstellung wie Formaldehyd.

6.3.4 Chemie der Phenol-Formaldehyd-Harze

Phenolharze sind das Ergebnis einer kontrollierten Reaktion zwischen einem Phenol und zumeist Formaldehyd zu polymeren Produkten [51]. Die Umsetzung von Phenolen mit Formaldehyd kann je nach Reaktionsbedingungen zu grundsätzlich verschiedenen Produkten führen. In jedem Fall entstehen jedoch Harze, die in folgende Gruppen eingeordnet werden können:

A) Resole: Selbsthärtende Phenolharze, die im Anfangsstadium noch löslich und schmelzbar sind, durch entsprechende Maßnahmen wie Wärmeeinwirkung und Säurezugabe jedoch in einen unlöslichen, unschmelzbaren Zustand – Resit – übergeführt werden können

B) Novolake: Nicht selbsthärtende Phenolharze, schmelzbar und in Lösemitteln löslich

C) „Indirekt härtende" Phenolharze: Gemische aus einem nicht selbsthärtenden Harz (Novolak) und einem „Härtungsmittel" wie Hexamethylentetramin oder Paraformaldehyd. Derartige Mischungen sind härtbar und können in den Resitzustand überführt werden. Sie haben Bedeutung vor allem auf dem Gebiet der härtbaren Formmassen sowie der technischen Phenolharze (z.B. als Bindemittel für Schleifscheiben, Reibbeläge, Textilvliesteilen usw.), weniger als Lackharze.

6.3.4.1 Reaktivität und Funktionalität [1]

Phenol und seine Homologen sind sehr reaktionsfreudige Verbindungen, da die phenolische Hydroxylgruppe als Substituent 1. Ordnung infolge ihres elektronenabgebenden Effekts die o- und p-Stellungen im Ring für elektrophile Substitutionen aktiviert. Entsprechende Reaktionen finden daher nur an diesen Stellen statt:

(6.111)

Die Stellen, an denen die Methylolierung erfolgt, hängen von der Elektronendichte an den Substitutionspunkten des Ringes ab und werden bestimmt durch die Art und Stellung irgendeines anderen, schon vorhandenen Substituenten.

Die phenolische OH-Gruppe erhöht die Elektronendichte in den Positionen 2, 4 und 6 des aromatischen Ringes. Die elektrophile Substitution wird so in die ortho- und para-Stellung geleitet. Wenn die o- und p-Stellung durch elektronenanziehende Gruppen blockiert sind, wird eine gewisse Substitution – wenn auch in sehr geringem Umfang – an der m-Position erfolgen.

Sind neben der Hydroxylgruppe noch weitere Substituenten vorhanden, so beeinflussen sie – je nach Art und Stellung – ebenfalls die Reaktivität am Ring. Die zusätzliche Methylgruppe im m-Kresol beispielsweise aktiviert in gleicher Weise wie die OH-Gruppe – jedoch wesentlich schwächer – ebenfalls die zu ihr in o- und p-Stellung stehenden Stellen. Hierdurch wird verständlich, daß m-Kresol gegenüber o- und p-Kresol für die Umsetzung mit Formaldehyd viel reaktionsfreudiger ist. Eine zum Phenol zusätzliche Hydroxylgruppe, wie im Falle des Resorcins, bewirkt eine weitere Erhöhung der Reaktivität [52].

Am Phenolring eventuell vorhandene elektronenanziehende Gruppen, wie Carboxylgruppen, Aldehydgruppen oder Nitrogruppen, dirigieren als Substituenten 2. Ordnung die Substitution in die m-Stellung. Da diese Substituenten aber zugleich eine Abschwächung der aktivierenden Wirkung der Hydroxylgruppe bewirken, resultiert meist eine allgemeine Verminderung der Reaktivität gegenüber Formaldehyd.

Die exakte Zusammensetzung der Produkt-Mischung wird von den Verhältnissen an eingesetztem Formaldehyd und Phenol sowie von den Reaktionsbedingungen abhängen.

Die Anzahl der an einem Phenol vorhandenen reaktiven Stellen bestimmt die Funktionalität des Phenols bei der Reaktion mit Formaldehyd. Da für die Bildung von Polykondensaten mindestens bifunktionelle Reaktionspartner miteinander reagieren müssen, ist der weitere Ablauf der Harzbildung naturgemäß von der Funktionalität der phenolischen Komponente abhängig. Zur Vernetzung ist neben den bifunktionellen Phenolen ein gewisser Anteil an trifunktionellen Phenolen notwendig. Monofunktionelle Phenole bewirken hingegen eine Kettenabbruch-Reaktion.

Je nach Art des Phenols und der Stellung der Substituenten kann man daher mono-, di- und trifunktionelle Phenole voneinander unterscheiden. Bisphenol A und F sind die bekanntesten tetrafunktionellen Phenole (siehe Formel 6.105). Die monofunktionellen Phenole 2,6- und 2,4-Xylenol sind als Ausgangsprodukte zur Bildung von Harzen nicht befähigt, sie wirken als „Kettenabbrecher" (siehe Formel 6.102). Die Funktionalität der Phenole ist nach der Reaktion mit dem Aldehyd identisch mit der maximal möglichen Funktionalität der entstehenden Methylol-Phenole (Phenolalkohole) oder Resole.

Beispiele der Phenole zusammen mit ihren Funktionalitäten sind in der Tabelle 6.9 angegeben (siehe auch Formeln 6.101 bis 6.107). Formaldehyd hat eine Funktionalität von 2 bei der Reaktion mit Phenolen.

Tabelle 6.9. Funktionalität der Phenol-Komponenten

Funktionalität des Phenols

1	2	3	4
2,6-Xylenol 2,4-Xylenol	o-Kresol p-Kresol p-*tert*-Butylphenol p-*tert*-Butylkresol p-*tert*-Diisobutylphenol p-Nonylphenol 3,4-Xylenol 2,5-Xylenol 2,3-Xylenol 3-Methyl-5-isopropyl-phenol p-Phenylphenol	Phenol m-Kresol 3,5-Xylenol Resorcin Cardanol Cardol	Bisphenol A Bisphenol F

6.3.4.2 Methylolierung

Die erste Stufe der Phenolharzbildung ist stets die Anlagerung von Formaldehyd an das Phenol unter Bildung von Methylol-Phenolen oder Phenolalkoholen. Diese Produkte sind daher auch als Ausgangsprodukte für die gesamte Phenolharzchemie anzusehen. Der weitere Molekülaufbau kommt durch nachfolgende Kondensationsreaktionen zustande. Ganz allgemein erfolgt die Bildung der Phenolharze durch fortlaufende Verknüpfung der Phenolringe über Brückenglieder, die vom Formaldehyd geliefert und von den Methylolgruppen gebildet werden. Die wichtigsten Brücken sind die

Methylenbrücke $-CH_2-$ und die

Dimethylenetherbrücke $-CH_2-O-CH_2-$.

Erstere erfordert zur Bildung ein Molekül Formaldehyd, für die letztere sind dagegen zwei Moleküle erforderlich.

Die Reaktion zwischen Phenol und Formaldehyd erfolgt in Gegenwart alkalischer oder saurer Katalysatoren durch elektrophilen Angriff am aromatischen Ring unter Bildung eines Methylol-Phenols. Dieser Vorgang wird als Methylolierung bezeichnet. Hierbei handelt es sich nicht um eine Kondensationsreaktion, sondern um eine Addition im Sinne einer Aldoladdition. Die Addition erfolgt an den freien o- und p-Stellen der Phenolkerne und führt je nach Funktionalität des Phenols und dem molaren Einsatzverhältnis von Formaldehyd zum Phenol zu Mono-, Di-, Tri- und Polymethylol-Phenolen.

(6.112)

2,4-Dimethylol-phenol   2,6-Dimethylol-phenol   2,4,6-Trimethylol-phenol

6.3 Phenolharze

Die einfachsten Methylol-Phenole sind Saligenin (o-Methylolphenol) und p-Methylolphenol.

$$\text{Phenol} + HCHO \longrightarrow \text{o-Methylolphenol} + \text{p-Methylolphenol} \quad (6.113)$$

Mehrkernige Phenole vom Typ Bisphenol A und die bei der Verknüpfung von Phenolkernen durch Formaldehyd entstehenden mehrkernigen Phenole (Bisphenol F-Typ) bilden ebenfalls Phenolalkohole:

$$\text{(Tetramethylol-Bisphenol F-Struktur)} \quad (6.114)$$

Die Reaktivität der o- und p-Stellen im Phenol sowie die Reaktivität der Mono- und Dimethylol-Verbindungen unterscheiden sich im alkalischen Bereich nicht wesentlich voneinander, in saurem Bereich wird jedoch die p-Stellung bevorzugt.
Methylolgrupppen in o-Stellung werden durch intramolekulare Wasserstoffbindungen mit der phenolischen OH-Gruppe stabilisiert [53]:

$$\text{(H-Brücken-Strukturen)} \quad (6.115)$$

Durch Erwärmen oder durch Einwirkung starker Säuren bereits in der Kälte wird diese Stabilisierung wieder aufgehoben. Dies ist ein wesentlicher Grund für die Härtbarkeit der Resole durch Wärme- oder Säureeinwirkung. Bei der säure-katalysierten Umsetzung von Formaldehyd mit Phenol erfolgt direkt eine Weiterkondensation der Methylolgruppen unter Wasserabspaltung zu Diphenylmethan-Verbindungen, da unter den sauren Reaktionsbedingungen eine Stabilisierung der Resolstufe nicht möglich ist.

$$\text{o-HOC}_6\text{H}_4\text{-CH}_2\text{OH} + \text{HOCH}_2\text{-C}_6\text{H}_4\text{-OH} \xrightarrow{-H_2O} \text{Dibenzylether} \xrightarrow{-CH_2O} \text{Diphenylmethan} \quad (6.116)$$

Bei p-ständigen Methylolgruppen ist eine intramolekulare Stabilisierung aus sterischen Gründen ausgeschlossen, so daß auch hier die Reaktion fortläuft unter Bildung von Methylenbrücken. Aus diesem Grund ist die Anwesenheit von freien p-ständigen Methylolgruppen in Phenolharzen wenig wahrscheinlich.

Die Geschwindigkeitskonstanten der Bildung der verschiedenen Phenolalkohole wurden untersucht [54, 55]. In saurem Medium ist der Phenolalkohol als Zwischenstufe schwer zu fassen, da die Weiterkondensation zu Methylenbrücken etwa 40mal schneller verläuft als die Addition des Formaldehyds [56, 57].

Die phenolische Hydroxylgruppe ist bei der Kondensation von Phenolen mit Formaldehyd nicht als funktionelle Gruppe anzusehen, da sie unter üblichen Bedingungen nicht mit dem Aldehyd reagiert [58].

Methylolierte Phenole sind bei Temperaturen unter 50 °C und bei hohem pH-Wert – also im alkalischen Bereich – relativ stabil. Sie sind teilweise in kristallisierter Form isolierbar [59, 60]. Die Reindarstellung der einfacheren Produkte ist jedoch recht schwierig. Die Ursache hierfür ist das Auftreten von komplexen Gemischen mit einer Vielzahl von Isomeren und mehrkernigen Systemen, das Problem der Abtrennung chemisch verwandter Produkte voneinander und von ihren Ausgangsstoffen Phenol und Formaldehyd, sowie die hohe Reaktivität der Komponenten [61].

6.3.4.3 Kondensation

Als Grundstoffe der Phenolharzkondensation bilden Methylolphenole bei der Kondensation abhängig von den Reaktionsbedingungen – Wärme, sauer, neutral oder basisch – unterschiedliche Phenolharze.

Polykondensation des Methylol-Phenols zu einem niedermolekularen Polymeren erfolgt in der Wärme zur Diphenylmethan-Verbindung über die Dibenzylether-Struktur als Zwischenstufe (siehe Gl. 6.116).

Unter sauren Bedingungen werden schnell mehrkernige Produkte gebildet, da die Diphenyl-dimethylenether-Struktur rasch durchschritten wird und nicht faßbar ist. Zum Beispiel können sich verzweigte Polymerketten bilden, wenn Di- und Trimethylolphenole vorhanden sind:

mehrkerniges Produkt (6.117)

Auch unter stark alkalische Bedingungen werden die Methylolphenole zu Diphenylmethan-Verbindungen kondensiert (siehe Gl. 6.116).

Das Molverhältnis von Formaldehyd zu Phenol und die Bedingungen, unter denen sie reagieren, haben einen starken Effekt auf die relativen Geschwindigkeiten, mit denen die Methylolierungs- und die Kondensations-Reaktionen ablaufen, und somit auf die Struktur der gebildeten Produkte.

Alkalische Bedingungen bei einem Molverhältnis Formaldehyd zu Phenol über 1:1 begünstigen die Methylolierung, während saure Bedingungen zusammen mit einem Molverhältnis unter 1:1 die Kondensation begünstigen. Dieser Effekt des Molverhältnisses der Einsatzstoffe ist die Basis für zwei Typen von Phenolharzen, die in Beschichtungssystemen verwendet werden, nämlich die Resole und die Novolake:

   Überschuß Formaldehyd, alkalisch ⟶ Resole
   Überschuß Phenol, sauer ⟶ Novolak

6.3.4.3.1 Methylen- und Dimethylenether-Brücken

Die *Methylen-Bindung* ist die stabilste Verknüpfungsart zweier Phenolkerne und stellt das wichtigste Bindungsprinzip in den Harzen dar. Sie entsteht durch Kondensation der Methylolgruppe des Phenolalkohols mit einer reaktiven Stelle eines Phenols in saurem Milieu unter Ausbildung von Dioxy-diphenylmethan-Strukturen (Methylenphenolen) [62]:

$$\text{(Phenol-CH}_2\text{OH)} + \text{H-(Phenol)} \xrightarrow{-\text{H}_2\text{O}} \text{(Phenol-CH}_2\text{-Phenol)} \qquad (6.118)$$

In alkalischem Medium können ebenfalls Methylenbrücken gebildet werden. Dies erfolgt durch intermolekulare Kondensation zweier Methylolgruppen unter Abspaltung von Wasser und Formaldehyd [1].

$$2\ \text{HO-Phenol(CH}_2\text{OH)}_3 \xrightarrow{\text{Alkali}} \text{HO-Phenol(CH}_2\text{OH)}_2\text{-CH}_2\text{-Phenol(CH}_2\text{OH)}_2\text{-OH} + \text{H}_2\text{CO} + \text{H}_2\text{O} \qquad (6.119)$$

Eine weitere Möglichkeit zur Bildung von Methylenbrücken beruht auf der Abspaltung von Formaldehyd aus vorhandenen Dimethylenetherbrücken, die oberhalb 160 °C abläuft. Der dabei freigesetzte Formaldehyd führt zu zusätzlicher Vernetzung [63].

$$\text{(Phenol-CH}_2\text{-O-CH}_2\text{-Phenol)} \longrightarrow \text{(Phenol-CH}_2\text{-Phenol)} + \text{HCHO} \qquad (6.120)$$

Dimethylenether-Brücken sind die zweite wichtige Bindungsform in den Phenolharzen. Sie werden gebildet durch Kondensation der Methylolgruppen zweier Phenolalkohole, also durch eine Veretherung zu Dioxy-dibenzylether-Strukturen [64]:

$$\text{(Phenol-CH}_2\text{OH)} + \text{HOCH}_2\text{-(Phenol)} \longrightarrow \text{(Phenol-CH}_2\text{-O-CH}_2\text{-Phenol)} + \text{H}_2\text{O} \qquad (6.121)$$

Diese Reaktion erfolgt beim Erwärmen der Methylolphenole und besonders glatt in neutralem Medium.

Bei Anwendung starker Säuren als Katalysatoren ist die Methylolstufe nicht faßbar; sie wird schnell unter direkter Bildung der Methylenphenole als Endprodukte durchlaufen; unter diesen Bedingungen wird auch die Dimethylenetherbindung zugunsten der Methylenbrücken zurückgedrängt.

Die Dimethylenether-Bindung stellt eine Anhydroform der Methylolphenole dar und ist daher wie diese grundsätzlich zu gleichartigen Reaktionen befähigt. Ihre Reaktivität ist jedoch stark herabgesetzt, so daß die Dimethylenetherbrücke im Phenolharzaufbau ein wichtiges, ausreichend stabiles Strukturelement ist.

Die Dimethylenetherbindung ist – wie andere Ether auch – gegenüber Alkalien beständiger als gegenüber Säuren. Eine Dimethylenether-Bindung, die sich in o-Stellung zur phenolischen Hydroxylgruppe befindet, ist infolge Ausbildung intramolekularer Wasserstoffbindungen in neutraler oder alkalischer Lösung – in ähnlicher Weise, wie bei den o-Methylolphenolen (siehe Gl. 6.115) – zusätzlich stabilisiert [65, 66].

(6.122)

Die Weiterkondensation von Phenolalkoholen zu höhermolekularen Resolen unter Bildung von Methylen- und Dimethylenether-Brücken wurde eingehend untersucht [4, 5]. Unter stark alkalischen Bedingungen wird die Bildung der Dimethylenether-Brücken weitgehend verhindert [67], sie tritt aber bei einer Kondensation in neutralem bis schwach sauren Bereich stark in den Vordergrund.

Die Methylolgruppen der Phenolalkohole verethern nicht nur miteinander, sondern können auch leicht mit anderen Alkoholen reagieren [68, 69]:

(6.123)

Diese Reaktion ist die Basis für die Herstellung veretherter, in aromatischen Kohlenwasserstoffen löslicher Resole (siehe Abschn. 6.3.6.2.4)

6.3.4.3.2 Stickstoffhaltige Brückenbindungen

Eine dritte Möglichkeit der Verknüpfung von Phenolringen miteinander ergibt sich bei Verwendung von Ammoniak als Kondensationsmittel und von Hexamethylentetramin zur Härtung. In beiden Fällen entstehen Cokondensate aus Phenol, Formaldehyd und Ammoniak nach Art einer Mannich-Reaktion.

Formaldehyd und Ammoniak reagieren spontan unter Bildung von Hexamethylentetramin (siehe Abschn. 6.3.3.3), welches sich beim Erwärmen mit Phenol zu mehrkernigen Strukturen umsetzt, die neben Methylenbrücken auch stickstoffhaltige Brücken aufweisen [70]:

(6.124)

Vorzugsweise entstehen Dimethylenamin-Bindungen

$$-CH_2-NH-CH_2-,$$ (6.125)

6.3 Phenolharze 139

aber auch eine dreibindige Trimethylenamin-Struktur:

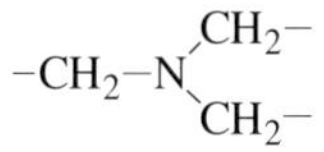

$$-CH_2-N\begin{smallmatrix}CH_2-\\CH_2-\end{smallmatrix}\quad\quad (6.126)$$

Die entstandenen Oxy-Benzylamin-Basen wirken als Kondensationsmittel bei einer Weiterkondensation von Phenolen mit Formaldehyd über Methylolgruppen. Ein hoher Überschuß an Phenol läßt die Reaktion so verlaufen, daß der gesamte Formaldehyd, der im Hexamethylentetramin gebunden ist, in Form von Methylenbrücken eingebaut wird; hierbei wird Ammoniak freigesetzt. Im Temperaturbereich bis ca. 150 °C werden bevorzugt Dimethylenamin-Strukturen gebildet, oberhalb 150° C gehen diese unter Abspaltung von Ammoniak in Methylenbrücken über.

Die bei der Ammoniak-Kondensation und Hexamethylentetramin-Härtung auftretende Gelbfärbung ist auf Nebenreaktionen, z. B. dem Auftreten von Schiffschen Basen, zurückzuführen [1].

6.3.4.3.3 Chinonmethide [71]

Die behandelten Kondensations-Reaktionen verlaufen intermolekular unter Wasserabspaltung. Die Kondensation kann auch intramolekular bei Methylolphenolen und Dioxy-Dibenzylethern unter Bildung der Chinonmethide als Zwischenstufen formuliert werden:

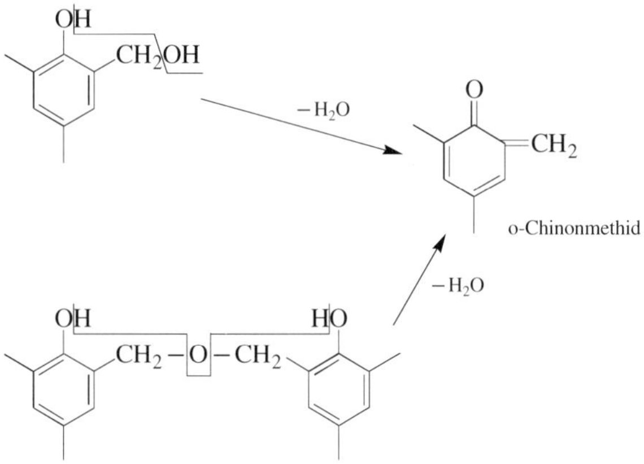

(6.127)

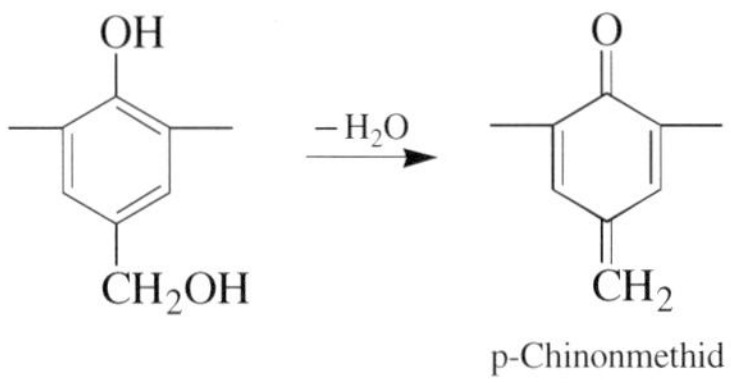

(6.128)

Chinonmethide sind sehr instabil und in monomerer Form nicht faßbar. Aufgrund von Untersuchungen spielen sie jedoch als Zwischenstufen bei der Bildung der Phenolharze eine wichtige Rolle [66, 72]. Die Chinonmethide liegen formal im Gleichgewicht mit den entsprechenden zwitterionischen Carbenium-Formen vor, von denen sich viele bisher behandelte Reaktionen ableiten lassen:

o-Chinonmethid (6.129)

p-Chinonmethid

Aufgrund ihres stark ungesättigten Charakters sind die Chinonmethide in der Lage, zahlreiche Anlagerungsreaktionen einzugehen. Sie lagern sehr leicht Verbindungen mit beweglichen Wasserstoffatomen an und können so zur Molekülvergrößerung beitragen:

Chinonmethid + Methylolphenol → Dimethylenether (6.130)

Chinonmethide wirken stark dehydrierend und lösen damit vor allem bei hohen Temperaturen Redox-Vorgänge aus. Diese können zur Bildung von farbigen chinoiden Verbindungen führen. Auch die Verknüpfung über Ethylenbrücken unter Bildung von Dioxy-Diphenylethan-Strukturen kann auf diese Weise gedeutet werden [73].

(6.131)

Diese Vorgänge spielen vor allem bei der Hitzehärtung von Phenolharzen eine Rolle. Die Chinonbildung steht dabei sicherlich in Zusammenhang mit den von der Praxis her bekannten Verfärbungserscheinungen beim Einbrennen von Phenolharzfilmen.
Die Chinonmethid-Bildung erklärt auch das Auftreten von Phenolaldehyden aus Methylolphenol als einen Redoxvorgang [74].

(6.132)

In einer Dien-Addition an Verbindungen mit Kohlenstoff-Doppelbindungen werden Chromanderivate gebildet:

(6.133)

Die Reaktionsweise der Chinonmethide ist ein Grundprinzip bei der Herstellung von harzsäuremodifizierten und plastifizierten Phenolharze sowie bei der Verkochung von Alkylphenolharzen mit ungesättigten Ölen [74, 75].

6.3.5 Struktur und Härtung der Phenolharze

Die Struktur der Phenolharze und damit die Eigenschaften der Endprodukte werden von zahlreichen, einander beeinflussenden Faktoren bestimmt. Ausgangsreaktion ist stets die Bildung der Phenolalkohole. Durch die Anzahl der gebildeten Methylolgruppen und damit abhängig von der Funktionalität der Phenole wird in gewissem Umfang die Struktur der Phenolharze vorausbestimmt. Insgesamt bestimmen folgende Faktoren den Verlauf der Phenol-Aldehyd-Kondensation:

- Funktionalität der Phenole,
- Reaktivität der Phenole,
- Molverhältnis der Reaktionspartner Phenol und Formaldehyd,
- Art des Kondensationsmittels,
- Konzentration der Partner,
- pH-Wert,
- Reaktionstemperatur,
- Reaktionsdauer.

Die Reaktionsgeschwindigkeit der Phenol-Formaldehyd-Umsetzung ist bei p_H 1 bis 4 proportional der Wasserstoffionenkonzentration (Novolakbildung) [76]. Bei p_H 4 bis 5 wird ein Minimum der Reaktionsgeschwindigkeit durchlaufen, bei höheren p_H-Werten steigt sie proportional zur Hydroxyl-Ionenkonzentration wieder an (Resolbildung). Novolake erreichen dabei eine mittlere Molmasse zwischen 400 bis 1000 mit Erweichungspunkten zwischen 50 und 110 °C, während die Resole in der Regel mittlere Molmassen von 150 bis 600 aufweisen.

Die Reaktion von Phenol mit Formaldehyd ist grundsätzlich eine gefährliche Reaktion. Es ist wichtig, während der Herstellung die Reaktionsbedingungen streng zu kontrollieren, dies gilt vor allem für die Temperatur und den p_H-Wert. Wenn nicht sorgfältig vor allem in der Anfangsphase der Reaktion kontrolliert wird, kann der Reaktionsansatz in einer exothermen Reaktion durchgehen. Die Folgen können sehr ernsthaft sein. Explosionen mit Zerstörung des Reaktors und des Reaktorgebäudes sind aufgetreten. Wenn Formalin verwendet wird, wirkt das Wasser als Wärmeüberträger, der die exotherme Reaktionswärme abführt und so den Ablauf der Reaktion mäßigt. Aus Sicherheitsgründen arbeitet man heute weitgehend nach dem Zulaufverfahren von Formaldehyd.

6.3.5.1 Saure Kondensation

Die Reaktion von 1 Mol Phenol mit weniger als 1 Mol Formaldehyd – in der Praxis 0,5 bis 0,9 Mole – unter stark sauren Bedingungen führt rasch zur Bildung von Methylenbrücken. Es werden die Phenolringe o,p-, aber auch o,o- und p,p-verknüpft. Im Endprodukt liegt ein Gemisch verschiedener o- und p-substituierter Polymethylenphenole vor, es ist ein Novolak entstanden. Es verbleiben keine nennenswerten Mengen an reaktiven Gruppen oder Dimethylenether-Brücken im Harz. Das Harz ist löslich und schmelzbar, es enthält Verzweigungen, aber praktisch keine Vernetzungen. Überschüssige Monomeranteile, insbesondere überschüssiges Phenol, werden destillativ entfernt.

Kondensiert man mit einem Formaldehyd-Überschuß, so erfolgt eine zusätzliche Vernetzung der kettenförmig aufgebauten Polyoxyphenylmethane untereinander über Methylenbrücken zu Resiten. Derartige unlösliche, unschmelzbare vernetzte Produkte können aber nicht mehr verarbeitet werden, so daß ihre technische Herstellung ohne Bedeutung ist.

Im sauren Bereich wird die p-Stellung bei der Methylolphenol-Bildung bevorzugt. Um daher hohe Reaktivität und kurze Härtungszeiten bei den Novolaken zu erzielen, sind Verfahren entwickelt worden, die sauer katalysierte Phenol-Formaldehyd-Reaktion in die o-Stellung zu lenken. Die o,o-Verknüpfung von Phenolalkoholen mit Phenolen wird z. B. durch Verwendung chelatbildender Katalysatoren erreicht [77]. Auch wird die Bildung von „ortho-Novolaken" bei hohen Phenolkonzentrationen und durch Komplexbildung mit Zinkionen und anderen zweiwertigen Metallionen bevorzugt.

6.3.5.2 Alkalische Kondensation

Bei der alkalischen Kondensation bleiben die Methylolgruppen erhalten, es entstehen Resole. Resole sind ein Gemisch von Poly- und Mono-Methylolverbindungen ein- und mehrkerniger Phenolring-Systeme, sie können auch noch Reste unumgesetzter Einsatzstoffe enthalten, die als „freie Monomere" eine wichtige Rolle im Hinblick auf die Kennzeichnung und bei der Beurteilung der Emissionen spielen. Als Kondensationsmittel werden geringe Alkalimengen eingesetzt, die nach Beendigung der Reaktion neutralisiert und gegebenfalls abgetrennt werden.

Bei der Kondensation von 1 Mol Phenol mit 1,5 bis 2,5 Mol Formaldehyd in Gegenwart von Alkalien oder Erdalkalien bei mäßigen Temperaturen bis zu 70 °C entstehen bevorzugt Phenolalkohole mit ein oder zwei Kernen. Die Bildung von Dimethylenether- oder Methylen-Brücken wird unter diesen Bedingungen unterdrückt. Die Reaktionsprodukte werden als „einfache Resole" bezeichnet. Sie finden wegen ihrer hohen Reaktivität vorwiegend Verwendung als Komponenten zur Härtung und Modifizierung anderer Stoffe und Verbindungen, z. B. Polyester, Alkydharze, Harzsäuren und Öle.

Bei der Reaktion von 1 Mol Phenol mit einem geringen Formaldehyd-Überschuß (1,1 bis 1,5 Mol) in Gegenwart von Alkali bei Temperaturen über 70 °C entstehen hingegen höhermolekulare, mehrkernige Resole mit geringerer Anzahl freier reaktiver Methylolgruppen. Diese Harze werden als vorgehärtete Harze oder auch „hochkondensierte Resole" bezeichnet. Sie entstehen auch, wenn an ein Novolak durch Zugabe von Formaldehyd alkalisch Methylolgruppen angelagert werden.

Wenn der Formaldehyd-Gehalt unter 1 Mol sinkt, entstehen Resole mit einem hohen Gehalt an freiem Phenol, die durch Hitzebehandlung in Harze vom Novolak-Typ überführt werden können.

Zur Verringerung oder gar Substitution des als Katalysator erforderlichen Alkalis wird die Mitverwendung eines Aceton-Formaldehyd-Kondensats empfohlen [78].

6.3.5.3 Kondensation mit Ammoniak

Kondensiert man Phenol und Formaldehyd mit Ammoniak als Kondensationsmittel, so entstehen Ammoniak-Resole, in denen die Phenolkerne über Dimethylen- und Trimethylenamin-Brücken miteinander verknüpft sind (siehe Abschn. 6.3.4.3.2). Derartige Harze sind aschefrei und im Gegensatz zu anderen Resolen häufig fest.

6.3.5.4 Resolether-Bildung

Durch Veretherung der Methylolgruppen mit anderen Alkoholen entstehen Resolether, die in Kohlenwasserstoffen löslich und mit Naturharzen und fetten Ölen verträglich sind (siehe Gl. 6.123). Mit Butanol veretherte Resole werden als „butanolisierte Resole" bezeichnet. Die Veretherung schwächt zwar die Reaktivität dieser Produkte, infolge Spaltbarkeit der Ethergruppen mit Säuren ist eine Härtung zu Resiten jedoch durchaus noch möglich.

6.3.5.5 Phenoletherharze

Eine wichtige Reaktion läuft wohl mit Phenolharzen, nicht aber bei Aminoharzen ab. Dies ist die Veretherung der phenolischen OH-Gruppe. Sowohl Novolake, als auch Resole können dieser Reaktion unterzogen werden. Die Veretherung der phenolischen OH-Gruppe führt zu verbesserter Alkaliresistenz, Oxydationsbeständigkeit, erhöhter Flexibilität und verbesserten lufttrocknenden Eigenschaften. Lösungen von Phenolether-Resolen besitzen niedrigere Viskosität als die der entsprechenden Resole, so daß sich die Produkte zur Herstellung feststoffreicherer Lacksysteme eignen. Die Härtungsgeschwindigkeit der Phenolether-Resole ist im Vergleich zu den Resolen deutlich ermäßigt.

Die Alkylierung der phenolischen OH-Gruppe erfolgt gewöhnlich durch Reaktion mit stark elektrophilen Verbindungen vor der Reaktion mit Formaldehyd. Typisch sind die Reaktionen mit Alkylchloriden, Epichlorhydrin, Epoxiden wie Ethylenoxid, Propylenoxid, Styroloxid und Epoxidharzen sowie mit Monochloressigsäure. Phenol-allyletherharze, die durch Alkylierung mit Allylchlorid hergestellt werden, werden als Additive für Verpackungs- und Faßlacke und für kataphoretisch oder anaphoretisch abscheidbare Elektrotauchlacke verwendet [79].

Handelsprodukt: Methylonharz (General Electric)

6.3.5.6 Bifunktionelle Resole

Alkylphenole mit einer Alkylgruppe in p- oder o-Stellung sind bifunktionell und können bei der Kondensation mit Formaldehyd keine bis zur Resitstufe härtenden Resole liefern (siehe Formeln 6.103). Alkylphenolharze sind in fast allen organischen Lösemitteln und fetten Ölen löslich sowie mit Naturharzen verträglich.

6.3.5.7 Härtung von Phenolharzen

Phenolharze neigen dazu, spröde Filme zu bilden, wenn sie alleine als Bindemittel eingesetzt werden. Daher werden sie vorwiegend verwendet in Kombination mit anderen Lackharzen. Häufig sind diese Kombinationen fremdhärtende Systeme, jedoch können Phenolharze auch direkt anderen Harzen während ihrer Herstellung zugegeben werden. Sie bilden Stellen für die Vernetzung, Selbsthärtung und den Filmaufbau aus (siehe Abschn. 6.3.8).

Die Fremdvernetzung zwischen den Methylolgruppen des Phenolharzes und anderen Harzen ist ähnlich die der Aminoharze.

6.3.6 Resole

Die Anwendung der Phenolharze ist äußerst vielfältig und umfaßt Laminate, Holzleime, Schmelzpulver, Isolierungsmassen u.a. In der Oberflächenchemie können sie allein oder zur Modifizierung anderer Harze verwendet werden. Im letzteren Falle werden sie oft verwendet zur Vernetzung von polyfunktionellen Produkten, wie Epoxidharzen, Epoxi-Novolaken, Polyestern und Alkydharzen oder Härtung von Polymeren, die ohne diese Zusätze thermoplastisch wären.

6.3.6.1 Bildung und Herstellung

Ein Resol ist ein Phenolharz, das bei Anwendung in der Wärme zu einem festen, unlöslichen, unschmelzbaren und drei-dimensionalen Polymernetzwerk vernetzt. Resole werden üblicherweise mit einem molaren Formaldehyd-Überschuß hergestellt unter alkalischen Bedingungen von p_H 8,5 oder höher. Diese Reaktionsbedingungen liefern den höchsten Grad an Methylolierung, liefern daher bevorzugt Methylol-Phenol praktisch ohne Kondensationsreaktion.

Die Einführung einer ersten Methylolgruppe in den Benzolring läßt die Wahrscheinlichkeit einer weiteren Methylolierung an dem Ring anwachsen. Daher werden in gewissem Umfang Trimethylol-Phenole auch dann gebildet, wenn das Formaldehyd-Phenol-Verhältnis beträchtlich unter 3:1 liegt (Gl. 6.134).

$$(6.134)$$

Will man Dimethylol-Phenole herstellen, ist es deshalb wirkungsvoller, Phenolderivate mit einer blockierten p-Stellung (wie z.B. p-*tert*-Butylphenol) einzusetzen, als das Dimethylol-Phenol durch schwierige Kontrolle des Einsatzverhältnisses der Rohstoffe zu bilden:

$$(6.135)$$

In der Praxis werden Molverhältnisse von Formaldehyd zu Phenol zwischen 1:1 und 3:1 in Gegenwart alkalischer Katalysatoren angewendet (siehe Abschn. 6.3.5.2). Der Katalysator-Typ hat einen großen Einfluß auf die Molekülstruktur und die Molmassenverteilung des entstehenden Resols.

Übliche Katalysatoren sind Natriumhydroxid, Oxide und Hydroxide alkalischer Erden, Natriumcarbonat, Ammoniak und einige tertiäre Amine. Die Auswahl des Katalysators beeinflußt die Kosten, die Wirksamkeit und seine Abtrennung. Natriumkatalysatoren werden normalerweise nicht vom Produkt getrennt, Oxide und Hydroxide von alkalischen Erden werden üblicherweise als Sulfate gefällt und abfiltriert. Die Gegenwart von Katalysatorrückständen kann zu niedrigerer Produktqualität führen, ist aber für die Oberflächenbeschichtung nicht immer von Bedeutung.

Nach der Methylolierung wird der p_H des Reaktionsansatzes unter einen Wert 7 eingestellt und die weitere Kondensation durchgeführt. Dies geschieht normalerweise zur Entfernung des Kondensationswassers unter Vakuumdestillation, bis ein Harz mit den gewünschten physikalischen Eigenschaften (Feststoffgehalt, Viskosität, Härtungszeit oder Schmelzpunkt) erhalten wird.

6.3.6.2 Typen

Resole des Handels sind eine Mischung mehrkerniger Moleküle, die über Methylen- oder Dimethylenether-Gruppen miteinander verknüpft sind und Reste nicht-reagierter Methylol-Gruppen tragen:

(6.136)

Resole haben in der Regel gelbe bis dunkelbraune Farbe, gelegentlich von hoher Intensität. Die Produkte werden lösemittelfrei in fester Form oder als Lösung geliefert. Die Auswahl des Lösemittels wird durch das Anwendungsgebiet bestimmt. Allgemein werden Alkohole, Glycolether, aromatische Verbindungen oder deren Mischungen als Lösemittel verwendet.

Resole für den Lacksektor haben meist einen relativ niedrigen Schmelzpunkt (ca. 50 °C); das feste Harze kann daher schon bei niedrigen Temperaturen sintern und verbacken (ca. 30 °C).

6.3.6.2.1 Wasserlösliche Resole

Resole in der Form der einkernigen oder zweikernigen Phenolalkohole, also bis zu einer mittleren Molmasse von ca. 300, sind noch wasserlöslich. Als direkte Basis für wasserverdünnbare Lacke sind sie jedoch nicht geeignet, da sie keine einwandfreien Beschichtungen bilden. Durch Einbau von Carboxylgruppen oder durch Kombination mit hydroxyl- und carboxylgruppentragenden elastifizierenden Harzen wird die Hydrophilie der Resole weiter erhöht [34, 80 bis 83]. Eine Verbesserung der lacktechnischen Eigenschaften wird durch Mitverwendung von Resolcarbonsäuren erzielt [84], die beispielsweise durch Einführung der Säuregruppe an einer phenolischen Hydroxylgruppe des Bisphenol A (2,2-Diphenol-propan) und anschließende Umsetzung mit Formaldehyd erhalten werden. Resolcarbonsäuren können auch aus „Diphenolic acid" [4,4-Bis(4-hydroxyphenyl)pentansäure] durch Umsetzen mit Formaldehyd hergestellt werden [85].

$$\text{HO}-\underset{\underset{\underset{\underset{\text{COOH}}{|}}{\overset{\text{CH}_2}{\text{CH}_2}}}{\overset{|}{\text{C}}}}{\overset{\overset{\text{CH}_3}{|}}{\bigcirc}}-\bigcirc-\text{OH}$$ (6.137)

Diphenolic acid

Die Lösung dieser Systeme in Wasser erfolgt durch Salzbildung nach Zusatz von Ammoniak oder Aminen. Beim Einbrennen werden die Beschichtungen gehärtet, sie werden wasserunlöslich und erreichen die gewünschten lacktechnischen Eigenschaften.
Wasserlösliche Resole werden verwendet als sogenannte „technische Phenolharze" für die Veredlung von Textilfasern, Imprägnierungen, Verleimungen, als isolierende Bindemittel für Holz, Papier, Glas- und Steinwolle [86] sowie in Kombination mit Polyacrylatdispersionen (siehe Kap. 8) für Metallkleber. Wasserlösliche Einbrennlacke auf Basis von Resolen, z.B. in Kombination mit wasserlöslichen Bindemitteln, werden für Industrielackierungen [87] und als Bindemittelkomponente für anodisch abscheidbare Elektrotauchlackierungen, die als Korrosionsschutzgrundierungen verwendet werden, eingesetzt [88 bis 93].

Handelsprodukte
BKUA (Union Carbide)
Phenodur (Hoechst)
Resydrol (Vianova)

6.3.6.2.2 Alkohollösliche Resole

Resole sind aufgrund ihrer Polarität in polaren Lösemitteln, wie Alkoholen, Ketonen und Estern, gut löslich.
Resole für den Lacksektor können nur in Ausnahmefällen als Alleinbindemittel verwendet werden, da sie harte und spröde Filme nach der Aushärtung in der Wärme bilden. Die Vernetzung erfolgt über die freien Methylolgruppen. Einsatzgebiete für Resole als Alleinbindemittel, bei denen die Flexibilität nicht entscheidend ist, sind beispielsweise Beschichtungen von starren Konstruktionen wie Rohrleitungen und Reaktionskessel. Weitere wichtige Anwendungsgebiete sind Elektroisolierlacke, Drahtlacke, Leiterplattenlacke etc. Die Anwendung erfolgt hier meist in mehreren Schichten, um die gewünschte Schichtdicke zu erhalten. Die erste Schicht wird bei relativ niedrigen Temperaturen von z.B. 170°C vernetzt, um Spannungen in dem gebildeten Film zu vermeiden. Die gesamte Schicht wird erst bei 220°C durchvernetzt, wenn der letzte Film aufgetragen ist. Die Beschichtungen besitzen ungewöhnlich gute Chemikalien- und Lösemittelbeständigkeiten.
Die Elastizität der Filme aus Resolen kann durch Verwendung spezieller, polarer Weichmacher erhöht werden. Derartige Weichmacher können beispielsweise hydroxylgruppentragende alkohollösliche Polyester sein (Abschn. 6.1.1), die mit den Resolen verträglich sind. Bei der Härtung reagieren die Methylol-Gruppen des Resols mit den Hydroxylgruppen des Polyesters unter Ausbildung von Ethergruppen [74].
Resole sind mit manchen polaren Polymerisaten, wie z.B. Polyvinylacetalen (Kap. 8) und Epoxidharzen (Kap. 7.2), verträglich. Derartige Polymerisate dienen in entsprechenden Kombinationen zur Verbesserung der Flexibilität, während das Resol als Vernetzer wirkt und den Beschichtungssystemen Chemikalienfestigkeit und Temperaturstabilität verleiht.
Weitere Anwendungen siehe Abschnitt 6.3.8 „Modifizierte Phenolharze".

Handelsprodukte

Bakelite-Harz (Bakelite AG)
Durez (Occidental Chemical)
Phenodur (Hoechst)
Resibon (Resinas Synteticas)
Schenectady (Schenectady)
Uravar (DSM Resins)
Varcum (Reichhold Chemie)

6.3.6.2.3 Kalthärtende Resole

Bei den kalthärtenden Resolen erfolgt die Vernetzung statt unter Anwendung von Wärme nach Zugabe von Säuren als Katalysatoren. Dieses „Säurehärtung" genannte Verfahren wird angewendet bei der Härtung von Kunstharzkitten und -Leimen [94]. Für den Beschichtungssektor ist aus lacktechnischen Gründen die Entwicklung spezieller Resole für die Kalthärtung erforderlich [95 bis 97]. Als Härter werden im allgemeinen Phosphorsäure, Salzsäure oder p-Toluolsulfonsäure verwendet.
Im Grundsatz handelt es sich bei den kalthärtenden Resol-Systemen um Produkte mit begrenzter Topfzeit; nach Säurezugabe beginnt bereits im Topf die Härtungsreaktion. Die Mitverwendung von Alkoholen als Lösemittel bewirkt eine gewisse Stabilisierung des flüssigen Lackes. Bei der Säurehärtung können zusammen mit den Resolen zusätzlich Harnstoffharze (Abschn. 6.2) als Härter mitverwendet werden.
Nach der Säurehärtung sind die Endprodukte im Vergleich zur Hitzehärtung niedriger im Kondensationsgrad, als Brücken zwischen den Phenolkernen werden ausschließlich Methylenbrücken gebildet [98]. Bei der Kalthärtung ist die Abspaltung von Formaldehyd und Wasser weniger vollständig als bei der Hitzehärtung, die gehärteten Filme sind weniger stark verfärbt als eingebrannte Filme.
Die Produkte werden als Bindemittel für Washprimer und bei der Holzlackierung verwendet.

Handelsprodukte

Phenodur (Hoechst)
Bakelite-Harz (Bakelite)

6.3.6.2.4 Veretherte Resole

Veretherte Resole (siehe auch Abschn. 6.3.5.4), z.B. butylierte Resole, sind in aromatischen, teilweise sogar in aliphatischen Kohlenwasserstoffen löslich. Sie entstehen beim Erhitzen von Resolen mit Alkoholen, ihre Eigenschaften können durch die Art der Reaktionsführung gesteuert werden (siehe Gl. 6.123). Vorwiegend werden Butanol, Ethanol oder Methanol als Alkohole eingesetzt. Für spezielle Zwecke, z.B. als Additive in kataphoretisch oder anaphoretisch abscheidbaren Beschichtungsstoffen, wird auch Allylalkohol als Veretherungskomponente verwendet (siehe Abschn. 6.3.5.5).
Durch die Veretherung werden viele Eigenschaften der Lackfilme deutlich verbessert: Haftung, Elastizität, Oberflächenverlauf. Ganz entscheidet werden durch die Veretherung die Löslichkeit in weniger polaren Lösemitteln und die Verträglichkeit der Resole mit anderen Polymerisaten verbessert, wie z.B. mit Polyacrylaten und anderen Polyvinylverbindungen (siehe Kap. 8), fetten Ölen und ölmodifizierten Alkydharzen (siehe Abschn. 6.1.2) [75, 99]. Die Lackfilme aus veretherten Resolen sind beständig gegenüber Lösemitteln und Treibstoffen.
Resole, deren phenolische Hydroxylgruppen verethert sind, besitzen zusätzlich zu den üblichen Eigenschaften der Beständigkeit gegenüber Säuren, Lösemitteln und Feuchtig-

keit noch gute Resistenz gegen Alkalien und Oxydationsmitteln (siehe Abschn. 6.3.5.5). Die Veretherung der Methylolgruppen wird allgemein während der Säurestufe des Prozesses durch Erwärmen mit einem Überschuß Alkohol durchgeführt. Das gebildete Wasser wird durch Vakuumdestillation oder unter azeotropen Bedingungen entfernt. Das resultierende Harz liefert Filme mit guter Härte, Flexibilität, Wärme- und Chemikalienstabilität. Der Reaktionsverlauf ist in Gleichung 6.138 wiedergegeben.

$$\underset{\text{CH}_3}{\underset{|}{\text{HOCH}_2\text{-C}_6\text{H}_2(\text{OH})\text{-CH}_2\text{OH}}} + 2\,C_4H_9OH \xrightarrow{\text{Säure}} \underset{\text{CH}_3}{\underset{|}{H_9C_4OCH_2\text{-C}_6\text{H}_2(\text{OH})\text{-CH}_2OC_4H_9}} + 2\,H_2O \quad (6.138)$$

Eine beträchtliche Erhöhung der Flexibilität und der Beständigkeitseigenschaften kann durch Mischen des butylierten Phenolharzes mit Epoxidharzen erzielt werden. Das Epoxi/Phenolharz-Verhältnis sollte zwischen 1:1 und 1:2 liegen. Die Mischung kann kalt erfolgen oder durch Kondensation bei 70 °C für 1 Stunde.

Wichtige Anwendungsgebiete [100] sind Elektrotauchlacke, Washprimer, Konservendosenlacke, Verpackungslacke [101], Einbrennlacke, Elektroisolierlacke und Kombinationen mit Epoxidharzen (siehe Kapitel 7.2).

Handelsprodukte

Bakelite-Harz	(Bakelite AG)
Härter	(Ciba-Geigy)
Ilmtalol	(Ilmtal Kunstharz Beier)
Phenodur	(Hoechst)
Santolink	(Monsanto)
Schenectady	(Schenectady)
Uravar	(DSM Resins)
Viaphen	(Vianova)

6.3.6.2.5 Plastifizierte Resole

Neben der Plastifizierung der Resole und der Resolether durch Kombination mit geeigneten Weichharzen, Polykondensaten, Polymerisaten und Ölen erfolgt die eigentliche Plastifizierung durch chemischen Einbau in das Phenolsystem während der Polykondensation [69]. Der ablaufende chemische Prozeß kann je nach Einsatz der flexibilisierenden Komponente eine Veresterung, Umesterung oder Veretherung sein. Mit Stoffen, die aktive Doppelbindungen enthalten, kann es zur Chromanbildung kommen [75, 102] (Gl. 6.133).

Zur Plastifizierung werden aufgrund ihrer Reaktivität bevorzugt Holzöl oder Ricinusöl [103], aber auch Leinöl, Cashewnußöl, Fettsäuren [104] und Tallölfettsäuren verwendet (Abschn. 6.1.2). Besondere Bedeutung hat flüssiges Polybutadienöl als Plastifizierungskomponente für Korrosionsschutzgrundierungen im Automobil- und Automobilzubehör-Sektor erlangt (siehe Abschn. 9.3.3) [89]. Auch die Plastifizierung mit Polyestern wird durchgeführt [105].

Plastifizierte Resole liefern nach dem Einbrennen mechanisch feste und zugleich elastische Beschichtungen; sie sind beständig gegenüber thermischer Dauerbelastung, sowie resistent gegen Alkalien, viele Chemikalien, Lösemittel und Treibstoffe. Die Verträglichkeit mit Alkydharzen, Harnstoff-, Melamin- und Epoxidharzen ist abhängig vom jeweiligen chemischen Aufbau der Kombinationspartner und muß im Einzelfall geprüft werden.

Handelsprodukte

Durophen (Hoechst)
Varcum   (Reichhold Chemie)

6.3.6.3 Härtung der Resole

Resole tragen freie Methylolgruppen, die in der Wärme miteinander unter Bildung von Homokondensaten reagieren. Die selbsthärtenden Resole werden überwiegend mit alkalischen Kondensationsmitteln soweit kondensiert, bis die gewünschten technischen Harzeigenschaften erreicht sind.
Die Weiterführung der Kondensation der Harze bis zum Abschluß der Kondensation und damit das Erreichen des Resitzustandes ist mit der endgültigen Form- bzw. Filmbildung verbunden. In der letzten Phase der Härtung werden letztlich die gewünschten Produkteigenschaften wie Härte, mechanische Festigkeit und Beständigkeit gegenüber vielseitigen Beanspruchungen erhalten. Die Durchführung der Härtung kann durch Hitzeeinwirkung oder Säurezugabe erfolgen, wobei jeweils unterschiedliche Strukturen und Molekülgrößen der Resite resultieren.
Die Verknüpfung von Phenolkernen miteinander erfordert mindestens die Verwendung bifunktioneller Phenole. Voraussetzung für eine wirkungsvolle Vernetzung im Sinne einer Resitbildung ist jedoch zusätzlich die Anwesenheit eines ausreichenden Anteils trifunktioneller Phenole. Andernfalls werden meist nur kurze, unverzweigte, kettenartige Moleküle gebildet.
Eine Heterokondensation mit anderen Reaktionspartnern ist ebenso möglich.
Die Wärmehärtung eines Resols verläuft über einen Chinonmethid-Zwischenzustand (siehe Abschn. 6.3.4.3.3):

(6.139)

Säurehärtende Resole werden kommerziell als Bindemittelkomponente eingesetzt. Die wichtigsten Säurekatalysatoren sind p-Toluolsulfonsäure, Salzsäure oder Phosphorsäure, aber auch Xylol- und Phenolsulfonsäure.

Zusätzlich zu der Selbstvernetzungs-Reaktion erlaubt die restliche Methylolgruppe an dem Resol die Reaktion mit anderen Polymeren, die Hydroxyl-, Carboxyl-, Amino-, Aziridin- [106] oder Epoxidgruppen tragen. Diese Reaktionen sind mit denen der Aminoharze vergleichbar.

Eine besonders wichtige Reaktion in der Oberflächenchemie ist die Reaktion zwischen Phenol-Resolen und ungesättigten Verbindungen:

(6.140)

Dieser Mechanismus verläuft wahrscheinlich über die Chinonmethid-Struktur (siehe Gln. 6.127 und 6.128).

Die o- und p-substituierten Resole verhalten sich unterschiedlich. Das p-Resol ist für die Ringbildung sterisch gehindert und reagiert mit α-Methylengruppen anders als die o-Resole. Die o-Resol-Reaktion liefert den Chroman-Ring und wird gebraucht, um die Phenol-Struktur in die Alkydharze (Abschn. 6 1.2) (über die ungesättigten Fettsäuregruppen) und in Kolophonium oder Kolophonium-Ester (Kap. 9.4.3) (über die ungesättigte Abietinsäure) einzuführen (Gl. 6.141). Kolophoniumester, die in dieser Weise modifiziert werden, werden zur Herstellung von Druckfarben verwendet (siehe Abschn. 6.3.8).

(6.141)

6.3.7 Novolake

Novolake sind bei Raumtemperatur fest und haben allgemein einen scharfen Schmelzpunkt. Aufgrund ihres inerten Charakters können sie nur für physikalisch-trocknende Lacke und Farben verwendet werden. Sie sind gut löslich in polaren Lösemitteln wie Alkoholen, Ketonen und Estern, aber unlöslich in aromatischen und aliphatischen Kohlenwasserstoffen. Spritlacke sind Novolake, gelöst in Alkohol, die als Klarlacke eingesetzt werden. Sie haben eine gelbe Farbe. Ihr Haupteinsatzgebiet sind Möbelpolituren und schnell-trocknende Lacke (Holz und Werkzeuge) im Industrie- und Konsumentensektor. Novolake haben eine hohe Dielektrizitätskonstante, daher werden sie auch als Elektroisolierlacke verwendet. Die Lacklösungen trocknen schnell und bilden einen harten Film, der gegenüber Wasser und Kohlenwasserstoffen beständig ist. Novolake sind verträglich und kombinierbar mit vielen anderen Bindemittelklassen. Zusätze kleiner Mengen von Alkydharzen oder Polyvinylbutyral erhöhen die Flexibilität der Beschichtungen (siehe Abschn. 6.3.8).

Im Vergleich mit Phenol-Resolharzen haben Novolake nur geringe Bedeutung als Lackbindemittel. Novolake sind jedoch sehr wichtig als Bindemittel für basische Farbstoffe in Druckfarben.

6.3.7.1 Bildung und Herstellung

Ein Novolak ist ein nicht-eigenreaktives Phenolharz. Es wird hergestellt durch Reaktion eines Phenols mit Formaldehyd unter sauren Bedingungen bei einem Formaldehyd-Phenol-Molverhältnis unter 1:1. Die meisten kommerziellen Formulierungen arbeiten bei einem Molverhältnis in dem Bereich 0,75 bis 0,85 zu 1 (siehe Abschn. 6.3.5.1).

Bei Verwendung des trifunktionellen Phenols entstehen viele isomere mehrkernige Verbindungen. Bei niedrigen p_H-Werten, z.B. mit Oxalsäure, ist die Kondensation in p-Stellung begünstigt [107]. Bei p_H-Werten von 3 bis 5 erfolgt bevorzugt o-Kondensation, z.B. mit Zinkacetat, Bleinaphthenat oder Manganoctoat als Katalysatoren. Ortho-Novolake haben hohe Härtungsgeschwindigkeiten und niedrige Schmelzviskositäten, so daß sie wegen ihrer leichten Verarbeitbarkeit technisch besonderes Interesse besitzen.

In Novolaken sind 4 bis 10 Phenolkerne miteinander verknüpft, sie haben Molmassen zwischen 400 und 1000 [108]. Es handelt sich um feste Produkte, die thermoplastische Eigenschaften aufweisen.

Eine typische Novolak-Struktur:

(6.142)

Um einen Novolak zu vernetzen, ist die Zugabe von Formaldehyd erforderlich. In der Mehrzahl der kommerziellen Systeme wird Formaldehyd in der Form von Hexamethylentetramin zugesetzt. Die Reaktion setzt bei festen Harzen bei 110 bis 120°C ein. Hexa bildet beim Erhitzen Formaldehyd und Ammoniak. Das freigesetzte Ammoniak bewirkt die Bildung einer dreidimensionalen Struktur vom Typ eines Hydroxy-Benzylamins (siehe Abschn. 6.3.4.3.2 und Gl. 6.124).

Die gebildeten Dimethylenamin- und Trimethylenamin-Brücken werden über 170°C unter Abspaltung von Ammoniak in die Methylenbrücke umgelagert. Die Reaktion des Novolaks mit Hexamethylentetramin wird durch Zusatz basischer oder saurer Stoffe beschleunigt.

Zur Herstellung eines Novolaks werden Formaldehyd und Phenol mit dem Katalysator gemischt und auf 95 °C erhitzt. Als Katalysator wird meist Oxalsäure verwendet, die die hellsten Produkte liefert und sich bei Temperaturen ab 180 °C rückstandsfrei zersetzt. Nach der Reaktionszeit von etwa 1 Stunde werden Wasser und nicht reagiertes Phenol destillativ im Vakuum entfernt. Häufig werden Temperaturen bis zu 160 °C angewendet. Manchmal wird Wasserdampf durchgeblasen, um das nicht-reagierte Phenol zu entfernen. Der Gang und das Ende der Reaktion wird durch Bestimmung des Schmelzpunktes ermittelt.

Restfeuchtigkeit hat einen Effekt auf den Schmelzpunkt des Novolaks, 1% Wasser reduziert ihn um 3 bis 4 °C. Auch die Schmelzviskosität wird durch den Wassergehalt stark beeinflußt.

Wichtige Anwendungsgebiete sind Druckfarben, Anilin-Gummidruck, Kugelschreiberpasten, Spritlacke, Elektroisolierlacke, Grundierungen, Schiffslacke, Harze zur Verkochung mit Ölen, Photoresistlacke für die photolithographische Herstellung von integrierten Schaltkreisen [109, 110], Bindemittel für Reibbeläge, Schleifscheiben, den Feuerfestbereich, Gießereibindemittel, Textilvlies, Verstärkerharze und Klebrigmacher in der Kautschukindustrie, Spezialanwendungen in der Elektronikindustrie [111], Sockelkitt für Glühlampen. Alkylphenol-Novolake aus p-Phenylphenol, 4-Isooctylphenol und Formaldehyd werden zur Herstellung von Kopierpapier verwendet.

Handelsprodukte

Alnovol	(Hoechst)
Bakelite-Harz	(Bakelite AG)
Durez	(Occidental Chemical)
Liacin	(Synthopol-Chemie)
Resibon	(Resinas Synteticas)
Schenectady	(Schenectady)

6.3.7.2 Epoxi-Novolake

Epoxi-Novolake entstehen durch Kondensation von Formaldehyd mit Phenolen in einem sauren Medium mit anschließender Epoxidierung durch Reaktion mit Epichlorhydrin. Es handelt sich daher um polyfunktionelle Epoxidharze (Kap. 7.2) mit höherer Funktionalität als die Bisphenol A-Epoxidharze. Sie bewirken im allgemeinen gute Haftung, Festigkeit und Flexibilität. Die höhere Funktionalität ist die Ursache für eine engeres Netzwerk und bewirkt höhere Lösemittelbeständigkeit der Beschichtungen sowie ausgezeichnete Beständigkeitseigenschaften bei hohen Temperaturen. Die aromatische Harzstruktur wiederum ist verantwortlich für die höhere Glasübergangstemperatur und die gute Beständigkeit gegenüber wässerigen und sauren Medien [112]. Die chemische Struktur und hohe Funktionalität liefert Beschichtungen mit begrenzter Flexibilität und etwas niedrigerer Haftung auf metallischen Untergründen im Vergleich zu Bisphenol A-Epoxidharzen. Vor allem Epoxi-Phenol-Novolake und Epoxi-Kresol-Novolake haben technische Bedeutung. Epoxi-Bisphenol A-Novolake haben sich bisher im Markt nur für spezielle Anwendungen durchsetzen können.

Handelsprodukte

D.E.N 431	(Phenol-Novolak, Dow)
Araldit ECN 1299	(Kresol-Novolak, Ciba-Geigy)

6.3.8 Modifizierte Phenolharze

Modifizierte Phenolharze sind Kondensationsprodukte vom Resoltyp, die außer Phenol und Formaldehyd noch andere Ausgangsprodukte enthalten. Durch die Modifizierung wird die Verträglichkeit mit anderen Bindemitteln grundsätzlich verbessert.
Modifizierung der Phenolharze kann nach folgenden Methoden durchgeführt werden:

- Verwendung von Phenolderivaten, wie beispielsweise Alkylphenole
- Veretherung der Methylolgruppe oder der phenolischen Hydroxylgruppe
- Umsetzung mit ungesättigten Verbindungen, beispielsweise Verkochen mit natürlichen Ölen, Reaktion mit Harzsäuren, Umsetzung mit Acrylsäure-Monomeren
- Physikalische Modifizierung, beispielsweise Mischen mit Vinylharzen oder Kautschuk
- Härtung mit Epoxidverbindungen oder Polyisocyanaten
- Umsetzen mit anorganischen Säuren oder anorganischen Verbindungen (vorwiegend für Formmassen)

Einige Beispiele wurden bereits unter den Resol-Typen und den Novolaken behandelt (siehe Abschn. 6.3.6 und 6.3.7). Aufgrund ihrer größeren Bedeutung werden hier einige weitere modifizierte Phenolharze ausführlicher beschrieben.

6.3.8.1 Harzsäure-modifizierte Phenolharze

Phenolharze können öllöslich gemacht werden durch Einführen in Alkydharze (Abschn. 6.1.2) und Kolophoniumester (Kap. 9.4.3) (siehe Gl. 6.141). Derart modifizierte Phenol-Resole sind von großer Bedeutung als Bindemittel für Tiefdruck- und Offset-Druckfarben, wo die Trocknungsgeschwindigkeit entscheidend die Geschwindigkeit des Druckprozesses bestimmt.
Die Umsetzung von Phenolformaldehydharzen mit Naturharzsäuren von der Art des Kolophoniums führt zu Produkten, die für die Lackindustrie weitaus besser geeignet sind als die reinen Phenolharze [113]. Auf diese Weise wird den Harzen Löslichkeit in fetten Ölen verliehen, sie können mit Leinöl und Alkydharzen kombiniert werden. Die ersten Harze des Handels kamen unter der Bezeichnung „Albertole" auf den Markt, wegen ihrer Substitution der natürlichen Hartharze Kopal und Bernstein wurden sie auch als „Kunstkopale" bezeichnet [8].
Die ursprünglichen Harze, die durch sehr langes Erhitzen der Komponenten auf hohe Temperaturen von 300 °C hergestellt wurden, waren durch starke Dunkelfärbung und Zersetzung gekennzeichnet und entsprachen noch nicht den Vorstellungen der Verarbeiter. Eine deutliche Verbesserung gelang dadurch, daß hochreaktive Resole mit Naturharzsäuren zu sogenannte „Albertolsäuren" umgesetzt wurden, die man wiederum mit überschüssigen Harzsäuren unter Zugabe von Polyalkoholen veresterte [75].
Als Naturharzsäuren werden Kolophoniumsorten unterschiedlicher Provenience eingesetzt. Auch aus Tallöl gewonnene Harzsäuren werden verwendet (Tallharz). Art und Qualität der Kolophonium-Komponente haben einen beachtlichen Einfluß auf die Harzbildung.
Die Aufklärung des Mechanismus der Albertolsäurebildung gelang *Greth* [114] und *Hultzsch* [75]. Dabei werden die monofunktionellen Harzsäuren durch Bindeglieder aus Phenol-Formaldehyd-Kondensaten zu Di- und Polycarbonsäuren (Albertolsäure) verknüpft, die anschließend gemeinsam mit weiteren Harzsäuren und Polyalkoholen zu Estern umgesetzt werden.
Im einzelnen können dabei Chromanringe als Verknüpfungsgruppen gebildet werden (siehe Gl. 6.141) oder die Verknüpfung über Bindeglieder mit freien phenolischen

Hydroxylgruppen (siehe Gl. 6.143) erfolgen. Letzterer Reaktionsverlauf ist offenbar begünstigt [11]. Es handelt sich jedoch keineswegs um eine einheitliche Reaktion, vielmehr muß mit Wanderungen der Doppelbindungen und dadurch bedingte wechselnde Reaktionsmöglichkeiten sowie mit Variationen der gekennzeichneten Reaktions-Schemata gerechnet werden.

(6.143)

Aus technischen Gründen wird die Verwendung trifunktioneller Phenole bei der Herstellung Harzsäuremodifizierter Phenolharze bevorzugt. Das tetrafunktionelle Bisphenol A liefert naturharzmodifizierte Phenolharze, deren Vergilbung viel geringer ist als entsprechende Produkte auf Basis von Phenol- oder Kresol-Resolen. Die Ursache hierfür ist das Fehlen von Wasserstoffatomen in p-Stellung zur phenolischen OH-Gruppe, so daß sich keine farbige, chinoide Struktur ausbilden kann. Durch Veresterung der Albertolsäuren mit Polyalkoholen kann eine weitere Molmassenerhöhung im Sinne einer Polyesterbildung erfolgen.

Harzsäuremodifizierte Resole sind hart, wasserfest und wenig oxydationsanfällig. Infolge ihres kontrollierten chemischen Aufbaus besitzen sie im Vergleich zu reinen Naturharzen stets gleichmäßige Qualität und Reinheit. Durch Variation der Prozeßführung und Auswahl der miteinander zur Reaktion zu bringenden Komponenten können auf das jeweilige Anwendungsgebiet zugeschnittene Harze synthetisiert werden. Charakteristisch für diese Harze sind eine gute Durchtrocknung von Beschichtungen, hohe Härte, Glanz, Abriebfestigkeit und allgemeine hohe Widerstandfähigkeit der Filme gegenüber Chemikalien, Feuchtigkeit und Wärme.

Beispiele für die Anwendungen Kolophonium-modifizierter Phenolharze sind Kitte, Spachtel, Grundierungen, Rostschutzlacke und eingefärbte Decklacke. Aufgrund der Anfangsfarbe kann nur eine begrenzte Harzmenge bei weißen Lacken zugefügt werden. Der Zusatz der Hartharze erhöht die Härte und den Glanz der Filme, beschleunigt und verbessert die Trocknung oxydativ vernetzender Alkydharze, optimiert die Schleifbarkeit und den Korrosionsschutz von Spachteln.

Modifizierte Phenolharze haben viel an Bedeutung verloren, da sie durch wirksamere Bindemittel ersetzt wurden (z.B. thermoplastische, vernetzbare Acrylharze, Polyurethansysteme). Ein weiterhin wichtiges Anwendungsgebiet für kolophoniummodifizierte Phenolharze ist aber die Druckfarbenindustrie. Für diesen Einsatz wurden Spezialharze entwickelt, deren Eigenschaften auf die verschiedenen Druckverfahren abgestimmt sind. In Tiefdruckfarben dienen sie als Bindemittel in Kombination mit anderen Harzen, für den

Buch- und Offsetdruck werden sie in öl- und mineralölhaltigen Druckfirnissen eingesetzt. Wichtigstes Kriterium für die Verwendung der Harze auf dem Druckfarbensektor ist ein gleichbleibend enger Viskositätsbereich, hohes Pigmentaufnahmevermögen, schnelle Lösemittelabgabe und Trocknung, guter Glanz, Abrieb- und Scheuerfestigkeit des Drucks. Weitere Anwendungen: Toluol-Tiefdruckfarben, Heatset-Druckfarben, Bogenoffsetdruck, Rollenoffsetdruckfarben, Illustrationsdruck, Verpackungsdruck, Schiffsfarben, Fußbodenlacke, Glanzlacke.

Handelsprodukte

Albertol	(Hoechst AG)	Rokrapal	(Lackharzwerke Robert Kraemer)
Alsynol	(DSM Resins)	Setalin	(Akzo Resins)
Beckacite	(Bergvik Kemi AB Arizona Chemicals)	Syntholit	(Synthopol Chemie)
Durez	(Occidental Chemical)	Tergraf	(Resinas Synteticas)
Granolite	(Granel SA)	Terfenol	(Resinas Synteticas)
Hercules MBG	(Hercules)	Uni-Rez	(Union Camp Corp.)
Narprint	(Nares Resinas Naturais)	Uragum	(DSM Resins)
Pentalyn	(Hercules)	Viadur	(Vianova)
Resenol	(DRT Les Dérivés Résiniques et Terpénique)		

6.3.8.2 Polymer-modifizierte Phenolharze

6.3.8.2.1 Allgemeines

Phenolharz-Filme sind für die Anwendungen auf dem Lacksektor in der Regel zu spröde. In Kombination mit anderen Harzen wie Alkydharze, Epoxidharze und Vinylharze bilden sie jedoch hervorragende Beschichtungen mit guter Haftung und Chemikalienbeständigkeit. Die Farbe und Farbstabilität von Beschichtungen mit Phenolharzen sind meist ungenügend und schließen eine Verwendung als Decklacke aus. Sie werden jedoch breit als Primer und Zwischenschichten verwendet. Moderne wasserverdünnbare, lösemittelarme Beschichtungsformulierungen und Pulverlacke auf Phenolharzbasis wurden in den vergangenen Jahren mit hoher Intensität entwickelt [115 bis 118].

6.3.8.2.2 Epoxy-Phenolharze

Kombinationen von Resolen mit Epoxidharzen (Kap. 7.2) sind besonders gut geeignet zur Herstellung von Einbrennlacken, die nach der Aushärtung über 200 °C chemikalienfeste, sehr elastische und haftfeste Beschichtungen liefern.

Resole werden kombiniert mit Epoxidharzen als plastifizierende Komponente. Die Hydroxymethylgruppen des Resols reagieren mit den Hydroxylgruppen des Epoxidharzes – neben der Reaktion der phenolischen Hydroxylgruppen mit den Epoxidgruppen – unter Bildung gehärteter flexibler Beschichtungen. Eingesetzt werden meist Epoxidharze mit einem Epoxi-Equivalentgewicht über 1500, einer relativ hohen Molmasse (ca. 8000) und einer hohen Glastemperatur (ca. 75 °C). Abhängig von der gewünschten Flexibilität und den Beständigkeitseigenschaften ist das Resol-Epoxidharz-Verhältnis allgemein zwischen 15:85 und 40:60 (bezogen auf das Festharz). Die Viskosität wird mit Lösemitteln auf die für die Verarbeitung notwendigen Werte eingestellt. Allgemein werden Verlaufmittel und andere Lackadditive mitverwendet. Typische Applikationsmethoden sind die Walzbeschichtung als Tafellackierung, das Coil-Coating und die Spritzlackierung. Der Resol-Epoxid-Lack wird zur Erzielung einer ausreichenden Vernetzung bei Temperaturen über 180 °C eingebrannt, die Einbrennzeiten liegen bei ca. 12 min. Ein genereller Trend zu kürzeren Produktionszeiten und zur Rationalisierung des Produktionsprozesses findet seinen Ausdruck im Coil-Coating-Verfahren, in dem die Lacke in wenigen Sekunden bei

Temperaturen bis zu 300 °C vernetzt werden. Zur Beschleunigung der Härtung werden Katalysatoren, in der Praxis meist Phosphorsäure oder organische Phosphorsäureester, verwendet. Diese Verbindungen wirken zugleich haftungsverbessernd auf den metallischen Substraten.

Resol-Epoxid-Mischungen können auch vorkondensiert werden durch Erwärmen der vorverdünnten Komponenten unter Inertgas für einige Stunden bei ca. 100 °C. Obwohl ein Ansteigen der mittleren Molmasse normalerweise nicht beobachtet wird, besitzen in dieser Weise vorbehandelte Mischungen beachtlich besseren Verlauf.

Wasserverdünnbare Systeme auf der Basis von Präkondensaten der Resol-Epoxidharze befinden sich schon in fortgeschrittenem Stadium. In die vorgebildeten Resole werden Carboxylgruppen eingebaut, die nach Zugabe von Aminen wasserlösliche Polymersalze bilden. Diese Systeme bewirken eine beachtliche Einsparung an Lösemitteln im Vergleich zu konventionellen, lösemittelhaltigen, hochviskosen Produkten (siehe Abschn. 6.3.6.2.1).

Automobil-Primer sind ein wichtiges Einsatzgebiet für Epoxy-Phenolharz-Beschichtungen (besonders in Elektrotauchlacken) mit sehr guter Korrosionsbeständigkeit, jedoch schließt die dunkle Farbe ihre Verwendung in Decklacken aus. Modifizierte Phenolharze werden in Antifouling-Schiffsfarben in Kombination mit Chlorkautschuk eingesetzt. Öle und Alkydharze (Abschn. 6.1.2), modifiziert mit 25 bis 100% (gerechnet auf das Öl-Gewicht) Resole oder Novolake, bilden die beste Basis für Antikorrosions-Grundierungen für den See- und Land-Transport [119, 120].

Diese Phenol-Epoxidharze eignen sich hervorragend für Innen- und Außenlacke für Verpackungen, Fässer und Konservendosen, die mit Füllgütern unterschiedlicher Art beschickt werden. Das wichtigste Anwendungsgebiet ist die Tafellackierung für Container und Verpackungen zur Lagerung und Verpackung von Lebensmitteln und anderen Produkten [121 bis 123]. Der Untergrund sind galvanisierter Stahl (tin-plate), Nickel-plattierter Stahl (tin-free steel) oder Aluminium-Legierungen. Unbehandelte Stahlbleche können ebenfalls beschichtet werden (für Container und Fässer für Chemikalien). Die Beschichtung erfolgt zumeist vor der Verformung, so daß eine hohe Flexibilität des vernetzten Lacksystems erforderlich ist. Außerdem muß das Beschichtungsmaterial extrem beständig gegen die Füllgüter sein, darf sich nicht verfärben und muß den behördlichen Verordnungen und Empfehlungen für die Anwendung als Lebensmittelverpackungen entsprechen.

Abhängig von dem Rohstoff enthalten die Resole gewisse Mengen monomerer Substanzen wie Phenol, Formaldehyd etc. Sie müssen daher sorgfältig gekennzeichnet, gelagert und gehandelt werden. Durch Anpassungen der Produktionsbedingungen und -Methoden und die Auswahl der Rohstoffe ist der Anteil toxischer Substanzen in den heute üblichen Resolen stark reduziert, so daß die Produkte für die Lackindustrie gut verwendet werden können.

Polyphenole werden zur Härtung pulverförmiger Epoxidharze in der Wärme eingesetzt [124, 125]. Diese Vernetzungsreaktion erfordert jedoch einen Katalysator (tertiäre Amine, Imidazol). Wegen ihrer niedrigen Farbstabilität sind allerdings Pulverlacke auf dieser Basis nicht für dekorative Zwecke geeignet, besitzen jedoch ausgezeichnete Eigenschaften zur Beschichtung funktioneller Gegenstände (z. B. Rohrbeschichtungen) aufgrund ihrer hohen Wärme-, mechanischen und chemischen Beständigkeit.

Ähnliche Systeme aus Phenolharzen und hochmolekularen Epoxidharzen, jedoch in gelöster Form, werden als wärmehärtende Beschichtungen verwendet, um Goldlacke zur Innenbeschichtung von Lebensmittelbehältern und -Verpackungen zu erhalten. Analog hergestellte Bisphenol A-Resole liefern farblose Beschichtungen mit höherer Chemikalienresistenz, schwächerem Geruch beim Einbrennen und sind im Kontakt mit Lebensmitteln geschmacksneutral. Ihre Flexibilität ist jedoch geringer als die der Standard-Phenolharze.

6.3.8.2.3 Phenolharz-Polyvinylacetal

Kombinationen mit Polyvinylbutyral (Kap. 8) mit hohem Acetal-Gehalt werden wie die Epoxidharze zur Plastifizierung der Resole verwendet. Das Gewichtsverhältnis von Resol zu Polyvinylbutyral liegt allgemein zwischen 5:95 und 30:70. Die Anwendung und Verarbeitung entspricht der von Resol-Epoxidharzen. Die Widerstandsfähigkeit solcher Lackfilme gegenüber organischen Lösemitteln und anderen Chemikalien ist besser als die der entsprechenden Epoxidharz-Formulierungen. Im Gegensatz zu diesen werden Resol-Polyvinylbutyral-Kombinationen häufig als pigmentierte Lacke verwendet. Bestimmte Einfärbungen, z. B. Goldlacke, werden aufgrund der stärkeren Eigenfarbe, die während des Einbrennens entsteht, oft befriedigender mit solchen Kombinationen erhalten.
Plastifizierte Resole werden zur Herstellung von Lacken, die gegenüber Chemikalien und Treibstoffen beständig sein müssen, eingesetzt. Sie finden weiterhin Verwendung als Bindemittelkomponente für Draht- und Isolier-Tränklacke [126, 127]. Weiterhin eignen sie sich für Lacke mit guter Stanz- und Verformungsstabilität, also für Innenbeschichtungen von Verpackungen für aggressive Füllgüter.
Resole in Kombination mit Polyvinylbutyral werden für säurekatalysierte, bei Raumtemperatur vernetzende Grundlacke eingesetzt. Es sind schnell-trocknende, korrosionsbeständige Metallgrundierungen. Das Mischungsverhältnis Resol zu Polyvinylbutyral beträgt 25:75 bis 50:50. Diese Grundlacke (Shop Primer oder Wash Primer) bieten einen temporären Korrosionsschutz von Stahlkonstruktionen. Sie bilden zugleich eine gute Haftschicht für nachfolgende Decklacke auf Substraten, die üblicherweise nur schlecht zu beschichten sind (Aluminium, galvanisierter Stahl).
Ein breites Anwendungsgebiet sind Rostschutzgrundierungen im Schiffsbau. Phosphorsäure ist der bevorzugte Katalysator. Abhängig von der Säurekatalysatormenge kann der Lack als Ein- oder Zweikomponentensystem formuliert werden. Leichtflüchtige Alkohole mit kleinen Mengen an aromatischen Kohlenwasserstoffen werden als Lösemittel-Kombinationen verwendet.
Resole in Kombination mit Polyvinylbutyral und Polyvinylformal als plastifizierende Komponenten werden auch für Spezialanwendung, wie zur Drahtlackierung, für Transformator-Bleche und Dynamos oder auch zur Imprägnierung elektrischer Motorwicklungen, eingesetzt. Diese Lacke werden bei 100 bis 300 °C vernetzt.

6.3.8.2.4 Andere Phenolharz-Polymer-Kombinationen

In ähnlicher Weise wie mit Polyvinylacetalen können Phenolharze zur Verbesserung der Flexibilität auch mit gesättigten Polyestern (Abschn. 6.1.1) kombiniert werden. Kombinationen mit Polymethylmethacrylat-Copolymeren (Kap. 8) in Gegenwart eines Triazins als Vernetzerkomponente, die mit UV-Strahlen oder in der Wärme vernetzt werden können, sind ebenfalls bekannt [128]. Auch Kombinationen mit Polyacrylaten und ölmodifizierten Alkydharzen werden angewendet [74, 129].

6.3.8.3 Alkylphenolharze

Obgleich die Herstellung öllöslicher Harze aus Alkyl- und Arylphenolen schon lange bekannt ist [130, 131], wurden sie erst aufgrund der Arbeiten von *H. Hönel* zur technischen Reife für lacktechnische Anwendungen gebracht [132 bis 136].

Als Ausgangsstoffe werden vor allem folgende Phenole eingesetzt:

p-substituierte Phenole: p-*tert*-Butylphenol, p-Octylphenol, p-Amylphenol, p-Phenylphenol

o-substituierte Phenole: grundsätzlich möglich, jedoch muß mit stärkeren Verfärbungen und geringerer Lichtbeständigkeit gerechnet werden.

Die Alkylphenolharze haben vor allem deswegen besondere Bedeutung, weil sie sich zum Verkochen mit ungesättigten fetten Ölen, vor allem Holzöl oder hochreaktiven synthetischen Ölen, eignen und diesen Systemen Härte und Beständigkeit verleihen. Die Ölreaktivität der Alkylphenolharze beruht auf ihrer Reaktion mit den Doppelbindungen der Partner. Die in der Wärme ablaufende Reaktion erfolgt in zwei Stufen:

- Chinonmethid-Bildung aus dem Resol durch Wasserabspaltung gemäß Gleichung 6.127 und 6.128.
- Bildung des Chroman-Ringes durch bifunktionelle Reaktion des Chinonmethids mit der Doppelbindung des Reaktionspartners gemäß Gleichung 6.133 [137 bis 139].

Eine andere Möglichkeit der Verknüpfung von Resolen mit den Ketten ungesättigter Öle, die nicht über die Chromanbildung führt, besteht in der Reaktion der Methylol-Gruppen mit den Methylengruppen der Öle, die benachbart zu einer Doppelbindung stehen und durch diese aktiviert werden (analog Gl. 6.143) [140]. Es ist wahrscheinlich, daß beide Reaktionen nebeneinander ablaufen.

Bei der Herstellung von Alkylphenolharzen erfolgt stets in gewissem Umfang eine Weiterreaktion der einkernigen Resole unter bevorzugter Ausbildung von Dimethylenether-Brücken neben Methylenbrücken. Die Dimethylenetherbrücken werden aber bei den hohen Temperaturen der Verkochung mit Ölen wieder unter Bildung der Chinonmethide gespalten (siehe Gl. 6.127), so daß als Reaktionsprodukte beim Verkochen mit Ölen überwiegend Ein- oder Zweikern-Verbindungen zur Verfügung stehen.

Das Verkochen der Alkylphenolharze mit ungesättigten Ölen erfolgt zwischen 240 bis 260 °C. Die Menge des Öls ist dabei so zu bemessen, daß eine zu starke Erhöhung der Viskosität und vor allem die Gelierung vermieden wird. Meist ist es günstig, das Verhältnis von Öl zu Harz höher als 2 zu 1 zu wählen. Als Öle eignen sich vor allem hochreaktive Öle wie Holzöl und Polybutadienöl. Zur Erhöhung der elastischen Eigenschaften können auch weniger reaktive Öle wie Leinöl oder Leinöl-Standöl mitverwendet werden. Es werden Harze erhalten, die hervorragende Beständigkeit gegen Wasser und die meisten Chemikalien aufweisen, sowie gute Witterungsbeständigkeiten besitzen.

Bevorzugte Anwendungen: Öl- und wärmereaktive Harze, Klebrigmacher für die Kautschukverarbeitung, Bootslacke, Firnisse, Klebstoffe.

Handelsprodukte

Alresen	(Hoechst)	Super-Beckacite	(Reichhold Chemie)
Bakelite-Harz	(Bakelite)	Synthopur	(Synthopol Chemie)
Durez	(Occidental Chemical)	Tungophen	(Bayer)
Resibon	(Resinas Synteticas)	Uravar	(DSM Resins)
Schenectady	(Schenectady)	Viaphen	(Vianova)

6.3.8.3.1 Alkylphenolharz-Dispersionen

Verkochungen von thermoplastischen Alkylphenolharzen mit Ölen können in aliphatischen oder aromatischen Kohlenwasserstoffen dispergiert werden. Es bilden sich nichtwässerige Dispersionen, die physikalisch-trocknende Bindemittel darstellen. Die Produkte ergeben schnell trocknende Beschichtungen mit rascher Überstreichbarkeit, guter Haftung, Abriebfestigkeit und sehr guter Wasserbeständigkeit [141 bis 143]. Sie werden in Korrosionsschutzgrundierungen, für schnell-trocknende Straßenmarkierungsfarben und für Metallschutzanstriche verwendet.

Handelsprodukte

Bakelite-Harz	(Bakelite)
BKUA	(Union Carbide)
Durez	(Occidental Chemical)
Schenectady	(Schenectady)

6.3.8.4 Phenolesterharze

Bei den Phenolester-Harzen ist die phenolische Hydroxylgruppe verestert. Dieses Verfahren wird auf dem Lackharzsektor nur selten angewendet [144]; die Herstellung entsprechender Polycarbonate aus Bisphenol A für den Kunststoffsektor besitzt jedoch große Bedeutung.

6.3.8.5 Phenoletherharze

Hierunter versteht man Harze, deren phenolische Hydroxylgruppe verethert ist. Hierzu gehören

- Epoxi-Novolake, die durch Reaktion von Novolaken mit Epichlorhydrin hergestellt werden (siehe Abschn. 6.3.7.2)
- Allylether-Resole, die durch Reaktion von Phenol mit Allylchlorid und anschließende Umsetzung mit Formaldehyd hergestellt werden. Sie verbessern in Kombination mit Epoxidharzen, Alkydharzen und modifizierten Ölen als Einbrennlacksysteme die Haftfestigkeit der Beschichtungen sowie ihre Beständigkeit gegen Alkalien und Säuren, besitzen niedrige Lösungsviskositäten und werden daher in emissionsarmen High-solids-Lacken und auch in wässerigen Beschichtungssystemen verwendet (siehe auch Abschn. 6.3.5.5).
- Durch Reaktion der Phenole mit Chloressigsäure werden carbonsaure Phenolether erhalten, die nach Umsetzung mit Formaldehyd Harze bilden, die zur Formulierung wasserlöslicher Bindemittelsysteme geeignet sind [145].
- Phenolether mit der Ethergruppe als Polymerbindeglied: Hierzu gehören Harze, die durch Epoxidierung von z.B. Bisphenol A entstehen und zum Teil auch Methylolgruppen enthalten können. Sie nehmen eine Mittelstellung zwischen Phenol- und Epoxidharzen ein.

6.3.9 Sonstige Phenolharze

6.3.9.1 Phenoladdukte

6.3.9.1.1 Terpenphenolharze

Terpenphenolharze sind Anlagerungsprodukte von Phenol an ungesättigte Terpenkohlenwasserstoffe, wie Terpinen, Limonen, Pinen usw. Es handelt sich chemisch um eine Additionsreaktion des Phenols an die Doppelbindung des Partners in Gegenwart stark saurer oder säure-bildender Katalysatoren [146, 147]. Es bilden sich nebeneinander durch den Terpenrest substituierte Phenole und Phenolether des Terpenalkohols [148]:

(6.144)

Die Addition erfolgt stets an einem tertiären Kohlenstoffatom, bevorzugt in der p-Stellung des Phenols. Ist die p-Stellung besetzt, reagiert die o-Stellung oder die Etherbildung wird bevorzugt. Es entstehen ölige bis harte Harze, Formaldehyd kann zur Förderung des Molmassenaufbaus mitverwendet werden [149, 150].

Die Terpenphenolharze besitzen aufgrund ihres Terpenrestes ausgezeichnete Löslichkeitseigenschaften bei relativ guter Lichtbeständigkeit. Sie finden Verwendung in Lacksystemen, Isoliermassen, Klebstoffen etc.

Ebenso wie die Alkylphenolharze verzögern Zusätze von Terpenphenolharzen die Gelatinierung beim Kochen von Ölen, insbesondere Holzöl. Sie sind aber im Unterschied zu Alkylphenolharzen nicht ölreaktiv und nicht härtend, so daß mit ihrer Hilfe auch ölärmere Lacksysteme gekocht werden können [151, 152].

Wichtigste Anwendungsbereiche: Hotmelts, Klebstoffe, Alu-Bronzen, Haftgrundierungen für Metalle.

Handelsprodukte

Alresen	(Hoechst)
Dertophene	(DRT Les Dérivés Résiniques et Terpénique)
Durez	(Occidental Chemical)
Nirez	(Bergvik Kemi AB Arizona Chemicals)
Schenectady	(Schenectady)
Super-Beckacite	(Bergvik Kemi AB Arizona Chemicals)
YS Polyster	(Yasuhara)

6.3.9.1.2 Phenol-Acetylen-Harze

Phenol-Acetylenharze entstehen infolge einer Additionsreaktion der Partner. Aus p-*tert*-Butylphenol und Acetylen erhält man Harze, die als Klebrigmacher in der Kautschukindustrie verwendet werden. Sie haben beispielsweise folgenden chemischen Aufbau [1, 147, 153]:

(6.145)

6.3.9.2 Phenol-Acetaldehydharze

Entsprechende Produkte sind in der Literatur beschrieben, haben jedoch in der Praxis keine Bedeutung [154].

6.3.9.3 Phenol-Furfurolharze

Werden wegen ihrer dunklen Farbe nicht für Beschichtungen verwendet, finden jedoch Einsatz in Preßmassen [155].

$$\text{Furfurol} \quad \text{Furfurylalkohol} \tag{6.146}$$

6.3.9.4 Furanharze

Reine Furanharze können als Kondensationprodukte von Furfurylalkohol angesehen werden und besitzen folgende Ideal-Struktur:

$$\tag{6.147}$$

Technische Furanharze werden unter Verwendung von Furfurylalkohol, Harnstoff und Formaldehyd hergestellt. Sie haben große Bedeutung in der Gießereitechnik als Bindemittel für Formsande [156, 157].

Literatur zu Abschnitt 6.3

[1] *K. Hultzsch*: Chemie der Phenolharze. Springer, Berlin 1950
[2] *T. S. Carswell*: High Polymers, Vol VII, Phenoplasts, Their Structure, Properties and Chemical Technology. Interscience, New York, London 1947
[3] *N. J. L. Megson*: Phenol Resin Chemistry. Butterworth Scientific Publ., London 1958
[4] *R. W. Martin*: The Chemistry of Phenolic Resins. The Formation, Structure and Reactions of Phenolic Resins and Related Products, Wiley, New York 1956
[5] *A. Bachmann* und *K. Müller*: Phenoplaste. VEB Verlag für Grundstoffindustrie, Leipzig 1973
[6] *A. Knop* und *L. A. Pilato*: Phenolic Resins. Springer, Berlin 1985
[7] *Houben-Weyl* (Hrsg.): Handbuch der organischen Chemie, Makromolekulare Stoffe. 4. Aufl., Bd. 14/1 und 14/2. Thieme, Stuttgart 1961
[8] *A. Gardziella* und *H.-G. Haub*: Phenolharze. In *Becker/Braun/Woebcken* (Hrsg.): Duroplaste. Kunststoff-Handbuch, Bd. 10. Hanser, München, Wien 1988, S. 12–39
[9] *P. Nylén* und *E. Sunderland*: Modern Surface Coatings. Wiley, London 1965
[10] *W. Hesse*, Phenolic Resins. In: Ullmanns Encyclopedia of Industrial Chemistry, Vol. A19, VCH, Weinheim 1991, S. 371–385
[11] *K. Hultzsch*: Phenol-Lackharze und abgewandelte Phenolharze. In *Vieweg/Becker* (Hrsg.): Kunststoff-Handbuch , Bd. X, Duroplaste. Hanser, München 1968
[12] *Kirk-Othmer* (Hrsg.): Encyclopedia of Chemical Technology. 3. Ed., Phenolic Resins, Vol. 17. Wiley, New York 1982
[13] 60 Jahre Bakelite-Phenolharze, Kunststoff Rdsch. **17** (1970) 231
[14] *E. Schwenk*: 80 Jahre Kunstharze, Firmenschrift der Hoechst AG, Frankfurt/Main 1983
[15] *E. Schwenk*: 125 Jahre Albert Chemie in Biebrich am Rhein, Firmenschrift der Hoechst AG, Wiesbaden 1983
[16] 75 Jahre Bakelite-Kunststoffe, Werkstoffe für moderne Problemlösungen, Firmenschrift der Bakelite Gesellschaft mbH, Iserlohn-Letmathe 1985
[17] *R. B. Seymour*: Organic Coatings, Their Origin and Development, History of Phenolic Resin Coatings. Elsevier, New York 1990, S. 181–185

[18] A. v .Baeyer, Ber.dtsch.chem.Ges. **5** (1872) 25, 280, 1094
[19] P. D. Ritschie: Chemistry of Plastics & High Polymers. Cleaver-Hume Press, London 1949
[20] DE 140 552 (1902) A. Luft
[21] DE 173 990 (1905) W. H. Story
[22] H. Lebach, Angew.Chem. **22** (1909) 1598; Chem.Ztg. **33** (1909) 680, 705; DE 228 639 (1908); GB 28 009 (1908); FRP 387 051 (1908)
[23] L. H. Baekeland, Chemiker-Ztg. **33** (1909) 317
[24] DE 233 803 (1908) L. H. Baekeland
[25] DE 237 790 und 281 454, L. H. Baekeland
[26] W. Röhrs, Kunststoffe **28** (1938) 287
[27] K. H. Hauck, Kunststoff-Rdsch. **6** (1959) 85
[28] DE 172 877 (1902) Louis Blumer (C. H. Meyer)
[29] H. Hönel, Beckacite-Nachr. **6** (1938) 2
[30] E. Fonrobert, Dtsch. Farben-Z. **6** (1952) 223
[31] K. Hultzsch, Angew.Chem. **63** (1951) 168
[32] AU 180 407 (1949) H. Hönel
[33] DE-Anm. p 34 109 D (1949) Vianova-Kunstharzf.
[34] H. Hönel, Farbe + Lack **59** (1953) 174
[35] N. Megson, Chem.Ztg. **96** (1972) Nr. 1/2, 14-9
[36] W. Brushwell, Amer. Paint J. **62** (1978) Nr. 57, 60–62; Amer. Paint J. **63** (1979) Nr. 1, 52–55
[37] F. J. Bollig, A. Gardziella und R. Müller, Kunststoffe **70** (1980) Nr. 10, 679–683
[38] A. Gardziella und R. Müller, Kunststoffe **77** (1987) Nr. 10, 71–75, 1049–1056
[39] A. Gardziella und R. Müller, Kunststoffe **80** (1990) Nr. 9, 66-68, 1172–1177
[40] T. Horton, Corros. Australas. **7** (1982) Nr. 5, 15
[41] N. R. Morgan, J.Oil Col.Chem.Assoc. **75** (1992) Nr. 6, 227–228
[42] Anonymus, Chem. Week Internat. (1991) Nr. 3, 10, 28
[43] W. Jordan et al.in: Ullmanns Encyclopedia of industrial chemistry, Phenol, Vol. A19. VCH, Weinheim 1991, S. 299–312
[44] H. Fiege et al.in: Ullmanns Encyclopedia of Industrial Chemistry, Phenol Derivatives, Vol. A19. VCH, Weinheim 1991, S. 313–369
[45] H. Kropf und O. Lindner, Chemie-Ing.-Techn. **36** (1964) 759
[46] C. R. Desai, V. H. Bhavsar und H. A. Bhatt, J. Col. Soc. **17** (1978) Nr. 1, 3–10
[47] Anonymus, Europ. Paint Resin News **29** (1991) Nr. 10, 4
[48] Formaldehyd, Porträt einer Chemikalie. Firmenschrift der BASF, Ludwigshafen 1984
[49] A. Hilt in: Ullmanns Encyclopedia of Industrial Chemistry, Formaldehyd, 5. Ed., Vol. A11. VCH, Weinheim 1988
[50] DE 382 903; GB 141 059; FR 528 498; US 1 607 293 (C. Moureau, C. Dufraisse)
[51] J. S. Fry, C. N. Merriam und W. H. Boyd, Amer. Chem. Soc. Symposium Serie **285** (1985) 1141–1158
[52] M. M. Sprung, J. Amer. Chem. Soc. **63** (1941) 334
[53] G. R. Sprengling, J. Amer. Chem. Soc. **76** (1954) 1190
[54] J. H. Freeman und C. W. Lewis, J. Amer. Chem. Soc. **76** (1954) 2080
[55] P. K. Pal, A. Kumar und S. K. Gupta, Polymer **22** (1981) 1699
[56] M. Tsuge, Progress in Organic Coatings **9** (1981) 1699
[57] H. Malkotra und C. Avinash, J. Appl. Polymer Sci. **20** (1976) 2461
[58] S. S. Smirnova und W. J. Serenkow, Wyssokomolek. Ssoedinenija **2** (1960) 1067; Kunststoff-Rdsch. **8** (1961) 303
[59] R. Piria, Liebigs Ann.Chem. **48** (1843) 75; **50** (1845) 37
[60] O. Manasse, Ber. Dtsch. chem. Ges. **27** (1894) 2409; **35** (1902) 3844
[61] H. Kämmerer und H. Lenz, Makromol. Chem. **27** (1958) 162
[62] M. Koebner, Angew. Chem. **46** (1933) 251
[63] E. Ziegler und G. Zigeuner, Kunststoffe **39** (1949) 191
[64] K. v. Auwers, Liebigs Ann. Chem. **356** (1907) 124
[65] K. Hultzsch, Angew. Chemie **A 60** (1948) 179
[66] R. E. Richarts und H. W. Thompson, J. Chem. Soc. (1947) 1260
[67] D. J. Francis und L. M. Yeddanapalli, Makromol. Chem. (1969) 119
[68] K. v. Auwers und F. Baum, Ber. Dtsch. chem. Ges. **29** (1896) 2329

[69]   A. *Greth*, Angew. Chem. **51** (1938) 719
[70]   K. *Hultzsch*, Ber. Dtsch. chem. Ges. **82** (1949) 16
[71]   D. H. *Solomon*: Chemistry of Organic Film Formers, Kreiger Publishing Co. 1977
[72]   H. *von Euler*, E. *Adler*, J. O. *Cedell* und O. *Törngren*, Ark. Kemi Min. Geol. **15A** (1942) Nr. 11
[73]   K. *Hultzsch*, Ber. Dtsch. chem. Ges. **75** (1942) 363
[74]   A. *Greth*, Kunststoffe **31** (1941) 345
[75]   K. *Hultzsch*, Ber. Dtsch. chem. Ges. **74** (1941) 898
[76]   J. E. *de Jong* und J. *de Jonge*, Rec. Trav. Chem. **72** (1953) 497
[77]   T. *Yamagishi* et al., J. Polym. Sci., Polym. Chem. **31** (1993) Nr. 3, 675–682
[78]   H. *Pecina* und Z. *Bernazyk*, Farbe + Lack **97** (1991) Nr. 12, 1062–1064
[79]   DE 2 553 654 (1975); DE 2 728 470 (1977) Herberts (*Patzschke, A. Göbel*)
[80]   H. *Brintzinger* und K. *Weißmann*, Farbe + Lack **58** (1952) 270
[81]   A. *Tremain*, Paint Manufact. **30** (1960) 433
[82]   E. S. J. *Fry* und E. B. *Bunker*, J. Oil Col. Chem. Assoc. **43** (1960) 640
[83]   F. *Hellens*, Paint Manufact. **32** (1962) 230
[84]   AU 198 858 (1955) H. *Hönel*
[85]   Johnson & Son Inc., Firmenschrift „Diphenolic acid", 1959
[86]   K. H. *Hauck*, Kunststoffe **39** (1949) 237
[87]   J. R. *Grawe* und B. G. *Buflain*, J. Coatings Techn. **51** (1979) Nr. 649, 34–67
[88]   DE 2 150 430 (1972) B. *Zückert*
[89]   DE 1 920 496 (1969) Vianova (*W. Daimer, H. Lackner*)
[90]   DE 1 929 593 (1969) Vianova (*W. Daimer*)
[91]   DE 1 965 669 (1969) Vianova (*W. Daimer, G. Klintschar*)
[92]   DE 2 038 768 (1970) Bayer AG
[93]   DE 2 237 830 (1973) Kansai Paint
[94]   H. F. *Müller* und I. *Müller*, Kunststoffe **37** (1947) 75
[95]   A. *Greth*, Angew. Chem. **52** (1939) 663
[96]   E. *Fonrobert*, Farbenztg. **48** (1943) 26
[97]   A. *Kraus*, Kunststoffe **34** (1944) 197
[98]   K. *Hultzsch*, Kunststoffe **37** (1947) 205
[99]   A. *Yee*, W. P. *Mayer* und J. S. *Fry*, Amer. Paint J. **68** (1984) Nr. 46, 39–42
[100] M. S. *Bhatnagar*, Paintindia **32** (1982) Nr. 4, 9–12
[101] H. *Graef*, Pitture et Vernici **61** (1985) Nr. 1, 28–32
[102] J. *Dauvillier*, Double Liaison **23** (1979), Nr. 283, 77–83
[103] DE 605 917 (1931); DE 684 225 (1932) Chem. Fabr. Dr. K. Albert
[104] E. *Fonrobert*, Fette u. Seifen **50** (1943) 514
[105] 138. Tagung der American Chemical Society, Dtsch. Farben-Z. **14** (1960) 420
[106] JP 63/054 459 (1988) Nippon Shokubai Chem. Ind. Co.
[107] H. M. *Culbertson*, J. Amer. Chem. Soc. **105** (1983) 173
[108] N. J. L. *Megson*, Proc. Weyerhaeuser Sci. Symp. **2**, 235-238: Phenolic Resins 1979
[109] M.A. *Toukhy*, Polymer Preprints **25** (1984) Nr. 1, 295
[110] JP 04/165 359 (1992) Hitachi Ltd
[111] US 4 082 713 (1978) Mead Corp.
[112] L. *Soos*, Polym. Paint Col. J. **183** (1993) Nr. 4338, 490
[113] DE 254 441 (1910); DE 269 659 (1911); DE 289 968 (1914) Chem. Fabr. Dr. K. Albert
[114] A. *Greth*, Kunststoffe **28** (1938) 129
[115] J. S. *Fry*, C. N. *Merriam* und G. J. *Misko*, Amer. Chem. Soc., Div. of ORPL, Papers **47** (1982) 540–548
[116] J. S. *Fry* und R. J. *Stregowski*, Polymer Preprints **24** (1983) Nr. 2, 201–204
[117] H. *Bratulescu*, R. *Gardu* und E. *Turcu*, FATIPEC-Kongreß Proceedings (Aachen) **3** (1988) 365–374
[118] A. *Yee* und J. S. *Fry*, Amer. Paint J. **70** (1986) Nr. 54, 41–48
[119] O. *Shoichi*, J. Iron & Steel Inst. Japan **69** (1985) Nr. 13, 1185
[120] R. K. *Jain*, A. *Gupta* und K. K. *Asthana*, Paintindia **39** (1989) Nr. 7, 67–72
[121] D. M. *Berger*, Amer. Paint J. **62** (1978) Nr. 36, 56–63
[122] D. *Versloot*, Synopsis **60** (1987), 12–13

[123] H. Graff, Polym. Paint Col. J. (1986) 70
[124] FR 889 799 (1943) Beckacite Kunstharzfabrik
[125] GB 653 501 (1947) F. J. Hermann
[126] G. Neuberg, Farbe + Lack **70** (1964) 128
[127] US 030 (1979) General Electric (E. G. Banucci, E. M. Boldbuck)
[128] M. Jayabalan, Angew. Makromol. Chem. **104** (1982) 31–38
[129] A. Yee, W. P. Mayer und J. S. Fry, Am. Paint J. **68** (1984) Nr. 46, 39–42
[130] DE 340 989 (1919); DE 468 391 (1925); DE 494 709 (1926) Bakelite
[131] DE 571 039 (1930) Bakelite
[132] H. Hönel, J. Oil Col. Chem. Assoc. **21** (1938) 247
[133] H. Hönel, Fette u.Seifen **45** (1938) 636, 682
[134] DE 563876 (1928); DE 565 413 (1929); GB 334 572 (1929); DE 601 262 (1931); DE 613 725 (1931); US 2 049 447 (1932) H. Hönel
[135] V. H. Turkington und I. Allen jr., Ind.Eng.Chem. **33** (1941) 966
[136] W. M. O. Rennie, Paint Manufact. **33** (1963) Nr.9, 345
[137] K. Hultzsch, J. prakt. Chem. **158** (1941) 275
[138] K. Hultzsch, Ber. Dtsch. chem. Ges. **74** (1941) 898
[139] K. Hultzsch, Kunststoffe **37** (1947) 43
[140] S. van der Meer, Recueil Trav.chim.Pays-Bas **63** (1944) 147
[141] US 3 666 694 (1972); US 3 716 616 (1973) Monsanto (W. H. Ingram)
[142] US 3 878 136 (1975); US 3 870 669 (1975) Hoechst (W. B. Hofel, H. J. Kießling)
[143] US 3 823 103 (1974); US 4 026 848 (1977) Union Carbide (J. Harding)
[144] J. Scheiber: Chemie und Technologie der künstlichen Harze, Wissenschaftl. Verlagsanstalt, Stuttgart 1943, S. 480, 555
[145] W. Brushwell, Farbe + Lack **82** (1976) Nr. 10, 917
[146] DE 396 106 (1921); DE 402 543 (1921); FR 539 494 (1921) H. Wuyts
[147] GB 474 465 (1936); FR 792 623 (1935) Beckacite
[148] K. Hultzsch, Kunststoffe **42** (1952) 387
[149] GB 223 636 (1923) K. Tarassow
[150] GB 459 549 (1935) Beckacite
[151] A. Greth, Kunststoffe **28** (1938) 132
[152] K. Hultzsch, Angew. Chem. **51** (1938) 920
[153] DE 642 886 (1932); DE 645 112 (1932) I.G. Farben
[154] J. Scheiber: Chemie und Technologie der künstlichen Harze. Wissenschaftl. Verlagsgesellschaft, Stuttgart 1943, S. 566–569
[155] J. Alexander in: Colloid Chemistry, Bd. IV, Kap. 57. Reinhold, New York 1946
[156] H. Kaesmacher, Kunststoff-Rdsch. **7** (1960) 267
[157] C. Rauh, Gießerei **48** (1961), Nr. 25

6.4 Keton- und Aldehydharze

Dr. Werner Freitag

Keton- und Aldehydharze werden durch Eigenkondensation oder häufiger durch Cokondensation mit Formaldehyd aus aliphatischen, cycloaliphatischen oder aliphatisch-aromatischen Ketonen bzw. Aldehyden gewonnen [1, 2]. Daneben spielen auch weitere Monomere wie Phenole und Harnstoff eine Rolle. Die Vinylpolymerisation ungesättigter Ketone wurde ebenfalls beschrieben (siehe Abschn. 6.4.1.1). Die Benzolkohlenwasserstoff-Formaldehydharze werden aus alkylierten Benzolkohlenwasserstoffen, Formaldehyd und manchmal weiteren Monomeren hergestellt [3 bis 5]. Obgleich es sich um lange bekannte Harzgruppen handelt, gibt es in Chemie und Anwendung bis heute keinen Stillstand.

6.4 Keton- und Aldehydharze

Folgende Monomere werden häufig eingesetzt:

A) Ketone

$H_3C-\underset{\underset{O}{\|}}{C}-CH_3$ $H_3C-\underset{\underset{O}{\|}}{C}-CH_2-CH_3$ Cyclohexanon Acetophenon

Aceton Methylethylketon

B) Aldehyde

$\underset{H}{\overset{H}{\diagdown}}C=O$ $H-\underset{\underset{CH_3}{|}}{\overset{\overset{CH_3}{|}}{C}}-CH=O$

Formaldehyd Isobutyraldehyd

(6.148)

C) Alkylierte Aromaten

m-Xylol (mit zwei CH$_3$-Gruppen)

Die Kondensation der Monomeren kann mittels basischer, saurer oder neutraler Katalysatoren beschleunigt werden [6]. Bei der Cokondensation der Ketone mit Formaldehyd spielen basische Katalysatoren die wichtigste Rolle. Sie verläuft nach dem Mechanismus der Aldolkondensation und führt zu aldolartigen Produkten bzw. nach Abspaltung von Wasser zu ungesättigten Verbindungen [7, 8]. In der ersten Reaktionsstufe wird unter Bildung des Ketonalkohols Formaldehyd addiert [9] (Reaktion 6.149).

$$R_1-\underset{\underset{O}{\|}}{C}-CH_2-R_2 + B| \rightleftharpoons R_1-\underset{\underset{O}{\|}}{C}-C^{\ominus}HR_2 + BH^{\oplus}$$

$$\downarrow + HCHO$$

$$R_1-\underset{\underset{O}{\|}}{C}-CHR_2-\underset{\underset{OH}{|}}{CH_2} + B| \xleftarrow{+ BH^{\oplus}} R_1-\underset{\underset{O}{\|}}{C}-CHR_2-\underset{\underset{O^{\ominus}}{|}}{CH_2}$$

Ketonalkohol (Aldol) $R_1 = CH_3, C_6H_5$; $R_2 = CH_3, H$

(6.149)

Der Ketonalkohol kann danach in Abhängigkeit vom Molverhältnis Keton zu Formaldehyd und den weiteren Reaktionsbedingungen (Temperatur, p_H-Wert, Konzentrationen) entweder zu polymerisationsfähigen Vinylketonen dehydratisieren oder mit weiterem Formaldehyd hochreaktive Methylolverbindungen bilden (siehe Reaktion 6.150).

Die Harze entstehen durch Polymerisation der Vinylketone zu Polymeren mit alternierendem Aufbau (siehe Abschn. 6.4.2) bzw. durch komplex ablaufende Kondensationsreaktionen der Methylolverbindungen untereinander oder mit weiteren Ketonmolekülen zu teilweise verzweigten Oligomeren. Meist laufen in technischen Verfahren beide Mechanismen nebeneinander ab. Formaldehydüberschuß kann zur Reduktion der Carbonylgruppen zu Hydroxylgruppen führen [10]. Solange keine Substitution an der Vinylgruppe vorgenommen wird, ist die Polymerisationsaktivität der Vinylketonzwischenstufe nur wenig von der Art des eingesetzten Ketons abhängig [11, 12]. Weitere Reaktionsmechanismen werden in den folgenden Kapiteln behandelt.

$$R_1-\underset{\underset{O}{\|}}{C}-CHR_2-\underset{\underset{OH}{|}}{CH_2} + B| \quad \rightleftharpoons \quad R_1-\underset{\underset{O}{\|}}{C}-\underset{\underset{-}{C^{\ominus}}}{}R_2-\underset{\underset{OH}{|}}{CH_2} + BH^{\oplus}$$

$$\downarrow$$

$$R_1-\underset{\underset{O}{\|}}{C}-\underset{\underset{R_2}{|}}{C}=CH_2 + OH^{\ominus}$$

$$R_1-\underset{\underset{O}{\|}}{C}-CHR_2-\underset{\underset{OH}{|}}{CH_2} + HCHO \longrightarrow R_1-\underset{\underset{O}{\|}}{C}-\underset{R_2}{C}\underset{\diagdown}{\diagup}\overset{CH_2OH}{\underset{CH_2OH}{}} \quad (6.150)$$

$$\downarrow \begin{array}{c} + \text{HCHO} \\ (\text{bei } R_2 = H) \end{array}$$

$$R_1-\underset{\underset{O}{\|}}{C}-\underset{}{C}\underset{\diagdown}{\diagup}\overset{CH_2OH}{\underset{CH_2OH}{}}-CH_2OH$$

Die technische Herstellung der Harze erfolgt in Reaktionsanlagen für Kondensationsreaktionen üblicherweise diskontinuierlich. Beispiele für Ansatzmengen und Verfahren wurden beschrieben [2, 7, 13].

Keton- und Aldehydharze werden in einer großen Zahl von Anwendungen eingesetzt. Auf dem Beschichtungssektor werden die Produkte wie bei den meisten anderen Applikationen in Kombination mit weiteren Bindemitteln, Weichmachern, Pigmenten und Hilfsstoffen eingesetzt. Genannt seien Schiffsfarben, Metallgrundierungen und Wash-Primer, Pulverlacke und Straßenmarkierungsfarben. Bei Druckfarben und Tinten [14] sind neben den altbewährten Flexo- und Tiefdruckfarben auf Basis von Cellulosenitrat auch Transferdruckfarben, strahlenhärtbare Systeme und Ink-Jet-Farben zu nennen. Kugelschreiberpasten werden heute hauptsächlich auf Basis hydrierter Acetophenon-Formaldehydharze hergestellt. Weitere wichtige Anwendungen sind die Aufzeichnungs- und Kopiertechnik (Toner), gedruckte Schaltungen, Klebstoffe, Bindemittel für Wellpappen, Formsande und Laminate (siehe auch [13]).

6.4.1 Harze von aliphatischen Ketonen

Lineare aliphatische Ketone wie Methylethylketon und Aceton werden vor allem mit Formaldehyd zu Harzen umgesetzt. Auf gleiche Weise verwendet man Methylisobutylketon zur Herstellung von Harzen für Klebstoffe [15,16]. Höhere aliphatische Ketone bilden keine Harze mehr. Bei den cycloaliphatischen Ketonen spielen Cyclohexanon und Methylcyclohexanon die größte Rolle, allerdings werden auch Cyclopentanon, Cycloheptanon und cyclische Ketone mit längeren Seitenketten als Rohstoffe für Harze beschrieben [17]. Auch hier dominiert die Cokondensation mit Formaldehyd. Lediglich bei den Cyclohexanonen hat die Eigenkondensation technische Bedeutung erlangt (siehe Abschn. 6.4.1.3).

6.4.1.1 Methylethylketon-Formaldehydharze

Die Harze dienen vor allem als Bindemittel für Lacke und Klebstoffe. Sie unterscheiden sich von den Harzen auf Basis cycloaliphatischer bzw. aliphatisch-aromatischer Ketone

6.4 Keton- und Aldehydharze

in den Löslichkeiten und Verträglichkeiten mit weiteren Lackrohstoffen. Die Eigenschaften lassen sich aus der Polarität des Ketons und seinem spezifischen Verhalten während der alkalisch katalysierten Kondensation ableiten [18].
Die Methylethylketon-Formaldehydharze besitzen eine schwache Eigenfärbung und sind in polaren Lösemitteln wie Alkoholen, Estern, Ketonen und Glycolethern löslich. Die Hydroxylzahlen liegen im Bereich von 80 bis 190 mg KOH/g. Die Harze sind stark polar, hygroskopisch und weisen einen Sauerstoffgehalt von 21 bis 29 Massenprozent auf. Die Molmassen liegen zwischen 3000 und 5000 g/mol, der Erweichungsbereich zwischen 80 und 125 °C. Weitere physikalische Eigenschaften wurden beschrieben [2].
Die Harze sind unverseifbar und besitzen neben Keto- und Hydroxylgruppen auch C–C-Doppelbindungen. Die chemische Reaktivität wird technisch genutzt: die OH-Gruppen reagieren mit Carbonsäuren und Säureanhydriden [18] oder Isocyanaten [19], die Doppelbindungen können hydriert werden [20].
Die Herstellung der Harze erfolgt durch alkalisch katalysierte Kondensation von Methylethylketon und Formaldehyd im Molverhältnis von 1:2 bis 1:2,5 im Chargenverfahren [11, 21, 22]. Das Keton wird ohne Vorreinigung in Anwesenheit von Wasser mit Formaldehyd umgesetzt. Dabei haben sich NaOH und KOH als Katalysatoren am besten bewährt. Die Erhöhung des Schmelzpunktes von 80 bis auf 120 °C kann durch Anheben des Formaldehydüberschusses erreicht werden. Hohe Erweichungspunkte werden auch durch Phasentransferkatalyse erhalten [17]. Besondere Reinigungsverfahren führen ebenfalls zu hochschmelzenden, hellen Produkten [23]. Auch die kontinuierliche Herstellung wurde beschrieben [24]. Die ablaufenden Reaktionen entsprechen den Reaktionsmechanismen 6.149 und 6.150. Der Reaktionsablauf ist allerdings nicht vollständig bekannt. Die dargestellte Struktur 6.151 ist stark vereinfacht, da in den Harzen auch Hydroxyl-Gruppen und Doppelbindungen gefunden werden.

$$\begin{array}{c} CH_3 \\ | \\ C=O \\ | \\ HC-CH_2 \\ | \\ CH_3 \end{array} \left[\begin{array}{c} CH_3 \\ | \\ C=O \\ | \\ C-CH_2 \\ | \\ CH_3 \end{array} \right]_n \begin{array}{c} CH_3 \\ | \\ C=O \\ | \\ CH \\ | \\ CH_3 \end{array} \qquad (6.151)$$

n = 5 bis 8

Inzwischen ist es auch gelungen, hochmolekulare Methylethylketon- und Aceton-Formaldehydharze durch gezielte Vinylpolymerisation zu erhalten (Molmassen 40 000 bis 1 000 000 g/mol) [74]. Dabei wird zuerst unter alkalischen Bedingungen der Ketonalkohol hergestellt und durch fraktionierte Destillation abgetrennt. Danach eliminiert man in Gegenwart geringer Mengen Säure Wasser und erzeugt die Vinylverbindung, die dann radikalisch polymerisiert wird (Gl. 6.152).

$$\begin{array}{c} CH_3 \\ | \\ C=O \\ | \\ CH_2 \\ | \\ CH_3 \end{array} \xrightarrow[OH^\ominus]{CH_2O} \begin{array}{c} CH_3 \\ | \\ C=O \\ | \\ CH-CH_2OH \\ | \\ CH_3 \end{array} \xrightarrow{H^\oplus} \begin{array}{c} CH_3 \\ | \\ C=O \\ | \\ CH=CH_2 \\ | \\ CH_3 \end{array} \xrightarrow{\bullet R} \left[\begin{array}{c} CH_3 \\ | \\ C=O \\ | \\ C-CH_2 \\ | \\ CH_3 \end{array} \right]_n \qquad (6.152)$$

n = 480 bis 1400

Die Verwendung der Harze erfolgt oft zusammen mit Filmbildnern wie Cellulosenitrat, Acetylcellulose, Celluloseethern oder Naturharzen. Es werden besonders Härte, Trocknung, Schleifbarkeit und gute Lichtstabilität vermittelt. Die Harze besitzen die Fähigkeit zur Gelatinierung von Cellulosenitrat. Die freien Hydroxylgruppen werden in Isocyanat-Reaktivlacken, in Klebstoffen [25] und Formsanden [19] zur Vernetzung genutzt.

6.4.1.2 Aceton-Formaldehydharze

Die alkalisch katalysierte Kondensation von Aceton und Formaldehyd ergibt keine brauchbaren, festen Kunstharze. Die wesentlich stärkere Verharzungstendenz der instabilen Methylolierungsstufen des Acetons [26, 27] führt zu einer vernetzten, unlöslichen Endstruktur. Man kann aber selbsthärtende Präkondensate herstellen, die allein oder in Kombination mit anderen härtbaren Vorkondensaten wie Phenolresolen, angewendet werden. Wasserlösliche Produkte mit 4 OH-Gruppen pro Molekül erhält man beim Umsetzen von Aceton und Formaldehyd im Verhältnis von 1 zu 3 [39]. Diese können unter alkalischen Bedingungen vernetzt werden [74].

Hartschäume [28] werden durch Verschäumen der Methylolverbindungen in Gegenwart von Alkalihydroxyd allein oder in Anwesenheit von Elastomerlatex [29] erhalten. Sande kann man zur Herstellung von Formteilen mit Aceton-Formaldehyd-Vorkondensaten verfestigen [30]. Auch schnell abbindende Formteile aus Zement wurden beschrieben [31, 32]. Vielfältigen Einsatz finden Aceton-Formaldehyd-Kondensate im Bereich der Papier- [33] und Holzverklebung [34, 74]. Dabei werden oft Phenolresole cokondensiert, um besonders wetterfeste Holzwerkstoffe und Spanplatten zu erhalten [35] oder Wellpappe wasserfest zu verkleben [36]. Weitere Anwendungen für Aceton-Präkondensate sind für Photorezeptoren in der Elektrophotographie [37] und zur Additivherstellung [38] beschrieben worden.

6.4.1.3 Cyclohexanonharze

Cyclohexanon und Methylcyclohexanon sind neben der Cokondensation mit Formaldehyd auch zur Selbstkondensation befähigt [13, 40, 74]. Dabei läuft eine Aldolkondensation zwischen der Carbonylgruppe und der aktivierten Methylengruppe eines zweiten Moleküls ab. Die Carbonylgruppe des gebildeten Zwischenproduktes reagiert mit einem weiteren Cyclohexanon-Molekül; es folgen gleichartige Reaktionen bis zum Endzustand. Die bei erhöhter Temperatur ablaufende Reaktion kann mit basischen, sauren oder neutralen Mitteln katalysiert werden, meist wird Kaliummethylat verwendet (Reaktionsgleichung 6.153).

$$2 \underset{}{\bigcirc}\!\!\!=\!\!O \; \underset{}{\overset{B}{\rightleftharpoons}} \; \text{Zwischenprodukt} \longrightarrow \text{Produkt} + H_2O \qquad (6.153)$$

Beispiele für Herstellungsvorschriften sind beschrieben [41 ,42, 2, 74].
Die Erweichungspunkte der hellen, neutralen Harze liegen zwischen 80 und 120 °C. Unter normalen Bedingungen sind die Harze gegen Säuren und Basen beständig. Sie spalten aber unter Säureeinwirkung bei erhöhten Temperaturen (>80 °C) Wasser ab, wobei sich ihre Eigenschaften deutlich verändern. Die Cyclohexanon-Harze sind lichtecht, in vielen Lösemitteln löslich und mit den meisten Lackrohstoffen verträglich (siehe Tab. 6.10). Sie sind teurer als Cyclohexanon-Formaldehyd-Harze.

Cyclohexanon-Harze dienen in Lacken vor allem der Verbesserung von Fülle, Glanz und Härte. Sie können auch die Licht- und Wetterbeständigkeit sowie die Haftung erhöhen. Die Harze werden in Mengen von 5 bis 50 Massenprozent (bezogen auf den Filmbildner)

Lacken auf Basis von Alkydharzen, Vinylchlorid-Copolymerisaten, Chlorkautschuk, Cellulosenitrat oder Ölen zugesetzt. Auch ihre Verwendung als Trägerharz für Pigmentpräparationen wurde beschrieben [43]. Durch Reduktion und Teilveresterung können Stabilität und Flexibilität verbessert werden [44].

Beispiel für ein Handelsprodukt
Laropal K 80 (BASF)

6.4.1.4 Cyclohexanon-Formaldehydharze

Cyclohexanon kann mit Aldehyden, besonders mit Formaldehyd, zu definierten Methylolverbindungen oder zu harzartigen Produkten (Struktur 6.154) umgesetzt werden. Dabei entscheiden das Molverhältnis und die Reaktionsbedingungen über die Eigenschaften der Endprodukte [74]. Hoher Formaldehyd-Überschuß fördert die Bildung der Methylolverbindungen, während basische Katalyse zur Harzbildung führt [45 bis 47]. Höhere Aldehyde können zur Harzherstellung ebenfalls verwendet werden, haben aber technisch keine Bedeutung erlangt. Dagegen werden auch Methylcyclohexanon oder Gemische mit aliphatischen Ketonen [48] und neuerdings Trimethylcyclohexanon eingesetzt. Die Modifizierung der Harze mit Phenolen [41, 49], Epoxiden [50], Polyestern [51] und Sulfonamiden [52] ist bekannt. Grießartige Produkte werden durch Zusatz von Dispergiermitteln erhalten [53]. Die kontinuierliche Herstellung wurde beschrieben [54, 55]. Durch Hydrierung [56] und Behandlung mit Reduktionsmitteln [57] kann die Lichtstabilität erhöht werden.

$$\text{Struktur 6.154: Cyclohexanon-CH}_2\text{-[Cyclohexanon(CH}_2\text{OH)-CH}_2\text{]}_n\text{-Cyclohexanon}$$

(6.154)

n = 3 bis 5

Cyclohexanon-Formaldehydharze besitzen nicht die breite Verträglichkeit und Löslichkeit der reinen Cyclohexanon-Harze. Allerdings sind sie preiswerter und trotzdem ausreichend lichtstabil. Sie lassen sich zwar nicht mehr mit Ölen kombinieren, dafür aber mit einer Reihe wichtiger Lackbindemittel (siehe Tab. 6.10). Der Einsatz von Methylcyclohexanon als Rohstoff führt meist zu besserer Löslichkeit und Verträglichkeit. Durch Verwendung von Trimethylcyclohexanon können praktisch universell lösliche und verträgliche Harze gewonnen werden.

Für die technische Harzherstellung hat die Kondensation von Cyclohexanon mit Formaldehyd in Gegenwart von Alkalien Bedeutung erlangt. Die Harzbildung wurde systematisch untersucht [74]. Ein Beispiel für eine Herstellungsvorschrift sowie die Modifizierung mit Phenol sind beschrieben [2]. Die Copolymerisation mit Styrol wurde ebenfalls durchgeführt [58].

In vielen Fällen werden die Harze zur Verbesserung von Trocknung, Härte, Fülle, Glanz und Festkörpergehalt eingesetzt. In Lacken werden sie immer nur als Zusatz neben anderen Bindemitteln verwendet, so beispielsweise in Alkyd/Acrylatlacken [59], Zementanstrichen [60], Epoxidharzsystemen [61] und Schiffsfarben [62]. Neben konventionellen Druckfarben [63, 64, 74] spielen auch UV-härtende Druckfarben eine zunehmende Rolle. Ein weiteres Hauptanwendungsgebiet stellen Klebstoffe [68 bis 70] und Dichtmassen [71] dar. Auch die Anwendung in optischen Aufzeichnungsmedien wurde beschrieben [72, 73]. Die breit verträglichen Harze auf Basis von Trimethylcyclohexanon eignen sich hervorragend für Pigmentpasten mit universeller Anwendbarkeit.

Beispiele für Handelsprodukte

Kunstharz AFS	(Bayer)
Kunstharz CA	(Hüls)
Kunstharz TC	(Hüls)
Krumbhaar-Typen	(Lawter)
MR 85	(A.O. Polymers)

6.4.2 Harze von aliphatisch-aromatischen Ketonen

Von den aliphatisch-aromatischen Ketonen wird hauptsächlich das Acetophenon im technischen Maßstab mit Formaldehyd zu Harzen umgesetzt. Es sind jedoch auch kernalkylierte Acetophenone, wie Methyl-, Ethyl-, *tert*-Butyl- oder Cyclohexylacetophenon, verwendbar [75]. Neben den unmodifizierten Harzen haben sich auch deren Hydrierungsprodukte und daraus abgeleitete Harze im Markt bewährt (siehe Reaktionsgleichungen 6.155).

$$2\,n\,R-CO-CH_3 + 2\,n\,CH_2O$$
$$\downarrow \text{Kondensation}$$

$$\left[\begin{array}{c} CH-CH_2-CH-CH_2 \\ | \quad\quad\quad\quad | \\ C=O \quad\quad C=O \\ | \quad\quad\quad\quad | \\ R \quad\quad\quad\quad R \end{array}\right]_n$$

Kunstharz AP

$$\downarrow \text{Hydrierung}$$

(6.155)

$$\left[\begin{array}{c} CH-CH_2-CH-CH_2 \\ | \quad\quad\quad\quad | \\ CH-OH \quad CH-OH \\ | \quad\quad\quad\quad | \\ R \quad\quad\quad\quad R \end{array}\right]_n$$

Kunstharz SK

$$\downarrow \text{Diisocyanat}$$

$$\left[O-C-NH-R'-NH-C-O-CH \begin{array}{c} -CH-CH_2-CH-CH_2- \\ | \quad\quad\quad\quad | \\ \quad\quad\quad\quad CH-OH \\ | \quad\quad\quad\quad | \\ R \quad\quad\quad\quad R \end{array}\right]_n$$

Kunstharz 1201

R = Phenyl-

6.4.2.1 Acetophenon-Formaldehyd-Harze

Acetophenon-Formaldehyd-Harze sind helle, unverseifbare Produkte mit ausreichender Lichtbeständigkeit und Erweichungspunkten von 75 bis 85 °C. Sie sind in aromatischen Kohlenwasserstoffen, Estern, Ketonen und Glycolethern gut löslich, unlöslich dagegen in Alkoholen, aliphatischen Kohlenwasserstoffen und Mineralölen. Die Harze sind mit Cellulosenitrat, Vinylchlorid-Copolymerisaten, Chlorkautschuk, Maleinat-, Harnstoff-, Melamin- und Ketonharzen, Weichmachern und einigen Alkydharzen verträglich. Die meisten Alkydharze, trocknende Öle, Polyester und Polyacrylate sind jedoch unverträglich. Hervorzuheben sind der relativ niedrige Preis, die glanzverbessernden Eigenschaften und die festkörpererhöhende Wirkung in Lacken (siehe Tab. 6.10).

6.4 Keton- und Aldehydharze

Tabelle 6.10. Physikalische und anwendungstechnische Eigenschaften von Keton- und Aldehydharzen

	Kunstharz					Laropal		
Harztyp	AP	SK	1201	CA	TC	K 80	A 81	A 101
	Keton aromatisch-aliphatisch	Keton hydriert	Keton modifiziert	Keton cyclo-aliphatisch	Keton cyclo-aliphatisch	Keton cyclo-aliphatisch	Aldehyd	Aldehyd
Erweichungspunkt DIN 53180 °C / DIN 53181 °C	76 bis 82	110 bis 120	155 bis 170	92 bis 108	ca. 70	75 bis 85	80 bis 90	95 bis 110
Iodfarbzahl, 50%ige Lösung, DIN 6162	1 bis 2,5	0 bis 1	0 bis 1	max. 2	max. 5	max. 2	max. 3	max. 5
Säurezahl, DIN 53402 (mg KOH/g)	max. 0,1	max. 0,1	max. 0,1	max. 0,3	max. 5	max. 1	max. 3	max. 3
Hydroxylzahl, DIN 53240, modifiziert (mg KOH/g)	–	ca. 325	ca. 210	ca. 200	–	–	40 bis 60	–
Löslichkeit in Alkoholen	±	+	+	+	+	±	+	+
Estern	+	+	+	+	+	±	+	+
Ketonen	+	+	±	+	+	±	+	+
Aromaten	+	–	+	+	+	+	±	+
Aliphaten	–	–	–	–	+	+	+	–
Verträglichkeit mit Cellulosenitrat	+	+	+	+	+	+	+	+
Chlorkautschuk	+	+	–	+	+	+	+	+
Vinylchlorid-Polymeren	–	–	–	+	+	±	+	+
Polyacrylaten	+	±	±	±	+	±	±	±
Harnstoffharzen	+	+	+	+	+	±	+	+
Melaminharzen	±	+	±	±	+	±	+	+
Alkydharzen		±	±	±	+	+	+	+

+ verträglich bzw. löslich
± einige Produkte verträglich oder nur in bestimmtem Verhältnis mischbar
– unverträglich bzw. unlöslich

Helle lösliche Hartharze kann man durch Erhitzen von Acetophenon, Formaldehyd und Kaliumhydroxid auf Siedetemperatur in wäßriger Phase erhalten. Das Arbeiten in Lösemitteln wie Alkoholen ist ebenfalls möglich. Als Kondensationsmittel werden Alkalien, starke Säuren wie Schwefelsäure oder auch wasserentziehende Salze wie Zinkchlorid verwendet. Allerdings sind starke Alkalien wie Kalium- oder Natriumhydroxid am gebräuchlichsten. Quarternäre Stickstoff- oder Phosphorverbindungen [76] werden eingesetzt, um besonders hochschmelzende Harze zu erhalten. Natriumsulfit führt unter geeigneten Bedingungen zu niedermolekularen, wasserlöslichen Kondensaten [77]. Der Formaldehyd wird meist als 30prozentige wäßrige Lösung oder als Paraformaldehyd zugegeben. Größere Mengen Alkalihydroxid und höhere Temperaturen führen zu schlecht löslichen unschmelzbaren Harzen, da die Methylol-Zwischenstufen stark miteinander vernetzen. Gut lösliche, schmelzbare Kondensate erhält man mit ca. 0,2 Mol Hydroxid bei einer Reaktionszeit, die eine Molmasse von 400 bis 800 g/Mol nicht übersteigen läßt. Im allgemeinen wird mit Erhöhung von Reaktionsstemperatur und -zeit der Erweichungspunkt des Harzes größer, während sich gleichzeitig die Löslichkeits- und Verträglichkeitseigenschaften verschlechtern. Ursache dafür dürften die bei der Kondensation miteinander konkurrierenden Reaktionsmechanismen sein. Wählt man die Bedingungen so, daß hauptsächlich Vinylphenylketon als Zwischenstufe entsteht, bilden sich Harze mit niedrigem Erweichungspunkt und breiter Löslichkeit. Beispielsweise kann durch Umsetzen von 1 Mol Acetophenon mit 0,05 bis 0,5 Mol Formaldehyd ein ölverträgliches Harz erhalten werden. Entstehen vorrangig Methylolverbindungen als Zwischenprodukte, dann sind die Harze höherschmelzend und in der Löslichkeit und Verträglichkeit eingeschränkt. Aus Acetophenon und Formaldehyd im Molverhältnis 1:1 erhält man dann Harze mit dem oben beschriebenen Eigenschaftsspektrum.

Acetophenon-Formaldehyd-Harze werden als kostengünstige Bindemittel in Lacken und Druckfarben in Kombination mit anderen Lackrohstoffen wie Cellulosenitrat eingesetzt. Sie verbessern Glanz, Fülle, Deckkraft, Feststoffgehalt, Haftfestigkeit und Trocknung. In Cellulosenitratlacken werden Pigmentierbarkeit und Schleifbarkeit auf Holz erhöht. Der Einsatz in Vinylchlorid-Copolymerisat-Lacken für Metallbeschichtungen und Straßenmarkierungsfarben ist hervorzuheben. Klebstoffe und Schmelzmassen werden ebenfalls mit diesen Hartharzen formuliert.

Beispiel für ein Handelsprodukt
Kunstharz AP   (Hüls)

6.4.2.2 Modifizierte Acetophenon-Harze

Besonders durch die Hydrierung von Acetophenon-Formaldehyd-Harzen erhält man Produkte, die sich von den üblichen Keton- und Aldehyd-Harzen deutlich unterscheiden und somit neue Anwendungsgebiete erschließen. Die Reaktion von Hydroxylgruppen, die sich bei der Hydrierung aus den Ketogruppen bilden, mit aliphatischen Diisocyanaten führt zu hochwertigen Spezialbindemitteln (siehe Gln. 6.155 und Tab. 6.10).

Die hydrierten Harze sind sehr hell und besonders beständig. Hervorzuheben ist die völlige Freiheit von Formaldehyd, der auch durch Rückspaltung nicht mehr entstehen kann. Je nach Hydrierbedingungen erhält man Harze, in denen nur die Ketogruppen in Hydroxylgruppen umgewandelt wurden oder auch der aromatische Ring hydriert ist. Nur die erstgenannten sind derzeit erhältlich. Sie weisen Erweichungspunkte im Bereich von 110 bis 120 °C auf und sind leicht in Alkoholen löslich. Die Harze sind mit Aromaten verschneidbar und lösen sich nicht in Aliphaten und Mineralöl. Die Verträglichkeit mit Alkydharzen ist gegenüber den nichthydrierten Produkten verbessert.

Die Hydroxylzahlen der Harze liegen über 300 mg KOH/g. Die OH-Gruppen können mit Isocyanaten zur Reaktion gebracht werden. Man kann auf diese Weise extrem hochschmelzende Harze (Schmelzpunkte um 160 °C) erhalten. Die Harze sind ebenfalls alkohollöslich. Sie zeichnen sich durch weiter verbesserte Beständigkeiten und sehr schnelle Lösemittelabgabe aus.

Bei der Herstellung unter milden Hydrierungsbedingungen werden nur die Ketogruppen hydriert (siehe Gleichungen 6.155). Verändert man das Katalysatorsystem, kann auch der aromatische Kern hydriert werden, und es ergeben sich benzinlösliche Harze [78]. Die Reaktion wird durch Bestimmung des Sauerstoffgehaltes und des Schmelzpunktes kontrolliert [79]. Es kann in Lösemitteln oder im Schmelzfluß katalytisch hydriert werden [80, 81].

Umsetzungen mit Isocyanaten erfolgen bei leicht erhöhten Temperaturen mit den üblichen Katalysatoren.

Die modifizierten Acetophenon-Formaldehyd-Harze weisen höhere Schmelzpunkte und Beständigkeiten auf. Dementsprechend werden sie als Hartharzkomponente mit anderen Bindemitteln in Lacken, Druckfarben und Klebstoffen eingesetzt, wenn hochwertige Beschichtungen erzielt werden sollen. Die hydrierten Harze werden für lichtbeständige Papierüberdrucklacke auf Cellulosenitratbasis verwendet. Weiterhin findet man sie in Kugelschreiberpasten, Tinten, Tonern und als Verlaufsmittel für Pulverlacke. Sie können außerdem als Hartharzkomponente in Isocyanat-Reaktivsystemen und zur Alkydharzmodifizierung Verwendung finden.

Die isocyanat-modifizierten Harze werden in hochwertigen Druckfarben, Papier- und Holzlacken eingesetzt. Außerdem können gut haftende Lacke für Kunststoffoberflächen formuliert werden. Sie sind besonders zur Benetzung und Stabilisierung von Aluminium-Pigmenten in Lacken und Druckfarben geeignet.

Beispiele für Handelsprodukte

Kunstharz SK   (Hüls)
Kunstharz 1201   (Hüls)

6.4.3 Harze von Aldehyden

Auch Aldehyde können unter Basen- oder Säurekatalyse verharzt werden [1]. Nach einer Aldolbildung spaltet sich wahrscheinlich Wasser ab, und der ungesättigte Aldehyd bildet Cyclen oder addiert weitere Aldehydmoleküle (Gln. 6.156). Auf diese Weise hergestellte Harze besitzen aber heute praktisch keine technische Bedeutung [6].

$$\begin{aligned}CH_3-CHO + CH_3-CHO &\longrightarrow CH_3-CHOH-CH_2-CHO \\ & \text{Acetaldol} \\ CH_3-CHOH-CH_2-CHO &\xrightarrow{-H_2O} CH_3-CH=CH-CHO \\ &\phantom{\xrightarrow{-H_2O}} \text{Crotonaldehyd}\end{aligned} \quad (6.156)$$

In den siebziger Jahren wurden Aldehydharze zur technischen Reife entwickelt, die aus den Monomeren Isobutyraldehyd, Formaldehyd und Harnstoff bestehen. Als chemisches Syntheseprinzip wird die α-Ureidoalkylierung zugrunde gelegt, die ausführlich beschrieben ist [82]. Weitere Aldehydharze aus der Umsetzung von Isobutyraldehyd und Phenol, die in Schmelzklebstoffen zum Einsatz kommen können, sollen ebenfalls erwähnt werden [83, 84].

6.4.3.1 Isobutyraldehyd-Formaldehyd-Harnstoff-Harze

Sowohl die Umsetzung von Harnstoff mit CH-aciden Aldehyden [85] als auch die Reaktion von Harnstoff, Formaldehyd und CH-aciden Aldehyden [86] im sauren Medium führen bei einer anschließenden Behandlung mit Alkalialkoholaten zu harzartigen Produkten. Der Prozeß kann durch das Reaktionsschema 6.157 beschrieben werden:

$$H_2N-CO-NH_2 + 4\ CH_2O + 4\ HC\underset{CH_3}{\overset{CH_3}{|}}-CH=O$$

$$\xrightarrow[-3\ H_2O]{H^\oplus}$$

[Structure of intermediate product]

$$\xrightarrow{CH_3O^\ominus}$$ (6.157)

[Structure of final resin product]

Die Harze sind schwach gefärbt und ziemlich lichtecht. Ihre Schmelzpunkte liegen im Bereich von 80 bis 110 °C. Je nach Herstellungsverfahren kann das Spektrum der Löslichkeit und der Verträglichkeit mit weiteren Lackbindemitteln variiert werden. So sind aliphatenlösliche Produkte auf dem Markt, die sich auch in allen weiteren gebräuchlichen Lösemitteln lösen. Die Verträglichkeit ist lediglich im Bereich der Acrylatharze und einiger Cellulosederivate eingeschränkt (siehe Tab. 6.10). Die vorhandenen funktionellen Gruppen sind aus dem Formelbild 6.157 ersichtlich. Die Herstellung derartiger Harze ist literaturbekannt [86].

Ähnlich wie die Keton-Harze können die beschriebenen Aldehyd-Harze anderen Lackbindemitteln anteilig zugesetzt werden. So erreicht man in Lacken auf Basis von Alkydharzen, Cellulosenitrat oder chlorierten Polymeren Verbesserungen hinsichtlich Härte, Glanz, Fülle, Verlauf, Vergilbungsresistenz und Festkörpergehalt. Oft kann durch Harzzusätze die Gesamtformulierung verbilligt werden wie z.B. in Pulverlacken, in denen durch diese Maßnahme zugleich den Verlauf verbessert wird. Ein weiteres Einsatzgebiet stellen Heißschmelzmassen und Sprayplastiken für Straßenmarkierungen dar. Besonders hinzuweisen ist auf die Eignung einzelner Aldehyd-Harze als Anreibeharz für Pigmentpasten mit breiter Löslichkeit und Verträglichkeit. Das hohe Pigmentbindevermögen und die niedrige Lösungsviskosität werden nur von Ketonharzen auf Basis von Trimethylcyclohexanon übertroffen (siehe Abschn. 6.4.1.4). Zu wäßrigen Dispersionen wird auf die Literatur verwiesen [87].

Beispiele für Handelsprodukte
Laropal A-Typen (BASF)

6.4.4 Harze von Benzolkohlenwasserstoffen und Formaldehyd

Alkylierte Benzolkohlenwasserstoffe können mit Formaldehyd in Gegenwart starker Säuren umgesetzt werden [1, 6]. Unter kontrollierten Reaktionsbedingungen ergeben besonders m-Xylol und Formaldehyd brauchbare Harze [88]. Nach der Bildung substituierter Benzylalkohole werden daraus über Methylen- oder Methylenethergruppen verbrückte größere Moleküle gebildet (Reaktionsgleichungen 6.158). Es werden ca. 6 bis 8 aromatische Kerne miteinander verknüpft. Eine Herstellungsvorschrift ist beschrieben [94].

(6.158)

Ähnlichkeiten mit den Reaktionsmechanismen der Phenolharzbildung sind nicht zu übersehen (siehe Abschn. 6.3). Genauere Angaben zum Reaktionsmechanismus sind in der Literatur [6, 94] dargestellt. Die Harze können auch durch Cokondensation mit Phenolen [89], Novolaken [90], Ketonen [91], Alkoholen [92] und Sulfonamiden [93] modifiziert werden.

Die thermische Instabilität der Ether- und Acetalgruppen wird für weitere Umsetzungen (Nachkondensationen) genutzt. Bei ca. 250 °C oder tieferen Temperaturen unter Säurekatalyse verestert oder verethert man mit Säure- oder Alkoholgruppen enthaltenden Verbindungen. Man kann mit Carbonsäuren, Polyalkoholen, Polyestern, Alkydharzen, Ölen, Phenolen und Kolophonium umsetzen. Handelsüblich sind gegenwärtig aber nur reine Benzolkohlenwasserstoff-Formaldehydharze und Cokondensate mit substituierten Phenolen.

Angewendet werden die Harze vor allem in Kombination mit Cellulosenitrat oder Polyurethanen. Sie dienen dabei als Weichmacher und zur Verbesserung von Haftung, Glanz, Wasser- und Chemikalienbeständigkeit. Außerdem werden sie als Anti-pin-hole-Mittel und in CN-Tiefdruckfarben eingesetzt. Von Kolophoniumharzherstellern werden sie als Rohstoff zur Verkochung verwendet, um hochschmelzende ölverträgliche Produkte zu erhalten. Die Cokondensate mit Phenolen dienen zur Verkochung mit Holzöl (hochviskose Typen) und zur Beschleunigung der Trocknung von Alkydharzen. Löslichkeit besteht in Estern, Ketonen, Aromaten und teilweise in Alkoholen und Aliphaten. Verträglich sind die Harze z. B. mit trocknenden Ölen, Alkydharzen und Chlorkautschuk. Lediglich die reinen Xylol-Formaldehydharze sind mit Cellulosenitrat und Celluloseacetobutyrat mischbar.

Beispiele für Handelsprodukte

Kunstharz XF	(Bayer)
Lackharz VK 2124	(Kraemer)
Tungophen – Phenolcokondensat –	(Bayer)

Literatur zu Abschnitt 6.4

[1] *H. Kittel*: Lehrbuch der Lacke und Beschichtungen, Band I/1. Colomb, Stuttgart, Berlin 1971, S. 390 ff
[2] *Ullmanns* Encyclopädie der technischen Chemie, 4. Aufl., Bd. 12. Verlag Chemie, Weinheim 1976, S. 547–555
[3] *A. v. Bayer*, Ber. dtsch. chem. Ges. **7** (1873) 1190
[4] DE 349741 (1918) Farbenf. Bayer
[5] DE 526 391 (1929) I.G. Farben
[6] *H. Wagner* und *H. F. Sarx* (Hrsg.): Lackkunstharze. 5. Aufl. Hanser, München 1971, S. 80–86
[7] *K. Hamann* in: Ullmanns Encyclopädie der technischen Chemie, 3. Aufl., Bd. 8. Verlag Chemie, Weinheim 1957, S. 441
[8] *S. Patai*: The Chemistry of the Carbonyl Group. Interscience, London, New York, Sydney 1966, S. 589–590
[9] *D. Stoye* in [2], S. 549
[10] DE 3 219 893 (1982) *W. Ritzerfeld*
[11] *J. Scheiber*: Chemie und Technologie der künstlichen Harze, Bd. 1. Wissenschaftl. Verlagsges., Stuttgart 1961, S. 164–165
[12] siehe [6], S. 84–85
[13] *W. Freitag* in: Ullmanns Encyclopedia of Industrial Chemistry, 5. Aufl., Bd. 23. VCH, Weinheim 1993, S. 99–105
[14] *E. W. Flick*: Printing Ink Formulations, Noyes Publications, Park Ridge 1985
[15] JP O1069 682 (1987) Arakawa Kagaku Kogyo
[16] US 3 947 425 (1972) Weyerhauser Co
[17] EP 7 106 (1978) BASF
[18] DE-AS 1 066 020 (1957) Rheinpreussen
[19] DE 2 039 330 (1970) Deutsche Texaco AG
[20] DE 907 348 (1940) Farbenfab. Bayer AG

[21] DE 890 866 (1941) Rheinpreussen
[22] JP 7 022 218 (1965) Dainichi Seika Co
[23] DE 1300 256 (1960) Rheinpreussen
[24] DE 1155 909 (1957) Rheinpreussen
[25] *C. Lüttgen*: Die Technologie der Klebstoffe, Teil 1, 2. Aufl. Pansegrau, Berlin 1959, S. 212
[26] *F. Engelhardt* und *J. Wöllner*, Brennst. Chem. **44** (1963) 52
[27] *Houben-Weyl* (Hrsg.): Methoden der organischen Chemie, 4. Aufl., Bd. XIV/2. Thieme, Stuttgart 1963, S. 416
[28] DE 1 171 156 (1962) VEB Farbenfab. Wolfen
[29] JP 7 038 425 (1966) Asahi Chem. Ind. Co.
[30] DE 1 767 904 (1968); DE 1922 015 (1969); DE 2439 828 (1974) Deutsche Texaco AG
[31] DE-OS 2 353 490 (1973) Deutsche Texaco AG
[32] SU 925 903 (1980) Kaluga Halurgy Res.
[33] CA 2007 361 (1989) D. C. Sistrunk
[34] EP 66 560 (1981) Casco Lab. Inc.
[35] DE 2 363 797 (1973); DE 1 247 017; DE 2 264 288 (1972) Deutsche Texaco AG
[36] US 3 591 534 (1968) Owens-Illinois Inc.
[37] JP 5 6051-748 (1979); JP 5 7078-045 (1980) Canon KK
[38] DE 3 315 152 (1983); DE 3 429 0680 (1984) SKW Trostberg AG
[39] *B. Buszewski*, Z. Suprynowicz Chem. Zvesti **42** (1980) Nr. 6, 835–840
[40] DE 511 092 (1925) I. G. Farbenind.
[41] BIOS-Rep. Nr. 629, Nr. 743, Nr. 1243
[42] *Anonymus*, Mod. Plast. **25** (1948) Nr. 12, 119
[43] DE-OS 2 400 194 (1974) BASF (*K. Heinle, E. Hermann, J. D. Stetten*)
[44] *E. R. Dela Rie* und *A. M. Shedrinsky*, Studies Conservat. **34** (1989) Nr. 1, 9–19
[45] *M. N. Tilitschenka*, Zh. Obshch. Khim. **25** (1952) 64
[46] DE-AS 1 134 830 (1954) VEB Leuna-Werke
[47] DD 83 412 (1970) *R. Bittner, P. Franke, H. Patzelt*
[48] DE 1 262 600 (1965) *H. G. Rosenkranz* et. al.
[49] JP 7 241 648 (1969) Hitachi Chem. Cho.
[50] GB 864 542 (1957) Howards of Ilford
[51] DE 1 042 229 (1955) Howards of Ilford
[52] JP 7 140 875 (1966) *M. Ikuta, K. Toyoshima, A. Shimizu*
[53] DD 12 433 (1953) VEB Leuna-Werke
[54] DE 1 155 909 (1974) Rheinpreussen
[55] JP 15 098 (1964) Hitachi-Kasei
[56] JP 5 0013-415 (1973) Hitachi Chemical
[57] GB 864 541 (1958) Howards of Ilford
[58] *A. Akar* et. al., Angew. Makromol. Chem. 168 (1989) 129–134
[59] HU 029 441 (1982) Budalakk Festek
[60] DD 234 161 (1983) VEB Chem., Bitterfeld
[61] EP 41 200 (1980) Lechler Chemie GmbH
[62] JP 6 2236-804 (1986) Toyo Soda Mfg. KK.
[63] DD 75 746 (1969) *H. G. Rosenkranz, P. Jodl, M. Schlöffel*
[64] JP 5 2043-501 (1975) Toyo Ink
[65] JP 5 6093-776 (1979) Dainippon Ink Chem.
[66] JP 5 0150-794 (1974) Suzuka Paint
[67] JP 5 0156-594 (1974) Suzuki Paint
[68] FR 2 221 507 (1973) Dunlop
[69] DD 136 149 (1977) *W. Kunzel*
[70] GB 2 140 439 (1983) Vibac Spa.
[71] US 3 772 237 (1971) Union Carbide
[72] JP 5 914-896 (1982) TDK
[73] JP 5 9124-894 (1982) TDK
[74] *D. Katti* und *S. Patil*, Paintindia (1993) Nr. 9, 15–20
[75] DE 892 975 (1940) Chem. Werke Hüls
[76] DE 3 324 287 (1983) Chem. Werke Hüls

[77] FR 1 595 632 (1967) Farbenfab. Bayer
[78] DE 3 334 631 (1983) Chem. Werke Hüls
[79] DE 870 022 (1944) Chem. Werke Hüls
[80] DE 907 348 (1940) Farbenf. Bayer
[81] DE 826 974 (1949) Chem. Werke Hüls
[82] *H. Petersen*, Synthesis (1973) Nr. 5, 243-292
[83] DE-OS 2 847 030 (1978) BASF (*H. Petersen* et. al.)
[84] DE-OS 2 941 635 (1979) BASF (*H. Petersen, K. Fischer, H. Zaunbrecher*)
[85] DE-OS 2 757 176 (1977) BASF (*H. Petersen* et. al.)
[86] DE 2 757 220 (1977) BASF (*H. Petersen* et. al.)
[87] DE 3 406 473 (1984) BASF (*K. Fischer* et. al.)
[88] *R. Wegler*, Angew. Chemie **A 60** (1948) 88ff und 161ff
[89] DE 875 724 (1941) Farbenf. Bayer
[90] US 3 053 793 (1962) Fine Organics
[91] DE 860 274 (1943) Farbenf. Bayer
[92] US 2 914 579 (1959) Allied Chemical
[93] DE 914 433 (1941) Farbenf. Bayer
[94] *Houben-Weyl* (Hrsg.): Methoden der organischen Chemie, Bd. E 20/Tl. 3. Thieme, Stuttgart, New York 1987, S. 1794–1799

6.5 Polyamide

Dr. Alfred Kruse, Dr. Bernd Neffgen

6.5.1 Allgemeine Grundlagen

Unter Polyamiden versteht man den Typ von makromolekularen Verbindungen, deren monomere Grundbausteine durch die Carbonsäureamid-Gruppe miteinander verknüpft sind [1].

Sie lassen sich nach ihrem Aufbau in zwei Gruppen von Polyamiden einteilen:

A) Polyamide vom Typ $-NH-R-NH-CO-R'-CO-$,

die durch Polykondensation von Diaminen und Dicarbonsäuren (X=OH) oder deren funktionelle Derivate nach folgender Reaktionsgleichung entstehen:

$$H_2N-R-NH_2 + X-OC-R'-CO-X \longrightarrow -[-NH-R-NH-CO-R'-CO]- + 2\,HX \quad (6.159)$$

B) Polyamide vom Typ $-NH-R-CO-$,

die aus Aminocarbonsäuren (X=OH) oder deren funktionelle Derivate, in der Regel Lactamen wegen der im Vergleich zu den entsprechenden Aminocarbonsäuren oft besseren Zugänglichkeit, gebildet werden:

$$H_2N-R-CO-X \xrightarrow{-HX} -[-NH-R-CO-]- \longleftarrow \overline{HN-CO-R} \quad (6.160)$$

In beiden Fällen handelt es sich um aliphatische (R und R' = zweiwertige Kohlenwasserstoffreste), im wesentlichen linear aufgebaute Homopolyamide.

Zur Kennzeichnung der zur ersten Gruppe gehörenden Polyamide wird die Anzahl der Kohlenstoff-Atome der Aminkomponente gefolgt von der Anzahl der C-Atome der Carbonsäurekomponente angegeben. Mit Abstand kommerziell wichtigster Vertreter

dieser Gruppe ist das Polyamid-6,6, das durch Polykondensation von Adipinsäure ($R'=-(CH_2)_4-$) und Hexamethylendiamin ($R=-(CH_2)_6-$) hergestellt wird [4].
Die zur zweiten Gruppe gehörenden Polyamide werden durch Angabe der Anzahl der C-Atome der zugrundeliegenden Monomereinheit charakterisiert. Bedeutendster Vertreter ist Polyamid-6 (oder auch Nylon-6), das aus Caprolactam ($R=-(CH_2)_5-$) erhalten wird [4]; weiterhin von technischer Bedeutung sind Polyamid-11 (aus 11-Aminoundecansäure) [5] und Polyamid-12 (aus Laurinlactam) [6, 7].
Copolyamide werden durch gemeinsame Reaktion verschiedenartiger Monomerer, die zur Polyamidbildung befähigt sind, gebildet. Sie werden durch Angabe der Code-Nummer jeder einzelnen Komponente, getrennt durch einen Schrägstrich, beschrieben.
Die Entwicklung der ersten technisch brauchbaren Polyamide geht auf Arbeiten von *W. H. Carothers* und Mitarbeitern zurück [8]. Die Bezeichnung „Nylon" war ursprünglich ein Markenname der Firma DuPont für ihr Polyamid-6,6; heute ist „Nylon" synonym mit aliphatischem Polyamid.
Auf Polyamide, in denen die Amidgruppen auf beiden Seiten ganz oder vorwiegend mit aromatischen oder auch heterocyclischen Bausteinen verbunden sind, soll hier nicht näher eingegangen werden. Diese „Aramide" nehmen aufgrund ihrer besonderen Eigenschaften (hochtemperaturbeständige Polyamide) und Herstellungsweise eine Sonderstellung ein und finden keine Verwendung als Lackharze.

6.5.2 Anwendung von hochmolekularen Polyamiden

Die Herstellung von Fasern ist mit Abstand das dominierende Einsatzgebiet für Polyamide, aber auch bei technischen Thermoplasten kommt den Polyamiden eine ständig wachsende Bedeutung zu [9]. Die Molmasse der Handelsprodukte liegt bei 15 000 bis 50 000 im Zahlenmittel. Es handelt sich bei diesen Homopolyamiden um im festen Zustand teilkristalline, thermoplastisch verarbeitbare Polymere, deren Eigenschaften wesentlich durch den Kristallinitätsgrad bestimmt wird, wobei die Anwesenheit und insbesondere der Anteil der -CO-NH-Gruppierung und deren Position in der Polymerkette entscheidend ist. Die Polymerketten sind durch Wasserstoffbrücken zwischen den Carbonsäureamid-Gruppen miteinander verbunden. Insbesondere die mechanischen Eigenschaften dieser Polymere sind hervorragend. Andererseits steht die Beständigkeit dieser Polyamide gegen die meisten technisch gebräuchlichen Lösemittel einer breiten Anwendung als Lackrohstoff entgegen.
Ein Beispiel für den Einsatz von Polyamid-6,6 (gelöst in einem technischen Gemisch von Kresolen, Xylenolen und Phenolen) ist die *Drahtbeschichtung* [10].
Eine andere Anwendung von Polyamiden im Oberflächenschutz ist der Einsatz als *Wirbelsinterpulver* in der *Pulverbeschichtung* [11 bis 13]. Es handelt sich hierbei um ein Verfahren zur Pulverbeschichtung von insbesondere Metallen, aber auch von Glas und keramischen Werkstoffen mit Thermoplasten; eingesetzt werden hauptsächlich Polyamid-11 und -12. Derartige Beschichtungen sind temperaturbeständig, hart, sehr gut stoß- und abriebfest, gut chemikalienbeständig und dienen als Langzeit-Korrosionsschutz bei hoher Beanspruchung.
Im Wirbelsinterverfahren werden relativ dicke Schichten (250 bis 600 µm) mit meist thermoplastischen Kunststoffpulvern aufgetragen. Dagegen werden bei der elekrostatischen Pulverlackierung dünnere Schichten appliziert und in der Regel härtbare Bindemittelsysteme eingesetzt. Wichtigstes Einsatzgebiet ist die Beschichtung von Gebrauchsgegenständen, wie z. B. Drahtkörbe in der Hausgeräteindustrie.

Eine weitere Variante der Pulverbeschichtung mit thermoplastischen Polyamiden ist das *Flammspritzen* [12, 13a].

Die Homopolyamide sind teilkristallin und aufgrund ihrer Überstruktur in dicker Schicht opak und undurchsichtig, weil die Amidgruppe in regelmäßigen Abständen in der Polymerkette wiederkehrt, so daß sich über Wasserstoffbrücken räumliche Ordnungen bilden können.

In Copolyamiden ist die Bildung kristalliner Bezirke behindert durch die ungeordnete Verteilung der Amidgruppen, so daß je nach Zusammensetzung mehr transparente Produkte erhalten werden, die bessere Löslichkeit und niedrigere Schmelzpunkte besitzen. Ein Beispiel dafür ist Ultramid 1C (BASF), ein Terpolyamid aus Polyamid 6/6,6/p,p'-Diaminodicyclohexylmethan,6 [14].

Aufgrund ihrer guten elektrischen Eigenschaften und der guten Haftung auf Metallen haben solche Polyamide in Kombination mit Phenolharzen oder als alleiniges Bindemittel in der *Drahtlackierung* Anwendung gefunden. Geeignete, aber unter Umweltaspekten nicht unproblematische Lösemittel sind z.B. Kresol, Xylenol oder N-Methylpyrrolidinon. Weitere Anwendungsgebiete für diese Harze sind die *Papierlackierung* und *Beschichtung von Leder oder Kunstleder*, wo auch anstelle von Polyamidlösungen in organischen Lösemitteln wässerige Dispersionen eingesetzt werden können [15].

Eine andere Möglichkeit für die Erhöhung der Löslichkeit ist der Einbau von tertiären Amidgruppen zum Beispiel durch Einfügen von N-Alkyllactamen oder durch polymeranaloge Umsetzung von Polyamiden an der Carbonsäureamid-Gruppe, z.B. Bildung N-methoxymethylierter Polyamide durch Umsetzung mit Formaldehyd und Methanol. Letztere sind wegen der Möglichkeit zur säurekatalysierten Vernetzung beim Erhitzen von gewissem Interesse [10].

6.5.3 Polyamide auf Basis dimerer Fettsäure

Durch Ersatz der bisher angesprochenen, linear aufgebauten aliphatischen Dicarbonsäuren durch dimere Fettsäure ändern sich die Eigenschaften und insbesondere die Löslichkeit der Polyamide, so daß sie in großem Umfang zur Oberflächenbeschichtung und als Bindemittel für Druckfarben eingesetzt werden [16 bis 18].

Dimere Fettsäure wird technisch durch katalytische Dimerisierung von pflanzlichen, ungesättigten Fettsäuren gewonnen. Dabei entsteht ein komplexes Gemisch von isomeren dimeren, trimeren sowie monomeren Fettsäuren, wobei die dimere Fettsäure als Hauptbestandteil vorliegt. Kommerziell ist diese dimere Fettsäure nach destillativer Aufarbeitung in verschiedenen Reinheitsgraden erhältlich. Da die am günstigsten zugänglichen ungesättigten Fettsäuren 18 Kohlenstoff-Atome enthalten, besteht die resultierende dimere Fettsäure in der Hauptsache aus Dicarbonsäuren mit 36 Kohlenstoffatomen. Die Verknüpfung ergibt je nach verwendeter Fettsäure lineare, monocyclische oder aromatische Kernstrukturen, wobei die Reaktion überwiegend nach einer Addition vom Diels-Alder-Typ verläuft.

$$R_1, R_4 = C_nH_{2n+1}; C_nH_{2n-1}$$
$$R_2, R_3 = C_nH_{2n}; C_nH_{2n-2}$$

mit n=6 bis 10
mit n=7 bis 10

(6.161)

Schematische Darstellung typischer Konstitutionen der dimeren Fettsäure

Der Einbau einer verzweigten, vergleichsweise hydrophoben Dicarbonsäure mit einer mittleren Kettenlänge von durchschnittlich etwa 20 Kohlenstoffatomen führt zu einer Erniedrigung der Kristallinität, einer allgemeinen Erhöhung der Klebeeigenschaften, einer Verbesserung der Flexibilität auch bei Polyamiden mit niedrigeren Molmassen und zu einer starken Reduzierung der Wasseraufnahme. Ein typisches Beispiel, Eurelon 930 (Witco), besteht aus dimerer Fettsäure und Ethylendiamin. Derartige Produkte besitzen niedrige Molmassen von ca. 2000 bis 7000, die durch Zusatz von geeigneten Kettenabbrechern eingestellt werden. Als Kettenabbrecher dienen typischerweise monofunktionelle Carbonsäuren, wobei Typ und Menge des jeweiligen Kettenabbrechers einen Einfluß auf die Eigenschaften des Polyamids haben. Durch Kombination mit anderen Dicarbonsäuren sowie einer großen Anzahl von Diaminen können je nach Anforderung maßgeschneiderte Produkte hergestellt werden.

6.5.4 Anwendungen von Fettsäurepolyamiden

Von Bedeutung in der Lackindustrie ist die Verwendung derartiger Harze zur *Thixotropierung* von ölhaltigen Bindemitteln, insbesondere Alkydharzen [19] (siehe Abschn. 6.1.2). Dabei ist der Grad der erzielten Thixotropie von dem Anteil an Polyamid (in der Regel maximal 10 Massenprozent), der Reaktionstemperatur und Reaktionszeit zwischen Polyamid und dem Alkydharz abhängig.

Das Alkydharz wird zusammen mit dem Polyamidharz erhitzt, das in den üblichen Ester- oder Kohlenwasserstoff-Lösemitteln für Alkydharze unlöslich ist. Es erfolgt eine Umamidierung und Einbau von Polyamideinheiten in das Alkydharz. Mit fortschreitender Umsetzung steigt die Löslichkeit des Reaktionsgemisches; die Thixotropierung durchläuft mit steigender Reaktionszeit ein Maximum und fällt dann wieder ab. Die sich zwischen den Polyamideinheiten verschiedener, derart modifizierter Alkydharzmakromoleküle durch Wasserstoffbrücken ausbildende Assoziierung bewirkt die erwünschte Thixotropierung.

Polyamidharze auf Basis dimerer Fettsäure werden in der Druckfarbenindustrie als Bindemittel für *Tiefdruck-* und *Flexodruckfarben* sowie für *Überdrucklacke* und *Heißsiegellacke* eingesetzt [20, 21]. Eine Übersicht über die verschiedenen Anwendungsgebiete mit typischen Formulierungen befindet sich in [22].

Je nach Löslichkeit unterscheidet man zwischen den von der Entwicklungsgeschichte her älteren Cosolvent-Harzen, löslich in Alkohol/Kohlenwasserstoff-Gemischen, und den alkohollöslichen Typen.

Bevorzugt werden Polyamide im Verpackungssektor als Bindemittel für Flexodruckfarben auf flexiblen, nicht absorbierenden Substraten eingesetzt [23]. Dabei handelt es sich in erster Linie um Polypropylenfolien (OPP), Polyethylenfolien (LDPE, HDPE und mit steigendem Anteil LLDPE) sowie Aluminiumfolien. Polyamide werden insbesondere dort eingesetzt, wo gute Flexibilität der Drucke, gute Haftung auf dem Substrat und Verträglichkeit mit anderen Bindemitteln wie z.B. Cellulosenitrat, die im Folien- und Verpackungsdruck oft verwendet wird, gefordert sind. Weiterhin werden sie in der Verpackungstechnik als Bindemittel für *Release-Lacke* in der Kaltsiegelmassen-Technologie eingesetzt [24].

Polyamide zeichnen sich im allgemeinen auch durch ein hohes Pigmentbenetzungsvermögen aus. Wegen der guten Wasserbeständigkeit eignen sie sich als Bindemittel zur Herstellung von wasserdampfundurchlässigen *Beschichtungen für Papier oder Pappe oder Holz*. Die alkohollöslichen Typen besitzen auch eine gute Fettbeständigkeit.

Neben den vielen Anwendungen für lösemittelhaltige Bindemittelsysteme konnten sich entsprechende wasserlösliche oder wasserverdünnbare Polyamide auf dem Druckfarben- und Beschichtungssektor bisher noch nicht entscheidend durchsetzen [25]. Die auf dem Markt angebotenen Produkte sind aber in den letzten Jahren ständig verbessert worden und die Entwicklung wird intensiv fortgeführt, so daß auch hier in Zukunft mit einem wachsenden Angebot an wasserbasierenden Polyamiden zu rechnen ist [26].

Handelsprodukte

Elvamide	(DuPont)	Ultramid	(BASF)
Eurelon	(Witco)	Uni-Rez	(Union Camp)
Grilamid	(Ems)	Versamid	(Cray Valley, Henkel)
Polymid	(Lawter)	Vestamid	(Hüls)
Reammide	(Henkel)	Vestosint	(Hüls)

Literatur zu Abschnitt 6.5

[1] *R. Vieweg* und *A. Müller* (Hrsg): Kunststoff-Handbuch, Bd. VI, Polyamide. Hanser, München 1966
[2] *R. V. Meyer* : Methoden der organischen Chemie. 4. Aufl. Bd. E 20, Teilbd. 2. Thieme, Stuttgart 1987, S. 1500–1543
[3] Encyclopedia of Polymer Science and Engineering. 2nd Ed., Vol 11. Wiley, New York 1988, S. 315–489
[4] *Ullmann*s Encyclopedia of Industrial Chemistry. 5. Aufl., Vol. A21. VCH, Weinheim 1992, S. 179–205
[5] *M. Genas*, Angew. Chem. **74** (1962) Nr. 15, 535–540
[6] *S. Schaaf*, Kunststoffe **9** (1975) 43–49
[7] *A. Gude* und *H. Scholten*, Kunststoffrundschau (1974) Nr. 3, 77–85
[8] *K. Maurer*, Angew. Chem. **54** (1941) 389–392
[9] *A. El Sayed* und *K.R. Stalke*, Kunststoffe **80** (1990) Nr. 10, 1107–1112
[10] *D. E. Floyd*: Polyamide Resins. 2nd Ed. Reinhold, New York 1966, S. 69–75
[11] *D. Rohe*, Chemische Industrie **114** (1991) Nr. 9, 30, 32, 35, 36
[12] *H. Kittel* in: Lehrbuch der Lacke und Beschichtungen, Bd. VIII, Teil 2. Colomb, Oberschwandorf 1980, S. 29–41
[13] *K. Weinmann*: Beschichten mit Lacken und Kunststoffen. Colomb, Stuttgart 1967, S. 353–360
[13a] siehe [13], S. 383–387
[14] siehe [1], S. 376–381
[15] siehe [1], S. 634–641
[16] *J. B. Boylan* in: *R. R. Myers* und *J. S. Long* (Hrsg): Treatise on Coatings, Vol 1. Dekker, New York 1972, S. 58–76
[17] *D. H. Wheeler* und *D. E. Peerman* in [1], S. 253–263
[18] *M. A. Laudise,* Amer. Chem. Soc. Symp. Ser. 285, 2nd Ed. (1985), 963–984
[19] *W. Götze*, Fette, Seifen, Anstrichmittel **65** (1963) 493–496
[20] *H. Hadert*, Coating **4** (1971) Nr. 8, 214–216, 218
[21] *R. Zweckler*, Coating **7** (1974) Nr. 2, 42–43; Nr.3, 72
[22] *P. K. T. Oldring* und *G. Hayward*, Resins for Surface Coatings, Vol. II. SITA Technology, London 1987, S. 75–87
[23] *K. Heger*, Coating **20** (1987) Nr. 5, 180–185
[24] *W. Schimmel* und *P. Kröger*, Coating **18** (1985) Nr. 1, 20–21
[25] *K.-D. Schröter*, Coating **22** (1989) Nr. 8, 293–296
[26] *R. M. Podhajny*, Amer. Ink Maker (1991) Nr. 2, 10–15

7 Polyaddukte

Wolfhart Wieczorrek, Prof. Dr. Friedrich Lohse, Dr. Hans Gempeler,
Wolfgang Schneider, Dr. Bernd Neffgen, Dr. Wolfgang Scherzer

7.1 Polyisocyanatharze

Wolfhart Wieczorrek

7.1.1 Einführung

Polyisocyanatharze bzw. Polyurethane (PUR) nehmen wegen ihres herausragenden Eigenschaftsprofils unter den Lackharzen zur Herstellung von Anstrichmitteln und Beschichtungen eine besondere Stellung ein. Seit Beginn ihrer technischen Nutzung in der Lackindustrie in den 50er Jahren haben sie folgerichtig eine außerordentliche Entwicklung genommen. Der Weltbedarf an PUR-Lackrohstoffen wird für 1992 auf 400 000 t geschätzt.
Ursprünglich bezog sich die Bezeichnung Polyurethan nur auf solche Lacksysteme, die sich bei ihrer chemischen Aushärtung die hohe Reaktivität der Isocyanate zunutze machten. Es hat sich indes eingebürgert, unter dieser Bezeichnung eine Vielzahl unterschiedlicher Lackharze zusammenzufassen. Ihr gemeinsames Merkmal ist, daß an ihrem Aufbau monomere Diisocyanate oder Homologe im Sinne einer Polyaddition als Bausteine beteiligt sind. Die resultierenden höhermolekularen Produkte können ebenfalls reaktionsfähige Isocyanatgruppen aufweisen, die zu weiteren Reaktionen befähigt sind.
Ein besonderes Charakteristikum der Polyurethane ist, daß sowohl der Rohstoffhersteller als auch in hohem Maße der Lackproduzent durch gezielte Auswahl der Aufbaukomponenten Lacksysteme nach Maß formulieren können. Dieses „Baukastenprinzip" ermöglicht Beschichtungsmaterialien mit einem unübertroffenen Eigenschaftsspektrum. Es findet seinen Niederschlag in einer ungewöhnlichen Anwendungsbreite, welche praktisch den gesamten Fächer industrieller und handwerklicher Beschichtungen umfaßt.
Die Chemie und die Verwendung der PUR-Harze werden in einer umfangreichen Literatur beschrieben, die im Rahmen mehrerer Sammelwerke und Monographien zitiert wird [1 bis 5].

7.1.2 Grundreaktionen der Isocyanate

Organische Isocyanate leiten sich formal von der Isocyansäure, H–N=C=O, ab. Ihre Herstellung erfolgt durch Umsetzung von Aminen mit Phosgen (Gl. 7.1):

$$R-NH_2 + Cl-CO-Cl \longrightarrow R-NCO + 2 HCl \qquad (7.1)$$

Da für die Synthese von Polyurethanharzen mehrfunktionelle Isocyanate erforderlich sind, werden als Ausgangsprodukte Polyamine, vorzugsweise großtechnisch leicht zugängliche Diamine, eingesetzt.
Inzwischen haben alternative phosgenfreie Herstellungsverfahren ihre Eignung im Produktionsmaßstab bewiesen. Mit ihrer Einführung ist an Standorten zu rechnen, wo der Chlor/Phosgen-Verbund fehlt. Ein Beispiel liefert die Umsetzung von Diaminen mit Harn-

stoff und Alkoholen. Hier gelangt man über eine Urethan- bzw. Diurethan-Zwischenstufe und deren thermischer Zersetzung gemäß Gleichung 7.2 zum Diisocyanat [6]:

$$R(NH_2)_2 + 2\,H_2N-CO-NH_2 + 2\,R'OH \xrightarrow[\text{2. Spaltung des Urethans}]{\text{1. Alkohol}} R(NCO)_2 + 4\,NH_3 + 2\,R'OH \qquad (7.2)$$

Isocyanate reagieren in der Regel äußerst leicht mit praktisch allen „aktiven" Wasserstoff enthaltenden Verbindungen im Sinne einer Addition. Für die Herstellung von PUR-Vorprodukten wie auch für die chemische Härtung von Reaktionslacken sind die nachstehenden Reaktionen von besonderem Interesse.

A) Die Urethanbildung

Mit Alkoholen und Phenolen bilden Isocyanate Urethane, die formal Ester der Carbaminsäure sind (Gl. 7.3):

$$R-N=C=O + H-O-R' \rightleftharpoons R-\underset{|}{\overset{H}{N}}-\underset{}{\overset{O}{\underset{\|}{C}}}-O-R' \qquad (7.3)$$

Die Reaktion ist bei höheren Temperaturen reversibel. Diese Eigenschaft ist von besonderer Bedeutung für die Härtungsreaktion blockierter Polyisocyanate (siehe Abschn. 7.1.5.3).

Primär gebundene Isocyanatgruppen sind reaktionsfreudiger als sekundäre oder tertiäre. In dieser Reihenfolge ändert sich auch in der Regel die Reaktionsgeschwindigkeit mit Alkoholen als Reaktionspartner (Formeln 7.4); Isophorondiisocyanat nimmt hier eine Ausnahmestellung ein.

$$R-CH_2-NCO \qquad R-\underset{|}{\overset{R'}{C}}H-NCO \qquad R-\underset{\underset{R''}{|}}{\overset{\overset{R'}{|}}{C}}-NCO \qquad (7.4)$$

primäre   sekundäre   tertiäre
NCO-Gruppe

B) Die Aminbildung

Isocyanate reagieren mit Wasser unter Bildung von Carbaminsäuren als Zwischenstufen zu Aminen und Kohlendioxid, wobei die Reaktionsgeschwindigkeit des Wassers etwa der von sekundären Alkoholen entspricht (Gl. 7.5):

$$R-N=C=O + H-O-H \longrightarrow \left[R-\underset{|}{\overset{H}{N}}-\overset{O}{\underset{\|}{C}}-O-H\right] \longrightarrow R-NH_2 + CO_2 \qquad (7.5)$$

Die gebildeten Amine reagieren mit überschüssigem Isocyanat zu Harnstoffen.

C) Die Bildung von substituierten Harnstoffen

Mit primären und sekundären Aminen reagieren Isocyanate spontan zu substituierten Harnstoffen (Gl. 7.6):

$$R-N=C=O + H_2N-R' \longrightarrow R-\underset{|}{\overset{H}{N}}-\overset{O}{\underset{\|}{C}}-\underset{|}{\overset{H}{N}}-R' \qquad (7.6)$$

D) Die Biuretbildung

Mit Harnstoffen bilden Isocyanate in der Regel bei höherer Temperatur Biurete (Gl. 7.7):

7.1 Polyisocyanatharze

$$\underset{\substack{|\;\;||\;\;|\\R-N-C-N-R'}}{H\;\;O\;\;H} + O=C=N-R'' \longrightarrow \underset{\substack{|\;\;|\;\;|\\R-N-C-N-R'}}{H\;\;O\;\;\overset{\displaystyle\overset{O}{\|}\;\;\overset{H}{|}}{C-N-R''}} \qquad (7.7)$$

E) Die Allophanatbildung

Urethane können bei geeigneter Katalyse oder bei höherer Temperatur mit weiteren Isocyanatgruppen zu Allophanaten reagieren (Gl. 7.8):

$$\underset{\substack{||\;\;|\\R-O-C-N-R'}}{O\;\;H} + O=C=N-R'' \longrightarrow \underset{\substack{|\;\;|\\R-O-C-N-R'}}{O\;\;\overset{\displaystyle\overset{O}{\|}\;\;\overset{H}{|}}{C-N-R''}} \qquad (7.8)$$

F) Die Uretdionbildung

Isocyanate können unter Bildung eines Uretdionrings bei speziellen Bedingungen dimerisieren. Die Reaktion ist eine Gleichgewichtsreaktion, deren stabile Lage sich bei höherer Temperatur rasch einstellt und zum Monomer verschoben ist (Gl. 7.9):

$$R-N=C=O + O=C=N-R \;\rightleftharpoons\; \text{[Uretdionring]} \qquad (7.9)$$

G) Die Isocyanuratbildung

Im Gegensatz zum Uretdionring ist der bei der Trimerisation von Isocyanaten entstehende Isocyanuratring auch bei höherer Temperatur stabil (Gl. 7.10):

$$3\,R-N=C=O \longrightarrow \text{[Isocyanuratring]} \qquad (7.10)$$

H) Die Bildung substituierter Säureamide

Bei höheren Temperaturen reagieren Isocyanate mit Carbonsäuren unter intermediärer Bildung von gemischten Anhydriden, welche zu Amid und Kohlendioxid dissoziieren (Gl. 7.11):

$$R-N=C=O + R'-\overset{\displaystyle\overset{O}{\|}}{C}-O-H \longrightarrow \underset{\substack{|\;\;||\;\;\;\;\;||\\R-N-C-O-C-R'}}{H\;\;O\;\;\;\;\;O}$$

$$\longrightarrow \underset{\substack{|\;\;||\\R-N-C-R'}}{H\;\;O} + CO_2 \qquad (7.11)$$

I) Die Bildung von Carbodiimiden

Isocyanate können unter Kohlendioxidabspaltung mit sich selbst reagieren (Gl. 7.12):

$$R-N=C=O + O=C=N-R \longrightarrow R-N=C=N-R + CO_2 \qquad (7.12)$$

7.1.3 Katalyse der Isocyanat-Reaktionen

Die mannigfaltigen Reaktionen der Isocyanat-Gruppe wie auch thermische Rückspaltprozesse bei den Reaktionsprodukten lassen sich durch zahlreiche Substanzklassen katalytisch beschleunigen: Beispiele sind tertiäre Amine, metallorganische Verbindungen, Metallsalze (Polyaddition), Phosphine (Dimerisation), quaternäre Ammoniumsalze und Phenole (Trimerisation). Die katalytischen Mechanismen sind äußerst komplex und werden vielfach durch Nebeneffekte überlagert. So können beipielsweise die entstehenden Reaktionsprodukte, wie z. B. das Urethan, zusätzlich katalytisch wirken.

In PUR-Lacken werden aliphatische Isocyanate zumeist in Verbindung mit Katalysatoren eingesetzt, um die gegenüber aromatischen Isocyanaten geringere Reaktivität auszugleichen und den Erfordernissen der Lackierpraxis anzupassen. Zwei Gruppen sind hier von vorrangigem Interesse:

Metallkatalysatoren aktivieren die Isocyanat-Gruppe und beschleunigen bevorzugt die Urethan-Reaktion. Häufige Verwendung finden Dibutylzinn-dilaurat (siehe Formel 7.13; DBTL/Acima, Air-Products, Ciba-Geigy, Elf-Atochem) sowie das als Trockenstoff für oxidativ-trocknende Bindemittel verwendete Zinkoktoat (z. B. Soligen/Hoechst).

Amin-Katalysatoren beschleunigen die Urethan-Reaktion dagegen in erster Linie über die Aktivierung der Hydroxyl-Gruppe. Geeignete tertiäre Amine werden von verschiedenen Herstellern angeboten (z. B. Desmorapid/Bayer).

Breite Verwendung findet 1,4-Diazabicyclo[2.2.2]octan (siehe Formel 7.14; DABCO/Air-Products).

$$H_9C_4\text{-}Sn(O\text{-}CO\text{-}C_{11}H_{23})_2 \qquad \text{DBTL} \qquad (7.13)$$

$$\text{DABCO} \qquad (7.14)$$

Vielfach läßt sich durch Kombination beider Beschleuniger-Typen ein synergistischer Effekt vorteilhaft nutzen: Die Abmischung ist deutlich wirksamer, als die Summe der Einzeleffekte beider Komponenten erwarten läßt.

7.1.4 Basisisocyanate für PUR-Beschichtungsstoffe

Polyurethanharze, gleich welchen Typs, können aus monomeren Diisocyanaten, die eine vergleichsweise niedrige Molmasse und in der Regel entsprechend hohen Dampfdruck aufweisen, hergestellt werden. Die meisten niedrigmolekularen Diisocyanate können bei anfälligen Personen sensibilisierend wirken und Allergien auslösen. Eine weitere potentielle Gefährdung ist auf das reaktive Verhalten der NCO-Gruppen zurückzuführen, die z. B. bei Inhalation mit zahlreichen aktiven Gruppen im menschlichen Organismus reagieren. Diisocyanate werden deshalb nicht in der Lackanwendung eingesetzt. Die Gefahr gesundheitlicher Beeinträchtigung wird mit zunehmender Molmasse bzw. niedrigerem Dampfdruck geringer. Als Lackrohstoffe werden deshalb aus monomeren Diisocyanaten hergestellte Polyisocyanate verwendet, die unter gewerbehygienischen Gesichtspunkten sicher zu handhaben sind.

Die Zahl der synthetisierten und für PUR-Harze prinzipiell geeigneten Diisocyanate ist groß. In der Praxis haben sich jedoch unter Berücksichtigung der Forderungen nach großtechnischer Verfügbarkeit und Wirtschaftlichkeit nur vergleichsweise wenige dieser Produkte durchsetzen können. Diese lassen sich formal in aromatische und aliphatische Diisocyanate unterteilen.

Beide Gruppen unterscheiden sich aufgrund ihrer unterschiedlichen Struktur in ihren Eigenschaften grundlegend, was nicht ohne Konsequenz für den praktischen Einsatz ist: Aromatische Diisocyanate und deren Derivate sind wesentlich reaktiver als aliphatische. Ferner sind sie im Unterschied zu aliphatischen Produkten nicht überragend wetterbeständig, sie vergilben zudem bei Lichteinwirkung. Für hochwetterbeständige Anstriche kommen deshalb Polyisocyanate zum Einsatz, die aus aliphatischen Diisocyanaten hergestellt werden.

Tabelle 7.1. Diisocyanate als Basisprodukte für PUR-Harze

Chemische Bezeichnung (Synonym)	Kurzbezeichnung	Bruttoformel	Molmasse
Diisocyanato-methyl-benzol* (Toluylendiisocyanat)	TDI	$C_9H_6N_2O_2$	174
Diisocyanato-diphenylmethan* (Diphenylmethandiisocyanat)	MDI	$C_{15}H_{10}N_2O_2$	250
1,6-Diisocyanato-hexan (Hexamethylendiisocyanat)	HDI	$C_8H_{12}N_2O_2$	168
3,5,5-Trimethyl-1-isocyanato-3-isocyanato-methylcyclohexan* (Isophorondiisocyanat)	IPDI	$C_{12}H_{18}N_2O_2$	222
4,4'-Diisocyanato-dicyclohexylmethan*	H_{12}MDI	$C_{15}H_{22}N_2O_2$	262
1,3-Bis(isocyanato-methyl)benzol (m-Xylylendiisocyanat)	XDI	$C_{10}H_8N_2O_2$	188
1,6-Diisocyanato-2,2,4(2,4,4)-trimethylhexan*	TMDI	$C_{11}H_{18}N_2O_2$	210

* Isomerengemisch

7.1.4.1 Aromatische Diisocyanate

Diisocyanatotoluol, Toluylendiisocyanat (TDI)

Seit Beginn der technischen Nutzung der Polyurethanchemie kommt dem vom Toluol abgeleiteten TDI auch im Lacksektor die größte Bedeutung zu. TDI wird heute weltweit von zahlreichen Herstellern als Industriechemikalie angeboten. Üblicherweise gelangt es als Isomerengemisch von 80% 2,4-Diisocyanato-toluol und 20% 2,6-Diisocyanato-toluol zur Verwendung (TDI 80).

(7.15)

Für spezielle Einsatzgebiete finden gelegentlich auch andere Isomerengemische (z. B. 65:35) oder annähernd reines 2,4-TDI Verwendung, wobei die unterschiedliche Reaktivität von ortho- und para-NCO-Gruppen für den jeweiligen Einsatz gezielt genutzt wird: Die 4-ständige NCO-Gruppe ist bei Temperaturen unterhalb 100 °C um ein mehrfaches reaktiver als die NCO-Gruppen in der 2,6-Position. Dieser wichtige Umstand erlaubt bei Änderung des Isomerengemisches abgestufte Reaktionen. Daraus ergibt sich z. B. der Vorteil, Derivate mit einer engeren Molmassenverteilung zu erzielen, als dies bei gleich reaktiven NCO-Gruppen der Fall wäre.

Produkte von BASF, Bayer, DOW, Enichem, ICI, Olin, Rhône-Poulenc

Diisocyanatodiphenylmethan, Methylendiphenyldiisocyanat (MDI)
Das für Lacke und Beschichtungen zweitwichtigste aromatische Diisocyanat wird ebenfalls als standardisiertes Großprodukt zahlreicher Hersteller angeboten. Üblicherweise handelt es sich um 4,4'-Diisocyanatodiphenylmethan im Gemisch mit Homologen (ca. 30 bis 70% Zweikern-, 15 bis 40% Dreikern- und 15 bis 30% Mehrkernkomponenten). Solche Lieferformen sind von Vorteil, da sie im Gegensatz zu reinem MDI bei Umgebungstemperatur flüssig und demzufolge leicht zu handhaben oder zu derivatisieren sind.

$$OCN--CH_2--NCO \qquad (7.16)$$
4,4'-MDI

Von untergeordneter Bedeutung für Beschichtungszwecke sind Isomerengemische wie z. B. 60% 2,4'-MDI und 40% 4,4'-MDI.

$$-CH_2--NCO \qquad (7.17)$$
NCO
2,4'-MDI

MDI spielt für Lacke und Beschichtungen eine Sonderrolle, da es im Gegensatz zu allen anderen im Lacksektor verwendeten Diisocyanaten ohne weitere Derivatisierung auch als solches zum Einsatz gelangen kann. Dies wird durch seinen vergleichsweise niedrigen Dampfdruck ermöglicht, welcher bei Normaltemperatur eine unter gewerbehygienischen Aspekten gefahrlose Handhabung gewährleistet.

Produkte von BASF, Bayer, DOW, Enichem, ICI, Nippoly

7.1.4.2 Aliphatische Diisocyanate

Wie bereits erwähnt, ermöglichen aliphatische Diisocyanate lichtbeständige Beschichtungen. Sie werden daher trotz ihres gegenüber aromatischen Diisocyanaten erheblich höheren Preises vorzugsweise dort verwendet, wo Licht- und Wetterbeständigkeit sowie Langlebigkeit von Beschichtungen im Vordergrund stehen.

1,6-Diisocyanatohexan, Hexamethylendiisocyanat (HDI)
Das seit seiner Einführung in den Lacksektor Anfang der 60er Jahre mit Abstand wichtigste Ausgangsprodukt für aliphatische Folgeprodukte ist 1,6-HDI:

$$OCN-(CH_2)_6-NCO \qquad (7.18)$$
HDI

Beschichtungsstoffe auf dieser Grundlage haben einen bis heute nicht übertroffenen Qualitätsmaßstab gesetzt.

Produkte von BASF, Bayer, Rhône-Poulenc

3,5,5-Trimethyl-1-isocyanato-3-isocyanatomethylcyclohexan,
Isophorondiisocyanat (IPDI)
Dieses cycloaliphatische Diisocyanat ist handelsüblich ein Gemisch von ca. 75% cis- und ca. 25% trans-Isomeren:

$$\text{IPDI} \tag{7.19}$$

IPDI besitzt ein für großtechnisch verfügbare aliphatische Diisocyanate außergewöhnliches Merkmal, das es für gezielte Modifikation und Synthesen wertvoll macht: IPDI besitzt zwei Isocyanatgruppen unterschiedlicher Reaktivität, wobei die sekundäre aliphatische NCO-Gruppe um ein Mehrfaches reaktiver ist als die cycloaliphatische NCO-Gruppe. Je nach verwendetem Katalysator-Typ können bemerkenswerter Weise sowohl die primäre als auch die sekundäre NCO-Gruppe selektiv in ihrer Reaktivität gesteigert werden. Dies ermöglicht eine Angleichung oder sogar Umkehrung der Reaktivität der beiden NCO-Gruppen [7].

Produkt: VESTANAT IPDI (Hüls)

4,4'-Diisocyanato-dicyclohexylmethan ($H_{12}MDI$)
H_{12}MDI entspricht formal dem perhydrierten MDI (s. Gleichung 7.16). Dieses cycloaliphatische Diisocyanat kommt als Isomerengemisch in den Handel (ca. 30% cis/cis, ca. 50% cis/trans, ca. 20% trans/trans):

$$\text{OCN}-\text{C}_6\text{H}_{10}-\text{CH}_2-\text{C}_6\text{H}_{10}-\text{NCO} \tag{7.20}$$

H_{12}MDI

Produkt von Bayer

Als gelegentlich verwendete Bausteine ohne größere Marktbedeutung für lichtechte PUR-Harze sind noch folgende Diisocyanate zu nennen:

m-Tetramethylxylylen-diisocyanat (TMXDI),
welches zwar einen aromatischen Ring aufweist, dessen NCO-Gruppen jedoch nicht direkt an diesen gebunden sind,

$$\tag{7.21}$$

Produkt von Cytec, wie auch

m-Xylylendiisocyanat (XDI)

von dem auch eine kernhydrierte Variante (H$_6$XDI) angeboten wird,

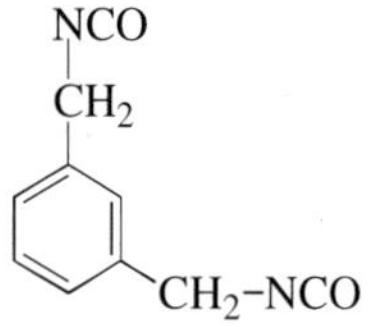

(7.22)

Produkt von Takeda,

sowie schließlich

Trimethylhexamethylen-diisocyanat (TMDI)

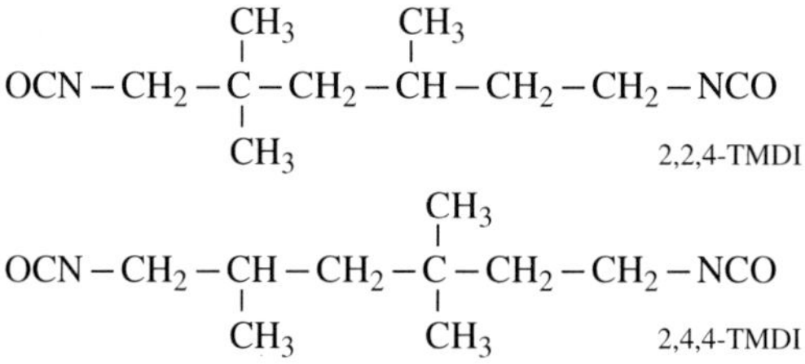

$$OCN-CH_2-\underset{\underset{CH_3}{|}}{\overset{\overset{CH_3}{|}}{C}}-CH_2-\overset{\overset{CH_3}{|}}{CH}-CH_2-CH_2-NCO \quad \text{2,2,4-TMDI}$$

$$OCN-CH_2-\overset{\overset{CH_3}{|}}{CH}-CH_2-\underset{\underset{CH_3}{|}}{\overset{\overset{CH_3}{|}}{C}}-CH_2-CH_2-NCO \quad \text{2,4,4-TMDI}$$

(7.23)

Produkt: VESTANAT TMDI (Hüls)

Der Vollständigkeit halber seien auch spezielle Monoisocyanate mit einer zweiten Funktionalität erwähnt, in diesem Falle in Form von ungesättigten, polymerisierfähigen Gruppen. Solche Polymerbausteine eröffnen aufgrund ihrer beiden chemisch verschiedenen Verknüpfungsprinzipien interessante Synthesemöglichkeiten. Sie erlauben sowohl die Herstellung von NCO-funktionellen Copolymeren mit z. B. Acrylat- oder Methacrylat-Monomeren, als auch die Synthese von polymerisierfähigen Polyurethanen. Im Lacksektor sind sie wegen ihres hohen Preisniveaus allerdings von untergeordneter Bedeutung und lediglich in bestimmten Spezialanwendungen anzutreffen. Ein Beispiel ist 1-(1-isocyanato-1-methylethyl)-3-(1-methylethenyl)-benzol (m-TMI):

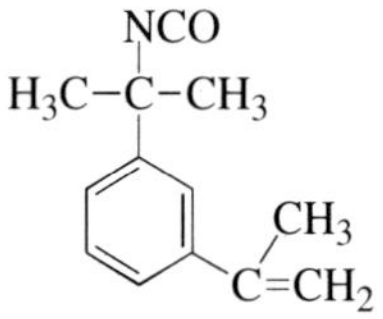

(7.24)

m-TMI

Produkt von Cytec

Ein weiteres spezielles Monoisocyanat mit einer Kohlenstoff-Doppelbindung ist der in Formel 7.25 gezeigte Acrylsäureester:

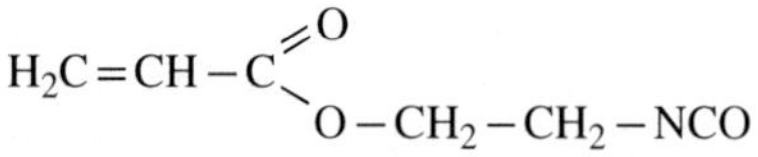

(7.25)

Produkt von DOW

7.1.5 Polyurethanharze

Wie eingangs erwähnt, umfaßt die Gruppe der PUR-Lackharze eine Vielzahl von Produkten, die in den Strukturen und Härtungsmechanismen höchst unterschiedlich sind. Eine Gliederung dieser Rohstoffe nach chemischen Merkmalen ist nicht deckungsgleich mit bestimmten Lacksystemen oder Anwendungen. Vielfach überschneiden sich die chemischen und die anwendungstechnischen Betrachtungsweisen, so daß es sinnvoll ist, die einzelnen PUR-Harz-Typen vorab chemisch zu klassifizieren, ohne bereits an dieser Stelle detailliert auf ihre spätere Verwendung einzugehen.

7.1.5.1 Polyisocyanate

Im Lacksektor versteht man unter Polyisocyanaten derivatisierte Diisocyanate mit mindestens 2, üblicherweise 3 NCO-Gruppen. Sie werden nach den zuvor beschriebenen Grundreaktionen mit folgendem Ziel hergestellt:

- Erhöhung der Funktionalität, um bei späterer Umsetzung mit Coreaktanten zu hoher Vernetzungsdichte in den Lacküberzügen zu gelangen.
- Erhöhung der Molmasse mit zwangsläufiger Verringerung der Flüchtigkeit (niedrigerer Dampfdruck) als Voraussetzung für eine arbeitshygienisch sichere Handhabung.

Die Rohstoffindustrie bietet heute eine umfangreiche Palette von Polyisocyanaten als Bausteine für 2-Komponenten-PUR-Lacke an. Lack-Polyisocyanate können als 100%ige Substanz sowohl flüssig, als auch fest mit ausgesprochenem Hartharzcharakter sein. Wegen der besseren Handhabbarkeit werden letztere jedoch gewöhnlich als 50 bis 90%ige Lösungen angeboten, sieht man von Anwendungen in Pulverlacken einmal ab. Für die nachfolgend aufgeführten Produktbeispiele gilt allgemein, daß die dem Formelbild entsprechende Substanz die Hauptkomponente der genannten Handelsprodukte im Gemisch mit Homologen und/oder andersartigen Derivaten des Ausgangsmonomeren darstellt. Der Restgehalt an Monomeren liegt aufgrund aufwendiger Destillationstechnik handelsüblich bei max. 0,5%.

TDI war die Basis für das erste, im Jahre 1955 von Bayer in den Markt gebrachte Lack-Polyisocyanat, ein Addukt mit Trimethylolpropan und kleineren Anteilen an niedrigmolekularem Diol, das bis heute mengenmäßig eine Spitzenstellung einnimmt:

$$H_5C_2-C\left[CH_2-O-CO-NH-\underset{}{\bigcirc}\underset{CH_3}{\overset{NCO}{}}\right]_3 \quad (7.26)$$

(idealisiert)

Typische Merkmale: Festharz, ca. 17% NCO

Beispiele für Handelsprodukte

Basonat PLR 8525	(BASF)
Desmodur L	(Bayer)
Polurene AD 75	(Sapici)

Durch Trimerisation von TDI werden Polyisocyanate mit Isocyanurat-Strukturen erhalten:

(7.27)

(idealisiert)

Typische Merkmale: Festharz, ca. 16% NCO

Beispiele für Handelsprodukte

Desmodur IL   (Bayer)
Polurene 60T (Sapici)

In analoger Weise lassen sich auch Mischtrimerisate beispielsweise aus TDI und HDI in unterschiedlichen Mischungsverhältnissen herstellen. Solche Varianten sind gleichfalls Hartharze, enthalten ca. 14% NCO und weisen infolge des aliphatischen Isocyanatanteils eine verbesserte Lichtechtheit auf.

(7.28)

Beispiel für ein Handelsprodukt

Desmodur HL   (Bayer)

MDI als Hauptbestandteil eines Gemisches mit einem geringen Anteil an höherfunktionellen Homologen („MDI-Polymer") ist im strengen Sinne nach der obigen Definition kein Polyisocyanat. Dieses technische Produkt weist allerdings eine durchschnittliche Funktionalität von 2,4 auf und kann in der Praxis trotz des überwiegenden Monomerenanteils aufgrund seines niedrigen Dampfdrucks unter gewerbehygienischen Gesichtspunkten wie ein Lack-Polyisocyanat eingesetzt werden. Wegen der sehr niedrigen Viskosität eignen sich solche MDI-Typen bevorzugt für lösemittelfreie Beschichtungen.
Typische Merkmale: Dünnflüssig, ca. 25 bis 33% NCO

Beispiele für Handelsprodukte

Lupranat M20   (BASF)
Desmodur VL   (Bayer)
Isonate M304   (Dow)
Suprasec DNR   (ICI)
Caradate 30   (Shell)

7.1 Polyisocyanatharze

HDI-Biuret gelangte erstmals im Jahre 1961 in den Markt. Dieses aliphatische Polyisocyanat eröffnete den seitdem auch licht- und wetterbeständig formulierbaren PUR-Lacken zahlreiche neue Einsatzgebiete und verhalf ihnen zu einem breiten Einsatz. Ihre Synthese kann im Grundsatz nach zwei verschiedenen Verfahren erfolgen. Verbreitet ist das „Wasserverfahren" gemäß der folgenden vereinfachten Reaktionsgleichung:

$$\begin{aligned}
OCN-(CH_2)_6-NCO \xrightarrow{+H_2O} & [OCN-(CH_2)_6-NH-COOH] \\
\xrightarrow{-CO_2} & [OCN-(CH_2)_6-NH_2] \\
\xrightarrow{+HDI} & OCN-(CH_2)_6-NH-CO-NH-(CH_2)_6-NCO \\
\xrightarrow{+HDI} & OCN-(CH_2)_6-NH-CO-\underset{\underset{NH-(CH_2)_6-NCO}{\overset{|}{CO}}}{\overset{|}{N}}-(CH_2)_6-NCO
\end{aligned} \quad (7.29)$$

Das erforderliche Wasser wird großtechnisch z. B. über *tert*-Butanol eingebracht, welches unter den Reaktionsbedingungen Wasser abspaltet; das dabei freigesetzte Isobutylen wird abgefackelt.

Nach einer jüngeren Verfahrensweise erfolgt die Synthese über eine Reaktion von 1,6-Diaminohexan (HDA) mit HDI nach folgendem Schema (Isocyanat/Amin-Verfahren):

$$\begin{aligned}
& OCN-(CH_2)_6-NCO + H_2N-(CH_2)_6-NH_2 + OCN-(CH_2)_6-NCO \\
& \downarrow \\
& OCN-(CH_2)_6-NH-CO-NH-(CH_2)_6-NH-CO-NH-(CH_2)_6-NCO \\
& \qquad\qquad\qquad\qquad \downarrow {+2\,HDI} \\
& OCN-(CH_2)_6-NH-CO-\underset{\underset{OCN-(CH_2)_6-NH}{\overset{|}{CO}}}{\overset{|}{N}}-(CH_2)_6-\underset{\underset{NH-(CH_2)_6-NCO}{\overset{|}{CO}}}{\overset{|}{N}}-CO-NH-(CH_2)_6-NCO \\
& \qquad\qquad\qquad\qquad \downarrow {+HDI} \\
& 2\,OCN-(CH_2)_6-NH-CO-\underset{\underset{NH-(CH_2)_6-NCO}{\overset{|}{CO}}}{\overset{|}{N}}-(CH_2)_6-NCO
\end{aligned} \quad (7.30)$$

Typische Merkmale: Mittelviskose Flüssigkeit, ca. 22% NCO.

Beispiele für Handelsprodukte

Basonat HB 175   (BASF)
Desmodur N 75   (Bayer)
Tolonate HDB   (Rhône-Poulenc)

HDI-Trimerisat ist die Hauptkomponente eines weiteren wichtigen Polyisocyanates. Dieser prinzipiell schon frühzeitig bekannte Typ konnte aufgrund der relativ spät gefundenen großtechnischen Beherrschung der Trimerisierungsreaktion [8] erst lange nach dem Biuret die heutige technische Bedeutung erlangen. Im Vergleich zu letzterem weisen damit hergestellte Beschichtungen eine höhere Thermostabilität und ein besseres Langzeitverhalten bei Wetterbelastung auf. Diese Vorteile müssen allerdings durch eine leicht eingeschränkte Verträglichkeit mit bestimmten Coreaktanten erkauft werden.

$$\text{OCN-(CH}_2)_6-\text{N}\underset{\underset{\text{O}}{\overset{\|}{\text{C}}}}{\overset{\overset{(CH_2)_6-NCO}{|}}{\overset{\overset{O}{\|}}{\underset{\|}{\text{C}}}-\text{N}-\overset{\overset{O}{\|}}{\underset{\|}{\text{C}}}}}\text{N-(CH}_2)_6-\text{NCO}$$

(7.31)

Typische Merkmale: Mittelviskose Flüssigkeit, ca. 22% NCO.

Beispiele für Handelsprodukte

Basonat HI 100 (BASF)
Desmodur N 3300 (Bayer)
Tolonate HDT (Rhône-Poulenc)

Es wurde bereits erwähnt, daß handelsübliche Polyisocyanate Gemische von überwiegend analog aufgebauten chemischen Verbindungen sind. Tabelle 7.2 demonstriert dies anschaulich am Beispiel eines HDI-Trimerisates des Marktes.

Tabelle 7.2. Gelchromatographische Komponentenverteilung eines handelsüblichen HDI-Trimerisats*

Struktur	Anzahl der Monomereinheiten n	Flächenprozent
Uretdion	2	<1
Isocyanurat	3	51 Idealstruktur
Polyisocyanurat	5	19
	7	9
	9	6,5
	11	4
	13	2
	15	1,5
	>15	<3

* Desmodur N 3300 der Bayer AG, Molmasse: M_w 505 (theoretisch), M_w 940 (berechnet)

Durch Verschiebung der Komponentenverteilung in den niedermolekularen Bereich, aber auch durch gezielte Modifikation, z. B. durch den Einbau von Allophanatstrukturen in das Grundmolekül, erhält man eine Viskositätsabsenkung. Entsprechende niedrigviskose Varianten mit spezieller Eignung für High Solids-Lacke (festkörperreiche Lacke) werden sowohl auf Basis des Biurets als auch des Trimerisates angeboten.

HDI-Uretdion als Hauptbestandteil eines extrem niedrigviskosen Polyisocyanates steht der Lackindustrie erst seit kurzem zur Verfügung.
Typische Merkmale: Dünnflüssig, ca. 22% NCO.

Beispiel für ein Handelsprodukt
Desmodur N 3400 (Bayer)

Dieses Produkt ist wegen seines herausragenden Fließverhaltens und seiner universellen Eignung für verschiedenste Lacksysteme, einschließlich der Wasserlacke, von Interesse.

7.1 Polyisocyanatharze

Nachteilig ist hier allerdings die thermische Instabilität der Uretdiongruppe oberhalb von 80 °C, was eine Beschränkung der Verwendung auf luft- bzw. forciert trocknende Lackierungen zur Folge hat.

HDI-Addukte mit Trimethylolpropan haben Hartharzcharakter und finden ebenfalls Verwendung im Lacksektor. Aufgrund der hochviskosen Beschaffenheit ihrer Lösungen eignen sich solche Handelsprodukte nicht für festkörperreiche Lacke und sind im Vergleich zu den Biuret- und Trimerisat-Typen von untergeordneter Bedeutung.

Beispiel für ein Handelsprodukt: Coronate HL (Nippoly)

IPDI-Trimerisat war das erste technisch verfügbare cycloaliphatische Isocyanurat. Es unterscheidet sich infolge seiner kompakten und starren Struktur in den Eigenschaften in bemerkenswerter Weise von HDI-Derivaten: Das Polyisocyanat ist ein Hartharz und ausgehärtete Lackfilme auf dieser Basis sind vergleichsweise hart bis spröde, wenn diesem Umstand nicht durch die Auswahl entsprechend flexibler Reaktionspartner Rechnung getragen wird. Häufig gelangen auch Abmischungen mit HDI-Derivaten zum Einsatz. Die spezifische Struktur von IPDI-Trimerisat vermittelt den Lackfilmen zuweilen eine in Nuancen bessere, für den praktischen Einsatz unter Umständen ausschlaggebende Chemikalienbeständigkeit.

(7.32)

Typische Merkmale: Hartharz, ca. 17 % NCO

Beispiele für Handelsprodukte
Desmodur Z 4370   (Bayer)
Vestanat T 1890   (Hüls)

Feste Polyisocyanate mit *IPDI-Uretdion-Strukturen* eignen sich aufgrund ihrer physikalischen Beschaffenheit und Reaktionsträgheit als blockierungsmittelfreie Härter für PUR-Pulverlacke.
Typische Merkmale: Hartharz, ca. 17% NCO

Beispiel für ein Handelsprodukt: Vestagon BF 1540 (Hüls)

Grundlegende Arbeiten in den 80er Jahren (Bayer) zur Übertragung der PUR-Chemie in die Wasserphase führten zu völlig neuen Formulierungskonzepten bei PUR-Lacken [9]. Dafür gewinnen modifizierte Polyisocyanate an Bedeutung. Sie entsprechen prinzipiell den vorstehend beschriebenen Typen, wobei jedoch gewöhnlich ein Teil der NCO-Gruppen durch hydrophile Reaktanten abgesättigt ist. Für diesen Zweck eignen sich z. B. kurzkettige, monofunktionelle Polyether. Die verbesserte Einarbeitung in die Wasserphase wird allerdings mit einem geringeren NCO-Gehalt erkauft.

Beispiel für ein Handelsprodukt: Bayhydur (Bayer)

Tabelle 7.3. Eignungscharakteristik handelsüblicher Polyisocyanat-Typen

Eignung für	TDI		TDI/HDI	HDI				IPDI	MDI
	Addukt (TMP)	Trimerisat/Isocyanurat	Trimerisat/Isocyanurat	Addukt (TMP)	Uretdion	Biuret	Trimerisat/Isocyanurat	Trimerisat/Isocyanurat	
High-Solids-Lacke					■		■		■
Lösemittelfreie Beschichtungen					■	■	■		■
Wasserlacke*					■		■		
Licht- und wetterbeständige Lacke			(■)	■	■	■	■	■	
Rasche Antrocknung	■	■	■					■	
Wärmetrocknung	■	■	■	■		■	■	■	■
Lufttrocknung	■	■	■	■	■	■	(■)	■	■

* ohne spezielle chemische Modifizierung

7.1.5.2 Prepolymere

Unter diesem – dem Sinne nach nicht korrekten – Oberbegriff versteht man Produkte, die durch Addition von Polyolen mit einem Überschuß an (vorzugsweise) Diisocyanaten oder Polyisocyanaten gebildet werden. Dabei werden höhermolekulare, je nach Funktionalität und Verzweigung der Ausgangskomponenten mehr oder weniger verzweigte, aber noch lösliche Reaktionsprodukte angestrebt. Ihr kennzeichnendes Merkmal sind freie, reaktionsfähige NCO-Gruppen, deren Anteil im Bereich von 3 bis 18% liegen kann. Prepolymere entsprechen in ihren Reaktionen deshalb den in Abschnitt 7.1.5.1 beschriebenen Polyisocyanaten. Im Gegensatz zu diesen dienen sie jedoch überwiegend als Alleinbindemittel zur Herstellung von feuchtigkeitshärtenden 1-Komponenten-PUR-Lacken.

Ein typisches Beispiel für ein aromatisches Prepolymer liefert folgende Zusammensetzung:

10 Equivalente TDI
 3 Equivalente Trimethylolpropan
 2 Equivalente Polyether (bifunktionell, Molmasse ca. 1000)

Die Rohstoffindustrie stellt Prepolymere in großer Auswahl zur Verfügung, häufig maßgeschneidert und in gebrauchsfertiger Konzentration für spezielle Anwendungen. Als Isocyanatbasis dienen neben TDI auch MDI, HDI und IPDI.

Beispiele für Handelsprodukte

Trixene – Typen   (Baxenden)   Beckocoat – Typen   (Hoechst)
Desmodur E-Typen   (Bayer)   Vesticoat UT-Typen   (Hüls)

7.1.5.3 Blockierte Polyisocyanate

Polyisocyanate und Prepolymere sind infolge ihrer Isocyanatgruppen in Gegenwart von Reaktionspartnern oder Feuchtigkeit zwangsläufig nicht stabil. Schon frühzeitig bestand deshalb der Wunsch, die NCO-Gruppen zu „verkappen" oder zu „blockieren", um zu weitgehend stabilen, aber thermisch reaktivierbaren Systemen zu gelangen. Die gefundene Problemlösung nutzt den Sachverhalt, daß zahlreiche Additionsreaktionen der NCO-Gruppe reversibel sind. Eine Möglichkeit bietet z. B. die bereits erläuterte Überführung in Uretdione, welche bei höheren Temperaturen wieder in die Ausgangskomponenten zurückspalten (siehe Gl. 7.9). Diese Methode bleibt aber auf Diisocyanate beschränkt. Außerdem verläuft die Rückreaktion unter praktischen Gesichtspunkten unbefriedigend, da es sich um eine Gleichgewichtsreaktion handelt, die u. U. vergleichsweise hohe Temperaturen erfordert.

Als sinnvoller hat sich die Addition von monofunktionellen H-aciden Verbindungen an die Isocyanat-Gruppe erwiesen (siehe Gl. 7.3). Solche Additionsprodukte können in der Wärme durch Abspaltung dieser H-aciden Verbindungen wieder reaktionsfähige NCO-Gruppen regenerieren. Bei Estergruppen enthaltenden blockierten Polyisocyanaten kommt es durch Umesterungen ohne Freisetzen von NCO-Gruppen zu Vernetzungsreaktionen.

Von den zahlreichen prinzipiell geeigneten Blockierungsmitteln kommen für Lackanwendungen allerdings nur solche mit praxisgerechten Abspalt-Temperaturen und -Zeiten in Betracht. Kommerziell verwendete Verbindungen sind in erster Linie Phenole, Oxime, ε-Caprolactam, Malonsäureester, Acetessigester, Alkohole und verschiedene sekundäre Amine [10, 11]. Zuweilen gelangen auch Gemische dieser Verbindungen zum Einsatz.

Die Idealforderungen an ein Blockierungsmittel sind im wesentlichen: Niedrige Einbrenntemperaturen, gute Lagerstabilität und geringe Thermovergilbung. Keines der genannten Blockierungsmittel vereinigt sämtliche dieser Forderungen in sich. Dies ist in der Praxis allerdings auch nicht in allen Fällen erforderlich, da sich verschiedene Anwendungsschwerpunkte mit unterschiedlicher Wichtung der Schlüsseleigenschaften herausgebildet haben.

Der Temperaturbereich der thermischen Rückspaltung bzw. der Umurethanisierung hängt von mehreren Faktoren ab. Neben dem spezifischen Einfluß des jeweiligen Blockierungsmittels spielen hier auch die chemische Natur der Isocyanatkomponente wie auch des Coreaktanten in der späteren Lackformulierung eine Rolle. Katalysatoren senken häufig die erforderliche Temperatur (DABCO, Zinn- und Zinkverbindungen). Tabelle 7.4 gibt einen Überblick über praxisübliche Einbrennbereiche unterschiedlich blockierter aliphatischer Polyisocyanate (siehe Abschn. 7.1.7.2).

Beispiele für Handelsprodukte

TDI/TMP (Phenol):	Desmodur AP stabil (Bayer)
TDI-Prepolymer (ε-Caprolactam):	Desmodur BL 1100 (Bayer)
HDI-Trimerisat (Butanonoxim):	Desmodur BL 3175 (Bayer)
	Tolonate D2 (Rhône-Poulenc)
IPDI-Trimerisat (Butanonoxim):	Desmodur BL 4165 (Bayer)
	Vestanat B 1358 (Hüls)

Für spezielle Anwendungen werden auch PUR-Einbrennharze als Alleinbindemittel angeboten. Sie enthalten in Abmischung bereits einen maßgeschneiderten Reaktionspartner.

Beispiele für Handelsprodukte

Desmotherm-Typen	(Bayer)
Vesticoat UB	(Hüls)

Tabelle 7.4. Einbrennbereiche von 1K-PUR-Lacken in Abhängigkeit von diversen Blockierungsmitteln

Blockierungsmittel	Einbrennbereich mit/ohne Katalysator (°C)	Typische Einsatzgebiete
Malonester/Acetessigester	100 bis 130	Füller, Decklacke
Sekundäre Amine	115 bis 140	Füller, Decklacke
Butanonoxim	135 bis 155	Füller, Decklacke
Phenole	140 bis 180	Elektroisolierlacke
ε-Caprolactam	160 bis 180	Pulver, Coil-Coating-Lacke, Dickschichtsysteme
Alkohole	>180	KTL

Mit Phenolen blockierte Prepolymere lassen sich mit Diaminen bereits bei Normaltemperatur zur Reaktion bringen. Sie erlauben die Herstellung lösemittelfreier Beschichtungen und Vergußmassen.

Beispiel für ein Handelsprodukt: Desmocap (Bayer)

Für den Einsatz in Pulverlacken stehen verschiedene, meist auf IPDI oder H_{12}MDI basierende, feste Polyisocyanate zur Verfügung, die überwiegend mit ε-Caprolactam blockiert sind (siehe Abschnitt 7.1.7.6).

Beispiele für Handelsprodukte
Crelan   (Bayer)
Vestagon B 1530   (Hüls)

In Analogie zu den nichtblockierten Polyisocyanaten zeichnet sich auch bei den blockierten Vernetzerharzen ein wachsendes Interesse für hydrophile Spezialtypen zur Verwendung in wasserverdünnbaren Lacken ab. Aufgrund ihres inerten Verhaltens gegenüber Wasser sind sie in diesem Medium lagerstabil. Entsprechende Produkte werden daher konsequenterweise in Form wäßriger Dispersionen eingesetzt (siehe Abschn. 7.1.7.4.2).

7.1.5.4 Mikroverkapselte Polyisocyanate

Bestimmte pulverförmige Di- oder Polyisocyanate lassen sich in dispersoider Phase in einem lösemittelfreien, flüssigen Medium desaktivieren [12]. Das Dispergiermedium kann z. B. ein OH-funktioneller Polyether sein. Durch Zugabe von geeigneten Di- oder Polyaminen bildet sich um die festen Partikel spontan eine Polyharnstoffhülle. Derart mikroverkapselte Polyisocyanate verhalten sich gegenüber den vernetzbaren Reaktivgruppen des Polyethers indifferent und ermöglichen bei Raumtemperatur stabile 1K-Systeme. Bei höheren Temperaturen wird die Desaktivierung durch Schmelz- und Lösevorgänge aufgehoben, wobei das Reaktionsgemisch aushärtet (siehe Abschn. 7.1.7.5.2).
Die Auswahl an geeigneten Diisocyanaten für die Mikroverkapselung ist beschränkt. Von praktischer Bedeutung ist über eine Uretdion- oder Harnstoffgruppierung dimerisiertes bzw. unter CO_2-Abspaltung kondensiertes TDI-Uretdion bzw. „TDIH" (Bayer) [13].

7.1.5.5 Nichtreaktive Polyurethan-Elastomere

Die Palette der PUR-Harze enthält auch rein physikalisch, durch Lösemittelverdunstung trocknende Lack-Bindemittel. Es handelt sich hierbei um höhermolekulare, lineare, thermoplastische Urethane aus Diolen und Diisocyanaten, vorzugsweise MDI und IPDI. Zur Herstellung werden zunächst unter abgestufter Reaktionsführung längerkettige Polyether- oder Polyesterdiole an überschüssiges Diisocyanat addiert. In der Folge wird das erhaltene lineare Prepolymer mit kurzkettigen Diolen oder Diol-Gemischen verlängert und der NCO-Überschuß umgesetzt. Auf diese Weise erhält man segmentierte Strukturen mit der Ausbildung von Wasserstoffbrücken vornehmlich zwischen den Hartsegmenten von Kettenstrang zu Kettenstrang.

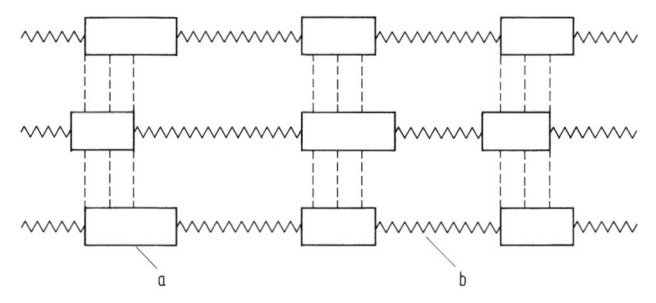

Bild 7.1. Ausbildung von Wasserstoffbrücken zwischen den Molekülketten der PUR-Elastomeren. (a) Hartsegment; (b) Weichsegment

Die Vielzahl intermolekularer Bindungen („physikalische Vernetzung") in Verbindung mit der hohen Molmasse dieser PUR-Harze führt zu spezifischen Filmeigenschaften wie bemerkenswerter Chemikalien- und Lösemittelfestigkeit sowie Elastomerverhalten. Unter mechanischer Belastung werden die Wasserstoffbindungen teilweise reversibel aufgehoben; überragende Dehn- und Reißfestigkeit sowie Kompressibilität der flexiblen und trotzdem harten Lacküberzüge sind die Folge (siehe Abschn. 7.1.7.3).

Ein zwangsläufiger Nachteil der besonderen Harzbeschaffenheit ist allerdings die vergleichsweise schlechte Löslichkeit, verbunden mit einem hohen Bedarf an ausgewogenen Lösemittelgemischen und somit niedrigem Festkörpergehalt.

Nichtreaktive PUR-Harze gelangen sowohl als 100%iges Granulat wie auch als Lösung in den Markt.

Beispiele für Handelsprodukte

Desmolac-Typen	(Bayer)
Estane-Typen	(Goodrich)
Uraflex-Typen	(DSM)
Vesticoat AV	(Hüls)

7.1.5.6 Urethanöle/Urethanalkyde

Urethanöle (siehe auch Abschn. 9.4.4.6) sind ölmodifizierte Polyurethane aus einem Diisocyanat und einem OH-funktionellen Mono- oder Diglycerid. Letztere werden durch Umesterung von trocknenden Ölen mit einem Polyol synthetisiert. Als Ausgangsprodukte kommen überwiegend Lein-, Soja- oder Safloröl, Glycerin oder Pentaerythrit sowie MDI, TDI oder IPDI in Betracht.

$$-[O-CH_2-CH-CH_2-O-CO-NH-R'-NH-CO-]_n$$
$$\begin{array}{c} | \\ O \\ | \\ CO \\ | \\ R \end{array} \quad R = \text{ungesättigter Fettsäurerest}$$

(7.33)

Urethanalkyde (siehe auch Abschn. 6.1.2.6.5) entsprechen dagegen den Alkydharzen. Das Diisocyanat ersetzt hier einen Teil der Phthalsäure, so daß pro Säureeinheit zwei Estergruppen durch zwei Urethanbindungen ersetzt werden. Abgesehen von der Dicarbonsäure entsprechen die restlichen Bausteine denen der Urethanöle.

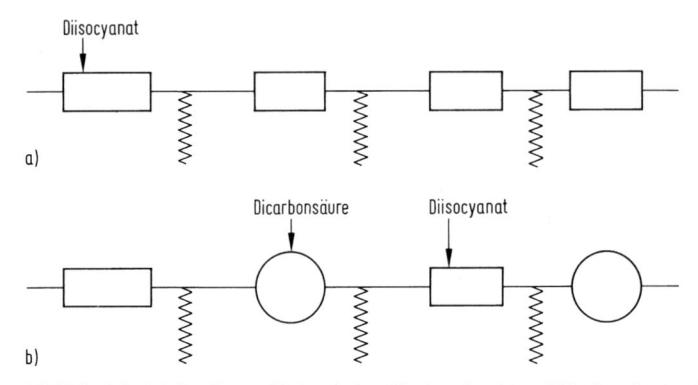

Bild 7.2. Prinzipieller Unterschied zwischen Urethanölen (a) und Urethanalkyden (b)

Beide Harztypen haben ähnliche Eigenschaften und Einsatzgebiete, eine zusammenfassende Betrachtung ist deshalb sinnvoll. Wie klassische Öl- oder Alkydharzlacke vernetzen sie oxidativ über die isolierten aktivierten Methylengruppen zwischen den konjugierten Doppelbindungen der dem Öl zugrundeliegenden Fettsäuren. Auch hier ist die Mitverwendung der üblichen Metallkatalysatoren als Trockenstoffe erforderlich.

Durch die PUR-Modifizierung läßt sich eine Vielzahl von wesentlichen Lackeigenschaften positiv beeinflussen: Pigmentbenetzung, Trocknung, Härte, Elastizität, Abriebfestigkeit und Chemikalienbeständigkeit. Die Verwendung aromatischer Diisocyanate führt naturgemäß zu stärkerer Vergilbung.

Urethanöle und -alkyde werden überwiegend als Lösung in aliphatischen Lösemitteln (Lackbenzin) angeboten und weiterverarbeitet. Für wasserverdünnbare Lacke (Elektrotauchgrundierungen) eignen sich in Alkoholen gelöste Harzvarianten mit einem hohen Anteil an hydrophilen Carboxylgruppen.

Beispiele für Handelsprodukte

Desmalkyd	(Bayer)
Uralac	(DSM)
Daotan	(Hoechst)

7.1.5.7 Polyurethan-Dispersionen

PUR-Dispersionen in wäßriger Phase sind bereits seit etwa drei Jahrzehnten bekannt und waren für Anwendungen am Rande und außerhalb des klassischen Lackbereichs seit langem im Einsatz. Im aktuellen Umfeld ökologischer Forderungen ist ihre wirtschaftliche

7.1 Polyisocyanatharze

Bedeutung ständig gewachsen, wobei sich das Interesse heute zunehmend auf Lackanwendungen konzentriert. Neben ihrer Umweltverträglichkeit sind auch bemerkenswerte Fortschritte im technischen Leistungsvermögen solcher Beschichtungsmaterialien die Ursachen für ihren wachsenden Einsatz [14].

PUR-Dispersionen bestehen in ihrer Struktur im wesentlichen aus linearen Polyurethan/Polyharnstoff-Ketten und sind in der Regel „selbstemulgierend", d.h. sie benötigen als Voraussetzung für eine stabile Dispersion keine externen Emulgatoren. Dieser Vorteil gegenüber konventionellen Dispersionen (siehe Abschnitt 8.5.2 und 8.5.4) wird durch den Einbau ionogener Gruppen, die mit einem Gegenion ein Salz bilden (Ionomer-Dispersion), oder hydrophiler Seiten- oder Endketten aus Ethylenoxid-basierenden Polyethern erreicht. Beide Prinzipien können vorteilhaft kombiniert werden.

Bei der Herstellung wird zunächst von einem linearen Prepolymeren ausgegangen. Dieses kann z.B. nach folgendem Schema in der Kette verlängert werden, wobei die endständigen NCO-Gruppen (siehe Gl. 7.34)

a) mit einem eine ionogene Gruppe enthaltenden Diol oder Diamin und
b) mit einem kurzkettigen Diamin umgesetzt werden:

$$2n\ OCN \sim NCO + n\ HO{-}\overset{\ominus}{\underset{|}{\mathrm{T}}}{-}OH\ (\text{bzw.}\ H_2N{-}\overset{\oplus}{\underset{|}{\mathrm{T}}}{-}NH_2) + n\ H_2N \sim NH_2$$

$$-[OC-NH \sim NH-CO-O{-}\overset{\ominus}{\underset{|}{\mathrm{T}}}{-}O-CO-NH \sim NH-CO-NH \sim NH-]_n \quad (7.34)$$

bzw.

$$-[OC-NH \sim NH-CO-NH{-}\overset{\oplus}{\underset{|}{\mathrm{T}}}{-}NH-CO-NH \sim NH-CO-NH \sim NH-]_n$$

Von großem anwendungstechnischen Interesse sind auch Polyester/PUR-Dispersionen. Hier werden Polyestersegmente über Diisocyanate und ionogene Gruppen enthaltende Diole zu Polymerketten verknüpft (Formel 7.35).

$$\begin{matrix}HO\\ \\HO\end{matrix}\!\!\bigg\langle\!\!\begin{matrix}\text{Poly-}\\\text{ester}\end{matrix}\!\!\bigg\rangle\!-O-CO-NH-R'-NH-CO-O-R''-O-CO-NH-R'-NH-CO-\!\!\bigg\langle\!\!\begin{matrix}\text{Poly-}\\\text{ester}\end{matrix}\!\!\bigg\rangle\!\!\begin{matrix}OH\\ \\OH\end{matrix}$$
$$\underset{COO^{\ominus}}{|}$$

(7.35)

Je nach Natur der ionogenen Gruppe werden PUR-Dispersionen wie folgt unterteilt:

Anionisch: z.B. $-COO^-$ (Carboxylat) + Base
          $-SO_3^-$ (Sulfonat)
Kationisch: z.B. $-NR_2H^+$ (quaternierte Ammoniumgruppen) + Säure

Für den Herstellprozeß stabiler Dispersionen kommen im wesentlichen drei Arbeitsweisen (A, B und C) in Betracht:

Beim *Prepolymer – Mischverfahren A* wird ein hydrophil modifiziertes Prepolymer zunächst mit Wasser gemischt. In einem anschließenden Verfahrensschritt erfolgt die Kettenverlängerung durch Umsetzung der erhaltenen Dispersion mit Diaminen. Bei sorgfältiger Reaktionsführung überwiegt die Reaktion der NCO-Gruppen mit dem Diamin, während die Umsetzung mit dem Dispergiermedium Wasser eine untergeordnete Rolle spielt. Zur Steuerung der Viskosität des Prepolymeren erfordert dieses Herstellungsverfahren die Mitverwendung geringer Lösemittelmengen, die als „Co-Lösemittel" in der Dispersion verbleiben. Dieser mögliche Nachteil wird jedoch durch den Umstand aufgewogen, daß auch verzweigte Prepolymere bzw. Triamine Verwendung finden können. Die dadurch höhere Vernetzung der Polyurethane ist vorteilhaft für die Lösemittelbeständigkeit daraus hergestellter Beschichtungen.

Eine elegante Variante ist das von Bayer eingeführte *Aceton-Verfahren B* [15]. Hier wird das PUR-Ionomer als Lösung in einem hydrophilen Lösemittel (Aceton) synthetisiert. Nach dem Verdünnen mit Wasser wird das organische Lösemittel abdestilliert und zurückgewonnen. Mit abnehmendem Lösevermögen des Aceton/Wasser-Gemisches während der Destillation kommt es zur Ausfällung des hydrophoben Polymeren, wobei die Stabilität der sich bildenden Dispersion durch ein entsprechendes Gegenion sichergestellt werden muß. Nach dieser Arbeitsweise lassen sich praktisch lösemittelfreie Dispersionen herstellen. Ein grundsätzlicher Vorteil dieses Prozesses liegt aber auch in seiner breiten Anwendbarkeit für unterschiedlichste Zusammensetzungen sowie in der vergleichsweise sicheren Prozeßsteuerung mit entsprechend guter Reproduzierbarkeit.

Das *Ketimin- und das Ketazin-Verfahren C* liefern ebenfalls hochwertige PUR-Dispersionen. Nach dieser Arbeitsweise werden Mischungen von hydrophilen NCO-Prepolymeren und Polyketiminen bzw. Ketazinen in Wasser dispergiert. Durch die Einwirkung von Wasser aus der Dispergierphase auf das „blockierte" Amin innerhalb der dispergierten Teilchen erfolgt eine homogene Amin-Kettenverlängerung zum Polyurethan-Harnstoff:

$$\text{OCN–R–NH–}\underset{\underset{O}{\|}}{C}\text{–O} \sim \text{O–}\underset{\underset{O}{\|}}{C}\text{–NH–R–NH–}\underset{\underset{O}{\|}}{C}\text{O–CH}_2\text{–}\underset{\underset{COO^\ominus}{|}}{\overset{\overset{CH_3}{|}}{C}}\text{–CH}_2\text{–O–}\underset{\underset{O}{\|}}{C}\text{–NH–R–NCO}$$

$$+ \quad \underset{R''}{\overset{R'}{\diagdown}}C=N-R'''-N=C\underset{\diagdown R''}{\overset{\diagup R'}{}} \quad + \quad \text{OCN}----$$

Ketimin/Ketazin

$\Big\updownarrow H_2O$ (7.36)

$H_2O \downarrow \qquad 2 \underset{R''}{\overset{R'}{\diagdown}}C=O \quad + \quad H_2N-R'''-NH_2$

$$-\text{NH–}\underset{\underset{O}{\|}}{C}\text{–NH–R–NH–}\underset{\underset{O}{\|}}{C}\text{–O} \sim \text{O–}\underset{\underset{O}{\|}}{C}\text{–NH–R–NH–}\underset{\underset{O}{\|}}{C}\text{O–CH}_2\text{–}\underset{\underset{COO^\ominus}{|}}{\overset{\overset{CH_3}{|}}{C}}\text{–CH}_2\text{–O–}\underset{\underset{O}{\|}}{C}\text{–NH–}$$

$$\text{R–NH–}\underset{\underset{O}{\|}}{C}\text{–NH–R'''–NH–}\underset{\underset{O}{\|}}{C}\text{–NH}----$$

PUR-Ionomere weisen typischerweise Teilchengrößen von 10 bis 1 000 nm auf. Für Lackanwendungen werden Partikelgrößen bis 200 nm bevorzugt.

Beispiele für Handelsprodukte

Bayhydrol PR 135   (Bayer)
Impranil DLN   (Bayer)
Neorez   (Zeneca)

Neben ihrer Verwendung als Alleinbindemittel dienen PUR-Dispersionen häufig zur Abmischung mit anderen Polymerdispersionen, z. B. auf Acrylatbasis (siehe Abschnitt 8.6.14.1), um deren Eigenschaftsprofil zu verbessern. Dieser Schritt kann auch bereits bei Herstellung der Dispersion vollzogen werden, indem man Acrylmonomere in Gegenwart eines wasserdispergierten OH-funktionellen Polyurethans im Emulsionsverfahren polymerisiert.

PUR-Dispersionen trocknen auf klassische Weise durch Verdunstung des Dispergiermediums Wasser und parallel verlaufender Verfilmung der Polymer-Partikel (Coaleszenz) zu einer kontinuierlichen organischen Phase. Es wurden zahlreiche Versuche unternommen, diesen physikalischen Prozeß durch eine zusätzliche chemische Vernetzung zu unterstützen, um auf diese Weise zu qualitativ höherwertigen Beschichtungen zu gelangen. PUR-Dispersionen lassen sich weitgehend in gleicher Weise wie andere wäßrige Polymere vernetzen, wenn sie entsprechende funktionelle Gruppen enthalten (siehe Abschn. 8.6.14, Gl. 8.42). Weit verbreitet war z. B. die Verknüpfung von Carboxylat-Gruppen enthaltenden Dispersionen über trifunktionelle Aziridine im 2-Komponenten-Verfahren. Wegen großer arbeitshygienischer Risiken beim Umgang mit Aziridinen verbietet sich dieses Vernetzungsprinzip jedoch.

Von wachsendem Interesse für zahlreiche Anwendungen ist dagegen die Mitverwendung von wasserverdünnbaren Melamin/Formaldehyd-Harzen (siehe auch Abschnitt 8.6.14, Gleichungen 8.43) sowie von blockierten oder nichtblockierten hydrophilen Polyisocyanaten. Als Vernetzungsstelle für diese Reaktivharze können neben den in PUR-Dispersionen ohnehin vorhandenen funktionellen Gruppen, wie z. B. –COOH oder –NH–, auch gezielt OH-Gruppen in die Polymerketten eingebaut werden.

7.1.5.8 Polyurethan – Verdickungsmittel

Hydrophile Polyurethane mit gezielt eingebauten hydrophoben Segmenten stellen außerordentlich wertvolle Additive für wäßrige Lacksysteme dar. Unter der Bezeichnung HEUR (hydrophobically modified ethylenoxide urethane) nehmen solche Blockpolymere eine führende Position unter den sog. assoziativen Verdickungsmitteln ein (siehe Abschn. 10.3.1.4). Ihre typische Struktur besteht

a) aus hydrophilen, linearen Polyethylenglycol-Blöcken mit einer Molmasse von 3000 bis 8000, welche
b) unter Verwendung vorzugsweise aliphatischer Diisocyanate über Urethan-Segmente miteinander verknüpft sind und die schließlich
c) endständige, hydrophobe aliphatische Reste, z. B. in Form von über Diisocyanaten angebundenen Fettalkoholen aufweisen.

Variationen in Form schwacher Verzweigungen oder eingelagerter hydrophober Zwischensegmente sind möglich [16, 17].

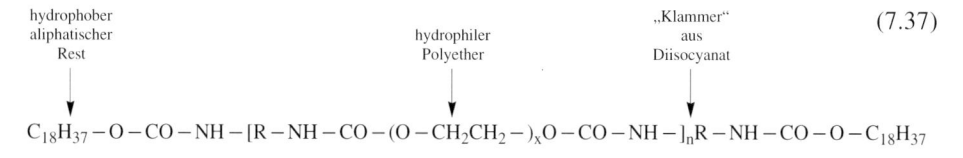

$$C_{18}H_{37}-O-CO-NH-[R-NH-CO-(O-CH_2CH_2-)_xO-CO-NH-]_nR-NH-CO-O-C_{18}H_{37} \qquad (7.37)$$

hydrophober aliphatischer Rest — hydrophiler Polyether — „Klammer" aus Diisocyanat

Die gleichzeitige Anwesenheit sowohl von stark hydrophoben wie auch hydrophilen Gruppen in einem Makromolekül mit einer Molmasse von 10000 bis 50000 ergibt die für die Verdickung notwendigen oberflächenaktiven Eigenschaften. In wäßrigen Lösungen bzw.

Dispersionen kommt es zu Wechselwirkungen, für die mehrere Mechanismen beschrieben wurden. Im wesentlichen handelt es sich dabei um Assoziationen der Verdickermoleküle mit sich selbst (Micellen – Bildung) wie auch mit sämtlichen Bestandteilen einer Dispersion, die zu der angestrebten Verdickung, d.h. Viskositätserhöhung des wäßrigen Systems, führen. Durch Variation im chemischen Aufbau wurden PUR-Verdickungsmittel für verschiedene Anwendungsgebiete entwickelt, wie z.B. für Dispersionsfarben oder Spritzlackierungen. Häufig werden auch Kombinationen mehrerer PUR-Verdickungsmittel oder Kombination mit anderen Verdickungsmittel-Typen (Bentone, Cellulose-Derivate) verwendet, um optimale anwendungstechnische Eigenschaften zu erreichen.

PUR-Verdickungsmittel sind 100%ig oder als Lösung in Alkoholen/Glycolen bzw. Wasser/Emulgator-Gemischen handelsüblich. Typischerweise werden sie in Mengen von 0,1 bis 2%, bezogen auf Gesamtformulierung, eingesetzt.

Beispiele für Handelsprodukte

Acrysol RM8 (Rohm u. Haas)
Borchigel L 75 N (Borchers)
Coatex BR 100P (Coatex)
Rheolate 228 (Rheox)
Serad FX 1010 (Servo)

7.1.6 Coreaktanten

Gemessen an der produzierten Tonnage sind die Coreaktanten für Polyisocyanate die wichtigste Rohstoffgruppe innerhalb der PUR-Vorprodukte. Da ihr gewichtsmäßiger Anteil in einem 2K-Lack den des Polyisocyanates deutlich übersteigt, ist es leicht einzusehen, daß sie das Eigenschaftsbild der Reaktionsprodukte, in diesem Falle der Beschichtungen, maßgeblich mitbestimmen.

7.1.6.1 Polyole

Hydroxylgruppen enthaltende *Polyacrylat-Harze* (siehe Abschn. 8.6.14) zählen zu den am häufigsten verwendeten Polyolen, insbesondere in Kombination mit aliphatischen Polyisocyanaten. Mit dem zunehmenden Einsatz von PUR-Lacken im industriellen Bereich hat auch diese Rohstoffgruppe innerhalb weniger Jahre einen enormen Aufschwung erfahren. Polyacrylate vermitteln der Beschichtung einen vorteilhaften physikalischen Antrocknungseffekt und gewährleisten gute Wetterbeständigkeit. Ihr vergleichsweise niedriger OH-Gehalt hat einen entsprechend geringen Bedarf an Polyisocyanat zur Folge, ein wichtiger ökonomischer Aspekt.

Tabelle 7.5. Monomere Ausgangskomponenten für Polyacrylat-Polyole

Baustein	Zur Steuerung von
Methylmethacrylat	Härte
Butylacrylat	Elastizität
Ethylhexylacrylat	Elastizität
Hydroxyethylacrylat	OH-Funktionalität
Hydroxyethylmethacrylat	OH-Funktionalität
Hydroxypropylmethacrylat	OH-Funktionalität
Acrylsäure	COOH-Funktionalität
Styrol	Härte

Chemisch handelt es sich um Copolymerisate von verschiedenen, teilweise OH-funktionellen Acrylgruppen enthaltenden Monomeren, häufig in Verbindung mit anderen polymerisierfähigen Verbindungen wie z. B. Styrol.
Die Polymerisate sind Hartharze mit einer mittleren Molmasse um 5000 und werden gewöhnlich als 40 bis 70%ige Lösungen in organischen Lösemitteln angeboten. Ihr Gehalt an Hydroxylgruppen liegt zwischen 1 und 5%, berechnet auf Festharz.

Beispiele von Handelsprodukten

Setalux C	(Akzo)	Macrynal	(Hoechst)
Lumitol	(BASF)	Jägotex F	(Jäger)
Desmophen A	(Bayer)	Synthalat A	(Synthopol)

Polyester mit funktionellen OH-Gruppen (siehe Kap. 6.1) gelten als klassische Reaktionspartner in 2K-PUR-Lacken. Solche linearen oder verzweigten, gesättigten Polykondensate (siehe Kapitel 6.1.1) haben di- oder trifunktionelle Polyole und Dicarbonsäuren bzw. ihre Anhydride zur Grundlage. Die chemische Natur dieser Bausteine, ihre Funktionalität und schließlich ihr Gehalt an reaktionsfähigen OH-Gruppen sind die wesentlichen Parameter für ihre Eignung. Das Ziel sind optimal an die unterschiedlichen Anforderungen der jeweiligen Polyisocyanate angepaßte Reaktionspartner.

Tabelle 7.6. Bausteine für Polyester-Polyole

Diol/Triol	Dicarbonsäure/-Anhydrid	Modifizierende Komponenten
Ethylenglycol 1,2-Propandiol 1,4-Butandiol 1,6-Hexandiol Neopentylglycol Diethylenglycol* Glycerin Trimethylolpropan	Adipinsäure Maleinsäure Phthalsäure Hexahydrophthalsäure Isophthalsäure	Fettsäuren (gesättigt)

* ergibt Etherester

Handelsprodukte haben eine Molmasse von 500 bis 5000 und enthalten etwa 1 bis 8% OH-Gruppen. Je nach Zusammensetzung sind sie flüssig oder fest, Weich- oder Hartharze. Letztere werden üblicherweise in Lösung angeboten.

Beispiele für Handelsprodukte

Synthoester	(Akzo)	Erkadur	(Krämer)
Desmophen	(Bayer)	Sacoplast	(Krems-Chemie)
Ftalon	(Galstaff)	Uralac	(DSM)
Jägapol	(Jäger)		

Polyester haben ein breites Einsatzspektrum. Wegen des im Vergleich mit Polyacrylaten meist höheren OH-Gehaltes und damit erzielbarer höherer Vernetzungsdichte sind sie für besonders chemikalienfeste Lackierungen häufig besser geeignet, wenn auch die Hydrolysebeständigkeit aufgrund der verseifbaren Estergruppen begrenzt ist.
Für lösemittelfreie Formulierungen werden *Polycarbonate* empfohlen (s. Kap. 6.1.4). Sie sind z. B. durch Umesterung von Diphenylcarbonat mit Glycolen zugänglich und zeichnen sich neben ihrer niedrigen Viskosität durch gute Wetterbeständigkeit und gegenüber

Polyestern verbesserter Hydrolysebeständigkeit aus:

$$HO-[R-O-CO-O-]_nR-OH \qquad (7.38)$$

Beispiel für ein Handelsprodukt: Desmophen C 200 (Bayer)

Bisweilen finden auch *Polylactone* Verwendung. Ihre Herstellung erfolgt durch Polyaddition von Caprolacton an Diole. Es resultieren einheitliche, niedrigviskose Produkte mit abgestuften Molmassen zwischen 500 bis 2000 und einer definierten Funktionalität. Sie werden deshalb auch als Baustein zur Herstellung von höhermolekularen PUR-Folgeprodukten, z.B. von Prepolymeren, geschätzt.

$$H[-O-(CH_2)_5-CO]_n-O-R-O-[CO-(CH_2)_5-O-]_nH \qquad (7.39)$$

Beispiele für Handelsprodukte

Niax PCP	(UCC)
Tone	(UCC)
Capa	(Solvay/Interox)
Placcel	(Daicel)

Polyether finden wegen ihr gewöhnlich sehr niedrigen Viskositäten hauptsächlich für lösemittelfreie Polyurethane Verwendung. Es handelt sich bei ihnen um Polyalkoxyalkylene mit endständigen OH-Gruppen. Man erhält sie durch Addition von cyclischen Ethern wie Ethylenoxid und/oder häufiger Propylenoxid an bifunktionelle Startermoleküle. Werden letztere mit trifunktionellen Startern abgemischt, lassen sich auch verzweigte Reaktionsprodukte erzielen. Als Startermoleküle dienen in der Regel mehrwertige Alkohole wie Ethylenglycol, 1,2-Propandiol, Trimethylolpropan, Glycerin oder Zucker. Für spezielle Anwendungen werden auch auf aliphatischen Diaminen gestartete, tetrafunktionelle Polyether angeboten.

$$2\,CH_2\overset{O}{-}CH_2 + HO-CH_2-CH_2-OH + 2\,CH_2\overset{O}{-}CH_2 \qquad (7.40)$$

$$\downarrow$$

$$HO-CH_2-CH_2-O-CH_2-CH_2-O-CH_2-CH_2-O-CH_2-CH_2-O-CH_2-CH_2-OH$$

Die Formel 7.40 gibt ein Beispiel für einen einfachen Polyether auf Basis von Ethylenoxid und Ethylenglycol als Starter.

Im Lackbereich verwendete Polyether haben eine Molmasse von ca. 500 bis 2000, sind linear bis schwach verzweigt und können OH-Gehalte von 1 bis 12% aufweisen. So interessant und wertvoll diese Produktgruppe wegen ihrer Hydrolysebeständigkeit und wegen ihrer niedrigen Viskosität für spezielle Anwendungen ist, bleibt ihr dennoch das Gebiet hochwertiger Decklackierungen verschlossen: Polyether unterliegen bei Wetterbeanspruchung einem vergleichsweise raschen Abbau durch Sauerstoff und dem Einfluß von UV-Licht. Sie eignen sich daher weniger für außenbeständige Überzüge und kommen bevorzugt für Innenanwendungen zum Einsatz.

Beispiele für Handelsprodukte

Lupranol	(BASF)
Desmophen U	(Bayer)
Voranol	(DOW)
Sovermol	(Henkel)

Polytetrahydrofuran besitzt neben der von Polyethern gewohnten hohen Chemikalienbeständigkeit auch recht gute Witterungsstabilität.

Beispiele für Handelsprodukte
Poly-THF   (BASF)
Tetrathane (DuPont)

Aus einer neuen Generation von Polyethern werden zuweilen auch sog. Polyether-Dispersionen für Beschichtungen empfohlen. Dabei handelt es sich um 2-Phasen-Systeme z. B. bestehend aus „harten" Polymer-Polyolen oder Polyharnstoffen als disperse Phase in Polyethern als Dispergiermedium. Solche Dispersionen sind stabile, milchige Flüssigkeiten. Sie eignen sich besonders als Basisbindemittel für lösemittelfreie, elastische 2K-PUR-Überzüge mit gegenüber üblichen Polyethern verbesserten Beständigkeitseigenschaften.

Beispiel für ein Handelsprodukt: Desmophen 1920 D (Bayer)

Neben den vorstehend beschriebenen, speziell für die NCO-Reaktion entwickelten Polyolen können noch zahlreiche andere OH-Gruppen enthaltende Lackharze und Naturprodukte als Reaktionspartner herangezogen werden. Häufige Verwendung finden z. B. verschiedene nichttrocknende Alkydharze, Vinylpolymere, Cellulosederivate, Epoxidharze mit sekundären OH-Gruppen, spezielle Siliconharze und Phenolformaldehydharze.
Zu erwähnen ist auch Rizinusöl mit ca. 5% OH-Gruppen, welches als solches oder als modifiziertes Umwandlungsprodukt große Bedeutung für lösemittelfreie Beschichtungen hat. Schließlich ist auch Steinkohlenteer zu nennen, welcher neben OH-Gruppen noch zahlreiche weitere mit Isocyanaten vernetzbare Reaktivgruppen enthält.

7.1.6.2 Polyoldispersionen

Für 2K-PUR-Wasserlacke (siehe Abschn. 7.1.5.1 und 7.1.7.4.3) werden gewöhnlich Coreaktanten in Form wäßriger Dispersionen verwendet. Dabei handelt es sich überwiegend um OH-Gruppen enthaltende PUR-, Polyacrylat- (siehe Abschn. 8.6.14.1) oder Polyester-Dispersionen (siehe Kap. 6.1), die nach den üblichen Verfahren hergestellt werden.

7.1.6.3 Amine, „blockierte Amine"

Diamine stellen eine für die Polyurethanchemie wichtige Verbindungsklasse dar. Sie sind nicht nur als Vorprodukt für die Isocyanat-Synthese von großer Bedeutung, sondern spielen auch als Reaktionspartner für Isocyanatgruppen eine wesentliche Rolle. So werden beispielsweise kurzkettige, aliphatische Diamine als „Kettenverlängerer" beim Aufbau von PUR-Polymeren eingesetzt. Als Vernetzungskomponente in Überzugsmaterialien finden dagegen bevorzugt cycloaliphatische Diamine Verwendung. Insbesondere drei Verbindungen haben sich als solche oder in derivatisierter Form durchgesetzt und bilden die Basis für die nachfolgend beschriebenen Systeme:

- Bis(4-amino-3-methylcyclohexyl)methan (Laromin C 260, BASF)

$$H_2N-\underset{H_3C}{\bigcirc}-CH_2-\underset{CH_3}{\bigcirc}-NH_2 \qquad (7.41)$$

- Bis(4-aminocyclohexyl)methan, das Amin-Analoge der Formel 7.20 („PACM", Bayer)

- 3,5,5-Trimethyl-1-amino-3-aminomethylcyclohexan, das Amin-Analoge der Formel 7.19 (Isophorondiamin, Vestamin IPD, Hüls)

Die Reaktivität von Polyaminen mit Polyisocyanaten ist so hoch, daß ihre direkte Verwendung im Lackbereich nur unter bestimmten Bedingungen in Betracht kommt. Es konnten jedoch Wege gefunden werden, die Reaktivität so herabzusetzen, daß eine praxisgerechte Verarbeitung möglich wird. Hierbei wird entweder das Isocyanat oder das Amin blockiert und die blockierte Verbindung mit dem reaktiven Partner Amin oder Isocyanat umgesetzt. Ein wichtiges Beispiel ist die Kombination eines mit ε-Caprolactam blockierten TDI-Prepolymeren (Desmodur BL 1100, Bayer) mit einem cycloaliphatischen Diamin (Laromin C 260). Dieses lagerstabile 1K-System vernetzt oberhalb von 155 °C unter Abspaltung des Blockierungsmittels und findet breiten Einsatz z. B. als Kfz-Unterbodenschutz.

Eine weitere wichtige Anwendung findet dieses Prinzip zur Elastifizierung von Epoxidharzen. Diese werden in Abmischung mit Phenol-blockierten Polyisocyanaten mit Diaminen, wie z. B. dem erstgenannten Handelsprodukt (Formel 7.41), verarbeitet. Die Vernetzungsreaktion setzt hier bereits bei Raumtemperatur ein, so daß solche Kombinationen als 2K-Systeme formuliert werden. Auf diese Weise lassen sich flexible PUR- mit harten Epoxidharz-Segmenten verknüpfen und ermöglichen klassischen Epoxidharzen somit eine breitere Anwendung (siehe Abschn. 7.2).

$$R(-NCO)_{blockiert} + H_2N \sim NH_2 + CH_2-CH-R' \atop \qquad\qquad\qquad\qquad\qquad\qquad\qquad \diagdown O \diagup$$
$$\downarrow \qquad\qquad\qquad\qquad\qquad\qquad\qquad\qquad\qquad\qquad\qquad (7.42)$$
$$R-NH-CO-NH \sim NH-CH_2-CH-R' + \text{Blockierungsmittel} \atop \qquad\qquad\qquad\qquad\qquad\qquad | \atop \qquad\qquad\qquad\qquad\qquad\qquad OH$$

Unter der Zielsetzung, besonders niedrigviskose Coreaktanten mit geringem Bedarf an organischen Lösemitteln zu verwenden, befinden sich mehrere Substanzklassen als „Reaktivverdünner" in der Markteinführung. Sie ermöglichen die Formulierung von High Solids-Lacken, welche trotz niedriger Viskosität und niedriger Molmassen rasch trocknen. Solche Systeme werden den Forderungen der Umweltschutz-Gesetzgebung (VOC-Werte = volatile organic compounds) ohne Einbußen in ihren Gebrauchseigenschaften gerecht.

Aus der Gruppe der blockierten oder latenten Amine werden zwei Verbindungsklassen technisch genutzt: Amine lassen sich mit Carbonylverbindungen in *Ketimine* bzw. *Aldimine* überführen [18] (Gl. 7.43):

$$-R-NH_2 + O=C\!\diagdown^{R'}_{R''} \rightleftharpoons -R-N=C\!\diagdown^{R'}_{R''} + H_2O \qquad (7.43)$$

$$R', R'' = -\text{Alkyl oder } -H$$

Beispiel für ein Handelsprodukt: Vestamin A 139 (Hüls)

In Umkehrung der Bildungsreaktion entsteht in Gegenwart von Feuchte wieder freies Amin, welches mit aliphatischen Polyisocyanaten auf dem Substrat spontan vernetzt. Für die reaktiveren aromatischen Polyisocyanate ist dieses Prinzip nicht anwendbar. Eine weitere Vernetzungsreaktion mit aliphatischen Polyisocyanaten, jedoch unter Ausschluß von Wasser, wurde für Ketimine ebenfalls nachgewiesen (Gl. 7.44). Hier verläuft die Poly-

7.1 Polyisocyanatharze

merbildung in der Wärme über eine Disproportionierungsreaktion nach zwei Mechanismen ab [19]:

$$2\,R-N=C\underset{CH_3}{\overset{R'}{\Big\langle}} \longrightarrow R-N=C\underset{CH=C}{\overset{R'}{\Big\langle}}\underset{CH_3}{\overset{R'}{\Big\rangle}} + R-NH_2 \qquad (7.44)$$

$$\underline{1}\downarrow + R''-NCO \qquad \underline{\underline{2}}\downarrow + R''-NCO$$

Ringstruktur (1): $R''-N(CO)-N(R)-C(R')(CH_3)-CH=C(R')$ (Sechsring)

$R-NH-CO-NH-R''$

Ein ähnliches Prinzip wie bei den durch Feuchte aktivierbaren Ketiminen macht man sich bei den *Oxazolidinen* zunutze, die mit Wasser in die Ausgangskomponenten rückspalten. Bei der Hydrolyse des Oxazolidin-Rings entsteht in diesem Falle ein Aminoalkohol, der spontan mit Polyisocyanaten weiterreagiert:

$$R-N\underset{R'\ \ R''}{\overset{CH_2-CH_2}{\underset{C}{\Big\langle\ \ \Big\rangle}}}O + H_2O \longrightarrow R-NH\underset{}{\overset{CH_2-CH_2}{\Big\langle\ \ \Big\rangle}}OH + R'-CO-R'' \qquad (7.45)$$

Mischungen aus Polyisocyanat-Prepolymeren und Oxazolidinen sind bei Ausschluß von Feuchte über eine lange Zeit stabil. Erst nach der Applikation wird die Vernetzungsreaktion über den Einfluß der Luftfeuchte aktiviert. Besonders geeignet für Lackanwendungen sind Bis-Oxazolidine.

Beispiel für ein Handelsprodukt: Härter OZ (Bayer)

Eine neue Substanzklasse befindet sich in der Phase der Markterprobung. Diese Verbindungen können als Asparaginsäureester aufgefaßt werden, welche über eine Addition von primären Aminen an Malein- bzw. Fumarsäureester synthetisierbar sind:

$$\underset{ROOC}{\overset{ROOC}{\Big\rangle\!\!=}} + H_2N-R'-NH_2 + \underset{COOR}{\overset{COOR}{\Big\langle\!\!=}}$$

$$\downarrow$$

$$\underset{ROOC}{\overset{ROOC}{\Big\rangle}}\!\!-\!\!NH-R'-NH\!\!-\!\!\underset{COOR}{\overset{COOR}{\Big\langle}} \qquad (7.46)$$

Bevorzugte Ausgangskomponenten sind die bereits erwähnten cycloaliphatische Diamine und Maleinsäurediethylester [20].

Die bei dieser Umsetzung entstehenden Folgeprodukte weisen sekundäre NH-Funktionen auf, die durch den Einfluß elektronenanziehender Substituenten und sterischer Effekte in ihrer Reaktivität so reduziert sind, daß 2K-Lacke mit praxisgerechter Verarbeitungszeit resultieren.

Tabelle 7.7. Eignungscharakteristik von Coreaktanten für 2K-PUR-Systeme (■: geeignet, [■]: bedingt geeignet)

Besondere Eignung für	Polyester	Polyacrylate	Polyether	Polycarbonate	Polycaprolactone	Oxazolidine*	Ketimine/ Aldimine	Asparaginsäureester
High-Solids-Lacke	[■]	[■]	■	■	■	■	■	■
Lösemittelfreie Systeme			■	■	■	■		
Rasche Antrocknung	[■]	■				■	■	
Lufttrocknung	■	■	■	■	■	■	■	■
Wärmetrocknung	■	■	■	■	■	■	■	■
Wetterbeständige Lacke	■	■			■	■	■	■
Hydrolysebeständige Lacke		[■]	■	■		■	■	[■]

* eingeschränkte Praxiseignung wegen Verfärbungsproblematik bei Flüssiglacken

7.1.7 Polyurethanlack-Systeme

Eine Klassifizierung von PUR-Lacken ist nach verschiedenen Gesichtspunkten möglich: Chemische Basis, Verwendung, physikalische Beschaffenheit. Im folgenden Abschnitt werden sie nach ihrer Beschaffenheit bzw. Verarbeitungsform beschrieben.

7.1.7.1 Lösemittelhaltige 2-Komponenten-Reaktionslacke

Diese Kategorie umfaßt im wesentlichen den klassischen PUR-Lack. Sie ist auch heute noch sowohl mengenmäßig als auch von der Anwendungsvielfalt her die wichtigste Gruppe. Prinzipiell handelt es sich um ein System aus zwei getrennten Lackkomponenten. Während der maßgebende Bestandteil der einen Komponente immer ein Polyisocyanat ist, sind dies bei der zweiten Polyole bzw. bei neueren Entwicklungen auch Amine oder Amin-Polyol-Gemische. Beide Teile werden erst kurz vor der Verarbeitung miteinander vermischt. Danach erfolgt die chemische Aushärtung durch Polyaddition unter Bildung eines Netzwerkes aus Polyurethan bzw. Polyharnstoff auf dem Substrat.
Wie in den Abschnitten 7.1.5.1 und 7.1.6 ausgeführt, stehen für beide Komponenten zahlreiche Rohstoffvarianten mit unterschiedlichster Eigenschaftscharakteristik zur Verfügung. Es ist daher nicht verwunderlich, daß sich mit diesen Bausteinen zielgerichtet Überzüge formulieren lassen, wie es in dieser Mannigfaltigkeit bei keiner anderen Lackharz-Klasse möglich ist.

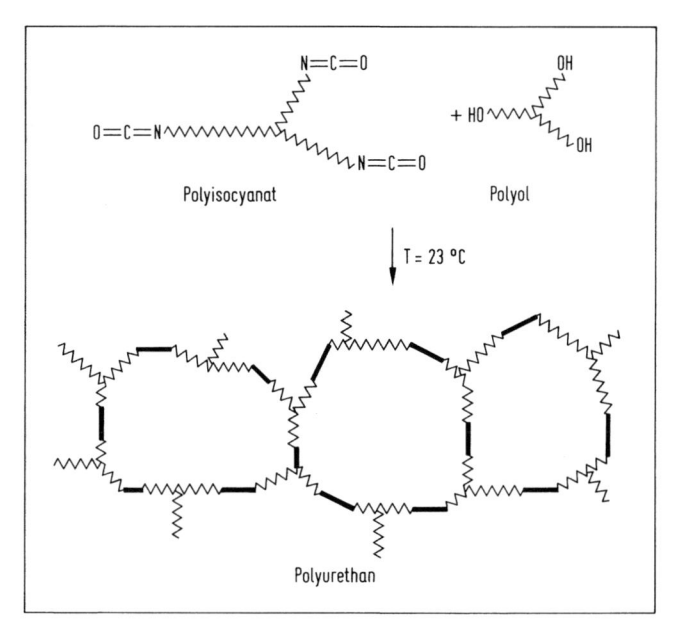

Bild 7.3. Reaktionsschema von Zweikomponenten-PUR-Systemen

7.1.7.1.1 Zusammensetzung

Wie auch bei anderen 2K-Systemen hat es sich bei PUR-Lacken eingebürgert, die beiden Komponenten als Stammlack und Härter zu bezeichnen. Der Stammlack wird gewöhnlich nach den üblichen Regeln der Lacktechnik formuliert und hergestellt. Er enthält neben dem Polyol evtl. Kombinationsbindemittel, Lösemittel, Hilfsstoffe und ggfs. Katalysatoren, Pigmente und Füllstoffe. Der Härter besteht aus Polyisocyanat(en), überwiegend in verdünnter Form, um ganzzahlige und einfache Mischungsverhältnisse mit dem Stammlack zu erreichen.

Das Mischungsverhältnis von Polyisocyanat und Reaktionspartner ergibt sich aus den Equivalentgewichten, die gewöhnlich von den Rohstoffherstellern angegeben werden. Falls dies nicht der Fall ist, lassen sie sich wie folgt berechnen:

Polyisocyanat: $\text{Equivalentgewicht} = \dfrac{42 \times 100}{\% \text{ NCO}}$

Polyol: $\text{Equivalentgewicht} = \dfrac{17 \times 100}{\% \text{ OH}}$

Die stöchiometrische Umsetzung beider Reaktionspartner (NCO/OH = 1) ergibt die sogenannte 100%ige Vernetzung, welche meist optimale Lackfilme liefert. Es kann im Einzelfall jedoch auch zweckmäßig sein, von diesem Richtwert abzuweichen und das optimale Mischungsverhältnis im Versuch zu ermitteln. Allgemein gilt:

Übervernetzung: höhere Filmhärte und Chemikalienresistenz
Untervernetzung: weichere, elastischere Filme

Die Auswahl eventueller *Kombinationsbindemittel* wie Vinylpolymere, Celluloseester oder Ketonharze muß unter Beachtung möglicher Wechselwirkungen mit NCO-Gruppen erfolgen. So bewirkt z. B. Cellulosenitrat in Verbindung mit aromatischen Polyisocyanaten eine starke Gelbfärbung.

Ähnliche Sorgfalt ist bei *Pigmenten und Füllstoffen* geboten. Sie können vereinzelt unerwünschte katalytische Effekte auslösen, wie z. B. Zinkoxid oder bestimmte Ruß-Typen sowie auch einige organische Pigmente.

Lösemittel müssen „PUR-Qualität" aufweisen. Hierunter sind Qualitäten zu verstehen, die frei von reaktiven Verunreinigungen sind (Alkohole, Amine) und die einen Wassergehalt von max. 0,05 % aufweisen. Übliche Lösemittel sind Ester, Ketone, Etherester sowie aromatische Kohlenwasserstoffe. Letztgenannte können in vielen Formulierungen jedoch nur als Verschnittmittel in Kombination mit den vorstehend genannten „echten" Lösemitteln Verwendung finden.

Neben üblichen *Lackhilfsmitteln* sind einige wenige für PUR-Lacke spezifisch. Ergänzend zu den bereits eingangs beschriebenen Katalysatoren, die zwecks individueller Anpassung an die jeweiligen Anforderungen auch separat als dritte Komponente eingesetzt werden können, sind hier Additive zur Stabilisierung von Polyisocyanatlösungen gegen Feuchte zu nennen.

Beispiele sind spezielle hochreaktive Monoisocyanate, bestimmte MDI- oder HDI-Prepolymere mit niedriger NCO-Funktionalität wie auch Orthoester der Ameisensäure, die mit Wasser reagieren. Sie sind in der Lage, Feuchte zu binden und dadurch einer unerwünschten Polyharnstoffbildung während der Lagerung vorzubeugen.

Beispiele für Handelsprodukte

Zusatzmittel TI   (Bayer)
Zusatzmittel MT   (Bayer)
Zusatzmittel OF   (Bayer)

7.1.7.1.2 High solids-Lacke

Um die Auflagen einer immer strengeren Umweltschutzgesetzgebung erfüllen zu können, muß die Verwendung organischer Lösemittel drastisch reduziert werden. Lösemittelarme Lacke erfordern niedrigviskose Lackharze. 2K-PUR-Lacke waren seit jeher im Vergleich zu anderen Bindemittelklassen relativ lösemittelarme Systeme. Weitere Fortschritte wurden mit niedrigviskosen, modifizierten HDI-Trimerisaten in Verbindung mit niedrigviskosen Polyacrylatharzen möglich. Hiermit werden bei pigmentierten Lacken Festkörpergehalte von 70 bis 80 Massenprozent erzielt, bei Klarlacken 60 bis 65 Massenprozent. Mit neuen Konzepten für Coreaktanten, wie den im Abschnitt 7.1.6.3 beschriebenen Asparaginsäureestern, sind sogar Festgehalte bis ca. 80 Massenprozent erreichbar.

7.1.7.1.3 Verarbeitung

2-Komponenten-Lacke haben nach dem Vermischen beider Bestandteile eine begrenzte Verarbeitungszeit (Standzeit, Potlife), da die einsetzende Reaktion zur allmählichen Viskositätserhöhung und schließlich zur Gelierung des Lackes führt. Zahlreiche Einflußgrößen bestimmen dabei die effektive Zeit seiner Verarbeitbarkeit: Reaktivität der Reaktionspartner, Katalysierung, Konzentration, Löslichkeit, Feuchtegehalt, NCO/OH-Verhältnis und Umgebungstemperatur sind die wichtigsten.

Bei handwerklicher Verarbeitung nach praktisch allen gängigen Methoden der Lackiertechnik werden im allgemeinen Verarbeitungszeiten von einem Arbeitstag angestrebt und erreicht. Im industriellen Einsatz sind derart lange Zeiten meist nicht realisierbar, weil die Wirtschaftlichkeit möglichst kurze Trockenzeiten erfordert. Dies setzt jedoch in der Regel besonders reaktive und ggfs. hochkatalysierte Formulierungen mit zwangsläufig kurzer Verarbeitbarkeit voraus. Bei den zunehmend verwendeten High-solids-Lacken ist zudem die hohe Konzentration einer langen Standzeit abträglich. Hier ist deshalb der Einsatz von 2K-Applikationsanlagen mittlerweile Stand der Technik. Diese erlauben die problemlose Verarbeitung von Lacken mit sehr kurzen Standzeiten im Minutenbereich, wobei sie beide Komponenten fördern, dosieren, vermischen und einem Verarbeitungsgerät, z. B. einer Spritzpistole oder Gießmaschine, zuführen. Da innerhalb solch einer Anlage nur jeweils wenige Milliliter an vermischtem Material vorliegen, die sich vor Arbeitspausen durch automatisierte Lösemittelspülung restlos aus der Anlage entfernen lassen, entstehen keine Standzeitprobleme.

Das Tauchverfahren kommt für die Verarbeitung von 2K-Lacken nur als Ausnahme in Betracht. Meist reicht der Verbrauch an Tauchlack nicht aus, um bei laufender Ergänzung mit frisch angesetztem Lack die Gebrauchsdauer des Tauchbades durch einen Verdünnungseffekt aufrechtzuerhalten.

7.1.7.1.4 Trocknung und Härtung

Prinzipiell läuft die Vernetzungsreaktion der meisten 2K-PUR-Lacke genügend schnell ab, um innerhalb eines bestimmten Zeitraumes auch bei Umgebungstemperatur ausgehärtete Beschichtungen zu erzielen. Diese Eigenschaft ist für zahlreiche Einsatzbereiche sogar das ausschlaggebende Kriterium für ihre Verwendung. Beispiele sind der Korrosionsschutz oder Anwendungen im Baubereich. Aufgrund der Wetterabhängigkeit solcher Beschichtungen im Hinblick auf fehlerfreie Durchhärtung und frühe Überarbeitbarkeit ist eine rasche Durchhärtung auch bei niedrigen Temperaturen wesentlich.

Auf der anderen Seite erfordert die moderne Lackierpraxis zunehmend rationellere, d.h. kurze Trockenzeiten. In der Industrielackierung wird die Härtungsreaktion daher praktisch ausnahmslos durch höhere Temperaturen beschleunigt. Neben forcierter Trocknung bei etwa 80 °C kommen deshalb auch klassische Einbrennbedingungen im Bereich von 120 bis 140 °C in Betracht.

Grundsätzlich verlaufen Trocknung und Durchhärtung in mehreren, sich überlagernden Stufen ab. Die physikalische Trocknung setzt unmittelbar nach dem Lackauftrag durch Verdunsten des Lösemittels ein. Je nach physikalischer Beschaffenheit der Harzkomponenten kann dieser Vorgang bereits zu „trockenen", d.h. mechanisch manipulierbaren, wenn auch nicht ausgehärteten Überzügen führen. Die parallel verlaufende chemische Reaktion ist in der Regel erst nach wesentlich längeren Zeiträumen abgeschlossen, bei Normaltemperaturen unter Umständen erst nach einer Woche.

Die chemische Härtung verläuft in jedem Fall nach zwei Reaktionsprinzipien: Wie zu erwarten, überwiegt zunächst die NCO/OH-Reaktion mit den Hydroxyl-Gruppen des Polyols. Es verwundert nicht, daß dieser Chemismus mit fortschreitender Bildung von Makromolekülen und dem Abdunsten der Lösemittel durch die eingeschränkte Beweglichkeit der Reaktivgruppen zunehmend erschwert wird. Nach dem Übergang des flüssigen in den festen Lackfilm ist die Polyaddition schließlich praktisch eingefroren. In diesem Zustand vermag das vergleichsweise kleine Wassermolekül jedoch noch relativ leicht in den bereits verfestigten Lackfilm zu diffundieren. Tatsächlich trägt auch die Luftfeuchte beträchtlich zur Härtung von 2K-Lacken bei. Ein Teil der NCO-Gruppen wird dabei durch Feuchte zu intermediären Amino-Gruppen umgesetzt, welche ihrerseits mit benachbarten NCO-Gruppen Harnstoffbrücken bilden und zu einer zusätzlichen Vernetzung führen. Dieser Prozeß erfolgt bei besonders rasch trocknenden Lacken weitgehend unabhängig von der Trocknungstemperatur und dem aktuellen Angebot an Luftfeuchte. An solchen Lacken mit betont physikalisch trocknender Charakteristik konnte nachgewiesen werden, daß bei stöchiometrischem NCO/OH-Verhältnis bis zu 30% der NCO-Gruppen letztlich mit Wasser reagieren. Andererseits zeigen Untersuchungen an sehr langsam trocknenden, aliphatischen PUR-Einbrennlacken, daß nach dem Einbrennen bis nahezu 100 % der NCO-Gruppen mit dem Reaktionspartner abreagieren können.

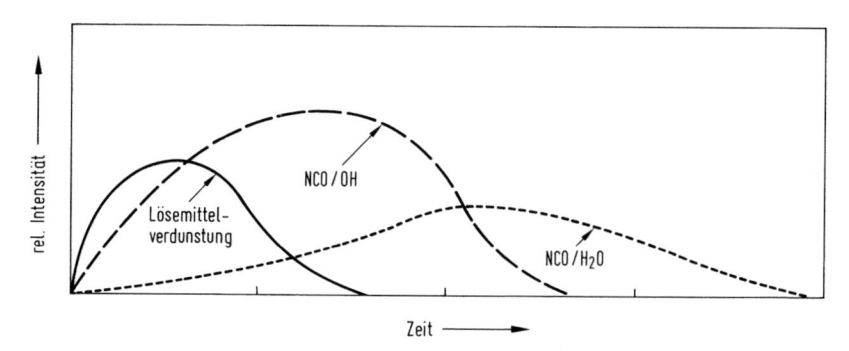

Bild 7.4. Überlagerung unterschiedlicher Trocknungs- bzw. Härtungsmechanismen bei lufttrocknenden Zweikomponenten-PUR-Lacken

7.1.7.1.5 Eigenschaften der Lackierung

PUR-Überzüge, in besonderem Maße solche auf 2K-Basis, sind durch drei charakteristische Eigenschaftskomplexe gekennzeichnet: Ungewöhnliche mechanische Widerstandsfähigkeit, herausragende chemische Beständigkeiten und höchste Licht- und Wetterbeständigkeit bei Verwendung aliphatischer Polyisocyanate. Ihre weitgefächerten Formuliermöglichkeiten gestatten es, bestimmte Eigenschaften auch in Extrembereichen zu betonen und zu optimieren. In der Summe ihrer die Gebrauchstauglichkeit bestimmenden Eigenschaften bleiben sie unter den lufttrocknenden Lacksystemen unübertroffen und weisen auch gegenüber konventionellen Einbrennlacken Vorteile auf.

7.1.7.1.6 Filmmechanik

Im Unterschied zu den meisten anderen Lackbindemitteln ist bei den Polyurethanen eine ausgeprägte Tendenz zur Bildung von sehr stabilen acyclischen und cyclischen zwischenmolekularen Wasserstoffbrückenbindungen vorhanden. Auf diesen Sachverhalt wurde bereits bei den PUR-Dispersionen hingewiesen (siehe Abschn. 7.1.5.7 sowie Bild 7.1).

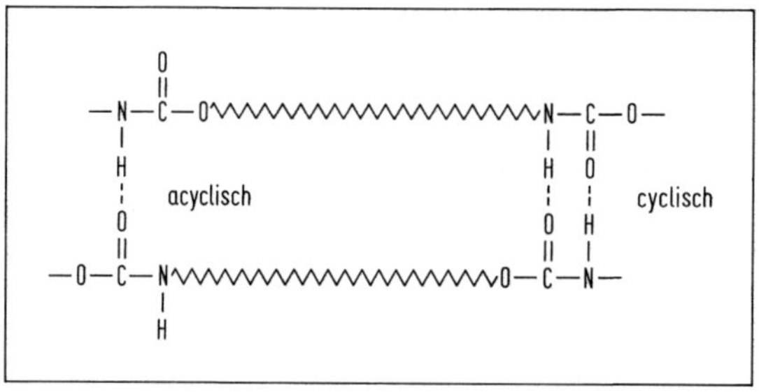

Bild 7.5. Acyclische und cyclische Wasserstoffbindungen zwischen PUR-Ketten

Bei wechselweise starker mechanischer Belastung und anschließender Erholung von Polyurethan-Filmen werden phasengleich Lockerungen und weitgehende Wiederherstellung im Gefüge der Wasserstoffbindungen angenommen. Dieser Prozeß ist jeweils mit Energieaufwand bzw. -abgabe verbunden. Er „schützt" gewissermaßen die kovalenten Polymer-Bindungen vor irreversiblem Bruch, der zwangsläufig die Zerstörung der Polymerstruktur zur Folge hätte. Die Konsequenz dieses Verhaltens sind einerseits hohes Regenerationsvermögen („self healing-Effekt") nach mechanischer Verkratzung, andererseits erhält man Überzüge von hoher Härte und gleichzeitig zähelastischer Beschaffenheit verbunden mit außerordentlicher Abrieb- und Schlagfestigkeit.

7.1.7.1.7 Chemische Beständigkeiten

Schon bei relativ geringer Vernetzungsdichte weisen Polyurethane hohe Beständigkeiten gegen Lösemittel, Chemikalien und wäßrige Lösungen auf. Für höchste Beanspruchungen ist jedoch eine engmaschige Vernetzung erforderlich. Dies kann über einen entsprechend hohen Anteil funktioneller Gruppen beider Reaktionspartner, einer Funktionalität von >2, sowie durch „Übervernetzung", d. h. einem NCO/OH-Verhältnis >1, erreicht werden (siehe auch Abschn. 7.1.7.1.1). Darüber hinaus werden auch produktspezifische Eigenheiten der Harzkomponenten gezielt genutzt. Beispielsweise sind Polyether- oder Epoxidharz-Polyole (siehe Abschn. 7.2) aufgrund des Fehlens von verseifbaren Estergruppen für alkalibeständige Lackierungen prädestiniert. Epoxidharze zeichnen sich in Kombination mit Polyisocyanaten weiterhin durch außerordentliche Resistenz gegen anorganische und organische Säuren aus. Ebenso kann der Charakter der Isocyanat-Komponente einen für die Praxis entscheidenden Einfluß haben. Beispielhaft sei IPDI-Trimerisat genannt, das in Abmischung mit HDI-Trimerisat das Niveau der Säurebeständigkeit anhebt. Dies ist von großer Bedeutung bei der Automobilerstlackierung mit der heute geforderten hohen Beständigkeit gegenüber aggressiven Medien wie z.B. saurem Regen. Einen bemerkenswerten Effekt zeigen ausgehärtete PUR-Filme bei Belastung durch Wasser oder wäßrige Lösungen. Wasser vermag einen Teil der intermolekularen Wasserstoffbindungen des Polyurethans zu besetzen. Die Folge ist eine in kürzester Zeit eintretende, jedoch reversible geringe Wasseraufnahme, die mit einer temporären Filmerweichung einhergeht. Auf die Wasserbeständigkeit im eigentlichen Sinne ist dieses Verhalten ohne Einfluß.

7.1.7.1.8 Licht- und Wetterbeständigkeit

Das grundsätzlich unterschiedliche Verhalten von aromatischen und aliphatischen Polyisocyanaten bzw. Folgeprodukten bei der Bewitterung wurde bereits erwähnt (siehe Abschn. 7.1.5 und Bild 7.6). Aromatische Polyisocyanate bzw. ihre Lackfilme absorbieren wegen der hohen Strahlungsdichte den besonders energiereichen langwelligen UV-Anteil des Sonnenlichts. Diese Energieaufnahme induziert Oxidationsreaktionen, die zur Bildung von chinoiden Strukturen mit konjugierten Doppelbindungen führen (siehe Gl. 7.47). Daraus resultierende chromophore Gruppen sowie chemische Spaltungsreaktionen führen zu oberflächlichem Polymerabbau und Verfärbung.

Das Einsatzgebiet der aromatischen Typen bleibt daher gewöhnlich auf solche Anwendungen beschränkt, bei denen die Nachteile des photochemischen Abbaus nicht ins Gewicht fallen. Dies sind beispielsweise Grundbeschichtungen unter einer lichtechten Abschlußlackierung oder Schutz- und Verschleißschichten z.B. in Innenräumen. Ein anderes Beispiel sind transparente Möbellackierungen, da Holz unter Lichteinwirkung stärker als ein vergilbender Lackfilm nachdunkelt.

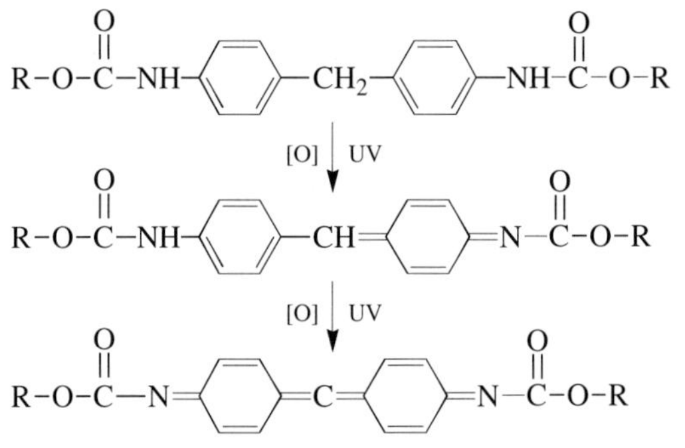

$$\text{R-O-}\overset{\overset{O}{\|}}{C}\text{-NH-}\langle\text{C}_6\text{H}_4\rangle\text{-CH}_2\text{-}\langle\text{C}_6\text{H}_4\rangle\text{-NH-}\overset{\overset{O}{\|}}{C}\text{-O-R}$$

$$\downarrow [O] \quad UV$$

$$\text{R-O-}\overset{\overset{O}{\|}}{C}\text{-NH-}\langle\text{C}_6\text{H}_4\rangle\text{-CH=}\langle\text{C}_6\text{H}_4\rangle\text{=N-}\overset{\overset{O}{\|}}{C}\text{-O-R} \quad (7.47)$$

$$\downarrow [O] \quad UV$$

$$\text{R-O-}\overset{\overset{O}{\|}}{C}\text{-N=}\langle\text{C}_6\text{H}_4\rangle\text{=C=}\langle\text{C}_6\text{H}_4\rangle\text{=N-}\overset{\overset{O}{\|}}{C}\text{-O-R}$$

Aliphatische und cycloaliphatische Polyisocyanate sowie ihre Folgeprodukte absorbieren nicht in dem für aromatische Polyisocyanate charakteristischen UV-Bereich des Sonnenlichts. Sie neigen demzufolge auch nicht zur Vergilbung oder zu wetterbedingten frühzeitigen Abbauerscheinungen mit der Folge von Rißbildung, Glanzabfall oder Kreidung. Bei sachgerechter Formulierung ermöglichen sie auch unter extremen Bedingungen die Herstellung außerordentlich wetterbeständiger Lackierungen. Dabei ist eine zusätzliche Stabilisierung durch die Mitverwendung von Lichtschutzmitteln vom Typ der sterisch gehinderten, sekundären Amine (HALS) und Quencher sowie gegebenenfalls auch von UV-Absorbern allgemein üblich (z.B. Tinuvin-Typen, Ciba-Geigy).

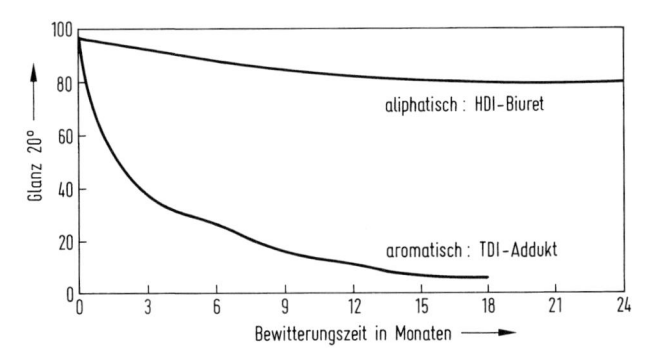

Bild 7.6. Wetterverhalten aromatischer und aliphatischer PUR-Lack-Filme

Misch-Polyisocyanate wie z.B. das TDI/HDI-Trimerisat erreichen zwar nicht das hohe Niveau der rein aliphatischen Härter, stellen aber für zahlreiche Anwendungen einen guten Kompromiß im Preis/Leistungsverhältnis dar.

7.1.7.1.9 Anwendungen

Im breiten Anwendungsbereich lösemittelhaltiger bzw. lösemittelarmer 2K-PUR-Lacke zeichnen sich mehrere bevorzugte Schwerpunkte ab.
Breiteste Verwendung von lichtechten 2K-PUR-Systemen erfolgt im Bereich der Fahrzeuglackierung. Für Luftfahrzeuge sowie straßen- oder schienengebundene Großfahrzeuge sind sie die Regel. Ausschlaggebend dafür ist neben dem Leistungsvermögen der Lackierung der Umstand, daß sich solche Objekte wegen ihrer Größe einer Einbrennlackierung entziehen und auf luft- bzw. forciert trocknende Beschichtungen angewiesen

7.1 Polyisocyanatharze

sind. Auch im wirtschaftlich bedeutenden Sektor der Autoreparaturlacke spielen 2K-PUR-Lacke die dominierende Rolle. Verwendung finden wie bei den Großfahrzeugen meist HDI-Derivate in Kombination mit Polyacrylat-Polyolen.

Unter Ausnutzung ihrer Vorteile bei der Lösemittelreduzierung, begleitet von einer optimierten 2K-Technologie, haben 2K-Lacke nach einer mehrjährigen Erprobungsphase jetzt auf breiter Basis Eingang in die Decklackierung bei der Automobilindustrie gefunden [21, 22]. HDI- und IPDI-Trimerisate kommen hier bevorzugt zum Einsatz. Die fortschrittlichen Lackierkonzepte gewährleisten nicht nur die Einhaltung von Umweltschutzvorschriften, sondern setzen auch neue Maßstäbe im Hinblick auf Optik und Fülle der Lackierung („wet look") wie auch hinsichtlich ihrer Kratzfestigkeit und Langlebigkeit in einer durch aggressive Atmosphärilien belasteten Umwelt. Bild 7.7 demonstriert diesen Fortschritt gegenüber herkömmlichen Lackierungen in eindrucksvoller Weise [23].

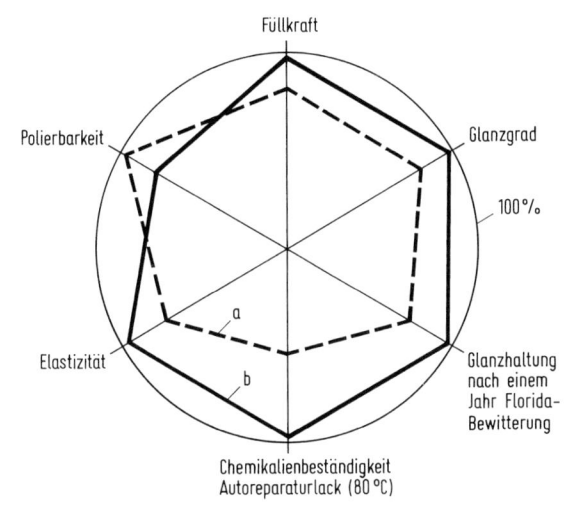

Bild 7.7. Vergleich von Zweikomponenten-High-Solids-PUR-Decklacken (b) mit Einkomponenten-Acryl/Melaminharz-Lacken (a)

Im engen Zusammenhang mit dem Einsatz von PUR-Lacken im Verkehrswesen steht die Oberflächenvergütung von *Kunststoffen* [24]. Mit der zunehmenden Verwendung von Chemiewerkstoffen im Fahrzeugbau wurden Lacksysteme erforderlich, die bei Temperaturen innerhalb der Wärmestandfestigkeit der gebräuchlichen Kunststoffe aushärten. Klassische Auto-Einbrennlacke mit Trocknungstemperaturen oberhalb 130 °C sind dafür ungeeignet. Neben der niedrigen Trocknungstemperatur besteht außerdem eine spezifische Forderung im Hinblick auf die Filmmechanik: Lackierungen für verformbare Kunststoffteile (z.B. flexible Bug- oder Heckteile, Spoiler) müssen notwendigerweise ebenfalls flexibel sein, um Verformungen schadlos zu überstehen. Diese Forderung gilt aber auch für die Lackierung von harten und nicht flexiblen Kunststoffteilen. Es hat sich nämlich gezeigt, daß bei punktueller mechanischer Überbeanspruchung (z.B. im Crash-Fall) harte, nicht flexible Lacke reißen. Diese an sich nicht überraschende Auswirkung kann zur Folge haben, daß sich solche Lackrisse in den Untergrund fortsetzen und dadurch die Schlagfestigkeit eines Kunststoffes mindern (Bild 7.8). Bei Verwendung flexibel eingestellter 2K-PUR-Lacke auf Basis von HDI-Polyisocyanaten und flexibilisierten Polyester- oder Polyacrylat-Polyolen bleibt dieser unerwünschte Effekt aus.

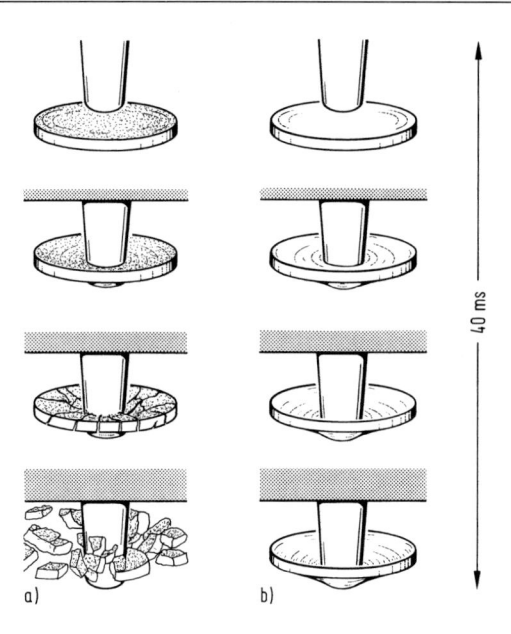

Bild 7.8. Einfluß der Lackierung auf die mechanische Festigkeit eines Kunststoffteils. Prüfmethode: Durchstoßversuch. Aufzeichnung: High-Speed-Aufnahmen (10000 Bilder/s). Links: harte Lackierung, konventionelle Serienlacke; rechts: hochelastische PUR-Lackierung

Neben weiteren speziellen Oberflächenvergütungen von Kunststoffen im Fahrzeugbereich (u. a. „soft-feel-Lackierungen" mit angenehm lederartigem Griff) bildet die Lackierung von Kunststoffgehäusen im Elektronik- und Hausgerätebereich, von Kunststoffbehältern, von Folien, Schildern und Fassadenelementen weitere Anwendungsmöglichkeiten.
In der allgemeinen *Industrielackierung* finden 2K-PUR-Lacke dann Verwendung, wenn maßgebliche Eigenschaften von konventionellen Industrielacken nicht erbracht werden, wie z.B. extreme Beständigkeiten gegen aggressive Chemikalien (allgemeiner Maschinenbau), Erfüllung lebensmittelrechtlicher Vorschriften (Maschinen, Geräte und Verpackungsmittel für die Lebensmittelindustrie) oder besonders hohe Anforderungen an die Wetterbeständigkeit (astronomische Anlagen und Geräte).
Eine exponierte Rolle spielen PUR-Lacke im Bereich der industriellen *Möbellackierung*: Spezifische Anforderungen wie rasche Trocknung, hervorragende Optik und Gebrauchseigenschaften werden durch sie voll gewährleistet. So ist die Oberflächenbehandlung von Möbel- und Innenausbauelementen, wie z.B. Fertigparkett, ein wichtiges Einsatzgebiet solcher Lacke. Hier erfolgt die Lackierung kontinuierlich auf Lackierstraßen mit der Forderung nach rationeller, d.h. besonders schneller Trocknung. Vergleichsweise rasch trocknende Polyisocyanate wie TDI- und HDI-Trimerisate oder Mischtrimerisate, häufig in Abmischung mit physikalisch trocknenden Bindemitteln, werden deshalb bevorzugt eingesetzt. Reaktionspartner sind überwiegend Polyacrylat- oder fettsäuremodifizierte Polyester-Polyole.
Auch im Segment der *Maler-, Bauten- und Do-it-yourself-Lacke* mit vorwiegend handwerklicher Verarbeitung runden 2K-PUR-Lacke das Sortiment bei besonders hohen Qualitätsanforderungen ab. Neben dem Innenausbau haben solche Lacksysteme deshalb auch ihren festen Platz bei der Imprägnierung und Beschichtung von mineralischen Fußböden

und Wänden. Ein aktueller Gesichtspunkt ist die Eignung von 2K-Lacken für Graffiti-resistente Anstriche wegen ihrer Unempfindlichkeit gegen aggressive Reinigungsmittel.
Wetterfeste 2K-Lacke finden ferner Verwendung als Deckbeschichtung in *Korrosionsschutzaufbauten*. Praxisbeispiele sind Brücken, Konstruktionen im Stahlhochbau sowie chemische Anlagen mit hohen Anforderungen im Hinblick auf dauerhaften Schutz und langjähriges gutes Aussehen.
In der Praxiserprobung befinden sich 2K-Lacke aus Kombinationen von aliphatischen Aldiminen bzw. Ketiminen und HDI-Trimerisat für Anwendungen als High-solids-Lacke im Industrielack- und Automobilbereich. Sie ergänzen die vorstehend beschriebenen klassischen 2K-Lacke hinsichtlich ihres geringen Lösemittelbedarfs bei über 70 Massenprozent Feststoffgehalt unter Verarbeitungsbedingungen. Ein weiterer vorteilhafter Aspekt ist ihre hohe Reaktivität als Folge von zwei sich ergänzenden Reaktionsprinzipien bei gleichzeitig akzeptablem Potlife. Sie eignen sich besonders für den gesamten Niedertemperaturbereich von Umgebungstemperatur bis etwa 120 °C. Ihre Lackfilmeigenschaften lassen sich wie bei herkömmlichen 2K-Lacken vielfältig den jeweiligen Anforderungen anpassen.

7.1.7.2 Lösemittelhaltige 1-Komponenten-Reaktionslacke

Lacksysteme dieser Gruppe umfassen sowohl lufttrocknende, als auch unter Einbrennbedingungen härtende Beschichtungen. Bei den lufttrocknenden Bindemitteln sind die mit *Luftfeuchte härtenden 1K-Lacke* von vorrangiger Bedeutung. Dies sind gelöste Prepolymere auf Basis praktisch aller im Lackbereich verwendeten Diisocyanate, insbesondere MDI, TDI, HDI und IPDI. Neben den von der Rohstoffindustrie angebotenen Handelsprodukten werden Standard-Prepolymere (siehe Abschn. 7.1.5.2) zuweilen auch von Lackherstellern aus monomerarmen Polyisocyanaten in einfacher Weise selbst hergestellt. Die Verwendung von Diisocyanaten ist dafür nicht üblich, weil der Lackindustrie in der Regel die technischen Möglichkeiten zur Entfernung von überschüssigen Monomeren fehlen (Dünnschichtdestillation).
Von der unterschiedlichen Bindemittelbasis abgesehen entsprechen feuchtigkeitshärtende 1K-Lacke sowohl in ihrer Zusammensetzung als auch in ihren Eigenschaften weitgehend analogen 2K-Systemen. Es werden im Prinzip die gleichen Lösemittel, Pigmente, Füllstoffe und Hilfsmittel verwendet. Anders als 2K-Lacke tolerieren 1K-Systeme vor ihrer Applikation aus Stabilitätsgründen keinerlei Feuchtigkeit. Besonders sorgfältig ausgewählte und auf Feuchtigkeit kontrollierte Rohstoffe sind daher die Voraussetzung für lagerstabile 1K-Formulierungen. Pigmente und Füllstoffe müssen deshalb gegebenenfalls thermisch getrocknet und/oder mit feuchtigkeitsbindenden Additiven vorbehandelt werden. Erst nach der Applikation dürfen solche Lacke der Luftfeuchte ausgesetzt werden, wobei sie unter Polyharnstoffbildung zu Lacküberzügen aushärten.
Die Trocknungsgeschwindigkeit hängt naturgemäß weitgehend vom Feuchtegehalt der Atmosphäre ab, im allgemeinen werden bei Umgebungstemperatur praxisgerechte Trockenzeiten bei relativen Luftfeuchten oberhalb 30% erhalten. Wie 2K-Systeme erfordern auch 1K-Lacke auf der Basis von aliphatischen Diisocyanaten Reaktionsbeschleuniger, bevorzugt Metall-Katalysatoren.
Obwohl das Eigenschaftsbild der 1K-Systeme dem klassischer 2K-Lacke ebenbürtig sein kann oder sie in bezug auf Chemikalienbeständigkeit sogar noch übertrifft, tritt ihr praktischer Einsatz gegenüber diesen in den Hintergrund. Die Ursache liegt in dem vergleichsweise zeitaufwendigen Trocknungsvorgang, welcher sich durch Anwendung höherer Temperaturen nur sehr begrenzt beschleunigen läßt. Feuchtigkeitshärtende 1K-Lacke

haben ihre Anwendungsschwerpunkte daher vorwiegend im handwerklichen Bereich sowie im Korrosions- und Objektschutz. Hier wirkt sich der Umstand, daß die Härtungsreaktionen Feuchtigkeit erfordert, durch Bindung von Untergrundfeuchte sogar positiv im Sinne einer besseren Verankerung mit der Unterlage aus. Beispiele sind Imprägnieranstriche auf relativ frischen, porenfeuchten mineralischen Untergründen wie auch Korrosionsschutzgrundierungen auf handentrostetem Stahl mit oft unvermeidbarer Restfeuchte. Ein stark expandierendes Einsatzgebiet liegt daher im Stahlhoch- und Stahlwasserbau, wo feuchtigkeitshärtende 1K-PUR-Systeme langlebigen und rentablen Korrosionsschutz gewährleisten. Ausschlaggebend dafür sind im wesentlichen zwei Aspekte: Ihre problemlose Applizierbarkeit auch unter ungünstigen Witterungsbedingungen und bei nicht optimaler Untergrundvorbereitung sowie ihre extreme Lebensdauer, häufig in Verbindung mit einer abschließenden, wetterbeständigen 2K-PUR-Lackierung [25].

An Bedeutung verloren haben im Korrosionsschutz dagegen die lange Zeit geschätzten feuchtigkeitshärtenden 1K-Teerkombinationen wegen der Einstufung von Teer als gefährlicher Arbeitsstoff. Die Lackindustrie ist jedoch bemüht, die herausragenden Korrosionsschutzeigenschaften der klassischen Formulierungen unter Verwendung von Steinkohlenteer mit Teer-Ersatzstoffen oder speziellen Kohlenwasserstoffharzen nachzustellen.

Die Versiegelung von Fußbodenbelägen, insbesondere von Parkett und Kork, ist ein weiteres herausragendes Anwendungsgebiet. 1K-Lacke ermöglichen hier außerordentlich verschleißfeste Oberflächen. Die Verarbeitung von feuchtigkeitshärtenden 1K-PUR-Lacken erfolgt überwiegend durch Streichen, Rollen oder Spritzen.

Von stetig wachsender Bedeutung im Industrielacksektor sind 1K-Einbrennlacke auf Basis blockierter Polyisocyanate. Sie ergänzen die 2K-PUR-Lacke in Anwendungsgebieten, bei denen zwar ein entsprechend hohes Eigenschaftsniveau erwartet, jedoch ein Einkomponentensystem mit entsprechend einfacher Verarbeitungstechnik bevorzugt wird. Als Basisharze kommen die üblichen Polyole zum Einsatz.

Von besonderer Bedeutung ist die 1K-PUR-Chemie in *Füller- und Decklackanwendungen* in der Automobilserienlackierung [22]. Solche Systeme ermöglichen Zwischenschichten mit hoher Füllkraft und außerordentlicher Steinschlagfestigkeit und erfüllen damit eine Vorraussetzung für weltweit eingeführte moderne Lackier-Konzepte in der Fahrzeugbranche. Neben aromatischen blockierten Polyisocyanaten finden im wesentlichen auch aliphatische Typen Verwendung. Diese sind z. B. bei nachfolgenden Decklackierungen wegen ihrer besseren Farbstabilität bei thermischer Belastung sinnvoll und bieten eine zusätzliche Sicherheit gegen Unterkreiden und Delaminierung bei einem abschließenden Klarlack-System.

1K-PUR-Decklacke bzw. -Klarlacke bieten gegenüber konventionellen 1K-Einbrennlacken eine bemerkenswerte Steigerung des Qualitätsniveaus. Schlüsseleigenschaften der Automobillackierung wie Optik, Kratzfestigkeit und chemische Beständigkeiten sind deutlich verbessert. Aliphatische blockierte Polyisocyanate mit Einbrennbereichen von 130 bis 150 °C bilden die vernetzende Komponente solcher Systeme.

Eine weitere wichtige industrielle Anwendung für aliphatische, blockierte Polyisocyanate bestehen im Bereich der *Coil-coating-Lacke*. Hervorragende Wetterbeständigkeit, hohe Verformbarkeit bei gleichzeitig hoher Oberflächenhärte sind die kennzeichnenden Lackeigenschaften für diesen Sektor. Die Mindesteinbrenntemperaturen solcher, üblicherweise katalysierter Systeme beginnen bereits bei 130 °C. Praxisüblich werden Coil-coating-Lacke jedoch kurzzeitig im Minutenbereich bei Temperaturen oberhalb 210 °C eingebrannt. Dieser Wert kennzeichnet die niedrigste Peak-metal-Temperatur (PMT), bei der noch eine vollständige Aushärtung der Beschichtung gewährleistet ist.

Emballagenlackierungen, insbesondere Tuben- und Dosenlackierungen, sind ein wachsendes Einsatzgebiet für 1K-PUR-Einbrennlacke. Sie erfüllen das für diese Anwendung spezifische Eigenschaftsprofil in idealer Weise: Hohe Verformbarkeit, chemische Beständigkeit gegen Füllgüter, Sterilisierfestigkeit und Lebensmitteleignung.

Bereits seit ihrer Einführung spielen Einbrenn-PUR-Lacke eine wichtige Rolle als Isolierlacke für elektrisch leitfähige Drähte. Daneben dienen sie als Tränklacke zur Verfestigung von Drahtspulen und als Imprägnierlack für in der Elektroindustrie verwendete Gewebe, Bänder und Schläuche. Üblicherweise werden dafür 1K-PUR-Lacke verwendet, die je nach Schichtdicke und Ofenverweildauer der Beschichtung bei Temperaturen bis zu 550 °C eingebrannt werden. Die Verarbeitung erfolgt in gekapselten Anlagen mit Abluftreinigung. Dies ist die zwingende Konsequenz einer branchenspezifischen Besonderheit: Elektroisolierlackformulierungen enthalten üblicherweise Lösemittel und Blockierungsmittel, die sich für andere Anwendungen verbieten. Es hat sich gezeigt, daß die angestrebten Eigenschaften der Beschichtungen nur bei Verwendung von Phenol oder Kresol als Blockierungsmittel sicher erzielt werden. Kresol in Verbindung mit aromatischen Kohlenwasserstoffen und/oder Estern findet aber auch als Lösemittel für diese spezielle Anwendung häufige Verwendung.

Basisharze für die Formulierung sind meist Phenol- oder Kresol-blockierte TDI-Addukte oder Trimerisate in Verbindung mit hochkondensierten Polyester-Polyolen. Die Mitverwendung von Katalysatoren zur Senkung der Einbrenntemperatur ist üblich, ebenso eine transparente Einfärbung mit löslichen Farbstoffen. Maßgebliche Eigenschaften wie spezifischer Widerstand, Durchschlagsfestigkeit und Dielektrizitätszahl, aber auch Härte und Flexibilität, lassen sich gezielt steuern. Ein außerordentlich wichtiger Vorteil von PUR-isolierten Drähten ist ihre direkte Verzinn- bzw. Lötbarkeit ohne vorherige Entfernung der Isolierschicht.

Mit Luftsauerstoff *oxidativ trocknende 1K-Lacke* auf der Grundlage von Urethanölen oder Urethanalkyden (siehe Abschn. 7.1.5.6) erreichen zwar nicht das Eigenschaftsniveau anderer PUR-Reaktionslacke, bieten jedoch beachtliche Verbesserungen gegenüber herkömmlichen lufttrocknenden Alkydharzlacken (siehe Abschn. 6.1.2). Neben der höheren chemischen Beständigkeit sind eine raschere Trocknung, verbesserte Härte, Elastizität und Verschleißfestigkeit zu nennen. Da sich ihre Basisharze in Analogie zu den Alkydharzen relativ preiswert und einfach herstellen lassen, kommt ihnen in weniger hoch industrialisierten Ländern eine besondere Bedeutung als hochwertiger Anstrichstoff zu. Häufig gelangen Urethanalkyde auch in Abmischung mit Langölalkyden zum Einsatz. Ihre Formulierung und Applikation entspricht der lufttrocknender Alhydharzlacke. Anwendungsgebiete sind überwiegend Konsumlacke höherer Qualität. Einen Schwerpunkt bilden Parkettbeschichtungen, wie überhaupt die Lackierung von Holzuntergründen ein bevorzugtes Anwendungsgebiet ist. Wegen ihrer frühzeitigen Überarbeitbarkeit auch mit Decklacken, die aggressive Lösemittel enthalten, haben oxidativ trocknende 1K-PUR-Lacke auch als Grundbeschichtung im Korrosionsschutz Bedeutung erlangt. Ihre herausragende Pigmentbenetzung prädestiniert solche Lacke außerdem für den Druckfarbenbereich. Das Fehlen freier Säuregruppen und das inerte Verhalten gegenüber Metallpulver ermöglichen schließlich die Formulierung lagerstabiler Broncelacke oder Zinkstaubgrundierungen.

7.1.7.3 Lösemittelhaltige, nichtreaktive Einkomponentenlacke

Physikalisch trocknende 1K-Lacke auf der Basis von nichtreaktiven PUR-Elastomeren (siehe Abschn. 7.1.5.5) haben sich mit ihrem spezifischen Eigenschaftsbild nur in Anwendungsnischen etablieren können. Einem breiteren Einsatz stehen insbesondere die geringen erzielbaren Schichtdicken entgegen. Die hohe Molmasse und starke intermolekulare Bindungskräfte erfordern Lösemittelgemische mit optimalem Solvatationsvermögen. Trotzdem enthalten Lacke mit verarbeitungsgerechter Viskosität nur Bindemittelanteile bis zu 12, teilweise nur 2 bis 5 Massenprozent. Infolge ihres begrenzten Pigmentaufnahmevermögens werden sie in der Regel nicht oder nur schwach pigmentiert. Ihre gute Lösemittelabgabe führt auch bei Normaltemperatur zu rasch trocknenden Filmen, die bereits nach wenigen Minuten belastbar sind. Ein besonderes Merkmal ist ihre außerordentlich gute Haftung auf unterschiedlichsten Substraten. Extreme Dehnfähigkeit und Weiterreißfestigkeit sind für die Überzüge charakteristisch. Die Beständigkeit gegen Chemikalien und Lösemittel ist gut (siehe auch Abschn. 7.1.5.5, Bild 7.1). Dies ist insofern überraschend, da PUR-Elastomere in Gemischen eben dieser Lösemittel löslich sein können. In Einzelfällen kann die Chemikalienresistenz durch die Mitverwendung kleinerer Mengen eines Polyisocyanats noch gesteigert werden. Solche Abmischungen sind allerdings wegen der üblicherweise als Lösemittel notwendigen Alkohole nicht stabil. Zwar findet wegen des Fehlens funktioneller Gruppen keine Vernetzung mit dem Elastomeren statt, jedoch bildet das Polyisocyanat mit Hilfe der Luftfeuchte ein in das Polymergefüge eingelagertes, stabilisierendes Polyharnstoffgerüst. Typische Anwendungen sind die Vergütung flexibler Untergründe („Finish" für Leder bzw. Kunstleder) sowie Haftgrundierungen auf problematischen Kunststoffuntergründen. Ein spezielles Einsatzgebiet ist die Beschichtung von Magnetbändern.

7.1.7.4 Polyurethan-Wasserlack

Auch bei den PUR-Beschichtungen nehmen wasserverdünnbare Systeme eine zunehmend wichtige Position ein. Waren es ursprünglich hydrophilierte Urethanalkyde (siehe Abschn. 6.1.2 und 7.1.5.6), die in untergeordneter Menge u.a. als Elektrotauchlacke Verwendung fanden, so bediente man sich bald der Chemie blockierter Isocyanate, um höherwertige Beschichtungen zu erzielen. Heute stellen solche Systeme die Hauptmenge der in großem Maßstab im Automobilbau eingesetzten Elektrotauchlacke und wäßrigen Füller dar. Als technologischer Meilenstein in der PKW-Industrie gilt die erste Linienanwendung solcher Systeme im Decklackbereich seit 1993. In einer parallelen Entwicklung richtete sich das Interesse frühzeitig auch auf PUR-Dispersionen, die mit bemerkenswerten Filmeigenschaften neue Maßstäbe im Bereich konventionell applizierbarer Wasserlacke setzten. Als typisches Anwendungsbeispiel sind hochwertige Dispersionslacke für die Parkettversiegelung mit ihren hohen Forderungen an die Filmmechanik zu nennen. Die Entwicklung von vernetzenden Dispersionslacken setzte weitere Impulse für den zunehmenden Einsatz von PUR-Wasserlacken. Einen vorläufigen Höhepunkt fanden diese Aktivitäten, als es gelang, die 2K-PUR-Technologie in die wäßrige Phase zu übertragen.

7.1.7.4.1 Physikalisch trocknende 1K-Lacke

Wäßrige PUR-Dispersionen (siehe Abschn. 7.1.5.7) werden bereits seit Jahren in großem Ausmaß als Schlichte zur Oberflächenbehandlung von Textil- und Glasfasern verwendet. Im Beschichtungsbereich dienen sie überwiegend als abriebfeste Überzüge für flexible Substrate wie Leder, Textil und Papier, wie auch für verschiedene Kunststoffe und Holz (Parkett). Ihre typischerweise gute Hydrolysebeständigkeit erlaubt im Baubereich die Verwendung auf alkalischen mineralischen Untergründen. Gute Haftung, Wasserbeständigkeit und optische Eigenschaften haben solche Dispersionen außerdem zum bevorzugten Bindemittel für Metalleffekt-Basislacke in der Automobilindustrie gemacht.

Abmischungen von PUR-Dispersionen mit anderen wäßrigen Bindemitteln, insbesondere Acrylat-Dispersionen (siehe Abschn. 8.6.14.1) sind üblich und stellen für viele Einsatzgebiete einen technisch und preislich vorteilhaften Kompromiß dar.

7.1.7.4.2 Dispersionen für den Einbrennbereich

Schon frühzeitig fanden Diisocyanate als Polymerbausteine im speziellen Bereich der Elektrotauchlackierung Verwendung. Wichtigster Anwendungsbereich waren und sind wäßrige Tauchgrundierungen bei der PKW-Herstellung, die heute ausschließlich kathodisch auf der Karosse abgeschieden werden (KTL). Die hohen Beständigkeitsanforderungen an derartige Überzüge machen eine chemische Vernetzung erforderlich. Bei den Bindemitteln handelt es sich überwiegend um Epoxidharz-Verbindungen (siehe Abschn. 7.2) mit zur Bildung von hydrophilen Salzen befähigten sekundären oder tertiären Aminogruppen. Die Vernetzung nach der Abscheidung auf dem Stahlblech erfolgt in der Wärme über eingebaute oder externe blockierte NCO-Gruppen. Ein gemeinsames Merkmal der mehrstufigen Synthesewege zu solchen Harzen ist der Einbau von teilblockierten, d.h. idealerweise nur noch monofunktionellen Diisocyanaten. Bevorzugte Bausteine für Zwischenstufen sind TDI und MDI. HDI spielt bei Elektrotauchgrundierungen bislang eine untergeordnete Rolle.

Im Bestreben, ausreichende Tauchbadstabilität und bestmöglichen Korrosionsschutz mit niedrigen Einbrenntemperaturen und geringer Emission von Spaltprodukten in Einklang zu bringen, wurden zahlreiche Herstell- und Produktvarianten vorgeschlagen, die indes nur zu begrenzten Markterfolgen führten. Stand der Technik sind überwiegend mit Alkoholen blockierte Lackharze, die unter Linienbedingungen bei Temperaturen im Bereich von 160 bis 180 °C ausgehärtet werden.

Im Bereich der klassisch applizierbaren Industrielacke gewinnen blockierte 1K-PUR-Wasserlacke ebenfalls ständig an Bedeutung. Sie bestehen aus wasserverdünnbaren Acrylat-, Polyester- oder PUR-Harzen, welche mit aromatischen oder aliphatischen blockierten Polyisocyanaten vernetzt werden. Letztere enthalten als Blockierungsmittel vorzugsweise bei niedrigeren Temperaturen rückspaltende Verbindungen, wie z.B. Oxime. Die resultierenden Einbrennlacke sind somit auch für den Niedertemperaturbereich von 130 bis 140 °C geeignet. Mit wasserdispergierbaren Aminoharzen vernetzbare PUR-Dispersionen werden ebenfalls zur Gruppe der 1K-PUR-Lacke gezählt.

Auch im Industriebereich war es zunächst die Automobil-Erstlackierung mit ihren spezifischen Qualitätsforderungen, die diesen Lacksystemen vor dem Hintergrund der Umweltschutzgesetzgebung zu einem enormen Aufschwung verholfen hat. Diese Entwicklungen sind um so bemerkenswerter, als sie nicht nur ökologischen Forderungen gerecht werden, sondern auch mit qualitativen Fortschritten verbunden sind. Füller auf Wasserbasis sind inzwischen Stand der Technik und breit eingeführt [26]. Ihre herausragenden Qualitätsmerkmale sind die PUR-typische Elastizität und hohe Steinschlagfestigkeit. 1K-Wasserlacke für die Decklackierung sind ebenfalls technisch ausgereift und haben ihre Linientauglichkeit unter Beweis gestellt [27].

Neben dem dominierenden Einsatz im Fahrzeugbereich beginnen wäßrige 1K-Lacke auch als Decklacke bei hochwertigen Serienlackierungen im allgemeinen Industrielack-Sektor einschließlich des Coil-coating-Bereichs Fuß zu fassen.

7.1.7.4.3 2K-PUR-Wasserlacke

Die jüngste Gruppe von PUR-Lacken befindet sich in einer stürmischen Entwicklung. Gegen Ende der 80er Jahre gelang es erstmals, 2K-PUR-Reaktivsysteme im technischen

Maßstab aus der wäßrigen Phase heraus zu verarbeiten [9]. Es ist nicht verwunderlich, daß solch eine, bislang nicht für möglich gehaltene, praktisch lösemittelfreie Alternative in kurzer Zeit zur Praxisreife entwickelt wurde.

Bekanntlich stören in lösemittelhaltigen, konventionellen 2K-PUR-Lacken bereits Spuren an Feuchte, indem sie z. B. infolge Kohlendioxidbildung zu schaumigen Lackoberflächen führen. Umso überraschender erscheint es, wenn aus der reinen Wasserphase einwandfreie Beschichtungen von hoher Qualität resultieren. Die Voraussetzung für solche wäßrigen Systeme sind OH-funktionelle Reaktionspartner für das Polyisocyanat, die dessen Einarbeitung in die Wasserphase in ähnlicher Weise wie ein Emulgator ermöglichen. Ihre Polymerteilchen müssen darüber hinaus ein gutes Diffusionsvermögen, d. h. kleine Teilchendurchmesser, aufweisen und sollten im Idealfall in molekulardisperser Verteilung vorliegen. Diese Bedingung erfüllen spezielle wasserlösliche bzw. -dispergierbare, Carboxylat-Gruppen aufweisende Polyacrylat-Polyole [28].

Die lösemittelfreie Härterkomponente ist wiederum niedrigviskos, um eine einfache Einarbeitung in den wäßrigen Stammlack zu gewährleisten. Mittelviskose Polyisocyanate erfordern unter Umständen die Mitverwendung geringer Anteile an organischen Lösemitteln (Co-Löser). Ggfls. kann die Einarbeitbarkeit noch durch eine chemische Modifizierung unterstützt werden, z. B. durch den Einbau von hydrophilen Polyethergruppen.

Aliphatische Polyisocyanate mit ihrer gegenüber aromatischen Härtern reduzierten Reaktivität finden bevorzugt Verwendung. Besondere Eignung zeigen Polyisocyanate vom Typ HDI-Trimerisat und HDI-Uretdion. Die Einarbeitung der Polyisocyanate in die ggfls. pigmentierte Stammlackformulierung gestaltet sich bemerkenswert problemlos und kann je nach Anwendung auch von Hand erfolgen. Beim industriellen Einsatz kommen indes für Wasserlacke geeignete 2K-Anlagen im Betracht.

Für die Einarbeitung der Härterkomponente, die Homogenisierung und die Filmbildung dieser Wasserlacke werden folgende sich teils überlagernde Mechanismen angenommen: Während des Vermischens bzw. unmittelbar danach lagern sich in einem ersten Schritt die vergleichsweise kleinen Polyolteilchen im Sinne einer Umhüllung an die 100 bis 500 nm großen Polyisocyanat-Tröpfchen an und verhindern deren Koagulation. Mit zunehmender Diffusion der Polyol-Teilchen in die Polyisocyanat-Partikel setzt die klassische NCO/OH-Reaktion ein. Demgegenüber ist die Reaktion mit Wasser durch Abschirmeffekte zurückgedrängt. Gleichwohl reagiert ein Teil der Isocyanat-Gruppen damit unter Bildung von Harnstoffbrücken. Diesem Umstand wird bei der Formulierung der Lacke durch ein höheres NCO/OH-Verhältnis Rechnung getragen. Die Haltbarkeit der Mischung kann mehrere Stunden betragen.

Nach dem Lackauftrag und mit fortschreitender Wasserverdunstung bildet sich durch Diffusions- und Agglomerisationsvorgänge sowie durch die beginnende chemische Vernetzung eine homogene Phase, welche schließlich zu einem Lackfilm mit einheitlicher Matrix führt. Wie bei lösemittelhaltigen PUR-Lacken ist die Härtungsreaktion bei Normaltemperatur erst nach mehreren Tagen abgeschlossen. Sie vollzieht sich beschleunigt in der Wärme. Die Eigenschaften von PUR-Lackfilmen aus wäßriger Phase entsprechen weitgehend solchen aus organischen Lösemitteln. Die junge 2K-Wasserlack-Technologie hat daher in verhältnismäßig kurzer Zeit breiten Eingang in die Lackierpraxis gefunden. Die Anwendungen reichen von Bautenanstrichen, Möbel- und Kunststofflackierungen bis zum anspruchsvollen Fahrzeugsektor.

7.1.7.5 Lösemittelfreie Polyurethan-Beschichtungen

Flüssige Beschichtungsmaterialien, die wenige oder keine flüchtigen Anteile aufweisen, sind Voraussetzung zur Herstellung dicker Schichten. Sie erlauben im Gegensatz zu gelösten oder dispersoiden PUR-Materialien, deren erzielbare Schichtdicke nur Millimeterbruchteile beträgt, im Prinzip beliebige Schichtstärken. Obwohl lösemittelfreie Beschichtungsmaterialien von großem ökonomischen und ökologischen Interesse sind, bleibt ihre Verwendung wegen einiger systemspezifischer Besonderheiten auf Spezialanwendungen beschränkt.

In Analogie zu den lösemittelhaltigen PUR-Systemen bedient man sich auch bei den lösemittelfreien Varianten vornehmlich der NCO-Reaktion mit Polyolen oder Wasser als Vernetzungsprinzip. Dementsprechend gelangen auch hier 2- und 1-komponentige Formulierungen zur Anwendung. Ihre Zusammensetzung entspricht, abgesehen vom Fehlen flüchtiger Anteile, prinzipiell den oben beschriebenen lösemittelhaltigen Lacksystemen.

7.1.7.5.1 Lösemittelfreie 2K-PUR-Beschichtungen

Zusammensetzung

Lösemittelfreie Systeme setzen niedrigviskose Basiskomponenten voraus. Diese Grundvoraussetzung wird auf der Polyolseite von zahlreichen Polyethern, modifizierten Polyethern und Polycarbonaten erfüllt. Bei den Polyisocyanaten konzentriert sich die Auswahl dagegen im wesentlichen auf MDI (siehe Abschn. 7.1.5.1). Für spezielle lichtechte Anwendungen finden zuweilen auch niedrigviskose HDI-Derivate Verwendung.

Lösemittelfreie 2K-Systeme dienen überwiegend zur Erzeugung hochverschleißbarer Beläge. Die Mitverwendung typischerweise hoher Anteile an Pigmenten und Füllstoffen (z. B. Quarzsand) unterstützt diese Zielsetzung und dient gleichzeitig der Kostensenkung. Hohe Füllstoffanteile mit zwangsläufig anhaftender Feuchte sind bei lösemittelfreien Systemen jedoch problematisch. Durch die NCO/Wasser-Reaktion gebildetes Kohlendioxid kann aus dem Film schlechter entweichen als bei lösemittelhaltigen Formulierungen, in denen das Lösemittel als „Schleppmittel" wirkt. Die Folge sind blasige oder schaumige Beschichtungen. Durch die Mitverwendung von wasserabsorbierenden Molekularsieben (Zeolith) kann dieser Nachteil überwunden werden. Solche mineralischen Zusatzstoffe sind daher obligatorischer Bestandteil von pigmentierten, lösemittelfreien Beschichtungen.

Verarbeitung, Eigenschaften und Anwendungen

Die Härterkomponente wird gewöhnlich in der 100%igen Lieferform unmittelbar vor der Verarbeitung der Stammkomponente zudosiert und untergemischt. Im Vergleich zu gelösten PUR-Systemen ist die von diesem Zeitpunkt an beginnende Verarbeitungszeit relativ kurz und liegt meist im Bereich einer halben Stunde.

Lösemittelfreie PUR-Systeme werden überwiegend handwerklich durch Gießen, Rollen oder Spachteln appliziert. Für großflächige vertikale Beschichtungen oder Serien kommt auch der Spritzauftrag mit 2K-Anlagen in Betracht. In diesem Falle kann die Durchhärtungszeit durch Katalysatorzusatz beträchtlich verringert werden. Unkatalysiert erfordert die völlige Aushärtung bei Umgebungstemperatur bis zu eine Woche, jedoch ist eine vorsichtige mechanische Belastung bereits nach etwa 10 Stunden möglich. Das Eigenschaftsprofil der Beschichtungen ist durch hohe Verschleißfestigkeit und bemerkenswerte Chemikalienbeständigkeit geprägt. Sowohl extrem harte und starre als auch elastische und dehnfähige Einstellungen sind möglich. Härte, Druck- und Biegezugfestigkeit können die Werte von Beton übertreffen.

Nachteilig ist bei Verwendung von 2K-PUR-Systemen auf Basis MDI unter Umständen die ungenügende Lichtbeständigkeit, was sich bei Außenanwendungen ohne zusätzliche

wetterbeständige Schutzlackierung durch frühzeitige Vergilbung und Kreidung bemerkbar macht. Sie entsprechen in dieser Hinsicht dem durch die 2K-Epoxidharz-Systeme geprägten Stand der Technik (siehe Abschn. 7.2).
Die Hauptanwendungen von MDI-Typen liegen im Baubereich, beim schweren Korrosionsschutz und im Fahrzeugsektor. Wichtigstes Einsatzgebiet sind hochbeanspruchbare, mehrere Millimeter dicke Estriche und Fußbodenbeschichtungen in vielfältigen Ausführungsformen vom Industrieboden bis hin zum Sporthallenbelag. Weitere typische Anwendungen im Bausektor sind Kunstharzmörtel zur Betonsanierung und für Maschinenfundamente, flächige Abdichtungen (Gießfolien) und flexible Klebebetten für keramische Fliesen. Im Ingenieurbau werden z.B. Stahlkonstruktionen, Arbeitsbühnen, Decks, Tanks usw. mit solchen Systemen beschichtet. Elastische Überzüge finden zunehmenden Einsatz als steinschlagfester Unterbodenschutz und zur Fahrgeräuschdämmung im Fahrzeugbau.

7.1.7.5.2 Lösemittelfreie 1K-PUR-Beschichtungen

Mit Luftfeuchte härtende Systeme basieren auf lösemittelfreien, aromatischen oder aliphatischen Prepolymeren (siehe Abschn. 7.1.5.2). Es erscheint zunächst überraschend, daß solche Massen in dicken Schichten einwandfrei aushärten, obwohl das Härtungsprinzip die Abspaltung von Kohlendioxid zur Folge hat. Die Erklärung besteht in der überkritischen körnigen Füllung dieser Systeme z.B. mit Quarzsand oder Kiesen. Die resultierende mikroporöse Struktur ermöglicht einerseits die Diffusion der für die Härtung notwendigen Luftfeuchte in die Beschichtung und erlaubt andererseits das problemlose Entweichen von Kohlendioxid.
1K-Massen sind einfach zu verarbeitende Materialien für z.B. Reparaturzwecke und zur Herstellung von Estrichen. Grobkörnige organische Füllstoffe, wie Granulate von Kork oder Kautschuk, liefern elastische Beläge beispielsweise für Sportstätten.
Eine weitere Möglichkeit zur Formulierung von stabilen, mit Luftfeuchte härtenden 1K-Systemen bietet die Kombination von aliphatischen Prepolymeren mit Bisoxazolidinen (siehe Abschn. 7.1.6.3, Gl. 7.45). Da bei diesem Härtungsprinzip kein Kohlendioxid frei wird, unterliegen solche Beschichtungsmassen keinen Einschränkungen hinsichtlich ihres Mindestanteils an Füllstoffen. Es resultieren rasch härtende, elastische und blasenfreie Überzüge von bis zu 3 mm Schichtdicke. Bevorzugtes Einsatzgebiet ist der Bausektor (u.a. „Gießfolien" bei Bedachungen).
Flüssige lösemittelfreie *1K-PUR-Einbrennsysteme* können auf der Basis von speziellen blockierten Prepolymeren in Kombination mit aminischen Reaktionspartnern und Weichmachern formuliert werden. Sie erfordern Mindesthärtungstemperaturen von 155 °C und ergeben Elastomere, die sich z.B. für Abdichtungen oder Unterbodenschutzbeschichtungen im Fahrzeugbau eignen.
Ein verbessertes Eigenschaftsbild bei vergleichbaren Anwendungen weisen *mikroverkapselte 1K-PUR-Systeme* (siehe Abschn. 7.1.5.4) auf. Dies sind Reaktivmischungen aus pulverförmigen, desaktivierten Polyisocyanatpartikeln und flüssigen Polyolen bzw. Polyaminen. Ihre Lagerstabilität ist auf zwei Maßnahmen zurückzuführen: Die räumliche Abgrenzung der Reaktionspartner durch den zweiphasigen Charakter der Gemische und die Umhüllung der festen Polyisocyanatteilchen mit einer Diffusionssperrschicht (Mikroverkapselung). Diese Sperre verliert bei Temperaturen über 80 °C ihre Wirkung. Erst jetzt können die Reaktivkomponenten ineinander diffundieren und die angestrebte Polyaddition bewirken.
Systeme dieser Art weisen praktisch unbegrenzte Lagerstabilität auf und können bei Temperaturen über 100 °C rasch ausreagieren. Sie führen zu Beschichtungen mit hohem Eigen-

schaftsniveau und gewährleisten auch in dünnen Schichten eine hohe Steinschlagbeständigkeit [29].

Strahlenhärtende PUR-Lacke emittieren bei ihrer Aushärtung ebenfalls keine organischen Lösemittel. Sie basieren auf acrylierten Oligo-Urethanen und sind demnach urethanmodifizierte, polymerisierfähige Acrylatlacke. Ihre Harzkomponente besteht aus Umsetzungsprodukten von NCO-funktionellen Prepolymeren mit OH-funktionellen Monomeren wie Hydroxyethyl- oder Hydroxypropylacrylat. Ein anderer Syntheseweg erfolgt zunächst über die Reaktion von OH-funktionellen Acrylat-Monomeren mit überschüssigem Diisocyanat. Die erhaltenen NCO-funktionellen Addukte werden in einem anschließenden Schritt mit Polyolen zu polymerisierfähigen Polyurethanen umgesetzt. Solche Harze werden in Kombination mit weiteren Monomeren (Reaktivverdünner) nach den üblichen Regeln für strahlenhärtende Lacke formuliert. Ausgehärtete Lacküberzüge auf dieser Basis zeichnen sich durch PUR-typische Eigenschaften wie zähelastische Beschaffenheit und – bei aliphatischen Vorprodukten – durch hohe Wetter- und Lichtbeständigkeit aus.

7.1.7.6 Polyurethan-Pulverlacke

Auch im wachsenden Pulverlack-Segment der Industrielacke haben PUR-Systeme ihren festen Platz, wenngleich ihr Marktanteil regional sehr unterschiedlich ist (1993: Nordamerika 30%, Fernost 20 %, Europa 8%).
Prinzipiell handelt es sich dabei um Mischungen von OH-funktionellen (Terephthalsäure)-Polyester- (siehe Abschn. 6.1.1) oder von Polyacrylatharzen (siehe Abschn. 8.6.14) mit blockierten Polyisocyanaten. Systembedingt müssen diese Bindemittelkomponenten Hartharzcharakter mit einer Einfriertemperatur von mindestens 50 °C aufweisen, was die Auswahl an geeigneten Vorprodukten einschränkt.
Die bei der Pulverlackherstellung (siehe Kap. 4) erforderliche Extrudierung führt zu Temperaturbelastungen der reaktiven Bestandteile zwischen 80 und 130 °C. Dieser Umstand ist der Grund dafür, daß als Blockierungsmittel vornehmlich ε-Caprolactam verwendet wird. Seine Addukte mit Derivaten von TDI, IPDI und H_{12}MDI sind im genannten Temperaturbereich stabil. Der am häufigsten eingesetzte PUR-Pulverlackhärter ist ein ε-Caprolactam blockiertes, Isocyanurat-Gruppen enthaltendes IPDI-Addukt [30].
Nach der elektrostatischen Abscheidung auf dem Substrat werden die Beschichtungen bei Temperaturen von 160 bis 200 °C innerhalb von 35 bis 10 min. zur Reaktion gebracht und ausgehärtet. Blockierte Polyisocyanate auf Basis H_{12}MDI sind gekennzeichnet durch hohes Elastifizierungsvermögen und erhöhte Reaktivität im Vergleich zu entsprechenden IPDI-Produkten. Dieses Merkmal führt zu einer Erniedrigung der Mindesteinbrenntemperatur um etwa 10 °C.
PUR-Pulverlackierungen zeichnen sich durch eine besonders ausgewogene Kombination wertvoller lacktechnischer Eigenschaften aus und decken damit ein breites Spektrum typischer Pulverlack-Anwendungen ab. Besonders hervorzuheben sind der hervorragende Verlauf und die für Polyurethane charakteristischen mechanischen und chemischen Beständigkeiten der Beschichtungen. Bei Verwendung aliphatischer Vernetzerharze resultiert außerdem gute Wetterbeständigkeit. Dieses Eigenschaftsbild kompensiert den im Vergleich zu anderen etablierten Pulverlacksystemen als Nachteil zu bewertenden Umstand, daß bei der chemischen Aushärtung Spaltprodukte emittieren. Bemerkenswerterweise geben PUR-Pulverlackfilme beim Einbrennen jedoch nur einen Bruchteil des ursprünglich eingesetzten Blockierungsmittels ε-Caprolactam wieder frei: Etwa 97% des aufgetragenen Materials bilden den eingebrannten Film. Es hat nicht an Bemühungen gefehlt,

diese ohnehin geringen Emissionen weiter zu reduzieren, z.B. durch Verringerung des Anteils an Blockierungsmitteln oder durch einen kompletten Verzicht auf solche Verbindungen. So wird z.b. bei IPDI weniger externes Blockierungsmittel benötigt, wenn ein Teil der NCO-Gruppen durch innere Blockierung über eine (in der Wärme reversible) Uretdionbildung (siehe Gl. 7.9) „eingefroren" wird. Die restlichen NCO-Gruppen können konventionell oder irreversibel blockiert sein. Solche abspalterarmen oder -freien Härter sind von großer anwendungstechnischer Bedeutung, erfordern heute allerdings noch Härtungstemperaturen oberhalb 170°C [31].

Zur Zeit eher von theoretischem Interesse sind abspalterfreie Härter mit nichtblockierten, aber reaktionsträgen, „sterisch blockierten" NCO-Gruppen, die sich unter den Bedingungen der Pulverlackherstellung ohne Stabilitätsprobleme verarbeiten lassen. Als Basisisocyanat für derartige Systeme wurde 3(4)-Isocyanatomethyl-1-methylcyclohexylisocyanat (IMCI) empfohlen:

$$\text{Strukturformel: Cyclohexanring mit } CH_2-NCO,\ H_3C,\ NCO \text{ Substituenten} \tag{7.48}$$

7.1.8 Arbeitssicherheit

Dämpfe von Diisocyanaten wirken im allgemeinen reizend auf die Schleimhäute der Augen und Luftwege. Abhängig vom Isocyanat-Typ, von der Konzentration und Einwirkungsdauer ist bei anfälligen Personen darüber hinaus gelegentlich eine Sensibilisierung gegenüber Diisocyanaten möglich. Atembeschwerden bereits bei sehr niedrigen Isocyanatkonzentrationen unterhalb der zulässigen maximalen Arbeitsplatz-Konzentration (MAK) können in solchen Fällen die Folge sein. Bei längerer, direkter Einwirkung auf die Haut sind ebenfalls Reizerscheinungen und allergische Reaktionen nicht auszuschließen.

Für bei Raumtemperatur nicht reaktive Harze wie Elastomere, PUR-Dispersionen und blockierte Polyisocyanate besteht diese Problematik wegen des Fehlens monomerer Diisocyanate nicht. Dagegen ist deren Anwesenheit in Polyisocyanaten und Prepolymeren technisch nicht vermeidbar. Es ist das Bestreben der Rohstoffhersteller, den Restmonomergehalt so niedrig zu halten, daß daraus bei vorschriftsmäßiger Handhabung keine gesundheitlichen Risiken erwachsen können. Dieser Restgehalt wird deshalb üblicherweise spezifiziert und liegt bei praktisch allen marktführenden Handelsprodukten unterhalb der Kennzeichnungsgrenze von derzeit 0,5% in vielen Industrieländern.

Langjährige Praxiserfahrungen bestätigen, daß die sachgerechte Verarbeitung solcher Produkte eine größtmögliche Sicherheit gewährleistet. Bei allen Verarbeitungsverfahren, ausgenommen Spritzen, können neben den flüchtigen Lösemitteln höchstens Spuren an monomeren Diisocyanaten in die Atmosphäre gelangen. Für die Spritzverarbeitung gilt wie für alle klassischen Lacksysteme die Forderung nach bestmöglichem Schutz vor dem Einatmen von Spritznebeln. Die Einhaltung von Schutzmaßnahmen gemäß einschlägiger Vorschriften und Verordnungen ist obligatorisch.

Auf die Sonderstellung von MDI in gewerbehygienischer Hinsicht wurde bereits hingewiesen (Abschn. 7.1.4). Zwar enthalten MDI-Folgeprodukte meist relativ hohe Konzentrationen an monomerem MDI, doch besitzt dieses einen wesentlich niedrigeren Dampfdruck als die übrigen monomeren Diisocyanate. Tabelle 7.8 demonstriert dies am Beispiel HDI.

Tabelle 7.8. Dampfdruck von monomerem HDI und Derivaten im Vergleich zu MDI

Typ	Dampfdruck bei 25 °C (mbar)
HDI	$1{,}4 \cdot 10^{-2}$
HDI-Biuret	$1{,}7 \cdot 10^{-5}$
HDI-Trimerisat	$1{,}2 \cdot 10^{-8}$
MDI	$<10^{-5}$

Bei der Anwendung MDI-haltiger Produkte werden daher, wiederum mit Ausnahme von Sprühverfahren, bei Normaltemperatur und hinreichender Lüftung keine gesundheitlich relevanten Monomer-Mengen frei, ein Überschreiten des MAK-Wertes ist nicht zu erwarten. Für die Spritzverarbeitung gilt dagegen das oben Gesagte.
Bei der Wärme- bzw. Einbrenntrocknung von PUR-Lacken müssen, abgesehen von den bereits im Beschichtungsmaterial enthaltenen Monomeren, auch solche aus möglichen Rückspaltreaktionen berücksichtigt werden, wie dies z.B. bei Uretdionen der Fall sein kann (siehe Abschn. 7.1.5.3). Eine vorschriftsgerechte Absaugung und ggfls. Reinigung der Abluft ist daher zwingend erforderlich [32].

Literatur zu Abschnitt 7.1

[1] *Z. W. Wicks, F. N. Jones* und *S. P. Pappas*: Organic Coatings Science and Technology, Vol I. Wiley, New York 1992, S. 188–211
[2] *W. Wieczorrek*: Paints and Coatings. Ullmanns Encyclopedia of Industrial Chemistry, Vol. A 18. VCH-Publishers, New York 1992, S. 403–407
[3] *D. Dieterich*: Polyurethanes. Ullmanns Encyclopedia of Industrial Chemistry, Vol. A 21. VCH-Publishers, New York 1992, S. 665–685
[4] *G. Oertel* (Hrsg.): Polyurethane. Kunststoff-Handbuch, Bd. 7. Hanser, München 1993, S. 599–621
[5] *H. J. Laas, R. Halpaap* und *J. Pedain*, J. prakt. Chem. **336** (1994) 185–200
[6] EP 061 031 A 1 (1982) Bayer AG (*R. Sundermann, K. König, T. Engbert, G. Becker, G. Hammen*)
EP 0 018 586 (1980) BASF (*F. Merger, F. Towae*)
EP 0 018 583 (1980) BASF (*F. Merger, F. Towae*)
EP 0 129 299 (1984) BASF (*F. Merger, F. Towae, H. Hellbach, G. Isbarn, W. Kochler*)
EP 0 126 300 (1984) BASF (*H. Hellbach, F. Merger, F. Towae*)
EP 0 355 443 (1989) Hüls (*G. Bohmholdt, J. Disteldorf, P. Kirchner, H. W. Michalczak*)
EP 0 568 782 (1993) Hüls (*G. Bohmholdt, W. Heitmann, P. Kirchner, H. W. Michalczak*)
[7] *K. Hatada, K. Ute, K.-I. Oka* und *S. P. Pappas*, J. Polym. Sci., Part A Polym. Chem. **28** (1990) 3019
[8] EP 330966 (1988) Bayer AG (*J. Pedain, M. Bock* und *C.-G. Dieris*)
DE 28 39 133 (1978) Bayer AG (*M. Bock, J. Pedain* und *W. Uerdingen*)
[9] *W. Kubitza*, Farbe + Lack **97** (1991) Nr. 3, 201–206
[10] *V. Mirgel* und *K. Nachtkamp*, Farbe + Lack **89** (1983) Nr. 12, 928–934
[11] *V. Mirgel* und *G. Mennicken*, XVII. Fatipec Kongress-Buch 1984
DE 32 21 558 (1982) Hüls AG (*F. Schmitt, E. Wolf*)
DE 34 34 881 (1984) Hüls AG (*R. Gras, H. Riemer, E. Wolf*)
[12] DE-OS 3.230.757 (1982) Bayer AG (*G. Grögler, H. Heß* und *R. Kopp*)
[13] DE-OS 3.638.148 (1986) Bayer AG (*R. Kopp, G. Grögler, H. Heß*)
[14] *J.W. Rosthauser* und *K. Nachtkamp*, Advances in Urethane Science and Technology **10** (1987) 121–187
[15] *D. Dieterich* und *H. Reiff*, Angew. Makromol. Chem. **26** (1972) 85
[16] *E. Sjöblom, M. Hulden* und *P. Boström*, Farbe + Lack **99** (1993) Nr. 9, 766–772

[17] H. Bieleman, F. J. J. Riesthuis und P. M. van der Velden, Pol. Paint Colour J. **181** (1991) Nr. 4283, 268
[18] M. Aoki, M. Kamiyama, T. Nagata, H. Sakaguchi und R. Ichii, Polyurethanes World Congress 1993, Kongreßbuch, S. 341–345
[19] M. Bock und R. Halpaap, Farbe + Lack **93** (1987) Nr. 4, 264–267
[20] C. Zwiener, L. Schmalstieg, M. Sonntag, K. Nachtkamp und J. Pedain, Farbe + Lack **97** (1991) Nr. 12, 1052–1057
[21] L. Kahl, R. Halpaap und Ch. Wamprecht, I-Lack **61** (1993) Nr. 1, 30–34
[22] M. Bock, Congreso Eurocar 1994, Barcelona, Kongreßbuch
[23] K. Herrmann, Polyurethanes Worlds Congress 1991, Kongreßbuch, S. 820–826
[24] M. Schönfelder, Dtsch. Farben-Zeitschr. **31** (1977) Nr. 5, 196–201
[25] M. Schönborn, Berliner Bauvorhaben **44** (1993) 335–338
[26] H. Casselmann und M. Bock, 21th Waterborne & Higher-Solids and Powder Coatings Symposium, New Orleans 1993, Kongreßbuch
[27] L. Kahl, M. Bock und J. Pedain, Farbe + Lack **100** (1994) Nr. 10, 844–849
[28] EP 358979 A 2 (1989) Bayer AG (W. Kubitza, J. Probst, H. Gruber)
[29] EP 062 780 A 1 (1982) BASF AG (R. Blum, A. Lehner, H.-U. Schenck)
[30] DE 27 35 497 (1977) Hüls AG (R. Gras, F. Schmitt, E. Wolf)
[31] DE 30 30 588 (1980) Hüls AG (J. Disteldorf, R. Gras, H. Schnurbusch)
       DE 30 30 539 (1980) Hüls AG (J. Disteldorf, R. Gras, H. Schnurbusch)
       H.-U. Meier-Westhues, M. Bock und W. Schultz, Farbe + Lack **99** (1993) Nr. 1, 9–15
[32] Firmenschrift Bayer AG, DD-Lack-Rohstoffe (1991)

7.2 Epoxidharze

Dr. Hans Gempeler, Prof. Dr. Friedrich Lohse, Dr. Bernd Neffgen, Dr. Wolfgang Scherzer, Wolfgang Schneider

7.2.1 Einleitung

Als Epoxidharze bezeichnet man organische Verbindungen mit mehr als einer Epoxidgruppe (IUPAC: Oxirangruppe) pro Molekül, die zur Gewinnung von Polymeren eingesetzt werden. Die Bezeichnung „Harze" hat sich im Laufe der Entwicklung durchgesetzt, obwohl sie irreführend ist, da es sich durchwegs um niedermolekulare oder oligomere Verbindungen handelt.

Der Aufbau von Polymeren nach dem Epoxidharz-Polyadditionsverfahren basiert auf dem charakteristischen Verhalten der Epoxidgruppen, mit entsprechenden Reaktionspartnern unter Addition zu reagieren. Dabei müssen die Di-, Tri- und Tetraepoxidverbindungen (=Epoxidharze) und die Vernetzungskomponenten (=Härter) bezüglich Reaktivität und Funktionalität aufeinander abgestimmt sein.

Epoxidharze können aber auch direkt, durch Polymerisation der Epoxidgruppen, vernetzt werden. Die Zuordnung der Begriffe „Harz" und „Härter" ist historisch bedingt, vom wissenschaftlichen Standpunkt aus aber völlig irrelevant.

Epoxidharz-Systeme (Harz/Härter-Kombinationen) werden vornehmlich zur Erzeugung vernetzter Polymerer verwendet, für die wiederum der Begriff „Epoxidharze" üblich ist, der dann aber korrekterweise durch die Angabe der Vernetzungskomponente präzisiert werden sollte. Beim Einsatz von Diepoxid-Verbindungen mit bifunktionellen Additionskomponenten können lineare, bei Zusatz geringer Mengen trifunktioneller Komponenten auch verzweigte, lösliche Strukturen gewonnen werden.

7.2 Epoxidharze

Durch die zahlreichen Möglichkeiten zur Kombination von Harz- und Härterstrukturen (technisch als Formulierung bezeichnet) eignen sich Epoxidharzsysteme vorzüglich zur gezielten Einstellung von Werkstoff-Eigenschaften: einerseits, was die Viskosität und das rheologische Verhalten beim Verarbeitungsprozeß, andererseits, was die Eigenschaften der angestrebten Endprodukte betrifft (maßgeschneiderte Kunststoffe). Zudem können durch zielgerichtete Zugabe oder Einarbeitung von Hilfsstoffen, wie Füllstoffen, Verstärkungsmaterialien, Flammschutzmitteln, Flexibilisatoren, Pigmenten und anderen, die Einsatzmöglichkeiten wesentlich ausgedehnt werden.

Im Gegensatz zu den löslichen und in der Wärme schmelzbaren und verarbeitbaren Thermoplasten sind vernetzte Epoxidharze thermisch nicht mehr verformbar. Ihre technische Applikation muß demzufolge im unvernetzten Zustand (gegebenenfalls als Lösung) erfolgen und der vernetzte Zustand durch Wärmebehandlung oder entsprechend längere Härtungszeiten bei Raumtemperatur erreicht werden.

Dieses umfangreiche Arbeitsgebiet wird in Monographien [1 bis 4], Sammelwerken, und Fortschrittsberichten [5 bis 11] eingehend dargestellt.

7.2.2 Historisches

P. Castan (De Trey, Zürich) hat 1938 in seinem Patent [12] erstmals die Herstellung unlöslicher Körper mit guten mechanischen Eigenschaften aus dem Diglycidylether des Bisphenol A (IUPAC: 2,2-Bis[4-oxiranylmethoxy-phenyl]propan) mit Dicarbonsäureanhydriden beschrieben.

Die Addition von Aminen an Diepoxid-Verbindungen wurde zwar bereits 1934 von *P. Schlack* (IG-Farbenindustrie) [13] untersucht, jedoch mit der Zielsetzung, lösliche Polymere als Textilhilfsmittel zu gewinnen. Erst 1952 patentierte *O. Greenlee* (Devoe & Raynolds) [14] die Vernetzung von Resorcindiglycidylether mit Diaminen.

Ab 1942 hat die damalige CIBA in vertraglicher Anknüpfung an die Resultate von *P. Castan* die großtechnische Herstellung des Bisphenol A-diglycidylethers vorangetrieben und 1946 auf dem Markt eingeführt. Daraufhin bahnte sich in mehreren Forschungsgruppen eine breite Entwicklung auf dem Harz- und Härtergebiet an, die sich vorerst auf die Bearbeitung aromatische und aliphatische Rumpfstücke enthaltende Glycidyl-Verbindungen (IUPAC: Oxiranylmethyl-Verbindungen) beschränkte. Später, ca. 1960, war die Entwicklung der sogenannten cycloaliphatischen Epoxidharze [9, 16], gewonnen durch Persäure-Epoxidation von Cycloolefinen, in vollem Gange und gegen Ende der sechziger Jahre konzentrierten sich die Untersuchungen auf heterocyclische Rumpfstücke enthaltende Glycidyl-verbindungen [9]. Parallel dazu wurde eine Intensivierung der Bearbeitung von Vernetzer-Strukturen und der Struktur/Eigenschafts-Relationen vernetzter Epoxidharze beobachtet. In neuerer Zeit konzentrierten sich die Forschungs- und Entwicklungsarbeiten auf wärmebeständigere Produkte, auf photovernetzbare Systeme und auf Verfahrensverbesserungen zur Erzielung gleichbleibender Produktequalitäten und höherer Reinheiten auch im Rahmen industriehygienischer Zielsetzungen, was die Minimierung des freien Epichlorhydrin (IUPAC: Chlormethyl-oxiran)-Gehaltes in den technischen Harzen betrifft.

Der Epoxidharzverbrauch weltweit, aufgegliedert nach Anwendungsgebieten, wird für 1991 in Tabelle 7.9 veranschaulicht. Mit einem Gesamtverbrauch von 650 000 t Harz entspricht dies ungefähr 1 Mio Tonnen vernetzter Produkte.

Tabelle 7.9. Epoxidharz-Verbrauch, weltweit, aufgegliedert nach Anwendungsgebieten, Stand 1991 [15]

Anwendung	Verbrauch (1000 t)	Anteil (%)
Oberflächenschutz inkl. Bauanwendungen	390	60
Elektro- und Elektronik-Anwendungen	164	25
Preßmassen	32	5
Composites	32	5
Klebstoffe	32	5
Total	650	100

Das Haupteinsatzgebiet stellt nach wie vor der Oberflächenschutz dar. Hier kommen die besonderen Eigenschaften dieser Polyadditionssysteme zum Tragen: Gute Haftfestigkeit und optimale Einstellbarkeit von Härte, Zähigkeit, Chemikalien- und Hydrolysebeständigkeit, sowie hervorragender Korrosionsschutz.

7.2.3 Chemie der Epoxidverbindungen

7.2.3.1 Überblick

Zur Herstellung von Epoxidverbindungen können zahlreiche Synthesewege beschritten werden. In der Technik haben jedoch nur ausgewählte Verfahren, wie sie in Tabelle 7.10 zusammengestellt sind, Bedeutung erlangt. Die darin unter A 1 und A 2 aufgeführten Synthesen sind auch für die Herstellung der Ausgangsverbindungen für die Verfahren unter B, und damit generell zur Herstellung von Epoxidverbindungen geeignet. Insbesondere die unter B 1 und B 2 genannten Umsetzungen von Verbindungen mit aktiven Wasserstoffatomen mit Epichlorhydrin (IUPAC: Chlormethyl-oxiran) oder Diepoxidverbindungen besitzen dominierende Bedeutung. Nur die cycloaliphatischen Epoxidharze [9, 16] und die epoxidierten ungesättigten Fettsäuren [17] werden über direkte Epoxidationsverfahren, meist mit Hilfe von Perameisensäure oder Peressigsäure, gewonnen.

7.2.3.2 Direkte Methoden zur Herstellung von Epoxidharzen

7.2.3.2.1 Mit Persäuren

Die Epoxidation von cycloolefinischen Zwischenprodukten mit Persäuren [16 bis 19] oder Acetaldehyd-monoperacetat [20] hat für die Herstellung cycloaliphatischer Epoxidharze technische Bedeutung erlangt, da sie den Vorzug besitzt, völlig halogenfreie Epoxidharze zu liefern, was besonders auf dem Elektro- und Elektronikgebiet erwünscht ist.

$$\bigcirc\!\!-\!\text{R}\!-\!\!\bigcirc \longrightarrow \text{O}\!\triangleleft\!\bigcirc\!\!-\!\text{R}\!-\!\!\bigcirc\!\triangleright\!\text{O} \qquad (7.55)$$

Die Epoxidationsgeschwindigkeit ist stark abhängig von den Strukturen des Olefins und der Persäure, dem Reaktionsmedium und der Temperatur. Katalysatoren spielen dabei keine oder nur eine beschränkte Rolle.
Ebenso wäre die direkte Gewinnung von Glycidyl- aus Allylverbindungen interessant. Dabei ist jedoch die Ausbildung von Allylradikalen und deren Oligomerisation zu unerwünschten Nebenprodukten in Betracht zu ziehen.

7.2 Epoxidharze

Tabelle 7.10. Technische Synthesen für Epoxidverbindungen

A. Direkte Überführung von Olefinen in Epoxide

Verfahren	Beispiele
1. Direktoxidation mit organischen Persäuren, z.B. Peressigsäure, Perameisensäure $$>=< \; + \; „O" \; \longrightarrow \; >\!\!\overset{O}{\triangle}\!\!< \qquad (7.49)$$	cycloaliphatische Epoxidharze, epoxidierte Fettsäureester
2. über Halogenhydrine $$>=<_{CH_2Cl} \xrightarrow{+ HOCl} \underset{Cl}{>}\!\!\!<\!\!\overset{OH}{\underset{CH_2Cl}{}} \xrightarrow{B^\ominus} >\!\!\overset{O}{\triangle}\!\!<_{CH_2Cl} \qquad (7.50)$$	technische Herstellung von Epichlorhydrin aus Allylchlorid

B. Indirekte Methoden, ausgehend von Epoxiden mit funktionellen Gruppen X

$$CH_2 - \overset{O}{\overset{\diagup \; \diagdown}{CH}} - R - X \qquad (7.51)$$

1. $-R-X = CH_2Cl$; Epichlorhydrin $$R_1ZH \; + \; CH_2-\overset{O}{\overset{\diagup \; \diagdown}{CH}}-\underset{Cl}{CH_2} \xrightarrow{Kat.} R_1Z-CH_2-\overset{OH}{\underset{Cl}{CH}}-CH_2 \; \xrightarrow{B^\ominus} \; R_1Z-CH_2-\overset{O}{\overset{\diagup \; \diagdown}{CH}}-CH_2 \qquad (7.52)$$ $Z = O, N, S, COO$	Anlagerung H-aktiver Verbindungen über die intermediäre Bildung von Chlorhydrinen; wichtigste technische Synthese Glycidylether, -ester, N-Glycidyl-amine, -amide, -imide, -heterocyclen
2. X = Epoxidgruppe; Diepoxidverbindungen mit beliebigem Rumpfstück R $$HZ-R_1-ZH \; + \; 2 \; CH_2-\overset{O}{\overset{\diagup \; \diagdown}{CH}}-R-\overset{O}{\overset{\diagup \; \diagdown}{CH}}-CH_2 \xrightarrow{Kat.}$$ $$CH_2-\overset{O}{\overset{\diagup \; \diagdown}{CH}}-R-\overset{OH}{CH}-CH_2-Z-R_1-Z-CH_2-\overset{OH}{CH}-R-\overset{O}{\overset{\diagup \; \diagdown}{CH}}-CH_2 \qquad (7.53)$$ Verbindung mit 2 aktiven H-Atomen	Advancementprodukte, Voraddukte (auch aus Tri- und Tetra-epoxidverbindungen herstellbar)
3. X = polymerisationsfähige Gruppe; z.B. Acrylsäureglycidylester, Allyl-glycidylether, Maleinsäurediglycidylester u.ä. $X = -OCOCH=CH_2;$ $-O-$allyl; $R = -CH_2-$ $$CH_2=CH-CO-O-CH_2-\overset{O}{\overset{\diagup \; \diagdown}{CH}}-CH_2;$$ $$CH_2=CH-CH_2-O-CH_2-\overset{O}{\overset{\diagup \; \diagdown}{CH}}-CH_2 \qquad (7.54)$$	Copolymer mit Olefinen, gewonnen durch radikalische Polymerisation

Während z.B. der Bisphenol A-diallylether (2,2-Bis-(4-allyloxy-phenyl)propan) mit Perpropionsäure nur in mittelmässigen Ausbeuten (ca. 50%) in den Diglycidylether übergeführt werden kann, lassen sich Cycloalkyl- und Aralkyl-allylether, sowie Allylester bis zu 80% Ausbeute und mehr in die entsprechenden Glycidylverbindungen umsetzen [21].

7.2.3.2.2 Mit Wasserstoffperoxid

Ungesättigte Alkohole, wie z. B. Tetrahydrobenzylalkohol, Cyclopentenol, Allylalkohol sind mit Wasserstoffperoxid in Gegenwart von Wolframat (oder Mo-, V-Verbindungen) in wäßriger Lösung epoxidiert worden [19, 22]. Epoxidationen mit alkalischem Wasserstoffperoxid lassen sich nur bei Olefinen mit konjugierten elektronenanziehenden Substituenten, wie Carbonyl- oder Nitrilgruppen, erfolgreich durchführen [23]. Die Voraussetzungen sind also umgekehrt wie bei den Epoxidationen mit organischen Persäuren.

Als besonders wirkungsvoll hat sich bei Allylverbindungen die nachstehend beschriebene Epoxidation mit Wasserstoffperoxyd in Gegenwart von Nitrilen [23 bis 25] über die intermediär gebildete Iminopercarbonsäure erwiesen.

$$CH_3-CN + H_2O_2 \xrightarrow{{}^{\ominus}OH} CH_3-\underset{\underset{\displaystyle NH}{\|}}{C}-O-OH \tag{7.56}$$

$$\downarrow + CH_2=CH-R$$

$$\underset{O}{CH_2-CH-R} + CH_3CONH_2$$

Dieses Verfahren besitzt den Vorteil, daß im Gegensatz zu den Persäure-epoxidationen nicht in saurem Medium gearbeitet werden muß, wodurch die Bildung unerwünschter Säureaddukte vermieden wird. Nachteilig wirken sich aber dabei die nach radikalischem Mechanismus gebildeten Allyloligomeren aus, deren Abtrennung nur unter kostspieligem Aufwand und Verlusten möglich ist.

7.2.3.2.3 Mit Sauerstoff, katalytisch

Die bei niedermolekularen Olefinen (Ethylen, Propylen) erfolgreiche Epoxidationsmethode mit Sauerstoff, mit und ohne Metallkatalysatoren (Ag-, Mo-, W-Verbindungen), lassen sich nur schlecht auf die folgenden Homologen dieser Olefinreihe oder solche mit funktionellen Gruppen (Ether, Ester, Amide) ausdehnen [19].

7.2.3.2.4 Über Halogenhydrine

Die Epoxidation von Olefinen mit unterhalogenigen Säuren HOX verläuft nach folgendem Reaktionsmechanismus [23, 26]:

$$\underset{}{\searrow\!=\!\swarrow} \xrightarrow{HO^{\ominus}X^{\oplus}} \underset{}{\searrow\!\underset{}{\overset{\oplus X}{\swarrow}}} \xrightarrow{{}^{\ominus}OH} \underset{OH}{\searrow\!\underset{}{\overset{X}{\swarrow}}} \xrightarrow{-HX} \underset{O}{\searrow\!\swarrow} \tag{7.57}$$

Dabei wird die unterhalogenige Säure im allgemeinen in Form der wässerigen Lösung des Halogens angewendet. Auf diesem Verfahren beruht die technische Herstellung von Glycerindichlorhydrin (1,3-Dichlor-2-propanol) und Epichlorhydrin aus Allylchlorid. Für die Herstellung von Epoxidharzen wird das Verfahren nicht eingesetzt, da dabei beträchtliche Mengen an Nebenprodukten anfallen, die nur schwer abgetrennt werden können. Bei substituierten Olefinen wirken sich sterische Effekte bei der Synthese wie bei Additionsreaktionen aus [27].

7.2.3.3 Indirekte Methoden zur Herstellung von Epoxidharzen

In diesem Abschnitt soll nur auf die gängigen, präparativ wie technisch vorteilhaften Syntheseverfahren eingegangen werden. Dies sind die Additionen von Verbindungen mit akti-

7.2 Epoxidharze

ven Wasserstoffatomen an:

a) Epichlorhydrin unter Ausbildung eines Chlorhydrin-Derivates, das unter Abspaltung von Chlorwasserstoff in die entsprechende Glycidylverbindung übergeführt werden kann und
b) Di-, Tri- oder Poly-epoxidverbindungen unter Verbrauch von jeweils nur einer Epoxidgruppe pro Molekül

7.2.3.3.1 Synthesen über Chlorhydrine

Praktisch alle Verbindungen mit aktiven Wasserstoffatomen können mit Epichlorhydrin, wie in Tabelle 7.10, unter B 1 beschrieben, in Epoxidverbindungen übergeführt werden [2, 3, 9]. Auch die Technik verwendet dieses Verfahren. Es beruht auf dem besonderen Verhalten des Epichlorhydrins, nach der Addition in der entstandenen Chlorhydringruppe potentiell eine neue Epoxidgruppe zu besitzen. Allerdings ist die Reinheit der resultierenden Produkte stark vom Molverhältnis der eingesetzten Verbindung zum Epichlorhydrin und den Reaktionsbedingungen abhängig. Wird die Anlagerung des Epichlorhydrins und die Überführung des intermediär gebildeten Chlorhydrins in die Epoxidverbindung in einem einzigen Reaktionsschritt zusammengefaßt, so können neben dem Hauptprodukt auch beachtliche Anteile an sogenannten Advancementprodukten (Addukte aus aktiver Wasserstoffverbindung und bereits gebildeten Glycidylverbindungen (Tabelle 7.10, B 2) resultieren, was praktisch nur bei der Herstellung des Bisphenol A-diglycidylethers akzeptiert wird. Eine Abtrennung der angestrebten niedermolekularen Hauptkomponente durch Kristallisation oder Destillation ist, wenn überhaupt möglich, kostspielig und nur durch größere Materialverluste (hervorgerufen durch thermisch unerwünschte Nebenreaktionen) zu realisieren.

Glycidylverbindungen auf der Basis von Bisphenol A
(IUPAC: 2,2-Bis-[4-oxiranylmethoxy-phenyl]-propan)

Der Bisphenol A-diglycidylether besitzt nicht nur historisch, sondern auch technisch große Bedeutung, so umfaßt er mehr als 85% der gesamten produzierten Epoxidharzmenge, doch lassen sich auch zahlreiche weitere Bis- und Polyphenole nach demselben Verfahren in Glycidylether überführen [28].

Die Synthese des niedermolekularen, flüssigen Bisphenol A-diglycidylethers folgt den Reaktionsgleichungen 7.58, A und B:

$$HO-C_6H_4-C(CH_3)_2-C_6H_4-OH + 2\ CH_2-CH-CH_2 \atop \diagdown\!O\!\diagup \quad Cl$$

$$\xrightarrow[\text{Mengen}]{A \mid \text{NaOH, katalyt.}}$$

$$\underset{Cl\ \ OH}{CH_2-CH-CH_2}-O-C_6H_4-C(CH_3)_2-C_6H_4-O-CH_2-CH-CH_2 \atop OH\ \ Cl \qquad (7.58)$$

$$\xrightarrow{B \mid 2\ NaOH}$$

$$\underset{\diagdown\!O\!\diagup}{CH_2-CH-CH_2}-O-C_6H_4-C(CH_3)_2-C_6H_4-O-CH_2-CH-CH_2 \atop \diagdown\!O\!\diagup$$

Abhängig von den Reaktionsbedingungen und dem Molverhältnis der Reaktionskomponenten entstehen im Reaktionsgemisch Epoxidverbindungen der allgemeinen Formel 7.59).

$$\text{CH}_2\text{-CH-CH}_2\text{-O}\underset{O}{\underbrace{}}\left[\text{-C}_6\text{H}_4\text{-C(CH}_3)_2\text{-C}_6\text{H}_4\text{-O-CH}_2\text{-CH(OH)-CH}_2\text{-O-}\right]_n\text{-C}_6\text{H}_4\text{-C(CH}_3)_2\text{-C}_6\text{H}_4\text{-O-CH}_2\text{-CH-CH}_2$$

I   n = 0
II n = 1
III n = 2

(7.59)

Bei der technischen Herstellung wird im Reaktionsschritt A z. B. auf 1 Mol Bisphenol 6,6 Mol (= a) Epichlorhydrin eingesetzt. Im Produkt beträgt dann das Mengenverhältnis von [I]:[II]:[III] = 2,43 : 0,23 : 0,02, das Epoxidequivalentgewicht des Produktgemisches etwa 185 bis 190 [29].

Da die vorverlängerten Produkte II und III ebenfalls Diglycidylverbindungen darstellen und ihre Funktionalität und Reaktivität, nicht aber ihre Molmasse, mit dem einfachen niedermolekularen Diglycidylether gleichzustellen sind, wird in technischen Produkten die Molmassenverteilung durch ausgefeilte Verfahren konstant gehalten.

Die Herstellung vorverlängerter Epoxidharze, die generell bei Bisphenolen übersichtlich verläuft, wird technisch beim Bisphenol A für eine gezielte Einstellung der mittleren Molmassen (mittlere Anzahl n in Formel 7.59) benützt. Hierfür eignen sich das sogenannte Taffy- und das Advancement-Verfahren.

Im *Taffy-Verfahren* wird Bisphenol A mit überschüssigem Epichlorhydrin, dessen Massenanteil von der angestrebten Kettenlänge abhängt, unter basischen Bedingungen (50%ige wässerige Natronlauge) reagieren gelassen:

$$\text{HO-C}_6\text{H}_4\text{-C(CH}_3)_2\text{-C}_6\text{H}_4\text{-OH} + \text{CH}_2\text{-CH-CH}_2\text{Cl (Überschuß)} \quad (7.60)$$

$$\downarrow \text{NaOH}$$

$$\text{CH}_2\text{-CH-CH}_2\text{-O}\left[\text{-C}_6\text{H}_4\text{-C(CH}_3)_2\text{-C}_6\text{H}_4\text{-O-CH}_2\text{-CH(OH)-CH}_2\text{-O-}\right]_k\text{-C}_6\text{H}_4\text{-C(CH}_3)_2\text{-C}_6\text{H}_4\text{-O-CH}_2\text{-CH-CH}_2$$

$k = 0, 1, 2, 3, \ldots$

Dieses Verfahren ergibt Produktgemische mit gerad- und ungeradzahligen Werten für k (Gleichung 7.60). Gelchromatographische Analysen solcher Harze führen zu Resultaten, wie sie in Bild 7.9 für ein Produkt mit einem Gehalt von 2,63 Epoxidequivalenten pro kg (Epoxidequivalentgewicht 380; $n \approx 1,5$) erhalten werden [30].

Hingegen verläuft das *Advancement-Verfahren* nach Gleichung 7.61:

$$n+1\ \text{CH}_2\text{-CH-CH}_2\text{-O-C}_6\text{H}_4\text{-C(CH}_3)_2\text{-C}_6\text{H}_4\text{-O-CH}_2\text{-CH-CH}_2 + n\ \text{HO-C}_6\text{H}_4\text{-C(CH}_3)_2\text{-C}_6\text{H}_4\text{-OH} \quad (7.61)$$

$$\downarrow \text{NaOH, kat.}$$

$$\text{CH}_2\text{-CH-CH}_2\text{-O}\left[\text{-C}_6\text{H}_4\text{-C(CH}_3)_2\text{-C}_6\text{H}_4\text{-O-CH}_2\text{-CH(OH)-CH}_2\text{-O-}\right]_k\text{-C}_6\text{H}_4\text{-C(CH}_3)_2\text{-C}_6\text{H}_4\text{-O-CH}_2\text{-CH-CH}_2$$

$k = 0, 1, 2, 3, \ldots$

7.2 Epoxidharze

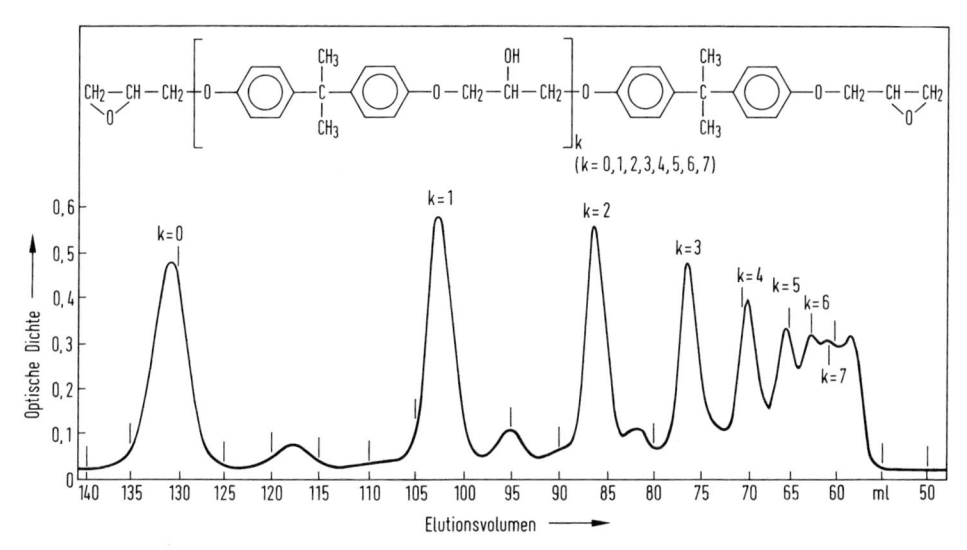

Bild 7.9. Hochauflösendes Gelchromatogramm (Polystyrol-Gel SX2, Tetrahydrofuran als Lösemittel) eines niedermolekularen Epoxidharzes, gewonnen nach dem Taffy-Prozeß. Epoxidequivalentgewicht 380 [30]

Gemäß der theoretischen Umsetzung reiner Ausgangsstoffe dürften für k in Gleichung 7.61 nur geradzahlige Werte ($k=0, 2, 4, 6 \ldots$) zu erwarten sein. Weil aber technische niedermolekulare Epoxidharze ($k \sim 0{,}15$) eingesetzt werden, lassen sich im Produkt gelchromatographisch auch Strukturen mit Werten für $k=1, 3, 5 \ldots$ in untergeordneten Mengen nachweisen (siehe Bild 7.10) [30].

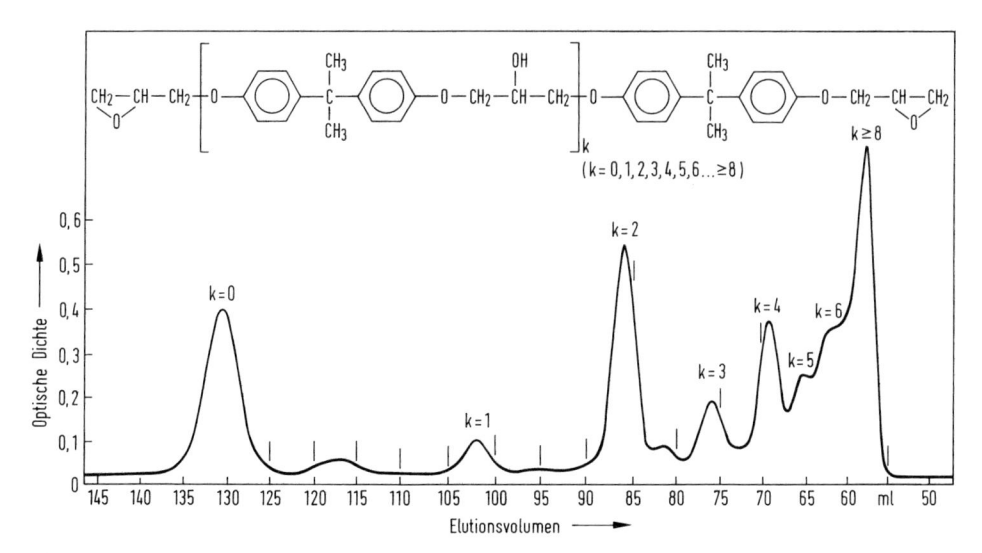

Bild 7.10. Hochauflösendes Gelchromatogramm (Polystyrol-Gel SX2, Tetrahydrofuran als Lösemittel) eines niedermolekularen Epoxidharzes, hergestellt nach dem Advancementverfahren; Epoxidequivalentgewicht 425; $n \approx 1{,}8$ [30]

Das Advancement-Verfahren wird heute bevorzugt benützt. Die vergleichsweise einheitlich ablaufenden Additionen von Phenolen an Glycidylverbindungen erlauben zudem den Einsatz beliebiger Diglycidylverbindungen zur Advancementreaktion mit Bisphenol A, wenn die beiden Glycidylgruppen dasselbe reaktive Verhalten zeigen.

Glycidylierung von Carbonsäuren, Aminen, Alkoholen und Heterocyclen

Die Glycidylierung von Carbonsäuren [31], Aminen [32], Alkoholen [33] und Heterocyclen [34] mit aktiven N–H-Wasserstoffatomen, wird vorteilhafterweise in zwei Reaktionsschritten durchgeführt. Dabei wird, wie im Reaktionsschema 7.62 beschrieben, in einer ersten Stufe mit Hilfe quartärer Ammoniumverbindungen (Phasentransfer-Katalyse) eine quantitative Anlagerung des Epichlorhydrins an die H-aktive Verbindung bewirkt und in der zweiten Stufe dehydrohalogeniert, indem langsam die equimolare Menge konzentrierter wässeriger Natronlauge zugetropft und gleichzeitig das zugefügte und gebildete Wasser mit dem überschüssigen Epichlorhydrin azeotrop abdestilliert wird.

$$RH + CH_2-CH-CH_2 \xrightarrow{R_4N^{\oplus}X^{\ominus}} \begin{bmatrix} R-CH_2-CH-CH_2 + CH_2-CH-CH_2 \\ \quad\quad\quad OH \quad Cl \quad\quad\quad O \quad Cl \\ R-CH_2-CH-CH_2 + CH_2-CH-CH_2 \\ \quad\quad\quad O \quad\quad\quad Cl \quad OH \quad Cl \end{bmatrix} \quad (7.62)$$

3- bis 10facher molarer Überschuß

$$\downarrow NaOH$$

$$R-CH_2-CH-CH_2 + CH_2-CH-CH_2 + NaCl + H_2O$$

Dadurch wird erreicht, daß bei den im Vergleich zu den Phenolen stärker aciden Dicarbonsäuren, wie bei den basischen Aminen, das Ausmaß von Neben- oder Advancementreaktionen stark zurückgedrängt wird. Zudem werden gegen Basen empfindliche Ausgangsstoffe wie Endprodukte durch die schonende Chlorwasserstoffabspaltung vor Umlagerungen und Verseifungsreaktionen geschützt. Dies ist besonders bedeutungsvoll für Glycidylester, glycidylierte Oligoesterdicarbonsäuren und Cyanursäure.

Bei der Glycidylierung von Aminen [32] mit Epichlorhydrin verhalten sich aromatische und aliphatische Amine unterschiedlich. Sterische Hinderungen können die Reaktivität der NH-Gruppe zudem stark reduzieren. Da Basen Dehydrohalogenierungen einleiten, muß insbesondere bei aliphatischen Aminen nach Addition der ersten Moleküle Epichlorhydrin mit der Bildung von Gemischen aus N-Glycidyl-Verbindungen, Ammoniumhalogeniden und Amin-chlorhydrin-Derivaten gerechnet werden. Diese vielfältigen, z.T. durch Gleichgewichte beeinflußten Nebenreaktionen lassen sich bei Reaktionsführung unter Kühlung zurückdrängen, aber nicht verhindern. Auch hier hat sich das zweistufige Epoxidierungsverfahren mit Phasentransfer-Katalysatoren wie Ammoniumsalzen und einem Überschuß Epichlorhydrin bewährt, in jedem Falle muß aber mit Alkalihydroxid die Glycidylbildung vervollständigt werden[1].

Zur Glycidylierung von primären und sekundären Alkoholen [33] wird im allgemeinen in einer ersten Stufe mit Lewis-Säure-Katalysatoren (Zinntetrachlorid, Bortrifluorid-Ethe-

---

1) Anmerkung: Aliphatische Glycidylamine sind nur in völlig reiner Form über längere Zeit im Kühlschrank lagerfähig (Vorsicht bei Destillation: spontane exotherme Reaktion unter Zersetzung möglich!). Aromatische Glycidylamine sind stabiler, ihre Lagerung mit Kühlung unter Stickstoff ist jedoch zu empfehlen.

7.2 Epoxidharze   239

rat) die Anlagerung des Epichlorhydrins bewirkt. Auch Ammoniumverbindungen haben sich bewährt. Unter den gegebenen Bedingungen wird hier, wie bei allen Glycidylierungsreaktionen H-aktiver Verbindungen, auch die sekundäre Hydroxylgruppe des nach 7.63, Gleichung C, frisch gebildeten Chlorhydrins gemäß Gleichung D in geringem Umfang mit Epichlorhydrin weiter umgesetzt.

$$RZH + CH_2-CH-CH_2 \xrightarrow{C} RZ-CH_2-CH-CH_2 \quad\quad \left[RZ-CH_2-CH-CH_2 \right. \quad (7.63)$$
$$\quad\quad\quad \overset{\diagdown}{O}\diagup \quad\quad\quad\quad\quad\quad\quad |$$
$$\quad\quad\quad\quad Cl \quad\quad\quad\quad\quad\quad\quad Cl$$

$$Z = O, N, S, COO \quad\quad\quad\quad\quad\quad OH \quad\quad \xrightarrow{NaOH}_{E} \quad +$$

$$\quad OH \quad\quad\quad\quad\quad\quad\quad\quad\quad O-CH_2-CH-CH_2 \quad\quad\quad O-CH_2-CH-CH_2$$
$$\quad | \quad\quad\quad\quad\quad\quad\quad\quad\quad\quad | \quad\quad\quad\quad\quad\quad\quad\quad\quad |$$
$$RZ-CH_2-CH-CH_2 + CH_2-CH-CH_2 \xrightarrow{D} RZ-CH_2-CH-CH_2 \quad Cl \quad\quad\quad \left. RZ-CH_2-CH-CH_2 \right]$$
$$\quad | \quad\quad\quad\quad\quad\quad\quad\quad \overset{\diagdown}{O}\diagup \quad\quad\quad\quad\quad\quad\quad | \quad\quad\quad\quad\quad\quad\quad\quad\quad |$$
$$\quad Cl \quad\quad\quad\quad\quad\quad\quad\quad\quad\quad\quad\quad\quad\quad Cl \quad\quad\quad\quad\quad\quad\quad\quad Cl$$

Bei der Dehydrohalogenierung nach 7.63, Gleichung E, wird jedoch nur das Halogen der Halogenhydringruppe unter Chlorwasserstoff-Abspaltung leicht eliminiert. Die nach diesem Syntheseweg gewonnenen Produkte sind deshalb chlorhaltig. Anstrengungen, diese Problematik zu umgehen, haben bisher zu keinem Erfolg geführt. Tertiäre Alkohole lassen sich auf diesem Wege nicht glycidylieren.
Von den heterocyclischen Glycidylverbindungen [35] besitzt das Triglycidylisocyanurat (IUPAC: 2,4,6-Trioxo-1,3,5-tris-(oxiranylmethyl)hexahydro-1,3,5-triazin) größte Bedeutung. Seine Herstellung aus Cyanursäure erfolgt nach dem üblichen Verfahren mit Epichlorhydrin und quartären Ammoniumverbindungen als Katalysatoren [35a]. Die in größerem Umfang bearbeiteten glycidylierten Hydantoinverbindungen vermochten sich im Oberflächenschutz nicht durchzusetzen.

7.2.3.3.2 Addition von H-aktiven Verbindungen an Epoxidverbindungen

Die vergleichsweise einheitlich ablaufende Addition von Phenolen an Glycidylverbindungen (siehe Abschn. 7.2.3.3.1) eröffnet auch den Weg zum Einsatz beliebig strukturierter Diglycidylverbindungen zur Advancementreaktion mit Bisphenol A. Voraussetzung ist allerdings, daß die beiden Glycidylgruppen dasselbe reaktive Verhalten zeigen. Auch aus Dicarbonsäuren und aromatischen Aminen lassen sich mit Di-, Tri- und Tetraglycidylverbindungen schmelzbare und lösliche Voraddukte herstellen, die noch freie endständige Epoxidgruppen besitzen, wie dies schematisch an den Reaktionsgleichungen 7.64 und 7.65 dargestellt wird:

$$H-R_1-H + 2 \overset{O}{\triangle}-R_2-\overset{O}{\triangle} \longrightarrow \overset{O}{\triangle}-R_2-\overset{OH}{\underset{|}{}}-R_1-\overset{OH}{\underset{|}{}}-R_2-\overset{O}{\triangle}$$

Molekül mit zwei phenolischen
OH- oder zwei Carboxylgruppen   (7.64)

$$H_2N-R_3-NH_2 + 4 \overset{O}{\triangle}-R_2-\overset{O}{\triangle} \longrightarrow$$ aromatisches Diamin

(7.65)

Prinzipiell können mit allen Verbindungen mit aktiven Wasserstoffatomen der allgemeinen Formel H-R_1-H Voraddukte mit Epoxidverbindungen (gemäß Additionsreaktionen,

Abschn. 7.2.4.1) hergestellt werden [36]. Doch ist meist, mit Ausnahme der Phenoladdition, mit der Bildung geringer Anteile komplexer Strukturen zu rechnen, da die Additionsreaktionen auch an den neu gebildeten, freien sekundären Hydroxylgruppen einsetzen, wodurch höhermolekulare Epoxidverbindungen entstehen, so z. B. in Gleichung 7.64 Strukturen der nachstehenden Formel 7.66.

$$\overset{O}{\triangle}\!\!-R_2-\overset{OH}{|}\!\!-R_1-\overset{O}{|}\!\!-R_2-\overset{OH}{|}\!\!-R_2-\overset{O}{\triangle} \qquad (7.66)$$

Um gar Vernetzungen zu verhindern, läßt man diese Reaktionen vorteilhafterweise mit einem Überschuß von 20 bis 100 Massenprozent an Epoxidequivalenten pro aktives Wasserstoffequivalent ablaufen. Diese Art der Kettenverlängerung und Strukturvariation wird heute in einer kaum mehr übersehbaren Vielfalt technisch genutzt; dabei werden die Voraddukte nicht isoliert, sondern beim Verbraucher direkt mit Härtern versetzt und vernetzt. Die Entwicklung derartiger Systeme bedarf eingehender Reihenversuche mit analytischer Verfolgung des Reaktionsverlaufs, der Lagerstabilität und des Verhaltens beim Einarbeiten der Härterstrukturen. Die Reproduzierbarkeit ist streng von den voraus zu bestimmenden Reaktionsparametern und deren Einhaltung abhängig; dies gilt auch für den technischen Verarbeitungsprozeß zum ausgehärteten Werkstoff.

Eine analoge Herstellung von Voraddukten mit cycloaliphatischen Epoxidverbindungen ist nur mit Dicarbonsäuren in zuverlässigem Umfang realisierbar.

7.2.4 Reaktionen von Epoxidverbindungen

7.2.4.1 Allgemeines

Die technisch wichtigsten Polyadditionsreaktionen werden in der nachstehenden Tabelle 7.11 an Strukturfragmenten der vorzugsweise verwendeten Glycidylverbindungen (X=0: Glycidylether, X=N : N-Glycidylverbindungen, X=COO: Glycidylester) und entsprechenden Härtern bzw. Härterfragmenten dargestellt [2, 3, 37].

Der Vollständigkeit halber müssen an dieser Stelle auch die cycloaliphatischen Epoxidverbindungen genannt werden, deren Cyclohexenoxid-Gruppen allgemein zu analogen Polyadditions- und Polymerisationsreaktionen befähigt sind. Im technischen Bereich, der einen quantitativen Umsatz erfordert, kommen aber nur Carbonsäuregruppen enthaltende Verbindungen, Dicarbonsäureanhydride und aromatische Amine zum Einsatz. Aliphatische Amine führen aufgrund von Epoxid-Keton-Umlagerungen und Folgereaktionen zu unbrauchbaren Netzwerken. Ebenso sind Dicyandiamid-Härtungen für diese Epoxidharze nicht geeignet.

Additionen von alkoholischen Hydroxylgruppen an Epoxidverbindungen laufen unübersichtlich und unbefriedigend ab. Alkohole fallen deshalb als Vernetzer außer Betracht. Daneben sind zahlreiche weitere Strukturen mit aktiven Wasserstoffatomen (aktivierte CH-Verbindungen, Amide, Imide, Cyanamide, Urethane und andere) als Vernetzungskomponenten untersucht worden [37]. Sie werden meist aus Gründen reduzierter Reaktivität oder unübersichtlicher Reaktionsfolgen mit mäßigen Produkteigenschaften technisch kaum benützt.

7.2 Epoxidharze

Tabelle 7.11. Überblick über die Additionsreaktionen von Glycidylverbindungen

$-R-X-CH_2-CH-CH_2$
         $\underset{O}{\diagdown\,\diagup}$

Reagenz	Produkt	Gl.
$+ HOOC-R_1$, $B^\ominus$	$-R-X-CH_2-\underset{OH}{CH}-CH_2-O-\underset{O}{\overset{\|}{C}}-R_1$	(7.67)
$+$ cycl. Anhydrid R_2, $B^\ominus$	$-R-X-CH_2-\underset{O-CO-R_2-CO-}{CH}-CH_2-O-CO-R_2-CO-$	(7.68)
$+$ cycl. Anhydrid R_2, ohne Kat.	$-R-X-CH_2-\underset{O}{CH}-CH_2$ $\qquad\;\;\|$ $-R-X-CH_2-\underset{O-CO-R_2-CO-}{CH}-CH_2-O-CO-R_2-CO-$	(7.69)
$+ HO-\bigcirc-R_3$, $B^\ominus$	$-R-X-CH_2-\underset{OH}{CH}-CH_2-O-\bigcirc-R_3$	(7.70)
$+ HS-R_4$, $B^\ominus$	$-R-X-CH_2-\underset{OH}{CH}-CH_2-S-R_4$	(7.71)
$+ H_2N-R_5$	$-R-X-CH_2-\underset{OH}{CH}-CH_2\diagdown$ $\qquad\qquad\qquad\qquad\;\;\;N-R_5$ $-R-X-CH_2-\underset{OH}{CH}-CH_2\diagup$	(7.72)
$+ H_2N-\underset{\|}{C}-NH-CN$ $\qquad NH$ Cyanamid	$-R-X-CH_2-\underset{OH}{CH}-CH_2\diagdown$ $\qquad\qquad\qquad\qquad\;\;\;N-CN$ $-R-X-CH_2-\underset{OH}{CH}-CH_2\diagup$	(7.73)
Oxazoline	$\underset{H_2C}{N=C-N}\diagdown\!\!\diagup\underset{CH_2-CH-CH_2-X-R-}{CH_2-\underset{OH}{CH}-CH_2-X-R-}$ $+$ $\underset{H_2C}{N=C-N}\diagdown\!\!\diagup\underset{CH_2-CH-CH_2-X-R-}{CH_2-\underset{OH}{CH}-CH_2-X-R-}$ $\qquad\qquad CH_2-X-R-\qquad\qquad\qquad\qquad CH_2-\underset{OH}{CH}-CH_2-X-R-$	
$+$ kation. oder anion. Polymerisations-Katalysatoren	$-R-X-CH_2-\underset{O}{CH}-CH_2$ $\quad\;\;\|$ $-R-X-CH_2-\underset{O}{CH}-CH_2$ $\quad\;\;\|$ $-R-X-CH_2-\underset{O}{CH}-CH_2$ $\quad\;\;\|$	(7.74)

7.2.4.2 Addition von Carbonsäuren und cyclischen Carbonsäureanhydriden

Die Addition von Carbonsäuren oder Carboxylgruppen [38] enthaltenden Härtersegmenten, wie z. B. Oligoester-dicarbonsäuren, Oligoether-ester-dicarbonsäuren, hat basisch katalysiert zu erfolgen, wobei theoretisch pro Säureequivalent ein Epoxidequivalent eingesetzt werden müßte. Durch Nebenreaktionen, wie unkontrollierbare Additionen an freie Hydroxylgruppen oder Oligomerisationen (gemäß Gleichung 7.74), werden stets geringe Anteile an Epoxidgruppen der gezielten Addition entzogen, weshalb es sich empfiehlt, einen geringen Überschuß von ca. 1 bis 5% an Epoxidequivalenten einzusetzen. Optimale Mischungsverhältnisse sollten deshalb in Versuchreihen ermittelt oder den entsprechenden Firmenschriften entnommen werden.

Bei der Addition bilden sich hauptsächlich β-Hydroxy-propylester-Strukturen gemäß Gleichung 7.67 (Tab. 7.11).

Im Gegensatz dazu wird bei Vernetzungen mit cyclischen Anhydriden [39] 1 Mol Dicarbonsäureanhydrid pro Epoxidequivalent verbraucht. Es resultiert ein Polyesterstrukturfragment gemäß Gleichung 7.68 (Tab. 7.11).

Der detaillierte Reaktionsablauf wird durch die nachstehenden Reaktionen 7.75 erklärt:

$$R_2 \underset{C=O}{\overset{C=O}{\diagup}} O \; + \; {>}CH-OH \; \underset{B^{\ominus}}{\rightleftharpoons} \; {>}CH-O-CO-R_2-COOH \qquad (7.75)$$

$${>}CH-O-CO-R_2-COOH \; + \; CH_2-\underset{\diagdown O \diagup}{CH}-CH_2-R_1 \; \underset{B^{\ominus}}{\longrightarrow} \; {>}CH-O-CO-R_2-COO-CH_2-\underset{OH}{CH}-CH_2-R_1$$

Die in technischen Epoxidharzen stets vorhandenen geringen Mengen an freien Hydroxylgruppen reagieren unter basischer Katalyse mit Anhydriden unter Ausbildung einer Estercarbonsäure. Diese liefert nach Addition an eine Epoxidgruppe eine neue Hydroxylgruppe nach, so daß erneut die Ausgangslage gegeben ist und ein vollständiger Umsatz bis zur Erschöpfung der Komponenten sichergestellt ist.

Wird bei diesen Vernetzungen ohne basische Katalysatoren gearbeitet, so resultieren Etherester-Strukturen gemäß Gleichung 7.69 (Tab. 7.11). Diese hängen wieder von der Konstitution der Epoxidverbindung wie des Anhydrides ab und werden zusätzlich von der Vernetzungstemperatur beeinflußt. Die optimalen Eigenschaften unkatalysierter Systeme müssen deshalb in konsequent durchgeführten Versuchsreihen ermittelt werden. Ihre Reproduktion gelingt nur bei exakter Einhaltung der dabei bestimmenden Reaktionsparameter.

Cycloaliphatische Epoxidverbindungen zeigen bei Carbonsäure- und Anhydridhärtungen generell höhere Reaktivitäten als Glycidylverbindungen.

7.2.4.3 Addition von Phenolen, Mercaptanen und Aminen

Die Anlagerung von Phenolen [40], Mercaptanen [41] und Aminen [42] verlaufen gemäß Tabelle 7.11 unter Ausbildung von ß-Hydroxyether- (Gl. 7.70), β-Hydroxythioether- (Gl. 7.71) und β-Hydroxyamin-Derivaten (Gl. 7.72). Auch hier ist pro Epoxidequivalent ein Equivalent aktive Wasserstoff-Verbindung einzusetzen. Während Phenoladditionen basisch katalysiert erst bei erhöhten Temperaturen (>100°C) ablaufen, addieren Mercaptane und aliphatische Amine in flüssigen oder viskosen Systemen bereits bei Raumtemperatur; sie vernetzen dabei aber nicht vollständig. Für viele Anwendungen im Oberflächenschutz ist dieser Aushärtungsgrad (70 bis 95%ig) ausreichend, zur Erzielung optimaler mechanischer und chemischer Eigenschaften ist eine thermische Aushärtung anzuschließen (Überprüfung des Aushärtungsgrades durch Differentialcalorimetrie (DSC; differential scanning calorimetry)). Aromatische Amine reagieren diesbezüglich weit langsamer, sie benötigen zur vollständigen Bildung des Netzwerkes erhöhte Temperaturen und geeignete Katalysatoren. Nebenreaktionen spielen sich auch hier, allerdings in weitaus geringerem Umfang, ab. Zur Gewinnung guter Werkstoff-Eigenschaften empfiehlt sich die exakte Einhaltung von Werk-Vorschriften.

Die freie NH_2-Gruppe von Carbonsäurehydraziden [43] zeigt dieselbe Funktionalität wie primäre Amine; das Wasserstoffatom der Amidgruppierung geht keine Additionsreaktionen ein; auch hier sind zur vollständigen Aushärtung erhöhte Temperaturen notwendig.

7.2.4.4 Vernetzung mit Dicyandiamid

Dicyandiamid addiert, wie in Tabelle 7.11, Gleichung 7.73, dargestellt, unter teilweiser Rückspaltung in Cyanamid zu Cyanamid- und Oxazolin-Derivaten [44], jeweils abhängig vom verwendeten Katalysator sowie den gewählten Härtungsbedingungen. Durchschnittlich werden ca. 4 bis 5 Epoxidequivalente pro Mol Dicyandiamid verbraucht.

7.2.4.5 Vernetzung durch Polymerisation

Glycidylverbindungen und epoxidierte Cycloolefine können thermisch mit Hilfe anionisch wirkender Initiatoren wie tertiärer Amine, Alkoholate, Imidazole [45] oder kationisch unter Einsatz von Bortrifluorid-Komplexen oder Protonsäuren [46] polymerisiert werden (Gl. 7.74).

Bei technischen Glycidylverbindungen sind generell nur geringe Polymerisationsgrade von etwa 3 bis 5 erzielbar [47]. Dabei sprechen der Netzwerkaufbau und damit die physikalischen Eigenschaften außerordentlich empfindlich auf die Struktur und Menge (vorzugsweise etwa 2 bis 6 Massenprozent bezogen auf die Epoxidharzmenge) des Initiators an [48]. Die komplex ablaufenden Oligomerisationsreaktionen lassen bis heute noch keine zuverlässigen Relationen zwischen eingesetztem Initiator, Netzwerkaufbau und physikalischen Eigenschaften der Endprodukte zu, so daß man bei allen derartigen Versuchen auf empirisches Vorgehen und geeignete Prüfung der erhaltenen Materialien angewiesen ist. Neuere Entwicklungen führten zu Photoinitiatoren, die nach UV-Bestrahlung – wie nachfolgend gezeigt – kationisch aktive Initiatoren freisetzen ($MX_n = BF_4$; PF_6; AsF_6; SbF_6) [49, 50].

Iodonium-Salze [50, 51]:

$$\text{Ph–I}^{\oplus}\text{–Ph} \quad MX_n^{\ominus} \xrightarrow[R-H]{h\nu} \text{Ph–I} + \text{Ph–R} + HMX_n \quad (7.76)$$

Triarylsulfonium-Salze [50, 52]:

$$\text{Ph}_3\text{S}^{\oplus} \quad MX_n^{\ominus} \xrightarrow[R-H]{h\nu} \text{Ph–S–Ph} + \text{Ph–R} + HMX_n$$

$$(7.77)$$

Eisen-Aren-Komplexe [50, 53]; sensibilisiert mit Anthracen-Derivaten [54]:

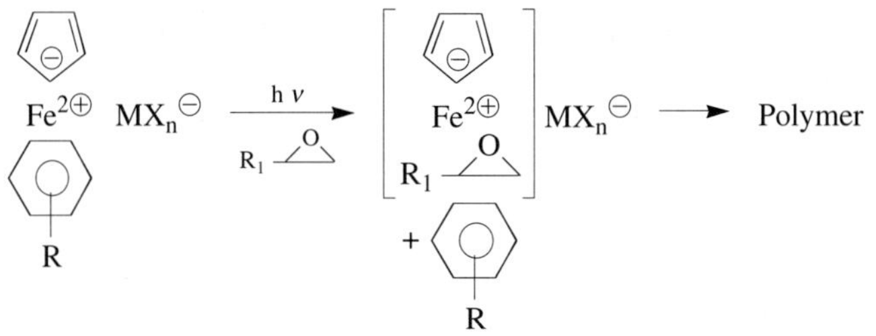

$$[Fe^{2\oplus}\, MX_n^{\ominus}] \xrightarrow[R_1]{h\nu,\, O} \left[Fe^{2\oplus}\, MX_n^{\ominus}\right] + \text{Arene} \longrightarrow \text{Polymer} \tag{7.78}$$

Unter besonderen Bedingungen, bei Zugabe von Reduktions- oder Oxidationsmitteln, lassen sich mit den oben genannten Oniumsalzen und Aren-Komplexen kationische Polymerisationen auch thermisch initiieren [55].

7.2.5 Netzwerkstrukturen

Da die Grundreaktionen weitgehend geklärt sind, kann der Netzwerkaufbau schematisch durch fragmentartige Strukturbilder wiedergegeben und für die Veranschaulichung charakteristischer Verhaltensweisen herangezogen werden, so beispielsweise für die Anhydridvernetzung in Bild 7.11, Aminvernetzung Bild 7.12, Phenolvernetzung Bild 7.13 und Polymerisation in Bild 7.14.

Die gestrichelt umrandeten Strukturfragmente stellen theoretisch den kleinsten wiederkehrenden Baustein dar, mit dem durch sinngemäße Aneinanderreihung das gesamte Netzwerk aufgebaut werden kann.

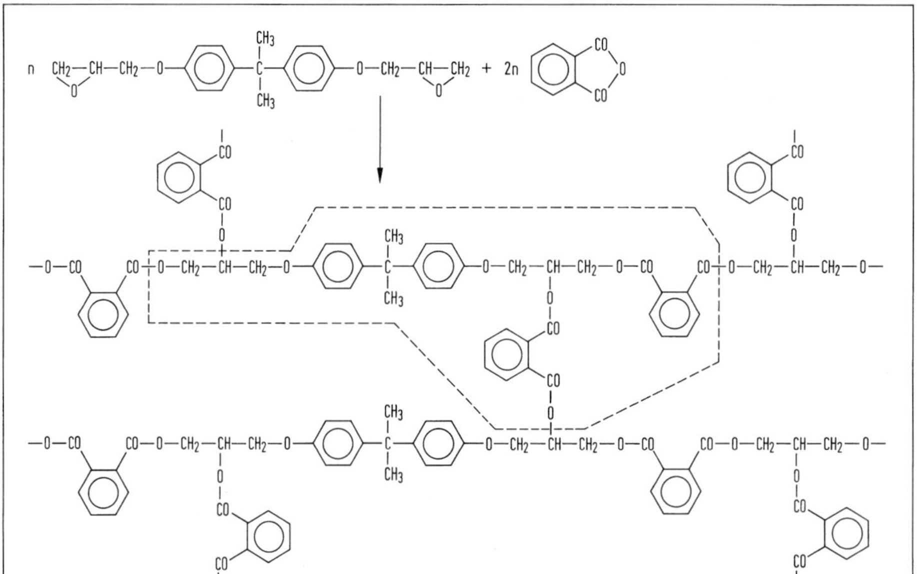

Bild 7.11. Netzwerkschema für reinen Bisphenol A-diglycidylether, vernetzt mit Phthalsäureanhydrid

7.2 Epoxidharze

Die nachstehend an Gylcidylverbindungen beschriebenen Netzwerkstrukturen besitzen auch analog für epoxidierte Cycloolefine (cycloaliphatische Epoxidharze) Gültigkeit, wenn mit Anhydriden, aromatischen Aminen oder durch Polymerisation vernetzt wird.

Bei der Anhydridvernetzung muß theoretisch pro Epoxidequivalent 1 Mol cyclisches Dicarbonsäureanhydrid eingesetzt werden (Bild 7.11).

Das mittlere C-Atom der ursprünglichen Glycidylgruppe wird hierbei zur Vernetzungsstelle, wodurch – z.B. im Vergleich zum Aminnetzwerk, Bild 7.12 – die Beweglichkeit des aliphatischen Verbindungssegmentes zwischen Epoxidharz und Härterrumpfstück stark eingeschränkt wird.

Aus dem Aminnetzwerk Bild 7.12 (1 NH-Equivalent auf 1 Epoxidequivalent) kann besonders eindrücklich abgeleitet werden, wie sich die Maschengröße mit der Anzahl aktiver NH-Gruppen am Di- oder Polyamin steuern läßt. Amine mit nur zwei freien NH-Gruppierungen (bisekundäre Diamine) bewirken lediglich einen linearen Kettenaufbau. Beigemischt zu Aminen mit drei oder vier freien NH-Gruppierungen bewirken sie eine Maschenvergrößerung und damit einen zusätzlichen Flexibilisierungseffekt.

Zur Phenolhärtung werden bevorzugt Novolake mit unterschiedlichen Molekülgrößen eingesetzt (Bild 7.13).

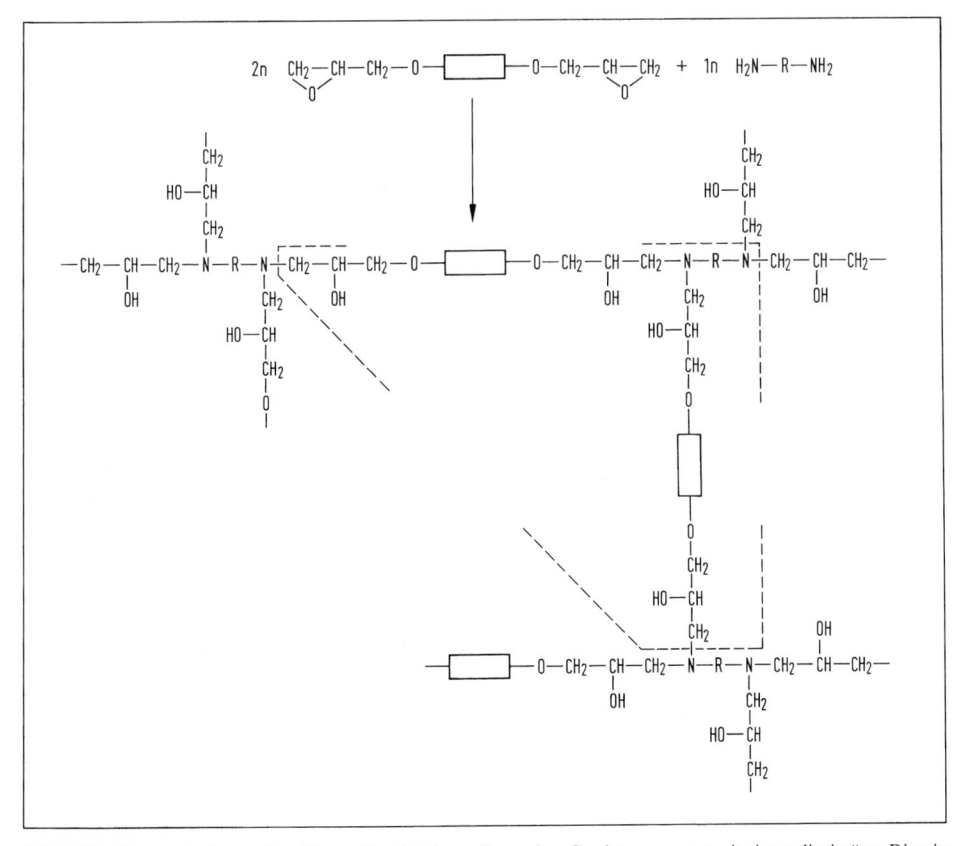

Bild 7.12. Netzwerkschema einer Diepoxidverbindung allgemeiner Struktur, vernetzt mit einem diprimären Diamin

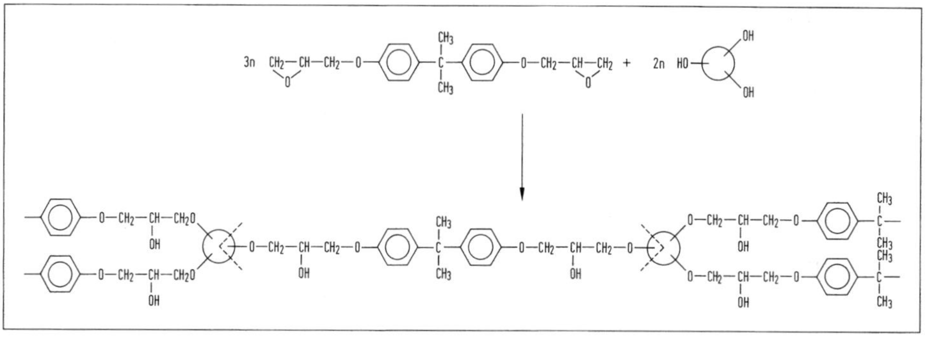

Bild 7.13. Netzwerkschema für reinen Bisphenol A-diglycidylether, vernetzt mit einem Trisphenol allgemeiner Struktur (z. B. Phloroglucin, Novolak)

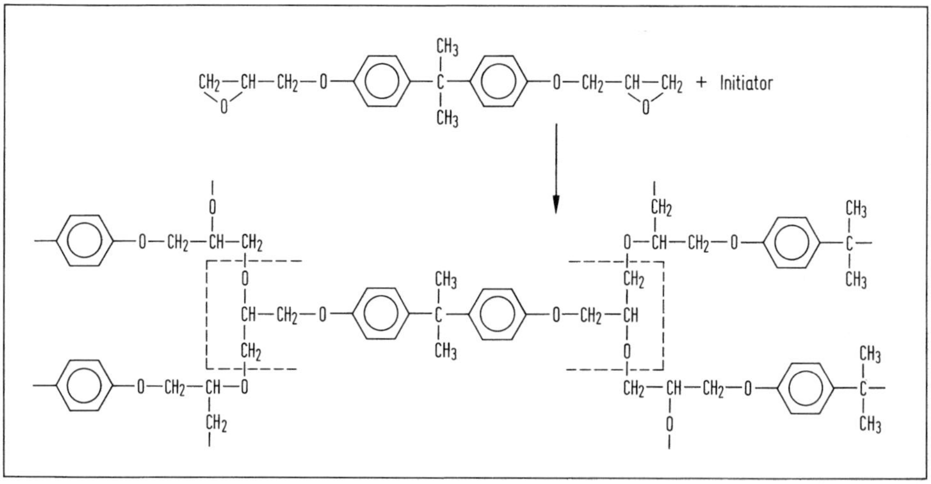

Bild 7.14. Netzwerkfragment eines durch Polymerisation von reinem Bisphenol A-diglycidylether gewonnenen Produktes

Auch hier wird durch die Zahl der freien phenolischen Hydroxylgruppen pro Härtermolekül die mittlere Maschengröße des Netzwerkes und damit die physikalischen Eigenschaften des Endproduktes bestimmt.

Die Polymerisation von Epoxidharzen (Bild 7.14) führt, wie durch Versuche an Monoglycidylethern gezeigt werden konnte [47], zu nur geringen Polymerisationsgraden (siehe auch Abschn. 7.2.4.5, Vernetzung durch Polymerisation). Dadurch scheint das Netzwerk nicht dieselbe „Homogenität" wie bei Polyadditions-Netzwerken zu besitzen, was sich auch in geringeren Dehnungs- und Durchbiegungswerten bei physikalischen Prüfungen zeigt [48].

Als Initiatoren werden Imidazole, tertiäre Amine oder Bortrifluorid-Komplexe eingesetzt; für die Kettenabbruchreaktionen werden unterschiedliche Theorien vertreten; schlüssige Aussagen sind nicht möglich [47], da die Analytik vernetzter Strukturen problematisch ist.

7.2.6 Technisch wichtige Epoxidverbindungen

In den Tabellen 7.12 bis 7.17 werden die wichtigsten technischen Epoxidverbindungen, welche im Handel erhältlich sind, mit einigen ihrer wichtigsten Daten, Epoxidgehalt, Viskosität, Erweichungspunkt, zusammengestellt. Harze wie Härter stellen im allgemeinen flüssige bis glasartige, z.T. kristalline Verbindungen dar und werden in technischer Reinheit angeboten.

Vereinzelte tiefsiedende Verbindungen, wie Butan-1,4-diol-diglycidylether sowie Monoglycidylether von Alkoholen (reaktive Verdünner), kommen auch in destillierter Form in den Handel. Insbesondere für das Elektronikgebiet werden Epoxidharze mit geringem Ionen- (1 ± 0,5 ppm) und Chlorgehalt (hydrolysierbar: 20 ppm; festgebunden 500 bis 1500 ppm) hergestellt.

Tabelle 7.12. Bisphenol A-Epoxidharze

$$CH_2-CH-CH_2-O-\left[\underset{O}{\bigcirc}-\underset{CH_3}{\overset{CH_3}{\underset{|}{C}}}-\underset{}{\bigcirc}-O-CH_2-\underset{OH}{\overset{|}{CH}}-CH_2-O\right]_n-\underset{}{\bigcirc}-\underset{CH_3}{\overset{CH_3}{\underset{|}{C}}}-\underset{}{\bigcirc}-O-CH_2-CH-CH_2 \quad (7.79)$$

Typen-bezeichnung	Epoxidgehalt (Equ/kg)	Epoxidequivalentmasse (g/Equ)	Molmasse	Erweichungstemperatur nach DIN 51920 (°C)	Viskosität bei 25 °C nach DIN 53015 (mPa·s)
flüssig, niederviskos	5,25 bis 5,70	175 bis 190	~ 350	–	7000 bis 10000
flüssig, mittelviskos	5,10 bis 5,40	185 bis 195	~ 370	–	10000 bis 16000
halbfest	3,70 bis 4,35	230 bis 270	~ 450	–	450 bis 700[1]
fest, Typ 1	1,80 bis 2,25	450 bis 550	~ 900	70 bis 80	160 bis 250[2]
fest, Typ 2	1,45 bis 1,80	550 bis 700	~ 1100	80 bis 90	280 bis 350[2]
fest, Typ 4	1,05 bis 1,25	800 bis 950	~ 1500	95 bis 105	450 bis 600[2]
fest, Typ 7	0,40 bis 0,62	1600 bis 2500	~ 3000	120 bis 140	1500 bis 3000[2]
fest, Typ 9	0,25 bis 0,40	2500 bis 4000	~ 4000	140 bis 160	3500 bis 10000[2]
fest, Typ 10	0,16 bis 0,25	4000 bis 6000	~ 5000	150 bis 180	5000 bis 40000[2]
hochmolekular, gelöst 40%ig in MEK	<0,05	> 20000	~20000	–	>1000
Phenoxyharze	<0,01	>100000	>30000	>200	2500 bis 7500[3]

1) 70% in Butyldiglycol (Diethylenglycolmonobutylether)
2) 40% in Butyldiglycol
3) 20% in Aceton/Toluol 1:1

Tabelle 7.13. Bisphenol F-Epoxidharze und Phenol-Novolakglycidylether

Bisphenol F-diglycidylether (als Isomerengemisch angeboten)

(7.80)

10 bis 15 Massenprozent   55 bis 55 Massenprozent

30 bis 35 Massenprozent

Phenolnovolak-glycidylether (angenäherte Formel)

(7.81)

n = etwa 0,3 bis 1,6

Typen-bezeichnung	Epoxidgehalt (Equ/kg)	Epoxid-equivalent-masse (g/Equ)	Epoxid-funk-tionalität	Erweichungs-punkt (Ring- und Kugel-methode) (°C)	Viskosität bei 25 °C (DIN 53015) (mPa · s)
Bisphenol F-Typen					
fest	6,0 bis 6,3	158 bis 167	ca. 2	ca. 30	1200 bis 1600
flüssig, niederviskos	5,7 bis 6,1	164 bis 175	ca. 2	–	2500 bis 5000
flüssig, mittelviskos	5,6 bis 6,0	167 bis 179	ca. 2,1	–	5000 bis 7000
Phenol-Novolake					
flüssig, hochviskos	5,5 bis 5,9	170 bis 179	ca. 2,2	–	20000 bis 50000
flüssig, hochviskos	5,6 bis 5,8	172 bis 179	ca. 2,3	–	1100 bis 1700[1]
halbfest	5,5 bis 5,7	175 bis 181	ca. 3,6	ca. 40	20000 bis 50000[1]
fest	4,3 bis 5,2	195 bis 235	>4	ca. 45	50000 bis 80000[1]

1) bei 52 °C

Beispiele für Handelsprodukte (zu den Tabellen 7.12 bis 7.17)

Araldit	(Ciba-Geigy)	Eurepox	(Witco)
Beckopox	(Hoechst)	Grilonit	(Ems-Chemie)
D.E.R	(Dow)	Kelpoxy	(Reichhold)
Epikote	(Shell)	Resox	(Synthopol)
Epodil	(Anchor)	Rütapox	(Bakelite)
Eponac	(AMC Sprea Resine)	Ucar Phenoxy Resin	(Union Carbide)
Epotuf	(Reichhold)		

7.2 Epoxidharze

Tabelle 7.14. Kresol-Novolak-Glycidylether

(angenäherte Formel)

$$\text{O-CH}_2\text{-CH(O)-CH}_2\text{-Ar(CH}_3\text{)-CH}_2\text{-[Ar(CH}_3\text{)(O-CH}_2\text{-CH(O)-CH}_2\text{)-CH}_2\text{]}_n\text{-Ar(CH}_3\text{)-O-CH}_2\text{-CH(O)-CH}_2} \quad (7.82)$$

n = ca. 1 bis 4

Typen-bezeichnung	Epoxidgehalt (Equ/kg)	Epoxid-equivalentmasse (g/Equ)	Epoxid-funktionalität	Erweichungspunkt (Ring- und Kugelmethode) (°C)	Viskosität (DIN 53015) (mPa·s)
niederschmelzend	4,75 bis 5,25	190 bis 210	ca. 2,7	ca. 35	ca. 500[1]
mittelschmelzend	4,25 bis 4,65	215 bis 235	ca. 4,8	ca. 73	ca. 8000[1]
mittelschmelzend	4,15 bis 4,55	220 bis 240	ca. 5	ca. 80	ca. 9000[1]
hochschmelzend	4,10 bis 4,45	225 bis 245	ca. 5,4	ca. 99	ca. 12000[1]

1) 30% in MEK

Tabelle 7.15. Cycloaliphatische Glycidylverbindungen und epoxidierte Cycloolefine (cycloaliphatische Epoxidharze); aromatische Glycidylverbindungen, bromhaltig; heterocyclische Glycidylverbindungen; N-Glycide inklusive heterocyclische Glycide; Glyoxal-tetraphenol-tetraglycidylether

Bei den folgenden Formelbildern bedeuten:
T_g Glasübergangstemperatur,
T_s Schmelztemperatur,
η Viskosität bei …°C

Cycloaliphatische Glycidylverbindungen, außenbewitterungsbeständige Strukturen

Tetrahydrophthalsäurediglycidylester	
![Formel] (7.83)	η: ca. 550 bis 750 mPa·s bei 25°C

Hexahydrophthalsäurediglycidylester	
![Formel] (7.84)	η: ca. 100 bis 800 mPa·s bei 25°C

Hydrierter Bisphenol A-diglycidylether	
![Formel] (7.85)	η: ca. 2500 bis 5000 mPa·s bei 25°C

Tabelle 7.15. (Fortsetzung)

Epoxidierte Cycloolefine (cycloaliphatische Epoxidharze), außenbewitterungsbeständige Strukturen	
3,4-Epoxicyclohexancarbonsäure-3',4'-epoxicyclohexylmethylester (Struktur 7.86)	η: 450 bis 520 mPa · s bei 25 °C
Bis-(3,4-epoxi-cyclohexylmethyl)adipat (Struktur 7.87)	η: ca. 400 bis 800 mPa · s bei 25 °C
3-(3',4'-Epoxicyclohexyl)2,4-dioxa-spiro[5,5]-8,9-epoxiundecan (Struktur 7.88)	η: ca. 60000 bis 100000 mPa · s bei 25 °C
Aromatische Glycidylverbindung, bromhaltig	
Tetrabrom-bisphenol A-diglycidylether (Bromgehalt etwa 47 bis 50 Massenprozent) (Struktur 7.89)	T_g: ca. 50 bis 60 °C
N-Glycidylverbindungen von Heterocyclen und Aminen	
Triglycidylisocyanurat (Struktur 7.90)	T_s: 91 bis 97 °C
Triglycidyl-bis-hydantoin (Struktur 7.91)	η: 9000 bis 15000 mPa · s bei 80 °C η: ca. 30000 mPa · s bei 60 °C
N,N-Diglycidyl-anilin (Struktur 7.92)	η: ca. 100 bis 200 mPa · s bei 25 °C

Tabelle 7.15. (Fortsetzung)

p-Aminophenol-triglycid [Struktur: CH₂–CH–CH₂ und CH₂–CH–CH₂ (beide mit Epoxidring O) an N–C₆H₄–O–CH₂–CH–CH₂ (mit Epoxidring O)] (7.93)	η: ca. 4000 mPa · s bei 25 °C
4,4'-Diaminodiphenylmethan-tetraglycid [Struktur: zwei CH₂–CH–CH₂ (mit Epoxidring O) an N–C₆H₄–CH₂–C₆H₄–N mit zwei weiteren CH₂–CH–CH₂ (mit Epoxidring O)] (7.94)	η: ca. 20 000 mPa · s bei 50 °C
Glyoxal-tetraphenol-tetraglycidylether [Struktur: CH₂–CH–CH₂–O–C₆H₄– und CH₂–CH–CH₂–O–C₆H₄– (Epoxidringe O) verbunden über CH–CH an zwei weitere C₆H₄–O–CH₂–CH–CH₂ (Epoxidringe O)] (7.95) nebst mehreren weiteren Komponenten isomerer und höhermolekularer Struktur	T_g: 65 bis 85 °C

Tabelle 7.16. Aliphatische Glycidylether (Hauptanwendung: Reaktivverdünner)

Typenbezeichnung	Epoxidgehalt (Equ/kg)	Epoxidequivalentgewicht (g/Equ)	Viskosität bei 25 °C (DIN 53 015) (mPa · s)
Glycidylether von			
iso-Octanol	4,9 bis 5,4	187 bis 204	3 bis 5
C_8-C_{10}-alkohol	4,25 bis 4,55	220 bis 235	3 bis 7
C_{12}-C_{14}-alkohol	3,2 bis 3,6	275 bis 310	5 bis 20
C_{13}-C_{15}-alkohol	3,2 bis 3,5	286 bis 312	5 bis 15
1,4-Butandiol	7,0 bis 9,0	111 bis 143	15 bis 20
1,6-Hexandiol	6,0 bis 6,6	152 bis 167	20 bis 30
Trimethylolpropan	7,0 bis 9,0	111 bis 143	50 bis 100
Polypropylenglycol 425	2,5 bis 2,85	350 bis 400	40 bis 50

Tabelle 7.17. Cycloaliphatische und aromatische Glycidylether/Glycidylester (Hauptanwendung: Reaktivverdünner)

Typenbezeichnung	Epoxidgehalt (Equ/kg)	Epoxidequivalentgewicht (g/Equ)	Viskosität bei 25 °C (DIN 53 015) (mPa · s)
Glycidylether von			
Cyclohexandimethanol	5,9 bis 6,5	154 bis 170	50 bis 70
o-Kresol	5,3 bis 5,7	157 bis 187	5 bis 10
p-tert-Butylphenol	4,3 bis 4,7	212 bis 232	15 bis 25
Versatic 10-säure-glycidylester	ca. 4,0	ca. 250	5 bis 10

7.2.7 Härtungsmittel

7.2.7.1 Allgemeines

Epoxidharze auf Basis von Bisphenol A können, je nach ihrer dominierenden Funktionalität, seien es Epoxid- oder Hydroxylgruppen (siehe Abschn. 7.2.3.3, vorverlängerte Epoxidharze), mittels Polyaminen, Polymercaptanen oder Polyisocyanaten bei Raumtemperaturen gehärtet werden. Polycarbonsäuren, Polyanhydride, Polyphenole und carboxyfunktionelle Polyester reagieren mit Epoxidharzen erst in der Wärme. In allen Fällen erfolgt die Härtung, frei von Spaltprodukten, über Polyadditionsreaktionen. Die freien Hydroxylgruppen vorverlängerter Epoxidharze auf der Basis von Bisphenol A lassen sich auch mit Amino- und Phenolharzen kombinieren und über Polykondensationsreaktionen in der Wärme vernetzen. Härtungen durch Polymerisation von Epoxidgruppen werden durch tertiäre Amine, Imidazole [45] oder Bortrifluorid-Komplexe [46] initiiert und benötigen für einen optimalen Netzwerkaufbau ebenfalls erhöhte Härtungstemperaturen.

Photovernetzbare Epoxidharzsysteme enthalten UV-empfindliche Initiatoren, wie z.B Triarylsulfoniumverbindungen [50 bis 52], die bei Einwirkung von Licht starke Brönstedsäuren freisetzen, oder Ferrocenium-Verbindungen [50, 53], die unter UV-Licht Epoxidgruppen komplexieren. In beiden Fällen startet die Polymerisation bei Raumtemperatur; zur vollständigen Aushärtung sind auch hier Wärmebehandlungen anzuschließen. Die Härtungsmechanismen bestimmen aber nicht nur die Härtungsbedingungen (Temperatur und Zeit), sondern darüber hinaus

- die maximal mögliche Filmdicke
- die chemischen und mechanischen Festigkeiten der Beschichtungen und damit
- die Einsatzgebiete der jeweiligen Bindemittelkombinationen

Im Oberflächenschutz kommen vorwiegend Polyamine und ihre Modifikationen zum Einsatz, die daher ausführlich im Abschnitt 7.2.7.2 behandelt werden.

7.2.7.2 Polyamine

7.2.7.2.1 Allgemeines

Als Härter für Epoxidharze können grundsätzlich alle Arten von Aminen verwendet werden [2 bis 4, 9]. Die Bildung der Duroplaste erfolgt dabei nach dem Reaktionsschema in Tabelle 7.11 und dem Netzwerkschema Bild 7.12.
Bei der Umsetzung von monofunktionellen, primären Aminen mit difunktionellen Epoxidharzen können nur kettenförmige Moleküle gebildet werden. Zu dreidimensional verknüpften Polymeren mit ihren typischen Eigenschaften gelangt man bei Verwendung polyfunktioneller Amine.
Besonders geeignet für die Härtung bei Raumtemperatur sind aliphatische diprimäre Amine. So können z.B. aromatische Epoxidharze mit aliphatischen Polyaminen im Temperaturbereich von 10 bis 30°C soweit ausgehärtet werden, daß die Beschichtungen ausreichend mechanisch und chemisch widerstandsfähig sind.
Cycloaliphatische und vor allem aromatische Di- und Polyamine sind in ihren Reaktionsgeschwindigkeiten den aliphatischen Strukturen unterlegen. Sie benötigen Beschleunigerzusätze (z.B. Phenole oder Carbonsäuren) und/oder Wärmezufuhr, um Epoxidharze auf der Basis von Bisphenol A oder F vollständig auszuhärten. Bei Raumtemperatur reagieren sie unvollständig (die Reaktion „friert" durch die laufende Anhebung der Glas-

7.2 Epoxidharze

übergangstemperatur ein) und führen zu einem Voraufbau des Netzwerkes, der technisch in nicht ganz korrekter Weise als B-Stufe bezeichnet wird. Die Massen sind dann zwar hart und spröd, schmelzen aber noch in der Wärme und sind in Lösemitteln löslich.
Polyamine sollten den Epoxidharzen stets in solchen Mengen zugegeben werden, daß pro Epoxidequivalent 1 Equivalent des reaktiven Wasserstoffes im Amin zur Verfügung steht. Die Amine unterscheiden sich in ihrem chemischen Aufbau und damit in ihrer Reaktionsfähigkeit. Je nach Anzahl der reaktiven Wasserstoffatome (siehe Abschn. 7.2.5) und Abstand derselben voneinander wird die mittlere Maschengröße im Netzwerk bestimmt, die wiederum für die Flexibilität und die chemische Resistenz entscheidend ist.
Aliphatische Amine verleihen vernetzten Systemen höhere Flexibilität als aromatische oder cycloaliphatische Strukturen. Letztere hingegen erhöhen die Härte und die Beständigkeit gegen organische Säuren. Mit cycloaliphatischen Aminen gehärtete Epoxidharze weisen eine bessere Farbtonbeständigkeit auf als solche, die mit aromatischen Aminen vernetzt werden.
Wichtige Eigenschaften der Amine für den Anwender sind die toxikologischen Eigenschaften, der Dampfdruck, die Viskosität, das Mischungsverhältnis Härter/Harz und die Reaktivität sowie die Eigenschaften der Polymeren, wie Filmhärte, Chemikalienbeständigkeit, Flexibilität.
Aus anwendungstechnischen und gewerbehygienischen Gründen werden aber diese Di- und Polyamine höchst selten in ihrer unmodifizierten Form eingesetzt. Zur Modifikation haben sich die nachstehenden Varianten durchgesetzt, wobei die drei ersten bevorzugt werden (siehe Abschn. 7.2.7.2.2):

- Umsetzung von Di- bzw Polyaminen (Alkylenaminen) mit Mono- oder Dimer-Fettsäuren zu Polyaminoamiden
- Polyaminoamide werden mit flüssigen oder festen Bisphenol A oder F-Epoxidharzen weiter umgesetzt, um Polyamidoamin-Addukte zu gewinnen, die bessere Verträglichkeit mit aromatischen Epoxidharzen aufweisen (siehe Tab. 7.20)
- Umsetzung von Epoxidharzen mit einem Überschuß an Polyaminen zu Polyamin-Addukten, die entweder in isolierter Form (Abdestillieren des überschüssigen, nicht umgesetzten Amines) oder als „in-situ"-Addukt eingesetzt werden (siehe Zusammenstellung in Tab. 7.20)
- Umsetzung von (Alkyl)-Phenolen mit Formaldehyd und Polyaminen zu Mannichbasen
- Umsetzung von Polyaminen oder Polyaminaddukten mit Ketonen zur Herstellung von Ketiminen
- Umsetzung von Polyaminen mit Acrylnitril zu cyanethylierten Polyaminen
- Physikalische Mischung von Aminen unterschiedlicher Reaktivität und/oder Polyamidoaminen mit nicht reaktiven flüssigen Extendern, z.B. Cumaron, Indenharzen und/oder Lösemitteln

Härtungen mit Polyaminen oder Polyamidoaminen verlaufen bei Temperaturen unter 10 °C zu langsam, so daß diese Prozesse beschleunigt werden müssen. Als Härtungsbeschleuniger haben sich phenolische Verbindungen und tertiäre Amine bewährt. Produkte, die die beiden genannten reaktiven Gruppen in demselben Molekül aufweisen, werden bevorzugt und sind deshalb häufig Bestandteil handelsüblicher Härtungsmittel (siehe Tab. 7.18).

Tabelle 7.18. Beschleuniger zur Amin-Härtung

Chemische Bezeichnung	Geläufige Kurzform	Molmasse	Empfohlene Menge pro Equivalent Epoxid	Viskosität bei 25 °C (DIN 53015) (mPa · s)
N,N-Dimethylanilin	DMA	121	5 bis 10	<20
Benzyldimethylamin	BDMA	135	5 bis 10	<20
Dimethylaminomethyl-phenol	DMP 10	151	5 bis 10	20 bis 50
Tris(dimethylamino-methyl)-phenol	DMP 30	265	2 bis 10	150 bis 350
Diethylentriamino-methylphenol	Mannichbase	193	48	300 bis 1000

7.2.7.2.2 Gruppen der Polyamine (Tabelle 7.19)

Aliphatische Amine

Polyethylenpolyamine

EDA	Ethylendiamin	1,2-Diaminoethan
DETA	Diethylentriamin	1,4,7-Triazaheptan
TETA	Triethylentetramin	1,4,7,10-Tetraazadecan
TEPA	Tetraethylenpentamin	1,4,7,10,13-Pentaazatridecan
PEHA	Pentaethylenhexamin	1,4,7,10,13,16-Hexaazahexadecan

Tabelle 7.19. Di- und Polyamine zur Härtung von Epoxidharzen

Chemische Bezeichnung	Geläufige Kurzform	Molmasse	H⁺ aktiv (g/Equ)
Ethylendiamin	EDA	60	15
Diethylentriamin	DETA	103	21
Triethylentetramin	TETA	146	24
Tetraethylenpentamin	TEPA	189	27
Pentaethylenhexamin	PEHA	232	29
1,3-Pentandiamin	DAMP	102	25
2-Methylpentamethylendiamin	MPMDA	116	29
Dipropylentriamin	DPTA	131	26
Diethylaminopropylamin	DEAPA	130	26 bis 42*
Trimethylhexamethylendiamin	TMD	158	40
Polyoxypropylendiamin	JEFFAMINE D 230	230	57
Polyoxypropylentriamin	JEFFAMINE T 400	400	100
Diaminodiphenylmethan	DDM	198	50
Diethylaminodiphenylmethan	DEDDM	234	59
Diaminodiphenylsulfon	DDS	248	62
Diethyltuoldiamin	DETDA	178	44
Benzylaminopropylamin	BAPA	150	50
m-Xylylendiamin	MXDA	136	34
Diaminocylohexan	DAC	114	28
Bis-(aminomethyl)cyclohexan	BAC	142	35
Isophorondiamin	IPD	170	43
Cyclohexylaminopropylamin	NAPCHA	156	52
Diaminodicyclohexylmethan	PACM	210	53
Dimethyldiamino-dicyclohexylmethan		238	60
Bis-aminomethyl-dicyclopentadien	TCD-Diamin	194	49
N-Aminoethylpiperazin	NAEP	129	22 bis 32*
Dicyandiamid	DICY	84	12 bis 21*

* Enthalten katalytisch wirkenden Stickstoff, weshalb eine exakte Angabe des H⁺ aktiv Equivalentgewichtes nicht möglich ist.

Die homologe Reihe polyfunktioneller Amine stellt eine seit langem bekannte Klasse von Aminhärtern dar. Die Produkte ätzen die Haut, so daß mit besonderer Sorgfalt gearbeitet werden muß. Der Dampfdruck insbesondere des EDA ist bei Raumtemperatur beträchtlich, so daß die toxikologischen Bedenken noch verstärkt werden. Alle genannten Amine sind niedrigviskos, was in Abhängigkeit von der Anwendung vorteilhaft ist. Die Mischungsverhältnisse mit sogenannten Standardepoxidharzen, also flüssigen Epoxidharzen auf Basis von 2,2-Bis(4,4'-hydroxyphenyl)propan (BADGE), liegen bei etwa 8 bis 16 g Amin/100 g Harz. Zur Erzielung optimaler Produkteigenschaften ist daher eine genaue Dosierung des Härters erforderlich. Die Reaktivität dieser Amine ist sehr hoch, so daß kurze Verarbeitungszeiten erzielt werden können. Andererseits führt die hohe Reaktivität des Härters auch zu Reaktionen mit Wasser und Kohlendioxid aus der umgebenden Luft. Dabei werden je nach Temperatur und Luftfeuchte klebrige Oberflächen erhalten, so daß unmodifizierte Polyethylenpolyamine in Lackanwendungen keine praktische Bedeutung haben. Der geringe Abstand reaktiver Zentren im Molekül führt zu Polymeren mit sehr enger Maschenweite, die sich durch eine hohe Härte und Chemikalienbeständigkeit bei geringer Flexibilität auszeichnen.

Polyetherpolyamine

PEGDA	Polyoxyethylenpolyamine	
PPGDA	Polyoxypropylenpolyamine	
PTHFDA	Polytetrahydrofuranpolyamine	
BDA	Butandioletherdiamin	1,14-Diaza-5,10-dioxotetradecan

Polyoxyethylenpolyamine und Polyoxypropylenpolyamine sowie Copolymere werden mit Molmassen von ca 200 g/mol bis hin zu einigen 1000 g/mol verwendet. Die Produkte sind wegen ihrer hohen Molmasse und geringen Funktionalität weit weniger ätzend als Polyalkylenpolyamine. Den mittleren Molmassen entsprechend ist der Dampfdruck recht klein. Polyoxyethylenpolyamine mit mittleren Molmassen oberhalb etwa 1000 g/mol sind bei Raumtemperatur fest. Die entsprechenden Polyoxypropylenpolyamine und Copolymere mit hohen Anteilen Propylenoxid sind bei Raumtemperatur flüssig mit Viskositäten von einigen 100 mPa s. Die Reaktivität dieser Härter ist klein verglichen mit anderen aliphatischen Aminen, und auch die Feuchtigkeitsempfindlichkeit während der Härtungsreaktion ist weniger ausgeprägt als die der Polyethylenpolyamine. Mischungsverhältnisse sind aufgrund der hohen Molmasse relativ groß und damit leicht einzuhalten.
Polymere, die mit diesen Härtern hergestellt werden, sind weitmaschig verknüpft und deshalb sehr flexibel. Die Chemikalienbeständigkeit ist aus demselben Grund schlechter als bei Verwendung von Aminen mit kleineren Molmassen.

Propylenamine

PDA	Propylendiamin	1,5-Diazapentan
DPTA	Dipropylentriamin	1,5,9-Triazanonan
NAPCHA	N-Aminopropylcyclohexylamin	1,5-Diaza-1-(cyclohexyl)pentan
N3-Amin		1,4,8-Triazaoctan
N4-Amin		1,5,8,12-Tetraazadodecan

Wie schon bei den kurzkettigen Polyethylenpolyaminen, sind auch bei diesen Produkten die korrosiven und hautreizenden Eigenschaften stärker ausgeprägt als bei Aminen mit großer Molmasse. Der relativ hohe Dampfdruck führt auch bei diesen Produkten zu einer ausgeprägten Geruchsbelästigung. Die geringe Viskosität wirkt sich bei den meisten Anwendungen positiv aus. Die Reaktivität ist vergleichsweise hoch, so daß auch hier eine ausgeprägte Empfindlichkeit gegenüber Wasser und Kohlendioxid beobachtet wird. Die Chemikalienbeständigkeit ist nicht so gut wie bei den Polyethylenpolyaminen, aber gegenüber den Polyetherpolyaminen erheblich verbessert.

Alkylendiamine

HMDA	Hexamethylendiamin	1,8-Diazaoctan
TMD	Trimethylhexamethylendiamin	2,2,4-Trimethyl-1,8-diazaoctan
		2,4,4-Trimethyl-1,8-diazaoctan
MPDA	Methylpentamethylendiamin	2-Methyl-1,7-diazaheptan

Wichtige Eigenschaften dieser Gruppe diprimärer Amine wie korrosives und hautreizendes Verhalten, niedrige Viskosität und hohe Reaktivität, lassen sich durch deren Struktur erklären. Auch diese Amine zeigen die Neigung zu Reaktionen mit Wasser und Kohlendioxid. So verhalten sich HMDA und MPDA wie die Polyethylenpolyamine bzw. die Polypropylenpolyamine. Die Feuchtigkeitsempfindlichkeit ist stark ausgeprägt. TMD ist bereits bei mittlerer Luftfeuchte und geeigneter Formulierung ohne Modifikationen für Lackanwendungen geeignet. Polymere, die mit diesen Aminen gebildet werden, sind bezüglich Flexibilität und Chemikalienbeständigkeit zwischen den Polyethylenpolyaminen und den Polyetherpolyaminen angesiedelt.

Cycloaliphatische Amine

TCD	Tricyclododecandiamin	3(4),8(9)-Bis-(aminomethyl)-tricyclo-[5,2,1,0^{2,6}]decan
1,3-BAC	Bisaminomethylcyclohexan	1,3-Bis-(aminomethyl)cyclohexan
NAEP	N-Aminoethylpiperazin	1-(2-Aminoethyl)-1,4-diazacyclohexan
IPD	Isophorondiamin	3-Methylamino-3,5,5-trimethyl-aminocyclohexan
DCH	Diaminocyclohexan	1,2-Diaminocyclohexan
PACM	p-Aminocyclohexylmethan	Bis-(4,4'-aminocyclohexyl)methan
DM-PACM	Dimethyl-PACM	Bis-(4,4'-amino-3,3'-methylcyclohexyl)-methan

Bei der Härtungsreaktion cycloaliphatischer Amine wird, bedingt durch deren sterische Hinderung, nur der B-Zustand infolge unvollständiger Umsetzung erreicht. Der B-Zustand ist durch thermoplastisches Verhalten gekennzeichnet. Erst durch Nachhärtung bei erhöhter Temperatur oder durch Katalyse der Härtungsreaktion wird der duroplastische Zustand erreicht. Diese Amine werden daher nicht in reiner Form, sondern nur in geeigneten Formulierungen angewendet.

Diese Gruppe von Aminen zeigt weniger homogene Eigenschaften. TCD ist ein mittelviskoses Amin mit relativ niedrigem Dampfdruck. Die primären Aminogruppen zeigen hohe Reaktivität. Die spezielle Struktur führt zu sehr beständigen Polymeren mit mittlerer Flexibilität. Auch das niedrigviskose 1,3-BAC ist sehr reaktiv. Die Wasserempfindlichkeit während der Härtung ist stärker ausgeprägt als beim TCD. NAEP zeigt Eigenschaften, die denen der Polyethylenpolyamine ähneln. Bemerkenswert ist dieses Amin, da sowohl primäre, als auch sekundäre und tertiäre Aminogruppen in einem Molekül vorliegen.

IPD enthält neben der cycloaliphatischen Aminogruppe eine aliphatische Aminfunktion. Beide Arten von Aminfunktion zeigen unterschiedliche Reaktivitäten. Die Viskosität dieses Amins ist mit ca. 10 mPa s bei 25 °C ausgesprochen klein. Polymere, die mit diesem Härtungsmittel erhalten werden, zeigen neben guter Chemikalienbeständigkeit eine ausreichende Flexibilität.

DCH ist weniger sterisch gehindert als IPD und reaktiver. An der Luft wird im nicht stabilisierten Amin schnell eine rote Verfärbung beobachtet. Der kleine Abstand der beiden Aminogruppen bedingt eine engmaschige Verknüpfung im makromolekularen System, so daß recht spröde Polymere erhalten werden. Das niedrigviskose Amin hat einen höheren Dampfdruck als IPD.

PACM und DM-PACM sind ebenfalls korrosive und hautreizende niedrig viskose Amine mit hoher Reaktivität. Die Einführung der beiden Methylgruppen im DM-PACM führt zu einer sterischen Hinderung und damit zu einer Verringerung der Reaktivität. Die Größe der beiden Amine führt zu höheren Siedepunkten und damit zu einem niedrigeren Dampfdruck.

Alle genannten cycloaliphatischen Amine weisen geringe Feuchtigkeitsempfindlichkeit während der Anfangsphase der Härtung auf und sind bei entsprechender Formulierung hervorragende Epoxidharzhärter für lösemittelfreie oder lösemittelarme Beschichtungen.

Aromatische Amine

DDM   Diaminodiphenylmethan   Bis-(4,4'-aminophenyl)methan
DDS   Diaminodiphenylsulfon   Bis-(4,4'-aminophenyl)sulfon

Die Basizität der aromatischen Amine ist geringer als die aliphatischer und cycloaliphatischer Amine. Deshalb ist die mit ihnen erreichbare Chemikalienbeständigkeit, vor allem die Säurebeständigkeit, die beste in der Reihe amingehärteter Epoxidsysteme. Die Tatsache, daß DDM bei Raumtemperatur fest ist, sowie das vermutete karzinogene Potential führen zu eingeschränkter Verwendung dieses Amins. Auch bei anderen aromatischen Aminen stehen die toxikologischen Aspekte im Vordergrund und führen in vielen Anwendungen zur Verdrängung dieser Substanzklasse.

Araliphatisches Amin

mXDA   m-Xylylendiamin   1,3-Bis-(aminomethyl)benzol

mXDA enthält zwar einen aromatischen Ring, wirkt jedoch als aliphatisches Amin, da die Aminogruppen über Methylenbrücken mit dem aromatischen System verbunden sind. Die chemischen und physiologischen Eigenschaften ähneln denen der cycloaliphatischen Amine. Die Viskosität ist niedrig, die Reaktivität hoch.

Modifikationen (Tabelle 7.20)

Polyaminoamide
Mannichbasen
Epoxidaddukte

Die oben beschriebenen Amine können mit einer Reihe von Reaktionen in ihren Eigenschaften den speziellen Anwendungen angepaßt werden. Die Umsetzung mit Carbonsäuren, bei Verwendung von Aminüberschuß, führt zur Bildung von amin-terminierten Amiden. Bei Verwendung von Di- oder Polycarbonsäuren entstehen die sogenannten Poly-

Tabelle 7.20. Isolierte Polyaminaddukte und Polyamidoamine

Bezeichnung	Charakteristik	Viskosität bei 25°C (DIN 53015) (mPa · s)	Aminzahl DIN 16945	H^+ aktiv (g/Equ)
EDA-Addukt	festes, isoliertes EDA/Typ 1 Addukt	500 bis 3000 (50%ig in Xylol/Butanol 1:1)	ca. 200	ca. 190
DETA-Addukt	festes, isoliertes DETA/Typ 1 Addukt	100 bis 2000 (50%ig in Xylol/Butanol 1:1)	ca. 275	ca. 150
Typ 100	halbfestes Polyamidoamin	700 bis 1100 (150°C)	ca. 88	ca. 475
Typ 115	hochviskoses Polyamidoamin	3100 bis 3800 (75°C)	ca. 250	ca. 240
Typ 125	mittelviskoses Polyamidoamin	700 bis 900 (75°C)	ca. 350	ca. 130
Typ 140	Polyaminoimidazolin	300 bis 600 (75°C)	ca. 390	ca. 95
Typ 250 (Genamid)	niederviskoses Polyamidoamin	500 bis 1000	ca. 435	ca. 95
PAA-Addukt	Polyamidoamin, Typ 1 Addukt, 60%ig in Xylol/Butanol 1:1	800 bis 1400	ca. 130	ca. 500

aminoamide. Die Eigenschaften können sowohl über die verwendeten Amine, als auch über die Carbonsäuren über einen weiten Bereich eingestellt werden.

Die partielle Umsetzung von Aminen mit Epoxidharzen führt zur Bildung von Aminaddukten. Auch bei dieser Reaktion werden die Amine im Überschuß eingesetzt, so daß amin-terminierte Produkte erhalten werden. In vielen Fällen soll ein nennenswerter Molmassenaufbau vermieden werden. Durch die molaren Verhältnisse kann diese Forderung erfüllt werden. Prinzipiell hat man die Möglichkeit den Aminüberschuß destillativ zu entfernen, also ein isoliertes Addukt herzustellen, oder die Mischung aus Adduktkomponente und freiem Amin zu verwenden.

Eine andere Methode zur Modifikation von Aminen ist die Kondensationsreaktion mit phenolischen Komponenten und Formaldehyd. Man erhält bei dieser Reaktion Produkte mit phenolischen Hydroxylgruppen, die die Reaktion von Aminen mit Glycidylethern beschleunigen.

Bei allen beschriebenen Reaktionen werden Produkte mit höheren Molmassen erhalten. Der Dampfdruck dieser Reaktionsprodukte ist kleiner als der der unmodifizierten Amine, so daß auf diesem Wege die toxikologischen Probleme positiv beeinflußt werden können. Insbesondere die Adduktierung mit Epoxidharzen kann vorteilhaft eingesetzt werden, da die Eigenschaften des Polymeren wenig oder nicht verändert werden, aber einige der Schwierigkeiten, die bei der Härtungsreaktion auftreten können, vom Verarbeiter der Produkte ferngehalten werden.

Nachteilig bei diesen Modifikationen ist die beträchtliche Erhöhung der Viskosität, die bei Polyaminoamiden und Polyamin-Addukten die Verwendung von organischen Lösemitteln oder Wasser in Dispersionssystemen bedingt. Die Lösemittelgehalte liegen in kon-

ventionellen Anstrichmittel-Formulierungen bei 30 bis 50 Volumenprozent. Neuartige lösemittelarme (high solids) Formulierungen auf Basis niedrigermolekularer Epoxi- und Härter-Komponenten mit 20 bis 25 Volumenprozent sind bereits auf dem Markt eingeführt worden. Weitere Verbesserungen, vor allem der Härter-Komponente, haben eine weitere Reduzierung auf 15 bis 20 Volumenprozent Lösemittel zum Ziel.
Auch der vollständige Ersatz von organischen Lösemitteln durch Wasser ist bereits für verschiedene Anwendungen gelungen, wenn auch einige Eigenschaften, wie Gleichmäßigkeit der Filmbildung, Reaktivität und Chemikalienbeständigkeit, noch Mängel aufweisen. Intensive Entwicklungsarbeiten sind auf die Verbesserungen dieser Härter für high solids und wasserbasierte EP-Bindemittel gerichtet.

7.2.7.2.3 Vergleich der verschiedenen Polyamin-Härter

Die verschiedenen, vorstehend beschriebenen Polyamin-Härter werden in der Tabelle 7.21 bezüglich wichtiger Verarbeitungseigenschaften wie Viskosität, Lösemittelgehalt, Verarbeitungszeit, Gefahrstoffverhalten und Härtungsgeschwindigkeit summarisch bewertet und verglichen.
Ebenso sind einige wichtige Endeigenschaften, die nach Härtung mit einem Basis-EP-Harz (Bisphenol A + Epichlorhydrin, Epoxid-Equivalent-Masse ca.190 g/mol Epoxid) in 7 Tagen bei 20 °C und 50 % relativer Luftfeuchte erreicht werden, angegeben. Aufgeführt sind Eigenschaften wie Oberflächen-Klebrigkeit und -Härte, Flexibilität, Substrat-Haftung und Chemikalienbeständigkeit. Dabei ist die Oberflächenklebrigkeit ein Ausschlußkriterium. Die Beständigkeit gegen unterschiedliche Chemikalien dient einerseits als Entwicklungskriterium und andererseits der Auswahl der angebotenen Härterformulierungen für spezifische Anforderungen.

Tabelle 7.21. Eigenschaftsvergleich nach Härtung mit Basis-EP-Harz 7d/20 °C, 50 % rel. Feuchte

lfd. Nr.	Härter (typischer Vertreter)	Verarbeitungseigenschaften				
		Viskosität	Lösemittel	Verarbeitungszeit	Gefahrstoff	Härtungsgeschwindigkeit
1	aliphatische Polyamine (DETA)	+++	–	+	++	++
2	cycloaliphatisches Polyamin (IPD)	+++	–	++	++	+[1]
3	cycloaliphat. Aminformulierung (Basis IPD)	++	–	++	++	++
4	aromatische Aminformulierung (Basis DDM)	+	–	++	+	+++
5	Mannichbase (Basis XDA, Alkylphenol)	++	–	+	++	+++
6	Polyaminoamid-Lösung (Basis Fettsäure + TETA)	+++	×	+++	(+++)[2]	+
7	Polyamin-Addukt-Lösung (Basis EDA)	+++	×	+++	(+++)[2]	++
8	Polyaminoamid-Addukt-Lösung (Basis Nr. 6)	+++	×	+++	(+++)[2]	+

Tabelle 7.21. (Fortsetzung)

lfd. Nr.	Härter (typischer Vertreter)	Duroplast-Eigenschaften						
		Oberflächenklebrigkeit	Härte	Flexibilität	Substrathaftung	Beständigkeit gegen		
						Lösemittel	Säure	Lauge
1	aliphatische Polyamine (DETA)	+	+	+	+	+	+	+
2	cycloaliphatisches Polyamin (IPD)	++	+[1]	+[1]	+[1]	+[1]	+[1]	+[1]
3	cycloaliphat. Aminformulierung (Basis IPD)	+++	+++	++	++	+++	++	+++
4	aromatische Aminformulierung (Basis DDM)	+++	+++	+	+	+++	+++	+++
5	Mannichbase (Basis XDA, Alkylphenol)	++	+++	+	+	++	++	+++
6	Polyaminoamid-Lösung (Basis Fettsäure + TETA)	++	++	+++	+++	++	+	+++
7	Polyamin-Addukt-Lösung (Basis EDA)	+++	+++	++	++	+++	+++	+++
8	Polyaminoamid-Addukt-Lösung (Basis Nr. 6)	+++	++	+++	+++	++	+	+++

+++ sehr gut bis + bedingt geeignet
× vorhanden
− nicht vorhanden
1) thermoplastisch, nur nach Heißhärtung geeignet
2) Gefährdung durch Lösemittel

Aus der Tabelle ist zu erkennen, daß unformulierte, aliphatische Polyamine (vor allem wie in den Abschnitten 7.2.7.2.1 und 7.2.7.2.3 beschrieben) nur bedingt verwendbar sind, da die Feuchtigkeitsempfindlichkeit während der Anfangsphase der Reaktion extrem hoch ist. Das Polyamin kann weitgehend hydratisieren, so daß die Amin-Epoxid-Reaktion nur noch stark verzögert erfolgt und ungehärtete, klebrige Massen entstehen. Erst durch eine lange und für den Verarbeiter nicht mehr zuverlässig kontrollierbare Vorreaktion im Ansatz kann ein brauchbarer Duroplast entstehen.

Durch gezielte Vor-Reaktion, die bei der Formulierung des Amin-Addukt-Härters erfolgt, können Härter mit hervorragenden Endeigenschaften hergestellt werden, wie in der Tabelle 7.21 unter Nr. 8 für Amin-Addukte (siehe auch Tab. 7.20) vermerkt. Auch die Kondensation mit Phenolen und Aldehyden (Nr. 5) oder mit Fettsäuren (Nr. 6, 7) stellen sehr vorteilhafte und gebräuchliche Modifikationen dar.

Für die Endeigenschaften von EP-Bindemitteln sind in erster Hinsicht die Härter verantwortlich, da hier die größere Variationsbreite vorliegt. Aber die eingesetzte EP-Komponente ist ebenfalls von großem Einfluß und muß bei der Auswahl eines Bindemittelsystems mit großer Sorgfalt festgelegt werden.

7.2.7.2.4 Einsatzgebiete

Die Einsatzgebiete der Polyamin-Härter in Zwei-Komponenten-EP-Lacken sind gekennzeichnet durch die Begrenzungen hinsichtlich der Auftrags- und Härtungsbedingungen, insbesondere der Temperatur und Luftfeuchte. Zwei-Komponenten-EP-Lacke werden bei Temperaturen zwischen 5 und 35 °C und relativen Luftfeuchten zwischen 0 und 95 % aufgetragen und gehärtet. Unter diesen Bedingungen müssen die geforderten Eigenschaften zuverlässig erreicht werden.

Die Haupteinsatzbereiche sind der Korrosionsschutz und der Schutz vor Chemikalien von Stahl im Schiff-, Wasser-, Maschinen-, Container- und Stahl-Bau sowie die Beschichtung von Beton zum Schutz vor Chemikalien. Daneben gibt es noch spezialisierte Anwendungen z.B. im Fahrzeugbau und in der Elektronik, für Druckfarben, in Straßenmarkierungsfarben.

Handelprodukte

Ancamine, Ancamide	(Air Products)	Grilonit	(Ems)
Epilink	(Akzo)	Chemammine, Chemammide, Versamid	(Henkel)
Rütapox H	(Bakelite)	Beckopox H	(Hoechst)
Laromin, Laromid	(BASF)	Vestamin	(Hüls)
Lekutherm	(Bayer)	Epikure	(Shell)
Araldit	(Ciba Geigy)	Epotuf	(Reichhold)
Versamid	(Witco)	Jeffamin	(Texaco)
Dow Epoxy Hardener	(Dow)	Euredur, Euresyst	(Witco)

7.2.7.3 Mercaptane

Durch ihren unangenehmen Geruch kommen Mercaptane im Oberflächenschutz nicht zum Einsatz. Die hohe und dauerhafte Flexibilität von Mercaptan/Epoxidharz-Kombinationen wird nur bei Klebstoffanwendungen und Fugenvergußmassen technisch genützt.

7.2.7.4 Isocyanate

Isocyanate vernetzen Epoxidharze über deren Hydroxylgruppen unter Ausbildung von Polyurethan-Strukturen (siehe Abschn. 7.1). Ausreichende Hydroxylfunktionalität weisen aber nur höhermolekulare Bisphenol A-Epoxidharze auf, die durch Advancementreaktion gewonnen wurden und Molmassen von >4000 besitzen.
Meist dienen aromatische Polyisocyanate [56], die sich von Toluylendiisocyanat (siehe Abschn. 7.1) ableiten, als Härter für Epoxidharze; sie sind reaktiver und preiswerter als aliphatische Polyisocyanate. Die Vergilbungstendenz dieser Strukturen ist im Verbund mit den langkettigen Bisphenol A-Derivaten von untergeordneter Bedeutung, da auch letztere nicht außenbewitterungsstabil sind. Von technischer Wichtigkeit ist die hohe Reaktivität der aromatischen Polyisocyanate, weil dadurch in Kombination mit Epoxidharzen Lacksysteme formuliert werden können, die schnell und zuverlässig bei tiefen Temperaturen (ca. 0 °C) härten und den Filmen hohe chemische Widerstandsfähigkeit verleihen. Isocyanat/Epoxidharz-Systeme sind diesbezüglich den Epoxidharz/Polyamin-Systemen überlegen.
Für Vernetzung in der Wärme müssen aufgrund der hohen Reaktivität der Isocyanate verkappte oder sogenannte blockierte Isocyanate eingesetzt werden.
Im allgemeinen wählt man bei Epoxidharz/Isocyanat-Systemen ein Mischungsverhältnis von 1 Hydroxyl-Equivalent auf 0,4 bis 0,9 Isocyanat-Equivalente.

7.2.7.5 Anhydride

Anhydride vernetzen Epoxidharze nur in der Wärme. Wegen der im Oberflächenschutz üblichen niedrigen Filmdicke und hohen Einbrenntemperaturen kommen ausschließlich Polyanhydride, z. B. Trimellithsäureanhydrid-Addukte, zum Einsatz, wobei pro Epoxidequivalent 0,8 bis 0,9 Mole Anhydrid eingesetzt werden müssen.

Polyanhydride verleihen den ausgehärteten Filmen oder Überzügen hohe Flexibilität, Haftfestigkeit und gute Beständigkeiten gegen organische Säuren. Die gehärteten Filme sind geruchs- und geschmacklos und eignen sich deshalb zur Auskleidung von Dosen und Behältern, die mit Lebensmittel in Kontakt kommen [57].

7.2.7.6 Carbonsäuren

Carbonsäuren und Carboxygruppen enthaltende Oligoester und Oligoether erfordern ebenfalls erhöhte Temperaturen zur Vernetzung. Die Bindemittelkombination Epoxidharz/Carboxygruppen enthaltender Oligoester hat vor allem in der Pulverlack-Industrie Bedeutung erlangt. Abhängig vom Aufbau des Polyesters können mit Bisphenol A-Epoxidharzen mechanisch und chemisch widerstandsfähige Systeme formuliert werden. Beim Einsatz polyfunktioneller heterocyclischer Epoxidverbindungen (z. B. Triglycidylisocyanurat) resultieren außerordentlich witterungsbeständige Pulverlacke [58, 59].

7.2.7.7 Polyphenole

Diphenole, hergestellt durch Addition von Bisphenol A oder Bisphenol F an Bisphenol A-diglycidylether, oder Polyphenole, gewonnen durch Kondensation von Phenolen mit Formaldehyd (Novolake), reagieren mit Epoxidharzen in der Wärme. Um unter den im Oberflächenschutz üblichen Härtungsbedingungen einen ausreichend hohen Umsetzungsgrad erzielen zu können, müssen solche Systeme mit einem Reaktionsbeschleuniger (z. B. tertiäre Amine, quaternäre Ammoniumverbindungen, Imidazole) versetzt werden.

Die Bindemittelkombination Epoxidharz/Polyphenol hat bis heute nur im Pulverlacksektor Eingang gefunden und auch nur dort, wo chemisch und mechanisch hochbeanspruchte Beschichtungen benötigt werden. Die bei 150 bis 180 °C auszuhärtenden Systeme zeichnen sich durch gute Hydrolyse- und Oxidationsbeständigkeit aus. Für dekorative Anwendungen kommt dieses Bindemittelsystem aufgrund der geringen Farbstabilität nicht in Frage [60].

7.2.7.8 Aminoharze

Harnstoff-, Melamin- und Benzoguanaminharze (siehe Kap. 6.2) werden bevorzugt mit den höhermolekularen Bisphenol A-Epoxidharzen (Molmasse >4000) oder Phenoxyharzen kombiniert. Die Aminoharze sind dabei teilweise oder aber auch vollständig mit Butanol, Methanol und Isopropylalkohol verethert. Die Methoxy- und Butoxy-Gruppen des Aminoharzes reagieren in der Wärme mit den Hydroxylgruppen des Epoxidharzes unter Wasser- und/oder Alkoholabspaltung und Ausbildung von Etherbindungen [61].

Im allgemeinen wird mit einem Mischungsverhältnis Epoxidharz : Aminoharz von etwa 70:30 gearbeitet. Die bei 150 bis 200 °C gehärteten Filme zeichnen sich durch gute Chemikalienbeständigkeit, hohe Oberflächenhärte und Abriebfestigkeit aus. Im allgemeinen setzt man Harnstoffharze zur Formulierung von Grundierungen und Einschichtlackierungen ein, da Harnstoffharze die beste Haftfestigkeit unter den Aminoharzen aufweisen.

Wegen ihrer guten chemischen Beständigkeit verwendet man vorzugsweise Melaminharze in Decklacken. Die Härtung der Epoxid-Aminoharzkombination läßt sich durch einen Säurezusatz deutlich beschleunigen.

7.2.7.9 Phenolharze

Phenolharze (siehe Kap. 6.3), wie auch die auf Basis von Alkylphenolen oder Bisphenol A aufgebauten Resole reagieren mit hochmolekularen Bisphenol A-Epoxidharzen (Molmasse >4000) in der Wärme. Die Härtung erfolgt in erster Linie durch Umsetzung der (veretherten) Hydroxymethylgruppen des Phenolharzes mit den sekundären Hydroxylgruppen des Epoxidharzes. Daneben laufen noch folgende Reaktionen ab:

- Umsetzung der phenolischen OH-Gruppen mit den Epoxidgruppen
- Selbstkondensation der Hydroxymethylgruppen.

Wie bereits bei den Aminoharzen erwähnt, läßt sich die Härtung der Epoxid-Phenolharzlacke durch den Zusatz von Säuren, wie z.B. Phosphor- oder p-Toluolsulfonsäure, beschleunigen. Das Mischungsverhältnis zwischen Epoxid- und Phenolharzen variiert im allgemeinen um etwa 70:30.
Epoxid-Phenolharzlacke werden bevorzugt für die Innenlackierung von Lebensmittelbehältern eingesetzt [61].

7.2.7.10 Katalytisch härtende Verbindungen

Imidazole und tertiäre Amine starten zwar die Epoxidharz-Polymerisation bei Raumtemperatur, doch ist der resultierende Strukturaufbau unvollständig und damit die Flexibilität und Haftfestigkeit der Filme ungenügend.
Dieselben Katalysatoren, als auch Bortrifluorid-Komplexe, führen aber bei erhöhten Temperaturen (>100°C) zu völlig ausgehärteten Netzwerken. Anwendungstechnisch macht man von dieser Möglichkeit nur in der Pulverlackindustrie Gebrauch, wenn es darum geht, hohe Lösemittelbeständigkeiten zu erzielen.
Die Polymerisation von Bisphenol A-Epoxidharzen kann auch mit Ferrocen-Komplexen unter der Einwirkung von UV-Strahlung eingeleitet werden [50, 53]. Um einen vollständigen Netzwerkaufbau und damit ausreichende Flexibilität und chemische Beständigkeit zu erreichen, bedarf es eines geringen Polyolzusatzes und einer thermischen Nachhärtung.
Ebenso kann die Polymerisation cycloaliphatischer Epoxidharze mittels Triarylsulfonium-Verbindungen und UV-Licht gestartet und durch thermische Nachhärtung vervollständigt werden [50, 52]. Auch die Elektronenstrahl-Härtung wird beschrieben [62]. Alle diese Filme zeichnen sich durch hohe Licht- und Wetterbeständigkeiten aus.

7.2.8 Die wichtigsten Epoxidharz/Härter-Kombinationen und ihre Anwendungen (siehe Tab. 22)

7.2.9 Epoxidharze als Bausteine zur Herstellung anderer Bindemittelsysteme

Epoxidverbindungen eignen sich gut zur Umsetzung mit Carboxylgruppen enthaltenden Verbindungen, wobei entweder nur die Epoxidgruppe oder aber, wie dies bei höhermolekularen Bisphenol A-Epoxidharzen geschieht, auch deren Hydroxylgruppen umgesetzt

Tabelle 7.22. Epoxidharz-Härter-Kombinationen und ihre Anwendungen

Härtertyp	Härtungsmechanismus (hauptsächlichster)	Harztyp	Molmasse	Typische Anwendung
Amine und Polyamidoamine	Polyaddition via Epoxidgruppe	flüssig	≤400	2-Komponenten-Systeme für schweren Korrosionsschutz und Bodenbeläge. Bausteine zur chem. Modifikation
Polyamidoamine und Aminaddukte	Polyaddition via Epoxidgruppe	fest, Typ 1 fest, Typ 2	ca. 900 ca. 1100	Reparaturfarben Schiffsfarben
Latente Amine, Polyester, OH-terminierte Epoxidharze	Polyaddition via Epoxidgruppe	fest, Typ 3 fest, Typ 4	ca. 1300 ca. 1500	Pulverlacke
Phenolharze, Aminoharze, Polyanhydrid	Polykondensation via OH-Gruppen, Polyaddition via Epoxid/OH	fest, Typ 6 fest, Typ 7 fest, Typ 8	ca. 3000	Emballagenlacke Coil-Coating-Lacke
Phenolharze, Aminoharze	Polykondensation via OH-Gruppen	fest, Typ 9 fest, Typ 10	ca. 4000 ca. 5000	Emballagenlacke Tubenlacke
Isocyanate	Polyaddition via OH-Gruppen	fest, Typ 9, thermoplastische Epoxidharze	ca. 4000 ca. 20000	2-Komponenten-PUR-Lacke z.B. Grundierungen
Lufttrocknung	luftoxidative Polymerisation von Epoxidharz-Fettsäureestern	fest, Typ 4	ca. 1500	Tubenlacke, außen Grundierungen Einschichtlacke

werden können. Die nachstehend beschriebenen Produkte haben technische Bedeutung erlangt.

7.2.9.1 Epoxidharz-Monofettsäure Umsetzungsprodukte

Luft- und ofentrocknende Epoxidharzester können durch Umsetzung von Fettsäuren mit Epoxidharzen, deren Molmasse zwischen 1000 und 3000 liegt, hergestellt werden. Ähnlich den Alkydharzen werden auch hier die Eigenschaften des Esters weitgehend vom Fettsäuretyp und dem Fettsäuregehalt bestimmt. Gegenüber den Alkydharzen haben Epoxidharzester eine Reihe von Vorteilen, vor allem in Bezug auf ihre chemische und mechanische Widerstandsfestigkeit. Epoxidester können – je nach verwendeter Fettsäure (trocknend oder nichttrocknend) – mittels Sikkativen bei Raumtemperatur oder in Kombination mit Aminoharzen (Mischungsverhältnis 90:10 bis 75:25) bei 130 bis 180 °C gehärtet werden. Anwendungen finden solche Lacke als Grundierungen oder Einschichtlacke auf Stahl und Aluminium (Außenbeschichtung von Tuben und Dosen) [63].

7.2.9.2 Epoxidharz-Polycarbonsäure-Umsetzungsprodukte

Bifunktionelle Carbonsäuren, niedermolekulare carboxyfunktionelle Polyester oder carboxyfunktionelle Polybutadien-Acrylnitril-Elastomere lassen sich mit flüssigen oder niedermolekularen festen Epoxidharzen auf Basis von Bisphenol A in der Weise umsetzen, daß endständige Epoxidgruppen übrig bleiben, die dann ihrerseits mit einem Aminhärter bei Raumtemperatur oder mit einem carboxy-funktionellen Polyester in der Wärme vernetzt werden können. Die Vorverlängerung der Epoxidharze durch die genannten carboxyfunktionellen Verbindungen bewirkt eine Verbesserung der Benetzungseigenschaften der Harze auf dem metallischen Substrat, eine Erhöhung der Flexibilität, der Klebkraft und der Schlagzähigkeit, was man sich vor allem bei der Formulierung von Epoxidharzklebstoffen zu Nutze macht.

Zu bedenken ist aber, daß derart modifizierte Epoxidharze Esterbindungen aufweisen und deswegen nicht mehr die den Epoxidharzen typischen Alkalibeständigkeiten aufweisen. Epoxidharze lassen sich aber auch mit Polycarbonsäuren oder carboxyfunktionellen Polyestern oder Polyacrylaten so umsetzen, daß carboxyfunktionelle Produkte entstehen, die ihrerseits als Härter für Epoxidharze eingesetzt werden können. Die Härtung erfolgt dann – je nach Beschleuniger-Zusatz – bei 160 bis 200 °C. Solche Systeme eignen sich zur Auskleidung von Lebensmittelbehältern.

7.2.9.3 Epoxidharz-Acrylsäure-Umsetzungsprodukte

Flüssige bis halbfeste Epoxidharze werden bei 80 bis 120 °C in Anwesenheit eines Additionskatalysators und eines Inhibitors mit Acrylsäure umgesetzt und das entstandene hochviskose bis feste Harz nach abgeschlossener Reaktion mit einem niedermolekularen Acrylester gelöst bzw. verdünnt. Diese Harzsysteme, die nun über Acrylsäure-Doppelbindungen radikalisch vernetzt werden können, eignen sich zur Formulierung UV-härtbarer Lacksysteme, wie sie vorzugsweise zur Papierlackierung oder zur Lackierung von Metallbauteilen eingesetzt werden.

7.2.9.4 Epoxidharz-Methacrylsäure-Umsetzungsproduke

Analog wie bei den Acrylsäureestern (Abschn. 7.2.9.3) verfährt man bei der Anlagerung von Methacrylsäure an Bisphenol A-diglycidylether, wobei auch Malein- und Fumarsäure dem Reaktionsgemisch zugesetzt werden können. Dadurch entstehen Anteile vorverlängerter, höherviskoser Strukturtypen, die der gezielten Einstellung von Verarbeitungs- und Endeigenschaften der Produkte dienen. Beim technischen Einsatz werden diesen Harzen noch geeignete Mengen Styrol zugesetzt, und die Vernetzung durch Polymerisation mit Peroxiden bei Temperaturen zwischen 40 und 80 °C herbeigeführt. Haupteinsatzgebiete sind die sogenannten Dickschichtlaminate, also Kombinationen mit Glasfasergeweben oder -matten. Die gehärteten Laminate zeichnen sich durch eine extrem gute Beständigkeit gegen Säuren und eine Vielzahl aggressiver Chemikalien aus, weshalb sie bevorzugt zur Auskleidung von Lagertanks und Reaktoren eingesetzt werden [64].

7.2.10 Applikationsarten [65]

7.2.10.1 Härtung bei Raumtemperatur

Weltweit wurden anfangs der 90er Jahre ca. 250000 t Epoxidharze für bei Raumtemperatur härtende Systeme eingesetzt. Davon entfielen allein 170000 t (25% der gesamten

Welt-Epoxidharzproduktion) auf Systeme im Oberflächenschutz. Der Rest verteilt sich auf Anwendungen als Klebstoffe, Werkzeugharze, Vergußmassen und Polymerbeton. Dies zeigt in eindrücklicher Weise die Bedeutung der „Kalthärtung" für die Epoxidharze.

Vor diesem Hintergrund ist auch zu verstehen, welche Bedeutung den Polyaminen zukommt, die neben den Isocyanaten die einzigen Vernetzungspartner für Epoxidharze bei Raumtemperatur sind. Während etwa 90000 t Epoxidharze zur Formulierung von meist lösemittelhaltigen (wobei heute bereits in vielen Fällen Wasser das Lösemittel darstellt) Zweikomponenten-Lacken für Reparaturfarben und im maritimen Bereich verwendet werden, dienen etwa 80000 t der Formulierung von lösemittelfreien bzw. lösemittelarmen (high build oder high solids coatings) dickschichtig zu applizierenden Beschichtungen und Bodenbelagsmassen. Zweikomponenten-Lacke werden je nach ihrem Lösemittelgehalt und der Art des Lösemittels in Schichtdicken von 40 bis 80 μm, die lösemittelfreien hingegen in Schichten von 300 bis 1000 μm appliziert. Beläge werden hingegen je nach Füllgrad, Applikationsmethode und Zweck desselben 2 bis 10 mm dick aufgetragen.

7.2.10.1.1 Lösemittelfreie Beschichtungen

Zur Formulierung von lösemittelfreien Beschichtungen eignen sich ausschließlich die niedermolekularen, flüssigen Bisphenol A- und Bisphenol F-Epoxidharze oder deren Mischungen. Bisphenol A-Epoxidharze weisen die höchste Viskosität der genannten Epoxidharztypen auf und neigen am stärksten zur Kristallisation. Es hat sich gezeigt, daß die Kristallisationstendenz dieser Harze durch eine Abmischung mit Bisphenol F-Epoxidharzen reduziert oder, sobald der Bisphenol F-Harz-Anteil ausreichend hoch gewählt wird, völlig unterdrückt werden kann. Da diese Mischungen zudem noch eine niedrigere Viskosität als die unmodifizierten Bisphenol A-Epoxidharze aufweisen, werden solche Typen bevorzugt im Bausektor eingesetzt. Bisphenol-F-Epoxidharze weisen einen höheren Epoxidgehalt und eine höhere Epoxidfunktionalität als die Bisphenol A-Harze auf. Optimal formulierte und gehärtete Bisphenol F-Epoxidharze zeichnen sich deshalb durch die beste Chemikalienbeständigkeit aus, die nur noch von den hochviskosen epoxidierten Novolaken übertroffen werden kann. Je höher allerdings die Epoxidfunktionalität dieser Harze ist, desto geringer ist auch deren Flexibilität. Inbezug auf die Flexibilität und Haftfestigkeit ist das Bisphenol A-Epoxidharz optimal.

Die vergleichsweise hohe Eigenviskosität der Bisphenol A- und F-Epoxidharze macht häufig die Mitverwendung von sogenannten reaktiven Verdünnern (siehe Tab. 7.16 und 7.17) notwendig, um die Verarbeitbarkeit dieser Harze zu verbessern. Reaktive Verdünner nehmen aufgrund ihres Gehaltes an reaktionsfähigen Epoxidgruppen an der Härtung teil und beeinflussen demzufolge sowohl die Eigenschaften des Flüssiglackes als auch die der gehärteten Beschichtung. Der Anteil an reaktiven Verdünnern sollte deshalb stets so niedrig als möglich gehalten werden, um nicht die chemischen und mechanischen Festigkeiten der gehärteten Beschichtung über ein tolerierbares Maß hinaus zu vermindern. Im allgemeinen empfiehlt es sich, den Anteil an reaktiven Verdünnern so zu wählen, daß dieser, bezogen auf das Epoxidharz, 25 Massenprozent nicht übersteigt. Dies vor allem dann, wenn der Verdünner eine Monoglycidyl-Verbindung darstellt, die zwar einen Flexibilisierungseffekt bewirkt, aber – außer bei Anhydrid-Vernetzungen – zum Kettenabbruch führt. In verallgemeinerter Form kann festgehalten werden:

- Aliphatische Monoglycidylverbindungen reduzieren die Viskosität eines Epoxidharzsystems am stärksten. Mit zunehmender Molmasse wird allerdings dieser Effekt sowie die Reaktivität des Harzsystems herabgesetzt. Sie verbessern die Flexibilität der ausgehärteten Produkte, reduzieren aber gleichzeitig deren Lösemittelbeständigkeit.

- Aliphatische Diglycidylether vermindern die Viskosität des Epoxidharzes weniger stark als dies den Monoglyciden eigen ist. Difunktionelle Verdünner weisen die beste Reaktivität, Flexibilität und Lösemittelbeständigkeit auf. Auch hier ist zu berücksichtigen, daß mit zunehmender Kettenlänge die Reaktivität und die Lösemittelresistenz abnehmen, während gleichzeitig die Flexibilität zunimmt. Alle aliphatischen Diglycidylether reduzieren die Säurebeständigkeit, dies umsomehr, je höher ihr Gehalt an aliphatischen Etherbindungen ist.
- Aromatische Monoglycide wirken am wenigsten viskositätssenkend, reduzieren aber am deutlichsten die Reaktivität und die Flexibilität des Bindemittels. Andererseits zeichnen sich aromatische Monoglycidylether dadurch aus, daß sie die Wasser- und Säurebeständigkeit des Bindemittelsystems so gut wie nicht beeinflussen [66].

Als Härter für lösemittelfreie Beschichtungen und Beläge kommen ausschließlich Polyamine in Betracht, die aber höchstens in Ausnahmefällen in ihrer unmodifizierten Form verwendet werden. Meist kommen Umsetzungsprodukte mit Mono- oder Dimerfettsäuren, Mono- oder Diepoxiden oder Methylolverbindungen von Phenol oder Melamin zum Einsatz. Je nach Anwendungsgebiet werden sie nötigenfalls noch zusätzlich physikalisch modifiziert, z. B. durch Zugabe nicht einreagierender Weichmacher.

Die Härterkomponente hat einen nicht zu unterschätzenden Einfluß auf die Applikations-, Härtungs- und Beständigkeitseigenschaften der Beschichtungen. Aliphatische Amine, vor allem aber die Alkylenamine, verleihen den Beschichtungsmassen hohe Reaktivität und die gehärteten Filme sind sehr gut gegen Lösemittel beständig. Polyamidoamine hingegen ergeben Filme mit hoher Flexibilität und guten Haftfestigkeiten.

Cycloaliphatische Polyamine sind wesentlich reaktionsträger als aliphatische und müssen deshalb modifiziert und beschleunigt werden. Sie verleihen den gehärteten Epoxidharzbeschichtungen hohe Härte, schönen Filmaspekt und hohen Glanz. Aus diesem Grund werden diese Systeme vorzugsweise für dekorative Wand- und Bodenbeschichtungen eingesetzt. Während die Wasser-, Alkali- und Säurebeständigkeit im allgemeinen ausreicht, entspricht die Beständigkeit gegen Lösemittel nicht immer den vom Endverbraucher gestellten Anforderungen.

Die beste Säurebeständigkeit weisen Beschichtungssysteme auf, die auf Basis aromatischer Amine formuliert sind. Aromatische Amine sind die einzigen Härter, die den Filmen eine dauerhafte Beständigkeit gegen hochprozentige organische Säuren verleihen. Aromatische Aminhärter, kombiniert mit aromatischen Epoxidharzen härten unter allen Härtungsbedingungen zu glasharten und klebfreien, glänzenden Filmen aus. Aufgrund des am 4,4'-Diamino-diphenylmethan (DDM) im Tierversuch ermittelten kanzerogenen Verhaltens werden aromatische Aminhärter zukünftig nur dort eingesetzt werden können, wo die Anwendung dies notwendig macht und gut ausgebildetes und instruiertes Personal durch entsprechende Kleidung und bei strikter Einhaltung arbeitshygienischer Vorschriften vor dem Hautkontakt mit aromatischen Aminen wirkungsvoll geschützt wird.

Die Verarbeitungszeit lösemittelfreier Epoxidharzsysteme ist sehr kurz und bietet deshalb vor allem bei Umgebungstemperaturen von 25 °C und darüber Probleme. Andererseits verursacht eine niedrige Luft- und/oder Substrattemperatur Applikationsprobleme, die auf die mit abnehmender Temperatur zunehmende Viskosität zurückzuführen sind. Beschichtungsanwendungen sind deshalb, wo immer möglich, mittels heizbarer Zweikomponenten-Airless-Anlagen durchzuführen.

Bei quarzsandgefüllten Systemen für Bodenbeschichtungen oder -belägen ist es im Interesse einer guten Verarbeitbarkeit und langen Verarbeitungszeit angezeigt, das Beschich-

tungsgut sofort nach dem Mischen auf den Flächen zu verteilen, um exotherme Reaktionen im Mischbehälter zu verhindern (Beachtung der Gebrauchsdauer!).
Es hat in der Vergangenheit nicht an Versuchen gefehlt, die hohen Reaktivitäten der Amine zu reduzieren oder anwendungsgerecht anzupassen. Am geeignetsten haben sich dafür partielle Umsetzungen der Amine mit Acrylnitril [67] zu partiell cyanethylierten Aminen oder die Reaktion mit Ketonen unter Ausbildung von Ketiminen [68] (Verkappung primärer Amine) erwiesen. Derartige Modifikationen bewirken Verlängerungen in Gelier- und Durchhärtungszeiten. Allerdings werden dadurch auch Härtungen bei Temperaturen unter Raumtemperatur erschwert oder gar verunmöglicht und die chemischen und physikalischen Eigenschaften der ausgehärteten Systeme spürbar reduziert. Während die cyanethylierten Amine spaltproduktfrei aushärten, wird bei Ketiminen das Keton, in der Technik meist Methylisobutylketon, freigesetzt. Diese „Entkappung" der Amine erfordert mindestens Temperaturen von 25 °C und Zutritt von Luftfeuchtigkeit, wobei Werte von ca. 70% relativer Luftfeuchtigkeit einen guten Härtungsverlauf garantieren. Es versteht sich von selbst, daß solche Systeme einer Schichtdickenbegrenzung (ca. 150 µm) unterliegen. Wird diese deutlich überschritten, härtet zwar der obere Teil der Beschichtung aus, das substratnahe Beschichtungsmaterial bleibt aber, wie bei einem zu dick applizierten lösemittelhaltigen Lack, über lange Zeit flüssig.
Infolge des geringen Epoxidgruppenabstandes im Harz und der hohen reaktiven Wasserstoffkonzentration im niedermolekularen Aminhärter härten diese Systeme zu engmaschigen Netzwerken aus (siehe Abschn. 7.2.5). Dies ist zwar im Interesse einer hohen Lösemittelbeständigkeit und niedrigen Wasserdampfdiffusion wünschenswert, kann aber Ansprüchen an die Flexibilität der Beschichtung kaum gerecht werden. Um ausreichende Flexibilität erzielen zu können, müssen diesen Systemen entweder flexibilisierend wirkende flüssige Extender (externe Weichmachung) oder Substanzen, die entweder harz- oder härterseitig eine weitmaschigere Vernetzung bewirken, zugesetzt werden. Auf der Epoxidharzseite verwendet man dazu häufig langkettige aliphatische Glycidylether oder verkappte Isocyanatprepolymere, die ebenfalls mit Aminen gehärtet werden können. So lassen sich durch Vorreaktion von Epoxidharzen mit carboxyfunktionellen Substanzen flexibilisierend wirkende Harze herstellen, die sich auf normalem Weg mit Aminen vernetzen lassen. Auch härterseitig sind Modifikationen möglich. Hier sind vor allem die Polyamidoamine, die Polyoxyalkylenamine, die Polyurethanamine sowie die aminofunktionellen Polybutadienacrylnitrile zu nennen, die entweder allein oder in Abmischung mit aliphatischen oder cycloaliphatischen Aminen verwendet werden können. Gleichgültig, ob die Flexibilisierung durch eine Modifikation der Harz- oder der Härterkomponente erfolgt, die chemische Beständigkeit, vor allem gegen Säuren und Lösemittel, wird in beiden Fällen reduziert.

7.2.10.1.2 Lösemittelhaltige Beschichtungen

Während Lösemittel enthaltende Zweikomponentenlacke vornehmlich aus Bisphenol A-Epoxidharzen mit mittleren Molmassen von ca. 1000 aufgebaut werden, kommen bei festkörperreichen Formulierungen meist Typen mit mittleren Molmassen von 500 zum Einsatz. Doch ist auch hier die Verwendung höhermolekularer Harze notwendig, wenn von den Beschichtungen kurze Staubtrockenzeiten gefordert werden. Dies hat natürlich zur Folge, daß der Festkörpergehalt sinkt, die Gebrauchsdauer verlängert und die Flexibilität noch etwas verbessert wird. Wenn Beschichtungen formuliert werden, die hohe Lösemittelbeständigkeit aufweisen müssen, werden epoxidierte Novolake den niedermolekularen Bisphenol A-Festharzen zugesetzt, um über die Erhöhung der Netzwerkdichte die Löse-

7.2 Epoxidharze

mittelresistenz zu verbessern. Als Lösemittel für bei Raumtemperatur härtende 2-Komponenten-Lacke haben sich aromatische Kohlenwasserstoffe in Abmischung mit Alkoholen, die möglichst wenig wassermischbar sein sollten, bewährt. Die Vernetzung dieser Harze wird bevorzugt durch Polyamidoamine bewirkt, vor allem dann, wenn hohe Flexibilität und beste Haftfestigkeit des Lackes gefragt sind. Bessere Verträglichkeit und damit verbunden besseren Filmaspekt, ohne die Notwendigkeit Harz und Härter „reifen", d.h. 10 bis 20 Minuten vorreagieren zu lassen, erzielt man durch die Verwendung von Polyamidoamin-Epoxidharz-Voraddukten, die im Handel in Form von 60%igen Lösungen in Xylol/Butanol angeboten werden. Beschichtungen auf Basis der Polyamidoamine und/oder deren Addukte werden bevorzugt zur Formulierung von Grundierungen auf Stahl und Beton eingesetzt. Auch als Einschichtlacke haben sich solche Kombinationen bewährt, wenn keine hohen Ansprüche an die Chemikalienbeständigkeit gestellt werden.

Handelt es sich aber um eine mehr „funktionelle" Beschichtung, von der hohe chemische und mechanische Beständigkeit erwartet wird, dann verwendet man meist Aminaddukte, entweder in sogenannten „in situ"-Produkten oder aber als isolierte Form. Derartige Lacke weisen eine kürzere Gebrauchsdauer, schnellere Härtung, aber eben auch eine etwas geringere Flexibilität und Haftfestigkeit auf.

Generell verhalten sich mit Polyamidoaminen gehärtete Zweikomponentenlacke am Wetter besser als solche, die auf Aminaddukt-Basis formuliert werden. Von einer Wetterbeständigkeit kann aber bei allen aromatischen Epoxidharzen nicht gesprochen werden. Unter dem Einfluß von Licht und Feuchtigkeit neigen diese Harze zum Vergilben, Mattwerden und Kreiden, weshalb aromatische Epoxidharzlacke bevorzugt für Innenanwendungen eingesetzt werden.

Licht- und wetterbeständige Epoxidharzsysteme lassen sich auf der Kombination von nichtaromatischen Glycidylethern, besser noch mit Glycidylestern und mit carboxyfunktionellen Acrylaten [69] oder Polyestern als Vernetzer, aufbauen. Diese Entwicklungen sind neueren Ursprungs, doch die Härtung bei Raumtemperatur ist noch nicht zufriedenstellend gelöst; die Systeme bedürfen einer Nachhärtung bei 50 bis 80 °C, um ausreichende Filmhärten zu erzielen. Aufgrund des im Vergleich zu den konventionellen aromatischen Epoxidharz-Polyamin-Systemen geänderten Strukturaufbaues weisen diese Systeme auch unterschiedliche Reaktivitäten und Produktprofile auf.

Inzwischen werden carboxyfunktionelle Acrylat/Epoxidharz-Systeme auch in wasserverdünnbarer Form angeboten. Diese, aber auch entsprechende lösemittelhaltige Systeme, werden als Maschinenlacke eingesetzt. In tropischen und subtropischen Gegenden kommen sie zudem, aufgrund ihrer einfachen Verarbeitbarkeit und günstigen Härtungsbedingungen – die Umgebungstemperaturen genügen – als Reparaturbeschichtungen zum Einsatz.

Höhermolekulare Bisphenol A-Epoxidharze mit Molmassen zwischen 3000 bis 50000 können infolge ihrer hohen Zahl an Hydroxylgruppen (siehe Abschn. 7.2.3.3.1; Gln. 7.60 und 7.61) als Polyhydroxy-Verbindungen betrachtet und mit Isocyanaten nach dem Additionsprinzip über Urethanbrücken vernetzt werden. Die noch vorhandenen Epoxidgruppen werden wegen ihrer hohen Reaktivität dabei ebenfalls durch unkontrollierbare Additionen mit Hydroxylgruppen verbraucht.

Epoxidharz/Isocyanat-Kombinationen zeichnen sich durch hohe Reaktivität und ausgezeichnete Lösemittelbeständigkeit aus. Für Anwendungen als Shop primer oder zur Formulierung von lösemittelbeständigen Lacken für Lagertanks oder im Schiffsbausektor kommen fast ausschließlich aromatische Isocyanate zum Einsatz, da diese reaktiver und chemisch widerstandsfähiger sind als die aliphatischen. Als Lösemittel für solche Systeme dienen vorzugsweise Ester, Ketone und aromatische Kohlenwasserstoffe.

7.2.10.1.3 Wasserverdünnbare Beschichtungen

Niedermolekulare flüssige Bisphenol A- und Bisphenol F-Epoxidharze, deren Mischungen und niedermolekulare epoxidierte Novolake werden durch den Zusatz von nichtionischen Emulgatoren (z.B. auf Basis von Polyethylenoxiden) wasserverdünnbar gemacht. Auch durch partielle Reaktion der Epoxidgruppen oben genannter Harze mit Polyolen lassen sich wasserlösliche Epoxidharze herstellen. Diese werden üblicherweise mit wasserlöslichen Polyamidoaminen oder Polyimidazolinaddukten gehärtet. Solche Systeme lassen sich wie thixotrop eingestellte Zweikomponenten-Lacke verarbeiten. Vorzugsweise werden wasserverdünnbare Epoxidharzsysteme zur Beschichtung von Beton und anderen mineralischen Substraten eingesetzt, da diese Systeme die Restfeuchte des Substrates tolerieren. Da Wasser schlechter als Lösemittel verdunstet, sind der Härtung bei tiefen Temperaturen Grenzen gesetzt. Außerdem ist zu beachten, daß bei hohem Feuchtigkeitsgehalt der Luft Beschichtungen auf Basis wasserverdünnbarer Epoxidharzsysteme nicht oder nur ungenügend härten, weshalb vor allem in geschlossenen Räumen für ausreichende Be- und Entlüftung gesorgt werden muß. Nicht völlig lösemittelfrei (Lösemittelgehalt 1 bis 10 Massenprozent), aber mit den Vorteilen der längeren Verarbeitungszeit, der kürzeren Staubtrockenzeit, der besseren Haftfestigkeit und Flexibilität versehen, lassen sich auch höhermolekulare Epoxidharze (Molmasse ca. 1000), wie eingangs beschrieben, wasserverdünnbar herstellen. Wegen ihrer im Vergleich zu den niedermolekularen Epoxidharzen niedrigeren Reaktivität sind diese Harze auch mit wasserlöslichen Polyaminaddukten kombinierbar, wodurch sich Beschichtungssysteme formulieren lassen, die bessere Lösemittelbeständigkeit aufweisen. Allen wasserverdünnbaren Systemen ist eigen, daß sie nach Härtung bei Raumtemperatur keine Langzeit-Säurebeständigkeit aufweisen. Dies ist vor allem auf das bei der Härtung eingeschlossene Wasser in Gegenwart der Polyamin-Härtersegmente im Film zurückzuführen. Werden diese Beschichtungen hingegen bei Temperaturen über 100 °C vernetzt, so sind sie gegen Säuren beständig [70].
Wasserverdünnbare Epoxidharze, gleichgültig ob aus flüssigen, halbfesten oder festen Bisphenol A-, Bisphenol F- oder Novolak-Epoxidharzen formuliert, sind auch mit wasserverdünnbaren carboxy- oder aminofunktionellen Acrylaten bei Temperaturen zwischen 20 und 80 °C härtbar. Die Filme weisen gute Flexibilität und etwas verbesserte Licht- und Wetterbeständigkeit auf. Optimale Licht- und Wetterbeständigkeit hingegen läßt sich nur mit nichtaromatischen Epoxidharzen erzielen, worauf bereits bei der Besprechung der lösemittelhaltigen Zweikomponenten-Beschichtungen (Abschn. 7.2.10.1.2) hingewiesen wurde.
Während die Verwendung wasserverdünnbarer Epoxidsysteme keinerlei Probleme bei der Beschichtung von Beton und ähnlichen mineralischen Substraten verursacht, sind bei der Lackierung von Stahlblech und vor allem sandgestrahltem Stahl der Formulierung Korrosionsinhibitoren zuzusetzen, damit der wasserverdünnbare Lack seine Aufgabe, die Korrosion des Stahls zu verhindern, wirklich erfüllen kann.

7.2.10.1.4 Epoxidester, lufttrocknend

Zur Herstellung bei Raumtemperatur härtender Epoxidharzester werden fast ausschließlich feste Epoxidharze auf der Basis von Bisphenol A mit einer Molmasse von 1000 bis 4000, mit lufttrocknenden Fettsäuren, wie Leinöl- oder Sojaölfettsäure, umgesetzt. Pro Epoxidequivalent wird mindestens 1 Mol Monocarbonsäure eingesetzt, so daß die entsprechend hergestellten Ester keine Epoxidgruppen mehr aufweisen.
Ähnlich wie bei den Alkydharzen unterscheidet man auch bei diesen Epoxidharzestern zwischen „Kurz- und Langölestern" (s. Tab. 7.23). Zur Herstellung von Kurzölestern

verwendet man meist hochmolukulare Epoxidharze auf der Basis von Bisphenol A (Molmasse 3000 bis 4000), die sich durch gute Härtungs- und Beständigkeitseigenschaften auszeichnen. Üblicherweise dominieren aber die langöligen Typen, die aus Harzen mit einer Molmasse von ca. 2000 hergestellt werden. Noch niedrigere Viskositäten weisen die sehr langöligen Epoxidester auf, die auf Harztypen mit Molmassen von 1000 bis 1500 basieren und sich, in geeigneter Form modifiziert, zur Herstellung von wasserverdünnbaren Epoxidharzestern eignen.

Die Trocknungs- und Härtungseigenschaften dieser Epoxidester lassen sich des weiteren durch das Einreagieren von Dimerfettsäuren, ungesättigten Anhydriden oder Kolophonium verbessern. Als Härtungsbeschleuniger für lufttrocknende Epoxidharzester werden Sikkative wie Cobaltoctoat verwendet.

7.2.10.2 Härtung bei erhöhter Temperatur

Bei Temperaturen von über 140 °C wurden und werden heute teilweise noch lösemittelhaltige Lacke für Dosen, Tuben, Fässer, Industriegüter aller Art und Automobile gehärtet. Aus Umweltschutzgründen und teilweise auch wegen Qualitätsverbesserungen ist die Lackindustrie und die sie beliefernde Rohstoffindustrie bereits seit mehr als 15 Jahren dabei, die großen Lösemittelmengen, die bei der industriellen Lackierung von Industriegütern aller Art verdunstet und vernichtet werden müssen, durch wasserverdünnbare oder besser lösemittelfreie Lacke zu ersetzen. Da sich Bisphenol A-Epoxidharze wegen der unterschiedlich reaktiven Epoxid- und Hydroxylgruppen gut für chemische Modifikationen eignen, sind sie in Anwendungen vorgedrungen, die früher die Domäne anderer Bindemittel waren. Hier ist vor allem der Automobilbau zu nennen, der Anfang der 90er Jahre über 50000 Tonnen Epoxidharze pro Jahr für Kataphorese, Primer-Surfacer und Kleinteillackierung absorbiert hat. Auch durch den vermehrten Einsatz von Pulverlackierungen ist der Bedarf an Epoxidharzen in den vergangenen 20 Jahren stark gewachsen. Dadurch wurden andere heißhärtende Bindemittel, die früher große Bedeutung als lösemittelhaltige Industrielacke hatten, aber nicht als Pulverlacke formuliert werden konnten, verdrängt. Auch bis zum Jahre 2000 werden die Pulverlacke weltweit schätzungsweise zwischen 7 und 12% wachsen und dabei in weitere Industrielack-Anwendungen von lösemittelhaltigen, heißhärtenden Lacksystemen eindringen. Bereits heute werden etwa 80000 Tonnen Epoxidharz zur Herstellung von Pulverlacken verwendet. Ähnlich groß ist der Bedarf an Epoxidharzen für den Emballagenlack-Sektor. Anders als im Automobilbau sind die Epoxidharzsysteme schon von Anfang an im Gebiet der Tuben- und Dosenlackierung heimisch gewesen. Aber auch in diesem Bereich geht die Entwicklung in Richtung lösemittelarmer oder -freier Harzsysteme.

7.2.10.2.1 Lösemittelhaltige Lacke

Heißhärtende Epoxidharzester

Zur Gewinnung heißhärtender „Epoxidharzester" werden feste Epoxidharze auf der Basis von Bisphenol A mit mittleren Molmassen von 1500 bis ca. 4000 mit nichttrocknenden Fettsäuren (allgemein gesättigte oder einfach ungesättigte Fettsäuren, wie Kokosnußfettsäure, Ricinusölfettsäure, Laurinsäure) oder trocknenden Fettsäuren (Fettsäuren mit zwei oder mehr ungesättigten Gruppierungen, wie Tallölfettsäure, Linol- und Linolensäure, Isomerginsäure) umgesetzt. Entsprechend dem Veresterungsgrad (siehe Tab. 7.23) wird unterschieden zwischen Kurzöl-, Mittelöl- und Langölepoxidestern. Diese Produkte werden vorzugsweise mit Harnstoff-Formaldehyd-Harzen (für Grundierungen) oder

Tabelle 7.23. Öllängen von Epoxidharzestern

Harzequivalent	Säureequivalent	Veresterungsgrad (%)	Öllänge
1,0	0,3 bis 0,5	30 bis 50	kurz
1,0	0,5 bis 0,7	50 bis 70	mittel
1,0	0,7 bis 0,9	70 bis 90	lang

Melamin-Formaldehyd-Harzen (für Decklacke) vernetzt, wobei sich die Massenanteile von Ester/Aminoharz in den Formulierungen zwischen 75:25 bis 70:30 bewegen und die Härtung bei Temperaturen von 120°C und 180°C durchgeführt wird.
Die Kurz- und Mittelölepoxidester eignen sich vor allem für ofentrocknende Beschichtungen. Sie zeichnen sich durch hohe Härte und gute chemische und mechanische Widerstandsfestigkeiten aus. Die Langölepoxidester kommen vorzugsweise für hochwertige Rostschutzbeschichtungen oder für stark beanspruchte Außenanstriche oder -lackierungen zum Einsatz.

Industrie- und Emballagenlacke

In der Technik haben sich heißhärtende Formulierungen aus Bisphenol A-diglycidylethern mit Molmassen von 3000 und höher (mit hoher Anzahl freier Hydroxylgruppen) mit Aminoharzen und Phenolharzen aufgrund ihrer preislichen Vorteile und der hervorragenden Eigenschaften als sogenannte Industrie- und Emballagenlacke breite Einsatzgebiete erobert.
In Industrielacken werden butylierte Harnstoff-Formaldehyd-, butylierte und methylierte Melamin-Formaldehyd- und butylierte Benzoguanamin-Formaldehyd-Harze als Härter eingesetzt und bei Temperaturen zwischen 160°C und 200°C unter Abspaltung entsprechender Alkohole und Ausbildung von Etherbrücken vernetzt:

$$-NH-CH_2-O-R + HO-\xi \longrightarrow -NH-CH_2-O-\xi + HO-R \qquad (7.96)$$

R = Methyl-, Butyl-

Diese Lackfilme zeichnen sich durch gute chemische Beständigkeiten, hervorragende Haft- und Schlagfestigkeiten und gute Flexibilität bei hoher Oberflächenhärte aus.
Wie bereits bei den oben beschriebenen Epoxidharzestern werden die Harnstoffharz-Kombinationen (Massenanteile Epoxidharz/Harnstoffharz 75:25 bis 60:40) meist als Grundierungen oder Einschichtsysteme im Emballagenlacksektor eingesetzt, während die Melamin- und Benzoguanamin-Kombinationen (Massenanteile Epoxidharz/Aminoharz 80:20 bis 70:30) vorzugsweise als Decklacke Verwendung finden. Gegenüber den Epoxidharzestern weisen diese Systeme die höhere chemische und mechanische Festigkeit auf, sind ihnen aber bezüglich Substrattoleranz und Glanz unterlegen.
Höhermolekulare Epoxidharze (Molmassen >4000) können auch mit verkappten Di- und Tri-isocyanaten gehärtet werden. Dabei muß die Härtungstemperatur deutlich über der Deblockierungstemperatur der Isocyanate liegen, um qualitativ hochstehende Lackfilme zu erzielen. Die Vernetzung erfolgt dabei durch Addition der freien Hydroxylgruppen der Epoxidverbindung an die Isocyanatgruppen, während das abgespaltene Verkappungsmittel entweicht. Auch diese Beschichtungen zeichnen sich durch hohe Härte, gute Flexibilität und ausgezeichnete Beständigkeiten gegen eine Vielzahl von Lösemitteln und Chemikalien aus.

7.2 Epoxidharze

Bei den sogenannten Emballagenlacken (Lacke für Dosen, Tuben, Fässer etc.) haben butylierte Phenol-, Alkylphenol- und Bisphenol A-Formaldehydharze (Strukturtyp: veretherte Resole) als Härtungskomponenten große Bedeutung erlangt. Je nach gewünschtem Eigenschaftsbild wird das Massenverhältnis von Epoxidharz/verethertem Resol zwischen 80:20 (flexible Filme) und 60:40 (beständigere Filme gegen aggressive Flüssigkeiten) variiert und bei Temperaturen über 200 °C „eingebrannt". Die Härtung kann noch durch Säuren beschleunigt werden. Die Vernetzung erfolgt in erster Linie durch die Reaktion der Hydroxylgruppen des Epoxidharzes mit den zum Teil veretherten Methylolgruppen der Phenolharze (Resole) unter Abspaltung von Wasser und/oder Alkoholen. Außerdem reagieren die Epoxidgruppen mit den phenolischen Hydroxylgruppen der Härterkomponenten. Die gehärteten Lacke zeichnen sich durch extrem hohe Beständigkeiten gegen saure Lösungen und Lebensmittel aus.

Seit etwa 20 Jahren verwendet man neben Phenolharzen, die nach dem Einbrennen meist mehr oder weniger gelb ausfallen (Goldlacke), auch Carboxy- und Anhydrid-Endgruppen enthaltende, vergleichsweise niedermolekulare Polyester als Vernetzer. Derartige Systeme härten praktisch farblos aus und sind deshalb problemlos pigmentierbar; sie haben als weißpigmentierte Doseninnenschutzlacke Bedeutung erlangt. Die Filme sind geschmacksneutral und außerdem ästhetischer als die gelben Phenolharzlacke [57].

Wasserverdünnbare Lacke

Aus ökologischen Gründen werden in zunehmendem Umfang lösemittelhaltige Industrielacke durch wasserverdünnbare ersetzt. Diese Tendenz hat auch die Entwicklung der Epoxidharze beeinflußt. Um Epoxidharze wasserverdünnbar machen zu können, müssen diese gemäß nachstehenden Reaktionsschritten modifiziert werden:

$$\underset{}{\overset{O}{\triangle}}-R_1\left[\underset{}{\overset{OH}{|}}-R_1\right]_n\overset{O}{\triangle} + 2\,HOCO-R_2 \longrightarrow R_2-COO\overset{OH}{\underset{|}{-}}R_1\left[\overset{OH}{\underset{|}{-}}R_1\right]_n\overset{OH}{\underset{|}{-}}O-CO-R_2$$

Hydroxyester

$$\downarrow R_3\!\!\begin{array}{c}CO\\ \diagdown\\ \diagup\\CO\end{array}\!\!O$$

$$R_3\!\!\begin{array}{c}COOH\\ \diagdown\\ CO\end{array}$$

$$R_2-COO\overset{O}{\underset{|}{-}}R_1\left[\overset{OH}{\underset{|}{-}}R_1\right]_n\overset{OH}{\underset{|}{-}}O-CO-R_2$$

Oligohydroxyester-carbonsäure

$$\downarrow N\!\!\equiv$$

$$R_3\!\!\begin{array}{c}COO^{\ominus}\\ \diagdown\\ CO\end{array}\quad \overset{H}{\underset{}{\overset{\oplus}{N}\!\!\equiv}}$$

$$R_2-COO\overset{O}{\underset{|}{-}}R_1\left[\overset{OH}{\underset{|}{-}}R_1\right]_n\overset{OH}{\underset{|}{-}}O-CO-R_2$$

Carbonsäure-Amin-Salz

(7.97)

In einem ersten Reaktionsschritt werden die Bisphenol A-diglycidylether mit Molmassen zwischen 1000 und 2000 mit Monofettsäuren R_2COOH umgesetzt, um zu applikationsgerechten Ausgangsstoffen, den „Hydroxyestern" zu gelangen. Diese werden dann in einer zweiten Reaktionsstufe partiell mit cyclischen Anhydriden zu „Oligohydroxyester-carbonsäuren" umgesetzt, die dann durch Neutralisation mit tertiären Aminen schließlich in die wasserlöslichen „Amin-carbonsäure-Salze" übergeführt werden. Die darin verbliebenen freien Hydroxylgruppen können nun mit Aminoharzen wie z. B. Hexamethylolmelamin bei 140 bis 180 °C vernetzt werden [71].

Solche und ähnlich aufgebaute Lacke lassen sich auch anodisch abscheiden. Qualitativ hochwertigere Produkte sind jedoch die an der Kathode abscheidbaren Lacke, wie sie heute als Grundierungen in der Autoindustrie Verwendung finden. Dazu werden niedermolekulare Epoxidharze mit Molmassen zwischen 1000 bis 1500 mit einem sekundären Amin umgesetzt, wobei sich Hydroxylgruppen neben endständigen tertiären Aminogruppen bilden. Letztere werden anschließend mit einer schwachen organischen Carbonsäure wie z. B. Milchsäure neutralisiert, wodurch das Harz in Form des nun vorliegenden Salzes wasserlöslich wird. Dieses nun ausschließlich sekundäre Hydroxylgruppen enthaltende Harz kann in bekannter Weise mit Aminoharzen oder blockierten Isocyanaten kombiniert und anschließend bei Temperaturen von 140 bis 180 °C gehärtet werden [72, 73]. Beim Einsatz wasserunlöslicher Vernetzungskomponenten drängt sich ein Zusatz von Lösungsvermittlern auf.

Neben diesen voraus beschriebenen Aminsalzen werden für Kataphorese-Anwendungen auch aus Epoxidharzen hergestellte Oniumsalze verwendet [74]. Unter diesen sind vor allem die quartären Ammonium-, Sulfonium- und Phosphoniumsalze erwähnenswert. Ihre Härtung erfolgt analog den Aminsalzen unter Zusatz von Lösungsvermittlern.

Insbesondere zur Innenauskleidung von Getränkedosen werden in zunehmendem Umfange wasserverdünnbare Lacke verwendet. Neben mehreren Versuchsprodukten hat die nachstehend beschriebene Harzkomponente in ihrer vernetzten Form den hohen Anforderungen der Lebensmittelgesetzgebung genügt. Hierbei werden auf hochmolekulare Epoxidharze auf der Basis von Bisphenol A (Molmasse 3000 bis 5000) Acryl- und Methacrylsäureester und/oder die entsprechenden freien Säuren in Gegenwart von Styrol radikalisch gepfropft. Anschließend werden die freien Carboxylgruppen dieser Oligomeren mit tertiären Aminen neutralisiert und damit in wasserlösliche Salze übergeführt. Zur Vernetzung kommen ausschließlich Amino- und Phenol-Formaldehyd-Harze zum Einsatz. Die Härtungstemperaturen liegen bei ca. 200 °C. Dabei reagieren die Hydroxymethylgruppen der Härter mit sekundären Hydroxylgruppen der gepfropften Epoxidverbindung unter Ausbildung von Etherbrücken. Die geringe Zahl der im System noch vorhandenen Epoxidgruppen wird bei 200 °C vermutlich durch Nebenreaktionen der Carboxylgruppen der Salze verbraucht [75].

7.2.10.2.2 Pulverlacke

Auf der Basis von Bisphenol A

Im Hinblick auf den Umweltschutz kommt den Epoxidharz-Pulverlacken neben den wasserverdünnbaren und lösemittelfreien Beschichtungen die größte Bedeutung zu. Die wichtigsten Vorteile der Pulverlacke sind:

- dank Rückgewinnungsanlage beste Materialausnutzung, Verlust unter 5%
- keine Abgabe von Spaltprodukten während des Härtungsvorgangs (Polyadditionsreaktion)
- hohe Automatisierbarkeit des Beschichtungsprozesses
- hohe chemische Beständigkeit der Lacke
- ausgezeichneter Korrosionsschutz
- sehr gute mechanische Eigenschaften
- dank breiten Angebots der Harz- und Härterhersteller lassen sich Pulverlacke formulieren, die ein breites Anwendungsspektrum abdecken können
- ökonomischste Einschichtlackierung

7.2 Epoxidharze

Pulverlacke werden üblicherweise durch Mischen der festen Ausgangsstoffe (Epoxidharz, Härter, Pigmente, Füllstoffe, Additive wie z.B. Verlaufsmittelkonzentrat oder Mattierungsmittel) und anschließendem Homogenisieren in beheizten Knetern hergestellt. Die resultierende Schmelze wird auf Kühlbänder ausgeladen, erkalten gelassen und anschließend die spröde harte Masse gebrochen und zu feinem Pulver (Kornfeinheit <60 μm) gemahlen.

Das Pulver wird mittels elektrostatischer Pulverspritzanlagen (Typ Tribo oder Corona) oder seltener durch Wirbelsintern auf das Substrat aufgebracht und zwischen 160 bis 200 °C ausgehärtet. Je nach Applikationsart liegt die Filmdicke der gehärteten Beschichtungen zwischen 40 μm (Spritzen) und 300 μm (Wirbelsintern).

Im Pulverlack, wie auch bei den Naßlacken, beeinflussen alle eingesetzten Bindemittelkomponenten die Verarbeitungs- und Endeigenschaften. Pulverlacke basieren vorwiegend auf festen Bisphenol A-Epoxidharzen mit Molmassen von 1000 bis 4000, wobei bevorzugt jene Typen verwendet werden, deren Molmassen zwischen 1500 bis 2000 liegen. Etwas verallgemeinernd kann man sagen, daß innerhalb des Bisphenol A-Epoxidharz-Spektrums mit zunehmender Molmasse:

- die physikalische Lagerstabilität zunimmt,
- die Verlaufseigenschaften abnehmen,
- die Kantendeckung verbessert wird,
- die Flexibilität und Schlagbeständigkeit zunimmt.

Mit zunehmender Funktionalität der Reaktionspartner:

- nimmt die Flexibilität und Schlagbeständigkeit ab,
- erhöht sich die Oberflächenhärte,
- nimmt die chemische Beständigkeit zu.

Bisphenol A-Epoxidharzen werden im Interesse einer erhöhten chemischen Beständigkeit oft mit polyfunktionellen glycidylierten Phenol- oder Kresolnovolaken modifiziert. Hierdurch werden auch die elektrischen Eigenschaften und die mechanischen und chemischen Beständigkeiten bei erhöhten Temperaturen verbessert. Dies allerdings geht – wie oben erwähnt – zu Lasten der Flexibilität und manchmal auch der Haftfestigung der Beschichtung.

Die anwendungstechnischen Eigenschaften der Pulverlacke werden – in etwas verallgemeinerter Form – durch die Härter in folgender Weise beeinflußt [60]:

- Beschleunigte Dicyandiamid-Härter

Neben ausreichender Reaktivität, guten mechanischen und chemischen Beständigkeiten, und sehr guter physikalischer Lagerstabilität ermöglichen diese Härter eine gute Kantendeckung und eine problemlose Verwendung in Gasöfen.

- Carboxyfunktionelle Polyester

Die Reaktivität hängt vom (eingebauten) Beschleuniger und dessen Gehalt ab. Ansonsten zeichnet sich diese Härterklasse durch guten Verlauf, gute physikalische Lagerstabilität, gute mechanische Festigkeiten, gute Farbstabilität und Kantendeckung aus. Limitierend können die chemische Beständigkeit und die Härtung im Gasofen sein.

Das Qualitätsniveau der Bindemittelkombination Epoxidharz/carboxyfunktionelle Polyester hängt stark vom gewählten Massen-Mischungsverhältnis ab. Generell stellt die 50:50-Mischung den besten Kompromiß zwischen lacktechnischen und chemischen Eigenschaften dar. Die carboxyfunktionellen Polyester sind heute die dominierende Härterklasse im Pulverlacksektor.

- Polyanhydride

Diese heute nur noch relativ selten anzutreffende Härterklasse zeichnet sich durch hohe Reaktivität, gute Haftfestigkeit, Farbstabilität und Säurebeständigkeit aus.

- Phenolische OH-Gruppen tragende Härter

Hierunter fallen sowohl die Novolake als auch die Bisphenol A-terminierten Harze. Beide Härter sind, sofern sie unbeschleunigt eingesetzt werden, wenig reaktiv. Alle heute auf dem Markt erhältlichen phenolischen Härter sind deshalb mit einem Reaktionsbeschleuniger modifiziert, oder aber der Hersteller nennt in seinen Richtrezepturen geeignete Aktivatoren. Die so modifizierten phenolischen Härter sind hoch reaktiv, sehr gut gegen Chemikalien beständig, aber nicht farbstabil. Zudem verändern sie ihre Farbe bei Härtung im Gasofen. Auch die mechanischen Eigenschaften dieser Härter sind nicht ideal, vor allem dann, wenn mit polyfunktionellen Novolaken gehärtet wird. Solche Bindemittelkombinationen werden fast ausschließlich für chemisch hoch belastete Beschichtungen (Röhren für den Transport von Öl oder anderen petrochemischen Erzeugnissen) eingesetzt, wo der Aspekt nebensächlich ist.

Pulverlacke auf der Basis aromatischer Epoxidharze sind nicht außenwitterungsbeständig, sie werden deshalb bevorzugt für die Lackierung von Büro-Metallmöbeln, Autozubehörteilen, Mikrowellenherden etc. eingesetzt.

Auf Basis von Triglycidyl-isocyanurat

Um wetterbeständige Pulverlacke formulieren zu können, muß als Epoxidkomponente Triglycidylisocyanurat (Araldit PT 810 CIBA, Tepic NISSAN) verwendet werden. Als Härter dienen hier ausschließlich carboxyfunktionelle Polyester [58, 59]. Pulverbeschichtungen auf Basis von Triglycidylisocyanurat und carboxyfunktionellen Polyestern werden zur Beschichtung von Gartenmöbeln, Ausrüstungs- und Bedarfsgegenständen in der Landwirtschaft verwendet und dominieren heute den Fassadenelementemarkt, da sie neben guter Außenbewitterungsstabilität sich durch gute Flexibilität und Haftfestigkeit auf Stahl und Aluminium auszeichnen.

7.2.10.3 Strahlenhärtung

Die Vernetzung von Epoxidverbindungen durch UV-Strahlung wird zur Zeit vornehmlich im Gebiet der Mikroelektronik angewendet [76, 77]. Doch ist eine Ausweitung auf Gebiete des Oberflächenschutzes, z. B. für bildlich strukturierte Flächen oder generell, wo die Vernetzung durch Lichteinstrahlung konstruktions- wie verarbeitungstechnisch Vorteile bringt, durchaus denkbar.

Mit den heute bekannten kationischen Photoinitiatoren (anionische sind bisher nicht gefunden worden) können alle Epoxidverbindungen vernetzt werden. Die Auswahl der Strukturen hat auch hier dem Anforderungsprofil des Applikationsgebietes gerecht zu werden. Dabei benötigen die Harzkombinationen ca. 1 bis 4 Massenprozent an geeigneten Photoinitiatoren. Unter der Einwirkung von UV-Strahlen findet in den Filmschichten eine Photolyse des Initiators und die Bildung von Lewis- oder Brönsted-Säuren statt, die die Polymerisation der Formulierung einleiten. Durch den Aufbau niedermolekularer Oligomerer steigt die Glasübergangstemperatur des vernetzenden Systems auf über Raumtemperatur an und friert damit ein. Diese Strukturen (meist noch löslich) können deshalb als latent reaktive Systeme bei Raumtemperatur gelagert und erst später, stets aber unter Anwendung höherer Temperaturen, vollständig vernetzt werden [50 bis 53, 55].

Als Photoinitiatoren wurden früher Aryldiazoniumsalze eingesetzt. Wegen ihrer geringen Dunkellagerstabilität und der schlechten Filmqualität, bedingt durch die inhärente Stickstoff-Abspaltung, werden diese heute nicht mehr verwendet. Auch die Diarylammoniumsalze werden kaum mehr eingesetzt; sie wurden durch die weit effektiveren Triarylsulfoniumsalze [50, 52] ersetzt. Als weitere gut lagerfähige Photoinitiatoren sind die Aren-Ferrocenium-Komplexe zu nennen [50, 53].

Bei der Elektronenstrahlhärtung [76, 77] erfolgt die Vernetzung der Filme über radikalische Mechanismen (ohne Zusatz von Initiatoren), für die wieder Epoxidverbindungen durch die Ringspannung der Oxiranringe besonders geeignet sind. Vorzugsweise werden hier Copolymere aus Acrylsäureglycidyl- oder Methacrylsäure-glycidylester mit Acrylsäurealkylestern eingesetzt.

7.2.10.4 Übersicht der Epoxidharzformulierungen und ihre Einsatzgebiete

Seit der Markteinführung 1945 haben die Epoxidharzsysteme auf dem Gebiet des Oberflächenschutzes eine große lacktechnische und wirtschaftliche Bedeutung erlangt. Durch die praktisch unbeschränkten Kombinationsmöglichkeiten von Harzen und Härtern gelingt es breiten technischen Anforderungsprofilen in verschiedensten Anwendungsgebieten gerecht zu werden.

Die optimale Nutzung dieser Strukturvielfalt und ihre charakteristische Verhaltensweisen bedarf großer Erfahrung und profunden Wissens. Dies in Einzelheiten festzuhalten ist durch die unzähligen chemischen, physikalischen und verarbeitungstechnischen Details kaum möglich. In Tabelle 7.24 wird deshalb versucht, die verwendeten Harze mit Angaben über Verarbeitung und Härtung – im Sinne einer Orientierungshilfe – mit den wichtigsten Anwendungsgebieten zu verknüpfen. Die Angaben beziehen sich, falls nicht anders vermerkt, immer auf Bisphenol A-diglycidylether; auf die Molmassenbereiche wird in den entsprechenden Kapitel hingewiesen.

7.2.11 Toxikologie der Epoxidharze [78, 79]

- Flüssige Epoxidharze auf Basis Bisphenol A

Nicht modifizierte Flüssigharze auf Basis von Bisphenol A zeigen keine bis nur sehr geringe Reizwirkung auf Haut und Schleimhäute; sie können jedoch als Sensibilisatoren wirken und allergische Hautveränderungen verursachen.

- Feste Epoxidharze auf Basis Bishenol A

Können praktisch als nicht toxisch bezeichnet werden; sie sind nicht reizend und kaum sensibilisierend. Das gleiche gilt auch für die Novolak-Epoxidharze, wobei auch hier die flüssigen Typen bei empfindlichen Personen sensibilisierend wirken können.

- Reaktive Verdünner

Müssen wegen der niedrigen Viskosität, des niedrigen Molmasse und des noch vorhandenen spürbaren Dampfdruckes mit Vorsicht gehandhabt werden. Diese Substanzen zeigen auf Haut und Schleimhäuten mittlere bis starke Reizwirkung; sie wirken auch sensibilisierend und können die Ursache von Hautaffektionen sein.

Das zur Synthese von Epoxidharzen eingesetzte Epichlorhydrin zeigt im Tierversuch möglicherweise kanzerogene Wirkung. Praktisch alle heute sich auf dem Markt befindlichen Epoxidharze enthalten dank ausgefeilten Herstellungsverfahren nur noch geringste Spuren von Epichlorhydrin.

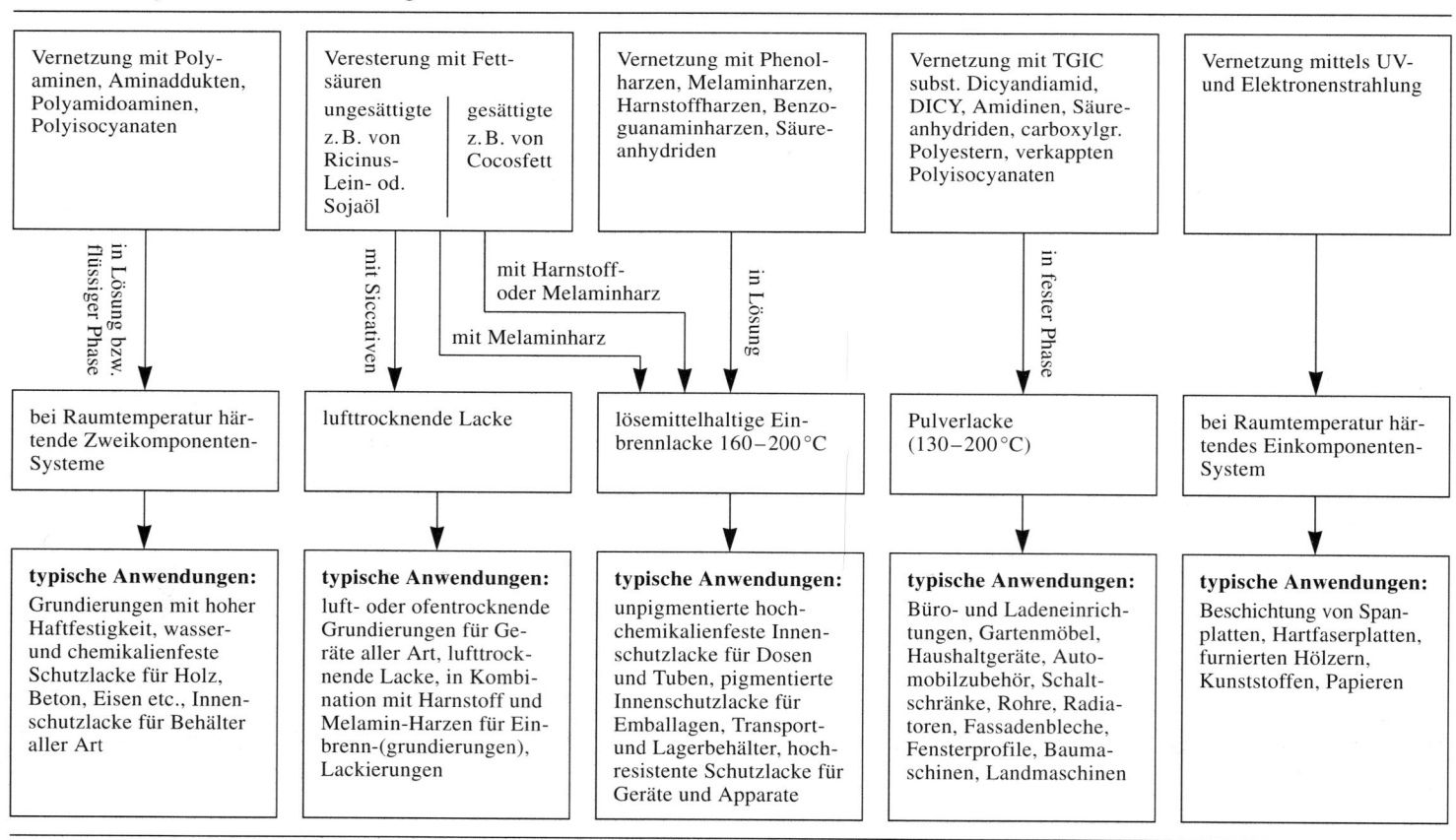

Tabelle 7.24. Epoxidharze und ihre Einsatzgebiete

Vernetzung mit Polyaminen, Aminaddukten, Polyamidoaminen, Polyisocyanaten	Veresterung mit Fettsäuren		Vernetzung mit Phenolharzen, Melaminharzen, Harnstoffharzen, Benzoguanaminharzen, Säureanhydriden	Vernetzung mit TGIC subst. Dicyandiamid, DICY, Amidinen, Säureanhydriden, carboxylgr. Polyestern, verkappten Polyisocyanaten	Vernetzung mittels UV- und Elektronenstrahlung
	ungesättigte z.B. von Ricinus-, Lein- od. Sojaöl	gesättigte z.B. von Cocosfett			
	mit Siccativen	mit Harnstoff- oder Melaminharz / mit Melaminharz	in Lösung	in fester Phase	
bei Raumtemperatur härtende Zweikomponenten-Systeme (in Lösung bzw. flüssiger Phase)	lufttrocknende Lacke		lösemittelhaltige Einbrennlacke 160–200 °C	Pulverlacke (130–200 °C)	bei Raumtemperatur härtendes Einkomponenten-System
typische Anwendungen: Grundierungen mit hoher Haftfestigkeit, wasser- und chemikalienfeste Schutzlacke für Holz, Beton, Eisen etc., Innenschutzlacke für Behälter aller Art	**typische Anwendungen:** luft- oder ofentrocknende Grundierungen für Geräte aller Art, lufttrocknende Lacke, in Kombination mit Harnstoff und Melamin-Harzen für Einbrenn-(grundierungen), Lackierungen		**typische Anwendungen:** unpigmentierte hochchemikalienfeste Innenschutzlacke für Dosen und Tuben, pigmentierte Innenschutzlacke für Emballagen, Transport- und Lagerbehälter, hochresistente Schutzlacke für Geräte und Apparate	**typische Anwendungen:** Büro- und Ladeneinrichtungen, Gartenmöbel, Haushaltgeräte, Automobilzubehör, Schaltschränke, Rohre, Radiatoren, Fassadenbleche, Fensterprofile, Baumaschinen, Landmaschinen	**typische Anwendungen:** Beschichtung von Spanplatten, Hartfaserplatten, furnierten Hölzern, Kunststoffen, Papieren

Literatur zu Abschnitt 7.2

[1] *W. G. Potter*: Uses of Epoxy Resins. Newnes Butterworth, Sevenoaks 1975
[2] *H. Lee* und *K. Neville*: Handbook of Epoxy Resins. Mc Graw Hill, New York 1982
[3] *C. A. May*: Epoxy Resins, Chemistry and Technolgy. Dekker, New York 1988
[4] *B. Ellis*: Chemistry and Technology of Epoxy Resins. Blackie Academic & Professional, London 1993
[5] *R. S. Bauer*, Epoxy Resin Chemistry, ACS-Symposium Ser. 114 (1979)
[6] *J. Di Stasio*: Epoxy Resin Technology, Developments since 1979. Noyes Data Corp., Park Ridge 1982
[7] *R. S. Bauer*, Epoxy Resin Chemistry II, ACS-Symposium Ser. 221 (1983)
[8] *L. V. Mc Adams* und *J. A. Gannon* in: *H. Mark* et al. (Hrsg.): Encyclopedia of Polymer Science and Engineering, Vol 6. Wiley, New York 1986, S. 322
[9] *F. Lohse* und *W. Seiz* in: *Houben-Weyl* (Hrsg.): Methoden der Organischen Chemie, Bd E 20, Makromolekulare Stoffe. Thieme, Stuttgart 1987, S. 1891 ff.
[10] *J. W. Muskopf* und *S. B. Mc Collister* in: Ullmanns Encyclopedia of Industrial Chemistry, 5 Ed, Vol. A9. Verlag Chemie, Weinheim 1987, S. 547
[11] *Becker/Braun/Woebcken* (Hrsg.): Duroplaste. Kunststoff-Handbuch, Bd 10. Hanser, München, Wien 1988. (Chemie und Anwendungen der Epoxidharze werden ausführlich in getrennten Kapiteln behandelt.)
[12] CH 211 116 (1938); DE 749512 (1938) Gebr. De Trey AG (*P. Castan*)
[13] DE 676 117 (1934) IG Farben (*P. Schlack*)
[14] US 2 585 115 (1945) Devoe & Raynolds Co. (*S.O. Greenlee*)
[15] *R. Zierlewagen*, Plast Europe (1992) 638
[16] *H. Batzer* und *E. Nikles*, Chimia **16** (1962) 57
[17] *G. Dittus* in *Houben-Weyl* (Hrsg.): Methoden der organischen Chemie, Bd 6/3, S. 385; *E. Dankowski* et al., Bd E 13, S. 1258. Thieme, Stuttgart 1965, 1988
[18] siehe [9], S. 1908 f
[19] siehe [2] Chapter 3
[20] US 2 785 185 (1952) Union Carbide Corp. (*B. Phillips, P. S. Starcher*); *B. Phillips, F. C. Frostick* und *P. S. Starcher*, J. Amer. Chem. Soc. **79** (1957) 5982
[21] *C. Monnier*, Unveröffentlichte Versuche. CIBA, Basel
[22] *W. M. Weigert, A. Kleemann* und *G. Schreyer*, Chem. Ztg. **99** (1975) 19
[23] *H. Feichtinger, W. Weigert, A. Kleemann* und *H. Offermann*, in *F. Korte* (Hrsg): Methodicum Chimicum, Bd. 5. Thieme, Stuttgart 1975, S. 164
[24] EP 108 720 (1982) Ciba-Geigy AG (*C. Monnier*)
[25] *G. B. Payne, P. H. Deming* und *P. H. Williams*, J. Org. Chem. **26** (1961) 659
[26] *P. Stroh* in *Houben-Weyl* (Hrsg.): Methoden der Organischen Chemie, Bd. 5/3. Thieme, Stuttgart 1962, S. 768
[27] *D. Dobinson* et al., Makromol. Chem. **59** (1963) 82
[28] siehe [9] 1916
[29] *H. Batzer* und *S. A. Zahir*, J. Appl. Polym. Sci. **21** (1977) 1843
[30] *H. Batzer* und *S. A. Zahir*, J. Appl. Polym. Sci. **19** (1975) 585
[31] Siehe [2], S. 2–18; [3], S. 55; [9], S. 1929
[32] Siehe [2], S. 2–21; [3], S. 56; [9] S. 1925
[33] Siehe [2], S. 2–16; [9], S. 1911
[34] Siehe [2], S. 2–20; [9], S. 1933
[35] Siehe [9], S. 1933
[35a] Siehe[9], S. 1939;
   M. Budnowski, Angew. Chem. **80** (1968) 851;
   D. Joel und *H. Becker*, Plaste Kautschuk **23** (1976) 237
[36] Siehe [9], S. 1902
[37] Siehe [9], S. 1950 f
[38] Siehe [2], S. 5-18; [3], S. 317; [9], S. 1957 f;
   K. Dusek et al., J. Polymer Sci., Polym. Chem. Ed. **21** (1983) 2873;
   H. J. Booss und *K. R. Hauschildt*, Angew. Makromol. Chem. **84** (1980) 51
[39] Siehe [2], S. 5–20; [3], S. 323; [9], S. 1958

[40] Siehe [2], S. 5–16; [3], S. 315; [9], S. 1976
[41] Siehe [3], S. 310; [9], S. 1978
[42] Siehe [3], S. 293; [9], S. 1965;
B. A. *Rozenberg*, Advances in Polymer Science **75** (1986) 113
[43] Siehe [3], S. 306; [9], S. 1986
[44] *P. Eyerer*, J. Appl. Polym. Sci **15** (1971) 3067; *M. Fedtke* et al., Z. Chem. **25** (1985) 177
[45] Siehe [2], S. 5–4; [3], S. 308, 333; [4], S. 56; [9], S. 1979
[46] Siehe [2], S. 5–13; [3], S. 336; [4], S. 68; [9], S. 1980
[47] *J. Berger* und *F. Lohse*, Eur. Polym. J. **21** (1985) 435; J. Appl. Polym. Sci **30** (1985) 531; Polymer Bulletin **12** (1984) 535
[48] *M. Fischer, F. Lohse* und *R. Schmid*, Makromol. Chem. **181** (1981) 1251
[49] *G.E. Green, B. P. Stark* und *S. A. Zahir*, J. Macromol Sci., Revs. Macromol. Chem. C **21** (1981/82) 187
[50] *F. Lohse* und *H. Zweifel*, Adv. Polym. Sci. **78** (1986) 61;
Siehe [9] 1987
[51] *J.V. Crivello* und *J. H. W. Lam*, Macromolecules **10** (1977) 1307
[52] *J.V. Crivello*, Macromolecules **14** (1981) 1141; **16** (1983) 864
[53] EP 94915 (1984); EP 126 712 (1984) Ciba-Geigy AG (*K. Meier* et al.)
[54] EP 152 377 (1985) Ciba-Geigy AG (*K. Meier, H. Zweifel*)
[55] DE 2 854 011 (1978); US 4 336 363 (1979); EP 310 881 (1987) General Electric Co. (*J. V. Crivello*)
J.V. Crivello, Makromol. Chem., Macromol. Symp. **13/14** (1988) 145
EP 126 712 (1984) Ciba-Geigy AG (*K. Meier* et al.)
[56] *H. Gempeler* und *W. Marquardt* in *Becker/Braun/Woebcken* (Hrsg.): Duroplaste. Kunststoff-Handbuch, Bd. 10. Hanser, München, Wien 1988, S. 1012
[57] EP 0 002.718, Ciba-Geigy (*E. Knecht*)
[58] *W. Marquardt* und *H. Gempeler*, Farbe + Lack **84** (1978) 301
[59] *W. Marquardt* und *H. Gempeler*, Farbe + Lack **86** (1980) 696
[60] *K.H. Seyfert* in *Becker/Braun/Woebcken* (Hrsg.): Duroplaste. Kunststoff-Handbuch, Bd. 10. Hanser, München, Wien 1988, S. 1049
[61] *H. Kittel*, Lehrbuch der Lacke und Beschichtungen, Band 1, Teil 2. Colomb, Berlin 1973, S. 645
[62] *H. Kittel*, Lehrbuch der Lacke und Beschichtungen, Band 1, Teil 2. Colomb, Berlin 1973, S. 642
[63] *H. Gempeler* und *W. Marquardt* in *Becker/Braun/Woebcken* (Hrsg.): Duroplaste. Kunststoff-Handbuch, Bd. 10. Hanser, München, Wien 1988, S. 1016
[64] Technische Dokumentationen der Firma Dow Chemicals zur Produktgruppe Derakane
[65] Siehe [11], S. 1004 f
[66] Technische Dokumentation der Firmen Emser-Werke, Witco, Bakelite
[67] DE-OS 2 460 305 (1976) Schering AG (*W. Seide, D. Helm*)
[68] US 4 148 950 (1978) Ameron Inc. (*G. D. Brindell, R. A. Fraccia*)
[69] Produkt Synocure z.B. Typ 890 S. der Firma Cray-Valley, UK
[70] *A. Wegmann*, FATIPEC-Kongreßbuch 1992, Vol. 1, S. 130ff
[71] *W. J. van Westrenen* et al., VIII. FATIPEC-Kongreßbuch 1966, S. 126
[72] *P. Kordomenos* und *J. D. Nordstrem*, J. Coatings Technol., **54** No. (1982) Nr. 686,
[73] *R. M. Christenson*, Water borne and Higher Solids Coating Symposium (1979)
[74] EP 74634 (1983) PPG Industries, Inc. (*M. Wiesner, J. F. Bosso*)
[75] *P. Robinson*, J. Coatings Technol., **53**, (1981) Nr. 674
[76] *A. Reiser*: Photoreactive Polymers. Wiley, New York 1989, S. 294
[77] *H. Timpe* und *H. Baumann*: Photopolymere, Prinzipien und Anwendungen. VEB Deutscher Verlag für Grundstoffindustrie, Leipzig 1985, S. 232, 270
[78] Siehe [11], S. 139 f.
[79] Arbeitshygienische Hinweise zur Verarbeitung von Kunststoffprodukten der Ciba-Geigy (1977)

8 Polymerisate

Dr. Peter Denkinger

In den Kapiteln 6 und 7 wurden Polymere beschrieben, die durch Polykondensation und Polyaddition synthetisiert werden. Eine weitere Möglichkeit zur Herstellung hochmolekularer Verbindungen (Makromoleküle) ist die Polymerisation von Vinylverbindungen (Formel 8.1). Diese stellen in der Lack- und Beschichtungsindustrie die bedeutendste Gruppe von Polymeren dar [1 bis 8].

$$H_2C=CH- \qquad \text{Vinylgruppe} \tag{8.1}$$

Die wichtigsten Polymerisationsverfahren sind die radikalische Polymerisation (Abschn. 8.1, siehe auch Kap. 2.3) und die ionische Polymerisation (Abschn. 8.2, siehe auch Kap. 2.4).

8.1 Radikalische Polymerisation

Der Ablauf der radikalischen Polymerisation von Vinylverbindungen wird im Kapitel 2.3 beschrieben. Auf die einzelnen Schritte soll hier näher eingegangen werden. Reaktionskinetische Betrachtungen können im Rahmen dieses Beitrags nicht durchgeführt werden (siehe Kap. 2.3). In der Literatur finden sich ausführliche Beschreibungen [1, 2, 4, 9, 10].

I Startreaktion

Zur Radikalbildung müssen kovalente Bindungen eines Initiatormoleküls homolytisch gespalten werden (siehe aber auch Redoxinitiatoren, Gl. 8.4). Die dazu erforderliche Energie kann thermisch, chemisch, elektrochemisch oder photochemisch in das System gebracht werden [11 bis 15].

Die thermische Initiierung des Kettenstarts ist die allgemein anwendbare und daher auch technisch bedeutendste Art des Kettenstarts. Peroxide, Persulfate und Azoverbindungen zählen zu den am häufigsten gebrauchten Initiatoren der Radikalpolymerisation. Bei geeigneten Temperaturen zerfallen diese Substanzen mit genügender Geschwindigkeit in Radikale.

$$Ph-\overset{O}{\underset{}{C}}-O-O-\overset{O}{\underset{}{C}}-Ph \longrightarrow 2\ Ph-\overset{O}{\underset{}{C}}-O^* \longrightarrow 2\ Ph^* + 2\ CO_2 \tag{8.2}$$

Dibenzoylperoxid z. B. bildet beim Erhitzen unter Abspaltung von CO_2 zwei Phenylradikale (Gl. 8.2), ein einfacher Einstufenzerfall tritt bei Dicumylperoxid auf (Gl. 8.3).

$$Ph-\underset{CH_3}{\overset{CH_3}{\underset{|}{C}}}-O-O-\underset{CH_3}{\overset{CH_3}{\underset{|}{C}}}-Ph \longrightarrow 2\ Ph-\underset{CH_3}{\overset{CH_3}{\underset{|}{C}}}-O^* \tag{8.3}$$

In Tabelle 8.1 sind einige wissenschaftlich und technisch häufig verwendete Initiatoren zusammengestellt.

Tabelle 8.1. Thermische Initiatoren für die radikalische Polymerisation

Produkt	Struktur	Kurzform
Dibenzoylperoxid	$C_6H_5COO-OCOC_6H_5$	BPO
Dicumolperoxid	$C_6H_5C(CH_3)_2O-OC(CH_3)_2C_6H_5$	Dicup
Cumolhydroperoxid	$C_6H_5C(CH_3)_2O-OH$	CHP
Dikaliumpersulfat	$KOSO_2O-OSO_2OK$	KPS
Diammoniumpersulfat	$NH_4OSO_2O-OSO_2ONH_4$	APS
Azobisisobutyronitril	$(CH_3)_2C(CN)-N=N-C(CN)(CH_3)_2$	AIBN
Benzpinakol	$(C_6H_5)_2C(OH)-C(OH)(C_6H_5)_2$	
Di-*tert*-butylperoxid	$(CH_3)_3CO-OC(CH_3)_3$	DBP

Die Startreaktion verläuft in 2 Stufen (siehe Kap. 2, Gln. 2.36 und 2.38)

- der Zersetzungsreaktion des Initiators und
- der Addition des Radikals an ein Monomermolekül.

In der Praxis ist allerdings zu berücksichtigen, daß nicht jedes durch die Zersetzungsreaktion gebildete Radikal zur Bildung eines kettenförmigen Moleküls führt. Ein Teil der Radikale kann unter Umständen mit Luftsauerstoff oder anderen inhibierend wirkenden Verbindungen reagieren und geht damit für die Polymerisation verloren.

Die Geschwindigkeit der Startreaktion (Kap. 2, Gl. 2.40) ist abhängig von der Geschwindigkeit der Zersetzungsreaktion, d.h. von der Halbwertszeit des Initiators [16]. Da diese Reaktion eine hohe Aktivierungsenergie besitzt (≈ 125 kJ/mol), ist sie stark temperaturabhängig. Die Halbwertszeiten dienen in der Technik der raschen Charakterisierung von Initiatoren. Neben der Zerfallsgeschwindigkeit ist für die Geschwindigkeit der Startreaktion die Stabilität der entstehenden Radikale und die Art des verwendeten Lösemittels von Bedeutung. Sehr stabile Radikale, wie z.B. das Triphenylmethylradikal, lösen keine Polymerisation aus.

Mit sogenannten Redoxinitiatoren ist es möglich, die Aktivierungsenergie, z.B. bei Perverbindungen, herabzusetzen und eine Polymerisation auch bei niedrigen Temperaturen auszulösen. Ein Beispiel hierfür ist die Reaktion zwischen Wasserstoffperoxid und Eisen(II)-Ionen, bei der Hydroxylradikale entstehen.

$$H-O-O-H + Fe^{2\oplus} \longrightarrow HO* + OH^{\ominus} + Fe^{3\oplus} \quad (8.4)$$

Weitere Redoxsysteme sind detailliert in der Literatur beschrieben [4, 13, 14, 16].

Radikale, die die Polymerisation auslösen, können auch photochemisch gebildet werden [17]. Die Azogruppe des Azobisisobutyronitrils (AIBN) absorbiert Licht bei 350 nm, worauf das Molekül zerfällt und Isobutyronitril-Radikale gebildet werden.

$$\underset{\underset{CH_3}{|}}{\overset{\overset{CN}{|}}{H_3C-C}}-N=N-\underset{\underset{CH_3}{|}}{\overset{\overset{CN}{|}}{C-CH_3}} \longrightarrow 2\ \underset{\underset{CH_3}{|}}{\overset{\overset{CN}{|}}{H_3C-C*}} + N_2 \quad (8.5)$$

Photoinitiierte Polymerisationen benötigen für die Bildung von Initiatorradikalen keine thermische Aktivierungsenergie.

Bei der elektrolytischen oder elektrochemischen Polymerisation [12, 18] wird in Gegenwart eines Monomeren eine Elektrolyse durchgeführt. Freie Radikale können an der Anode oder der Kathode gemäß Gleichung 8.6 entstehen.

$$\begin{aligned} \text{Kathode: z.B.} &\quad H_3O^{\oplus} + e^{\ominus} \longrightarrow H_2O + H* \\ \text{Anode: z.B.} &\quad R-COO^{\ominus} - e^{\ominus} \longrightarrow R-COO* \longrightarrow R* + CO_2 \end{aligned} \quad (8.6)$$

II Kettenwachstum

Der Initiatorzerfall liefert laufend neue Initiatorradikale, die nach Addition je eines Monomermoleküls zu Monomerradikalen und nach weiterer Monomeranlagerung zu Polymerradikalen werden (Kap. 2, Gln. 2.41 und 2.42). Da bei jedem Additionsschritt wieder ein wachstumsfähiges Radikal entsteht, liegen die charakteristischen Gegebenheiten einer Kettenreaktion vor. Der entscheidende Unterschied zu einer niedermolekularen Kettenreaktion, wie z. B. der Chlorknallgasreaktion, liegt in der Bildung von chemischen Bindungen zwischen den Gliedern der Reaktionskette. Die Anlagerung von Vinylmonomeren an die Polymerkette erfolgt in der Regel in Kopf/Schwanz-Stellung (siehe Kap. 3.2.1). Gleichung 8.7 zeigt die Wachstumsreaktion von Vinylmonomeren:

$$\text{wCH}_2-\underset{R}{\overset{H}{\underset{|}{C}}}{}^* + \text{CH}_2=\underset{R}{\overset{|}{CH}} + \text{CH}_2=\underset{R}{\overset{|}{CH}} + \ldots \longrightarrow \text{wCH}_2-\underset{R}{\overset{|}{CH}}-\text{CH}_2-\underset{R}{\overset{|}{CH}}-\text{CH}_2-\underset{R}{\overset{|}{CH}}{}^* \tag{8.7}$$

Da die Wachstumsreaktion im Vergleich zur Startreaktion eine geringere Aktivierungsenergie benötigt, ist sie auch weniger von der Temperatur abhängig.

III Kettenabbruch

Die wachsenden Ketten der Polymerradikale werden in der Regel durch andere Radikale abgebrochen. Dies ist auf zweierlei Weise möglich: Entweder durch Kombination von zwei Radikalen oder durch Disproportionierung, bei der ein Wasserstoffatom von einer Kette auf die andere übertragen wird (Kap. 2, Gln. 2.44 und 2.45). Beide Abbruchreaktionen sind in den Gleichungen 8.8 und 8.9 am Beispiel der radikalischen Polymerisation von Styrol dargestellt.

Abbruch durch Kombination:

$$\text{wCH}_2-\overset{H}{\underset{\underset{\text{Ph}}{|}}{C}}{}^* + {}^*\overset{H}{\underset{\underset{\text{Ph}}{|}}{C}}-\text{CH}_2\text{w} \longrightarrow \text{wCH}_2-\underset{\text{Ph}}{CH}-\underset{\text{Ph}}{CH}-\text{CH}_2\text{w} \tag{8.8}$$

Abbruch durch Disproportionierung:

$$\text{wCH}_2-\overset{H}{\underset{\underset{\text{Ph}}{|}}{C}}{}^* + {}^*\overset{H}{\underset{\underset{\text{Ph}}{|}}{C}}-\text{CH}_2\text{w} \longrightarrow \text{wCH}_2-\underset{\text{Ph}}{CH_2} + \underset{\text{Ph}}{CH}=CH\text{w} \tag{8.9}$$

Wie die Reaktionsgleichungen zeigen, entstehen durch Kombination Makromoleküle, deren Molmasse durchschnittlich doppelt so groß ist wie die der wachsenden Kettenradikale, während beim Abbruch durch Disproportionierung die durchschnittliche Kettenlänge mit der mittleren Länge der Kettenradikale identisch ist. Welche der beiden Abbruchmechanismen bevorzugt auftritt, ist von den verwendeten Monomeren und der Polymerisationstemperatur abhängig. Bei der radikalischen Polymerisation ist die Kombination bei niedrigen Polymerisationstemperaturen die dominierende Kettenabbruchreaktion.

Während der Polymerisation kommt es vor, daß ein wachsendes Kettenradikal irgendeinem Molekül ein Atom entreißt, z.B. Wasserstoff oder Chlor. Dadurch wird das Radikal abgesättigt, das angegriffene Molekül bleibt als Radikal zurück und startet eine neue Kette (Gl. 8.10).

$$\text{\textasciitilde\textasciitilde\textasciitilde CH}_2\text{-CH(C}_6\text{H}_5\text{)}* + \text{R-X} \longrightarrow \text{\textasciitilde\textasciitilde CH}_2\text{-CH(C}_6\text{H}_5\text{)-X} + \text{R}* \qquad (8.10)$$

(X = H, Cl)

(R* startet neue Kette)

Die Kettenreaktion geht also ununterbrochen weiter, obschon das Kettenwachstum des ersten Moleküls beendet ist. Eine solche Kettenübertragung (siehe Kap. 2.3.1.4) [1, 20] kann stattfinden mit dem Initiator, mit bereits fertigen Ketten, dem Monomeren und mit eigens zum Zweck der Kettenübertragung zugesetzten Stoffen, sogenannten Reglern (Regelung der Molmasse bzw. des Polymerisationsgrades). Bei der radikalischen Polymerisation werden meist Mercaptane (R–SH) als Regler verwendet.

Die Kettenübertragungsreaktion mit Mercaptanen kann am Beispiel der Styrol-Polymerisation folgendermaßen formuliert werden:

$$\text{\textasciitilde\textasciitilde\textasciitilde CH}_2\text{-CH(C}_6\text{H}_5\text{)}* + \text{R-SH} \longrightarrow \text{\textasciitilde\textasciitilde CH}_2\text{-CH}_2\text{(C}_6\text{H}_5\text{)} + \text{R-S}*$$

$$\xrightarrow{+ \text{Styrol}} \text{R-S-CH}_2\text{-CH(C}_6\text{H}_5\text{)}* \qquad (8.11)$$

Reglerwirkung von Mercaptanen

Der primäre Effekt bei der Kettenübertragung ist die Abnahme des Polymerisationsgrades. Die Fähigkeit von Lösemitteln und Reglern, kettenübertragend zu wirken, bewertet man quantitativ durch die Angabe von Übertragungskonstanten KÜ. KÜ ist abhängig von der Art des verwendeten Lösemittels, der Art des Kettenradikals und der Temperatur. Übertragungskonstanten wurden für verschiedene Systeme ermittelt [20 bis 23].

Inhibitioren

Inhibitoren sind organische Verbindungen, die geeignet sind, den Kettenabbruch bei der Radikalkettenpolymerisation zu bewirken. Sie reagieren mit Radikalen entweder unter Bildung von abgesättigten Molekülen oder stabiler Radikale, die zu träge sind, eine neue Kette zu starten [19].

Viel wichtiger als zum Kettenabbruch während einer Polymerisation sind Inhibitoren, um bei der Herstellung und Aufbewahrung von Monomeren eine Polymerisation schon im Keime zu ersticken und zu verhindern. Am häufigsten werden Chinone und Nitro-Verbindungen verwendet.

Die technische Bedeutung der Inhibitoren ist ebenso groß wie die der Initiatoren, denn ohne Inhibitoren wäre eine Reindarstellung und Lagerung von vielen Monomeren in technischem Maßstab gar nicht denkbar.

8.2 Ionische Polymerisation

Durch ionische Polymerisation können nicht nur olefinisch ungesättigte Verbindungen, sondern auch Aldehyde, Ketone, Thioaldehyde, Thioketone, Lactone, Lactame, Oxime und viele andere Verbindungen polymerisiert werden. In den Abschnitten 8.2 und 8.3 soll jedoch nur die für die Lack- und Beschichtungsindustrie wichtige Gruppe der olefinisch ungesättigten Monomeren betrachtet werden.

Bei der ionischen Polymerisation unterscheidet man die anionische Polymerisation mit Makroanionen als wachsenden Zentren von der kationischen Polymerisation mit Makrokationen. Wie die radikalische Polymerisation läuft auch die ionische Polymerisation nach einer Kettenreaktion ab. In der Kinetik unterscheiden sich die Polymerisationen aber in wesentlichen Punkten [24 bis 26].

Die Startreaktion der ionischen Polymerisation benötigt nur eine geringe Aktivierungsenergie, so daß die Polymerisationsgeschwindigkeit nur wenig von der Temperatur abhängt. Die Polymerisation kann somit auch bei niedrigen Temperaturen von -50 bis $-100\,°C$ durchgeführt werden.

Ein weiterer Unterschied besteht in der Abbruchreaktion. Ein Kettenabbruch durch Rekombination tritt nicht auf, da die wachsenden Ketten wegen ihres Elektronenüberschusses bzw. -defizits nicht untereinander reagieren können. Kettenabbruch findet nur durch Verunreinigungen oder absichtlich zugesetzte Stoffe statt. Dies sind allgemein Verbindungen, die mit den wirksamen Ionen unter Bildung neutraler Stoffe oder unwirksamer Ionen reagieren, wie Wasser, Alkohole, Säuren, Amine oder Sauerstoff.

Im Gegensatz zum Radikal-Mechanismus ist die ionische Polymerisation nicht auf Monomere mit C=C-Doppelbindung beschränkt. Vielmehr können auch Carbonylverbindungen (z.B. Aldehyde), Epoxide (z.B. Propylenoxid) und cyclische Ether (z.B. Tetrahydrofuran) teils kationisch, teils anionisch polymerisiert werden. Die Polymerisationen der beiden letztgenannten Monomeren werden auch Ringöffnungspolymerisationen genannt [27, 28, 45 bis 47].

Entsprechend dem Schema der radikalischen Polymerisation (siehe Kap. 2.3) kann der Ablauf der ionischen Polymerisation durch die in Abschnitt 8.2.1 gegebenen Gleichungen 8.12 beschrieben werden.

8.2.1 Anionische Polymerisation

I Start
$$M + I^{\ominus} \longrightarrow I-M^{\ominus}$$

II Wachstum
$$I-M^{\ominus} + M \longrightarrow I-M-M^{\ominus} \quad \text{usw.} \tag{8.12}$$

III Abbruch
$$I-M_n^{\ominus} + HA \longrightarrow I-M_n-H + A^{\ominus}$$

(HA = protische Substanz, z.B. H_2O, $R-OH$ u.ä.)

Die Startreaktion der Gleichungen 8.12 setzt das Vorhandensein von freien Ionen voraus. Dieser idealisierte Fall liegt jedoch in der Realität, besonders in weniger polaren organischen Lösemitteln, kaum vor [1, 29 bis 36]. Vielmehr werden Begriffe wie Kontaktionenpaar und solvatgetrenntes Ionenpaar als Zwischenstufen diskutiert [37]. Die Polymerisationsgeschwindigkeit hängt stark von der Polarität der verwendeten Lösemittel ab. Die

Polymerisation von Ionenpaaren, die in unpolaren Lösemitteln vorliegen, ist um Größenordnungen langsamer als die von freien Ionen. Eine Dissoziation wird durch Komplexierung des Gegenions gefördert. Der Einfluß des Dissoziationsgleichgewichtes auf die Molmassenverteilung ist jedoch vernachlässigbar [38, 39].
Das komplex gebundene Gegenion wurde bei der Formulierung des anionischen Polymerisationsschemas (z. B. in den Gln. 8.12 und 8.15) der Einfachheit halber weggelassen.

I Start

Ionische Polymerisationen werden durch Basen oder Lewis-Säuren in polaren Systemen ausgelöst. Initiatoren für die anionische Polymerisation sind Alkalimetalle und deren organische Verbindungen Phenyllithium, Butyllithium, Phenylnatrium und KNH_2, die in Lösung mehr oder weniger stark dissoziert vorliegen.

$$BuLi \rightleftharpoons Bu^\ominus + Li^\oplus$$
$$Bu^\ominus Li^\oplus + CH_2=CHR \longrightarrow Bu-CH_2-CHR^\ominus Li^\oplus \quad (8.13)$$

Da bei der anionischen Polymerisation im allgemeinen sehr geringe Initiatormengen (Größenordnung 0,01%) verwendet werden, muß die Polymerisation unter peinlichem Ausschluß von Wasser und Luft ausgeführt werden. Bereits 0,01% Wasser genügen, um im Beispiel 8.13 die Polymerisation völlig zum Erliegen zu bringen.

II Wachstum

Die ionische Polymerisation wird auch „lebende Polymerisation" genannt [29, 34, 40, 41], da auf eine sehr schnelle Startreaktion ein Kettenwachstum ohne Übertragungs- und Abbruchreaktion erfolgt, d.h. die individuellen Kettenträger werden nicht vernichtet und bleiben aktiv. In der Praxis kann man daher entsprechend eine Polymerisation bis zu einem bestimmten Polymerisationsgrad durchführen und durch eine zweite, zeitlich versetzte Monomerzugabe den Polymerisationsgrad der immer noch aktiven Ketten weiter erhöhen (siehe Kap. 2, Bild 2.3 b).
Da von den Ionen keines vor einem anderen bevorzugt ist, verteilen sich bei idealer Durchmischung die im Reaktionsgefäß vorhandenen oder während der Polymerisation zugeführten Monomeren gleichmäßig auf alle Ionen. Alle Ketten werden demnach innerhalb statistischer, durch die Zufälligkeit der Addition bedingter Schwankungen gleich lang (siehe Kap. 2, Bild 2.3 b). Weiterhin wird die Molmasse eines so hergestellten Polymeren durch das Verhältnis Monomermenge zu Initiatormenge bestimmt. Der Polymerisationsgrad kann somit vorausberechnet werden. Da bei der Initiierung mit n-Butyl-Lithium ein Initiatormolekül eine Kette startet, ist die Anzahl der Ketten gleich der Anzahl der Initiatormoleküle. Das Zahlenmittel des Polymerisationsgrades P_n errechnet sich nach

$$P_n = [\text{Monomer}]/[\text{Initiator}] \quad (8.14)$$

Die Molmassenverteilung der anionisch dargestellten Polymeren ist sehr eng (Poissonverteilung) und wird nur noch von der enzymatischen Synthese übertroffen [42 bis 44]. Die Uneinheitlichkeit liegt bei günstigen Bedingungen unter $U=0,05$ (siehe Kap. 3)! Im Bild 8.1 ist eine Massenverteilungsfunktion von anionisch hergestellten Polymerisaten für $l_{kin}=50$ (l_{kin}=kinetische Kettenlänge, siehe Kap. 2) der entsprechenden Massenverteilungsfunktion von radikalisch hergestellten Polymeren (Schulz-Flory-Verteilung mit $l_{kin}=50=P_n$ bei einem Abbruch der Reaktion durch Disproportionierung) gegenübergestellt (siehe auch Kap. 2) [1,70].

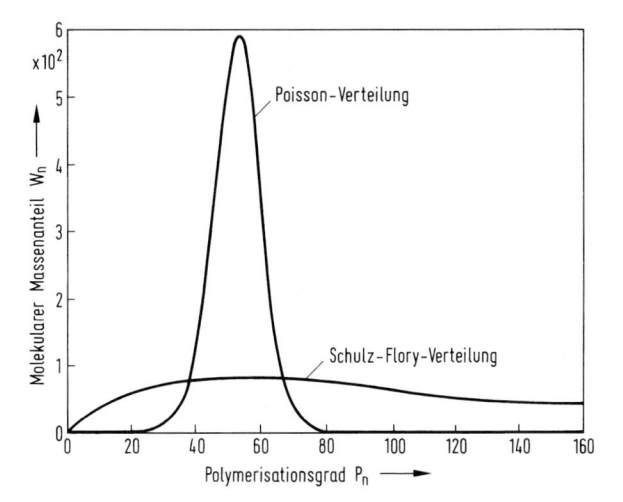

Bild 8.1. Poisson-Verteilung (anionische Polymerisation) und Schulz-Flory-Verteilung (radikalische Polymerisation mit Disproportionierungsabbruch) für $l_{kin}=P_n=50$ [70]; w_n=Massenanteil der Moleküle mit dem Polymerisationsgrad P_n

III Abbruch

Lebende Polymerisationen weisen keine Abbruchreaktion auf. Die Übertragunsreaktionen sind in den meisten Fällen zu vernachlässigen. Die ionischen Kettenenden sind auch nach erfolgter Polymerisation noch aktiv. Eine Desaktivierung ist z.B. durch Zugabe von protischen Substanzen wie Wasser oder Alkoholen oder durch Kohlendioxid möglich (Gl. 8.15).

$$\begin{aligned} I \mathbin{\text{\small$\wedge\!\!\wedge$}} M^\ominus + H_2O &\longrightarrow I \mathbin{\text{\small$\wedge\!\!\wedge$}} M-H + OH^\ominus \\ I \mathbin{\text{\small$\wedge\!\!\wedge$}} M^\ominus + CO_2 &\longrightarrow I \mathbin{\text{\small$\wedge\!\!\wedge$}} M-COO^\ominus \end{aligned} \qquad (8.15)$$

Die Reaktion mit CO_2 in Gleichung 8.15 beschreibt den Fall der Einführung einer Carboxylgruppe, welche zwar anionisch ist, aber nicht basisch genug, um eine weitere Polymerisation zu ermöglichen.

8.2.2 Kationische Polymerisation

Die kationische Polymerisation kann mit Ausnahme der Abbruchreaktion formal durch die Gleichungen 8.12 mit positivem Ladungszeichen beschrieben werden [48 bis 53]. Die bei der kationischen Polymerisation verwendeten elektrophilen Initiatoren können in drei Gruppen eingeteilt werden:

a) klassische Protonensäuren
b) Lewissäuren oder Friedel-Crafts-Katalysatoren (BF_3, $AlCl_3$, $TiCl_4$ und $SnCl_4$) und
c) Carboniumionensalze.

Die wichtigsten Initiatoren sind die Lewis-Säuren. Diese sind aber nur mit einem Cokatalysator, der als Protonendonator agiert, aktiv, z.B.

$$BF_3 + H-OH \longrightarrow H[BF_3OH] \longrightarrow H^\oplus + [BF_3OH]^\ominus \qquad (8.16)$$

Der gebildete Komplex reagiert mit einem Monomeren zu einem Carboniumion, das als Ionenpaar mit [BF$_3$OH]$^-$ vorliegt.

$$H^{\oplus}[BF_3OH]^{\ominus} + \underset{H_3C}{\overset{H_3C}{>}}C=CH_2 \longrightarrow H_3C-\underset{CH_3}{\overset{CH_3}{\underset{|}{\overset{|}{C}}}}{}^{\oplus}\;[BF_3OH]^{\ominus} \qquad (8.17)$$

Das Kettenwachstum erfolgt durch wiederholte Kopf-Schwanz-Addition eines Monomeren an das Carboniumion unter Erhalt des ionischen Charakters.

$$H_3C-\underset{CH_3}{\overset{CH_3}{\underset{|}{\overset{|}{C}}}}{}^{\oplus}[BF_3OH]^{\ominus} + n\;\underset{H_3C}{\overset{H_3C}{>}}C=CH_2 \longrightarrow H_3C\!\!\left[\!\!\underset{CH_3}{\overset{CH_3}{\underset{|}{\overset{|}{C}}}}-CH_2\!\!\right]_n\!\!\underset{CH_3}{\overset{CH_3}{\underset{|}{\overset{|}{C}}}}{}^{\oplus}[BF_3OH]^{\ominus} \qquad (8.18)$$

Der Mechanismus hängt vom Gegenion, dem Lösemittel, der Temperatur und der Art des Monomeren ab.

Die Abbruchreaktion der kationischen Polymerisation ist komplexer als die der anionischen Polymerisation. Ein Abbruch durch Gegenionen ist relativ häufig. Dabei kann das aktive Kettenende je nach Gegenion entweder verestert, halogenisiert oder alkyliert werden. Ein Abbruch durch das Monomere oder das Polymere und weitere Abbruchreaktionen sind in der Literatur bei den jeweiligen Systemen ausführlich beschrieben [48 bis 55].

Ganz allgemein erfordert die ionische Polymerisation einen größeren technischen Aufwand als die radikalische Polymerisation. Demzufolge wird die ionische Polymerisation nur dann durchgeführt, wenn sich ein Monomeres nicht radikalisch polymerisieren läßt (siehe Abschn. 8.4), wie z. B. Vinylether oder Isobuten, oder wenn die durch ionische Polymerisation hergestellten Polymeren besondere Vorteile aufweisen.

Von besonderem Interesse sind in diesem Zusammenhang Polymere mit einer bestimmten Taktizität [56 bis 58] (siehe Kap. 3.2.2). Mit Ziegler-Natta-Katalysatoren (z. B. TiCl$_4$ + Aluminiumalkyle) verläuft die Addition von Monomeren sterisch regelmäßig oder „taktisch" [59 bis 69]. So können sich zwei Arten von taktischen Polymeren bilden, die isotaktischen und die syndiotaktischen. Erfolgt die Polymerisation dagegen nicht regelmäßig (in bezug auf das optisch aktive Zentrum), wie es z. B. bei der radikalischen Polymerisation der Fall ist, so bezeichnet man die entstehenden Polymeren als ataktisch. Die Polymerisation mit Ziegler-Natta-Katalysatoren kann als Sonderfall der ionischen Polymerisation betrachtet werden und wird nach dem zugrundeliegenden Mechanismus auch Insertionspolymerisation genannt.

Polymere unterschiedlicher Taktizität unterscheiden sich vor allem in ihren physikalischen Eigenschaften, wie z. B. Kristallinitätsgrad, Dichte, Zugfestigkeit u. a.

Während sich viele Monomeren radikalisch und ionisch polymerisieren lassen (siehe Tab. 8.2), kann man Propylen und 1-Buten in der Regel nur mit Ziegler-Natta-Katalysatoren polymerisieren.

8.3 Copolymerisation

Copolymerisationen (siehe Kap. 2) sind gemeinsame Polymerisationen von zwei und mehr Typen von Monomeren, die zu Polymeren mit verschiedenen Bausteinen in der Kette führen. Sie werden in der älteren Literatur auch Misch- oder Interpolymerisationen genannt. Bei der Wahl zweier (oder unter Umständen mehrerer) geeigneter Monomerer A und B können Makromoleküle mit radikalischen [71, 72] oder ionischen [73, 74] Initiatoren synthetisiert werden, in die beide Monomere eingebaut sind. Das Eigenschaftsbild der Colpolymere weicht in den meisten Fällen stark von dem der Mischungen der jeweiligen Homopolymerisate ab.

Bindemittel für den Anstrichsektor sind in den seltensten Fällen Homopolymere. Es handelt sich vielmehr um Copolymere aus einem harten und einem weichen Monomeren sowie weitere Monomere, die bestimmmte Eigenschaften, wie z.B. Haftung auf bestimmten Substraten, mit sich bringen (Glastemperatur siehe Kap. 3.4, Copolymerstrukturen siehe Kap. 2.3.2).

8.4 Monomere, deren Auswahl und Eigenschaften

Zahlreiche olefinisch ungesättigte Verbindungen sind in der Lage, unter Aufhebung der Doppelbindung (bzw. einer Doppelbindung bei konjugierten Diolefinen) kettenförmige Polymere zu bilden. Dabei wird in der Regel zunächst ein Monomer an ein Initiatorradikal oder -ion addiert, wobei der aktive Zustand auf das angelagerte Monomere übergeht. Auf die gleiche Weise wird dann in einer Kettenreaktion ein Monomer nach dem anderen addiert (2000 bis 20000 Monomere pro sec), bis der angeregte Zustand durch eine Abbruchreaktion aufgehoben wird.

Der Tabelle 8.2 ist zu entnehmen, auf welche Weise sich die verschiedenen Monomeren polymerisieren lassen.

In den vorangegangenen Abschnitten wurden Monomere diskutiert, die sich alle durch eine gemeinsame Formel $CH_2=CHR$ (siehe Formel 8.1) beschreiben lassen. Wie aus Tabelle 8.2 hervorgeht, hat der Substituent R darauf Einfluß, ob sich das jeweilige Monomere radikalisch, anionisch oder kationisch (oder überhaupt nicht) polymerisieren läßt. Der Substituent hat vor allem sehr großen Einfluß auf Filmeigenschaften, wie z.B. die Glastemperatur, die Härte, die Dehnbarkeit, Sprödigkeit, Plastizität und Elastizität. Auch die chemische Beständigkeit hängt vom Substituenten ab. Estergruppen im Polymeren können verseifbar sein, Carboxylgruppen die Metallhaftung verbessern, Hydroxylgruppen die Wasseraufnahme der Filme erhöhen. Auch Pigmentbenetzung bzw. Pigmentbindevermögen werden vom Substituenten weitgehend beeinflußt. Durch Copolymerisation ausgewählter Monomerer können Lackbindemittel und Filme mit ganz speziellen Eigenschaften hergestellt werden. So kann z.B. durch Copolymerisation von weichen mit harten Comonomeren eine innere Weichmachung der Filme erreicht werden [75] (siehe auch Kap. 3.4) oder durch Verwendung hydrophober Comonomerer Löslichkeit in unpolaren Lösemitteln erreicht werden.

8.4.1 Radikalisch polymerisierbare Monomere

Die Anlagerung eines Radikals an ein monosubstituiertes Ethylenderivat $CH_2=CHR$ ist um so leichter, je stärker resonanzstabilisiert das neugebildete Radikal ist. Die Resonanzstabilisierung der Monomeren $CH_2=CHR$ nimmt für R in der Reihenfolge

$$C_6H_5 > CH_2=CH > COCH_3 > CN > COOR > Cl > OOCR > OR$$

ab. Demnach ist z.B. Styrol leichter zur Polymerisation anzuregen als Vinylacetat. Relativ stabile Radikale sind aber wiederum weniger reaktionsfähig als weniger stabile Radi-

Tabelle 8.2. Wichtige olefinische Monomere und mögliche Polymerisationsmechanismen

Monomeres	Formel	Polymerisationsmechanismus			
		radikalisch	anionisch	kationisch	Ziegler-Natta-Katalyse
Acrylester	CH₂=CH-C(=O)-OR	+			
Acrylnitril	CH₂=CH-C≡N	+	+		
1-Buten	CH₂=CH-CH₂-CH₃			+	+
Butadien	CH₂=CH-CH=CH₂	+	+	+	+
Ethylen	CH₂=CH₂	+			+
Propen	CH₂=CH-CH₃				+
Isobuten	CH₂=C(CH₃)₂			+	+
Isopren	CH₂=C(CH₃)-CH=CH₂	+	+		+
Methacrylester	CH₂=C(CH₃)-C(=O)-OR	+	+		+
Methylenmalonester	CH₂=C(COOR)₂	+	+		
Styrol	CH₂=CH-C₆H₅	+	+	+	+
α-Methylstyrol	CH₂=C(CH₃)-C₆H₅	+	+	+	+
Vinylchlorid	CH₂=CH-Cl	+			+
Vinylidenchlorid	CH₂=CCl₂	+			
Vinylester	CH₂=CH-O-C(=O)-R	+			
Vinylether	CH₂=CH-OR			+	+
Vinylfluorid	CH₂=CH-F	+			
Tetrafluorethylen	CF₂=CF₂	+			
Vinylcarbazol	CH₂=CH-N(carbazol)	+			
Vinylpyrrolidon	CH₂=CH-N(pyrrolidon)	+			

kale. Deshalb ist das Polyvinylacetatradikal wesentlich reaktionsfreudiger als das Polystyrolradikal. Die leichter zur Polymerisation anregbaren Monomeren geben in der Regel die stabileren Radikale und umgekehrt.

8.4.2 Anionisch polymerisierbare Monomere

Von den olefinisch ungesättigten Verbindungen des Typs CH_2=CHR können diejenigen anionisch polymerisiert werden, bei denen R elektronenanziehend ist. Dabei sinkt die Fähigkeit zur anionischen Polymerisation in der Reihenfolge der Substituenten R

$$NO_2 > COR > COOR \approx CN > C_6H_5 > CH{=}CH_2 \gg CH_3$$

Wie bereits im Abschnitt 8.2 angesprochen, ist die anionische Polymerisation nicht auf olefinische Verbindungen beschränkt. Auch Aldehyde, Thioaldehyde, Ketone, Thioketone, Isocyanate, Lactone, Lactame, Oxime und Thiirane – um nur die wichtigsten zu nennen – lassen sich anionisch polymerisieren.

8.4.3 Kationisch polymerisierbare Monomere

Entsprechend der anionischen Polymerisation können diejenigen olefinisch ungesättigten Verbindungen (CH_2=CHR) kationisch polymerisiert werden, die elektronenreiche Substituenten R besitzen. Zu den kationisch polymerisierbaren, elektronenreichen Olefinderivaten gehören π-Donatoren wie Olefine, Diene und Vinylaromaten, sowie (π+n)-Donatoren wie N-substituierte Vinylamine und Vinylether (siehe Tab. 8.2).
Weitere kationisch polymerisierbare Monomere sind z.B. Aldehyde, gewisse Ketone, Thioketone und Diazoalkane sowie cyclische Ether, Acetale, Imine, Lactone und Lactame.

8.5 Technische Durchführung der Polymerisation

Polymerisationen können in der Gasphase [76, 77], in der Schmelze, in Lösung, in Emulsion, in Suspension, in Masse, unter Fällung und im festen Zustand ausgeführt werden [78, 79]. Die Auswahl des Mediums richtet sich einmal nach den Eigenschaften der Monomeren und der Polymeren, aber auch nach den verfahrenstechnischen Bedingungen (Wärmeabfuhr etc.), der erforderlichen Aufarbeitung der gebildeten Polymeren und schließlich der vom Verarbeiter gewünschten Lieferform der Polymeren (Granulat, Pulver, Lösung, Dispersion usw.). Wenn es die Monomer- und Polymereigenschaften zulassen, werden großtechnisch meist Polymerisationen in der Schmelze, in Suspension oder Emulsion bevorzugt. Gasphasen- oder Fällungspolymerisation werden dagegen nur in speziellen Fällen angewendet und sollen hier nicht weiter betrachtet werden. Häufig ändern sich bei der Anwendung eines anderen Verfahrens auch die Produkteigenschaften des gleichen Polymeren. In Tabelle 8.3 sind technisch wichtige Monomere und die in der Technik verwendeten Polymerisationsverfahren aufgelistet.
Neben der radikalischen Polymerisation ist bei bestimmten Monomeren, wie z.B. Propylen und Ethylen, die Polymerisation mit Ziegler-Natta-Katalysatoren [59, 60] technisch von großem Interesse.

Tabelle 8.3. Auswahl technisch wichtiger Monomerer und die jeweils technisch angewendeten Polymerisationsverfahren

Monomeres	Polymerisationsart*	In Masse	In Suspension	In Lösung	In Emulsion
Acrylamid	r			+	
Acrylester	r				+
Acrylsäure	r		+		
Ethylen	z		+		
Isobuten	k			+	
Isopren	a			+	
Methacrylester	r	+	+	+	+
Propylen	z	+	+	+	
Styrol	r	+	+	+	+
Tetrafluorethylen	r		+		
Vinylacetat	r	+	+	+	+
Vinylchlorid	r	+	+	+	+
Vinylfluorid	r	+			
Vinylidenfluorid	r		+		+

*) r: radikalisch, z: Ziegler-Natta-Katalyse, k: kationisch, a: anionisch

8.5.1 Polymerisation in Substanz (oder Masse) [79 bis 85]

Als Substanz- oder Masse-Polymerisation (engl. bulk polymerization) bezeichnet man die Polymerisation der reinen Monomeren. Da man bei hohen Umsätzen im Reaktor einen „Block" des Polymerisats erhält, wurde die Masse-Polymerisation früher im deutschen Sprachraum auch Blockpolymerisation genannt. Die Perl- oder Suspensionspolymerisation kann als Spezialfall der Masse-Polymerisation betrachtet werden (siehe Abschn. 8.5.2).

Masse-Polymerisationen sind in der Regel radikalische Verfahren [86 bis 89]. Da nur Monomere und (meist) Initiatoren bei der Polymerisation anwesend sind, entstehen in der Regel sehr reine Produkte, z.B. „Kristallpolystyrol" bei der thermischen Polymerisation von Styrol ohne radikalische Initiatoren und optisch reines Polymethylmethacrylat (Plexiglas®) bei der durch radikalische Initiatoren ausgelösten Polymerisation von Methylmethacrylat [82, 83].

Das Monomere (z.B. Vinylchlorid, Vinylacetat, Acrylester, Styrol, Butadien, Ethylen) wird zunächst von Sauerstoff oder anderen Inhibitoren gereinigt. Dann wird durch Erwärmen, UV-Bestrahlung oder Zusatz eines Initiators (siehe Abschn. 8.1) die Polymerisation in Gang gebracht. Nach dem Anspringen der Reaktion erwärmt sich der Ansatz meist allein weiter, so daß die entstehende Wärme durch Kühlung abgeführt werden muß. Ein zusätzlicher Wärmestau kann durch den Geleffekt hervorgerufen werden [90]. Die Wärmeabführung ist bei der Polymerisation dünner Schichten leicht durchzuführen. Je massiver die zu polymerisierenden Blöcke allerdings werden, desto schwieriger ist auch das Problem der Wärmeabführung zu lösen. Die Schwierigkeit der Wärmeableitung ist auch der Grund dafür, daß die Substanzpolymerisation in der Technik nur in relativ wenigen Fällen ausgeführt wird. Weil die Möglichkeiten zur Kettenübertragung relativ gering sind und wegen des Trommsdorff-Effektes (siehe Kap. 2) [90] erhält man durch Substanzpolymerisation leicht Polymere mit großer Molmasse.

8.5.2 Polymerisation in Suspension [79, 91 bis 94]

Die Suspensionspolymerisation kann als „wassergekühlte" Masse-Polymerisation angesehen werden. Dabei wird das wasserunlösliche Monomere (z. B. Styrol, Vinylchlorid, Ester der Acryl- und Methacrylsäure) durch Einwirken mechanischer Kräfte (Rühren) in einem Nichtlösemittel (meist Wasser) dispergiert und in dieser Form polymerisiert (Bild 8.2).

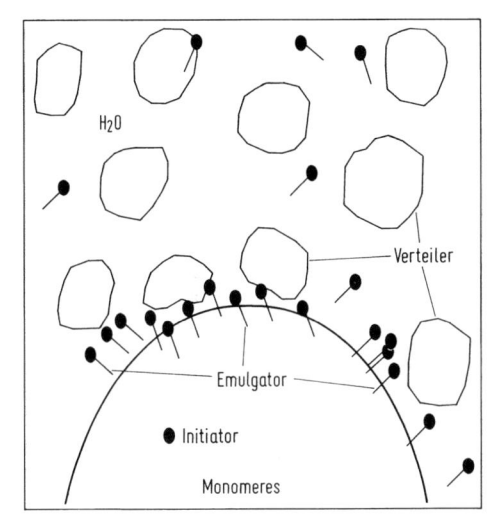

Bild 8.2. Mechanismus der Suspensionspolymerisation

Unter dem Einfluß der Grenzflächenspannung bildet das Monomere kugelförmige Tröpfchen. Die resultierenden Polymerteilchen sind kugelförmig, weshalb diese Polymerisationstechnik auch Perlpolymerisation (engl. bead-polymerization) genannt wird. Bei der Perlpolymerisation kann man die Perlengröße und deren Größenverteilung durch die Abstimmung der Rührverhältnisse (Tourenzahl, Rührer- und Kesselform) in weiten Grenzen beeinflussen.

Da die Polymerisation in vielen kleinen Monomertröpfchen mit Durchmessern von 10 bis 5000 µm stattfindet [95], kann die Polymerisationswärme viel besser abgeführt werden. Es ist deshalb möglich, eine Polymerisation in wesentlich kürzerer Zeit durchzuführen als eine Substanzpolymerisation. Bei der Suspensionspolymerisation haben die Perlen etwa die gleichen Durchmesser wie die ursprünglichen Monomertröpfchen.

Durch Zusatz radikalischer, „öllöslicher" Initiatoren und Erwärmen kann die Polymerisation in Gang gebracht werden. Im Laufe der Polymerisation nehmen die Monomertröpfchen eine hochviskose, klebrige Konsistenz an und würden ohne den Einsatz sogenannter Verteiler im weiteren Verlauf der Polymerisation zusammenklumpen. Verteiler sind Substanzen, in denen nebeneinander Gruppen vorliegen, die eine Bindung zur Wasserphase und zur Monomerenphase ausbilden. Diese Substanzen bilden schon in geringer Konzentration an der Phasengrenze (d. h. auf der Tröpfchenoberfläche) einen dünnen Film, der zur Folge hat, daß die hochviskosen Kügelchen voneinander abprallen und eine Koagulation vermieden wird. Bei der Auswahl von Verteilern ist darauf zu achten, daß diese nach erfolgter Polymerisation wieder von den Polymerteilchen (Perlen) abgetrennt werden können.

Verteiler können in Schutzkolloide, Ionenseifen und Pickering-Emulgatoren eingeteilt werden. Schutzkolloide sind wasserlösliche, natürliche oder synthetische Makromoleküle, wie z.B. Polyvinylalkohol, Gelatine, Methylcellulose usw. Diese Substanzen bewirken eine Viskositätserhöhung, wodurch ein Zusammentreffen der Teilchen unwahrscheinlicher wird. Ferner bewirken sie eine Heraufsetzung der Grenzflächenspannung zwischen Monomertröpfchen und Wasser und eine Herabsetzung des Dichteunterschieds der beiden Phasen, wodurch ein Zusammenfließen der Tröpfchen zusätzlich erschwert wird. Schutzkolloide werden wahrscheinlich in Schlaufen an der Teilchenoberfläche adsorbiert. Wie in Bild 8.3 am Beispiel von teilverestertem Polyvinylalkohol dargestellt, sind die OH-Gruppen der wäßrigen Phase zugerichtet, während die Acetatgruppen als hydrophobe Haftpunkte wirken.

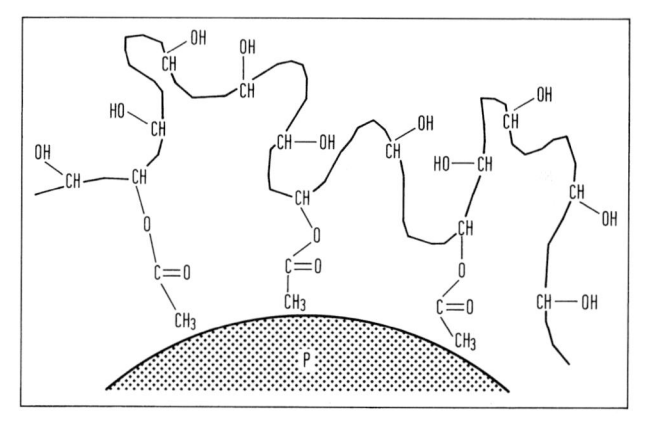

Bild 8.3. Schematische Darstellung der Stabilisierung eines dispergierten Kunststoffteilchens (P: Perle) durch Polyvinylalkohol

Ionenseifen laden die Tröpfchen gleichsinnig auf und verringern dadurch die Zahl der Zusammenstöße und deren Agglomeration. Pickering-Emulgatoren sind fein verteilte, wasserunlösliche anorganische Substanzen wie z.B. Bariumsulfat, Titandioxid, Aluminiumhydroxid und Tricalciumphosphat. Da diese Substanzen nach der Polymerisation leicht abgetrennt und ausgewaschen werden können, werden sie den Ionenseifen und Schutzkolloiden oft vorgezogen. Da es technisch nicht ganz einfach ist, die Perlen absolut sauber zu waschen, erreichen die Perlpolymerisate meist nicht die hohe Reinheit der Substanzpolymerisate.

8.5.3 Polymerisation in Lösung [79, 96 bis 99]

Bei Lösungspolymerisationen sind Monomere und Polymere in der Reaktionsmischung löslich. Die Bildung von Polymeren verläuft in den für die radikalische Kettenreaktion charakteristischen Schritten: Start, Wachstum und Abbruch (siehe Abschn. 8.1). Das Lösemittel erlaubt eine bessere Abführung der Polymerisationswärme als bei der Masse-Polymerisation. Bei technischen Lösungspolymerisationen ist es nachteilig, daß die Lösemittel nur schwierig und aufwendig aus dem Polymerisat zu entfernen sind. Lösungspolymerisationen werden daher nur dann ausgeführt, wenn das Polymere direkt in Form der Lösung Anwendung findet, wie das z.B. bei Lackrohstoffen oder Klebemitteln der Fall ist. Im Gegensatz zu der radikalischen Polymerisation werden fast alle ionischen Polymerisationen in Lösung ausgeführt. Dabei bestimmt die Polarität des Lösemittels das Ausmaß der Dissoziation der Initiatoren und wachsenden Polymeren in freie Ionen, Solvat- und Kontaktionenpaare sowie Ionenassoziate (siehe Abschn. 8.2). Bei der radikalischen Polymerisation ist hinsichtlich der Auswahl des Lösemittels auf dessen Übertragungskonstante zu achten, weil dadurch die Größe der Molmasse maßgeblich beeinflußt wird [20]. Wegen der Kettenübertragung mit dem Lösemittel und wegen der geringen Monomerkonzentration ist die Molmasse von Lösungspolymerisaten niedriger als die entsprechender Substanzpolymerisate.

Nach beendeter Polymerisation ist aus der niedrig-viskosen Ausgangsmischung eine höherviskose bis sirupartige Flüssigkeit mit Festkörpergehalten zwischen 30 bis 60 Massenprozent geworden. Ist das gebildete Polymere im Lösemittel nicht löslich, so spricht man von Fällungspolymerisation.

8.5.4 Emulsionspolymerisation [78, 79, 100 bis 104]

Bei der Emulsionspolymerisation wird ebenso wie bei der Suspensionspolymerisation das wasserunlösliche Monomere in Wasser fein dispergiert und die Emulsion durch Zusatz bestimmter Stoffe (Verteiler bei der Suspensionspolymerisation und Emulgatoren bei der Emulsionspolymerisation) stabil gehalten. Ein Unterschied besteht darin, daß bei Zusatz von Emulgatoren kleinere Monomertröpfchen entstehen als bei Zusatz von Verteilern. Der entscheidende Unterschied aber besteht in der Verwendung von wasserlöslichen Initiatoren bei der Emulsionspolymerisation und von monomerlöslichen Initiatoren bei der Perl- oder Suspensionspolymerisation.

Die Größenbereiche der Monomertröpfchen und der Polymerteilchen, die bei der Suspensions- und Emulsionspolymerisation auftreten, sind in Tabelle 8.4 einander gegenübergestellt.

Tabelle 8.4. Größenbereiche der Mizellen, Monomertröpfchen, Perlen bzw. Latexteilchen bei der Emulsions- bzw. Perlpolymerisation in nm bzw. µm

		Emulsionspolymerisation*)	Substanzpolymerisation*)
Mizellendurchmesser	(nm)	4 bis 5	–
Monomertröpfchen	(µm)	0,5 bis 10	10 bis 5000
Perlendurchmesser	(µm)	–	<10 bis 5000
Latexdurchmesser	(µm)	0,05 bis 0,8	–

* Die Angaben variieren je nach verwendeter Quelle etwas [8, 95, 109]

Der Mechanismus der Emulsionspolymerisation weicht bei Verwendung wasserlöslicher Initiatoren in charakteristischer Weise von dem der Perlpolymerisation ab [100, 105 bis 108]. In der Kinetik ist der auffälligste Unterschied gegenüber der Polymerisation in Suspension oder Substanz die Tatsache, daß man Polymerisationsgeschwindigkeit und Molmasse gleichzeitig erhöhen kann.

Die Monomeren liegen bei der Emulsionspolymerisation sowohl in Form von Monomertröpfchen als auch in den vom Emulgator gebildeten Mizellen vor. Ein sehr geringer Teil der Monomeren befindet sich molekulardispers gelöst in der Wasserphase (siehe Bild 8.4).

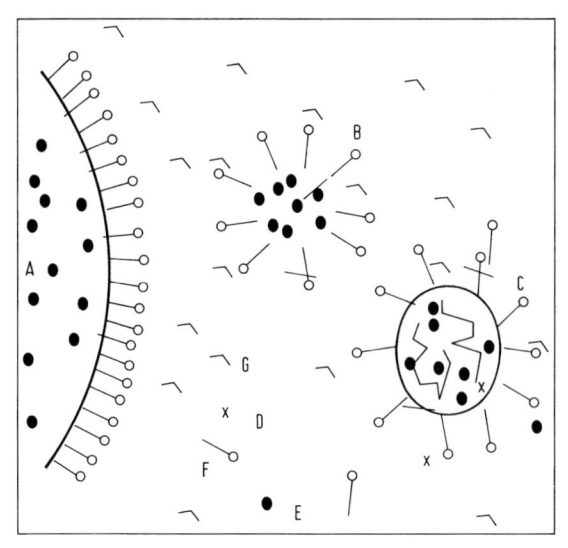

Bild 8.4. Mechanismus der Emulsionspolymerisation
A: Monomertröpfchen mit Monomeren (E) und Emulgatormolekülen (F)
B: Mizelle mit Monomeren
C: Polymerteilchen, stabilisiert durch Emulgatormoleküle, enthält mehrere Makromoleküle, eines davon mit reaktivem, radikalischem Kettenende (x), und Monomere (A)
D: Wasserlösliches Initiatorradikal (x)
E: Monomer in der Wasserphase
F: molekulardispers gelöstes Emulgatormolekül
G: Wassermolekül

Die Mizellen haben einen Durchmesser von 4 bis 5 nm und bestehen, je nach Länge des hydrophoben Molekülteils des Emulgators, aus 20 bis 100 Emulgatormolekülen. Die Emulgatormoleküle bilden nicht nur Mizellen, sie stabilisieren außerdem die Monomertröpfchen, indem sie sich an der Grenzfläche Monomer/Wasser anlagern.
Der wasserlösliche Initiator zerfällt in der wäßrigen Phase in Radikale, die durch das Wasser zu den Mizellen, aber auch zu den Monomertröpfchen diffundieren können. Dies geschieht evt. auch unter Bildung von Oligomerradikalen durch Polymerisation von molekular in Wasser gelösten Monomeren. Da jedoch sehr viel mehr Mizellen ($\approx 10^{18}$/cm^3) [109, 110] als Monomertröpfchen ($\approx 10^{10}$/cm^3) in einem bestimmten Volumen vorhanden sind, und da die Gesamtoberfläche der Mizellen viel größer als die der Monomertröpfchen ist, erfolgt die Polymerisation aus statistischen Gründen praktisch nur in den Mizellen (auf 1 Monomertröpfchen kommen demnach 100 000 000 Mizellen).
Die durch die Polymerisation verursachte Abnahme der Monomerkonzentration in der Mizelle wird durch Nachlieferung des Monomeren aus den Monomertröpfchen auf dem Wege über die wäßrige Phase ständig wieder ausgeglichen. Solange noch Monomertröpfchen vorhanden sind, behält die Monomerkonzentration in der wäßrigen Phase ihre konstante Sättigungskonzentration bei.
Damit werden im Laufe der Polymerisation die Monomertröpfchen immer kleiner, die Mizellen mit den Polymeren immer größer. Die Mizellen wachsen auf Kosten der Monomertröpfchen.
Die Emulgatormizelle wird durch die wachsenden Polymerteilchen aufgeweitet und schließlich zerstört. Die Emulgatormoleküle verhindern nachfolgend aufgrund ihrer elektrischen Ladung die Koagulation einzelner Latexteilchen.

8.5 Technische Durchführung der Polymerisation

Gelangt nun ein weiteres Radikal (Initiator- oder Oligomerradikal) in eine Mizelle, in der sich bereits ein aktives Radikal befindet, so kommt es aufgrund der geringen räumlichen Ausdehnung solch einer Mizelle meist zu den in Abschnitt 8.1 diskutierten Abbruchreaktionen. Mit zunehmender Größe der sich bildenden Latexteilchen ist es auch möglich, daß sich gleichzeitig mehrere Radikale in einem Teilchen befinden.

Eine Fortsetzung der Polymerisation der noch im Teilchen vorhandenen Monomeren bzw. der aus den Monomertröpfchen nachdiffundierten Monomeren findet erst dann statt, wenn ein weiteres Radikal (Initiator- oder Oligomerradikal) in das Teilchen eintritt. Die Latexteilchen eines durch Emulsionspolymerisation gebildeten Polymerisats bestehen daher aus einer großen Anzahl von Makromolekülen (je nach Größe und Molmasse zwischen 50 und 500 Makromoleküle pro Latexteilchen). Die Polymerisation ist beendet, wenn alle Monomertröpfchen aufgebraucht sind.

Emulsionspolymerisationen bieten gegenüber anderen Polymerisationsprozessen eine Reihe verfahrenstechnischer Vorteile. So kann die Polymerisationswärme leicht abgeführt werden. Die Viskosität der Latices, selbst bei hohen Konzentrationen bis 60 Massenprozent, ist gering im Vergleich zu der entsprechender Lösungen (siehe Bild 8.5).

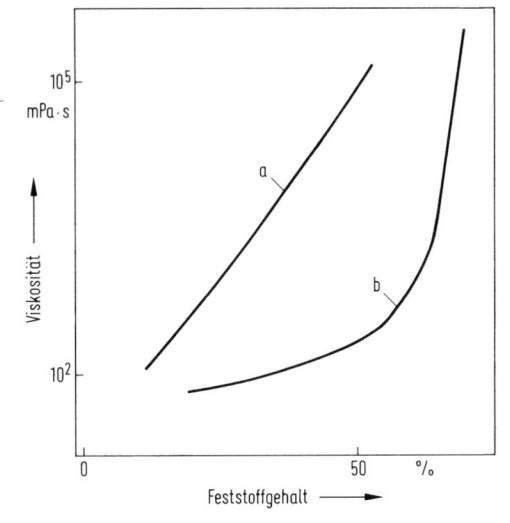

Bild 8.5. Abhängigkeit der Viskosität vom Feststoffgehalt (schematisch) bei Polymerlösungen (a) und Polymerdispersionen (b)

Durch Verwendung von Redoxinitiatoren sind noch bei niedrigen Temperaturen Polymerisationen mit hoher Geschwindigkeit möglich. Nachteilig ist allerdings, daß die Emulgatorreste von dem Polymerisat nicht oder nur schwer zu entfernen sind, was sich nachteilig auf die Wasserbeständigkeit der Filme auswirkt. Durch Emulsionspolymerisation können auch weiche und klebrige Polymerisate hergestellt werden.

Emulsionspolymerisate können direkt für Klebstoffe, Anstriche und Beschichtungen oder für die Ausrüstung von Leder verwendet werden. Für diese Anwendungsgebiete ist oft eine Kontrolle der mittleren Teilchengröße notwendig. Dies ist verfahrenstechnisch auf verschiedene Weise möglich; es sei hier auf weiterführende Literatur verwiesen [4, 100 bis 102, 111 bis 113].

8.6 Polymerisatgruppen

Polyvinylverbindungen (Vinylpolymerisate, Polyvinylharze, Polyvinyle) entstehen durch Polymerisation von Vinylverbindungen $CH_2=CHR$ (Abschn. 8.1 bis 8.3) oder durch polymeranaloge Umsetzung anderer Polyvinylverbindungen, wie es z.B. bei der Herstellung von Polyvinylalkohol aus Polyvinylacetat geschieht (Abschn. 8.6.10).

In der Literatur werden jedoch nicht alle Verbindungen, die die Atomgruppierung $CH_2=CH-$ (IUPAC-Bezeichnung: Ethenyl) besitzen, als Vinylverbindungen bezeichnet. So werden aus historischen Gründen Verbindungen vom Typ $CH_2=CHR$ mit $R=Alkyl$ auch als α-Olefine (z.B. Propen), solche mit $R=-COOR$ als Acrylate bezeichnet. Die Atomgruppierung $CH_2=CH-CH_2-$, welche die Vinylgruppierung enthält heißt wiederum Allylgruppe.

In den folgenden Abschnitten sollen Vinylpolymerisate beschrieben werden, die ihre Anwendungen vor allem in der Lack- und Beschichtungsindustrie finden. Diese lassen sich in folgende Hauptgruppen einteilen:

- Polyolefine
- halogenierte Polyolefine
- Polyvinylalkohole, -acetale und -ether
- Polyvinylester
- Polyacrylate
- Polystyrole
- Polyvinylpyrrolidone
- Inden- und Cumaronharze
- Kohlenwasserstoffharze

Die Kohlenwasserstoffharze sowie die Inden- und Cumaronharze (Abschn. 8.6.17 und 8.6.17.1) enthalten zwar keine Ethenyl-Gruppierung, aber – wie auch Ethylen – eine polymerisierbare Doppelbindung. Da sie hauptsächlich für Beschichtungssysteme verwendet werden, sollen sie hier mitberücksichtigt werden.

Die nach den jeweiligen Polymerisaten aufgelisteten Handelsnamen erheben keinen Anspruch auf Vollständigkeit. Zu Handelsnamen siehe auch [114].

8.6.1 Polyethylen

$$-(CH_2-CH_2-)_n \qquad (8.19)$$
Polyethylen

Den Polykohlenwasserstoffen wie Polyethylen oder Polypropylen kommt wegen ihrer Unlöslichkeit in Lacklösemitteln und auch wegen ihrer Neigung zur Kristallinität nur geringe Bedeutung als Filmbildner zu. Je nach Art des Polymerisationsverfahrens [115, 116] kann Polyethylen als festes Produkt, als hochwertiges Schmieröl oder als wachsartiger Stoff anfallen. Im allgemeinen besteht Polyethylen aus gesättigten, hauptsächlich linearen Makromolekülen. Wie Infrarotspektren und Röntgenstrahlbeugungsuntersuchungen beweisen, können in der Molekülkette auch Verzweigungen auftreten. Das Ausmaß der Verzweigung hängt in starkem Maße von dem Herstellungsverfahren ab. Je nach Polymerisationsbedingungen werden folgende Verfahren unterschieden:

- *Hochdruckpolymerisation* [117] (ältestes Verfahren): Radikalische Polymerisation von Ethen mit geringer Menge an Sauerstoff und Peroxiden als Katalysatoren bei Temperaturen von 120 bis 200 °C und Drücken von 1000 bis 3000 bar. Die Molmassen der so erhaltenen Produkte sind vom Druck und von der zugeführten Sauerstoffmenge abhängig. Je niedriger der Sauerstoffgehalt, desto höher der Polymerisationsgrad. Mit diesem Verfahren werden verzweigte Polymerisate von Molmassen bis zu 50 000 g/mol und einer Dichte von 0,92 g/cm^3 erhalten. Da im Vergleich zum Niederdruckverfahren ein Produkt mit niedriger Dichte erhalten wird, nennt man das so hergestellte Polyethylen auch „low-density" Polyethylen (LDPE).

- *Niederdruckpolymerisation* [118]: Dieses Verfahren wurde von Ziegler und Mitarbeitern entwickelt [119]. Ethen wird bei Normaltemperaturen und wenigen Atmosphären Druck in Gegenwart von Ziegler-Natta-Katalysatoren (siehe Abschn. 8.2) zu hauptsächlich unverzweigten Polymerisaten mit sehr hohen Molmassen von 50 000 bis 100 000 g/mol, in bestimmten Fällen auch darüber, und einer Dichte von 0,95 g/cm^3 polymerisiert. Das durch Niederdruckpolymerisation hergestellte Produkt wird auch als high-density-Polyethylen (HDPE) bezeichnet.

Der kristalline Anteil im Hochdruckpolyethylen beträgt etwa 75%. Eine völlige Kristallinität wird durch die Seitengruppen verhindert. Demgegenüber weist Niederdruckpolyethylen einen kristallinen Anteil von etwa 85% auf. Die Zunahme der Kristallinität ist mit einer Zunahme der Zugfestigkeit sowie der Härte und einer Abnahme der Dehnbarkeit verbunden. Diese Eigenschaften können durch Veränderung der molekularen Struktur oder durch Zusatz von Additiven dem jeweiligen spezifischen Verwendungszweck angepaßt werden.

Polyethylen ist säure- und alkalienbeständig, es läßt sich chlorieren bzw. sulfonieren (siehe Abschn. 8.6.2 und Kap. 9.2) und oxidieren. Für die Oxidierbarkeit sind vor allem die im verzweigten Polyethylen vorhandenen tertiären C-Atome verantwortlich. Diese Eigenschaft macht man sich in verschiedener Weise besonders dann zu Nutze, wenn Haftfestigkeit von Lacken oder Druckfarben auf Polyethylen (Kunststoffbeschichtung) gewünscht wird. Bei Raumtemperatur sind Niederdruckpolyethylene in den gebräuchlichen Lösemitteln unlöslich, werden aber je nach Art des Lösemittels mehr oder weniger stark angequollen. Polyethylen kann erst oberhalb des Kristallitschmelzpunktes in Kohlenwasserstoffen gelöst werden. Wegen seiner unzureichenden Löslichkeit wird es daher nur in Form von Pulvern und Dispersionen für Beschichtungen verwendet.

Zur Herstellung von Überzügen aus Polyethylen wird neben dem in der Kunststofflackierung üblichen Aufkaschieren einer Folie fein verteiltes Polyethylen in Dispersionsform [120] oder als trockenes Pulver auf Oberflächen aufgebracht und durch Erwärmen zu einem einheitlichen Film verschmolzen. Polyethylenpulver werden mit Hilfe des Wirbelsinterverfahrens [121] auf die Substrate aufgebracht. Je nach Anwendungsgebiet (Korrosionsschutz, dekorative Beschichtungen) werden verschiedene LDPE-Typen verwendet. In besonderen Fällen wird Polyethylen mit dem Flammspritzverfahren aufgetragen. Die Überzüge sind geschmacks- und geruchsfrei, physiologisch unbedenklich und weitgehend beständig gegen nahezu alle Chemikalien.

Handelsprodukte: z.B.

Baylon	(Erdölchemie)
Hostalen LD, G	(Ruhrchemie)
Hostalen G	(Hoechst)
Lupolen	(Rheinische Olefinwerke, BASF, Shell)
Rigidex	(BP Chemicals)
Vestolen	(Vestolen GmbH)

8.6.2 Chlorsulfoniertes Polyethylen

$$-CH_2-(CH-)_aCH_2-CH_2-(CH-)_b \quad \quad \quad (8.20)$$
$$\underset{Cl}{|}\underset{\underset{Cl}{|}}{\underset{SO_2}{|}}$$

Chlorsulfoniertes Polyethylen

Chlorsulfoniertes Polyethylen kann aus der Umsetzung von Polyethylen, Chlor und Chlorsulfonsäure oder aus Chlor, Schwefeldioxid und Polyethylen in heißem Tetrachlorkohlenstoff [122] erhalten werden. Je nach Verfahren werden Polymere mit unterschiedlichen Mengen (a und b in Formel 8.20) an CHCl– und CH–SO$_2$–Cl-Gruppierungen erhalten.

Dieses Polymere ist deshalb von Interesse, da es über die Sulfonylgruppen mit Metalloxiden, wie z.B. Blei- oder Magnesiumoxid, in Gegenwart von bestimmten Katalysatoren zu hochelastischen und gleichzeitig chemikalienbeständigen Überzügen vernetzt werden kann. Dabei reagieren die SO$_2$–Cl-Gruppen mit den Metalloxiden unter Abspaltung von Metallchloriden und Ausbildung von –O–Metall–O–Brücken.

Diese Systeme werden z.B. als Innenbeschichtungen von Chromsäurebädern oder wegen ihrer guten Wetterbeständigkeit für Schutzüberzüge, Kabelummantelungen usw. verwendet.

Handelsprodukt: z.B. Hypalon (DuPont)

8.6.3 Fluorierte Polyethylene [123 bis 128]

8.6.3.1 Polytetrafluorethylen PTFE

$$-(CF_2-CF_2-)_n \quad \quad \quad (8.21)$$

Polytetrafluorethylen

Das Monomere Tetrafluorethylen ist bei Raumtemperatur gasförmig und wird deshalb unter Druck polymerisiert. Die Polymeren sind in allen Lösemitteln unlöslich. Aus diesem Grunde und um die hohe Polymerisationswärme abzuführen, wird PTFE in der Technik durch Suspensions- und Emulsionspolymerisation hergestellt [129 bis 131]. Die Polymeren weisen einen Kristallinitätsgrad von 92 bis 98% auf und schmelzen erst bei 320 bis 340 °C zu sehr hochviskosen Flüssigkeiten, weshalb eine Verarbeitung in geschmolzenem Zustand nach den für Thermoplaste gebräuchlichen Methoden nicht durchgeführt werden kann. Überzüge aus PTFE sind selbst bei höherer Temperatur extrem chemikalienbeständig, widerstandsfähig gegen Oxidation und schlecht brennbar. Eine besondere Eigenschaft dieses Polymeren ist seine geringe Benetzbarkeit sowohl durch Wasser als auch durch Fette und Öle.

PTFE wird durch Kaschierung als Folie oder in Form einer Dispersion oder Paste auf Oberflächen aufgebracht und muß anschließend bei Temperaturen über 327 °C gesintert werden, um einen zusammenhängenden Film zu bilden.

PTFE wird aufgrund seines hohen Preises im Beschichtungssektor nur für spezielle Zwecke verwendet wie z.B. für chemikalienbeständige Auskleidung im Apparatebau für die chemische Industrie, für gleitfähige Beschichtungen [132, 133], Beschichtungen von Pfannen und Töpfen [134] und für Glasgewebe. PTFE ist physiologisch unbedenklich.

Handelsprodukte: z.B.

Algoflon	(Montedison)	Polyflon	(Daikin Kogyo)
Fluon	(ICI)	Soreflon	(Ugine Kuhlmann)
Hostaflon TF	(Hoechst)	Teflon	(Du Pont)

8.6.3.2 Polymonochlortrifluorethylen PCTFE

$$-(CFCl-CF_2-)_n \quad (8.22)$$

Polymonochlortrifluorethylen

PCTFE hat gegenüber PTFE nur eine untergeordnete Bedeutung. Die Herstellung erfolgt wie bei PTFE durch Emulsions- und Suspensionspolymerisation aus Trifluorchlorethylen. PCTFE weist einen Kristallinitätsgrad von 40-80% und eine Schmelztemperatur von 250 bis 300 °C auf. Es kann deshalb auf den üblichen Kunststoffmaschinen verarbeitet werden, sofern diese korrosionsfest ausgestattet sind. PCTFE besitzt wie PTFE gute mechanische Eigenschaften, ist beständig gegen Chemikalien und Lösemittel und schwerentflammbar. Es wird von chlorierten Kohlenwasserstoffen und von Aromaten, wie Benzol, Toluol und Xylol, angequollen.

Auf dem Lack-Sektor wird PCTFE für den Korrosionsschutz aus wäßriger Dispersion durch Tauchen, Fluten, Spritzen und anschließendes Trocknen und Sintern verarbeitet. Die erzielbaren Filmdicken liegen dabei bei ca 0,1 bis 0,2 µm. Pulverförmiges PCTFE ist für Pulverbeschichtungen geeignet. Über vernetzbare, lösliche Lacksysteme wurde berichtet [135 bis 138].

Handelsprodukte: z.B.

Daiflon	(Daikin Kogyo)
Kel-F	(3M Comp.)
Voltalef	(Ugine Kuhlmann)

8.6.4 Chlorierte Polyethylene und Polypropylene

Wegen der niedrigen Herstellungskosten werden Polyethylene und Polypropylene oft derivatisiert. Eine Chlorierung kann im Falle des Polyethylens in Masse, in Lösung, in Emulsion und Suspension in Gegenwart von Radikalbildnern erfolgen [139, 140]. Polypropylen muß wegen seiner schlechten Löslichkeit unter Druck chloriert werden. Bei einem Chlorgehalt von 25 bis 40 Massenprozent überwiegen die elastomeren Eigenschaften bei Polyethylen, weil durch die unregelmäßige Substitution der Kristallinitätsgrad herabgesetzt wird. Produkte mit einem hohen Chlorgehalt ähneln Polyvinylchlorid [141, 142]. Diese Polymeren können PVC zugesetzt werden, um dessen Schlagzähigkeit zu verbessern. Die besten lacktechnischen Eigenschaften werden bei einem Chlorgehalt ab 65 Massenprozent erhalten [143]. Chlorierte Polypropylene sind löslich in organischen Lösemitteln, weisen eine gute Haftung auf Polypropylen und EPDM auf und werden als Haftvermittler für nachfolgend applizierte dekorative Beschichtungen verwendet.

Chloriertes Polyethylen und Polypropylen mit einem Chlorgehalt zwischen 64 bis 68 Massenprozent entspricht in seinen Eigenschaften weitgehend dem Chlorkautschuk (siehe Kap. 9.2).

Handelsprodukt: z.B.

Alprodur	(Hoechst)
Chlorinated	Polyolefins (Eastman)
Hardlen	(Toyo Kasei Kogyo)

8.6.5 Polyisobutylen

$$-\left(\underset{\underset{CH_3}{|}}{\overset{\overset{CH_3}{|}}{C}}-CH_2\right)_n- \qquad (8.23)$$

Polyisobutylen

Die Herstellung von Isobutylen (Isobuten) $CH_2=C(CH_3)_2$ erfolgte früher durch Dehydratisierung von *tert*-Butanol [144]. Heute wird Isobutylen hauptsächlich aus Crackgasen gewonnen. Isobutylen wird kationisch bei $-80\,°C$ mit BF_3/H_2O (siehe Abschn. 8.2.2) in flüssigen Kohlenwasserstoffen wie Ethan, Propan oder n-Butan polymerisiert [145, 146]. Der Polymerisation zugesetztes Diisobuten wirkt als Kettenüberträger und reguliert auf diese Weise die Molmasse. Handelsübliche Produkte haben Molmassen von 3000 bis 300000 g/mol. Das Polymere besitzt eine geringe Kristallinität und eine niedrige Glastemperatur von $-70\,°C$.

Polyisobutylen ist in aliphatischen und aromatischen sowie chlorierten Kohlenwasserstoffen in begrenztem Umfang löslich. Die Lösungen sind im Vergleich zu anderen Lackbindemitteln meist hochviskos und neigen zum Fadenziehen. Die Unlöslichkeit in Alkoholen, Estern und Ketonen beruht auf der paraffinischen Natur des Polymeren.

Die Anwendbarkeit von Polyisobutylen als Bindemittelkomponente für Lacke ist wegen der eingeschränkten Verträglichkeit mit Lackrohstoffen auf Kohlenwasserstoffe wie Paraffine, Kautschuk, Guttapercha, Bitumen, Asphalte und Polyethylene begrenzt. Je nach Polymerisationsgrad erhält man leicht- bis dickflüssige Öle oder kautschukartige Stoffe. Niedermolekulare Produkte werden als Klebstoffe oder Viskositätsverbesserer verwendet. Höhermolekulare Polyisobutylene finden ihre Anwendung als elastifizierende Kautschukzusätze mit hervorragender Kälteflexibilität. Wegen ihrer hervorragenden Beständigkeit gegenüber Oxidations- und Witterungseinflüssen werden sie in der Bauindustrie nach Zugabe von Füllstoffen zur Isolation von Mauerwerk gegen eindringende Feuchtigkeit und als Dachabdeckungen verwendet. Ferner benutzt man sie zur Auskleidung von Kesseln und Rohrleitungen, zum Abdichten von Tunneln und Gewölben, Imprägnieren von Geweben und Textilien (Wagenplanen) und zur Isolation von Kabeln.

Für den Bauten- und Korrosionsschutz werden Isobutylen-Styrol- Copolymere (≈ 10 Massenprozent Styrol) verwendet. Die Copolymerisation mit 2 Massenprozent Isopren führt zu Butylkautschuk, welcher über die im Polymeren befindlichen Doppelbindungen vulkanisiert werden kann. Dieses Produkt ist ebenfalls witterungs- und oxidationsbeständig, gasundurchlässig und für Schläuche, Profile und Gefäßauskleidungen von Bedeutung.

Die radikalische Polymerisation von Isobutylen mit Maleinsäureanhydrid führt zu Poly(isobutenylbernsteinsäureanhydrid), das als Rostinhibitor oder Härter für Epoxidharze eingesetzt wird.

Handelsnamen:
Oppanol (BASF)
Vistanex (Esso)

8.6.6 Polyvinylchlorid und Copolymerisate
8.6.6.1 Polyvinylchlorid (PVC)

$$-(CH_2-CHCl-)_n \qquad (8.24)$$

Polyvinylchlorid

PVC wird technisch durch Masse- [147 bis 149], Emulsions- oder Suspensionspolymerisation hergestellt [150 bis 154]. Da PVC im Monomeren nicht löslich ist, ist die Vinylpolymerisation in Substanz oder Suspension gleichzeitig eine Fällungspolymerisation. Der Hauptteil der Polymerisationswärme wird durch Verdampfungskühlung abgeführt. Bei der radikalischen Polymerisation findet eine starke Übertragung (siehe Abschn. 8.1) zum Monomeren statt. Die nach Gleichung 8.25 entstehenden Monomerradikale starten neue Polymerketten, die eine endständige Doppelbindung enthalten. Diese Doppelbindungen sind teilweise für die beim PVC beobachtbaren, durch Wärme und Licht initiierbaren, reißverschlußartigen Dehydrochlorierungen verantwortlich, die zu Sequenzen konjugierter Doppelbindungen entsprechend Gleichung 8.26 führen.

$$\text{\textasciitilde\textasciitilde} CH_2-\underset{Cl}{CH}* + CH_2=\underset{Cl}{CH} \longrightarrow \text{\textasciitilde\textasciitilde} CH_2-\underset{Cl}{\overset{Cl}{C}}-H + CH_2=\underset{Cl}{CH}* \quad (8.25)$$

$$CH_2=CH-\underset{Cl}{CH}-CH_2-\underset{Cl}{CH}-CH_2 \text{\textasciitilde\textasciitilde} \xrightarrow{-HCl} CH_2=CH-CH=CH-\underset{Cl}{CH}-CH_2 \text{\textasciitilde} \quad (8.26)$$

Die entstehenden Polymeren sind dunkel gefärbt und bewirken zudem ungünstige mechanische Eigenschaften wie Versprödung und Vernetzung. Sind bei der Polymerisation Spuren von Sauerstoff zugegen, so bildet sich über verschiedene Zwischenstufen Kohlenmonoxid, welches mit Vinylchlorid copolymerisieren kann; dies führt zu thermisch und photochemisch labilen Verbindungen und begünstigt ebenfalls eine Polyenbildung [155]. Da PVC außerdem bei der üblichen Verarbeitungstemperatur von 170 bis 210 °C sofort thermisch abgebaut werden würde, werden dem Polymeren stets Wärme- und Lichtstabilisatoren zugesetzt [156, 157]. Alternativ kann man wärmebeständigere Polyvinylchloride auch durch mehr oder minder statistische Copolymerisation mit anderen Monomeren erzeugen (siehe Abschn. 8.6.6.3 und Kap. 2). Die Copolymerisat-Monomere unterbrechen die Sequenz der Vinylchlorid-Bausteine und damit die Bildung der Polyenstruktur.
PVC besitzt wegen seiner begrenzten Löslichkeit und der hohen Lösungsviskosität als Bindemittel für gelöste Lacke keine große Bedeutung. Es ist gegenüber Chemikalien und Lösemitteln mit geringer (Kohlenwasserstoffe) und hoher Polarität (Wasser) beständig. Von mittelpolaren Verbindungen wie Cyclohexanon, Dimethylformamid, Aceton, Chlorkohlenwasserstoffen, Phenol und Tetrahydrofuran wird PVC aufgelöst oder angequollen [155 bis 160].
Da PVC als Rohstoff eine große technische Bedeutung zukommt, wurde versucht, die geringe Eigenstabilität des Polymeren durch Änderung seiner Mikrostruktur, durch Copolymerisation mit stabilisierend wirkenden Monomeren (Abschn. 8.3) oder Pfropfcopolymerisation, Zusätze von Additiven, durch strahlenchemische Vernetzungsreaktionen oder durch Nachchlorierung (Abschn. 8.6.6.2) zu verbessern. Neben der Erhöhung der Eigenstabilität wird durch diese Modifizierungen des Polymeren auch eine verbesserte Verarbeitbarkeit (z. B. Löslichkeit und Verträglichkeit mit anderen Polymeren) erreicht. Die lacktechnischen Eigenschaften lassen sich besonders durch Copolymerisation mit Monomeren wie Maleinsäureester, Vinylacetat, Vinylpropionat, Vinylisobutylether, freie Acryl-, Croton- und Maleinsäure und Vinylidenchlorid [161] verbessern (siehe Abschn. 8.6.6.3).
In fast allen Fällen kommt PVC nur zusammen mit Verarbeitungshilfsmitteln, wie Stabilisatoren, Gleitmitteln und Weichmachern, und Funktionsadditiven, wie UV-Absorber, Flamminhibitoren, Antistatika, Füllstoffe und Schlagzähmacher, zur Anwendung. Es kann

durch Spritzgießen, Extrudieren, Kalandrieren, Pressen, Sintern, im Schmelzverfahren und als Pasten verarbeitet werden.

Reine PVC-Homopolymerisate finden Verwendung als Plastisole, Organosole oder auch als Pulverlacke (Kap. 4). PVC-Plastisole und Organosole werden für die Herstellung von Fußbodenbelägen, Gewebebeschichtungen wie Kunstleder, für Tauchartikel, im Bereich des Unterbodenschutzes von Kraftfahrzeugen und zur Herstellung von Strukturtapeten verwendet. Ein für die PVC-Plastisolherstellung universell einsetzbarer Weichmacher ist Di-2-Ethylhexylphthalat (Dioctylphthalat, DOP). Mit Plastisolen können in einem Arbeitsgang Schichtdicken bis zu 500 µm aufgetragen werden. Beschichtungen aus PVC besitzen große Oberflächenhärte und Abriebfestigkeit sowie überdurchschnittliche Beständigkeit gegen Wasser, Chemikalien und Treibstoffe.

Handelsprodukte: z.B.

Breon	(BP)	Piovic	(Goodyear)
Corvic	(ICI)	Solvic	(Solvay)
Ekavyl, Lucovyl	(Atochem)	Vestolit	(Vestolit GmbH)
Geon	(B.F. Goodrich)	Vinnol	(Wacker)
Hostalit	(Hoechst)	Vinoflex	(BASF)
Kane Vinyl	(Kanegafuchi)	Vipla	(Montedison)

8.6.6.2 Nachchloriertes PVC (CPVC)

Das PVC-Homopolymerisat hat einen Chlorgehalt von 56,8 Massenprozent. Durch Nachchlorierung kann der Chlorgehalt bis auf 73 Massenprozent angehoben werden. Die Chlorierungsbedingungen haben starken Einfluß auf die entstehende Mikrostruktur und damit auch auf die anwendungstechnischen Eigenschaften [162, 163].

Die Nachchlorierung kann nach dem Suspensions- [164 bis 166], Wirbelbett- [167] oder Lösungsverfahren [168] erfolgen. Nachchloriertes PVC ist ein weißes, farb- und geruchloses, nicht brennbares Pulver, welches gegenüber PVC in einer größeren Anzahl gebräuchlicher Lösemittel löslich ist. Die Nachchlorierung bewirkt außerdem eine verbesserte Verträglichkeit mit anderen Polymeren.

Der Erweichungspunkt [169, 170] und die Zugfestigkeit [171] steigen mit wachsendem Chlorgehalt, die Bruchdehnung [172] und die Schlagzähigkeit [169, 173] fallen ab.

Mit Hilfe von IR- und NMR-Spektroskopie wurden folgende Struktureinheiten gefunden:

$$-CH_2-\underset{Cl}{CH}- \quad -\underset{Cl}{CH}-\underset{Cl}{\overset{Cl}{C}}- \quad \quad (8.27)$$

$$-\underset{Cl}{CH}-\underset{Cl}{CH}-$$

Struktureinheiten von nachchloriertem Polyvinylchlorid

Die aus CPVC erhaltenen Filme sind sehr hart. Sie sind wasser- und chemikalienbeständig. CPVC findet seine Anwendung vor allem für wetterbeständige Korrosionsschutzanstriche.

Handelsprodukte: z.B.

Geon	(B.F. Goodrich)
Kanevinyl	(Kanegafuchi)
Lucalor	(Rhone Poulenc)
Nikatemp	(Nippon Carbide)

8.6.6.3 Copolymerisate mit Vinylchlorid als Hauptkomponente [174, 175]

Wegen der begrenzten Löslichkeit von PVC in den gebräuchlichen Lacklösemitteln besitzt dieses Polymere als Bindemittel für gelöste Lacke eine untergeordnete Bedeutung. Durch Copolymerisation des Vinylchlorids mit Vinylacetat oder -propionat, Vinylisobutylether, Maleinsäureestern oder freien Säuren (Acryl-, Croton- oder Maleinsäure) wird neben einer verbesserten Löslichkeit auch eine verbesserte Haftung und Verträglichkeit mit anderen Bindemitteln erhalten. Der Anteil der Comonomeren liegt bei 5 bis 40 Massenprozent, der Anteil der freien Säuren bei 1 Massenprozent. Die Unverseifbarkeit und die hohe Wasserfestigkeit von PVC-Homopolymerisaten wird durch Copolymere allerdings beeinträchtigt. In der Darstellung 8.28 sind die verschiedenen, als Comonomere verwendeten Monomere aufgeführt.

$$
\begin{array}{cccc}
H_2C=CHCl & H_2C=CH-O-CO-CH_3 & H_2C=CH-O-CO-CH_2-CH_3 & \\
\text{Vinylchlorid} & \text{Vinylacetat} & \text{Vinylpropionat} & \\
& & & \\
H_2C=CH-O-CH_2-CH(CH_3)-CH_3 & \quad ROOC-CH=CH-COOR & & (8.28)\\
\text{Vinylisobutylether} & \text{Maleinsäure(di)ester} & & \\
& & & \\
H_3C-CH=CH-COOR & H_2C=CH-COOR & & \\
\text{Crotonsäureester} & \text{Acrylsäureester} & &
\end{array}
$$

Eine bessere Löslichkeit wird nicht nur durch die Verwendung von Comonomeren, sondern auch durch die Verringerung der Molmasse erreicht. Die Verringerung der Molmasse wiederum bewirkt eine Zunahme der Versprödung der Filme, welcher durch den Einbau von weichen Comonomeren (innere Weichmachung) entgegengewirkt wird. Da eine Erhöhung der Molmasse einerseits die mechanischen Eigenschaften wie Zugfestigkeit, Flexibilität und Abriebfestigkeit verbessert, andererseits aber die Lösungsviskosität erhöht und damit den Feststoffgehalt verringert, werden möglichst Typen im mittleren Molmassenbereich verwendet. Mit Ausnahme der vernetzbaren Systeme sind alle Vinylchlorid-Copolymeren physikalisch-trocknende Filmbildner, die sich durch chemische Resistenz gegen Säuren und Laugen, Alkoholen und Mineralölen auszeichnen – wenn auch gegenüber PVC in leicht abgeschwächter Form. Neben der Molmasse haben Art und Anteil der Comonomeren Einfluß auf Wasserquellbarkeit, Löslichkeit, chemische Resistenz und Glastemperatur.

Wird neben den Vinylestern als drittes Monomeres eine carboxylgruppenhaltige Verbindung einpolymerisiert, so erhält man Terpolymere, die selbst auf blanken Metalloberflächen eine gute Haftung aufweisen. Durch partielles Verseifen der in den PVC-Copolymerisaten enthaltenen Vinylestern werden Polymere mit Hydroxylgruppen erhalten, welche mit Polyisocyanaten, Melamin- und Epoxidharzen vernetzt werden können. Die nicht vernetzten Filme sind thermoplastisch und können als Heißsiegelbindemittel verwendet werden. Die Vernetzung mit Melamin- oder Polyisocyanatharzen verringert die Thermoplastizität, verbessert die Haftung und Widerstandsfähigkeit. Die Hydroxylgruppen bewirken auch eine bessere Haftung zu organischen Substraten, weshalb diese Polymeren auch als Zwischenschichten für Schiffsfarbanstriche verwendet werden. Aufgrund der guten Pigmentbenetzung, der hohen Pigmentierbarkeit und der Verträglichkeit mit Polyestern und Polyurethanen werden hydroxylgruppenhaltige Polyvinylchlorid-Copolymere auch für die Beschichtung von Bänder für magnetische Speichermedien verwendet.

Copolymere aus Vinylchlorid und Vinylestern sind in Chlorkohlenwasserstoffen, Ketonen wie Methylethylketon, Methylisobutylketon und Cyclohexanon sowie in Estern löslich. Aromatische Kohlenwasserstoffe können nur zum Verschneiden verwendet werden. Die Copolymeren sind mit Cellulosenitrat und Alkydharzen gut, mit trocknenden Ölen schlecht verträglich. Copolymere aus Vinylchlorid mit Maleinsäureestern oder Vinylisobutylethern sind zusätzlich in Aromaten löslich und weisen eine bessere Verträglichkeit mit anderen Lackbindemitteln auf.

Vinylchlorid-Copolymere sind wetter- und alterungsbeständig. Ihre Durchlässigkeit für Gase, Dämpfe und Elektrolyte ist gering. Die Chemikalien- und Wasserresistenz ist gegenüber PVC je nach Höhe des Comonomerenanteils herabgesetzt. Der unbrennbare Film ist hart, lichtecht und im Vergleich zu PVC nicht so spröde. Wie bei den PVC-Homopolymerisaten ist auch bei den Copolymeren eine Stabilisierung erforderlich, um bei höheren Temperaturen oder bei starker Bestrahlung eine HCl-Abspaltung zu verhindern. Die Verwendung von Weichmachern bewirkt eine Verbesserung der Filmflexibilität sowie der Stoß- und Abriebfestigkeit, beeinträchtigt aber die Witterungsbeständigkeit. Um vergleichbare mechanische Eigenschaften zu erhalten, ist im allgemeinen ein geringerer Weichmacherzusatz nötig als bei PVC.

Vinylchlorid-Copolymere werden als Alleinbindemittel oder in Kombination mit Alkydharzen, Polyacrylaten und anderen Bindemitteln verwendet. Hauptanwendungsgebiete sind Getränkedoseninnenlackierungen, heißsiegelfähige Überzüge auf Aluminiumfolien, haftfeste Beschichtungen auf feuerverzinkten Untergründen, Container-, Abzieh- und Korrosionsschutzlackierungen sowie Betonfußboden- und Straßenmarkierungsfarben. Polyvinylchlorid-Copolymer-Dispersionen finden ihre Anwendung für die Oberflächenveredelung von Textilien, Leder und Papier. Diese Polymeren werden aufgrund ihrer guten Aluminiumhaftung als Heißsiegellacke in der Verpackungsindustrie verwendet.

Handelsprodukte: z.B.

Corvic	(ICI)	S-Lec	(Sekisai)
Gelva	(Monsanto)	Solvic	(Solvay)
Geon	(B.F. Goodrich)	Vilit	(Hüls)
Hostalit, Hostaflex	(Hoechst)	Vinnol	(Wacker)
Lutofan, Vinoflex, Laroflex	(BASF)	Vinylite, Ucar	(Union Carbide)

8.6.7 Polymerisate und Copolymerisate des Vinylidenchlorids [176, 177]

$$-(CH_2-CCl_2-)_n \qquad (8.29)$$
Polyvinylidenchlorid

Aufgrund der geringen thermischen Stabilität, der Kristallinität des Homopolymerisates und der damit verbundenen schlechten Löslichkeit ist Polyvinylidenchlorid (PVDC) als Lackrohstoff nicht von Bedeutung. Technisch bedeutsam sind jedoch die durch radikalische Polymerisation in wäßrigen Systemen (Emulsions- und Suspensionspolymerisation) hergestellten Copolymerisate des Vinylidenchlorids mit Monomeren wie Vinylacetat, Vinylchlorid, Acrylnitril und Methacrylsäure und deren Ester.

Die Löslichkeit der Copolymerisate ist in der Regel auf Ketone beschränkt. Um klare und lagerstabile Lösungen zu erhalten, müssen die Copolymeren eine gleichmäßige Monomerenverteilung (statistisches Copolymeres, siehe Kap. 2.3.2) besitzen. Mit wachsendem Comonomerenanteil fällt die Tendenz zur Kristallinität, die Löslichkeit steigt an. Die aus den Copolymerisaten hergestellten Filme besitzen eine ausgezeichnete Gas- und Wasserdampfundurchlässigkeit, eine hervorragende Fett- und Treibstoffbeständigkeit sowie eine außergewöhnlich gute Resistenz gegen Chemikalien. Die guten PVDC-Sperreigenschaften gehen bei Vinylidenchloridgehalten <88 Massenprozent im Copolymeren verloren. Lösungen von Vinylidenchlorid-Acrylat-Copolymeren eignen sich für die Innenbeschichtung von Tanks. 10 bis 20%ige Lösungen der Copolymeren werden als Lackrohstoffe für die Cellophanbeschichtung verwendet. Vinylidenchlorid-Copolymerisate werden hauptsächlich für die Beschichtung von Lebensmittelfolien eingesetzt.

Wegen ihrer limitierten Löslichkeit wird der überwiegende Teil der Copolymerisate des Vinylidenchlorids in Form wäßriger Dispersionen verarbeitet. Die Dispersionen finden ihre Anwendung als Bindemittel für Farben und als Zementzusätze. Terpolymere mit freien Carboxyl-Gruppen weisen eine gute Aluminium-Haftung auf und eignen sich zur Verwendung als Heißsiegellacke in der Verpackungsindustrie. Dispersionen mit relativ großen Emulgatormengen werden für die Papierbeschichtung verwendet, während zur Kunststoffbeschichtung emulgatorarme Systeme eingesetzt werden.

Handelsprodukte: z.B.

Daran	(Grace)	Ixan	(Solvay)
Diofan	(BASF)	Rhoplan	(Rohm + Haas)
Geon	(B.F.Goodrich)	Saran	(Dow)
Haloflex, Viclan	(ICI)		

8.6.8 Polyvinylidenfluorid (PVDF, PVF2)

$$-(CH_2-CF_2-)_n \qquad (8.30)$$
Polyvinylidenfluorid

Das Monomere Vinylidenfluorid enthält man durch Pyrolyse von 1,1-Difluor-1-chlorethan. Die Polymerisation erfolgt unter Druck bei −84 °C radikalisch in Suspension oder Emulsion. PVDF ähnelt in seinen Eigenschaften eher dem Polyethylen als dem PVDC. PVDF ist beständig gegen die meisten Säuren und Laugen. Erst bei höherer Temperatur wird das Polymere durch rauchende Schwefelsäure und konzentrierte Laugen angegriffen. Quellung kann durch Ketone, Ethyl-, Butyl- und Amylacetat erfolgen.

Als Lösemittel kommen Dimethylformamid oder Dimethylacetamid in Frage. Wegen seiner sonst schlechten Löslichkeit in den meisten der in der Lackindustrie gebräuchlichen Lösemitteln erfolgt die Verarbeitung meist in Form kolloider Lösungen oder Dispersionen. Solche Dispersionen in Lösemitteln werden durch Einbrennen bei Temperaturen >200 °C verfilmt. PVDF zeichnet sich durch eine hervorragende Witterungs- und Strahlungsbeständigkeit [178 bis 180] aus. Es ist schwerentflammbar bis selbstverlöschend. Es ist, ähnlich wie Polytetrafluorethylen, wasser-, eis- und fettabstoßend. Beschichtungen aus PVDF sind geschmacks-, geruchlos und nicht toxisch; sie können deshalb im Kontakt mit Lebensmitteln verwendet werden.

Pulverförmiges PVDF wird nach dem elektrostatischen Pulverspritzverfahren für korrosionsfeste Überzüge benutzt. Im Bereich des coil-coating wird PVDF z.B. bei der Breitband-Blechlackierung für hochwitterungsbeständige Fassadenverkleidungen verwendet.

308   Polymerisate   [Literatur S. 329]

Zur Preisreduktion und zur Verbesserung der Verarbeitbarkeit (z.B. Verbesserung des Schmelzflusses) wird PVDF oft mit Polyacrylaten oder Polyestern kombiniert. Diese Zusätze bewirken meist eine Haftungsverbesserung. Copolymerisate aus Vinylidenfluorid und Hexafluorpropylen sind in niederen Ketonen löslich und aus solchen Lösungen verarbeitbar [181 bis 183]. Die Verarbeitung aus Lösung ist jedoch von untergeordneter Bedeutung.

Handelsprodukte: z.B.

Foraflon	(Ugine Kuhlmann)	Kynar	(Pennwalt Corp., Elf Atochem)
Hylar	(Ausimont)	Soles	(Solvay)
KF-Polymer	(Kureha Chem. Ind. Co.)	Vydar	(Süddeutsche Kalkstickstoffwerke)

8.6.9 Polyvinylester

$$\mathrm{-\!\!\!\left(CH_2-\underset{\underset{\underset{R}{|}}{\underset{C=O}{|}}}{\underset{|}{O}}CH\right)\!\!\!-_n}$$ (8.31)

Polyvinylester

Vinylacetat $CH_2=CH(OOCCH_3)$, der einfachste und bekannteste Vertreter der Vinylester, wird aus Ethylen und Essigsäure hergestellt, früher aus Acetylen (Ethin) und Essigsäure. Vinylester aus Säuren mit drei oder mehr C-Atomen werden technisch ebenfalls durch Addition der Säure an Acetylen oder durch Umvinylierung aus Vinylacetat hergestellt. Technisch werden

Vinylacetat ($R = -CH_3$),
Vinylpropionat ($R = -CH_2-CH_3$),
Vinyllaurat ($R = -(CH_2)_{10}-CH_3$) und
VeoVa® 10 [$R = -C(Alkyl)_3$]

zur Herstellung von Polymeren verwendet. VeoVa 10 steht für den Vinylester der Versaticsäure, eine tertiäre Carbonsäure, die aus zehn C-Atomen besteht [184, 185].
Polyvinylester und Copolymere von Vinylestern werden sowohl durch Substanz- und Lösungspolymerisation als auch durch Suspensions- und Emulsionspolymerisation hergestellt [186]. Durch Übertragungsreaktionen auf das Monomere und das Polymere werden bei der Polymerisation stark verzweigte Produkte erhalten [187, 188].
Von den Homopolymeren haben nur Polyvinylacetat und Polyvinylpropionat technische Bedeutung. Durch Copolymerisation mit anderen Vinylestern oder mit Monomeren, wie z.B. Acrylestern, Styrol, Vinylchlorid, Maleinsäureestern, Ethen oder Crotonsäure, werden Produkte erhalten, die als Lackrohstoffe den verschiedensten Anforderungen genügen.
Polyvinylacetat hat von den aliphatischen Polyvinylestern die größte Härte. Mit zunehmender Kettenlänge der Säure werden die Polymeren weicher, so daß sie auch für die innere Weichmachung des Polyvinylacetats und anderer Polymerer verwendet werden können. Polyvinylester kurzkettiger Säuren sind in den üblichen Lacklösemitteln gut löslich und weisen mit vielen anderen Lackrohstoffen eine gute Verträglichkeit auf. Kurzkettige Polyvinylester sind leicht verseifbar. Wasserbeständigere Polyvinylacetat-Typen können

durch Copolymerisation von Vinylacetat mit

Vinylstearat $CH_2=CH-OCO(CH_2)_{17}-H$ oder

Vinylpivalat
$$CH_2=CH \diagdown O-\underset{\underset{CH_3}{|}}{\overset{CH_3}{\underset{|}{C}}}-\overset{O}{\overset{\|}{C}}-O$$

erhalten werden, da deren große Seitengruppen die Verseifungsgeschwindigkeit herabsetzen.

Polyvinylester werden als Lackrohstoffe in fester und gelöster Form sowie als Dispersionen verwendet.

Handelsprodukte: z.B.

Airflex	(Air Products)	Synresyl	(Synres)
Dilexo	(Condea)	Ubatol	(Cray Valley)
Elotex	(Ebnöther)	Ucar	(Union Carbide)
Emultex	(Revertex)	Vinamul	(Scado)
Ertimul	(ERT)	Vinavil	(Montedison)
Gelva	(Monsanto)	Vinnapas	(Wacker)
Mowilith	(Hoechst)	Vinyc	(Air Products)
Propiofan	(BASF)	Vipolit	(Lonza)
Rafemul	(ANIC)	Walpol	(Reichhold)
Rhodopas	(Rhone Poulenc)		

8.6.9.1 Polyvinylacetat-Lösungen und Feststoffe [179]

$$\underset{\text{Polyvinylacetat}}{\begin{array}{c} -\!\!\!-\!\!\!\!(CH_2\!-\!CH)_n\!\!-\!\!\!- \\ | \\ O \\ | \\ C=O \\ | \\ CH_3 \end{array}} \qquad (8.32)$$

Polyvinylacetat (PVAc) ist ein amorphes, geschmacks- und geruchsfreies Polymeres mit hoher Licht- und Wetterechtheit, welches gut in Estern, Ketonen, Chlorkohlenwasserstoffen, cyclischen Ethern, Phenolen, Methanol, 95%igem Ethanol, 90%igem Isopropylalkohol, Benzol und Toluol löslich ist. In Aliphaten und Xylol ist PVAc unlöslich.

Bei Wasserlagerung nehmen die elastischen, gut haftenden, lichtechten und glasklaren Filme bis zu 3% Wasser auf und geben dieses beim Trocknen wieder ab. Damit ist auch ein Feuchtigkeitsaustausch zum Untergrund hin möglich. PVAc zeigt auf den meisten Untergründen eine gute Haftung. Die Haftung auf Metallen kann durch Copolymerisation mit carboxylgruppenhaltigen Monomeren noch verbessert werden. Die Haftung auf Polyolefinen, Polyurethanen und Polyestern ist in der Regel unzureichend.

PVAc ist mit Cellulose-Derivaten, Chlorkautschuk, Polyacrylsäureestern und nichtmodifizierten Phenolharzen verträglich. Durch Copolymerisation mit Monomeren wie Maleinsäuredibutylestern, Crotonsäure oder Vinyllaurat wird der Verträglichkeitsbereich oft noch erweitert, so daß PVAc-Bindemittel auch mit Alkydharzen kombiniert werden können. Mit abnehmender Molmasse nimmt die Verträglichkeit mit anderen Lackrohstoffen im allgemeinen zu, die mechanischen Eigenschaften des Films nehmen allerdings ab. Als Weichmacher werden Dibutylphthalat und Phosphorsäureester verwendet.

Die Bedeutung von PVAc-Polymeren liegt vor allem auf dem Lacksektor und in der Klebetechnik. Reines PVAc wird als Schmelzkleber verwendet. Lösungen von PVAc mit geringem Weichmacher-Zusatz dienen in vielen Fällen in Verbindung mit Cellulosenitrat als Klebemittel für Papiere, Pappen und Leder. In der Anstrichtechnik wird PVAc als Lackrohstoff für Spritz- und Tauchlacke eingesetzt. Hochmolekulare Polymere werden zur Beschichtung und Imprägnierung von Textilien verwendet. Polymere mit mittlerer Molmasse finden ihre Anwendung als Bindemittel für Metall- und Holzlacke. Besonders bei der Verwendung als Holzlack ist die Feuchtigkeitsdurchlässigkeit von PVAc von Vorteil. In Verbindung mit Cellulosenitrat und Chlorkautschuk bewirkt PVAc eine verbesserte Haftung und Lichtechtheit sowie eine Erhöhung des Glanzes und der Füllkraft, während die anderen Bindemittel wiederum die Wasserfestigkeit von PVAc erhöhen.

Die geringe Hydrolysebeständigkeit ist einer der Gründe für die Kombination von Vinylacetat mit Comonomeren. Ein anderer Grund ist die für viele Anwendungsgebiete zu hohe Glastemperatur von 28 °C. Während die Glastemperatur am wirksamsten durch Ethen, Vinyllaurat oder Acrylester herabgesetzt werden kann, bewirkt der Zusatz von Vinylchlorid und Ethen oder von VeoVa 10 eine Verbesserung der Verseifungsbeständigkeit [190 bis 194]. Durch Comonomere, wie z.B. N-Hydroxymethylacrylamid, können vernetzte Filme hergestellt werden. Mit Crotonsäure werden wasserlösliche Vinylacetat-Copolymere erhalten.

Ungefähr 50% des produzierten PVAc werden für die Weiterverarbeitung zu Polyvinylalkohol und Polyvinylacetalen verbraucht.

Handelsnamen für Dispersionen, Lösungen und Feststoffe sind dieselben, wie am Ende des Abschnitts 8.6.9 aufgelistet.

8.6.9.2 Polyvinylester-Dispersionen

Die Polyvinylester-Dispersionen sind von ungleich größerer Bedeutung als die Polyvinylester-Lösungen und Feststoffe. Der Feststoffgehalt der Dispersionen liegt zwischen 50 und 60 Massenprozent. Die Homopolymerisate des Vinylacetats haben eine Mindestfilmbildetemperatur (siehe Kap. 3 und 4) von 15 bis 18 °C. Die MFT kann durch Copolymerisation („innere Weichmachung") oder durch Zusatz von Weichmachern („äußere Weichmachung") bis auf 0 °C verringert werden. Als weichmachende Monomere werden Vinyllaurat, Vinylstearat und Vinylversatate, Ethylen in Kombination mit Vinylchlorid, aber auch Alkylester der Malein- und Fumarsäure eingesetzt. Die ungenügende Wasserfestigkeit der Polyvinylester kann vor allem durch die Verwendung von Versataten verringert werden. Aus Untersuchungen von Lindemann [195] geht hervor, daß Copolymere aus Vinylacetat, Vinylpropionat, Ethylen, Vinylchlorid, VeoVa 10 und Vinyllaurat mit 50 bis 80 Massenprozent Vinylacetatanteil besonders günstige Gesamteigenschaften für den Anstrichsektor haben [196].

Als externe Weichmacher werden Dibutylphthalat, Trikresylphosphat oder temporäre Filmbildehilfsmittel der Dispersion zugesetzt. Meist werden jedoch innerlich weichgemachte Dispersionen verwendet, da in diesem Fall keine Alterung der Lackfilme durch Weichmacherwanderung und -verdunstung auftreten kann.

Polyvinylpropionat besitzt gegenüber Polyvinylacetat eine bessere Verseifungsbeständigkeit [195] und eine Glastemperatur von $-7\,°C$. Für viele Anwendungsgebiete liegt die Glastemperatur von Polyvinylpropionat bereits zu niedrig. Eine Erhöhung der Filmhärte erfolgt durch Copolymerisation mit Acrylsäuremethylestern oder Vinylchlorid oder durch Zumischung einer Polyvinylacetatdispersion.

Feinteilige Polyvinylester-Dispersionen werden mit Emulgatoren ohne Zusatz von Schutzkolloiden hergestellt. Sie sind wenig frostbeständig, weisen aber eine relativ gute Pigmentverträglichkeit auf und bilden Filme mit hohem Glanz und guter Naßwischfestigkeit.

Grobteilige Polyvinylester-Dispersionen werden mit Hilfe von Schutzkolloiden (z.B. Polyvinylalkohol) hergestellt. Sie weisen eine sehr gute Frostbeständigkeit und Pigmentverträglichkeit auf und bilden meist matte Filme mit geringer Naßwischfestigkeit.
„Mitteldisperse" Dispersionen werden mit Emulgatoren und Schutzkolloiden hergestellt. Die Filmeigenschaften liegen zwischen denen der grob- und feinteiligen Dispersionen. Grobteilige Dispersionen, die mit Schutzkolloiden hergestellt wurden, finden ihre Anwendung meist als Leime und Klebstoffe [218]. Fein- und mitteldisperse, mit Emulgator stabilisierte Dispersionen werden hauptsächlich als Bindemittel in Dispersionsfarben verwendet.
Hauptanwendungsgebiet der Polyvinylester-Dispersionen ganz allgemein ist der Baubereich, wo diese Polymerisate wegen ihrer guten Lichtechtheit und Wetterbeständigkeit in Innen- und Außenbeschichtungen für Putz und Beton, aber auch in Putzen und für rißüberbrückende Systeme eingesetzt werden. Copolymere sind auf alkalischen Untergründen ausreichend verseifungsbeständig. Polyvinylester-Dispersionen sind ferner für die Lackierung von Holz, Kunststoff, Metall, Textilien, Papier und Pappe geeignet. Weitere Anwendungsgebiete sind Kaugummimassen, Betonzusatz [194] und Bindemittel für Faservliese. Die aus den Dispersionen durch Sprühtrocknung erhaltenen Dispersionspulver können vor der Anwendung in Wasser redispergiert werden.
Handelsnamen für Dispersionen, Lösungen und Feststoffe sind dieselben, wie am Ende des Abschnitts 8.6.9 aufgelistet.

8.6.10 Polyvinylalkohol [197 bis 199]

$$+CH_2-CH+_n \atop OH$$ (8.33)

Polyvinylalkohol

Auf direktem Weg, d.h. durch Polymerisation des Monomeren, ist Polyvinylalkohol nicht darstellbar, da der monomere Vinylalkohol (Enol) sich sofort unter Protonenwanderung zum Acetaldehyd umlagert und damit stabilisiert.

$$\underset{\text{Vinylalkohol}}{\overset{H}{\underset{H}{>}}C=C\overset{H}{\underset{OH}{<}}} \rightleftarrows \underset{\text{Acetaldehyd}}{H-\overset{H}{\underset{H}{C}}-C\overset{O}{\underset{H}{<}}}$$ (8.34)

Umlagerung des Vinylalkohols zum Acetaldehyd

Technisch wird Polyvinylalkohol durch Umesterung von Polyvinylacetat mit Methanol oder Butanol dargestellt, wobei zusätzlich noch Methyl- bzw. Butylacetat als Lösemittel erhalten werden.

$$+CH_2-\overset{H}{\underset{\underset{\underset{CH_3}{C=O}}{O}}{C}}+_n + x\,ROH \longrightarrow +CH_2-\overset{H}{\underset{OH}{C}}+_x(CH_2-\overset{H}{\underset{\underset{\underset{CH_3}{C=O}}{O}}{C}}+_{n-x} \\ + x\,CH_3-COOR$$ (8.35)

Umesterung von Polyvinylacetat zu Polyvinylalkohol

Bei der Umesterung von Polyvinylacetat zu Polyvinylalkohol können in Abhängigkeit von den Herstellungsbedingungen Produkte mit unterschiedlichem Acetylgruppen-Gehalt hergestellt werden. Die anwendungstechnischen Eigenschaften hängen vor allem von der Molmasse und vom Anteil der im Makromolekül vorhandenen Acetylgruppen (Hydrolysegrad) ab. Auf dem Markt werden Polyvinylalkohole mit Hydrolysegraden von 99% (vollverseifte Typen) bis 70% angeboten. Der Polymerisationsgrad liegt zwischen 500 und 2500.

Polyvinylalkohol ist ein kristallines Polymeres, das aufgrund seines Herstellungsverfahrens (aus Polyvinylacetat, siehe Abschnitt 8.6.9.2) geringfügig verzweigt ist [200]. Acetyl- oder andere sich im Polymer befindende Gruppen beeinträchtigen die Kristallisationsfähigkeit [201].

Die Schmelz- und Glastemperatur hängen außer vom Hydrolysegrad und der Molmasse auch noch von der Verteilung der Acetylgruppen (statistisch oder in Blöcken) im Polymeren, der Taktizität (siehe Kap. 3) und dem Wassergehalt der Proben ab. Die Glastemperatur von Polyvinylalkohol wird in der Literatur [202] mit 85 °C angegeben.

Die aus Polyvinylalkohol hergestellten Filme sind reißfest und zähelastisch. Sie sind öl- und benzinbeständig. Als Weichmacher können Polyalkohole, wie z. B. Glycerin und Ethylenglycol, verwendet werden. Polyvinylalkohol löst sich in Wasser und sonst nur in polaren Lösemitteln wie Diethylentriamin [203], Dimethylsulfoxid [204], Formamid und Dimethylformamid. Mit abnehmendem Polymerisations- und Hydrolysegrad nimmt die Lösegeschwindigkeit in Wasser zu. Polyvinylalkohol-Pulver können durch Einstreuen in Wasser und Rühren bei 90 °C gelöst werden. In gelöster Form muß Polyvinylalkohol konserviert werden. Die Viskosität der Lösung hängt von der Molmasse, dem Hydrolysegrad, der Konzentration und der Temperatur ab. Durch Sulfate können Polyvinylalkohol-Lösungen gefällt werden [202]. Borsäure kann als Verdickungsmittel verwendet werden. Durch Behandeln mit Chromaten wird Polyvinylalkohol in Wasser unlöslich.

Durch polymeranaloge Reaktion können die OH-Gruppen in Polyvinylalkohol weiter umgesetzt werden (Polyvinylnitrate, -phosphate oder -sulfate). Über die Hydroxylgruppen kann auch eine Vernetzung mit wasserlöslichen Harnstoff-, Melamin-, oder Phenol-Formaldehydharzen erfolgen. Polyvinylalkohol weist ein gutes Pigmentbindevermögen auf und ist mit den meisten in der Farbenindustrie verwendeten Pigmenten verträglich.

Auf dem Lacksektor wird Polyvinylalkohol vor allem als Verdickungsmittel und als Schutzkolloid für wäßrige Dispersionen verwendet. Insbesondere für die Herstellung von Polyvinylacetatdispersionen und als Suspensionsstabilisator hat sich Polyvinylalkohol hervorragend bewährt. In Kombination mit verschiedenen Emulgatoren lassen sich Dispersionen mit den verschiedensten Eigenschaften, vor allem auch für Klebstoffe, herstellen [205 bis 209]. Ferner wird Polyvinylalkohol für die Oberflächenleimung bei der Papierherstellung und als Schlichtemittel in der Textilindustrie verwendet.

Handelsprodukte: z. B.

Airvol	(Air Products)	Lemol	(Borden)
Alcotex	(Revertex)	Mowiol	(Hoechst)
Elvanol	(Du Pont)	Polyviol	(Wacker)
Ertivinol	(ERT)	Poval	(Kuraray, Denka, Shinet-Su)
Gelvatol	(Shawinigan)	Rhodoviol	(Rhone Poulenc)
Gohsenol	(Nippon Gohsei)		

8.6.11 Polyvinylacetale

Alkohole können an Carbonylverbindungen (Aldehyde, Ketone) addiert werden, wobei Acetale bzw. Ketale entstehen:

$$\underset{\substack{\text{Aldehyd}\\\text{bzw. Keton}}}{\overset{R}{\underset{R}{\diagdown}}C=O} + 2\,ROH \longrightarrow \underset{\substack{\text{Acetal}\\\text{bzw. Ketal}}}{\overset{R}{\underset{R}{\diagdown}}C\overset{OR}{\underset{OR}{\diagup}}} \tag{8.36}$$

Acetalbildung durch Umsetzung von Aldehyden (Ketonen) mit Alkohol

Acetale (Ketale) sind gegenüber Basen vollkommen inert, können aber schon durch geringe Mengen Säure wieder in Alkohol und Aldehyd (Keton) zurückgespalten werden.
Bei der Umsetzung von Polyvinylalkohol mit niederen Aldehyden entstehen cyclische Acetale (Polyvinylacetale). Da aber schon die Verseifung von Polyvinylalkohol nicht vollständig verläuft, und auch die Umsetzung mit den Aldehyden nicht quantitativ sein muß, weisen Polyvinylacetale sowohl Hydroxyl- als auch Acetatgruppen im Polymeren auf. Im allgemeinen liegt der Gehalt an Vinylacetat zwischen 1 bis 18 Massenprozent.

$$\left[\begin{array}{c}CH_2\\\diagup\quad\diagdown\\O\quad\;O\\\diagdown\;\diagup\\R\end{array}\right]_x \left[\begin{array}{c}CH_2-CH\\|\\OH\end{array}\right]_y \left[\begin{array}{c}CH_2-CH\\|\\O\\|\\C=O\\|\\CH_3\end{array}\right]_z \tag{8.37}$$

Vinylacetal-Vinylalkohol-Vinylacetat-Copolymeres

Polyvinylacetale sind damit Terpolymere, wobei die Größen x, y und z in weiten Grenzen variiert werden können und die Monomeren im allgemeinen statistisch verteilt sind. Unter der Voraussetzung, daß die Acetalisierung von Polyvinylalkohol nur intramolekular erfolgt, also keine Vernetzung auftritt, kann nach Flory [210] aus statistischen Gründen der Acetalisierungsgrad 81,6% nicht übersteigen.
Die Eigenschaften des Polyvinylacetals hängen außer von der Wahl des verwendeten Aldehyds von der Molmasse und der Molmassenverteilung des zur Herstellung verwendeten Polyvinylalkohols ab. Der Grad der Acetalisierung, der in weiten Grenzen schwanken kann, beeinflußt die Eigenschaften des Polymeren, wie z.B. die Festigkeit, Löslichkeit und das Adhäsionsvermögen. Polyvinylacetale sind, wie alle Acetale, säure- und oxidationsempfindlich.

8.6.11.1 Polyvinylformal

Technisches, pulverförmiges Polyvinylformal (R=H in der Formel 8.37) weist Molmassen zwischen 15 000 und 45 000 auf. Der Anteil an Vinylacetateinheiten liegt zwischen 10 bis 30 Massenprozent, der an Vinylalkohol-Einheiten zwischen 5 bis 9 Massenprozent. Die Viskosität der Lösungen nimmt mit steigender Molmasse und mit dem Anteil an Hydroxyl-Gruppen zu. Die Löslichkeit nimmt mit steigendem Polyvinylacetatanteil zu. Polyvinylformale sind in Gemischen aus Alkoholen und aromatischen Kohlenwasserstoffen löslich.
Das wichtigste Anwendungsgebiet von Polyvinylformal ist die Herstellung von Drahtisolierungen, in welchen es mit Phenolharzen (Resolen) in kresolhaltigen Lösemitteln kombiniert wird. Die bei höherer Temperatur gehärteten Überzüge sind unlöslich, zäh, abriebfest und temperaturbeständig.

Handelsprodukte:

Formfar	(Monsanto)	Polyvinylformal	(Siva)
Pioloform F	(Wacker)	Vinylec	(Chisso)

8.6.11.2 Polyvinylbutyral

Polyvinylbutyrale ($R = -CH_2-CH_2-CH_3$ in der Formel 8.37) sind die technisch wichtigsten Polyvinylacetale. Polyvinylbutyrale haben im Vergleich zu Polyvinylformal geringere Festigkeiten, sie sind weicher und dehnbarer. Sie sind in niederen Alkoholen, Glycolethern und Alkohol-Aromatengemischen löslich, in Reinaliphaten unlöslich. Polyvinylbutyrale bestehen sowohl aus hydrophoben als auch aus hydrophilen Monomerbausteinen. Während die hydrophoben Vinylbutyral-Einheiten eine thermoplastische Verarbeitbarkeit, Löslichkeit in vielen Lösemitteln, Verträglichkeit mit anderen Polymeren und Weichmachern und gute mechanische Eigenschaften bewirken, sind die Vinylalkohol-Einheiten für die gute Haftung auf Glas, Holz und Metallen, die hohe Festigkeit, das hohe Pigmentbindevermögen und die Vernetzbarkeit verantwortlich. Mit steigendem Vinylalkoholgehalt nimmt die Festigkeit und der Elastizitätsmodul sowie die Glastemperatur zu.

Der Anteil an Vinylalkoholeinheiten liegt zwischen 15 bis 30 Massenprozent, der an Vinylacetateinheiten zwischen 1 bis 3 Massenprozent [211 bis 213]. Als Weichmacher kommen Phthal-, Sebazin-, Rhizinol- und Citronensäureester sowie Ether und Ester des Ethylenglycols in Betracht [214].

Die Wasseraufnahme der Filme liegt je nach Hydroxylgruppengehalt nach 24 h Wasserlagerung zwischen 4 bis 14% [215]. Die Filme sind sehr elastisch und weisen eine hohe Zugfestigkeit sowie gute thermische Stabilität und hohe Lichtbeständigkeit auf. Sie sind beständig gegen Fette und Bitumen.

Nichtvernetzte Polyvinylbutyrale sind ab 120°C heißsiegelbar. Die wichtigsten Anwendungsgebiete für Polyvinylbutyral sind die Herstellung von Verbundglasfolien (Anwendung als Klebeschicht für Sicherheitsglas) und von Lacken.

In Kombination mit Phenol-, Alkyd-, Epoxid-, Harnstoff- oder Melaminharzen wird niedermolekulares Polyvinylbutyral als Plastifizierungsmittel vor allem für wärmehärtende Metallbeschichtungen (gute Haftung, hohe Elastizität) eingesetzt [216]. Mittelmolekulare Polyvinylbutyrale können als korrosionsschützende Haftgrundierungsmittel zusammen mit Chromsalzen wie Zinktetrachromat und Phosphorsäure als wash-primer verarbeitet werden. Auf diese Weise werden hervorragend haftende Überzüge erhalten, die auch eine gute Haftung für nachfolgende Lackschichten vermitteln.

Weitere Anwendungsgebiete für Polyvinylbutyrale sind die Verwendung als Bindemittel für Leder- und Kunststofflacke sowie für Druckfarben, Pulverbeschichtungen [217], temporäre, wieder abziehbare Beschichtungen und Klebstoffe.

Handelsprodukte: z.B.

Butvar	(Monsanto)	Rhovinal	(Rhone Poulenc)
Denka Butyral	(Denki Kagaku)	S-Lec-B	(Sekisui)
Mowital	(Hoechst)	Vinylite	(Union Carbide)
Pioloform	(Wacker)		

8.6.12 Polyvinylether [218]

$$+CH_2-CH+_n$$
$$|$$
$$OR$$

Polyvinylether
(8.38)

Die Herstellung der Vinylether erfolgte früher durch Anlagerung von Alkoholen an Acetylen, heute werden sie aus Ethylen und Alkoholen in Gegenwart von Sauerstoff hergestellt. Sie werden kationisch polymerisiert [219].

Die Homopolymerisate aus Vinylethern niederer Alkohole haben vor allem für die Klebstoffindustrie Bedeutung. Die Eigenschaften der Polyvinylether hängen von der Art des Alkylrestes, der Molmasse und der Taktizität (siehe Kap. 3) ab. Iso- oder syndiotaktisch aufgebaute Polyvinylether sind kristallin und in Lösemitteln unlöslich. Ataktische Polyvinylether sind je nach Molmasse zähe Öle, klebrige Weichharze oder, wie im Fall des Polyvinylisobutylethers, kautschukelastische Massen. Alle Polyvinylether sind beständig gegen Säuren und Basen. Die Löslichkeit und die Verträglichkeit mit anderen Bindemitteln hängen von der Art der Alkylgruppe ab.

Als Lackbindemittelkomponenten sind vor allem Methyl-, Ethyl- und Isobutylether von Bedeutung. Sie werden als weichmachende und die Haftung verbessernde Zusätze zu Vinylchlorid-Copolymeren eingesetzt.

Polyvinylmethylether ist löslich in aromatischen Kohlenwasserstoffen, Estern, Ketonen, Alkoholen und in kaltem Wasser. Ab ca. 30 °C fällt er aus wäßrigen Lösungen aus.

Polyvinylethylether ist in Wasser unlöslich, löst sich aber in aromatischen und aliphatischen Kohlenwasserstoffen, Estern, Ketonen und Alkoholen.

Polyvinylisobutylether ist ebenfalls in aromatischen und aliphatischen Kohlenwasserstoffen, Estern und Ketonen löslich, löst sich aber aufgrund zunehmender Hydrophobie nicht mehr in niederen Alkoholen und Wasser.

Polyvinylmethylether ist verträglich mit Ethylcellulose und Cellulosenitrat, Polystyrol, verschiedenen Polyvinylchlorid-Copolymeren, Polyvinylacetat und anderen Polymeren und wird meist in Kombination mit diesen Harzen als hydrophiler Weichmacher verwendet. Auch Polyvinylethylether ist mit Cellulosenitrat und einigen Polyvinylchlorid-Copolymeren verträglich und wird ebenfalls als Weichmacher eingesetzt. Beide Polymeren bewirken eine Haftverbesserung und Flexibilitätserhöhung von Haftklebern.

Polyvinylbutylether sind mit den meisten Lackrohstoffen bedingt verträglich. Sie werden vorwiegend zur Herstellung von Haftklebemassen eingesetzt.

Von den Copolymeren sind Acrylester-Vinylisobutylether-Copolymere, welche als Klebrohstoffe, und Vinylchlorid-Vinylisobutylether-Copolymere, die für alterungsbeständige und flexible Korrosionsschutzanstriche verwendet werden, zu nennen.

Handelsprodukte:
z. B. Lutonal, Lumoflex (Copolymer) (BASF)

8.6.13 Polyvinylpyrrolidon und Copolymerisate [220]

$$\mathrm{-\!\!\!\!+\!CH_2\!-\!CH\!\!+\!\!\!\!-}_n \quad \text{(8.39)}$$
$$\underset{\text{Polyvinylpyrrolidon}}{\overset{\displaystyle N \diagdown O}{\big|}}$$

N-Vinylpyrrolidon erhält man durch Vinylierung von Pyrrolidon („gamma"-Butyrolactam). Die radikalische Polymerisation erfolgt meist in Masse oder in wäßriger Lösung mit Wasserstoffperoxid als Initiator. Die Polymeren lösen sich sowohl in Wasser als auch in polaren Lösemitteln wie Alkoholen, Aminen, Säuren und chlorierten Kohlenwasserstoffen. In Estern, Ethern, Ketonen und Kohlenwasserstoffen sind sie unlöslich.

Polyvinylpyrrolidon ist gut verträglich mit vielen Bindemitteln und Weichmachern. Es bildet klare, harte und hochglänzende Filme, die auf Glas, Metall, Kunststoffen und Cellulose gute Haftung aufweisen. In der Klebstoffindustrie wird Polyvinylpyrrolidon als Bindemittel und als wasserlöslicher Schmelzkleber benutzt. Als Homopolymerisat für Lackrohstoffe hat Polyvinylpyrrolidon jedoch kaum Bedeutung erlangt. Als Copolymeres, vor allem mit Vinylchlorid, hat es als Verdickungmittel für Druck- und Dispersionsfarben, als Schutzkolloid bei der Emulsions- und Suspensionspolymerisation vieler Polymerer und als Stabilisator gegen das Absetzen von Pigmenten Anwendung gefunden. Als Verdickungsmittel hat es gegenüber anionischen Verdickungsmitteln (siehe Abschn. 8.6.14 und Kap. 10) den Vorteil, sowohl in saurem wie auch in alkalischem Bereich wirksam zu sein.

Handelsprodukte: z.B.

Collacral, Luviskol, Albigen, Divergan (BASF)
PVP, Plasdone (ISP)

8.6.14 Polymere Acrylate und Methacrylate

Unter Polyacrylaten bzw. -methacrylaten (Acrylharzen) versteht man eine Klasse von Kunststoffen, die durch Polymerisation aus Derivaten der Acryl- und Methacrylsäure, hauptsächlich den Estern, hergestellt werden. Diese Ester können mit den in der Darstellung 8.40 gegebenen Formeln beschrieben werden, wobei R der Alkylrest eines Alkohols ist.

$$H_2C=C\begin{subarray}{l}H\\COOR\end{subarray} \qquad H_2C=C\begin{subarray}{l}CH_3\\COOR\end{subarray} \qquad (8.40)$$

Acrylsäureester   Methacrylsäureester

Von Reinacrylaten spricht man, wenn die Polymeren ausschließlich aus Derivaten der beiden Säuren wie z.B. Acrylester, Acrylnitril und Acrylamid und/oder den freien Säuren selbst aufgebaut sind. Unter Acrylpolymeren hingegen versteht man auch Copolymere, die zusätzlich Monomere wie Styrol, Vinyltoluol, Vinylester, Vinylchlorid etc. enthalten. Polyacrylate und -methacrylate werden technisch durch Emulsions- [221 bis 230] und Suspensionspolymerisation in wäßrigen Medien sowie durch Lösungs- [231 bis 234] und Substanzpolymerisation dargestellt [235].

$$+CH_2-CH\!\!+_n \qquad +CH_2-C(CH_3)\!\!+_n \qquad (8.41)$$
$$\quad\;\;|\qquad\qquad\qquad\;\;|$$
$$\quad C=O\qquad\qquad\;\; C=O$$
$$\quad\;\;|\qquad\qquad\qquad\;\;|$$
$$\quad OR\qquad\qquad\quad\; OR$$

Polyacrylat   Polymethacrylat

Ein bemerkenswerter Unterschied besteht zwischen den Eigenschaften der Polyacrylate und Polymethacrylate. Acrylester ergeben weichere Polymerisate als die entsprechenden Methacrylate (siehe Bild 8.6). Dies beruht auf der größeren Beweglichkeit der Molekülketten der Polyacrylate. Im Falle der Polymethacrylate ist diese Beweglichkeit durch sterische Effekte, hervorgerufen durch die Methylgruppen, eingeschränkt. Entscheidenden Einfluß auf die Härte bzw. Löslichkeit und Verträglichkeit des Polymerisates hat außerdem die Länge und die Verzweigung des Alkoholrestes R im Ester. Ganz allgemein gilt, je länger die Kohlenstoffkette des Alkoholrestes ist, um so weicher, hydrophober und damit benzinlöslicher werden die Polymeren. Als weichmachendes Monomeres ist vor allem Butylacrylat von Bedeutung. Mit zunehmender Länge des Veresterungsalkoholes nimmt die Verseifungsgeschwindigkeit des Polymeren ab.

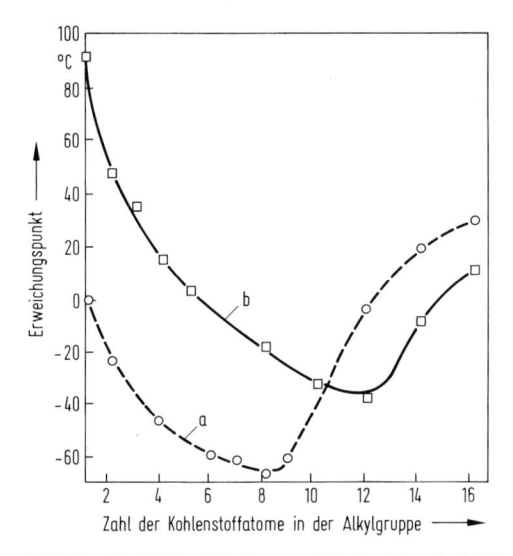

Bild 8.6. Einfluß des Substituenten R in den Formeln 8.41 bei Polyacrylaten (a) und Polymethacrylaten (b) auf die Erweichungspunkte [214]

Im Bild 8.6 sind die Erweichungspunkte der Acryl- und Methacrylsäureester-Homopolymerisate in Abhängigkeit von der Anzahl der Kohlenstoffatome in den n-Alkylseitenketten R der Formeln 8.41 aufgetragen.
Polyacrylate und Polymethacrylate mit kurzen Seitenketten sind in polaren Lösemitteln wie Estern und Ketonen und auch in niedrigen aromatischen (Toluol, Benzol) und chlorierten Kohlenwasserstoffen löslich, in Benzinen und höheren Kohlenwasserstoffen (Shellsol-Typen) unlöslich. Bei Polymeren beider Reihen mit längeren Seitenketten (ab vier Kohlenstoffatome) nimmt die Polarität und damit die Löslichkeit in Estern und Ketonen ab, die Benzinlöslichkeit zu. Alkohole sind schlechte Lösemittel.
Durch Copolymerisation von Estern der Acryl- und Methacrylsäure lassen sich innerhalb gewisser Grenzen Polymerisate verschiedener Härte und Löslichkeit herstellen. Bei Acrylharzen kann die Einstellung des T_G-Wertes leicht über das Verhältnis Methylmethacrylat (T_G des Homopolymerisats +105 °C) zu n-Butylacrylat (T_G des Homopolymerisats −54 °C) eingestellt werden [236 bis 238]. Der T_G-Wert beeinflußt die Haftung auf Substraten und die Rißbildung [239]. Die Eigenschaften von Dispersionen sowie die Viskosität von Lösungen werden ebenfalls mit dem T_G-Wert verknüpft [240 bis 242].
Um bestimmte anwendungstechnische Eigenschaften der Lackfilme zu erreichen, werden bei der Polymerisation oft funktionelle Monomere einpolymerisiert [236, 243]. Diese Monomeren werden nur in geringen Mengen verwendet, haben aber großen Einfluß auf die Eigenschaften des Polymeren wie z.B. Haftung auf verschiedenen Untergründen, Elastizität, Vernetzbarkeit, Löslichkeit, Hydrophilie und Hydrophobie. Häufig verwendete funktionelle Monomere sind Acrylsäure, Methacrylsäure, Itaconsäure, Maleinsäure, Crotonsäure oder deren Amide sowie Halogen-, Hydroxyl-, Epoxid- oder N-methylolgruppenhaltige Monomere.
Hydrophilie wird durch den Einbau von Säuregruppen oder hydroxylgruppenhaltigen Monomeren erreicht. Durch den Einbau bestimmter Mengen Acrylsäure (10 bis 15 Massenprozent) kann man die Hydrophilie so weit steigern, daß sich Emulsionspolymerisate bei pH-Werten >6 infolge Salzbildung vollständig auflösen [244].

Hydrophobe Eigenschaften besitzen die Ester bereits von sich aus. Die Hydrophobie kann zusätzlich durch langkettige Veresterungsalkohole oder durch Styrol als Comonomeres gesteigert werden [280]. Verträglichkeit mit kationischen Hilfsstoffen wird durch den Einbau kationischer Monomerer wie z. B. Dimethylaminoethylmethacrylat erreicht. Durch geeignete Monomerkombinationen, d. h. durch die Verwendung harter und weicher Monomerer sowie durch funktionelle Monomere, können Polymerisatfilme mit gewünschter Härte, Löslichkeit und Haftungseigenschaften erhalten werden.

Eine weitere Möglichkeit, Eigenschaftsveränderungen der Polymerisate zu bewirken, besteht in der Vernetzung der einzelnen Polymerketten. Eine Vernetzung kann mit sogenannten Polymerisationsvernetzern erfolgen. Dies sind Monomere mit zwei oder mehreren polymerisationsfähigen Doppelbindungen im Molekül wie z. B. Glycoldimethacrylat, die während der Polymerisation in verschiedene Polymerketten gleichzeitig einpolymerisiert werden und diese somit vernetzen. Die Polymerisate liegen bei der Verwendung von Polymerisationsvernetzern nach der Herstellung in verzweigter oder vernetzter Form vor. Durch die Verwendung wärmehärtbarer Acrylharze ist es möglich, lineare Polymere erst bei der Applikation durch Temperatureinwirkung oder/und durch vorherige Zugabe von mehrfunktionellen nieder- oder hochmolekularen Verbindungen zu vernetzen. Die niedermolekularen und damit niedrigviskos löslichen Polymeren können über reaktive Seitengruppen vernetzt werden. Durch die Vernetzung nimmt die Molmasse stark zu, was zur Erlangung guter Filmeigenschaften nötig ist. Die wärmehärtbaren Systeme können in zwei Gruppen unterteilt werden:

- *Selbstvernetzende Acrylharze:* Diese erhält man durch Mitverwendung von Monomeren, die außer einer polymerisationsfähigen Doppelbindung noch chemisch reaktive Gruppen enthalten (z. B. Methylolether des Acryl- bzw. Methacrylsäureamids). Diese Systeme brauchen zur Aushärtung keinen weiteren Reaktionspartner. Eine Vernetzung erfolgt erst bei Temperatureinwirkung (siehe Gln. 8.42). Dabei reagieren die Methylolgruppen unter Ausbildung einer Etherbrücke bzw. unter Austritt von Formaldehyd zu Methylenbisacrylamid-Verknüpfungen [243]. Selbstvernetzende Acrylatharze werden in der Praxis auch in Kombination mit Epoxid- (siehe Kap. 7.2), Alkyd- (siehe Kap. 6.1) und Melaminharzen (siehe Kap. 6.2) verwendet. Weitere Vernetzungssysteme sind in der Literatur beschrieben [245 bis 251].

- *Fremdvernetzende Acrylharze:* Herstellbar durch Copolymerisation von Acryl- und Methacrylsäurederivaten, die Hydroxyl-, Epoxid- oder Carboxylgruppen aufweisen. Diese benötigen zur Vernetzung zusätzlich einen nieder- oder hochmolekularen Reaktionspartner und Zufuhr von thermischer Energie (Gleichungen 8.43). Als Reaktionspartner von hydroxyl- bzw. epoxidgruppenhaltigen Polymeren eignen sich methyloletherhaltige Produkte wie Harnstoff- oder Melaminharze (siehe Kap. 6.2) und carboxylgruppenhaltige Polymere [237, 252, 253]. Carboxylgruppenhaltige Polymere können auch durch Salzbildung mit Diaminen [239] oder mit Metallkomplexen [254] vernetzt werden.

Hydroxylgruppenhaltige Polyacrylate können mit Polyisocyanaten (siehe Kap. 7.1) als Härter vernetzt werden (Gln. 8.43). Da bereits bei Raumtemperatur Vernetzung eintritt, erfolgt die Anwendung als Zwei-Komponenten-System [237, 255]. Mit geblockten Isocyanaten können auch Einkomponentensysteme hergestellt werden. Diese müssen dann bei Temperaturen > 120 °C eingebrannt werden. Polyacrylate mit freien Carboxylgruppen können auch mit Polyepoxiden (siehe Kap. 7.2) zu besonders harten und chemikalienfesten Überzügen umgesetzt werden [253, 255 bis 257]. Weitere Vernetzungsmöglichkeiten von untergeordneter Bedeutung sind in der Literatur ausführlich beschrieben [253, 258, 259].

8.6 Polymerisatgruppen

$$\text{(8.42)}$$

Beispiele für die Selbstvernetzung von Polymerisatketten mit gleichartigen und verschiedenartigen funktionellen Gruppen

M = Melaminharzrest

Polyisocyanat

$$\text{(8.43)}$$

Beispiele für die Fremdvernetzung von Polymerisatketten

Die vernetzten Polymerisate zeichnen sich insbesondere dadurch aus, daß sie in organischen Lösemitteln unlöslich und nur noch bedingt quellbar sind. Desweiteren hat die Vernetzung auch einen großen Einfluß auf rheologische Eigenschaften (siehe Kap. 2 und 3). Oben beschriebene Vernetzungen führen vor allem zu Produkten mit hohen Molmassen, was wiederum Voraussetzung für Polymerfilme mit guten Witterungsbeständigkeiten und günstigen mechanischen Eigenschaften ist. Die Verwendung von hochmolekularen Lösungspolymerisaten ist aufgrund der hohen Viskosität mäßig konzentrierter Lösungen und der damit verbundenen schwierigen Verarbeitung nicht möglich (siehe Abschn. 8.6.14.2). Diese Schwierigkeiten können durch die Verwendung niedrigmolekularer und damit niedrigviskoser Lösungspolymerisate und anschließende Vernetzung umgangen werden.

Acrylharze haben gegenüber anderen Bindemittel verschiedene Vorteile [236 bis 239]. Sie absorbieren kein natürliches UV-Licht und vergilben deshalb unter Lichteinwirkung nicht [256]. Sie sind farblos und durchsichtig. Auch gegenüber Sauerstoff sind die Acrylharze sehr beständig. Ferner sind die Polymeren gegen saure und alkalische Hydrolyse weitgehend unempfindlich. Mit zunehmender Länge des Alkylrestes steigt die Hydrolysebeständigkeit.

Acrylharze werden auf dem Markt als Dispersion und auch als Festharze und Lösungen angeboten.

Handelsprodukte:

Acronal, Larodur, Luhydran, Lumitol, Luprenal, Propiofan	(BASF)	Macrynal, Mowilith, Synthacryl	(Hoechst)
		Neocryl	(Polyvinyl Chemie)
Acryloid, Paraloid, Rhoplex	(Rohm & Haas)	Plexigum, Plexisol, Plextol	(Röhm)
Degalan	(Degussa)	Revacryl	(Revertex)
Desmophen A	(Bayer)	Setalux	(Synthese)
Elvacite, Lucite	(Du Pont)	Synocryl	(Cray Valley)
Joncryl	(Johnson)	Synthalat	(Synthopol Chemie)

8.6.14.1 Wäßrige Dispersionen

Die Emulsionspolymerisation ist das wichtigste Verfahren zur Herstellung von Acrylharzen [221 bis 230]. Vorteilhaft gegenüber der Lösungspolymerisation sind die kürzeren Polymerisationszeiten, da die Polymerisationswärme über die Wasserphase besser abgeführt werden kann. Gegenüber Polymerlösungen, bei denen die Viskosität mit der Polymerkonzentration stetig zunimmt, besteht bei Dispersionen ein anderer Zusammenhang (siehe Bild 8.5). Die Viskosität der Dispersion ist bis zu einem bestimmten Feststoffgehalt relativ niedrig. Erst dann, wenn sich der Abstand zwischen den kugelförmigen Latexteilchen verringert und ihre Wechselwirkung zunimmt, steigt die Viskosität rasch an. Dieser Anstieg wird bei homodispersen Dispersionen eher erreicht als bei Dispersionen mit breiter oder gar bimodaler Latexteilchengrößenverteilung. Da die Viskosität der Dispersion unabhängig von der Molmasse des Polymeren ist, werden hochmolekulare Produkte meist in dieser Form für physikalisch-trocknende Anstriche angewendet. Die niedrigere Viskosität der Dispersion gegenüber der Lösung erleichtert die Handhabung z. B. beim Rühren oder Pumpen. Technisch können Dispersionen mit Feststoffgehalten bis 65 Massenprozent mit hohen Molmassen (10^5 bis 10^6) und niedrigen Viskositäten hergestellt werden.

Wichtig für die Verwendung einer Dispersion als Bindemittel für Anstrichfarben sind gute Pigmentierbarkeit [261], Verarbeitbarkeit und Filmeigenschaften [262]. Diese Eigenschaften lassen sich einschließlich der Glasübergangstemperatur und der damit verbundenen Mindestfilmbildetemperatur durch die Wahl geeigneter Reinacrylat-Comonomerer einstellen. Durch geeignete Comonomerauswahl ist es darüberhinaus möglich, Lösemittel- und Ölfestigkeit zu erzielen und anwendungstechnische Eigenschaften, wie Pigmentbindevermögen, Pigmentverträglichkeit sowie Wasch- und Scheuerfestigkeit, weitgehend zu variieren. Reinacrylatdispersionen sind relativ teuer und haben einen etwas geringeren Glanz als z. B. Styrol-Acrylat-Dispersionen. Ihr Vorteil liegt aber in der hervorragenden Licht- und Wetterbeständigkeit [263 bis 265].

Dispersionsfarben auf Basis von Acrylharzen werden deshalb bevorzugt für Außenfarben (Fassadenfarben), aber auch für Innenfarben verwendet. Auf porösen, mineralischen Untergründen und Holz weisen sie gute Haftung auf. Die Überzüge sind wasserdampfdurchlässig und damit atmungsaktiv, was speziell bei dieser Anwendung von großem Interesse ist.

Acrylharzdispersionen finden ihre Anwendung auch als Armierungsfarben und als Grundierungen auf alkalischen Untergründen wie Putz, Asbestzement und Beton, wo hohe Verseifungs- und Wetterbeständigkeit von großer Bedeutung sind. Weitere Anwendungsgebiete sind Kunstharzputze für Gasbetonfassaden, für Schaumpolystyrolplatten beim Vollwärmeschutz und Kornputze (Mosaik- und Buntsteinputze).

Methylolgruppenhaltige Dispersionen werden in Kombination mit Melamin- oder Harnstoffharzen (siehe Kap. 6.2) zur Beschichtung von Dekorfolien und zur industriellen Holz- und Möbelbeschichtung verwendet. Für den Korrosionsschutz werden Dispersionen eingesetzt, die mit Aziridin oder Dihydraziden vernetzt werden [266]. Acryldispersionen werden zur Grundierung von Leder bei der Lederzurichtung [267, 268], zur Beschichtung von Papier [269 bis 271] und im Textilbereich [272 bis 277] zur Verfestigung von Vliesstoffen (non woven fabrics) verwendet. Weitere Anwendungsgebiete sind Klebedispersionen [278 bis 281] und Zusätze zu hydraulisch abbindenden Massen.

Durch Verwendung zunehmender Mengen carboxylgruppen-haltiger Monomerer bei der Dispersionsherstellung gelangt man zu Polyacrylaten, die bei Zusatz von geeigneten Aminen als Salze hydrophiler Polyanionen wasserverdünnbar oder wasserlöslich werden (Polyelektrolyte). Diese werden hauptsächlich als wäßrige Verdickungsmittel oder Dispergierhilfsmittel verwendet. Neben ihrer verdickenden Wirkung haben sie auch Bedeutung als Schutzkolloide und Benetzungsmittel für anorganische Pigmente (Anwendung als Einbrennlacke siehe Abschn. 8.6.14.2).

Neben den Reinacrylatdispersionen spielen auch Copolymerisate mit Vinylestern, Vinylethern, Styrol und Vinylchlorid eine große Rolle. Acrylester-Vinylester-Copolymere sind relativ billig. Auf alkalischen Untergründen werden die Vinylester jedoch verseift [282] und kommen deshalb für dieses Anwendungsgebiet nicht in Frage. Styrol-Acrylat-Copolymere sind ebenfalls relativ preisgünstig, verseifungsbeständig und wetterfest. Nachteilig ist jedoch ihre Instabilität gegenüber UV-Licht, der Anstrich kann vergilben und das Polymerisat abgebaut werden.

8.6.14.2 Acrylharz-Lösungen

Eine Polymerisation von Acrylharzen in Lösung [231 bis 234, 283, 284] wird vor allem dann durchgeführt, wenn die Anwendungsgebiete weiche Polymerisate erfordern, die als Festharze nicht kleb- und blockfrei herstellbar sind. Sofern das Anwendungsgebiet den Einsatz harter Polymerisate erlaubt, die nicht zur Verblockung neigen, wird schon aus wirtschaftlichen Gründen (Transport von Lösemitteln) den Festharzen der Vorrang gegeben.

In organischen Lösemitteln gelöste thermoplastische Acrylharze werden in Kombination mit Cellulosenitrat oder Celluloseacetobutyrat für die Gummi- und Holzbeschichtung verwendet. Weitere Anwendungsgebiete sind die Beschichtung von Papier, Textilien und Kunstleder. Thermoplastische Acrylharzlösungen werden aber auch für Betonfarben, Grundierungen mineralischer Untergründe und für die Kunststofflackierung eingesetzt. Lösungspolymerisate werden auch zur Herstellung von Sekundärdispersionen verwendet. Zu ihrer Herstellung wird das Lösungspolymerisat in Wasser dispergiert und das Lösemittel destillativ abgetrennt. Diese Sekundärdispersionen zeichnen sich durch völlige Freiheit von Emulgatoren aus.

Die Viskosität der Polymerlösung hängt von der Molmasse, der Molekülarchitektur, der Temperatur und der Art des Lösemittels ab. Die Feststoffgehalte von im Handel befindlichen Produkten liegen in der Regel zwischen 30 und 50 Massenprozent. Wie bereits im Abschnitt 8.6.14 erwähnt, macht man sich die niedrige Viskosität und damit gute Verarbeitbarkeit der niedermolekularen Lösungspolymerisate bei den selbst- und fremdvernetzenden Systemen zunutze. Nach dem Einbrennen werden hochmolekulare Beschichtungssysteme mit hoher Chemikalienresistenz und guter Wetter- und Lichtbeständigkeit erhalten [256].

Vernetzungsfähige Acrylharze werden alleine, häufiger aber in Kombination mit anderen Harzen wie Melamin- und Harnstoffharzen (siehe Kap. 6.2), für industrielle Lackierungen im Bereich des can-coating als sterilisationsfeste Konservendosenlacke, als Einbrennlacke für Haushaltsgeräte und Decklacke für Kraftfahrzeuge [285] und im Bereich des coil-coating zur Stahl- und Aluminiumbeschichtung eingesetzt [286, 287].

Die in Abschnitt 8.6.14 angesprochenen hydroxylgruppenhaltigen Acrylharzlösungen werden in Kombination mit Polyisocyanaten (siehe Kap. 7.1) für industrielle Zwei-Komponenten-Lacke, die z.B. für Kraftfahrzeug-Reparaturlacke Verwendung finden, eingesetzt. Carboxylgruppenhaltige Acrylate werden auch für wasserlösliche bzw. wasserverdünnbare Einbrennbeschichtungen verwendet [288]. Nach Zugabe von Amin bilden sich Polyelektrolyte, die z.B. mit Carbaminharzen zu sogenannten Wasserlacken [289] weiterverarbeitet werden können. Die wasserlöslichen Acrylharze können auch in Kombination mit Harnstoff-, Melamin- (Kap. 6.2), Phenol- (Kap. 6.3) und Alkydharzen (Kap. 6.1) oder in reiner Form zur Anwendung kommen.

Nach dem Einbrennen werden aus zunächst wasserlöslichen Bindemitteln völlig wasserunlösliche, hydrophobe Beschichtungen erhalten. Die Polymerisatfilme sind nach guter Trocknung geruchs- und geschmacksfrei, physiologisch unbedenklich und zeigen hervorragende Alterungs-, Licht- und Wetterfestigkeit.

Besonders festkörperreiche Acrylharzlösungen mit noch verarbeitbarer Viskosität (high-solids) [290] befinden sich in der Entwicklung. Strahlungshärtende Systeme [291], bei denen die als Lösemittel dienenden Monomere während der Bestrahlung polymerisieren, sind bereits im Einsatz.

Die Viskosität bei den high-solids hängt vor allem von der Molmasse und deren Verteilung ab [248, 240]. Für high-solids werden Oligomere mit Molmassen von 1000 bis 3000 g/mol eingesetzt [241, 292]. Lösungen aus Polymeren mit enger Molmassenverteilung sind besonders niedrigviskos [248, 293]. Da sich die niedrigere Molmasse auf Filmeigenschaften wie Härte und Flexibilität nachteilig auswirkt, werden häufig vernetzbare Polymere eingesetzt [241, 293].

8.6.14.3 Feste Acrylharze

Voraussetzung für die feste Lieferform bei Acrylharzen ist eine genügende Härte des Polymeren, um auch bei sommerlichen Temperaturen eine Verklebung bzw. Verklumpung bei der Lagerung oder während des Transports zu vermeiden. Von Pulverlacken abgesehen werden thermoplastische Acrylharze vor ihrer Anwendung vom Verarbeiter in geeigneten Lösemitteln gelöst.

Feste Acrylharze werden durch Substanzpolymerisation und anschließendes Mahlen oder durch Perlpolymerisation hergestellt. Ein weiteres und auch teureres Herstellungsverfahren stellt die Sprühtrocknung wäßriger Acrylat-Dispersionen dar. Die in Form von Sprühpulvern oder Perlpolymerisaten vorliegenden Acrylharze weisen eine größere Lösegeschwindigkeit als die durch Substanzpolymerisation erhaltenen Granulate auf. Die Sprühpulver zeichnen sich zusätzlich durch sehr niedrige Restmonomergehalte aus.

Feste Acrylharze können in gelöster Form aufgrund ihrer guten Polierbarkeit und hohen Oberflächenqualität für Autodecklacke eingesetzt werden. Auf dem Bausektor werden 5 bis 15%ige Lösungen als Tiefengrundierungen eingesetzt, die mit Dispersionsfarben überstrichen werden können. Auch für Fassadenfarben finden Acrylharz-Festsubstanzen Verwendung. Diese haben gegenüber wäßrigen Dispersionsfarben den Vorteil, auch bei niedrigen Temperaturen verarbeitet werden zu können. Gelöste Acrylharze werden für Betonbeschichtungen, für Straßenmarkierungsfarben, Schiffs- und Containerfarben (Metalldickschichtfarben), zur Kunststoffbeschichtung und für geruchsarme Innenfarben verwendet. Besonders hochwertige Acrylharze werden für Heißsiegellacke verwendet. Ein weiteres Anwendungsgebiet der Acrylharze ist die PVC-Schlußlackierung. Durch den Anstrich wird das Auswandern des im Weich-PVC enthaltenen Weichmachers verhindert. Dadurch kann das Weich-PVC selbst nicht verspröden und die Oberfläche bleibt klebfrei. Spezielle Acrylharze können auch in Kombination mit Alkydharzen verwendet werden. Sie bewirken eine verbesserte Witterungsbeständigkeit und bessere Verseifungsfestigkeit der Alkydharze. Ein Anwendungsgebiet untergeordneter Bedeutung sind z. B. keramische Transferlacke.

8.6.15 Polymerisate und Copolymerisate des Styrols [294]

$$\mathrm{+CH_2-CH+}_n$$ (8.44)

Polystyrol

Styrol bzw. Vinylbenzol wird technisch fast ausschließlich durch Dehydrierung von Ethylbenzol hergestellt. Die Polymerisation kann radikalisch, kationisch, anionisch und mit Ziegler-Natta-Katalysatoren erfolgen. Polystyrol ist in aromatischen Kohlenwasserstoffen, Estern, Ethern, Ketonen und Chlorkohlenwasserstoffen löslich, in Alkoholen unlöslich. Die Verträglichkeit mit anderen Lackbindemitteln ist beschränkt. Als Weichmacher werden Dibutylphthalat oder Polyvinylmethylether (siehe Abschn. 8.6.12) verwendet.

Polystyrol ist beständig gegen Salzlösungen, Basen und verdünnte Säuren. UV-Licht in Anwesenheit von Luftsauerstoff führt zum Vergilben und Verspröden. Beschichtungen aus Polystyrol-Homopolymerisaten weisen eine hervorragende Wasserbeständigkeit, Klarheit, Alkohol- und Glycolbeständigkeit sowie hohe Chemikalienfestigkeit auf. Als Lackbindemittel findet Polystyrol aufgrund der schwierigen Verarbeitbarkeit nur für Spezialanwendungen wie alkoholfeste Lacke, Zinkstaubgrundierungen, Bronzelacke und wieder entfernbare Abdecklacke Verwendung.

Ungleich größere Bedeutung auf dem Lacksektor haben Styrol-Copolymerisate erlangt.

8.6.15.1 Lösliche Styrol-Copolymerisate

Als Comonomere werden hauptsächlich Acrylsäure und Maleinsäure und deren Ester sowie Butadien und Acrylnitril verwendet. Der Anteil und die Art des Comonomeren sowie die Molmasse des Copolymeren haben großen Einfluß auf Härte, Löslichkeit, Verträglichkeit mit anderen Bindemitteln, Flexibilität, Trocknungsgeschwindigkeit bzw. Lösemittelretention und die Wasser-, Chemikalien- und UV-Beständigkeit der Filme. Durch Comonomere wie Acrylester, Maleinsäureester oder Butadien wird eine Absenkung der Glastemperatur gegenüber Polystyrol ($T_G \approx 100\,°C$) erreicht. Während Butadien die Lichtfestigkeit verringert, führt die Verwendung von Acrylsäure- oder Maleinsäureestern zu zunehmender Löslichkeit in Alkoholen.

Styrol-Copolymere werden als Weichharze für Klebstoffe und als Schmelzkleber verwendet. Copolymere mit Maleinsäureestern oder Maleinsäurehalbestern werden in Kombination mit Cellulosenitrat oder Polyamidharzen zur Herstellung von Papierlacken und Druckfarben eingesetzt. Styrol-Butadien-Copolymere werden zur Beschichtung mineralischer Untergründe und ebenfalls in der Papierbeschichtung eingesetzt. Vinyltoluol-Acrylsäureester-Copolymere weisen eine gute Wasserbeständigkeit auf und werden für lösemittelhaltige Straßenmarkierungsfarben, Fassadenfarben und zur Metallbeschichtung verwendet. Sie werden als Alleinbindemittel und in Kombination mit Alkydharzen und anderen Bindemitteln angewandt. Styrol-Maleinsäureanhydrid-Copolymere weisen eine herausragende Wärmeformbeständigkeit auf, die mit steigendem Gehalt an Maleinsäureanhydrid ansteigt. Eine Härtung kann über die reaktiven Gruppen erfolgen. Styrol-Acrylat-Copolymere finden ihre Anwendung auf dem Lacksektor als Straßenmarkierungs- und Fassadenfarben und werden als Bindemittel für Pulverlacke eingesetzt.

Handelsprodukte: z.B.

Amoco Resins	(Amoco)
Hercoflex, Piccolastic, Kristaflex, Piccotex	(Hercules)
Pliolite, Plioway	(Goodyear)
Polystyrol LG, Supraral	(BASF)
SAA-Polymer	(Atochem)

8.6.15.2 Styrolcopolymer-Dispersionen

Styrol-Homopolymerisat-Dispersionen sind wegen der hohen Glastemperatur auf dem Lacksektor kaum von Bedeutung. Dispersionen, die 20 bis 30% Weichmacher wie z.B. Dibutylphthalat enthalten, werden vorwiegend für Innenanstriche verwendet.

Die Glastemperatur, die Filmhärte und die Filmflexibilität kann über einen weiten Bereich durch Copolymerisation mit Acrylestern oder Butadien den jeweiligen Anforderungen angepaßt werden. Bei Styrol-Butadien(SB)-Dispersionen liegt der Butadien-Anteil in der Regel zwischen 35 und 40 Massenprozent. Durch dieses Comonomere können Mindestfilmbildetemperaturen bis $0\,°C$ ermöglicht werden.

Nach der Einpolymerisation des Butadien verbleibt im Polymeren pro Butadienmolekül eine Doppelbindung (siehe Formel 8.45), über welche mit Luftsauerstoff oder durch Licht eine Vernetzung des Films bewirkt werden kann (oxidative Trocknung). Diese Nachhärtung kann durch Sikkative beschleunigt, durch Antioxidantien gehemmt werden. Mit Hilfe von Sikkativen können dadurch Filme mit geringerer Wasserquellbarkeit erhalten werden.

$$\mathrm{-\!\!\!+\!CH_2\!-\!CH\!+\!\!\!+\!CH_2\!-\!CH\!=\!CH\!-\!CH_2\!+\!\!\!-} \qquad (8.45)$$

Styrol-Butadien-Copolymer

Die Doppelbindung ist auch für ein verstärktes Kreiden bei Verwendung der Dispersion für Anstriche im Außenbereich verantwortlich. Die aus SB-Dispersionen erhaltenen Überzüge sind wenig farbstabil und zeigen schlechte UV-Stabilität. Die oxidative Nachhärtung bewirkt eine Erhöhung der Filmoberflächenhärte und damit eine bessere Wasser- und Chemikalienbeständigkeit.

SB-Dispersionen werden durch den Einbau geringer Mengen carboxylhaltiger Gruppen wie z. B. Acrylsäure stabilisiert. Gleichzeitig wird durch die Carboxylierung Haftung zu verschiedenen Substraten erzielt, das Pigmentbindevermögen und die Lichtbeständigkeit verbessert. Fast alle im Handel befindlichen SB-Dispersionen sind carboxyliert. Im Außenbereich sind die SB-Dispersionen durch Styrolacrylat- und Reinacrylat-Dispersionen weitgehend verdrängt worden.

SB-Dispersionen werden vor allem als Holz-Grundierungen, Grundierungen für den Korrosionsschutz [295, 296] oder als Mörtelmodifizierungsmassen verwendet – Anwendungsgebiete, bei denen keine hohe Luft- und Wasserdurchlässigkeit, dafür aber gute Verseifungsbeständigkeit gefordert wird. Nachgehärtete Filme aus SB-Dispersionen zeichnen sich durch eine geringe Verschmutzungsneigung sowie hohe Wisch- und Scheuerfestigkeit aus.

SB-Dispersionen werden für Steinschlagschutzbeschichtungen im Unterbodenschutz und für Containerlacke eingesetzt. Ein Anstrich für letztgenanntes Anwendungsgebiet wird in der Regel mit einer SB-Dispersion als Grundierung sowie als Zwischenschicht und einer Styrol-Acrylat- bzw. Reinacrylat-Deckschicht ausgeführt. SB-Dispersionen werden auch als Bindemittel für die Papierbeschichtung verwendet.

In Styrolacrylat-Dispersionen ist Styrol eine kostengünstige Komponente und wird wie Methylmethacrylat (siehe Abschn. 8.6.14.1) als hartmachendes Comonomeres eingesetzt. Styrolacrylate sind verseifungsbeständig und wetterfest. Eine Vergilbung bei Verwendung im Außenbereich kann allerdings nicht ausgeschlossen werden.

Handelsprodukte: z. B.

Butonal, Styrofan	(BASF)	Litex, Lipaton	(Hüls)
Dow Latices	(Dow Chemical)	Rhodopas	(Rhone Poulenc)
Hostaflex	(Hoechst)	Synthomer Latices	(Synthomer)

8.6.16 Copolymerisate des Butadiens

Technisch wird Butadien durch Dehydrierung oder oxidative Dehydrierung von Butan oder Buten oder aus dem C_4-Schnitt von Naphtha-Crackern hergestellt. Ältere, von Ethanol oder Acetylen ausgehende Verfahren werden aus wirtschaftlichen Gründen nicht mehr angewandt. Diene, wie Butadien oder Isopren, können in 1,4- oder 1,2-Stellung an die wachsende Kette bei der Polymerisation addiert werden.

$$\text{Butadien} \qquad \text{Isopren} \tag{8.46}$$

Während bei der radikalischen Polymerisation Ketten mit gemischten Strukturen erhalten werden, können bei der ionischen Polymerisation je nach Wahl der Polymerisationsbedingungen sowohl 1,4- als auch 1,2-Polymerisate hergestellt werden. So erhält man z. B.

mit Phenyllithium in Tetrahydrofuran bevorzugt 1,2-Polymere, mit Phenyllithium in aliphatischen Kohlenwasserstoffen hingegen 1,4-Polymere [297].

$$\mathrm{+CH_2-CH+_n \qquad +CH_2-CH=CH-CH_2+_n} \qquad (8.47)$$
$$\qquad\quad \mathrm{\underset{\|}{CH}}$$
$$\qquad\quad \mathrm{CH_2}$$

1,2-Polybutadien   1,4-Polybutadien

Neben der chemischen Konstitution hat auch die Raumstruktur der Polymerisate (cis oder trans) großen Einfluß auf die Polymereigenschaften.

$$\mathrm{\underset{1,4\text{-}cis}{\overset{\text{WW CH}_2\qquad\text{CH}_2\text{ WW}}{CH=CH}} \qquad \underset{1,4\text{-}trans}{\overset{\text{WW CH}_2}{CH=CH\underset{CH_2\text{ WW}}{}}}} \qquad (8.48)$$

cis- und trans-Einheiten von Polybutadien

So hat Naturkautschuk eine reine cis-1,4-Konfiguration von Isopreneinheiten. Polyisopren mit trans-1,4-Konfiguration (Guttapercha) ist dagegen nicht kautschukelastisch, sondern ein festes Harz. Im Synthesekautschuk (Butadien-Styrol-Copolymerisat) liegen sowohl 1,2-, als auch 1,4-Struktureinheiten gemischt in der Kette vor. Mit Ziegler-Natta-Katalysatoren (siehe Abschn. 8.2.2 und Kap. 2.2) kann ein synthetischer Kautschuk hergestellt werden, der hauptsächlich cis-1,4-Struktur besitzt.
Homopolymerisate des Butadiens (siehe Kap. 9.2) finden als Lackharze nur begrenzt Verwendung. Auf dem Lacksektor werden vor allem Produkte mit hohem cis-1,4-Gehalt und Molmassen von 2000 bis 3000 g/mol als Ersatz für trocknende natürliche Öle eingesetzt, da Polybutadiene – genau wie diese – über die im Polymeren befindlichen Doppelbindungen zu Vernetzungsreaktionen befähigt sind (oxidative Vernetzung). Sie besitzen diesen gegenüber jedoch den Vorteil, keine hydrolysierbare Esterbindung zu besitzen, was sich in einer besseren Filmbeständigkeit äußert. Sie weisen eine gute Haftung auch auf Nichteisenmetallen auf. Ebenso wie die trocknenden natürlichen Öle können Polybutadienöle durch Comonomere wie Maleinsäureanhydrid, Styrol oder (Meth-)Acrylsäureester modifiziert werden, um ihre Haftung zu Substraten, ihr Pigmentbindevermögen oder ihre Verfilmungseigenschaften zu beeinflussen [298 bis 300]. So können Säuregruppen durch Umsetzung mit Maleinsäureanhydrid eingeführt werden. Zu Epoxidgruppen gelangt man am besten durch Einwirkung von Essigsäure und Wasserstoffperoxid, während Hydroxylgruppen durch Trifluoressigsäure und anschließende Hydrolyse erhalten werden. Die durch Maleinsäureanhydrid eingeführten Carboxylgruppen werden in Form ihrer Alkylammoniumsalze [301] in Kombination mit anderen Harzen für wasserverdünnbare Korrosionsschutzgrundierungen auf metallischen Untergründen verwendet. Die Applikation erfolgt meist nach dem Elektrotauchverfahren [302].
Bei den modifizierten Polybutadienen kann eine thermische Vernetzung über die noch vorhandenen Doppelbindungen durch Autoxidation oder über zugesetzte Vernetzer erfolgen. Hydroxylgruppenhaltige Polybutadiene können mit Polyisocyanaten (siehe Kap. 7.1) [303, 304], mit Harnstoff- und Melaminharzen (siehe Kap. 6.2) vernetzt werden.
Neben der Vernetzung als ofentrocknende Beschichtungen werden Polybutadien-Copolymere in wäßriger Form auch für lufttrocknende Korrosionsschutzgrundierungen eingesetzt. Copolymere aus Butadien und Styrol, hergestellt durch Emulsionspolymerisation, werden, wie bereits im Abschnitt 8.6.15 beschrieben, für Korrosionsschutzgrundierungen bei Containerlacken, für Mörtelmodifizierungsmassen, für Unterbodenschutzmassen und

auch für Papierbeschichtungsbindemittel verwendet. Mit einem Butadienanteil von 40 Massenprozent sind die Copolymeren so weich, daß eine Filmbildung einer wäßrigen Dispersion noch bei nur wenigen Graden über 0 °C erfolgen kann. Auch in diesem Fall kann eine oxidative Vernetzung über die im Polymer verbliebenen Doppelbindungen erfolgen.
Weitere Comonomere, die zusammen mit Butadien zu kautschukartigen Polymeren polymerisiert werden, sind neben Styrol und Acrylestern Acrylnitril, Vinylmethylketon und Vinylpyridin. Mit zunehmendem Acrylnitrilgehalt wird die Benzol- und Benzinbeständigkeit der Beschichtungen verbessert, die Elastizität der Überzüge nimmt aber ab.
Durch Chlorierung des Polybutadiens in Lösemitteln wie Trichlormethan, Ethylenchlorid oder Tetrachlorethan erhält man Produkte, die entsprechend Chlorkautschuk als Beschichtung für schweren Korrosionsschutz und Unterwasseranstriche auf Stahl und Beton verwendet werden.
Homo- und Copolymere des Butadiens werden auch im Bereich des can-coating und zur Herstellung von Klebstoffen eingesetzt. Sie zeichnen sich durch gute Haftung, hohe Chemikalienfestigkeit und Geruchlosigkeit aus. Handelsprodukte siehe Kapitel 9.2.

8.6.17 Kohlenwasserstoffharze

Kohlenwasserstoffharze sind thermoplastische Polymere mit Molmassen unter 2000 g/mol, die meist als Zusatzkomponente in physikalisch-trocknenden Beschichtungen verwendet werden. Sie können, entsprechend der Bezugsquellen ihrer Rohstoffe, in drei Gruppen eingeteilt werden:

- Harze aus Erdöl (auch Petroleumharze genannt)
- Harze aus Kohlenteer (z.B. Cumaron-Indenharze, siehe Abschn. 8.6.17.1)
- Harze aus Nadelhölzern (Terpenharze)

Die in Öl bzw. im Teer enthaltenen olefinischen oder diolefinischen Verbindungen können mit Friedel-Crafts-Katalysatoren (siehe Abschn. 8.6.2) oder unter Einwirkung von Hitze und Druck polymerisiert werden.
Der Vollständigkeit halber sei erwähnt, daß unter Kohlenwasserstoffharzen auch Kunstharze verstanden werden, die durch Reaktion von Kohlenwasserstoffen (z.B. Naphthalin, Benzol und Homologe) mit Aldehyden (z.B. Formaldehyd, Benzaldehyd, Acrolein) entstehen (Xylol-Formaldehyd-Harze, Napthalin-Formaldehydharze). Ihre technische Bedeutung ist jedoch gering (siehe Kap. 6.4). Im folgenden sollen nur Harze diskutiert werden, die aus Kohlenstoff- und Wasserstoffatomen aufgebaut sind.
Bei den Kohlenwasserstoffharzen wird der Harzbegriff sowohl für Flüssigkeiten als auch für feste Substanzen mit Erweichungsbereichen bis 200 °C angewendet. Die Farbe der Harze reicht von fast farblos bis stark dunkelbraun. Sie sind in aromatischen und aliphatischen Kohlenwasserstoffen, höheren Ketonen, Estern, Ethern und Chlorkohlenwasserstoffen löslich, unlöslich aber in Alkoholen. Sie weisen im allgemeinen eine gute Verträglichkeit mit Weichmachern, Polyethylenwachsen und Kautschuken auf. Unverträglichkeit besteht dagegen mit Epoxid- und Ketonharzen, sowie mit Cellulosederivaten. Die Harze sind beständig gegen starke Säuren und starke Alkalien. Sie weisen meist eine gute Hitze- und Alterungsbeständigkeit auf.
Petroleumharze sind die bedeutendste Gruppe der Kohlenwasserstoffharze. Bei der Crackung von Naphtha oder Gasöl fallen nach der Entfernung der wertvollen Verbindungen wie Ethylen, Propylen, Butadien usw. Nebenprodukte an, die die Rohstoffbasis für die Petroleumharze darstellen [305].

Petroleumharze werden als Klebstoffe, vor allem in Kombination mit Naturkautschuk, als Schmelzkleber, als Bindemittel für Anstriche, für Emballagenlacke und als Hilfsmittel bei der Betonaushärtung verwendet.

Die wichtigste Gruppe der Kohlenteerharze sind die Cumaron-Indenharze. Diese werden im Abschnitt 8.6.17.1 gesondert behandelt.

Die Grundstoffe der Terpenharze – α-Pinen und β-Pinen, zwei bicyclische, ungesättigte Kohlenwasserstoffe – kommen im Terpentinöl (Kiefernöl) vor und bilden in polymerer Form Produkte, die für Anstrichmittel, Druckfarben und Kleber (Heißschmelzkleber und Haftkleber) verwendet werden. Copolymere aus Isobutylen und β-Pinen bilden je nach Isobutylen-Anteil schlagfeste Thermoplaste oder vulkanisierbare Elastomere.

Chemisch modifizierte Kohlenwasserstoffharze werden für die Papierausrüstung und für die Herstellung von Druckfarben verwendet.

$$\text{(\alpha-Pinen)} \qquad \text{(\beta-Pinen)} \tag{8.49}$$

Handelsprodukte: z. B.

Arkon	(Arakawa)	Imprez	(Zeneca)
Escorez	(Esso)	Necires, Neochem, Neville	(Neville-Cindu)
Hercures, Hydrolyn, Piccopale,		Neopolymer	(Nippon Petrochemical)
Piccotac, Piccodiene,		Norsolene	(CdF Chemie)
Piccovar, Piccolastic,		Quintone	(Nippon Zeon)
Piccotex, Kristalex, Piccolyte,		Wing-Tack	(Goodyear)
Permalyn	(Hercules)		

8.6.17.1 Inden-Cumaron-Harze [305]

Die Cumaron-Indenharze (auch Inden-Cumaronharze genannt) sind die ältesten Thermoplaste, die technische Verwendung gefunden haben.

Cumaron (Benzofuran) und Inden (Benzocyclopentadien) finden sich neben Cyclopentadien, Dicyclopentadien, Methylstyrol und Benzol in der zwischen 150 und 200 °C siedenden Leichtfraktion des Steinkohlenteers (Cumaron Sdp. 174 °C, Inden Sdp. 182 °C).

$$\text{Cumaron} \qquad \text{Inden} \tag{8.50}$$

Da die beiden Substanzen sehr ähnliche Siedepunkte von 174 und 182 °C aufweisen, werden sie vor der Weiterverarbeitung nicht getrennt, sondern direkt in der Naphtha-Lösung (Fraktion des Steinkohlenteers) mit Schwefelsäure oder $AlCl_3$ zu Harzen mit Molmassen zwischen 1000 und 3000 g/mol ionisch polymerisiert. Die Polymerisation erfolgt dabei hauptsächlich über die Doppelbindung der Fünfringe. Nach Abdampfen des Benzols bleibt das Cumaron-Inden-Harz als dunkler weicher Feststoff zurück. Das Rohharz wird anschließend verschiedenen Veredlungsprozessen wie Durchblasen von Luft oder Hydrieren in Gegenwart von Nickelkatalysatoren unterzogen, so daß eine Verbesserung der Eigenschaften wie Aufhellung der Farbe oder Erhöhung des Erweichungspunktes erreicht wird. Je nach Reinheitsgrad des Ausgangsmaterials und der Polymerisationsführung werden Harze verschiedener Helligkeit und Härte erhalten, angefangen von zähflüssigen Produkten bis hin zu Festharzen mit Erweichungspunkten von 170 °C.

Cumaron-Inden-Harze sind in aromatischen Kohlenwasserstoffen, Chlorkohlenwasserstoffen, Ketonen, Terpenkohlenwasserstoffen, Estern und Ethern löslich, in Alkoholen und Reinaliphaten dagegen unlöslich. Die Lösungen in aromatischen Kohlenwasserstoffen sind weitgehend mit Testbenzin verschneidbar.

Cumaron-Inden-Harze neigen bei Einwirkung von UV-Licht zum Verspröden und Vergilben, weshalb die Harze nicht für Außenanstriche verwendet werden. Der Versprödung kann durch Verwendung von handelsüblichen Weichmachern entgegengewirkt werden, während die Verfärbung weitgehend durch Hydrierung verhindert werden kann. Sie können auch in Kombination mit fetten Ölen, Kautschuk, Chlorkautschuk (siehe Kap. 9.2), Resolen (siehe Kap. 6.3) oder Celluloseethern (siehe Kap. 9.3) verwendet werden. Diese Kombinationen werden z. B. für die Herstellung von chemikalien- und seewasserbeständigen Schutzanstrichen verwendet. Phenolharzmodifizierte Cumaron-Inden-Harze (siehe Kap. 6.3) verhalten sich reaktiv gegenüber Epoxidharzen (Kap. 7.2) und Polyurethanen (Kap. 7.1). Sie werden für Holzölanstrichmittel eingesetzt.

Aufgrund der niedrigen Molmasse der Harze werden niedrigviskose Lösungen erhalten, mit denen festkörperreiche Beschichtungen hergestellt werden können. Die Polymeren sind weder im Sauren noch im Alkalischen verseifbar und werden deshalb für alkalifeste Anstriche (Betonbeschichtung) verwendet. Auch mit chemisch reaktiven Pigmenten sind keine Nebenreaktionen zu erwarten. Cumaron-Inden-Harze werden häufig auch in Bitumen- bzw. Asphaltlacken verarbeitet. Weiter dienen Cumaron-Indenharze zum Verlegen von Linoleum, in der Kautschukindustrie als Weichmacher und Vulkanisationsbeschleuniger und als elastisches Isoliermaterial. Sie werden zur Herstellung von Klebemassen sowie für die Papier-, Karton- und Holzimprägnierung eingesetzt.

Literatur zu Kapitel 8

[1] *G. Henrici-Olivé* und *S. Olivé*: Polymerisation. Verlag Chemie, Weinheim 1976
[2] *P. J. Flory*: Principles of Polymer Chemistry. Cornell University Press, Ithaca, N. Y. 1986
[3] *F. W. Billmeier jr.*: Textbook of Polymer Science, 3rd Ed. Wiley, New York 1984
[4] *G. E. Ham*: Vinyl Polymerization. Dekker, New York 1967
[5] *J. M. G. Cowie*: Chemie und Physik der Polymeren. Verlag Chemie, Weinheim 1976
[6] *J. C. Bevington*: Radical Polymerization. Academic Press, London 1961
[7] *G. H. Williams*: Adv. Free Radical Chemistry, Bd.1. Academic Press, New York 1965
[8] *H. G. Elias*: Makromoleküle, Bd. 2, Technologie. Hüthig & Wepf, Basel 1992
[9] *A. M. North*: The Kinetics of Free Radical Polymerization. Pergamon Press, Oxford 1966
[10] *G. E. Scott* und *E. Senogles*, J. Macromol. Sci. Revs. Macromol. Chem. **9** (1973) 49
[11] *A. C. Davies*: Organic Peroxides. Butterworth, London 1961
[12] *G. Parravano* in *M. M. Bazier* (Hrsg.): Organic Electrochemistry. Dekker, New York 1973
[13] *P. L. Nayak* und *S. Leuka*, J. Macromol. Sci. Rev. Macromol. Chem. **C19** (1980) 83
[14] *G. S. Misra* und *U. D. N Bajpai*, Progr. Polym. Sci. **8** (1982) 61
[15] *H. J. Hageman*, J. Appl. Chem. **17** (1967) 339
[16] *J. C. Masson* in *J. Brandrup* und *E. H. Immergut* (Hrsg.): Polymer Handbook, 3rd Ed., Vol. II. Wiley, New York 1989, S. 1–65
[17] *A. Weiss*, J. Macromol. Chem. **3** (1967) 435
[18] *G. Silvestri, S. Gambino* und *G. Filardo*, Adv. Polym. Sci. **38** (1981) 27
[19] *E. F. Kluchesky* and *L. B. Wakefield*, Ind. Eng. Chem. **41** (1949) 1768–1773
[20] a) *G. C. Eastmond* in *C. H. Bamford* and *C. F. H. Tipper* (Hrsg.): Comprehensive Chemical Kinetics, Vol. 14 A, Chaps. 1-2. Elsevier, Amsterdam 1976
b) *K. C. Berger* und *G. Brandrup* in *J. Brandrup* und *E. H. Immergut* (Hrsg.): Polymer Handbook, 3rd Ed., Vol. II. Wiley, New York 1989, S. 1
[21] *C. M. Starks*: Free Radical Telomerization. Academic Press, New York 1974
[22] *R. K. Freidlina* und *A. B. Terentev*, Acc. Chem. Res. **10** (1977) 9

[23] E. J. Goethals (Hrsg.): Telechelic Polymers: Synthesis and Applications. CRC Press, Boca Raton 1988
[24] C. H. Bamford und C. F. H. Tipper (Hrsg.): Comprehensive Chemical Kinetics, Bd. 15, Non-Radical Polymerizations. Elsevier, Amsterdam 1976
[25] G. Heublein: Zum Ablauf ionischer Polymerisationsreaktionen. Akademie-Verlag, Berlin 1975
[26] G. Allen und J. C. Bevington (Hrsg.): Comprehensive Polymer Science, Bd. 3, G. C. Eastmond, A.Ledwith, S. Russo und P. Sigwalt: Chain Polymerization, Pts. I und II, Pergamon Press, Oxford 1989.
[27] K. Frisch: Ring-Opening Polymerization. Dekker, New York 1969
[28] N. Calderon, J. Macromol. Sci. Revs. Macromol. Chem. C7 (1972) Nr.1, 105–109
[29] M. Szwarc: Carbanions, Living Polymers and Electron Transfer Processes. Interscience, New York 1968
[30] L. L. Böhm, M. Chmelir, G. Löhr, B. J. Schmitt und G. V. Schulz, Adv. Polym. Sci. **9** (1972) 1
[31] J. P. Kennedy und T. Otsu, J. Macromol. Sci. C6 (1972) 237
[32] D. H. Richards, Dev. Polym. **1** (1979) 1
[33] A. F. Halasa, K. N. Schulz, D. P. Tate und V. D. Mochel, Adv. Organomet. Chem. **18** (1980) 55
[34] M. Szwarc, Adv. Polym. Sci. **49** (1983) 1
[35] M. Morton: Anionic Polymerization: Principles and Practice. Academic Press, New York 1983
[36] R. N. Young, R. P. Quirk und L. J. Fetters, Adv. Polym. Sci **56** (1984)
[37] T. E. Hogen-Esch und J. Smid, J. Amer. Chem. Soc. **87** (1965) 669
[38] H. Hostalka, R. V. Figini und G. V. Schulz, Makromol. Chem. **71** (1964) 198
[39] B. Vollmert: Grundriss der Makromolekularen Chemie, Bd.I, E. Vollmert Verlag, Karlsruhe 1982, S. 207
[40] M. Szwarc, Adv. Polym. Sci. **4** (1967) 457–495
[41] M. Szwarc: Carbanions, Living Polymers and Electron Transfer Processes. Interscience, New York 1968
[42] E. Husemann und H. Bartl, Makromol. Chem. **18/19** (1956) 342-351; E. Husemann, Makromol. Chem. **35** (1960) 239–249
[43] F. Lynen, B. W. Agranoff, H. Eggerer, U. Henning und E. M. Möslein, Angew. Chem. **71** (1959) 657; **72** (1960) 454
[44] A. Kornberg, Angew. Chem. **72** (1960) 231–236
[45] A. M. Eastham, Adv. Polym. Sci. **2** (1960) 18–50
[46] S. Penczek, P. Kubisa und K. Matyjaszewski, Adv. Polym. Sci. **37** (1980) 1
[47] S. Penczek, P. Kubisa und K. Matyjaszewski, Synthetic Applications, Adv. Polym. Sci. **68/69** (1985)
[48] P. H. Plesch (Hrsg.): The Chemistry of Cationic Polymerizations. Pergamon Press, London 1963
[49] G. A. Olah und P. R. von Schleyer (Hrsg.): Carbonium Ions. Interscience, New York 1968
[50] P. H. Plesch, Adv. Polym. Sci. **8** (1971) 137
[51] G. A. Olah (Hrsg.): Friedel Crafts Chemistry. Interscience, New York 1973
[52] J. P. Kennedy: Cationic Polymerization of Olefins; A Critical Inventory. Wiley, New York 1975
[53] D. J. Dunn, Dev. Polym. **1** (1979) 45
[54] J. P. Kennedy und E. Marechal: Carbocationic Polymerization. Wiley, New York 1982
[55] E. J. Goethals (Hrsg.): Cationic Polymerization and Related Processes. Academic Press, New York 1984
[56] A. D. Kettley: The Stereochemistry of Macromolecules, Part I–III. Dekker, New York 1967
[57] N. G. Gaylord und H.F. Mark: Linear and Stereoregular Addition Polymers: Polymerization with Controlled Propagation. Interscience, New York 1958
[58] L. Reich und A. Schindler: Polymerization by Organometallic Compounds. Interscience, New York 1966
[59] DE 973 626 (1953/1956) (K. Ziegler, H. Breil, E. Holzkamp, H. Martin)
[60] G. Natta, Angew. Chem. **78** (1964) 553

[61]   DE 874 215 (1943/1952) BASF (*M. Fischer*)
[62]   *T. Keii*: Kinetics of Ziegler-Natta Polymerization. Kodansha, Tokio 1972
[63]   *J. Boor, Jr.*: Ziegler-Natta Catalysts and Polymerizations. Academic Press, New York 1979
[64]   *H. Sinn* und *W. Kaminsky*, Adv. Organomet. Chem. **18** (1980) 99
[65]   *B. A. Dolgoplosk*, Soviet Sci. Revs. B, [Chem. Revs.] **2** (1980) 203
[66]   *F. M. McMillan*: The Chain Straighteners: Fruitful Innovation. The Discovery of Linear and Stereoregular Polymers. MacMillan Press, London 1981
[67]   *P. D. Gavens, M. Bottrill, J. W. Kellend* und *J. McMeekin* in *G. Wilkinson* (Hrsg.): Comprehensive Organometallic Chemistry. Pergamon, New York 1982
[68]   *V. A. Zakharov, B. D. Bukatov* und *Y. I. Yermakov*, Adv. Polym. Sci. **51** (1983) 61
[69]   *Y. V. Kissin*: Isospecific Polymerization of Olefins. Springer Verlag, Berlin 1986
[70]   *P. J. Flory*: Principles of Polymer Chemistry, 13 Ed. Cornell University Press, Ithaca, London 1986, S. 317
[71]   *P. Wittmer*, Makromol. Chem., Suppl., **3** (1979) 129
[72]   *K. Plachocka*, J. Macromol. Sci., Rev. Macromol. Chem. **C20** (1981) 67
[73]   *M. Szwarc* und *C. L. Perrin*, Macromolecules **18** (1985) 528
[74]   *J. Luston* und *F. Vass*, Adv. Polym. Sci. **56** (1984) 91
[75]   *D. Jung, E. Penzel* und *F. Wenzel* in: Ullmanns Encyklopädie der technischen Chemie, 4.Aufl., Bd. 19. Verlag Chemie, Weinheim 1980, S. 19
[76]   *K. E. Waele*, Quart. Revs. **16** (1962) 267
[77]   *Y. Ogo*, J. Macromol. Sci. Revs., Macromol. Chem. Phys. **C24** (1984) 1
[78]   *R. Arshady*, Colloid Polym. Sci. **270** (1992) 717–732
[79]   *H. Gerrens* in: Ullmanns Encyklopädie der technischen Chemie, 4. Aufl., Bd. 19. Verlag Chemie, Weinheim 1980, S. 107
[80]   *G. Henrici-Olivé* und *S. Olivé*, Kunstst. Plast. **5** (1958) 315–320
[81]   *G. V. Schulz*, Z. Phys. Chem., NF **8** (1956) 284–289, 290–317
[82]   *R. Vieweg* und *F. Esser* (Hrsg.): Kunststoff-Handbuch, Bd. IX, Polymethacrylate. Hanser, München 1975
[83]   *W. Reidt* et al.: Methacrylat-Reaktionsharze. Expert Verlag, Sindelfingen 1986
[84]   *R. H. Burgess* (Hrsg.): Particulate Nature of PVC. Elsevier, New York 1982
[85]   *W. V. Titow* (Hrsg.): PVC Technology, 4. Aufl.. Elsevier, New York 1984
[86]   *J. L. Throne*: Plastics Process Engineering. Dekker, New York 1979
[87]   *J. A. Biesenberger* und *D. A. Sebastian*: Principles of Polymerization Engineering. Wiley, New York 1983
[88]   *K. H. Reichert* und *W. Geiseler* (Hrsg.): Polymer Reaction Engineering, Vol.1. Hanser, München 1983
[89]   *E. Fitzer* und *W. Fritz*: Technische Chemie – Eine Einführung in die Chemische Reaktionstechnik, 3. Aufl. Springer, Berlin 1989
[90]   *E. Trommsdorff, H. Köhle* und *P. Lagally*, Makromol. Chem., **1** (1948) 169–198
[91]   *H. G.Yuan, G. Kalfas* und *W. H. Ray*, J. Macromol. Sci. Rev., Macromol. Chem. Phys. **C31** (1991) 215
[92]   *H. J. Reinhardt* und *R. Thiele*, Plaste Kautsch. **19** (1972) 648–654
[93]   *F. B.Sprow*, Chem. Eng. Sci. **22** (1967) 435–442
[94]   *E. Farber* in *H. F. Mark, N. G. Gaylord* und *N. M. Bikales* (Hrsg.): Encyclopedia of Polymer Science and Technology, Bd. 13. Interscience, New York 1970
[95]   *H. Gerrens* in: Ullmanns Encyklopädie der technischen Chemie, 4. Aufl., Bd. 19. Verlag Chemie, Weinheim 1980, S. 125
[96]   *G. Daumiller*, Chem. Ing. Tech. **40** (1968) 637–682
[97]   *G. Beckmann* und *E.F. Engel*, Chem. Ing. Tech. **38** (1966) 1025–1031
[98]   *J. P. Forsman*, Hydrocarbon Process. **51** (1972) Nr. 11, 130–136
[99]   Phillips Petr. Co., Hydrocarbon Process. **56** (1977) Nr. 11, 199
[100] *D. C. Blackley*: Emulsion Polymerisation: Theory and Practice. Halsted, New York 1975
[101] *K. E. J. Barrett* (Hrsg.): Dispersion Polymerization in Organic Media. Wiley, New York 1975
[102] *I. I. Piirma* (Hrsg.): Emulsion Polymerization. Academic Press, New York 1982
[103] *R. O.Athey jr.*: Emulsion Polymer Technology. Dekker, New York 1991
[104] *F. Candau* und *R. H. Ottewill*: An Introduction to Polymer Colloids. Kluwer Academic Publishers, Dordrecht 1990

[105] H. *Fikentscher*, Angew. Chem. **51** (1938) 433
[106] W. D. *Harkins*, Am. Chem. Soc. **69** (1947) 1428–1444
[107] W. V. *Smith* und R. H. *Ewart*, J.Chem. Phys. **16** (1948) 592–599
[108] R. N. *Haward*, Pol. Sci. **4** (1949) 273–287
[109] H. *Gerrens* in: Ullmanns Encyklopädie der technischen Chemie, 4. Aufl., Bd. 19. Verlag Chemie, Weinheim 1980, S. 133
[110] H. G. *Elias*: Makromoleküle, Bd. 2, Technologie. Hüthig & Wepf, Basel 1992, S. 485
[111] J. W. *Vanderhoff, J. F. Vitkuske, E. B. Bradford* und *T. Alfrey*, J. Polym. Sci. **20** (1956) 225–234
[112] N. *Dezelic, J. J. Peters* und *G. J. Dezelic*, Kolloid Z., Z. Polym. **242** (1970) 1142–1150
[113] N. *Dezelic, J. J. Peters* und *G. J. Dezelic* in *J. E. Mulvaney* (Hrsg.): Macromolecular Syntheses, Bd. 6. Wiley, New York 1977, S. 85–89
[114] E. *Karsten*: Lackrohstoff-Tabellen, 9. Aufl. Vincentz, Hannover 1992
[115] H. *Gropper, H. W. Birnkraut* und *W. Payer* in: Ullmanns Encyklopädie der technischen Chemie, 4. Aufl., Bd. 19. Verlag Chemie, Weinheim 1980, S. 167
[116] R. *Vieweg, A. Schley* und *A. Schwarz* (Hrsg.): Kunststoff-Handbuch, Bd IV, Polyolefine. Hanser, München 1969
[117] G. *Luft*, Chem. Ing.Techn. **51** (1979) 960
[118] S. *Bork*, Kunststoffe **74** (1984) 474
[119] K. *Ziegler*, Angew. Chem. **76** (1964) 545
[120] J. J. *McSharry, S. G. Howell* und *L. J. Memering*, Chem. Rundschau **21** (1986) Nr. 44, 815
[121] M. W. *Ranney*: Powder Coatings Technology. Noyes Data Corp., Park Ridge 1975, S. 365
[122] H. G. *Elias*: Makromoleküle, Bd. 2: Technologie. Hüthig & Wepf, Basel 1992, S. 132
[123] D. I. *McLane*, Encycl. Polym. Sci. Technol. Suppl. **13** (1970) 623–670
[124] H. *Fritz*, Kunststoffe **62** (1972) Nr. 10, 647-649
[125] H. *Fritz* in: Ullmanns Encyklopädie der technischen Chemie, 4. Aufl., Bd. 19. Verlag Chemie, Weinheim 1980, S. 89
[126] H. *Fritz*, Chem.-Ztg. **96** (1972) Nr.2, 100-104
[127] M. *Yamabe, H. Higaki* und *G. Kojima* in *G. D. Parfitt, A. V. Patsis* (Hrsg.): Organic Coatings Science and Technology, Vol. 7. Dekker, New York 1984, S. 25
[128] H. *Handforth*, J. Oil. Colour Chem. Assoc. **73** (1990) Nr. 4, 145–148
[129] DE 818 258 (1950) Du Pont
[130] US 2 559 752 (1956) Du Pont
[131] DE 813 462 (1950) Du Pont
[132] US 4 011 361 (1975) Du Pont (*E. Vassiliou* et al.)
[133] G. *Kojima* et al. in *A. V. Patsis* (Hrsg.): 11th International Conference in Organic Science and Technology, Vol 9. Technomic Publishing Company, Lancaster 1987, S. 120–128
[134] Bundesgesundheitsblatt Nr. 21 (1967) 331–333
[135] D. *Stoye* (Hrsg): Paints, Coatings and Solvents. VCH, Weinheim 1993, S. 28
[136] S. *Munekata* et al. Report of Research Laboratory, Asahi Glass Co., **34** (1984) Nr. 2, 205
[137] N. *Miyazaki* und *T. Takayanagi*, Report of Research Laboratory, Asahi Glass Co, **36** (1986) Nr. 1, 155
[138] S. *Munekata*, Prog. Org. Coatings **16** (1988) 113–134
[139] F. P. *Baldwin* und *G. Verstrate*, Adv. Polym. Sci. **7** (1970) 386
[140] S. *Cesca*, Macromol. Revs. **10** (1975) 1
[141] E. G. *Hancock* (Hrsg.): Propylene and Its Industrial Derivatives. Halsted, New York 1973
[142] S. *van der Ven*: Polypropylene and Other Polyolefins, Polymerization and Characterization. Elsevier, Amsterdam 1990
[143] C. *Pavlini*, Chem. Rundschau **20** (1967) Nr. 9, 146–149
[144] H. *Güterbock*: Polyisobutylen und Isobutylenmischpolymerisate. Springer, Berlin 1959, S. 1–55
[145] J. P. *Kennedy*, Cationic Polymeriszation of Olefins, A Critical Inventory, Wiley, New York 1975, S. 86–137
[146] *Ullmann*s Encyklopädie der technischen Chemie, 4.Aufl., Bd. 19. Verlag Chemie, Weinheim 1980, S. 216
[147] J. *Chatelain*, Br. Polym. J. **5** (1973) 457
[148] N. *Fischer*, J. Vinyl Technol. **6** (1984) 35
[149] DE-OS 2 839 435 (1977) Rhone-Poulenc Ind. (*F. Erard, S. Soussan*)

[150] K. *Flatau* in: Ullmanns Encyklopädie der technischen Chemie, 4. Aufl., Bd.19. Verlag Chemie, Weinheim 1980, S. 343
[151] *J. Ugelstad, F. K. Hansen* und *K. H. Knaggerud*, Faserforsch. Textiltech. **28** (1977) Nr. 7, 309
[152] *V. I. Eliseeva*, Faserforsch. Textiltech. **28** (1977) 209
[153] *N. Friis* und *A. E. Hamielec*, J. Appl. Polym. Sci. **19** (1975) 97
[154] *G. N. Poehlein* und *D. J. Dougherty*, Rubber Chem. Technol. **50** (1977) 601
[155] *D. Braun*, Gummi Asbest Kunstst. **30** (1977) Nr. 5, 312
[156] *G. Scott, M. Takan* und *J. Vyvoda*, Eur. Polym. J. **14** (1978) 377
[157] *T. M. Nagy* et al., Angew. Makromol. Chem. **66** (1978) 193
[158] *J. Bauer* und *A. Sabel*, Angew. Makromol. Chem. **47** (1975) 15
[159] *K. S. Minsker*, Plaste Kautsch. **24** (1977) Nr. 6, 375
[160] *H. O. Wirth* und *H. Andreas*, Pure Appl. Chem. **49** (1977) 627
[161] *Ullmann*s Encyklopädie der technischen Chemie, 4. Aufl., Bd. 15. Verlag Chemie, Weinheim 1980, S. 607
[162] *R. Lukas, J. Svetly* und *M. Kolinsky*, J. Polym. Sci., Polym. Chem. Ed. **19** (1981) 295
[163] *C. A. Brighton*, Encycl. Polym. Sci. Technol., Vol. 14. Wiley, New York 1971, S. 460
[164] DE 1 301 537 (1965) B. F. Goodrich (*G. Gateff*)
[165] EP 58 171 (1980) B. F. Goodrich (*A. Olson, R. Vielhaber*)
[166] DE 2 521 843 (1974) Tokuyama Sekisui (*A. Terufumi, O. Tatsuro*)
[167] DE 1 645 097 (1966) Produits Chimiques, Pechiney-Saint-Gobain (*J. Weben, M. Assenat, C. Vrillon*)
[168] *R. Kuschke* und *H. Kaltwasser*, Plaste Kautsch. **7** (1960) 528
[169] *C. A. Brighton*, Encycl. Polym. Sci. Technol. **14** (1971) 460
[170] *J. Hansmann*, GAK Gummi Asbest Kunstst. **31** (1978) Nr. 8, 556
[171] *W. Trautvetter*, Makromol. Chem. **101** (1967) 214
[172] *J. Hansmann*: Polyvinylidenchlorid. Dechema-Werkstoff-Tabelle, Frankfurt/Main 1968
[173] *V. Heidingsfeld, V. Kuska* und *I. Zelinger*, Angew. Makromol. Chem. **46** (1968) Nr. 3, 141
[174] *Y. Vandendael* in: Ullmanns Encyclopedia of Industrial Chemistry, Bd. A22. VCH, Weinheim 1993, S. 17
[175] *K. A. van Oeteren*: Korrosionsschutz durch Anstrichstoffe. Wissenschaftl. Verlagsges., Stuttgart 1961
[176] *K. Flatau* in: Ullmann's Encyklopädie der technischen Chemie, 4. Aufl., Bd. 19. Verlag Chemie, Weinheim 1980, S. 359
[177] *R. A. Wessling*: Polyvinylidene Chloride. Gordon and Breach Sci. Publ., New York 1977
[178] *M. Kevin*: Building Design & Construction. Pennwalt Chemical Co., Technical Data, March 1983, 2
[179] *L. Stonberg*, Conf. Proc. Alum. Finish **87** (1986) 26.1–26.17
[180] *J. E. McCann*, Surf. Coatings Aust. **27** (1990) Nr. 1–2, 8–12
[181] *K. V. Summer*, Conf. Proc. Alum. Finish **87** (1986) 36.1–36.19
[182] JP 86 238 863 A2 (1986) Nippon Oil and Fats (*A. Hikita* et al.).
[183] Pennwalt Chemical Co., Technical Data, Philadelphia, June 1984
[184] *W. T. Tsatsos, J. C. Illmann* und *R. W. Tess*, Paint Varnish Prod. **55** (1965) Nr. 11, 46
[185] *Ullmann*s Encyklopädie der technischen Chemie, 4.Aufl., Bd. 9. Verlag Chemie, Weinheim 1980, S. 140
[186] *M. K. Lindemann* in *G. E. Ham* (Hrsg.): Vinyl Polymerization. Dekker, New York 1967, S. 207
[187] *D. J. Stein*, Makromol. Chem. **76** (1964) 170–180
[188] *P. Mehnert*, Kolloid Z., Z. Polym. **251** (1973) 587–593
[189] *H. Rinno* in: Ullmanns Encyclopedia of Industrial Chemistry, Bd. A22. VCH, Weinheim 1993, S. 1
[190] Vinyl Products, Pigm. Resin Technol. **4** (1975) Nr. 9, 11
[191] *G. P. Kirst*, Fette Seifen Anstrichm. **69** (1967) 919–923
[192] *G. Florus*, Congr. FATIPEC **7** (1964) 149–153
[193] *W. Sliwka*, Angew. Makrom. Chem. **4/5** (1968) 310–350
[194] *G. Schröder* in: Ullmanns Encyclopedia of Industrial Chemistry, Bd. A22. VCH, Weinheim 1993, S. 11
[195] *M. K. Lindemann*, Paint Manuf. **38** (1968) Nr. 9, 30

[196] *H. Kittel*: Lehrbuch der Lacke und Beschichtungen, Bd. I, Teil 3. Colomb, Berlin 1974
[197] *J. G. Pritchard*: Poly(vinylalcohol) – Basic Properties and Uses. Gordon and Breach, New York 1970
[198] *C. A. Finch* (Hrsg.): Polyvinyl Alcohol, Properties and Applications. Wiley, New York 1973
[199] *I. Sakurada*: Polyvinyl Alcohol Fibers. Dekker, New York 1986
[200] *W. W. Grassely, R. D. Hartung* und *W. C. Uy*, J. Polym. Sci. **7** (1969) 1919
[201] *S. Hayashi, C. Nakamo* und *T. Motoyama*, Kobunshi Kagaku **20** (1963) 303
[202] *Anonymus*, Encycl. Polym. Sci. Technol. **14** (1971) 149
[203] *H. C. Haas* und *A. S. Makas*, J. Polym. Sci. **46** (1960) 524
[204] *R. Naito*, Kobunshi Kagaku **15** (1958) 597
[205] *K. Noro*, Br. Polym. J. **2** (1970) 128
[206] *M. Shiraishi*, Br. Polym. J. **2** (1970) 135
[207] *H. Lamont*, Adhes. Age **16** (1973) 24
[208] *A. S. Dunn, C. J. Tonge* und *S. A. B. Anabtawi*, Polym Prep. Am. Chem. Soc., Div. Polym. Chem. **16** (1975) 223
[209] *M. Shiraishi* und *K. Toyoshima*, Br. Polym. J. **5** (1973) 419
[210] *P. J. Flory*, J. Am. Chem. Soc. **61** (1938) 1518
[211] Monsanto: Butvar, Polyvinylbutyral and Formvar. Polyvinylformal, Techn. Bull. 6070 und 6130 (1969)
[212] Hoechst AG: Mowital B, Polyvinylbutyral, Merkblatt 1976
[213] Sekisui Chem. Ind.: S-lec B Polyvinylbutyral Resin, Techn. Data, 1977
[214] *E. Trommsdorf* und *R. Houwink*: Chemie und Technologie der Kunststoffe, 3. Aufl., Bd. II. Akad. Verlagsgesellschaft Geest und Portig, Leipzig 1956, S. 120
[215] *Ullmanns* Encyklopädie der technischen Chemie, 4. Aufl., Bd. 19. Verlag Chemie, Weinheim 1980, S. 381
[216] *E. Lavin* und *J. A. Snelgrove* in: Adhesives, 2. Aufl.. Van Nostrand-Reinhold, New York 1977, S. 507
[217] *A. D. Yakolev* und *I. S. Okhrimenko*, Mashinostroitel **9** (1973) 20
[218] *E. Papon* und *J. J Villenave*, Double Liaison **40** (1993) Nr. 451, 10–15; *R. M. Mohsen* et al., Pigment Resin Technol. **22** (1993) Nr. 4, 4–7, 17
[219] *N. M. Bikales*: Vinyl-Ether Polymers in Encyclopedia of Polymer Science and Technology, Vol 14. Interscience, New York 1971, S. 511–521
[220] *M. L. Hallersleben* in: Ullmanns Encyclopedia of Industrial Chemistry, Bd A21. VCH, Weinheim 1992, S. 753
[221] Acrylic Monomers. Firmenschrift Dow Badische Comp., Williamsburg, Virginia/USA 1977
[222] Emulsions Polymerization of Acrylic Monomers. Firmenschrift CM-104 v. Rohm & Haas Comp. Philadelphia, Pa., 1978
[223] Emulsionspolymerisation von Acrylmonomeren. Firmenschrift der Ugilor, Paris 1971
[224] *H. Fikentscher, H. Gerrens* und *H. Schuller*, Angew. Chem. **72** (1960) 856
[225] *C. E. McCoy*, J. Paint Technol. **35** (1963) 327
[226] *T. Matsumoto*, Surfactant Science Series **6** (1974) 441
[227] *A. E. Alexander* und *D. H. Napper*, Prog. Polym. Sci. **3** (1971) 145
[228] *H. Rauch-Puntigam* und *Th. Völker*: Acryl- und Methacrylverbindungen. Springer, Berlin 1967
[229] *G. Markert*, Angew. Makromol. Chem. **123/124** (1985) 285
[230] *Houben-Weyl* (Hrsg.): Methods of Organic Chemistry, 4th ed., E20/2. Thieme, Stuttgart 1987, S. 1150
[231] *D. H. Klein*, J. Paint Technol. **42** (1970) 335
[232] *D. Satas*, Adhes. Age **15** (1972) Nr. 10, 19
[233] *W. H. Brown* und *T. J. Miranda*, J. Paint Technol. **36**/part 2 (1964) 92
[234] *Houben-Weyl* (Hrsg.): Methods of Organic Chemistry, 4th ed., E20/2. Thieme, Stuttgart 1987, S. 1156
[235] *H. A. Papazian*, J. Am. Chem. Soc. **93** (1971) 5634
[236] *M. K. Yousuf*, Mod. Paint Coatings **79** (1989) 48
[237] *W. S. Zimmt*, Chemtech. **11** (1981) 681
[238] *R. Zimmermann*, Farbe + Lack **82** (1976) 383
[239] *W. Brushwell*, Farbe + Lack **86** (1980) 706

[240] C. K. Schoff, Prog. Org. Coatings **4** (1976) 189
[241] M. Takahashi, Polym. Plast. Technol. Eng. **15** (1980) 1
[242] K. O'Hara, J. Oil. Colour Chem. Assoc. **71** (1988) 413
[243] H. Spoor, Angew. Makromol. Chem. **4/5** (1968) 142
U. Hübner und F. Kollinski, Makromol. Chem. **11** (1970) 125
[244] H. Wesslau, Makromol. Chem. **69** (1963) 220
[245] B. G. Bufkin und J. R. Grawe, J. Coatings Technol. **50** (1978) Nr. 641, 41
[246] J. R. Grawe und B. G. Bufkin, J. Coatings Technol. **50** (1978) Nr. 643, 67
[247] B. G. Bufkin und J. R. Grawe, J. Coatings Technol. **50** (1978) Nr. 644, 837
[248] J. R. Grawe und B. G. Bufkin, J. Coatings Technol. **50** (1978) Nr. 645, 70
[249] B. G. Bufkin und J. R. Grawe, J. Coatings Technol. **50** (1978) Nr. 647, 65
[250] J. R. Grawe und B. G. Bufkin, J. Coatings Technol. **51** (1979) Nr. 649, 34
[251] H. Warson, Polym. Prepr. Am. Chem. Soc., Div. Polym. Chem. **16** (1975) Nr. 1, 280
[252] D. R. Bauer und R. A. Dickie, J. Coatings Technol. **58** (1986) 41
[253] G. Y. Tilak, Prog. Org. Coatings **13** (1985) 333
[254] R. D. Athey, Farbe + Lack **95** (1989) 475
[255] T. Nakamichi und M. Ishidoya, J. Coatings Technol. **60** (1988) 33
[256] L. W. Hill, A. Kaul, K. Kozlowski und J. O. Sauter, Polym. Mater. Sci. Eng. **59** (1988) 283
[257] H. Sander und R. Kroker, Farbe + Lack **82** (1976) 1105
[258] J. P. H. Juffermans, Prog. Org. Coatings **17** (1989) 15
[259] A. Noomen, Prog. Org. Coatings **17** (1989) 475
[260] K. A. Safe, J. Oil Colour Chem. Assoc. **53** (1970) 599
[261] K. A. Safe, Paint Manuf. **30** (1960) 249
[262] K. Weimann, Farbe + Lack **93** (1987) 447
[263] E. V. Schmid, Congr. Fatipec **14** (1978) 83
[264] R. Dhein, L. Fleiter und R. Küchenmeister, Congr. Fatipec **14** (1978) 195
[265] L. A. Simpson, Congr. Fatipec **14** (1978) 623
[266] K. Angelmayer und G. Merten, Phänomen Farbe **10** (1990) Nr. 2, 37
[267] M. C. Shen und A. Eisenberg, Rubber Chem. Technol. **43** (1970) 156
[268] A. Eisenberg und M. C. Shen, Rubber Chem. Technol. **43** (1970) 95
[269] W. H. Brown und T. J. Miranda, J. Paint Technol. **36**/part 2 (1964) 92
[270] J. N. Sen, U. S. Nandi und S. R. Palit, J. Indian Chem. Soc. **40** (1963) 729
[271] S. D. Gadkary und S. L. Kapur, Makromol. Chem. **17** (1955) 29
[272] J. G. Brodnyan und G. L. Brown, J. Colloid Sci. **15** (1960) 76
[273] H. Schuller, Kolloid Z., Z. Polym. **211** (1966) 113
[274] J. M. Krieger, Adv. Colloid Interface Sci. **3** (1972) 111
[275] I. Mewis und A. I. B. Spaull, Adv. Colloid Interface Sci. **6** (1976) 173
[276] R. F. B. Davies und G. E. J. Reynolds, J. Appl. Polym. Sci. **12** (1968) 47
[277] J. Brandrup und E. H. Immergut (Hrsg.): Polymer Handbook, 1st ed. Wiley, New York 1966
[278] W. C. Wake: Adhesion and the Formulation of Adhesives. Applied Science, London 1976
[279] K. Eisenträger und W. Druschke in I. Skeist (Hrsg.): Handbook of Adhesives, 2nd ed. Van Nostrand Reinhold, London 1977, Chap. 32
[280] A. Zosel, Colloid Polym. Sci. **263** (1985) 541
[281] V. E. Basin, Prog. Org. Coatings **12** (1984) 213
[282] E. Wistuba, Congr. Fatipec **17** (1984) 209
[283] K. H. Klein, J. Paint Technol. **42** (1970) 335
[284] W. H.Brown und T. J.Miranda, J. Paint Technol. **36**/Part 2 (1964) 92
[285] J. R. Taylor, Farbe + Lack **72** (1966) Nr. 8, 760
[286] E. B. Bagley und S. A. Chen, J. Paint Technol. **41** (1969) 494
[287] T. B. Epley und R. S. Drago, J. Paint Technol. **41** (1969) 500
[288] F. Beck, Prog. Org. Coatings **4** (1976) 1
[289] K. Dören, W. Freitag und D. Stoye: Wasserlacke, Umweltschonende Alternative für Beschichtungen. TÜV Rheinland, Köln 1992
[290] R. C. Nelson, R. W. Hemwall und G. D. Edwards, J. Paint Technol. **42** (1970) 636
[291] P. A. Small, J. Appl. Chem. **3** (1953) 71
[292] S. Günther, I-Lack **57** (1989) 167
[293] H. Kittel, Adhäsion **21** (1977) 162

[294] J. *Maul* in: Ullmanns Encyclopedia of Industrial Chemistry, Bd. A21. VCH, Weinheim 1992, S. 615
[295] M. A. *McArthur*, Polymers Paint Colour J. **181** (1991) Nr. 4, 164–166
[296] H. *Affeldt* und G. *Koppey*, Pitture e Vernici **67** (1991) Nr. 5, 27–40
[297] H. *Morita* und A. V. *Tobolsky*, J. Am. Chem. Soc. **79** (1957) 5853
[298] C. R. *Martens*: Waterborne Coatings. Van Nostrand Reinhold, New York 1991
[299] H. *Kittel:* Lehrbuch der Lacke und Beschichtungen Bd. I, Teil 3. Colomb, Berlin 1974
[300] P. *Oldring* und H. C. *Hayward*: Resins for Surface Coatings, Vol. 3. SITA Technology, London 1987
[301] FR 1 394 007 (1962) PPG Ind. (*D. P. Hart, R. H. Christensen*)
[302] K. *Dören, W. Freitag* und *D. Stoye*: Wasserlacke, Umweltschonende Alternative für Beschichtungen, TÜV Rheinland, Köln 1992, S. 169
[303] EP 125 438 (1983) BASF (*E. Schupp* et al.)
[304] Z. W. *Wicks*, Prog. Org. Coatings **3** (1985) 73
[305] *Ullmann*s Encyklopädie der technischen Chemie, 4.Aufl., Bd. 12. Verlag Chemie, Weinheim 1980, S. 539

9 Sonstige Lackharze

Günter Beuschel, Dr. Gunter Horn, Dr. Dieter Stoye, Dr. Werner Freitag

9.1 Siliconharze

Günter Beuschel, Dr. Gunter Horn

9.1.1 Allgemeine Einführung in die Chemie der Silicone

Silicone erfüllen viele industrielle Forderungen nach Produkten mit außergewöhnlichen und attraktiven Eigenschaften. Silicone sind organische Siliciumverbindungen. Ausgehend von ihrem wissenschaftlichen Begriff „Polyorganosiloxane" läßt sich diese Produktgruppe einfach wie folgt definieren:

- es sind polymere Verbindungen,
- Silicium ist mit Kohlenstoff direkt verbunden,
- am Silicium ist mindestens eine Bindung zu Sauerstoff vorhanden.

Für den „anorganischen" Charakter ist die Siloxanverknüpfung, die auch Silikate aufweisen, verantwortlich; die organischen Eigenschaften beruhen auf der direkten Verknüpfung von Silicium mit Kohlenstoffatomen. Obwohl die ersten organischen Siliciumverbindungen durch die Arbeiten von *Friedel*, *Crafts*, *Ladenburg* ab den sechziger Jahren des 19. Jahrhunderts bekannt wurden, war es *Kipping* mit *Dilthey* zu Beginn dieses Jahrhunderts vorbehalten, durch die Grignard-Synthese eine Reihe neuer siliciumorganischer Verbindungen herzustellen. Diese bildeten die Basis für die Entwicklung der polymeren Siloxane und damit für eine erste Siliconproduktion [1]:

$$SiCl_4 + 2\,R-MgCl \longrightarrow R_2SiCl_2 + 2\,MgCl_2 \qquad (9.1)$$
$$R = \text{Alkyl oder Aryl}$$

Mit der Entdeckung, daß Silicium mit Methylchlorid bei hohen Temperaturen und in Gegenwart von metallischem Kupfer zu Methylchlorsilanen reagiert, wurde von *E. G. Rochow* (1941) und *R. Müller* (1942) ein weiterer Weg gefunden, der es schließlich erlaubte, Silicone im technischen Maßstab wirtschaftlich zu produzieren [2, 3].
Die Müller-Rochow-Synthese trat weltweit ihren Siegeszug bei allen Siliconherstellern an, während die Grignardierung ihre Bedeutung verlor und heute nur noch bei einigen Spezialsilanen angewandt wird.
Bei der Müller-Rochow-Synthese wird Silicium in hoher Reinheit (über 98 Massenprozent) zusammen mit Katalysator und Promotoren (Zinn, Zink) in einem Wirbelschichtreaktor mit Methylchlorid ab 280 °C umgesetzt:

$$3\,Si + 6\,CH_3Cl \xrightarrow[\text{Kat., Prom.}]{\text{ca. 280 °C}} (CH_3)_3SiCl + (CH_3)_2SiCl_2 + CH_3SiCl_3 \qquad (9.2)$$

Hauptprodukt für die Siliconhersteller ist ohne Zweifel Dimethyldichlorsilan. Nach der Synthese läßt sich eine Vielzahl von Methylchlorsilanen analysieren, deren wichtigste Vertreter in der Tabelle 9.1 aufgeführt sind [4].

Tabelle 9.1. Hauptprodukte der Methylchlorsilansynthese

Verbindung		Siedepunkt (°C)
Tetramethylsilan	$(CH_3)_4Si$	26,3
Trimethylchlorsilan	$(CH_3)_3SiCl$	57,3
Dimethyldichlorsilan	$(CH_2)_3SiCl_2$	70,2
Methyltrichlorsilan	CH_3SiCl_3	66,1
Siliciumtetrachlorid	$SiCl_4$	56,7
Trichlorsilan	$HSiCl_3$	31,8
Methyldichlorsilan	CH_3HSiCl_2	40,4
Dimethylchlorsilan	$(CH_3)_2HSiCl$	34,7

Die bei der Methylchlorsilansynthese [5, 6] anfallenden Silane werden sauber destilliert. Die nächsten Schritte, um Silicone zu erhalten, sind Hydrolyse- und Kondensationsreaktionen. Je nach Zielprodukt werden dafür die einzelnen Chlorsilane kombiniert umgesetzt, wobei man vor allem lineare und linearverzweigte Polymere erhält, die als Siliconöle oder weitmaschige Netzwerke als Siliconelastomere verwendet werden. Trifunktionelle Silane wie z.B. Methyltrichlorsilan sind die wesentlichsten Vorprodukte für hochvernetzte Polymere und finden als Siliconharze eine wirtschaftliche Verwendung.

Nach der Entwicklung der Müller-Rochow-Synthese begannen die ersten Firmen in den Vereinigten Staaten, Silicone im technischen Maßstab herzustellen. Heute sind etliche Firmen namhafte Hersteller von Siliconen auf Basis eigener Methylchlorsilansynthesen (siehe Hersteller Abschn. 9.1.4.4).

Neben speziellen Siliconverbindungen sind nach wie vor die klassischen Produkte wie Methylsiliconöle, Siliconelastomere mit Vinylgruppen, H-Siloxane und Siliconharze die Grundlage in den Sortimenten.

Die meisten dieser Produkte zeichnen sich durch folgende Haupteigenschaften aus:

- Thermisch stabil im Bereich zwischen −50 und +200 °C
- Gute Resistenz gegen Witterungseinflüsse, gegen Ozon und gegen Glimmentladungen
- Gute dielektrische Eigenschaften
- Hydrophobe Eigenschaften und gute Trennwirkung
- Physiologische Indifferenz

9.1.2 Herstellung, Aufbau und Vernetzung von Siliconharzen

9.1.2.1 Synthese der Siliconharze

Aufbau und Anzahl der Struktureinheiten sowie die funktionellen Gruppen am Siliciumatom bestimmen die Struktur, Verarbeitungstechnologie und schließlich die komplexen Eigenschaften des Siliconendproduktes. Die Tabelle 9.2 erläutert wesentliche Strukturelemente für den Aufbau von Polyorganosiloxanen.

Bei Verwendung von Kettenbildnern und -abbrechern werden kettenförmige, unvernetzte Produkte, die Siliconöle, erhalten, während sich durch Variation vernetzender Siloxaneinheiten ohne und mit Kettenbildnern eine nahezu unbegrenzte Anzahl von verzweigten Strukturen aufbauen läßt.

Allgemein werden Harzstrukturen gebildet, wenn der Anteil tri- oder tetrafunktioneller Bausteine mehr als 50% aufweist.

Tabelle 9.2. Struktureinheiten zum Aufbau polymerer Siloxane (R: Methyl-, Phenylgruppe)

Basismonomer	Funktionalität bezüglich hydrolysierbarer Gruppen	Struktureinheit im Polymer	Symbol
SiX_4	tetrafunktionell (räumlich-strukturbildend)	$SiO_{4/2}$	Q
$R-SiX_3$	trifunktionell (räumlich-strukturbildend)	$RSiO_{3/2}$	T
R_2-SiX_2	difunktionell (kettenbildend)	$R_2SiO_{2/2}$	D
R_3-SiX	monofunktionell (kettenabbrechend)	$R_3SiO_{1/2}$	M

Das bedeutendste Monomer für die Siliconharzherstellung ist somit das bei der direkten Synthese anfallende Methyltrichlorsilan. Weitere wichtige Bausteine sind die Dimethyl-, Phenyl-, Langalkyl- (wie Propyl-, Butyl- oder Octyl-) und Vinylchlorsilane.

Die Siliconharze sind teilkondensierte Hydrolyseprodukte von organofunktionellen Chlorsilanen oder Alkoxysilanen. Während der Hydrolyse der siliciumorganischen Monomeren werden Chlorwasserstoff oder Alkohole abgespalten. Dabei bilden sich Organosilanole, die außerordentlich reaktionsfähig sind (Gln. 9.3 und 9.4)

$$\equiv Si-Cl + H-OH \longrightarrow \equiv Si-OH + HCl \qquad (9.3)$$

und

$$\equiv Si-OR + H-OH \longrightarrow \equiv Si-OH + ROH \qquad (9.4)$$

Deshalb kondensieren sie besonders in Gegenwart katalytisch wirkender HCl weiter unter Bildung von Siloxanen mit teilvernetzten linearen, cyclischen und räumlichen Strukturen. Nach der Entfernung der katalysierenden Säure und des synthesebedingten Lösemittels entstehen reaktive Zwischenprodukte.

Die Strukturbildung wird allgemein durch die gezielte Polykondensation erreicht (Bodying), wobei thermische und katalytische Prozesse zugrundeliegen. Dabei werden folgende Regeln für die Harzsynthese befolgt:

- Methyl-T-Chlorsilane bilden mit Phenyl-T-Bausteinen das Harzgrundgerüst.
- Methyl-, Phenyl- und Methyl-/Phenyl-D-Bausteine dienen zur Steuerung der Harzflexibilität.
- Vinyl-T- oder -D-Bausteine erlauben die Herstellung additionsvernetzender Produkte.
- Methyl-M-Einheiten dienen als Kettenabbrecher.

Die funktionellen Gruppen der Siliconharze sind die Silanole, die C_1-C_4-Alkoxygruppen und gegebenenfalls die Vinylgruppen. Je nach Menge, Zielstellung und Erfahrung werden die Siliconharze in diskontinuierlichen Batch-Prozessen oder kontinuierlich hergestellt [7 bis 13].

9.1.2.2 Aufbau und Struktur der Siliconharze

Siliconharze besitzen einen sehr vielfältigen Aufbau. Die im Hydrolyseprozeß gebildeten Strukturen werden entscheidend beeinflußt durch die Rezeptur und die Reaktionsbedingungen. Hierzu gehören:

- die Konzentration der Monomeren
- die Art des Lösemittels
- die Beschaffenheit der organischen Reste und hydrolysierbaren Gruppen

- die Temperatur
- die Verweilzeit
- der Wassergehalt
- der Katalysator

Als wahrscheinlich für die reinen Organosiloxanharze gelten lineare und ringförmige Makromoleküle mit Perlenstrukturen [14] (Bild 9.1).

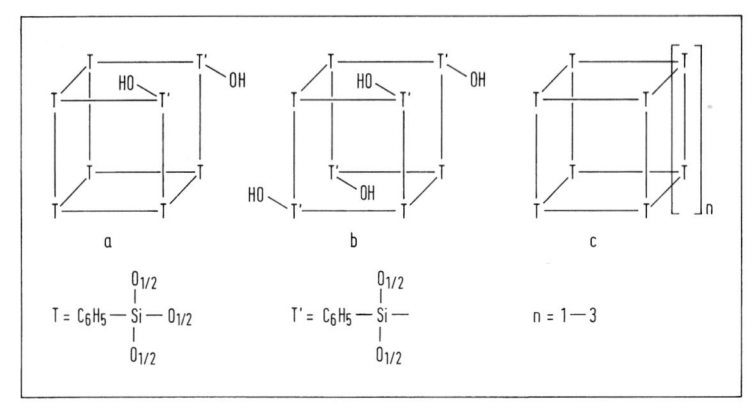

Bild 9.1. Struktur verzweigter Siloxane verschiedener Reaktivität auf Basis von T-Bausteinen

Das schematische Formelbild (Bild 9.2) verdeutlicht das Grundprinzip vernetzter Organopolysiloxane. Die Darstellung der vielfältigen Varianten zur inter- und intramolekularen Verknüpfung ist jedoch nicht vollständig möglich [15 bis 16].

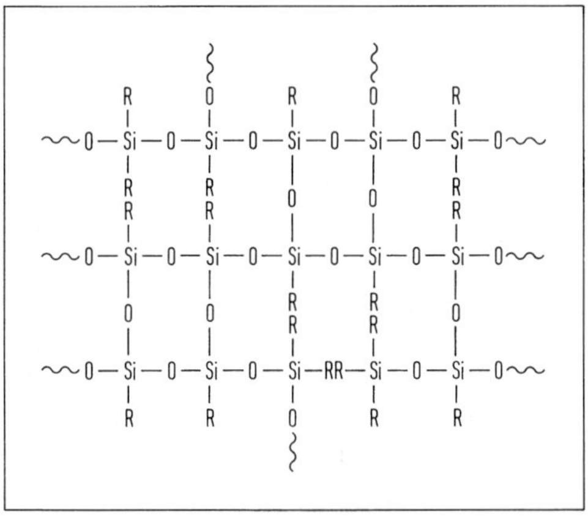

Bild 9.2. Schematische Darstellung dreidimensional vernetzter Siliconharze (vereinfachte, planare Darstellung vernetzter Organopolysiloxane)

Die Analytik der Siliconharze (z. B. funktionelle Gruppen, Rezepturüberprüfung und -aufklärung) wird umfassend in der Spezialliteratur dargestellt [17].

9.1.2.3 Vernetzungsmöglichkeiten für Siliconharze

Die Produkte der Chlor- und Alkoxysilanhydrolyse und nachfolgender partieller Kondensation sind durch die optimierten, gezielten Herstellungsbedingungen weitgehend stabile, teilvernetzte Systeme mit funktionellen Gruppen.
Abhängig vom Anwendungsgebiet müssen diese mit vertretbarem Aufwand verarbeitbar und vernetzbar sein, um sie vom löslichen in den unlöslichen Zustand zu überführen. In dieser Phase sollen sich die charakteristischen Eigenschaften ausbilden, die Siliconharze gegenüber den herkömmlichen organischen Polymeren auszeichnen.
Diese Reaktionen laufen bei Normaltemperatur oder erhöhten Temperaturen ab und können durch Katalysatoren beschleunigt werden.
Folgende Härtungsmechanismen sind möglich:

$$\equiv Si-OH + HO-Si\equiv \longrightarrow \equiv Si-O-Si\equiv \qquad (9.5)$$

$$\equiv Si-OR + HO-Si\equiv \longrightarrow \equiv Si-O-Si\equiv \qquad (9.6)$$

$$\equiv Si-CH_3 + H_3C-Si\equiv \xrightarrow{O_2} \equiv Si-O-Si\equiv \qquad (9.7)$$

$$\equiv Si-H + H_2C=CH-Si\equiv \xrightarrow{Pt} \equiv Si-CH_2-CH_2-Si\equiv \qquad (9.8)$$

$$R = Alkyl$$

Entsprechend dem überwiegend vorherrschenden Reaktionsablauf wird zwischen

- Kondensationsvernetzung
- Additions- und peroxidischer Vernetzung
- UV- und Strahlungsvernetzung

unterschieden.
Letztere hat bei den Siliconharzen bisher nur eine geringe technische Bedeutung erlangt. Die angegebene Reihenfolge kann als Rangfolge für die technische Nutzung gelten.

9.1.2.3.1 Kondensationsvernetzende Harze

Die Hydrolyse- und Kondensationsprodukte der Organochlorsilane enthalten in ihrer Handelsform Hydroxylgruppen zwischen 0,2 bis 5%, die bei Temperaturen oberhalb 150 °C miteinander unter Wasserabspaltung und Aufbau neuer Si–O–Si-Bindungen reagieren. Je höher der Si–OH-Gehalt ist, desto reaktiver sind die Harze. Der Kondensationsprozeß führt zu größeren Netzwerken und schließlich zur vollständigen Unlöslichkeit in organischen Lösemitteln. Je nach rezepturbedingtem Harztyp zeigt das Endprodukt spröde oder elastische Eigenschaften. Die für die Vernetzung benötigte Zeit wird wesentlich durch die eingesetzten Organosilane und ihre Funktionalität bestimmt.
Enthalten Siliconharze 10 bis 30 Massenprozent Alkoxygruppen, reagieren diese Produkte in Gegenwart von geeigneten Katalysatoren und Luftfeuchtigkeit unter Bildung der entsprechenden Alkohole und freier Hydroxylgruppen. Diese können wiederum miteinander reagieren unter Bildung von polymeren Netzwerken.
Katalysatoren und Inhibitoren beeinflussen die Kondensationsreaktion entscheidend. Die Beschleunigung der Reaktion und Herabsetzung der Härtungszeit und -temperatur gelingt durch den Einsatz von Säuren, Basen, Metallsalzen und -chelaten (siehe Abschn. 9.1.4).
Da die Kondensationsreaktion auch bei Normaltemperatur in geringem Umfang abläuft, ist die Lagerbeständigkeit von Harzen und Harzlösungen begrenzt. Eine Erhöhung wird durch Lagerung bei niedrigen Temperaturen, durch Zusatz von Alkoholen und durch Komplexbildner erreicht.

9.1.2.3.2 Additions- und peroxidisch vernetzende Harze

Durch Cohydrolyse von Organohydrogen- oder Hydrogenchlorsilanen entstehen Si–H-haltige teilkondensierte Siliconharze. Diese reagieren in Gegenwart von Katalysatoren (z. B. Platinverbindungen) und bei erhöhter Temperatur mit den durch Cohydrolyse von Vinylorganochlorsilanen mit Organochlorsilanen entstandenen Harzen. Diese Addition verläuft ohne Bildung von Spaltprodukten und führt damit zur blasenfreien Härtung der Harze auch in dicken Schichten.

Additionsvernetzende Harze sind vorrangig 2-Komponentensysteme, die nach der Mischung vernetzen.

Die peroxidische Vernetzung lösemittelfreier, vinylfunktioneller flüssiger Siliconharze führt teilweise zur Bildung von Spaltprodukten. Dabei kann durch Sauerstoffinhibierung eine unerwünschte Oberflächenklebrigkeit auftreten [18].

9.1.3 Siliconharze und Siliconharzkombinationen

9.1.3.1 Einteilung der Siliconharze

Entsprechend dem am Siliciumatom gebundenen organischen Rest ordnet man die Siliconharze verschiedenen Gruppen zu. Die technisch bedeutungsvollsten Produkte sind nachfolgend aufgeführt.

Methylsiliconharze

Der chemische Aufbau für diese Harzgruppe kann wie folgt beschrieben werden:

$$[(CH_3)_n SiO_{4-n/2}]_m \quad n \leq 1{,}7 \tag{9.9}$$

Erforderliche Rohstoffe, die Methylchlorsilane, sind durch die Müller-Rochow-Synthese leicht und in ausreichenden Mengen zugänglich. Die ausgehärteten Harzfilme zeigen in Abhängigkeit vom Gehalt difunktioneller Struktureinheiten spröde, flexible oder elastische Eigenschaften.

Methylsiliconharze sind die kohlenstoffärmsten Polymethylsiloxane. Ihre Dauertemperaturbeständigkeit liegt bei 180 bis 200 °C. Eine höhere thermische Belastung führt schließlich zur vollständigen Oxydation der Methylgruppen. Dabei kommt es nur zu geringer Entwicklung von Spaltprodukten.

Die chemische Analogie zur Kieselsäure (siehe Abschn. 9.2) bedingt den z. T. anorganischen Charakter dieser Harzgruppe. Damit lassen sich die Eigenschaften, wie die verhältnismäßig große Härte, geringe Thermoplastizität, ungünstige Pigmentierbarkeit, die besondere Affinität zu anorganischen, mineralischen Produkten und die Unverträglichkeit mit anderen Harzen erklären. Als Lösungen werden die Methylsiliconharze allgemein mit einem Feststoffgehalt von ca. 50 Massenprozent gehandelt. Lösemittel sind bevorzugt Aromaten, Aliphaten und Alkohole. Bei höherer Konzentration verringert sich die Lagerbeständigkeit. Lösemittelfreie Flüssigharze, Festharze sowie Emulsionen verdrängen zunehmend die klassischen Produkte.

Für alle genannten Produkte auf Basis von Methylsiliconharzen gelten die ausgezeichnete Hydrophobierwirkung bereits im lösemittelfreien, teilvernetzten Zustand bei Raumtemperatur sowie nach thermischer oder katalytischer Aushärtung. In einem thermischen Prozeß, der gegebenenfalls zur Nutzung der Harzeigenschaften erforderlich ist, zeigen die Methylharze eine mittlere Geschwindigkeit bei der Vernetzung und Aushärtung.

Für Anwendungen im Temperaturbereich über 400 °C erweist sich das durch Oxydation des organischen Anteils gebildete Kieselsäuregerüst in Verbindung mit blättchenförmigen Pigmenten als besonders stabil. In dicker Schicht neigen vor allem bei plötzlicher thermischer Belastung die Methylsiliconharze zur Bildung von Spannungsrissen und zeigen erhöhte Kerbempfindlichkeit.

Die aufgeführten Eigenschaften werden in mehreren Anwendungsgebieten genutzt. Ohne Anspruch auf Vollständigkeit zu erheben, sollen folgende aufgeführt werden:

- Hydrophobiermittel im Bautenschutz, in der Elektroindustrie und für organische Materialien
- Trennmittel in der Lebensmittelherstellung und kunststoffverarbeitenden Industrie
- Zusatz für witterungsbeständige, wasserdampfdurchlässige Fassadenfarben
- Bindemittel für Hochtemperatur-Anstrichstoffe, für starre Elektroisolierstoffe und keramische Formstoffe, für Kerne und Formen im Metallguß

Phenylsiliconharze

Die Zuordnung in diese Harzgruppe erfolgt bei Phenylgehalten von über 20 Massenprozent. Dabei sind die übrigen organischen Reste vor allem Methylgruppen. Siliconharze, die nur Phenylgruppen als organische Molekülreste tragen, haben eine geringe Anwendungsbreite gefunden. Als besonders nachteilig erweist sich die langandauernde Thermoplastizität solcher Produkte.

Phenylgruppen in Siliconharzen erhöhen deren Wärmebeständigkeit auf 200 bis 250 °C, wirken als innere Weichmacher und verbessern entscheidend die Verträglichkeit mit organischen Polymeren.

Phenyl- bzw. Methylphenyl-Harzlösungen weisen einen Feststoffgehalt bis 80 Massenprozent auf. Geeignete Lösemittel sind vor allem Aromaten. Deren Substitution gehört zu den wichtigen Aufgaben bei der Entwicklung umweltfreundlicher Produkte. Phenylharzlösungen sind mit Methylharzlösungen nicht mischbar. Die Eigenschaften der Harzfilme können vor allem durch Einbau von difunktionellen Monomeren von hart bis sehr elastisch eingestellt werden. Gegenüber den Methylsiliconharzen zeigen sie eine wesentlich verbesserte Pigmentierbarkeit, einen höheren Glanz sowie ausgezeichnete Lichtbeständigkeit. Damit erbringen sie bei vielfältigen Variationsmöglichkeiten ein breiteres anwendungstechnisches Spektrum als die Methylsiliconharze.

Als wesentliche Anwendungsgebiete haben sich entwickelt:

- Bindemittel für starre und flexible Elektroisoliermaterialien für die Elektrotechnik
- Bindemittel für temperaturbeständige, farbige und hochtemperaturbeständige Korrosionsschutz-Anstrichstoffe
- Verlaufmittel für Einbrennlacke
- Bindemittel für Kitte und Formstoffe
- Einsatz als Trennmittel

MQ-Harze

Siliconharze, die aus M- und Q-Einheiten (siehe Tab. 9.2) aufgebaut sind, d. h. sich vorallem vom Trimethylchlorsilan und Siliciumtetrachlorid ableiten, stellen eine besondere Produktengruppe dar [19, 20]. Die technische Bedeutung besteht vor allem in der Eignung als Zusatz- und Hilfsstoffe sowohl bei der Siliconherstellung wie auch in anderen Industriezweigen.

Die Haupteinsatzgebiete für diese Produkte sind:

- Trennmittel mit speziellen Anforderungen, z.B. die Überlackierbarkeit von Formteilen auf Basis von Polyurethan
- verstärkende Komponenten in Siliconkautschukmischungen
- Harzkomponenten in Klebharzen und Entschäumern

Im Vergleich zu den Siliconharzen aus T- und D-Bausteinen ist ihre Gesamtproduktion von geringerem Umfang.

Siliconharze mit weiteren Seitengruppen

Hierzu gehören die Harzspezialitäten, bei denen längere Alkylgruppen wie Propyl-, Butyl- und Octylreste in das Siliconharzgrundgerüst eingebaut sind. Durch Alkylgruppengehalte bis zu 10 Massenprozent wird im allgemeinen die Stabilität der Siliconharze gegenüber Alkali deutlich erhöht. Diese Eigenschaft hat vor allem große Bedeutung für die Anwendungen der Siliconharze zur Hydrophobierung im Bausektor erlangt.

9.1.3.2 Spezifische Eigenschaften der Siliconharze

Harzlösungen

Der Feststoffgehalt beträgt bevorzugt 50 bis 80 Massenprozent. Lösungen auf Basis niedermolekularer Harze haben bei 25 °C eine Viskosität von 10 bis 60 mPa s, solche mit höhermolekularen Harzen eine von 100 bis 300 mPa s.

Während reaktive niedermolekulare Harze zwischen 1 und 5% Hydroxylgruppen aufweisen, erhält man nach einer weitergeführten Kondensation Gehalte von 0,3 bis 1,5%. Harze gleicher oder ähnlicher Zusammensetzung sind miteinander verträglich. Die Harzlösungen sind mischbar mit Aromaten, Estern und Ketonen. Die mittlere Molmasse ist sehr wesentlich für die Verarbeitungseigenschaften. Sie beträgt bei den niedrig kondensierten Harzen einige hundert bis tausend Gramm pro Mol, bei den hochkondensierten Produkten liegen die Werte über 100000. Lagerbeständigkeiten von 3 Monaten bis 3 Jahren sind üblich.

Trocknung/Härtung

Die physikalische Trocknung der Siliconharze erfolgt durch „Einbrennen" bei Temperaturen zwischen 100 °C und 150 °C ohne oder in Gegenwart von Katalysatoren. Dabei kommt der Vernetzungsreaktion nur eine untergeordnete Bedeutung zu. Der Hauptvorgang besteht im Abtreiben des Lösemittels und der Ausbildung eines homogenen geschmolzenen Harzfilmes, der bei Abkühlung erstarrt. Die Härtung führt zur Vernetzung der Harze, wobei Kondensationsprodukte entweichen. Sie erfolgt in Abhängigkeit vom chemischen Aufbau der Harze (Methyl- oder Phenylharze) bevorzugt bei Temperaturen oberhalb 200 °C und erfordert Zeiten von Minuten bis zu einigen Stunden. Der Zusatz von Katalysatoren kann auch hier den Prozeß beschleunigen.

Physikalische und elektrische Eigenschaften von Harzfilmen

Zur Charakterisierung der Harze können die physikalischen und elektrischen Kennwerte (Tab. 9.3) herangezogen werden [21].

Die Wärmebeständigkeit hängt in starkem Maße von Aufbau des Harzes, Schichtdicke, Art und Menge von Katalysator- und Pigmentzusätzen und vom Temperaturwechsel ab. Für Phenylsiliconharze gilt eine Temperaturbeständigkeit von ca. −60 °C bis ca. 250 °C. Eine Übersicht zum Massenverlust von Siliconharzen bei dynamischer thermischer Belastung gibt die Tabelle 9.4.

Tabelle 9.3. Kennwerte von Siliconharzen

Eigenschaft	Wert	Einheit
Dichte bei 25 °C	1,2 bis 1,3	g/cm^3
Brechzahl bei 25 °C	ca. 1,5	–
Kubischer Ausdehnungskoeffizient (25 bis 150 °C)	$6,8 \times 10^{-4}$	cm^3/cm^3 °C
Linearer Ausdehnungskoeffizient	2×10^{-4}	cm/cm °C
Spezifische Wärme bei 25 °C	0,34	cal/g °C
Wasserdampfdurchlässigkeit (Phenylharz), Filmdicke ca. 30 µm, 24 h	ca. 0,4	mg/cm^2/mm
Elektrische Kennwerte		
Durchschlagsfestigkeit E_d	50 bis 110	kV/mm
Spezifischer Volumenwiderstand ρ_v	$>5 \cdot 10^{15}$	$\Omega \cdot$ cm
Relative Dielektrizitätskonstante ε	2,4 bis 3,2	–
Dielektrischer Verlustfaktor tan δ	20 bis 90 $\cdot 10^{-4}$	–
Oberflächenwiderstand R_0	$2 \cdot 10^{13}$	$\Omega \cdot$ cm

Tabelle 9.4. Massenverlust von gehärteten (vernetzten) Siliconharzen bei thermogravimetrischer Untersuchung in Luft

	Gesamtmassenabnahme in %					
	100 °C	200 °C	300 °C	400 °C	500 °C	600 °C
Methylharz	0	0	1	2	5	11
Phenylharz	0	0	1	3	10	26

Anmerkung: Der Massenverlust wird teilweise durch die Massenzunahme der Oxidation zu SiO$_2$ überdeckt, Heizrate 5 K/min

Chemikalien- und Witterungsbeständigkeit

Die Siliconharze sind im ausgehärteten Zustand beständig gegenüber den meisten Mineralsäuren, Salzen und aliphatischen Kohlenwasserstoffen. Mit alkalisch reagierenden Medien erfolgt in Abhängigkeit von der Konzentration der Base und dem Harzaufbau ein langsamer oder schnellerer Abbau zu niedermolekularen Produkten bzw. zu wasserlöslichen Siliconaten. Langalkylreste in Siliconharzen erhöhen die Widerstandsfähigkeit gegen die alkalisch begünstigte Depolymerisation. Siliconharze haben eine sehr gute Witterungsbeständigkeit, die auf die wasserabweisenden Eigenschaften sowie auf die Beständigkeit gegen UV-Strahlung und die Vergilbungsfestigkeit zurückzuführen ist.

Toxikologische Eigenschaften

Siliconharze gelten als physiologisch unbedenklich. Gegen ihre Verwendung bei der Herstellung von Bedarfsgegenständen bestehen keine Einwände, wenn bestimmte, durch den Gesetzgeber erhobene Forderungen erfüllt werden. Diese betreffen die Festlegungen zu den Ausgangs- und Fabrikationshilfsstoffen wie z. B. Katalysatoren und Emulgatoren, den Vernetzungszustand und geruchliche sowie geschmackliche Einflüsse [22].

9.1.3.3 Kombination von Siliconharzen

9.1.3.3.1 Kokondensationsreaktionen

Die reinen Siliconharze besitzen nach der Kondensation (Bodying) der niedermolekularen Ausgangsstoffe im allgemeinen bei einer mittleren Molmasse von größer 2000 geringe Gehalte an funktionellen Hydroxyl- und Alkoxygruppen. Während die Methylsiliconharze nicht mischbar mit organischen Polymeren sind, ist dies teilweise bei Phenylsiliconharzen gegeben.

Bedingt durch den geringen Gehalt funktioneller Gruppen jedoch ist eine chemische Verknüpfung zwischen organischem und Siliconharz schwierig. Bei Versuchen zur Kondensation der Silanol- mit den Carbinolgruppen kommt es durch Eigenkondensation der Silanolgruppen der Siliconharze zur Gelbildung und damit zur Unbrauchbarkeit solcher Produkte. Unter bestimmten Synthesebedingungen der Polysiloxane ist es jedoch möglich, verhältnismäßig große Anteile von Hydroxylgruppen (bis ca. 5%) oder Alkoxygruppen (15 bis 30%) in die teilvernetzten Harzstrukturen einzubauen. Die Produkte sind dann ausreichend reaktiv und lagerstabil. Eine schematische Darstellung solcher teilvernetzter Siliconharze zeigt Bild 9.3.

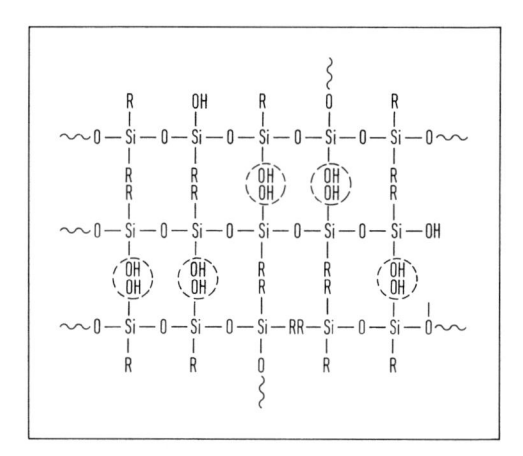

Bild 9.3. Teilvernetztes reaktives Siliconharz

Die reaktiven Siliconharze (Intermediate) sind zur weiteren Reaktion befähigt entweder durch Kondensation bzw. Hydrolyse und Kondensation der eigenen funktionellen Gruppen oder durch Verknüpfung mit den Carbinolgruppen organischer Polymerer.

Die wichtigsten zugrundeliegenden chemischen Reaktionen können in den Gleichungen 9.10 und 9.11 beschrieben werden:

$$\equiv Si-OH + HO-C\equiv \longrightarrow \equiv Si-O-C\equiv + H_2O \qquad (9.10)$$

$$\equiv Si-OR + HO-C\equiv \longrightarrow \equiv Si-O-C\equiv + ROH \qquad (9.11)$$

Im allgemeinen erfolgt die chemische Umsetzung in Lösung bei Temperaturen von ca. 150 °C. Die Reaktionsprodukte Wasser bzw. Alkohol werden dabei aus dem System entfernt. Die Gesamtreaktion besteht aus der Modifizierungs- und der Silanolkondensation bei hydroxyfunktionellen Intermediaten. Der Kondensationsabbruch muß bei Erreichung der gewünschten Produktviskosität vorgenommen werden.

9.1 Siliconharze

Bei Verwendung reaktiver alkoxyfunktioneller Siliconharze tritt die Konkurrenzreaktion der Kondensation der Alkoxysilane unter Etherabspaltung nicht auf.
Die auf diese Weise hergestellten Siliconkombinationsharze stehen heute in einer großen Produktpalette mit gezielt hergestellten Eigenschaften für verschiedene Anwendungsgebiete zur Verfügung. Das Bild 9.4 zeigt die vereinfachte Darstellung der Vernetzung von hydroxyfunktionellen Organopolysiloxanen mit Polymerpolyolen [15].

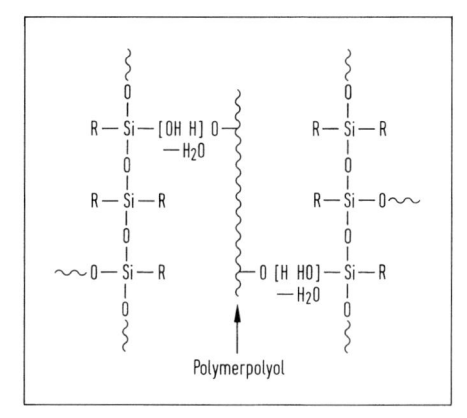

Bild 9.4. Cokondensation Intermediat/Polyol

Die Cokondensation der siliciumorganischen Reaktionsharze mit den organischen Harzen erfolgt je nach Zielstellung mit einem Siloxananteil von 5 bis 90 Massenprozent, wobei für beide Ausgangsstoffe niedermolekulare Produkte eingesetzt werden.
Zur Eigenschaftsgestaltung der Kombinationsharze werden folgende Wirkungen angestrebt:

a) von dem organischen Harz
- Verbesserung der Härtungseigenschaften
- Erhöhung der Pigmentstabilisierung
- Verminderung thermoplastischer Eigenschaften
- Verbesserung der Haftung auf dem Untergrund
- Optimierung mechanischer Eigenschaften
- Erhöhung der Lösemittelbeständigkeit

b) von dem siliciumorganischen Harz
- Verbesserung der Temperaturbeständigkeit
- Verstärkung der Hydrophobierung und der Wetterbeständigkeit
- Verbesserung von Pigmentbenetzung, Verlauf, Oberflächenglätte und Glanzhaltung
- Verringerung der Kreidungsneigung in Anstrichsystemen

Bei Silicongehalten von mehr als 50 Massenprozent in den Kombinationsharzen stehen allgemein die Verbesserung der Verarbeitbarkeit und solcher Eigenschaften wie Vernetzungsgeschwindigkeit, Haftung, Härte und Flexibilität sowie Pigmentstabilisierung im Vordergrund.
Silicongehalte unter 50 Massenprozent dienen der Eigenschaftsverbesserung organischer Polymerer bezüglich deren Wetterbeständigkeit, elektrischer Eigenschaften und der Wärmebeständigkeit.

9.1.3.3.2 Siliconkombinationsharze

Wie bereits erwähnt, erfolgt die Verknüpfungsreaktion zwischen der Siloxankomponente und dem organischen Polymer durch die Silanol- oder Silanalkoxygruppe mit den Hydroxylgruppen der organischen Harze. Damit stehen neben der ohnehin großen Variabilität der Siliconharze Kombinationsharze in einer noch größeren Vielfalt zur Verfügung. Für technische Belange haben jedoch nur einige Kombinationen wirtschaftliche Bedeutung erlangt. Dieses sind die Umsetzungsprodukte von Siliconharzintermediaten mit:

- Polyestern (siehe Kap. 6.1.1)
- Alkydharzen (siehe Kap. 6.1.2)
- Polyacrylaten (siehe Kap. 8)
- Phenolharzen (siehe Kap. 6.3)
- Epoxidharzen (siehe Kap. 7.2)
- Epoxidesterharzen (siehe Kap. 6.1.1 und 7.2)
- Polyurethanen (siehe Kap. 7.1)

Der Anteil der Siliconkomponente in den Kombinationsharzen wird durch die beabsichtigte Anwendung bestimmt. Um hohe Temperaturbeständigkeiten zu erreichen, sind 50 bis 90 Massenprozent Siloxan erforderlich; stehen Hydrophobie und Alterungsbeständigkeit im Vordergrund, reichen 20 bis 30 Massenprozent Siloxan aus [23, 24].

Siliconpolyester

Diese technisch bedeutsamsten Kombinationsharze (Kap. 6.1.1) werden bevorzugt als Bindemittel in witterungsbeständigen (15 bis 50 Massenprozent Siloxan) oder in hitzebeständigen Farben (50 bis 80 Massenprozent Siloxan) angewendet. Die Verarbeitungsprodukte sind glänzend, flexibel, thermostabil, vergilbungsfest, zeigen hohe Farbretention und weisen eine gute Härte auf. Erst bei Temperaturen über 250 °C und hellen Farbformulierungen besteht die Gefahr der Vergilbung.
Die bevorzugte Anwendung erfolgt als Coil-Coating-Lack zur Bandblechbeschichtung, weil sie sich durch kurze Aushärtezeit, mechanische Festigkeit und Witterungsbeständigkeit des Bindemittels auszeichnen [25].

Siliconalkyde

Mit einem Silicongehalt von ca. 30 Massenprozent werden ausgezeichnete Witterungsbeständigkeit und thermische Dauerbelastbarkeit bis 150 °C erreicht (Kap. 6.1.2). Desweiteren erhöhen sich Vergilbungs- und Chemikalienbeständigkeit sowie Härte und Abriebfestigkeit. Bei Verwendung lang- bis mittelöliger Alkyde können lufttrocknende Anstrichstoffe hergestellt werden.

Siliconacrylate

Beträgt der Silicongehalt zwischen 20 und 50 Massenprozent, so ergeben sich wesentliche Verbesserungen der Wetterbeständigkeit, vor allem bezüglich Kreidungsfestigkeit und Glanzhaltung (Kap. 8). Oberhalb 50 Massenprozent Siliconanteil wird die thermische Beständigkeit wesentlich erhöht.

9.1.3.3.3 Mischung organischer und siliciumorganischer Harze

Die chemischen Kombinationen von organischen Harzen und niedermolekularen reaktiven Siliconharzen erfordern eine zusätzliche technologische Stufe.

Nicht für alle Anwendungsgebiete muß eine chemische Verknüpfung zwischen den ihrer Herkunft nach unterschiedlichen Harzen erfolgen. Die Zumischung erfüllt in einigen Fällen auch die Anforderungen zur Verbesserung der Harzqualität und Verarbeitbarkeit. Eine allgemein gültige Aussage zur Mischbarkeit kann nicht gegeben werden, jedoch erweist sich das Vorhandensein größerer Anteile funktioneller Gruppen in den Ausgangsstoffen als vorteilhaft.

Zu unterscheiden sind Zumischungen von organischen Harzen zu Siliconharzen und umgekehrt. Je nach Anteil der Zumischkomponente erfolgt die Eigenschaftsverbesserung der Harze in Richtung der Vorteile der Silicone oder der der organischen Polymeren.

Besondere praktische Bedeutung haben Zusätze an Siliconharz von 1 bis 10 Massenprozent zur Verbesserung der Verlaufseigenschaften und der Wetterfestigkeit von Anstrichstoffen.

Zum Einsatz von Siliconen als Lackhilfsprodukte siehe auch Kapitel 10.

9.1.4 Anwendung von Silicon- und siliconhaltigen Harzen

9.1.4.1 Siliconharze in Anstrichstoffen

Im Abschnitt 9.1.3 wurden die Eigenschaften der Siliconharze und die sich daraus ableitenden grundsätzlichen Anwendungsmöglichkeiten dargestellt. Der Einsatz von Siliconharzen in der Form von Lösungen, Flüssigharzen, Emulsionen, Intermediaten oder Kombinationsharzen hat eine besondere Bedeutung für die Formulierung von Lacken und Farben erlangt [26].

Die Anwendungsbreite reicht dabei von mineralisch matten über glänzende, dekorative bis hin zu den hochtemperaturbeständigen Anstrichstoffen. Dazu ist jedoch eine sorgfältige Auswahl der Bindemittel wie auch der einzusetzenden Pigmente erforderlich. Fassadenfarben als optimierte Mischung aus Styrol-, Acrylat- und Siliconharzbindemittel einschließlich diverser Additive verknüpfen die positiven Eigenschaften von mineralischen und harzgebundenen Anstrichen. Sie erreichen hohe Wasserdampfdurchlässigkeit, geringe Wasseraufnahme, mattes mineralisches Aussehen und hohe Witterungsbeständigkeiten [27]. Der Anteil Silicon im Bindemittel beträgt vielfach 5 bis 30 Massenprozent, wobei üblicherweise bei Zusätzen über 10 Massenprozent von Siliconfarben gesprochen wird. Fassadenfarben, die ausschließlich auf Siliconbindemittel aufbauen, sind ebenfalls bekannt [28].

In Abhängigkeit vom Gehalt an Silicon in den Kombinationsharzen erreichen diese eine Temperaturbeständigkeit bis 250 °C. Entsprechend ihrer thermischen Stabilität gilt dies auch für Methylsiliconharze. Die Phenylsiliconharze sind bis 300 °C thermisch belastbar. Eine Übersicht zur Anwendung von Siliconkombinationsharzen für die Herstellung von Anstrichstoffen gibt die Tabelle 9.5 [29].

Während organische Farbstoffe bis maximal 200 °C eingesetzt werden können, empfiehlt sich für höhere Temperaturen die Verwendung anorganischer Pigmente wie z.B. Aluminium, Zink, Siliciumcarbid, Eisenglimmer und Echtschwarz. Katalytisch aktive Pigmente wie z.B. Blei- und Zinkverbindungen können die Lagerstabilität verringern und sind deshalb besonderen Anwendungen vorbehalten.

Bei Einsatz der Siliconharze oberhalb ihrer thermischen Beständigkeit führt die Oxydation der organischen Gruppen zur Bildung von Kieselsäure, die mit den Pigmenten fest zusammenhängende und auf metallischen Untergründen, besonders Eisen und seinen Legierungen, gut haftende Überzüge bilden kann. Die schützende Wirkung eines Sili-

Tabelle 9.5. Anwendung von Siliconkombinationsharzen für Anstriche

Organische Harzkomponenten	Anwendungsmöglichkeiten
Alkydharz	Schiffsanstriche, Bandstahllackierung, Anstriche für Hochspannungsmasten und Eisenkonstruktionen, Fassadenanstriche im Bauwesen, Holzanstriche
Acrylatharz	Stahloberflächen, Glasgeräte, Holz, Schornsteinlackierungen, Fassadenanstriche im Bauwesen
Polyesterharz	Metallfassadenanstriche, Bandstahllackierung, Anstriche für Verkehrsleiteinrichtungen
Phenolharz	Glühlampenanstriche
Ethylcellulose	Korrosionsschutzanstriche für Metalloberflächen
Polyurethane	Korrosionsschutzanstriche für Metalloberflächen
Polycarbonat	Korrosionschutzanstriche
Melaminharze	Korrosionschutzanstriche
Epoxidharze	Beschichtung von Koch- und Bratgeschirr mit guten Trenneigenschaften

conharzanstrichstoffes wird durch folgende Faktoren entscheidend beeinflußt:

- *Untergrundvorbehandlung*

  Als günstigstes Reinigungsverfahren erweist sich die mechanische Säuberung durch Sandstrahlen oder Abschmirgeln.

- *Mehrschichtenauftrag*

  2 bis 4 Schichten sind hierbei optimal, wobei die Gesamtschichtdicke ca. 70 bis 120 µm betragen soll. Bei Unterschreitung dieses Wertes wird die Korrosionsbeständigkeit beeinträchtigt, bei höheren Schichtdicken ist die Rißbildung der kritische Faktor.

- *Verwendung von Grundierungen*

  Bis 500 °C empfiehlt sich die Anwendung einer zinkstaubhaltigen Grundierung auf Basis von Siliconharz- oder Ethylsilikatbindemitteln (siehe auch Abschn. 9.2). Bei Temperaturbelastungen größer 500 °C können nur noch Aluminium, Eisenglimmer als Pigment oder Borosilicatgläser verwendet werden.

Bei dem Einsatz von Extendern für Anstrichstoffe in Form von Glimmer, Kieselsäure, Calciumcarbonat, Kaolin u.a. wird in den meisten Fällen der Glanzgrad verändert, was für den Anstrichstoff positiv oder negativ sein kann.

Weitere Hilfsmittel für die Formulierung von Anstrichstoffen sind Katalysatoren (siehe Abschn. 9.1.4.4), Verlaufmittel (Kap. 10. Polymere Lackadditive) und Antiabsetzmittel wie z.B. hochdisperse Kieselsäure oder Bentone, die in ihrem Zusammenwirken oftmals erst den kompletten Anstrichstoff darstellen.

Als Rezepturbeispiel für eine in der Praxis bis 600 °C bewährte, schwarze Siliconharzfarbe kann folgende Formulierung gelten:

9.1 Siliconharze

35 Massenteile	Phenylsiliconharzlösung (60%ig in Xylol)
18 Massenteile	Eisenglimmer
10 Massenteile	Zinkstaub
10 Massenteile	Eisenoxid schwarz
1 Massenteil	hochdisperse Kieselsäure
1 Massenteil	Bentone
25 Massenteile	Xylol

Die Übersicht zur Anwendung von Siliconharzen für die unterschiedlichen Temperaturbereiche ist in der Tabelle 9.6 angegeben.

Tabelle 9.6. Übersicht zur Anwendung von Siliconharzen für verschiedene Temperaturbereiche

Bindemittel	Methylsiliconharze im Gemisch mit organischen Harzen	Siliconkombinationsharze Methylsiliconharze	Phenylsiliconharze	Methyl- und Phenylsiliconharze	Methylsiliconharze
Pigment	organisch anorganisch	organisch anorganisch	anorganisch	anorganisch	Borosilicatgläser
Ziel der Anwendung	hydrophobe, hochpigmentierte wasserdampfdurchlässige Fassadenfarbe	niedrigpigmentierte, hochglänzende dekorative Anstriche	hochpigmentierte Mattlacke	Aluminiumfarben	keramische Fritten
Max. Temperaturbelastbarkeit (°C)	>100	150 bis 250	350	450 bis 600	>600–800

9.1.4.2 Siliconharze in der Elektrotechnik

Die Synthese der Silicone ist eng verbunden mit der Entwicklung der Elektrotechnik. Die Forderung nach besonders temperaturbeständigen, elastischen, feuchteresistenten und elektrisch isolierenden, synthetischen Polymeren wurde erst mit der technischen Zugänglichkeit der siliciumorganischen Verbindungen, besonders der Siliconharze, -öle und -kautschuke erfüllt.
Die Siliconharze dienen sowohl als Bindemittel für Isolierstoffe auf Basis anorganischer Materialien wie Glimmer, Glasseide, Glasfasern und mineralische Pulver wie auch als Tränk-, Hydrophobier- und Imprägniermittel.
Die Isolationseigenschaften sind bis zur Temperatur der Dauerwärmebeständigkeit von 180 °C (Wärmebeständigkeitsklasse H) wenig abhängig von der Temperatur (Elektrische Kennwerte siehe Abschn. 9.1.3.2, Spezifische Eigenschaften der Siliconharze).
Im Bereich der Elektrotechnik sind als Konstruktionsmaterialien auf Basis der Siliconharze besonders bekannt:

- harte Isolierstoffe wie Glimmer- und Glasseidenlaminate
- warm- und kaltflexible Isolierstoffe aus Glasseidengeweben und Glimmerpapieren
- Formstoffe mit Quarzgutmehl, Glasfasern und keramischen Pulvern

Die Glimmerisolierstoffe mit Methylsiliconharzen als Bindemittel werden bis 600 °C eingesetzt. Die Herstellung der Elektroisolierstoffe geschieht durch Tauchen, Tränken oder Aufsprühen auch von katalysierten Harzlösungen auf die Gewebe oder mineralischen Papiere, anschließendes Trocknen sowie Härten durch Pressen bei 200 bis 220 °C. Durch Mischung der lösemittelfreien Harze mit Füllstoffen, Katalysatoren und Additiven und nachfolgender Verarbeitung nach dem Spritz- oder dem Spritzgießverfahren ist eine Vielzahl von Formteilen herstellbar. Die letztgenannte Technologie schließt die thermisch hochbelastbaren, schockbeständigen Bauelementeumhüllung in der elektronischen Industrie ein.

Für die elektrische Isolation von Wicklungen, Spulen, Motoren, Generatoren, Schaltgeräten und Trockentransformatoren werden zusätzlich zu den verschiedenen Siliconisoliermaterialien auch siliconisiertes Leitermaterial und Silicontränklack benötigt. Neben der Dauertemperaturbeanspruchung von 180 °C wird mit Siliconharzschichten eine weitere Sicherheit bei kurzzeitigen Überbelastungen erreicht. Da Siliconharze schlecht auf Kupfer haften, wird durch Umspinnen oder Umflechten der zu isolierenden Drähte mit Glasseide oder -geweben und anschließender Tränkung in Siliconharzlösungen siliconisiertes Leitermaterial hergestellt. Die vollständige Siliconisolation elektrischer Maschinen und Ausrüstungen wird durch eine nachfolgende Tränkung mit elastischen lösemittelhaltigen oder -freien Siliconharzen erreicht. Dabei werden die Wicklungen festgelegt und die bei der Fertigung verbliebenen Hohlräume ausgefüllt. Die meistens als Vakuum-Druck-Imprägnierung betriebene Siliconisolation erfordert eine ausgefeilte Technologie, um den Verbackungsprozeß gleichmäßig und blasenfrei auszuführen. Die vollständige Aushärtung der Siliconharze findet vielfach erst während der eigentlichen Betriebszeit der Maschine statt. Der Einsatz siliconisolierter Motoren wurde durch die Verbesserung der Epoxidharze (siehe Kap. 7.2) und der Entwicklung der Polyimide (siehe Abschn. 9.5) reduziert. Die hohe Sicherheit der Silicone bei Überlastung haben diese Produkte meist jedoch nicht erreicht.

Weitere Anwendungen für Siliconharze liegen im Einsatz als Bindemittel für Sockelkitte in der Glühlampenfertigung, zur Herstellung von Siliconzement zum Schutz von Drahtwiderständen, zur Hydrophobierung mineralischer Pulver z. B. in Heizstäben, zum Klimaschutz elektrischer bzw. elektronischer Bauelemente und als Kathodenschutzlack für Farbbildröhren.

9.1.4.3 Siliconharze im Bauwesen

Siliciumorganische Verbindungen haben zur Sanierung und Konservierung im Bauten-, Denkmal- und Naturschutz vielseitige Anwendungsmöglichkeiten gefunden, um die Folgen von Verwitterung und Schadstoffeinfluß zu verringern. Die dafür eingesetzten Produkte besitzen monomere, oligomere und polymere Strukturen. Während die unterschiedlichen Kondensationsgrade und Lösemittel für die Handhabung und Penetration maßgeblich sind, entfalten die siliciumorganischen Verbindungen zum Teil erst nach ihrer Vernetzung eine schützende und schmutzabweisende Wirkung.

Da die Silicone aufgrund ihrer Zwitterstellung zwischen anorganischen und organischen Polymeren einer mit organischen Resten modifizierten Quarzstruktur entsprechen, reagieren die hydrophilen Gruppen mit den Silikatstrukturen der mineralischen Stoffe unter Ausbildung stabiler Bindungen mit geringer Schichtdicke. Die organischen Reste, wie Methyl- und Langalkylgruppen, bilden die hydrophobierende und weitgehend alkalistabile Oberfläche.

Da in das Mauerwerk eindringendes Wasser der hauptsächliche Träger der Zerstörungsprozesse ist, kommt der Verringerung der Wasseraufnahme größte Bedeutung zu. Wirksame Bautenschutzmittel reduzieren die Wasseraufnahme um mehr als 70%, ohne wesentlich die Wasserdampfdurchlässigkeit der imprägnierten Substrate zu verringern. Die Applikation erfolgt u.a. durch Zusatz pulverförmiger oder wässeriger siliconhaltiger Hydrophobiermittel zu Farb- und Baustoffmischungen oder durch nachträgliche Behandlung von Baumaterialien oder Bauwerksflächen mit lösemittelfreien oder lösemittelhaltigen Siliconaten, Silanen und Siliconen. Ein Schutz gegen Druckwasser wird auf diese Weise jedoch nicht erreicht. Dazu bedarf es filmbildender, wasserundurchlässiger organischer Polymerer wie z.B. Acryl- und Epoxidharze.

Als Bautenschutzmittel haben besondere Bedeutung erlangt:

- Wasserlösliche Alkalisiliconate.
  Methyl- und Propylsiliconate, die durch Reaktion mit dem CO_2 der Luft in kondensationsfähige niedermolekulare Bausteine überführt werden und nachfolgend zu hydrophoben Alkylsiliconharzen reagieren.
- Siliconharze, Siliconöle und Siliconemulsionen ohne oder mit geringem Gehalt organischer Lösemittel.
  Je nach Anwendung zum Grundieren, Imprägnieren, Hydrophobausstatten von Farben und Anstrichstoffen oder Erreichen gut sichtbarer Abperleffekte werden die Bautenschutzmittel mit unterschiedlicher Rezeptur und Teilchengröße hergestellt.
  Das Anwendungsgebiet Fassadenbeschichtungen und -imprägniermittel stellt einen wesentlichen Markt für siliciumorganische Verbindungen dar [30].
- Lösungen von Silanen, Siloxanen oder Methyl- bzw. Methyl-/Langalkylsiloxanen in Alkoholen und aliphatischen Kohlenwasserstoffen.
  Unmittelbar nach dem Verdunsten des Lösemittels und bei den Silanen nach deren Hydrolyse und Kondensation werden die hydrophoben Eigenschaften der beschichteten Materialien erreicht.
  Die Anwendungskonzentrationen liegen bei 5 bis 10 Massenprozent, bezogen auf den Silicongehalt. Als Wirkungsdauer der Hydrophobierung werden bei fachgerechter Verarbeitung mehr als 10 Jahre angegeben. Selbst wenn der Abperleffekt an Baustoffoberflächen nicht mehr feststellbar ist, existiert noch der hydrophobe Effekt im Inneren der Poren der imprägnierten Oberfläche und verhindert das Eindringen von Wasser.
  Im Denkmal- und Naturschutz hat die Kombination von Verfestigung mineralischer Materialien und Hydrophobierung eine besondere Bedeutung erreicht.

9.1.4.4 Katalysatoren

Bei Herstellung und Verarbeitung von Siliconharzen erweist sich der Zusatz von Katalysatoren vielfach als günstig, um die Silanolkondensation bzw. die Additionsreaktion beim Einsatz vinylgruppenhaltiger Polysiloxane zu beschleunigen.

Der im ersten Schritt der Herstellung der Harze durch Hydrolyse der Organochlorsilane freiwerdende Chlorwasserstoff wirkt bereits als Kondensationskatalysator. Bei Verwendung von Organoalkoxysilanen katalysiert ein geringer Zusatz von HCl die nachfolgenden Reaktionen. In den Verfahrensschritten zur Herstellung der lagerstabilen Harze ist eine weitere gezielte thermische und meist katalytische Kondensation erforderlich. Diese in organischem Lösemittel gelösten Produkte benötigen bei der Verarbeitung zur vollständigen Aushärtung lange Zeiten und hohe Temperaturen. Ursache dafür sind hohe Aktivierungsenergien und die sterische Behinderung der Kondensationsreaktion durch die Molekülgröße der Polyorganosiloxanole.

Da die technische Verarbeitung bei hohen Temperaturen unökonomisch ist und die Oxydation der Alkylgruppen der Siliconharze bei 250 °C beginnt, macht sich zur Absenkung von Verarbeitungstemperaturen und -zeit der Einsatz von Katalysatoren erforderlich. Als Katalysatoren für Siliconharze sind eine Vielzahl von Säuren und Basen im weitesten Sinne sowie metallorganische und anorganische Verbindungen geeignet. Die Auswahl erfolgt nach anwendungstechnischen Gesichtspunkten zur Erzielung optimaler Verarbeitungs- und Produkteigenschaften.
Diese sind unter anderen:

- katalytische Wirksamkeit
- toxikologische Unbedenklichkeit
- Lagerbeständigkeit der katalysierten Produkte
- Auswirkung auf die Wärmebeständigkeit der vernetzten Harze

Bis auf wenige Ausnahmen (z. B. Flüssigharze mit hohem Alkoxygruppengehalt oder Kombinationen mit Alkoxysilanen) wird durch Katalysatorzusatz bei Raumtemperatur über kürzere oder längere Zeit nur ein lockeres Netzwerk gebildet, das einem Gel entspricht. Die beschleunigte Aushärtung unter Bildung hochvernetzter, unlöslicher Endprodukte erfolgt mit Katalysatoren bei Temperaturen über 150 °C. Die Katalysatoren verringern die Aushärtezeiten, verbessern bei gezieltem Einsatz Wärmebeständigkeit, Hydrophobie sowie mechanische Eigenschaften und erhöhen die Chemikalienbeständigkeit.
Als Katalysatoren werden vorrangig verwendet:

- Organometallverbindungen auf Basis von Carbonsäuren, Alkoholaten, Acetylacetonaten, Essigesterchelaten und Metallen wie Pb, Ti, Co, Ca, Sb, Fe, Cd, Sn, Ba, Zr, Mn, Ca und Al [31, 32]
- Halogenide und Carbonate eines Teils der o.g. Metalle mit Benzoe- und Stearinsäure
- Amine einschließlich Aminosilane und quaternäre Ammoniumsalze aliphatischer Carbonsäuren
- quaternäre Phosphoniumbasen, ihre Salze und saure Phosphorsäureester
- Bleicherden und Kaliumhydroxid

Die umfassenden Anwendungen haben Katalysatorzusätze gefunden mit 0,1 bis 2% metallorganischen oder bis 5% bei alkalisch reagierenden Substanzen zur:

- Cokondensation von reaktiven Silicon- und organischen Harzen
- Herstellung siliconharzgebundener Elektroisolierstoffe auf Basis Glasseide, Glimmer, Quarzmehl und keramischen Pulvern
- Reduzierung thermoplastischer Eigenschaften von Harz- und Anstrichstoffilmen

Für viele Anwendungen ergeben sich durch die Kombination verschiedener Katalysatoren positive, synergistische Effekte. Für die Herstellung und Anwendung einkomponentiger Siliconharzanstrichstoffe werden meistens keine Katalysatoren eingesetzt. Für additionsvernetzende Siliconharze sind Platinkatalysatoren besonders geeignet.

Wichtige Hersteller von Siliconen sind:

Dow Corning/USA	Shin-Etsu/J
General Electric/USA	Toray/J
Wacker Chemie/D	Toshiba/J
Rhone Poulenc/F	Goldschmidt/D
Bayer AG/D	Hüls Silicon/D

Silicone insgesamt und auch die vorgestellte Gruppe der Siliconharze sind in Verbindung mit modernen Technologien und Anwendungsrichtungen ein sich weiter entwickelndes Feld für zukünftige Innovationen.

Literatur zu Abschnitt 9.1

[1]   A. *Hunyar*: Chemie der Silicone, 2. Aufl. Verlag Technik, Berlin, 1952
[2]   US 2 380 994 (1941) General Electric
[3]   DD 5348 (1942)
[4]   J. *Brumme*: Zur Entwicklung der Methylchlorsilansynthese. Festsymposium 50 Jahre Müller-Rochow-Synthese. Richter-Druck, Meißen 1992, S. 15
[5]   E. G. *Rochow*: Silicium und Silicone. Springer, Stuttgart 1991
[6]   K. M. *Lewis* und D. G. *Rethwisch*: Catalyzed direct reactions of silicon. Elsevier, Amsterdam 1993
[7]   DE 2 556 262 (1975) General Electric
[8]   EP 0 003 610 (1978) Wacker
[9]   EP 0 032 376 (1980) Wacker
[10] EP 0 167 924 (1984) Goldschmidt
[11] DD 228550 (1984) Chemiewerk Nünchritz
[12] DD 228 552 (1984) Chemiewerk Nünchritz
[13] EP 0 291 939 (1988) Wacker
[14] L. H. *Brown*: Treatise Coatings 1, Part 3, Film-Forming Compositions. Dekker, New York 1972, S. 534
[15] E. *Schamberg* u. a., Goldschmidt informiert 1/82, Nr. 56
[16] E. *Schamberg* u. a., Goldschmidt informiert 4/84, Nr. 63
[17] I. *Smith* und A. *Lee*: Organosiliconcompounds-Analysis, II. Series. Wiley, New York 1991
[18] EP 0 400 614 (1990) Dow Corning Toray
[19] EP 535 687 (1991) Wacker
[20] EP 529 547 (1991) Dow Corning Toray
[21] L. H. *Brown*: Silicones in Protective Coatings, in Treatise on Coatings, Vol I, Part III. Dekker, New York 1972, S. 513
[22] 182. Mitteilung: Bundesgesundheitsamt Bl. **32** (1989) 211
[23] K. A. *Earhardt*, Paint Varn. Prod. **62** (1972) Nr. 1, 35–43
[24] K. A. *Earhardt*, Paint Varn. Prod. **62** (1972) Nr. 2, 37–42
[25] E. V. *Schmidt*, Farbe + Lack **85** (1979) 744-748
[26] D. *Stoye*: Paints, Coatings and Solvents. VCH, Weinheim 1993, S. 76–78
[27] H. *Mayer*, Farbe + Lack **97** (1991) Nr. 10, 867–870
[28] P. *Rosciszewski* u.a., Plaste u. Kautschuk **29** (1982) Nr.8, 488–490
[29] H. *Reuther*: Silicone. Deutscher Verlag für Grundstoffindustrie, Leipzig 1981, S. 69–74
[30] H. *Koßmann*, Farbe + Lack **97** (1991) Nr. 5, 412–415
[31] W. *Noll*, Chemie und Technologie der Silicone, Verlag Chemie, Weinheim 1968, S. 357–359
[32] DE 4217561 (1992) Wacker

9.2 Wasserglas und Alkylsilikate

Dr. Dieter Stoye

9.2.1 Wasserglas

Wasserglas besteht aus Alkalisalzen der Polykieselsäure, die durch Verschmelzen von Quarzsand mit Alkalicarbonaten bei 1400 bis 1500 °C unter Abspaltung von CO_2 hergestellt werden (Gl. 9.12)

$$Me_2CO_3 + 4\ SiO_2 \longrightarrow Me_2O \cdot 4\ SiO_2 + CO_2 \tag{9.12}$$

Die dabei entstehende glasartige Masse, die durch Verunreinigungen gelblich bis bräunlich verfärbt sein kann, wird in Wasser unter Druck bei 100 bis 165 °C gelöst. Die Viskosität des Wasserglases wird bestimmt durch die Konzentration der Lösung sowie durch das SiO_2/Me_2-Verhältnis, welches für technische Zwecke zumeist bei 3,35 liegt. Wasserglas ist stark alkalisch und wenig stabil; Zersetzung erfolgt durch Säuren, auch schon durch die Kohlensäure der Luft. Dieser Prozeß wird Silifizierung genannt und ist die Grundlage für die Härtung von Silikatfarben (Gl. 9.13).

$$\underset{\text{Wasserglas}}{m\,K_2O \cdot n\,SiO_2 \times H_2O} + m\,CO_2 \longrightarrow \underset{\text{Kieselgel}}{n\,SiO_2 \times H_2O} + m\,K_2CO_3 \qquad (9.13)$$

Für Oberflächenbehandlungen von Holz, Metall oder Glas eignen sich besonders Kaliwasserglas oder gelegentlich auch Lithiumwasserglas. Natronwasserglas neigt hingegen in stärkerem Umfang zur Zersetzung und bildet dabei Ausblühungen. Stabilisierung des Wasserglases kann durch Zusätze von anorganischen Salzen, die die Alkalität herabsetzen und puffernde Wirkung besitzen, erfolgen. Auch Verdünnungseffekte wirken stabilisierend, z.B. Zusätze von Glycerin oder Glycolen. Kombinationen mit Kunststoffdispersionen sind ebenfalls stabil (Silikatfarben [1]).

Wasserglas als Bindemittel enthaltende Silikatfarben werden einkomponentig oder zweikomponentig verarbeitet. Die Härtung erfolgt nach Applikation auf dem Substrat durch Reaktion mit dem Kohlendioxid der Luft, Reaktion mit den zugegebenen Pigmenten und Füllstoffen und Reaktion mit dem Substrat, z.B. mit Calciumhydroxid an der Oberfläche von Beton. Die Haftung der Beschichtungen auf Glas und Metall ist sehr gut. Die Beschichtungen besitzen eine hohe Feuerfestigkeit, extreme Härte, sind gasdurchlässig und beständig gegenüber Lichteinwirkung, Witterungseinflüsse, Umwelteinflüsse und Temperaturschwankungen.

Silikatfarben werden zur Beschichtung mineralischer Untergründe im Innen- und Außenbereich verwendet. Sie eignen sich auch zur Restauration und Instandhaltung historischer Gebäude. Ein wichtiges Anwendungsgebiet für Wasserglas sind Zinkstaub-Grundierungen, in denen das Produkt als Bindemittel fungiert. Kombinationen von Wasserglas mit Cellulosederivaten werden zur Imprägnierung von Holz eingesetzt [2].

Beispiel für Handelsprodukte:

Kieselit   (Henkel)
Silin   (Van Baerle)

9.2.2 Alkylsilikate

Alkylsilikate sind Kieselsäureester, in denen die organischen Gruppen - im Unterschied zu den Siliconen - über Sauerstoffatome an das Siliciummolekül gebunden. Man unterscheidet monomere Orthokieselsäureester, in denen alle vier Säuregruppen der Orthokieselsäure verestert sind, von Polykieselsäureestern, in denen die Siciumatome über Sauerstoffatome in unterschiedlicher Weise miteinander polymer verknüpft sind (siehe Formeln 9.14).

$$\underset{\text{Orthoester}}{\begin{array}{c}OR\\|\\RO-Si-OR\\|\\OR\end{array}} \quad \underset{\text{Polykieselsäureesterstrukturen}}{\begin{array}{ccc}OR & OR & OR\\| & | & |\\-O-Si-O- \;\; -O-Si-O- \;\; -O-Si-OR\\| & | & |\\O & OR & OR\end{array}} \qquad (9.14)$$

Die in den Kieselsäureestern vorliegende Si–O–C-Bindung ist wesentlich reaktiver als die Si-C-Bindung in Siliconen. Die Hydrolyseempfindlichkeit der Kieselsäurester und damit ihre Reaktivität ist abhängig von der Art des organischen Restes. Sie ist besonders ausgeprägt bei Methyl- und Ethylsilikat und nimmt mit wachsender Kettenlänge und Verzweigung ab.

Nach der Applikation von Beschichtungssystemen mit Alkylsilikaten als Bindemittel tritt Härtung infolge Hydrolyse des Esters und nachfolgende Polykondensation zu SiO_2 ein (Gl. 9.15)

$$Si(OR)_4 + 2 H_2O \longrightarrow SiO_2 + 4 ROH \qquad (9.15)$$

Im Unterschied zu Wasserglas werden bei der Härtung keine Alkalien freigesetzt. Die Geschwindigkeit der Härtung hängt ab vom p_H-Wert, der Konzentration des Alkylsilikats, der Art des zugesetzten Lösemittels und der Temperatur. Der am häufigsten verwendete Kieselsäureester ist Ethylsilikat. Ethylsilikatfarben werden als Ein- und Zweikomponentensysteme angeboten.

Beschichtungen auf dieser Basis sind witterungsstabil, wärmebeständig, beständig gegen Atmosphärilien, Licht- und Strahlungseinflüsse. Kieselsäureester erhöhen in Kombination mit ungesättigten Polyestern deren Wärmestabilität. Sie dienen als Bindemittel in Zinkstaubgrundierungen zum Korrosionsschutz von Konstruktionen aus Eisen und Stahl. Aufgrund ihrer Strahlungsresistenz werden Ethylsilikatfarben in Kernkraftwerken verwendet.

Beispiele für Handelsprodukte:

Dynasil	(Hüls)	Polysilikat	(DuPont)
Ethylsilicate	(Cytec)	Silbond	(Akzo Nobel)
Ethylsilikat	(Wacker)	Silester	(Monsanto)

Literatur zu Abschnitt 9.2

[1] *Tiedemann*: Grundlagen zur Formulierung von Dispersions-Silikat-Systemen. Viernheim 1988
[2] *A. Williams*: Flame Retardant Coatings and Building Materials. Chemical Technology Review 25. Noyes Data, Park Ridge 1974

9.3 Kautschuk-basierende Lackharze und verwandte Polymere

Dr. Werner Freitag

In der Vergangenheit basierten eine Reihe von Lackharzen auf Naturkautschuk. Dieser wird aus Kautschukmilch (Latex) verschiedener Pflanzen gewonnen und stellt relativ hochmolekulares Polyisopren (2-Methylbutadien-1,3) dar (Formel 9.16), welches in 1,4-cis-Stellung verknüpft ist [1, 2].

$$\begin{array}{cc} \underset{\text{2-Methylbutadien}}{CH_2=C-CH=CH_2} & \underset{\text{Butadien}}{CH_2=CH-CH=CH_2} \end{array} \qquad (9.16)$$
$$\overset{|}{\underset{}{CH_3}}$$

Das Polymer ist aufgrund der Molmasse und der starken Verknäuelung der Ketten [3] kaum löslich und deshalb ohne chemische Modifizierung nicht als Lackbindemittel einsetzbar.

Für die Herstellung Naturkautschuk-basierender Bindemittel ist deshalb eine vorangehende Depolymerisation (z. B. durch Mastizieren) unumgänglich (Handelsprodukte siehe [4]).

Heute kann man Polyisopren und ähnliche Polymere und Copolymere wie Polybutadien synthetisch herstellen. Je nach Molmasse dieser Produkte und gewünschtem Lackbindemittel kann auch hier eine Depolymerisation vor der weiteren Umsetzung erforderlich werden.

Wichtige Lackbindemittel, die aus Naturkautschuk oder heute vorzugsweise aus Synthesekautschuk gewonnen werden, sind Cyclokautschuk und Chlorkautschuk. Chlorierte Polyolefine weisen Chlorkautschuk-ähnliche Eigenschaftsbilder auf, obwohl sie aus gesättigten Polymeren wie Polyethylen oder Polypropylen hergestellt werden.

Niedermolekulare Polybutadiene (Oligobutadiene) mit unterschiedlichen sterischen Strukturen und teilweise mit funktionellen Gruppen haben sich in den letzten Jahrzehnten ebenfalls einen festen Platz in der Lackchemie erobert.

Weitere Kautschukanwendungen, die auf der Nutzung von Vulkanisationsmechanismen (dauerelastische Massen durch Vernetzung mit Schwefel in der Hitze) oder von Peroxidvernetzungen beruhen, sind in der Literatur beschrieben [5, 6]. Zur Entwicklung der Dien-Styrol-Copolymeren siehe [7].

9.3.1 Cyclokautschuk

Cyclokautschuk wird durch Isomerisierung unter gleichzeitiger Depolymerisation aus hochmolekularem Kautschuk gewonnen [2]. Durch die Isomerisierung (Cyclisierung) reduziert sich die Anzahl der Doppelbindungen von einer pro Isopreneinheit auf eine pro zwei bis acht Isopreneinheiten. Gleichzeitig wird die Molmasse, die bei Naturkautschuk bis 2 Mio g/mol betragen kann, auf 3000 bis 10000 g/mol verringert (Gl. 9.17).

(9.17)

Bildung und Struktur von Cyclokautschuk

Die Umsetzung erfolgt unter Verwendung unterschiedlicher „Cyclisierungsmittel", die organische oder anorganische Säuren oder Salze sein können [8]. Ein von der Goodrich Co. in den zwanziger Jahren entwickeltes Verfahren verwendet zusätzlich Phenol, welches durch seine inhibierenden Wirkung Oxydationsvorgänge und deren Folgereaktionen unterdrückt [1]. Diese bevorzugte Herstellungsweise kann durch ca. zweistündiges Erhitzen von festem Kautschuk, der vierfachen Menge an Phenol und einem Cyclisierungsmittel auf 170 bis 180 °C erfolgen. Der auf dem Phenol schwimmende Cyclokautschuk wird durch übliche Trenn- und Reinigungsvorgänge gewonnen.

Der Cyclokautschuk hat den Kautschukcharakter weitgehend verloren. Er ist ein hartes Harz (Granulat oder Pulver), welches in relativ engen Grenzen (ca. 120 bis 140 °C) schmilzt. Die restlichen Doppelbindungen bedingen die Oxydationsempfindlichkeit, die durch Sikkativzusatz auch gezielt zur Lackvernetzung genutzt werden kann.
Löslichkeit ist in aliphatischen und aromatischen Kohlenwasserstoffen vollständig gegeben. Das Produkt ist in Estern und Ketonen nur teilweise löslich, in Glycolethern und Alkoholen unlöslich. Der Hartharzcharakter macht eine Kombination mit elastischen Bindemitteln oder Weichmachern erforderlich. Als Weichmacher können Phthalate und viele weitere Produkte verwendet werden. Als Harze und Bindemittel können Öle, Alkydharze und Epoxyester mit höherem Ölanteil, bestimmte Phenolharze, Maleinatharze, Polyvinylether, aliphatenlösliche Polyacrylate usw. für Kombinationen Verwendung finden.
Wesentliche Eigenschaften des Cyclokautschuks sind seine Unverseifbarkeit und Chemikalienbeständigkeit. In unterschiedlichen Rezeptierungen werden deshalb chemikalien- und wetterfeste Industrie- und Korrosionsschutzbeschichtungen hergestellt. Neben Zinkstaubfarben sollen Straßenmarkierungsfarben, Unterwasseranstriche, Beschichtungen für Molkereien u.ä. sowie Elektroisolierlacke genannt werden. Außerdem hat sich das Material in Druckfarben für den Tiefdruck und aufgrund der Minerallöslichkeit auch für den Buch- und Offsetdruck bewährt. Ausführliche Angaben zur Herstellung, Kombinierbarkeit und zum Einsatz sind in der Literatur zu finden [9].

Beispiele für Handelsprodukte:

Plastoprene   (Croda)
Synotex RR, Alsynol RS (DSM Resins)
Alpex   (Hoechst)

9.3.2 Chlorkautschuk und chlorierte Polyolefine

Bei der Herstellung von Chlorkautschuk macht man sich die relativ einfache Anlagerungsmöglichkeit von Chlor an die Doppelbindungen (Addition) und labilen C–H-Bindungen (Substitution) zunutze. Eine vollständige Chlorierung der Isopreneinheiten müßte ca. 68 Massenprozent Chlor im Polymeren ergeben, was der Summenformel $(C_{10}H_{12}Cl_8)_n$ entspräche. In der Praxis erreicht werden allerdings nur 65 bis 67 Massenprozent Chlor [2]. Strukturuntersuchungen des Polymeren haben gezeigt, daß während der Chlorierung neben den bereits genannten Reaktionen auch teilweise Cyclisierung erfolgt (Gl. 9.18). Damit kann der niedrige Chlorgehalt erklärt werden [1, 3].

$$H_3C-CCl \begin{matrix} CHCl-CHCl \\ \diagdown \\ CHCl \end{matrix}$$
$$\diagdown CCl-C-CHCl-CHCl-CHCl-CCl-CHCl-CHCl- \qquad (9.18)$$
$$\qquad\quad | \qquad\qquad\qquad\qquad\quad |$$
$$\qquad\quad CH_3 \qquad\qquad\qquad\qquad CH_3$$

Struktur von Chlorkautschuk

Die technische Gewinnung von Chlorkautschuk erfolgte früher auf Basis von Naturkautschuk, der in einer ersten Reaktionsstufe thermisch oder chemisch abgebaut wurde (Mastizieren [= mechanische Behandlung auf Walzen unter Wärmezuführung] oder Abbau durch radikalbildende Substanzen). Danach erfolgte die Chlorierung in Tetrachlorkohlenstofflösung durch Einleiten von Chlorgas. Die Aufarbeitung unter Entfernung von überschüssigem Chlor und Salzsäure und alkalische Waschungen zur Stabilisierung des Produktes waren verschiedenen Trocknungsprozessen vorgeschaltet.

Da der Naturkautschuk in seinen Eigenschaften gewissen Schwankungen unterworfen ist, konnten nicht immer reproduzierbare Chlorkautschukqualitäten erhalten werden. Deshalb wird Chlorkautschuk heute auf Basis von Synthesekautschuk (Polyisopren) oder speziell hergestellten niedermolekularen Dienpolymeren gewonnen [1]. Im zweiten Fall kann die Depolymerisation vor der Chlorierung entfallen. Außerdem werden auf dieser Basis feststoffreiche Lacke mit hoher Dehnbarkeit erhalten. Weiterhin werden chlorierte Polymere angeboten, die dem Chlorkautschuk hinsichtlich ihrer Eigenschaften sehr ähnlich sind. Das sind z.B. chloriertes Polyethylen und Polypropylen, die durch Chlorierung der entsprechenden Polyolefine erhalten werden. Eine ausführliche Übersicht über chlorierte Harze und Polymere ist in der Literatur zu finden [10]. Hinsichtlich Polychlorbutadien (Chloropren) und sulfochlorierten Polyethylenen wird ebenfalls auf die Literatur verwiesen [1, 2].

Eine gewisse Weiterentwicklung hat die Einführung von chlorierten Ethylen-Vinylacetat-Copolymeren gebracht (Gl. 9.19).

$$-\underset{|}{\overset{Cl}{C}}H-CH_2-\underset{|}{\overset{Cl}{C}}H-CH_2-CH_2-\underset{\underset{\underset{CH_3}{|}}{\underset{C=O}{|}}{\overset{|}{O}}}{C}H-CH_2-\overset{Cl}{\underset{|}{C}}H-CH_2-\underset{\underset{Cl}{|}}{\overset{Cl}{\underset{|}{C}}}-CH_2-\overset{Cl}{\underset{|}{C}}H- \quad (9.19)$$

Chloriertes Ethylen-Vinylacetat-Copolymer

Die Produkte werden durch Chlorierung der Ausgangspolymeren in Tetrachlorkohlenstoff erhalten [11]. Sie weisen Chlorgehalte zwischen 52 und 58 Massenprozent auf und damit deutlich niedrigere Dichte (höherer Volumenfeststoffgehalt). Die Produkte sind flexibler, stabiler gegen HCl-Abspaltung und besser haftend auf Metall und mineralischen Untergründen. Beschichtungsstoffe können ohne Weichmacher und mit basischen Pigmenten formuliert werden. Zurückkommend auf die generellen Eigenschaften des Chlorkautschuks und der verwandten chlorierten Polymeren kann man feststellen, daß die Produkte eine hohe Beständigkeit gegenüber Oxydation, Wasser, Salzen, Säuren und Basen aufweisen. Die meist pulverförmig angebotenen Polymeren sind außer in Wasser, Alkoholen und aliphatischen Kohlenwasserstoffen in den meisten Lacklösemitteln löslich. Es besteht eine breite Verträglichkeit mit Harzen, Bindemitteln und Weichmachern. Vorsicht ist bei basischen Pigmenten wie Zinkoxid und Lithopone geboten, die eine Zersetzung des Chlorkautschuks und damit Verringerung der Lagerstabilität des Beschichtungsstoffes begünstigen. Die physikalisch-trocknenden Beschichtungen werden meist auf Basis von Chlorpolymer-Weichmacher oder von Kombinationen mit Alkydharzen, Acrylatharzen oder Bitumen formuliert [1, 12]. Anwendungen finden sie im Unterwasserbereich, zum Korrosionsschutz – auch für verzinkte Untergründe –, für Straßenmarkierungsfarben und viele weitere Zwecke [11, 12]. Sie konkurrieren oft mit PVC-Copolymeren und weiteren Vinylsystemen. Speziell chlorierte Polypropylene finden heute Anwendung in Primern für Polyolefinoberflächen (PE, PP und Blends), z.B. für Automobilstoßstangen.

Ein spezielles Problem der chlorhaltigen Polymeren stellt die Stabilisierung gegen Säureabspaltung dar. Diese HCl-Eliminierung kann durch Metalle (auch Gefäßwandungen), Wasserspuren und Säuren begünstigt werden. Der Prozeß katalysiert sich durch die entstehende Salzsäure selbst. Er stellt eine Kettenreaktion dar, in der konjugierte, farbige Doppelbindungssysteme entstehen (Gl. 9.20).

9.3 Kautschuk-basierende Lackharze und verwandte Polymere

$$\begin{array}{c}\text{H Cl H Cl H} \\ -\text{C}-\text{C}-\text{C}-\text{C}-\text{C}- \\ \text{Cl H Cl CH}_3\text{Cl}\end{array} \longrightarrow \begin{array}{c}\text{H} \\ -\text{C}=\text{C}-\text{C}=\text{C}-\text{C}- \\ \text{Cl H Cl CH}_3\text{Cl}\end{array} + 2\,\text{HCl} \qquad (9.20)$$

Säureabspaltung bei Chlorkautschuk

Da geringe Mengen abgespaltener Salzsäure nicht vermieden werden können, werden die Lacke mit „Fängern" in Form von Epoxidharzen (2%), alkalischen Molekularsieben oder anderen alkalischen Verbindungen wirksam stabilisiert [1, 3].

Beispiele für Handelsprodukte:

Chlorkautschuk:
    Adeka   (Asaki Denka)
    Alloprene   (ICI)
    Chlortex   (Caffaro)
    Pergut   (Bayer)
Chloriertes Polypropylen (Haftvermittler):
    Hypalon CP 827   (DuPont)
    Chloriertes Polyolefin CP (Eastman Chemical)
    Hardlen   (Toyo Kasei)
Chloriertes Polyethylen-Vinylacetat-Copolymer:
    Hypalon CP   (DuPont)

9.3.3 Oligobutadiene

Zur Herstellung von relativ niedermolekularen Butadien-Polymeren bzw. Oligomeren stehen eine Reihe Verfahren zur Verfügung, die auf radikalischen, anionischen und komplex-koordinativen Mechanismen beruhen können [13]. Die kationische Polymerisation ergibt vorrangig 1,4-trans-Verknüpfungen der Butadienmoleküle, während mit dem Zieglerverfahren hoch-1,4-cis-haltige Produkte erhalten werden. Die anionische Polymerisation führt dagegen zu 45 bis 70 Molprozent Vinylstrukturen (1,2-Verknüpfung der Butadien-Monomeren) (siehe Gl. 9.21).

$$\begin{array}{ccc} -\text{CH}_2 & \text{CH}_2-\text{CH}_2 & -\text{CH}_2\,\,\text{CH}_2\,\,\text{CH}_2- \\ \text{CH}=\text{CH} & \text{CH}=\text{CH} & \text{CH}\quad\text{CH} \\ & \text{CH}_2- & \text{CH}\quad\text{CH} \\ & & \text{CH}_2\,\,\text{CH}_2 \\ \text{1,4-cis} & \text{1,4-trans} & \end{array} \qquad (9.21)$$

1,2-Verknüpfung von Polybutadien

In einigen Fällen wird Styrol als Comonomer verwendet. Durch spezielle Polymerisationstechniken kann man funktionalisierte Kettenenden mit Phenyl, Carboxyl- oder Hydroxylgruppen [14] erhalten. Polymeranaloge Reaktionen der hochungesättigten Oligobutadiene gestatten die Einführung weiterer funktioneller Gruppen. Eine wichtige Basisreaktion ist die Umsetzung mit Maleinsäureanhydrid, die nach dem En-Mechanismus (siehe Abschn. 9.4.4.3) abläuft. Sie gestattet, oft verbunden mit weiteren chemischen Modifizierungen, die Herstellung stabiler, wasserverdünnbarer Bindemittel (siehe Gl. 9.22).
Eine weitere praktizierte Funktionalisierung ist die Einführung von Epoxygruppen durch Umsetzung mit verschiedenen Perverbindungen [15 bis 17] (siehe Gl. 9.23).
Umsetzungen und Anwendungen der epoxidierten Polybutadiene sind in der Literatur [16] beschrieben, ebenso die Reaktionen mit Carboxylgruppen [18] und der Einsatz in kationisch UV-vernetzenden Beschichtungen [17].

$$\begin{array}{c}-\text{CH}=\text{CH}-\text{CH}-\text{CH}_2-\\ |\\ \text{CH}-\text{CH}_2\\ | \quad |\\ \text{C} \quad \text{C}\\ \diagdown \diagup \diagdown \diagup \diagdown\\ \text{O} \quad \text{O} \quad \text{O}\end{array}$$

$$\downarrow \begin{array}{l}1. \ +\text{R}-\text{OH}\\ 2. \ +\text{NR}_3\end{array} \qquad (9.22)$$

$$\begin{array}{c}-\text{CH}=\text{CH}-\text{CH}-\text{CH}_2-\\ |\\ \text{CH}-\text{CH}_2\\ | \quad |\\ \text{O}=\text{C} \quad \text{C}=\text{O}\\ | \quad |\\ \text{OR} \quad \text{O}^{\ominus}\\ \\ \text{H}^{\oplus}\text{NR}_3\end{array}$$

$$\begin{array}{c}\text{O}-\text{O}-\text{H}\\ \text{O}=\text{C} \diagup \\ \diagdown \text{R}\end{array} \quad + \quad \begin{array}{c}\diagup \text{CH}=\text{CH} \diagdown \quad \diagup \text{CH}=\text{CH} \diagdown\\ -\text{CH}_2 \qquad \text{CH}_2-\text{CH}_2 \qquad \text{CH}_2-\end{array}$$

$$\downarrow \qquad\qquad\qquad\qquad\qquad (9.23)$$

$$\begin{array}{c}\text{O}-\text{H}\\ \text{O}=\text{C} \diagup \\ \diagdown \text{R}\end{array} \quad + \quad \begin{array}{c}\qquad\qquad\text{O}\\ \diagup \text{CH}-\text{CH} \diagdown \quad \diagup \text{CH}=\text{CH} \diagdown\\ -\text{CH}_2 \qquad \text{CH}_2-\text{CH}_2 \qquad \text{CH}_2-\end{array}$$

Die Nutzungsmöglichkeiten der Oligobutadiene auf dem Beschichtungssektor sind vielfältig. Die hoch-1,4-cis-strukturierten Typen weisen ähnlich den Alkydharzen oxydative Trocknungseigenschaften auf [13]. Sie können zur Formulierung von Rostschutzprimern, Holz- und Betonimprägnierungen verwendet werden. Ein Primer auf Basis eines OH-terminierten Polybutadiens wurde ebenfalls beschrieben [19]. Ein wichtiger Unterschied zu den Alkydharzen ist ihre Unverseifbarkeit. Man kann daher hochstabile wäßrige Bindemittel in Lösung oder als Emulsion herstellen, die zu den beschriebenen Anwendungen führen sowie für Einschichtmetall- und Holzlacke Verwendung finden. Eine wichtige Anwendung stellen anionisch abscheidbare Elektrotauchlacke dar. Diese Produkte werden eingebrannt, wobei Vernetzungsreaktionen zwischen dem chemisch-modifizierten Oligobutadien und einem Phenolresol ablaufen. Für Außenanwendungen im Decklackbereich sollte die Anfälligkeit für Kreidung und Vergilbung beachtet werden. Die funktionalisierten Produkte können als 2K-Systeme formuliert werden. So lassen sich OH-terminierte Produkte mit bestimmten, verträglichen Polyisocyanaten (z.B. IPDI und seine Addukte) oder auch mit maleinisierten Polybutadienen zu elastischen Massen vernetzen. Die können als Dichtungs- und Isoliermaterial dienen [13].

Beispiele für Handelsprodukte:

A) nichtmodifizierte Oligobutadiene und Copolymere
    hoch-1,4-cis-haltig:
        Polyöl   (Hüls)
    1,2- und 1,4-trans bzw. gemischt:
        Lithene   (Revertex)
        Nisso   (Nippon Soda)
        Ricon   (Colorado Chemical)
B) OH-terminierte Oligobutadiene
        Poly BD   (Elf Atochem)
        Liquiflex   (Petroflex)

C) Maleinisierte Oligobutadiene
    Lithene   (Revertex)
    Polyvest   (Hüls)
    Ricon   (Colorado Chemical)

D) Wasserverdünnbare Bindemittel
    Modified Polyolefin (Cargill)
    Modified Polyolefin (Chempol)
    Polyvest   (Hüls)

Literatur zu Abschnitt 9.3

[1] *H. Kittel*: Lehrbuch der Lacke und Beschichtungen, Bd. I/1. Colomb, Stuttgart, Berlin 1971, S. 247–266
[2] *H. Wagner* und *H.F. Sarx* (Hrsg.): Lackkunstharze. 5. Aufl. Hanser, München 1971, S. 255–262
[3] *C. H. Hare*, J. Protect. Coatings Linings **10** (1993) Nr. 4, 61–72
[4] *E. Karsten*, Lackrohstoff-Tabellen. Vincentz, Hannover 1992
[5] *R. P. Quirk*, Progr. Rubber Plastics Tech. **4** (1988) Nr. 1, 31–45
[6] *N. J. Morrison* und *M. Porter*, Rubber Chem. Techn. **57** (1984) 63–85
[7] *H. L. Hsich* in *R. B. Seymour* und *H. F. Mark* (Hrsg.): Organic Coatings: Their Origin and Development. Elsevier, New York 1990, S. 187–200
[8] DE 675 564 (1936); DE 705 399 (1937); DE 706 912 (1939) Chem. Werke Albert
[9] *W. König*: Cyclokautschuklacke. Colomb, Stuttgart 1966
[10] *S. Bhandari* und *S. Chandra*, Progr. Org. Coatings **23** (1993) 155–182
[11] *J. D. Pomije* und *G. R. McClure*, Amer. Paint J. **74** (1990) Nr. 47, 36–40
[12] *K. Hoehne* in *D. Stoye* (Hrsg.): Paints, Coatings and Solvents. VCH, Weinheim 1993, S. 19–23
[13] *H.-D. W. Zagefka*, Adv. Org. Coating Scientific Series **12** (1990) 58–66
[14] *K. Jankova, I. Ilieva* und *I. Uladenov*, Plaste und Kautschuk **38** (1991) Nr.1, 7–9
[15] *M. Arnold* und *T. Langer*, Plaste und Kautschuk **37** (1990) Nr. 9, 289–291
[16] *J. H. Bradbury* und *M. C. S. Perera*, Ind. Eng. Chem. Res. (1988) Nr. 27, 2196–2203
[17] *F. Cazaux* et al., J. Coatings Techn. **66** (1994) Nr. 838, 27–34
[18] *J. K. Copeland* und *S. F. Thames*, J. Coatings Techn. **66** (1994) Nr. 833, 59–62
[19] *J. J. Salitros*, J. Coatings Techn. **64** (1992) Nr. 807, 47–51

9.4 Modifizierte Naturprodukte

Dr. Werner Freitag

Es existiert eine Vielzahl von natürlichen Rohstoffen, die nach chemischer Modifizierung als Lackrohstoffe Verwendung finden. Sie unterscheiden sich neben ihrem molekularen Aufbau vor allem darin, ob sie kurz- oder mittelfristig erneuerbar oder fossilen Ursprungs sind [1]. So läßt sich folgende grobe Einteilung treffen:

Quellen für Lackrohstoffe auf natürlicher Basis

- kurzfristig erneuerbare Quellen
  Pflanzen: Pflanzenöle, Baumwolle, Zucker, Stärke
  Tiere: Fischöl, Schellack
- mittelfristig erneuerbare Quellen
  Pflanzen (Bäume): Kolophonium, Tallöl, Tallharz, Cellulose, Dammar, Elemi
- fossile Quellen
  Pflanzen: verschiedene Kopale, Bernstein

Die chemischen Strukturen der natürlichen Rohstoffe lassen sich einfach klassifizieren. Bei den pflanzlichen und tierischen Ölen handelt es sich in der Regel um Triglyceride von gesättigten und ungesättigten Fettsäuren. Zucker, Stärke, Cellulose (Baumwolle) und eine Reihe weiterer verwandter Rohstoffe weisen Zuckerstrukturen (Polysaccharide) auf, während Kolophonium, Tallölprodukte und die fossilen Rohstoffe aus Mischungen von komplexen aromatischen Säuren (Harzsäuren) bestehen. Schellack weicht als Gemisch von Polyhydroxycarbonsäuren in seiner Struktur von den vorher genannten Produkten ab. Die Chemie und Verwendung von Lackharzen, die auf diesen Rohstoffen basieren, wird in den folgenden Abschnitten in ihren Grundzügen beschrieben.

9.4.1 Cellulosederivate

Cellulose ist die am häufigsten vorkommende organische Verbindung. Für diesen nachwachsenden Rohstoff gibt es zahlreiche Quellen [2] wie z.B. Baumwolle. Der Grundbaustein der Cellulose ist Glucose, die über Etherbrücken zu Cellobiose verknüpft vorliegt [3]. 2000 bis 2500 Cellobioseeinheiten ergeben das unverzweigte Makromolekül, welches Molmassen bis zu 800000 g/mol aufweisen kann (Formel 9.24):

$$(9.24)$$

Die pro Ring vorhandenen drei freien Hydroxylgruppen verleihen der Cellulose den Charakter eines Polyalkohols. Dadurch sind Veresterungen und Veretherungen möglich, die Grundlage der Herstellung aller wichtigen Cellulosederivate sind. Die Geschichte der Entdeckung und Entwicklung dieser Produkte wurde ausführlich beschrieben [4]. Die in Tabelle 9.7 genannten Celluloseester sind von Bedeutung [5, 6]. Weiterführende Arbeiten zur Cellulosechemie finden sich in der Literatur [2, 7].

Tabelle 9.7. Die wichtigsten Celluloseester

Bezeichnung	Verwendete Säure
Cellulosenitrat	Salpetersäure (Schwefelsäure)
Celluloseacetat	Essigsäure
Cellulosepropionat	Propionsäure
Cellulosebutyrat	Buttersäure
Celluloseacetobutyrat	Essig- und Buttersäure
Celluloseacetopropionat	Essig- und Propionsäure

Celluloseether werden auf dem Beschichtungssektor als Bindemittel, Verdicker oder Schutzkolloide eingesetzt. Wichtige wasserlösliche Vertreter sind

    Methylcellulose
    Hydroxyethylcellulose
    Hydroxypropylcellulose
    Carboxymethylcellulose

Aus organischen Lösungen wird vor allem die Ethylcellulose verwendet.

9.4.1.1 Celluloseester

Cellulosenitrat [6, 8 bis 10]

Cellulosenitrat wird durch Einwirken eines Gemisches aus Salpetersäure, Schwefelsäure und Wasser (Mischsäure) auf Cellulose hergestellt. Ältere Bezeichnungen für Cellulosenitrat sind Nitrocellulose, Collodiumwolle, Nitrowolle und Lackwolle [6]. Die Eigenschaften des Cellulosenitrats werden hauptsächlich vom Wassergehalt der Mischsäure bestimmt. Geringerer Wassergehalt führt zu höherem Veresterungsgrad. Die Reaktion wird durch Gleichung 9.25 beschrieben [2] :

$$[C_{12}H_{14}O_4(OH)_6]_x + mx\ HNO_3 + n\ HNO_3 \underset{}{\overset{H_2SO_4/H_2O}{\rightleftharpoons}} [C_{12}H_{14}O_4(OH)_{6-m}(ONO_2)_m]_x + mx\ H_2O + n\ HNO_3 \quad (9.25)$$

Cellobiose

Das Produkt wird durch Stickstoffgehalt, Löslichkeit und Viskosität charakterisiert [8]. Abhängig von Dauer und Temperatur der Nitrierung (meist 30 bis 40 °C, 30 bis 60 min) erfolgt ein mehr oder weniger starker Abbau der Cellulosemoleküle und damit eine Veränderung und Einstellung der Viskosität. Dies kann auch durch nachträgliches Kochen mit Wasser unter Druck erreicht werden. Die Zusammensetzung der im großen Überschuß einwirkenden Mischsäure bestimmt den Stickstoffgehalt (Salpetersäuregehalt 24 bis 30 Massenprozent, Wassergehalt 10 bis 20 Massenprozent) [8]. Eine vollständige Veresterung der drei Hydroxylgruppen pro Glucosebaustein liegt bei 14,14% Stickstoffgehalt vor (Mononitrat: 6,75% N, Dinitrat: 11,11% N). Cellulosenitrat mit mehr als 12,6% Stickstoff wird nicht als Lackrohstoff eingesetzt. Da der Stickstoffgehalt oder besser der Veresterungsgrad die Löslichkeit entscheidend beeinflußt, unterteilt man [6] in

- alkohollösliches Cellulosenitrat (A-Typen) mit 10,9 bis 11,3%N und
- esterlösliches Cellulosenitrat (E-Typen) mit 11,8 bis 12,2% N.

Der Bereich zwischen 11,4 und 11,7% N wird durch verringerte Alkohollöslichkeit charakterisiert (AM-Typen).
Alle lacktypischen Cellulosenitrate sind in üblichen Lösemitteln wie Estern, Ketonen, Glycolethern und deren Derivaten sowie in Methanol löslich. Alkohole außer Methanol stellen latente Lösemittel dar. Das bedeutet, daß auch die als alkohollösliche Typen bezeichneten Cellulosenitrate geringe Mengen von „echten" Lösern benötigen, da erst unterhalb 10,8% N vollständige Alkohollöslichkeit besteht. Neben der Einteilung des Cellulosenitrats in esterlösliche E- und alkohollösliche A-Typen werden außerdem Zahlen als Maß für die Viskosität angegeben, die sich am sogenannten K-Wert orientieren (Beispiel: Cellulosenitrat E 510, Wolff Walsrode). Detaillierte Angaben zu Löslichkeiten und Viskositätseigenschaften sind in der Literatur zu finden [5, 6, 11] (DIN 53179, ASTM D 1343-69). Wegen seiner leichten Entzündlichkeit wird Cellulosenitrat praktisch nicht in 100%iger Form gehandelt. Es gibt drei mögliche Lieferformen:

- angefeuchtet mit ca. 35% Ethanol, Isopropylalkohol, Butanol oder Wasser
- pastös oder gelöst
- in fester Form als Chips in Verbindung mit >18% Weichmacher und gegebenenfalls Pigmenten

Zur Formulierung von Beschichtungsstoffen wird Cellulosenitrat heute fast ausschließlich in Kombination mit anderen Harzen, Bindemitteln und Weichmachern eingesetzt. Dadurch werden die Nachteile des Materials wie Sprödigkeit, geringe Lichtbeständigkeit und schlechte Haftung ausgeglichen. In den alten „Zaponlacken" wurden hochviskose

CN-Typen ohne Weichmacher für Metallschutzüberzüge verwendet [5]. Solche Formulierungen mit geringem Festkörpergehalt werden heute nur noch für mechanisch stark beanspruchte Beschichtungen, z.B. Leder, benutzt. Cellulosenitrat ist mit wichtigen Bindemitteln und Harzen wie

    Acrylaten   Maleinatharzen
    Alkydharzen   Ketonharzen
    Phenolharzen   Aldehydharzen
    Vinylpolymerisaten   Benzolkohlenwasserstoff-Formaldehydharzen
    Epoxidharzen   Kohlenwasserstoffharzen
    Aminoharzen   Carbamidharzen und
    Kolophoniumharzen   Sulfonamidharzen

verträglich.
Als Weichmacher sind u.a.

    Phthalate, Phosphate, Ricinusöl und Campher

geeignet.
Kombinationen von Cellulosenitrat mit Alkydharzen, denen außerdem Hartharze und Weichmacher zugesetzt sein können, bezeichnet man als Kombinationslacke (siehe Kap. 6.1.2). Früher wurden diese im Automobil- und Maschinenbau eingesetzt, wo sie heute weitgehend durch andere Systeme ersetzt sind. Nach wie vor sind diese Lacke aber im Möbelsektor von großer Bedeutung. Von den Polymerisatharzen werden vor allem Polyacrylsäureester und Polyvinylmethylether verwendet. Wichtige Anwendungen der verschiedenen Bindemittelkombinationen sind neben den bereits genannten Lacke für Papier, Folien aus Kunststoffen oder Aluminium, für Textilien, Fingernägel und Bleistifte sowie lösemittelbasierende Druckfarben (Tief-, Flexo-, Siebdruck). Eine ausführliche Aufstellung wichtiger Anwendungsgebiete und Richtformulierungen findet sich in der Literatur [12]. Als Zusatzharz zu 2K-PUR-Lacken sorgt Cellulosenitrat für eine sehr schnelle physikalische Trocknung. Modernere Entwicklungen nutzen die Hydroxylgruppen des Cellulosenitrats (mit Aromaten angefeuchtet) für Einbrennlacke zur Vernetzung mit aliphatischen Polyisocyanaten. Die Beschichtungen zeigen sehr gute Beständigkeiten sowohl auf Holz als auch auf Metallen [11].

Ein generelles Problem der CN-Lacke war lange Zeit deren relativ hoher Lösemittelgehalt. Obwohl wässerige CN-Emulsionen seit den 30er Jahren bekannt sind, wurden wässerige Systeme erst Ende der 80er Jahre für Lackanwendungen verfügbar [11]. Es handelt sich um Cellulosenitrat und Cellulosenitrat/Acrylemulsionen. Im ersten Fall wird niedrigviskoses Cellulosenitrat gemischt mit Phosphatester-Weichmachern hochprozentig in „echten" Lösemitteln wie z.B. C_8-Alkylacetaten gelöst und mit Hilfe von Emulgatoren in Wasser emulgiert. Daraus hergestellte Beschichtungen für Holz sind den lösemittel-basierenden Produkten in den Eigenschaften vergleichbar und den Acrylatdispersionen vor allem im Erscheinungsbild und in der Polierbarkeit überlegen. Weiterhin werden sie für Leder- und Folienbeschichtungen eingesetzt [6, 12]. Im zweiten Falle wird Cellulosenitrat in Acrylmonomeren gelöst und diese in Emulsion polymerisiert.

Die Beschichtungsstoffe werden meist unter Zugabe von Phosphatweichmachern und Alkydharzen z.B. mit Isobutylacetat als Cosolvent formuliert. Die Vorteile dieser Beschichtungen gegenüber Acrylatdispersionen bestehen in höherer Härte, besserer Reparierbarkeit und Alkaliresistenz. Eine Verfärbung empfindlicher Holzoberflächen wird durch den leicht sauren pH-Wert vermieden. UV-härtende Dispersionen für Holz-, Papier- und Kartonbeschichtungen sind ebenfalls im Markt [12].

9.4 Modifizierte Naturprodukte   367

Weitere Celluloseester anorganischer Säuren sind in der Literatur [2, 4, 6] beschrieben.

Handelsprodukte von

Hagedorn (D)   SVCZ (CR)
Hercules (USA)   WNC (D)
SNPE (F)   Wolff (D)

Celluloseacetat

Celluloseacetat (Acetylcellulose) wird durch Umsetzung von Cellulose mit einem Gemisch aus Eisessig und Essigsäureanhydrid erhalten [3, 5, 6]. Das entstehende Cellulosetriacetat ist als Lackrohstoff zu wenig löslich. Deshalb wird mit verdünnten anorganischen Säuren ein Teil der Estergruppen verseift. Die entstehenden Produkte unterscheiden sich im Acetylierungsgrad und in der Viskosität. Gleichartige Prozesse werden durch Mischveresterungen mit Essigsäure und Buttersäure oder Propionsäure durchgeführt (siehe Gl. 9.26).

$$\text{Cellulose} + 3 \begin{array}{c} CH_3-CO \\ CH_3-CO \end{array}\!\!\!\!\!O \xrightarrow{H_2SO_4} \text{Cellulosetriacetat} + 3\, CH_3COOH \quad (9.26)$$

Der Prozeß ist in der Literatur [6] detailliert beschrieben, wobei auch die Verwendung von Methylenchlorid als Hilfslösemittel behandelt wird.
Celluloseacetat wird nach der Lösungsviskosität und dem Veresterungsgrad (Menge an gebundener Essigsäure) eingeteilt. Die Lösungsviskosität charakterisiert hauptsächlich die mechanischen Eigenschaften von Celluloseacetat-Filmen, -Fasern oder -Massen, während der Veresterungsgrad die für Lackformulierungen wichtigen Löslichkeiten und Verträglichkeiten bestimmt. Celluloseacetat ist gegenüber Cellulosenitrat unbrennbar und zeichnet sich durch hervorragende Licht- und Hitzebeständigkeit (bis 240 °C) aus. Allerdings ist das Material wesentlich wasser- und alkaliempfindlicher, auch die Löslichkeiten und Verträglichkeiten bleiben beim technisch interessanten Acetylierungsgrad von 52 bis 62% stark eingeschränkt [11]. Daher liegen die Hauptanwendungen weniger auf dem Lacksektor, sondern mehr auf dem Kunststoff- und Fasergebiet (Filme, Folien, Textilien). Für Beschichtungen wird Acetylcellulose z.B. in Kapsellacken verwendet [5]. Die Eigenschaften weiterer Ester sind in der Literatur beschrieben [4].

Beispiel für Handelsprodukte:

CA-Typen   (Eastman)

Celluloseacetobutyrat, Celluloseacetopropionat

Celluloseacetobutyrat (CAB) und Celluloseacetopropionat (CAP) enthalten neben den Acetylgruppen auch Butyryl- bzw. Propionylreste. Sie werden prinzipiell auf die gleiche Art wie bei Celluloseacetat durch Mischveresterung mit Anhydriden der Essig- und Buttersäure bzw. der Essig- und Propionsäure erhalten [6]. Die Reaktivität der Fettsäuren nimmt mit steigender Kettenlänge schnell ab, deshalb sind längerkettige Ester praktisch ohne Bedeutung.
Die Polymeren werden durch ihre Viskosität, das Verhältnis der beiden Säurereste zueinander und die Anzahl der freien Hydroxylgruppen charakterisiert. So variieren beim CAB

der Acetylgehalt von 2,0 bis 29,5%, der Butyrylgehalt von 52 bis 17% und der Hydroxylgehalt von 4,8 bis 0,8%. Pro Glucosebaustein sind üblicherweise 1,7 bis 2,5 Butyrylgruppen, 0,05 bis 1,0 Acetylgruppen und 0,1 bis 0,5 freie Hydroxylgruppen [13] vorhanden. Der Schmelzbereich bewegt sich zwischen 130°C und 240°C, die Molmasse zwischen 16000 und 65000 g/mol [12].

Im allgemeinen verbessern sich mit steigendem Butyrylgehalt die Löslichkeit, Verträglichkeit, Flexibilität und Wasserbeständigkeit, während Härte, Schmelzpunkt und Zugfestigkeit sinken. Steigender Hydroxylgehalt verbessert die Löslichkeit, die Flexibilität und die Vernetzbarkeit mit OH-reaktiven Verbindungen. Höhere Viskosität und Molmasse erhöhen den Schmelzbereich und die Filmzähigkeit, während sich andere Eigenschaften nur geringfügig verändern. CAB und CAP sind mit Polyacrylaten, Kolophoniumharzen, Epoxidharzen, Cellulosenitrat, Polyvinylacetat und weiteren Harzen verträglich.

CAB wird in einer Vielzahl von Beschichtungen angewendet, die sowohl ausschließlich physikalisch trocknend als auch reaktiv härtend sein können. Dabei wird es als Hauptbindemittel, aber auch als Zusatzkomponente anteilig mit weiteren Bindemitteln eingesetzt. Geringe Zusätze können die Lösemittelabgabe bei der Filmbildung beschleunigen, den Verlauf verbessern und Kraterbildung unterdrücken, was auch bei strahlenhärtenden Systemen genutzt werden kann. Eine entscheidende Rolle spielt CAB bei der Automobillackierung mit Metallic-Systemen. Hier wird im Basecoat durch einen Anteil von 20 bis 30% CAB (gerechnet auf das Gesamtbindemittel) eine optimale, parallele Ausrichtung der Aluminium-Flakes erreicht. CAB sorgt dabei für eine sehr schnelle Lösemittelabgabe schon während des Spritzprozesses und damit für das Vermeiden von Läufern. Außerdem bewirkt die starke Schrumpfung des Films beim weiteren Trocknen ebenfalls die gewünschte Orientierung der Metallpigmente. CAB verhindert weiterhin ein Anlösen des Basecoats durch den nachfolgenden Klarlackauftrag.

In Holzlacken bewirkt CAB neben den bereits genannten Effekten vor allem Vergilbungsbeständigkeit und gute Cold-Check-Werte. Aufgrund guter Haftung wird CAB auch für die Kunststofflackierung verwendet. Eine Spezialanwendung sind CAB-modifizierte Polyurethansysteme für die Beschichtung von Camping-Ausrüstungen (Zelte, Rucksäcke etc). Hier werden hochelastische und abriebfeste Beschichtungen erhalten. CAB besitzt auch gute Benetzungseigenschaften von kritischen Pigmenten und wird deshalb zur Pigmentdispergierung empfohlen.

Celluloseacetopropionat (CAP) variiert im Acetylgehalt zwischen 0,6 und 2,5%, im Propionylgehalt zwischen 42,5 und 46% und im Hydroxylgehalt zwischen 5,0 und 1,8% bei Schmelzbereichen von 188 bis 210°C und Molmassen von 15000 bis 75000 g/mol [12]. Die Hauptanwendungen sind geruchsarme Druckfarben im Lebensmittelverpackungsbereich und bei Lederbeschichtungen. Weitere gemischte Celluloseester sind in der Literatur beschrieben [6, 11].

In letzter Zeit wird versucht, CAB auch für wäßrige Formulierungen zu modifizieren [13]. Dazu baut man entweder zusätzliche Succinatgruppen ein oder man verändert das Verhältnis der funktionellen Gruppen zugunsten der Hydroxylgruppen (1,3 pro Glucosebaustein) bei sehr geringem Acetylgehalt. In beiden Fällen konnte man wasserverdünnbare Metallic-Basecoats formulieren, deren Eigenschaften den lösemittelhaltigen Systemen ähneln.

Beispiele für Handelsprodukte:

CAB   (Eastman)
CAP   (Eastman)

9.4.1.2 Celluloseether

Zur Herstellung von Celluloseethern werden zuerst kristalline Bereiche der Cellulose durch Behandlung mit wäßriger Natronlauge „gelockert". Die gequollene Natroncellulose [11] wird mit Alkylhalogeniden nach der „Williamson-Reaktion" umgesetzt [14].

$$[C_{12}H_{14}O_4(OH)_6]_x + mx\ NaOH + mx\ RX \rightleftharpoons$$
$$[C_{12}H_{14}O_4(OH)_{6-m}(OR)_m]_x + mx\ NaX + mx\ H_2O \quad (9.27)$$

Weitere Synthesewege sind Oxoalkylierung und Michael-Addition. Die alkalisch katalysierte Oxoalkylierung mit Ethylen- bzw. Propylenoxid führt zu Hydroxyethyl- bzw. Hydroxypropylcellulose.

$$[C_{12}H_{14}O_4(OH)_6]_x + mx\ \overset{O}{\underset{}{\triangle}} \xrightarrow{NaOH} [C_{12}H_{14}O_4(OH)_{6-m}(OCH_2CH_2)_mOH]_x \quad (9.28)$$

Die Michaeladdition wird für weniger bedeutende Derivate benutzt [14].

Ethylcellulose

Ethylcellulose ist neben Hydroxyethylcellulose der einzige als Bindemittel für Lacke angewandte Celluloseether. Er wird unter Verwendung von Ethylchlorid nach Gleichung 9.27 hergestellt. 2,2 bis 2,6 Ethoxygruppen sind pro Glucoseeinheit vorhanden, was etwa 44 bis 50% Ethoxygehalt entspricht. Ein höherer Substitutionsgrad verbessert die Wasserbeständigkeit und Löslichkeit in Lacklösemitteln, während die Härte abnimmt. Andere Eigenschaften wie Elastizität, Reißfestigkeit, Dehnbarkeit werden dagegen mehr von der Molmasse beeinflußt. Es sind verschiedene Viskositätsstufen im Handel [5, 11].

Die Anwendung der Ethylcellulose auf dem Beschichtungssektor wird von der guten Beständigkeit gegen Wärme, Licht, Wasser und verschiedene Chemikalien bestimmt. Das praktisch farblose Produkt kann im Gegensatz zu Cellulosenitrat als Pulver gehandelt werden. Verträglichkeit besteht – abhängig vom Ethoxygehalt – mit wichtigen Bindemitteln wie Cellulosenitrat, trocknenden Ölen, Phenolharzen, Alkydharzen, Kolophoniumharzen und wichtigen Weichmachern. Löslichkeit ist in Estern, Ketonen, Aromaten und Alkoholen gegeben, wobei Mischungen aus Aromaten und Alkoholen, teilweise mit Benzinen verschnitten, als preiswerte Lösung vorgezogen werden.

Die Hauptanwendungen sind Beschichtungen für Papier, Leder und Textilien, Holz- und Metallacke, Isolierlacke und Druckfarben. Außerdem stellt man aus Ethylcellulose dickschichtige Heiß-Tauchlacke und Abziehlacke her. Einige Typen können in Einbrennsystemen auf Basis von Harnstoff-Formaldehyd-Harzen eingesetzt werden.

Beispiele für Handelsprodukte:

K-, N-, T-Typen   (Aqualon)
Ethocel   (Dow)
Ethyl Cellulose   (Hercules)

Weitere Celluloseether

Methylcellulose, Hydroxyethyl- [15], Hydroxypropyl- und Carboxymethylcellulose [16] sind wichtige, weitere Vertreter der Celluloseether. Ihre Anwendungen auf dem Beschichtungssektor erstrecken sich vorrangig auf Additive, Schutzkolloide und Verdicker meist in Dispersionsfarben oder bei deren Herstellung. Detaillierte Beschreibung ihrer Herstellung und Nutzung ist in der Literatur [5, 11, 14] zu finden.

Beispiele für Handelsprodukte [17] von

Aqualon (USA)
Berol (S)
BP (GB)
Fratelli (I)
Hoechst (D)

9.4.2 Oligo- und Polysaccharide

Polysaccharide, die neben Cellulose eine gewisse Bedeutung auf dem Bechichtungsgebiet haben, sind beispielsweise Stärke und ihre Derivate, Dextrine und Alginate. Hierzu sei auf die Literatur [18] verwiesen, da meist sehr spezielle Anwendungen vorliegen, die keine typischen Lackbindemittel umfassen.

Interessanter sind Produkte auf Basis von Saccharose (Sucrose). Dieses Disaccharid kann verschiedenen chemischen Reaktionen unterzogen werden [19]. So wurden Fettsäureester synthetisiert, die sowohl als oxydativ trocknende Bindemittel als auch zur Umsetzung mit Polyisocyanaten geeignet sind. Mehr Bedeutung könnte Sucrose als Baustein zur Bindemittelmodifizierung gewinnen. Es wurden Modifikationen von Phenol-, Melamin-, Carbamat-, Epoxid-, Polyester-, Acryl- und Siliconharzen beschrieben.

Sucroseacetoisobutyrat ist kommerziell erhältlich. Es wird als Additiv in Beschichtungen für Holz, Papier, Kunststoffe und Metalle sowie in Klebstoffen verwendet (Formel 9.29).

$$(CH_3)_2CHCOO\ CH_2 \cdot OCOCH_3 \quad \overset{OCOCH(CH_3)_2}{\underset{CH_2}{|}}\ CH_2 \cdot OCOCH_3 \quad\quad (9.29)$$

$$(CH_3)_2CHCOO \quad (CH_3)_2CHCOO \quad OCOCH(CH_3)_2$$
$$OCOCH(CH_3)_2$$

Die hochviskose Flüssigkeit dient neben der Anhebung des Festkörpergehaltes ohne Verlust an Filmhärte der Verbesserung der Haftung auf unterschiedlichen Substraten und der guten Pigmentbenetzung [20].

Sucrosebenzoat wird ebenfalls beschrieben. Die Anwendung ist ähnlich der von SAIB [19].

Beispiel für ein Handelsprodukt:

SAIB Sucroseacetoisobutyrat   (Eastman)

9.4.3 Kolophoniumharze

Kolophonium wird durch Extraktionsprozesse und nachfolgende Aufarbeitung aus verschiedenen Hölzern (meist Kiefernarten) gewonnen. Die Holzzusammensetzung besteht normalerweise aus 35 bis 45% Cellulose, 25 bis 35% Lignin, 20 bis 30% Hemicellulose und 2 bis 5% extrahierbaren Stoffen. In letzteren sind neben Kolophonium vor allem Fettsäuren (Tallöle), phenolische Verbindungen und verschiedene Terpene enthalten. Das Kolophonium wird meist durch destillative Aufarbeitung gewonnen. Je nach Quelle des

Vorproduktes unterteilt man in [17]

> Balsamharze (Lebendharzung) = Gum Rosin,
> Wurzelharze (aus Stubben) = Wood Rosin,
> Tallharze (aus Celluloseherstellung) = Tall Rosin.

Die Harze sind feste Produkte mit einer gewissen Oberflächenklebrigkeit, die bei 60 bis 80 °C schmelzen und eine Säurezahl von 150 bis 180 mg KOH/g aufweisen. Für weitergehende Studien sei auf die Literatur verwiesen [21 bis 24]. Das Kolophoniumharz besteht aus einer Reihe sogenannter Harzsäuren. Der Hauptbestandteil ist Abietinsäure, die als einbasisches Phenanthrenderivat aufgefaßt werden kann. Daneben sind Neoabietin-, Palustrin-, Pimar-, Isopimar- und Dehydroabietinsäure vertreten. Die im folgenden behandelten chemischen Umsetzungen sollen immer am Beispiel der Abietinsäure (Formel 9.30) vorgenommen werden.

(9.30)

Abietinsäure kann über die Carboxylgruppe und die Doppelbindungen chemisch umgesetzt werden. Als technisch wichtige Prozesse werden durchgeführt [24]

- Veränderungen von Anzahl und Lage der Doppelbindungen (siehe Abschn. 9.4.3.1)
- Molekülvergrößerungen ohne weitere Monomere (siehe Abschn. 9.4.3.2)
- Reaktionen an der Säuregruppe (siehe Abschn. 9.4.3.3)
- Diels-Alder-Reaktionen an den Doppelbindungen (siehe Abschn. 9.4.3.4)
- Umsetzung von Doppelbindungen mit Chinonmethiden (siehe Kap. 6.3)

Alle diese Umsetzungen führen zu Produkten, die auf dem Beschichtungssektor eingesetzt werden. Die wichtigsten sollen hier beschrieben werden. Natürlich kann Kolophonium auch direkt zum Einsatz gelangen, wobei allerdings die hohe Säurezahl und die geringe Wasserbeständigkeit neben der Oxydationsanfälligkeit und der Klebrigkeit bedacht werden müssen [1, 23].

9.4.3.1 Hydriertes und dehydriertes Kolophonium

Hydrierung und Dehydrierung dienen vorrangig der Stabilisierung gegen oxydative Prozesse. Abietinsäure ist aufgrund der konjugierten Doppelbindungen besonders anfällig gegenüber Sauerstoff, was zur Verfärbung des Kolophoniums führen kann. Die Hydrierung wird mittels Edelmetall- oder Raney-Nickel-Katalysatoren (z. B. bei 230 °C, 125 atm, 5 h) durchgeführt [22, 24]. Die Dihydroabietinsäure mit einer verbleibenden Doppelbindung ist schon ausreichend oxydationsstabil und unter einfacheren Bedingungen zu erhalten. Es gibt aber auch Marktprodukte mit überwiegendem Anteil an Tetrahydroabietinsäure (Gln. 9.31). Hydriertes Kolophonium wird beispielsweise im medizinischen Bereich als Rohstoff (Klebrigmacher, Weichmacher) für Haftkleber verwendet. Diese Anwendung kann auch in Form von Umsetzungsprodukten (Ester usw.) erfolgen [25]. Weitere Anwendungsgebiete sind helle licht-, oxydations- und vergilbungsbeständige Heißschmelzmassen, Papierleime, Lacke und Klebstoffe.

$$\text{(9.31)}$$

Abietinsäure → (H₂/Ni) Dihydroabietinsäure
Abietinsäure → (H₂/Pd) Tetrahydroabietinsäure
Abietinsäure → (−H₂/Pd) Dehydroabietinsäure

Die Dehydrierung kann an Palladiumkatalysatoren bei 230 °C vorgenommen werden. Neben Dehydroabietinsäure entstehen weitergehend dehydrierte Stoffe (Keten) und durch Disproportionierungsreaktionen Dihydro- und Tetrahydroabietinsäure [22]. Man bezeichnet derartige Produkte auch als disproportioniertes Kolophonium. Dehydriertes Kolophonium wird nicht direkt im Lackharzbereich eingesetzt [3], sondern dient als Harzrohstoff und zur Emulgatorherstellung. Das Produkt ist ebenfalls ziemlich oxydationsstabil (siehe Gln. 9.31)

Zu Isomerisierungsreaktionen zwischen den verschiedenen Harzsäuren sei auf die detaillierte Behandlung in der Literatur [22] verwiesen. Angemerkt sei hier, daß bei höheren Temperaturen und/oder Anwesenheit von Säuren vorrangig Abietinsäure gebildet wird.

Beispiele für Handelsprodukte:

Hydriertes Kolophonium:	Staybelit	(Hercules)
(Dihydroabietinsäure)	Foralyn	(Hercules)
	Hydrogral	(Granel)
(Tetrahydroabietinsäure)	Foral	(Hercules)
Dehydriertes Kolophonium:	Arizona	(Bergvik)
(Disproportioniertes	Gresinox	(Granel)
Kolophonium)	Nartac	(Nares)
	Uni-Tac	(Union Camp)

9.4.3.2 Polymerisiertes Kolophonium (Dimerisierung)

Unter polymerisiertem Kolophonium versteht man ein Produkt, welches bei erhöhtem Temperaturen (60 bis 300 °C) der Einwirkung von anorganischen oder organischen Säuren und Metallverbindungen (z. B. Halogeniden) ausgesetzt wird. Dabei enstehen neben größeren Anteilen an dimerisierter Abietinsäure isomerisierte und dehydrierte Produktanteile [22 bis 24].

9.4 Modifizierte Naturprodukte

(9.32)

Es gibt experimentelle Hinweise für Decarboxylierungsreaktionen und Esterbildung durch Addition einer Säuregruppe an die Doppelbindung eines anderen Moleküls [26]. Polymerisiertes Kolophonium hat eine niedrigere Säurezahl und ist weniger oxydationsanfällig. Es weist geringere Kristallisationsneigung bei erhöhtem Schmelzpunkt auf. Außerdem kann es allen bei Kolophonium möglichen Umsetzungen (Veresterungen, Maleinisierungen usw.) zugeführt werden, wobei höherwertige Harze besonders hinsichtlich Schmelzbereich und Oxydationsstabilität entstehen. Der direkte Einsatz erfolgt in Lacken, Druckfarben und Klebstoffen in Kombination mit weiteren Bindemitteln, wobei die Wärmebeständigkeit, Lagerstabilität der Formulierungen und bleibende Klebrigkeit infolge fehlender Kristallisationsneigung genutzt werden.

Beispiele für Handelsprodukte:

Beviros	(Bergvik)	Dymerex	(Hercules)
Bevitack	(Bergvik)	Polypale	(Hercules)
Sylvatac	(Bergvik)	Polyharz	(Kraemer)
Dertopol	(DRT)	Narepol	(Nares)
Polygral	(Granel)		

9.4.3.3 Kolophoniumsalze und -ester

Die Carboxylgruppe der Harzsäuren kann zu Salzen und Estern umgesetzt werden. Hydroxide bzw. Oxide von Calcium, Zink, Magnesium, Natrium und Aluminium sind zur Salzbildung geeignet. Magnesium-, Calcium- und Zinksalze (Abietate) werden besonders als Lackbindemittel verwendet. Sie werden auch als Magnesium-, Kalk- oder Zinkharze oder -resinate bezeichnet. Die Herstellung erfolgt durch Zugabe von Kalkhydrat (8%) bzw. Zinkoxid (5%) in eine Kolophoniumschmelze bei ca. 180°C und Steigerung der Temperatur auf 250 bis 300°C [24]. Die Säurezahlen können nur bis auf ca. 40 mg KOH/g durch die Salzbildung reduziert werden, um Gelierung des Reaktionsansatzes zu vermeiden. Ursache hierfür sind vielfältige Nebenreaktionen einschließlich Isomerisierung. Niedrige Säurezahlen sind durch Einsatz eines Gemisches aus 3 bis 5% Kalkhydrat und 1 bis 2% Zinkoxid zu erzielen. Diese Produkte bezeichnet man als Mischharze. Entsprechende Harze werden auch mit Magnesiumanteil (meist Ca/Mg) angeboten. Salze auf Basis des nichtmodifizierten Kolophoniums eignen sich als preiswerte Hartharze für Innenlacke. Die Kolophoniumsalze sind nicht lichtbeständig, farbig, verseifbar und wasserquellbar. Bessere Qualitäten werden mit polymerisiertem und dehydriertem Kolophonium erhalten.

Diese Kalk- und Zinkharze werden meist in Druckfarben, aber auch in Lacken eingesetzt. Die Veresterung des Kolophoniums kann mit ein- und mehrwertigen Alkoholen erfolgen [27]. Die Methylester des Kolophoniums und des hydrierten Kolophoniums sind viskose Flüssigkeiten, die mit vielen Bindemitteln verträglich sind. Sie wirken praktisch als Lösemittel. Hervorzuheben ist ihre Mischbarkeit mit wenig polaren Stoffen wie Pflanzenölen, Mineralölen, Wachsen, Paraffinen und Asphalt. Sie können als Haftverbesserer für Metall wirken. Emulgierung in Wasser ist möglich. Harzester mit Polyalkoholen wie Glycerin und Pentaerythrit werden als Hartharze verwendet (Gl. 9.33).

$$3\ RCOOH + \begin{array}{c} CH_2OH \\ | \\ CHOH \\ | \\ CH_2OH \end{array} \longrightarrow \begin{array}{c} CH_2-OCOR \\ | \\ CH-OCOR \\ | \\ CH_2-OCOR \end{array} + 3\ H_2O \qquad (9.33)$$

Harzsäure   Glycerin   Harzester

Die Herstellung erfolgt in beiden Fällen durch Verkochung mit den Polyalkoholen bei 200 bis 300 °C unter Zusatz von Zinksalzen, Zink oder Aluminiumstaub, Borsäure und anderen Verbindungen. Es entstehen immer Mischungen verschiedener Veresterungsstufen. Außerdem gibt es verschiedene Nebenreaktionen und Decarboxylierungen [22]. Die Pentaester sind in der Regel härter als Glycerinester. Die Säurezahlen liegen meist zwischen 4 und 30 mg KOH/g, die Schmelzbereiche bei 70 bis 130 °C. Die Produkte können geringe Eigenfärbung aufweisen. Mit polymerisiertem Kolophonium können erhöhte Beständigkeiten gegen Oxydationen und Licht erhalten werden. Die Harzester sind mit vielen weiteren Harzen und Bindemitteln verträglich. Der Harzcharakter macht in den meisten Fällen eine Kombination mit elastischeren Polymeren notwendig. Oft werden die Harzester in Lacken, Druckfarben und Klebstoffen auf Basis von Ölen, Alkydharzen, Vinylharzen, Chlorkautschuk, Cellulosenitrat, Bitumen usw. eingesetzt. Die Verträglichkeit der Glycerinester ist oft besser als die der Pentaester. Erwähnt sei noch die gute Löslichkeit der Harzester in aliphatischen Kohlenwasserstoffen.

Die Harzester lassen sich auch auf Basis von Kopalen herstellen. Hierbei erfolgt bei unlöslichen Kopalen ein „Abbau" durch den Schmelzprozeß bei ca. 300 °C. Oft wird nach der Veresterung mit dem Polyalkohol noch mit fetten Ölen verkocht. Alle Harzester verleihen Beschichtungen Eigenschaften wie Glanz, Härte, Verseifungsbeständigkeit und verbesserte Trocknung.

Die Säuregruppen der Harzsäuren können weiteren Umsetzungen zugeführt werden. Erwähnt sei die Hydrolysierung unter gleichzeitiger Hydrierung zu Hydroabietylalkohol, der als Rohstoff zur Harzsynthese (Alkyde) eingesetzt werden kann. Viele Beispiele zum direkten Einsatz des Kolophoniums bei Harz- und Polymersynthesen sind in der Literatur [23] zu finden.

Beispiele für Handelsprodukte:

Kolophoniumsalze (Kalk-, Zink-, Magnesiumresinate und Mischharze):
    von   Bergvik (S)
               DRT (F)
               DSM (NL)
               Granel (F)
               Hoechst (D)
               Kraemer (D)
               Nares (P)
               Reichhold (USA)
               Resinas (E)
               Valke (F)

Kolophoniumester (auch auf Basis von veredeltem Kolophonium)
    von den unter Kolophoniumsalze genannten Firmen, zusätzlich
        von Akzo (USA)
             Enka Nobel (NL)
             Hercules (USA)
             Reichhold (CH)
             Union Camp (GB)
             Veitsituoto (F)
             Worlee (D)

9.4.3.4 Maleinatharze

Eine wichtige Harzgruppe auf Kolophoniumbasis stellen die Maleinatharze dar. Zu ihrer Herstellung nutzt man die Diels-Alder-Reaktion, bei der im einfachsten Fall eine Substanz mit konjugierten Doppelbindungen (Dienkomponente) mit einer Substanz mit einer aktivierten Mehrfachbindung (meist Doppelbindung; Dienophil) unter Ausbildung eines 6-Ringes reagiert. Unter den Harzsäuren des Kolophoniums ist die Lävopimarsäure als Dienkomponente geeignet. Diese kann bei 180 bis 190 °C in ca. 2 Stunden praktisch quantitativ mit Maleinsäureanhydrid (Dienophil) zu Addukten umgesetzt werden. Die Lävopimarsäure ist im Kolophonium allerdings nur in Spuren vorhanden. Man geht daher davon aus, daß bei über 100 °C (optimal über 180 °C) das Gleichgewicht zwischen Abietinsäure und Lävopimarsäure infolge der ablaufenden Diels-Alder-Reaktion ständig zu letzterer verschoben wird (Gl. 9.34).

(9.34)

Auch andere Harzsäuren werden bei erhöhter Temperatur zu reaktiven Verbindungen isomerisiert [22, 28]. Die Anlagerung des Maleinsäureanhydrids ergibt in der Regel dreibasische Säuren (Maleopimarsäure). Weitere Dienophile wie Acrylsäure und deren Ester, Lactone und Acrylnitril [29, 30] können addiert werden. Fumarsäure kann bei 200 °C in 2 bis 3 Stunden mit Kolophonium umgesetzt werden [31], wobei Fumaropimarsäure und infolge Isomerisierung Maleopimarsäure entstehen. Im allgemeinen besitzen die Fumarsäureaddukte einen etwa 20 °C höheren Erweichungsbereich (verglichen mit gleichem Anteil an Maleinsäureanhydrid) [22].

Nach Reaktion der aktiven Doppelbindungen der Harzsäuren sind die Addukte wesentlich oxydationsstabiler. Ihr Schmelzbereich liegt üblicherweise zwischen 120 und 150 °C bei Säurezahlen von 280 bis 310 mg KOH/g [24]. Durch Veresterung mit Polyalkoholen wie Glycerin und Pentaerythrit oder Verwendung des Addukts als Säurekomponente bei der Alkydharzsynthese wird die Säurezahl stark reduziert (siehe Kap. 6.1.2). Glycerinester (Schmelzbereich 110 bis 130 °C) und Pentaester (Schmelzbereich 120 bis 160 °C) weisen Säurezahlen von 10 bis 30 mg KOH/g auf, allerdings gibt es auch teilveresterte Produkte mit höheren Säurezahlen (Gl. 9.35)

$$\text{Maleopimarsäure} + 2\,\text{Glycerin} \longrightarrow \text{Maleinatharz(ester)} \tag{9.35}$$

Die vielfältigen Umsetzungsmöglichkeiten bei der Maleinatharzherstellung ergeben eine breite Palette von Marktprodukten mit unterschiedlichen Eigenschaften und Anwendungen. Die meisten Harze sind gut in üblichen Lacklösemitteln löslich. Einige sind aliphatenlöslich, während Alkohollöslichkeit nur bei nicht- oder teilveresterten Produkten gegeben ist.

Der Hartharzcharakter der Maleinatharze bedingt eine Kombination mit Weichmachern oder besser anderen Lackharzen wie Cellulosenitrat, Alkydharzen, Ölen usw. In Lacken für Metall, Holz, Papier und in Druckfarben und Klebstoffen werden Trocknung, Härte, Glanz, Haftung und teilweise Beständigkeiten verbessert. Maleinatharze mit höheren Säurezahlen lassen sich über ihre Salze (Amine bzw. Hydroxide) leicht wasserlöslich machen. Sie werden besonders in wäßrigen Tief- und Flexodruckfarben verwendet.

Beispiele für Handelsprodukte [17, 32] von

Berol (S)
DRT (F)
DSM (NL)
Granel (F)
Hercules (NL)
Hoechst (D)
Jäger (D)
Kraemer (D)
McCloskey (USA)

Nares (P)
Osborn (USA)
Reichhold (USA/CH)
Resinas (E)
Robbe (F)
Synthopol (D)
Union Camp (USA)
Vianova (A)
Worlee (D)

9.4.3.5 Schellack

Schellack ist ein alkohollösliches Harz, das aus Exkrementen eines Insekts (Stocklaus, Tacchardia lacca) in Indien und Thailand gewonnen wird [1]. Es besteht aus einer Mischung aliphatischer und aromatischer Polyhydroxysäuren (beispielhaft Formel 9.36).

$$HOCH_2(CH_2)_5\overset{\overset{OH}{|}}{C}H\overset{\overset{OH}{|}}{C}H(CH_2)_7-\overset{\overset{O}{\|}}{C}-O-\overset{\overset{O}{\|}}{C}-R'-R''-\overset{\overset{O}{\|}}{C}-O-CH_2-\underset{HOCH_2-\diagdown\diagup-CH_3}{\diagup-COOH} \quad (9.36)$$

Schellack

Meist erfolgt der Einsatz in unmodifizierter Form in Holzlacken und -versiegelungen, Lebensmittelbeschichtungen und -glasuren, Folienlacken, Tinten und Druckfarben. Schellack bewirkt in Nitrolacken und Polituren eine hohe Haftfestigkeit und gute Benzinstabilität. Das Harz kann über Veretherungsreaktionen auch thermisch gehärtet werden. Durch Neutralisation mit Alkalien, Ammoniak oder Borax werden wasserlösliche Produkte erhalten. Handelsprodukte, deren Eigenschaften und weitere Einsatzgebiete sind in der Literatur zu finden [17].

9.4.4 Derivate natürlicher Öle

Als natürliche Öle bezeichnet man Triglyceride von Fettsäuren pflanzlicher und tierischer Herkunft. Neben geringeren Mengen anderer geradzahliger Fettsäuren sind hauptsächlich C_{18}-Fettsäuren mit Glycerin verestert. Die wichtigsten Vertreter sind Stearin-, Öl-, Linol- und Linolensäure (Formeln 9.37).

- $CH_3-(CH_2)_{16}-COOH$ Stearinsäure
- $CH_3-(CH_2)_7-CH=CH-(CH_2)_7-COOH$ Ölsäure
- $CH_3-(CH_2)_4-CH=CH-CH_2-CH=CH-(CH_2)_7-COOH$ Linolsäure
- $CH_3-CH_2-CH=CH-CH_2-CH=CH-$
  $CH_2-CH=CH-(CH_2)_7-COOH$ Linolensäure

Wichtige Fettsäurebausteine von natürlichen Ölen   (9.37)

Je nach Herkunft des Öls sind unterschiedliche Mengen dieser Fettsäuren enthalten. Die zwei oder mehreren Doppelbindungen verleihen den Fettsäuren bzw. Ölen die Fähigkeit, durch Aufnahme von Luftsauerstoff oxidativ zu vernetzen, d.h. zu trocknen [33]. Man unterteilt deshalb die Öle in drei Kategorien (siehe auch Kap. 6.1.2):

- Trocknende Öle (Leinöl, Holzöl, Fischöl, Ricinenöl)
- Halbtrocknende Öle (Sojaöl, Safflöröl, Sonnenblumenöl)
- Nichttrocknende Öle (Ricinusöl, Kokosöl, Baumwollsaatöl)

Die Öle sind wichtige Beispiele aus einer Vielzahl von Sorten [17]. Fischöl enthält längerkettige, mehrfach ungesättigte Fettsäuren (C_{20} und C_{22}). Ricinusöl besitzt mit der Ricinolsäure eine Hydroxylfunktionalität. Durch Dehydratisierung entsteht bei höheren Temperaturen die Ricinenfettsäure bzw. das entsprechende Öl (Gleichung 9.38).

$$CH_3-(CH_2)_4-CH_2-CH(OH)-CH_2-CH=CH-(CH_2)_7-COOH$$
$$\downarrow -H_2O, \text{Temperatur}$$
$$CH_3-(CH_2)_4-CH_2-CH=CH-CH=CH-(CH_2)_7-COOH \quad (9.38)$$
$$+$$
$$CH_3-(CH_2)_4-CH=CH-CH_2-CH=CH-(CH_2)_7-COOH$$

Dehydratisierung von Ricinolfettsäure zur Ricinenfettsäure (konjugiert und nicht-konjugiert)

Durch Hydrierung des Ricinusöls werden die Ricinolfettsäurereste in Hydroxystearinsäure umgewandelt. Das hydrierte Ricinusöl dient in lösemittelhaltigen und -freien Beschichtungssystemen als rheologisches Additiv (Thixotropie) [17]. Zu weiteren Angaben über Herstellung und Struktur natürlicher Öle wird auf die Literatur verwiesen [34, 35].

Obwohl natürliche Öle schon seit Jahrtausenden als Bindemittel für Beschichtungen Verwendung finden, werden sie heute nur noch in geringem Umfang ohne vorherige chemische Modifizierung eingesetzt. Langsame Trocknung, Verseifungsempfindlichkeit und ungenügende Korrosionsschutzeigenschaften sind hierfür verantwortlich. Vorteilhaft sind dagegen ihre niedrige Viskosität in unverdünntem Zustand und ihre sehr guten Benetzungseigenschaften. Zur Verbesserung der Bindemitteleigenschaften bieten die Öle vielfältige Möglichkeiten zur chemischen Umwandlung [36 bis 39]:

A) Reaktionen an den Doppelbindungen der Fettsäurereste durch/mit
- thermische Polymerisation (Standöle)
- Isomerisierung (Isomerisierte Öle)
- Dehydratisierung von Ricinusöl (Ricinenöl)
- Epoxidierung (Epoxidierte Öle)
- Sauerstoff oder Schwefel (Geblasene Öle, Faktis)
- Maleinsäureanhydrid (Maleinatöle)
- Styrol (Styrolisierte Öle)
- Acrylverbindungen (Acrylierte Öle)
- Cyclopentadien (Cycloöle)
- Wasserstoff (Hydriertes Ricinusöl)
- Chlor (Chlorierte Öle)

B) Reaktionen an den Esterbindungen (Glyceridsystem)
- Verseifung (Gelöle)
- Alkoholyse (Mono- und Diglyceride)

In den Abschnitten 9.4.4.1 bis 9.4.4.6 soll hauptsächlich auf die unter A) aufgeführten Umsetzungen eingegangen werden. Die teilweise Spaltung der Esterbindungen (Alkoholyse, Umesterung) führt zu Mono- und Diglyceriden, die mit Polycarbonsäuren, Polyisocyanaten, Phenol [40], Harnstoffharzvorstufen und vielen weiteren Produkten zur Reaktion gebracht werden können. Derartige Umsetzungen werden bei der Herstellung von Alkydharzen, Urethanölen, ölmodifizierten Phenolharzen usw. durchgeführt (siehe Kap. 6). Neben den Ölen werden dafür oft auch die Fettsäuren direkt eingesetzt. Die Fettsäuren sind in der Regel ebenso den bereits genannten Umsetzungen an den Doppelbindungen zugänglich (Handelsprodukte siehe [17]).

Unter Firnis [37] werden oft mit Trockenstoffen (Sikkative wie z. B. Cobalt-, Blei-, Manganlinoleate, -octoate oder -naphthenate) versetzte trocknende Öle verstanden.

Epoxidierung wird vor allem beim Sojaöl durchgeführt. Das epoxidierte Sojaöl stellt allerdings kein eigentliches Bindemittel dar. Es wird in chlorhaltigen Anstrichstoffen auf Basis von PVC-Copolymeren oder Chlorkautschuk als Stabilisator (Chlorfänger) eingesetzt [17, 34].

Vinylester von Fettsäuren als Rohstoff für Polymere sind in der Literatur beschrieben [41], ebenso chlorierte Öle für unbrennbare Alkydharze [42].

9.4.4.1 Standöle und isomerisierte Öle

Standöle entstehen durch thermische Polymerisation von trocknenden und halbtrocknenden Ölen. Die Reaktionsmechanismen sind nicht vollständig geklärt. Man nimmt an, daß

9.4 Modifizierte Naturprodukte

Diels-Alder-Reaktionen, oft verbunden mit vorangehenden Umlagerungen des Doppelbindungssystems, ablaufen [34, 37]. Öle mit isolierten Doppelbindungen (Isolenöle wie Leinöl) werden dabei auf 280 bis 300 °C, Öle mit konjugierten Doppelbindungen (Konjuenöle wie Holzöl) auf 260 bis 270 °C erhitzt. Die Standöle enthalten noch etwa 50% nicht umgesetzter Fettsäurereste. Der hochmolekulare Anteil reicht bis ca. 100 000 g/mol. Durch Verkochen unter Inertgas oder im Vakuum und Zusatz von Katalysatoren werden Standöle mit heller Farbe und geringerer Säurezahl (thermische Spaltung von Esterbindungen) erhalten. Die Produkte werden in verschiedenen Viskositätsstufen angeboten. Wichtige Vertreter sind Leinöl-Standöl und Leinöl-Holzöl-Standöl.

Standöle trocknen nach Sikkativzusatz zu relativ weichen Filmen, deren Beständigkeit gegenüber Bewitterung, Feuchtigkeit und Vergilbung besser ist als die von nicht-modifizierten Ölen. Die Standöle werden mit ölreaktiven Phenolharzen oder Maleinatharzen verkocht oder in Kombination mit Alkydharzen für lufttrocknende Beschichtungen eingesetzt.

Zur Gewinnung von isomerisierten Ölen bzw. Fettsäuren werden Nickelkatalysatoren bei ca. 160 °C eingesetzt. Die isolierten Doppelbindungen der Fettsäurereste werden dabei in konjugierte umgewandelt (Gl. 9.39).

$$R-CH=CH-CH_2-CH=CH-R'$$
$$\downarrow Ni/C, 170\,°C$$
$$R-CH=CH-CH=CH-CH_2-R' \tag{9.39}$$

Isomerisierung von Fettsäuren mit isolierten Doppelbindungen zur konjugierten Struktur

Die isomerisierten Öle werden hinsichtlich wichtiger Eigenschaften wie Trocknung, Härte und Vergilbung verbessert. Isomerisierte Fettsäuren verleihen daraus hergestellten Alkydharzen, Epoxidharzestern und Polyamiden ebenfalls vorteilhafte Bindemitteleigenschaften. Das gleiche Ziel kann mit Ricinusöl bzw. Ricinenfettsäure (siehe Formel 9.38) ebenfalls erreicht werden.

Beispiele für Handelsprodukte:

A) Leinöl-Standöle und Leinöl-Holzöl-Standöle von
   Abshagen (D)
   Akzo Nobel (NL,D)
   Pluess-Stauffer (CH)
   Reichhold-Chemie (CH)
   Robbe (F)
B) Sojaöl-Standöl und Safloröl-Standöl
   Akzo Nobel (D)
   Robbe (F)
C) Leinölfettsäure, isomerisiert
   Brinkmann & Mergell (D)
D) Isomerisiertes Sojaöl, Safloröl
   Robbe (F)

9.4.4.2 Geblasene Öle

Diese Produkte werden mittels Durchblasen von Luft bei 70 bis 120 °C erhalten. Es erfolgt eine Vergrößerung der Moleküle durch oxydative Prozesse, ohne daß es zu merklicher Vernetzung kommt. Der Prozeß kann durch Metallkatalysatoren (Trockenstoffe) beschleunigt werden. Man kann von halbtrocknenden und trocknenden Ölen oder auch von Standölen ausgehen [34, 37]. Die geblasenen Öle zeigen stärkere Vergilbungsneigung als Standöle. Gegenüber nicht-modifizierten Ölen sind Trocknung, Verlauf und Glanz von daraus hergestellten Beschichtungen verbessert. Geblasenes Ricinusöl kann zur Herstellung von Alkydharzen verwendet werden, wobei es gleichzeitig als Öl und Polyalkohol fungiert [43]. Außerdem dient es als Polyolkomponente für lösemittelfreie PUR-Lacke und Weichmacher für CN-Lacke.

Beispiele für Handelsprodukte:

A) geblasenes Leinöl
   Alberdingk Boley (D)
   Akzo (NL)
   Robbe (F)

B) geblasenes Ricinusöl
   Alberdingk Boley (D)

C) geblasenes Sojaöl
   Akzo (NL)

9.4.4.3 Maleinatöle

Die Addition von Maleinsäureanhydrid (auch Fumarsäure, Itaconsäure, Citraconsäure usw.) erfolgt in Abhängigkeit vom Vorliegen isolierter und konjugierter Doppelbindungen in den Fettsäureresten nach dem Diels-Alder-Mechanismus A) oder nach dem En-Mechanismus B) (substituierende Addition) (Gln. 9.40).

A) Diels-Alder-Reaktion mit konjugierter Fettsäuregruppe

B) En-Reaktion mit isolierten Doppelbindungen in der Fettsäuregruppe (substituierende Addition)

$$R-CH_2-CH=CH-CH=CH-CH_2-R'$$
$$+$$
$$\begin{array}{c} CH=CH \\ | \quad\quad | \\ O=C\diagdown_O\diagup C=O \end{array}$$
$$\downarrow$$
$$R-CH_2-CH-CH=CH-CH-CH_2-R'$$
$$\quad\quad\quad \diagdown CH—CH\diagup$$
$$O=C\diagdown_O\diagup C=O$$

$$R-CH_2-CH=CH-CH_2-R'$$
$$+$$
$$\begin{array}{c} CH=CH \\ | \quad\quad | \\ O=C\diagdown_O\diagup C=O \end{array}$$
$$\downarrow$$
$$R-CH_2-CH-CH=CH-R'$$
$$\quad\quad\quad |$$
$$\quad\quad\quad CH—CH_2$$
$$O=C\diagdown_O\diagup C=O$$

(9.40)

Umsetzung von Ölen mit Maleinsäureanhydrid zu Maleinatöl

Meist werden 2 bis 10 Massenprozent Maleinsäureanhydrid addiert. Gegenüber nichtmodifizierten Ölen wird die Trocknungsgeschwindigkeit nur bei halbtrocknenden Ölen erhöht, während das Vergilbungsverhalten generell verbessert wird. Die Maleinatöle werden durch Umsetzung mit Polyalkoholen zu Alkydharzen verkocht. Weiterhin können sie nach Neutralisation mit Ammoniak oder Aminen wasserverdünnbar eingestellt werden. Nach der Applikation verdunstet das Amin, und es setzt eine durch Sikkative beschleunigte oxydative Trocknung ein. Derartige Produkte haben Bedeutung bei der Holzimprägnierung bzw. -Grundierung und für Lasuren. Die Maleinatöle können in organischer oder wäßriger Lösung mit Alkydharzen und weiteren Bindemitteln kombiniert werden [37]. Weitere Anwendung finden sie in Abtönpasten, Druck- und Künstlerfarben.

Beispiele für Handelsprodukte: (wasserlösliche bzw. emulgierbare Leinöladdukte)

Necowel	(Ashland-Südchemie)
Kelsol, Linaqua	(Reichold-Chemicals)
Worléesol	(Worlée)

9.4.4.4 Styrolisierte und acrylierte Öle

Natürliche Öle können mit Vinylverbindungen radikalisch copolymerisiert werden. Es werden in der Wärme übliche Peroxidkatalysatoren angewandt. Hauptsächlich dürfte eine Pfropfung von Vinylpolymerketten auf die Fettsäurereste des Öls erfolgen [34] (Gl. 9.41), allerdings werden auch andere Mechanismen diskutiert [37].

$$
\begin{array}{c}
\text{R} \\
| \\
\text{CH} \\
\| \\
\text{CH} \\
| \\
\text{CH}_2 \\
| \\
\text{CH} \\
\| \\
\text{CH} \\
| \\
\text{R}'
\end{array}
+ \text{I}* \xrightarrow{-\text{HI}}
\begin{array}{c}
\text{R} \\
| \\
\text{CH} \\
\| \\
\text{CH} \\
| \\
*\text{CH} \\
| \\
\text{CH} \\
\| \\
\text{CH} \\
| \\
\text{R}'
\end{array}
+ \text{CH}_2 = \text{CHX} \longrightarrow
\begin{array}{c}
\text{R} \\
| \\
\text{CH} \\
\| \\
\text{CH} \\
| \\
\text{CH} - \text{CH}_2 - \overset{*}{\text{CHX}} \\
| \\
\text{CH} \\
\| \\
\text{CH} \\
| \\
\text{R}'
\end{array}
+ n\,(\text{CH}_2 = \text{CHX}) \qquad (9.41)
$$

$$
\longrightarrow
\begin{array}{c}
\text{R} \\
| \\
\text{CH} \\
\| \\
\text{CH} \\
| \\
\text{CH} - (\text{CH}_2 - \text{CHX})_n - \text{CH}_2 - \overset{*}{\text{CHX}} \\
| \\
\text{CH} \\
\| \\
\text{CH} \\
| \\
\text{R}'
\end{array}
$$

Copolymerisation (Pfropfung) von ungesättigten Ölen mit Vinylverbindungen
(I* = Initiatorradikal)

Die Reaktion verläuft bei Konjuenölen sehr schnell (Gelierung möglich), bei Isolenölen relativ langsam und kontrollierbar. Zur besseren Abführung der Reaktionswärme und Senkung der Viskosität des Reaktionsansatzes wird oft in Lösemitteln gearbeitet. Gebräuchliche Vinylverbindungen sind neben Styrol Vinyltoluol, Divinylbenzol, Methylmethacrylat und Acrylsäure [44]. Im allgemeinen sind styrolisierte bzw. acrylierte Öle hinsichtlich Trocknung, Beständigkeiten und Farbe gegenüber den unmodifizierten Ölen wesentlich verbessert. Die Produkte können allein oder in Kombination mit anderen Harzen und Bindemitteln für Metallacke Verwendung finden. Weiter verbesserte Eigenschaften können durch gleichartige Modifizierung der Fettsäureanteile in Alkydharzen erzielt werden.

Beispiele für Handelsprodukte: (Styrolisiertes Leinöl)

Uralac	(DSM Resins)
Jagol	(Jäger)
Coporob, Sinopol	(Robbe)
Vialkyd	(Vianova)

9.4.4.5 Cyclopentadienaddukte (Cycloöle)

Cyclopentadien kann mit trocknenden und halbtrocknenden Ölen umgesetzt werden [37]. Man gewinnt das Cyclopentadien durch Aufspaltung von Dicyclopentadien. Meist werden die Öle gemeinsam mit diesem auf 250 bis 280 °C im Autoklaven erhitzt, wobei das

Monomere direkt entsteht. Als Mechanismus wird die Diels-Alder-Reaktion mit dem Öl als Dienophil angenommen.

Bevorzugt werden Leinöl, Fischöle und Sojaöl auf diese Weise modifiziert. Die Cycloöle weisen deutlich verbesserte Trocknungs- und Härteeigenschaften auf und sind recht verseifungsstabil. Man kann sie mit Ölen und Alkydharzen mischen oder als Alleinbindemittel verwenden.

Beispiele für Handelsprodukte: (Basis Leinöl und Sojaöl)

Necolin   (Ashland-Südchemie)

9.4.4.6 Urethanöle

Urethanöle sollen hier als einziges Beispiel für Umwandlungen am Glyceridsystem des Öls genannt werden. Zu ihrer Herstellung wird die sogenannte Alkoholyse als Vorstufe durchgeführt, die auch bei der Alkydharzherstellung eine wichtige Rolle spielt. Dabei werden Öle mit Polyalkoholen wie Glycerin, Pentaerythrit u. ä. bei höheren Temperaturen (über 200 °C) umgesetzt, wobei unter Austausch einzelner Säurereste Mono- und Diglyceride entstehen, deren freie Hydroxylgruppen danach mit Diisocyanaten zur Reaktion gebracht werden (Gln. 9.42) (siehe auch Kap. 7.1.5.6).

A) CH_2–Fettsäure CH_2–OH CH_2–OH CH_2–Fettsäure
    | | | |
    CH –Fettsäure   +   CH –OH   ⇌   CH –Fettsäure + CH –OH
    | | | |
    CH_2–Fettsäure CH_2–OH CH_2–OH CH_2–Fettsäure

B) CH_2–Fettsäure   (9.42)
    |
  2 CH –OH   + OCN–R–NCO ⟶
    |
    CH_2–Fettsäure

                        CH_2–Fettsäure CH_2–Fettsäure
                        | |
                        CH –O–CO–NH–R–NH–CO–O–CH
                        | |
                        CH_2–Fettsäure CH_2–Fettsäure

A) Alkoholyse (Umesterung) eines Öls mit Glycerin zu Mono- und Diglycerid
B) Bildung des Urethanöls am Beispiel der Umsetzung von Diglycerid mit Diisocyanat

Dabei werden praktisch zwei Glyceridmoleküle mit einem Diisocyanat verknüpft, was etwa 10 Massenprozent Diisocyanat in der Reaktionsmischung entspricht [37]. Infolge der höheren Molmasse und der stabilen Urethanbindungen besitzen die Urethanöle eine Reihe vorteilhafter Eigenschaften. So sind Trocknung und Gilbungsbeständigkeit sowie Flexibilität und Abriebfestigkeit verbessert. Die Produkte werden für Holz- und Malerlacke, Lasuren, Druckfarben und Pigmentpräparationen eingesetzt. Die gute Wasserbeständigkeit erlaubt die Formulierung von Yachtlacken. Alle genannten Eigenschaften können durch Anwendung der gleichen Syntheseprinzipien bei der Alkydharzherstellung noch weiter modifiziert und verbessert werden (siehe Kap. 6.1.2).

Beispiele für Handelsprodukte:

Acothanöl   (Abshagen)
Uralac   (DSM Resins)
Jagol   (Jäger)
Polyurethanne   (Robbe)
Urotuföl   (Reichhold Chemie)
sowie Produkte von Cargill, McCloskey, McWarther und Reichhold Chemicals in den USA

Literatur zu Abschnitt 9.4

[1] *C. H. Hare*, J. Protec. Coatings Linings **10** (1993) Nr. 3, 59–69
[2] *J. C. Arthur* in *G. Allen* and *J. C. Bevington* (Hrsg.): Comprehensive Polymer Science, Vol. 6. Pergamon Press, Oxford 1989, S. 49–80
[3] *H. Wagner* und *H. F. Sarx* (Hrsg.): Lackkunstharze, 5. Aufl. Hanser, München 1971, S. 263–270
[4] *C. H. Fisher* in *R. B. Seymour* und *H. F. Mark* (Hrsg.): Organic Coatings, their Origin and Development. Elsevier, London, New York 1990, S. 21–29
[5] *H. Kittel*: Lehrbuch der Lacke und Beschichtungen, Bd. I/1. Colomb, Stuttgart, Berlin 1971, S. 267–303
[6] *Ullmann*s Encyclopedia of Industrial Chemistry, Vol. A5. VCH, Weinheim 1986, S. 419–457
[7] *V. F. Stannett* in: J. F. Kennedy, G. O. Phillips und P. A. Williams: Cellulose, Structural and Functional Aspects. Horwood, Chichester 1989, S. 19–31
[8] *K. Fabel*: Nitrocellulose. Enke, Stuttgart 1950
[9] *F. D. Miles*: Cellulose Nitrate. Oliver & Boyd, London 1955
[10] *D. M. Zavisa* in *D. Satas* (Hrsg.): Coatings Technology Handbook. Dekker, New York 1991, S. 449–455
[11] *C. H. Hare*, J. Protect. Coatings Linings **10** (1993), Nr. 12, 73–84
[12] *L. Hoppe* in: D. Stoye: Paints, Coatings and Solvents. VCH, Weinheim 1993
[13] *K. J. Edgar*, Polym. Paint Col. J. **183** (1993) Nr. 4340, 564–571
[14] *R. Döngs*, Brit. Polym. J. **23** (1990) 315–326
[15] *R. M. Davis* in *D. Satas* (Hrsg.): Coatings Technology Handbook. Dekker, New York 1991, S. 485–489
[16] *L. A. Burmeister* in *D. Satas* (Hrsg.): Coatings Technology Handbook. Dekker, New York 1991, S. 491–496
[17] *E. Karsten*: Lackrohstoff-Tabellen, 9. Aufl. Vincentz, Hannover 1992
[18] Siehe [5], S. 166–178
[19] *M. C. Shukla* und *A. Tewari*, Paintindia (1989) Nr. 10, 55–59
[20] Eastman Chemical, Broschüre SAIB Sucrose Acetate Isobutyrate, Kingsport/US 1993
[21] Siehe [3], S. 263–266
[22] *Gang-Fung Chen*, Prog. Org. Coatings **20** (1992) 139–167
[23] *S. Maitl, S. S. Ray* und *A. K. Kundu*, Prog. Polym. Sci. **14** (1989) 297–338
[24] Siehe [5], S. 202–221
[25] *P.A. Mancinelli*, Adhesive Age (1989) Nr. 9, 18ff
[26] *B. A. Parkin, W. H. Schuller* und *R. V. Lawrence*, Ind. Eng. Chem, Prod. Res. Rev. **8** (1969) 304
[27] *C. Ellis*: The Chemistry of Synthetic Resins, Vol. 1 und 2. Reinhold, New York 1935
[28] *S. C. Saksena, H. Panda* und *Rakhshinda*, J. Oil Col. Chem. Assoc. **65** (1982) 317
[29] *N. J. Halbrook, R. V. Lawrence, R. L. Dressler, R. C. Blackstone* und *W. Herz*, J. Org. Chem. **29** (1964) 1017
[30] *N. J. Halbrook, J. A. Wells* und *R. V. Lawrence*, J. Org. Chem. **26** (1961) 2641
[31] *N. J. Halbrook* und *R. V. Lawrence*, J. Amer. Chem. Soc. **80** (1958) 368
[32] National Paint & Coating Association, Raw Material Index, Resin Section, Washington 1989
[33] *W. H. Simendinger* und *C. M. Balik*, J. Coatings Technol. (1994), Nr. 10, 39–45
[34] *C. H. Hare*, J. Protect. Coat. Linings **11** (1994) Nr. 1, 79–87
[35] Siehe [4], S. 179–201
[36] *R. B. Tirodkar*, Paintindia **43** (1993) Nr. 10, 39–42
[37] Siehe [4], S. 221–247
[38] *E. S. Lower*, Pig. Resin Technology **20** (1991) Nr. 2, 10–12
[39] *S. Latta*, Inform. **1** (1990) Nr. 5, 437–443
[40] *G. Ziebarth, K. Singer, R. Gnauck* und *H. Raubach*, Angew. Makromol. Chem. **170** (1989) 87–102
[41] *E. S. Lower*, Polym. Paint. Col. J. **181** (1991) 474–477
[42] *S. N. Koley* und *S. Das*, Paintindia **40** (1990) Nr. 3, 59–63
[43] *A. Sharma* und *B. B. Gogte*, Paintindia **43** (1993) Nr. 2, 63–65
[44] *R. Saxena* und *M. S. Saxena*, Paintindia **40** (1990) Nr. 9, 43–47

9.5 Verschiedene Lackharze

Dr. Dieter Stoye

9.5.1 Polysulfide

Polymere mit Polysulfidbrücken werden durch Reaktion anorganischer Polysulfide mit Dihalogeniden entsprechend Gleichung 9.43 hergestellt:

$$n\,X-R-X \,+\, n\,Na_2S_x \longrightarrow -(RS_x)_n- \,+\, 2n\,NaX \qquad (9.43)$$

mit X = Halogen, R = Alkyl und $x \geq 2$

Als Dihalogenide eignen sich 1,2-Dichlorethan oder auch Ether vom Typ Bis(2-chlorethyl)ether oder Acetale wie Bis(2-chlorethoxi)methan. Häufig werden geringe Mengen an Trihalogeniden wie 1,2,3-Trichlorpropan zur Verzweigung zugesetzt [1]. Die Produkte werden auch als Thioplaste oder Polysulfid-Elastomere bezeichnet [2, 3]

Die entstehenden Polymeren können flüssig oder fest sein, sie werden als solche oder in dispergierter Form angeboten. Die Produkte unterscheiden sich in der Art der Alkylreste, im Schwefelgehalt und in den Molmassen. Die Polymeren sind in hohem Maße gasundurchlässig, wasserbeständig, witterungsstabil, alterungsbeständig und wärmestabil in einem weiten Bereich von −50 bis 125 °C; sie sind beständig gegen Öle sowie aromatische und aliphatische Kohlenwasserstoffe. Hervorzuheben ist ihre Beständigkeit gegenüber Ozon.

Polysulfid-Polymere lassen sich wie Kautschuk vulkanisieren, die Vulkanisate werden auch wie Kautschuk verarbeitet. Vorwiegend werden die Produkte wegen ihrer Beständigkeit gegenüber organischen Lösemitteln für Dichtungsmassen (Fugendichtungen) auf dem Bausektor verwendet. Die Polymeren eignen sich auch in Kombination mit Epoxidharzen zur Herstellung von Schutzschichten mit hoher Beständigkeit. Weitere Anwendungen sind Isolierstoffe, Klebemittel, Imprägnierungen und Bindemittel für Feststoff-Raketentreibsätze.

Handelsprodukt: Thiokol (Morton Intern.)

9.5.2 Polyphenylensulfide

Polyphenylensulfide entstehen durch Kondensation von 1,4-Dichlorbenzol mit Natriumsulfid gemäß Gleichung 9.44

$$n\,Cl-\!\!\bigcirc\!\!-Cl \,+\, 2n\,Na_2S \longrightarrow -[S-\!\!\bigcirc\!\!-]_n \,+\, 2\,NaCl \qquad (9.44)$$

Es sind amorphe Polymere, die durch Tempern kristallisiert werden können. Sie sind sehr beständig und schwer entflammbar, ihre Verarbeitungstemperatur ist sehr hoch (über 300 °C). Die Produkte zeichnen sich durch Festigkeit, Steifigkeit, Härte, Formbeständigkeit und geringe Feuchtigkeitsaufnahme aus. Sie finden auf dem Kunststoffsektor Verwendung für hochwertige Formteile, in der Elektroindustrie, im Apparatebau, dem Flugzeugbau und für Haushaltsgeräte. Höhere Gebrauchstemperaturen erreicht man durch Copolykondensation mit 4,4′-Dichlordiphenylsulfon, Dichlorbenzophenon oder Dichlorbiphenyl [4].

Polyphenylensulfid wird als hervorragendes Material für Beschichtungen von Rohrleitungen, Tanks, Pumpen und Haushaltsgeräten wegen seines hohen Korrosionsschutzes, der Lösemittel- und Wärmebeständigkeit empfohlen [5 bis 9]. In Kombination mit Furanharzen oder Polysulfonharzen wird Polyphenylensulfid nach Versetzen mit Füllstoffen und Dispergierung in Wasser als korrosionsbeständiger Beschichtungsstoff appliziert [10], die Applikation von Polyphenylensulfid-Lösungen unter Verwendung von Benzylbenzoat als Lösemittel wird beschrieben [11]. Phenylensulfidcopolymere, bestehend aus nicht substituierten und kern-alkylsubstituierten Strukturen, eignen sich als heißhärtende Beschichtungsmassen mit hohem Gebrauchswert [12].

Handelsprodukt: Ryton (Phillips Petroleum)

9.5.3 Polysulfonharze

Hierunter werden Polymere mit der Sulfongruppe $-SO_2-$ verstanden. Man unterscheidet folgenden Strukturen

$$-R-SO_2- \qquad \text{mit } R = \text{Alkyl, Aryl} \qquad (9.45)$$

$$-R-\underset{\underset{CH_3}{|}}{\overset{\overset{CH_3}{|}}{C}}-R-O-R-SO_2-R- \qquad (9.46)$$

$$\text{mit } R = \text{Aryl, bes. Phenyl}$$

$$-R-SO_2-R-O- \qquad (9.47)$$

$$-R-O-R-SO_2-R-R-SO_2 \qquad (9.48)$$

Produkte mit der Struktur 9.45 werden als die eigentlichen Polysulfone bezeichnet. Technische Bedeutung haben die drei Typen 9.46, 9.47 und 9.48 erlangt. Es sind Polyethersulfone, die auch als Polyarylsulfone, Polyphenylensulfone oder Polyarylethersulfone bezeichnet werden. Sie werden hergestellt durch Polykondensation des Natriumsalzes von Bisphenol A mit 4,4′-Dichlorsulfonyldiphenylmethan, andere Verfahren werden beschrieben [13] (Gleichung 9.49).

$$(9.49)$$

Die entstehenden Polymeren enthalten neben Ether- und Sulfogruppen auch Isopropyliden-Gruppen als Brückenelemente (Struktur 9.46). Die Polysulfone besitzen hohe Festigkeit, Steifheit und Härte in einem weiten Temperaturbereich zwischen −100 und 150 bis 180 °C, gute Wärmeformbeständigkeit, Chemikalien- und Strahlungsstabilität, sind flammwidrig, transparent, haben hohe Schmelzviskositäten und erfordern hohe Verarbeitungstemperaturen. Sie werden im Kunststoffbereich durch Spritzgießen, Extrudieren und Umformen in der Wärme verarbeitet. Einsatzgebiete sind Formteile für hohe mechanische, elektrische und thermische Beanspruchungen in der Elektroindustrie, im Geräte- und Apparatebau, Fahrzeug- und Flugzeugbau [14, 15].

Die Anwendung als Lackbindemittel ist wegen der hohen Beständigkeit der Polysulfone auch gegenüber Lösemitteln und der Verarbeitung bei hohen Temperaturen eingeschränkt. Die Verträglichkeit mit anderen Bindemitteln ist begrenzt, die Haftung entsprechender Filme auf Metall hervorragend. Anwendungen für den Drahtlacksektor und für hitzebeständige Beschichtungen, z.B. für Kochgeschirr, Rohre, Stahlplatten [16, 17], werden beschrieben. Die Verarbeitung erfolgt bevorzugt im elektrostatischen Pulversprüh-Verfahren [18, 19].

Hersteller: Union Carbide

9.5.4 Polyimidharze

Polyimide erhält man durch Umsetzung von Bis-Anhydriden, bevorzugt Pyromellithsäuredianhydrid oder Benzophenontetracarbonsäure, mit aromatischen Diaminen, z.B. Benzidin, Diaminodiphenyloxid oder Diaminodiphenylmethan, oder auch mit Diisocyanaten [20] (Gleichung 9.50).

(9.50)

Es entstehen im ersten Reaktionsschritt lösliche Polyamidocarbonsäuren, die als Lackharz verwendet werden. Beim Einbrennen gehen die Produkte unter Wasserabspaltung und Bildung der cyclischen Imide in unlösliche Beschichtungen über [21]. Die Beschichtungen besitzen hohe Temperaturbeständigkeit (Dauerbelastung von 180 °C, Belastungsgrenze bis 315 °C) und hervorragende Isoliereigenschaften [22 bis 24].

Polyesterimide entstehen bei der Veresterung der Polyamidocarbonsäuren mit Polyalkoholen. Ein anderer Weg führt über die Dioxazolin-Verbindungen und deren Ringöffnung durch Reaktion mit Bisanhydriden unter Bildung der Imidstruktur.

9.5 Verschiedene Lackharze

$$(9.51)$$

Auch die Umsetzung von Dioxazolinen mit Maleinsäureanhydrid-Addukten von Kolophonium, Holzöl, Ricinenöl und Leinölfettsäuren ist beschrieben [25 bis 27].
Polyesterimide mit Struktureinheiten aus Tris(2-hydroxyethyl)isocyanurat oder aus Tris(2-carboxyethyl)isocyanurat, verestert mit Glycolethern, eignen sich als elektroisolierende Beschichtungen [28]:

$$(9.52)$$

Polyesterimid-Beschichtungen zeigen gute Wärme-, Chemikalien-, Korrosionsbeständigkeit sowie Stoß-, Wasserfestigkeit und gute Verformbarkeit.
Die Verwendung der Polyimidharze für lösemittelhaltige Lacke ist wegen der Notwendigkeit des Einsatzes ungewöhnlicher Lösemittel, die physiologisch nicht unbedenklich sind, stark eingeschränkt. Polyimidharze werden für elektrostatisch verarbeitbare Pulverlacke werden verwendet [29]. Mischungen von Polyamid-imiden und Polyhydantoin oder Polyparabansäure werden als Bindemittel für Einbrennlacke und Drahtlacke vorgeschlagen [30, 31].

9.5.5 Polyspiran-Harze

Spirane sind gekennzeichnet durch Ringstrukturen, die über jeweils ein gemeinsames Kohlenstoffatom miteinander verknüpft sind. Es können zwei oder mehrere Ringe in dieser Weise aneinander gebunden werden. Technisch anwendbare Polyspiranharze bestehen aus einem Oxetan-Skelett:

$$(9.53)$$

Sie werden hergestellt durch Reaktion von Pentaerythrit oder Mischungen von Penta- und Dipentaerythrit mit Dialdehyden wie Glutaraldehyd oder Diketonen [32, 33]. Auch mit Polyisocyanaten oder Polyanhydriden vernetzbare Polyspiranharze für Drahtlacke werden beschrieben. Als Lösemittel eignen sich Phenole, Dimethylsulfoxid oder Pyrrolidon. Polymere von mittlerer Molmasse mit Spirolacton-Strukturen werden erhalten durch Umsetzung eines Epoxidharzes mit Diethylmalonat [34]:

$$2 \begin{array}{c} R \\ | \\ CH_2 \\ | \\ CH \\ | \\ CH_2 \end{array}\!\!>\!\!O \; + \; H_2C\!\!<\!\!\begin{array}{c} COO-C_2H_5 \\ COO-C_2H_5 \end{array} \longrightarrow \; \text{Spirolacton} \; + \; 2\,C_2H_5OH \tag{9.54}$$

Auch Polymethylmethacrylate mit Spirobenzopyran-Seitengruppen wurden entwickelt [35]. Harze aus Bis-carboxyethyltetraoxaspiro-undecan in Mischung mit anderen polymerisierbaren Harzen und reaktiven Monomeren sind mit Elektronenstrahlen härtbar [36, 37].

9.5.6 Polyether

Aus der Trichlorverbindung des Pentaerythrits werden durch Abspaltung von HCl in flüssigem Schwefeldioxid als Medium lineare chlorierte Polyether mit der Struktur 9.55 erhalten [38].

$$n\; Cl-H_2C-\underset{\underset{Cl}{\overset{\overset{CH_2}{|}}{|}}}{\overset{\overset{CH_2}{|}}{C}}-CH_2-OH \;\xrightarrow{-HCl}\; \left[\!\!\begin{array}{c} \\ H_2C-\underset{\underset{Cl}{\overset{\overset{CH_2}{|}}{|}}}{\overset{\overset{CH_2}{|}}{C}}-CH_2-O \\ \end{array}\!\!\right]_n \tag{9.55}$$

Polyoxyphenylene zeigen als Beschichtungsstoffe sehr gute Korrosionsschutzeigenschaften auf Stahl [39]. Die Produkte besitzen hohe Chemikalien- und Wärmebeständigkeit (Dauerbelastbarkeit bis zu 135 °C). Die Harze können aus Lösungen, z. B. in Cyclohexanon, aus nicht-wässerigen oder wässerigen Dispersionen oder als Pulver durch Spritzen oder im Wirbelsinter-Verfahren verarbeitet werden [40, 41]. Die Harze finden als Überzüge Verwendung in der chemischen Industrie zum Schutz von Geräten, Behältern, Rohren und anderen.

Handelsprodukt: Penton (Hercules)

9.5.7 Polyphenylene

Polyphenylene sind Oligomere und Polymere aus in o-, m- oder p-Stellung verknüpften Phenylenringen und verwandten Systemen (Naphthalin, Anthracen):

$$\left[\!-\!\!\bigcirc\!\!-\!\!\bigcirc\!\!-\!\right]_n \tag{9.56}$$

Die Polymeren werden auch als Polyphenyle oder Polybenzole bezeichnet, die IUPAC-Bezeichnung ist Poly(p-phenylen). Die Herstellung erfolgt durch kationische Polymerisation von Benzol in Gegenwart von Al-, Cu-, und Fe-chlorid-Katalysatoren; es entstehen unlösliche, hochschmelzende Pulver. Lösliche Produkte werden durch Polymerisation von Terphenylen erhalten. Die Polymeren sind hochtemperaturbeständig und eignen sich zur Herstellung von Laminierungen und korrosionsbeständigen Beschichtungen [42, 43].

Durch Chlorieren von Diphenyl (thermisches Zersetzungsprodukt von Benzol) in der Schmelze oder in Lösung entstehen hochchlorierte Diphenyle, die als verseifungsstabile Weichmacher (Clophen, Bayer AG) angeboten werden. Vergleichbar ist das hochchlorierte Ter- oder Pentaphenyl, welches jedoch harzartige Eigenschaften aufweist und als Clophenharz W (Bayer AG) in Lacken verwendet wird. Das Harz ist farblos, lichtbeständig, neutral, unverseifbar und nicht brennbar mit guter Chemikalienbeständigkeit. Es ist in den üblichen Lacklösemitteln (außer niederen Alkoholen) löslich und mit sehr vielen Bindemitteln verträglich. Es ist unverträglich mit polaren Harzen, Cellulosenitrat, Celluloseacetat, Polyvinylacetat, Polyacrylmethylester, Harnstoffharzen und Phenol-modifizierten Kunstharzen. Es wird vorwiegend in Kombination mit Chlorkautschuk, Polyvinylchlorid und Vinylchloridcopolymerisaten verwendet zur Verbesserung von Glanz, Fülle und Haftung.

Handelsprodukt: Clophenharz W (Bayer)

9.5.8 Polyoxadiazole

Poly(1,3,4-oxadiazole) entstehen durch Polykondensation von Terephthalsäure und Hydrazin zum Polyhydrazid und anschließende thermische Dehydratisierung:

$$n\ HOOC-\langle\bigcirc\rangle-COOH + H_2N-NH_2 \longrightarrow \left[\langle\bigcirc\rangle-\underset{NH-NH}{\overset{O\quad O}{C-C}}\right]_n + 2\ n\ H_2O \qquad (9.57)$$

$$\longrightarrow \left[\langle\bigcirc\rangle-\underset{N-N}{\overset{O}{\diagdown\diagup}}\right]_n$$

Poly(1,2,4-oxadiazole) entstehen durch 1,3-dipolare Addition von Bisnitriloxiden und Dinitrilen:

$$-R_1-C\equiv N^{\oplus}-O^{\ominus} + N\equiv C-R_2- \longrightarrow \underset{R_1}{\overset{N-O}{\diagdown\diagup}}\overset{R_2-}{\underset{N}{}} \qquad (9.58)$$

Polyoxadiazole sind hochtemperaturbeständige Kunststoffe, sie sind sehr beständig gegenüber Chemikalien. Sie eignen sich zur Herstellung von Faserstoffen, Arbeitsschutzkleidungen, für die Heißgasfiltration und zur Elektroisolation.

9.5.9 Polybenzoxazole

Ihre Herstellung erfolgt aus Bis-o-aminophenol und Dicarbonsäure oder Säurechlorid:

$$\text{n H}_2\text{N}-\underset{\text{HO}}{\bigcirc}-\underset{\text{OH}}{\bigcirc}-\text{NH}_2 + \text{HOOC}-\bigcirc-\text{COOH}$$

$$\downarrow$$

$$\left[\underset{\text{N}}{\overset{\text{O}}{\bigcirc}}-\bigcirc-\underset{\text{N}}{\overset{\text{O}}{\bigcirc}}-\bigcirc-\right]_n$$

(9.59)

Die Produkte sind löslich in Kresol, Cyclohexanon und Benzylalkohol. Sie besitzen gute Haftung, thermische, chemische Stabilität und sind beständig gegen Strahlen [44, 45].

9.5.10 Polyoxazoline

Polyoxazoline entstehen durch kationisch initiierte Ringöffnungspolymerisation von in 2-Position substituierten 4,5-Dihydro-oxazolen:

$$n \underset{N}{\overset{O}{\bigcirc}}R_1 + R_2-X \longrightarrow \underset{\overset{|}{CH_2-CH_2-N-R_2}}{\overset{O}{\underset{\oplus N}{\bigcirc}}R_1} + X^{\ominus}$$
$$\overset{|}{CO-R_1}$$

(9.60)

Bei der Polymerisation entstehen lebende Polymere, die über die kationische Endgruppe modifiziert werden können, z.B. Blockcopolymere durch Polyaddition unterschiedlicher 4,5-Dihydrooxazole oder Oxirane. Herstellung erfolgt durch Substanz- oder Lösungspolymerisation. Die Produkte finden Anwendung als Verdickungsmittel, Klebstoffe, Schutzkolloide, für Oberflächenbeschichtungen und als Harzzusätze.

9.5.11 Poly-2-Oxazolidinone

Polyoxazolidinone werden hergestellt durch Reaktion von Di-epoxidharzen mit Diisocyanaten. Sie sind löslich in DMF [46].

$$\begin{array}{c}H_2C\\ |\\ HC\\ |\\ H_2C\end{array}\!$$

(9.61)

9.5.12 Piperidin-harze

Für antistatische Decklacke und Beschichtungen für elektrophotografische Prozesse werden wasserlösliche lineare 3,5-Piperidinium-Harze mit niedriger Molmasse und guter elektrischer Leitfähigkeit empfohlen [47]:

9.5 Verschiedene Lackharze

$$\text{(Struktur: drei verknüpfte Piperidinium-Einheiten mit } \overset{\oplus}{N}H_2\text{)} \quad (9.62)$$

9.5.13 Polyphenylchinoxaline

Polyphenylchinoxaline enstehen durch Cyclopolykondensation von 3,3',4,4'-Tetraaminobenzophenon mit Bisbenzilen, die Oxyphenylengruppen tragen.

$$(9.63)$$

Die Produkte besitzen gute Löslichkeit in Chlorkohlenwasserstoffen und m-Kresol und bilden flexible Filme. Die Oxyphenylengruppen reduzieren die Glastemperatur und die thermo-oxydative Stabilität der Polymeren. Sie finden Anwendung als hochtemperaturbeständige Klebstoffe für die Raum- und Luftfahrt (Dauerbelastbarkeit bis 589 °K), für Isolierungen und Beschichtungen [48 bis 50].

9.5.14 Polyhydantoine, Polyparabansäure

Polyhydantoine und Polyparabansäure sind löslich in polaren Lösemitteln wie Dimethylformamid, N-Methyl-pyrrolidon, Pyridin und Kresol. Die Polymeren sind hart und hitzebeständig bis zu 400 °C (Dauerbelastbarkeit 160 °C) und werden für wärmebeständige Beschichtungen, Drahtlacke, Isolierlacke, Isolierfolien und Klebstoffe vorgeschlagen [51, 52]. Das Polyhydantoinharz wird häufig mit Polyamid-imid- oder Polyimidharzen kombiniert.

$$(9.64)$$

Polyhydantoin   Polyparabansäure

9.5.15 Polythioether-keton

wird hergestellt aus 4,4′-Dihalobenzophenon. Das Harz erweicht bei Temperaturen zwischen 310 und 380 °C, es eignet sich zur Beschichtung von Metallen [53].

$$X-\phi-\underset{\underset{O}{\|}}{C}-\phi-X + S_x \longrightarrow -S-\phi-\underset{\underset{O}{\|}}{C}-\phi-S-\phi-\underset{\underset{O}{\|}}{C}-\phi-S- \qquad (9.65)$$

9.5.16 Anorganische Polymere

(siehe auch Abschnitt 9.2 Wasserglas und Alkylsilikate)

9.5.16.1 Polysilazane

Höhermolekulare Polysilazane können durch Ringöffnungspolymerisation von Cyclodisilazanen ($n=2$), Cyclotrisilazanen und -tetrasilazanen ($n=3$ und 4) hergestellt werden (siehe Gl. 9.66).

$$(\text{SiR}_2-\text{NR})_n \longrightarrow -\text{NR}-\text{SiR}_2-(\text{NR}-\text{SiR}_2)_n-\text{NR}-\text{SiR}_2- \qquad (9.66)$$

Cyclosilazane — Polysilazane

$n = 2, 3, 4$
$R = H, CH_3, C_2H_5, -CH(CH_3)_2, -C(CH_3)_3$

N,N-Dimethylcyclodisilazane bilden bei kationischer oder anionischer Initiierung Polymere mit hoher Molmasse, die in Lösemitteln löslich sind. Cyclodisilazane mit Ethyl-, Isopropyl oder *tert*-Butylgruppe am Stickstoffatom bilden Oligomere [54].

9.5.16.2 Polysulfazene

Polysulfazene entstehen durch Polymerisation von festem Dischwefeldinitril S_2N_2:

$$-[-S=N-]_n- \qquad (9.67)$$

Die Produkte bilden Einkristalle von Faserbündeln. Sie verhalten sich hinsichtlich der elektrischen Leitfähigkeit und der magnetischen Suszeptibilität wie Metalle [55, 56]. Über ihre Anwendung in Beschichtungen ist derzeit nichts bekannt.

9.5.16.3 Polyphosphazene

Polyphosphazene sind ungesättigte Phosphor-Stickstoffverbindungen mit sich wiederholenden $P=N$-Gruppen:

$$-[P=N-]_n- \qquad (9.68)$$

Polyphosphazene sind chemisch und thermisch beständige Polymere, die sich vom Phosphordichloridnitrid $N\equiv PCl_2$ als Oligomerisationsprodukte ableiten [57]. Sie entstehen auch durch Erhitzen von am Phosphor chlorierten cyclo-Phosphazanen (Formel 9.69).

9.5 Verschiedene Lackharze

$$\begin{array}{c} \text{Cl} \\ \text{NH}-\text{P} \\ \text{Cl}-\text{P} \quad \text{NH} \\ \text{NH}-\text{P} \\ \text{Cl} \end{array}$$ (9.69)

Die Polymeren besitzen interessante Eigenschaften für Beschichtungen [58, 59]. Auch organisch modifizierte Produkte wie Polyaryloxyphosphazene werden als Bindemittel empfohlen [60, 61] (Formel 9.70).

$$-\text{N}=\overset{\overset{\displaystyle \text{Ar}}{\underset{\displaystyle |}{\text{O}}}}{\underset{\overset{\displaystyle |}{\underset{\displaystyle \text{Ar}}{\text{O}}}}{\text{P}}}-\text{N}=\overset{\overset{\displaystyle \text{Ar}}{\underset{\displaystyle |}{\text{O}}}}{\underset{\overset{\displaystyle |}{\underset{\displaystyle \text{Ar}}{\text{O}}}}{\text{P}}}-\text{N}=\overset{\overset{\displaystyle \text{Ar}}{\underset{\displaystyle |}{\text{O}}}}{\underset{\overset{\displaystyle |}{\underset{\displaystyle \text{Ar}}{\text{O}}}}{\text{P}}}-\text{N}=\overset{\overset{\displaystyle \text{Ar}}{\underset{\displaystyle |}{\text{O}}}}{\underset{\overset{\displaystyle |}{\underset{\displaystyle \text{Ar}}{\text{O}}}}{\text{P}}}-$$ (9.70)

Auch vernetzbare Phosphazen-Copolymere werden beschrieben, bei denen die Vernetzung über eine Cyclotrimerisation in Gegenwart saurer Katalysatoren bei erhöhter Temperatur erfolgt [62]. Als Bodenbeschichtungen, Beschichtungen in der optischen und elektrischen Industrie und zur Beschichtung von Magnetbändern eignen sich Kombinationen von Polyaryloxyphosphazenen und Aryloxycyclotriphosphazene mit Polythiol-Verbindungen zur Vernetzung [63, 64]. Als neue, künftig zu beachtende Polymergruppe wurden *Polythiaphosphazene* entwickelt, die durch Erwärmen von Pentachlor-2,4-diphospha-6-thia-s-triazin entstehen [65]:

$$\begin{array}{c} \text{Cl} \quad \text{N} \quad \text{Cl} \\ \text{S} \quad \text{P} \\ \text{N} \quad \text{N} \\ \text{P} \\ \text{Cl} \quad \text{Cl} \end{array} \longrightarrow \left[\text{S}=\text{N}-\overset{\overset{\displaystyle \text{Cl}}{\displaystyle |}}{\underset{\underset{\displaystyle \text{Cl}}{\displaystyle |}}{\text{P}}}=\text{N}-\overset{\overset{\displaystyle \text{Cl}}{\displaystyle |}}{\underset{\underset{\displaystyle \text{Cl}}{\displaystyle |}}{\text{P}}}=\text{N} \right]_n$$ (9.71)

9.5.16.4 Titanacylate

Titanacylate mit der allgemeinen Struktur 9.72 sind in Lösemitteln löslich. Sie werden als Netzmittel und Bindemittel empfohlen. Beschichtungen auf dieser Basis weisen sehr gute Korrosionsschutzbeständigkeiten auf.

$$R_4 \left[\text{O}-\overset{\overset{\displaystyle \text{O}-\overset{\displaystyle \text{O}}{\overset{\displaystyle \|}{\text{C}}}-R_1}{\displaystyle |}}{\underset{\underset{\displaystyle \text{O}-R_3}{\displaystyle |}}{\text{Ti}}}-\text{O} \right]_n R_2$$ (9.72)

Literatur zu Abschnitt 9.5

[1] *J. Brossas* und *J. M. Catala*, J. Oil Col. Chem. Assoc. **66** (1983) Nr. 9, 263–269
[2] *H. Batzer*: Polymere Werkstoffe, Bd. 3. Thieme, Stuttgart 1976, S. 373
[3] *H.-G. Elias* und *F. Vohwinkel*: Neue polymere Werkstoffe für die industrielle Anwendung. Hanser, München 1983, S. 210–212
[4] *H. Domininghaus*, Die Kunststoffe und ihre Eigenschaften, 3. Aufl. VDI, Düsseldorf 1988, S. 579–590
[5] *S. G. Joshi*, J. Col. Soc. **23** (1984) Nr. 2, 18–19

[6] US 4 835 051 (1989) Phillips Petroleum
[7] JP 60/228 572 (1986) Dai-Nippon Ink
[8] US 4 711 796 (1987) Phillips Petroleum
[9] *L. R. Kallenbach* und *M. R. Lindstrom*, Am. Chem. Soc., Polym. Preprints **28** (1987) Nr. 1, 63–64
[10] JP 57/090 043-4,3 (1983) Hodogaya Chem. Ind.
[11] EP 055 723, 056 380 (1982) Glacier Metal
[12] US 4 064 084 (1977); GB 1 513 296 (1978); US 5 189 121 (1993) Phillips Petroleum
[13] USSR 509 619 (1978) *V. A. Sergeev* et al.
[14] *H. Domininghaus*: Die Kunststoffe und ihre Eigenschaften, 3. Aufl. VDI, Düsseldorf 1988, S. 557–579
[15] *E. M. Koch* und *H.-M. Walter*, Kunststoffe **80** (1990) 1146–1148; *E. Döring*, Kunststoffe **80** (1990) 1149–1154
[16] USSR 532 609 (1977) *V. A. Sergeev* et al.
[17] GB 1 485 523 (1978); EP 004 136 (1979) ICI
[18] *E. Y. Magazinova* und *S. S. Dashevskaya*, Polym. Sci. Tech. **4** (1977) Nr. 12, 51–52
[19] JP 63/130 340, 130 341, 130 342 (1988) Sumitomo Metal Ind.
[20] *G. D. Khune*, J. Macromol. Chem. **A14** (1980) Nr. 5, 687–711
[21] *K. Hamann*, Farbe+Lack **69** (1963) Nr. 11, 809
[22] *S. A. Sroogt, A. L. Endrey, S. V. Abramo, E. C. Berr, W. M. Edwards* und *K. L. Olivier*, J. Polym. Sci, Part A, **3** (1965) 1373
[23] *N. D. Ghatge* und *G. D. Khune*, Polymer **21** (1980) Nr. 9, 1052–1056
[24] *E. Sacher* und *J. R. Susko*, J. Appl. Polym. Sci. **26** (1981) Nr. 2, 679–686
[25] US 2 547 497 (1950); US 2 547 498 (1950) Rohm and Haas
[26] *W. J. DeJarlais, L. E. Gast* und *J. C. Cowan*, J. Am. Oil Chem. Soc. **44** (1966) 126
[27] DE 1 261 261 (1966) Hüls
[28] GB 1 551 328 (1980) Chem. Fabrik Wiedeking
[29] *S. Vargiu, P. Paparatto* und *A. Parodi*, XV. Fatipec-Kongreß, Kongreßbuch, Vol. I. Amsterdam 1980, S. 74–101
[30] EP 133 519 (1985) Bayer AG
[31] JP 82/050 003 (1982) Furukawa Electric
[32] US 2 963 464 (1960); DE 1 123 104 (1959) Shawinigan Resins
[33] DE 1 210 964 (1959) Monsanto
[34] *K. J. Abbey* und *W. H. Guthrie*, Am. Chem. Soc., Polym. Preprints **23** (1982) Nr. 2, 110
[35] *M. Irie, A. Menju* und *H. Hayashi*, Macromol. **12** (1979), Nr. 6, 1176–1180
[36] JP 80/007 846 (1980) Nippon Oils & Fats
[37] EP 0 359 341 B1 (1994) Shell (*P. Ch. Wang*)
[38] DE 931 226 (1954) Degussa; US 2 722 520 (1955); GB 764 053 (1955); DE 959 949 (1957) Hercules
[39] *C. Pagura, M. M. Musiani* und *G. Mengoli*, Pitture Vernici **60** (1984) Nr. 7, 88–92
[40] Anonymus, Dtsch. Farben-Ztschr. **14** (1960) Nr. 10, 383
[41] *S. F. Dieckmann*, Dtsch. Farben-Ztschr. **18** (1964) Nr. 5, 217; Kunststoffe **54** (1964) Nr. 5, 306
[42] *G. Wegener*, Angew. Chem. **93** (1981) 352–371
[43] *H. G. Elias* und *F. Vohwinkel*: Neue polymere Werkstoffe für die industrielle Anwendung. Hanser, München 1983, S 78–81, 341–354
[44] GB 1 499 608 (1978) *V. V. Korshak* et al.
[45] USSR 568 913, 568 916 (1979) *E. Y. Magazinova* et al.
[46] *D. Braun* und *J. Weinert*, Angew. Makromol. Chem. **78** (1979) 1–19
[47] GB 1 505 915 (1978) Calgon
[48] *P. M. Hergenrother* und *D. J. Progar*, Adhesives Age **20** (1977) Nr. 12, 38–43
[49] *A. K. St. Clair* und *N. J. Johnston*, J. Polym. Sci., Polym. Chem. **15** (1977) Nr. 12, 3009–3021
[50] *M. Su*, Paints & Coatings Ind. Chin. (1985) Nr. 4, 34–37
[51] GB 1 484 397 (1978) Bayer
[52] JP 79/019 413 (1979) Furukawa Electric
[53] EP 323 180 (1990) Kureka Chem. Ind.
[54] *E. Duguet, M. Schappacher* und *A. Soum*, Macromol. **25** (1992), Nr. 19, 4835–4839; US 2 885 370 (1959) American Cyanamid (*St. J. Groszos, D. Hall, J. A. Hall*)

[55] *H. G. Elias*: Makromoleküle, 4. Aufl. Hüthig u. Wepf, Basel 1981, S. 911
[56] *H. F. Mark, N. M. Bikales, C. G. Overberger* und *G. Menges*: Encycl. Polym. Sci. Engng. Vol. 16. Wiley, New York 1989, S. 311 ff
[57] *J. R. van Wazer*, Proc. Sci. Org. Coatings, Kent State Univ., Ohio 1979, 149–154
[58] *Ch. Glidewell*, Angew. Chem. **87** (1975) 875–876
[59] *H. R. Allcock*, Angew. Chem. **89** (1977) 153–162
[60] *A. K. Chattopadhyay, R. L. Hinrichs* und *S. H. Rose*, J. Coatings Techn. **51** (1979), Nr. 658, 87–98
[61] *A. H. Gerber*, Am.Chem.Soc., Div. ORPL, Papers **41** (1979), 81–87
[62] *M. Zeldin, W. H. Jo* und *E. M. Pearce*, J. Polym. Sci., Polym. Chem. **19** (1981) Nr. 4, 917–923
[63] GB (A) 2 025 443 (1980) Armstrong Cork
[64] JP 02/129 263 (1990) Idemitsu Petrochemical
[65] *H. R. Allcock, J. A. Dodge* und *I. Manners*, Macromol. **26** (1993) Nr. 1, 11–16

10 Polymere Lackadditive

Johan Bieleman

10.1 Einführung

Additive sind Zusatzstoffe, die dem Lack oder der Farbe zugegeben werden, um bestimmte Eigenschaften bei der Lackherstellung, der Lagerung oder Verwendung zu verbessern oder um unerwünschte Eigenschaften zu verhindern. Neben den Hauptkomponenten des Lackes wie Bindemittel, Pigment und Lösemittel bestimmen die eingesetzten Additive in hohem Maße die Lackeigenschaften.
Zu den wichtigsten Additiven gehören folgende Produkte:

- Netz- und Dispergiermittel
- Verdickungsmittel
- Entschäumer
- Biozide
- Filmbildehilfsmittel
- Gleitmittel
- Anti-Hautmittel
- Trocknungskatalysatoren

Die Wirkungsweise einiger Additive ist recht vielfältig; so wirken Netz- und Dispergiermittel oft auch untergrundbenetzend und verlaufsfördernd.
Der Anteil an Additiven in einer Lackformulierung beträgt selten mehr als insgesamt 5 Massenprozent. Dennoch liegt der Gesamtverbrauch an Additiven in Europa jährlich bei über 100.000 Tonnen [1]. In ihrer chemischen Zusammensetzung unterscheiden sich Additive außerordentlich voneinander [2, 3]. Teils sind es chemisch eindeutig definierte Verbindungen (z. B. Silicone, siehe Kap. 9.1), teils Präparationen aus verschiedenen Verbindungen, Naturstoffe (z. B. Lecithin) oder modifizierte bzw. aufbereitete Naturstoffe (z. B. Cellulosederivate, siehe Kap. 9.4).
Neben niedermolekularen Additiven werden immer mehr hochmolekulare, polymere Lackadditive angeboten. Die Haupteinsatzbereiche für polymere Lackadditive sind:

- Dispergiermittel (siehe Abschn. 10.2)
- Verdickungsmittel (siehe Abschn. 10.3)
- Gleit- und Anti-Kratzmittel (siehe Abschn. 10.4)

Im Vergleich zu den niedermolekularen Additiven bieten polymere Additive generell folgende Vorteile:

- höchste Wirksamkeit
- filmbildende Eigenschaften, bindemittelähnliche Eigenschaften
- verbesserte mechanische Eigenschaften und Beständigkeiten

Die Verträglichkeit mit den übrigen Lackbindemitteln und die Löslichkeitseigenschaften sind bei polymeren Additiven im allgemeinen eingeschränkt.

10.2 Polymere Dispergiermittel

Polymere Materialien werden schon seit mehreren Jahrhunderten zur Herstellung stabiler Dispersionen verwendet. So wurden schon im Mittelalter Naturprodukte wie Eiweiß und arabisches Gummi eingesetzt, um wasserverdünnbare Farben und Tinten herzustellen. Erst in den letzten Jahrzehnten hat man mit großem Erfolg rein synthetische Polymere als Pigmentdispergiermittel verwendet und damit qualitativ hochwertige Farben und Lacke hergestellt.

10.2.1 Dispergierprozeß

Die Qualität eines Lackes wird in hohem Maße vom Dispersionszustand der Pigmentpartikel im flüssigen Medium bestimmt. Eine vollständige Dispergierung der Pigmente ist die Voraussetzung für eine optimale Farbstärke-Entwicklung, gutes Deckvermögen, hohen Glanz sowie gute Wetterbeständigkeit; auch die mechanischen Eigenschaften des Lackfilms sind häufig abhängig vom Dispersionsgrad der Pigmentteilchen [4].
Beim Dispergieren werden die Pigmentagglomerate und -aggregate benetzt, die Agglomerate zerteilt und nachbenetzt [5]. Ziel der Dispergierung ist die vollständige Zerteilung der Pigmentagglomerate und -aggregate in fein verteilte Primärteilchen.
Bei Agglomeraten sind die Einzelteilchen (Primärteilchen) über Brückenbildung an den Kanten und Ecken miteinander verbunden, während Aggregate aus flächig aneinandergelagerten Einzelteilchen bestehen (Bild 10.1).
Die Stabilisierung des einmal erreichten Zustandes, d.h. die Verhinderung der Ausflockung, ist eine wichtige Voraussetzung für optimale Lackeigenschaften. Ein optimaler

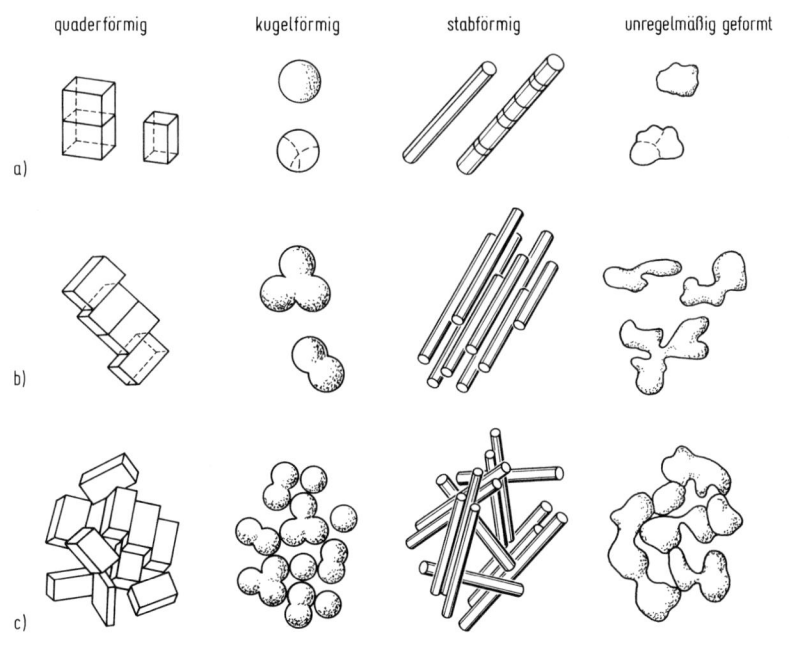

Bild 10.1. Primärteilchen (a), Aggregate (b) und Agglomerate (c)

Dispersionszustand setzt nicht nur eine gute Dispergierung, sondern ebenso eine optimale Dispersionsstabilität voraus.

Von der Dispersionsstabilität sind folgende Lackeigenschaften abhängig:

- Lagerstabilität im Gebinde
- Deckvermögen und Ergiebigkeit
- Erreichbarer Glanzgrad und Glanzhaltung
- Verarbeitbarkeit
- Farbton und Farbtonstabilität

10.2.1.1 Pigmentbenetzung

Das pulverförmige Pigment enthält – abhängig von der Hydrophilie der Pigmentoberfläche – eine Schicht adsorbierten Wassers oder adsorbierter Luft. Diese Schicht wird beim Dispergieren im Lacksystem durch die flüssige Phase ersetzt. Die Adsorptionsenergien der Lackbestandteile wie Lösemittel oder Harze reichen üblicherweise nicht aus, um diesen Vorgang zu bewerkstelligen. Man benötigt deshalb Netzmittel, bevorzugt werden multifunktionelle, niedermolekulare Tenside eingesetzt. Multifunktionell sind diese Tenside deshalb, weil sie ihre Wirksamkeit als Netzmittel bei Pigmenttypen mit ganz unterschiedlichen Oberflächeneigenschaften entwickeln. In der Praxis ist dies mit Tensiden und Netzmitteln zu verwirklichen, die im Molekül mehrere chemisch unterschiedliche, adsorptionsfähige Gruppen enthalten.

Multifunktionelle Netzmittel werden zur Benetzung verschiedener Pigmentqualitäten eingesetzt. Anschließend wird das benetzte Pigment mechanisch zerteilt. Teilweise erfolgt bei der Benetzung der Pigmentteilchen bereits eine spontane Zerteilung der Pigmentagglomerate, die verbleibenden Agglomerate und Aggregate werden mechanisch zerteilt.

10.2.1.2 Mechanische Zerteilung

Die Pigmentagglomerate und -aggregate werden im Dispergierprozeß durch Zufuhr mechanischer Energie in kleinere Teilchen zerteilt. Hierzu wird der Mahlgutansatz beispielsweise mit dem Dissolver oder der Perlmühle dispergiert. Die neu entstandenen kleineren Teilchen müssen sofort gegen eine erneute Zusammenlagerung (Ausflockung oder Flockung) geschützt werden.

10.2.1.3 Stabilisierung

Nicht nur während der Herstellung, sondern auch während der Lagerung und der Verarbeitung muß das dispergierte Pigmentteilchen gegen Ausflockung geschützt werden, um Nachteile wie Farbveränderungen, Bodensatzbildung, Viskositätsänderungen, usw. zu vermeiden. Aufgabe des Pigmentdispergiermittels ist es, die durch Dispergierung erzielten optimalen Teilchen mit gewünschter Größenverteilung in der Dispersion zu stabilisieren. Als Folge von Brown'schen Bewegungen kommt es in den dispersen Systemen ständig zu Zusammenstößen der Pigmentteilchen. Eine unzureichende Stabilisierung der Teilchen kann zu Ausflockungen führen. Als Anziehungskräfte zwischen den dispergierten Pigmentteilchen, die für eine mangelhafte Stabilisierung verantwortlich sind, wirken:

- London-van der Waals-Kräfte, d.h. zwischenmolekulare Kräfte mit Reichweiten von einigen wenigen Moleküldurchmessern
- Polymerbrücken zwischen adsorbierten Polymeren

10.2 Polymere Dispergiermittel

- Wasserstoffbrückenbindungskräfte zwischen Donator- und Akzeptorgruppen. Ihre Reichweite ist geringer als die London-van der Waals-Kräfte, ihre Bindungskraft dagegen größer
- Elektrostatische Anziehungskräfte infolge Ladungen auf den Grenzflächen

Bei groberen Pigmentteilchen wird die Stabilität zudem noch von Gravitationskräften beeinflußt.
Wirksame Abstoßungskräfte, über die eine Stabilisierung erfolgen kann, sind:

- Ionenkräfte infolge Abstoßung durch die Grenzflächenladungen nach dem Coulombschen Gesetz (elektrostatische oder Coulombsche Stabilisierung) (Bild 10.2)
- Abstoßung durch adsorbierte Polymerschichten (sterische Stabilisierung) (Bild 10.3)

Die elektrostatische Stabilisierung ist sehr effektiv in polaren Medien, z.B. in Wasserlacken; in apolaren Medien wie lösemittelhaltigen Pasten werden die Pigmente am besten sterisch stabilisiert. In beiden Fällen erweisen sich polymere Dispergiermittel, wenn auch mit unterschiedlicher Zusammensetzung, als äußerst effektiv.

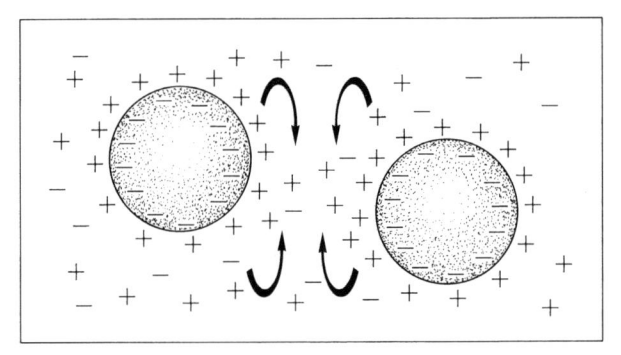

Bild 10.2. Elektrostatische Stabilisierung

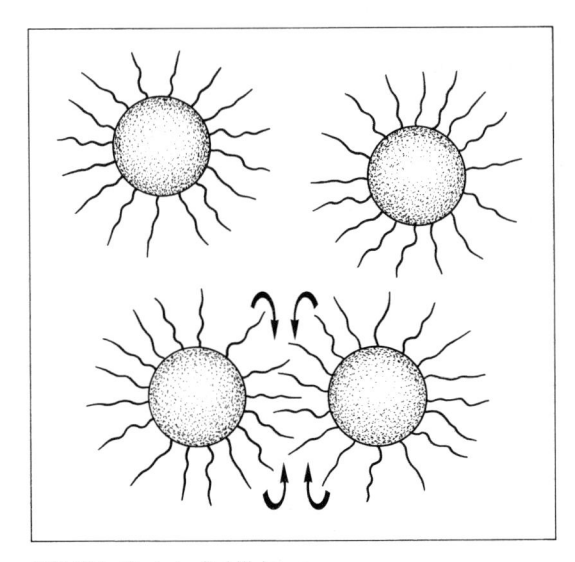

Bild 10.3. Sterische Stabilisierung

10.2.1.3.1 Stabilisierung in polaren Medien

In einer polaren kontinuierlichen Phase – wie in Wasser – wird die größte Stabilität erzielt, wenn das Dispergiermittel der Oberfläche der Pigmentteilchen eine elektrostatische Ladung verleiht. Bei Annäherung von zwei Teilchen mit gleicher Ladung wird eine Coulombsche Abstoßung hervorgerufen (Bild 10.4).

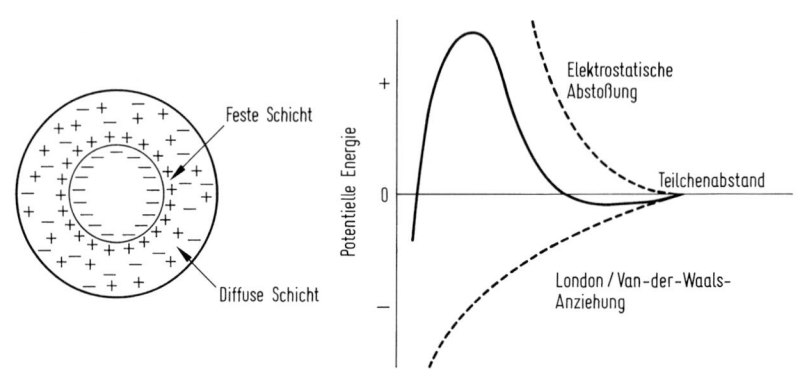

Bild 10.4. Mechanismus der elektrostatischen Stabilisierung

Polycarboxylate mit niedriger Molmasse erweisen sich als sehr wirksame Dispergiermittel [6]. Sie können grundsätzlich nach den beiden diskutierten Stabilisierungsmethoden das Ausflocken der Pigmente vermeiden:

- Durch elektrostatische Abstoßung
  Die Polycarboxylate sind negativ geladen. Nach Adsorption auf der Pigmentoberfläche nimmt die gesamte Ladung des Pigmentteilchens zu und damit ebenfalls die Abstoßung infolge der entstehenden diffusen Doppelschicht um das Teilchen
- Durch sterische Abstoßung
  Die polymere Struktur ermöglicht die Bildung einer relativ dicken Schicht (abhängig vom molekularen Aufbau, dem Anteil an adsorbierenden Gruppen und der Molmasse) um das Pigmentteilchen

Während des Trocknungsvorgangs eines wäßrigen Lacks nimmt die Polarität infolge Verdunstens des Wassers generell ab und damit die Bedeutung der elektrostatischen Abstoßung. Besonders dann ist die zusätzliche sterische Stabilisierung des polymeren Dispergiermittels von großer Bedeutung. Die Natrium- und Ammoniumsalze der Homo- oder Copolymeren aus Acrylsäure, Methacrylsäure oder aus Maleinsäure sind als Polyelektrolyte für diese Anwendung gut geeignet. Über die polaren Gruppen werden diese Polymeren fest an der Pigment- oder Füllstoffoberfläche adsorbiert [5].

Das Ausmaß der Polyelektrolytwirkung und deren Optimum hängen ebenfalls von der Molmasse ab. Das Optimum bei Polyacrylaten liegt bei einer Molmasse von $M =$ ca. 8000 g/mol. Die Zunahme der Molmasse ist bei Dispergiermitteln zumeist mit einem Anstieg des Minimums der Viskosität, die bei der Dispergierung erreicht werden kann, verbunden. Außerdem ist dann eine größere Dispergatormenge erforderlich. Eine optimale Wirksamkeit ist gegeben, wenn die Molmassenverteilung des Dispergiermittels verhältnismäßig eng ist [5], weil die hohen und niedrigen Molmassenfraktionen nur in unzureichendem Maß Gegenionen enthalten und sogar als Flockungsmittel wirken können. Die

10.2 Polymere Dispergiermittel   401

Dosierung ist verhältnismäßig kritisch, sie läßt sich über einen Titrationsvorgang in einfacher Weise bestimmen; dabei wird die Viskosität einer Pigmentpaste in Abhängigkeit von der Dispergiermittelkonzentration bestimmt (Bild 10.5).

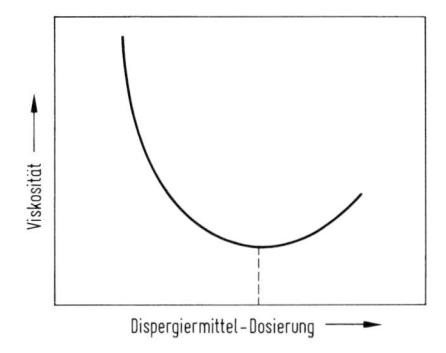

Bild 10.5. Viskositätsverlauf bei Zugabe des Dispergiermittels mit rheologischem Optimalwert (Viskositätsminimum)

10.2.1.3.2 Stabilisierung in apolaren Pasten

Die niedrige Dielektrizitätskonstante von apolaren Medien wie organischen Lösemitteln führt zu einem Zusammendrücken der elektrischen Doppelschicht und macht deshalb die elektrostatische Stabilisierung für diese Systeme ungeeignet.
In organische Lösemittel enthaltenden Systemen werden dispergierte Pigmentteilchen in erster Linie durch adsorbierte Polymerschichten gegen Flockung stabilisiert [4]. Die gegenseitige Abstoßung der Teilchen erfolgt aufgrund von Enthalpie- und Entropieänderungen bei der Durchdringung oder der Kompression der Adsorptionsschichten (Bild 10.3). Da die abstoßenden Kräfte nur im Bereich der Adsorptionsschichten wirksam sind, erfordert die sterische Stabilisierung eine ausreichende Dicke der adsorbierten Schichten. Die London-van der Waals-Anziehungskräfte besitzen eine größere Reichweite, nehmen jedoch mit der Entfernung stark ab. Für eine effektive sterische Stabilisierung sind mehrere Bedingungen zu erfüllen:

- Eine vollständige Bedeckung der Pigmentoberfläche mit adsorbierten Molekülen
- Die Stabilisator-Moleküle müssen fest an der Oberfläche verankert sein und dürfen nicht desorbiert werden, wie dies z. B. beim Zusammenstoßen der Pigmentteilchen oder während einer Verdünnung der Dispersion geschehen könnte
- Die Schichtdicke muß ausreichend sein
- Die Stabilisator-Moleküle müssen in möglichst langgestreckter Form adsorbiert werden und mit einem solvatisierten Kettenteil in das Medium hinausragen, der dann eine Schutzbarriere geeigneter Dicke aufbaut [7].

Diese Konditionen lassen sich mit polymeren Verbindungen besser erfüllen als mit monomeren. Die Bedingungen einer vollständigen Bedeckung der Pigmentteilchen und einer festen Bindung setzen hohe Adsorptionsenergien beim zu adsorbierenden Molekül voraus. Das wird am besten mit Polymeren erreicht – wegen der großen Anzahl an Adsorptionskontakten von ein und demselben Molekül mit der Pigmentoberfläche. Hierdurch ist die Gesamtsumme der Adsorptionsenergien pro Molekül sehr hoch, auch noch, wenn diese bei den jeweils einzelnen Adsorptionskontakten gering sind. Auch ist es – statistisch gesehen – wenig wahrscheinlich, daß ein Molekül völlig desorbiert wird, im Unterschied zur Adsorption eines Tensids, das nur mit einer einzigen Bindung adsorbiert wird.

Im Vergleich zu Copolymeren sind Homopolymere generell bei der sterischen Stabilisierung weniger aktiv. Eine Polymerkette neigt zur Assoziierung entweder mit Lösemittelmolekülen oder mit der Pigmentoberfläche (gute Ankermöglichkeiten). Als polymere Pigmentdispergierhilfsmittel für nichtwäßrige Lacke haben sich besonders Zweiblockpolymere vom AB-Typ bewährt, wobei Segment A das relativ kurze Ankersegment mit vielen Haftgruppen darstellt [8, 9]. Abhängig von der Zusammensetzung der Pigmentoberfläche (und dem Segment A) kann die Adsorption von Segment A über ionogene Bindungen oder Bildung von Wasserstoffbrücken verlaufen (Bild 10.6). Typische funktionelle Haftgruppen für das A-Segment sind Carboxyl, Amin, Sulfat und Phosphat für ionogene Bindungen oder Polyether und Polyamid für Wasserstoffbindungen.

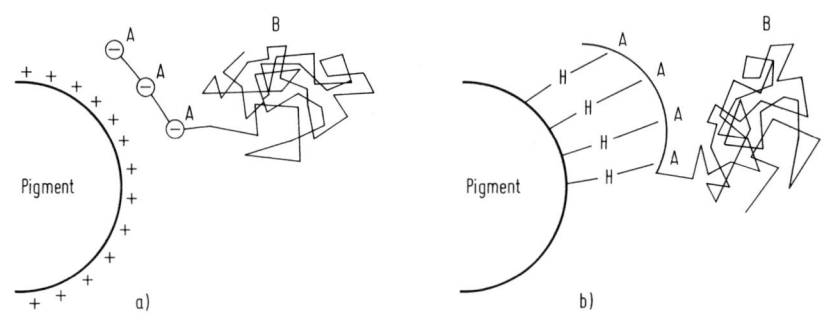

Bild 10.6. Verankerung der Segmente eines AB-Copolymeren
a) ionogene Bindungen; b) Wasserstoffbrücken

B stellt die solvatisierte Seitenkette dar; dies ist der stabilisierende Teil des Moleküls. Die wichtigste Voraussetzung für B ist, daß es eine ausreichende Schichtdicke auf dem Pigmentteilchen bildet, d. h. daß das B-Segment völlig solvatisiert und damit frei beweglich in der Flüssigkeitsphase ist. Bei abnehmender Löslichkeit klappen die Seitenketten auf der Pigmentoberfläche zusammen, die Schichtdicke und damit auch die stabilisierende Funktion nehmen stark ab. Die Löslichkeit soll auch während der Trocknungsphase des Lackes gegeben sein, da sonst die Pigmente in der trocknenden Schicht noch ausflocken können.

Für die Stabilisierung von Pigmentteilchen mit einer üblichen Teilchengröße von 0,1 bis 10 µm reicht eine Schichtdicke von 5 bis 20 nm aus. Die Stabilisierung ist mit Seitenketten zu erreichen, die Molmassen $M=1000$ bis 15000 g/mol aufweisen [7, 9, 10]. Die Schichtdicke kann weiter dadurch optimiert werden, daß das B-Segment und das Dispergierharz gut aufeinander abgestimmt werden. In diesem Falle wird das Dispergierharz über die polymeren Stabilisatormoleküle stark auf dem Pigmentteilchen adsorbiert und um das Pigmentteilchen konzentriert. Als geeignete Polymere für Segment B haben sich besonders modifizierte Polymethacrylate und Polyhydroxystearate bewährt [7,8] (Formeln 10.1 und 10.2).

$$\underset{\underset{A-B\text{-Blockpolymer modifiziertes Polymethylmethacrylat}}{B\qquad\qquad A}}{+\!\!\left(\mathrm{CH_2\!-\!\underset{\underset{\underset{CH_3}{O}}{\underset{|}{C=O}}}{\overset{CH_3}{\overset{|}{C}}}}\right)_{\!n}\!\!\!\!-O-\overset{O}{\overset{\|}{C}}-\!\!\left\langle\!\!\!\begin{array}{c}\mathrm{COOH\,COOH}\\ \\ \mathrm{COOH\,COOH}\end{array}\!\!\!\right\rangle\!\!\!-COOH}$$

(10.1)

$$\underset{\text{Polyhydroxystearat}}{\begin{array}{c}\qquad\qquad\qquad\qquad O{\overset{R_2}{\diagup}}\\ \qquad\qquad\qquad\qquad|\\ O=C-(CH_2)_{10}-CH-C_6H_{13}\\ |\\ \overset{O}{\overset{\|}{}}\qquad\qquad\quad O\\ R_1-O-C-(CH_2)_{10}-CH-C_6H_{13}\end{array}}$$

(10.2)

10.3 Polymere Verdickungsmittel

Verdickungsmittel werden in Lacken und Farben eingesetzt, um dem System die gewünschten rheologischen Eigenschaften zu geben. Diese Additive haben während der Herstellung, Lagerung und Anwendung einen großen Einfluß auf die Lackeigenschaften. Verdickungsmittel werden zur Erzielung eines optimalen Fließverhaltens während der Herstellung meistens schon vor dem Dispergierprozeß der Mahlpaste zugegeben, jeweils abgestimmt auf die gewählte Dispergierapparatur. Werden die Pigmente in einem zu dünnen Medium dispergiert, so bewirkt dies ein turbulentes Fließverhalten, wobei ein großer Teil der zugeführten Energie verlorengeht.

Während der Lagerung sollte die Farbe eine ausreichend hohe Viskosität aufweisen, damit sich auch schwere Pigmentteilchen nicht absetzen. Ebenso werden über die Viskositätseinstellung viele anwendungstechnische Eigenschaften bestimmt, wie beispielsweise das Fließ-, Verlauf- und Streichverhalten als auch die mögliche Schichtdicke und Deckfähigkeit.

Als Verdickungsmittel für wäßrige Systeme werden hauptsächlich polymere Additive eingesetzt. Bei nichtwäßrigen Systemen ist der Einsatz polymerer Verdickungsmittel gering, die Viskosität wird hier vorwiegend über anorganische Verdickungsmittel (z.B. Bentonite) oder über das Bindemittel/Lösemittel-Verhältnis eingestellt.

Bei der Formulierung von wasserverdünnbaren Alkydharz-Farben als Alternative für die hochglänzenden, gut verstreichbaren und verlaufenden lösemittelhaltigen Alkydharzlacke (siehe Kap. 6.1.2) ergeben sich zahlreiche Probleme, wie beispielsweise bei den Benetzbarkeitseigenschaften, der Schaumbildung, den Trocknungseigenschaften, dem mangelhaften Verlauf, der Verstreichbarkeit, der Filmdicke usw. Besonders die letzten drei Eigenschaften werden in starkem Maße von der Rheologie beeinflußt.

Die Rheologie konventionell formulierter Dispersionsfarben stellt man in der Regel durch Verdicken mit Cellulosederivaten ein. Das Fließverhalten solcher Farben unterscheidet sich stark von dem herkömmlicher Alkydharzlacke (Bild 10.7).

Aus der Viskositätskurve (Rheogramm) der Dispersionsfarbe erkennt man eine nicht lineare Abhängigkeit der Viskosität vom Schergeschwindigkeitsgefälle. Die Erhöhung des Geschwindigkeitsgefälles bewirkt eine Viskositätsabnahme. Bei der Alkydharzfarbe tritt

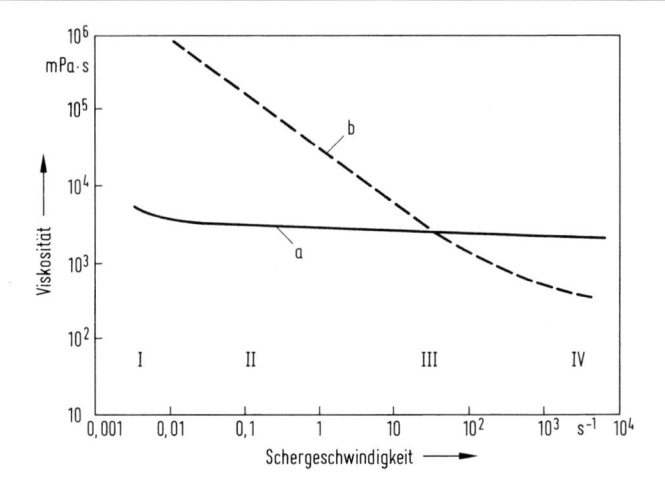

Bild 10.7. Typische Viskositätskurven
a) Alkydfarbe; b) Dispersionsfarbe
I: Absetzen, II: Ablaufen, Verlaufen, III: Konsistenz, IV: Lackauftrag

eine wesentlich geringere Viskositätsabnahme auf, sie ist also weniger strukturviskos. Diese Unterschiede in der Rheologie erklären die typischen Unterschiede zwischen Dispersionsfarben und Alkydharzlacken hinsichtlich ihres Fließverhaltens und der mit ihnen zu erzielenden Schichtdicke.

Eine der wichtigsten Entwicklungen auf dem Gebiet der Additive zur Beeinflussung der Rheologie sind die Polyurethan- oder PUR-Verdickungsmittel. Diese synthetischen Verdickungsmittel ermöglichen die Formulierung von Wasserlacken, deren rheologische Eigenschaften nahezu identisch mit denen von Alkydharzlacken sind.

10.3.1 Polymere Verdickungsmittel für Farben und Lacke

Folgende polymere Verdickungsmittel werden für wäßrige Farben und Lacke eingesetzt:

- Cellulosederivate (siehe Abschn. 10.3.1.1)
- Polysaccharide (siehe Abschn. 10.3.1.2)
- Acrylat-Verdickungsmittel (alkalilöslich) (siehe Abschn. 10.3.1.3)
- Polyurethan-Verdickungsmittel (siehe Abschn. 10.3.1.4)

10.3.1.1 Cellulosederivate als Verdickungsmittel

Schon seit langem zählen Cellulosederivate (siehe Kap. 9.4) zu den wichtigsten Additiven zur Einstellung rheologischer Eigenschaften von wäßrigen Farben und Lacken. Die wasserunlösliche Cellulose kann durch chemische Umsetzungen wasserlöslich gemacht werden. Zu den bekanntesten Cellulosederivaten, die als Verdickungsmittel eingesetzt werden, zählen:

Hydroxyethylcellulose: HEC
Hydroxypropylmethylcellulose: HPMC
Carboxymethylcellulose: CMC
Ethylhydroxyethylcellulose: EHEC

10.3 Polymere Verdickungsmittel

Das Cellulosemolekül ist eine Polymerkette und besteht aus Anhydroglucose-Einheiten (Formel 10.3 EHEC).

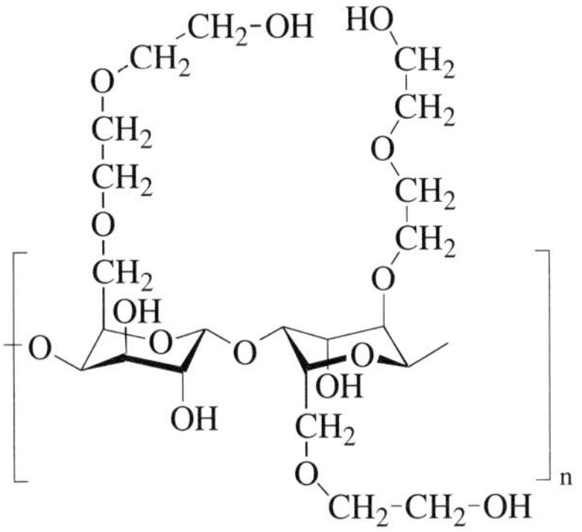

$$(10.3)$$

Die Viskositätserhöhung wird durch die Bildung von intra- und intermolekularen Wasserstoffbindungen zwischen den Molekülen, durch Hydratation und durch Verknäuelung der Molekülketten erreicht. Cellulosederivate wirken daher in Wasser verdickend, die erreichbare Verdickung ist unabhängig vom eingesetzten Bindemittel, Pigment oder Additiv (Bild 10.8). Im Ruhezustand befinden sich die verzweigten, teils verschlungenen, langen Molekülketten in idealer Unordnung (hohe Viskosität). Mit zunehmendem Geschwindigkeitsgefälle orientieren sich die Moleküle parallel zur Fließrichtung. Dadurch wird das Aneinandervorbeigleiten der Moleküle erleichtert, was sich in einer verminderten Viskosität äußert [11]. Lösungen der Cellulosederivate weisen deswegen ein pseudoplastisches oder strukturviskoses Verhalten auf. Besonders mit hochmolekularen Celluloseethern wird ein starkes pseudoplastisches Fließverhalten erreicht.

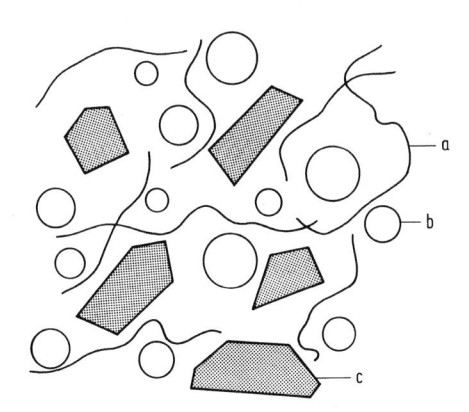

Bild 10.8. Wasserlösliche Polymere (Acrylate, Cellulose, Polysaccharide)
a) Polymermolekül; b) Dispersionsteilchen; c) Pigment, Füllstoff

Die positiven und negativen Einflüsse von Cellulosederivaten als Verdickungsmittel lassen sich wie folgt zusammenfassen:

Positive Einflüsse:
- Universell einsetzbar
- Ablaufverhalten

Negative Einflüsse:

- Verlauf
- Pseudoplastizität
- Spritzen
- Schichtdicken-Aufbau
- Deckkraft
- Wasserempfindlichkeit
- Bio-Stabilität

10.3.1.2 Polysaccharide

Zu dieser Gruppe gehören die Xanthan- und Guar-Verdickungsmittel. Es handelt sich dabei um hochmolekulare, natürliche Produkte. Der Einsatz dieser Produkte führt zu einer sehr hohen Strukturviskosität, die noch höher ist als bei Verwendung von Cellulosederivaten.

Die positiven und negativen Einflüsse der Polysaccharide (im Vergleich zu Cellulosederivaten) lassen sich wie folgt zusammenfassen:

Positive Einflüsse:

- Bio-Stabilität

Negative Einflüsse:

- Schwer reproduzierbar
- höherer Preis
- Verlauf

Diese Verdickungsmittel besitzen heute praktisch kaum noch Bedeutung in der Farben- und Lackindustrie.

10.3.1.3 Polyacrylate

Die ersten vollsynthetischen polymeren Verdickungsmittel, die für den Einsatz in Dispersionsfarben angeboten wurden, sind die Acrylatverdickungsmittel (siehe Kap. 8). Generell handelt es sich dabei um Copolymere oder Terpolymere von Acrylsäure oder Methacrylsäure mit Methylmethacrylaten, Ethylmethacrylaten oder Ethylacrylaten (Formel 10.4).

$$-\left[CH_2-CR-CH_2-CR- \atop \quad\;\; \underset{OH}{C=O} \qquad \underset{OR}{C=O} \right]_n \tag{10.4}$$

Polyacrylat-Verdicker
$n \geq 500$

Diese Verdickungsmittel werden als etwa 40%ige Lösungen oder saure Emulsionen angeboten. Die Neutralisation führt zur Lösung des Polymeren in der wässerigen Phase. Dadurch sowie auch durch elektrostatische Abstoßungseffekte der polymeren Gruppen im gleichen Molekül wird die Viskosität erhöht. Anders als bei den Cellulosederivaten wird die Viskositätserhöhung weniger durch Verknäuelungen der Ketten erreicht, auch ist die Molmasse wesentlich niedriger. Daher führen diese Acrylat-Verdickungsmittel im Vergleich zu Cellulosederivaten zu einer geringeren Strukturviskosität. Nachteilig sind jedoch die starke Hydrophilie des neutralisierten Acrylatmoleküls und die dadurch bewirkte Wasserquellbarkeit des Lackfilmes, auch kann ein Ausflocken der Pigmente auftreten. Die

Carboxylatgruppen werden stark an üblichen Pigmentoberflächen wie Titandioxid adsorbiert; da im gleichen Molekül mehrere Carboxylgruppen vorhanden sind, ist die lange Molekülkette auch in der Lage, die Distanz zwischen zwei Pigmentteilchen zu überbrücken.

Die positiven und negativen Einflüsse der Polyacrylat-Verdickungsmittel lassen sich wie folgt zusammenfassen:

Positive Einflüsse:

- Verlauf
- Bio-Stabilität
- Dicke der Lackschicht
- Verträglichkeit mit Farbpasten

Negative Einflüsse:

- pH-Stabilität
- Scheuerfestigkeit
- Zwischenhaftung
- Glanz
- Wasserretention

10.3.1.4 PUR-Verdickungsmittel

Eine der wichtigsten Entwicklungen auf dem Gebiet der Additive für wasserverdünnbare Lacke sind Polyurethan(PUR)-Verdickungsmittel [12]. Diese synthetischen Verdickungsmittel basieren auf wasserlöslichem Polyurethan mit relativ niedriger Molmasse (ca. 10000 bis 50000). Sie ermöglichen die Formulierung von wasserverdünnbaren Lacken, deren rheologische Eigenschaften nahezu identisch mit denen von lösemittelhaltigen Alkydharzlacken sind.

Die Eigenschaften der PUR-Verdickungsmittel (im Vergleich zu Cellulosederivaten) lassen sich wie folgt zusammenfassen:

Positive Einflüsse:

- Verlauf
- Alkydähnliche Rheologie
- Deckfähigkeit
- Hydrophobie
- Geringfügiges Spritzen
- Bio-Stabilität

Negative Einflüsse:

- Ablaufverhalten
- Verträglichkeit mit glycolhaltigen Abtönpasten

10.3.1.4.1 Chemischer Aufbau der PUR-Verdickungsmittel

PUR-Verdickungsmittel bestehen üblicherweise aus nichtionogenen, hydrophob eingestellten Polymeren, die entweder in flüssiger Form – z.B. als 50%ige Lösung in Wasser und organischen Lösemitteln – oder in Pulverform angeboten werden. Man erhält die PUR-Polymeren (siehe Kap. 7.1) durch Umsetzung von Diisocyanaten mit Diolen und hydrophoben Bestandteilen. Dabei ist beispielsweise folgende chemische Struktur möglich (Formel 10.5):

$$R-NH-CO-(OCH_2CH_2)_x-[O-CO-NH-R''-NH-CO-(OCH_2CH_2)_x]_n$$
$$\underline{}$$
$$\qquad\qquad\qquad O-CO-NH-R' \qquad\qquad\qquad (10.5)$$

(R und R' = hydrophobe aliphatische oder aromatische Gruppen)

Im Molekül lassen sich folgende drei Segmente unterscheiden:

- Hydrophobe endständige Segmente
- Mehrere hydrophile Segmente
- Urethangruppen

Mögliche hydrophobe Segmente sind z.B. Oleyl, Stearyl, Dodecylphenol, Nonylphenol. Entscheidend für die viskositätserhöhende Wirkung ist, daß jedes Molekül mindestens zwei endständige hydrophobe Segmente enthält. Als hydrophile Segmente werden Polyether oder Polyester verwendet. Beispiele hierfür sind Polyester aus Maleinsäure und Ethylenglycol sowie Polyether vom Typ Polyethylenglycol oder Polyethylenglycolderivate. Als Diisocyanat sind z.B. IPDI, TDI und HMDI (siehe Kap. 7.1) möglich. Die Produkteigenschaften dieser PUR-Verdickungsmittel werden nicht nur von der Basiskomponente bestimmt, sondern auch vom Verhältnis der hydrophoben zu den hydrophilen Segmenten.

10.3.1.4.2 Verdickungsmechanismus

Die Anwesenheit sowohl von hydrophoben wie auch von hydrophilen Gruppen im gleichen Molekül weist auf eine Oberflächenaktivität hin. Bei der Lösung in Wasser kommt es in der Tat zur Bildung von Micellen oberhalb einer charakteristischen Konzentration. Im Gegensatz zu monomeren grenzflächenaktiven Substanzen kann das gleiche PUR-Verdickermolekül in mehr als einer Micelle vorhanden sein [12]. Auf diese Weise entstehen Strukturen, die die Mobilität der Wassermoleküle verringern und die Viskosität erhöhen (Bild 10.9).

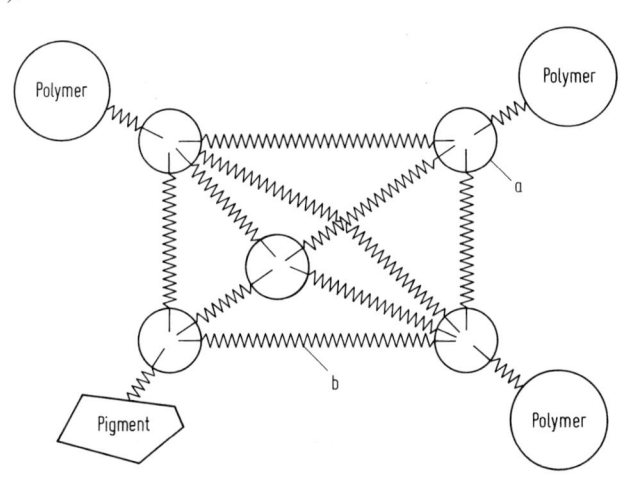

Bild 10.9. Micell-Strukturen und Wirkungsweise von PUR-Verdickern
a) Mizelle; b) PUR-Verdickermolekül

Wichtiger für die Viskositätssteigerung bei Einsatz in Dispersionssystemen ist jedoch die Assoziierung der hydrophoben Gruppen mit den Oberflächen der Dispersionspartikel. Aufgrund dieses Verhaltens, nämlich der Bildung von Assoziationen mit Dispersionsteilchen, werden PUR-Verdickungsmittel auch als Assoziativ-Verdickungsmittel bezeichnet.

10.3 Polymere Verdickungsmittel   409

Weil jedes PUR-Molekül mindestens zwei hydrophobe Segmente enthält, gibt es die Möglichkeit, daß zwei Dispersionspolymerteilchen über das PUR-Molekül miteinander verbunden werden und so eine Art „Gerüst" gebildet wird. Ebenso ist es möglich, daß das Polymerteilchen mit den Micellen aus PUR-Molekülen verbunden wird (siehe Bild 10.9). Die mit einem PUR-Verdickungsmittel erreichte Viskositätserhöhung ergibt sich aus der Summe der Ergebnisse der folgenden drei Verdickungsmechanismen:

- Erhöhung der Viskosität der wässerigen Lösung durch Zusatz des löslichen PUR-Polymers
- Micellbildung und Strukturbildung zwischen PUR-Micellen
- Assoziation mit Dispersionspolymerpartikeln

10.3.1.4.3 Anwendungseigenschaften

Die zwischen dem PUR-Verdickungsmittel und den Dispersionspartikeln aufgebaute Struktur ist weitgehend beständig gegen mechanische Einflüsse, was zu einem fast Newtonschen Fließverhalten führt (Bild 10.10). Die hohe Viskosität im Bereich hoher Schergeschwindigkeit führt zu verbessertem Streichwiderstand im Vergleich mit z. B. Verdickungsmitteln auf Basis von Cellulosederivaten.

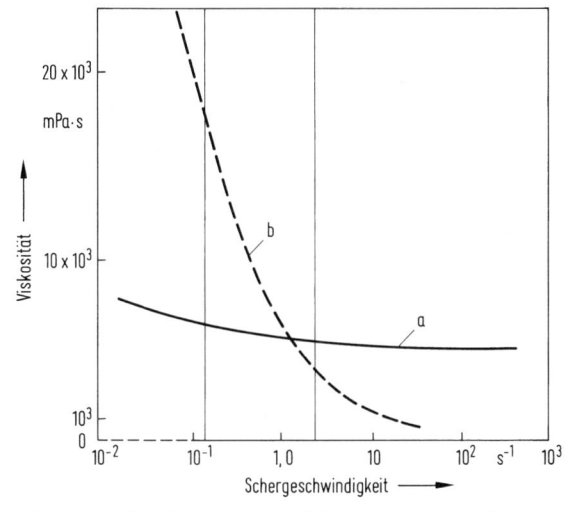

Bild 10.10. Viskositätskurven von Dispersionsfarben auf Basis von PUR-Verdickern (a) und Cellulose-Verdickern (b)

PUR-Verdickungsmittel verhindern das Spritzen beim Rollen. Dies ist zurückzuführen auf die relativ niedrige Molmasse des PUR-Moleküls. Gerade wegen dieser geringen Neigung zum Spritzen werden PUR-Verdickungsmittel in Dispersionsfarben mit mittlerer und hoher Pigmentkonzentration eingesetzt; sie kommen hier meistens in Verbindung mit Cellulosederivaten zum Einsatz.

10.4 Gleit- und Anti-Kratzmittel (Polysiloxan-Additive)

Als Gleit- und Anti-Kratzmittel kommt den Polysiloxanen (geläufiger unter dem Namen Siliconöle) (siehe Kap. 9.1) große Bedeutung zu. Polysiloxan-Additive werden in der Farben- und Lackindustrie erfolgreich eingesetzt z. B. als Anti-Blockingmittel, Anti-Schaummittel, Verlaufmittel und als Anti-Ausschwimmittel [13]. Hierbei sind besonders die organisch modifizierten Polysiloxane von großer Bedeutung [14, 15]. Im Vergleich zu den früher eingesetzten Polydimethylsiloxanen zeichnen sich die modifizierten Polysiloxane durch eine bessere Verträglichkeit mit dem Bindemittel aus. Die von reinen Polydimethylsiloxanen bekannten unerwünschten Nebeneffekte wie Kraterbildung und mangelhafte Überlackierbarkeit können auf diese Weise beseitigt werden.

Die wichtigsten allgemeinen Eigenschaften von Polysiloxanen sind:

- niedrige Oberflächenspannung (ca. 21 mN/m),
- einstellbare Verträglichkeit in organischen Lösemittelsystemen,
- nahezu alle gängigen Polysiloxane sind flüssig.

Der Erfolg dieser Polysiloxane ist auch auf die Möglichkeiten zurückzuführen, das Eigenschaftsbild der Polysiloxane durch Modifizierung mit organischen Gruppen an die für den Einsatz notwendigen Anforderungen so anzupassen, daß die gewünschte Wirkung optimal erreicht wird [13]. Die anwendungstechnischen Eigenschaften der Polysiloxane hängen stark von der Molmasse ab [14]. So zeigen niedermolekulare Polydimethylsiloxane (Molmasse M = ca. 200) gute Verlaufseigenschaften, während die höhermolekularen Äquivalente besser als Entschäumer geeignet sind (Bild 10.11). Die Verträglichkeit nimmt mit zunehmender Molmasse ab, worauf auch die starke Kraterneigung der hochmolekularen Polysiloxane zurückzuführen ist.

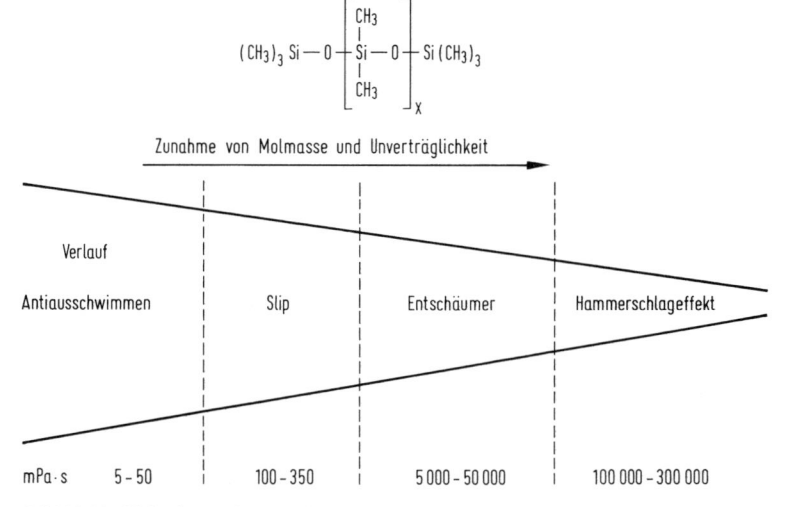

$$(CH_3)_3 Si-O-\left[\begin{array}{c} CH_3 \\ | \\ Si-O \\ | \\ CH_3 \end{array} \right]_x Si(CH_3)_3$$

Bild 10.11. Viskosität und Anwendungsgebiete von Polydimethylsiloxanen in Abhängigkeit von der Molmasse

10.4.1 Allgemeine Struktur und Anwendung von Polysiloxanen

Polydimethylsiloxane werden mit organischen Gruppen modifiziert, damit eine verbesserte Verträglichkeit mit dem Lacksystem erreicht wird. Die wichtigsten Produktgruppen sind [14, 15]:

A) Polyether-modifizierte Polysiloxane

Diese Polysiloxane bieten mit ihrer Struktur (Formel 10.6) viele Variationsmöglichkeiten und gehören zu den ersten modifizierten Polysiloxanen. Sie weisen vielfältige Einsatzmöglichkeiten auf, z. B. als Gleitmittel. Diese verbessern die Oberflächengleitfähigkeit einer Lackschicht. Auch werden die polyether-modifizierten Polysiloxane zur Verbesserung der Antiblocking-Eigenschaften, als Verlaufmittel und als Netzmittel eingesetzt.

$$(CH_3)_3Si-O\left[\begin{array}{c}CH_3\\|\\-Si-O-\\|\\O\\|\\\left[\begin{array}{c}CH-R\\|\\CH_2\\|\\O\\|\\R\end{array}\right]_n\end{array}\right]_x\left[\begin{array}{c}CH_3\\|\\Si-O\\|\\CH_3\end{array}\right]_y-Si(CH_3)_3 \qquad (10.6)$$

Polyether-modifiziertes Polysiloxan

B) Polyester-modifizierte Polysiloxane

Diese neue Gruppe von Polysiloxanen (Formel 10.7) bietet die Möglichkeit einer optimalen Angleichung an den Grundaufbau von Lackharzen [15, 16]. Im Vergleich zu den polyethermodifizierten Polysiloxanen verfügt diese Produktgruppe über eine deutlich verbesserte Thermostabilität. Diese Polysiloxane eignen sich besonders als Gleitmittel für polare Systeme.

$$(CH_3)_3Si-O\left[\begin{array}{c}CH_3\\|\\-Si-O-\\|\\R_1\\|\\O\\|\\\left[\begin{array}{c}C=O\\|\\R_2\\|\\C=O\\|\\O\\|\\R_3\\|\\O\\|\\R_4\end{array}\right]_n\end{array}\right]_x\left[\begin{array}{c}CH_3\\|\\Si-O\\|\\CH_3\end{array}\right]_y-Si(CH_3)_3 \qquad (10.7)$$

Polyester-modifiziertes Polysiloxan

Literatur zu Kapitel 10

[1] The Demand for Additives. Information Research Ltd., London 1991, S. 118–120
[2] *H. Kittel*: Lehrbuch der Lacke und Beschichtungen, Bd. 3. Colomb, Berlin 1976, S. 237
[3] *D. Stoye*: Paints, Coatings and Solvents. VCH, Weinheim 1993, S. 159–170
[4] *J. Reck* und *L. Dulog*, Farbe + Lack **99** (1993) Nr. 2, 95–102
[5] *J. Schröder*, Farbe + Lack **91** (1985) Nr. 1, 11
[6] *R. Hildred*, Farbe + Lack **96** (1990) Nr. 11, 857–859
[7] *R. Jerôme*, Farbe + Lack **98** (1992) Nr. 5, 325–329
[8] *W. Kurtz*, Am. Ink Maker **6** (1987) 21–40
[9] *J. Schofield:* Handbook Coating Add. (1992) 105, 163
[10] *G. Howard* und *C. Ma*, J. Coatings Techn. **51** (1979) 47
[11] *W. Kurz*, Am. Ink Maker, **6** (1987) 21
[12] *J. Bieleman, F. Riesthuis* und *P. v. d. Velden*, Proc. Roy Soc. **76** (1990) 156
[13] *K. Angelmayer*, Kunststoffberater **3** (1991) 20
[14] *H. Fink*, Tenside Surf. Det. **28** (1991) 306–312
[15] *K. Haubennestel* und *A. Bubat*, Technische Akademie Wuppertal: Additiv-Seminar-Bericht 7./8. März 1991, S. 31
[16] *W. Heilen* und *S. Struck*, Technische Akademie Esslingen, Additiv-Seminar 8./9. Nov. 1993, Vortrag

11 Analytik der Lackharze

Dr. Christina Machate

11.1 Chromatographische Methoden

Die Chromatographie dient zur Auftrennung von Substanzgemischen und zur qualitativen und quantitativen Analyse der getrennten Komponenten. Folgendes Prinzip gilt für alle chromatographischen Verfahren: das Gemisch wird in eine schmale Startzone eingebracht und durch Wechselwirkungen zwischen einer mobilen und einer stationären Phase ergeben sich unterschiedliche Wanderungsgeschwindigkeiten der Einzelkomponenten, so daß eine Trennung erzielt wird.

In diesem Abschnitt soll auf die Gaschromatographie (GC), die Hochdruck-Flüssigkeitschromatographie (HPLC), die Gelpermeationschromatographie (GPC) und die Supercritical Fluid Chromatography (SFC) eingegangen werden, da diese chromatographischen Methoden die größte Bedeutung in der Analytik von Lackharzen haben.

11.1.1 Gaschromatographie

Die Gaschromatographie (GC) zählt zu den wichtigsten Trenntechniken in der Routineanalyse. Vorteile sind die Zuverlässigkeit, eine schnelle Methodenentwicklung und die breite Palette von Detektoren hoher Empfindlichkeit und Spezifität.
Die Kopplung mit spektroskopischen Techniken wie die weit verbreitete GC/MS (Massenspektroskopie) oder die GC-FTIR (Fourier-Transform-Infrared-Spectroscopy) bietet gute Möglichkeiten zur Identifizierung der getrennten Komponenten.

11.1.1.1 Prinzip der Methode

Die Gaschromatographie (GC) ist ein Verfahren zur Trennung verdampfbarer Stoffe. Die stationäre Phase wird durch ein festes Trägermaterial mit oder ohne Flüssigkeitsschicht (gepackte Säule) oder durch einen flüssigen Film auf der Innenseite der Kapillare (Kapillarsäule) gebildet. Ein Inertgas (Trägergas) transportiert die Probe durch die Säule. Durch verschiedene Verweilzeiten in der stationären Phase wird die Probe in die einzelnen Komponenten aufgetrennt. Die Retentionszeiten hängen vom Grad der Wechselwirkungen mit der stationären Phase und der Flüchtigkeit der Komponenten ab.
Heute werden aufgrund ihrer hohen Trennungseffizienz bevorzugt Kapillarsäulen eingesetzt. Sie haben Innendurchmesser von ca. 30 bis 50 µm und Längen von ca. 10 bis 100 m, so daß theoretische Bodenzahlen von 5 000 bis 1 000 000 erreicht werden. Es können jedoch nur kleine Probemengen chromatographiert werden, da im Vergleich zur Gasphase nur wenig stationäre Phase vorhanden ist. Die kleinen Peakvolumen erfordern empfindliche Detektoren wie den am weitesten verbreiteten Flammen-Ionisationsdetektor (FID). Damit können Mengen von 10 bis 100 pg detektiert werden. Weitere Detektoren sind der Stickstoff-Phosphor-Detektor, der halogen-, stickstoff- und phosphorhaltige Verbindungen anzeigt, der Electron-Capture-Detector, der funktionelle Gruppen hoher Elektronenaffinität (speziell Halogene) anzeigt, ein massenspektrometrischer Detektor, im Prinzip

ein Massenspektrometer mit fester Masseneinstellung, und ein Wärmeleitfähigkeitsdetektor, bei dem die Wärmeleitfähigkeit des Trägergases und des Säuleneluats gemessen werden. Letzterer ist zwar universell anwendbar, aber von geringerer Empfindlichkeit als der FID.

Gaschromatographisch können Stoffe aufgetrennt werden, die sich unzersetzt in die Gasphase überführen lassen, d.h. die Proben sollten möglichst flüchtig und thermisch stabil sein. Für den Einsatz der Gaschromatographie auf dem Lackharzsektor ist aufgrund der geringen Flüchtigkeit eine Aufspaltung über saure oder basische Aufschlüsse gegebenenfalls mit anschließender Derivatisierung notwendig, oder es müssen spezielle Techniken wie Pyrolyse-Gaschromatographie oder die inverse Gaschromatographie oder für Monomergehaltsbestimmungen die „Head-space"-Technik eingesetzt werden. Auf diese Techniken soll im Abschnitt 11.1.1.2 kurz eingegangen werden.

11.1.1.2 Spezielle Techniken

Bei der Pyrolyse-Gaschromatographie findet eine thermische Zersetzung in einer definierten Atmosphäre oder im Vakuum statt. Die Reproduzierbarkeit der Pyrolyse, also die Art der typischen Fragmente, in die die Probe gespalten wird, bestimmt die Qualität der Analyse. Diese ist abhängig von der Einhaltung einer exakten Temperatur, die sehr schnell erreicht werden muß (25 bis 50 Millisekunden). Eine heute gebräuchliche Technik ist die Curie-Punkt-Pyrolyse [1]. Die Probe wird auf einen ferromagnetischen Probenhalter gebracht, der induktiv beheizt wird. Beim Curie-Punkt gehen die ferromagnetischen Eigenschaften verloren, das Material wird paramagnetisch. Dieser Phasenübergang eignet sich zur Stabilisierung der Pyrolysetemperatur, ist exakt festgelegt und zwischen 358 °C und 925 °C (je nach Material) wählbar. Weiterhin ist für die Reproduzierbarkeit eine gleichmäßig und sehr dünn aufgetragene Probe (schneller Wärmeübergang) entscheidend.

Beim thermischen Abbau von Lackharzen finden in der Regel homolytische Kettenspaltungen statt. Bei höheren Temperaturen entstehen tendenziell kleinere Bruchstücke. Anschließend können jedoch Folgereaktionen der Radikale wie Rekombination oder Übertragung auftreten. Deshalb versucht man die gebildeten Produkte schnell durch das Trägergas abzuführen. Der Pyrolysator ist direkt mit dem GC-Einlaß verbunden, so daß die Spaltprodukte sofort chromatographiert werden. Die Pyrolyse-Gaschromatographie wird häufig zur Identifizierung von Polymerbausteinen eingesetzt. Ein wichtiges Anwendungsgebiet ist die Analytik von vernetzten Systemen, die auf keine andere Art in verdampfbare Bruchstücke umgewandelt werden können. Bei der Kombination von Pyrolyse mit GC/MS ist bei geeigneten Eichmessungen sogar eine Strukturaufklärung möglich. In der Spurenanalytik und zur Bestimmung von Restmonomergehalten wird die Headspace-Technik eingesetzt. Dabei handelt es sich um eine Dampfraum-Analyse von Gasen über Flüssigkeiten oder Feststoffen. Die Gase können in eine Kühlfalle gespült und ausgefroren oder direkt aus dem Dampfraum überspült werden.

Bei der inversen Gaschromatographie wird die stationäre Phase analysiert. Die konventionelle Gaschromatographie wird dadurch auf die Analyse von nicht flüchtigen Polymeren ausgeweitet. Das Polymer wird mit einem nicht reaktiven Substrat als stationäre Phase in eine Stahlkolonne gepackt. Bei Verwendung von Kapillarsäulen wird das Polymer als Film auf die Wandung der Kapillarsäule aufgebracht. Als mobile Phase wird eine flüchtige Komponente mit bekannten Eigenschaften eingesetzt. Aus den Elutionsdaten können Informationen über Glasübergänge, Schmelztemperaturen, Kristallinitätsgrad, Löslichkeit, Wechselwirkungsparametern und Adsorptionsisothermen gewonnen werden.

11.1.1.3 Anwendungen

Für die konventionelle Gaschromatographie ist ein Abbau der Lackharze notwendig, um die gewünschte Flüchtigkeit zu erlangen. Beim chemischen Abbau kann in die Ausgangsreaktanten gespalten werden, was bei der Analyse von komplexen Systemen von Vorteil ist. Häufig wird anschließend eine Derivatisierung durchgeführt, um große Elutionszeiten und eine schlechte Reproduzierbarkeit zu vermeiden und eine bessere Peakauflösung zu erzielen.

In der Literatur wird ausführlich über geeignete Abbaumechanismen verschiedener Lackharze berichtet [2 bis 7]. Eine Pionierarbeit über den chemischen Abbau von Alkydharzen (siehe Kap. 6.1) wurde von *Esposito* und Mitarbeitern [8, 9] Anfang der sechziger Jahre aufgestellt. Es werden Abbaureaktionen mit alkoholischem Alkali beschrieben, die zur Verseifung führen. Die Säuren werden als Methyl [9]- oder Trisilylester [10] chromatographiert. Zur Freisetzung der Ausgangspolyole kann auch eine Aminolyse mit Butylamin, Benzylamin oder Phenylethylamin durchgeführt werden. Gleiches läßt sich durch Umesterung mit Lithiummethoxid erreichen. Polyester mit höheren Anteilen an Isophthalsäure oder Terephthalsäure lassen sich nur unter drastischeren Bedingungen abbauen [11]. In einer grundlegenden Arbeit von *Haken* [3] werden die verschiedenen Spaltreaktionen und deren Anwendung auf Harnstoff-Formaldehydharze, Melamin-Formaldehydharze, Siliconpolyester, Polyester, Epoxy-Systeme, Pulverlacke, Acrylsysteme, Epoxy-Acrylsysteme und Acryl-Polyurethansysteme beschrieben.

Esposito und *Swann* [12] beschreiben die Spaltung von Alkydharzen über eine Aminolyse mit n-Butylamin, um anschließend die qualitative Identifikation der Polyole durchzuführen. Dazu werden mit Acetanhydrid die Acetate gebildet, mit Trichlormethan extrahiert und der GC-Analyse zugeführt.

Die Mono- und Dicarbonsäuren werden nach Umesterung des Harzes mit Lithiummethoxid als Methylester identifiziert. Fumar- und Maleinsäuremethylester ergeben im Chromatogramm den gleichen Peak bei Behandlung mit Lithiummethoxid, so daß in diesem Fall eine Umesterung mit Bortrifluorid in Methanol vorzuziehen ist.

Die Dicarbonsäuren eines Alkydharzes können auch nach einer Verseifung als Kaliumsalze filtriert und getrocknet werden, während das Filtrat angesäuert wird, um die Fettsäuren zurückzugewinnen [13]. Aus dem Rest des Filtrats erhält man die Polyole. Die GC-Analyse wird nach Derivatisierung durchgeführt.

Haken und Mitarbeiter [4] beschreiben alkalische und saure Aufschlüsse von Silicon-Polyester-Harzen zur gaschromatographischen Analyse. Der alkalische Aufschluß wird mit Kaliumhydroxid und Natriumacetat durchgeführt. Die Polyole werden mit Trifluoracetanhydrid in die entsprechenden Ester überführt, die gaschromatographisch untersucht werden. Die aus der wäßrigen Phase gewonnenen Säuren werden mit Bortrifluorid und Methanol zu Methylestern umgesetzt und gaschromatographisch identifiziert. Der saure Aufschluß wird mit einem Gemisch von Essigsäureanhydrid und p-Toluolsulfonsäure unter Zugabe von N-Methylimidazol durchgeführt. Die gebildeten Polyolacetate werden von den Carbonsäuren getrennt, die in die Methylester überführt werden; die Analyse erfolgt mittels GC-FID.

McFadden und *Scheuing* [2] beschreiben eine Verseifung von Silicon-Polyestern mit Tetramethylammoniumhydroxid zur Freisetzung der Polyole, die anschließend mit Trimethylchlorsilan, Hexamethyldisilan oder N,O-Bis(trimethylsilyl)trifluoracetamid zu Trimethylsilylethern derivatisiert wurden. Die Trimethylsilylether der Polyole zeigen im GC-Chromatogramm eine gute Auftrennung (siehe Bild 11.1). Als Detektor wurde ein FID eingesetzt.

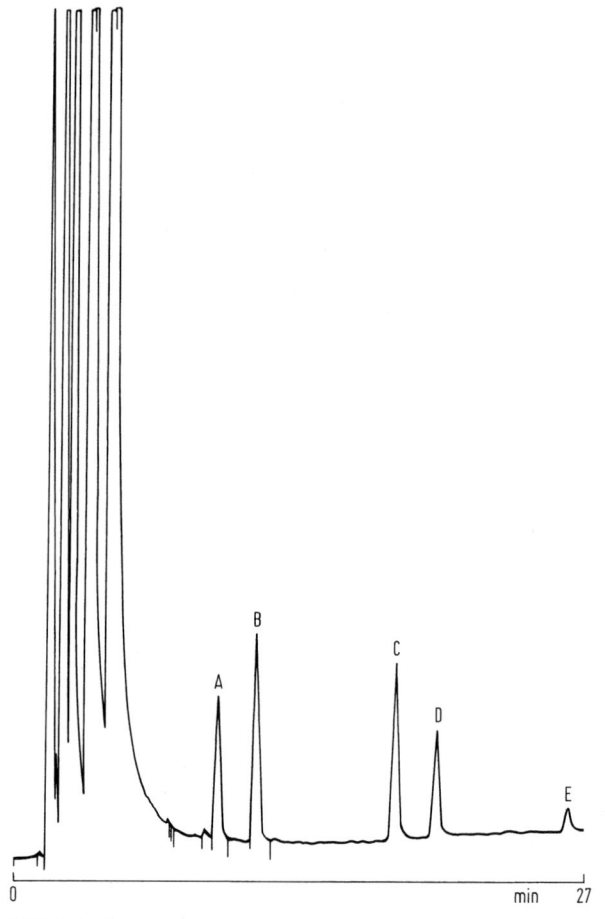

Bild 11.1. Gaschromatogramm der Verseifungsprodukte eines Siliconpolyesters [2]
A: Neopentylglycol; B: 1,4-Butandiol; C: Trimethylolpropan; D: Adipinsäure, E: Isophthalsäure

Herrmann und Mitarbeiter [14] beschreiben eine Methode (GC/MS) zur Identifizierung von Maleinsäure in ungesättigten Polyestern über eine Aminolyse mit Butylamin und anschließender Acetylierung unter Herstellung eines charakteristischen Derivats gemäß Gleichung 11.1.

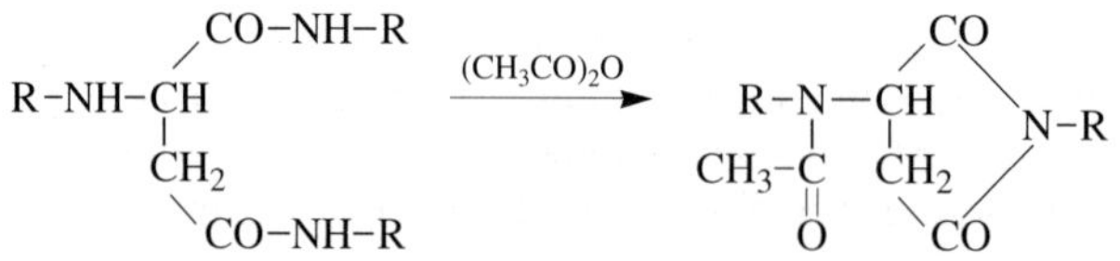

$$\begin{array}{c} \text{R-NH-CH} \begin{array}{c} \text{CO-NH-R} \\ | \\ \text{CH}_2 \\ \text{CO-NH-R} \end{array} \xrightarrow{(CH_3CO)_2O} \text{R-N-CH} \begin{array}{c} \text{CO} \\ | \\ \text{CH}_3\text{-C} \quad \text{CH}_2 \\ \parallel \\ \text{O} \quad \text{CO} \end{array} \text{N-R} \end{array} \quad (11.1)$$

N'-Alkyl-N'-acetyl-asparaginsäure-N-alkylimid

Für Maleinsäure ist wegen der Doppelbindung im Vergleich zu anderen Dicarbonsäuren eine aufwendigere Derivatisierung notwendig.
Bild 11.2 zeigt das Gaschromatogramm eines Polyesters auf Basis von Maleinsäure-Tetrahydrophthalsäure (1:1) und Diethylenglycol nach Behandlung mit Butylamin und Acetanhydrid. Als Detektor wurde ein FID eingesetzt.

11.1 Chromatographische Methoden

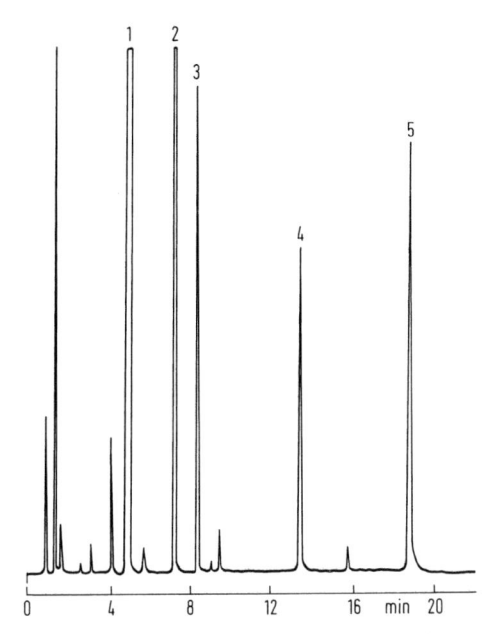

Bild 11.2. Gaschromatogramm eines Polyesters [14]
Peak 1: Essigsäure-n-butylamid; Peak 2: Essigsäure-N-butylimid; Peak 3: Diethylenglycoldiacetat; Peak 4: Tetrahydrophthalsäure-N-butylimid; Peak 5: N'-Butyl-N'-acetylasparaginsäure-N-butylimid

Daraus können folgende Schlüsse gezogen werden:

- Die Reaktion der aktivierten Doppelbindung mit dem primären Amin und die Acetylierung zum N'-Butyl-N'-acetyl-asparaginsäure-N-butylimid verlaufen schnell und selektiv, denn es tritt kein Peak des N-Butylmaleinimids auf.
- Der Polyester besteht aus zwei verschiedenen Dicarbonsäuren, denn es treten zwei N-Butylimid-Derivate auf (Peak 4 und 5)
- Peak 1 und 2 entstehen durch die Reaktion von n-Butylamin mit Essigsäureanhydrid, sie unterscheiden sich deutlich von den anderen Peaks, so daß keine Interferenz- oder Coelutionsprobleme auftreten.
- Peak 3 zeigt, daß die Diolkomponente simultan identifiziert werden kann.

Systeme, die keinem chemischen Aufschluß zugänglich sind, da bei der Polymerisation C-C-Bindungen geknüpft werden, wie z.B. bei Acryl- und Phenolharzen, können mit der Pyrolyse-Gaschromatographie analysiert werden.
Zunehmend wird die Pyrolyse-GC in der Qualitätskontrolle durch Vergleich von Soll- und Ist-Spektren eingesetzt, da sie schnell und reproduzierbar durchführbar ist. Bei entsprechend höherem Aufwand wie der Erstellung von geeigneten Kalibriermessungen und der Kopplung der Pyrolyse-Gaschromatographen mit der Massenspektrometrie ist eine Strukturaufklärung möglich.
In der Regel wird die Pyrolyse-GC jedoch eher zur Identifizierung eingesetzt, da sich hier die Vorteile der schnellen Pyrolyse bemerkbar machen.
Challinor [15] beschreibt die simultane Pyrolyse und Methylierung bzw. Butylierung von Polyesterharzen, Phenolformaldehydharzen, Polyvinylacetatharzen, Methacrylsäurecopolymeren, Celluloseacetobutyrat und Polycyanoacrylaten. Durch die Methylierung bzw. Butylierung mit Tetramethylammoniumhydroxid bzw. Tetrabutylammoniumhydroxid

wird die Detektion und Identifikation der polaren Spaltprodukte und die Bestimmung von kleinen Gehalten polarer Spaltprodukte wie z. B. Carbonsäuren, Polyolen, Cyanoacrylsäuren verbessert. Es wurden Curie-Punkt-Pyrolysen bei 770 °C durchgeführt. An den Pyrolysator ist ein Kapillarsäulen-GC mit FID angeschlossen.
Anwendung findet die simultane Pyrolyse und Methylierung von ungesättigten Polyesterharzen in der Untersuchung von Verkehrsunfällen, da diese als Spachtel und Füller auf Autokarossen verwendet werden und so Aufschlüsse über die Zusammensetzung des Lackes gewonnen werden können.
Grosvenor und *Dalzell* [16] beschreiben die Entwicklung einer Methode zur Identifizierung von verschiedenen Bindemittelsystemen mittels Pyrolyse-GC. Sie setzten einen Curie-Punkt-Pyrolysator verbunden mit einem GC-Automaten mit FID ein. Die Untersuchung umfaßt u. a. verschiedene Alkydharze, Phenolharze, Acrylatharze, verschiedene Vinylchlorid-Copolymere, Urethanharze und Chlorkautschuk. Die Fingerprint-Pyrogramme zeigen Unterscheidungsmerkmale zwischen den verschiedenen Typen wie z. B. Alkyd- und Acrylatharzen und auch zwischen den Untergruppen (Modifizierungen) innerhalb eines Harztyps (z. B. Kurzölalkyd und Siliconalkyd). Für weitere Identifizierungen ist jedoch die Kombination mit anderen analytischen Techniken wie z. B. Infrarotspektroskopie notwendig.
Oguri und Mitarbeiter [17] kombinieren die Curie-Punkt-Pyrolyse mit GC/MS und DI/MS (DI: Direct Injection), Headspace-GC/MS und präparative HPLC zur Analyse aller Komponenten in einem System aus einem ungesättigten Polyesterprepolymer und einem Acrylatcopolymer.
Muizebelt [18] und Mitarbeiter untersuchten ein 70%iges Ethyllinoleat nach einer Trocknung mit Co/Ca/Zr-Additiven sowie zwei kommerzielle Alkydharze nach Vernetzung an der Luft. Die Hauptspaltprodukte können leicht identifiziert werden, während die Zuordnung der vielfältigen Nebenspaltprodukte schwierig ist; es traten Probleme mit der Reproduzierbarkeit auf. Die Arbeit zeigt die Grenzen der Pyrolyse-GC und beschreibt, wie mit zusätzlichen NMR-Untersuchungen weitere Schlüsse gezogen werden können.
Yamaguchi und Mitarbeiter [19] untersuchten die Zusammensetzung eines Acrylatharzes (Terpolymer aus 2-Hydroxyethylmethacrylat, Butylacrylat und Ethylmethacrylat vernetzt mit einem Butoxymelaminharz). Die Pyrolyse wurde mit einem Curie-Punkt-Gerät bei 590 °C durchgeführt. Variiert man das Acrylatharz-Melaminharz-Verhältnis, so ändert sich auch das Verhältnis von 2-Hydroxyethylmethacrylat zu Ethylmethacrylat in den Pyrolyseprodukten.
Mac Leod [20] beschäftigte sich mit der quantitativen Analyse von Acryl-Verbundharzen für Autokarosserien über Pyrolyse-GC. Diese Harze enthalten normalerweise Polystyrol, Methyl- und Butylmethacrylate sowie ein Alkylacrylat, welche durch Pyrolyse-GC einfach erkennbar sind. Die zusätzlich im Harz enthaltenen säure- oder hydroxylhaltigen Monomeren können jedoch besser mit anderen Methoden (Titration, Infrarotspektroskopie) bestimmt werden.
Durch Anwendung von drei verschiedenen Techniken wurden aus einem Monomergemisch bekannter Zusammensetzung drei Harze unterschiedlicher Mikrostruktur hergestellt. Durch Vergleich mit Pyrogrammen von bekannten Harzen ist es möglich, auch die Zusammensetzung der ursprünglichen Monomerkonzentrationen komplexerer industrieller Acrylatharze zu bestimmen. Die Polymermikrostruktur beeinflußt den Gehalt an Monomer nach der Pyrolyse, d. h. dieser ist somit abhängig von der Polymerisationstechnik und den physikalischen Herstellbedingungen.
Um die Möglichkeiten der Pyrolyse-GC zu erweitern, werden immer neue Kombinationstechniken entwickelt wie z. B. in einer Arbeit von *Oguchi* und Mitarbeitern [21]. Sie

untersuchten ein Methylmethacrylat-Butadien-Styrol-Copolymer mit einem Kapillar-GC, ausgerüstet mit einem FTIR-Detektor sowie einem massenselektiven Detektor und einem GC-Atom-Emissions-Detektor (AED). Diese Kombinationstechnik hat sich als sehr nützlich bei der Analyse der Pyrolyseprodukte erwiesen.
Erstere der Kombinationen bietet die Möglichkeit, aus einer einzigen GC-Einspritzung der Pyrolyseprodukte sowohl ein MS- als auch ein IR-Spektrum zu erhalten, während der elementselektive AED-Detektor die Bestimmung der elementaren Zusammensetzung zu jedem GC-Peak bietet.
Nakagawa und Mitarbeiter [22] beschreiben Studien über Epoxyharze, vernetzt mit Prepolymeren variierender Molmassen, mit hochauflösender Pyrolyse-GC. Die Prepolymeren sind vom Bisphenol A-Typ und wurden mit Diaminen, Dicarbonsäureanhydriden oder Imidazol-Beschleuniger vernetzt. In den Pyrogrammen der Prepolymeren finden sich der Originalmonomerpeak, Peaks des Monoglycidylether des Bisphenol A sowie der Bisphenol A-Peak. Im niedrig siedenden Bereich findet man Peaks von Ethylenoxid, Propylen, Acetaldehyd, Acrolein und Aceton; Ethylenoxid und Acrolein stammen aus den Endgruppen des Harzes. Die Abschätzung der Molmassen über relative Peakintensitäten wurde auf vernetzte Systeme übertragen. Dies ist besonders anwendungsorientiert, da für vernetzte Systeme keine der üblichen Molmassenbestimmungsmethoden einsetzbar ist.
Kunaver und Mitarbeiter [23] beschreiben die Anwendung der inversen Gaschromatographie auf ein Epoxidharz und einen Polyester, die mit Melaminharzen vernetzt wurden. Das Material wurde als stationäre Phase in eine konventionelle Säule gepackt. Die Verteilung eines dampfförmigen Lösemittels zwischen stationärer Phase und mobiler Phase (Inertgas) ist ein Maß für die Wechselwirkungen in der Säule und äußert sich durch spezifische Retentionszeiten, woraus verschiedene thermodynamische Eigenschaften bestimmt werden können. Es können beispielsweise Glasübergangstemperaturen, Säure-Base-Wechselwirkungen oder Adsorptionsenthalpien in Lackformulierungen bestimmt werden. Inverse Gaschromatographie wird weiterhin zur thermodynamischen Analyse von Feststoffen wie Pigmenten, Füllstoffen [24, 25] und Pulvern in Beschichtungsformulierungen eingesetzt. Es werden Kenntnisse über Dispersionskräfte, Säure-Base-Wechselwirkungen, Oberflächenenergien, Adsorptionsenthalpie und -entropie zwischen Polymer und z.B. Pigment gewonnen.
Inverse Gaschromatographie kann aber auch zur Verfolgung von Härtungsprozessen z.B. von Epoxidharzen [26] eingesetzt werden. Es wurde der Gelpunkt sowie die Zeitpunkte der Verglasung und der Aushärtung bestimmt.
McGuire und *Nahm* [27] untersuchten den Formaldehyd- und Methanolgehalt, die während der Vernetzung von Beschichtungen freiwerden, mit Kapillar-GC-MS basierend auf einer dynamischen Headspace-Technik. Eine quantitative Analyse der flüchtigen Spaltprodukte läßt Rückschlüsse auf die Vernetzungschemie und den Grad der Vernetzung zu. Es können Formaldehyd- und Methanolgehalte bis unter 0,1% bestimmt werden.
Grzeskowiak und *Jones* [28] bestimmten den Anteil von flüchtigen Komponenten von Phenol-Formaldehydharzen vom Novolak- und Resol-Typ mit der Headspace-GC-Technik. Als flüchtige Komponenten treten nicht abreagierte Einsatzstoffe (Phenol, Formaldehyd) und Katalysatorreste (Oxalsäure, Ammoniak) sowie Zerfallsprodukte des Hexamethylentetramins (siehe Kap. 6.3) auf. Es zeigte sich, daß der Phenolgehalt unabhängig vom Harztyp ist, aber vom Vernetzungsgrad abhängt. Ammoniak- und Formaldehydgehalte sind beim Novolak- höher als beim Resol-Typ.
Wright und Mitarbeiter [29] bestimmten mit einer multidimensionalen GC-Technik Vinylchloridgehalt (VC) in Polyvinylchlorid bis in den sub-ppb-Bereich herein. Eine kurze Vorkolonne, die quasi als Erweiterung des Injektors dient, trennt den VC-Monomerpeak

von anderen unwichtigen Komponenten in dem Dampfraum. Anschließend wird das VC über eine Kryofalle zu einer zweiten Kapillar-Kolonne geleitet.

11.1.2 Hochleistungsflüssigkeitschromatographie (HPLC)

11.1.2.1 Prinzip der Methode

Die Hochleistungsflüssigkeitschromatographie (High-Performance-Liquid-Chromatography, HPLC) dient zur Chromatographie von Substanzgemischen an Trennmaterialien mit kleinen Partikeldurchmessern (<15 µm) und enger Korngrößenverteilung unter hohem Druck [30].

Die Verwendung kleiner Partikel bietet den Vorteil geringerer Abhängigkeit der Trennstufenhöhe von der Fließgeschwindigkeit, so daß diese relativ hoch gewählt werden kann ohne großen Verlust an Auflösung.

Die Probe wird in einem Lösemittel oder -gemisch gelöst und in einen Lösemittelstrom als mobile Probe injiziert. Das Lösemittelgemisch kann mit der Zeit in der Zusammensetzung verändert werden, so daß man eine Gradientenelution praktiziert. Die Probe fließt durch eine Säule, die mit Trennmaterial gepackt ist, die Banden werden mit einem Konzentrations- oder einem UV-Detektor detektiert.

Der Trenneffekt wird anders als bei der Gelpermeations-Chromatographie durch Wechselwirkungen zwischen Probe und Säulenmaterial hervorgerufen. Es wird zwischen Normal-Phase- und Reverse-Phase-HPLC unterschieden.

Bei der Normal-Phase-HPLC wird ein polares Säulenmaterial als stationäre Phase eingesetzt. Üblicherweise wird Siliciumdioxid in unregelmäßiger oder sphärischer, poröser Form eingesetzt, um eine möglichst große Oberfläche für Wechselwirkungen anzubieten. Das Siliciumdioxid kann auch modifiziert mit Amino-, Cyano- oder Diolgruppen vorliegen. Die Retentionszeit der Probe ist in erster Linie abhängig von den polaren Wechselwirkungen mit dem Säulenmaterial. Die am wenigsten polare Komponente wird zuerst und die polarste Komponente zuletzt eluiert. Ebenso beeinflußt die mobile Phase die Elutionsdauer über ihre Polarität. Es werden meist Lösemittel auf Kohlenwasserstoffbasis eingesetzt, denen kleine Mengen von stärkeren Eluenten wie z.B. Dichlormethan, Tetrahydrofuran oder Acetonitril zugesetzt werden [31].

Bei der Reverse-Phase-HPLC wird eine unpolare stationäre Phase, was durch gebundene Alkylsubstituenten auf der Siliciumdioxidoberfläche realisiert wird, eingesetzt. Das am weitesten verbreitete Säulenmaterial ist Octadecylsilan. Die Oberfläche ist dann hydrophob und unpolar, während als mobile Phase ein polares Lösemittel oder Gemische mit z.B. Wasser, Methanol, Acetonitril, Tetrahydrofuran oder Dioxan gewählt werden.

Die Retentionszeit der Probe hängt vom Verteilungsgrad zwischen stationärer und mobiler Phase ab, welcher von den polaren Wechselwirkungen bestimmt wird. Aber auch die Molekülgröße beeinflußt die Trennung: größere unpolare Moleküle eluieren zuerst.

Die Reverse-Phase-Chromatography ist besonders geeignet zur Trennung von Homologen und wenig polaren Verbindungen sowie zur Analyse von Polymeradditiven [31].

11.1.2.2 Anwendungen

Die HPLC wird vorwiegend für niedermolekulare polare und schwerflüchtige Stoffe eingesetzt wie z.B. für Additive oder Spaltprodukte, die beim Einbrennen austreten.

Possanzini und *Di Palo* [32] beschreiben die Bestimmung von aliphatischen Aminen (Methyl-, Ethyl-, Dimethyl-, Allyl-, Isopropyl-, n-Propyl-, Ethylendi-, Diethyl- und n-Butylamin) in der Luft. Dazu wurde mit Tosylchlorid derivatisiert, durch Reverse-Phase-HPLC chromatographiert und mit einem UV-Detektor bei 230 nm ausgewertet. Die Derivatisierung hat den Vorteil, gut im UV-Licht absorbierende Produkte erfassen zu können. Die isokratische Elution wurde mit Acetonitril/Wasser (40/60) durchgeführt. Eine Auftrennung von z. B. Dimethylamin/Ethylamin oder Isopropylamin/Propylamin ist nicht möglich. Dazu muß eine Gradientenelution, die jedoch zeitaufwendiger ist, durchgeführt werden. Die Detektionsgrenze der Amine liegt bei 1 bis 5 pikomol entsprechend einer Gasphasenkonzentration unter 0,1 µg m^{-3} bei einer Luftprobenahme von 5 l min^{-1} über 1 Stunde.

Marcato und Mitarbeiter [33] beschäftigten sich mit der Bestimmung von HALS (Hindered Amine Light Stabilizers) in Polyolefinen mit nicht-wäßriger Reverse-Phase-HPLC. Als stationäre Phase wurde ein Styrol-Divinylbenzol-Copolymer und als mobile Phase Tetrahydrofuran/Diethanolamin eingesetzt. Die Detektion erfolgte im UV bei 239 nm. Der Vorteil der HPLC liegt in diesem Fall in der niedrigen Detektionsgrenze von unter 1 µg entsprechend einer Konzentration von 10 ppm im Polyolefin für die beiden untersuchten kommerziellen Stabilisatoren. Die Präzision dieser HPLC-Bestimmung wurde berechnet und ist sehr gut.

Eickeler [34] beschreibt die Bestimmung von 2,4-Toluoldiisocyanat über HPLC. Das Prinzip basiert auf einer Reaktion des Isocyanates mit Aminen unter Bildung von Harnstoffderivaten. Die Isocyanate wurden auf einem mit 1-(2-Pyridyl)piperazin imprägnierten Glasfaserfilter gesammelt, durch HPLC chromatographiert und bei einer Wellenlänge von 254 nm detektiert.

Es werden in der Literatur auch Anwendungen der HPLC auf Polymere beschrieben, dabei müssen hier Probleme wie Aggregationen in Betracht gezogen werden. Beispielsweise beschreiben *Augenstein* und *Müller* [35] die Charakterisierung von Blockcopolymeren von Decyl- und Methylmethacrylat mit einer Normal-Phase-Gradienten-HPLC. Die Detektion erfolgte mit einem Verdampfungslichtstreudetektor. Das Blockcopolymer enthielt nach der Gradientenelution offenbar noch beträchtliche Anteile an Homopolymer, obwohl die Gelpermeationschromatographie eine vollkommene monomodale Verteilung zeigte. Man kann somit mittels HPLC Anteile von Homopolymeren in Blockcopolymeren ermitteln. Ein weiteres Ergebnis ist, daß Blockcopolymere bei der Elution stärker zurückgehalten werden als statistische Copolymere identischer Zusammensetzung. Dies wird auch durch eine Arbeit von *Glöckner* [36] bestätigt, der sich mit HPLC an Styrol-Acrylnitril-Copolymeren beschäftigt.

Sheih und *Benton* [37] beschreiben eine Reverse-Phase-HPLC von Epoxyharzen vom Bisphenol A- bzw. Novolak-Typ und aliphatischen Epoxiden. Als Kolonnenmaterial wurde Octadecylsilan und als mobile Phase Acetonitril/Wasser bzw. Tetrahydrofuran/Wasser eingesetzt. Da die Epoxyharze aromatische UV-empfindliche Chromophore enthalten, wurde ein UV-Detektor eingesetzt. Es konnten die Hauptkomponenten der Harze erfolgreich aufgetrennt werden, darüber hinaus wurden Aussagen über die Einflüsse verschiedener Komponenten in der Lackformulierung gemacht, wie z. B. Adhäsion, Viskosität und Flexibilität.

Gandara und Mitarbeiter [38] untersuchten mittels HPLC Bisphenol F-Diglycidylether und Hydrolyseprodukte vor dem Hintergrund von notwendigen Migrationsbestimmungen der toxischen unreagierten Anteile im entsprechenden Epoxydharz. Die Peaks konnten zugeordnet werden; es handelte sich um Bisphenol F und Isomere des Bisphenol F-Diglycidylethers.

Durch Kombination verschiedener Methoden, HPSEC (High Performance Size Exclusion Chromatography), Massenspektrometrie und Reverse-Phase-HPLC konnten *Longordo* und Mitarbeiter [39] ein kommerzielles Methoxymethylmelaminharz charakterisieren. Mit Hilfe der HPSEC wurde das Harz fraktioniert und die Molmassen jeder Fraktion mittels MS bestimmt. HPLC-Untersuchungen wurden am Harz und an den Fraktionen durchgeführt. Dadurch konnte gezeigt werden, daß das Harz aus monomeren, oligomeren und polymeren Komponenten besteht. Die oligomere Spezies kann aus mehr als vier selbstkondensierten methylierten Melamin-Formaldehyd-Einheiten, die über Methylen- oder Dimethylenetherbrücken verknüpft sind, bestehen (siehe Kap. 6.2). Man ordnete auf Basis der Elutionszeit der Hauptkomponente, dem Hexakis(methoxymethyl)melamin, durch Vergleich von Elutionszeit von Harzen mit einem geringeren Methylierungsgrad allen HPLC-Peaks Strukturen zu.

Podzimek und *Hroch* [40] trennten die Oligomer- und Monomeranteile sowie Nebenprodukte in Novolakharzen auf Basis von Phenol und p-Kresol mit Reverse-Phase-HPLC. Die Nebenprodukte konnten nicht identifiziert werden.

11.1.3 Gelpermeationschromatographie (GPC)

11.1.3.1 Prinzip der Methode

Die GPC oder auch SEC (Size Exclusion Chromatography) ist für die Polymeranalyse die am weitesten verbreitete chromatographische Methode. Es können sowohl für Oligomere, Prepolymere als auch hochmolekulare Polymere die Molmassen und Molmassenverteilungen bestimmt werden. Es sind darüber hinaus auch Trennungen der Fraktionen und quantitative Aussagen möglich. Es handelt sich jedoch um keine Absolutmethode zur Bestimmung der Molmassen, sondern sie erfordert eine Kalibrierung mit Standardsubstanzen, häufig Polystyrol, deren Molmassen mit Absolutmethoden bestimmt werden können und eine geringe Uneinheitlichkeit besitzen. Die Polymerprobe wird in einem geeigneten Lösemittel gelöst und mit Hilfe eines Elutionsmittels (beides häufig Tetrahydrofuran) über eine Säule geführt. Das Säulenmaterial besteht entweder aus einem starren Material enger Porenverteilung (z. B. poröses Glas) oder einem Gel (Styrol-Divinylbenzol-Copolymere). Der Porendurchmesser liegt bei 5 bis 500 nm. Bei der Elution werden die kleinen Moleküle stärker retardiert als größere Moleküle. Für die großen Moleküle ist somit ein geringeres Elutionsvolumen erforderlich, welches ein Maß für die Knäuelgröße der analysierten Moleküle ist.

Der Trenneffekt beruht darauf, daß die kleinen Moleküle häufiger in Poren diffundieren und länger dort verweilen als größere. Für die reproduzierbare Analyse ist es wichtig, daß Adsorptionen von Probe und Trennmittel vermieden werden. Deshalb sollte das Elutionsmittel polarer als die Probe sein. Die Konzentration des Eluats wird als Funktion der Zeit oder des Volumens über die Brechzahl (Differentialfraktiometer) oder über UV- oder IR-Detektoren registriert.

Die Methode ist für tetrahydrofuran-lösliche Polymere in der DIN 55672 Teil 1 festgelegt. Die Grundlagen der Methode sind eingehend in der Literatur beschrieben [41, 42].

11.1.3.2 Anwendungen

Barth und *Boyes* [43] geben eine gute Übersicht der neuen Veröffentlichungen und Bücher zum Thema GPC und gehen auf spezielle Themen zur Kalibrierung, Detektoren, Trennmaterialien oder Bandenverbreiterung sowie Effekte mit z. B. Adsorptionen ein.

Ellis [44, 45] beschreibt in einer Literaturübersicht die Anwendung der GPC auf verschiedene Lackharze wie Epoxidharze, Harnstoff-, Phenol- und Melamin-Formaldehyd-Harze, Cellulose und deren Derivate, Aldehydharze und Polyester.

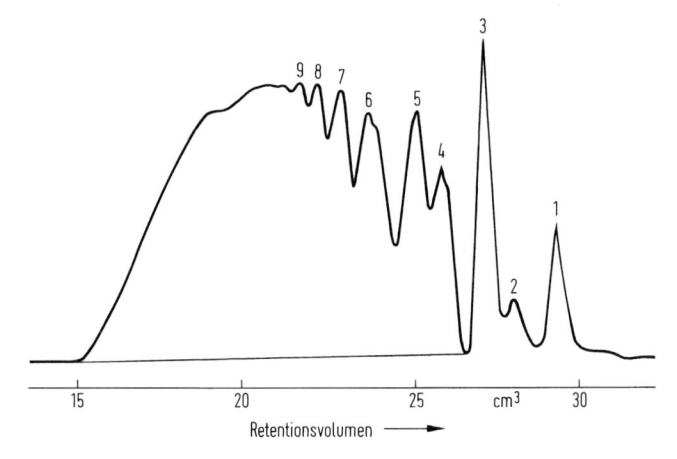

Bild 11.3. GPC-Chromatogramm eines Phenol-Formaldehyd-Harzes [46]
Peak 1: Salicylaldehyd; Peak 2: Phenol; Peak 3: p-Hydroxybenzaldehyd; Peak 4: 2,2′-Dihydroxy-3-formyl-diphenylmethan; Peak 5: 2,2-Dihydroxydiphenylmethan; Peak 6: Trimeres Phenolformaldehyd-Kondensat; Peak 7: Tetrameres Phenolformaldehyd-Kondensat; Peak 8: Pentameres Phenolformaldehyd-Kondensat; Peak 9: Hexameres Phenolformaldehyd-Kondensat

Chiantore und *Guaita* [46] beschreiben thermische und chromatographische Methoden zur Charakterisierung von Novolak-Harzen. Das Chromatogramm im Bild 11.3 wurde mit einem UV-Detektor bei 260 nm erhalten. Es werden verschiedene Peaks im oligomeren Bereich aufgelöst, wie dies für ein relativ niedermolekulares Harz zu erwarten ist.
Die Zuordnung der Peaks erfolgte durch thermische Fraktionierung bei verschiedenen Temperaturen, bei der in oligomere Bestandteile zerlegt wird, wie es aus einer IR-Studie von *Camino* und Mitarbeitern [47] bekannt ist. Von den Fraktionen wurden GPC-Chromatogramme angefertigt und aus den Retentionszeiten der Peaks durch Vergleich mit dem Chromatogramm des Originalharzes auf die Oligomeren geschlossen. Die Identifikation erfolgte durch GC/MS.
Ellis [48] veröffentlichte eine Methode zur Bestimmung der Zusammensetzung in 2-Komponenten-Harz-Blends durch GPC. Zunächst wurden die reinen Harze, langölige Alkydharze, ein Urethanharz und ein polyamid-modifiziertes Alkydharz, untersucht und anschließend eine Serie von 16 geeigneten 2-Komponenten-Mischungen bekannter Zusammensetzung unter den gleichen GPC-Bedingungen. Die Auswertung erfordert keine Kalibrierung der Säulen, sondern wird mit einem iterativem Computerprogramm auf Basis der Elutionsvolumina und prozentualen Peakhöhen durchgeführt. Die Übereinstimmung der damit erhaltenen Blendzusammensetzung mit der tatsächlichen ist sehr gut.
Pasch und Mitarbeiter [49, 50] untersuchten die Struktur von sieben selbsthergestellten sulfonierten Harnstoff-Formaldehyd-Harzen mit variierenden Verhältnissen von Formaldehyd zu Harnstoff bzw. Natriumbisulfit zu Harnstoff mit Hilfe der GPC. Die GPC dieser Harze ist aufgrund der geringen Löslichkeit für höhere Molmassen und dem Auftreten von starken intermolekularen Wasserstoffbindungen zwischen den polaren Gruppen der Moleküle nicht einfach. Durch Verwendung von wäßriger Natriumsulfit-Lösung als mobile Phase konnten elektrostatische Wechselwirkungen zwischen stationärer Phase und Harzmolekülen vermieden werden. Als stationäre Phase wurde PORASIL, ein steifes, hydrophiles und poröses Silikagel bzw. μ-BONDAGEL, ein poröser silicium-gebundener organischer Ether, verwendet. Die Kalibrierung wurde mit Harnstoff, Monomethylol-

harnstoff, Dimethylolharnstoff und Methylendiharnstoff als niedermolekulare Standards und Polystyrol bzw. Polyethylenglycol für höhermolekulare Standards durchgeführt. Es wurde gezeigt, daß das Verhältnis Formaldehyd zu Harnstoff bzw. Sulfit zu Harnstoff die Molmassen bestimmt. Höherer Formaldehydgehalt führt zu höheren und höherer Sulfitgehalt zu niedrigeren Molmassen. Ein höherer Formaldehydgehalt bewirkt einen höheren Grad an Vernetzung und der höhere Gehalt an Methylolgruppen bietet die Möglichkeit zur Kettenverlängerung. Bei einem höheren Sulfonierungsgrad ist der umgekehrte Effekt ausschlaggebend.

Billiani und Mitarbeiter [51] untersuchten die Molmassenverteilung von Harnstoff-Formaldehyd-Leimharzen mit GPC gekoppelt mit Lichtstreuung. Dazu wurden Harnstoff-Formaldehydharze mit verschiedenen Kondensationsgraden hergestellt. Aus den Konzentrations- bzw. Lichtstreukurven (Kleinwinkel-Laserlichtstreugerät) kann die jeweilige Molmassenfraktion und das Molmassenmittel berechnet werden. Dies steigt mit fortschreitender Kondensation deutlich an und liegt im Bereich von einigen Tausend bis über 100 000 g/mol. Zusätzlich wurde festgestellt, daß in Harnstoff-Formaldehydharzen auch Anteile mit Molmassen bis ca. 500 000 g/mol enthalten sind, die wahrscheinlich durch Aggregationen zustandekommen.

Die Bestimmung der Molmassen bzw. -verteilungen von Harzen wird in der Regel wegen der guten Verfügbarkeit auf Basis von Polystyrolstandards zur Kalibrierung durchgeführt (siehe Kap. 3). *Szesztay* und Mitarbeiter [52] verglichen eine Kalibrierung auf Basis von Polystyrolstandards mit einem auf Basis eigens dafür hergestellten linearen oligomeren Polyester aus Adipinsäure und Hexandiol bzw. Butandiol mit unterschiedlichen Endgruppen (Hydroxyl- und Carboxylgruppen). Das Verhalten dieser Moleküle, d. h. die Solvatation und der Grad der Knäuelung, unterschieden sich von dem des Polystyrols, so daß erhebliche Diskrepanzen in den Kalibrierkurven auftreten, die zu anderen Molmassen führen. Diese Beziehung zu den Kalibrierstandards sollte beim Vergleich der Molmassen von Harzen immer im Auge behalten werden. Eine Anwendung der GPC auf die wasserlösliche Hydroxyethylcellulose mit Hilfe von Dimethylformamid/Dimethylsulfoxid mit kleinen Mengen einer Salzzugabe (Lithiumbromid) beschreiben *Kennedy* und Mitarbeiter [53]. Als stationäre Phase wurde Polystyrol/Divinylbenzol wegen der guten Auflösung gewählt, obwohl es mit wäßrigen mobilen Phasen nicht verwendbar ist. Hydroxyethylcellulose läßt sich jedoch in oben genannter stark polarer Lösemittelkombination lösen. Die Kalibrierung erfolgte mit Polyethylenoxid-Standards. Es wurden sechs kommerziell erhältliche Hydroxyethylcellulose-Harze im Molmassenbereich 81 000 bis 899 000 g/mol (Massenmittel) und die optimalen GPC-Bedingungen ermittelt.

Auch bei der GPC sind Kombinationen mit anderen analytischen Methoden (als UV- und IR-Detektion) möglich, wie *Saunders* und *Taylor* [54] mit ihrer Arbeit zur Bestimmung des Nitrierungsgrades von Cellulose mittels einer on-line-GPC/FT-IR-Kopplung zeigen. Die mobile Phase muß bei dieser Kopplung so gewählt sein, daß eine gute Löslichkeit der Probe und Verträglichkeit mit dem Säulenmaterial besteht, darüber hinaus darf sie in dem interessierenden IR-Bereich nicht aktiv sein. In diesem Fall kann das für die GPC gängigste Lösemittel Tetrahydrofuran eingesetzt werden, da es im Bereich der für den Nitrierungsgrad interessanten Bande bei 1800 bis 1600 cm^{-1} (antisymmetrische ONO-Streckschwingung) nicht absorbiert. Es wurden Harze mit Nitrierungsgraden von 2,1 bis 2,8 untersucht. Die Methode ist empfindlich genug, um auch kleinere Verluste am Nitrierungsgrad durch thermische Degradation festzustellen.

11.1.4 Supercritical Fluid Chromatography (SFC)

11.1.4.1 Prinzip der Methode

Bei der SFC wird die mobile Phase bei dem entsprechenden Druck und der Temperatur nahe oder über den kritischen Punkt gebracht. Während eines Chromatographielaufs wird typischerweise einer der Parameter Druck oder Temperatur in die kritische Region gelangen. Die überkritische Flüssigkeit als mobile Phase kann so als Flüssigkeit oder Gas vorliegen, was zu verschiedenen Vorteilen gegenüber anderen Trenntechniken führt.

Durch die Wahl einer geeigneten Flüssigkeit mit niedriger kritischer Temperatur können auch thermisch labile Polymeradditive analysiert werden. Bei hoher Lösefähigkeit ist die Analyse hochmolekularer Materialien mit entsprechender Auflösung möglich.

SFC läßt sich zwischen HPLC und GC einordnen, so wird für diese Chromatographie auch eine HPLC- und GC-entsprechende Ausrüstung eingesetzt.

Die am häufigsten verwendete überkritische Flüssigkeit ist Kohlendioxid bei einer kritischen Temperatur von 31 °C und einem kritischen Druck von 72,86 atm. Andere Flüssigkeiten wie Stickstoffoxide, Schwefelhexafluorid und Xenon werden ebenfalls eingesetzt. Die Probe wird in einem niedrig siedenden Lösemittel (Dichlormethan) gelöst und in das System über ein HPLC-Hochdruckinjektionsventil eingeführt. Zur Auftrennung können gepackte Säulen oder Kapillarsäulen (wie bei der GC) eingesetzt werden. Die Säulen werden in einem Ofen beheizt, der Druck der Flüssigkeit kontrolliert und registriert, um die kritischen Bedingungen einzustellen. Als Detektoren können im Prinzip die gleichen wie bei der GC eingesetzt werden. Die Grundlagen der Methode sind in der Literatur beschrieben [31, 55].

11.1.4.2 Anwendungen

SFC versteht sich als komplementäre Technik zur Gas- und Flüssigchromatographie. Es sind Ausstattungen für gepackte und Kapillar-SFC auf dem Markt erhältlich und auch Kopplungen mit MS, FT-IR und SFE (Supercritical Fluid Extraction) möglich. Häufig wird SFC zur Analyse von Polymeradditiven eingesetzt. Wollte man diese Analyse per GC durchführen, wäre eine Hochtemperatur-GC notwendig, welche oft Probleme mit sich bringt, da die Anzahl der verfügbaren stationären Phasen beschränkt ist und einige gerätespezifische Schwierigkeiten zu überwinden sind. Eine Flüssigchromatographie von Polymeradditiven würde eine Gradientenelution erfordern und damit lange Analysenzeiten mit sich bringen.

Mori und Mitarbeiter [56] beschreiben die Trennung von Prepolymeren für Phenol-Formaldehyd-Harze über SFC. Neun Oligomere für Novolak-Harze auf Basis von Dihydroxydiphenylmethan bis zum entsprechenden zehn Phenolkerne enthaltenden Oligomeren wurden aufgetrennt sowie entsprechende Oligomere (mono bis penta) für Resolharz-Typen. Aus den Peakflächen konnten die Molmassen ermittelt werden.

Fields und Mitarbeiter [57] wenden die Kapillar-SFC auf verschiedene industriell wichtige Isocyanate an (siehe Kap. 7.1). Für die Analyse von TDI- und MDI-Isomeren und -Oligomeren ist die Methode offenbar der GC und HPLC überlegen, da durch GC nur Monomere oder Dimere analysiert werden und für die HPLC Derivatisierung notwendig ist. Als Detektor wurde ein FDI eingesetzt, die korrekte Zuordnung der Peaks war mangels geeigneter Referenzsubstanzen nur teilweise möglich. *Blum* und Mitarbeiter [58] hingegen kombinierten die Kapillar-SFC mit MS und konnten somit die Zuordnung der Peaks durchführen, wie sie am Beispiel Desmodur 44 V 20 (Bayer AG) belegten.

Ridgeway und Mitarbeiter [59] entwickelten eine Methode zur quantitativen Bestimmung von TDI in Polyurethan-Prepolymeren über SFC durch Verwendung von Nitrobenzol als internen Standard. Gerade zur Bestimmung von geringen Mengen TDI unter 0,1 % in den Prepolymeren weist die SFC eine gute Genauigkeit auf. Die Präzision der Methode wird mit ±3% angegeben. Die Gehalte wurden mit SFC und HPLC ermittelt, ein Vergleich ergibt etwas höhere Werte für die SFC. Die SFC hat den Vorteil der kürzeren Analysezeiten, auch die Genauigkeit dürfte besser sein, da der für die HPLC notwendige Derivatisierungsschritt, bei dem Reaktionen des TDI mit Verunreinigungen auftreten können, entfällt.

Auch *Escott* und *Mortimer* [60] führen einen Vergleich von SFC und HPLC anhand einer Analyse von Polyethylenglycol bzw. -Derivaten durch und bevorzugen die SFC (Detektion mit FDI) für Molmassen unter 800 g/mol wegen der kürzeren Analysezeiten und HPLC für höhere Molmassen wegen der besseren Auflösung.

11.2 Spektroskopische Methoden

In diesem Kapitel soll auf die gängigsten spektroskopischen Methoden für Lackharze und Anwendungsbeispiele eingegangen werden. Es wird hingegen keine Übersicht aller modernen spektroskopischen Methoden angestrebt.

Allen spektroskopischen Methoden liegt zugrunde, daß elektromagnetische Strahlung unterschiedlicher Wellenlänge eingestrahlt wird und diese Energie von den Molekülen für bestimmte Übergänge, Schwingungen oder Orientierungen genutzt wird. Aus dem Absorptionsverhalten lassen sich Rückschlüsse auf die Molekülstrukturen ziehen.

Es soll auf die kernmagnetische Resonanz (NMR) eingegangen werden, die die längsten Wellen (Radiofrequenzen) nutzt, auf die Infrarotspektroskopie (IR), deren Wellenlängenbereich bei 3 bis 25 µm liegt, die Ultraviolettspektroskopie (UV) mit einem Wellenlängenbereich zwischen 200 und 800 nm.

Die Massenspektrometrie (MS) fällt vom Prinzip her etwas aus dem Rahmen, da hier die Ablenkung geladener Teilchen durch ein Magnetfeld als Maß für das Verhältnis von Masse zu Ladung zur Auswertung genutzt wird.

11.2.1 Kernmagnetische Resonanz-Spektroskopie (NMR)

11.2.1.1 Prinzip der Methode

Für NMR (<u>N</u>uclear <u>M</u>agnetic <u>R</u>esonance) werden die magnetischen Eigenschaften von wichtigen Atomkernen, die einen Kernspin besitzen wie z. B. ^{1}H, ^{13}C, ^{15}N, ^{19}F und ^{31}P genutzt. Diese Kerne verhalten sich in einem Magnetfeld wie Magnete, so daß nur zwei Orientierungen der magnetischen Momentachse zum äußeren Feld möglich sind. Eine liegt in Richtung des Feldes und ist energieärmer, während die andere dem Feld entgegengerichtet und energiereicher ist. Die Besetzung der beiden Zustände entspricht einer Boltzmann-Verteilung und ist bei Feldern von ca. 1,4 Tesla und Raumtemperatur nur geringfügig verschieden; dies ist die Ursache für die relative Unempfindlichkeit der NMR gegenüber anderen spektroskopischen Methoden, für die darüber hinaus auch das natürliche Vorkommen der Kerne verantwortlich ist. Um den Energieunterschied zu erhöhen, setzt man möglichst starke Felder von 2,3 Tesla oder höher (bis ca. 14 Tesla möglich) ein, die homogen sein müssen, um Feinaufspaltungen auflösen zu können. Die Resonanzfrequenz der entsprechenden Kernsorte wird in charakteristischer Weise von der Kern-

umgebung beeinflußt. Der Kern wird durch seine Umgebung abgeschirmt und das Magnetfeld abgeschwächt, – anders ausgedrückt – das angelegte Feld muß bei konstanter Frequenz entsprechend größer sein, um den Kern in Resonanz zu bringen.
Man bezieht die Lage der Signale auf eine Referenzverbindung, in der Regel Tetramethylsilan (TMS) für ^{1}H- und ^{13}C-Spektroskopie und definiert die *chemische Verschiebung*, eine von Meßfrequenz und Magnetfeld unabhängige Größe, die in ppm angegeben wird.
Die Feinstruktur der Signale (Multipletts) kommt durch Wechselwirkungen mit Nachbarkernen, die ebenfalls ein magnetisches Moment besitzen, zustande und wird durch die *Kopplungskonstante* beschrieben.
Die Signale haben eine bestimmte Linienbreite, die durch Inhomogenitäten des Feldes, Fernkopplungen und den Relaxationszeiten der Kerne verursacht werden. Die Proben werden in Lösung analysiert. In der Literatur finden sich ausführliche Beschreibungen der Methode und der physikalischen Grundlagen [61 bis 64]. Im folgenden wird die Kurzbeschreibung spezieller NMR-Methoden, wie sie auch bei Lackharzen Anwendung finden, behandelt.
Mit der CP/MAS (Cross Polarization/Magic Angle Spinning)-NMR-Spektroskopie steht eine Methode zur Verfügung, mit der auch hochaufgelöste NMR-Spektren seltener Kerne wie z. B. ^{13}C im festen Zustand erhalten werden können. Dies ist beispielsweise wichtig, wenn die Systeme nicht mehr löslich sind, weil sie vernetzt wurden oder das Lösemittel die Koordinationsverhältnisse verändert, oder wenn man chemische Reaktionen im festen Zustand, wie das Einbrennen eines Lackes, verfolgen will. Damit sind Aussagen über Konformation, Kristallstruktur und Moleküldynamik sowie molekulare Mischbarkeit am Festkörper möglich.
Den wesentlichen Unterschied zur NMR von Flüssigkeiten, in denen Anisotropien durch schnelle isotrope Molekularbewegungen ausgeglichen werden, machen die anisotropen Anteile der Wechselwirkungen der chemischen Abschirmung und dipolare und quadrupolare Wechselwirkungen aus. Durch die Kreuzpolarisation wird ein Teil der Empfindlichkeit der ^{1}H-Kerne auf die selteneren Kerne wie ^{13}C übertragen. Die anisotrope Abschirmung kann durch mechanische Probenrotation um den magischen Winkel von ca. 54,7° zwischen Rotationsachse und dem äußeren Feld herausgemittelt werden. Ausführliche Beschreibungen der physikalischen Grundlagen findet man in der Literatur [65 bis 69].

11.2.1.2 Anwendungen

Auf dem Gebiet der NMR-Untersuchungen von Phenol-Formaldehydharzen sind in den letzten Jahren einige Veröffentlichungen erschienen [70 bis 79]. *Bogan* [70] bestimmte mit ^{13}C-NMR-Spektroskopie die Kresol-Phenol-Copolymer-Zusammensetzung in Novolaken und den Vernetzungsgrad für lösliche m-Kresol-Novolake. *Pampalone* [71] und *Fitzgerald* [72] beschäftigten sich hingegen mit der m-Kresol- und p-Kresol-Copolymerzusammensetzung über die ^{13}C-NMR-Spektroskopie durch Integration des Methylkohlenstoff-Resonanzpeaks. Die Genauigkeit für die Zusammensetzung von 58 bis 100 Massenprozent m-Kresol wird mit 5 Massenprozent angegeben.
Fitzgerald und Mitarbeiter [73] bestimmten in einer weiteren Arbeit den Typ der Methylenbrücken von m- und p-Kresol-Formaldehyd-Harzen durch ^{13}C-NMR-Spektroskopie. Dazu wurden Modellsubstanzen mit verschiedenen Methylenbrücken (o–o, o–p und p–p relativ zur OH-Gruppe), die bei der Kondensation von m- und p-Kresol mit Formaldehyd möglich sind, hergestellt. Diese wurden über ^{13}C-NMR-Spektroskopie charakterisiert und als Grundlage zur Auswertung der Spektren der Novolake genutzt. Auch Untersuchungen von Phenolharzen des Resoltyps liegen vor [74 bis 77].

So und *Rudin* [74] untersuchten die chemische Zusammensetzung von löslichen Resolen mit hochauflösender ^{13}C-NMR-, IR-Spektroskopie sowie GPC. Die Vernetzungsreaktion wurde über IR-Spektroskopie und Festkörper-NMR verfolgt. Der Vernetzungsgrad wächst mit der Vernetzungszeit und -Temperatur. Die Molmasse des Ausgangsresols kann durch ein wachsendes Formaldehyd-Phenol-Verhältnis sowie durch längere Reaktionszeit und höhere Temperatur vergrößert werden. Der Vernetzungsgrad unter gleichen Bedingungen ist direkt proportional zur Molmasse des Ausgangsresols. Auch der bei der Kondensation eingesetzte Katalysator hat Einfluß auf die Resolzusammensetzung und die Molmase und beeinflußt weiterhin die Methylolierung in p-Stellung zur Phenolgruppe. Der pH-Wert bei der Vernetzung beeinflußt sowohl den Vernetzungsgrad als auch den Typ der Vernetzung. Bei hohen und niedrigen pH-Werten findet man Methylenbrücken, während im neutralen Bereich Dibenzyletherbrücken dominieren (siehe Kap. 6.3).

Chuang und *Maciel* [75] untersuchten den Einfluß von Base, Formalin, nichtoxidierender und oxidierender Säure auf ein Phenol-Formaldehyd-Harz vom Resoltyp in vernetzter Form mit ^{13}C-CP/MAS-NMR-Technik. Der Haupteinfluß der Einwirkung der genannten Reagenzien besteht in einer einfachen Neutralisation des alkalischen Harzes. Einige der Dimethylenetherbrücken werden durch Natriumhydroxidlösung gespalten, und es bilden sich die entsprechenden Methylolgruppen, während die Dimethylenetherbrücken gegen den Einfluß von verdünnter Schwefelsäure und Formalin stabil waren. Die Behandlung mit Formalin führt zur Methylolierung des Phenolrings in der o- oder p-Stellung oder p,p'-Methylenbrücken zwischen zwei Phenylringen. Der Einfluß von Salpetersäure bewirkt eine Oxidation der Phenolringe zu cyclischen Ketonen bzw. Nitrierung der Ringe.

In der Literatur wird auch über die ^{13}C-NMR-Spektroskopie von Harnstoff-Formaldehyd-Harzen berichtet [78 bis 81]. *Kim* und *Amos* [78] untersuchten Harnstoff-Formaldehyd-Harze in verschiedenen Synthesestufen mit unterschiedlichen Formaldehyd-Harnstoff-Verhältnissen. Sie konnten feststellen, daß die Methylolierungs- und Methylierungsreaktionen nur begrenzt ablaufen und freies Formaldehyd auftritt. Erniedrigung des Verhältnisses von Formaldehyd zu Harnstoff kann die Formaldehyd-Emission erniedrigen, unterhalb eines Verhältnisses von 1,75 wird die Reaktionsgeschwindigkeit jedoch schneller und die Synthese schwieriger.

Jada [79] wendete die CP/MAS-NMR-Spektroskopie auf unvernetzte Harnstoff-Formaldehyd-Harze an, um eine quantitative Bestimmung der verschiedenen funktionellen Gruppen durchführen zu können. Dazu wurden zwei Harnstoff-Formaldehyd-Harze bei verschiedenen pH-Werten synthetisiert, während die anderen Bedingungen konstant gehalten wurden. Die Auswertung der Spektren erfolgte anhand von Spektren geeigneter Modellsubstanzen, deren chemische Verschiebungen bekannt sind. Harze, die im sauren Medium hergestellt wurden, wiesen mehr Methylenverknüpfungseinheiten und einen geringeren Gehalt an Methyloleinheiten auf (siehe Kap. 6.2).

Der pH-Wert hat weiterhin Einfluß auf die Vernetzungsdichte und den Gehalt an Methyleneinheiten zwischen sekundären und tertiären Amiden. Das säurekatalysierte Harz weist 38,5% Methyleneinheiten zwischen den Amiden und das basenkatalysierte Harz nur 6,9% auf.

Pasch und Mitarbeiter [80, 81] untersuchten die Struktur von Harnstoff-Formaldehyd-Harzen mit ^{13}C-NMR. Sie nutzten Dimethylharnstoff und Trimethylendiharnstoff sowie deren sulfonierte Derivate als Modellsubstanzen zur Interpretation der NMR-Spektren. In einem halbquantitativen Ansatz konnten relative Konzentrationen der Hauptstruktureinheiten berechnet und der Effekt der Monomerzusammensetzung auf das Endharz studiert werden.

In den letzten Jahren sind zahlreiche Veröffentlichungen auf dem Gebiet der NMR-Spektroskopie von Isocyanatharzen erschienen [82 bis 88]. *Duff* und *Maciel* [82 bis 84] charakterisierten MDI (4,4'-Methylen-bis-phenylisocyanat)-Polyisocyanate über ^{13}C- und ^{15}N-CP/MAS-NMR-Spektroskopie. Sie stellten eine Anzahl von Harzen mit ^{15}N-reichem MDI unter verschiedenen Reaktionsbedingungen her. Es wurden die Bildung von Vernetzungen über Isocyanuratringbildung und dem Gehalt an unreagiertem Isocyanat über ^{13}C-CP/MAS-NMR-Spektroskopie untersucht und eine optimale Vernetzungstemperatur von 120°C ermittelt. Harnstoffbrückenbildung und andere untergeordnete Strukturen wie Amine, Biuret und Uretdion konnten durch ^{15}N-CP/MAS-NMR-Spektren klar identifiziert werden [82] (siehe Kap. 7.1).

Über ^{15}N-CP/MAS-NMR wurden halbquantitative Informationen über relative Konzentrationen der Hauptkomponenten während des thermischen Degradationsprozesses gewonnen. Biuretstrukturen sind stabiler als Uretdion-, Harnstoff- und Isocyanurat-Strukturen [83]. Weiterhin wurde die Chemie der Nachvernetzung in MDI-basierenden Harzen, die für sieben Monate der Luft ausgesetzt waren, untersucht. Über ^{13}C-CP/MAS-NMR konnte die Abnahme des Restisocyanat-Gehalts und eine Zunahme der Harnstoffbrücken nachgewiesen werden [84]. *Okamoto* und Mitarbeiter [85] beschäftigten sich mit CP/MAS-NMR-Spektroskopie eines Blockcopolymers aus MDI als Hartsegment, PTMO (Polytetramethylenoxid) als Weichsegment und Ethylendiamin als Kettenverlängerer. Es konnte aus dem Relaxationsverhalten der Urethankohlenstoffe zwischen Urethangruppen an der Grenzfläche des Hartsegments und den im Weichsegment gelösten unterschieden werden. *Lu* und Mitarbeiter [86] beschäftigten sich mit ähnlichen Systemen bestehend aus einem Polyester (Polyethylenadipat) und MDI sowie N-Methyl-diethanolamin als Kettenverlängerer. Durch Quaternisierung des tertiären Amins wurden verschiedene Ionisationsgrade hergestellt und weiterhin der Gehalt an Hartsegment variiert. Es wurden die intermolekularen Wechselwirkungen zwischen Polyester-Polyurethan untersucht. Dabei spielten die verschiedenen Arten von Wasserstoffbindungen eine wichtige Rolle, da sie die Phasenseparation und physikalische Eigenschaften beeinflussen.

Egger und Mitarbeiter [89] beschäftigten sich mit ^{13}C-CP/MAS-NMR von kationisch UV-polymerisierten Epoxyharzen, basierend auf cycloaliphatischen Epoxiden mit Arylsulfoniumsalzen als Photoinitiatoren und Polypropylenglycolen (PPG) variabler Länge zur Flexibilisierung. Ziel war die Untersuchung der Vernetzungsreaktion und Morphologie des Endproduktes. Epoxide ohne Flexibilisierung mit PPG erreichen schnell den Gelpunkt, obwohl der Epoxidgehalt erst nach ca. 9 Monaten auf Null absinkt. Mit PPG zur Flexibilisierung findet man eine höhere Vernetzungsrate, Gelierung tritt erst bei höheren Epoxyumsätzen auf. Durch die Vernetzung werden Polyetherbrücken gebildet und über Spin-Diffusions-Experimente lassen sich Domänengrößen in dem System Polyethernetzwerk/PPG, welches Mikrophasenseparation zeigt, bestimmen.

Fischer und Mitarbeiter [90] studierten die Netzwerkstruktur und die Reaktion von Bisphenol A-diglycidylether mit 1-Cyanoguanidin gelöst in Dimethylformamid in Anwesenheit verschiedener Beschleuniger über ^{13}C-NMR-, ^{13}C-CP/MAS-NMR-, NMR- und IR-Spektroskopie. Dazu wurde die Konzentration von 1-Cyanoguanidin als Funktion der Reaktionstemperatur und -zeit verfolgt. Der Veretherungsgrad wächst mit Überschuß an Diglycidylether des Bisphenol A und Erhöhung der Temperatur. Die Reaktivität der Nitrilgruppen wächst ebenfalls mit der Temperatur, während Carbonylstrukturen aufgrund der Abspaltung von Wasser entgegengesetztes Verhalten zeigen. Die Beschleuniger beeinflussen die Netzwerkstruktur nicht.

Udagawa und Mitarbeiter [91] charakterisieren cycloaliphatische Epoxyharze über zweidimensionale NMR. Die spektrale Überlappung kann die Signalbestimmung und Messung von dipolaren oder skalaren Kopplungen verhindern, die aber zur Struktureigenschaftsbestimmung in Polymeren notwendig sind. In vielen Fällen kann die zweidimensionale Technik eine verbesserte Auflösung bewirken, da die Wechselwirkungen in zwei Frequenzdimensionen aufgespalten werden [92]. Die cycloaliphatischen Epoxyharze basieren auf Cyclohexenoxid; die Untersuchung zeigte, daß verschiedene Isomere des substituierten Cyclohexenoxidrings existieren [91].

Rybicky [93] beschreibt die schnelle Bestimmung von Fettsäuren in Alkyd- und Urethanharzen mit NMR und betont den zeitlichen Vorteil gegenüber der üblichen GC-Bestimmung. *Brar* und *Sunita* [94] bestimmten die Mikrostruktur von Acrylsäure-Vinylacetat-Copolymeren, und *Po* und Mitarbeiter [95] beschäftigten sich mit der Sequenzanalyse von Copolyestern aus aromatischen Dicarbonsäuren und Ethylenglycol über ^{1}H- und ^{13}C-NMR. Die ^{13}C-NMR gibt keine Auskünfte über die Sequenzverteilung, während über ^{1}H-NMR die Ethylenreste zwischen den verschiedenen Säuren zu unterscheiden sind. Die Polyester zeigten eine Zufallsverteilung.

Keller und Mitarbeiter [96] führten ^{1}H-NMR-Untersuchungen des Copolymerisationsprozesses von Norbornen und Norbornenderivaten mit Maleinsäureanhydrid durch. Dabei wurde der nicht verbrauchte Anteil an Doppelbindungen quantitativ bestimmt.

Newmark [97] beschreibt eine Sequenzverteilungsanalyse in Copolyestern über ^{13}C-NMR. Die Copolyester wurden aus Ethylenglycol (EG), 1,4-Butandiol (BD) und Methylterephthalat (TP) synthetisiert. Die EG-TP-EG- und BD-TP-BD-Blöcke sind vom unsymmetrischen Block EG-TP-BD zu unterscheiden. Es wurde eine Zufallscopolykondensation der 3 Copolyester festgestellt.

Auch *Kricheldorf* [98] beschäftigt sich mit einer Sequenzanalyse über ^{13}C-NMR an Polyestern. Es wurden zahlreiche Polyester aus 1,2-Ethandiol, 1,3-Propandiol, 1,4-Butandiol, 1,6-Hexandiol, 1,12-Dodecandiol, 1,4-Phenylendimethanol und Hydrochinon einerseits und den Chloriden von Bernsteinsäure, Glutarsäure, Adipinsäure, Korksäure, Sebazinsäure, Isophthalsäure und Terephthalsäure andererseits hergestellt. Die ^{13}C-NMR-Spektren der Polyester wurden in Trifluoressigsäure gemessen und die Beziehung zwischen Struktur der Monomereinheit und den chemischen Verschiebungen der Carbonyl- und O$-$CH$_2$-Signale bestimmt. Copolyester wurden über die Kondensation von zwei Diolen und zwei Dicarbonsäuredichloriden oder über thermische Umesterung von zwei Homopolyestern hergestellt. Die ^{13}C-NMR-Spektren erlauben eine Unterscheidung der Copolyester von Mischungen der Homopolyester mit entsprechender Zusammensetzung; auch die Länge des homogenen Blocks ist bestimmbar.

Sauer und Mitarbeiter [99] beschäftigen sich mit der qualitativen und quantitativen Analyse ungesättigter Polyesterharze auf Basis von Maleinsäureanhydrid, Phthalsäureanhydrid, Ethylenglycol und Propylenglycol über ^{1}H-NMR.

11.2.2 Fourier-Transform-Infrarot-Spektroskopie

11.2.2.1 Prinzip der Methode

Die Infrarot-Spektroskopie (IR) dient zur Analyse von Verbindungen, bei denen durch die Absorption der Infrarotstrahlung eine Anregung von Schwingungen und Rotationen von Molekülen stattfindet. Die Infrarotstrahlung liegt im Bereich von 5000 bis 200 cm^{-1}. Schwingungen oder Rotationen, die eine Änderung der Bindungslängen und -winkel bewirken, können jedoch nur angeregt werden, wenn die Atome im Molekül unterschiedliche Elektronegativitäten besitzen und damit Dipolmomente vorliegen. Die ange-

11.2 Spektroskopische Methoden

regte Schwingung muß zu einer periodischen Änderung des Dipolmomentes führen, um IR-aktiv zu sein.
Molekülschwingungen, bei denen sich Bindungsabstände ändern, heißen Valenzschwingungen; ändern sich Bindungswinkel, so handelt es sich um Deformationsschwingungen. Die Lage der Bande im Spektrum wird von den Massen der beteiligten Atome und den Bindungungsstärken bestimmt. Der für Polymere und Lackharze interessante Bereich liegt bei 4000 bis 400 cm^{-1}.
Die Fourier-Transform-(FT)-Technik bietet die Vorteile einer hohen Geschwindigkeit bei der Aufnahme der Spektren und ein wesentlich verbessertes Signal-Rausch-Verhältnis [100]. Herzstück eines FT-IR-Spektrometers ist ein Michelson-Interferometer, welches aus einem sogenannten Beamsplitter, einem beweglichen und einem festen Spiegel besteht. Am Beamsplitter wird die Strahlung der IR-Quelle geteilt. Eine Hälfte wird zum beweglichen Spiegel reflektiert, die andere fällt auf den feststehenden Spiegel. An den Spiegeln wird die Strahlung reflektiert und trifft am Beamsplitter wieder zusammen, wo es zur Interferenz kommt. In Abhängigkeit vom optischen Wegunterschied, der durch die Bewegung des freien Spiegels vorgegeben wird, kommt es zu destruktiver oder konstruktiver Interferenz, so daß quasi gleichzeitig der gesamte Wellenlängenbereich zur Verfügung steht. Die Strahlung durchdringt anschließend die Probe und gelangt dann zum Detektor. Der Detektor zeichnet eine Überlagerung aller im Spektrum vorhandenen Wellenlängen zum Interferogramm auf. Durch eine mathematische Operation, die Fourier-Transformation, erhält man aus dem Interferogramm ein Spektrum.
Ein Übersichtsartikel von *Putzig* und Mitarbeitern [101] gibt eine aktuelle Literaturübersicht und beschreibt neue Techniken und spezielle Anwendungen. Auf einige der Spezialtechniken soll im folgenden kurz eingegangen werden, da sie u.a. bei Lackharzen Anwendung finden.
Bei der photoakustischen FT-IR-Spektroskopie wird die Probe mit moduliertem Infrarotlicht bestrahlt. Die Intensität nimmt beim Materialdurchtritt exponentiell ab. Die absorbierte Energie wird in Wärme umgewandelt, welche zur Probenoberfläche fließt. Der Wirkungsgrad des Wärmetransfers wird durch den thermischen Diffusionskoeffizienten der Probe und die Modulationsfrequenz des eingestrahlten Infrarotlichtes bestimmt. Es wird also periodisch eine bestimmte Wärmemenge vom Inneren der Probe zur Oberfläche transportiert, welches sich in der photoakustischen Intensität äußert. Ändern sich die thermischen Eigenschaften der Probe während der Aufnahme, beispielsweise durch Vernetzung, so läßt sich dies über das photoakustische Signal verfolgen [102].
Mit der ATR (Abgeschwächte Totalreflexion)-Spektroskopie können wenig strahlendurchlässige Materialien wie z.B. pigmentierte Lacke untersucht werden, da es sich um eine IR-Analyse der Oberfläche handelt. Die Probe wird mit der Oberfläche eines Reflexionselementes in Kontakt gebracht und das Infrarotlicht auf die Grenzfläche eingestrahlt. Das Reflexionselement besteht aus einem Kristall bzw. Mischkristall, der eine ausreichend hohe Brechzahl im Vergleich zur Probe haben muß, um eine Totalreflexion zu gewährleisten. Weiterhin muß er durchlässig für infrarote Strahlung sein. Der Einfallswinkel der IR-Strahlung wird nun größer als der Grenzwinkel der Totalreflexion gewählt. Die an den Grenzflächen des Reflexionselementes reflektierte Strahlung tritt in geringem Maß in das optisch dünnere Medium, also die Probe, ein, legt eine gewisse Wegstrecke zurück und kehrt zurück in das optisch dichtere Medium des Kristalls. Absorbiert die Probe einen Teil der Strahlung, so führt dies zu einer Abschwächung der Totalreflexion. Man erhält so ein Reflexionsspektrum der Probe, das dem Transmissionsspektrum ähnelt. Bandenlage und -form sind mit dem Transmissionsspektrum derselben Substanz quasi identisch, solange die Brechzahl des Kristalls im gesamten Spektralbereich größer ist als die der Probe.

11.2.2.2 Anwendungen

Die Interpretation der IR-Spektren geschieht mit Hilfe von Gruppenfrequenzen und Vergleichsspektren. Die Identifikation von Bindemitteln wird anhand von Referenzspektren vorgenommen.

Klampfl [103] beschreibt die Anwendung der FT-IR-Spektroskopie zur Bestimmung der quantitativen Zusammensetzung von Bindemittelgemischen in Wasserlacken. Meistens werden für Wasserlacke Filmbildner eingesetzt, die aus Gemischen von Acrylat-, Polyester-, Melamin- oder Alkydharzen bestehen. Beim Aushärtungsprozeß kommt es zur Ausbildung eines höhermolekularen Netzwerkes, so daß eine Analytik über chromatographische Methoden wie HPLC, GC oder SFC nicht mehr möglich ist. Über spektroskopische Methoden wie FT-IR können in der Regel nur qualitative oder semiquantitative Aussagen getroffen werden. *Klampfl* [103] hingegen untersuchte einen handelsüblichen Hydrofüller basierend auf einem 4-Komponenten-Alkydharz-Bindemittelsystem und eine Klarlackemulsion basierend auf einem 3-Komponenten-Acrylatharzsystem quantitativ. Wichtig für die Analyse war eine geeignete Probenvorbereitung, beispielsweise mußte für den Hydrofüller eine Abtrennung des Pigmentes per Ultrazentrifuge erfolgen und das Wasser entfernt werden. Der Bindemittelfilm wurde auf eine Kaliumbromidpille aufgebracht und anschließend im Trockenschrank ausgehärtet.

Für die Quantifizierung der IR-Spektren wurden Kalibriermischungen der Bindemittelkomponenten bekannter Zusammensetzung untersucht. Zur Auswertung wurde ein kommerziell erhältliches IR-Quantifizierungsprogramm nach geeigneter Adaptierung herangezogen. Die Übereinstimmung der berechneten Daten aus den IR-Spektren und den tatsächlichen Massenanteilen ist ausgezeichnet.

Lee und Mitarbeiter [104] sowie *Kitukhina* [105] beschreiben die Bestimmung der Hydroxylzahl von Polymeren mittels IR-Spektroskopie. Als Modellsubstanzen wurden Polyester auf Basis eines hydroxyfunktionellen Acrylatoligomeren mit Adipinsäure und Hexandiol-1,6 eingesetzt [104]. Zur Auswertung wurde ein Computerprogramm verwendet, welches die OH-Streckschwingung auswertet. Fünf Modellsubstanzen bekannter Hydroxylzahl wurden für das Kalibrierprogramm eingegeben. Für weitere fünf Substanzen berechnete das Programm die Hydroxylzahlen. Zwischen chemisch bestimmten und durch IR ermittelten Hydroxylzahlen von Polyethern treten Abweichungen von 3 bis 6% auf.

Kitukhina [105] bestimmte Hydroxylzahlen von Polyethern im Molmassenbereich von 200 bis 6000 g/mol. Die IR-spektroskopisch bestimmten Hydroxylzahlen stimmen ebenfalls relativ gut mit den chemisch ermittelten Werten überein.

Trocha und *Samini* [106] beschreiben die FT-IR-Analyse von flüchtigen organischen Bestandteilen in der Atmosphäre. Typischerweise wird für diese Analytik die GC eingesetzt, für die jedoch verschiedene Säulen und Präparationsschritte notwendig sind. Die Proben wurden in Teflon-Gasbehältern in 6 verschiedenartigen Laboratorien (Lacklabor, Fotolabor etc.) gesammelt. Die Proben wurden anschließend in eine Gaszelle variabler Länge geleitet, die an ein FT-IR-Spektrometer angeschlossen war. Ein Computerprogramm führte den quantitativen Vergleich mit gespeicherten Referenzspektren durch. Auf diese Weise konnten flüchtige Bestandteile aus den verschiedenen Laboratorien in Konzentrationen von 0,022 ppm bis 0,39 ppm erfaßt werden.

Salama und *Dunn* [107] beschäftigten sich mit der quantitativen IR-Analyse von Phthalsäureanhydrid in unmodifizierten Alkydharzfarben. *Ages* und *Bowen* [108] führten eine quantitative IR-Analyse von Cellulosenitrat in Alkydharzlacken durch und gaben einen relativen Fehler von 2% an.

Hirayama und *Urban* [109] untersuchten die Verteilung des Melamins in Melamin-Polyester-Beschichtungen über ATR-FT-IR-Spektroskopie (siehe Kap. 6.1). Die Verteilung des Melamins über den Film erwies sich als einheitlich, wenn der Hydroxylgehalt nicht zu niedrig und die Vernetzungstemperatur nicht zu hoch ist. Ansonsten konnte eine Anreicherung von Melamin in der Grenzfläche Film – Luft durch Melamin-Selbstkondensation festgestellt werden.

Baotian und Mitarbeiter [110] verfolgten die Vernetzungskinetik von Amino-alkydharzen per IR-Spektroskopie. Die Vernetzung und Selbstvernetzung werden miteinander verglichen und die Aktivität der primären und sekundären Hydroxylgruppen im Polyester studiert.

Vandeberg [111] beschreibt eine quantitative Methode zur Analyse von Acrylat-, Melamin-Formaldehyd- und der Styrol-Komponente in Acrylatharzen. Dazu wurden Schwingungsbanden bei 1733 cm^{-1} (Acrylat), 816 cm^{-1} (Melamin-Formaldehyd) und 700 cm^{-1} (Styrol) ausgewertet. Anhand eines Standardsystems bekannter Zusammensetzung wurde eine Präzision von 2% für jede Komponente gefunden.

Afran und *Newbery* [112] beschreiben eine ATR-FT-IR-Methode zur Bestimmung des Grades der Ungesättigtheit verschiedener Öle und betonen den Vorteil geringerer Vorbereitung und Erfahrungen, die im Vergleich zur für diese Analytik üblicherweise eingesetzten GC nötig sind.

Scherzer und Mitarbeiter [113] studierten Epoxynetzwerke auf Basis von Diglycidylether von Bisphenol A vernetzt mit aliphatischen Diolen in Anwesenheit von Magnesiumperchlorat oder 4,4′-Diaminodiphenylmethan oder Imidazol über FT-IR-Spektroskopie. Der Einfluß des Beschleunigers auf das Epoxy-Amin-System wurde untersucht. Beispielsweise führt die Zugabe kleiner Mengen an Imidazol zum Anwachsen der Epoxybande bei 915 cm^{-1} und zum Auftreten einer Schulter bei 1132 cm^{-1}, was auf verzweigte Etherstrukturen durch die Reaktion der Epoxygruppen mit sekundären Hydroxylgruppen hinweist (siehe Kap. 7.2). Höhere Konzentrationen führen zu keiner wesentlichen Änderung dieser Banden. Es treten zusätzliche Banden um 3300 cm^{-1} auf, die durch unreagierte Aminfunktionalitäten zu erklären sind.

Zhikhareva und Mitarbeiter [114] entwickelten eine IR-spektroskopische Methode zur Bestimmung von Isocyanuratringen in Polyurethanen. Dazu wurden die Vibrationsschwingungen des Isocyanuratrings bei 1690 bis 1706 cm^{-1}, 1420 cm^{-1}, 760 bis 770 cm^{-1} und zusätzlich die Niedrigfrequenzen von 140 cm^{-1} ausgewertet.

Photoakustische FT-IR-Spektroskopie wurde von *Urban* [102] sowie *Urban* und *Salazar-Rojas* [115] zum Studium von in-situ-Analysen von Vernetzungsreaktionen und zur quantitativen Bestimmung flüchtiger Lackbestandteile und Charakterisierung der Adhäsion von Lack auf Kunststoff herangezogen.

Die Vernetzung geht mit einem Molmassenzuwachs einher, was zur Änderung der thermischen Eigenschaften führt. Am Beispiel von Polydimethylsiloxan mit endständigen Hydroxylgruppen wurde gezeigt, daß bei zunehmender Viskosität während der Vernetzung die Intensität der photoakustischen FT-IR-Strahlung deutlich abnimmt, während sich die Intensität der Transmission kaum ändert (siehe Bild 11.4) [102].

Factor und Mitarbeiter [116] bestimmten den Grad der Ungesättigtheit in photovernetzten Acrylatformulierungen über photoakustische FT-IR.

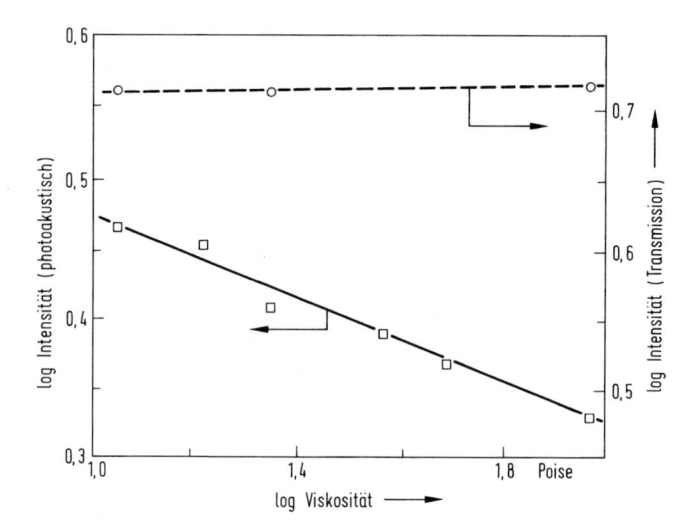

Bild 11.4. Zusammenhang zwischen den Intensitäten von photoakustischen und Tansmissions-FT-IR-Spektren und der Viskosität [102]

11.2.3 Weitere spektroskopische Methoden

Auf weitere wichtige spektroskopische Methoden soll im folgenden nur übersichtshalber hingewiesen werden, da sie für Lackrohstoffe seltener angewandt werden oder apparativ sehr aufwendig sind.

11.2.3.1 Massenspektrometrie

Die Massenspektrometrie (MS) wird zur Strukturaufklärung unbekannter Verbindungen, aber auch zur Identifizierung bekannter Verbindungen in komplexen Matrices eingesetzt. Dabei gelingt nicht nur der qualitative Nachweis, sondern bei Verwendung externer oder interner Standards ist ebenso eine Quantifizierung möglich.

Eine gute Literaturübersicht sowie eine Beschreibung des Verfahrens und von Neuentwicklungen findet sich in den Veröffentlichungen von *Burlingame* und Mitarbeitern [117] und *Koppenaal* [118].

Ein Massenspektrometer besteht im Prinzip aus vier Komponenten, einem Probezufuhrsystem, einer Ionenquelle, einem Massenseparator und einem Detektor. Die Probe wird verdampft und ionisiert. Es erfolgt dann eine Beschleunigung und Bündelung der Ionen in einem elektrischen Feld. Danach kommt es zur Massentrennung des Ionenbündels durch ein magnetisches Feld über das Verhältnis von Masse zu Ladung und zur Registrierung durch Nachweis der Ionen. Voraussetzung für das massenspektrometrische Experiment ist ein Hochvakuum, damit die ionisierten Teilchen nicht durch Gasstöße beeinflußt werden.

Für die klassische Massenspektrometrie wird die Probe durch Elektronenstoßionisation fragmentiert. Die Probe muß unterhalb ihrer Zersetzungstemperatur mit einem Dampfdruck von mindestens 10^{-6} Torr verdampfbar sein. Thermisch labile, aber verdampfbare Verbindungen lassen sich mit Hilfe der Feldionisation oder der chemischen Ionisation untersuchen, wobei die Feldionisation wegen der geringen Empfindlichkeit von geringer

Bedeutung ist. Bei der chemischen Ionisation, eine wichtige und schonende Ionisierungsmethode, erfolgt Ionisierung durch Ionen-Molekül-Reaktionen. Die meisten derzeit erhältlichen Massenspektrometer besitzen deshalb eine kombinierte Ionenquelle.

Schwer verdampfbare, stark polare Verbindungen müssen entweder wie bei der GC in leicht flüchtige Derivate überführt werden oder mit speziellen Ionisierungsmethoden wie „Fast Atom Bombardment" (FAB) untersucht werden. Bei FAB wird die Probe in einer flüssigen Matrix (z.B. Glycerin) gelöst, auf ein Target aufgetragen und mit einem Strahl schneller Atome (Xenon) oder Ionen (Cäsium$^+$) beschossen. FAB wird typischerweise für Verbindungen im mittleren Molmassenbereich bis ca. 5000 g/mol eingesetzt.

Als Massenseparatoren werden heute doppelfokussierende Geräte, die eine Kombination aus magnetischen und elektrischen Sektorfeldern beinhalten, eingesetzt, womit sich hochauflösende Massenspektren aufnehmen lassen. In der Regel werden die Ionen mit Hilfe eines Sekundärelektronenvervielfachers oder eines Photomultipliers nachgewiesen. Einige Geräte werden mit Array-Detektor angeboten, bei dem eine gleichzeitige Registrierung mehrerer Massen möglich ist, wodurch aber die Nachweisgrenze herabgesetzt wird.

Typische Kopplungen der MS mit anderen analytischen Methoden sind die weitverbreitete GC/MS und die für höhermolekulare Verbindungen an Bedeutung gewinnende HPLC/MS. Auch eine Kopplung mit der SFC ist heute möglich. Auf eine vorherige Trennung per GC, HPLC oder SFC kann bei der Tandemmassenspektrometrie unter Umständen verzichtet werden. Dabei werden zwei MS-Geräte hintereinander geschaltet, wobei im ersten die Auftrennung des Gemisches nach Molekülionen erfolgt. Die Molekülionen passieren eine Stoßkammer, wo sie mit einem neutralen Gas angeregt werden und dissozieren. Die Zerfallsprodukte werden im zweiten Spektrometer aufgetrennt und analysiert. Eine Anwendung zur Identifizierung von flüchtigen organischen Verbindungen, die gelöst in organischen Lösemitteln vorliegen, beschreiben *Lauritsen* und Mitarbeiter [119].

Creasy [120] vergleicht die Massenspektren der Pyrolyseprodukte eines vernetzten Epoxyharzes. Die Pyrolyse wurde einerseits thermisch und andererseits mit einem gepulsten Laser durchgeführt, der Oberflächenmaterial abschmelzt und ionisiert. Die Unterschiede der erhaltenen Massenspektren beruhen in erster Linie auf den unterschiedlichen Heizraten der Pyrolysemethoden. Der gepulste Laser führt zu schnellerer Pyrolyse und kleineren Fragmenten. Für die analytische Anwendung ließ sich folgern, daß die thermische Pyrolyse besonders geeignet ist, molekulare Informationen von kleinen Probevolumina zu erhalten, während die gepulste Lasermethode eher Informationen über die elementare Zusammensetzung und funktionelle Gruppen liefert.

Zur Charakterisierung von Oberflächen kann die Sekundärionenmassenspektrometrie (SIMS) eingesetzt werden. Diese Methode wird somit eher für Lackoberflächen als für Lackharze Anwendung finden. Durch Beschuß mit einem Primärstrahl, im allgemeinen Ionen, Elektronen oder Atomen, kann charakteristisches Oberflächenmaterial in Monolagen abgetragen werden. Ein Teil dieses Materials ist ionisiert, die sogenannten Sekundärionen, deren Massenspektrum Auskunft über die Zusammensetzung der Oberfläche zuläßt.

11.2.3.2 Röntgenfluoreszenz-Spektroskopie

Bei der Röntgenfluoreszenz werden durch einfallende Röntgenstrahlen ausreichender Energie kernnahe Elektronen herausgeschlagen und durch das Nachrücken von kernentfernteren Positionen wird charakteristische Röntgenstrahlung emittiert. Meist werden energiedispersive Spektrometer eingesetzt, d.h. die Sekundärröntgenstrahlung wird von einem einzigen Detektor registriert. Auf diese Weise kann ein Spektrum der Elemente erhalten werden. Als Proben sind Feststoffe, Flüssigkeiten, Pulver oder Pasten geeignet. Es können mit der Röntgenfluoreszenzspektroskopie in Minutenschnelle qualitative und quantitative Elementarspektren erstellt werden mit einer Detektionsgrenze von ca. 0,5 bis 2 ppm für Elemente aus dem mittleren Bereich des Periodensystems wie z. B. Eisen, Kobalt, Nickel oder Kupfer [121, 122].

Der Einsatz auf dem Gebiet der Lackharze liegt im Vergleich von Konkurrenzprodukten, die sich eventuell über minimal abweichende Herstellbedingungen wie z. B. unterschiedliche Katalysatoren oder andere Zuschlagstoffe unterscheiden. Andererseits können fast identische Lackproben in der forensischen Analytik unterschieden werden.

Mit der Röntgenphotoelektronenspektroskopie (XPS), bei der die charakteristische Energie der Photoelektronen bzw. Augerelektronen von Oberflächenmolekülen ausgewertet wird, steht auch eine speziell zur Oberflächenanalytik geeignete Methode zur Verfügung [31, 123, 124]. Es können elementspezifische und chemische Informationen (funktionelle Gruppen) für Materialien mit Ordnungszahlen über 2 gewonnen werden.

11.2.3.3 Elektronenanregungsspektroskopie

Bei der Elektronenanregungsspektroskopie wird die Absorption von elektromagnetischer Strahlung im ultravioletten (UV, 200 bis 400 nm) oder sichtbaren (VIS, 400 bis 850 nm) Bereich beim Durchtritt durch eine Probe in Abhängigkeit von der Wellenlänge gemessen. Die absorbierte Energie wird zum Übergang von Elektronen aus dem Grundzustand in angeregte Zustände genutzt. Je nach Art der Bindung unterscheidet man im Grundzustand des Moleküls σ-, π- und n-Orbitale, wobei sich in den σ- und π-Orbitalen die an den entsprechenden Bindungen beteiligten Elektronen aufhalten und in den n-Orbitalen die nichtbindenden freien Elektronen. Im angeregten Zustand befinden sich die Elektronen in antibindenden Molekülorbitalen.

Die UV-VIS-Spektroskopie kann nur zur Analytik bestimmter Verbindungsklassen mit π-Elektronensystemen und nicht so universell wie die IR-Spektroskopie eingesetzt werden. Die UV-VIS-Spektroskopie eignet sich zur Charakterisierung von Substanzen mit Hilfe von Vergleichsspektren, zur Strukturbestimmung vor allem von ungesättigten aliphatischen und aromatische Verbindungen und Carbonylverbindungen, zur Reinheitsbestimmung und Konzentrationsbestimmung bei Mischungen.

11.3 Thermische Analyse

Die thermische Analyse umfaßt eine Reihe von Techniken, die über Änderungen der Materialeigenschaften bei Temperaturänderung Auskunft geben. In der Lackindustrie können Beziehungen zwischen Synthese der Lackharze, Formulierung des Lackes und seiner Endeigenschaften aufgestellt werden. Einen guten Überblick über Methoden, Geräteausrüstung und Anwendungen geben die Arbeiten von *Wendland* [125] und *Turi* [126]. Im folgenden soll kurz auf die wichtigsten Methoden eingegangen werden.

11.3.1 Differentialthermoanalyse

Bei der Differentialthermoanalyse (Differential Scanning Calorimetry, DSC) werden in einer Meßzelle eine Probe und getrennt davon eine Referenz in Metallnäpfchen aufgeheizt. Die Heizrate für die Referenz wird konstant gehalten. Durch eine Steuereinheit wird die Temperatur der Probe so geregelt, daß keine Temperaturdifferenz zwischen Probe und Referenz auftritt.

Bei Umwandlungserscheinungen wie z. B. Schmelzen, Sieden, Kristallisieren oder Erstarren treten endotherme oder exotherme Wärmeeffekte auf. Die Änderung der Heizleistung, die erforderlich ist, um das Probenäpfchen auf gleicher Temperatur zu halten, wird registriert. Ein Schreiber zeichnet die differentielle Heizleistung als Wärmefluß auf.

Bei Lackharzen, die überwiegend amorph sind, wird die DSC in erster Linie zur Bestimmung der Glasübergangstemperatur (T_g) eingesetzt. Beim Glasübergang handelt es sich um einen Übergang zweiter Ordnung, der sich im Thermogramm als eine Stufe der spezifischen Wärme c_p äußert. Die Glasübergangsstufe wird durch die Mitte der c_p-Stufe definiert. Wird die Probe von niedriger zu höherer Temperatur definiert aufgeheizt, so geht die Probe beim Glasübergang von einem spröden, glasartigen Zustand in einen kautschukartigen, viskoelastischen Zustand über (siehe Kap. 3).

Die Differentialthermoanalyse (DTA) liefert die gleichen Ergebnisse; meßtechnisch werden die beiden Pfännchen nicht auf gleicher Temperatur gehalten, sondern aus der Temperaturdifferenz die Aussagen über die Wärmeumwandlungen getroffen.

11.3.2 Thermogravimetrische Analyse

Die thermogravimetrische Analyse (TGA) ist die einfachste und älteste der thermischen Analysetechniken. Es wird die Massenänderung einer bekannten Masse der Probe als Funktion der Temperatur oder Zeit in einer definierten Atmosphäre aufgezeichnet. Die Auflösung der Massenänderung kann 1 µg oder besser sein. Der Massenverlust, entweder isotherm oder über eine definierte Aufheizrate, kann zum Studium der Reaktionskinetik eingesetzt werden. Interessant ist die Kombination der TGA mit FT-IR oder MS, da damit die flüchtigen Bestandteile identifiziert werden können.

11.3.3 Thermomechanische Analyse

Bei der thermomechanischen Analyse (TMA) werden Dimensionsänderungen einer Probe, wie z. B. die Volumenänderung (Dilatometrie), die Penetration oder Ausdehnung und Modulwechsel (Elastizitätsmodul, Verlustmodul), während einer Aufheizphase registriert. Auf eine plane Probenoberfläche wird z. B. eine Sonde mit definierter Belastung aufgesetzt und deren Penetrationsweg in Abhängigkeit der Temperatur gemessen.

Bei der Torsionsschwingungsanalyse hingegen wird die streifenförmige Probe am oberen Ende fest eingespannt und am unteren Ende, welches mit einer schwingfähigen Masse verbunden ist, in eine Torsionsschwingung versetzt. Danach kann das System eine freie gedämpfte Schwingung ausführen, wobei die Probe als energiezehrendes Dämpfungsglied wirkt. Aus dem Torsionsschwingungsversuch werden der Verlustmodul und Speichermodul ermittelt, aus deren Temperaturabhängigkeit man auf Zusammenhänge zwischen Bewegungsprozessen der Moleküle und den mechanischen Eigenschaften schließen kann. Die TMA ist im allgemeinen empfindlicher als die DSC bei der Bestimmung von thermischen Übergängen.

11.3.4 Anwendungsbeispiele bei Lackrohstoffen

Redfern [127] beschäftigte sich mit der thermischen Analyse von Polyimidharzen, Phenolharzen, Polytetrafluorethylen und Polybutadien. Er weist auch bei dieser analytischen Methode auf die Vorteile der Kopplung mit anderen Methoden wie MS oder FT-IR hin, da damit die flüchtigen Spaltprodukte identifiziert und quantifiziert werden können. Es wurde ein unvernetztes Polyimidharz mit Hilfe der DSC und TGA untersucht. Die DSC-Kurve zeigte einen Glasübergang bei 55 °C, einen endothermen Schmelzpeak bei 121 °C und einen exothermen Peak bei 283 °C. Letzterer ist der Vernetzung unter Abspaltung von flüchtigen Verbindungen zuzuschreiben. Bei 430 °C tritt schließlich Zersetzung auf, wie der TGA-Kurve zu entnehmen ist.

Die Vernetzung eines Phenolformaldehydharz/Hexamethylentetramin-Systems wurde thermogravimetrisch und mit DTA untersucht, wobei die Spaltprodukte Wasser, Ammoniak und Formaldehyd mittels MS analysiert wurden. Der anfängliche Wasserverlust führt zu einem breiten endothermen Peak in der DTA-Kurve und verdeckt einen Glasübergang. In diesem Zustand werden Novolak-Hexamin-Komplexe gebildet. Die TGA-Kurve zeigt bei 140 °C einen scharfen Massenverlust, der der Abspaltung von Ammoniak und Formaldehyd sowie wenig Wasser zugeschrieben wird. Im Anschluß erfolgt die weitere Vernetzung bis zur Zersetzung bei 320 °C.

Burmester [128] beschreibt die Vorteile und Grenzen von DSC bzw. DTA an applizierten Lacksystemen. Vorteile sind die kleinen benötigten Probemengen, die Unabhängigkeit von der Löslichkeit des Systems und die kurze Analysedauer. Die Grenzen der Methode liegen in der Beeinflußung der Kurven durch das Pigment und Schwierigkeiten bei der Interpretation, wenn die Harze Wachse, Öle oder Proteine enthalten.

Rai und *Mathur* [129] führten DSC-Studien an Epoxy-Novolaken durch. Es handelte sich um Phenolformaldehydharze im M_n-Bereich von 300 bis 900, die mit Epichlorhydrin epoxidiert wurden. Die Studie beschreibt den Einfluß des Epoxyequivalents und den eines Vernetzungreagenzes auf Basis eines bicyclischen Anhydrids sowie den Einfluß der Molmasse auf die thermische Stabilität.

In Anwesenheit des Anhydrids treten bei der Vernetzung Veresterung und Veretherung auf. Ohne Anhydrid erfolgt nur Veretherung, und es werden DSC-Kurven mit endothermen Peaks im Bereich von 100 bis 150 °C gefunden, was der Isomerisierung der Epoxidgruppen zugeschrieben wird. Die Peaktemperaturen für die exotherme Vernetzungsreaktion liegen bei Anwesenheit von Anhydrid bei 218 bis 235 °C und bei Abwesenheit im Bereich von 345 bis 360 °C. Für beide Fälle gilt: mit wachsendem Epoxyequivalent wächst auch der Temperaturbereich des Vernetzungspeaks.

Vallo und Mitarbeiter [130] analysierten die Netzwerkstruktur von Epoxy-Amin-Netzwerken basierend auf Diglycidylether des Bisphenol A. Nach einer empirischen Gleichung nach *Nielson* für die Glastemperatur und statistischen Berechnungen der Konzentration der elastischen Ketten können vernünftige Voraussagen der zu erwartenden T_g-Werte aufgestellt werden. In steifen Netzwerken beeinflußt die Konzentration der flexiblen Ketten direkt die Veränderung der T_g, während in flexiblen Netzwerken der Effekt weniger stark ausgeprägt ist.

Stutz und Mitarbeiter [131] beschäftigen sich ebenfalls mit den Einflüssen von z. B. Endgruppen, Vernetzungen und Verzweigungen sowie Verteilung von funktionellen Gruppen in Epoxy-Amin-Systemen.

Richardson [132] führte DSC-Untersuchungen zur Bestimmung der Glastemperatur und Vernetzung von Epoxy-Beschichtungsmaterialien durch. Aus dem DSC-Diagramm lassen sich die Bereiche der zunächst pulverförmig gemischten Reaktanten, die sich am Glasübergang verflüssigen, nämlich der Bereich der reinen Flüssigkeit und anschließend der der exothermen Vernetzungsreaktion erkennen. Aus letzterem Peak läßt sich die Reaktionswärme berechnen.

Schoff und *Kamarchik* [133] geben eine Übersicht der Anwendung von TMA an organischen Beschichtungen. Die Leistungsfähigkeit einer Beschichtung ist abhängig von ihren physikalischen und mechanischen Eigenschaften und deren Änderung mit der Temperatur. Beispielsweise darf eine Beschichtung für eine Außenfassade nicht zu weich sein, damit der Schmutz nicht anhaftet, muß aber gleichzeitig den Temperaturen im Winter standhalten, ohne abzuplatzen. Die Autoren betonen, daß die in der Lackindustrie üblichen Tests zur Prüfung dieser Eigenschaften wie Bleistifthärte, Pendel- oder Buchholz-Härte, Tiefungsprüfung, Impact-Test oder gar Fingernagelprobe oder Mar-Resistance zwar zu schnellen aber häufig widersprüchlichen und schwer interpretierbaren Ergebnissen führen. Grund dafür ist der fehlende Bezug zu einer Basismaterialeigenschaft. Die TMA hingegen ist eine geeignete Methode, um das viskoelastische Verhalten sowie physikalische Übergänge und Relaxationen zu untersuchen. Ein Vorteil der TMA ist die Anwendung auf beschichtete Substrate, da die Fertigung von freien Filmen besonders Multischichtsystemen nicht einfach ist. Es werden typische Messungen wie Erweichungspunkt (der bei der TMA ähnlich dem Glasübergang ist), Vernetzungsgrad, Elastizitätsmodul und Eindringhärte beschrieben und diskutiert.

11.4 Charakteristische Prüfungen an Lackrohstoffen zur Identifizierung und Qualitätskontrolle

In diesem Kapitel sollen gängige Prüfmethoden aufgelistet werden, die weniger apparativen Aufwand erfordern im Vergleich zu den Methoden der vorhergehenden Abschnitte. Es handelt sich um schnelle Identifizierungsreaktionen, Ermittlung von Kennzahlen und anderen physikalischen oder chemischen Eigenschaften von Lackharzen, die diese charakterisieren und somit gut zur Qualitätskontrolle geeignet sind.

11.4.1 Prüfungen zur Identifizierung

Ein sehr einfaches und schnelles empirisches Verfahren besteht im Verbrennen des Lackharzes und Beobachten der Flammenfärbung und des Geruches nach Verlöschen der Flammme (Tab. 11.1).

Hinweise zur Identifizierung eines unbekannten Lackharzes können auch durch verschiedene chemische Reaktionen zum Nachweis kennzeichnender Elemente oder charakteristischer Farbreaktionen auf Bindemittel gewonnen werden. *Kittel* [134] gibt eine umfassende Übersicht der wichtigsten Reaktionen mit Literaturhinweisen. Auf die Methoden soll im weiteren nicht eingegangen werden, da heute üblicherweise andere analytische Methoden wie die Spektroskopie zum Nachweis funktioneller Gruppen eingesetzt werden.

Tabelle 11.1. Verhalten von Lackrohstoffen bei thermischer Zersetzung [134]

Lackrohstoff	Verhalten in der Flamme	Geruch	Reaktion
Polyolefine	Schmelzen, leuchtende Flamme mit blauem Kern	wie heißes Paraffin	neutral
Styrol-Olefin-Copolymer	Schmelzen, leuchtende Flamme, stark rußend	gummiartig	neutral
Styrol-Acrylnitril-Copolymer	Schmelzen, leuchtende Flamme, stark rußend	kratzend	basisch
PVC/VC-Copolymer	wird schwarz-braun, erlischt außerhalb der Flamme	Beigeruch neben HCl	stark sauer
Siliconharze	weißer Rauch (SiO_2)	schwach	neutral
Polyvinylester	Schmelzen, leuchtende Flamme, rußend	nach organischen Säuren	sauer
Polyvinylacetale	teilweises Schmelzen, leuchtende Flamme, blaugesäumt	stechend, nach Aldehyden	schwach sauer
Polyacrylate	gelbbraune Schmelze, leuchtende Flamme, blaugesäumt, rußend	nicht charakteristisch	neutral
Polymethacrylate	gelbbraune Schmelze, leuchtende blaue Flamme, verbrennt restlos	fruchtartig (Monomere)	neutral
Polyoxymethylen	Schmelzen, blaue Flamme	nach Formaldehyd	sauer
Polyacrylnitril	hellbraune Schmelze, leuchtende gelbgesäumte Flamme	nach Ammoniak, Blausäure	basisch
Polyamid	schmilzt teilweise, gelbliche Flamme	nach verbrannten Haaren	basisch
Polyurethanharze	schmilzt teilweise, leuchtende Flamme, Blasenbildung	stechend (Isocyanat)	sauer
Chlorkautschuk	grüngesäumte Flamme	papierartig, stechend	sauer (HCl)
Kautschuk	klebrig in der Brennzone, rußend	nach verbranntem Gummi	neutral
Alkydharze	leuchtende Flamme	kratzend (Acrolein)	schwach sauer
Epoxidharze	leuchtende Flamme, rußend, Verkohlen	aminisch, später phenolisch	schwach sauer
Harnstoffharze	Verkohlen	aminisch	alkalisch
Melaminharze	Verkohlen	aminisch	alkalisch
Phenolharze	Verkohlen	phenolisch, stechend nach Formaldehyd	neutral
Naturharze (Terpene)	leuchtende Flamme, rußend	nach Kolophonium	schwach sauer

11.4 Charakteristische Prüfungen an Lackrohstoffen zur Identifizierung und Qualitätskontrolle

Tabelle 11.1. (Fortsetzung)

Lackrohstoff	Verhalten in der Flamme	Geruch	Reaktion
ungesättigte Polyesterharze, styrolhaltig	leuchtende Flamme, rußend, Verkohlen	süßlich (Monostyrol)	schwach sauer
Cellulosenitrat	heftige Verbrennung, braune Dämpfe	nitrose Gase	stark sauer
Celluloseacetat, -acetobutyrat, -acetopropionat	gelb leuchtende Flamme	nach verbranntem Papier, Säuren	sauer
Methylethylcellulose	schwach leuchtende Flamme	verbranntes Papier	nicht charakteristisch
Benzylcellulose	leuchtende Flamme, rußend	Bittermandel (Benzaldehyd)	schwach sauer
Polythioether	bläuliche Flamme, rußend	widerlich (Mercaptane)	schwach sauer

11.4.2 Prüfungen zur Qualitätskontrolle

Zur Prüfung der Qualität von Lackharzen werden in erster Linie physikalische oder chemische Kenndaten eingesetzt, die den Rohstoff möglichst umfassend charakterisieren. Ist dies im Einzelfall nicht ausreichend möglich, kann das Lackharz auch in einer anwendungstechnischen Rezeptur als Lack geprüft werden. Dann werden Eigenschaften wie Verlauf, Oberflächenbeschaffenheit, Glanz, Elastizität oder Härte geprüft.

Einfacher, da leichter standardisierbar, ist jedoch die Beschränkung auf Kenndaten wie beispielsweise Dichte, Viskosität, Säurezahl, Hydroxylzahl, Verseifungszahl, Iodzahl, Farbzahl, Dienzahl, Epoxidzahl, Aminzahl, Peroxidzahl oder Wassergehalt. Solche Kenndaten sind inzwischen auf nationaler, europäischer oder internationaler Ebene genormt in DIN-, DIN ISO, EN- oder ISO-Normen (siehe Tab. 11.2). In der Tabelle 11.2 wird nur Bezug auf genormte Prüfungen am Lackharz, nicht am Lack selber, genommen. Durch Bezug auf diese Normen sprechen Hersteller und Kunde der Lackharze eine Sprache und Reklamationen bzw. Mißverständnisse lassen sich weitgehend vermeiden.

Tabelle 11.2. Genormte Lackrohstoffprüfungen [135]

Norm	Ausgabe	Titel/Erläuterung
DIN 1306	06.84	Dichte, Begriffe, Angaben
DIN 51757	01.84	Bestimmung der Dichte / Bestimmung mit Aärometer, Pyknometer, hydrostatische Wägung, Schwingungsmeßgeräten
DIN 52004	06.89	Bestimmung der Dichte und des Dichteverhältnisses / für bituminöse Bindemittel
DIN 53217 T 1	03.91	Bestimmung der Dichte, Allgemeines

Tabelle 11.2. (Fortsetzung)

Norm	Ausgabe	Titel/Erläuterung
DIN 53217 T 2	03.91	Bestimmung der Dichte, Pyknometer-Verfahren
DIN 53217 T 3	03.91	Bestimmung der Dichte, Tauchkörper-Verfahren
DIN 53217 T 4	03.91	Bestimmung der Dichte, Aärometer-Verfahren
DIN 53217 T 5	03.91	Bestimmung der Dichte, Schwingungsverfahren
DIN 1342 T 0	10.86	Viskosität newtonscher Flüssigkeiten
DIN 1342 T 1	10.83	Viskosität, rheologische Begriffe
DIN 1342 T 2	10.86	Viskosität, newtonsche Flüssigkeiten
DIN 53015	09.78	Messung der Viskosität mit dem Kugelfall-Viskosimeter nach Höppler
DIN 53018 T 1	03.76	Messung der dynamischen Viskosität newtonscher Flüssigkeiten mit Rotationsviskosimetern, Grundlagen
DIN 53018 T 2	03.76	Messung der dynamischen Viskosität newtonscher Flüssigkeiten mit Rotationsviskosimetern, Fehlerquellen und Korrekturen bei Zylinderrotationsviskosimetern
DIN 53019 T 1	05.80	Messung von Viskositäten und Fließkurven mit Rotationsviskosimetern mit Standardgeometrie, Normalausführung
DIN 13342	06.76	Nicht-newtonsche Flüssigkeiten, Begriffe, Stoffgesetze
DIN 53177	11.90	Messung der dynamischen Viskosität mit Ubbelohde-Viskosimeter gleichschenkliger Bauart
DIN 53214	02.82	Bestimmung von Fließkurven und Viskositäten mit Rotationsviskosimetern
DIN 53222	11.90	Bestimmung der Viskosität mit dem Fallstabviskosimeter
DIN 53229	02.89	Bestimmung der Viskosität bei hohem Geschwindigkeitsgefälle
DIN 53211	06.87	Bestimmung der Auslaufzeit mit dem DIN-Becher 4
DIN EN 535	12.86	Bestimmung der Auslaufzeit mit Auslaufbechern
ISO 2431	1984	Bestimmung der Auslaufzeit mit ISO-Bechern
DIN 51550	12.78	Bestimmung der Viskosität, allgemeine Grundlagen
DIN 51423	03.75	Messung der Brechzahl
DIN 53176	10.90	Bestimmung der Aminzahl von wasserverdünnbaren Bindemitteln
DIN 53240	12.71	Bestimmung der Hydroxylzahl
DIN ISO 4629	11.79	Bestimmung der Hydroxylzahl; Titrimetrisches Verfahren (mit Katalysator)
DIN 53241	06.81	Bestimmung der Iodzahl

11.4 Charakteristische Prüfungen an Lackrohstoffen zur Identifizierung und Qualitätskontrolle

Tabelle 11.2. (Fortsetzung)

Norm	Ausgabe	Titel/Erläuterung
DIN 53401	06.88	Bestimmung der Verseifungszahl
ISO 3681	1983	Bestimmung der Verseifungszahl
DIN 53402	09.90	Bestimmung der Säurezahl
ISO 3682	1983	Bestimmung der Säurezahl
DIN ISO 787 T 5	02.83	Bestimmung der Ölzahl
ISO 4630 DIN ISO 4630	1981 11.82	Einstufung der Farbe von klaren Flüssigkeiten nach der Gardner-Farbskala
ISO 6271 DIN ISO 6271	1981 07.88	Klare Flüssigkeiten; Einstufung der Farbe nach der Platin-Cobalt-Skala; Bestimmung der Farbzahl nach Harzen
DIN 53180	04.78	Bestimmung des Erweichungspunktes von Harzen; Prüfröhrchen
DIN 53181	03.81	Bestimmung des Schmelzbereiches von Harzen nach dem Kapillar-Verfahren
ISO 4625 DIN ISO 4625	1980 06.81	Bestimmung des Erweichungspunktes; Verfahren mit Ring und Kugel (entspricht DIN 53784)
DIN 51777 T 1 DIN 51777 T 2	03.83 09.74	Bestimmung des Wassergehaltes nach Karl Fischer (Teil 1: direktes Verfahren, Teil 2: indirektes Verfahren)
DIN ISO 3733	12.80	Bestimmung des Wassergehaltes, Destillationsverfahren
DIN 53593	01.80	Bestimmung der Oberflächenspannung (wäßrige Dispersionen)
DIN 53189	01.71	Bestimmung des Festkörper-Gehaltes bei 105 °C
DIN 53215	09.67	Bestimmung des Festkörper-Gehaltes von bituminösen Anstrichstoffen
DIN 53216 T 1	04.89	Bestimmung des Gehaltes an nichtflüchtigen Anteilen, Verfahren bei erhöhter Temperatur für Anstrichstoffe und Kunststoffe (Normentwurf)
DIN 53219	01.76	Bestimmung des Festkörpervolumens
ISO 3251	1974	Bestimmung des Gehaltes an nichtflüchtigen Bestandteilen bei erhöhter Temperatur
DIN 16746	04.86	Bestimmung von freiem Formaldehyd in Harzen und Harzlösungen
DIN 53178	09.69	Bestimmung des Nitrocellulosegehaltes in Lacken
DIN 55954	11.90	Prüfung des Mischungsverhaltens von Harzen
DIN 55955	07.81	Prüfung auf Löslichkeit von Harzen und Verdünnbarkeit von Harzlösungen
DIN 55956	11.82	Bestimmung von monomeren Diisocyanaten in Isocyanatharzen
DIN 55957	10.83	Gaschromatographische Bestimmung von Fettsäuren

Tabelle 11.2. (Fortsetzung)

Norm	Ausgabe	Titel/Erläuterung
DIN 55990 T 2	12.79	Pulverlacke, Bestimmung der Korngrößenverteilung
DIN 55990 T 3	12.79	Pulverlacke, Bestimmung der Dichte
DIN 55990 T 4	12.79	Pulverlacke, Bestimmung der Einbrennbedingungen
DIN 55990 T 5	01.80	Pulverlacke, Bestimmung des Einbrennverlustes
DIN 55990 T 6	12.79	Pulverlacke, Berechnung der unteren Zündgrenze
DIN 55990 T 7	06.80	Pulverlacke, Beurteilung der Blockfestigkeit
DIN 55990 T 8	06.80	Pulverlacke, Beurteilung der chemischen Lagerbeständigkeit durch Vergleich von Gelzeiten
DIN 16945	03.89	Reaktionsharze, Reaktionsmittel und Reaktionsharzmassen, Prüfverfahren
DIN 53183	09.73	Alkydharze, Prüfung
ISO 6744	1984	Alkydharze, Prüfung
DIN 53184	11.83	Ungesättigte Polyesterharze, Prüfung
DIN 53185	12.74	Isocyanatharze, Prüfung
DIN 53186	10.90	Acrylharze, Prüfung
DIN 53187	10.90	Aminharze, Prüfung
DIN 53188	10.75	Epoxidharze, Prüfung
ISO 7142	1984	Epoxidharze, Prüfung
DIN 53243	04.78	Chlorhaltige Polymere, Prüfung
DIN 53244	07.76	Phenolharze, Prüfung
DIN 55935	11.90	Kolophonium, Anforderungen, Prüfung
DIN 55951	06.81	Prüfung von Harzen, Zuordnung und Zusammenstellung verschiedener Prüfverfahren
DIN 55952	06.81	Celluloseether, Prüfung
DIN 55953	05.81	Celluloseester organischer Säuren, Prüfung
ISO 7143	1982	wäßrige Dispersionen von Polymeren und Copolymeren, Allgemeine Prüfverfahren

Literatur zu Kapitel 11

[1] *G. Allen* und *J. C. Bevington*: Comprehensive Polymer Science, Vol. 1: Polymer Characterization. Pergamon Press, Oxford 1989, S. 589–612
[2] *J. Mc Fadden* und *D. R. Scheuing*, J. Chromatogr. Sci. **22** (1984) 310–312
[3] *J. K. Haken*, Progress in Organic Sci. **14** (1986) 247–295
[4] *J. K. Haken, N. Harahap* und *R. P. Burford*, J. Chromatogr. **387** (1987) 223–232
[5] *J. K. Haken* und *P.I. Iddamalgoda*, Progr. Org. Coatings **19** (1991) 193–225
[6] *J. K. Haken*, Progr. Org. Coatings **21** (1992) 111–133
[7] *J. K. Haken, N. Harahap* und *R. P. Burford*, J. Chromatogr. **452** (1988) 37–42
[8] *G. G. Esposito* und *M. H. Swann*, Anal. Chem. **33** (1961) 1854
[9] *G. G. Esposito* und *M. H. Swann*, Anal. Chem. **34** (1962) 1048
[10] *G. G. Esposito*, Anal. Chem. **40** (1968) 1903
[11] *S. J. Jankowski* und *P. Garner*, Anal. Chem. **37** (1965) 1709
[12] *G. G. Esposito* und *M. H. Swann*, Anal. Chem. **34** (1962) 1173
[13] *A. April*, Ing. Chim. (Brussels) **45** (1963) 74
[14] *F. Herrmann, Z. Dusek* und *P. Matousek*, J. Appl. Polym. Sci.: Appl. Polym. Symp. **48** (1991) 503–510
[15] *J. M. Challinor*, J. Anal. Appl. Pyrolys. **16** (1989) 323–333
[16] *P.J. Grosvenor* und *K.W. Dalzell*, DSIR Chemistry CD Report No. 2414 (1991)
[17] *N. Oguri, A. Onishi, S. Uchino, K. Nakahashi* und *X. Jin*, Anal. Sci. **8** (1992) 57–61
[18] *W. J. Muizebelt, J. W. van Velde* und *F. G. H. van Wuk*, Adv. Org. Coat. Sci. Technol. Ser. **13** (1991) 57–70
[19] *S. Yamaguchi, J. Hirano* und *Y. Isoda*, J. Anal. Appl. Pyrolys. **12** (1987) 293–300
[20] *N. Mac Leod*, Chromatographia **5** (1972) 516–520
[21] *R. Oguchi, A. Shimizu, S. Yamashita, K. Yamaguchi* und *P. Wylie*, J. High Resolut. Chromatogr. **14** (1991) Nr. 6, 412–416
[22] *H. Nakagawa, S. Wakatsuka, H. Ohtani, S. Tsuge* und *T. Koyama*, Polymer **33** (1992) Nr. 21, 4556–4562
[23] *M. Kunaver, J. T. Guthrie* und *F. Kamin*, J. Oil Col. Chem. Assoc. **2** (1993) 62–69
[24] *D. R. Williams*, Chromatogr. Anal. **15** (1991) 9–11
[25] *C. R. Hegedus* und *I. L. Kamel*, J. Coat. Technol. **65** (1993) Nr. 820, 23–30
[26] *H. Wetzel* und *K. G. Häusler*, Plaste und Kautschuk **37** (1990) Nr. 7, 218–219
[27] *J. M. Mc Guire, S. H. Nahm*, J. High Resolut. Chromatogr. **14** (1991) Nr. 4, 241–244
[28] *R. Grzeskowiak, G. D. Jones* und *A. Pidduck*, Talanta **35** (1988) Nr. 10, 775–782
[29] *D. W. Wright, K. O. Mahler* und *J. Davis*, J. Chromatogr. Sci. **30** (1992) 291–295
[30] *K. E. Geckeler* und *H. Eckstein*: Analytische und Präparative Labormethoden. Vieweg, Braunschweig 1987
[31] *B. J. Hunt* und *M. I. James*: Polymer Characterisation. Blackie Academic & Professional, London 1993
[32] *M. Possanzini* und *V. Di Palo*, Chromatographia **29** (1990) Nr. 3/4, 151–154
[33] *B. Marcato, C. Fantazzini* und *F. Sevini*, J. Chromatogr. **553** (1991) 415–422
[34] *E. Eickeler*, Fresenius J. Anal. Chem. **336** (1990) Nr. 2, 129–131
[35] *M. Augenstein* und *M. A. Müller*, Makromol. Chem. **191** (1990) 2151–2172
[36] *G. Glöckner*, Appl. Polym. Symposia **51** (1992) 45–54
[37] *D. P. Sheih* und *D. E. Benton*, ASTM Spec. Tech. Publ. (Anal. Paints Relat. Mater. Curr. Tech. Solving Coat. Probl.) **1119** (1992) 41–56
[38] *J. S. Gandara, S. P. Abuin, P.L. Mahia, P. P. Losada* und *J. S. Lozano*, Chromatographia **34** (1992) Nr. 1/2, 67–72
[39] *E. Longordo, L. A. Papazian* und *T. L. Chang*, J. Liquid Chromatogr. **14** (1991) Nr. 11, 2043–2063
[40] *S. Podzimek* und *L. Hroch*, J. Appl. Polym. Sci. **47** (1993) 2005–2012
[41] *W. W. Yau, J. J. Kirkland* und *D. D. Bly*: Modern Size-Exclusion Liquid Chromatography. Wiley, New York 1974
[42] *J. F. Johnson*, Macromol. Chem. **1** (1966) 393
[43] *H. G. Barth* und *B. E. Boyes*, Anal. Chem. **64** (1992) Nr. 12, 428R–442R
[44] *R. A. Ellis*, Pigm. Resin Technol. **14** (1985) Nr. 1, 4–7

[45] R. A. Ellis, Pigm. Resin Technol. **8** (1979) Nr. 10, 4–8
[46] O. Chiantore und M. Guaita, J. Appl. Polym. Sci.: Appl. Polym. Symp. **48** (1991) 431–440
[47] G. Camino, M. P. Luda und L. Costa, L. Trossarelli, in B. Miller (Hrsg): Proc. 7th. Conf. Thermal Analysis, Vol. II. Wiley, New York 1982, S. 1137
[48] R. A. Ellis, Pigm. Resin Technol. **9** (1980) Nr. 8, 11-15
[49] H. Pasch, I. S. Dairanieh und Z. H. Khan, J. Polym. Sci.: Part A: Polym. Chem. **28** (1990) 2063–2074
[50] H. Pasch, G. Hovakeemian, Z. H. Khan und S. Lahalih, Polym. Commun. **32** (1991) Nr. 2, 54–57
[51] J. Billiani, K. Lederer und M. Dunky, Angew. Makromol. Chem. **180** (1990) 199–208
[52] M. Szesztay, Z. Laszlo-Hedvig und F. Tüdos, J. Appl. Polym. Sci.: Appl. Polym. Symp. **48** (1991) 227–232
[53] J. F. Kennedy, J. Kumel, L. Lloyd und F. Warner, Polym. Paint Col. J. **180** (1990) 643–646
[54] C. W. Saunders und L. T. Taylor, Appl. Spectrosc. **45** (1991) Nr. 5, 900–905
[55] H. G. Janssen und C. A. Cramers, Anal. Proc. **30** (1993) Nr. 2, 89–90
[56] S. Mori, T. Saito und M. Takeuchi, J. Chromatogr. **478** (1989) 181–190
[57] S. M. Fields, H. J. Grether und K. Grolimund, J. Chromatogr. **472** (1989) 175–195
[58] W. Blum, P. Ramstein und H. J. Grether, J. High Resolut. Chromatogr. **13** (1990) Nr. 4, 290–292
[59] R. G. Ridgeway, A. R. Bandy, J. R. Quay und P. J. Maroulis, Microchem. J. **42** (1990) Nr. 1, 138–145
[60] R. E. A. Escott und N. Mortimer, J. Chromatogr. **553** (1991) 423–432
[61] M. Hesse, H. Meier und B. Zeeh: Spektroskopische Methoden in der organischen Chemie. Thieme, Stuttgart 1984
[62] H. Günther: NMR-Spektroskopie. Thieme, Stuttgart 1983
[63] Derome: Modern NMR Techniques for Chemical Research. Pergamon, Oxford 1987
[64] H. O. Kalinowski, St. Berger und S. Braun: Carbon-13 NMR Spectroscopy. Wiley, Chichester 1988
[65] R. Voelkel, Angew. Chem. **100** (1988) 1525–1540
[66] M. Mehring: Principles of High Resolution NMR in Solids. Springer, Berlin 1983
[67] B. Blümich und H. W. Spiess, Angew. Chem. **100** (1988) 1716–1734
[68] B. Wrackmeyer, Chem. in unserer Zeit **21** (1988) Nr. 3, 100–112
[69] P. Meier, Kunststoffe **79** (1989) Nr. 1, 63–68
[70] L. E. Bogan, Macromol. **24** (1991) 4807–4812
[71] T. Pampalone, Solid State Tech. **115** (1984)
[72] E. A. Fitzgerald, J. Appl. Polym. Sci. **41** (1990) 1809–1814
[73] E. A. Fitzgerald, S. P. Tadros, R. F. Almeida, G. A. Sienko, K. Honda und T. Sarubbi, J. Appl. Polym. Sci. **45** (1992) 363–370
[74] S. So und A. Rudin, J. Appl. Polym. Sci. **41** (1990) 205–232
[75] I. Chuang und G. E. Maciel, Macromolecules **24** (1991) 1025–1032
[76] M. G. Kim und L. W. Amos, Ind. Eng. Chem. Res. **30** (1991) 1151–1157
[77] M. G. Kim, L. W. Amos und E. E. Barnes, Ind. Eng. Chem. Res. **29** (1990) 2032–2037
[78] M. G. Kim und L. W. Amos, Ind. Eng. Chem. Res. **29** (1990) 208–212
[79] S. S. Jada, J. Macromol. Sci.-Chem. **A 27** (1990) Nr. 3, 361–375
[80] H. Pasch, I. S. Dairanieh und B. Al-Tahou, J. Polym. Sci.: Part A: Polym. Chem. **28** (1990) 2049–2062
[81] H. Pasch und I. S. Dairanieh, Polymer **31** (1990) 1707–1710
[82] D. W. Duff und G. E. Maciel, Macromolecules **23** (1990) Nr. 12, 3069–3079
[83] D. W. Duff und G. E. Maciel, Macromolecules **24** (1991) Nr. 3, 651–658
[84] D. W. Duff und G. E. Maciel, Macromolecules **24** (1991) Nr. 2, 387–397
[85] D. T. Okamoto, S. L. Cooper und T. W. Root, Macromolecules **25** (1992) Nr. 3, 1068–1073
[86] X. Lu, Y. Wang und X. Wu, Polymer **33** (1992) Nr. 5, 958–962
[87] A. O. K. Nieminen und J. L. Koenig, J. Adhesion **32** (1990) 105–112
[88] N. Bialas und H. Höcker, Makromol. Chem. **191** (1990) 1843–1852
[89] N. Egger, K. Schmidt-Rohr, B. Blümich, W. D. Domke und B. Stapp, J. Appl. Polym. Sci. **44** (1992) 289–295
[90] A. Fischer, K. Schlothauer, A. Pfitzmann und J. Spevacek, Polymer **33** (1992) Nr. 7, 1370–1373

[91] A. *Udagawa, Y. Yamamoto* und *R. Chujo*, Polymer **31** (1990) Nr. 12, 2425–2430
[92] W. *Aue, E. Bartnoldi* und *R. Ernst*, J. Chem. Phys. **64** (1976) 2229
[93] J. *Rybicky*, J. Appl. Polym. Sci. **23** (1979) 25–38
[94] A. S. *Brar* und *Sunita*, Eur. Polym. J. **27** (1991) Nr. 1, 17–20
[95] R. *Po, P. Cioni, L. Abis, E. Occhiello* und *F. Garbassi*, Polym. Commun. **32** (1991) Nr. 7, 208–212
[96] F. *Keller, M. Rützsch* und *H. Schmieder*, Plaste und Kautschuk **21** (1974) Nr. 4, 262–265
[97] R. A. *Newmark*, J. Polym. Sci.: Polym. Chem. Ed. **18** (1980) 559
[98] H. R. *Kricheldorf*, Makromol. Chem. **179** (1978) 2133-2143
[99] W. *Sauer, P. Kuzay, W. Kimmer* und *H. Jahn*, Plaste und Kautschuk **23** (1976) Nr. 5, 331–335
[100] A. J. *Gaches* und *P. S. Wilson*, Internat. Labmate **16** (1991) Nr. 1, 23–26
[101] C. L. *Putzig, M. A. Leugers, M. L. Mc Kelvy, G. E. Mitchell, R. A. Nyquist, R. R. Papenfuss* und *L. Yurga*, Anal. Chem. **64** (1992) 270R–302R
[102] M. W. *Urban*, Farbe + Lack **98** (1992) Nr. 3, 176–181
[103] C. *Kampfl*, Farbe + Lack **100** (1994) Nr. 8, 597–599
[104] K. A. B. *Lee, S. M. Hurley, R. A. Siepler, R. D. Mills, K. A. Handrich* und *J. J. Conway*, Appl. Spectrosc. **44** (1990) Nr. 10, 1719–1722
[105] G. S. *Kitukhina, L. N. Shvetsova* und *V. V. Zharkov*, Internat. Polym. Sci. Technol. **18** (1991) Nr. 4, T/72–T/73
[106] P. J. *Trocha* und *B. S. Samimi*, Appl. Occup. Environ. Hyg. **8** (1993) Nr. 6, 571–579
[107] C. *Salama* und *R. Dunn*, Can. Spectrosc. **12** (1967) Nr. 5, 175–178
[108] D. T. *Ages* und *B. C. Bowen*, J. Mater. **6** (1971) Nr. 4, 766–773
[109] T. *Hirayama* und *M. W. Urban*, Progr. Org. Coat. **20** (1992) 81–96
[110] L. *Baotian*, Paint Coat. Ind. **6** (1991) 44–48
[111] J. T. *Vandeberg*, Appl. Spectrosc. **22** (1968) Nr. 4, 304–309
[112] A. *Afran* und *J. E. Newbery*, Spectrosc. Internat. **3** (1991) Nr. 1, 39–42
[113] T. *Scherzer, V. Strehmel, W. Tänzer* und *S. Wartewig*, Progr. Colloid Polym. Sci. **90** (1992) 202–205
[114] N. A. *Zhikhareva, S. V. Grigoreva, I. N. Bakirova, L. A. Zenitova* und *L.I. Maklakov*, Internat. Polym. Sci. Technol. **17** (1990) Nr. 11, T/88–T/90
[115] M. W. *Urban* und *E. M. Salazar-Rojas*, J. Polym. Sci.: Part A: Polym. Chem. **28** (1990) 1593–1613
[116] A. *Factor, M. G. Tilley* und *P. J. Codella*, Appl. Spectrosc. **45** (1991) Nr. 1, 135–138
[117] A. L. *Burlingame, D. S. Millington, D. L. Norwood* und *D. H. Russell*, Anal. Chem. **62** (1990) 268R–303R
[118] D. W. *Koppenaal*, Anal. Chem. **64** (1992) 320R–342R
[119] F. R. *Lauritsen, T. Kotiaho, T. K. Choudhury* und *R. G. Cooks*, Anal. Chem. **64** (1992) 1205–1211
[120] W. R. *Creasy*, Polymer **33** (1992) Nr. 21, 4486–4492
[121] N. S. *Robson*, Internat. Labmate **17** (1992) Nr. 1, 23–26
[122] N. S. *Robson*, Internat. Labmate **15** (1990) Nr. 6, 42–44
[123] J. I. *Kroschwitz*: Polymers: Polymer Characterization and Analysis. Wiley, New York 1990
[124] D. *Briggs* und *M. P. Seah*: Practical Surface Analysis by Auger and X-Ray Photoelectron Spectroscopy. Wiley, Chichester 1983
[125] W. W. *Wendland*: Thermal Analysis. Wiley, New York 1986
[126] E. A. *Turi*: Thermal Characterization of Polymeric Materials. Academic Press, New York 1981
[127] J. P. *Redfern*, Polym. Internat. **26** (1991) 51–58
[128] A. *Burmester*, Studies in Conservat. **37** (1992) 73–81
[129] J. S. P. *Rai* und *G. N. Mathur*, Polym. Commun. **32** (1991) Nr. 14, 439–442
[130] C. I. *Vallo, P. M. Frontini* und *R. J. J. Williams*, J. Polym. Sci.: Part B: Polym. Phys. **29** (1991) 1503–1511
[131] H. *Stutz, K. H. Illers* und *J. Mertes*, J. Polym. Sci.: Part B: Polym. Phys. **28** (1990) 1483–1498
[132] M. J. *Richardson*, Polym. Testing **4** (1984) 101–115
[133] C. K. *Schoff* und *P. Kamarchik*, Mater. Charact. Thermomech. Anal. **1136** (1991) 138 149
[134] H. *Kittel*: Lehrbuch der Lacke und Beschichtungen, Bd. 8, Teil 2. Colomb, Berlin 1980
[135] O. *Lückert*: Prüftechnik bei Lackherstellung und Lackverarbeitung. Vincentz, Hannover 1992

Tabellenverzeichnis

Tabelle 3.1. Löslichkeitsparameter von Lackharzen 31
Tabelle 6.1. Strukturen gesättigter Polyester 46
Tabelle 6.2. Monomere für gesättigte Polyester 49
Tabelle 6.3. Polyestereigenschaften und Monomereneinsatz 50
Tabelle 6.4. Wirkungsweise unterschiedlicher pflanzlicher Öle in Alkydharzen 65
Tabelle 6.5. Handelsübliche Photoinitiatoren 94
Tabelle 6.6. Ausgangsverbindungen für Aminoplaste 104
Tabelle 6.7. Chemische Verschiebung von Harnstoffharzen 108
Tabelle 6.8. Chemische Verschiebung von Melaminharzen 119
Tabelle 6.9. Funktionalität der Phenol-Komponenten 134
Tabelle 6.10. Physikalische und anwendungstechnische Eigenschaften von Keton- und Aldehydharzen 171
Tabelle 7.1. Diisocyanate als Basisprodukte für PUR-Harze 187
Tabelle 7.2. Gelchromatographische Komponentenverteilung eines handelsüblichen HDI-Trimerisats 194
Tabelle 7.3. Eignungscharakteristik handelsüblicher Polyisocyanat-Typen 196
Tabelle 7.4. Einbrennbereiche von 1K-PUR-Lacken in Abhängigkeit von diversen Blockierungsmitteln 198
Tabelle 7.5. Monomere Ausgangskomponenten für Polyacrylat-Polyole 204
Tabelle 7.6. Bausteine für Polyester-Polyole 205
Tabelle 7.7. Eignungscharakteristik von Coreaktanten für 2K-PUR-Systeme 210
Tabelle 7.8. Dampfdruck von monomerem HDI und Derivaten im Vergleich zu MDI .. 229
Tabelle 7.9. Epoxidharz-Verbrauch, weltweit, aufgegliedert nach Anwendungsgebieten, Stand 1991 232
Tabelle 7.10. Technische Synthesen für Epoxidverbindungen 233
Tabelle 7.11. Überblick über die Additionsreaktionen von Glycidylverbindungen 241
Tabelle 7.12. Bisphenol A-Epoxidharze 247
Tabelle 7.13. Bisphenol F-Epoxidharze und Phenol-Novolakglycidylether 248
Tabelle 7.14. Kresol-Novolak-Glycidylether 249
Tabelle 7.15. Cycloaliphatische Glycidylverbindungen und epoxidierte Cycloolefine, aromatische, heterocyclische und andere Glycidylverbindungen 249
Tabelle 7.16. Aliphatische Glycidylether 251
Tabelle 7.17. Cycloaliphatische und aromatische Glycidylether, Glycidylester 251
Tabelle 7.18. Beschleuniger zur Amin-Härtung 254
Tabelle 7.19. Di- und Polyamine zur Härtung von Epoxidharzen 254
Tabelle 7.20. Isolierte Polyaminaddukte und Polyamidoamine 258
Tabelle 7.21. Eigenschaftsvergleich nach Härtung mit Basis-EP-Harz 259
Tabelle 7.22. Epoxidharz-Härter-Kombinationen und ihre Anwendungen 264
Tabelle 7.23. Öllängen von Epoxidharzestern 272
Tabelle 7.24. Epoxidharze und ihre Einsatzgebiete 278
Tabelle 8.1. Thermische Initiatoren für die radikalische Polymerisation 282
Tabelle 8.2. Wichtige olefinische Monomere und mögliche Polymerisationsmechanismen 290

Tabelle 8.3.	Auswahl technisch wichtiger Monomerer und die jeweils technisch angewendeten Polymerisationsverfahren	292
Tabelle 8.4.	Größenbereiche der Mizellen, Monomertröpfchen, Perlen bzw. Latexteilchen bei der Emulsions-bzw. Perlpolymerisation	295
Tabelle 9.1.	Hauptprodukte der Methylchlorsilansynthese	338
Tabelle 9.2.	Struktureinheiten zum Aufbau polymerer Siloxane	339
Tabelle 9.3.	Kennwerte von Siliconharzen	345
Tabelle 9.4.	Massenverlust von gehärteten (vernetzten) Siliconharzen	345
Tabelle 9.5.	Anwendung von Siliconkombinationsharzen für Anstriche	350
Tabelle 9.6.	Übersicht zur Anwendung von Siliconharzen für verschiedene Temperaturbereiche	351
Tabelle 9.7.	Die wichtigsten Celluloseester	364
Tabelle 11.1.	Verhalten von Lackrohstoffen bei thermischer Zersetzung	440
Tabelle 11.2.	Genormte Lackrohstoffprüfungen	441

Bilderverzeichnis

Bild 2.1.	Verzweigte und vernetzte Makromoleküle	8
Bild 2.2.	Abhängigkeit der Molmasse vom Umsatz	17
Bild 2.3.	Schematische Darstellung der Abhängigkeit der Molmasse (Polymerisationsgrad) vom Umsatz	18
Bild 4.1.	Filmbildung aus Polymerlösungen und Polymerdispersionen	36
Bild 4.2.	Filmbildung aus Plastisolen	37
Bild 6.1.	Zusammenhang zwischen Viskosität und Säurezahl bei Alkydharzen	70
Bild 6.2.	Reaktivität einiger Photoinitiatoren	95
Bild 6.3.	UV-Absorption von Photoinitiatoren in Lacken	96
Bild 7.1.	Ausbildung von Wasserstoffbrücken zwischen den Molekülketten der PUR-Elastomeren	199
Bild 7.2.	Prinzipieller Unterschied zwischen Urethanölen und Urethanalkyden	200
Bild 7.3.	Reaktionsschema von Zweikomponenten-PUR-Systemen	211
Bild 7.4.	Überlagerung unterschiedlicher Trocknungs- bzw. Härtungsmechanismen bei lufttrocknenden Zweikomponenten-PUR-Lacken	214
Bild 7.5.	Acyclische und cyclische Wasserstoffbindungen zwischen PUR-Ketten	214
Bild 7.6.	Wetterverhalten aromatischer und aliphatischer PUR-Lack-Filme	216
Bild 7.7.	Vergleich von Zweikomponenten-High-Solids-PUR-Decklacken mit Einkomponenten-Acryl/Melaminharz-Lacken	217
Bild 7.8.	Einfluß der Lackierung auf die mechanische Festigkeit eines Kunststoffteils	218
Bild 7.9.	Hochauflösendes Gelchromatogramm eines niedermolekularen Epoxidharzes, gewonnen nach dem Taffy-Prozeß	237
Bild 7.10.	Hochauflösendes Gelchromatogramm eines niedermolekularen Epoxidharzes, hergestellt nach dem Advancementverfahren	237
Bild 7.11.	Netzwerkschema für reinen Bisphenol A-diglycidylether, vernetzt mit Phthalsäureanhydrid	244
Bild 7.12.	Netzwerkschema einer Diepoxidverbindung allgemeiner Struktur, vernetzt mit einem diprimären Diamin	245
Bild 7.13.	Netzwerkschema für reinen Bisphenol A-diglycidylether, vernetzt mit einem Trisphenol allgemeiner Struktur	246
Bild 7.14.	Netzwerkfragment eines durch Polymerisation von reinem Bisphenol A-diglycidylether gewonnenen Produktes	246
Bild 8.1.	Poisson-Verteilung und *Schulz-Flory*-Verteilung	287
Bild 8.2.	Mechanismus der Suspensionspolymerisation	293
Bild 8.3.	Schematische Darstellung der Stabilisierung eines dispergierten Kunststoffteilchens durch Polyvinylalkohol	294
Bild 8.4.	Mechanismus der Emulsionspolymerisation	296
Bild 8.5.	Abhängigkeit der Viskosität vom Feststoffgehalt bei Polymerlösungen und Polymerdispersionen	297
Bild 8.6.	Einfluß des Substituenten bei Polyacrylaten und Polymethacrylaten auf die Erweichungspunkte	317

Bild 9.1.	Struktur verzweigter Siloxane verschiedener Reaktivität	340
Bild 9.2.	Schematische Darstellung dreidimensional vernetzter Siliconharze	340
Bild 9.3.	Teilvernetztes reaktives Siliconharz	346
Bild 9.4.	Cokondensation Intermediat/Polyol	347
Bild 10.1.	Primärteilchen, Aggregate und Agglomerate	397
Bild 10.2.	Elektrostatische Stabilisierung	399
Bild 10.3.	Sterische Stabilisierung	399
Bild 10.4.	Mechanismus der elektrostatischen Stabilisierung	400
Bild 10.5.	Viskositätsverlauf bei Zugabe des Dispergiermittels mit rheologischem Optimalwert (Viskositätsminimum)	401
Bild 10.6.	Verankerung der Segmente eines AB-Copolymeren	402
Bild 10.7.	Typische Viskositätskurven	404
Bild 10.8.	Wasserlösliche Polymere (Acrylate, Cellulose, Polysaccharide)	405
Bild 10.9.	Micell-Strukturen und Wirkungsweise von PUR-Verdickern	408
Bild 10.10.	Viskositätskurven von Dispersionsfarben auf Basis von PUR-Verdickern und Cellulose-Verdickern	409
Bild 10.11.	Viskosität und Anwendungsgebiete von Polydimethylsiloxanen in Abhängigkeit von der Molmasse	410
Bild 11.1	Gaschromatogramm der Verseifungsprodukte eines Siliconpolyesters	416
Bild 11.2.	Gaschromatogramm eines Polyesters	417
Bild 11.3.	GPC-Chromatogramm eines Phenol-Formaldehyd-Harzes	423
Bild 11.4.	Zusammenhang zwischen den Intensitäten von photoakustischen und Transmissions-FTIR-Spektren und der Viskosität	434

Sachwortverzeichnis

Abbruchreaktion 15, 16, 17
Abietinsäure 64, 77, 150, 371, 372, 373, 375
Abriebfestigkeit 38, 59
Abtönpaste 380
Acetale 313
Acetalisierungsgrad 313
Aceton-Formaldehydharze 167, 168
Aceton-Verfahren 202
Acetophenon-Formaldehydharze 166, 170 ff
–, Handelsprodukt 172, 173
–, modifizierte 172 f
–, Verträglichkeit 172
Acetylcellulose 167, 367
Acidolyse-Verfahren 67 f
Acrylamid 292, 316
Acrylatcopolymere siehe Polyacrylate
Acrylatdispersionen siehe Polyacrylate
Acrylatharze siehe Polyacrylate
Acrylatverdickungsmittel siehe Polyacrylate und Verdickungsmittel
Acrylharze siehe Polyacrylate
Acrylnitril 290, 306, 316, 324, 327
Acrylsäure 292, 303, 305, 316, 324,325
Acrylsäureester 34, 190, 290, 292, 308, 310, 316, 324, 327
Acrylsäureester-Vinylisobutylether-Copolymere 315
Acrylsäureglycidylester 233, 277
Adamantan 132
Addition 341, 342
–, 1,3-dipolare 389
–, substituierende 380
Additionspolymere 24
Additionsreaktion 45, 53, 197, 239, 240, 241, 242
Additive 352, 369, 396
–, feuchtigkeitsbindende 219
Adipinsäure 63, 83, 86
Advancementprodukte 233, 235
Advancement-Verfahren 236, 237, 238, 239
AED-Detektor 419
AIBN 282
Airless-Zerstäubung 41
Airmix-Spritzen 41
Aktivator 92
Aktivgrund-Verfahren 84, 97
Aktivierungsenergie 92, 282, 283
Albertolsäure 77, 153, 154
Aldehydharze 164 ff, 171, 366, 422
–, Katalysator 165
–, Löslichkeit 171

–, Verträglichkeit 171
Aldimine 208, 210, 219
Aldolkondensation 134, 165, 173
Alginate 370
Alkohole 49, 71
–, cyclische 88
–, einwertige 84
–, mehrwertige 61
Alkyde siehe Alkydharze
Alkydharze 4, 45, 61 ff, 66, 67, 68, 69, 70, 73, 75, 77, 91, 109, 110, 111, 116, 119, 123, 142, 144, 147, 149, 150, 151, 154, 155, 156, 157, 159, 169, 170, 172, 174, 176, 181, 200, 207, 221, 264, 270, 306, 309, 314, 318, 322, 323, 324, 348, 350, 360, 362, 366, 369, 374, 375, 376, 378, 380, 382, 403, 415, 418, 423, 430, 432
–, acrylierte 74, 75
–, Alkoholverträglichkeit 67
–, Anwendung 71
–, Durchtrocknung 76
–, Eigenschaften 62, 71 ff
–, Emulsion 78
–, Epoxi- 77
–, Farbe 404
–, Fließeigenschaften 75
–, Funktionalität 71
–, Glanzhaltung 65
–, Handelsprodukte 79
–, harzmodifizierte 77
–, Herstellung 67
– für High-Solids-Lacke 79
–, Jodzahl 65
–, Katalysator 67, 76
–, Klassifizierung 61
–, kurzölige 31, 61, 62, 64, 67, 72, 78, 120, 418
–, Lackrohstoffprüfung 444
–, Lagerstabilität 78
–, langölige 31, 61, 62, 64, 65, 67, 71, 75, 120, 221
–, Leinöl- 65
–, Lichtbeständigkeit 65
–, lösemittelarme 79
–, Löslichkeit 72, 73
–, Maleinat- 77
–, metallverstärkte 76
–, mittelölige 61, 62, 71, 78
–, Modifikationen 73 ff, 76 f
–, Neutralisation 78
–, nicht-trocknende 61 f

Sachwortverzeichnis 453

–, ölfreie 45 (s.a. Polyester, gesättigte)
–, Ölgehalt 61
–, ofentrocknende 72, 78
–, phenolharzmodifizierte 77
–, Plastifizierung 73
–, Polarität 66
–, Produktion 61
–, rheologische Eigenschaften 72
–, Ricinen- 66, 74
–, Ricinus- 66
–, selbstemulgierende 78
–, siliconmodifizierte 75, 348, 418
–, Sojaöl- 74
–, styrolisierte 73, 74
–, Tallöl- 66
–, thermische Zersetzung 440
–, thixotrope 75
–, Toxizität 79
–, trocknende 61 f
–, Trocknung 65, 71, 73
–, Überstreichbarkeit 74
–, urethanisierte 75f, 200, 222
–, Vernetzung 72, 418
–, Verschneidbarkeit 74
–, Verträglichkeit 72
–, Viskosität 74, 79
–, wasserverdünnbare 63, 70, 78
–, Witterungsbeständigkeit 67, 76
Alkylendiamine 256, 267
Alkylphenol 129, 143, 153
Alkylphenolharze siehe Phenolharze
Alkylsilikate 355 ff
–, Handelsprodukte 357
Allophanatbildung 185
Allylether 79, 87, 88, 89, 90, 143, 159, 233, 234, 298
Alukone 76
Aluminiumfarbe 322, 351
Amidine 278
Amidoharze 104 ff
Aminaddukte 260, 269, 278
–, Härtungsmechanismus 264
Amine 104 (s.a. Polyamine)
–, Aminomethylpropanol (AMP) 78
–, Dimethylaminomethylpropanol (DMAMP) 78
–, Dimethylethanolamin (DMEA) 78
–, Triethylamin 78
N-Aminoethylpiperazin 256
Aminoharze 46, 48, 49, 54, 66, 72, 73, 78, 104 ff, 110, 112, 124, 125, 128, 143, 150, 223, 262 f, 272, 274, 366
–, Aminokomponente 104
–, Carbonylkomponente 104
–, Härtungsmechanismus 264
–, Lackrohstoffprüfung 444
–, veretherte 105
Aminomethylpropanol 78
Aminoplaste siehe Aminoharze
N-Aminopropylcyclohexylamin 255

AMP (Aminomethylpropanol) 78
Analytik 413 ff
–, ATR (Abgeschwächte Totalreflexion)-Spektroskopie 431, 432
–, Chromatographie 413, 421
–, Cross Polarization/Magic Angel Spinning (CP/MAS) 427, 428, 429
–, Curie-Punkt-Pyrolyse 414, 418
–, DI/MS (Direct Injection-Massenspektrometrie) 418
–, Differentialcalorimetrie (DSC) 242, 437, 438
–, Differential-Thermoanalyse (DTA) 28, 436 f, 438
–, Elektronenanregungsspektroskopie 436
–, Fast Atom Bombardment (FAB) 435
–, Flüssigchromatographie 425
–, Fourier-Transform-Infrarot-Spektroskopie 413, 425, 430 ff, 431, 432, 433, 434, 438,
–, Gaschromatographie 115, 413, 414, 415, 416, 425, 432
–, Gel-Permeationschromatographie (GPC) 27, 194, 236, 413, 420, 422, 423, 424, 428
–, Headspace-GC-Technik 414, 418, 419
–, High-Performance-Liquid-Chromatography 420
–, High Performance Size Exclusion Chromatography (HPSEC) 421, 422
–, Hochdruck-Flüssigkeitschromatographie (HLPC) 413
–, Hochdruck-Gelpermeationschromatographie 118
–, Hochleistungsflüssigkeitschromatographie (HPLC) 418, 420, 421, 422, 425, 426, 432
–, Infrarotspektroskopie (IR) 91, 118, 121, 298, 304, 418, 426, 428, 430, 432, 433, 436
–, Massenspektrometrie (MS) 413, 414, 416, 421, 425, 426, 428 f, 434 f, 438
–, MF-Harze 118
–, Molmassenverteilung 1, 17, 23, 26, 27, 53, 56, 70, 118, 286, 419
–, NMR-Spektroskopie 91, 107, 113, 115, 117, 118, 304, 418, 426, 427, 429, 430
–, Polarografie 91
–, Pyrolyse-Gaschromatographie 414, 416, 417, 418, 419
–, Raman-Spektroskopie 91
–, Röntgenfluoreszenzspektroskopie 435 f
–, Röntgenphotoelektronenspektroskopie (XPS) 436
–, Röntgenstrahlbeugungsuntersuchung 297
–, Sekundärionenmassenspektrometrie (SIMS) 435
–, Sequenzverteilungsanalyse 430
–, Size Exclusion Chromatography (SEC) 422
–, Supercritical Fluid Chromatography (SFC) 413, 425, 426, 432, 435
–, Supercritical Fluid Extraction (SFE) 425
–, Tandemmassenspektrometrie 435
–, thermische Analyse 436 ff

Analytik, thermogravimetrische Analyse (TGA) 345, 437, 438
–, thermomechanische Analyse (TMA) 437, 439
–, Torsionsschwingungsanalyse 437
–, Ultraviolettspektroskopie (UV) 426
–, UV-VIS-Spektroskopie 436
Anhydride 62, 242, 252, 262, 276, 387 413 ff
Anhydridvernetzung 241, 242, 244, 245
Anstrichstoff 1, 2, 219, 328, 343, 349
Antiabsetzmittel 350
Anti-Ausschwimmittel 410
Anti-Blockingmittel 410
Antifouling-Schiffsfarben 156
Anti-Hautmittel 396
Anti-Kratzmittel 396, 410
Anti-Schaummittel 410
Anwendung, Alkydharze 71
–, Epoxidharz/Härter-Kombinationen 263 f
–, Polyester, gesättigte 57
–, UF-Harze 106
–, Zweikomponenten-PUR-Beschichtung 225
Anwendungsprinzipien 40 ff
Applikationsverfahren 41
APS 282
Aramide 179
Arbeitssicherheit 228 f
Array-Detektor 435
Arylphenol 130
Asparaginsäureester 209, 210, 212
ATR (Abgeschwächte Totalreflexion)-Spektroskopie 431, 432
Außenbeschichtung 311, 321
Automobillack 56, 57, 58, 62, 72, 73, 78, 119, 123, 215, 217, 220, 323, 368
–, Reparatur- 62, 217
Automobil-Primer 156
Automobilreparaturspachtel 85, 93
Autoxidation 88
Azelainsäure 63
Azeotropverfahren 51
Aziridine 203, 321
Azobisisobutyronitril (AIBN) 282

1,3-BAC 256
Bakelite-Harze 127
Balsamharz 371
Basenkatalyse, allgemeine 107
BASF-Verfahren 112
Basiseigenschaften 23 ff
Basislack 58, 368
Basisreaktion 4 ff
Basizität 113
Batch-Verfahren 51
Baumwolle 364
Baumwollsaatöl 66, 377
Bautenschutz 342, 352 f
BDA 255
bead-polymerization 293
Benzoesäure 61, 64
Benzoguanamin 123

Benzoguanamin-Formaldehydharze 54, 55, 123, 262, 272, 278
Benzolkohlenwasserstoff-Formaldehydharze 164, 175 f, 366
–, Handelsprodukte 176
Benzpinakol 282
Benzylcellulose, thermische Zersetzung 441
Benzylether 87
Bernstein 363
Bernsteinsäure 83
Beschichtung 9, 33, 34, 35, 38
– für Beton 306, 322, 329, 362
–, Eigenschaften 54
– für Fassaden 321, 324, 342, 349, 350, 353
– mit Fettsäurepolyamiden 182
–, Flexibilität wasserverdünnbarer 270
–, forciertrocknende 216
– für Karton 57
–, lösemittelarme 155
–, lösemittelfreie 192, 196, 266 ff
–, lösemittelhaltige 268 f
–, lufttrocknende 216
– für Parkett 58, 221, 222
–, Rostschutz 154, 157, 272, 362
– für Stahl 322
–, Steinschlagschutz- 325
–, Verlauf 380
–, wasserverdünnbare 270
Beschichtungsstoff 1, 2, 37, 40, 45, 328, 343, 349
Beschleuniger 85, 92, 93
– zur Aminhärtung 254
Bindemittel siehe Polymere
Biozide 396
Bis(4-aminocyclohexyl)methan 207, 256
Bisoxazolidine 209, 226
Bisphenol A 88, 103 130, 133, 134, 135, 145, 152, 159, 231, 235, 236, 238, 252, 259, 262, 263, 265, 266, 270, 271, 274, 277
–, Diglycidylether 231, 244, 246, 262, 265, 272, 273, 429
–, Epoxidharze 247, 262, 268, 269, 271, 275
–, hydriertes 84
–, oxalkyliertes 84
–, Resole 156
Bisphenol F 130, 133, 134, 135, 262
–, Funktionalität 130
–, Diglycidylether 421
–, Epoxidharze 248, 266, 270
–, Handelsprodukte 248
Bitumen 360, 374
Biuret 184, 196
Blockcopolymere 19, 203, 390, 421
Blockierungsmittel 197, 198, 221, 227, 228
Blockpolymerisation 292
Bodenbeschichtung 266, 267, 393
Bodying 339, 346
BPO 282
Brenzcatechin 130
bulk polymerization 292

Butadien 290, 292, 324, 325, 326, 327, 357
Butadien-Styrol-Copolymerisation 326
Butandiol 83
1-Buten 290
Butylbenzoesäure, p-*tert*- 64
Butylkautschuk 302
Butylphenol, p-*tert*- 134,144

CAB (Celluloseacetobutyrat) 31, 98, 321, 364, 367 f, 417, 441
Can-Coating 54, 55, 57 f, 148, 221, 306, 322
–, Chemikalienbeständigkeit 57
–, Flexibilität 57
–, Sterilisationsfähigkeit 57
CAP (Celluloseacetopropionat) 364, 367 f, 441
Carbamidharze 366
Carbaminsäure 184
Carbodiimide 185
Carbonsäure 49, 62, 241 f, 243, 262
–, verzweigte 77
Carbonsäureamide 104
Carboxymethylcellulose (CMC) 364, 369, 404
Cardanol 128, 130, 134
Cardol 128, 130, 134
Cardura-Harze 77
Cashewnußöl 148
Cellobiose 364, 365
Cellulose 204, 363, 364, 367, 369, 370, 403, 404, 405, 422
Celluloseacetat 31, 124, 364, 367, 389, 441
–, Handelsprodukte 367
Celluloseacetobutyrat (CAB) 31, 98, 321, 364, 367f, 417, 441
–, Handelsprodukte 368
Celluloseacetopropionat (CAP) 364, 367 f, 441
–, Handelsprodukte 368
Cellulose-Derivate 174, 207, 309, 327, 364ff
Celluloseester 211, 364, 365 ff, 368, 444
Celluloseether 167, 329, 364, 369 ff, 405, 441, 444
–, Handelsprodukte 369, 370
Cellulosenitrat 31, 62, 72, 75, 78, 97, 111, 166, 167, 170, 172, 174, 181, 212, 306, 310, 315, 321, 324, 364, 365 f, 367 ff, 374, 376, 441
–, Gelatinierung 168
–, Kombinationslack 73, 119, 123
–, Lösemittel 366
Chelatkomplex 76
Chemical-Verfahren 112
Chemikalienbeständigkeit 24, 38, 57, 199
–, Acryl/Melaminharz-Lack 217
–, Can-Coating 57
–, Cyclokautschuk 359
–, Einkomponentenlacke 222
–, High-Solids-PUR-Decklack 217
–, IPDI-Trimerisat 195
–, lösemittelhaltige Beschichtung 269
–, Polyamine 255, 259
–, Polyester, gesättigte 55
–, Polyether 388

–, Polyimidharze 387
–, Polyphenylene 389
–, Polysulfone 385
–, Polytetrahydrofuran 207
–, PUR-Harze 199
–, PUR-Lack 211
–, Siliconharze 345
–, UP-Harze 84
–, Urethanalkyde 200
–, Urethanöle 200
Chemie Linz-Verfahren 112
Chinonmethide 139 ff, 149, 150, 371
Chlorkautschuk 73, 156, 169, 170, 176, 301, 309, 310, 327, 329, 359 ff, 374, 378, 389, 418, 440
–, Handelsprodukte 361
Chloropren 360
Chlorsilane siehe Organochlorsilane
CHP (Cumolhydroperoxid) 92, 282
Chromanderivate 140, 148, 150, 153, 158
Chromatographie 413, 421
Citraconsäure 83
CMC (Carboxymethylcellulose) 364, 369, 404
Cocosöl 62, 65, 66, 377
Coil-Coating-Verfahren 38, 54, 55, 57, 155, 198, 223, 264, 307, 322, 348
Cokondensation 117, 168, 347
Cold-Check-Test 59, 368
Collodiumwolle siehe Cellulosenitrat
Copolyamide 179, 180
Copolyester siehe Polyester
Copolymere siehe Copolymerisate
Copolymerisate 17f, 21, 28, 73, 86, 289, 305, 306, 307, 308, 316, 430
–, alternierende 19, 20
–, Block- 19, 203, 390, 421
–, Dien-Styrol- 358
–, Propf- 19, 85, 86, 303, 381
–, statistische 20
–, Styrol- 323 ff
–, Styrol-Acryl- 321, 325
–, Styrol-Acrylnitril- 421
–, Styrol-Butadien- 31, 324
–, Styrol-Maleinsäureanhydrid 324
–, Styrol-Olefin- 440
–, Vinylacetal-Vinylalkohol- 313
–, Vinylacetat-, wasserlöslich 310
–, Vinylchlorid- 72, 73, 169, 305, 306, 315, 360, 378, 389, 418
–, Vinylchlorid-Vinylisobutylether- 315
–, Vinylether- 315
–, Vinylidenchlorid- 306
–, Zusammensetzung 20
Copolymerisation 18 ff, 85, 86, 88, 89, 169, 288 f, 303, 308, 309, 310
Copolymerisationsparameter 19, 20
Coreaktanten 204 ff, 208, 210, 212
Coronaaufladung 42
Coulombsche Abstoßung 400
Coulombsche Stabilisierung 399

CPVC 304
–, Verträglichkeit 304
Cross Polarization/Magic Angel Spinning (CP/MAS) 427, 428, 429
Crotonsäure 303, 305, 308, 309, 310
Cumaron-Indenharze 13, 327, 328, 329
–, phenolharzmodifizierte 329
Cumolhydroperoxid (CHP) 92, 282
Curie-Punkt-Pyrolyse 414, 418
Cyanamidharze 104, 123, 124
Cyanursäure 112, 238
Cyclide 77
Cyclisierungsmittel 358, 359
Cyclodisilazane 392
Cyclohexanon-Formaldehydharze 168, 169 f
–, Handelsprodukte 170
Cyclohexanonharze 168
–, Handelsprodukt 169
Cyclohexanonperoxid (CHPO) 92
Cyclokautschuk 358 f, 359
–, Handelsprodukte 359
Cycloöl 381 f, 382
–, Handelsprodukt 382
Cycloolefine, epoxidierte 249
Cyclopentadienaddukte 381 f
Cyclosilazane 392

DABCO 186, 197
Dammar 363
Dauerwärmebeständigkeit, Siliconharze 351, 352
DBP (Di-*tert*-Butylperoxid) 282
DBTL (Dibutylzinndilaurat) 186
DCH 256
DDM 257, 267
DDS 257
Decklack 54, 58, 74, 198, 155, 217, 220, 222, 263, 272, 362, 390
Deformation 8, 35, 36
Dehydrochlorierung 303
Demethylolierung 116, 117
Denkmalschutz 352, 353
Depolymerisation 358, 360
DETA 254
Detektor, massenspektrometrischer 413
Dextrine 370
Diamine 183, 201, 207, 208, 209, 245, 252, 318 (s.a. Polyamine)
Diaminocyclohexan 256
Diaminodiphenylmethan 257, 259, 260, 267
Diaminodiphenylsulfon 257
2,4-Diamino-1,3,5-triazine 122
Diammoniumpersulfat (APS) 282
Dian 130
Dibenzoylperoxide (BPO) 281, 282
Dibenzylether-Struktur 135, 136
Dibutylzinndilaurat (DBTL) 186
Dicarbonsäure 61, 62, 67, 68, 69, 71, 77, 83, 89
–, aliphatische 63
–, aromatische 62

–, cycloaliphatische 62
Dichtungsmasse 169, 362, 384
Dickschichtsysteme 198
Dicumylperoxid (Dicup) 281, 282
Dicyandiamid 112, 122, 123, 124, 243, 275, 278
Dicyclopentadien 88, 381
Diels-Alder-Reaktion 180, 371, 375, 379, 380, 382
Diethylenglycol 64, 83
Diethylentriamin 254
Differential-Thermoanalyse (DTA) 28, 436f, 438
Differentialcalorimetrie (DSC) 242, 437, 438
Diglycidylether 231, 238, 433, 438
–, aliphatische 267
Dihydrazide 321
Diisobuten 302
Diisocyanate 183, 184, 186, 191, 196, 198, 199, 200, 201, 203, 219, 223, 227, 228, 386, 382, 390, 407, 408
–, aliphatische 187, 188 ff
–, aromatische 188
–, cycloaliphatische 189
–, Prüfung 443
–, Prepolymere 103
4,4'-Diisocyanato-dicyclohexylmethan 187, 189, 198, 227
Di-isopropenyl-benzol 89
Dikaliumpersulfat (KPS) 282
Dilametrie 437
Dimer-Fettsäure siehe Fettsäure
Dimerisierung 186, 372 f
Dimethol-dicyandiamid 124
Dimethylaminomethylpropanol (DMAMP) 78
Dimethylchlorsilane siehe Organochlorsilane
Dimethylenamin-Brücken 138, 139, 142 f, 151
Dimethylenetherbrücke 107, 108, 109, 114, 115, 118, 134, 137 f, 138, 140, 142, 145, 158
Dimethylethanolamin 78
1,3-Dimethylol-4,5-dihydroxyimidazolidin-2-on 110
Dimethyl-p-aminocyclohexylmethan 256
DI/MS (Direct Injection-Massenspektrometrie) 418
DIN ISO-Normen 441
Diole 83 f
Dioxazoline 387
Dioxy-dibenzylether-Struktur 137, 139
Dioxy-diphenylethan-Struktur 140
Diphenol 130
Diphenolic acid 145 f
Diphenyle, hochchlorierte 389
Diphenylmethan-Verbindung 135
Diphenylmethandiisocyanat (MDI) 187 (s. a. Diisocyanate)
Dipropylenglycol 83
Direktoxidation 233
Dispergator 400
Dispergierharz 402
Dispergiermittel 321, 396, 397 ff, 400

Dispersion 28, 33, 35, 36, 78, 202, 203, 223, 299, 301, 309, 312, 320, 325, 397
–, Lackrohstoffprüfung 444
–, nicht-wäßrige 38
–, organische 37 f
–, Polyoxyphenylen 388
–, Polyvinylacetat- 310, 312
–, Polyvinylester 310 f
–, Primär- 35
–, Sekundär- 35, 322
–, Styrol-Acrylat- 321, 325
–, Styrol-Butadien- 72, 324, 325
–, wäßrige 35 ff, 56, 180, 198, 207, 320 f
Dispersionsfarbe 204, 311, 316, 321, 323, 369, 403, 404, 409
Dispersionskraft 30
Dispersionslacke 222
–, vernetzende 222
Dispersionspulver 311
Dispersionsstabilität 398
Disproportionierung 13, 14, 15, 16, 209, 283, 286
Di-Taktizität 24
Di-*tert*-butylperoxid (DBP) 282
DMAMP (Dimethylaminomethylpropanol) 78
DM-PACM (Dimethyl-p-aminocyclohexyl-methan) 256
DMDHEU (1,3-Dimethylol-4,5-dihydroxy-imidazolidin-2-on) 110
Doppelbindungsdichte 82
Doppelkopfverfahren 97
Dorschöl 66
Dosenlackierung siehe can-coating
DPTA (Dipropylentriamin) 255
Druckfarben 128, 150, 152, 154, 155, 166, 169, 172, 173, 221, 261, 299, 314, 316, 328, 359, 366, 368, 369, 373, 374, 376, 377, 380, 382
–, Acetophenon-Formaldehydharze für 172, 173
–, Aldehydharze für 166
–, Anilin-Gummidruck 152
–, Bogenoffset- 155
–, Buchdruck 155, 359
–, Cellulosenitrat für 366
–, Cellulosepropionat für 368
–, Cyclohexanon-Formaldehydharze für 169
–, Cyclokautschuk für 359
–, Einkomponenten-Reaktionslack für 221
–, Ethylcellulose für 369
–, Flexo- 166, 181, 366, 376
–, Heatset- 155
–, Illustrationsdruck 155
–, Kalkharze für 374
–, Ketonharze für 166
–, Kohlenwasserstoffharze für 328
–, Kolophonium für 373
–, Kolophoniumester für 128
–, Maleinatharze für 376
–, Maleinatöl für 380
–, Novolak für 152
–, Offset- 153, 155, 359
–, Phenolharze für 128, 154

–, Polyamine für 261
–, Polyethylen für 299
–, Polyvinylbutyral für 314
–, Polyvinylpyrrolidon für 316
–, Rollenoffset 155
–, Schellack für 377
–, Sieb- 366
–, Tiefdruck- 153, 166, 176, 181, 359, 366, 376
–, Transfer- 166
–, Toluoltiefdruck-
–, Überdruck- 181
–, Urethanöl für 382
–, UV-härtende 169
–, Verpackungs- 155
–, Zeitungs- 64
–, Zinkharze für 374
Druckluftzerstäubung 41
DSC (Differentialcalorimetrie) 242, 437, 438
DSM-Stamicarbon-Verfahren 112
DTA (Differential-Thermoanalyse) 28, 436 f, 438
Durchhärtung 213
Durchstoßversuch 218
Durchtrocknung, Alkydharze 74, 76
Duroplaste 1, 2, 252

EDA (Ethylendiamin) 254, 255, 258, 259, 260 (s.a. Polyamine)
Edelkunstharze 127
EHEC (Ethylhydroxyethylcellulose) 404
Eigenkondensation 109, 115, 116, 117, 120, 121
Eigenschaften 71 ff, 225
–, Basiseigenschaften 23ff
–, lacktechnische 24
–, physikalische 24
–, rheologische 72
Eigenviskosität 29
Einbrennlack 4, 24, 38, 43, 53, 54, 58, 62, 66, 72, 78, 109, 111, 120, 146, 148, 159, 155, 220, 278, 322, 343, 366, 387
Einbrenntemperatur 57
Eindickung, UP-Harze 90
Einheitlichkeit, stereochemische, siehe Mikrostruktur
Einkomponentenlacke 42, 157, 196, 198, 219, 220, 221, 226, 357
–, feuchtigkeitshärtende 196, 219, 220
–, lösemittelfreie 226 f
–, lösemittelhaltige 220, 221
–, mikroverkapselte 226
–, nichtreaktive 221
–, oxidativ trocknende 221
–, physikalisch trocknende 222
Einkomponenten-Teerkombinationen, feuchtigkeitshärtende 220
Einsteinsches Viskositätsgesetz 29
Elastifizierung 55, 208
Elastizität, Polymere 24, 29, 34
–, gesättigte Polyester 50, 58
–, Polyole 204
–, PUR-Lack 223

Elastomere 226
Electron-Capture-Detector 413
Elektroisolierlacke 56, 63, 146, 148, 151, 152, 198, 221, 343, 352, 354
Elektronenanregungsspektroskopie 436
Elektronenstrahlhärtung 43, 97, 263, 277, 278
Elektrophorese 35, 41
Elektrotauchlack 40, 143, 146, 148, 156, 222, 223, 326, 362
Elektrotechnik 56, 351
Emballagenlack 221, 272, 273, 264, 328 (s.a. Can-Coating)
Elemi 363
Emulgator 70, 78, 84, 270, 295, 296, 310, 311, 345, 366
–, Pickering- 294
–, Urethan- 90
Emulsion 342, 349, 362, 366
Emulsionspolymerisation 203, 295, 296, 297, 300, 301, 303, 306, 308, 316, 326
Endomethylen-tetrahydrophthalsäureanhydrid 88
EN-Normen 441
En-Reaktion 361, 380
Entschäumer 344, 410
EPDM 301
Epichlorhydrin 231, 232, 233, 234, 235, 238, 239, 259, 277
Epoxi ... siehe Epoxy.., Epoxid....
Epoxidaddukte 257
Epoxidationsverfahren 152, 232, 234
Epoxidester siehe Epoxidharzester
Epoxidharze 12, 31, 47, 49, 54, 57, 59, 76, 78, 111, 120, 123, 130, 143, 144, 146, 148, 149, 152, 155, 157, 159, 169, 207, 215, 223, 226, 230 ff, 261, 262, 263, 265, 270, 273, 274, 276, 305, 314, 318, 327, 329, 348, 350, 352, 353, 361, 366, 368, 384, 388, 390, 419, 421, 422, 429, 435 (s.a. Bisphenol A-Epoxidharze, Bisphenol F-Epoxidharze)
–, Aminvernetzung 244, 245
–, Anhydridvernetzung 241, 242, 244, 245
–, Anwendung 232
–, Bindemittelsysteme 263 ff
–, cycloaliphatische 232, 233, 240, 245, 249, 250, 263, 429, 430
–, Diepoxidverbindungen 233
–, Einsatzgebiete 278
–, Elastifizierung 208
–, fettsäuremodifizierte 76
–, Formulierungen 277
–, Funktionalität 230
–, Härter 230, 252 ff
–, Härtung 265 ff, 419
–, Mechanismen 264
–, – durch Polymerisation 252
–, – mit Polyaminen 244, 245, 254
–, Herstellung 234 ff
–, Katalysator 238, 242, 263
–, Klebstoff 265
–, Lackrohstoffprüfung 444

–, Netzwerk 243, 244, 246, 252, 253, 263
–, photovernetzbare 252
–, Polyadditionsverfahren 230
–, Polymerisation 230, 252, 263
–, Reaktivität 230
–, thermische Zersetzung 440
–, Toxikologie 277
–, Verarbeitung 231
–, Vernetzungskomponente 230
–, vorverlängerte 252
–, wasserverdünnbare 270
Epoxidharz-Acrylsäure 265, 415
Epoxidharzester 264, 270, 271 f, 348
Epoxidharz/Härter-Kombinationen, Anwendung 263 f
Epoxidharz-Methacrylsäure 265
Epoxidharz-Monofettsäure 264
Epoxidharz-Polycarbonsäure 265
Epoxidharz-Voraddukt 269
Epoxidverbindungen 239, 240, 247 (s.a. Glycidylverbindungen)
–, Additionsreaktionen 240, 241, 242
–, cycloaliphatische 242
–, technische Systeme 233
–, Vernetzung 242, 243, 244, 246, 252, 253, 263
Epoxyalkohol 77
Epoxy-Amin-Netzwerk 245, 438
Epoxy-Bisphenol A-Novolake 152
Epoxy-Kresol-Novolake 152 (s.a. Novolake)
Epoxy-Novolake 144, 152, 159 (s.a. Novolake)
–, Handelsprodukte 152
Epoxy-Phenol-Novolake 152 (s.a. Novolake)
Epoxy-Phenolharze 155 ff
–, Katalysator 156
–, wasserverdünnbare 156
e-Q-Diagramm 19, 86
Erdnußöl 65, 66
ESTA-Verfahren 42
Ethylcellulose 315, 350, 364, 369
–, Handelsprodukte 369
–, Molmasse 369
–, Viskosität 369
Ethylen 290, 292, 308, 310, 314
Ethylendiamin 254, 255, 258, 259, 260 (s.a. Polyamine)
Ethylenglycol 64, 83
Ethylen-Vinylacetat-Copolymere, chlorierte 360
Ethylhydroxyethylcellulose (EHEC) 404
Ethylsilikat-Farben 357

FAB (Fast Atom Bombardement) 435
Fällungspolymerisation 291
Faktis 378
Farbreaktion 439
Fast Atom Bombardment (FAB) 435
FBHM (Filmbildehilfsmittel) 36, 396
Feststoffgehalt 34
Fettalkohol 203
Fettsäure 62, 64, 65, 67, 68, 69, 74, 76, 77, 88, 232, 271, 278, 364, 379

–, dimere 63, 180, 253
–, kurzkettige 62
–, Lackrohstoffprüfung 443
–, Leinöl 387
–, natürliche 61
–, –, C_{18}- 64
–, synthetische 61, 62, 68
–, ungesättigte 61, 69, 73, 77
Fettsäureester, epoxidierte 233
Fettsäuregemisch, C_6-C_{10}- 64
Fettsäureprozeß 67, 68
FID 413, 414, 415, 418
Filmbildehilfsmittel (FBHM) 36, 396
Filmbildung 8, 33 ff, 37, 38, 54, 85
Filmmechanik 28, 214, 211
Firnis 158, 378
Fischöl 66, 382
Flammen-Ionisationsdetektor (FID) 413
Flammspritzen 180
Flexibilität 50
–, Beschichtung, lösemittelfreie 267
–, –, lösemittelhaltige 269
–, –, wasserverdünnbare 270
–, DDM 260
–, Industrielack 272
–, IPD 260
–, Mannichbase 260
–, Polyamine 253
–, –, aliphatische 260
–, Polyester, gesättigte 50, 55, 57, 59
–, Silikonkombinationsharze 347
Flockungsmittel 398, 400, 401
Flüssigchromatographie 425
Fluten 41
Formalin 131
Formmassen 153
–, härtende 132
Fourier-Transform-Infrarot-Spektroskopie 413, 425, 430 ff, 431, 432, 433, 434, 438,
Fremdvernetzung 33, 48, 109, 143, 319
Friedel-Crafts-Katalysator 287, 327
FT-IR siehe Fourier-Transform-Infrarot-Spektroskopie
FTIR-Detektor 419
Fumarsäure 63, 91
Fumarsäureester 83, 86
Funktionalisierung, Oligobutadiene 361
Funktionalität 5, 9, 10, 11, 45
–, Alkydharze 71
–, Bisphenol F 130
–, Epoxidharze 230
–, Novolak 152
–, Organosilane 341
–, Phenole 141
–, Phenolharze 133, 134
–, Polyester, gesättigte 47 ff, 50, 51, 55
–, Polyurethanharze 191
–, Pulverlacke 275
–, Siliconharze 339
Furanharze 161, 385

Gaschromatographie 115, 413, 414, 415, 416, 425, 432
–, Atom-Emissions-Detektor 418
–, FTIR 413
–, inverse 414, 419
–, Kapillarsäulen 418, 419
–, MS 413, 418, 435
Gasphasenpolymerisation 291
Gasstromkondensation 51
GC siehe Gaschromatographie
Gel-Permeationschromatographie (GPC) 27, 194, 236, 413, 420, 422, 423, 424, 428
Gelatinierung 91, 160
–, Cellulosenitrat 168
Gelierung 4 ff, 8, 9, 10, 11, 64, 66, 70, 71, 87, 93, 96
–, Kurzölalkyde 64
–, Plastisole 37, 38
–, UP-Harz 91
–, Zweikomponentenlacke 212
Gelöle 378
GFK (Glasfaserverstärkte Kunststoffe) 82
Gibbsche Gleichung 30
Gießauftrag 97
Gießfolien 226
Gilbungsresistenz 55, 65, 66, 75
–, Alkydharze 67
–, gesättigte Polyester 55
–, Siliconharze 345
Glanzlacke 155
Glanzpolyester 82, 87, 88
Glasfaserverstärkte Kunststoffe 82
Glastemperatur siehe Glasübergangstemperatur
Glasübergangstemperatur T_g 27 f, 29, 36, 50, 252, 317, 320, 324, 437, 438
Gleichgewichtsreaktion 7, 197
Gleitmittel 396
–, Siliconöl als 410
Glycerid 67, 77
Glycerin 64, 65, 68, 88
Glycerindiallylacetat 89
Glycerindiallyladipiat 89
Glycidylester 77, 233, 238, 240, 251, 269
Glycidylether 233, 235, 238, 239, 240, 243, 258, 269
–, aliphatische 251, 268
–, aromatische 250, 251
–, cycloaliphatische 249, 251
Glycidylverbindungen 233, 235, 238, 239, 240, 243
–, aromatische 250
–, cycloaliphatische 249
–, heterocyclische 249, 250
Glycol 86
Glyptalharz 45, 68
Goldlack 128, 156, 157, 273
GPC siehe Gel-Permeationschromatographie
Grenzflächenspannung 35
Grenzviskosität 26, 27, 29
Grignard-Synthese 337

Grundierung 58, 65, 72, 152, 154, 262, 264, 274, 278, 350
Guanamin 104, 122, 123
Guanidin 104
Gum Rosin 371
Guttapercha 326

Härte 24, 29, 34
–, Bleistifthärte 439
–, Buchholzhärte 439
–, Cycloöl 382
–, Mannichbase 260
–, Pendelhärte 439
–, Polyamine 255
–, –, aliphatische 260
–, –, cycloaliphatische 260
–, Polyaminoamid 260
–, Polyester, gesättigte 50
–, Polyole 204
–, Siliconkombinationsharze 347
Härtung 4, 12, 24, 33, 42, 43, 86, 230, 231, 273
–, Alkylsilikate 357
–, Beschichtung 40
–, –, lösemittelfreie 267, 268
–, chemische 213
–, Elektronenstrahl- 97
–, Epoxidharze 247, 256, 259, 267, 275, 276, 419
–, Epoxy-Phenolharze 156
–, Harnstoffharze 108
–, Infrarot- 43
–, konventionelle 85, 91 ff
–, MF-Harze 117, 120
–, Novolake 151
–, Phenolharze 142, 143
– durch Polymerisation 252
–, Pulverlacke 275
–, Raumtemperatur- 265
–, Resole 145, 147, 149 f
–, UP-Harze 85, 93, 97
–, Siliconharze 341, 344
–, Siliconkombinationsharze 347
–, Strahlungs- 43, 93, 94
–, Wasserglas 356
–, Zweikomponenten-PUR-Lacke 213
Härtungsgeschwindigkeit, aliphatische Polyamine 259
–, cycloaliphatische Polyamine 259
–, Mannichbase 259
–, Polyaminoamid 259
Härtungsmechanismen 214
Härtungsmittel 132, 252 ff
Haftgrundierungsmittel 160, 314
Haftkleber 315, 328, 371
Haftung 24, 29, 55, 90, 347
Haifischöl 66
Halbwertzeit 13, 282
Halogenhydrine 233
HALS 216
Handelsnamen siehe Handelsprodukte

Handelsprodukte
–, Acetophenon-Formaldehyd-Harze 172, 173
–, Alkydharze 79
–, Alkylphenolharz-Dispersionen 159
–, Alkylphenolharze 158
–, Alkylsilikate 357
–, Amine, blockierte 208
–, Benzolkohlenwasserstoff-Formaldehydharze 176
–, Bisphenol F-Epoxidharze 248
–, CAB 368
–, CAP 368
–, Celluloseacetat 367
–, Celluloseether 369, 370
–, Chlorkautschuk 361
–, Cyclohexanon-Formaldehydharze 170
–, Cyclohexanonharze 169
–, Cyclokautschuk 359
–, Cycloöl 382
–, Dispersionen 325
–, Epoxi-Novolake 152
–, Ethylcellulose 369
–, Fettsäurepolyamide 182
–, Harnstoffharze 111
–, HDI-Addukte 195
–, HDI-Biuret 193
–, HDI-Trimerisat 194
–, Kohlenwasserstoffharze 328
–, Kolophonium 372, 373
–, Kolophoniumester 375
–, Kolophoniumsalze 374
–, Maleinatharze 376
–, Maleinatöl 381
–, MDI 192
–, MF-Harze 122
–, Novolake 152
–, Öle, isomerisierte 379
–, –, styrolisierte 381
–, Oligobutadiene 362
–, Oxazolidine 209
–, Phenolharze 155, 158
–, Phenol-Novolakglycidylether 248
–, Phenoletherharze 143
–, Polyamine 261
–, Polycarbonate 104, 206
–, Polyester, gesättigte 59
–, Polyether 388
–, Polyethylen 299
–, Polyisobutylen 302
–, Polyisocyanate, blockierte 197
–, Polylactone 206
–, Polyole 205
–, Polyolefine, chlorierte 361
–, Polyphenylene 389
–, Polysulfide 384
–, Polytetrafluorethylen 301
–, Polytetrahydrofuran 207
–, Polyvinylalkohol 312
–, Polyvinylbutyral 314
–, Polyvinylester 309

–, Polyvinylether 315
–, Polyvinylformal 313
–, Polyvinylpyrrolidon 316
–, Prepolymere 196
–, –, blockierte 198
–, PUR-Verdickungsmittel 204
–, PUR-Zusatzmittel 212
–, PVC 304
–, PVDF 308
–, Resole, alkohollösliche 147
–, –, kalthärtende 147
–, –, plastifizierte 149
–, –, veretherte 148
–, –, wasserlösliche 146
–, Siliconharze 354
–, Standöl 379
–, Styrol-Copolymerisate 324
–, TDI 191
–, Terpenphenolharze 160
–, UP-Harze 98
–, Urethanöle 382
–, Vinylchlorid-Copolymerisate 306
–, Vinylidenchlorid-Polymerisate 307
–, Wasserglas 356
Harnstoffe 104, 184, 198
–, cyclische 110
–, Dimethylol- 106,108
–, Monomethylol- 108
–, substituierte 184
Harnstoff-Formaldehydharze siehe Harnstoffharze
Harnstoffharze 4, 31, 54, 62, 75, 104, 105 ff,
  108, 111, 147, 149, 170, 262, 271, 272, 318,
  321, 322, 326, 278, 369, 389, 415, 422, 423,
  424, 428
–, Anwendung 106
–, Einsatzgebiete 278
–, Handelsprodukte 111
–, Molmasse 109
–, nichtplastifizierte 109, 110
–, plastifizierte 110 f
–, thermische Zersetzung 440
Harze 1, 9, 26, 27, 42, 45, 46, 47, 53, 172, 205
–, benzinlösliche 173
–, hochschmelzende 173
–, hydrierte 172
–, synthetische 127
–, vorbeschleunigte 93
Harzester 374
Harzsäure 61, 364, 371, 372, 374, 375
Haushaltgeräte-Lack 56, 57, 72
Hautverhinderungsmittel 72
HDI 187, 192, 219, 225, 229
–, Addukte 195
–, Biuret 193, 216, 229
–, Handelsprodukt 193, 195
–, Polyisocyanate 217
–, Prepolymere 212
–, Trimerisat 193, 194, 212, 215, 217, 218, 219,
  224, 229
–, Uretdion 194, 224

HDPE (Hochdruckpolyethylen) 299
Headspace-GC-Technik 414, 418, 419
HEC (Hydroxyethylcellulose) 364, 369, 404,
  424
Heißschmelzkleber 160, 328
Heißschmelzmasse 174, 371
Heißspritzen 41
Hemicellulose 370
Heringsöl 66
Herstellung, Alkydharz 67
–, Epoxidharz 234 ff
–, gesättigte Polyester 51 ff
HET-Säure 90
HEUR 203
Hexa 132
Hexafluorpropylen 308
Hexahydrophthalsäure 63
Hexamethoxymethylmelamin 31, 57, 58, 114 f,
  117, 120, 121
Hexamethylendiamin 256
Hexamethylendiisocyanat (HDI) 187, 188
Hexamethylentetramin 132, 138, 139, 151
Hexamethylolmelamin 113
high build 266
High Performance Size Exclusion Chromatography (HPSEC) 421, 422
High Performance Liquid Chromatography 420
High-Solids-Lacke 34, 44, 56, 71, 79, 121, 159,
  194, 196, 210, 212, 219, 259, 266, 322
Hitzehärtung 140, 147
HLPC siehe Hochdruck-Flüssigkeitschromatographie
HMDA (Hexamethylendiamin) 256
HMDI (Hexamethylendiisocyanat) 408
H_{12}MDI 187, 189, 198, 227
  (s.a. 4,4'-Diisocyanato-dicyclohexylmethan)
HMMM siehe Hexamethoxymethylmelamin
Hochdruck-Flüssigkeitschromatographie (HLPC)
  413
Hochdruck-Gelpermeationschromatographie
  118
Hochdruckverfahren 112
Hochleistungsflüssigkeitschromatographie
  (HPLC) 418, 420, 421, 422, 425, 426, 432
–, HPLC/MS 435
–, Normal-Phase-HPLC 420
–, Normal-Phase-Gradienten-HPLC 421
Hochpolymertechnik 69
Holzimprägnierung 98, 329, 369
Holzlack 57, 58 f, 62, 78, 82, 111, 147, 173,
  310, 321, 325, 350, 363, 368, 369, 377, 382
Holzöl 65, 66, 148, 158, 160, 329, 377, 379,
  387
Holzverklebung 168
Homopolymerisat 18, 19, 20, 28, 86, 178, 179,
  289
Hotmelt siehe Heißschmelzkleber
HPLC siehe Hochleistungsflüssigkeitschromatographie
HPMC (Hydroxypropylmethylcellulose) 404

HPSEC (High Performance Size Exclusion Chromatography) 421, 422
H$_6$XDI siehe Xylylendiisocyanat, kernhydriert
Hybridpulver 47
Hybridsysteme 57
Hydantoin 239
Hydratation 131
Hydrochinon 130
Hydrogele 70
Hydrolysenbeständigkeit 50, 51, 55, 78, 121, 310
Hydroperoxid 87, 88, 89, 90, 92
Hydrophobierung 342, 344, 348
–, Siliconharze 351, 352, 353
–, Siliconkombinationsharze 347, 348
Hydroxyester 273
Hydroxyethylcellulose (HEC) 364, 369, 404, 424
Hydroxymethylierung 106
Hydroxypropylcellulose 364, 369
Hydroxypropylmethylcellulose (HPMC) 404

Identifizierung 439 ff
IMCI (Isocyanatomethyl-1-methylcyclohexyl-isocyanat) 228
Impact-Test 439
Imprägnierung 146, 220, 221, 218, 351, 356, 384
Inden 328
Inden-Cumaron-Harze 328
Industrielack 57, 58, 71, 73, 78, 146, 218, 219, 223, 227, 272
–, Flexibilität 272
Infrarothärtung 43
Infrarotspektroskopie (IR) 91, 118, 121, 298, 304, 418, 426, 428, 430, 432, 433, 436
–, Detektor 422
Inhibierung 85
Inhibitor 15, 91, 98, 284, 341
Initiator 12, 14, 15, 16, 17, 97, 243, 246, 252, 277, 281, 282 ff, 286, 287, 292, 293, 295, 297 (s.a. Photoinitiatoren)
Initiatorradikale 13 f, 16, 281, 283
Ink-Jet-Farbe 166
Insertionspolymerisation 288
in-situ-Addukt 253, 269
Intermediate 346, 347, 348, 349
Ionenassoziate 21, 295
Ionenpaar 286, 288
–, solvatgetrenntes 285
Ionomer-Dispersion 201
IPD (Isophorondiamin) 208, 256
IPDI (Isophorondiisocyanat) 57, 76, 184, 187, 189, 198, 199, 219, 227, 362, 408
–, Addukt 227
–, Chemikalienbeständigkeit 195
–, Trimerisat 215, 217
–, Uretdion 195
IR siehe Infrarot
ISO-Normen 441

Isobuten 290, 292, 302
Isobutylen siehe Isobuten
Isobutyraldehyd-Formaldehyd-Harnstoff-Harze 174
Isocyanat 61, 75, 183, 184, 185, 186, 208, 261, 266, 269, 272
–, Amin-Verfahren 193
–, geblockte 318
–, Härtungsmechanismus 264
–, Harze 429
–, Prepolymere, verkappte 268
–, Prüfung 443, 444
–, Reaktionen, Katalyse 186
–, Vernetzung 103
Isocyanatomethyl-1-methylcyclohexylisocyanat (IMCI) 228
Isocyansäure 183
Isocyanurate 185, 191, 194, 196, 429, 433
–, cycloaliphatische 195
Isodecansäure 64
Isolenöl 379, 381
Isoliermaterial 144, 160, 351, 362, 384
Isomere, cis- 24
–, trans- 24,25
Isomerisierung 66, 358, 372
Isononansäure 64
Isooctansäure 64
Isophorondiamin 208, 256
Isophorondiisocyanat siehe IPDI
Isophthalsäure 61, 62, 63, 83, 88
Isopren 290, 292, 302, 325, 358, 359
Itaconsäure 64

Jodzahl 65

K-Wert 27, 365
Kabelummantelung 300
Kaliwasserglas 356
Kalkharze 374
Kalthärtung 266
Kapillarkraft 36
Katalysatoren 12, 24 (s.a. Beschleuniger)
– für Acetophenonharze 173
– für Aldehydharze 165
– für Alkydharze 67, 76
– für Epoxidharze 238, 242, 263
– für Epoxy-Phenolharze 156
– für Ketonharze 165, 167
– für Novolake 152
– für Phenol-Formaldehyd-Harze 137
– für Polyesterharze, gesättigte 48, 52, 54
–, –, ungesättigte 92
– für Polyisocyanate 186
–, –, blockierte 197, 198
– für PUR-Lacke 211, 212, 219, 221, 225
– für Resole 145, 147
– für Siliconharze 341, 342, 344, 345, 350, 352
– für Triazinharze 120
–, Trocknungs- 2, 200, 378, 379, 396 (s.a. Trocknung)

– für Urethanalkyde 200
Katalyse 242
–, allgemeine Basenkatalyse 106, 107
–, allgemeine Säurekatalyse 106, 107, 109, 116
–, spezifische Säurekatalyse 117
Kataphorese 274
Kautschuk 153, 329, 357, 358, 384
–, natürlicher 13
–, synthetischer 13
–, thermische Zersetzung 440
Kernresonanzspektroskopie siehe NMR-Spektroskopie
Ketazin-Verfahren 202
Ketimine 208, 209, 210, 219, 253, 268
Ketimin-Verfahren 202
Ketonalkohol 165
Ketonharze 4, 72, 164 ff, 165, 166, 167, 170, 171, 175, 211, 327, 366
Kettenabbrecher 71, 84, 133, 181, 339
Kettenabbruchreaktion 10, 12, 13, 14f, 15, 16, 17, 64, 69, 283 f, 285
Kettenlänge 5, 11, 17
–, kinetische 16
Kettenmolekül 4, 10
Kettenreaktion 281, 283, 284, 285, 289
Kettenübertragung 15, 17, 284, 292
Kettenwachstum 12, 15, 17, 19, 24
Kfz siehe Kraftfahrzeug (s.a. Automobil)
Kiefernöl 328
Kieselgel 356
Kieselsäure 342, 343, 349, 350
Kieselsäureester 356, 357
Kinetik der Polymerisation 15 ff, 19
Klebrigmacher 152, 158, 160, 371
Klebstoff 106, 146, 158, 160, 166, 168, 169, 172, 173, 266, 314, 315, 324, 327, 328, 344, 370, 371, 373, 376, 390, 391
Knäueldichte 28, 29
Koaleszensmittel 36, 203
Kobaltsalze 92
Kohäsionsenergiedichte 30
Kohäsionskraft 28
Kohlensäurediester 103
Kohlenteerharze 328
Kohlenwasserstoffharz 31, 22o, 327, 366
–, Handelsprodukte 328
Kokosöl siehe Cocosöl
Kolophonium 73, 127, 150, 153, 363, 364, 370, 371, 373, 375, 387, 444
–, Handelsprodukte 372, 373
–, polymerisiertes 372 f, 374
Kolophoniumester 150, 153, 373 f
–, Handelsprodukte 375
Kolophoniumharz 31, 176, 366, 368, 369, 370 ff
Kolophoniumsalz 373 f
–, Handelsprodukte 374
Kombination, Kettenabbruch durch 13, 14, 15, 16
Kombinationsharze 211, 348, 349
Kondensation 11, 165, 167, 341

–, Phenolharze 136
–, Siliconharze 353
Kondensationsmittel 138, 139, 149, 172
Kondensationspolymere 5, 7, 8, 61, 344
Kondensationsreaktion 45, 134, 338, 341, 353
Konfiguration 25
Konjuenöl 379, 381
Konservendosenlack siehe Can-Coating
Kontaktionenpaar 285, 295
Kopal 1, 127, 363, 374
Kopf-Kopf-Verknüpfung 24
Kopf-Schwanz-Verknüpfung 24, 283, 288
Kopplungskonstante 427
Korrosionsschutz 48, 62, 65, 73, 75, 76, 78, 219, 315, 343, 388
–, Alkylsilikate als 357
–, Chlorkautschuk als 360
–, CPVC als 304
–, Dispersionen, wäßrige, als 321
–, Einkomponenten-Reaktionslack als 220, 221
–, Epoxidharze als 232, 261, 264
–, Isobutylen-Styrol-Copolymere 302
–, PCTFE als 301
–, Polybutadien als 327
–, Polyesterharze, gesättigte, als 48
–, Polyimidharz als 387
–, Polyoxyphenyl als 388
–, Polyphenylensulfid als 385
–, Pulverlacke als 38, 179, 274
–, PUR-Dispersionen als 223
–, SB-Dispersionen als 325
–, Siliconkombinationsharze als 350
–, Titanacylate als 393
–, Vinylchlorid-Copolymere als 306
–, wäßrige Dispersionen als 321
Korrosionsschutzgrundierung 146, 148, 159, 220
–, wasserverdünnbare 326
KPS (Dikaliumpersulfat) 282
Kraftfahrzeug-Reparaturlack 322
Kraftfahrzeug-Unterbodenschutz 38, 208, 226, 304, 325, 326
Kreislaufverfahren 69
Kresol 128, 134
Kresolnovolake 275
Kresol-Novolak-Glycidylether 249
Kristallinität 26, 27 f, 29, 179, 301
–, Polyester, gesättigte 50
–, Polyethylen 299
–, Polyamide 181
–, Polyisobutylen 302
–, Polyvinylidenchlorid 306, 307
Kristallpolystyrol 292
Kristallstruktur 27
KTL 198, 223
Kugelschreiberpaste 152, 166, 173
Kunstharze 1, 30, 128, 170 (s.a. siehe Harze)
–, wasserlösliche 127
Kunstkopale 153
Kunststoffdispersion 36, 37, 61, 356 (s.a. Dispersion)

Kunststoffe 127, 217, 218, 222, 278, 385, 389
–, maßgeschneiderte 231
Kunststofflackierung 224, 314, 323, 368
Kurzölalkyde siehe Alkydharze

Laccain 127
Lack 1, 2, 40, 41, 42, 110, 299, 301
–, Abzieh- 369
–, Acrylat- 227
–, Automobil- 56, 57, 58, 62, 72, 73, 78, 119, 123, 215, 217, 220, 323, 368
–, Autoreparatur- 62, 217
–, Bauten- 71, 218, 224
–, Boots- 158
–, Bronze- 221
–, Can-coating- 54, 55, 57f, 148, 221, 306, 322
–, Cellulosenitrat-Kombinations- 73
–, Coil-Coating- 198, 264
–, Container- 323, 326
–, Deck- 74, 154, 155, 198, 220, 222, 263, 272, 362, 390
–, Dispersions- 222
–, do-it-yourself- 218
–, Draht- 63, 146, 157, 179, 180, 386, 387, 391
–, Effekt- 75
–, Einbrenn- 72, 78, 220, 221
–, Einschicht- 264
–, Elektroisolier- 63, 146, 148, 151, 152, 198, 221
–, Elektrotauch- 143, 148, 156, 222, 362
–, Emballagen- 264, 272, 273, 328
–, Füller 58, 198, 220, 222
–, Fußboden- 155
–, Glanz- 155
–, Gold- 156, 157
–, Großfahrzeug- 58
–, Hammerschlag- 75, 410
–, Haushaltgeräte- 72
–, Heiß- 369
–, Heißsiegel- 323
–, High-solids- 56, 159, 194, 219
–, Holz- 58 f, 62, 78, 82, 111, 147, 173, 310, 321, 325, 350, 357, 362, 363, 368, 369, 377, 382
–, Imprägnier- 221
–, Industrie- 78, 219, 223, 227, 272
–, Innenschutz- 278
–, Isolier- 157, 369, 391
–, Kathodenschutz- 352
–, keramische Transfer- 323
–, Korrosionsschutz- 62, 75, 78, 159
–, Klar- 151
–, Kombinations- 366
–, Konservendosen- 148, 322
–, Konsum- 221
–, Kraftfahrzeug-Reparatur- 322
–, Kunststoff- 314
–, Leder- 314
–, Leiterplatten- 146
–, lösemittelarme 56

–, lösemittelhaltige 56
–, lufttrocknende 71, 278
–, Maler- 62, 71, 75, 78, 218, 382
–, Maschinen- 71
–, Matt- 87, 351
–, Metall- 159, 172, 310, 314, 324, 369, 381
–, Metalleffekt-Basis- 222
–, Möbel- 58, 62, 82, 111, 215, 218, 224
–, Nitro- 377
–, Papier- 173, 180, 265
–, paraffinfreie 98
–, paraffinhaltige 98
–, Photoresist- 152
–, physikalisch trocknende 111, 150
–, Polyurethan-Pulver- 227 f
–, Pulver- 56, 57, 155, 166, 173, 174, 191, 193, 198, 204, 210, 211, 228, 229, 262, 263, 264, 274 ff, 278, 304, 322, 380, 387, 415
–, PUR-Einbrenn- 214
–, PUR-Pulver- 195, 227 f
–, PVC-Lacke 323
–, Release- 181
–, Reparatur- 82, 120, 264
–, Rostschutz- 154, 157, 272, 362
–, säurehärtender 62
–, Schiffs- 152
–, Silicontränk- 352
–, Soft-feeling- 75, 218
–, Sprit- 151, 152
–, Spritz- 155, 204, 310
–, Stanz- 72
–, strahlenhärtende 54, 56, 57, 227
–, Wand- 78
–, Tauch- 310, 369
–, Tiefzieh- 72
–, Tränk- 221
–, Tuben- 264
–, Überdruck- 181
–, UV- 85, 94, 96, 97, 98, 265
–, Verpackungs- 148
–, Wand- 78
–, Wasser- 44, 53, 56, 58, 84, 85, 145, 194, 222, 224, 273, 274, 322
–, wetterbeständige 196, 210
–, Zapon- 365
–, Zweikomponenten- 42, 191, 205, 209, 212, 224, 264, 266, 268, 270, 366
–, Zweikomponenten-PUR-Wasser- 207, 223 f
Lackadditive 212, 396 ff
–, Bindemittel 8, 289
–, Formulierung 54
–, Härtung 43
–, Harze 2, 4, 8, 11, 28, 30, 31, 54, 106, 127, 183, 207, 337 ff, 357 ff
–, Industrie 109
–, Rohstoffe 186
–, Rohstoffprüfung 441 ff
–, Trocknung 43
–, Verarbeitung 54
–, Vernetzung 359

Lackierung, elektrophoretische 35
–, strahlenhärtende 59
–, wetterbeständige 216
Lävopimarsäure 375
Lagerstabilität 56, 78, 111
Laminat 114, 144, 166
Langalkylchlorsilane siehe Organochlorsilane
Langalkylsiloxane siehe Organosiloxane
Langölalkydharz siehe Alkydharze
Lasur 382
Latex 35, 357
Laurinsäure 64
Leimharze 106, 110, 114, 146
Leinöl 62, 65, 120, 148, 377, 382
Lewis-Säure 286, 287
Lichtbeständigkeit 65, 227
Lichtschutzmittel 216
Lignin 370
Linolensäure 66
–, ungesättigte 65
Linolsäure 66
Lithiumwasserglas 356
living polymerization 17 (s.a. Polymerisation)
Lösemittel 31, 33, 34, 172, 282, 284, 295
– für Acrylharze, thermoplastische 322, 323
– für Amine 208
– für Cellulosenitrat 366
–, Co-Löser 70, 202, 224
– für Einkomponenten-Reaktionslacke 219, 222
– für Harnstoffharze 109, 111
– für MF-Harze 119
– für Novolake 150
– für PUR-Dispersionen 202
– für Polyesterharze, ungesättigte 97
– für Resole 145
– für Methylethylketon-Formaldehydharze 167
– für Polyacrylate 317
– für Polymethacrylate 317
– für Polyvinylidenfluorid 307
– für PUR-Lack 199, 211, 212
– für PVDF 307
–, reaktive 34, 79, 84
– für Triazinharze 123
– für UP-Harze 91
– für Zweikomponenten-PUR-Lack 213, 224
Lösemittelbeständigkeit 24, 199, 347
Lösemittelemission 79
lösemittelfreie Systeme 210
Lösemittelretention 34
Lösemittelrückgewinnung 33
Lösemittelverfahren 69
Löslichkeit 7, 24, 26, 28 f,
–, Alkydharze 71, 72, 73
–, gesättigte Polyester 47, 50, 51, 53, 54
–, Triazinharze 112
Löslichkeitsparameter 30 f, 72
Lösung 33 ff
–, kolloide 34, 70
Lösungspolymerisation 15, 292, 294, 295, 316, 320

Lösungsviskosität 24, 28, 29
–, Alkydharze 72
–, gesättigte Polyester 56
London-van der Waals-Kräfte 398, 399, 401
LPDE siehe Polyethylen
Luftsauerstoff 15, 85, 87, 88, 89, 90, 91
Lufttrocknung 87, 196, 210
–, Allylether 88
–, Härtungsmechanismus 264

Maiskeimöl 66
MAK-Wert 84, 98, 228, 229
Makromoleküle 4, 8, 9, 12, 13, 23, 27, 33, 86, 281, 283, 289, 297, 298, 312, 340
Maleinatharze 4, 72, 77, 170, 359, 366, 375, 376
–, Handelsprodukte 376
–, Weichmacher
Maleinatöl 77, 378, 380 f
–, Handelsprodukte 381
Maleinsäure 63, 77, 85, 91, 303, 305, 324
Maleinsäureanhydrid 77, 83, 86, 302, 326, 375
Maleinsäure(di)ester 233, 305, 306, 308, 309, 324
Maleopimarsäure 375
Mannich-Reaktion 138
Mannichbasen 253, 257, 259, 260
Mar-Resistance 439
Mark-Houwink-Gleichung 26
Masse-Polymerisation 292, 294, 295, 316, 323
Massenspektrometrie (MS) 413, 414, 416, 421, 425, 426, 428 f, 434 f, 438
Mastizieren 358
MDI (Methylendiphenyldiisocyanat) 187, 188, 192, 199, 212, 219, 223, 225, 226, 228, 229, 425, 429
–, Handelsprodukte 192
–, perhydriertes 189
Melamin 112, 113, 115, 122
Melamin-Formaldehydharze siehe Melaminharze
Melaminharze 4, 48, 49, 53, 54, 55, 56, 58, 62, 75, 104, 111, 113 ff, 114, 115, 116, 117, 118, 119, 120, 121, 122, 123, 125, 149, 203, 262, 263, 272, 278, 305, 314, 318, 319, 321, 322, 326, 350, 415, 419, 422, 432
–, Analyse 118
–, Eigenschaften 119
–, festkörperreiche 121
–, Handelprodukte 122
–, Härtung 120
–, Netzwerk 118
–, thermische Zersetzung 440
–, wasserverdünnbare 121
Menhadenöl 66
Mercaptane 261
–, Addition 242
Mesaconsäure 83
Metallgrundierung 157, 166
Metallkatalysator 186

Metallkleber 146
Metallkomplexe 318
Metallkomplex-Polymerisation 20 f
Metallverstärkung 76
Methacrylsäure 306, 316
Methacrylsäurecopolymere 417
Methacrylsäure-glycidylester 277
Methacrylsäureester 73, 74, 290, 292, 316, 325, 326 (s.a. Polymethacrylat)
–, Homopolymerisat 317
Methylcellulose 294, 364, 369
Methylchlorsilan 337, 338, 342
Methyldichlorsilan 338
Methylenbrücke 107, 108, 109, 114, 117, 118, 121, 134, 136, 137, 138, 139, 142, 145, 151, 158
Methylendiphenyldiisocyanat siehe MDI
Methylenglycol 131
Methylenmalonester 290
Methylenphenole 137, 138
Methylethylketon-Formaldehydharze 166 ff
–, Lösemittel 167
Methylethylketonperoxid (MEKP) 92
2-Methyl-2-ethyl-1,3-propandiol 83 f
3-Methyl-5-isopropyl-phenol 134
Methylolharnstoffe 109
Methylolierung 106, 113, 133, 134 ff, 136, 144, 145
Methylolmelamin 113, 119, 120, 139
Methylpentamethylendiamin 256
Methylol-Phenol 133, 134, 135, 137. 140, 142, 144
α-Methylstyrol 73, 290
MF-Harze siehe Melaminharze
Micellen 204, 295, 296, 297, 408, 409
Michael-Addition 369
Mikrodispersion 34
Mikrostruktur 33, 304
–, di-isotaktisch 25
–, di-syndiotaktisch 26
–, Ditaktizität 24
–, erythro-di-isotaktisch 25
–, isotaktisch 25
–, syndiotaktisch 25
–, taktisch 25
–, threo-di-isotaktisch 26
–, Polymerkette 24
Mikroverkapselung 198, 226
Mikrowellen 43
Mindestfilmbildungstemperatur 28, 36, 320
Mischveresterung 367
Mittelölalkydharze - siehe Alkydharze
Mizellen siehe Micellen
Mörtelmodifizierungsmasse 325, 326
Molekularsieb 361
Molekülstruktur (Mikrostruktur) 33, 304
Molmasse 1, 5, 6, 7, 8, 12, 14, 15, 16, 23, 27, 29, 34, 424
–, Acrylharzlösungen 322
–, Dispersionen, wäßrige 35

–, Ethylcellulose 369
–, Harnstoffharze 109
–, Massenmittel 26
–, Polyesterharze 46, 51, 52, 53, 54, 55, 70, 71, 87
–, Polymerisate 284, 286, 292, 295
–, Polymerlösungen 34
–, Polysiloxan-Additive 410
–, Siliconharze 344, 346
–, Viskositätsmittel 26
–, Zahlenmittel 26
Molmassenverteilung 1, 17, 23, 26, 27, 53, 56, 70, 118, 286, 419
Mono-Cure-System 96, 97
Monoglycerid 67, 76, 77
Monomere 4, 5, 8, 9, 11, 13, 14, 16, 17, 18, 19, 20, 28, 45, 47, 49, 50, 51, 53, 83, 84, 90, 92, 97, 289, 290, 291, 292, 296, 297
Monomertröpfchen, Größenbereiche 295
Montedison-Verfahren 112
MPDA (Methylpentamethylendiamin) 256
MS siehe Massenspektrometrie
Müller-Rochow-Synthese 337, 338, 342

Nachchlorierung 303, 304
NAD-System 38
NAEP (N-Aminoethylpiperazin) 256
N3-Amin (1,4,8-Triazaoctan) 255
N4-Amin (1,5,8,12-Tetraazadodecan) 255
NAPCHA (N-Aminopropylcyclohexylamin) 255
Naßfestigkeit 110
Natronwasserglas 356
Naturharze 167, 440
Naturkautschuk 326, 328, 357, 359, 360
Naturprodukte 363 ff
NC-Kombinationslacke 19, 123 (s.a. Cellulosenitrat)
Neopentylglycol 64, 83
Netzmittel 55, 70, 396, 398
–, Polysiloxane als 411
Netzwerk 10, 23, 243, 244 ff, 354, 438
–, Epoxidharze 243, 244, 246, 252, 253, 263
–, Epoxy-Novolake 152
–, MF-Harze 118
–, Polyesterharze, ungesättigte 82, 87
–, PUR-Lacke 210
–, Resole 144
–, Siliconharze 341, 354
Neutralisation 53, 70, 78, 273
N-Glycide 249, 250
N-Glycidylverbindung 233, 238, 240
Niederdruckpolymerisation 299
Niederdruckverfahren 112
Nissan-Verfahren 112
Nitrocellulose siehe Cellulosenitrat
NMR-Spektroskopie 91, 107, 113, 115, 117, 118, 304, 418, 426, 427, 429, 430
–, Festkörper 428
non-aqueous dispersions siehe NAD-System

Novolake 128, 132, 136, 141, 142, 143, 150 ff, 153, 156, 175, 245, 246, 275, 276, 422, 423, 425, 427, 438
-, Alkylphenol- 152
-, Epoxi- 144, 152, 159
-, Epoxi-Bisphenol A- 152
-, Epoxi-Kresol- 152
-, Epoxi-Phenol- 152
-, epoxidierte 268, 270
-, Funktionalität 152
-, Glycidylether 248
-, Härtung 132, 151
-, Handelsprodukte 152
-, Katalysator 152
-, Lösemittel 150
-, Ortho- 142, 151
-, Struktur 151
Nuclear Magnetic Resonance siehe NMR-Spektroskopie
N-Vinylpyrrolidon 315
Nylon 179

Oberflächenschutz 232, 239, 252, 266
Oberflächenspannung 36, 410
Öle 2, 61, 62, 64, 67, 68, 77, 142, 147, 156, 159
-, acrylierte 378, 381
-, chlorierte 378
-, epoxidierte 88, 378
-, geblasene 378, 379 f
-, halbtrocknende 66, 377
-, isomerierte 378 f
-, -, Handelsprodukte 379, 381
-, natürliche 377 ff
-, nichttrocknende 377
-, pflanzliche 65
-, styrolisierte 381
-, tierische 66 f
-, trocknende 73, 377
-, Trocknung geblasener 380
-, - natürlicher 378
-, ungesättigte 77
-, Viskosität natürlicher 378
Ölgehalt 61, 62
Ölreaktivität 158
Oiticicaöl 66
Oligobutadiene 358, 361 ff
Oligoester siehe Polyester
Oligomere siehe Polymere
Oligosaccharide 370
Olivenöl 65
Organochlorsilane 337, 338, 339, 341, 342, 353
-, Methylchlorsilan 337, 338, 342
-, Methyldichlorsilan 338
-, Methyltrichlorsilan 338
-, Phenylchlorsilan 339
-, Trichlorsilan 338
-, Trimethylchlorsilan 338, 343
-, Vinylchlorsilan 339, 342
Organometallverbindungen
Organopolysiloxane 340, 347 (s.a. Polysiloxan)

Organosilane 341 (s.a. Silane)
Organosilanole 339 (s.a. Silanole)
Organosiloxane 340, 353 (s.a. Siloxane)
Organosol 33, 37, 304
Orthokieselsäureester 356
Ortho-Novolake siehe Novolake
Oxazolidine 209, 210
-, Handelsprodukt 209
Oxoalkylierung 369

PACM (Bis(4-aminocyclohexyl)methan) 207, 256
Palmkernöl 66
Papierbeschichtung 57, 307, 325, 371
Papierhilfsmittel 110
Paraffin 82
Paraformaldehyd 131, 172
Parkettbeschichtung 58, 221, 222
PCTFE (Polymonochlortrifluorethylen) 301
PDA (Propylendiamin) 255
Peak-metal-Temperatur (PMT) 221
PEGDA (Polyoxyethylenpolyamine) 255
PEHA (Pentaethylenhexamin) 254
Pelargonsäure 64
Penetrationsgrund 98
Pentaerythrit 64
Pentaester 374, 376
Pentaethylenhexamin (PEHA) 254
Perillaöl 66
Perlpolymerisate 292, 293, 294, 323
Peroxid 92, 93, 97
Peroxidvernetzung 358
Petroleumharz 327, 328
Pfropfpolymerisat 19, 85, 86, 303, 381
Phasengrenzflächenmethode 103
Phasentransferkatalyse 167, 238
Phenol 128 ff, 141, 239, 389
Phenol-Acetaldehydharze 161
Phenol-Acetylen-Harze 160
Phenol-Allyletherharze 143
Phenol-Formaldehyd-Harze siehe Phenolharze
-, Katalysator 137
Phenol-Furfurolharze 161
-, Handelsprodukte 248
Phenoladdition 240, 242
Phenolaldehyd 140
Phenolalkohol 133, 135, 136, 137, 138, 141, 145
Phenolesterharze 159
-, Alkylierung 143
Phenoletherharze 143
-, Alkylierung 143
-, Handelsprodukt 143
-, wasserlösliche 159
-, Resole 143
Phenolharze 4, 46, 49, 72, 75, 127 ff, 130, 131, 132 ff, 136, 138, 141, 143, 144, 148, 156, 157 ff, 160, 175, 180, 207, 263, 272, 273, 274, 278, 313, 314, 322, 348, 359, 366, 369, 378, 417, 418, 422, 423, 425, 427, 428, 438, 444

Phenolharze, aktive 77
–, Alkylphenolharze 127, 128, 141, 143, 157 ff, 160
–, Dispersion 158 f
–, Epoxy- 155 ff
–, Funktionalität 133
–, Härtung 141 ff
–, Handelsprodukte 155, 158
–, harzsäure-modifizierte 127, 153, 154
–, indirekt härtende 132
–, Katalysator 137
–, Kondensation 136
–, modifizierte 153 ff
–, naturharzmodifizierte 154
–, nicht selbsthärtende 132
–, ölreaktive 77, 127
–, polymer-modifizierte 155
–, Reaktivität 133
–, selbsthärtende 132
–, Struktur 141 ff
–, thermische Zersetzung 440
–, wasserverdünnbare 159
Phenolharz-Polyvinylacetal 157
Phenolnovolake siehe Novolake
Phenoplaste 104, 127 (s.a. Phenolharze)
Phenylalkohol 134
Phenylensulfidcopolymere 385
Phosphazene 392, 393
Photoinitiator 93, 94, 95, 96, 276 f
Photopolymerisation 93, 282
Phthalsäureanhydrid 61, 62, 69, 83, 88
Pickering-Emulgatoren 294
Pigmentagglomerate 397, 398
Pigmentaggregate 397, 398
Pigmentbenetzung 398
Pigmentdispergiermittel 397
Pigmentpaste 84, 169
β-Pinen 328
Piperidin-Harze 390 f
Plastifizierung 73, 110
Plastifizierungsmittel 314
Plastisol 33, 37, 304
Poisson-Verteilung 287
Polarität 27, 29, 30
Polarografie 91
Pollopas 106
Polyacrylate 61, 74, 78, 109, 110, 111, 123, 147, 154, 157, 169, 170, 174, 204, 207, 210, 212, 218, 223, 224, 227, 269, 306, 308, 309, 316, 317, 318, 320, 321, 322, 323, 348, 349, 350, 353, 359, 360, 366, 368, 389, 400, 405, 406, 415, 418, 432, 433
–, Dispersionen 72, 146, 223, 321, 323, 325, 366
–, fremdvernetzende 318
–, Lackrohstoffprüfung 444
–, Lösemittel 317, 323
–, Lösungen 322
–, Polycyanoacrylate 417
–, selbstvernetzende 318

–, siliconisierte 348
–, styrolisierte 321, 325
–, thermische Zersetzung 440
–, thermoplastische 322, 323
–, Verdickungsmittel 404 406
Polyacrylatharze siehe Polyacrylate
Polyacrylnitril, thermische Zersetzung 440
Polyacrylsäureester siehe Polyacrylate
Polyaddition 1, 2, 4, 11, 12, 183, 186, 210, 226, 230, 240, 246, 264, 274, 281
Polyaddukte 2, 183 ff (s.a. Polyaddition)
Polyalkohol 61, 62, 64, 67, 68, 69, 71, 76, 77, 89, 153, 154, 364, 374, 375, 386
Polyamide 4, 31, 90, 178 ff, 402
–, Fettsäure- 182
–, Handelsprodukte 182
–, Kristallinität 181
–, Terpolyamide 180
–, thermische Zersetzung 440
–, wasserverdünnbare 182
Polyamid-6,6 179
Polyamid-11 179
Polyamid-12 179
Polyamid-imide 387, 391
Polyamidoamine 73, 75, 257, 258, 259, 260, 267, 268, 269, 270, 278
–, Härtungsmechanismus 264
Polyamidocarbonsäure 386
Polyaminaddukte 253, 258, 270
 (s.a. Polyamine)
–, Viskosität 258
Polyamine 183, 208, 210, 238, 245, 252, 253, 261, 278
–, Addition 242
–, aliphatische 252, 260
–, Alkylendiamine 256, 267
–, N-Aminoethylpiperazin 256
–, N-Aminopropylcyclohexylamin 255
–, araliphatische 257
–, aromatische 252, 257, 267
–, Bis(4-aminocyclohexyl)methan 207, 256
–, Bisaminomethylcyclohexan (BAC) 256
–, blockierte 202, 207 ff
–, Butandioletherdiamin (BDA) 255
–, Chemikalienbeständigkeit 253, 255, 259
–, cyanethylierte 253, 254, 267, 268,
–, cycloaliphatische 252, 253, 256 f, 267, 268
–, Diaminocyclohexan 256
–, Diaminodiphenylmethan 257, 267
–, Diaminodiphenylsulfon 257
–, Diethylentriamin 254
–, Dimethyl-p-aminocyclohexylmethan 256
–, Dispersion 258
–, Ethylendiamin 254, 255, 258, 259, 260
–, Härtung 254, 258, 259 f, 261
– von Epoxidharzen 254
–, Härtungsgeschwindigkeit 259
–, Härtungsmittel 253
–, Handelsprodukt 261
–, Hexamethylendiamin 256

Sachwortverzeichnis 469

–, Isophorondiamin 208, 256
–, Lösemittel 258
–, Methylpentamethylendiamin 256
–, Modifikationen 258, 260
–, Pentaethylenhexamin 254
–, Polyetherpolyamine 255
–, Polyethylenpolyamine 254
–, Polyoxyalkylenamine 268
–, Polyoxyethylenpolyamine 255
–, Polyoxypropylenpolyamine 255
–, Polytetrahydofuranpolyamine 255
–, Propylenamine 255
–, Propylendiamin 255
–, Reaktivität 255, 268
–, 1,5,8,12-Tetraazadodecan 255
–, Tetraethylenpentamin 254
–, toxikologische Eigenschaften 253
–, 1,4,8-Triazaoctan 255
–, Tricyclododecandiamin 256
–, Triethylentetramin 254
–, Trimethylhexamethylendiamin 256
–, Verarbeitungszeit 259
–, Viskosität 253, 259
–, m-Xylylendiamin 257
Polyaminoamide siehe Polyamidoamine
Polyanhydride 252, 276, 278, 302, 387
  (s.a. Anhydride)
–, Härtungsmechanismus 264
Polyarylethersulfone 385
Polyaryloxyphosphazene 393
Polyarylsulfone 385
Polybenzole 389
Polybenzoxazole 389 f
Polybutadien 326, 327, 358, 361, 362, 438
–, cis- 31
Polybutadien-Copolymere 326
Polybutadienöl 148, 158, 326
Polycaprolactone 210
Polycarbonatdiole 103
Polycarbonate 103 ff, 205, 210, 225, 350
–, Handelsprodukte 104
Polycarbonsäure 49, 61, 252, 378
–, aromatische 62
–, cycloaliphatische 62
Polycarboxylate 400
Polychlorbutadiene 360
Polydispersität 26 f
Polyelektrolyte 321, 322, 400
Polyenstruktur 303
Polyepoxide 318
Polyester 4, 45ff, 46, 61, 67, 68, 71, 86, 89, 103, 142, 144, 146, 148, 154, 169, 170, 201, 205, 207, 210, 217, 218, 221, 223, 227, 252, 265, 269, 273, 278, 306, 308, 309, 348, 350, 408, 415, 417, 419, 422, 429, 432, 433
–, Abriebfestigkeit 59
–, Acryl-modifizierte 46
–, Anwendung 57, 59
–, Applikationsformen 56
–, carboxyfunktionelle 57, 275, 276

–, Chemikalienbeständigkeit 55
–, Copolyester 45
–, Eigenschaften 47, 50
–, Elastizität 50, 58
–, Epoxid-modifizierte 46
–, Flexibilität 50, 55, 57, 59
–, Fülle 55
–, Funktionalität 47 ff, 50, 51, 53
–, gesättigte 31, 45 ff, 47, 48, 49, 50, 51, 52, 111, 157
–, Funktionalität 47 ff, 50, 51, 53
–, Gilbungsbeständigkeit 50, 55
–, Glanz 55, 58
–, Glasübergangstempertur 50
–, Handelsprodukte 59, 205
–, Hersteller 59
–, Herstellung 51 ff
–, Hydrolysenbeständigkeit 50, 51, 55
–, Katalysator 48, 52, 54
–, Kristallinität 50
–, Lagerungsstabilität 56
–, lineare 46, 52
–, Löslichkeit 47, 50, 51, 53, 54
–, Lösungsviskosität 56
–, Molmasse 46, 51, 52, 53, 54, 55, 56, 70, 71
–, ölfreie 123
–, Reaktivität 47 ff, 53
–, Säurezahl 53, 56
–, siliconmodifizierte 46, 53, 54, 55, 57, 348, 415, 416
–, Sterilisierfestigkeit 50
–, Strukturen 46
–, Überbrennfestigkeit 55
–, ungesättigte siehe UP-Harze
–, urethanmodifizierte 46, 47, 55
–, UV-Stabilität 50, 51, 55
–, Verdünnbarkeit 54
–, Vernetzung 47, 48, 55
–, Verträglichkeit 50 51
–, verzweigte 46, 52
–, Viskosität 52, 53, 54
–, wasserverdünnbare 49
–, Witterungsbeständigkeit 51, 54, 55
Polyesteracrylate 47, 53, 57
Polyesterharze siehe UP-Harze
Polyesterimide 386, 387
Polyesterstruktur 242
Polyether 70, 206, 207, 210, 215, 224, 225, 388, 402, 408, 432
–, Handelsprodukt 206, 388
Polyetherpolyamine siehe Polyamine
Polyethersulfone 385
Polyethylen 298 f, 358, 360
–, chloriertes 301, 360
–, chlorsulfoniertes 300
–, Handelsprodukte 299
–, High-density (HDPE) 299
–, Hochdruck- 299
–, Low-density (LDPE) 299
–, Niederdruck- 299

Polyethylen, Pulver 299
–, sulfochloriertes 360
–, Wetterbeständigkeit 300
Polyethylenglycol 85, 408, 424
Polyethylenpolyamine siehe Polyamine
Polyethylenterephthalat 31
Polyglycol siehe Polyethylenglycol
Polyharnstoff 90, 207, 210, 212, 219, 222
Polyhydantoin 387, 391
Polyhydrazid 389
Polyhydroxystearat 402, 403
Polyhydroycarbonsäure 364, 377
Polyimidazolinaddukte 270
Polyimidharze 352, 386, 387, 391, 438
Polyinsertion 21
Poly(isobutenylbernsteinsäureanhydrid) 302
Polyisobutylen 31, 302
–, Handelsnamen 302
Polyisocyanate 31, 46, 47, 48, 49, 53, 54, 55, 56, 57, 58, 59, 73, 103, 183 ff, 187, 191, 194, 195, 196, 198, 203, 204, 205, 208, 209, 211, 212, 215, 218,–, 219, 222, 224, 225, 252, 278, 305, 318, 319, 322, 326, 362, 366, 370, 378, 387, 429
–, aliphatische 193, 197, 214, 215, 216, 224
–, aromatische 215, 216, 261
–, blockierte 184, 197, 220, 227
–, –, Katalysator 197, 198
–, cycloaliphatische 216
–, Handelsprodukte 197
–, Katalysator 186
–, mikroverkapselte 198
Polyisocyanurat 194
Polyisopren 357, 358, 360
Polykieselsäureester 356
Polykondensat 2, 4, 5, 9, 45 ff, 82, 106 ff, 205
Polykondensation 1, 2, 4, 5 ff, 8 ff, 12, 17, 18, 27, 45, 51, 52, 67, 68, 69 f, 103, 148, 264, 281, 357, 385, 389
Polylactone 206, 210
Polymerbeton 266
Polymercaptane 252
Polymere 2, 8, 9, 14, 17, 18, 19, 23, 25, 26, 27, 28, 30, 31, 33, 34, 35, 42, 281 ff, 320, 338, 366
–, amorphe 27
–, anorganische 392
–, Dispersion 36, 78, 203 (s.a. Dispersion)
–, Lackrohstoffprüfung 444
–, lebende 17, 287, 390
–, Lösung 33 ff, 36
–, Molmasse 284, 286, 292, 295
–, physikalische Eigenschaften 24
–, Polyol 347
–, Radikal 21, 283
–, Salz 34 f
–, syndiotaktische 25
–, Synthese 17
–, taktische 25
–, vernetzte 8, 23, 230
–, Verträglichkeit 29

Polymerisate siehe Polymere
Polymerisatgruppen 298 ff
Polymerisation 1, 2, 4, 6, 7, 13, 14, 24, 34, 68, 93, 98, 103, 165, 264, 289, 291, 296, 297, 308, 389
–, anionische 27, 285, 286, 287, 288, 291, 361
–, Emulsions- 292
–, Epoxidharze 230, 246
–, Fällungs- 291
–, Fettsäuren, ungesättigte 69
–, Gasphasen- 291
–, Insertions- 288
–, ionische 17, 18, 20 f, 281, 285, 286, 295
–, kationische 287, 288, 290, 291, 292, 361
–, Kinetik 15 ff
–, lebende 17, 287, 390
–, Lösemittel 294, 295
–, Lösungs- 15, 292, 294, 295, 316, 320
–, Masse- 292, 294, 295, 316, 323
–, Metallkomplex- 20 f
–, Perl- 292, 293, 294, 323
–, Pfropf- 19, 85, 86, 303, 381
–, Photopolymerisation 93, 282
–, radikalische 12 ff, 16, 18, 20, 21, 27, 82, 85, 91, 281, 282, 283, 284, 285, 287, 288, 289 ff, 290, 291, 292, 295, 298, 302
–, Ringöffnungs- 285, 390, 392
–, Suspensions- 292, 293 f, 300, 301, 303, 306, 308, 316
–, thermische 292
–, Vernetzung durch 243, 244, 245
–, Ziegler-Natta- 290
Polymerisationsgeschwindigkeit 16, 17
Polymerisationsgrad 5, 6, 7, 9, 11, 13, 16, 17, 18, 284, 286, 287
Polymerisations-Initiator 92
Polymerisations-Katalysator 85
Polymerisationsmechanismus 12, 290
–, anionisch 290, 291, 292
–, kationisch 290, 291, 292
–, radikalisch 290, 291, 292
–, Ziegler-Natta 290, 291, 292
Polymerisationsverfahren 281, 291, 292
Polymerisationsvernetzer 318
Polymerketten 5, 16, 18, 25, 27, 28 (s.a. Ketten)
–, Aufbau 29
–, lineare 23
–, Mikrostruktur 24
–, Radikal- 14
–, Stereochemie 24 ff
–, Struktur 24
–, vernetzte 23
–, verzweigte 23
Polymethacrylat 31, 316, 317, 388, 402, 403, 440 (s.a. Methacrylsäureester)
Polymethylenglycol 131
Polymonochlortrifluorethylen (PCTFE) 301
Polyol 49, 70, 204 ff, 347 (s.a. Polyester, Polyether)
Polyoldispersionen 207

Polyolefine 13, 360, 440 (s.a. Polyethylen, Polypropylen)
–, chlorierte 358, 359 ff
–, Handelsprodukte 361
Polyoxadiazole 389
Poly(1,2,4-oxadiazole) 389
Poly(1,3,4-oxadiazole) 389
Poly-2-Oxazolidinone 390
Polyoxyalkylenamine 268
Polyoxyethylenpolyamine 255
Polyoxymethylen, thermische Zersetzung 440
Polyoxyphenylen 388
–, Dispersionen 388
–, Pulver 388
Polyoxyphenylmethane 142
Polyoxypropylenpolyamine 255
Polyparabansäure 387, 391
Polyphenole 156, 235, 252, 262
Polyphenylchinoxaline 391
Polyphenyle siehe Polyphenylene
Polyphenylene 388 f
–, Handelsprodukt 389
Polyphenylensulfide 384 f
Polyphenylensulfone 385
Polyphosphazene 392 (s.a. Phosphazene)
Polypropylen 31, 298, 301, 358, 360, 370, 404
Polysaccharide 370, 404, 405, 406
Polysilazane 392
Polysiloxan 346, 353, 410, 411 (s.a. Siloxan)
–, Additive 410 ff
– als Netzmittel 411
–, Oberflächenspannung 410
–, Polydimethylsiloxan 410, 411
–, Polyester-modifizierte 411
–, Polyether-modifizierte 411
–, Polymethylsiloxan 342
–, Polyorganosiloxan 337, 338
–, Polyorganosiloxanole 353
– als Verlaufmittel 411
–, Verträglichkeit 410
Polyspiran-Harze 387 f
Polystyrol 31, 315, 323 ff, 418, 422
Polysulfazene 392
Polysulfide 384
–, Handelsprodukte 384
–, Elastomere 384
Polysulfone 385f
Polytetrafluorethylen (PTFE) 300, 438
–, Handelsprodukte 301
Polytetrahydrofuran, Chemikalienbeständigkeit 207
–, Handelsprodukte 207
Polytetrahydrofuranpolyamine 255
Polythiaphosphazene 393
Polythioether, thermische Zersetzung 441
Polythioether-keton 392
Polyurethan siehe PUR
Polyurethane 75, 98, 154, 176, 183, 190, 210, 211, 214, 215, 227, 306, 309, 329, 344, 348, 350, 368, 407, 409, 433

–, hydrophile 203
–, lösemittelfreie 206
Polyurethan-Pulverlacke 57, 227 f
Polyvinylacetale 146, 310, 312 ff, 314, 440
Polyvinylacetat 31, 308, 309, 310, 311, 312, 315, 368, 389, 417
Polyvinylacetatdispersion 310, 312
Polyvinylalkohol 294, 310, 311, 312, 313
–, Handelsprodukte 312
–, Pulver 312
Polyvinylbutylether 315
Polyvinylbutyral 31, 151, 157, 314
–, Handelsprodukte 314
Polyvinylchlorid (PVC) 31, 301, 302, 303, 305, 306, 389, 419
–, Copolymere 305, 306, 315, 360, 378, 440
–, Handelsprodukte 304
–, Homopolymerisation 304
–, nachchloriertes (CPVC) 304
Polyvinylchlorid-Copolymere 305, 306, 315, 360, 378
Polyvinylester 308 ff, 440
–, Handelsprodukte 309
Polyvinylester-Dispersionen 310 f
Polyvinylether 314 f, 359
–, Handelsprodukte 315
Polyvinylformal 157, 313, 314
–, Handelsprodukte 313
Polyvinylidenchlorid 306, 307
Polyvinylidenfluorid (PVDF, PVF2) 307, 308
–, Handelsprodukte 308
Polyvinylisobutylether 315
Polyvinylmethylether 315, 366
Polyvinylnitrat 312
Polyvinylphosphat 312
Polyvinylpropionat 308
Polyvinylpyrrolidon 315
–, Handelsprodukte 316
Polyvinylsulfate 312
Polyvinylverbindungen 147, 298
Potlife 212, 219
PP siehe Polypropylen
PPGDA (Polyoxypropylenpolyamine) 255
Preßmassen 106
Primärdispersion 35 (s.a. Dispersion)
Primärteilchen 397
Primer 74, 75, 360
1,3-Propandiol 83
Propylen 290, 292
Propylenamine 255
Propylendiamin 255
Propylenglycol 64, 83
Protonendonator 287
PTFE (Polytetrafluorethylen) 300, 438
PTHFDA (Polytetrahydrofuranpolyamine) 255
Pulverexplosion 38
Pulverlack 43, 47, 49, 54, 56, 57, 59, 89, 155, 166, 173, 174, 179, 180, 191, 195, 198, 227, 228, 262, 263, 264, 271, 274 ff, 278, 301 304, 314, 322, 324, 387, 415

Pulverlack, elektrostatischer 179
–, Filmbildung 38
–, Funktionalität 275
–, Härter 275
–, Prüfung 444
–, Verarbeitung 42 f
–, Witterungsbeständigkeit 57
Pulverspritzverfahren 307, 386
PUR (s.a. Polyurethane)
PUR-Beschichtung 186 ff, 224 ff
–, Amine 268
–, Dispersion 56, 200, 201, 202, 203, 214, 222, 223
–, Einbrennlack 197, 214
–, Elastomere 199, 221, 222
–, Harze 12, 183, 186, 187, 191 ff, 199, 223, 418, 423, 430
–, –, Chemikalienbeständigkeit 199
–, –, Funktionalität 191
–, –, Lösemittelfestigkeit 199
–, –, thermische Zersetzung 440
–, Lacke 193, 204, 210 ff, 211, 212, 214, 218, 229, 380
–, –, Anwendungen 216 ff
–, –, Chemikalienresistenz 211, 214, 215
–, –, Einbrenn- 226
–, –, Einkomponenten- 220, 221, 226 f
–, –, feuchtigkeitshärtende 196, 219, 220
–, –, Harnstoff 201, 202
–, –, Katalysator 211, 212, 219, 221, 225
–, –, Lichtbeständigkeit 227
–, –, Lösemittel 211, 212
–, –, lösemittelfreie 226 f
–, –, mechanische Widerstandsfähigkeit 214
–, –, mikroverkapselt 226
–, –, Netzwerk 210
–, –, strahlenhärtende 227
–, –, Wasserbeständigkeit 215
–, –, Wetterbeständigkeit 214, 215 f, 218, 227
–, Polymere 207
–, Prepolymere 196, 197, 198, 199, 201, 202, 206, 209, 219, 226, 227, 426
–, –, aromatische 196
–, –, Diisocyanat 103
–, –, Handelsprodukte 196, 198
–, Pulverlack 195, 227 f
–, –, Wetterbeständigkeit 227
–, Verdickungsmittel 203, 204, 404, 407, 408, 409
–, –, Handelsprodukte 204
–, –, Viskosität 204
–, Wasserlack 222
PVAc siehe Polyvinylacetat
PVC siehe Polyvinylchlorid
PVDC (Polyvinylidenchlorid) 306, 307
PVDF (Polyvinylidenfluorid) 307, 308
PVF2 (Polyvinylidenfluorid) 307, 308
Pyrolyse 122
Pyrolyse-Gaschromatographie 414, 416, 417, 418, 419

Q-e-Schema 19, 86
Qualitätskontrolle 439 ff, 441
Quencher 216

Radikal 12, 13, 14, 15, 16, 17, 18, 20, 92, 93, 95, 122, 281, 282, 284, 291, 297
Radikalketten-Polymerisation siehe Polymerisation, radikalische
Raman-Spektroskopie 91
Raumerfüllung 29
Reaktion 184
–, Ablauf 8, 13
–, autokatalytische
–, exotherme 18
–, Geschwindigkeit 13, 15, 16, 17, 141
–, intramolekulare 11
–, polymeranaloge 312, 361
Reaktionsgrund-Verfahren 97
Reaktivharze 203
Reaktivität 5, 9, 12, 14, 19
–, Amine 268
–, Epoxidharze 230
–, MF-Harze 115
–, Phenole 141
–, Phenolharze 133, 135
–, Polyamine 208, 255
–, Polyester, gesättigte 46, 47 ff, 53, 54
–, Polyesterharze, ungesättigte 95
–, Polyisocyanate 208, 227
Reaktivverdünner 84, 91, 92, 93, 97, 208, 227, 251, 266, 277
Redoxinitiatoren 282, 297
Redoxsysteme 92, 140, 282
Regler 15, 284
Reinacrylat 316, 320, 321, 325 (s.a. Polyacrylate)
Rekombination 285
Resinate 373
Resite 128, 132, 143, 149
Resitol 128
Resolcarbonsäure 145
Resole 31, 128, 132, 136, 141, 142, 143, 144 ff, 150, 153, 154, 156, 158, 168, 263, 273, 313, 329, 362, 425, 428
–, alkohollösliche 146
–, butylierte 143, 147
–, Handelsprodukte alkohollöslicher 147
–, – kalthärtender 147
–, – plastifizierter 149
–, – veretherter 148
–, – wasserlöslicher 146
–, Härtung 145, 147, 149 f
–, Katalysator 145, 147
–, Lösemittel 145, 146
–, plastifizierte 148 f, 157
–, Topfzeit 147
–, Umesterung 148
–, Veresterung 148
–, veretherte 128, 147 f, 148
–, Viskosität 145
–, wasserlösliche 145, 146

Resol-Epoxidharze 157
Resolether 143, 148, 159
Resonanz-Spektroskopie, kernmagnetische, siehe NMR-Spektroskopie
Resorcin 130, 134
Reverse-phase-HPLC 420, 421, 422
(s.a. Hochdruck-Flüssigkeitschromatographie)
Rheologie 403, 404
Ricinenalkydharze siehe Alkydharze
Ricinenfettsäure 66, 377
Ricinenöl 65, 120, 377, 378, 387
Ricinolfettsäure 66, 377, 378
Ricinusalkyde siehe Alkydharze
Ricinusöl 61, 62, 65, 66, 148, 207, 366, 377, 378, 380
Ringbildungsparameter 11
Ringöffnungspolymerisation 285, 390, 392
Rizinusöl siehe Ricinusöl
Robbentran 66
Röntgenfluoreszenzspektroskopie 435 f
Röntgenphotoelektronenspektroskopie (XPS) 436
Röntgenstrahlbeugungsuntersuchung 297
Rostinhibitor 302

Saccharose 370
Säureamide siehe Polyamide
Säureanhydride siehe Anhydride, Polyanhydride
Säure-Base-Katalyse, allgemeine 106
Säurebeständigkeit 215
–, lösemittelfreie Beschichtung 267
–, wasserverdünnbare Beschichtung 270
Säurehärtung 110, 147
Säurekatalyse, allgemeine 106, 107, 109, 116
–, spezifische 117
Säurezahl 52, 53, 70, 78
Safföröl 62, 65, 66, 377
Saligenin 135
Sandwichverfahren 97
Sardinenöl 66
SB-Dispersion siehe Styrol-Butadien-Dispersion
Schellack 127, 363, 364, 376 f
Schiffsche Basen 116, 117, 139
Schiffsfarbe 71, 76, 152, 155, 166, 169, 264, 306, 323
Schleppmittel 69, 91
Schmelzkleber 144, 172, 173, 309, 316, 324
Schmelzkondensation 51
Schrumpf 90, 98
Schubmodul 28
Schulz-Flory-Verteilung 286, 287
Schutzkolloid 294, 310, 311, 312, 316, 321, 364, 369, 390
Schwanz-Schwanz-Verknüpfung 24
Sebazinsäure 63, 83
Sekundärdispersion 35, 322
Sekundärionenmassenspektrometrie (SIMS) 435
Selbstbeschleunigung 18
Selbstkondensation 113, 121, 168 (s.a. Eigenkondensation)
Selbstvernetzung 33, 48, 116, 117, 150, 319

self-healing-Effekt 215
Sensibilisierung 228
Sequenzverteilungsanalyse 430
SFC (Supercritical Fluid Chromatography) 413, 425, 426, 432, 435
–, Kapillar-SFC 425
SFE (Supercritical Fluid Extraction) 425
Siccative siehe Sikkativ
Sikkativ 71, 72, 90, 270, 278, 324, 359, 378, 379
Silane 338, 353 (s.a. Organochlorsilane)
–, Alkoxysilane 341, 347, 353
–, Aminosilane 354
–, Tetramethylsilan 338
Silanol 339, 346, 348
Silazane, Cyclodisilazane 392
–, Cyclosilazane 392
Silicate siehe Silikate
Silicium 337, 338, 342, 356
Siliciumtetrachlorid 338, 343
Silicon 61, 337 f, 349, 352, 353
–, Elastomere 338
–, Emulsion 353
Siliconate 353 (s.a.Siliconharze)
Siliconharze 207, 337 ff, 339, 340, 343, 344, 348, 349, 350, 351, 353, 354, 440
–, Alkyl- 353
–, Analytik 340
–, Chemikalienbeständigkeit 345
–, Dauerwärmebeständigkeit 351, 352
–, Dielektrizitätskonstante 345
–, Durchschlagfestigkeit 345
–, Handelsprodukte 354
–, Härtung 344
–, Hydrophobierung 352
–, Isolationseigenschaften 351, 352
–, Katalysatoren 341, 342, 344, 345, 350, 352, 353 f
–, Kondensation 346, 347
–, Methyl- 342, 343, 346, 349, 351, 352
–, Molmasse 344, 346
–, MQ-Harze 343
–, Phenyl- 343, 344, 346, 349, 351
–, Temperaturbeständigkeit 344
–, Toxikologie 345
–, Trocknung 344
–, Vergilbungsfestigkeit 345
–, Vernetzung 341, 342, 345
–, Verträglichkeit 343
–, Wärmebeständigkeit 344, 354
–, Wasserdampfdurchlässigkeit 345, 353
–, Witterungsbeständigkeit 345
Siliconkautschuk 344, 351
Siliconkombinationsharze 347, 348, 349, 350, 351 (s.a. Siliconharze)
Siliconöl 338, 351, 353, 410
–, Methyl- 338
Siliconpolyester 46, 53, 54, 55, 57, 348, 415, 416 (s.a. Polyester, siliconisierte)
Silicon-Prekondensate 73, 75
Siliconzement 352

Silifizierung 356
Silikate 337 (s.a. Alkylsilikate)
–, Methyl- 357
Silikatstruktur 352
Silikatfarbe 356
Silikon siehe Silicon
Siloxan 54, 337, 339, 340, 347, 348, 353
 (s.a. Organosiloxane)
–, H-Siloxane 338
–, Polydimethyl- 410, 411
–, -Strukturen 339
SIMS (Sekundärionenmassenspektrometrie) 435
Size Exclusion Chromatography (SEC) 422
Sockelkitt 152, 352
Sojaöl 62, 65, 66, 377, 378, 382
–, Trocknung 66
Sojaölalkyde siehe Alkydharze
Sojaölfettsäure 66
Sonnenblumenöl 62, 65, 66, 377
Spirane 387
Spirolacton 388
Sprayplastik 174
Spritzgießverfahren 352
Spritzverfahren 38, 41, 42, 352
Stabilisator 70, 78, 91
Stabilisierung 135, 398, 399, 400, 402
Standöl 61, 378 f
–, Handelsprodukte 379
Startreaktion 13, 14, 15, 17, 20
Staudinger-Index 29
Steifigkeit 24, 29
Steinschlagfestigkeit 58, 220, 223, 227, 325
Stereochemie der Polymerkette 24 ff
Sterilisierfestigkeit 57
–, Einkomponenten-PUR-Einbrennlacke 221
–, gesättigte Polyester 50, 51
Stickstoff-Phosphor-Detektor 413
Strahlenhärtung 43, 91, 93, 276 f
Strahlungsresistenz 357, 385
Straßenmarkierungsfarbe 159, 166, 172, 174, 261, 306, 323, 324, 359, 360
Streichen 40
Struktur siehe Mikrostruktur
Strukturviskosität 75
Stufenwachstumspolymerisat 5
Styrol 34, 61, 73, 74, 83, 84, 86, 87, 90, 91, 94, 96, 290, 292, 293, 308, 316, 318, 321, 323, 325, 326, 327
Styrolacrylat 321, 325 (s.a. Copolymerisate, Dispersionen, Polyacrylat)
Styrol-Acrylnitril-Copolymere 421
–, thermische Zersetzung 440
Styrol-Butadien-Copolymere 31, 324
Styrol-Butadien(SB)-Dispersionen 72, 324, 325
Styrol-Copolymerisate 323 ff
–, Handelsprodukte 324
Styrolharz 349
Styrolisierung 73
Styrol-Maleinsäureanhydrid-Copolymere 324

Styrol-Olefin-Copolymer, thermische Zersetzung 440
Substanzpolymerisation 292, 294, 295, 316, 323
 (s.a. Massepolymerisation)
Sucroseacetoisobutyrat 370
Sucrosebenzoat 370
Sulfonamide 104
Sulfonamidharze 124 f, 366
Sulfurylamide 104
Supercritical Fluid Chromatography siehe SFC
Supercritical Fluid Extraction (SFE) 425
Suspensionspolymerisation 292, 293 f, 295, 300, 301, 303, 306, 308, 316
Suspensionsstabilisator 312
Synthesekautschuk 358, 360

Tafellackierung 155, 156
Taffy-Verfahren 236, 237
Taktizität 24, 25, 26, 28, 288, 312, 315
 (s.a. Mikrostruktur)
Tallharz 66, 153, 363. 371
Tallöl 62, 65, 66, 363, 364, 370
Tallölalkydharz siehe Alkydharz
Tallölfettsäure 66
Tandemmassenspektrometrie 435
Tauchen 40
TCD (Tricyclododecandiamin) 256
TDI 76, 187, 188, 191, 192, 196, 199, 219, 223, 227, 261, 408, 425, 426 (s.a. Toluylendiisocyanat)
–, Adducte 216, 221
–, Handelsprodukte 191
–, Prepolymere 208
–, Trimerisate 218
–, Uretdion 198
Temperaturbeständigkeit, Polyimidharze 386
 (s.a. Wärmebeständigkeit)
–, Siliconharze 344, 351
–, Siliconkombinationsharze 347, 348
TEPA (Tetraethylenpentamin) 254
Terephthalsäure 62, 63, 83
Terpenharz 31, 327, 328
Terpenphenolether 160
Terpenphenolharz 159 f
–, Handelsprodukte 160
Terpentinöl 328
Terpolymere 180, 305, 313, 418
TETA (Triethylentetramin) 254
1,5,8,12-Tetraazadodecan 255
Tetrabrombisphenol A 90
Tetraethylenglycol 83
Tetraethylenpentamin 254
Tetrafluorethylen 290, 292
Tetrahydrophthalsäureanhydrid 83, 88, 89, 90
Tetrakis(methoxymethyl)melamin 121
Tetramethylsilan 338
Tetramethylxylylendiisocyanat 189
TGA 345, 437, 438 (s.a. Analytik)
TGIC siehe Triglycidylisocyanurat
T_G-Wert siehe Glasübergangstemperatur
Thermoplastizität 24, 343

Thioharnstoffe 104
Thioplaste 384
Thixotropierung 90, 181, 378
Tiefungsprüfung 439
Tinte 166, 173, 377
Titanacylate 393
TLV-Wert 98 (s.a. MAK-Wert)
TMA 437, 439 (s.a. Analytik)
TMD (Trimethylhexamethylendiamin) 256
TMDI (Trimethylhexamethylendiisocyanat)
 187, 190
TMP-diallylether (Trimethylolpropandiallylether)
 84, 85
TMXDI (Tetramethylxylylendiisocyanat) 189
Toluylendiisocyanat (TDI) 187, 261
Toner 166, 173
Torsionsschwingungsanalyse 437
Toxikologie
–, Alkydharze 79
–, Epoxidharze 277
–, Reizwirkung 228, 277
–, Siliconharze 345
–, Styrol 98
Tränkharze 106
Traubenkernöl 65, 66
Trennmittel 342, 343, 344, 350
Triallylcyanurat 89
1,4,8-Triazaoctan 255
Triazinharze 104, 111ff, 112, 122 f
 (s.a. Melaminharze)
–, Katalysator 120
–, Löslichkeit 112
Triboaufladung 42
Trichlorsilan 338
Tricyclododecandiamin 256
Triethylenglycol 83
Triethylentetramin 254
Trifluorchlorethylen 301
Triglycerid 61, 67, 76
Triglycidylisocyanurat (TGIC) 47, 54, 57, 59,
 239, 262, 276, 278
Trimellitsäure 78
Trimerisation 186, 193, 196
Trimethylchlorsilan 338, 343
Trimethylenamin-Brücken 139, 142 f, 151
Trimethylhexamethylendiamin (TMD) 256
Trimethylhexamethylen-diisocyanat (TMDI)
 187, 190
Trimethylolethan 64
Trimethylolpropan 64
Trimethylolpropan-diallylether 84, 85
Trimethylolpropantriacrylat 89
Tris-(2-carboxy-ethyl)-isocyanurat 88, 387
Trisphenol 246
Trockenstoff 2, 200, 378, 379, 396
Trocknung 33, 35, 36
–, Alkydharze 61, 65, 71, 73, 78
–, chemische 33, 43
–, Cycloöl 382
–, forcierte 43, 97, 213

–, geblasene Öle 380
–, induktive 43
–, Oligobutadiene 362
–, oxydative 62, 71, 72, 324
–, physikalische 33, 43, 71, 72, 213
–, Siliconharze 344
–, Zweikomponenten-PUR-Lacke 213
Trocknungsmechanismus 214
–, UP-Harze 87
Trommsdorff-Effekt 18, 292

Überbrennstabilität 55, 120
Übergangstemperatur 28
Übertragungsreaktion 284, 287, 308
UF-Harze siehe Harnstoffharze
Ultrafiltration 41, 78
Ultraviolettspektroskopie (UV) 426
Ultraviolett-Strahlung 43
Umesterung 4, 45, 51, 197, 382
–, Resole 148
Umesterungsverfahren 61, 67, 68
Umetherung 109, 114
Umgriff 42
Umlaufverfahren 69, 97
Umsatz 5, 6, 9, 11, 18
Umurethanisierung 197
Umweltschutz 33, 217, 223
Uneinheitlichkeit 27
Unterbodenschutz 38, 226, 304, 325, 326
Unterwasseranstrich 327, 359
Unverseifbarkeit 359, 362
UP-Harze 34, 45, 82 ff, 86, 88, 92, 93, 97, 357,
 408, 416, 418, 430
–, Autoxidation 88
–, Chemikalienbeständigkeit 84
–, Eindickung 90
–, Gelierung 91
–, Handelsprodukte 98
–, Härtung 91 ff, 93, 97
–, Katalysator 92
–, Lackrohstoffprüfung 444
–, lineare 82, 87
–, lufttrocknende 82, 87
–, Molmasse 87
–, monomerefreie 89
–, Netzwerk 82, 87
–, Polybutadien-modifiziert 88
–, Produktion 91
–, reaktivverdünnerfreie 90
–, reaktivverdünnerhaltige 82
–, Reststyrolgehalt 87
–, schwer entflammbare 90
–, styrolfreie 89
–, styrolhaltige 86
–, thermische Zersetzung 441
–, Trocknung 87, 88, 89
–, Verarbeitungsverfahren 97
–, Vernetzungsmechanismen 85
–, Wärmestandfestigkeit 84
–, wasserverdünnbare 84

UP-Lacke 94, 98
Uretdion 185, 194, 195, 196, 198, 228, 229, 429
Urethane 104, 185, 186, 199 (s.a. PUR)
Urethanisierung 53
Urethanöl 199, 200, 221, 378, 382
–, Handelsprodukte 382
UV-Absorber 216
UV-Beständigkeit 50, 51, 55
UV-Detektor 421, 422, 423
UV-Härtung 85, 94, 96, 97, 98, 169, 265
UV-Licht 96, 121, 123, 124, 157
UV-Spektroskopie (Ultraviolettspektroskopie) 426
UV-VIS-Spektroskopie 436

Vakuum-Druck-Imprägnierung 352
VeoVa 10 308, 310
Verarbeitung 40 ff, 42
–, Alkydharze 72
–, Epoxidharze 231
–, High-solids-Lacke 213
–, UP-Harze 97
–, Verfahren 40 ff
–, Zweikomponenten-Lacke 212, 225
Verarbeitungszustände 33 ff
Verbundglasfolien 314,
Verbundpolymerisation 85
Verdickungsmechanismus 408 f
Verdickungsmittel 312, 316, 321, 364, 369, 390, 396, 403 ff, 406
–, assoziative 203, 408
–, Cellulose- 409
–, PUR- 203, 204, 404, 407, 408
Verdünner siehe Reaktivverdünner
Veresterung 4, 51, 61, 70, 71
–, Resole 148
–, UP-Harze 91
Veretherung 109, 114, 119, 120, 121, 123, 143, 153
–, Resole 147, 148
Verkochen 153, 158
Verlaufmittel 350, 380
– für Einbrennlacke 343
–, Polysiloxane als 411
Vernetzerharze 33, 46, 54, 55, 56
Vernetzung 1, 2, 4 ff, 6 ff, 8, 9, 10, 23, 28, 33, 38, 71, 76, 105, 115, 118, 119, 120, 149, 155, 168, 207, 209, 273, 303, 326, 344, 428, 439
–, Alkydharze 72, 418
–, Aminoalkydharze 433
–, chemische 203
–, mit cyclischen Anhydriden 242
–, mit Dicyandiamid 243, 275
–, Epoxidharze 241, 242, 243, 244, 245, 246, 269
–, Epoxidverbindungen 240, 277
–, Geschwindigkeit 116
–, Grad 9
–, m-Kresol-Novolak 427
–, Oligobutadiene 362
–, oxidative 326

–, physikalische 199
–, Polyester, gesättigte 47, 48
–, Siliconharze 345
–, Zweikomponenten-PUR-Lacke 213
Vernetzungskomponente 55, 230
Vernetzungsmechanismen 85
Versatic-Säure 64, 77, 308
Verschiebung, chemische 108, 119, 427, 428
Verseifungsbeständigkeit siehe Hydrolysebeständigkeit
Verstärkerharze 152
Verträglichkeit 29, 121, 318
–, Acetophenon-Formaldehydharze 172
–, Alkydharze 72, 73
–, CPVC 304
–, Polyester, gesättigte 50
–, Phenylsiliconharze 343
–, Polysiloxan-Additive 410
Verzweigung 4 ff, 6 ff, 8, 9, 10, 11, 28
Vinylacetal-Vinylalkohol-Copolymer 313
Vinylacetat 292, 303, 305, 306, 308, 309, 310, 313
Vinylacetat-Copolymere, wasserlösliche 310
Vinylalkohol 13, 311, 314
Vinylbutyral 314
Vinylcarbazol 290
Vinylchlorid 290, 292, 293, 305, 306, 308, 310, 316, 321
Vinylchlorid-Copolymere 72, 73, 169, 170, 305, 306, 315, 360, 378, 389, 418
–, Handelsprodukte 306
Vinylchlorid-Vinylisobutylether-Copolymere 315
Vinylchlorsilane 339, 342
Vinylester 13, 290, 306, 308 ff, 316, 321 (s.a. Vinylacetat)
Vinylether 13, 290, 314 ff, 321
Vinylfluorid 290, 292
Vinylharz siehe Vinylpolymere
Vinylidenchlorid 290, 307
–, Polymerisate 306 f
–, –, Handelsprodukte 307
Vinylidenfluorid 292, 308
Vinylisobutylether 303, 306
Vinyllaurat 309, 310
Vinylmethylketon 327
Vinylpivalat 309
Vinylpolymere 153, 155, 207, 211, 366, 374
Vinylpolymerisation 164
Vinylpropionat 303, 305, 310
Vinylpyridin 327
Vinylpyrrolidon 290
Vinylstearat 310
Vinyltoluol 61, 73, 316
Vinylversatate 310
Viskosität 18, 28 f, 34, 70, 121, 400, 401, 404, 405, 409, 434
–, Acrylharzlösung 322
–, Alkydharze 74, 79
–, CAB 367
–, CAP 367

Sachwortverzeichnis 477

–, Celluloseacetat 367
–, Coreaktanten 208
–, DDM 259
–, Dispersionen, wäßrige 320
–, Emulsionspolymerisate 297
–, Epoxidester 271
–, Ethylcellulose 369
–, IPD 259
–, lösemittelfreie Beschichtung 266
–, Mannichbase 259
–, natürliche Öle 378
–, Polyamine 253
–, –, aliphatische 259
–, –, cycloaliphatische 259
–, Polyaminoamid 259
–, Polyester, gesättigte 52, 53, 54
–, Polyether 206
–, Prepolymer 201
–, PUR-Verdickungsmittel 204
–, relative 29
–, Resol 145
–, spezifische 29
–, Standöl 379
Volumen, spezifisches 28
Vulkanisation 358

Wachstumsreaktion 13, 14, 15, 16
Wärmebeständigkeit 75, 324, 351, 357, 385
–, Phenylsiliconharze 343
–, Polyether 388
–, Polyimidharze 387
–, Polyphenylensulfide 385
–, Siliconharze 344, 354
–, Siliconkombinationsharze 347
Wärmeformbeständigkeit 84, 324, 385
Wärmeleitfähigkeitsdetektor 414
Wärmetrocknung 196, 210
Walfischöl 66
Walzbeschichtung 41, 97, 155
Washprimer 147, 148, 166
Wasserbeständigkeit 38, 215
Wasserdampfdurchlässigkeit 349
–, Siliconharze 345, 353
Wasserglas 355 f, 357
–, Handelsprodukte 356
Wasserlack 44, 53, 58, 84, 85, 194, 222, 224, 322
Wasserstoffbindung 30, 31, 214, 215
Wasserstoffbindungsindices 30
Wasserstoffbrücke 30, 113, 180, 181, 199, 214, 399, 402
Wasserverfahren 193
Wechselwirkungsparameter 27, 30
Weichmacher 2, 37, 73, 120, 170, 304, 309, 310, 312, 314, 315, 323, 324, 329, 343, 359, 360, 365, 366, 369
– für Acetophenon-Formaldehyd-Harze 170
– für Alkydharze 73
–, äußere 310
– für Celluloseester 365
– für Celluloseether 369

– für Chlorkautschuk 360
– für Cumaron-Inden-Harze 329
–, Diphenyle als 389
–, innere 305, 310
–, Kolophonium als 371
–, für Maleinatharze 376
– für MF-Harze 120
–, Öle als 380
– für Polyvinylacetat 309
– für Polyvinylalkohol 312
– für Polyvinylbutyral 314
– für Polyvinylchlorid 304
– für Polyvinylester 310
– für Polyvinylether 315
– für Styrol 323
– für Styrolcopolymer-Dispersionen 324
Werkzeugharz 266
wet look 217
Wetterbeständigkeit 33, 51, 75, 76, 210, 263
–, Acrylharz-Lösungen 322
–, Alkyde 67
–, Polyester, gesättigte 54, 55
–, Polyethylen 300
–, Polyole 204
–, Pulverlack 57, 227
–, PUR-Lacke 214, 218, 227
–, Siliconharze 345, 347, 348
–, wäßrige Dispersionen 321
–, wasserverdünnbare Beschichtung 270
Williamson-Reaktion 369
Wirbelsintern 38, 43, 179, 275, 388
Witterungsbeständigkeit siehe Wetterbeständigkeit
Wurzelharz 371

mXDA (m-Xylylendiamin) 257
XDI (m-Xylylendiisocyanat) 187, 189
XPS (Röntgenphotoelektronenspektroskopie) 436
Xylenol 129, 133, 134
Xylol-Formaldehydharze 176
m-Xylylendiamin 257
m-Xylylendiisocyanat (XDI) 187, 189, 190
Xylylendiisocyanat, kernhydriert 190

Zersetzung, thermische 440 f
Ziegler-Natta-Katalyse 21, 288, 290, 291, 292, 299, 326
Zinkharze 374
Zinkstaubfarbe 221, 356, 357, 359
Zweikomponenten-
–, EP-Lacke 261
–, Lack 12, 209, 213, 266, 268, 270
–, Lackverarbeitung 212
–, PUR-Lack 58, 103, 191, 205, 207, 210, 212, 213, 214, 216 ff, 217, 224, 225, 264, 366
–, PUR-Wasserlack 207, 223 f, 225
Zweikomponentensysteme 97, 157, 264, 318, 342, 357, 362 (s.a. Lacke, Zweikomponenten-)
Zweikomponenten-Wasserlack-Technologie 224
Zweistufenverfahren 52, 65, 67